国家重点研发计划项目（2017YFA0604801；2016YFC0501802）
青海省创新平台建设专项项目（2018-ZJ-T09）
中国科学院 青海省人民政府三江源国家公园联合专项（YHZX-2020-07）
中国陆地生态系统通量观测研究网络项目（ChinaFLUX）
国家自然基金面上项目（41877547；31300385；31270523；21070437）

青海高寒草地地表水热碳通量时空变化及碳增汇对策

The Spatio-temporal Variations of Water, Heat, Carbon Fluxes of Alpine Grasslands and Measures for Carbon Sequestration in Qinghai Province

李英年　张法伟　王军邦　张　翔　著

中国农业科学技术出版社

图书在版编目（CIP）数据

青海高寒草地地表水热碳通量时空变化及碳增汇对策 / 李英年等著 . —北京：中国农业科学技术出版社，2020.11

ISBN 978-7-5116-3990-5

Ⅰ.①青…　Ⅱ.①李…　Ⅲ.①寒冷地区 - 高山草地 - 生态系统 - 碳循环 - 研究 - 青海②寒冷地区 - 高山草地 - 生态系统 - 碳 - 储量 - 研究 - 青海　Ⅳ.① S812.29 ② X511

中国版本图书馆 CIP 数据核字（2020）第 238017 号

责任编辑	徐定娜
责任校对	贾海霞

出 版 者　中国农业科学技术出版社
　　　　　北京市中关村南大街 12 号　邮编：100081
电　　话　（010）82105169（编辑室）　　（010）82109702（发行部）
　　　　　（010）82109709（读者服务部）
传　　真　（010）82106626
网　　址　http://www.castp.cn
经 销 者　各地新华书店
印 刷 者　北京建宏印刷有限公司
开　　本　880mm×1230mm　1/16
印　　张　31.5
字　　数　910 千字
版　　次　2020 年 11 月第 1 版　2020 年 11 月第 1 次印刷
定　　价　99.80 元

　　陆地生态系统是人类赖以生存与可持续发展的物质基础。生态系统的结构和功能是基础，通过物质循环和能量流动将大气圈、生物圈和土壤圈紧密耦合，进而形成生态系统时空格局，支撑人类社会经济可持续发展。全球气候变化与人类活动加剧，深刻影响着陆地生态系统结构、功能和格局，进而影响支持、供给、调节和文化等多层次的生态系统服务功能。

　　当今人类正面临着全球环境剧烈变化，温室效应、气候变暖及生态系统退化等全球性问题严重威胁着人类生存和社会经济的可持续发展。据 IPCC（联合国政府间气候变化专门委员会）公布的数据，大气中 CO_2 浓度现正呈上升趋势，预计到 21 世纪中叶，大气 CO_2 含量将增加 1 倍。而通过陆地生态系统增加 CO_2 吸收、减缓大气 CO_2 浓度升高为核心的陆地生态系统碳循环研究的热点，也是全球变化科学研究的前沿。陆地生态系统作为全球碳循环的主要组成部分，对气候变化起到正（加速）负（减缓或抑制）反馈作用。研究普遍认为，草原、森林垦殖为农田使其由碳汇转变为碳源，进而会对全球变暖产生正反馈。如何有效管理生态系统，促进生态系统碳吸收，有效减缓全球气候变暖，成为各国政府、非政府组织、科学家等高度关注的科学问题。

　　草地是受人类活动影响最为严重的生态系统之一，研究草地生态系统的碳循环与其影响因素对于深入理解全球碳循环具有极其重要的意义。草地作为陆地生态系统的主体生态类型之一，在地球表面分布最为广泛，各类草地总面积为 $44.5 \times 10^8 \ hm^2$，约占陆地总面积的 25%。脆弱的生态环境与频繁的人类活动使之较其他生态系统对全球气候与环境变化的响应更为敏感，草地生态系统贮存的碳总量约为 266.3 Pg（Pg 是碳储量单位，1 Pg 碳等于 10 亿吨碳），占陆地生态系统碳储量的 15.2%，其中89.4% 贮存在土壤中，仅有 10.6% 贮存在植被当中。草地土壤通过土壤呼吸作用向大气释放 CO_2 是草地生态系统碳循环中最主要的一个环节，在区域气候变化及全球碳循环中占有重要的位置。因此，对于草地生态系统土壤呼吸过程与机制的研究，对于深入理解草地生态系统碳循环过程，以及定量分析碳源汇问题具有十分重要的科学意义。

　　作为青藏高原的重要组成部分的青海高原，东北部是祁连山的水源涵养天然屏障，南部的三江源不仅是中华水塔，也是亚洲水塔，已经成为首批国家公园试点。高寒草地是青海高原的主要植被类型，是其区域生态功能发挥和提升的重要基质。由于高寒系统的严酷性，地面长时间尺度的观测相对缺乏，特别是三江源地区，极大地限制了对其物质循环和能量交换及其内在机制的分析，加之高寒植被系统的空间异质性和多样性，使我们对高寒草地生态系统生态功能评估和管理的认识不足，因而也难以提出因地制宜的适应性管理措施。

　　2001 年，青海省首个基于微气象学的涡度相关法水、热、碳通量监测系统在海北站运行监测，到2018 年，又相继建立了多个通量监测站点，为青海草地生态系统生产力、碳水通量、地表能量分配等研究提供了基础数据，也为这些要素的时空格局动态变化、驱动机制分析、碳汇强度及碳汇核算与评估等提供了基础数据，填补了该区域的数据空白。

　　本书围绕青海草地地—气 CO_2 通量及其空间分布格局，系统梳理了典型地区植被碳吸收和土壤呼吸碳排放速率、地—气 CO_2 净交换量（碳通量）和水热通量交换的季节和年际变化，在此基础上估算了青海不同高寒草地类型的碳汇强度，并提出了高寒草地碳增汇管理的技术措施。

全书共分 8 章。第一章和第二章系统介绍了地—气能量、物质交换的基础理论、通量观测方法及观测数据质量控制方法，并系统地阐述了通量数据的插补、订正及解析。第三章介绍了青海草地气候、植被、土壤分布特征，以及气候变化可能对高寒草地生态系统碳储量的影响。第四章简单展示了陆地生态系统地表通量研究进展，并联系青藏高原介绍了高寒草地地表通量研究状况。第五章以青海高寒草地典型区微气象—涡度相关法水、热、碳通量监测站为主，论述了这些站点 CO_2 通量观测的季节和年际变化动态特征及其影响过程与机制。考虑到地—气常通量层 CO_2 交换量除受植物光合作用影响外，很大程度上还受生态系统呼吸影响。第六章在现有观测的基础上，阐述了祁连山地、三江源区不同研究者对植被碳吸收和土壤呼吸碳排放通量观测的研究结果，以及环境要素的影响机制。第七章阐述了几个主要站点对地表能量交换与平衡观测研究的结果，也参考其他学者对青藏高原地表水热通量的研究进展及结果，论述了水热通量的分布特征和周期振荡等。第八章在解析陆地生态系统碳汇认证、青海高寒草地碳汇强度、典型区碳贮存模式的基础上，提出了青海草地增汇减排管理的技术措施。

有必要说明的是，青海草地面积巨大，草地类型较多，而且气候环境条件复杂多变，要详细精准地阐明其地表水热碳通量的分布格局存在巨大挑战。尽管我们尽最大努力试图收集和整编现有在青海省运行的通量观测数据，但收效甚微，只收集到十几个微气象—涡度相关法观测系统 1～3 年观测的日变化数据，但这也是迄今所能收集到的该地区最为全面、可供分析研究的数据了。因此，本书介绍的是目前对青海省高寒草地水、热碳通量相对较高水平的一项研究结果。在全球气候变化背景下，对于进一步开展青海高寒草地全球变化生物学机制及其未来变化等具有重要的意义。

本书是中国科学院西北高原生物研究所陆地生态系统过程和功能对全球变化的响应和适应学科组，在总结现有该地区微气象—涡度相关法观测基础上完成的，有些数据及资料系近期最新资料，尚属首次发表。成书过程中受到了中国科学院高原生物适应与进化重点实验室、青海省寒区恢复生态学重点实验室、海北高寒草甸生态系统国家野外科学观测研究站、中国科学院三江源草地生态研究站等高原生物学、气象学、土壤学、生物气象以及农业气象学团队和平台的支持，同时先后得到了国家、省部级研究项目的资助。

为充实本书的内容，在撰写过程中参考了大量文献资料，特别是下列作者的文献和专著有较多引用：中国科学院西北高原生物研究所（1991），青海草原总站（2012），周兴民等（1987），中华人民共和国农业部畜牧兽医司（1996），青海省农业资源区划办公室（1997），王江山等（2004），戴加洗（1990），乔全明等（1994），朱乾根等（1983），章基嘉等（1983），王江山等（2003），于贵瑞等（2013；2006；2011；2004；2018；2003），何念鹏等（2011），孙步功（2008），温军（2012），李东等（2005a；2005b），吴琴等（2005；2011），赵倩等（2014），白炜（2010）。在此，一并致谢。

本书得到青海省科学技术学术著作出版资金的支持。在此致谢。

本书在撰写过程中，将水文学、植被学、土壤学、气候学等原理进行了系统分析。内容丰富、资料翔实。可供从事水文学、农业气候学、土壤学、生态气候学、恢复生态学、草地管理、草地生态学、生态经济研究的科研人员、高校教师和研究生参考。同时，还可作为草地可持续管理政策制定、应对气候变化策略相应部门的管理及技术人员的参考书。但是由于高寒草甸类型多样，面积分布广，全面、系统展现该区域的内容确有难度，若未特殊说明，本书中的高寒草甸一般指矮嵩草草甸和高山嵩草草甸。

当然，本书可能还存在不少缺陷和遗憾，悉请各位同行、学者批评指正。希望通过本书的出版，能起到抛砖引玉的作用。相信总有一天，经过不同学者，特别是青藏高原气象学、植被生态学、水文学、土壤学、草地生态与全球变化等领域研究人员的不懈努力，对青海高寒草地乃至青藏高原生态系统生产力、碳循环、水热通量的研究将不断拓宽和深入，将进一步促进青藏高原生态学、生物学、水文学、土壤学等学科的发展。

著　者
2019 年 12 月

CONTENTS

目　录

第一章　生态系统地表水、热、碳通量及交换过程 [①]

　　20世纪80年代，科学家提出了地球系统的概念，它包括了由大气圈、水圈、陆圈、岩石圈、地幔、地核和涵盖人类组成的生物圈的有机整体，控制着地球表面的水循环、生物地球化学循环和能量循环。这3个循环又相互有机地联系成为一个完整的体系，是地球上所有生物生存的空间和活动的场所。在地球系统中，大气边界层通常是指大气最底部受地面影响较为剧烈的那一层，平均厚度为地面以上1～2km，它是大气与下垫面直接发生相互作用的层次，是能量和物质源和汇的主要场所。

　　地球系统的能量来源于太阳辐射。太阳辐射经过大气层后，43%被地球表面吸收，地表吸收的能量一部分以长波辐射发射耗散，另一部分通过边界层的湍流运动把热量和水汽向上输送给大气。从动力学角度来看，气候系统中最大的摩擦在大气的最底层，在地球表面附近有很明显的风速切变。热力和动力两方面表明，地气之间潜热通量和感热通量的划分是确定水文循环、边界层的发展、天气和气候的关键（Wilson et al.，2002a）。地气之间的物质能量交换特征，必将深刻地影响全球大气环流和气候的基本特征。不难理解，陆地生态系统碳循环和水循环、生态系统水碳过程，对全球变化的影响及地表能量通量在全球气候系统中的作用，也是地球系统研究的重要方面。在大气科学的数值研究中，地气相互作用是通过陆面过程模式来实现的。近地层湍流能量物质输送是陆面过程模式的重要组成部分。在天气气候数值模拟中，近地层参数化方案解决大气控制方程组中动量、热量、水汽物质的源和汇项。

　　大气边界层内空气运动的主要特点就是其湍流性。对于大气边界层湍流成功的研究源自于20世纪50年代Monin和Obukhov建立的大气湍流维象模型，他们提出了大气边界层相似理论，为大气边界层湍流理论奠定了基础（胡隐樵等，2007）。20世纪60年代末到70年代初Businger-Dyer相似性关系建立，标志着近地面层相似性理论的成熟。其后，涡度相关仪器的发展和成功的野外观测试验，不仅验证了Monin和Obukhov的相似性理论而且成功地给出了相似性理论要求的普适函数，才使得这一理论在大气边界层和陆面过程的研究中得以应用（Businger et al.，1970）。

　　鉴于边界层和陆面过程的重要性，从20世纪80年代后期开始，在全球各种典型下垫面进行了大量野外综合观测试验研究。迄今更是建立许多湍流通量观测网，观测站点数以百计。随着近地层观测试验的丰富和完善，有关相似性理论的争议从未间断。最重要的是自20世纪80年代末研究发现的近地层观测的能量不闭合的问题，甚至不闭合的程度比较显著（Panin et al.，1998；Foken et al.，2006；Foken，2008；Oncley et al.，2007；Wilson et al.，2002b）。这种近地层能量不闭合有悖于热力学第一定律即能量守恒定律，故而，近地层观测的能量不闭合现象一经发现，立即引起气象学家的广泛关注。

　　综合国内外研究现状，本章和第二章在参照于贵瑞等（2006）撰写的《陆地生态系统通量观测的原理与方法》基础上，根据作者的理解和多年的观测结果，以及围绕青藏高原高寒草地能量和CO_2交换过程与相关科学问题，注重从理论上给出近地层能量和物质的交换过程，以便对近地层的观测进行合理的解释。进而为青海高寒草地不同植被类型区的站点上能量平衡与交换、能量闭合、CO_2通量日、

---

　　① 本章执笔：李英年，张法伟

月、年变化分析等提供理论基础知识的储备。研究将能加深对青海高寒草地近地层湍流结构，物质能量的湍流输送特征的理解，还将有助于改进青藏高原的边界层参数化方案，为研究青藏高原边界层和陆面过程及其参数化提供基础。

第一节　土壤—植被—大气水、热、碳循环过程

土壤—植被—大气水、热、碳交换过程，受土壤过程、大气过程以及植物生物过程等的综合影响。大气过程则受到包括太阳辐射、地球形状、地球绕太阳的运动及自转、大陆与海洋的存在等常规地球系统因子的影响，也受到包括距离海洋远近、地形地貌、土壤性质、地表覆被状况、湖泊等区域或局地性因子的影响。同时也与大气内部固有特征，包括大气成分、各种不稳定性、大气环流，以及植物的生理活动，如植物生长以及生长过程中所发生的碳积累和释放、植物蒸腾和土壤蒸发为主的水汽交换等各种外界和内部因子共同调节作用的结果。这些外部和内部因子的综合作用，形成了气候系统的概念，即气候系统各分量包括了大气圈、水文圈（海洋）、冰雪圈（雪和水）、岩石圈（陆地）、生物圈（吴国雄等，1995）。由于气候系统的各分量是开放的，并非是孤立的子系统。它们之间紧密联系，在各种事件尺度上从微观到中等直至行星尺度上都存在相互作用。特别是大气—陆地表面是非均匀边界，受地形、不同尺度的地貌特征（山地、丘陵、人造建筑）、土壤性质、植被覆盖等因素控制，对低空大气运动产生深刻的影响，进而在各种地表覆被的陆气界面间发生质量交换、能量交换、角动量交换、物质交换及其动态变化。

在地球表面，不论是陆地还是海洋，时时刻刻都与大气进行着质量交换、能量交换、角动量交换和物质交换。正是这些交换，使地球表面形成了丰富多彩的天气现象及供给人们生产与生活的物质基础。为此，研究地球表面特别是陆地系统土壤—植被—大气水、热、碳循环与交换过程就显得极其重要。而陆地系统的土壤—植被—大气间水、热、碳循环及其他物质循环与交换过程，因不同地区的气候、植被、土壤类型不同，其地表能量和物质所产生的变化规律、交换过程及其影响机制不同，然而，这些过程所形成的概念体系、基本原理和物理机制具有一致性，这是认识地气物质循环与交换过程的根本与基础。

一、植被—大气间的水、热、碳交换过程

作为热力学系统的气候系统，各子系统分量是开放的，并非是孤立的。这些相邻的子系统包括了水圈、冰雪圈、下垫面的岩石圈及生物圈。水圈涵盖了海洋、湖泊与河流，冰雪圈由地球上的积雪和冰川所组成。虽然这些自然界中的子系统在其成分、物理特征、结构和行为等方面非常不同，但它们均通过质量（物质）、能量、动量的通量紧密地联系在一起，通过质量交换、能量交换和角动量交换，在各种时间尺度上从局地小地形到区域，直至行星尺度上都存在这种相互作用，并对周边产生影响。

植被—大气间水、热、碳交换的主要过程包括了大气边界层内的水汽、热量、气体的传输。这些过程中，水分是通过大气产生的降水落至植被表面后，除一部分落至地表进入土壤外，另一部分水分被植被截留，或在地表面积水形成径流，然后通过植被冠面和土壤表面的蒸发、升华过程以及植被生长时发生的蒸腾过程，将水分又输送入大气。热量则是下垫面（地表面及其表面覆盖物）接受太阳短波总辐射（直接辐射和散射辐射）后，地表受热又以长波辐射的形式输送热量到大气，进而加热大气。在植物—大气界面上进行水热输送的同时还发生物质的运移，这种运移与交换以气体扩散为主。

植物光合作用的碳固定，植物自养呼吸的碳排放，土壤微生物和动物的异养呼吸的碳排放等均包含了生物圈与大气圈间碳的交换过程。

所谓能量交换，简单说就是因地球表面接收太阳辐射后，发生水分、温度变化而引起的潜热、感热、土壤热的能量交换过程。多数的能量交换转化过程均从吸收太阳辐射开始，并以向外部空间射出红外辐射而结束。在陆地能量循环过程中，到达地面的太阳辐射除部分被反射外，其他均被地表吸收，从而导致近地面层土壤热容量增加，热量分配为向大气输送的感热、用于蒸散的潜热及向深层土壤输送的土壤热通量。通常是用边界层内靠近地表面几米内的通量代表实际地表的通量，并可以采用标准气象观测资料来计算这些通量。在近地表面处，空气与地表的摩擦对大气环流具有显著的影响，因为摩擦可以影响空气流动。其近地表的影响的边界层厚度在几米到几十米甚至几百米之间。边界层内，空气是黏性的，地表风速为零，故风的切变很强。强的风切变及地面加热导致边界层中出现湍流运动及各种尺度的扰动。湍流交换或湍流混合是将质量、能量和动量越过边界层向上或向下输送的有效途径，从而将地球地表与大气联系起来。

在地球表面，不仅存在水、热能量的交换，同时，还时时刻刻形成着物质交换。在地球陆地，植被通过光合作用固定大气中的 CO_2，其中一部分以植物呼吸的形式又释放到大气中，被固定的有机物质的一部分以凋落物等形式进入土壤，这一部分有机碳参与土壤微生物等异养呼吸，最终又以 CO_2 的形式释放到大气中。一般认为，在工业革命之前，在自然状态下，陆地生物圈与大气之间的碳循环保持着动态平衡状态；但是，工业革命以来强烈的人类活动，使大气与陆地生物圈之间固有的动态碳平衡被打破，导致了大气中 CO_2 浓度持续升高。地球上的海洋、陆地和大气是碳的生物地球化学循环中的 3 个主要的碳库。在深海中贮存的碳约为 4×10^4 PgC；大气中为 $720 \sim 765$ PgC；陆地生态系统中约为 2 200 PgC，其中约 600 PgC 被保存在植物中，1 200 PgC 在土壤中。当前，每年通过化石燃料燃烧释放到大气中的 CO_2 为 $5.4 \sim 6.3$ PgC，生态系统和大气间的年交换量约为 120 PgC（IPCC，2001）。陆地碳循环对大气 CO_2 浓度上升有重要的影响，研究陆地生态系统碳循环过程是预测未来大气 CO_2 和其他温室气体含量、认识大气圈与生物圈的相互作用等科学问题的关键，也是认识地球生态系统的水循环、养分循环和生物多样性变化的基础（于贵瑞和孙晓敏，2006）。

IPCC（2001）报告中指出，碳循环过程中包括多个快速和缓慢的子过程。同样，水、热交换也存在诸多的子过程，而且与碳循环具有类似的过程。这些子过程主要包括：植被/土壤—大气水、热、碳交换过程，植被—土壤水、热、碳交换过程，海洋—大气水、热、碳交换过程，土壤表层—深层水、热、碳交换过程，成岩过程及干扰造成的水、热、碳交换过程（如矿物燃料燃烧、森林火灾导致的水分蒸发（包括升华）、热量传导、碳交换）等。其中，地—气水热能量交换、植物的光合作用和呼吸作用不仅是植被—大气间碳交换过程的基础，而且在全球能量和碳循环中发挥着十分重要的作用。在自然条件下，陆地生态系统的植被/土壤—大气间以及海洋—大气间的水、热、碳交换过程是决定气候和 CO_2 浓度变化的根本因素。当人类活动干扰加剧时，使其原有的水、热、碳平衡状态发生改变，将导致对气候的正负反馈的影响，从而对陆地—大气间的能量交换、碳交换产生重大影响。

大气是一个热力—动力系统，可以用大气成分，由热力学变量的热力状况，以及运动学状况（运动）来表达。大气状况的描述也包括其他变量，如影响大气大尺度行为的云量、降水和非绝热加热。传统上最主要的气候要素当属温度和降水（水分），气候的分型正是以这种气候要素为基础。整体来讲，气候的地理分布有低纬度的暖湿气候，副热带地区的暖干气候，中高纬度地区的温湿气候，还有极地与副极地的冷干气候。然而这种分布并没有给出局地和区域性气候的完整性描述。必须考虑海陆对比，海洋调节作用对温度的影响，考虑山体、峡谷等地形对降水、云量、温度的影响，等等。不仅如此，在这些综合因素影响下，各地区能量交换差异较大。这主要取决于下垫面接收太阳辐射强度、地表潮湿程度等。

　　大气—陆地地表面是非均匀边界，将受陆地地形、不同尺度地貌的特征（如丘陵、山地、人造建筑）、土壤性质、植被覆盖度等因素控制。所以，这些因素以及和它们的空间变化及地表面的高度均对底层大气运动有深刻的影响，这些因素也就是区域及局地气候的主要因子，也正是这些因素的存在显著改变了动量、能量平衡、水循环，甚至碳循环。

　　总能量守恒是表面通量的一个重要约束。由于要考虑各种能量形式之间的转换，故而交界层中的热量收支方程显得非常复杂。这些过程连续地发生在地球表面和近地面层。多数能量转换过程都从吸收辐射开始并以向外部空间射出红外辐射而结束。表现出到达地表面的太阳辐射除被反射部分外均被地表吸收，从而导致近地表层土壤热容量增加，进而导致理想大气输送感热、潜热和长波辐射及向深层土壤输送热量。

　　在近地表处，地面摩擦影响大气环流及空气流动，这种影响的结果使质量、动量及能量发生明显的空间差异性，因为地面摩擦不仅影响近地面的空气流动，而且也影响至地面以上可以达几十米甚至几百米的空气流动。其主要特点是风在近地表的切变很强，因空气是黏滞的，在地表风速为零。强的风切变及地表加热导致边界层中出现湍流运动及各种尺度的扰动。湍流交换或湍流混合是将质量、动量和能量越过边界层向上或向下输送的有效途径，进而将地表面和自由大气联系起来。当然，在地表面质量交换中还要考虑一些气体、尘埃颗粒及其他气溶胶的交换。

　　一个理想的表面相对于一个几何意义上的界面，它能将大气和其下的介质分离开来，从物理上可以认为是一个没有质量和热容量的介于 2 种介质中间的一个薄层。那么，对于一个地区来讲，能量平衡涉及 5 个能量的交换项，即进出表面的净辐射量、进出大气的感热通量、与蒸发过程有关的潜热通量、进出底层介质土壤或水的感热通量、与融化或结冰有关的（间接）潜热通量（吴国雄等，1995）。

　　净辐射量是指表面辐射收支的剩余量，也就是说净辐射量是地表面接受太阳总辐射、大气垂直地表的长波辐射，与地面对太阳短波辐射的反射辐射量、地面长波辐射量的差值。可以理解为，晴空状况下，白天向下的太阳辐射强，夜间净辐射很弱而且是从地面向上的。于是地表白天加热、夜间冷却。

　　感热输送是由于表面和其上大气温度差造成的。在表面的几毫米内热量交换是通过分子传导进行。在这个分子传导层之上热量交换由湍流混合和对流来完成。表明感热输送一般是白天由地表指向大气，夜晚相反。

　　潜热输送主要是由植被蒸腾、地面蒸发和随后在大气中的凝结所致。蒸发发生于水面，如湖泊、海洋、潮湿的土壤、植被等；植被蒸腾是伴随植物光合作用发生的植物体内水分通过叶片气孔散失到大气的过程。这种能量交换是间接的，并和水的相变相联系，先是地表面的水与水汽之间的相变。潜热通量可以表示为蒸发潜热和蒸发速率的乘积。感热输送与潜热输送之比，即为波文（Bowen）比。

　　向地表层以下的能量传输，即为土壤热通量，主要是由热传导来完成的。

　　当然，区域发生冰雪融化或水的凝结时，还产生一定能量的转换。

　　一个区域的能量转换除受当时的温度、水分条件影响外，也受地表面的反照（射）率、地表比辐射率、土壤热传导、植被蒸腾与土壤蒸发作用等的影响。在能量转换过程中，大气的湍流起到重要的作用，大气湍流可以是由动力学原因所引起（强迫的对流），与上下平均风的快速变化有关。也可以由热力学原因引起（自由对流）。动力学对流依赖于风速并在粗糙地形情况下增强。在白天表面加热和近地面的强速度切变将导致湍流扰动的不断产生，这些扰动是行星边界层中产生质量、动量、能量交换的主要原因。

　　然而，很难给湍流下一个严格的定义。但可以理解的是湍流的特征就是高度不规则和混沌的运动，其扰动尺度范围很大，随机性也很强。因其速度场在时间和空间上变化均很大，因而其涡度值也很大。湍流很强的扩散性意味着有很强的混合能力。这就形成了湍流运动在动量、热量、水汽、CO_2 及各种污染物的输送中担负着重要的作用。

近年来的研究表明，生态系统通过生物物理过程和生物化学循环对气候产生作用。生物物理过程是受植被形态特征（如冠层高度、结构和叶面积）和生理活动（如蒸腾作用）所影响的辐射、热量、水和动量交换过程。植被类型和覆盖率影响地面反射率、粗糙度、蒸腾和蒸发。不同植被类型在空间上的相间分布可增强大气水平和垂直变化梯度，影响风速、降雨和雷暴发生频率。植物—土壤系统控制地面蒸腾和蒸发，影响区域水文循环。

人类活动，如土地利用、农牧业生产、工业废物排放、放牧过度等可使生态系统与气候系统同时发生变化，从而导致人类、生态和气候之间复杂的相互作用。尽管人们早就意识到生态系统对气候的重要作用，但直到 20 世纪 70 年代后期才开始对生态系统变化的气候效应进行深入研究。气象学家过去一直认为生态系统的结构和功能变化只能改变局部的微气象条件，而对全球和区域尺度上的气候变化则影响甚微。近 10 多年来大气环境模型、全球生态系统模型和卫星遥感观测证实了生态系统可在各种尺度上对气候产生作用，是影响气候变化的重要因素（方精云，2000；于贵瑞，2003；于贵瑞等，2006）。

二、土壤—大气间的水、热、碳交换通量

通量是通量密度的简称，是一种物理学用语，指单位时间内通过某特定界面的单位面积所输送的热量（能量）、动量和物质等物理量的度量。通常情况下通量的研究，主要是针对生态系统尺度上的土壤—大气界面或植被—大气界面的陆地—大气系统的物质流和能量流，所关注并且可以直接测量的物理量通量主要有：生态系统的能量输入和输出通量（土壤—大气界面或植被—大气界面的辐射通量，感热和潜热通量），动量传输通量，气体（大量或痕量温室气体）的交换通量等。CO_2 通量是目前研究的热点之一，地—气间 CO_2 通量也称作净生态系统碳交换量（NEE），其概念与生态系统生产力的 GPP（总初级生产力）、NPP（净初级生产力）、NEP（净生态系统生产力，在自然状态下 NEP 与 NEE 数量相当，方向相反）、NBP（净生物群系生产力）具有密切的关系（于贵瑞，2003；于贵瑞等，2006；于贵瑞等，2013）。

气象学范畴内，地表通量是指地—气间水（汽）、热传输过程中的通量，较少包括 CO_2 通量，生态学家、植物学家更多地关注大气碳水循环，进而将 CO_2 通量也视为地表通量重要的一部分内容。地表通量是地—气相互作用的重要内容，且与天气、气候水文过程、生态过程密切相关。地表通量受下垫面特征影响显著，空间分布不均匀造成空间尺度的地表通量不一致。

对于某一个地区来讲，植被直接与地—气间的水、热和 CO_2 通量相联系。也就是说，在外界和内部因子共同调节下，气候系统的各分量间发生着水平、垂直等方面的交换。在生态系统的物质循环和能量交换等物质流和能量流的研究中，生态学家经常借用通量这个概念以表征不同的物质或能量库之间的交换速度和规模。但是不同库之间的交换量通常是以年为单位的交换总量来计算，没有确切的界面面积的概念，正确地理解应该是物质或能量的流量，物质流的量纲为 MT^{-1}，能量流的量纲为 JT^{-1}，这与物理学的通量有一定区别的。

在陆地生态系统的土壤—植物—大气系统的物质循环和能量交换过程中，许多物理量都是通过某个界面进行的。例如，土壤—根系界面、细胞—细胞界面、细胞—组织界面、叶片—空气界面、土壤—大气界面、植被—大气界面等。这种物质循环和能量交换过程的定量描述都是以通量密度为基础的。但是，对于不同过程所考虑的界面对象不同，因此在进行某一尺度下的问题分析和讨论时，应特别注意各种过程在界面定义上的差异，考虑不同过程现象的尺度转换问题。

在环境、气象和生态学领域，通常情况下的通量研究主要是针对生态系统尺度的土壤—大气界面

或植被—大气界面的地—气系统的物质流和能量流展开的，人们所关注并且可以直接测量的物理量通量主要有生态系统的能量输入和输出通量（土壤—大气界面或植被—大气界面的辐射通量，感热通量和潜热通量）、动量传输通量和气体（大量或痕量的温室气体）交换通量等。

1. 湍流与物质通量

在时间上和空间上不规则运动的流体运动形态称为湍流。大气在不停地运动，湍流几乎是无时不在发生。处于湍流状态的流体中，其形态不停地变换、运动方向无规则旋转的气团称为涡。大气中的"涡"易在风速梯度大的地方（地表附近，山谷、植物体或障碍物的附近）或产生对流的地方产生。涡的大小和旋转方向多种多样，大的涡在相互碰撞过程中会逐渐变小，直到最后消失。由于各种涡的起源不同，物质、热量和动量等物理量都可以通过湍流交换进行垂直方向的输送。这种物理量的传输称为湍流（涡）扩散。物质的扩散量与物质浓度梯度成比例，其比例系数称为湍流（涡）扩散系数。大气中的扩散现象虽然在非常薄的层内以分子扩散为主，如呈层状的地表面和叶面附近，但是在大多数情况下则是以湍流扩散为主的。特别是在地面附近，由于表面的机械或热力作用，湍流异常活跃，形成对流边界层，湍流脉动盛行，易引起湍流混合。

伴随着流体要素的运动和分子运动，物质、热量和动量等物理量的移动过程称为输送。当流体呈层流或静止状态时，输送现象是由分子运动引起的，称为分子输送，其输送量与物理量的梯度成正比。当流体为湍流运动时，输送现象是由流体要素自身的运动引起的，称为湍流输送。同样，物质输送量也与物理量的梯度成正比，其比例系数称为物质输送系数或湍流交换系数，它通常比分子输送系数要大 2～3 个数量级。当气温、湿度、风速和气体浓度等在垂直方向不同时，由于垂直混合或对流作用在垂直方向上的热量、动量以及物质输送称为垂直输送，而通过风等因素在水平方向造成的物质和能量的水平混合作用进行的热量、动量以及物质输送称为平流输送。

扩散是物质热量和动量等物理量输送的主要机制之一。静止流体的扩散主要是浓度梯度驱动的分子扩散，而在运动激烈的流体中，主要是湍流扩散。物理量在扩散过程中，通过垂直于扩散方向平面的扩散量称为扩散通量，它与扩散方向的物理量的浓度梯度成比例，其比例系数称为扩散系数。

湍流输送量通常是用涡度相关法来测算，但也有人用于分子扩散相似的方法，用与热量、动量和物质浓度的梯度成比例的形式来表示。其比例系数，对于动量而言称为涡黏性系数，对于热量和物质而言称为涡扩散系数。在陆地生态系统的植被—大气或土壤—大气之间主要的扩散输送物质包括水蒸气、CO_2、O_2、CH_4 等气体。这些物质的通量密度是指单位时间通过单位土地面积的输送量。

2. 辐射通量与净辐射能量

生态系统的能量输入主要来自太阳辐射。辐射是物质发出电磁波或粒子现象的总称。气象学中也把地表和植被发出的电磁波通过介质输送的能量定义为辐射。单位时间内物质放出的能量称为辐射通量，而在单位时间单位面积发出的能量称为辐射通量密度。在环境和生态学领域中，人们主要关心的是太阳辐射和地球辐射。它们分别与表面温度为 5 780 K 和 255 K 的黑体辐射的波谱相对应。太阳辐射的能量主要分布在 0.3～4.0 μm，波长较短，故称为短波辐射，地球辐射的能量主要分布在 4～100 μm，波长较长，称为长波辐射或红外辐射。陆地生态系统的辐射收支通常是指在垂直方向上的能量输入与输出平衡。辐射平衡既可以用辐射能（J/m^2）计算，也可以用辐射通量密度（W/m^2）来计算。

净辐射能量是指地表面辐射收支的剩余量，即向下的到达地表面的太阳总辐射和大气长波辐射（大气逆辐射）与向上（大气）传输的地表对太阳总辐射的反射量和长波辐射量的差值。一般，因在白天向下的太阳辐射强，而在夜间净辐射很弱，于是白天加热、夜间冷却。生态系统的净辐射是驱动植被下垫面温度变化、感热和潜热交换的能量来源，从根本上来说，这些变化所需的能量都是由辐射平衡的能量转化而来的。

3. 感热通量和潜热通量

微观的分子运动，通过分子与分子的接触而传导热能的过程称为热传导。这种情况下，在宏观意义上没有物质移动的发生。因为在温度高的部分其微观的分子动能密度大，热量从高温处向低温处传导。媒质内的热通量符合下列经验方程（于贵瑞等，2006）：

$$q = -k\frac{\mathrm{d}T}{\mathrm{d}x} \tag{1-1}$$

式中：k 为导热率；分子间的热传导和从一个物体向另一物体间的热量输送统称为热传输。热的传输主要以传导、对流和辐射等方式进行，以辐射方式进行的热传输称为辐射传输或热辐射。

在不发生物体和媒质的状态变化（相变）的条件下，通过热传导和对流（湍流）所运输的能量称为感热。当两个温度不同的物体接触时，热量将会从温度高的一方向温度低的一方传输，其传输的热流量称为感热通量。感热通量与温度差值成正比，这个比例系数被称为感热传输系数或感热交换系数。也就是说，感热通量（输送）是由于受地表面和其上大气的温度差导致的。在地表面以上的几毫米内热量交换主要是通过分子传导进行，但在这个分子传导层之上，热量交换由湍流混合和对流来完成。感热输送一般是白天由地面指向大气，夜晚则由大气指向地面。

物质发生相变而吸收或放出的热能称为潜热。水蒸气通过大气等介质传输能量时，单位时间通过单位面积的潜热流量称为潜热通量。潜热通量与界面两侧的水蒸气的浓度差成正比，这个比例系数被称为潜热传输系数。即潜热通量（输送）主要是由地面蒸发、地表植物蒸腾（二者统称蒸散）以及大气中的凝结所致。蒸散发生于水面诸如湖、河、海洋以及湿地的土壤或植被。这种能量交换是间接的，并和水的相变联系，如地表面的水与水汽之间的相变。潜热通量可以表示成蒸散潜热和蒸散速率的乘积。

4. 土壤热通量

土壤热通量（输送）是指近地表大气热量向地表层下的能量输送过程，当然也可出现由较深层土壤向大气输送热量的过程。它主要是由热传导来完成。一般近地表层大气温度高于土壤温度时，由地表层向深层传导，反之由土壤向近地表层大气传输。

5. 动量通量

流体（空气是重要的流体形式之一）具有一定的质量，流体流动时具有一定的速度，因而具有一定的动量。流体在流动过程中会发生动量的传递，单位时间内传递的动量称为动量率，单位时间内通过单位面积传递的动量称为动量通量。流体的动量通量分为 2 种，即对流动量通量和黏性动量通量。动量通量原则上可以用湍流边界层中风的三维测量值来计算。

6. H₂O 通量

H_2O 通量是生态系统水循环过程的重要特征参数。陆地—大气系统的水蒸气（H_2O）输送既是水循环的一个环节，又是潜热输送的载体，是能量平衡的重要因子。所谓蒸发是从液体水或固体水转变为气体的相变现象的总称，与气化属于同义语。在农业气象学中通常是指地表面的蒸发。为了与土壤蒸发相区别，将来自植物体内（主要是叶片）的蒸发称为蒸腾。植被下垫面的蒸发可分为地面或水面的蒸发、植被冠层截留降水的蒸发和植物蒸腾 3 部分。将 3 者的总和称为蒸散。通常使用的蒸发强度或蒸发速度实际上就是水蒸气通量，其时间上的积分值称为蒸发量。当然，在以个体叶片或群落为研究对象时，相应的术语则分别使用蒸腾速度、蒸腾量代替。

陆地与大气系统的 H_2O 通量与蒸发的类型相对应，亦可细分为地面或水面的蒸发通量、植被冠层截留降水的蒸发通量和植物的蒸腾通量。但是在实际的生态系统中，这种划分是很困难的，通常利用微气象法测定的水汽通量是各种通量的总和，可以依据下垫面的植被覆盖状况和各种假设条件具体定义为蒸发通量、蒸腾通量或蒸散通量。

7. CO_2 通量

CO_2 通量是生态系统碳循环中最为重要的特征参数之一，决定陆地生态系统 CO_2 通量的生化过程是植物（含光合细菌）的光合作用和生物（动物、植物和微生物）的呼吸作用。植物或光合细菌利用光能，将 CO_2 和 H_2O 合成为有机物，放出氧气的一系列生理生化过程是植物生长和物质生产的最基本过程。光合作用生产的有机化合物总称为光合作用产物。光合作用速率的测定主要是利用测量单位时间、单位叶面积或单位土地面积的光合作用产物蓄积量的方法（重量法或半叶法），或者求算 CO_2 扩散的方法（同化箱法或空气动力学法）进行。这些方法测得的光合作用速率，实际上是从总光合作用速率中减去了植物的暗呼吸后的净剩余部分，称为表观光合作用速率或净光合作用速率。总光合速率和净光合速率在时间上的积分值分别称为总光合和净光合。

为维持生命、生长和运动提供必须的能量而分解有机物的过程称为氧化—还原反应过程。最为一般的氧化还原反应过程是生物吸收分子态的氧气，在氧化碳水化合物的同时，将其中的能量以三磷酸腺苷的形式释放出来。这种以氧气为最终电子受体的呼吸，称为有氧呼吸或好氧呼吸。有些微生物的氧化—还原反应不以氧气支撑呼吸，而是其他的物质，这种呼吸称为无氧呼吸或厌氧呼吸。有氧呼吸的速度用单位时间的氧气吸收量或 CO_2 释放量来表示。在有光照时，因为植物光合作用与呼吸作用同时存在，所以难以简单地利用气体收支方法测定植物呼吸速度。因此，通常的植物呼吸速度是在暗室条件下测定。这种方法所测定的呼吸速度是经过三羧酸循环的呼吸，称为暗呼吸。对于 C_3 植物，除三羧酸循环外，还存在着在光照条件下进行 CO_2 释放的呼吸过程，这种呼吸称为光呼吸或明呼吸。在 C_4 和 CAM 植物上，还没有发现这种光呼吸途径，这也正是 C_4 植物的光合能力明显高于 C_3 植物的主要原因。

暗呼吸所释放出的能量用于生物的不同生命过程。用于组织生长的呼吸被称为生长呼吸或构成呼吸，用于维持生命活动的呼吸称为维持呼吸。植物的总呼吸速度记为 R，现存的干物质量为 W，光合产物中向植物组织的转换效率为 k，则有：

$$R = \left[\frac{1-k}{k}\right]\left(\frac{\mathrm{d}W}{\mathrm{d}t}\right) + rW \tag{1-2}$$

式中：第一项为生长呼吸；第二项为维持呼吸。

陆地生态系统的土壤是 CO_2、CH_4 和 N_2O 等温室气体的源与库。土壤中的有机碳是植物光合作用产物通过植物凋落，或通过植食性动物和微生物的转移，河流的异地搬运堆积等作用积累形成。土壤—大气间的碳交换过程与植被—大气间的碳交换过程基本相同，主要包括大气边界层内的气体传输，土壤—大气界面的气体扩散；土壤微生物和动物异养呼吸的碳排放；植物凋落物的凋落与分解；异地有机物的风蚀和水蚀搬运与堆积；土壤腐殖质的形成与分解；植食性动物和微生物的转移等。

生态系统的碳通量是植被—大气间的 CO_2 交换通量密度的简称，是一种物理学的术语，它是指单位时间内通过单位面积某特定界面输送的 CO_2 量的大小。在某种意义上，植被的概念与陆地生态系统相似，它包含了植物、土壤和生态系统的环境。所以，通常所说的植被—大气间的 CO_2 交换通量密度与生态系统和大气间的 CO_2 交换通量密度是大致相同的概念。

土壤的 CO_2 排放主要是通过土壤微生物、植物根系以及土壤动物的呼吸作用分解有机质而产生的。土壤的 CO_2 通量是指单位时间内通过单位面积土壤界面向大气中释放 CO_2 的速度，在裸地或植被稀疏的草地生态系统，土壤的碳排放是其通量的主要成分，其碳通量大致与生态系统的碳通量相当。

鉴于以上论述可以认识到，碳通量就是在单位时间、单位面积上通过 2 种物质界面含碳物质的摩尔数。陆地生态系统碳通量通常涉及以下几个概念：总初级生产力（*GPP*）、总生态系统生产力

（GEP）、净初级生产力（NPP）、净生态系统生产力（NEP）、净生物群系生产力（NBP）、净生态系统碳交换量（NEE）和总生态系统碳交换量（GEE）（于贵瑞，2003；于贵瑞等，2006；于贵瑞等，2013）。其中，GPP 是指单位时间内生物主要是绿色植物通过光合作用途径所固定的有机碳量，又称总第一性生产力或总生态系统生产力（GEP），是生态系统碳循环的基础。NPP 表示植物所固定的有机碳中扣除本身呼吸消耗的部分，这一部分用于植被的生长和生殖也称第一性生产力（NPP=GPP-植物自养呼吸）。NEP 是指净第一生产力中再减去异养生物呼吸（土壤呼吸）所消耗光合产物之后的部分（NEP=NPP- 异养呼吸）。NBP 是指 NEP 中减去各类自然和人为干扰等非生物呼吸所剩的部分，在数值上与全球变化中的陆地碳源 / 汇概念基本一致（NBP=NEP- 其他因素的碳量消耗）。NEE 是指陆地与大气系统间的 CO_2 通量，一般与生态系统的 NEP 数量相当，NEE 与生态系统呼吸（R_{eco}）之和为 GEP。

三、地表水、热、碳通量（收支）研究的意义

在陆地生态系统中，净碳交换量（NEE）用于表征整个生态系统的碳平衡，准确估算 NEE 的时空变化对于研究碳循环及其对全球变化的响应具有重要的意义。大气二氧化碳浓度升高和全球变暖已经成为不争的事实，尽管全球变暖对大气二氧化碳浓度升高的敏感性上存在争议，但控制大气温室气体浓度的升高和目标已被认可。由温室气体浓度升高带来的全球变化不仅改变了生态系统生产力，也对碳的循环有着重要影响。陆地系统作为人类生存和活动的主要场所，其碳储量约为大气库的 2 倍（杨昕等，2001），是全球碳循环的重要组成部分。由于陆地生态系统下垫面比较复杂以及受人为干扰强，其碳循环过程和碳通量估算仍然存在很大的不确定性。

草地是世界上最广布的植被类型之一，也是陆地生态系统重要的组成部分，草地的面积大约为 2.4 亿 hm^2，约占全球陆地面积的 1/5（Scurlock et al., 1998）。根据 WBGU（1998）的估计，在全球陆地生态系统碳储量所占百分比中草地碳储量仅次于森林。草地生态系统在全球循环中起着非常巨大的作用，在提供物质生产，固定温室气体，调节小气候，涵养水源，土壤保持和改善土壤，增加生物多样性等方面都具有重要的意义。另外，草地生态系统不仅对气候和环境变化反应十分敏感，同时受人类活动影响也较为严重。这些都决定了草地生态系统碳循环研究对于准确评估陆地生态系统源、汇过程、气候变化响应以及完善碳循环动态平衡机制等都具有十分重要的意义。因此，草地生态系统碳循环研究不但是国际地圈—生物圈研究计划（IGBP）中的重要组成部分，也是全球变化研究中的前沿领域。

在我国，草地是面积最大的陆地生态系统类型，天然草地面积 0.4 亿 hm^2，约占国土总面积的 40% 以上，占世界草地总面积近 8%（李博，1997；朴世龙等，2004）。我国草地总地下植被碳储量为 1.85 PgC，其中高山草甸的碳储量最大，达到了 0.87 PgC，占全国总地下植物碳储量的 47%（李博，1997）。目前，全国 90% 的可利用天然草地都存在不同程度退化，已经成为我国畜牧业可持续发展以及生态环境改善的重要制约因素之一。

地处青藏高原的青海分布有多种类型的高寒草地，虽然其地上净初级生产量相对我国低海拔区低，但分布面积巨大，同时受高海拔影响，空气含氧量仅是内地的 60% 甚至更低，温度低且日较差大，这种环境导致植物在生长过程中日间呼吸强烈，夜间迅速降低，干物质积累高，致使碳循环与内地有很大的不同，其 CO_2 的呼吸排放也不同。因此，开展青海草地生态系统碳循环研究，不仅有益于准确评估碳源、汇，也有利于草地生态系统对气候变化响应的基础数据积累，同时也对科学管理与合理利用草地资源、保护生态环境具有重要的意义。

第二节 生态系统能量循环与传输

陆地生态系统是为人类提供居住环境和食物与纤维生产等的主体。地球上的陆地生态系统形形色色，多种多样，它们的进化与分布受多种因素影响，其中起主导作用的是水陆的空间分布和地理因子，如经度、纬度、海拔高度、地质和地貌等，空间分布所引起的水、热状况的变化。

能量是生态系统的一切过程和功能的原动力，是一切生命活动的基础，自然界的能量主要有力学能、热力学能（热能）、化学能、光能、电能等形式。生物、生态系统和生物圈都是维持在一种平衡状态的开放系统，生态系统的各种生命活动过程都伴随着能量的转化或传输。在生态系统的能量循环研究中，主要注重的是食物链的能流分析、种群和生态系统水平的生物间能量传递规律，以及系统能量的输入与输出关系等，其核心问题是以太阳能输入为驱动的有机化学能循环。而在边界层气象和地圈—生物圈—大气圈相互作用的研究中，则更注重辐射能、动量和热量在生物圈与大气圈之间的传输过程与平衡。

地球生物圈生命系统的维持不单需要能量，而且也依赖于各种化学元素的供应。生物圈可以通过各种生态学过程不断地获取维持生命系统所需的生命元素和无机营养，构成了生物地球化学循环或营养物质循环，统称为生态系统的物质循环。生物地球化学循环过程研究主要集中在生态系统和地球生物圈两个不同尺度上。地球生物圈尺度的水循环和碳循环是与人类关系最为密切的两个地球化学循环，两者都是极其活跃的大气圈中的成分，对人为干扰非常敏感，其变化的结果反过来引起天气和气候的变化。所以生物圈与大气圈间的水和 CO_2 交换过程与平衡关系是认识生物与气候系统相互作用关系的基础。

一、能量传输和循环转化

1. 能量的主要形态

能量是生态系统的原初驱动力，是一切生命活动的基础。生态系统的各种生命活动，生物的、物理的和化学的过程都伴随着能量的转化或能量的传输。物理学上能量是可以转化为功的物理量，其单位与功相同，为焦耳（J）（1 J=1 N·m）。自然界中存在各种形式的能，主要有力学能、热力学能（热能）、波能、化学能、核能和电能等，它们之间可以相互转化。

力学能：由物体的力学特征所决定的能为力学能。主要包括运动能和位置势能。即：

$$\text{力学能}（E）= \text{位置势能}（U）+ \text{运动能}（k） \tag{1-3}$$

运动能：是指运动的物体所具有的能量，简称为动能。动能的大小（k）与物体的质量（m）和速度的平方（v^2）成正比，即，当质量为 m（kg）的物体以速度 v（m/s）运动时所具有的动能 k（J）为：

$$k = \frac{1}{2}mv^2 \tag{1-4}$$

位置势能：是指由物体的位置特征所决定的力学能。当物体所处的高度发生变化时，由重力作用使物体具有的能量为重力势能（U）。质量为 m（kg）的物体在高度 h（m）处时所具有的重力势能 U（J）为：

$$U=mgh \tag{1-5}$$

式中：g 为重力加速度（m/s^2）。同样，当挤压或拉长具有弹性的物体时，会引起物体的变形，使其具有弹性。当有弹性力的作用时，物体具有的能量称为弹性力势能或弹性势能。当弹性系数为 k（N/m）的弹簧被挤压（或拉长）x（m）时，弹簧所具有的弹性势能为：

$$U=kx^2 \tag{1-6}$$

热力学能（热能）：物体是由分子或原子构成的。在物体内部，分子或原子不间断地进行着不规则的运动，这种运动称为热运动。与物体运动或位置变化时所具有的力学能量相同，物体内部的分子或原子也同样具有热运动能量和分子（或原子）间引力作用决定的位置势能。物体内部的原子和分子所具有的能量称为物体的内部能量，它是各个分子和原子所具有的位置势能与运动能的总和。

对物体加热时，随着物体温度的升高，物体内部固体分子的震动更加激烈，气体分子运动速度加快，分子或原子热运动的热动能将会增大（温度虽然是表示物体冷热程度的指标，但是从分子水平来看，温度表示的是热运动的激烈程度），这时物体所得到的能量称为热能或者简称为热，将热能的量称为热量。热也是一种能量形态，其单位与能量单位相同，也是焦耳。在日常生活中经常使用 kcal 或 cal（1 cal=4.19 J，1 cal 的定义为 1 g 水温度升高 1 k 所需要的热量）。在自然条件下，热能从高温的物体向低温的物体流动，称为热传输。热传输主要有 3 种方式：传导输送，当高温的物体与低温的物体接触时，热直接从高温的物体向低温的物体传导的现象，就是高温物体的分子动能通过接触点向低温物体的分子直接传导的现象；对流传输，气体或液体在循环过程中通过流体的湍流交换和对流运动运送热能的现象，是陆地与大气间热量交换的主要形式；辐射传输，高温的物体所具有的热能可以转化为光能（波能）的形式，不需要任何媒介条件，直接在空间中传输，最后传送到与之分离的其他物体的现象。太阳能、地面和大气的长波辐射能等都是通过这种方式实现在陆地—大气系统间的交换。热传输过程中，当系统与外部没有热的交换时，高温物体损失的热量应与低温物体得到的热量相等，遵从热量守恒定律。

波能：各种电磁波所具有的能量统称为波能，主要以光波、电波、声波等形式携带传输能量。电磁波具有波粒二相性，其所携带的能量与频率 ν 成正比，与波长 λ 成反比。在大气边界层中，太阳的短波辐射、地球表面和大气的长波辐射是决定边界层气象的主要能量来源。太阳辐射是生物圈代谢的能量源泉，它通过植物的光合作用转换为有机的化学能，驱动着生物圈的物质循环与系统进化和演替。同时太阳辐射能也是大气圈的动能和热能的原始形式，它通过地球系统的各种物理过程转化成不同形式的能源，驱动着地球系统的进化，维持着地球的生命系统，也直接改变着地球大气圈的风场、温度场、力场的变化，驱动大气环流，通过改变地球表面的水和热平衡驱动着地球水循环和生物地球化学循环，决定着大气圈的各种气象现象和过程。

化学能：化学能是在物质的结晶体、分子、原子中保持的能量，是分子和原子的化学结合能及其运动能的总和。一般特指在物质的化学变化过程中，化学反应所能释放的原子或分子所保持的能量。如石油燃烧时，化学能以热能形式释放，火药爆炸时化学能转化为力学能、光和声形式的波能，电池可将化学能转换为电能。在自然条件下参与生物圈代谢的化学能主要是光合作用固定的太阳能，它在植物、动物和微生物以及其环境间进行转化，构成了生态系统的能量流，驱动着生态系统的化学循环。

核能与电能：核能是原子核内所含有的能力，在核裂变或聚变时，将会释放并转化为电能、波能和动能、热能等形式。电能是物质内电子所具有的动能，电子运动构成的电子流是电能传输的主要方式，可以通过各种物理过程转化为热能和动能。但是在陆地表层系统中，核能和电能很少参与各种物理和化学过程，一般不考虑它对边界层的影响。

2. 近地表大气中的能量

在上节我们就地表与大气间能量通量（潜热通量、感热通量）给予了阐述。可以看到，在物理上能量是指物体所具有的与其状态相联系的一种内在能量。一个系统的能量的变化与作用于系统上的外力所作用的功成正比，表现出能量是系统状态的单值函数。并认为凡是一个系统的力学的、电学的、化学的状态的变化，都可以说是有力学、电学、化学的能量变化。由上节还注意到，感热通量和潜热通量是发生在地面与大气间的热输送量，前者是由于地—气温差产生的热输送量，其值存在正负，其正为地面向大气输送热量，负为大气向地面输送热量。后者是由于水汽蒸发产生的潜热释放，也就是由地面水汽蒸发产生的热量输送到大气。

但是，针对一块空气，例如单位质量空气团，它也具有各种性质的状态，因而也具有与这种状态相联系的内在能量，在这些能量中种类较多，也影响地表通量的变化。因此，掌握其空气中的能量分配与转换，才能进一步了解地—气界面潜热通量和感热通量的大小。在大气中主要包括动能、位能、内能和潜热能（朱乾根等，1983），而内能与感热能相联系。

动能：空气不是固定的某一位置，而是在不断产生着高速运动，这种高速运动所表现的风，具有内在的能量就是动能，其大小决定于物体的质量和运动速度，故单位质量空气的动能与上述表述的运动能具有同样的形式：

$$W_k = \frac{1}{2}V^2 \tag{1-7}$$

式中：V 为风速，且 $V^2 = u^2 + v^2 + w^2$。这里 u、v、w 分别为风在 x、y、z 3 个坐标方向上的分量。

位能：离地面一定高度的物体落下时，能砸伤动物、能砸实地面，这是由于地球对物体的吸引力使物体具有一种内在能量，即位能。按照地球万有引力定律，地面上空的一切物体，不论其质量如何，均以重力加速度 g 下落，重力位能的大小则由物体质量与物体在重力场中的位置而定。在数值上来讲，某高度 z 处单位质量空气的位能（E_p）等于克服重力把该空气块抬升到 z 高度（一般取该气块距离海平面的高度）所做的功，即等于重力位势（Φ）：

$$E_p = gz = \Phi \tag{1-8}$$

上述的动能与位能，是对整个物体（这里指单位质量气块）而言，与物体的客观运动和状态有关，因而被称为机械能，是普通力学中的研究对象。而与大气热力学状态有关的主要为内能与潜热能。

内能：大气物理学家认为，对于理想气体来说，其分子之间的相互作用的能量比热力运动能量小很多，故其内能只由分子热运动平均动能决定，而且只是温度的函数。大气的特征和理想气体接近，故有单位质量的能表达式有：

$$E_T = C_v T \tag{1-9}$$

式中：T 为温度（绝对温标，K）；C_v 为定容比热。广泛地讲，凡和物体内部微观运动、状态及结构有关的能量，均称为内能。而这里所定义的内能实际是热能，并没有考虑辐射能（包括地热）、电磁能、化学能以及原子能等。这种能量对天气和气候的变化影响甚小，对其作用目前人们了解甚少。

潜热能：在大气中，水汽含量虽然不高，但与水汽变化有关的能量转换过程中、在大气宏观和微观运动中起着重要作用。当大气中水汽凝结成雨滴时，释放凝结潜热。单位质量湿空气中所含有的潜热能（E_e，也称潜熔）有：

$$E_e = Lq \tag{1-10}$$

式中：q 为空气比湿（常用混合比代替）；L 为凝结潜热，是温度的函数：

$$L = 597.3 - 0.566t\,(卡/g) \approx 600\left(\frac{卡}{g\cdot 度}\right) \tag{1-11}$$

式中：t 为温度（℃）。

需要说明的是，一般情况下把 L 取为常数，若忽略 L 随温度的变化自然会引起误差，但与观测误差相比，这些误差较小，可忽略。另外，这里只考虑了汽化热，实际当中若发生固体降水时还应包括融化热，而这些过程相对复杂，且发生区域小，故一般也可不予考虑。

感热能与功和焓：上述谈到的动能、位能、内能和潜热能是大气所具有的 4 种最基本的能量形式。但实际在计算中很少用内能的概念，而代之以用焓的概念。这是因为能量的变化或转化与做功密切联系在一起，功是使物体能量发生变化或使一种形式的能量转换为另一种形式能量的方式，功是被传递的能量的量度。而在大气中，一般只涉及一种形式的功一空气膨胀做的功（A）。它就是空气体积元（dv）克服环境的气压（P）做的功（δA）：

$$\delta A = Pdv \tag{1-12}$$

利用这个关系可定义一个和内能不同的状态函数一焓（h），对于单位质量（$dm=\rho dv$）空气来讲，有：

$$h = C_v T + \frac{1}{\rho}P = C_v T + RT = C_p T \tag{1-13}$$

式中：C_p（$C_p = C_v + R$）为空气的定压比热（C_v 为定容）；R 为气体常数；ρ 为空气密度。由此可见，焓就是内能与空气等压膨胀做功之和。

由于焓的表达式只与温度有关，因此，习惯上把焓称作感热能，以与潜热能区分。

以上所述的动能、位能、潜热能、感热能是大气热力学和动力学中的 4 种基本能量形式。在大气科学的实际应用研究中，因所考虑问题的特点不同，气象学家则将他们进行组合或拆分，形成不同的能量概念。如：

总能量（E_t）： $E_t = C_p T + gz + Lq + \frac{1}{2}V^2$ $\tag{1-14}$

湿静力能量（E_σ）： $E_\sigma = C_p T + gz + Lq$ $\tag{1-15}$

干静力能量（E_D）： $E_D = C_p T + gz$ $\tag{1-16}$

湿焓（E_h）： $E_h = C_p T + Lq$ $\tag{1-17}$

干比能（E_{Dt}）： $E_{Dt} = C_p T + gz + \frac{1}{2}V^2$ $\tag{1-18}$

正压大气的比能（E_p）： $E_p = gz + \frac{1}{2}V^2$ $\tag{1-19}$

如果说总能量（也有称总比能）代表了大气潜热能、感热能、动能和位能 4 种能量之和，那么湿静力能量是没有考虑除高空急流层附近少数情况外的小 2～3 个量级的动能，干静力能量仅考虑了干空气的能量，湿焓突出了温湿项的作用，干比能主要考虑了交流带附近区能量，对于等压面上没有温度变化，空气中也不含水汽时则考虑正压大气的比能。对于近地表生态系统能量或物质传输方面的影响，我们更关注潜热能、感热能及二者之和的变化状况。

事实上，大气温度升高需要的热量叫作感热。物体蒸发需要的热量叫作潜热。而感热与潜热之和就是全热，在固定的位置，如果考虑的水平范围不大，将全热称为湿焓（E_h，$E_h = C_p + Lq$）。感热和潜热的比值（波文比，β）决定相对湿度，感热决定了空气内部的温度。也正因如此，引进潜热能、感热能的概念。空气潜热能和感热能是表征空气中潜热及感热能量的多少。感热主要表现在由于空气干球温度变化而发生的热量转移。感热表现为对固态、液态或气态的物质加热，主要使它的形态不变，则热量加进去后，物质的温度就升高，加进去热量的多少在温度上能显示出来，即不改变物质的形态而引起其温度变化的热量称为感热。如对液态的水加热，只要它还保持液态，它的温度就升高。因此，感热值影响温度的变化而不引起物质的形态变化。

潜热是物质发生相变（物态变化），在温度不发生变化时吸收或放出的热量叫作"潜热"，物质由低能状态转变为高能状态时吸收潜热，反之则放出潜热。例如，液体沸腾时吸收的潜热一部分用来克服分子间的引力，另一部分用来在膨胀过程中反抗大气压强做功。熔解热、汽化热、升华热都是潜热。潜热的发生总会伴随着物质相变的变化，简单理解就是水在沸腾的时候要吸收很多的热量而温度没有多大的变化。这种不改变物质的温度而引起物态变化（又称相变）的热量称为潜热。

熔值是温度和湿度的综合，是一个能量单位，表示了单位空气中温度和湿度综合后的能量的度量。空气中的熔值是指空气所含有的能量，通常以干空气的单位质量为基础。对于湿空气熔值（h，kJ/kg 干空气）计算公式也可表述为：

$$h = 1.01t + 2\,500 + 1.84td$$

或
$$h = (1.01 + 1.84d)\,t + 2\,500d \qquad (1-20)$$

式中：t 为空气温度（℃）；d 为空气的含湿量 g/kg 干空气；1.01 为干空气的平均定压比热 KJ/（kg·k）；1.84 为水蒸气的平均定压比热 KJ/（kg·k）；2 500 为 0℃时水的汽化潜热 KJ/kg。可以看到，$(1.01 + 1.84d)\,t$ 是随温度变化的热量，即感热，而 2 500 d 则是 0℃时 dkg 水的汽化潜热，它仅随含湿量而变化，与温度无关，即是潜热。

另外，在因空气常出现云、雨现象，空气的饱和凝结与未饱和有关，故在此就怎样得到饱和能差专门列出，以确定单位质量空气能贮存能量的上限。

由上述知道，单位质量湿空气所含有的潜热能为：$E_e = Lq$。实际湿空气如在同样温度条件下达到饱和，则达到其潜热能的上限我们可以定义为饱和潜热能，有：

$$E_L = L_{qs} \qquad (1-21)$$

其中，L_{qs} 为饱和比湿。那么，对于实际上尚未饱和的单位质量空气的饱和能差有：

$$E_D = E_L - E_e = L(q_s - q) \qquad (1-22)$$

由于：
$$q \approx \frac{0.622e}{P-e} \qquad (1-23)$$

故：
$$E_D = \frac{0.622LP(E-e)}{(P-E)(P-e)} \qquad (1-24)$$

因此，某处单位质量未饱和空气的饱和能差就是使它达到饱和时所需要补充的能量。

这些能量在大气运动、地面天气现象的发生中起到极其重要的作用，当然也影响地表能量通量及物质通量传输的交换过程。对同一地区来讲，空气的动量能量和位能变化甚微，而且对于地表通量层中的能量通量、物质通量影响不大。为此，大气能量对地表过程的影响重点在于潜热能和感热能。依物理上熟知的能量守恒定律，系统的能量不会自生自灭，而只能是从一种形式转换为另一种形式。这些能量的转换与地表过程中的物理现象有关，如植被变化后又引导气象要素变化等。植被生长过程中，当土壤表面温度和植被冠面温度高时，感热将占主导地位，当下垫面湿润并伴有较高的温度时，潜热将占主导地位。为此，我们结合植被覆盖度、生产力的变化，可将潜热能和感热能的变化及相互转换用到植被与能量转换的协同关系中，以研究植被的演替变化。

二、能量转化与传递的基本规律

能量在系统中的传递符合热力学的两个基本定律：一是能量可以不断地转换其存在的形态，但永远不会增加或减少（热力学第一定律，能量守恒定律）；二是自然条件下的封闭系统，一切能量在传递或转换过程中，除了一部分能量可以继续传递和做功外，总有一部分能量会以热的形式被耗散，这部分能量使系统的熵和无序性增加，所以任何能量不可能 100% 地继续传递或转换为其他的形式（热力学第二定律，熵变定律）。

熵是度量在能量转换过程中所产生的无法利用的能量的物理量。开放系统与封闭系统不同，它倾向于保持较高的自由能，而使熵变小。只要不断地有物质和能量的输入，并不断地排出熵，开放系统便可维持一种远离平衡态的稳定状态。陆地表层就是一个开放系统。

生物、生态系统和生物圈都是远离平衡态的稳定的开放的系统。在生态系统的能量循环研究中，现在主要注重的是食物链的能流分析、种群和生态系统水平的生物间能量传递规律，以及不同时间和空间尺度的生态系统或不同水平子系统间的能量输入与输出关系等，其核心问题是以太阳能输入为驱动的有机化学能的循环。

而在边界层气象和地圈—生物圈—大气圈相互作用的研究中，则更注重辐射能、动能和热能传输过程与平衡及其对陆地表层系统和大气系统的影响。研究以能量交换为驱动力的地圈—生物圈—大气圈之间的相互作用关系和机制，服务于生物圈和气候系统变化机制的理解和预测。迄今为止，还没有人能够把陆地生态系统真正地综合成一个生物—物理系统，综合地阐述系统内部各种形态能量间的相互作用、传输与转换关系。

毫无疑问，在微气象能量转换过程中，其能量无非就是在净辐射能量保持的状况下，是感热能量、潜热能量以及土壤热通量之间交换的过程。除感热能量、潜热能量以及土壤热通量外，也存在包括土层、空气层、植被层的储层热量以及发生光合时的能量消耗。对于一地区的多年平均来讲，土壤热通量、土层、空气层、植被层的贮存热量以及发生光合时的能量消耗基本保持不变，而且占净辐射能的比值也较小。同时，随下垫面的湿润状况和近地层温度状况其感热能量、潜热能量相互转化，有时潜热高于感热，有时感热高于潜热。

上述解释了水热碳通量的基本概念，实际上通量在地球表面的常通量层无处不在，可把这些通量均可理解为抽象的"物质通量"。

三、近地表层辐射能量循环

当太阳辐射到达地表后，一部分太阳短波辐射通过地表反射返回大气，另一部分将被地表接收而加热地表，受热的地表再以长波辐射的形式向大气辐射出去，进而加热大气，当然在地表面以上的几毫米内热量交换主要是通过分子传导进行，在分子传导层之上，热量交换由湍流混合和对流来完成。同样，受热的地表也向深层土壤在温度梯度作用下进行热量传导至地面较深层土壤。

大气受热后向四周以长波辐射的形式散射，其中返回地表的部分又称大气长波逆辐射，大气长波逆辐射也可加热地表和低层空气。

上述的热量循环是在垂直方向上进行。在水平方向上不论是局地区域还是地球南北或海洋与陆地之间，也存在热量循环。

其水循环也是如此，将在"四、陆地生态系统的水循环"中介绍。

四、陆地生态系统的水循环

在自然状态下，生态系统的物质循环一般是处于稳定的平衡状态，也就是说对于某种物质，在各主要库中的输入与输出基本保持相等。在自然干扰因素作用下，可能会使这种稳定的状态受到一定的破坏，但是可依靠生物圈自身的调节功能使其自我恢复，或达到新的平衡状态。可是，近代的人类活动对某些物质的生物地球化学循环的影响远远超过了生物圈的自我调节能力，导致了地球化学循环的改变，引起系列全球性的环境问题。

地球生物圈生命系统的维持不仅需要能量，而且也依赖于各种化学元素的循环。生态系统从大气、水体和土壤等环境中获取营养物质，通过绿色植物的吸收而进入生态系统，被其他生物重复利用，最后再归还于环境之中。生物圈可以通过这种生态学过程不断地获取生命维持系统所需的生命元素和无机营养，这种生物圈的生态学过程被称为生物地球化学循环或养分循环，统称为生态系统物质循环。

各种物质的生物地球化学循环都包括贮存库和流动库 2 个部分。贮存库的库容很大，移动缓慢，一般由非生物要素构成。流动库或称为循环库，虽然库容小，却在生物与生物、生物与环境之间进行着频繁的交换，是非常活跃的部分。

生物地球化学循环可以划分为三大类型，即水循环、气体型循环和沉积型循环。生态系统的所有物质循环都是在水循环的推动下完成的，没有水循环，就没有生态系统的功能，就没有生命的存在。气体型循环的主要贮存库为大气和海洋，其循环的空间尺度具有明显的全球性。因为这类循环具有巨大的大气或海洋贮存库以及自我调整机能，即使受到来自不同因素的干扰，也会很快的自我恢复。凡属于气体型循环的物质，其分子或某些化合物常以气体的形式参与循环，主要有氧、碳、氮、氯、溴、氟等。沉积型循环的贮存库是地壳的岩石、土壤和沉积物。参与沉积型循环的物质，其分子或化合物主要是通过岩石风化和沉积物溶解转化为可被生物利用的营养物质形态进入生物圈，或者是海底沉积物转化为岩石的成矿过程，但是这一过程是相当缓慢的单向物质转移过程，其时间要以千年尺度计算。因此，沉积型循环虽然具有极大的贮存库，可是大部分的物质是处于非活性的沉积状态，循环速度缓慢，自身调节能力有限，一旦受到外来的干扰，较难自我恢复。属于沉积型循环的物质主要有磷、硫、钙、钾、钠、镁、锰、铁、铜、硅等。其中磷是较典型的沉积型循环，它从岩石中释放出来，最终又沉积到海底，转化为新的岩石。

生物地球化学循环过程的研究主要是在生态系统和地球生物圈两个不同尺度展开的。地球生物圈尺度的水循环和碳循环与人类关系最为密切，意义最为重大的两个地球化学循环，其主要特征是它们都存在于极其活跃的大气库之中，对人为的干扰非常敏感，其变化的结果反过来会引起天气和气候的变化。长期以来，地球的碳循环和水循环一直是地球系统科学和近年来兴起的全球变化科学以及系统生态学研究的核心问题。为此，这里着重分析碳循环和水循环，而诸如氮循环、磷循环、硫循环等可参考其他文献。

由于太阳辐射的热力影响，地球的陆地表面和江河湖海水面的水分不断地被蒸发或蒸腾形成水汽，在气流垂直运动过程中被带至空中；空气中的水蒸气抬升冷却凝结成水滴，在地心引力的作用下，又以降水的形式落到地面；落到地面的降水，一部分向地下渗透变成地下水以潜流形式流入河湖，另一部分则形成径流直接流入江河湖泊，最后流入海中，还有一部分被蒸发重新回到大气中。水在地圈—生物圈—大气圈之间不停地循环往返，称为地球上的水循环。海洋上蒸发的水汽被大气环流带至陆面上空凝结降落，再经地表径流回归到海洋的水循环称为水的大循环，或外循环，或海陆水循环。陆地上的水经蒸腾或蒸发到大气中后，遇冷凝结时形成降水回到地面；或者海洋的水被蒸发到大气中后遇冷凝结后形成降水回到海洋的水循环称为小循环，或内循环，或局地循环（陆渝蓉，1999）。大气中仅贮存很少量的水，水循环速率比 CO_2 还快，贮存的时间极短。

地球上水循环具有两个突出的特点，一是在海洋其蒸发的水分输出量大于降水的归还量；而陆地恰好相反。换言之，维持陆地生态系统、人类的食物生产和生活用水的大部分降水是来自海洋的蒸发。有人估计大部分地区 90% 的降水是来自海洋的蒸发。二是地球的湖泊和河流的淡水储量约为 0.25 geogram（1 geogram=10^{20} g=10^{14} t），每年的流出量为 0.2 geogram，由此可以推算水的循环时间约为 1 年。以年降水为 1 geogram 与流出量 0.2 geogram 计算，两者的差 0.8 geogram 可作为年间用于补充地下水的水量。如果人类活动导致了流出量的增加，就意味着对人类生存非常重要的地下水的减少。

与 CO_2 循环相同，地球的水循环也开始受到人类的严重影响。研究自然变化和人为影响下的地球水循环变化的过程机理与变化趋势是全球变化科学的重要的科学问题之一，其中的很多科学问题有待研究和认识。尽管世界上有大量的降水监测站（点）和河流水文监测站（点），但是对生态系统水循环的动态监测还很少，因而加强这方面的能力建设还是一项迫切的任务。

五、关于能量平衡研究问题

全球陆地面积只约占地球表面的29%，但其远比海洋系统复杂，是气候系统的重要组成部分。陆面作为下垫面，不仅与其上层的大气进行着物质、能量和动量的交换，同时在不同的时间和空间尺度上还影响着区域和全球气候变化；而且人类活动和地表变化对气候系统的影响以及全球变化的区域响应，也是通过陆气间的能量、水分循环和物质交换过程得以实现的。因而，深入研究陆地上各种下垫面与大气间的物理、生化过程，精确地预报陆气间动量、能量和物质（水汽等）的交换，以及模拟地表温度、土壤湿度和大气边界层的发展变化等与气候研究密切相关的基本信息，已成为全球气候变化研究的迫切需求。

陆面与大气之间的相互作用主要通过以下3个方面：首先是热量输送，对接收到的地表净辐射能量分别以湍流交换和热传递的方式分配到感热、潜热和地表热通量之中；其次则是通过动力过程，如地表粗糙度对大气运动的拖曳作用等；另外还可以通过蒸发、植被的蒸腾作用、呼吸作用和光合作用等进行水汽交换。这些过程是能量平衡的影响过程。陆气相互作用不仅受到大气环流和太阳辐射强迫的影响，同时也受到陆表复杂的下垫面影响，如地形的起伏状况、土壤特性、土地利用覆盖、植被类型、地表反照率、地表粗糙度、地表温度、土壤湿度等。为此，关于能量平衡的研究人们一直以来给予高度的关注。特别是高寒草地的退化直接影响能量平衡与分配，进而在扰动气候变化的同时，也间接影响草地的退化与恢复过程。对于青海草地乃至青藏高原高寒草地来讲，我们更为关注的是以下方面。

1）陆面和大气间的相互作用异常复杂，在不同的区域、不同的下垫面类型下都具有不同的特征。如果能将陆面过程引入气候模式将会极大地促进气候变化的模拟效果，因而能够深刻的理解不同区域、不同下垫面类型下陆面和大气之间相互作用的机制与机理，将不仅仅有助于改进气候模式，也会对未来气候变化预测的提高有着重要意义，陆面过程参数化将成为解决这一问题的关键。

2）目前，在陆面对气候单方面的影响和反馈作用上研究较多，对气候、下垫面的影响和反馈作用研究较少。虽然陆面观测实验已开展了很多，但仍缺乏可信度较高、持续时间较长、观测要素较全面的研究资料，这在很大程度上限制了对高寒草地区域水热循环机制机理的认识和陆面过程模式的发展。目前，大多数用于区域陆面过程的模式对陆面水文过程和积雪、冻土过程处理都过于简单，无法对干旱区弱降水、弱蒸发、弱径流量的"弱水循环"过程进行很好的模拟。高寒草地作为气候变化的过渡带和敏感带，是国内外研究的热点领域，由于大气环流调整、海平面温度异常、陆气相互作用、冰雪反馈和人类活动不同，引起的陆气相互作用对于高寒草地气候变化的贡献率并不清楚，对于草地退化或恢复中扮演怎样的角色尚不清晰，这就需要我们加强高原陆面过程、陆气相互作用特征的研究，揭示其在气候变化中的作用同样具有着重要意义。

3）不同下垫面之间叶面积指数和地表反照率差异显著，造成对各辐射通量的影响不同。太阳短波辐射是净辐射变化的主导因子。各下垫面类型的净短波辐射在冬季最小，在夏季最大。在植被退化和恢复过程中，裸土和草地的净长波辐射最大值出现在夏季。草地的净辐射月波动范围最大。各下垫面类型下感热通量逐月变化与短波辐射逐月变化对应良好。潜热或感热通量在草地退化或恢复中的不同阶段，或说在植被演替阶段（如裸露地表与不同覆盖度的植被），其通量的大小排序如何，发生怎样的演变规律？是如何转换或转化的？

4）当前土地利用变化，造成全球净短波辐射总体减小，其变化区域与地表反照率发生改变的区域对应良好。当地表反照率增大（减小）时，到达地面的太阳短波辐射减小（增大），导致感热通量减小（增大）。土地利用变化对全球蒸散变化年平均影响不显著。但土地利用变化对区域尺度气候变化的影响不容忽视，并且不同空间的土地利用变化，其气候效应存在差异。那么，掌握地表反照率是如何影响能量平衡的收支的，也是极其重要的。这就需要我们了解不同退化或恢复阶段的地表反照率，进而强化能量平衡及分配的研究。特别是季节变化过程中土地利用变化对能量平衡和水分循环的影响。在夏半年和冬半年有何区别，太阳辐射及长波辐射在其中有怎样的影响关系。在较多的雨季，植被蒸腾作用，地表蒸散，潜热通量也相应的发生何种变化等。

第三节　全球变化下碳循环、碳平衡的科学研究问题

一、地球大气温室气体浓度与变化

地球诞生以来，已经有大约 46 亿年的历史，在此期间地球永恒地吸收着来自太阳的巨大辐射能。太阳向宇宙放出巨大能量，而地球所接受的太阳总能量只有很小的比例，在地球接受这些很小的辐射能的驱动下，通过地球的造山运动、火山活动形成了地球的水圈和大气圈。地球正是利用这些能量维持着生命系统的诞生与进化。

应该说，太阳能与地球和大气放出的红外辐射达到平衡时，依据热平衡计算的地球辐射平均温度为 -19℃，但是，由于地球大气中所含的水蒸气（H_2O）、二氧化碳（CO_2）、臭氧（O_3）、甲烷（CH_4）和氧化亚氮（N_2O）等，引起的红外辐射（地球辐射）吸收现象，致使地球附近的实际温度为 16℃。这些气体可以使太阳短波辐射通过大气到达地球表面，但它们吸收地面放出的长波辐射，阻挡了地面长波辐射向宇宙空间的耗散，而引起全球表面气温的上升，进而形成了温室效应，而具有温室效应的气体称为温室气体。这种温室效应为地球生物提供了适宜的生存环境。20 世纪后期以来，大气最下层的对流层内，二氧化碳（CO_2）、臭氧（O_3）、甲烷（CH_4）和氧化亚氮（N_2O）和含氯氟烃（CFC_S）等温室气体的浓度增加得到了科学观测的确认，这是自工业革命以来由于化石燃料燃烧、水泥生产以及土地利用变化等人类活动影响的结果。CO_2 和其他的温室气体的共同作用所引起的温室气体效应，导致了全球变暖。为此，掌握温室气体的性质、作用及变化是十分有必要的。这里基于于贵瑞（2003）和刘强等（2000）报道的内容做一阐述。

1. 二氧化碳（CO_2）

大气中 CO_2 等温室气体浓度的增加不仅引起了地球变暖，也引起了一系列的全球环境问题。美国夏威夷 Mauna Loa 观测站（20°N，156°W）观测到的大气 CO_2 浓度变化是世界上时间序列最长、最可靠的大气 CO_2 浓度变化的观测记录（Keeling et al.，1995），为证明和揭示大气 CO_2 浓度变化趋势提供了重要科学数据。Mauna Loa 的观测结果表明：大气中的 CO_2 浓度在每年季节变化的同时，长期以来不断增加，观测当初的 CO_2 浓度为 315 ppmv（百万分之一），至今 2019 年 11 月大气 CO_2 浓度已经达到 410 ppmv。近年来，世界各地的观测资料都证明了工业革命以来地球大气 CO_2 浓度增加的事实，例如 1990—2017 年中国瓦里关和美国夏威夷全球本底站大气二氧化碳月平均浓度变化（中国气象局气候变化中心，2019）就是很好的例子（图 1-1）。美国 Alaska Barrow 观测记录表明，Barrow 的大气 CO_2 浓度从 1974 年的 332.8 ppmv 上升到 2000 年的 370.7 ppmv，年增加率超过 1.4 ppmv/a；美国 Samoa 观测记录表明，CO_2 浓度从 1982 年的 340.6 ppmv 上升到 2000 年的 368.1 ppmv，年增加率 1.5 ppmv/a；南极的 CO_2 浓度记录表明，南极 1958 年 CO_2 浓度为 314.8 ppmv，2000 年达到 366.9 ppmv，年增加率超过 1.2 ppmv/a；加拿大 Alert 的观测记录表明，1986 年为 348.6 ppmv，

2000 年为 370.7 ppmv，年增加率 1.5 ppmv/a。为了确认和预测各种生态系统的 CO_2 源汇关系及其对气候变化的响应和反馈作用，世界范围内的科学家们从不同侧面做了大量的研究工作（Crutzen and Ramanathan，2000）。2001 年，IPCC 评估报告指出：大气中的 CO_2 浓度已从 1750 年左右的 280 ± 10 ppmv 上升到 1999 年的 367 ppmv（Prentice et al.，2001）。将 CO_2 观测数据与冰芯记录相比较可以发现，当前的大气 CO_2 浓度水平在过去的 42 万年间未曾有过，在过去 2000 万年也可能是空前的，其增长幅度在过去 2000 年里是最快的（Prentice et al.，2001）。在距今 42 万年至工业革命前这一时间段内，大气中的 CO_2 浓度在 $180\sim280$ ppmv 波动。在工业革命初期以后的约 150 年内增长了大约 28%，从 1850 年的约 280 ± 5 ppmv 上升到 1999 年的 367 ppmv（Watson et al.，2000；Prentice et al.，2001）。目前全球大气中的 CO_2 浓度以 $1.5\sim1.8$ ppmv/a 的速度增长。根据预测，2030 年将会达到 600 ppmv，21 世纪末将达到 $650\sim700$ ppmv（Prentice et al.，2001）。这种变化趋势已被各类试验、观测及模型模拟所证实。

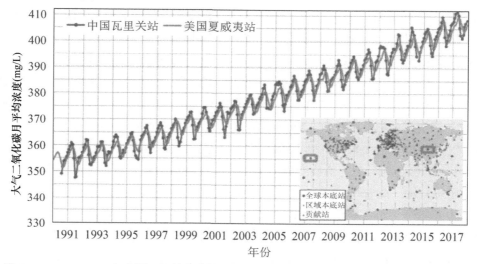

图 1-1　1990—2017 年中国瓦里关和美国夏威夷全球本底站大气二氧化碳月平均浓度变化

2. 甲烷（CH_4）

甲烷也是一种极为重要的温室气体。过去，大气中 CH_4 浓度一直很低，大约 300 年前，甲烷浓度才开始逐步上升，200 多年前，大气中 CH_4 的浓度在 700 ppbv（1 ppb 为 10 亿分之一）左右，而明显的大幅度增加则发生在近 20 年中（图略），此间 CH_4 年平均增长率达到 $0.8\%\sim1.0\%$。大气 CH_4 浓度变化监测始于 1978 年，当时的浓度为 1 510 ppbv，20 世纪 70 年代晚期 CH_4 浓度增长速率约为 20 ppbv/a（Blake et al.，1982），20 世纪 80 年代下降至 $9\sim13$ ppbv/a。1984—1996 年 CH_4 浓度的增长速率出现了连续的下降趋势，1984 年增长率为 14 ppbv/a，到 1996 年已经下降到 3 ppbv/a。经过 20 多年的增长，1998 年的 CH_4 浓度已经达到 1 730 ppbv（Dlugkencky et al.，1998）。

甲烷主要是由沼泽湿地、水田和土壤中的草木腐烂、草食动物胃肠内的微生物活动产生的。另外，在天然气和煤炭的开采、有机废弃物的燃烧过程中也会有 CH_4 放出。有人估计大气中的甲烷有 $14\%\sim39\%$ 来源于水田，认为全球人为活动造成的 CH_4 排放量是很高的（Stern et al.，1996）。而且北半球因陆地面积大、人类活动导致大气中 CH_4 浓度持续增加的可能更为显著，CH_4 浓度比南半球高大约 150 ppbv。CH_4 的消除主要是通过与大气对流层和平流层中的 OH 自由基进行反应实现的，如果全球 CH_4 的源与 OH 浓度继续保持稳定，则可能出现从现在的 $1\,730\sim1\,800$ ppbv 的缓慢增加（于贵瑞，2003；刘强，2000）。

3. 氧化亚氮（N_2O）

N_2O 作为温室效应强烈的温室气体，在大气中非常稳定，可保持 $130\sim150$ 年不变。大气

中 N_2O 浓度升高主要是由于农田氮肥使用量增加导致的，主要产生于土沙中硝酸盐的脱氮和氨盐的硝化，其消除主要是在平流层中进行的光分解。工业化前的大气 N_2O 浓度数据比较分散，估计的范围在 $260 \sim 285$ ppbv，Fluckiger et al.（1999）估计认为 1400—1750 年 N_2O 的浓度相对稳定在 270 ± 5 ppbv，从 1700 年开始大气中 N_2O 逐渐增加。工业化以来的大约 200 年间，大气 N_2O 浓度增加了大约 15%，从 18 世纪中叶到 20 世纪 90 年代，N_2O 浓度从 275 ppbv 上升到 312 ppbv 左右。1750—1950 年大气 N_2O 的增加速率较缓慢（Khalil et al.，1988），而最近 40 多年来则呈急剧上升趋势，20 世纪 80 年代晚期至 90 年代早期增长速率约 0.8 ppbv/a。尽管 1993 年下降到 0.5 ppbv/a，目前仍以每年 0.25% 的速率增加（IPCC，1996）。N_2O 除本身为重要的温室气体外，还会引起平流层中 O_3 的减少，因此 N_2O 具有双重温室效应作用。

4. 臭氧（O_3）

大气对流层中的 O_3 可维持数周时间，但在平流层中的浓度一般是稳定的。臭氧对地球表面生物免遭紫外线的强烈影响至关重要。它的分解主要靠氟氯烃类物质的光解完成。根据已有的观测，北半球对流层大气的 O_3 浓度正以每年 1.0% 的速度增长，在某些工业地区增长幅度更大（王体健等，1999）。北半球 O_3 的浓度平均值约为 26 ppbv，与 1930—1950 年相比，目前大气 O_3 浓度增加了近 2 倍。增加的幅度有季节差别，夏季增长最快。南半球 O_3 的浓度有减少的趋势，如萨摩亚群岛 O_3 浓度为 14 ppbv，年减少率 0.71%。南极 O_3 浓度为 20 ppbv，年减少率为 0.1%（尹荣楼等，1993）。平流层中部 O_3 廓线变化不大，35 km 以上其变化趋势是减少的，减少最剧烈的是在南纬 20° 的 42 km 的高度上，每年减少 0.8%。平流层低层的 O_3 减少率（最大每年减少 1.7%）比上层要大得多，但随纬度的变化不大，减少率最强的出现在南、北纬 25° 处，南半球 O_3 廓线变化趋势比北半球要强。在标准状况下，全球 O_3 总量（臭氧层的平均厚度）为 300 DU（陶普生单位）。风云 7 号卫星臭氧总量观测系统 TOMS 1978—1990 年的观测资料所得到的 O_3 总量平均每年减少率和纬度、季节的变化特征表现为：北半球随着纬度的增加，O_3 总量减少的幅度在增加（在 40° N 附近，冬春季减少 0.8%/a，60° N 附近减少 1%/a），赤道地区的 O_3 总量几乎没有变化，南半球随纬度增加 O_3 总量减少的趋势越来越显著，在南极地区 O_3 总量年平均减少达到 3%/a 的最大值，并在冬末春初形成所谓的南极臭氧洞（Stolarski et al.，1991）。

5. 氯氟烃（CFC_S）

氯氟烃（CFC_S）作为破坏臭氧层的气体被广泛关注，同时也具有温室气体的作用。除海洋中可产生少量氯甲烷外，氟氯烃几乎全部来自人工合成，因而大气中的 CFC_S 浓度增加只是近几十年的事，原来的大气中几乎没有这类物质存在。氟氯烃的特点是种类比较多，除少数几种外，大部分 CFC_S 在大气中的保留时间较长，在对流层中存留时间更长。CFC_S 的寿命为 80 年，CF_2Cl_2 的寿命为 170 年，它们的分解主要靠在平流层中的光解实现，因此其温室效应的作用特别强。由于氟氯烃在烟雾喷射剂（CFC11，12，114）、制冷剂（CFC12，114，HCFC22）、泡沫发生剂（CFC11，12）和灭火剂中广泛使用，因而人类排放到大气中的量呈逐年增加趋势。特别自 20 世纪 70 年代以来，大气中氟氯烷烃含量迅速增加，其中以 CFC11 和 12 的增长速度最快。

二、全球在变暖

根据 IPCC（1996）的预测，CO_2 和其他的温室气体的共同作用所引起的温室效应，将会导致全球变暖，地球平均气温将每 10 年上升 0.2℃，这将会对自然生态系统、水资源、食物生产、人类健康等产生深刻的影响。同时，大气 CO_2 浓度的上升还会引起陆地生物圈的一系列反馈效应，影响地球系统的辐射平衡，导致全球性气候变化。Post et al.（1991）曾把人类向大气排放 CO_2 的行为形象地比喻成一个失去控制的全球性实验。近年来的大量研究表明，过去 140 多年全球表面温度上升 0.6 ± 0.2℃，20 世纪是过去千年来最暖的一个世纪，20 世纪 90 年代是过去千年来最暖的一个年代。IPCC 最新研究报告指出，进入 21 世纪以来，这种增暖的趋势仍很明显，过去 30 年中的每个 10 年都要比自 1850 年以来的任何一个 10 年都更加温暖，1901—2012 年全球地表平均温度升高 0.89℃（0.69～1.08℃）。IPCC 在几次的评估报告中，利用北半球的树木年轮、沉积核等估算数据（1000—1861 年）以及仪器观测的数据（1861—2000 年）对所得到的地球表面温度变化进行了总结，并根据全球碳排放量预测数据对 2000—2100 年的未来 100 年的变化趋势进行了预测，结果显示未来这种趋势仍然维持（Intergovernmental Panel on Climate Change，2014；Prentice et al.，2001）。

CO_2 等在大气中的温室效应作用，致使地球表面平均温度保持在 16℃左右，才能使地球人类活动变得丰富多彩，保持了地球表面生物赖以生存的液态水，创造了地球生命的存在、维持和活动。但由于地球表面不合理的开发利用，导致 CO_2 浓度的升高，温室效应更为明显，研究者认为（陈泮勤等，2008），地球表面的温度升高与大气 CO_2 浓度增加极为相关。过去 100 年来，全球平均气温上升了 0.6℃，自 20 世纪 80 年代以来，地球表面升温速率更为明显（图 1-2，中国气象局气候变化中心，2019）。就亚洲（图 1-3）、中国（图 1-4），乃至青藏高原（图 1-5 a）升温的速率均明显（中国气象局气候变化中心，2019），甚至青藏高原增温的趋势更加显著。有研究认为，倘若按目前 CO_2 排放速率的推算，21 世纪末，CO_2 浓度将继续增加，其最终结果可使地球表面温度增加明显，海平面上升。不仅如此，全球变暖会导致世界范围内发生一系列大范围持续性的旱、涝等气候事件，局部地区降水格局发生改变，给农林牧生产及人类活动带来巨大的危害。例如，青藏高原在温度升高，其降水在稍有增加的趋势下（图 1-5 b. 中国气象局气候变化中心，2019），达到多降水形成涝灾、雪灾的概率在增加，在青藏高原过去"五年一大灾，三年一小灾"，现变为"三年一大灾，小灾年年有"的雪灾格局。在高原的那些干旱半干旱区夏季降水增加，往往造成洪灾和泥石流的发生。为此，为了减缓气候变暖，国家政府对于 CO_2 的排放、吸收给予高度重视。

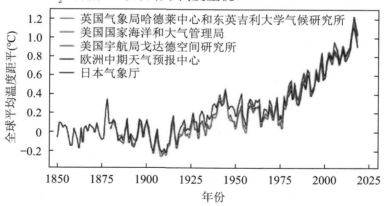

图 1-2　1850—2018 年全球平均温度相对于 1850—1900 年平均值的距平

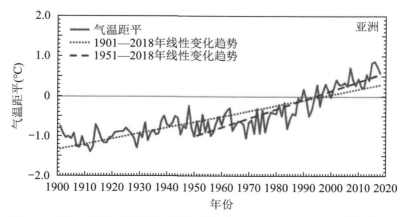

图 1-3　1901—2018 年亚洲年平均气温相对于 1981—2010 年平均值的距平

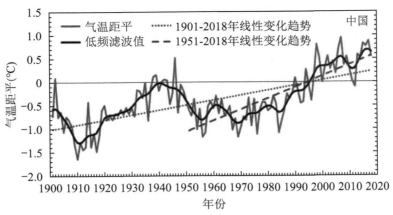

图1-4　1900—2018年中国年平均气温相对于1981—2010年平均值的距平

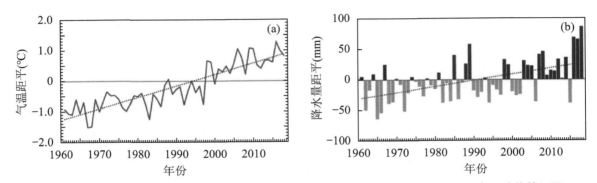

图1-5　1961—2018年青藏地区平均气温（a）和年降水量（b）相对于1981—2010年平均值的距平

　　关于全球变暖，目前科学家们已建立了多种模型来预测气候的变化，这些模型都是建立在大气环流理论基础上，统称为GCM（General Circulation Model）模型，包括UKMO（UK Meteorological Office）模型、GISS（Goddard Institute of Space Studies）模型、NCAR（National Center for Atmospheric Research）模型、GFDL（Geophysical Fluid Dynamics Lab）模型、OSU（Oregen State University）模型等。这些模型都假定CO_2浓度到2030年加倍的前提下对气候变化进行了预测分析（Anderson，1992）。尽管各种模型预测结果在量上有差别，但变化的趋势是基本一致的（CENRRNSTC，1995）。随着大气中CO_2浓度的加倍，全球大气和土壤的温度将升高1.5～4.5℃。这种温度的变化是逐渐的，受海洋水体的影响，大约每10年升高0.3～1.0℃。温度变化幅度的地区性差别较大（Mitchell et al.，1990），在高纬度地区（60°N以上），夏季温度升高幅度将比全球平均水平高50%～100%（即升高4.5～6.0℃），而冬季温度升高幅度可能是全球平均水平的3倍（升高8～12℃），这主要可能是海洋中冰的溶解放热的缘故（William et al.，1994）。当然，我们最近的研究（Du et al.，2019）认为，在高海拔区的雪线附近由于冰雪融化耗热，有可能导致温度升高趋势有所减缓。

　　由于全球气候变暖，水分蒸发量必然增加，全球降水量总体上将有所增加，导致全球的降水格局发生变化。总体的趋势是中纬度地区降水量增大，北半球的亚热带地区降雨量下降，而南半球的降水量增大（Houghton et al.，1990）。温室效应导致全球变暖也会提高海洋表面的蒸发量，从而提高大气中的水汽含量。温室气体效应还会导致海平面上升，根据IPCC（1995）估计，过去的100年中全球海平面上升了10～20 cm。有人预测今后的100年中可能会升高50 cm。另外，全球变暖还导致全球云量发生变化，天气和气候极端事件以及厄尔尼诺现象等，并且对全球植被分布格局产生重要影响。

三、温室气体对全球变暖的影响

生态学家、气象学家、动植物生理学家很早就注意到大气 CO_2 在动植物水过程中的作用与转化，同时注意到 CO_2 在大气中吸收、反射作用。表明 CO_2 在大气中的温室效应不可忽视，它允许太阳短波总辐射无障碍地到达地表，限制红外辐射、大气 / 地表长波辐射向大气外空间发射，犹如玻璃暖房一样。而全球变暖增温潜力（GWP）是指不同的温室气体相对于 CO_2 温室效应的贡献率。GWP 是各种温室气体相对辐射效应的简单测定，其计算公式如下（于贵瑞，2003）：

$$GWP = \int_0^n a_i c_i \mathrm{d}t \Big/ \int_0^n a_{CO_2} c_{CO_2} \mathrm{d}t \tag{1-25}$$

式中：a_i 为微量气体由于单位浓度增长的瞬间辐射强度；c_i 为微量气体浓度；t 为微量气体释放存留时间；n 为进行计算的年数。

自工业革命以来由于化石燃料燃烧、水泥生产以及土地利用变化等人类活动影响，改变了各种温室气体在过去大气中的浓度，不同程度地对全球变暖起着推动作用。IPCC（1996）的报告显示，二氧化碳（CO_2）对全球变暖贡献率为 63.7%，其次为甲烷（CH_4）占 19.2%，CFC_S 占 10.2%，氧化亚氮（N_2O）为 5.7%，其他因素为 1.2%。

四、全球碳循环

碳是生命物质的 3 个首要元素之一，是有机质的共同组分，其无机化合物 CO_2 是碳循环中最关键的物质形态。地球上的碳主要分布在大气、海洋和生物圈。在大气中，大部分碳以 CO_2 的形式存在。而在海洋中，则以二氧化碳（CO_2）、碳酸氢根（HCO_3^-）和碳酸根（CO_3^{2-}）等形式溶解在海水中。至于生物圈中的碳，则主要以有机物的形式被贮存起来。

地球上碳循环主要是指碳元素在大气、海洋、陆地三大碳库中的循环，通常可以将全球的碳库划分为生物、岩石土壤、陆地及海洋水体、大气 4 个相对独立的分室。地球上生命的出现，导致大气中的 CO_2 和溶解在海洋中的碳转变为陆地和海洋中各种各样的无机和有机化合物。

碳在大气、海洋和陆地之间的自然交换被现代的人类活动所调整，主要是化石燃料的燃烧和土地利用变化的结果。在过去 150 年中，人类活动导致 CO_2 等温室气体持续地排放到大气中，使得大气 CO_2 浓度增加了 30%。因此，我们需要了解碳在自然界的循环过程，评估人类活动对全球碳循环过程的影响。除了减少化石燃料使用造成的碳释放之外，利用陆地生态系统植被和土壤对碳贮存积累的优势来降低大气 CO_2 浓度增大的速率可能是一个机会，这是《联合国气候变化框架公约（UNFCCC）》的第三次缔约方大会（COP）关注的焦点。大气、海洋、陆地和淡水系统各碳库间的自然流动和交换在空间和时间上是不断变化的。这种时间上的变化，包括季节之间、年际之间、多年之间和世纪之间的不同时间尺度上的变化，特别是不同生态系统类型之间的碳循环过程的特征具有很大的差异。在地球的碳循环中，与海洋、化石燃料以及地壳的贮存库相比，大气库中 CO_2 的贮存量非常小。在工业革命以前，大气与陆地以及海洋间的交换量基本处于平衡状态。工业革命以来，人类活动正在改变着地球固有的平衡关系，新增了 CO_2 大气库的输入项，化石燃料的燃烧、农业活动、森林的破坏、土地利用与土地覆被的变化等因素都成为大气 CO_2 输入增加的重要因素，使得地球系统固有的大气与陆地以及海洋间的交换平衡受到破坏，导致了全球变化等一系列问题，这成为目前全球变化科学领域研究的核心问题之一。

陆地是人类赖以生存与持续发展的生命支持系统，也是受人类活动影响最大的区域。自 20 世纪以来，人类活动的影响在规模上已从陆地系统扩展到整个地球系统，如大气中温室气体浓度增加、森林锐减、土地退化、环境污染及生物多样性丧失等，特别是人类活动产生的 CO_2 浓度急剧上升和由此导致的增温效应是目前人类面临的最严峻的全球环境变化问题。因此，从 20 世纪 70 年代后期开始，全球碳循环研究受到人类的普遍关注，特别是在几十年到几百年时间尺度上的人类活动，如化石燃料（煤、石油和天然气等）的燃烧和非持续性土地利用（砍伐森林、开垦草地、改造沼泽等）对全球碳循环的影响。陆地碳循环是全球碳循环的重要组成部分，在全球碳收支中占主导地位，研究陆地碳循环机制及其对全球变化的响应是预测大气 CO_2 含量及气候变化的重要基础，这已引起科学界的高度重视（耿元波等，2000）。

1. 全球各圈层的碳储量

全球的碳储量大约为 1.0×10^8 PgC（1 PgC=1 GtC=1×10^{15} gC）（Smith et al.，1993；Schlesinger，1997），其中岩石圈的碳素储量为 9.0×10^7 PgC，主要以有机碳和碳酸盐 2 种形式存在。表 1-1 总结了一些文献报道的对全球各碳库储量的估算（于贵瑞，2003）。

表 1-1　全球各圈层的碳储量（PgC）

碳库	储量	作者	贮存形式
全球总储量	1.0×10^8	Schlesinger（1997）	
	7.5×10^7	Falkowski et al.（2000）	
大气圈	750	山本（1999），Falkowski et al.（2000）	CO_2
	711	Odum（1983）	
陆地生物圈	3 100	Odum（1983）	
	2 477	Falkowski et al.（2000）	
陆地土壤	1 580	山本（1999）	有机碳
	1 395	Post et al.（1982）	
	2 011	Falkowski et al.（2000）	
陆地植物	610	山本（1999）	
	560	韩兴国等（1999）	有机碳
	466	Falkowski et al.（2000）	
岩石圈	9.0×10^7	Schlesinger（1997）	
	$7.5 \times 10^7 \sim 9 \times 10^7$	韩兴国等（1999）	有机 / 无机碳
	7.5×10^7	Falkowski et al.（2000）	
沉积碳酸盐	$> 6.0 \times 10^7$	Falkowski et al.（2000）	
油田岩质	1.6×10^7	Falkowski et al.（2000）	碳酸盐
化石燃料	$5 000 \sim 10 000$	Bolin（1986）	
	12 000	Odum（1983）	有机碳
	4.130	Falkowski et al.（2000）	

表 1-1 只是对地球碳量大致的估计，存在着极大的不确定性。例如，目前对陆地植被碳库的估计范围为 550 ～ 924 PgC，对土壤碳库的估计范围是 710 ～ 2 946 PgC。如表 1-1 所示大气碳库的大小约为 750 PgC，在几大碳库中是最小的，但它却是联系海洋与陆地生态系统碳库的纽带和桥梁，大气中的碳含量多少直接影响整个地球系统的物质循环和能量流动。大气中的含碳气体主要有 CO_2、CH_4 和 CO 等，通过测定这些气体在大气中的含量即可推算出大气碳库的大小，因此，相对于海洋和陆地生态系统来说，大气中的碳量是最容易计算的，而且也是最准确的。

海洋碳库是除地质碳库外最大的碳库，具有贮存和吸收大气中 CO_2 的能力，也是全球碳循环的重要组成部分，其可溶性无机碳含量约为 3.74×10^4 PgC，是大气中碳储量的 50 多倍，在全球碳循环中的作用十分重要，但碳在深海中的周转时间也较长，平均为几百年到千年尺度。从千年尺度上看，海

洋决定着大气中的 CO_2 浓度（Falkowski et al.，2000）。大气中的 CO_2 不断与海洋表层进行着交换，这一交换量在各个方向上可以达到 90 PgC/a，从而使得大气与海洋表层之间迅速达到平衡（Falkowski et al.，2000）。由于人类活动导致的 30% ～ 50% 碳排放量将被海洋吸收，但海洋缓冲大气中 CO_2 浓度变化的能力不是无限的，这种能力的大小取决于岩石侵蚀所能形成的阳离子数量。由于人类活动导致的碳排放的速率要比这种阳离子的提供速率大几个数量级，因此，在千年尺度上，随着大气中 CO_2 浓度的不断上升，海洋吸收 CO_2 的能力将不可避免地会逐渐降低（Kleypas et al.，1999）。由于海洋碳库的周转时间也较长，可以说海洋碳库基本上不依赖于人类的控制，而且由于测量手段等原因，相对于陆地碳库来说，对海洋碳库的估算是比较准确的。

2. 陆地植被和土壤的碳蓄积量与空间格局

如前所述，如果对于大气和海洋碳库的容量可以得到准确的估算的话。但对陆地生态系统中植被碳库还是土壤碳库的估算，两者都有很大的不确定性，学者间估算得到的误差就较大了，特别是对于生态系统退化的区域的碳容量估算更难以把握。这主要是由估算方法的不同和估算中的各种不确定性造成的。从全球不同植被类型的碳贮存情况来看，陆地生态系统碳贮存主要发生在森林地区，森林生态系统在地圈、生物圈的生物地球化学过程中起着重要的"缓冲器"和"阀"的功能（蒋有绪，1996），约 80% 的地上碳贮存（主要是植被）和约 40% 的地下碳贮存（土壤、凋落物和根系等）发生在森林生态系统（Dixon et al.，1994）余下的部分主要贮存在耕地、湿地、冻原、高山草原及沙漠半沙漠中。从不同气候带来看，碳贮存主要发生在热带地区，全球 50% 以上的植被碳和近 1/4 的土壤有机碳贮存在热带森林和热带草原生态系统。另外，约 15% 的植被碳和近 18% 的土壤有机碳贮存在温带森林和草地，剩余部分的陆地碳贮存则主要分布在北部森林、冻原、湿地、耕地及沙漠和半沙漠地区（Watson et al.，2000）。植被碳库和土壤有机碳库中还包含不同的子碳库，其周转时间或长或短，这就形成了所谓的"暂时性碳汇"。例如，CO_2 浓度升高使树木生长加快从而形成碳汇，这些树木一般要存活几十年到上百年，然后腐烂分解，通过异养呼吸返回大气中。因此，自然生态系统的碳贮存和碳释放在较长时间尺度上是基本平衡的，除非陆地生态系统碳库的强度加大，否则任何一个碳汇迟早会被碳源所平衡。

3. 全球碳循环与循环通量

全球碳循环是指碳素在地球的各个圈层（大气圈、水圈、生物圈、土壤圈、岩石圈）之间迁移转化和循环周转的过程。在漫长的地球历史进程中，碳循环最初只是在大气圈、水圈和岩石圈中进行，随着生物的出现，地球表面形成生物圈和土壤圈，碳循环便在 5 个圈层中进行，碳素的循环就从简单的地球化学循环进入复杂的生物地球化学循环，而生物圈和土壤圈在碳循环过程中扮演着越来越重要的角色。

碳循环的主要途径是大气中的 CO_2 被陆地和海洋中的植物吸收，然后通过生物或地质过程以及人类活动的干预，又以 CO_2 的形式返回大气中。就流量来说，全球碳循环中最重要的是 CO_2 的循环，CH_4 和 CO 的循环是较次要的部分（耿元波等，2000）。目前全球碳循环的研究工作主要是估算各碳库的储量和碳库间的交换通量。地球碳循环中生物、岩石土壤、陆地及海洋水体、大气是 4 个相对独立的分室，为主要的碳库。不同研究者所给出的全球碳循环概况，通过比较可以发现，各研究者所确定的各碳库容量，以及碳库间的交换通量存在着较大的差异，这说明当前对全球碳循环估计存在很大的不确定性。

五、全球碳循环与碳平衡研究中的科学问题

40 年前开始观测大气中的 CO_2 变化以来，为了确认和预测各种陆地生态系统 CO_2 源汇关系及其对气候变化的响应和反馈作用，世界范围内的科学家们从不同侧面做了大量的研究工作。可是目前对

陆地生态系统碳蓄积、碳循环的许多物理、化学和生理生态学过程的理解还十分有限，很多过程的机理尚不完全清楚；在陆地生态系统碳库容量和土壤、植被、大气圈层间的碳交换通量的评价等方面，还存在着诸多不确定性。最近 IGBP、IHDP 和 WCRP 提出的国际合作研究计划，其总目标是要为社会提供有关碳循环的新的科学认识，为社会政策讨论和行动计划提供理论基础，其重点是要回答：

1) 目前全球碳源汇的时空格局如何？

2) 决定几年到几千年尺度上碳循环动态的控制与反馈机制（人为和非人为的）是什么？

3) 未来全球碳循环的可能动态如何等科学问题。

要回答这些问题还需要科学家们在以下几个方面开展长期的研究工作。

1. 全球碳贮存方式的问题

碳在地气系统中贮存方式较多。大气中的碳主要以气态形式存在，主要有 CO_2、CO、CH_4 以及人类活动影响下排放的其他含碳气体。当然也包含了人、其他动物排放的含碳气体。植被 / 土壤中碳也以多种方式存在。植物在发生光合作用时需要水和 CO_2，进而固持为植物碳，植物碳是初级消费者的最基本来源。所固定的植物碳，又不断地发生呼吸向大气释放碳，同时也转移至地下形成较高的根系生物量，植物地上部分和地下部分又不断分解、淋溶、根系分泌等多种不同形式的转化补给土壤碳，增加土壤有机质（有机碳）。土壤碳又在环境因素及人类活动的影响下，一部分贮存在土壤中，另一部分又发生土壤呼吸排放到大气中，还有一部分依土壤底层渗漏淋溶至更深层土壤甚至流入地下水系，在其他地区露出地表、注入江河，最终流入大海而增加海洋碳。人们用不同方法计算过全球陆地与海洋、全球陆地生态系统、亚洲、中国乃至青藏高原的碳储量状况（表 1-1）。但是，由于地区差异造成不同地区碳储量差异较大，就是同一地区，也因计算方法的不统一，其结果也有很大的不同，这是因为在全球范围碳的存在方式丰富多样，而且并非简单的贮存。为此，需要从多个角度关注碳的存在方式的研究，包括物理的、化学的。

2. 未知碳汇与陆地生态系统碳源汇格局问题

在几十年到几个世纪的时间尺度上，人们主要关心的是碳在大气圈、海洋和陆地生态系统（包括植物和土壤等）3 个碳库之间进行的连续交换，即碳的流量问题或者说是碳源和碳汇的问题。大气圈与陆地生态系统之间碳的交换过程存在的未知问题最多，受人类活动的影响最大，是全球碳循环的研究重点（Post et al.，1990；Houghton et al.，1992；Sundquist，1993）。自从 1938 年 Callendar（1938）首先提出 CO_2 收支不平衡这一问题以来，60 多年过去了，这个问题仍然是困扰科学界的一大难题。

化石燃料燃烧排放的 CO_2 是目前了解最清楚的一个量值，每年约为 6.0 PgC（Dale，1994；Houghton，1995；Schlesinger，1997），如果这些 CO_2 全部存留在大气中，将使大气 CO_2 浓度以每年 0.8% 的速率递增，但实际上目前的增加速率仅为 0.4%/a，也就是说不考虑别的排放途径，每年化石燃料排放的 CO_2 中也只有 56%（3.36 PgC）保留在大气中（Keeling et al.，1995），其余 33%（2 PgC）被海洋吸收（Siegenthaler et al.，1993；Quary et al.，1992），两者合计约占燃料燃烧年排放量的 89%，也还存在 11%（0.66 PgC）的"未知碳汇"。在进行大气 CO_2 源汇平衡的运算中，通过海洋环流和海水 CO_2 溶解模型、生物地球化学模型以及测量大气—海洋 CO_2 分压差异估计的 20 世纪 80 年代全球海洋碳吸收通量，在 2 ± 0.8 PgC/a（Houghton，1996），而对土地利用变化造成的 CO_2 排放量的估计差异较大，它占化石燃料燃烧排放量的 18% ～ 60%（1960 年以后）（Dale，1994），其中 1980 年为 0.6 ～ 2.5 PgC/a，1990 年为 1.1 ～ 3.6 PgC/a（Houghton，1995）。如果海洋的吸收量是准确的，那么"未知碳汇"就只能存在于陆地，而土壤和植被是可能的汇（Harrison and Broecker，1993）。若考虑土地利用变化等途径排放的 CO_2，1958—1978 年这部分碳汇大约有 3.7 PgC，20 世纪 80 年代平均约有 1.8 PgC/a（Houghton et al.，1990；Houghton et al.，1992）。

目前对"未知碳汇"的量有以下几个估计值：2.5 PgC（Houghton，1995），1.9 ± 1.2 PgC

（Houghton，1996）和 1.7 PgC（Schlesinger，1997）。这一"未知碳汇"一般认为存在于陆地生态系统，分布区域可能在北半球中纬度地带（Tans et al.，1998；Siegenthaler et al.，1993；Ciais et al.，1995；Fan et al.，1998；陈泮勤等，2008；于贵瑞等，2018）。但对碳汇的具体位置及强度仍有争议（Dixon et al.，1994；Holland et al.，1997；方精云等，2001；Foody，1996；王效科等，2002），对于"未知碳汇"在陆地上的空间分布和吸收强度有许多不同的看法。CO_2 观测资料的稀少、模型的不完善以及使用不同的资料和模型进行计算是造成差异的主要原因，也是难以区分陆地碳汇的最主要原因（Fan et al.，1999）。因而，仍需要强化研究，进一步降低观测和模拟的不确定性，确定可能的碳吸收区及其机制。

一些研究表明，亚马孙流域的森林砍伐，已经使该地区的生态系统由碳汇变成为一个碳源。东南亚热带雨林地区也已得到国际社会的关注。近年来，北半球陆地生态系统对全球碳循环的影响也逐渐成为新的研究热点区域，其原因是北半球中高纬度温带和寒带森林分布面积广，土壤碳储量高，气候变化可能带来的影响会更大。Tans et al.（1998）对南北半球大气 CO_2 浓度梯度以及洋面 CO_2 分压数据的分析表明，北半球温带地区，每年的碳吸收量为 0.5～0.8 PgC/a。这个碳汇可能补偿或大于热带雨林造成的碳排放，而且这一纬度大气 CO_2 的 $^{13}C/^{12}C$ 比值大于化石燃料燃烧排放碳中的比值，以及大气 CO_2 浓度的季节性变动进一步表明了可能是植物光合过程引起的净碳吸收。

3. 人类活动对全球碳循环的影响问题

生物地球化学循环各种动力学特征是大量物理、化学和生物过程作用的结果。这些过程发生在宽广的时间和空间尺度上。在没有严重扰动的条件下，这些过程可以使每种元素有一个在源和汇之间近似平衡的自然环境，这样在该循环的时间尺度上就会出现一个不到千年的准稳态（Morre et al.，1994）。人类自古以来已经开始改变自然系统，但是仅仅从工业革命开始后，人类活动才在全球规模上显著地改变生物地球化学循环。在化石燃料没有被开发利用之前，地球的碳循环主要是从大气的二氧化碳贮存库开始，经过陆地的植物和海洋的水生生物的光合作用固定于生态系统之中，然后经过生物呼吸分解再返回大气库中。此外，岩石圈中的碳也可通过风化、溶解和火山爆发，生物圈的碳也可通过森林火灾、化石燃料的自然燃烧等途径返回大气库中。在长期的历史进化过程中，植物通过光合作用从大气中摄取碳的速率与通过呼吸和分解作用向大气释放碳的速率大体相同，保持了地球碳收支的基本平衡。可是，自工业革命开始，人类开始大量开发利用化石燃料，打破了地球碳收支的平衡状态。影响这一变化的主要是人类活动、化石燃料燃烧和土地利用开发造成的全球植被状况的改变。

探寻全球碳循环的时空格局及其自然生态系统和人类社会的影响机制、了解驱动碳循环的各种过程和反馈机制一直是备受关注的重大科学问题。尤其是近十几年以来，随着环境问题的日益突出以及《联合国气候变化框架公约（UNFCCC）》的外交谈判中对碳循环科学依据的客观需要，人类活动对碳收支格局的定量评价、预测及其影响机制的研究已成为全球变化、生态学及地球科学领域的前沿和热点之一。

人类开采使用化石燃料、燃烧生物残留物及土地利用和土地覆盖变化增加了大气中的 CO_2，其实质是将岩石、生物体和土壤中的有机碳以 CO_2 的形式释放到大气。同时，土地利用方式和农业耕作制度的改变也会在某种程度上加速了碳循环，减少陆地生态系统中植被有机碳储量。温带原始生态系统转化为农业生态系统后在耕作最初的 25 年土壤有机质损失达 50%（Paul et al.，1997），而在热带雨林地区损失 50% 仅用 5 年时间（Matson et al.，1997）。在刀耕火种的土地利用方式中，如果火烧和耕作的频度和强度大时，土壤中的碳会明显减少。如果仅仅是采伐森林，虽然减少了生物碳量但往往土壤碳含量没有明显的变化，而在采伐后再加以农垦，则土壤碳含量会迅速减少。森林采伐后开垦为农场，土壤碳将减少 20%，种植农作物 5 年，使土壤碳减少 40%。我国东北黑土耕作 10 年有机碳减少 30.64%，50 年后减少 54.91%（叶笃正，1992）。土壤有机碳主要在耕作中的前 10 年快速下降，其后下降速率减慢（赵其国等，1990）。而原始森林破坏后，种植人工林比自然次生林土壤碳恢复得更快，一些追踪调查发现，退耕还林后 30～90 年，土壤碳分别恢复到原来的 80%～90%（聂道平等，1997）。将森林和草原自然植被改变为农田和园地后，虽然将生态系统的第一性净生产力转化成了更有用的形式，但经人类使用后，该部分生物量中的碳素很快会被释放到大气中，从而使被利用的陆地生态系统转变成为碳源（Furley，1998）。

4. 全球碳循环通量与收支评价的不确定性问题

尽管已有学者对全球各类碳库以及碳库间的碳交换通量做过很多评估，可是目前关于海洋生物和陆地植物碳吸收量公认的估计误差为 ±50%～100%，对土地利用变化引起的碳排放的估算误差为 ±100%。这种对全球各类碳库以及碳库间的碳交换通量估计的不确定性是造成全球碳源汇时空格局不清晰和碳汇丢失的根本原因，依然是当前重大的科学问题（Emanuel et al.，1981）。同时，生态系统碳循环过程是在不同时间和空间尺度上发生的，包括从瞬时的 GPP 反应到生态系统。而且，由于陆地生态系统的复杂性和多样性，植被、土壤和气候均存在空间和时间上的极大差异，各种不同生态系统类型的反应速度、分解速度和碳贮存能力也存在较大差异（汪业勖等，1998），这些都增加了陆地碳循环研究的不确定性（郭李萍等，1999）。

估计植被碳库的通常方法是在分析土地利用类型的基础上，从实地调查和大量统计结果来估计不同陆地生态系统类型的分布及其碳密度。但这也只能是对区域上的有限样本做出的估计，不能说明估计的精度（Smith et al.，1993）。另外一种方法就是根据植被和气候、土壤之间的相互关系，建立如 Holdrige 生命地带系统、BIOME、MAPSS 等模拟模型，模拟陆地表面潜在的或自然的植被分布（Smith et al.，1992；Cramer et al.，1999），再根据植被类型的平均碳密度估计植被碳库的贮存量，同时还可以建立环境因子与初级生产力之间的关系。这种方法的优点是可以预测气候变化情景下的陆地植被分布和碳库的贮存量变化，其缺点是难以反映人类活动引起的土地利用和土地覆被变化的影响，通常会导致较高的估计结果。

早期对土壤有机碳的估计是根据少数几个土壤剖面资料进行推算的，如 Rubey（1951）根据不同研究者发表的美国 9 个土壤剖面的碳含量，推算了全球土壤有机碳库为 710 PgC。Bohn（1976）利用土壤分布图及相关土组的有机碳含量，估计全球土壤有机碳库为 2 946 PgC。这两个估计值成为当前对全球土壤碳库的碳贮存量估计的上限和下限。20 世纪 80 年代，为了研究全球碳循环与气候、植被及人类活动等因素之间的相互关系，一些统计方法开始应用于土壤碳库的估计，如 Post et al（1982）在 Holdridge 生命地带模型的基础上建立了全球土壤碳密度的地理分布与植被和气候因子之间的相互关系。他们收集了 2 696 个土壤剖面，建立了土壤密度与气候及植被分布之间的关系图，最后根据土壤碳密度及其相关面积估计出全球 1 m 厚度的土壤有机碳库为 1 395 PgC，这一数据被广泛引用。但是该研究是在基于陆地主要植被类型面积的基础上进行统计计算的，而不是依据不同土壤类型的面积和分布进行计算，并且所收集的数据在取样和分析方法上都存在差异，因此对估计结果的精度必然产生一定的影响，Schlesinger（1985）等依据土壤类型对全球土壤碳库进行了估计，得出全球土壤碳库为 1 515 PgC。

人们常用两种方法来估计土地利用对陆地和大气间碳交换量的影响。称为重建的方法是依据土地利用变化的数据记载来估计土壤和植被中的碳储量的变化，后来的研究者认为，由于对初期未受干扰的生态系统的碳储量很可能估计过低，且忽视了土地变为耕地过程中碳储量是缓慢减少的事实，该方法所作的估计与实际大气碳含量不相符（偏高）。另一称作反演的方法，则是从大气碳量的增加量中减去化石燃料释放的碳量，同时考虑海洋的吸收，将最终所得的差值看成陆地生态系统对大气碳增量的贡献。但由于各种土地利用变化而引起的每年碳净排放量变化以及化石燃料燃烧引起每年碳净排放量变化均有所不同，其反演的方法得到的趋势也有一定的差异性。

六、高寒草地固碳与碳贮存和减排增汇问题

青藏高原高寒草原地区虽然处在高海拔范围，受水热因素影响，特别是受热量条件的限制，植被生长低矮，净初级生产量低，地上净初级生产量一般在 40～200 gC/m²，那些三江源西部地区的高寒草原和高寒荒漠，其地上净初级生产量甚至低于 40 gC/m²，除了热量条件尚好的久治—诺尔盖、青海湖—祁连山部分区域的高寒湿地能达到 200 gC/m² 及其以上外，大部分均较低。尽管草地生产力较低，但由于高寒草地长期处于低温状态下，土壤积累了大量的有机质碳；但在近 40 年来气温不断升高的状况下，将势必加速土壤有机质的分解和 CO_2 的排放。

同时，高寒草地均为放牧区域，而且均处在超负荷放牧状况，过度的放牧，每年地表现存量到次年植被进入春季周期生长的初期（4—5 月）基本被家畜觅食殆尽，大部分地区地表无植被枯落物的覆盖而处于裸露状态。冬季又是干旱时期，虽有降雪产生，但这些降雪积累期相对较短，降水对枯落物的淋溶作用明显下降，导致枯落物对土壤碳的补给能力大大降低。因此，高寒草地处于低生产力导致的碳补给能力下降，全球气候变暖导致的积累的大量有机质加速分解，而人类放牧等不合理活动可能进一步使之恶化，使高寒草地对气候变暖产生正反馈作用，加速气候变暖。

这就面临如何提高植被生物量给予土壤碳的补给问题，同时，面对温暖化气候影响如何做到减少土壤碳的呼吸排放，并增加碳贮存、强化碳汇能力的问题。为此，如何科学应对气候变化，加强高寒草地碳管理则成为重要的科学和现实问题。

第二章　生态系统地表水、热、碳通量测定与数据质量控制 ①

在近地层，由于地表摩擦、地面加热和空气浮力的作用，发生着大大小小、上下作用的运动，这些运动速度与方向都极不规则并且不断变化的气团被称为湍涡。很多大小不同、相互叠加的湍涡便形成了湍流。地表湍流是近地层大气运动的一个重要物理特征，湍流输送是地面和大气间进行热量、动量和水汽交换的主要方式，它控制了输送给大气的热量和大尺度运动的动能耗散，影响大气的水分收支。

测量近地层（地表与大气、植被层与大气、土壤与植被冠层）湍流状况和水汽、热，以及微量气体的浓度变化可以得到有关地表能量、气体排放通量的信息。这种依据微气象学原理推导地表水热碳（包括其他气体）排放通量的方法称为微气象法。利用微气象法测定植被与大气间气体交换通量的主要方法有涡度相关法、空气动力学廓线法、能量平衡法以及近年来发展起来的松弛涡度累积法。在涡度相关法被广泛应用以前，主要是利用基于能量和物质通量与它们的垂直方向梯度成正比的空气动力学法测定群落与大气间能量和物质交换，目前国际上以涡度相关技术为主要的通量观测手段。为了掌握地表水、热、碳等通量测定以及监测数据质量的提高，学者们进行了大量的研究，取得的成果是丰富的。本章是在作者对陆地生态系统地表水、热、碳通量测定与数据控制的理解，以及大量参考于贵瑞等（2006）著作《陆地生态系统通量观测的原理与方法》的基础上撰写而成，以为读者掌握地表水、热、碳通量测定技术与数据质量控制提供基础知识的储备。

第一节　生态系统能量通量测定方法与技术

地球上的动植物无时无刻不生活、生长在近地层大气中，没有大气就没有生命及其生命活动所需要的各类养分、食物等。地球表面的物质交换、能量流动乃至动植物群落结构与功能都离不开大气。从宇宙的宏观角度上讲地球大气是稳定的，但从全球及区域尺度来说，大气无时无刻不在发生着变化，这种变化在能量传递和物质循环中起到极为重要的作用。天气变化中的云、水、雾、雪，地表面的生物生产活动均是能量传递和物质循环的结果。为此，人们对能量传递和物质循环的研究从未间断。对水、碳与能量通量的计算提出很多种方法，且在不断更新完善中。较常用的有扰动相关法、梯度通量法、风速廓线下的混合场方法、整体空气动力学方法、整体传输方法、能量平衡法、综合方法、彭曼（Penman）法等。这些方法均基于不同气象学原理，进行动量通量、感热通量、潜热通量以及物质通量的计算。鉴于本书着重于微气象—涡度相关法观测方法，故给予重点讨论，其他方法可见相关著作与文献。

---

① 本章执笔：李英年，张法伟，王军邦

一、基本原理

植被与大气之间动量、能量和物质的交换，主要是在大气表面层中通过湍流输送发生和进行。也就是说，计算近地面层的湍流垂直输送时，通常被考虑为水平均匀条件下，基于莫宁—奥布霍夫（Monin-Obukhov）相似理论建立的方法。如波文比法，空气动力学方法，能量平衡方法及梯度法等，这些微气象技术方法成为动量、能量和物质通量的主要监测方法。但在近地面层中应用以上4种方法都是假设热量交换系数（K_h）和水汽湍流交换系数（K_w）相等（$K_h = K_w$），或由试验确定一致性较好为基础，这个假设在水平均匀，来流路径足够大时，以及大气状况与中性大气差别不大时是成立的。同时，在能量平衡法，空气动力学法和梯度法中稳定度函数 [$\phi_{M,H}(\zeta)$] 的形式有多种，要通过实测资料进行适用性检验，其确定的方法常采用 Dyer（1974）提出的建议形式。在本节的第二至四部分我们分别给出了空气动力学方法、波文比能量平衡方法及梯度法计算能量通量的过程，微气象—涡度相关法在第五部分简略概述后在第二节做了详细的介绍。由于计算过程中将涉及较多的参数，故在第六部分分述了相关参数的计算方法或模拟计算的经验公式。

对于地表能量通量的计算多为微气象方法，这些微气象技术也得到广泛的应用（刘树华等，1996；周明煜等，2000）。其基本的原理建立在大气动力学基础上。在大气近地面边界层中，单位时间内单位面积上垂直输送的动量、感热和潜热可以表达为：

$$\tau = \rho \overline{w'u'} = \rho u_*^2 \tag{2-1}$$

$$H = \rho C_p \overline{w'\theta'} = -\rho C_p u_* \theta_* \tag{2-2}$$

$$\lambda E = \rho \lambda \overline{w'q'} = -\rho \lambda u_* q_* \tag{2-3}$$

其整体空气动力学通量可表示为：

$$\tau = \rho C_D u^2 \tag{2-4}$$

在近地表的空气层中，根据莫宁—奥布霍夫（M-O）定常和水平均匀条件下，近地面层中风速、温度和湿度梯度仅只是有效高度（z）和稳定度参数（ζ）的函数的相似理论，则有平坦下垫面的通量—廓线关系有：

$$\phi_M(\zeta) = \frac{k(z-d)}{u_*} \frac{\partial u}{\partial z} \tag{2-5}$$

$$\phi_H(\zeta) = \frac{k(z-d)}{\theta_*} \frac{\partial \theta}{\partial z} \tag{2-6}$$

$$\phi_W(\zeta) = \frac{k(z-d)}{q_*} \frac{\partial q}{\partial z} \tag{2-7}$$

能量平衡方程有：

$$R_n - G = H + \lambda E + Q + C$$

或：

$$R_n = \lambda E + H + G = -\rho \lambda K_w \frac{\partial q}{\partial Z} - \rho C_p K_h \frac{\partial T}{\partial Z} + G \tag{2-8}$$

式（2-1）～（2-8）中：τ 为动量通量（kg/（m·s²））；H 为感热通量（W/m²）；λE 为潜热通量（W/m²）；ρ 为大气密度（kg/m³）；C_p 为空气定压比热（J/（K·kg））；λ 为水的汽化潜热（J/kg）；u、θ、q 分别为平均风速（m/s）、位温（K）、比湿（kg/kg）；u_* 为摩擦速度（m/s），有：$u_* = (\tau/\rho)^{1/2}$；u'、w' 分别水平（x）和垂直（z）方向的脉冲风速（m/s）；θ' 和 q' 分别为位温和比湿的脉动值；θ_* 为位温尺度（K），θ 与温度（T）有 $\theta = T\left(\frac{1000}{P}\right)\frac{AR_d}{C_{pd}} \approx T\left(\frac{1000}{P}\right)\frac{R_d}{C_{pd}}$ 的换算关系，

并由 $T_* = -\overline{\omega'T'}/u_*$ 换算为 θ_*；q_* 为比湿尺度（kg/kg），$q_* = -\overline{\omega'q'}/u_*$；$C_D$ 为动量交换曳力系数，是地气间交换的一重要参数；ζ 为稳定度参数，有：$\zeta = \dfrac{z-d}{L}$（这里，L 为 M-O 长度（m），有：

$$L = \frac{\rho C_p \overline{\theta} u_*^3}{kgH} = \frac{\theta u_*^3}{kgT}，\text{或：} L = -u_*^3 / k\frac{g}{\theta}\overline{\omega'T'}）；\phi_M(\zeta)、\phi_H(\zeta)、\phi_W(\zeta)$$ 分别为动量、热量和水汽交换无因次梯度函数（或说水汽垂直交换通用稳定度函数）；k 为卡曼（Karman）常数，取 0.35；d 为零平面位移（m）；R_n 为净辐射通量（W/m²）；Q 和 C 分别为植物光合作用所消耗的能量和下垫面贮存的能量；G 为土壤热通量（W/m²）。

将式（2-5）～（2-7）式积分，得到通量—廓线关系的积分表达式为：

$$\overline{U} = \frac{U_*}{k}\left[\ln\frac{(Z-d)}{Z_0} - \psi_M(\zeta)\right] \tag{2-9}$$

$$\overline{\theta} = \frac{\theta_*}{k}\left[\ln\frac{(Z-d)}{Z_0} - \psi_H(\zeta)\right] \tag{2-10}$$

$$\overline{q} = \frac{q_*}{k}\left[\ln\frac{(Z-d)}{Z_0} - y_W(z)\right] \tag{2-11}$$

式中：Z_0 为地表粗糙度长度；$\psi_M(\zeta) = \int_{\zeta_0}^{\zeta}\dfrac{1-\phi_M}{\zeta}\mathrm{d}\zeta$，$\psi_H(\zeta) = \int_{\zeta_0}^{\zeta}\dfrac{1-\phi_H}{\zeta}\mathrm{d}\zeta$，$\psi_W(\zeta) = \int_{\zeta_0}^{\zeta}\dfrac{1-\phi_q}{\zeta}\mathrm{d}\zeta$ 分别是风速、温度和湿度廓线的稳定度修正函数。

方程（2-5）～（2-8）中的普适函数已多有研究，目前被广泛应用的是 Businger-Dyer 关系式（Businger et al.，1971）：

$$\phi_M = [1-\gamma(Z/L)]^{-1/4} \quad (Z/L<0) \tag{2-12}$$

$$\phi_M = 1+\delta(Z/L) \quad (Z/L>0) \tag{2-13}$$

式中：比例系数 γ、δ 和指数并不唯一，有一定的取值范围，一般 γ 取 16，δ 取 5（Businger et al., 1971）。湿度因其测量较困难，通常取与温度一样的表达形式。

相应地，温度通量—廓线关系可表达成：

$$\phi_H = [1-\gamma'(Z/L)]^{-1/2} \quad (Z/L<0) \tag{2-14}$$

$$\phi_H = a+\delta'(Z/L) \quad (Z/L>0) \tag{2-15}$$

选定 $\phi_m(Z/L)$、$\phi_n(Z/L)$ 和 $\phi_W(Z/L)$ 的函数式和参数后，基于方程（2-5）～（2-7）或（2-9）～（2-11）即可通过迭代法与湍流通量相当的 u_*、T_* 和 q_*。这种确定通量的方法称为廓线法、梯度法或空气动力学法。具体作法是首先用廓线资料拟合或用有限差近似算出方程（2-5）～（2-7）左边各导数项，取合理的 ζ 值进入迭代，得到接近收敛的 u_*、T_*、q_* 和 L 值。再采用积分式通量廓线方程（2-9）～（2-11），以一个高度或两个高度的风速差、温度差和比湿差按下列公式迭代求解：

$$u_* = \frac{ku}{\log\left(\dfrac{Z-d}{Z_0}\right) - \psi_m\left(\dfrac{Z-d}{L}\right)} \tag{2-16}$$

或

$$u_* = \frac{k(_2-u_1)}{\log\left(\dfrac{Z_2-d}{Z_1-d}\right) - \psi_m\left(\dfrac{Z_2-d}{L}\right) + \psi_m\left(\dfrac{Z_1-d}{L}\right)} \tag{2-17}$$

$$T_* = \frac{k(\theta_2-\theta_1)}{\log\left(\dfrac{Z_2-d}{Z_1-d}\right) - \psi_n\left(\dfrac{Z_2-d}{L}\right) + \psi_n\left(\dfrac{Z_1-d}{L}\right)} \tag{2-18}$$

q_* 的计算式与（2-18）完全对称。式（2-16）中的观测高度可与温差和湿度的高度不同。利用方程（2-16），要求给定地表粗糙度，而利用方程（2-17）则需要两层风速梯度。在青藏高原地表粗糙度 Z_0 一般取 0.013 6 m 即可（周明煜等，2000）。当然也有众多的其他经验计算公式。

将式（2-5）～（2-7）代入式（2-1）～（2-3），即可得到表达动量、热量和水汽的感热通量、潜热通量和动量通量方程：

$$\tau = \rho k^2 (z-d)^2 \left(\frac{\partial u}{\partial z}\right)^2 \phi_M^{-2} \tag{2-19}$$

$$H = -\rho C_p k^2 (z-d)^2 \frac{\partial u}{\partial z}\frac{\partial \theta}{\partial z} F_H \tag{2-20}$$

$$\lambda E = -\rho \lambda k^2 (z-d)^2 \frac{\partial u}{\partial z}\frac{\partial q}{\partial z}_W \tag{2-21}$$

式中：$F_H = (\phi_M \phi_H)^{-1}$，$F_W = (\phi_M \phi_W)^{-1}$，分别为感热、潜热稳定度层结影响函数。

在实际当中也可将位温（θ，将干空气块从某高度绝热地压缩或膨胀而移到气压为 1 000 hPa 处时所具有的温度）和比湿（q，湿空气中水汽的质量和湿空气的总质量之比）可用温度（T）和水汽压（e）替代，分别有：$\theta = T\left(\frac{1\,000}{P}\right)\frac{AR_d}{C_{pd}} \approx T\left(\frac{1\,000}{P}\right)\frac{R_d}{C_{pd}}$，$q = \epsilon \frac{e}{P-e} \approx \epsilon \frac{e}{P}$。其中，$P$ 为气压；R_d 为干空气气体常数；C_{pd} 为干空气定压比热；A 为功热当量；$\epsilon = 0.622$，为水汽分子与干空气分子的重量比。

由此可以由上述基本方程表达式来计算动量通量、感热通量、潜热通量。这些表达式因能量平衡法、空气动力学法和梯度法不同而不同。同时，在能量平衡法、空气动力学法和梯度法中稳定度函数形式有多种表达方式，可通过采用实测资料进行适用性检验后来确定（Dyer，1974）。

二、空气动力学方法

在均匀下垫面近地面层中，根据 M-O 相似理论，在空气动力学粗糙表面上仿照式（2-5）～（2-7）有：

$$\frac{\partial u}{\partial z} = \frac{u_* \phi_M(\zeta)}{k(z-d)} \quad z > h \tag{2-22}$$

$$\frac{\partial \theta}{\partial z} = \frac{\theta_* \phi_H(\zeta)}{k(z-d)} \quad z > h \tag{2-23}$$

$$\frac{\partial q}{\partial z} = \frac{q_* \phi_W(\zeta)}{k(z-d)} \quad z > h \tag{2-24}$$

式中：h 为地表粗糙元的平均高度（m）；其他符号意义同前。

如果在已有风速、温度（可用下垫面粗糙元平均高度处的温度替代，即用 T 替代 θ）和湿度的梯度测量资料条件下，可由式（2-22）～（2-24）确定 u_*、θ_*、q_*，再利用式（2-1）～（2-3）确定动量通量、感热通量、潜热通量（周明煜等，2000）。

另外，在近地表层，动量、感热、潜热的垂直输送方程为：

$$\tau = \rho K_m \frac{\partial u}{\partial z} \tag{2-25}$$

$$H = -\rho C_p K_h \frac{\partial \theta}{\partial z} \tag{2-26}$$

$$\lambda E = -\rho \frac{\lambda \epsilon}{p} K_w \frac{\partial q}{\partial z} \tag{2-27}$$

或：
$$\tau = \rho k^2 (z-d) \cdot \left(\frac{\partial u}{\partial z}\right)^2 \cdot \Phi_m \zeta^{-2} \tag{2-28}$$

$$H = -\rho c_p k^2 (z-d)^2 \cdot \frac{\partial u}{\partial Z} \cdot \frac{\partial T}{\partial Z} \cdot \Phi_m \zeta^{-1} \Phi_h(\zeta)^{-1} \tag{2-29}$$

$$\lambda E = -\rho c_p k^2 (z-d)^2 \cdot \frac{\partial u}{\partial z} \cdot \frac{\partial T}{\partial z} \cdot \gamma^{-1} \Phi_m(\zeta)^{-1} \Phi_w \zeta^{-1} \tag{2-30}$$

或：
$$H = -\rho c_p u_*^2 \cdot \frac{\partial T}{\partial u} \cdot \Phi_m(\zeta) \Phi_h(\zeta)^{-1} \tag{2-31}$$

$$\lambda E = -\rho c_p u_*^2 \cdot \frac{\partial e}{\partial u} \cdot \gamma^{-1} \Phi_m(\zeta)^{-1} \Phi_w(\zeta)^{-1} \tag{2-32}$$

式中：ϵ 为水汽分子和干空气分子的摩尔质量比；K_m、K_h 和 K_w 分别为动量、热量和水汽的交换系数。其中，负号表示当温度和比湿随高度增加而降低时，感热通量和潜热通量是由作用层指向大气。

上述计算公式中有效高度（z）一般有：$z = \sqrt{(z_1-d)(z_2-d)}$（m）；零平面位移（$d$）通常在植被区取 0.63 m，大气密度（$\rho$）取 $1.289\,7 \sim 0.004\,9\,T$（kg/m³）；空气定压比热（$c_p$）取 1 004 J/（kg·K）；水汽化潜热（$\lambda$）取 2.5×10^6（J/kg）；干湿表常数有：$\gamma = c_p P / \in \lambda = 0.65 (\text{hPa/K})$；水汽分子与干空气分子的重量比（$\epsilon$）取 0.622；风速、温度和湿度垂直梯度 $\frac{\partial u}{\partial z}$、$\frac{\partial T}{\partial Z}$（或 $\frac{\partial \theta}{\partial Z}$）和 $\frac{\partial e}{\partial u}$ 计算时根据两个高度上的 $u(z)$、$\theta(z)$、$e(z)$ 的观测值，采用以下几何平均求得（Verma et al.，1978）：

$$\frac{\partial s}{\partial z} = \frac{s_2 - s_1}{\sqrt{(z_1-d)(z_2-d)}} \cdot \ln\left(\frac{z_2-d}{z_1-d}\right) \tag{2-33}$$

式中：s_1、s_2 为 z_1 和 z_2 高度处的 u、T 和 e 值。

对于 ϕ_M、ϕ_H、ϕ_W 的形式有多种，可以采用 Dyere（1974）建议的形式计算：

$$\phi_M = \begin{cases} (1-16\zeta)^{-1/4} & \zeta \leqslant 0 \\ 1 + 5\zeta & \zeta > 0 \end{cases} \tag{2-34}$$

$$\phi_H = \phi_W = \begin{cases} (1-16\zeta)^{-1/2} & \zeta \leqslant 0 \\ 1 + 5\zeta & \zeta > 0 \end{cases} \tag{2-35}$$

空气动力学粗糙度 z_0 及 d、u_* 及 θ_* 也可分别由层结订正函数的近地面层风速和温度廓线公式迭代求得（刘树华等，1995）：

$$u(z,d,z_0,u_*,\theta_*) = \frac{u_*}{k}\left[\ln\left(\frac{z-d}{z_0}\right) - \phi_M(\zeta)\right] \tag{2-36}$$

$$\theta(z,d,z_0,u_*,\theta_*) = \theta + \frac{\theta_*}{k}\left[\ln\left(\frac{z-d}{z_0}\right) - \phi_H(\zeta)\right] \tag{2-37}$$

其中：

$$\phi_M(\zeta) = \begin{cases} \ln\left(\frac{1+x^2}{2}\right) + 2\ln\left(\frac{1+x}{2}\right) - 2\tan^{-1}(x) + \frac{\lambda}{2} & \zeta \leqslant 0 \\ -5\zeta & \zeta > 0 \end{cases} \tag{2-38}$$

$$\phi_H(\zeta) = \begin{cases} 2\ln\left(\frac{1+y}{2}\right) & \zeta \leqslant 0 \\ -5\zeta & \zeta > 0 \end{cases} \tag{2-39}$$

$$x = \phi_M^{-1} = (1-16\zeta)^{1/4}; \quad y = \phi_H^{-1} = \phi_W = (1-16\zeta)^{1/2} \tag{2-40}$$

通过迭代计算出 K_h 值，并假设 $K_h = K_w$，分别代入相关计算式，计算出 H 和 λE。

三、波文比能量平衡法

波文比能量平衡方法计算近地面层湍流通量的理论基础，是能量平衡方程和感热、潜热通量的垂直输送方程。在能量平衡方程式（2-8）中 Q 和 C 分别与净辐射通量相比，一般可忽略不计，即有：

$$R_n - G = H + \lambda E \tag{2-41}$$

由波文比定义，联系近地面层垂直热量和水汽扩散式（2-26）和（2-27），则有：

$$\beta = \frac{H}{\lambda E} = \gamma \frac{K_h}{K_w} \cdot \frac{\Delta \theta}{\Delta e} \tag{2-42}$$

或：

$$\beta = p \cdot \frac{c_p}{\epsilon \lambda} \cdot \frac{K_h}{K_w} \cdot \frac{\partial T}{\partial e} \tag{2-43}$$

根据莫宁—奥布霍夫（Monin-Obukhov）的相似理论，假设 $K_h = K_w$，并以差分代替微分，式（2-42）或式（2-43）可简化为：

$$\beta = \frac{\gamma \Delta T}{\Delta e} \tag{2-44}$$

其中 Δe 由下式计算：

$$\Delta e = (S + \gamma)\Delta \theta_w - \gamma \Delta \theta \tag{2-45}$$

或：

$$\Delta e = E(t_{w2}) - E(t_{w1}) - \gamma[(t_{d2} - t_{d1}) - (t_{w2} - t_{w1})]$$

式中：$E(t_{w1})$ 和 $E(t_{w2})$ 分别为 z_1 和 z_2 高度处湿球温度的饱和水汽压；S 为饱和水汽压斜率，有：$S = \dfrac{dE}{dt}$（hPa/℃）；$\Delta \theta$ 和 $\Delta \theta_W$ 分别为 2 个高度上的湿球温度差。联系（2-41）热量平衡方程及感热、潜热的垂直输送方程可得：

$$H = (R_n - G) \cdot \frac{\beta}{1 + \beta} \tag{2-46}$$

$$\lambda E = \frac{R_n - G}{(1 - \beta)} \tag{2-47}$$

由上式可以看到，只要测得净辐射（R_n）、土壤热通量（G），以及两个高度差（Δz）上的温度（T 或 θ）和湿度（e 或 q）差（ΔT、Δe，或 $\Delta \theta$、Δq），已知 K_h 与 K_w 的关系，即可计算出感热通量和潜热通量。

由式（2-46）和式（2-47）可知，在 R_n 和 G 测量精度得到保证的前提下，波文比能量平衡法的精度主要取决于 β 值。当 β 值接近于 -1 时，计算误差增大，甚至结果没有物理意义。对此，很多文献进行过讨论（Angus et al., 1984；Fuchs et al., 1970；Ohmura, 1982），但判别无效 β 值的标准却没有定论。其中，Perez 等（1999）提供的方法，综合考虑了温、湿度传感器的测量精度及观测点的水汽压梯度差，能够动态地确定无效 β 值的取值范围。

四、梯度方法

由式（2-5）～（2-7）可得：

$$u(z_2) - u(z_1) = \frac{u_*}{k} \phi_M \tag{2-48}$$

$$\theta(z_2) - \theta(z_1) = -\frac{\theta_*}{k} \phi_H \tag{2-49}$$

$$e(z_2) - e(z_1) = -\frac{q_*}{k} \tag{2-50}$$

上式中，ϕ_M、ϕ_H、ϕ_W 仍为积分相似函数。可采用 Bland 等（1974）的形式给出：

$$\phi_M = \begin{cases} \ln\dfrac{z_2}{z_1} + \ln\left[\dfrac{(x_1^2+1)(x_1+1)^2}{(x_2^2+1)(x_2+1)^2}\right] + 2(\tan^{-1}x_2 - \tan^{-1}x_1) & \zeta \leq 0 \\[3mm] \ln\dfrac{z_2}{z_1} + \dfrac{\beta}{L(z_2-z_1)}\zeta & \zeta > 0 \end{cases} \tag{2-51}$$

$$\phi_H = \phi_W = \begin{cases} \ln\dfrac{z_2}{z_1} + 2\ln\left(\dfrac{y_1+1}{y_2+1}\right) & \zeta \leq 0 \\[3mm] \ln\dfrac{z_2}{z_1} + \dfrac{\beta}{L(z_2-z_1)} & \zeta > 0 \end{cases} \tag{2-52}$$

式中：$x_1 = (1-16\zeta_1)^{1/4}$；$x_2 = (1-16\zeta_2)^{1/4}$；$y_1 = (1-16\zeta_1)^{1/2}$；$y_2 = (1-16\zeta_2)^{1/2}$。采用此方法求算感热通量和潜热通量具体应用迭代法，步骤是，首先由中性风温廓线公式进行线性回归，求得相关系数最大时的 u_*、θ_*、H、L 值作为一级近似。再将 L 的一级近似值代入式（2-51）、式（2-52）、式（2-48）～（2-50）和能量平衡方程求得 u_*、θ_*、q_*、H、λE 及 L 的二级近似值。最后利用式（2-51）、式（2-52）和能量平衡方程进行计算。依此类推，直到相邻 2 次的 L 值之差小于给定的指标 $\left|\dfrac{L(n)-L(n-1)}{L(n)}\right| < 0.01$。实际上这种计算过程中收敛较快，一般 4～6 次即可达到预期指标。

五、涡度相关法

涡度相关法是可直接测定地一气水热能量交换通量的一种最直接的方法，成为国际通量观测网络（FLUXNET）的主要技术手段，也已经得到微气象学和生态学家们的广泛接受和认可，只是测定结果能量不闭合。观测的基本原理见本章第二节"一、生态系统水、热、CO_2 通量观测的基本假设与原理"。

关于水、热能量通量观测方法及推算的方法还有其他方法，如彭曼综合法等。这里不再多介绍。

六、有关下垫面参数的确定

在进行感热通量、潜热通量等物质传输计算的过程中涉及多个参数的确定。下面给出几个主要参数的计算方法。

1. 湍流系数计算

如前所述，由于地表能量和物质通量最基本的原理是受地表湍流影响后发生感热能、潜热能的传输过程，也就是说地表水热交换通量是通过地表湍流来完成的。从基本的表达方式（2-25）～（2-27）中可以看到，掌握能量通量和物质通量，必须首先确定湍流交换系数，确定湍流交换系数的方法很多，传统的常用方法有梯度法和热平衡法。

梯度法（或称扩散法）：该方法主要用物理量的垂直梯度来确定湍流交换系数。若采用 lm 高度上湍流热交换系数，则有：

$$K_1 = 0.104\Delta u\left(1+1.38\dfrac{\Delta T}{\Delta u^2}\right)(\text{m}^2/\text{s}) \tag{2-53}$$

式中：Δu 为下垫面 1 m 高处 10 min 平均风速；ΔT 为 0.5 m 和 2.0 m 两高度上的温度差。该式右边第一项是中性层结下的湍流交换系数，第二项是大气层结稳定度对湍流交换系数的订正项。在不稳定条件下，$T_{0.5} - T_{2.0} > 0$，K_1 将随不稳定度的增加而增大，表示热力作用使湍流加强。反之在稳定条件下，$T_{0.5} - T_{2.0} < 0$，湍涡将因克服重力作功而消耗能量，湍流减弱。在中性条件下，$T_{0.5} - T_{2.0} = 0$，第二项等于零。

М.И. 齐莫非耶夫考虑了温度层结、风速和下垫面的粗糙度对湍流交换的影响，提出了计算 1 m 高处的湍流交换系数公式为：

$$K_1 = \frac{0.16u_1}{\ln\dfrac{1}{Z_0}}(1 + 7.5\frac{\Delta T}{u_1^2}) \tag{2-54}$$

式中：u_1 为离下垫面 1 m 高处 10 min 的平均风速；Z_0 为粗糙度。

粗糙度是指下垫面以上平均风速等于 0 的高度。自然下垫面总是粗糙不平的，由于粗糙下垫面的影响，风速为 0 的高度并不在地面上，而在高度 Z_0 上。Z_0 的高度是随湍流条件的变化而改变的。平坦的裸地为 0.3～1.0 cm，高度为 10 cm 以下的草地为 0.1～1.0 cm，但风大时，下垫面变得相对平坦些，使粗糙度减小，有关研究表明，下垫面粗糙度约为植被高度的 1/10。通常都是根据风速梯度观测绘制风廓线，然后外延至风速为 0 的高度就是粗糙度。由于下垫面的粗糙不平造成对气流的摩擦，增强湍流运动，所以在计算湍流交换系数时，需要考虑下垫面粗糙度这个因素。

在近地层中湍流交换系数是随高度增加而增大的。如果把 1 m 高处（$Z_1 = 1$）的湍流交换系数作为 K_1，则湍流交换系数与高度之间存在下列关系：

$$K = K_1\frac{Z}{Z_1} = K_1 Z \tag{2-55}$$

将式（2-26）对 Z 积分［这里将位温（θ）转换为气温（T）］，并考虑式（2-55），则可得到感热通量：

$$H = -\rho C_p\frac{K_1}{z_1}\frac{T_1 - T_2}{\ln\dfrac{Z_2}{Z_1}} = 927.6K_1(T_{0.5} - T_{2.0}) \tag{2-56}$$

式中：K_1 为 1 m 高处的湍流交换系数；Z_1 为 0.5 m；Z_2 为 2.0 m。进而可用该系数得到潜热通量和感热通量。

热平衡法：在热量平衡式（2-8）中，由 $R_n = \lambda E + H + G = -\rho\lambda K_w\dfrac{\partial q}{\partial Z} - \rho C_p K_h\dfrac{\partial T}{\partial Z} + G$，令 $K_w = K_T$，并用差分代替微分，则由上式可得：

$$K = \frac{-(R_n - G)\Delta Z}{\rho(C_p\Delta T + \lambda\Delta q)} \tag{2-57}$$

为方便起见，用水汽压 e 代替比湿 q，再把 λ 和 C_p 数值代入，便可得到下列计算公式：

$$K = \frac{-0.535(R_n - G)\Delta z}{\Delta T + 1.56\alpha\Delta e} \tag{2-58}$$

式中：ΔT 为 Δz 高度间的温度差；Δq 为 Δz 高度间的比湿差；Δe 为 Δz 高度间的水汽压差；α 为标准大气压与实际大气压之比。

实际上，动量交换系数 K_m、热量交换系数 K_h 和水汽交换系数 K_w 是不完全相等的。Pasqull 研究了三者之间的关系，得到的结论是当大气为中性平衡时，$K_m = K_h$。不稳定条件下，两者非常接近。稳定条件下，$K_w > K_m$，但 K_T 与 K_w 却十分一致。而在超绝热梯度下，$K_w < K_h$。从而推出大气中性平衡条件下，$K_h = K_q = K_m$。在不稳定条件下，$K_h > K_m = K_q$。在稳定条件下，$K_h = K_w > K_m$。因此，热平衡法在中性平衡和稳定条件下适用。

反之，如果已知空气中水汽的铅直梯度和蒸发量，也可以利用潜热通量方程得出湍流交换系数。

将潜热通量方程（$\lambda E = -\rho\lambda K_w\dfrac{\partial q}{\partial z}$）用差分代替微分，并积分，得到 $\lambda E = -\rho\lambda K_w\dfrac{\Delta q}{\Delta\ln\dfrac{z_2}{z_1}}$ 后，则有：

$$K = \frac{E \ln \dfrac{Z_2}{Z_1}}{\rho \Delta q} \tag{2-59}$$

依据上述计算得到的湍流交换系数，就可计算感热通量和潜热通量。

2. 稳定度参数（ζ）的分析解及零平面位移的计算

稳定度参数（ζ）是大气静力稳定度的度量，常为位温随高度或气压变化的函数。在式（2-5）、式（2~6）和式（2-7）提到的 $\Phi_m(\zeta)$、$\Phi_h(\zeta)$ 和 $\Phi_w(\zeta)$，分别为动量、热量和水汽交换无因次梯度函数（或说水汽垂直交换通用稳定度函数），这些函数形式采用 Businger et al.（1971）的表达式：分析解

$$\Phi_m(\zeta) = \begin{cases} (1-\gamma_m\zeta)^{-1/4} & \zeta < 0 \\ 1+\beta_m\zeta & \zeta \geq 0 \end{cases} \tag{2-60}$$

$$\Phi_h(\zeta) = \Phi_w(\zeta) = \begin{cases} pro(1-\gamma_h\zeta)^{1/2} & \zeta < 0 \\ pro(1+\beta_h\zeta) & \zeta \geq 0 \end{cases} \tag{2-61}$$

式中：ζ 为无量纲稳定度参数，$\zeta = \dfrac{Z}{L} = kzg \cdot \dfrac{T_*}{T u_*^2}$；$pro = 0.74$；$\beta_m = 4.7$；$\beta_h = \dfrac{\beta_m}{pro}$；$\gamma_m = 15$；$\gamma_h = 9$。

在近地面层中梯度雷查逊（Richardson）数为：

$$R_i = \frac{g}{T} \cdot \frac{\dfrac{\partial T}{\partial Z}}{\left(\dfrac{\partial u}{\partial z}\right)^2} = \zeta \cdot \frac{\Phi_h}{\Phi_m^2} \tag{2-62}$$

当 $\zeta \geq 0$ 时，由式（2-60）、式（2-61）和式（2-62）得 ζ 的二次方程有：

$$(R_i\beta_m^2 - pro\beta_h)\zeta^2 + (2R_i\beta_m - pro)\zeta + R_i = 0 \tag{2-63}$$

为了使得出的解 ζ 与 R_i 同号，取方程（2-63）的负根解，有：

$$\zeta = (1-2\beta_h R_i) - \frac{\left(1 + \dfrac{4R_i}{pro}(\beta_h - \beta_m)\right)^{1/2}}{2\beta_h(\beta_m R_i - 1)} \tag{2-64}$$

当 $\zeta < 0$ 时，由式（2-60）~（2-62）得 ζ 三次方程有：

$$\gamma_m pro^2 \zeta^3 - pro^2 \zeta^2 - \gamma_h R_i^2 \zeta + R_i^2 = 0 \tag{2-65}$$

根据卡丹尔果实的方程（2-65）根解的三角函数表达式有：

$$\zeta = -2\sqrt{Q} \cos\theta \tag{2-66}$$

式中：$Q = \dfrac{1}{9}(1/\gamma_m^2 + 3\gamma_h pro^2)$，$\theta = \arccos\left(\dfrac{p}{Q}\right)^{3/2}/3$。

当然，参数 ζ 也可以由 $R_i = \dfrac{\phi H_h}{\phi_M^2} \cdot \zeta$ 得到：

$$\zeta = \begin{cases} R_i & R_i \leq 0 \\ \dfrac{R_i}{1-5R_i} & R_i > 0 \end{cases} \tag{2-67}$$

关于零平面位移（d）和粗糙长度（z_0）和摩擦速度（u_*）可有以下计算式：

$$u(z) = \frac{u_*}{k}\left[\ln\frac{z-d}{z_0} - \phi_M(\zeta)\right] \tag{2-68}$$

式中：$\phi_M = \begin{cases} \ln\left(\dfrac{1+x^2}{2}\right) + 2\ln\left(\dfrac{1+x}{2}\right) - 2\tan^{-1}(x) + \dfrac{\pi}{2} & \zeta \leqslant 0 \\ -5\zeta & \zeta > 0 \end{cases}$，其中：$x = (1-16\zeta)^{1/4}$，对上式迭代线性回归，当相关系数达到最大时，求出 d、z、u_* 的真值。

3. 空气动力学粗糙度长度的计算

空气动力学粗糙度长度（z_{0h}）是天气预报和气候模式中地表热量整体输送参数化方案及遥感反演地表物理量的重要参数。根据 Monin–Obukhov 相似理论的气温梯度向地表方向做外推，将得到的等于地表温度的高度定义为空气热力学粗糙度。在一定时期，如果下垫面的植被及其粗糙元不发生显著变化，通常认为 z_{0h} 保持不变，并以热传输附加阻尼（KB^{-1}）的变化来表征 z_{0h} 的动态变化特征。空气动力学粗糙度长度的计算是用风廓线公式得到（Monin et al.，1954）：

$$\ln\frac{z_m - d}{z_{0m}} = \frac{k \cdot u}{u_*} + \psi_m(\zeta) \tag{2-69}$$

式中：z_m 为观测高度（m）；z_{0m} 为空气动力学粗糙度长度（m）；d 为零平面位移高度（m）；设定为植被高度的 0.7 倍。

根据大气边界层的基本理论，空气动力学粗糙度主要取决于地表粗糙元以及粗糙元的排列分布。在较短的时期，若粗糙元和粗糙元排列方式没有发生显著变化，可以认为地表粗糙度保持不变。但根据式（2-72）计算得到的空气动力学粗糙度会出现非常大的波动，因此根据阳坤（Yang et al.，2008）推荐的根据 $\ln z_{0m}$ 的频次分布来确定某一时期 z_{0m} 的平均值。

阳坤等（2003；2008）还进行了空气动力学粗糙度长度 z_{0h} 的参数化方案：

$$z_{0h} = (70 \cdot \upsilon / u_*) \cdot exp(-\beta \cdot u_*^{0.5} \cdot |T_*|^{0.25}) \tag{2-70}$$

式中：系数 β 为 7.2，黏性系数 $\upsilon = 0.000\,015$，u_* 和 T_* 在用涡度相关法和大孔径闪烁仪数据计算地表通量时获得。附加阻尼 KB^{-1} 由下式计算得到：

$$KB^{-1} = \ln\left(\frac{z_{0m}}{z_{0h}}\right) \tag{2-71}$$

总体输送法是陆面模式中用于计算地表通量较为普遍的方法之一。在这一方法中，动量拖曳系数 C_D 和热量整体输送系数 C_H 是非常关键的参数，由下面的公式计算得到：

$$C_D = \frac{k^2}{\left[\ln\left(\dfrac{z_m}{z_{0m}}\right) - \psi_m\left(\dfrac{z_m}{L}\right)\right]} \tag{2-72}$$

$$C_H = \frac{k^2}{\left[\ln\left(\dfrac{z_m}{z_{0m}}\right) - \psi_m\left(\dfrac{z_m}{L}\right)\right] \cdot \left[\ln\left(\dfrac{z_m}{z_{0h}}\right) - \Psi_m\left(\dfrac{z_m}{L}\right)\right]} \tag{2-73}$$

在青藏高原，粗糙度有明显的季节变化。这是因为自6月前后受夏季风影响，在夏季风的控制下青藏高原地区气温增高，空气变湿润，植被开始生长。故 z_{0m} 表现出在雨季时达到一年中的最大值。到了9月、10月季风的影响减弱，气温降低且降水减少，植被也慢慢干枯，空气动力学粗糙度迅速降低，一般在2月达到最小值。季风前期的4月、5月的 z_{0m} 就开始增加，这是因为4月、5月白天气温已高于0℃，并导致了冻土消融，一定程度上影响空气动力学粗糙度，当然，由于不同下垫面性质的差异（如植被的高度、盖度等）导致其 z_{0m} 有所不同（周明煜等，2000），实际上与叶面积有很大联系。也正因如此，对于空气动力学粗糙度、位移高度等不同的学者依据不同的下垫面性质给出了不同的经验公式的计算方法。

七、土壤热通量及其他贮存（耗）热的观测与确定

土壤是由有机质、无机质和移动性的非化学黏着水及土壤孔隙中的空气等成分组成。土壤增热取决于输入热量的多少，同时还与土壤吸热能力有关。土壤温度变化是由热通量随土壤深度的变化而引起的。土壤热通量主要是通过在几厘米深度的土壤中置几块热通量板的办法来获得其平均值。没有该方法观测的地方可根据土壤热流动的原理进行计算。土壤热通量是地表与深层土壤之间垂直分子热传导作用所输送的热量，其大小与土壤中热流方向的温度梯度 $\frac{\partial T}{\partial Z}$ 成正比，比例系数为 k，k 叫作土壤导热率，可由下式表示：

$$G = -k \frac{\partial T}{\partial Z} \tag{2-74}$$

因为导热率 $k = \frac{k}{C_v}$，而 $C_v = C \times \rho$，故：

$$G = -C\rho K \frac{\partial T}{\partial Z} \tag{2-75}$$

式中：k 为土壤的导热率；C 为土壤比热；ρ 为土壤密度；K 为土壤的导温率；$\frac{\partial T}{\partial Z}$ 为土壤中温度的垂直梯度。

土壤热通量可以由热通量板直接观测，目前的微气象—涡度相关法观测系统大多配有热通量板。但是大多情况下没有热通量板的观测，这就需要用经验公式来计算。一般情况下，只要知道土壤的导热率、比热、土壤密度和导温率的值，再将微分变为差分，就可利用式（2-77）或式（2-78）式求得土壤热通量。但是这些物理量的推求比较困难，同时该式只能在土壤温度的铅直分布近于直线时才能应用，因为只有在这种情况下，温度的垂直梯度才是一个常数，与计算所采取的深度间隔无关，而实际情况很难满足这一条件。因此，直接按照该公式计算土壤热通量会产生较大误差。在实际工作中常用不同深度温度差或地温曲线图解法进行计算。

利用不同深度温度差进行计算：这种方法是热平衡台站应用的规范方法，也是气象研究中确定土壤热通量的较好方法。是利用热传导原理，以各时段内不同深度土壤温度差的关系进行计算的，其计算公式为：

$$Q_s = \frac{C_v}{\tau}\left(S_1 - \frac{K}{10}S_2\right) \tag{2-76}$$

式中：τ 为时间间隔；C_v 为土壤的容积热容量；K 为土壤的导温率；S_1 为土壤各深度温度分布的特征函数。计算式为：

$$S_1 = 20(0.082\Delta T_0 + 0.333\Delta T_5 + 0.175\Delta T_{10} + 0.156\Delta T_{15} + 0.004\Delta T_{20})℃•cm \tag{2-77}$$

式中：ΔT_0、ΔT_5、ΔT_{10}、ΔT_{15}、ΔT_{20} 分别为地面 0 cm、5 cm、10 cm、15 cm、20 cm 深度处两相邻观测时间内的土壤温度差。两相邻时间间隔一般取 1：00—7：00，7：00—10：00，10：00—13：00，13：00—16：00，16：00—19：00，19：00—1：00。式中 S_2 为各时间间隔内 10～20 cm 深度处土壤温度变化的特征函数，其计算公式为：

3 h 时间间隔：

$$S_2 = 1.5(\Delta T_1 - \Delta T_2) \tag{2-78}$$

6 h 时间间隔：

$$S_2 = 3.0(\Delta T_1 - \Delta T_2) \tag{2-79}$$

式中：ΔT_1 和 ΔT_2 为分别表示 3 h 或 6 h 时间间隔内，第一次观测时间和最后一次观测时间的 20 cm 和 10 cm 深度的温度差；K 为导温率（cm²/h）。

日平均导温率可由下式确定：

$$K = \frac{M}{N} \qquad (2-80)$$

式中：
$$M = 26.67(0.06\Delta t_0 + \Delta t_5 + 1.62\Delta t_{10} + \Delta t_{15} + 0.06\Delta t_{20})℃•cm^2,$$

$$N = 6\left(\frac{D_8 + D_{20}}{2} + D_{11} + D_{14} + D_{17}\right)℃•h \qquad (2-81)$$

式中：Δt_0、Δt_5、Δt_{10}、Δt_{15}、Δt_{20} 为各深度 20：00 和 8：00 土温差；D_8、D_{11}、D_{14}、D_{17}、D_{20} 为各时土温分布的特征量。由下式表示：

$$D = \frac{t_0 + t_{20}}{2} - t_{10} \qquad (2-82)$$

式中：t_0、t_{10}、t_{20} 为各时 0 cm、10 cm、20 cm 的土温。

用地温曲线图解法进行计算的方法：根据热流量方程，用地温曲线图解积分计算土壤热交换是比较简便精确的方法，这个方法的基本思路是土壤中垂直方向的热交换量等于该土壤柱中热含量的变化，即流入和流出的热量差。可由下式表示：

$$G = C_V \int_0^{Z_H} [T_2(Z \times t_2) - T_1(Z \times t_1)]dZ \qquad (2-83)$$

式中：T_1 和 T_2 为表示起始时间 t_1 和终止时间 t_2 时深度 Z 处的土壤温度；Z_H 为土壤变化波及的深度。在实际计算时，取土壤温度为横坐标，土壤深度为纵坐标，将起始时间和终止时间土壤温度随深度的变化曲线向深处外延至 2 条曲线相交，该相交处即为 Z_H 的深度。再用求积仪求出 $T_1(Z•t_1)$ 及 $T_2(Z•t_2)$ 2 条曲线所包含的面积 A。则：

$$G = C_v \times A \qquad (2-84)$$

该方法物理意义明确，计算也简便。但靠外延确定 Z_H 会带来一定的误差。

土壤热通量为负值时则热通量向地面辐射。土壤热通量的大小取决于得到的太阳辐射能、地中垂直温度梯度的大小以及土壤热属性。林地土壤热通量明显小于裸地，一般只占净辐射的 4%～10%，这是因为透过植被冠层到达下层的太阳辐射大大减小。作用层的叶面积指数越大，到达下层的太阳辐射能越少，土壤热通量也相应减小。对于同一地区，土壤热通量的年平均值应为 0。

在能量平衡的各分量中，除前面谈到的感热通量、潜热通量、土壤热通量外，还包含有植物在发生净光合作用时热量损失时的新陈代谢能通量（μI，μ 为同化 1 g CO_2 消耗的热量；I 为植物活体同化 CO_2 的克数），一般只占净辐射的 1%～2%，对于较长时间的平均来说可忽略不计；另外，还有从地表到观测高度处单位截面积空气柱中以物理方式贮存的热量（中间还包括从地表到植物冠面高度间的植物层贮存的热量）；因平流作用被水平方向流走的能量；在寒冷地区因固体降水融雪时的耗热。这些贮存热或耗热也是很低的，一般均忽略不计。

第二节　生态系统地—气碳通量测定方法与技术

地—气碳通量是指常通量层中发生的 CO_2 或其碳物质的交换量。用于生态系统碳通量的观测方法主要有微气象法、定量遥感法、模型模拟等方法。

测定 H_2O/CO_2 通量的微气象学方法主要有空气动力学法、热平衡法和涡度相关法等，目前国际上以涡度相关法为主流。在涡度相关法被广泛应用以前，测定群落—大气能量和物质通量主要是利用基于能量与它们垂直方向梯度成正比的空气动力学法和热平衡法。空气动力学法又称为梯度法，将湍流扩散系数用一个半经验的方程来定义大气对湍流浮力的影响，通过测定群落上部两个高度的 H_2O 和 CO_2 浓度梯度，依据相似性理论间接计算 H_2O/CO_2 通量，该方法比较适合用于长期观测。热平衡法又称为热收支法，也是利用梯度的观测资料计算 H_2O/CO_2 通量的方法之一。该方法是假定感热的湍流扩散系数与其他物理量的湍流扩散系数相同，假定群落等系统的热量输入与输出是平衡的，但这里包含了很多不确定因素。实际的测定中经常有这样一些情况发生，即系统的热收支不能满足热量平衡的要求。也就是说，在森林等生态系统中，感热通量和潜热通量的和不能与净辐射量相平衡，即使进一步估计群落的热传导量和森林内的储热量也难以达到能量平衡。因此，如果这个问题不能解决，那么热收支的应用是十分困难的。

基于上述假设的空气动力学法和热平衡法只不过是通过物理量的垂直梯度来间接推算 H_2O/CO_2 通量的方法。可是涡度相关法则不同，它是通过测定大气中湍流运动所产生的风速脉动和物理量脉动，求算能量和物质通量的直接测定法。从这个意义上来说涡度相关法在通量求算过程中，除对下垫面具有一定要求外，几乎不存在任何假设。但是这种方法需要高精度，响应速度极快的湍流脉动测定装置。近年来，由于超声风速计和高性能的气体分析仪的开发和改进，才使它的应用成为可能，现阶段已经成为直接测定大气与群落 CO_2 交换通量的唯一方法，也是世界上 CO_2 和水热通量测定的标准方法。

一、涡度相关法

涡度相关法是基于微气象学大气湍流传输理论的测定方法。其主要是利用垂直湍流来分析土壤表面和大气之间的湍流热和气体交换（Launiainen et al.，2005），主要测定的气体包括 CO_2、CH_4 和 N_2O（Nicolini et al.，2013；Wang et al.，2013）。该方法适用于长期连续以及大范围的定位观测，但无法进行生态系统内部物质通量的空间变化的研究。同时，后期的数据处理以及数据的插补对通量的计算都十分重要。该方法的优点是具有较高的测定精度和时间分辨率以及较大的测定范围。缺点是需要建设观测站以及其他气象观测设备，运行和维护成本较高，对测定区域的环境条件要求较高（下垫面的匀质性、通量贡献区、能量闭合和风速等）。

涡度相关法是目前直接测定大气与植物群落间 CO_2 交换通量的主要方法，也是国际上 CO_2 和水热通量测定最常用的方法。该方法通过测定大气中湍流运动产生的风速脉动和物理量脉动，可以直接得出能量和物质通量。这要求在某个特定的高度上，测量垂直风速和气体密度脉动。待测气体通量按下式计算（于贵瑞等，2006）：

$$F_C = \overline{\omega \rho_c} = \frac{1}{T}\int_1^T \omega \rho_c dt \approx \frac{1}{N}\sum_{t=1}^N \omega_i \rho_{ci} \tag{2-85}$$

式中：ω 为垂直风速；ρ_c 为痕量气体密度；T 为取样时间，通常取 30～60 min；N 为 T 时间内的采样次数。N/T 为采样频率，通常取响应频率为 10 Hz，则 30～60 min 可获得 18 000～36 000 组数据。

涡度相关法被认为是目前观测痕量气体地气交换通量最好的方法，优点是可以直接求算待测气体通量，过程中假设参数较少，但对下垫面要求严格，需要精密度高、响应速度快的感应器。在实际观测中，常通量层的 3 个假设条件往往不能完全满足，需要利用各种方法对观测值进行校正。

二、松弛涡度累积法

为弥补涡度相关法缺乏快速传感器而无法对某些物质进行通量测定的缺陷，Desjardins（1974）提出了涡度累积法。这种方法不要求快速响应的目标被测物浓度快速传感器，而是要求以与垂直风速大小成比例的速率将上风向和下风向的气体样品收集在 2 个气袋中，然后在理想的实验室条件下进行气体浓度的测定。虽然这种方法理论上可行，但在实际观测中却难以应用。因为根据垂直风速来精确控制采样速率很难，需要精密度很高的仪器来测量保存在两个气袋中的痕量气体的浓度差异。因此，Businger et al.（1990）提出了松弛涡度累积法替代常规涡度累积法。以恒定的采样速率来收集上风向和下风向的气体样品，然后在实验室内进行浓度测定。其待测气体通量可通过下式进行计算：

$$F = b\sigma_\omega (\overline{C_{up}} - \overline{C_{down}}) \tag{2-86}$$

式中：$\overline{C_{up}} - \overline{C_{down}}$ 为上风向（$\omega > 0$）和下风向（$\omega < 0$）待测气体平均浓度之差；σ_ω 为平均时间内（通常为 30 min）垂直风速标准差；b 为因微量气体而异的经验比例系数（通常范围在 0.3～0.8），其具体值按下式计算：

$$b = \frac{\overline{\omega' T'}}{\sigma_\omega (\overline{T_{up}} - \overline{T_{down}})} \tag{2-87}$$

式中：ω' 为瞬时垂直风速脉动量；T' 为瞬时气温脉动量；$\overline{\omega' T'}$ 为平均时间内瞬时垂直风速脉动量和瞬时气温脉动量乘积的平均值；$\overline{T_{up}}$ 和 $\overline{T_{down}}$ 分别为平均时间内上风向和下风向的瞬时气温平均值。

松弛涡度累积法的缺陷是采用该方法进行观测时，要求的下垫面均一程度和水平尺度的大小均比涡度相关法严格得多，所造成的误差可能较大，并难以校正。

三、空气动力学廓线法

空气动力学廓线通过观测风速、空气温度和待测气体的浓度梯度廓线，待测气体的湍流扩散系数可由风速廓线确定，其待测气体排放通量可按照下式进行计算：

$$F = \bar{\rho}_a K_g \frac{dc}{dz} \tag{2-88}$$

式中：$\bar{\rho}_a$ 为干燥空气的平均密度；K_g 为待测气体的湍流扩散系数；$\frac{dc}{dz}$ 为待测气体的浓度梯度。

空气动力学廓线法的理论较为成熟，需要观测的仪器相对简单且易于获取，适用于长期观测，很早就被用于 CO_2 的通量观测。但这种方法需要在常通量层内测定至少 2 个高度的气体浓度变化，要求传感器有较高的精密度，在其他微量气体的观测中，仍然受到很大的局限。

四、能量平衡法

能量平衡法是一种间接测定微量气体排放通量的办法，是一种梯度测量法，通过测量气体浓度、温度和绝对湿度的梯度来计算通量，具体计算按下式进行：

$$F = \frac{R_n - G}{C_p \beta} \times \frac{dc}{dT_c} \tag{2-89}$$

式中：$\beta = \frac{\rho_a}{\rho_g}$，为空气密度与待测微量气体密度之比；$T_c = \theta + \frac{\lambda W}{\rho C_p \gamma}$，为有效温度；$\theta$ 为位温；W 为湿度；C_p 为空气定压比热；λ 为水汽的汽化潜热。

能量平衡法比较方便，只需在两个高度上采样就可以计算通量。但这种方法如果是在非理想状态下使用，如通量高度发生变化时，则会带来很大误差。而且该方法在使用时包括很多不确定因素，比如系统内能量收支不能满足热量平衡现象，因此该方法实际应用比较困难。

五、定量遥感法

通过卫星遥感或航空遥感资料提取叶面积指数（LAI）、冠层化学成分、冠层温度、气孔导度、光合有效辐射、植被吸收光合有效辐射（PAR）、冠层结构、土壤水分含量、地表温度等参数，并结合碳循环模型，从而可以定量地对碳的光合作用、碳通量等生态学过程和生物学机理进行描述。定量遥感法研究碳通量与传统的地面观测不同，在获取大尺度陆地表面参数方面具有独特的优势。

第三节　土壤碳呼吸排放通量测定方法与技术

从 20 世纪初开始，人们就一直关注着土壤呼吸，随之而来的是寻找某种合适的方法来测定土壤呼吸的速率。由于生态系统的复杂性和多样性，测定方法较多，但各有优点与局限性。目前，对陆地生态系统碳库容量和土壤、植被、内陆水体与大气圈间的碳通量的评价方面还存在很多不确定性，直接测定陆地生态系统和内陆水体与大气间的碳交换通量是减少和消除这些不确定性最有效的方法。土壤呼吸排放一般包括土壤微生物呼吸排放和植物根系呼吸排放等，其碳通量的观测方法主要有箱式法、微气象法、土壤浓度廓线法、模型模拟、实验室培养等。这些方法在进行生态系统及各组分的呼吸排放通量（如植被／土壤呼吸排放）、净交换通量（如植被冠面与大气间的 CO_2 通量）等方法略有不同。这些方法，概括起来就是直接的方法和间接的方法。

间接法是指根据其他指标如 ATP 等含量来推算呼吸值。间接法需要建立所测定指标与土壤呼吸之间的定量关系，但这种关系一般只适用于特定生态系统中，因此这类方法的应用具有较大的时间局限性，同时它所测定的结果也难以和其他方法直接比较。此外，建立参数模型或者机理模型，并据此推算土壤呼吸值是研究生态系统碳循环的重要方法（Mckane et al.，1997）。对于大尺度的研究，直接测定无法进行，间接的推算法可以获得有用信息。目前模拟生态系统动态和全球变化的众多模型中都包含有土壤呼吸模块（Mckane et al.，1997），因此间接的推算法也是一种计算土壤呼吸速率的重要方法。

直接测定土壤呼吸的方法基本可以分为静态气室法、动态气室法和微气象法 3 种，其中静态气室法包括静态碱液吸收法和静态密闭气室法。下面就主要的方法做介绍。

一、箱式法

箱式法被广泛地运用于土壤温室气体 CO_2、CH_4、N_2O 和 NO 通量的测定（Heinemeyer et al.，2011；Kitzler et al.，2006；Oertel et al.，2012；Pumpanen et al.，2004；Šimek et al.，2014；Zhou et al.，2015a；Gao et al.，2018）。该方法是利用密闭的箱子或者圆筒用底部开放的部分覆盖土壤表面，利用气相色谱仪、红外气体分析仪、光腔衰荡光谱仪等仪器测定单位时间封闭系统内 CO_2、CH_4、N_2O 和 NO 的温室气体浓度的变化，进而计算土壤—大气之间的温室气体的吸收或排放速率。箱内气体浓度的异质性可以通过降低箱体的高度以及降低仪器的检测限来进行解决。此外，箱式法还可以结合量子级联激光光谱仪用来在线测定碳和氧的同位素丰度（Kammer et al.，2011），这种方法可以用于定量 CH_4 氧化速率（Börjesson et al.，2007）以及土壤呼吸组分的区分（微生物呼吸和植物根性呼吸）（Pausch et al.，2013）。在箱式法测定温室气体通量的同时，还需要安装其他传感器用于测定影响温室气体通量的环境因子，例如土壤温度、大气压和相对湿度等。为了更加准确的进行气体通量测定，不同仪器对温室气体累积时间的要求不同。CO_2 通量的测定只需要较少的累积时间（2～4min）（Caprez et al.，2012；Correia et al.，2012；Vesterdal et al.，2012），因此，需要能够快速测定其浓度的红外气体分析仪。而 CH_4 测定需要利用气相色谱仪，其累积时间为60～90min，并保持 20min 的测定间隔时间（Fiedler et al.，2015；Liu et al.，2009a；Sanz-Cobena et al.，2014）。N_2O 和 NO 测定的累积时间均为 30～90min（Hayakawa et al.，2009；Lamers et al., 2007；Yao et al.，2009）。箱式法测定的优点是操作简单易行，设备成本较低，机动性强，利用气相色谱仪可以同时测定多种温室气体。其缺点是密闭环境条件下，会改变箱内的温度、湿度以及光照等环境条件，对测定结果带来一定误差。

进行植被、土壤各层面的 CO_2 呼吸排放的监测是由研究需要而定。研究者为了掌握植被 / 土壤或土壤等呼吸排放的目标不同，其监测的内容不同。

箱式法在地表和大气痕量气体交换研究的各个方面都起着重要的作用，是目前测定生态系统碳通量应用最广泛的方法。箱式法技术分为 3 种类型：密闭式静态箱、密闭式动态箱和开放式动态箱。

1. 密闭式静态箱

密闭式静态箱即传统意义上的静态箱。而根据对箱内气体的监测手段，密闭式静态箱又可分为密闭式静态箱—碱液吸收法、密闭式静态箱—气象色谱法和密闭式静态箱—红外气体分析法。采用该方法测定碳通量或其他温室气体通量的原理很简单，即用容积和底面积都已知的化学性质稳定的材料制成箱体，插入地面或罩在底座上，每隔一段时间对箱内待测气体的浓度测量一次，根据浓度随时间的变化率来计算被罩地面待测气体的排放通量。这种方法简单易行，造价适中，目前被广泛应用于低矮植被和地表温室气体排放通量的测定。被测气体通量可按下式计算：

$$F = \rho \times \frac{V}{A} \frac{P}{P_0} \frac{T_0}{T} \frac{dC_t}{dt} \tag{2-90}$$

式中：F 为被测气体排放通量；V 为箱体体积；A 为箱体底面积；C_t 为时间 t 时刻箱内被测气体的体积混合比浓度；ρ 为标准状态下的被测气体密度；T_0 和 P_0 分别为标准状况下的空气绝对温度和气压；P 为采样地点的气压；T 为采样时的绝对温度。

2. 开放式动态箱

由于静态箱法明显改变了被测表面空气的自然湍流状态，闭箱后温度和湿度都可能发生改变，测得的通量值偏离实际情况，20 世纪 70 年代，Denmead 等（1979）开始尝试使用动态箱测定生态系统温室气体排放。开放式动态箱的基本原理是，空气从箱一侧的进气口进入箱内，流经密封的地表，然后从箱的另一侧出口流出。土壤表面与大气交换的气体通量可通过气流进、出口处的浓度差、流速和箱覆盖面积等参数算出。

$$F = (C_1 - C_2)Q\frac{\rho}{A} \tag{2-91}$$

式中：Q 为通过箱子的空气流量；C_1 为箱内空气（流出箱子的气体）所含被测气体浓度；C_2 为流入箱子气体所含被测气体的浓度；ρ 为被测气体密度；A 为采样箱底面积。

开放式动态箱在使用过程中存在许多困难，其中最重要的是要求通过采样箱的气流处于准稳态，土壤中痕量气体浓度与箱中的痕量气体浓度也应该处于平衡状态，同时，动态箱系统对引入气流压力不足非常敏感，"泵效应"有可能引起通量脉动变化。因此，很多学者对开放式动态箱是否能真正达到稳态表示质疑，压力差对呼吸速率的影响很复杂，因此对动态箱各种误差来源和误差消除的方法探索一直都是箱法研究的热点。

3. 密闭式动态箱

密闭式动态箱实际上是静态箱的一种改良，也称为气体循环式静态箱，排放通量也是通过计算箱内浓度随时间变化率来进行计算，是目前越来越流行和普及的碳通量测量箱系统。这种方法的优点是箱内气体循环流动，有利于气体混合，并且对红外分析仪测定精度要求不高，单次测定时间短，可在数分钟或几十秒内完成，对观测对象的干扰小，不必安装复杂的控温设备。而这种方法也存在一些缺点，如该系统是静态箱的一种改良，仍然是非稳态的测定容易受泵出和返回采样箱的空气流动影响，引起压力差变化，造成测定结果的不确定性。

二、土壤浓度廓线法

假设土壤水平方向浓度均一，则土壤与大气间的气体交换通量可以通过测定土壤剖面不同深度的目标气体浓度来计算，这种方法称为土壤浓度廓线法。在稳定情况下，土壤内部的 CO_2 通量可由扩散定律计算：

$$F = -D_s \frac{\partial c}{\partial z} \tag{2-92}$$

式中：D_s 为气体在土壤中的扩散系数；c 为给定深度的 CO_2 浓度；z 为土壤深度。

这种方法要求精确的测定某一层土壤中痕量气体的浓度以精确计算其排放通量，但实验过程中往往无法准确、合理获得土层中的气体样品，而使得该方法的应用存在局限性。

三、模型模拟

野外观测所得到的土壤温室气体排放数据给出的仅仅是单一点的通量数据，而将这些数据扩展到区域尺度，并用于计算全球尺度的收支平衡则需要进行模型模拟。常用的模型包括经验模型和机理模型（Freibauer et al.，2003；Pattey et al.，2007）。其中，机理模型是基于通用的物理和化学过程进行数据处理并被用于区域和全球尺度的温室气体通量估算。反硝化—分解模型（DNDC）是常用的基于过程的估算模型，包括 4 个子模型，可用于模拟分解、硝化作用、氨挥发、CO_2 产生量、植物 N 的吸收和植物生长等（Li et al.，1992）。该模型通常被用于土壤（特别是农田土壤）的温室气体排放（Abdalla et al.，2011；Gu et al.，2014；Li et al.，2012）。森林土壤的温室气体通量的模拟则主要运用 Forest-DNDC 模型进行（Abdalla et al.，2013）。模型模拟能够提供大尺度的土壤温室气体通量数据，但其需要提供较多的数据并将模型参数化，而不同地区和国家的土壤性质和气候特征差异很大，因此，在运用模型模拟时需要进行部分参数修正和改进，以提高模拟估算精度。

四、实验室培养法

实验室培养法能够帮助我们在其他因子受控的条件下，评价单一因子（如土壤温度、营养物质的可利用性以及 pH 等）的变化对土壤温室气体排放的影响。从不同气候区域采集的土壤可以在受控的土壤温度和湿度条件下，进行同时分析和比较。例如，Gritsch 等（2015）采集了代表欧洲不同土地利用类型的 9 个研究站点的土壤，在实验室控制土壤温度和湿度的条件下，清晰地得到了土壤呼吸速率与土壤温度和湿度的关系。能够同时控制温度、湿度和光照条件的气候箱是实验室培养法中常用的设备。其培养的土壤样品可以是过筛混匀后的土样，也可以是未受干扰的具有完整土壤剖面的土样（Petersen et al.，2013；Schaufler et al.，2010；Van der Weerden et al.，2012；Yao et al.，2010）。未受干扰的土样可以保持土壤的原有结构以及微生物的生长活动，由于土壤具有很高的异质性，因此需要较大的采样量和采样面积以得到较为准确的分析结果。过筛混匀土壤具有较好的均质性，因此，影响土壤温室气体排放的因子能够进行很好的观测和分析，使其成为使用较多的实验材料（Aranibar et al.，2004；Feig et al.，2008；Laville et al.，2009；Oertel et al.，2011；Patiño-Zúñiga et al.，2009）。但是，过筛和混匀过程会改变土壤结构，从而影响土壤微生物活性和温室气体排放。总之，与野外实地测量相比，实验室培养可以很清楚地得到土壤温室气体排放与单一环境因子之间的相互关系。但是，不可避免地破坏了土壤结构和原生环境，因此往往运用于机理性研究中。

测定土壤呼吸的方法多种多样。由于各种方法包含的 CO_2 源不同，对其他条件的依赖程度不同，导致各种不同的测定方法所测结果可比性差，测定方法存在优点和不足。进而也影响大的时间和空间上的准确数据。苏永红等（2008）总结了该 3 种方法的优缺点（表 2-1）。由于优缺点并存，致使相同地区采用不同的测定方法，其测定的呼吸排放结果差异也较大。鉴于这些原因，提高测定土壤呼吸的准确性，制定统一的测定方法和测定标准是需要解决的迫切问题（苏永红等，2008）。但也看到，目前虽然动态气室法对气室内外压力差很敏感，但动态气室法结合便携式红外分析仪能较好地反映土壤呼吸的真实速率，是今后的主导方向。

表 2-1　土壤呼吸测定方法的直接测定方法比较

直接测定法		原理	优点	缺点
静态气室法	静态碱液吸收法	碱液（NaOH 或者 KOH 溶液），也可以用固体碱粒。在一定时间内，碱液吸收 CO_2 形成碳酸根，再用重量法或者中和滴定法计算出剩余的碱量，从而求出 CO_2 的排放量	操作简便，在野外测定时不需要复杂的设备，有利于多次重复，尤其适合空间异质性大的土壤呼吸	测定的精度不理想，在土壤呼吸速率低的情况下，测定的结果比真实值高，在土壤呼吸速率高的情况下测定的结果比真实值偏低
	密闭气室法	将一无底盖的管装容器一端插入土壤中，经过一段时间稳定后，加盖，用一针状连接器以一定的时间间隔抽取气体样品进入真空容器，用气象色谱仪或者红外分析仪测定其中 CO_2 的浓度，计算的出 CO_2 的排放速率	可连续监测	取样间隔不可过短，需要补充同体积空气；仪器设备成本比较高
动态气室法	动态密闭气室法	通过一个密闭的采样系统连接红外气体分析仪（IRGA）对气室中产生的 CO_2 进行连续测定	能够比较准确测定 CO_2 的真实值，因此它更适用于测定瞬时和整段时间 CO_2 的排放速率	空气流通速率和气室内外的压力差对测定造成负面影响，设备比较昂贵，同时由于必须有电力
	开放气流红外 CO_2 分析法	通过气流交换方式的采样系统连接红外气体分析仪（IRGA）对气室中产生的 CO_2 进行连续测定		空气流通速率和气室内外的压力差对测定造成负面影响，设备比较昂贵，同时由于必须有电力供应，使它在野外使用受到一定的限制
微气象法		依据气象学原理测定地表气体排放通量	在植物冠层高度范围内，此法测定 CO_2 不受生态系统类型的限制，适合测定大尺度内 CO_2 的排放。其次对土壤系统几乎不造成干扰	要求土壤表面的异质性和地形条件要相对简单，其测定土壤 CO_2 排放的准确度很大程度上受到大气、土壤表面和仪器设备的影响

五、土壤呼吸中其他各分量测定方法

以上谈到的主要是针对植被/土壤系统、或土壤的总呼吸排放速率的测定方法。而土壤呼吸又包括根呼吸和基础土壤呼吸，基础土壤呼吸由土壤微生物参与的有机物质矿化、土壤动物呼吸和土壤有机物质的化学氧化分解过程产生（苏永红等，2008）。一般来讲，土壤中有机物质的化学氧化作用很弱，对土壤呼吸的贡献极小。土壤动物对土壤呼吸的贡献，说法不一。区分土壤根系呼吸与微生物呼吸的方法与技术还处于探索性研究阶段，很多干扰因素尚无法克服，不同方法间的数据结果也存在很大的差异，而具体的对比实验相对较少，很难确切说明哪种方法更具有优越性。同位素法从理论上比较合理，但分析的难度和较大的开支很大程度上限制了该方法的广泛应用。这些问题都迫切需要更好的解决方法。

根呼吸的贡献率随不同的生态系统差异很大，而且很难和基础土壤呼吸完全分开（Blank et al.，1997）。苏永红等（2008）总结发现，不同生态系统根呼吸所占植被/土壤系统、土壤呼吸排放的比例差异巨大，在不同生态系统土壤呼吸中根呼吸所占的比例在寒带森林为 50%～93%（侯琳等，2006；Thierron et al.，1996）、温带森林为 33%～62%（Bowden et al.，1993；Ewel et al.，1987；Edwards et al.，1973）、热带森林为 5%～46%（Risk et al.，2002；Johnson et al.，1994）、农田为 11%～95%（崔玉亭等，1997；Swinnem，1994）、冻原和苔原为 33%～90%（Bunnell et al.，

1975）、温带草原为 25%～35%（李凌浩等，2002）、热带草原为 36%～42%（Risk et al.，2002）、人工草地为 35%～45%（Silvola et al.，1977）。可见，准确面对土壤微生物呼吸、植物根系呼吸等监测是十分重要的。苏永红等（2008）总结了这些测定方法如下。

1. 根呼吸测定方法

根呼吸的直接测定方法有离体根法、PVC 管气室法和同位素法等。离体根法就是从林木根系中切除待测根后，在大气或者土壤 CO_2 浓度环境下迅速测定离体根呼吸（Zogg et al.，1996）。该方法操作简单，可以测定对温度的响应曲线，常用于森林生态系统中。缺点是破坏性较大，且出现创伤呼吸。其次是不能重复测定同一样品。最后就是由少数根测定结果推算整个生态系统根呼吸存在尺度转化误差问题。

PVC 管气室法是从植物干基部出发，沿根生长方向寻找合适的根安装 PVC 管气室。粗根 PVC 管安装完后可以继续测定，细根 PVC 管气室则只能即安装即测（因为细根周转快）。因细根较脆嫩以及根际微生物等问题，测定细根呼吸时有一定难度（Vose et al.，2002），此法的优点是可以重复和连续测定同一根样品，缺点是只能测定表层的根；而且安装 PVC 管气室时，会扰动立地条件，改变根微环境，操作难度大，工作量大（Rakonczay et al.，1997）。

同位素法消除了对土壤的干扰，可原位测定根呼吸。分为 ^{14}C 标记法和同位素判别法。^{14}C 标记法是利用碳的同位素在植物体内和土壤有机物中的差别对根系呼吸和土壤有机物进行区分的方法。放射性的 ^{14}C 用来跟踪土壤呼吸的产生。一种方案是向根际注入标记的模拟根际沉积物质（Thierron et al.，1996），并假设从标记土壤上释放的 $^{14}CO_2$ 都源于微生物呼吸。另一种方案是向根际注入不同浓度的标记底物，认为底物稀释直接影响微生物的呼吸而对根系的呼吸没有作用，根据来自不同处理土壤上 $^{14}CO_2$ 释放速率就能测定剩余的未分解的量。缺点就是多用于室内，野外的报道比较少，主要是因为昂贵的费用支出，更主要的是试验周期长，不适合研究植物碳动态的短期变化，长时间的辐射还可以使土壤有机物也具有同位素显示，不利于与根系呼吸间的区分。同位素判别法是一种区分土壤呼吸中 CO_2 来源的方法，其原理是呼吸和土壤有机质的腐解一般无 CO_2 分馏效应，而根系凋落物和土壤有机碳具有显著不同的 $\delta^{13}C$ 值，因此来源于根系呼吸，凋落物分解和有机质腐解的 CO_2 的 $\delta^{13}C$ 值相差很大。另外各过程产生的 CO_2 在向大气扩散的过程中必然要和水蒸气进行氧同位素交换，使得 CO_2 的 $\delta^{18}C$ 和 CO_2 的运动途径，土壤水在蒸发过程中形成了沿剖面的 $\delta^{18}C$ 梯度，表层最高。所以起源于表层凋落物分解、下层有机质腐解和根层的根系呼吸的 CO_2 具有不同的 $\delta^{18}C$ 值，同时测定土壤呼吸释放 CO_2 的碳、氧同位素比率和其起源处的碳、氧同位素比率就可以精确定量这 3 种来源 CO_2 的相对贡献率（林光辉等，1995）。

2. 土壤微生物呼吸测定方法

常用方法是培养法，即将测定样品中的土壤微生物经室内培养后，用 Warburg 微量呼吸减压仪测定微生物呼吸速率，微生物数量用稀释平板法（中国科学院南京土壤研究所微生物室编，1985；杨靖春等，1989）。这种方法的缺点在于根际微生物数量和活性明显高于非根际土壤，而且根际微生物的活性极大依赖于根际创造的微域环境，因此用此方法测定的值作为微生物呼吸会低估其作用（Liebig et al.，1996）。

3. 凋落物分解的测定方法

凋落物分解通常用投袋法测定。即先把野外样地中秋季或落叶季节的凋落物样品带回室内洗净后恒温（80℃）烘干至恒重，计算落叶的平均含水量，然后再称一定重量的新鲜样品装入尼龙网袋中，计算每袋中样品的干重作为分解实验的起始值，记录存档。根据生态系统立地条件的不同，将样品平铺于地面，将样袋彼此用尼龙绳系起来，并拴在植物干的基部，然后根据不同植物生态系统的立地类型、落叶质地以及季节不同，来确定回收测定的时间。每次从各样点分别取出一个样品袋，将样品带回室内，去除杂物，烘干称重，测定消失量以及分解速率（王娟等，2002）。

　　土壤呼吸对全球气候变化的影响至关重要，为此研究者在不同地区均开展着植被／土壤系统、土壤 CO_2 呼吸排放的研究，虽然各地开展的监测方法不一致，缺乏一定的系统性，也造成许多机理性研究无法统一，但其意义是明确而重要的。在今后的研究中尚待深入，为提出有效土壤有机碳的固碳措施提供技术支撑。

第四节　涡度相关法水、热、碳通量观测的基本原理

　　陆地生态系统 CO_2 和水热通量的长期观测研究一直是国际上关注的热点问题。涡度相关技术是对大气与森林、草地或农田间进行非破坏性的 CO_2、H_2O 和热量通量测定的一种微气象技术（Baldocchi et al.，1988；Baldocchi et al.，1998；Baldocchi et al.，1996；Aubinet et al.，2000；Baldocchi et al.，2001；于贵瑞等，2005）。近年来涡度相关技术的进步使得长期的定位观测成为可能（Wofsy et al.，1993；Berbigier et al.，2001），该技术已经被广泛地应用于陆地生态系统 CO_2 吸收与排放的测定中（Grace et al.，1995；Goulden et al.，1996；Black et al.，1996；Berbigier et al.，2001）。目前，涡度相关法是测定大气与群落 CO_2 交换通量最直接的方法，已经得到微气象学和生态学家们的广泛接受和认可，成为国际通量观测网络（FLUXNET）的主要技术手段。涡度相关通量观测数据已经被广泛用于各种模型及遥感观测的检验和验证之中。

一、生态系统水、热、CO_2 通量观测的基本假设与原理

　　随科学技术发展，感热通量、潜热通量和土壤热通量可通过三维超声风速仪和热通量板等进行直接的观测，其三维超声风速仪对动量通量、感热通量、潜热通量的测定就是涡度相关法能量通量的主要组成，其原理仍符合第一节提到的监测原理。但涡度相关法观测结果常呈现出能量不闭合（感热通量与潜热通量之和往往小于净辐射与土壤热通量之差）现象，能量不闭合除受到地理环境影响外，还受到观测仪器本身性能的影响。为此，利用有关物理过程的计算仍有其适用价值。关于能量闭合问题将在第五节重点阐述，这里重点放在涡度相关法碳通量监测技术方面的阐述。

　　一般情况下，涡度相关技术要求仪器安装在 CO_2 通量不随高度发生变化的边界层，即所谓的常通量层内，在这种条件下可以通过 CO_2 的标量物质守恒方程（Moncrieff et al.，1996）得到：

$$\frac{\partial \overline{\rho_c}}{\partial t} + \frac{\partial \overline{u_i \rho_c}}{\partial x_i} - D\frac{\partial^2 \overline{\rho_c}}{\partial x_i^2} = \overline{s}(x_i, t) \tag{2-93}$$

式中：ρ_c 为 CO_2 密度（$\rho_c = \rho_d c$，ρ_d 为干空气密度）；c 为 CO_2 质量混合比；x_i 为笛卡儿坐标系 x，y 和 z 轴；u_i 为相应的 u，v，w 风速；D 是 CO_2 在空气中的分子扩散率；$\overline{s}(x_i, t)$ 为标量物质守恒方程控制体积内的 CO_2 源／汇强度。上划线（‾）表示时间平均。方程左边的第 1 项是单位体积内 CO_2 密度变化的平均速率，而第 2、3 项是引起控制体积边缘发生净平流和分子扩散的辐散通量项。

　　常通量层通常要求满足以下 3 个条件，即：稳态（$\frac{\partial \overline{\rho_c}}{\partial t} = 0$）；测定下垫面与仪器之间没有任何源或汇（$\overline{s} = 0$）；足够长的风浪区和水平均质的下垫面（$\frac{\partial \overline{u_i \rho_c}}{\partial x_i} = 0$，$D\frac{\partial^2 \overline{\rho_c}}{\partial x_i^2} = 0$，$i = 1,2$）。在满足以上 3 个假设条件情况下，由方程（2-93）可得：

$$\frac{\partial \overline{\omega \rho_c}}{\partial z} - D\frac{\partial^2 \overline{\rho_c}}{\partial z_i^2} = 0 \tag{2-94}$$

式中：$\omega = u_3$ 为垂直风速；$z = x_3$ 为垂直坐标。由于近地层分子黏性力的作用，湍流受到抑制，但在测定高度 z 处湍流输送要比分子扩散大几个数量级（Businger，1986）。于是，对方程（2-94）积分，并运用雷诺分解（$\omega = \omega' + \bar{\omega}$，$\rho_c = \rho_c' + \overline{\rho_c}$）可以得出：

$$F_0 = -D\left(\frac{\partial \overline{\rho_c}}{\partial z}\right)_0 = \left(\overline{\omega' \rho_c'}\right)_z = F_z \tag{2-95}$$

决定陆地生态系统 CO_2 通量的生理生态学过程是植物（含光合细菌）光合作用的 CO_2 固定和生物（动物、植物和微生物）呼吸作用的 CO_2 排放。湍流是边界层大气运动的最主要形式，是流体在特定条件下所表现出的一种在时间和空间上毫无规则的特殊运动形式。湍流可理解为流体的速度、物理属性等在时间与空间上的脉动现象。湍流不仅与随机的三维风场有关，而且还与由风场变化引起的随机标量（温度、水汽、CO_2 等）场有关。在湍流的运动过程中，因上层和下层空气的混合作用，能够很好地在垂直方向上输送动量、热、水汽和 CO_2 等。这种湍流运动引起的物质和能量输送是地圈—生物圈—大气圈相互作用的基础，也是地圈—大气圈之间能量和物质交换的主要方式。

由于大气边界层内各种涡的起源不同，其内部的 CO_2 浓度也不同。一般情况下，在白天因植被吸收固定 CO_2，其冠层内的 CO_2 浓度低，而冠层上部的 CO_2 浓度高，因此在起源于上部的高浓度 CO_2 的涡与起源于下部的低浓度 CO_2 的涡进行交换时向下传输 CO_2。相反，在夜间因植被和土壤呼吸作用会使植被冠层内的 CO_2 浓度升高，湍流交换结果使 CO_2 向上输送。

当仅考虑物质和能量在垂直方向上的湍流输送时，CO_2 通量可以定义为在单位时间内湍流运动作用通过单位截面积输送的 CO_2 量。CO_2 的垂直湍流通量（F_c）可以简化表示为：

$$F_c = \overline{\omega \rho_d c} = \overline{\rho_d \omega' c'} + \overline{\rho_d \bar{\omega} c} \tag{2-96}$$

式中：ρ_d 为干空气密度（$g \cdot m^{-3}$ 或 μmol/mol）；c 为 CO_2 质量混合比；ω 为三维风速的垂直分量（m/s）；上划线（‾）表示时间平均，撇号（'）表示瞬时值与平均值的偏差。对于平坦均一的下垫面，可以认为 $\bar{\omega} \approx 0$。在这种情况下，式（2-96）中的右边的第二项可以被忽略，所以 CO_2 通量可以简化用 ω 和 c 的协方差（$\overline{\rho_d \omega' c'}$）来表示。其中 ω' 为垂直风速脉动，c' 为大气的 CO_2 质量混合比的脉动。

但是，在实际的观测过程中，通常 CO_2 分析仪直接测定的是 CO_2 在空气中的密度（ρ_c）（g/m^3 或 μmol/mol），而 CO_2 密度可以用 $\rho_c = \rho_d c$ 计算得到。则 CO_2 的垂直湍流通量（F_c）可以通过下式计算：

$$F_c = \overline{\omega \rho_c} = \overline{\omega' \rho_c'} + \bar{\omega} \overline{\rho_c} \approx \overline{\omega' \rho'} \tag{2-97}$$

式（2-97）在实际通量计算中得到了广泛的应用。在应用时，需要注意的是，观测系统测定的往往是 CO_2 密度而不是 CO_2 的质量混合比。由于水热通量的传输对 CO_2 密度的影响，会导致对通量传输没有实际作用的干空气的垂直运动速度，因此实际计算中必须考虑并校正水热传输对 CO_2 通量的影响，即 WPL 校正（Webb et al.，1980）。在后面的讨论中如果没有特别指出，所有通量方程都是利用 CO_2 密度推导得到的，因此必须考虑 WPL 校正问题。关于 WPL 校正将在后面小节中详细讨论。

如果取某一时段的平均通量，则式（2-97）可表示为：

$$F_c = \overline{\omega' \rho'} = \frac{1}{T}\int_1^T \omega' \rho_c' dt \approx \frac{1}{N}\sum_{i=1}^{N} \omega_i' \rho_{ci}' \tag{2-98}$$

式中：T 为取样平均周期；通常取 30～60 min；N/T 为取样频率，通常取 10 Hz，则 30～60 min 可获得 18 000～36 000 组数据。

对于通量密度的概念，我们可形象地描述为在单位时间（如 1 s）内由下向上（或由上向下）通过单位截面积（1 m×1 m× ω' m）所含有的 CO_2 质量。

设该立方体的底面积为 $a\times b=1\ m^2$，垂直风速 $h=\omega'\ m/s$，则其体积 $a\times b\times\ \omega'$ 表示 1 s 内垂直风输送的气体总体积 V，设该箱内的 CO_2 密度为 ρ_c（mg/m^3），则该箱内的总 CO_2 量为：

$\rho_c\times a\times b\times\omega'=F_c(mg/(m^2\cdot s))$。在瞬间尺度上，通量的常用单位为 $g/（m^2\cdot s）$（以 CO_2 质量计）或 $mg/（m^2\cdot s）$（以 C 质量计），$mol/（m^2\cdot s）$（以 CO_2 物质的量计）或 $\mu mol/（m^2\cdot s）$（以 CO_2 物质的量计）；在日尺度上，CO_2 通量的常用单位为 $g/（m^2\cdot d）$ 或 $g/（hm^2\cdot d）$（以 CO_2 质量计）；在年尺度上，CO_2 通量的常用单位为 $g/（m^2\cdot a）$ 或 $kg/（hm^2\cdot a）$ 或 $t/（hm^2\cdot a）$（以 CO_2 质量计）。其中：$1\ g/（m^2\cdot s）$（以 CO_2 质量计）$=\dfrac{12}{44}g/（m^2\cdot s）$（以 C 质量计）或 $1\ g/（m^2\cdot s）$（以 CO_2 质量计）$=\dfrac{1}{44}mol/(m^2\cdot s)$（以 CO_2 物质的量计）或 $1\ g/（m^2\cdot d）$（以 CO_2 质量计）$=1.0\times10^4\ g/（hm^2\cdot d）$（以 CO_2 质量计）或 $1\ g/（m^2\cdot a）$（以 CO_2 质量计）$=10\ kg/（hm^2\cdot a）$（以 CO_2 质量计）或 $1\ kg/（hm^2\cdot a）$（以 CO_2 质量计）$=1.0\times10^3\ t/（hm^2\cdot a）$（以 CO_2 质量计）。

类似地，我们可以得到湍流输送的动量（τ）、热量（H）和水汽（E）在垂直方向的湍流通量密度表达式：

$$\tau=-\rho_a\overline{\omega'u'} \tag{2-99}$$

$$H=\rho_aC_p\overline{\omega'\theta'} \tag{2-100}$$

$$E=\rho_a\overline{\omega'q'} \tag{2-101}$$

式中：C_p 为定压比热；θ' 为温度脉动；u' 为水平方向速度脉动；q' 为比湿脉动。因此，只要我们能够观测得到各物理属性的湍流脉动量，即可计算出该物理属性的垂直输送通量密度。通常情况下把通量密度简称为通量。热量通常的单位是 W/m^2，物质通量的单位是 $mg/（m^2\cdot s）$，动量通量实质是指雷诺应力，其单位是 N/m^2。

利用微气象法测定的陆地与大气系统间的 CO_2 通量（NEE 或 F_c）与生态系统的总初级生产力（GPP）、净初级生产力（NPP）和净生物群系生产力（NBP）概念是相对应的，在某些条件下生态系统 CO_2 通量与其中的某个概念是一致的。通常条件下，CO_2 通量相当于 NEP 或 NBP。在不考虑人为因素和动物活动影响的自然陆地生态系统中，决定陆地与大气系统间 CO_2 交换的生理生态学过程主要是植物的光合作用和生物的呼吸作用。

二、物质守恒方程及影响 CO_2 通量的各种效应

1. 物质守恒方程

定量化描述和理解大气中 CO_2 的时间和空间变异特征，需要获得陆地与大气间 CO_2 通量的信息，但碳的源汇分布、强度，对环境扰动的响应等问题仍未解决（Heimann et al.，1986；Fan et al.，1998；Baldocchi et al.，2000）。为此，需要对植被与大气间的净生态系统 CO_2 交换量进行可靠性评价，这需要从大气圈间物质交换的理论基础的标量物质守恒方程出发（Lee，1998；Paw et al.，2000；Baldcchi et al.，2000；Lee et al.，2002），现在所有标量的测定方法都是从大气中的标量物质守恒方程式（2-93）出发而确定的。通常将 CO_2 的标量物质守恒方程写作式（2-102）（Moncrieff et al.，1996；Lee et al.，1998；Paw et al.，2000；Baldcchi et al.，2000）。为简化分析，将方程（2-93）简化为二维形式（忽略分子扩散），可以得到：

$$\frac{\partial\overline{\rho_c}}{\partial t}+\frac{\partial\overline{u\rho_c}}{\partial x}+\frac{\partial\overline{\omega\rho_c}}{\partial z}=\bar{S}(x,z,t) \tag{2-102}$$

对方程（2-102）进行雷诺分解和平均，可以得到：

$$\frac{\partial \overline{\rho_c}}{\partial t} + \overline{u}\frac{\partial \overline{\rho_c}}{\partial x} + \overline{\rho_c}\frac{\partial \overline{u}}{\partial x} + \overline{\omega}\frac{\partial \overline{\rho_c}}{\partial z} + \overline{\rho_c}\frac{\partial \overline{\omega}}{\partial z} + \frac{\partial \overline{u'\rho_c'}}{\partial x} + \frac{\partial \overline{\omega'\rho_c'}}{\partial z} = \overline{S}(x,z,t) \quad (2-103)$$

式（2-102）和式（2-103）是二维标量物质守恒方程的基本表达形式，二维形式可以容易的扩展成三维形式，并且不会对讨论的结果有本质的影响（Finnigan，1999）。在常通量层假设成立的情况下，假设某标量物质守恒方程控制体积内处于稳态以及水平同质（没有水平梯度）条件下（Moncrieff et al.，1996；Baldocchi et al.，2000），可以得到：

$$\frac{\partial \overline{\omega'\rho_c'}}{\partial z} = \overline{S}(z,t) \quad (2-104)$$

假设冠层高度（h）与仪器测量高度（z_r）间的 CO_2 源汇项 $\overline{S}(z,t)$ 为 0，那么就可以得到经典的常通量层关系。如果通量值随高度不发生变化，可以满足涡度相关技术的基本假设（Moncrieff J et al.，1996），可以得到：

$$\frac{\partial \overline{\omega'\rho_c'}}{\partial z} = 0 \quad (2-105)$$

从地面到测定高度 z_r 对方程（2-104）进行积分，可以得到：

$$NEE = \overline{\omega'\rho_c'}(0) + \int_0^h \overline{S}(z)\mathrm{d}z = \overline{\omega'\rho_c'}(z_r) \quad (2-106)$$

上式中：NEE 是生态系统与大气间的净 CO_2 交换量（CO_2 通量）；$\overline{\omega'\rho_c'}(0)$ 代表土壤表面 CO_2 通量，其数值代表土壤微生物和根系呼吸作用的 CO_2 排放强度；$\int_0^h \overline{S}(z)\mathrm{d}z$ 代表地面到冠层高度 h 的 CO_2 的生物学反应的 CO_2 源或汇强度，也就是植物地上部分光合作用和呼吸作用的代数和。

方程（2-106）表明，以冠层高度 h 为分界线，进出土壤和植被的净生态系统 CO_2 通量等于垂直风速和 CO_2 密度脉动的协方差（湍流通量密度）。标量物质守恒方程是从大气动力学的角度推导的，因此，正的通量密度代表 CO_2 向上输送进入大气，负的通量密度则代表 CO_2 向下输送进入生态系统中。

在地势平坦，植被类型空间分布均匀的植被下垫面，涡度相关系所观测的湍流涡度通量可以近似地认为等于生态系统碳代谢过程的 CO_2 收支，相当于生态系统的 NEP（$\approx -NEE$）。可是，当在复杂地形条件下进行碳通量观测时，因为生态系统实际碳代谢过程的 CO_2 收支可能与在观测仪器高度界面所观测的涡度通量不一致，所以有必要对相应的成分进行评估和校正。这些成分主要包括植被冠层的贮存效应、垂直平流效应和水平平流效应等。

2. 植被冠层的贮存效应

当大气热力分层达到稳定，或湍流的垂直混合作用较弱时，由土壤和植物呼吸所释放的 CO_2 可能不能通过湍流作用被全部输送到测定仪器的高度（z_r），部分的 CO_2 会被贮存在植被冠层和观测高度以下的大气之中，使植被冠层和观测高度以下大气的 CO_2 浓度升高。在这种情况下观测高度以下的贮存项不为 0，违背了通量观测时稳态条件的假设（$\partial \overline{\rho_c}/\partial t = 0$），因此需要对涡度相关的测定结果做必要的修正，即必须在涡度相关通量的基础上，增加观测高度以下空气的贮存项来平衡进 / 出土壤和植被的 CO_2 通量，才能评价土壤和植物与大气间真实的 CO_2 交换通量，在这种情况下生态系统与大气间的 CO_2 净交换量为：

$$NEE = \overline{\omega'\rho_c'}(z_r) + \int_0^{z_r} \frac{\partial \overline{\rho_c}}{\partial t}\mathrm{d}z \quad (2-107)$$

一般来说，对于低矮作物贮存项很小，但对于较高的森林则很大。对于 CO_2 来说，在太阳升起和落山时，其贮存项会达到最大，因为此时经常处于光合作用和呼吸作用以及夜间稳定边界层和白天对流混合层的过渡期（Goulden et al.，1996）。上式是目前 FLUXNET 估算净生态系统 CO_2 交换量的基本方程（Wofsy et al.，1993；Black et al.，1996；Greco et al.，2010；Longdoz et al.，2010）。

3. 垂直平流效应

在复杂的山地地形条件下，当风吹过小山时会引起气流的辐合或辐散运动，这将导致与平流运动 $\overline{\rho_c}\left(\dfrac{\partial \overline{u_i}}{\partial x_i}\right)$ 有关的某项不为 0（Kaimal et al.，1994），即产生平流效应（水平或垂直平流）。为探讨 CO_2 通量测定的平流效应问题，Lee（1998）重新推导了 CO_2 标量物质守恒方程，得出了非理想条件下利用单塔的实验仪器评价其生态系统 CO_2 通量的方程，他利用连续性方程（$\dfrac{\partial \overline{u}}{\partial x}+\dfrac{\partial \overline{\omega}}{\partial z}=0$），根据 $\overline{\omega}$ 垂直梯度来评价 $\overline{u}$ 的水平梯度：

$$\frac{\partial \overline{u}}{\partial x}=-\frac{\partial \overline{\omega}}{\partial z}\approx\frac{\overline{\omega_r}}{z_r} \tag{2-108}$$

式中：$\overline{\omega_r}$ 为仪器高度 z_r 处的平均垂直风速。但值得注意的是，这个垂直风速不应与超声风速计输出的原始垂直风速相混淆。仪器高度的平均垂直风速 $\overline{\omega_r}$ 为其他 2 个垂直速度的差值，即：

$$\overline{\omega_r}=\overline{\omega}-\hat{\omega} \tag{2-109}$$

以 $\overline{\omega}$ 表示的垂直速度为超声速度计 30 min 垂直风速的平均值。另一个垂直风速 $\hat{\omega}$ 是风向（因此也是地形的）和仪器定位以及对塔和超声风速计有影响的偏差函数（Lee，1998；Baldocchi et al.，2000）。标准化偏差风速 $\hat{\omega}$ 是风向的准正弦函数。这种垂直平流效应是由于上坡气流垂直速度通常是正的，而下坡气流通常是负的所造成的，当气流与斜坡平行时为 0（Rannik，1998）。

在平坦的地形条件下，非零的 $\overline{\omega_r}$ 产生于对流、天气尺度的下沉气流或热力学效应引起的局地环流，复杂地形条件下泄流也会导致 $\overline{\omega_r}$ 不为 0（Lee，1998；Baldocchi et al.，2000）。为此，Lee（1998）还提出了以下假设：

$$\overline{\frac{\partial \overline{u'\rho_c'}}{\partial x}}=0 \tag{2～110 a}$$

$$\overline{u}\frac{\partial \overline{\rho_c}}{\partial x}=0 \tag{2～110 b}$$

根据以上假设，可以获得生物圈与大气圈之间净生态系统 CO_2 交换的方程（Lee，1998）。即净生态系统 CO_2 交换量等于仪器高度测定的湍流涡度通量、测定高度下通量贮存项和一个参数化的垂直平流项之和。

$$NEE=\overline{\omega'\rho_c'}(z_r)+\int_0^h\frac{\partial \overline{\rho_c}}{\partial t}dz+\int_0^{z_r}\overline{\omega}\frac{\partial \overline{\rho_c}}{\partial z}dz=\overline{\omega'\rho_c'}(z_r)+\frac{\partial \overline{\rho_c}}{\partial t}\bigg|_0^z+\overline{\omega_r}\left(\overline{\rho_c}-\rho_c\right) \tag{2-111}$$

式中：$\overline{\omega_r}=\overline{\omega}(z_r)$；$\rho_c=\dfrac{1}{z_r}\displaystyle\int_0^{z_r}\overline{\rho_c}(z)\mathrm{d}z$。

当气流流过小山时，主要有 4 种机制能够促使 CO_2 平流通量的产生（Raupach et al.，1997）：①光、土壤湿度、土壤结构、叶面积以及物种种类组成的空间异质性会导致 CO_2 源 / 汇强度的水平梯度；②任何近地面层粗糙度的变化都会改变表层应力、摩擦风速（u_*）和湍流交换系数；③平均风场的变化会造成湍流应力的空间变化，从而造成 CO_2 湍流通量的变化；④沿二维流场气流的辐合和辐散会造成 CO_2 平均浓度场的变化。

当冠层上方大气处于稳定层结条件下，由以上机制导致的湍流通量辐散的变化会由平流通量的辐散来平衡（Bink，1996；Baldocchi et al.，2000）。

$$\left[\bar{u}\frac{\partial\overline{\rho_c}}{\partial x}+\bar{\omega}\frac{\partial\overline{\rho_c}}{\partial z}\right]=-\left[\frac{\partial\overline{\omega'\rho_c'}}{\partial z}+\frac{\partial\overline{u'\rho_c'}}{\partial x}\right] \tag{2-112}$$

Lee（1998）假设湍流涡度通量辐散的水平部分相对于垂直部分是可以忽略的，即方程（2-112）中$\frac{\partial\overline{\omega'\rho_c'}}{\partial z}>>\frac{\partial\overline{u'\rho_c'}}{\partial x}$。在没有特定环境的气流和浓度场测定数据或模型的条件下，这种假设的合理性是无法验证的，如果假设方程（2～110a）成立，通过量纲分析可以认为这个假设在大多数情况下可以成立（Raupach et al.，1992；Finnigan，1999；Yi et al.，2000）。Lee（1998）还假设水平平流项$\bar{u}\frac{\partial\overline{\rho_c}}{\partial x}$相对于垂直平流项$\bar{\omega}\frac{\partial\overline{\rho_c}}{\partial z}$是可以忽略的，但有研究表明通常这个假设条件并不能成立（Rao et al.，1974；Bink，1996；Sun et al.，1997；Sun et al.，1997；Kaimal et al.，1994；Raupach et al.，1997；Baldocchi et al.，2000）。

4. 水平平流效应

在不同高度上进行涡度相关通量测定，可以粗略估计湍流通量的平流效应（Baldocchi et al.，2000；Yi et al.，2000）。从标量物质守恒方程出发，当考虑贮存效应、垂直和水平平流效应时，净生态系统CO_2交换量为：

$$NEE=\overline{\omega'\rho_c'}(z_r)+\frac{\partial\overline{\rho_c}}{\partial t}\bigg|_0^{z_r}+\bar{u}\frac{\partial\overline{\rho_c}}{\partial x}\bigg|_0^{z_r}+\int_0^{z_r}\bar{\omega}\frac{\partial\overline{\rho_c}}{\partial z}dz \tag{2-113}$$

即：

$$NEE=F_{Ctb}+F_{Cst}+F_{Cadh}+F_{Cadv} \tag{2-114}$$

方程（2-113）和（2-114）右边第1项（F_{Ctb}）为CO_2湍流涡度通量；第2项（F_{Cst}）为CO_2通量贮存项；第3项（F_{Cadh}）为水平平流项；第4项（F_{Cadv}）为垂直平流项。一般可将第3项和第4项的和称为总的CO_2平流项。根据方程（2-113）和（2-114），冠层上方不同高度（z_1、z_2）的净生态系统CO_2交换量的差值为：

$$\Delta NEE=\Delta F_{Ctb}+\Delta F_{Cst}+\Delta(F_{Cadh}+F_{Cadv})=\int_{z_1}^{z_2}\bar{S}(x,z,t)dz \tag{2-115}$$

因为冠层上方没有任何CO_2的源/汇，这里令$\Delta NEE=0$，于是可以得到：

$$\Delta(F_{Cadh}+F_{Cadv})=-\Delta(F_{Ctb}+F_{Cst})=-\int_{z_1}^{z_2}\left\{\bar{u}\frac{\partial\overline{\rho_c}}{\partial x}+\bar{\omega}\frac{\partial\overline{\rho_c}}{\partial z}\right\}dz \tag{2-116}$$

由此可见，$\Delta(F_{Ctb}+F_{Cst})$存在的根本原因是源/汇的异质性（Yi et al.，2000）。湍流通量贡献区不同可以导致湍流涡度通量项的差异，CO_2质量的混合比的空间梯度会促使平流的发生，进而造成与一维理想情况下观测的CO_2通量贮存项的差异（Baldocchi et al.，1988；Yi et al.，2000）。

冠层上方不同高度间的水平平流可以利用下式估测：

$$\Delta F_{Cadh}=\Delta F_{Cadtot}-\Delta F_{Cadv} \tag{2-117}$$

白天垂直平流对总平流没有显著贡献，水平平流可以表示总平流项，而夜间水平平流和垂直平流具有相似的量级，说明当没有对流作用或对流作用不强时，水平平流和垂直平流对CO_2输送的作用是相同的（Finnigan，1999；Yi et al.，2000）。

Yi等（2000）为估计z_1高度的总平流项F_{Cadtot}的量级，进行了以下的假设：

$$\bar{u}\frac{\partial\overline{\rho_c}}{\partial x}+\bar{\omega}\frac{\partial\overline{\rho_c}}{\partial z}=\alpha（约为常数） \tag{2-118}$$

虽然 α 可能不是常数，但只要 α 是连续的就可以指定 α 为 $(z_1 + z_2)/2$ 高度的值，α 可以由下式确定：

$$\alpha = \frac{\Delta F_{Cadtot}}{\Delta z} = -\frac{\Delta(F_{Ctb} + F_{Cst})}{\Delta z} \tag{2-119}$$

这里，$\Delta z = z_2 - z_1$。于是 z_1 高度处总平流项可以估计为：

$$F_{Cadtot} = \int_0^{z_1}\left\{\overline{u}\frac{\partial \overline{\rho_c}}{\partial x} + \overline{\omega}\frac{\partial \overline{\rho_c}}{\partial z}\right\}\mathrm{d}z = z_1\alpha \tag{2-120}$$

当然，这个近似是非常不准确的，只能用于总平流通量 F_{Cadtot} 量级的估算（Yi et al.，2000），也可以用于水平平流通量 ΔF_{Cadh} 量级的估算。

综上所述，植被—大气间净生态系统 CO_2 交换通量的估算应主要包括湍流涡度通量 F_{Ctb}、贮存通量 F_{Cst}、垂直平流项 F_{Cadv} 和水平平流通量 F_{Cadh} 4 个成分。如果被观测生态系统的 CO_2 源/汇是同质的，并且地形平坦，那么可以认为净生态系统 CO_2 交换量为湍流涡度通量 F_{Ctb} 和贮存通量 F_{Cst} 之和。但不是所有通量观测以及所有的观测期间都能满足这些条件，尤其是在有局地风场影响的观测站，在夜间大气稳定以及垂直湍流输送和大气混合作用较弱的夜晚，考虑 CO_2 的水平和垂直平流等效应的校正是非常重要的。

湍流涡度通量 F_{Ctb} 是植被—大气间生态系统 CO_2 交换量的最主要成分，其数值可能为负，也可能为正，负值表示因生态系统的光合等碳固定作用导致的大气 CO_2 向生态系统输送，而正值则表示因生态系统呼吸等作用使生态系统向大气排放 CO_2。贮存通量 F_{Cst} 对于高大的森林，特别是热带地域的森林的观测是不可忽视的。其数值的变化通过观测高度以下的大气层 CO_2 浓度变化来计算，当大气层 CO_2 浓度增加时，表明该层大气中贮存的 CO_2 量在增加，这主要在夜晚发生；当大气层 CO_2 浓度减少时，表明该层大气层中贮存的 CO_2 量在减少，这主要在白天发生。关于贮存通量 F_{Cst} 的 CO_2 源和汇严格来说是很复杂的，可是一般地假设白天负的 F_{Cst} 是由光合作用引起的，而夜间正的 F_{Cst} 是由生态系统呼吸引起的，所以可以简化地将 F_{Cst} 计算到生态系统的碳代谢之中。

垂直平流效应 F_{Cadv} 主要是由局地风或者大尺度的气流运动引起的垂直方向上的非湍流涡度通量成分，所以涡度相关技术无法观测，可以根据 Lee（1998）的方法［式（2-111）～（2-115）］进行量化。但是 Finnigan（1999）指出水平平流与垂直平流效应的量级相当并且符号相反，因此仅仅单独考虑垂直平流效应是值得商榷的。

地形复杂和下垫面异质的条件下，会频繁地发生物质和能量的平流和泄流（Kaimal and Finnigan，1994；Raupach et al.，1997）；气流通过不同粗糙度或不同源/汇强度表面的区域时，平流效应非常明显（Baldocchi et al.，2000）；森林和农田、植被和湖泊、沙漠和灌溉农田的过渡带的物质和能量的平流效应也很显著（Rao et al.，1974；Bink，1996；Sun et al.，1997）。Mordukhovish et al.（1966）的研究表明，斜坡地形能导致水平异质和通量的辐散。理论上平流是大尺度的大气水平运动引起的，而泄流是局地风或因空气成分的重量差异引起的，但实际上很难将两者分离，一般统称为平流/泄流效应 F_{Cadvh}。平流/泄流效应的生态学意义的解释十分复杂，它既可能导致对植被—大气间净生态系统 CO_2 交换量 NEE 的低估，也可能导致对 NEE 的高估，必须对观测塔的具体位置给予合理的评价。对于设在地势较高的观测塔，在夜间对流比较弱时，通常会因 CO_2 沿斜坡泄流而造成大气传输的通量低估，最后导致生态系统净生产力的估算偏高。对于在地势较低沟谷中的观测塔，其问题更加复杂，如果外部的大气平流/泄流通过观测界面进入生态系统，会导致湍流涡度通量 F_{Ctb} 的减少（光合作用的过高估计），如果外部的大气平流/泄流不通过观测界面，而在观测界面下部直接进入生态系统，则会在生态系统中暂时贮存，最终会输出生态系统，造成累计的通量 F_{Ctb} 的增大（呼吸作用的过高估计）。

当发生强烈的平流效应时，通量观测的常通量层假设失效（Rao et al.，1974；Bink，1996；Raupach et al.，1997），其测定的湍流涡度通量不能用来揭示光合作用、土壤和根系呼吸等生物活动对 CO_2 的固定或释放。目前平流效应是带来植被与大气间的净生态系统 CO_2 交换量估算不确定性的一个主要原因，特别是在复杂地形条件下，如果没有二维模型和三维模型的帮助，几乎不可能准确地量化它们的效应（Massman et al.，2002）。Yi 等（2000）的方法［式（2-120）］也只能粗略地估计水平平流以及总平流项的量级，但是不可能得到准确的平流／泄流通量。

三、涡度相关法的应用及发展

涡度相关法是通过计算物理量的脉动与风速脉动的协方差求算湍流输送量（湍流通量）的方法，也称为湍流脉动法。涡度相关法最早被 Swinbank（1951）应用于草地的感热和潜热通量测定，开创了涡度相关法的应用先例。此后，超声风速／温度计的开发取得长足进步。1968 年在美国堪萨斯州的农田进行的有名的近地大气层边界层大规模观测中，超声风速计正式投入使用，在近地大气边界层构造和特性的解析方面发挥了重要的作用。

在利用涡度相关法测定各物理属性的垂直通量时，要求仪器必须捕捉影响通量的全部周期内的脉动，取样宽带通常覆盖 0.001 ～ 10 Hz。把涡度相关法用于测定大气—群落间的 CO_2 通量是从 20 世纪 80 年代开始的，随着仪器的改变和发展，得到了较大改进和发展。Raupach（1978）开发出了第一台红外线水汽压分析仪，使水汽压变化的高速测定成为可能；Ohtaki 等（1982）开发的红外线 CO_2/H_2O 气压分析仪，进一步使我们能够在高速地测定水汽压脉动的同时，测定 CO_2 浓度的脉动。当时开发的红外 CO_2/H_2O 气压计是将红外线光路暴露在外面的开路性，它能够快速地分析观测高度的二氧化碳和水汽压变化，被广泛地应用于各种农作物（Ohtaki，1980；Ohtaki，1984；Anderson et al.，1986）和森林（Anderson et al.，1986）植被的 CO_2 和水汽压变化特征及其输送机理的研究。Fan et al.（1990）开展了应用闭路性二氧化碳仪的涡度相关测定方法研究，因为闭路性的二氧化碳仪具有能够比较稳定地连续测定 CO_2 浓度、可用标准气体分析仪进行零点校正等优点，被认为是一种有利于 CO_2 通量长期测定的方法。

目前，应用涡度相关法测定 CO_2 和水汽通量时所采用的分析仪器主要有两种类型：一种是开路红外气体分析仪，这种仪器造成的气流失真小，并且在风速感应和标量波动间不会出现滞后现象。但是，由于它测定的是 CO_2 密度而不是混合比，所以在测定 CO_2 密度波动的同时需要测量温度和湿度波动以计算和评价 CO_2 混合比的脉动（Webb et al.，1980）。此外，开路测定系统的传感器完全暴露于野外环境中，难以维护，不适合进行长期和全天候的观测。另一种是闭路红外线分析仪内，再分析气样中的 CO_2 浓度。用闭路方法的一个优势是可将传感器置于室内，从而避免了极端温度和湿度等不利环境的干扰；同时，具有自动、定期引进标准气体对分析仪进行校准的能力。可是在分析 CO_2 过程中，由于通过取样管取气，会引起 CO_2 浓度脉动的衰减导致测定误差。一般来说，这种误差小于 10%（Leuning et al.，1990），它是取气管直径、管长和流速的函数。表 2-2 综合比较了开路性与闭路性系统的特点（于贵瑞等，2005）。

表 2-2 开路和闭路红外气体分析仪的比较

开路（open-path）	闭路（close-path）
反应速度快	反应速度中等
不需要其他辅助设备	需管道、泵等，受缓冲器的影响
下雨的时候不能用	与天气条件无关
只能人工校准	可以自动校准，长期稳定

目前，生态系统 CO_2 通量的测定正在向长期化的方向发展。一般来说，为了准确评价某种生态系统 CO_2 的汇 / 源关系，至少要有 1 年以上的连续观测数据，考虑到气象条件的年变化，最少应该有 3 年以上的连续观测数据。涡度相关法是目前在群落上部直接测定大气与群落 CO_2 交换量的唯一方法，所观测的数据已经成为检验各种模型精度的最权威资料，也是检验各种通量观测或估算方法精度的标准方法，已经得到微气象学和生态学家们的广泛认可。

但是，人们也认为，用涡度相关法能够测定的微量气体种类是有限的。用 open-path 系统能够测定的温室气体的也只有 CO_2。因此，对于微量气体的浓度测定，不得不用响应速度慢的仪器来测量。为此，人们正在研究用于涡度相关法相近的方法来评价微量气体的通量，其中的方法之一就是湍涡累积法（Hicks et al.，1984）。

湍涡累积法是一种在涡度相关理论基础上发展起来的微气象学方法。在这种方法中，需要采用超声风速计等高速响应的测量仪器对垂直速度脉动进行测定；但就微量气体而言，只要得到其浓度的平均值就可以了，即将与垂直风速 ω 成比例的流量输入与 ω 符号（+/−）对应的 2 个分量中，分别测定各自的浓度差。利用该原理，如下式所示，即为与涡度相关法相同的值。

$$\overline{\omega^+ s} + \overline{\omega^- s} = \overline{\omega^+ s'} + \overline{\omega^- s'} + \left(\overline{\omega^+} + \overline{\omega^-}\right)\overline{s} = \overline{\omega' s'} + \overline{\omega s} \tag{2-121}$$

该方法在原理上无疑是直接评价湍流通量的方法，但由于流量测定技术上的限制，现在还仅能求算较大数值之间微小的差值，因此，此方法目前还不能说是实用的方法。

将其简略化的方法是由 Businger et al.（1990）提出的条件采样法，也称为拓宽湍涡累积法（REA）。目前已实际应用于相当多的野外实验中（Baker et al.，1992；Pattey et al.，1993；Hamotani et al.，1996）。

拓宽湍涡累积法的基本原理是使用 1 个快响应的垂直速度感应器（一般是超声风速计）测量垂直速度脉动，通过电磁阀系统的开合，将上升气流与下降气流的气样以与垂直风速成比例的速率分别采集在 2 个取样袋中，然后再测出 2 个取样袋中的气体浓度。拓宽湍涡累积法的问题在于经验参数必须由试验来确定，为此需要大量研究成果的积累。同时，该经验参数随观测地点不同可能会有差异，并且也依赖于大气的稳定程度。

该方法的取样装置能够制成小型，而且与梯度法不同，只需要在一个高度上进行测定，所以可以把取样装置简单地安装在观测塔或气球等载体上进行观测（Hamotani et al.，1997；Monji et al.，1996）。拓宽湍涡累积法测定装置的采样部分以外的仪器，市场上已有产品出售，但其采样部分还需要特制。由于拓宽湍涡累积法需要响应性能良好的取样泵，需要频繁地进行气体分析仪的零点校正，所以该方法在长期观测中还存在许多问题。在拓宽湍涡累积法中，也有必要进行与 WPL 修正一样的密度修正（Pattey et al.，1993），而且为了进行修正，必须预先测定出湿度脉动和水汽通量。

第五节 涡度相关法缺失数据的插补与订正

在大气对流强烈，非稳定层结、植被均一和下垫面平坦的条件下，涡度相关技术可以准确地测定生态系统植被—大气间的 CO_2 交换量。而在下垫面景观复杂和大气处于稳定层结等非理想条件下，通量的计算需要考虑冠层内的大气贮存、通量辐散和平流等因素对 NEE 的影响（Baldocchi，2003）。但至今关于造成 NEE "失真"的具体原因以及规范的数据校正方法，在通量界仍没有达成一致的意见（Lee，1998；Massman，2002；Baldocchi，2003）。现实的大多数通量观测站点都会不同程度地同时受到复杂地形和非理想气象条件这两方面的制约，从而导致涡度相关测定结果不确定性的增加，因此，对复杂地形条件测定的 NEE 的校正方法的研究倍受关注（于贵瑞等，2004）。

一、观测资料处理与质量控制

涡动相关仪利用风速和标量高频数据的协方差来计算地表通量。目前涡度相关法数据的处理软件有很多，比较常用的有英国爱丁堡大学推出的 EdiRe，德国拜罗伊特大学开发的 TK3 以及美国 LI-COR 公司推出的 Eddypro。在处理涡度数据过程中，Eddypro 不仅可以实现对处理数据时所必需的去野点、去趋势、坐标轴旋转等处理，还可以完成所必需的校正，如超声虚温校正、频率响应校正、浮力校正、Webb-pearman-Leuning 密度校正等。Eddypro 还可以根据平稳性假设检验和湍流整体特征检验对通量计算结果做质量评价。

结合涡度相关法数据，Eddypro 通过以下公式计算得到动力通量（τ）、感热通量（H）、潜热通量（LE）：

$$\tau = -\rho \cdot U_*^2 \tag{2-122}$$

$$u^* = (\overline{u'w'}^2 + \overline{v'w'}^2)^{1/4} \tag{2-123}$$

$$H = \rho \cdot C_p \cdot \overline{W'T'} \tag{2-124}$$

$$LE = \rho \cdot L_V \cdot \overline{w'q'} \tag{2-125}$$

式中：ρ 为空气密度（g/m³）；C_p 为定压下空气的比热容（J/g/K）；L_V 为潜热通量蒸发系数；$\overline{w'q'}$ 为垂直风速与气温的协方差；$\overline{w'q'}$ 为垂直风速与水汽的协方差。大气稳定度是地气相互作用中的重要变量，EddyPro 可以利用涡度相关法数据计算大气稳定度（ζ）：

$$L = -\frac{\overline{T_V} \cdot U_*^3}{g \cdot k \cdot \overline{w't_v}} \tag{2-126}$$

$$\zeta = (Z_m - d) / L \tag{2-127}$$

式中：L 为 Monin-Obukhov 长度（m）；$\overline{T_V}$ 为虚温（k）；$g = 9.8$ m/s² 为重力加速度；$k = 0.4$ 为冯卡曼常数；Z_m 为观测高度（m）；d 为零平面位移高度（m）。

Eddypro 可以利用平稳性检验和湍流总体特征检验对计算得到的感热通量、潜热通量做质量评估。

平稳性检验（IST），即湍流统计特征不随时间变化是要求在计算通量的时间（如 30 min），各时段的方差（协方差）均值大致等同全时段的方差（协方差）。在实际中通常将 30 min 分为 6 个子时段，每个子时段 5 min；评估每个子时段的协方差与全时段协方差的相对差异，并使用稳定系数（Δst）表示：

$$\Delta st = \left| \frac{\overline{(w'c')}_5 - \overline{(w'c')}_{30}}{\overline{(w'c')}_{30}} \right| \times 100\% \tag{2-128}$$

总体湍流特征检验一般用总体湍流特征系数（ITC）表示。它是根据涡度相关法数据计算的垂直风速方差和摩擦速度的比值与 Monin-Obukhov 相似理论的计算值的符合程度加以确定：

$$ITC = \left| \frac{\left(\dfrac{\sigma_w}{u_*} \right)_{model} - \left(\dfrac{\sigma_w}{u_*} \right)_{measurement}}{\left(\dfrac{\sigma_w}{u_*} \right)_{model}} \right| \times 100\% \qquad (2\text{-}129)$$

其中：σ_w 为风速垂直分量的方差。根据这两种方法对涡度相关法的数据和通量结果做质量评价，其评价标准如表 2-3 所示。

表 2-3 地表通量质量评价标准

稳定性检验（%）	总体湍流特征系数（%）	总体质量数
0~30	<30	0
<100	<100	1
>100	>100	2

二、引起非理想条件下通量观测结果不确定的主要原因

在非理想观测条件下，通量观测结果的不确定性主要是来自大通量贡献区、重力波效应、平流效应和空气动力学效应等方面的影响。

大通量贡献区：当大气层逐渐变得稳定时，涡度相关测定覆盖区域迅速扩展（Leclerc et al.，1990；Schmid et al.，1994），并且可能超出调查植被类型的范围。因为目前通量覆盖区的模型都是基于近中性条件下的涡扩散理论建立的，所以无法对通量覆盖区模型进行直接的校正。

重力波效应：夜间冠层内重力波切变的产生是一个普遍的大气运动类型（Fitzjarrald et al.，1990；Lee et al.，1998）。严格地讲，在重力波活动期间的稳态条件并不令人满意，没有积分时间尺度可以定义。数值模拟表明重力波的运动出现将导致常通量层不存在（Hu et al.，2002）。

平流效应：在大气稳定层结的条件下，植被内部雷诺应力的垂直梯度很小，因此，与斜压力（Wyngaard et al.，1994）、天气系统或斜坡重力（Mahrt，1982）有关的水平压力梯度相对较大。由于缺乏强烈的湍流混合，所以在近地面标量可能存在较大的垂直梯度。在这些条件下，冠层和表层内空气运动是二维和三维的，因而在夜间发生泄流或平流（垂直和水平）的可能性比白天大一个数量级以上（Sun et al.，1998）。昼夜的不对称性对年净生态系统 CO_2 吸收的估计造成较大的偏差（Lee，1998）。

空气动力学效应：在长期通量观测站点的一个普遍现象就是当湍流水平下降到 0（通过摩擦速度确定）时，湍流 CO_2 通量接近 0（Goulden et al.，1996），这是以空气动力学原理为基础的。例如，K 理论和莫宁—奥布霍夫（Monin-Obukhov）相似理论表明湍流标量通量与 u_* 和 $\partial c / \partial z$ 是成正比的。但 Wofsy 等（1993）和 Goulden 等（1996）指出，CO_2 生物学源强度不是空气运动的函数，表明贮存通量的校正不完全依靠 u_*。并且大量研究表明贮存校正不能使通量达到强风条件下观测通量的同一水平。同时能量平衡闭合的情况通常在较低的 u_* 条件下是很差的，随着 u_* 的上升而改善（Black et al.，1996；Aubinet et al.，2000）。

三、夜间通量低估的原因

涡度相关设备的设计主要考虑了白天强对流条件下通量测定的要求。在利用观测数据计算并解释其生态学意义时，也基本认为观测数据是在基本满足强对流观测条件下的观测结果。可是在大气层结稳定、弱对流的天气条件下，尤其是在夜晚，不仅平流/泄流效应会经常发生；同时湍流运动也会移

向高频运动，使小涡运动占优势，这时由于传感器的分离，路径长度和取样管路的削弱作用等因素都会造成仪器响应的不足，产生观测器方面的限制。这些影响在夜间表现得最为突出，导致通量观测系统对夜间通量的偏低估计。

在大气层结稳定的夜间，由于涡度相关技术不能测定非湍流过程的地表通量，而这种非湍流过程对 CO_2 交换的影响更为显著。即使考虑了 CO_2 的贮存效应，涡度相关测定也可能低估净生态系统 CO_2 交换量（Aubinet et al.，2000），其贮存的通量有可能超过涡度相关系统测定的涡度通量。在夜间作为湍流混合强度标准的临界 u_* 与 CO_2 释放量间存在着的明显的相关关系也证明了这一问题（Aubinet et al.，2000）。但事实上，夜间 CO_2 的释放主要来源于生态系统呼吸（土壤微生物、根、叶和茎秆呼吸的总和），其主要受温度条件所控制。如果排除了温度与摩擦风速间的相关性，夜间 CO_2 释放量应该与摩擦风速无关。因此，u_* 与 CO_2 释放间所存在着的明显的相关关系实质上反映了空气动力学效应的影响。

夜间 CO_2 释放量的低估会造成长期的碳收支平衡估算中较大的选择性系统误差（指仅仅作用于湍流测定的部分昼夜过程而造成的测量值与真值的系统偏高，如夜间空气平流／泄流等造成的夜间通量低估等现象），特别是基于短期通量测定结果来估算长期的碳收支平衡时更应该引起注意（Moncrieff et al.，1996；Baldocchi，2003）。

四、夜间通量观测值的校正方法

1. 夜间通量观测值校正的一般方法

受研究技术的限制，目前还无法对夜间涡度相关观测的各影响因子进行量化分析，因此对夜间通量的校正主要通过以下几种途径。

利用箱式法的观测结果校正涡度相关数据。这是一种最直接的办法，可是其关键问题是如何确认箱式法测定结果的时间与空间代表性，其测定的时间尺度和空间分布的样本数量是否能够满足评价生态系统总呼吸量的需要。现在对土壤呼吸的测定方法比较成熟，其中的自动箱群观测系统的样本量和观测频率能够满足生态系统土壤呼吸量计算的需要，但是关于植被（如树干和叶片）呼吸的测定还存在很多问题。

通过强湍流交换条件的限制，筛选符合假设条件的观测数据来建立夜间通量与环境因素的经验模型，如生态系统呼吸与温度和土壤水分之间的函数关系，以此来重新估算稳定层结条件下的夜间生态系统 CO_2 通量（Baldocchi，2003）。u_* 是经常被用于评价湍流强度的重要指标，可是 u_* 临界值大小的选择对年尺度的 NEE 有很大影响（Aubinet et al.，2000）。遗憾的是迄今为止如何确定合理的 u_* 临界值还没有形成统一的意见。此外，水平风速也可以反映湍流交换的强弱（Yamamoto，1999），但是也同样存在与 u_* 相似的临界值确定问题。Saigusa 等（2002）和 Hirano 等（2003）的研究还表明，大气的湍流强度对 NEE 与温度之间的关系有很明显的影响，当湍流交换强、大气的上下层空气混合度较好时，夜间的生态系统 CO_2 通量和气温之间存在着显著的指数关系，利用这种关系估算得到的夜间 CO_2 通量会明显地高于直接观测的结果；而当湍流交换较弱时，夜间通量和气温之间关系较弱，或者没有明显的相关关系。

利用能量闭合来校正 NEE（Twine et al.，2000）。Saigusa 等（2002）也利用这一方法校正了测定的 NEE。但是这种方法依赖于对有效能量通量（感热通量＋潜热通量）、净辐射和土壤热通量的准确测定。涡度相关观测通常反应的是在较大空间范围内的平均状况，而净辐射和土壤热通量仅仅是在观测塔附近小范围内的测定结果，不仅无法准确评价大范围内的空间变异性，而且在空间上与涡度相关观测区域可能会明显地不匹配（Schmid，1994）。因此，利用能量闭合度校正 NEE 的方法的正确性与适用性还有待进一步分析与评价（Baldocchi，2003）。

2. 摩擦风速临界值的确定方法

在解决夜间通量低估问题的大量研究工作中最常用的方法是采用剔除 u_* 临界值（通常 $0.15 \sim 0.3 \, \mathrm{m/s}$）以下的夜间观测数据，以保证涡度相关的测定是处于强湍流条件下的观测结果，并利用高 u_* 条件下的观测数据与温度和土壤水分的函数关系来模拟夜间的生态系统 CO_2 释放量（Aubinet et al., 2001; Baldocchi, 2003）。这种处理方法只对夜间的观测数据有效，而无法对白天的观测数据进行校正。因为，如果白天湍流通量被低估，那么其可能与低湍流混合强度有关，也可能与较低的有效能有关（Blanken et al., 1998）。在夜间，还没有发现任何湍流通量的低估与有效能有关的证据（Blanken et al., 1998）。关于 u_* 临界值的判断其经验性很强，通常是直接利用 CO_2 通量与 u_* 间的关系来确定（Aubinet et al., 2000; Pilegaard, 2001）。一般情况下 CO_2 通量随着 u_* 的升高而升高，但是当超过 u_* 临界值之后便会趋于稳定。

莫宁—奥布霍夫相似理论认为，在近地边界层内各种大气参数和统计特征可以利用速度尺度 u_* 或温度尺度 T_* 归一化的大气稳定度 $(z-d)/L$ 的普适函数来描述，这里 z 为湍流通量测定高度，d 为零平面位移，L 为莫宁—奥布霍夫长度。湍流积分统计特性也就是方差相似性关系，可以作为涡度相关数据质量检验的可靠标准（Kaimal et al., 1994; Foken et al., 1996; Aubinet et al., 2000）。

利用湍流方差相似性关系测试，可以检验湍流是否能够很好地发展与形成，是否符合湍流运动的相似性理论，从而可以获得有关观测站点特性和仪器配置影响的信息。如果湍流方差相似性关系的观测值与模拟相差不超过 $20\% \sim 30\%$，可以认为数据质量是令人满意的。通过这个湍流方差相似性关系测试，可以发现非均质地形条件下的一些典型效应。第一，如果是由于障碍物或仪器自身而导致附加的机械湍流，则湍流方差相似性关系的观测值会显著高于模型的预测值。第二，在近地边界层温度和湿度异质的地形条件下，湍流方差相似性关系的观测值会显著地高于模型预测值，但是在近地边界层粗糙度异质的条件下则并不存在这种效应。

如果在低 u_* 条件下，CO_2 通量发生了选择性系统低估，那么符合同样假设和理论的其他湍流能量（如感热和潜热通量）也应该同样被低估。当 u_* 低于临界值时，感热与潜热通量也同样会被系统低估。因此，在涡度相关技术应用中，需要剔除非湍流过程占主导地位的低 u_* 条件的湍流通量数据。谱分析表明涡度相关仪器性能的制约并不是湍流通量测定的限制性因素，但是气象学上的限制，也就是非湍流过程的增加（如冷泄流等），对通量测定的限制会影响复杂地形条件下的湍流通量测定结果。涡度相关技术是通过测定垂直风速和 CO_2 密度脉动而直接获得植被—大气间 CO_2 通量，只能捕捉大气湍流运动的信号，而不能捕捉到非湍流运动的信号。低湍流，如在夜间条件下，贮存和平流效应可能会造成 CO_2 通量的系统性低估。即使考虑了 CO_2 通量贮存的校正，这种非湍流过程通量也可能造成 $4\% \sim 36\%$ 的选择性系统性误差（Aubinet et al., 2000）。

3. 利用能量闭合度校正通量观测值的问题

能量平衡的不闭合意味着涡度相关的通量测定有可能会低估真正的通量，也就是说，当能量平衡不闭合时，感热和潜热之和的低估与 CO_2 通量低估相似，因此利用能量的闭合度来校正 CO_2 通量也许是一种可能的途径。这是因为如果假设涡度通量的低估产生于同样的基本过程，那么我们可以认为由于通量间的相似性，而其他通量如能量通量也会被低估。但是研究证明，将基于守恒原理的能量平衡的闭合程度用于检验或校正 CO_2 通量，在实践中是不可行的。关于潜热和感热通量的低估量与 CO_2 通量可能的低估量之间的关系，可以通过以下 4 种独立的方法对比研究来确定（Twine et al., 2000）：

1）直接利用涡度相关技术测定；

2）条件取样技术直接测定；

3）结合波文比能量平衡法与 CO_2 浓度梯度（BREB/CO_2）的比较；

4）结合叶片到冠层尺度扩展与土壤表层测定的间接估算结果的比较。

Griffs 等（2003）探讨能量平衡闭合校正方法对生态系统呼吸，总生态系统生产力和净生态系统生产力的影响时发现（表 2-4），利用能量平衡闭合校正方法对年累积值的影响较大，因此，在实际应用中应慎重。因为正如前面有关能量平衡研究的描述，并不是所有影响能量平衡的因素都是由于涡度相关技术所造成的，同时一些影响能量平衡闭合的因素并不一定影响潜热和感热通量。

表 2-4　生态系统呼吸（R），总生态系统生产力（P）和净生态系统生产力（NEP）的年累积值

站点时间 EBC		生态系统呼吸		总生态系统生产力			净生态系统生产力	
		N-EBC	EBC	N-EBC	RAW	EBC	N-EBC	
SOA	全年	1 193	1 081	1 315	1 188	187	122	107
	夜晚	444	391					
	白天	749	690					
SOBS	全年	897	800	932	830	142	35	30
	夜晚	311	277					
	白天	586	523					
SOJP	全年	578	491	656	557	104	78	66
	夜晚	196	166					
	白天	382	325					

注：单位［g/（m² · a）］均以 CO_2 质量计

SOA（Boreal southern old aspen forest）：北方的南部成熟白杨林；SOBS：（Boreal southern old black spruce）：北方的南部成熟黑杉林；SOJP：（Boreal southern old Jack pine）：北方的南部成熟 Jack 松林；EBC：将通量数据进行能量平衡校正；N-EBC：通量数据没有进行能量平衡校正；RAW：通量数据没有进行能量平衡校正，同时没有校正低 u_* 条件下的夜间通量数据。P=NEE+R。

4. 夜间通量观测值校正的其途径

对夜间通量问题开展其他途径的研究，如利用夜间边界层收支法对夜间通量进行估计，并与涡度相关观测计算值相比较等也具有非常重要的意义。计算夜间边界层（NBL）内 CO_2 收支或许是夜间低摩擦风速条件下估算 CO_2 通量的一种替代方法（Pattey et al.，2002）。Pattey 等（2002）分别利用 LI-6 262 和 CIRAS 2 种红外 CO_2/H_2O 气体分析仪测定了夜间边界层 CO_2 浓度的廓线，利用两种浓度廓线计算所得的通量结果非常相似，而且利用夜间边界层（NBL）收支法测定的静风条件下 CO_2 通量与涡度相关技术在高风速条件下的测定结果具有很好的可比性（表 2-5，于贵瑞，2006）。

五、缺失数据的插补

1. 缺失数据插补的必要性

涡度相关技术的水、碳及能量通量的长期连续观测为生态学家们研究和理解陆地植被—大气界面的物质和能量交换过程及生理生态控制过程与机理提供了丰富的数据基础和试验平台，然而面临日益增加的对生态系统水、碳和能量通量观测数据的需求，全球通量观测网络也面临着严峻的挑战，这就是如何向全球变化的政策决策者与对区域尺度转换、植被—土壤—大气传输模型、生物地球化学循环等感兴趣的研究者提供可靠的通量数据，这些用户通常需要各种生态系统从日到月或年的不同时间尺度上的净生态系统交换量。

表 2-5　北寒温带森林 1996 年利用夜间边界层收支法和涡度相关技术测定 CO_2 通量的比较

日期	垂直风速方差	空气温度	NEE	夜间边界层收支法 * 测定的通量	
(d)	(σ_w, m/s)	(T_a, ℃)	[mg/($m^2 \cdot s$)，以 CO_2 质量计]		
				LI-6 262	CIRAS
193	0.28	19.4	0.07		
194	0.25	17.3	0.04		
195	0.14	16.0	0.02		
196	0.16	14.8	0.09		
197	0.06	16.8	0.01		
198	0.21	17.8	0.09	0.17	
199	0.73	15.8	0.19		
200	0.79	16.6	0.18		
201	0.18	15.1	0.04	0.12	0.11
202	0.19	13.7	0.10		
203	0.53	12.7	0.14	0.10	0.10
204	0.54	14.6	0.18		
205	0.09	15.2	0.02		0.11

注：夜间边界层收支法分别利用 LI-6 262 和 CIRAS 2 种红外 CO_2/H_2O 气体分析仪进行测定

基于涡度相关技术的观测数据通常按半小时的步长采集一天 24 h，一年 365 d 的通量数据，但往往因系统故障或外界干扰，年平均数据量只有 65%（Falge et al.，2001a；2001b）。因此需要建立一套完整的数据插补技术来形成完整的数据集。数据插补技术的统一有利于获取可靠的数据集，也有利于站点间的数据比较。目前通量观测技术（如开路或闭路红外气体分析仪和三维超声风速计）和数据处理方法比较统一，但一直未形成一种通用的缺失数据插补方案。有人曾用昼夜变化法（用前后 15 d 该时刻的观测平均值）来计算森林生态系统 NEE 的年或季节总量（Jarvis et al.，1997）。也有人用光响应函数来插补缺失数据（Falge et al.，2001）。Falge 等（2001）介绍了几种不同的数据插补方法。目前在通量界中较常用的 3 种数据插补方法有平均昼夜变化（MDV）、半经验法及人工神经网络（ANN）。原则上这些方法只能再生成平均通量密度或气象值，而无法得出任何有统计意义的可靠的均值偏差。

2. 平均昼夜变化法

非线性是很普遍的生物学特征，最典型的例子就是生态系统的饱和光响应曲线和呼吸的温度响应曲线。"平均昼夜变化法"（MDV）通过一种简单的方式来反映因昼夜更替或时间变化引起的生态系统响应，而不依赖于通量和环境变量间的某种已知的函数关系；从另一方面来说，通常在数据中观测到的通量和环境变量间的函数关系无法用 MDV 方法得到；此外，在极端晴天或阴天条件下用 MDV 方法进行数据插补容易产生估算偏差。

用 MDV 方法插补缺失数据时，缺失值用临近几天的相同时段的观测平均值来插补。不同平均昼夜模式的主要区别在于取平均值的时间间隔长短（即窗口大小，通常 4～15 d）。一般来说 4 d 的平均窗口太小，谱分析结果也显示不适合采用 4 d 的平均窗口（Baldocchi et al.，2000b），通常建议使用 7～14 d 的窗口。对碳通量而言，也不宜采用更大的窗口，因为碳通量对环境变量的非线性响应关系在平均过程中会引入误差。除了平均窗口大小的选择外，MDV 在应用上有 2 种不同的算法：即"独立"窗口和"滑动"窗口。

在"独立"窗口中，对特定窗口内任一时间点的缺失数据，就用该窗口内在该时刻的所有有效观测数据的平均值来代替。具体算法如下：

$$\overline{X}_{h,i} = \overline{X_{h,k=n(i-1)+1,\cdots,ni}} \tag{2-130}$$

这里 h（1，$\cdots$，48）为一天中每半小时的索引，i（1，$\cdots$，integer（d/n）+1）为平均窗口的索引，n 为窗口大小，d 为一年的天数，k 为一中间量。上划线表示排除缺失数据后对该下划线子集进行平均。因 d/n 通常都取整数，最后一个子集通常较小。

而在"滑动"窗口中，用缺失数据段周围指定大小窗口内的观测值建立"平均昼夜变化"来填补该窗口内的缺失数据。如果研究者只想得到 NEE 的月或年总量，这种方法相当于将多天每半小时的观测值加和后再分别求平均值。具体算法如下：

$$\overline{X}_{h,i} = \overline{X_{h,k=i,\cdots,i+n-1}} \tag{2-131}$$

各变量与式（2-131）中的一样，只是窗口的索引 i 取值为 1，2，$\cdots$，（$d-n+1$），且所有数据子集大小相等，具体算法请参阅 Falge 等（2001）。

3. 半经验方法

通常将查表法和非线性回归法划分为半经验法。查表法是选择合适的环境驱动变量（一般包括温度、辐射等）并将其排序，缺失值用相似环境条件下已有观测值的平均值代替。查表法允许通量对环境变量的响应关系有变化，如光响应曲线可在线性和直角双曲线间变化。非线性回归法则是通过建立适当的非线性数学方程，保留了通量和环境变量（如温度和光合有效辐射）间的响应关系，因此，缺失值可利用由环境因子所建立的非线性回归函数得到。NEE 的缺失值可选择用不同的响应函数来插补，如饱和光响应曲线、饱和光合强度的温度响应的最优曲线和夜间通量的指数函数等。

（1）查表法

每个站都可创建一个 NEE 索引表，在该表中总结了该点各种环境条件下的 NEE，从而根据缺失数据时段的气象条件可在该表中查找相似环境下的 NEE 来替代缺失数据，这种方法称为查表法。NEE 索引表通常是基于 6 个双月或 4 个季节时段建立，表现出某个站点变化的环境条件。季节划分要依据该站的气候特点进行，比如温带森林生态系统的四季可划分为 4 月 1 日至 5 月 31 日、6 月 1 日至 9 月 30 日、10 月 1 日至 11 月 31 日和 12 月 1 日至 3 月 31 日。在 NEE 索引表中，光强以 100 μmol/（m²·s）的间隔从 0 渐增至 2 200 μmol/（m²·s），温度以 2℃为间隔，范围应包括该站的可能最低和最高值（如 -30～40℃），因此所建立的索引表为 6（或 4）个季节段 ×23 级光强 ×35 级温度。这种方法在生成平均值的同时还能产生每一类别下的标准差。查表法中，缺失数据用线性内插法生成，每一类别中光强的最大分类间距为 300 μmol/（m²·s），最大温度间距为 6℃（Falge et al.，2001）。

人们总是尽力想让某种数据插补方法能统一应用于各种观测站，但使用光强数据的半经验法的经验证明对条件特殊的站还是需要单独考虑。许多研究表明（Goulden et al.，1996；Valentini et al.，1996；Clark et al.，1999；Granier et al.，2000），某一季节周期内或给定温度间隔内的光响应曲线明显表现出高度离散性，数据的高度离散受其他因素的影响，如白昼时间、叶片和树干的季节性或观测站的风浪区 / 通量贡献区的不均匀性等；此外，云量也会影响 NEE 的光响应曲线（Baldocchi，1997b）。因此，为了减少个别站数据的离散度，必要时应考虑其他的因子，如明显的干旱情况。

（2）非线性回归法

非线性回归法是用一定时间内的有效的观测数据建立每个站的净生态系统交换量（NEE）和相关

环境因子的回归关系，再用得出的回归函数和缺失时段的环境因子估算缺失的 *NEE*。通常将日间和夜间的数据分开处理，而进行回归分析的时段划分也无明确限定，可从几天到几个月不等，亦可按查表法中的 6 个双月或 4 个季节时段来划分。

①呼吸方程：人们已经普遍认识到温度和水分对生态系统呼吸的决定性作用（Lloyd et al.，1994；Xu et al.，2001；Reichstein et al.，2002），并发现土壤呼吸或生态系统呼吸在一定范围内随温度升高呈指数增长。对于夜间缺失的通量数据的插补，目前已有较多的生态系统呼吸的温度响应函数，如 Lloyd 和 Taylor，Arrhenius 及 Van't Hoff 等的呼吸方程（Taylor et al.，1994；Fang et al.，2001）。在通量插补中常用的非线性回归呼吸方程有以下 3 种类型：

Lloyd & Taylor 方程：

$$F_{RE,night} = F_{RE,T_{ref}} \exp\left[E_0 \left(\frac{1}{T_{ref} - T_0} - \frac{1}{T_K - T_0} \right) \right] \tag{2-132}$$

式中：$F_{RE,night}$ 为夜间生态系统呼吸，等于夜间的 *NEE*；E_0 为常量，实际应用中常设为 309 K；T_{ref} 为参考温度（K），一般为 298.16 K；$F_{RE,T_{ref}}$ 为 T_{ref} 下的生态系统呼吸；T_0 为生态系统呼吸为零时的温度（K）；T_K 为空气或土壤温度（K）。参数 T_0 和 $F_{RE,T_{ref}}$ 都可用观测数据回归拟合得到。Lloyd 等（1994）曾给出 $E_0 = 308.56$K 和 $T_0 = 227.13$K 的参数值，并认为此模型可无偏差地模拟多种生态系统的土壤呼吸。

Arrhenius 呼吸方程：

$$F_{RE,night} = F_{RE,T_{ref}} \exp\left[\frac{E_a}{R} \left(\frac{1}{T_{ref}} - \frac{1}{T_K} \right) \right] \tag{2-133}$$

式中：$F_{RE,night}$，$F_{RE,T_{ref}}$，T_{ref} 和 T_K 的意义同上；E_a 是活化能（J/mol）；$F_{RE,T_{ref}}$ 和 E_a 均是拟合参数；R 为气体常数 [8.134 J/（K·mol）]。

Van't Hoff 呼吸方程：

$$F_{RE,night} = A \exp(B T_K) \tag{2-134}$$

式中：A 与 B 是参数；T_K 为空气或土壤温度（K）。若将 $B = \ln(Q_{10})/10$ 代入，此方程则可改写成 Q_{10} 的关系式（温度单位为℃），详情请参见 Lloyd 等（1994）。

对任何划分出的时段（6 个双月或 4 个季节时段），方程中的参数都能通过回归方法拟合得到，同时能得出生态系统的夜间呼吸量。生态系统呼吸包括叶片、树干和土壤呼吸，目前需要有其他独立的观测才能将这些呼吸组分分离，这也是生态系统呼吸研究中受到普遍关注的问题。这些呼吸组分对生态系统呼吸的贡献因环境因子（如空气/土壤温度、树干温度、土壤水势等）随着时间的变化而变化（Law et al.，1999）。

同时考虑温度和水分状况对生态系统呼吸的影响时，也有几种不同的呼吸模型。其中连乘模型是将温度和水分对生态系统呼吸的影响以连乘的方式进行综合的方法（Reichstein et al.，2002）：

$$F_{RE} = F_{RE,Tref} f(T_a) f(S_w) \tag{2-135}$$

其中，
$$f(T_a) = \exp\left[309 \left(\frac{1}{T_{ref} - T_0} - \frac{1}{T_K - T_0} \right) \right] \tag{2-136}$$

$$f(S_w) = \exp(a S_w^2 + b S_w + c) \tag{2-137}$$

式中：$f(T_a)$ 为 Lloyd & Taylor 生态系统呼吸的温度响应函数；$f(S_w)$ 为一个描述水分对呼吸影响的二次函数。方程中，T_{ref} 为参考温度（K）；$F_{RE,Tref}$ 为在 T_{ref} 和最佳水分状况下的生态系统呼吸，T_0 为生态系统呼吸为零时的温度（K）；T_K 为空气或土壤（K），S_w 为土壤相对含水量（m³/m³）。

②光响应方程：插补日间通量数据也已有较多成型的光响应函数，包括线性函数、抛物线函数和双曲函数等。在通量插补中常用的回归方程有：

Smish 光响应曲线（Smith，1938）：

$$NEE = \frac{\alpha' Q_{PPFD} F_{GPP,opt}}{\sqrt{(F_{GPP,opt})^2 + (\alpha' Q_{PPFD})^2}} - F_{RE,day} \tag{2-138}$$

Michaelis-Menten 方程（Michaelis et al.，1913）：

$$NEE = \frac{\alpha' Q_{PPFD} F_{GPP,sat}}{F_{GPP,sat} + \alpha' Q_{PPFD}} - F_{RE,day} \tag{2-139}$$

此方程中的 $F_{GPP,sat}$ 是 $Q_{PPFD} \rightarrow \infty$ 时趋势值，在实际应用中没有任何实际的意义。该方程也经常被称为直角双曲线。实际应用中可用当 Q_{PPFD} 为 2 000 μmol/（m²·s）时 $F_{GPP,opt}$ 的值，方程就改写成：

$$NEE = \frac{\alpha' Q_{PPFD}}{[1 - (Q_{PPFD} / 2\,000) + (\alpha' Q_{PPFD} / F_{GPP,opt}]} - F_{RE,day} \tag{2-140}$$

c.Misterlich 方程（Falge et al.，2001a）：

$$NEE = F_{GPP,opt}[1 - \exp(\alpha' Q_{PPFD} / F_{GPP,opt})] - F_{RE,day} \tag{2-141}$$

上述各式中：Q_{PPFD} 为表现光强的光量子通量密度［μmol/（m²·s）］；α' 为生态系统量子效率；$F_{GPP,opt}$ 为最佳光照条件下的总初级生产力；$F_{GPP,sat}$ 为饱和光强下的总初级生产力；$F_{RE,day}$ 为日间的生态系统呼吸［单位都是 μmol/（m²·s），以 CO_2 物质的量计］。

在以上方程中，根据对温度的考虑与否，可用 3 种途径进行拟合：拟合时用给定时段内的所有实际观测的温度值；按 4℃ 的间距将温度分组；利用可反映光和温度响应的综合参数进行拟合。因非线性回归是一种迭代运算过程，程序对有些参数在估算前要求赋初始值。但只要数据能明显地反映预设的函数，计算结果应该与初始值无关。进行回归分析时不同的季节划分会导致数据插补结果的不同。在某些情况下考虑其他气象因子（如饱和水汽压差或干旱）及人类活动（如牧场的割草和农田收获等）的影响有助于提高数据插补的质量。

4. 人工神经网络法

（1）人工神经网络的基本概念和原理。人工神经网络（ANN）从 20 世纪 80 年代迅速兴起，到目前为止还没有统一的定义。它是以计算机网络系统模拟人脑或生物神经的网络结构和激励行为的并行非线性计算系统。其主要特征有多维性、神经元之间的广泛连接性、自适应性和自组织性、不可逆性和学习联想能力强等。神经网络的信息处理由神经元之间的相互作用来实现，知识与信息的存储表现为网络元件互相连接分布式的物理联系，网络的学习和识别取决于神经元连接权重的动态演化过程。人工神经网络通过样本的"学习和培训"，可记忆客观事物在空间、时间方面比较复杂的关系和特点，适合于解决各类预测、分类、评估匹配、识别等问题。所以，人工神经网络在经济分析、市场预测、金融趋势、化工最优过程、航空航天器的飞行控制、医学、环境保护等领域都有广泛的应用前景。

一个多层人工神经网络由输入层、输出层和连接二者的隐含层组成，其中隐含层还可以由多层组成。输入层用来表示问题求解所需的特征集合，能够接受和处理用户输入的原始样本；隐含层可以存在多层拓扑结构，有些隐含结点可以是问题层次关系的确切描述，而对较多抽象问题而言，隐含结点只是推理和学习过程中的辅助结点；输出层是在网络结构和神经元状态所驱动下的满意解。网络上的每个结点相当于一个神经元，具有一定的记忆或存储功能，每一个结点都与其他层的结点通过交流通道相连并行工作来处理接收到的信息。在求解一个问题时首先向人工神经网络输入层的某些结点输入信息，各结点处理后向其他结点输出，其他结点接受并处理后再输出，直到整个神经网工作完毕，输出最后结果。

目前使用最多的人工神经网络为误差反传、信息前馈神经网络（简称 BP 网络），BP 人工神经网络在监督训练程序下能够模拟各变量间的复杂关系。

大多数的 ANN 都有一定的训练规则，BP 人工神经网络的信息传递过程为从输入层到输出层的单向传递过程。在对网络的训练过程中，调节神经元间联系强度的准则是使网络计算输出的因变量与已知训练样本的因变量之差最小。训练的过程就是不断将此误差反传给网络，调整输出层与隐含层、隐含层与输入层间的权重大小。

（2）BP 人工神经网络的算法。BP 人工神经网络每个结点获得信息后，每个输入变量都被乘以分配给该结点的权重值，并用一函数修正该神经元的权重值，使得误差评价函数最优。假定有 n 个输入变量 x_1，x_2，$\cdots$，x_n，其权重分别为 w_1，w_2，$\cdots$，w_n，则加权和为：

$$a = x_1\omega_1 + x_2\omega_2 + \cdots + x_n\omega_n = \sum_{i=1}^{n} x_i\omega_i \tag{2-142}$$

然后将 a 用一转换函数 S 将某种数学函数变换为输出值 y。

网络中最常用的是线性函数和 Sigmoid 函数。若用 Sigmoid 函数做隐含层和输出层每个结点的转换函数，则输出值 y 为：

$$y = \frac{1}{1 + e^{-a/\rho}} \tag{2-143}$$

式中：a 为输入到该结点所有变量的加权和；系数 ρ 为阈值（决定 Sigmoid 函数的形状，随着 ρ 值增加曲线越平滑），将其也作为调整权重值，使得期望输出值与实际输出值间的偏差最小。

误差反传播算法为：对每一组样本 P，其误差 E_p 被定义为真实值 F_P 和 ANN 目标输出值 y 间的误差平方的一半，即：

$$E_P = \frac{1}{2}(F_P - y)^2 \tag{2-144}$$

其中，y 是各权重系数的函数。系统总误差就为各数据子集（样本）误差的简单和：

$$E = \sum_P E_P \tag{2-145}$$

（3）BP 人工神经网络的训练。人工神经网络的训练需要一次性提供一组训练样本，每个样本都包括输入值和输出值，输入层结点接收到各个独立变量的输入值后，经输入层和中间若干层的人工神经元处理后，网络最终由输出层结点产生一组输出值。在训练的初始阶段，各结点的权重值是随机赋予的，人工神经网络输出值可能与样本的实际结果有很大差异，此差值将作为网络系统调整各结点的权重值的依据，最终目的是通过这种误差反传播的方法减少此差值。人工神经网络对样本的学习过程，即逐步确定网络中的神经元间的权重系数的过程。通过这些样本的学习，网络逐渐被训练成具有预测的能力，即当输入一个新变量，网络就能给出一个预测值，这种过程被称为人工神经网络的归纳能力。因此，人工神经网络（ANN）在训练时也不宜学习太多的样本，以免其失去对新样本的归纳能力。

ANN 的数据训练集通常分为 3 组：即训练集（用于神经网络的训练过程确定权重系数）、检验集（在网络训练过程中用于计算误差以免训练过度）和验证集（用来评价网络的工作性能，在网络训练过程中不使用）。一旦确定了各个数据集，训练集的数据就被输入人工神经网络系统中，同时就可得到系统的输出值与真实值间的误差，同时也可以调整各结点的权重系数。参数 "epoch" 需要在网络训练开始前就确定，它表示网络训练过程结束，并表示在使用检验集前需要进行的训练次数。当生成的误差水平可以接受，或训练一定次数后网络的运算性能达到无法进一步改善时，即可停止对网络的训练。

人工神经网络的误差可用计算各种误差项来评估，主要有：

Pearson 相关系数：

$$r = \frac{\sum(y-\bar{y})(t-\bar{t})}{\sqrt{\sum_p(y-\bar{y})^2 \sum_p(t-\bar{t})^2}} \qquad (2-146)$$

均方根误差（RMSE）：

$$RMSE = \sqrt{\frac{\sum_p(y-t)^2}{p}} \qquad (2-147)$$

平均绝对误差（MAE）：

$$MAE = \frac{1}{p}\sum_p|y-t| \qquad (2-148)$$

式中：p 为样本量；y 为预测值；t 为实测值；上划线"‾"表示平均。

（4）人工神经网络在通量数据插补中的应用。用 ANN 处理通量数据前，需要对数据进行一定的预处理，例如校正夜间大气稳定层结时偏低的观测通量（非线性回归法等）。经过初步选择确定要使用的 ANN 结构（如选择隐含层数、转换函数等）后，需要对网络进行训练。可以根据已有的数据资料来确定网络的输入变量，如气温、相对湿度、光合有效辐射、土壤温度、土壤水分、植被类型、叶面积指数（LAI）、日期或月和时间等。

人工神经网络中的输入数据通常都经过标准化处理转换为 [0，1] 的数。因不同变量的值域差异很大，例如气温（℃）和压强（Pa）在数值上差几个数量级，但这种差别并不能反映它们作为输入变量的重要性。模糊集可用来减少变量间量级差异的影响，所有的变量都可用模糊数学的方法转换为 0～1 的值，例如季节和日时间的模糊划分可转换成如下的模糊集。

冬季：10 月到次年 4 月，1 月取最大值；春季：1—7 月，4 月取最大值；夏季：4—10 月，7 月取最大值；秋季：7 月到次年 1 月，10 月取最大值。这样，5 月属于冬季和秋季的概率即为 0，属于春季和夏季的概率分别为 66.7% 和 33.3%。同样，时间上也能进行这样的模糊转换。

上午：3：00—15：00，9：00 值最大；下午：9：00—21：00，15：00 值最大；傍晚：15：00—3：00，21：00 值最大；夜间：21：00—9：00，3：00 值最大。

人工神经网络的结果输出是用同样的反演程序来恢复其生态学上的单位和数量级（Papale et al.，2003）。

5. 数据插补策略对年累积通量的影响

随着对 NEE 站点比较研究的逐渐增多，需要评价不同插补方法所得出的结果的可比性及其对计算年总 NEE 的影响。Falge 等（2001）的研究结果表明，使用 MDV 法插补夜间数据适合用 7 d 的窗口，而日间适合用 14 d 的窗口；查表法最适宜用空气温度（白天）和土壤温度（夜间）；同时半经验法（"查表法"和"非线性回归法"）中各个环境变量的分组越详细，运算结果越好。此外，关于非线性回归插补方程参数的统计和残差分析显示，插补白天的数据时将观测数据按温度分组后再用 MichaelisMenten 方程进行回归模拟效果最好。因数据本身的变异性较大，Lloyd 和 Taylor，Arrhenius 和 Van't Hoff 方程在插补夜间缺失数据中没有明显的区别。

在只考虑温度和光照的条件下，Falge 等（2001）将 MDV 和半经验法用于插补森林、草地、农田等不同生态系统的缺失数据。结果显示，做了 u_* 校正的数据用非线性回归插补得到的年总 NEE 比用 MDV 方法插补得到的要大，而"查表法"得到的年总 NEE 与"非线性回归法"相似。在各种方法的数据预处理过程中，是否进行 u_* 校正对计算结果影响很大，u_* 校正通常使年总 NEE 更偏正（C 吸收减少）。总体来说，选择不同的插补方法会产生不同的结果，并且运算性能最稳定（即在数据缺失比例较大的情况下计算值也与观测值相近）、误差最小并不是选用插补方法的依据。半经验法因其保留了 *NEE* 与气象变量（如 Q_{PPFD}，温度等）间的基本生态学响应关系，仍然是研究人员目前较为认同的通量数据插补方法。在缺少气象数据的情况下，可以用平均昼夜变化（MDV）、人工神经网络（ANN）等插补方法。

第六节　观测系统的能量平衡闭合程度评价

一、能量平衡闭合程度在数据质量评价中的作用

涡度相关技术被广泛地应用在陆地生态系统和大气之间 CO_2、H_2O 等物质循环和能量传输的研究中，随着涡度相关通量观测站点的不断增多，使得生物圈和大气圈之间的物质和能量交换研究得以迅速发展。与此同时，如何评价涡度相关观测数据的可信度和质量则成为通量界共同关注的重要问题。评价通量观测的数据质量的方法很多，例如原始数据分析、稳态测试、谱分析、大气湍流统计特征和能量平衡闭合等，其中的能量平衡闭合程度的评价是数据质量评价的重要参考方法之一。

所谓的能量平衡闭合是指利用涡度相关仪器直接观测的潜热和感热通量之和与净辐射通量、土壤热通量、冠层热储量等之和之间的平衡。根据热力学第一定律，能量既不会产生，也不会消失，能量只能从一种形式转化为另一种形式。理论上在运用涡度相关和辐射平衡观测系统所获得的生态系统各能量分量的平衡方程可表示为：

$$\lambda E + H = R_n - G - S - Q \tag{2-149}$$

式中：λE 为潜热通量；H 为感热通量，两者之和可以简称为湍流能量；R_n 为净辐射；G 为土壤通量；S 为冠层热储量；Q 为附加能量源汇的总和（因 Q 项值很小常常被忽略），$R_n - G - S - Q$ 可以简称为有效能。当湍流能量与有效能量相同时，称为能量平衡闭合，否则称为能量平衡不闭合。

常见几种评价能量闭合状况的方法一般有最小二乘法线性回归和简化主轴线性回归，能量平衡比率和能量平衡相对残差 δ 频率等（李正泉等，2004）。

最小二乘法线性回归和简化主轴线性回归是 2 种不同的线性回归方法，两者不同之处在于它们的回归基本假设条件不同。最小二乘法线性回归基本假设条件是使 E_{OLS} 最小，而简化主轴线性回归基本假设条件是使 E_{RMA} 最小。

$$E_{OLS} = \sum [(x_i - X_i)^2 + (y_i - Y_i)^2] \tag{2-150}$$

$$E_{RMA} = \sum (x_i - X_i)(y_i - Y_i) \tag{2-151}$$

式（2-150）和式（2-151）中：x_i、y_i 分别为数据点的横纵坐标值；X_i、Y_i 分别为回归直线上离数据点最近的横纵坐标值。最小二乘法线性回归的先决假设条件是自变量不存在随机误差（Meek et al.，1998）。然而，R_n、G 和 S 在实际测量中存在着随机采样误差。我们可以通过简化主轴线性回归方法消去采样中随机误差的影响，进一步分析观测站能量平衡闭合状况。

在理想的能量平衡状况下，有效能量 $(R_n - G - S)$ 和湍流能量 $(\lambda E + H)$ 的最小二乘法线性回归和简化主轴线性回归直线的斜率都应该是 1，并通过原点。但由于有效能量和湍流能量之间的线性关系的截距通常不能通过原点，因此在分析过程中，可以分别分析比较单纯统计上的线性回归斜率 S_1 和强制通过原点线性回归的斜率 S_2 之间的差异，结合这两个不同的斜率评价能量平衡闭合状况有时也是十分

必要的。

能量平衡比率（EBR）也可用来评价能量平衡闭合程度。所谓的能量平衡比率是指在一定的观测期间内，由涡度相关仪器直接观测的湍流能量（$\lambda E + H$）与有效能量（$R_n - G - S$）的比值，即：

$$EBR = \frac{\sum(\lambda E + H)}{\sum(R_n - G - S)} \tag{2-152}$$

能量平衡相对残差 δ 频率分布图是另一种用于评价能量平衡闭合程度的方法。能量平衡相对残差是指一定的观测期间内有效能量和湍流能量两者之差与有效能量的比值。

$$\delta = \frac{(R_n - G - S) - (\lambda E + H)}{(R_n - G - S)} \tag{2-153}$$

若 $\delta > 0$ 时，表明涡度相关系统观测的湍流能量项小于常规辐射平衡观测系统观测的有效能量项，若 $\delta < 0$，情况则相反。

能量平衡闭合程度作为评价涡度相关数据可靠性的方法已经被广泛接受（Verma Pruess，1998），FLUXNET 许多站点都把能量平衡闭合状况分析作为一种标准的程序用于通量数据的质量评价（Schmid et al.，2000；Wilson et al.，2000）。在生态系统中，CO_2、H_2O 和能量的源汇分布方式虽然各不相同，但是在利用涡度相关技术测定它们的通量时，仅可以作为参考标准，而不能用于数据校正，其基本假设是这些物质循环和能量传输的机制是一致的，它们的通量计算都是建立在相似理论基础之上。根据热力学第一定律和涡度相关观测的基本假设，理论上能量平衡闭合程度可以作为观测系统性能和数据质量评价的一个有效途径；同时，对于研究水、碳和能量耦合过程的站点来说，能量平衡闭合的评价更是一项不可缺少的内容。

二、能量平衡不闭合状况的变化特征

1. 能量平衡闭合的日变化趋势

能量平衡闭合的日变化趋势为：白天与夜间的能量平衡闭合程度之间存在着很大的差别，白天能量平衡闭合程度明显地高于夜间能量平衡闭合程度；从早晨到下午能量平衡闭合程度一直在不断增大，在下午能量平衡闭合程度达到一天最高。因为在早晨和傍晚这段时间内 $R_n - G - S$ 值接近于零，能量平衡闭合状况变化也最为剧烈。

2. 能量平衡闭合的季节变化趋势

能量平衡闭合的季节变化趋势为：从冬季到夏季能量平衡闭合程度不断提高，冬季的能量平衡闭合最差，夏季的能量平衡闭合程度较高。值得注意的一点是，在冬季虽然森林站和草地农田站的能量平衡闭合程度一般比较差，但是造成能量平衡闭合程度偏低的原因却不同，森林站点在冬季的 $\lambda E + H$ 很大程度上都小于 $R_n - G - S$，这说明在冬季湍流能量值可能会被低估，然而草地和农田站点在冬季 $\lambda E + H$ 很大程度上都大于 $R_n - G - S$，虽然在此阶段湍流能量值的测量高于有效能量的估算（李正泉等，2004）。

3. 能量平衡比率（EBR）数值特征

通常情况是能量平衡比率小于 1，说明在通常情况下由涡度相关仪器直接观测的湍流能量（$\lambda E + H$）小于有效能量（$R_n - G - S$）。如果假设能量 R_n、G 和 S 的测定是准确的，这意味着，涡度相关仪器直接观测的湍流通量（$\lambda E + H$）有被低估的趋势。

4. 湍流混合对能量闭合状况的影响

影响能量平衡闭合程度的因素很多，对于能量平衡不能闭合这一普遍存在的现象，到目前为止仍没能够给予充分的解释。李正泉等（2004）的研究结果表明，摩擦风速对能量平衡闭合的影响很大。

在摩擦风速低于 0.5 m/s 时最小二乘法线性回归斜率随摩擦风速的升高而增加得很快，可是在摩擦风速高于 0.5 m/s 时，最小二乘法线性回归斜率随摩擦风速增加得比较缓慢，逐渐趋向缓和。

三、能量平衡不闭合的主要原因

在欧洲、美洲、亚洲和中国通量观测研究网络的许多观测站点，能量平衡不能完全闭合的现象普遍存在。根据前人的研究，能量平衡不闭合的主要原因可以归结为以下几点。

1. 通量观测中的采样误差

涡度相关仪器的通量贡献区面积与 R_n、G 和 S 测定仪器的测量面积不同会带来湍流能量与有效能量之间的误差。净辐射表测量的面积是一个以净辐射表为中心，以一定半径（与安装高度有关）为圆的下表面面积，这个测量面积一般不随时间、风速和风向的变化而变化。而涡度相关仪器所测量的面积大致成椭圆形，它随着风速和风向的改变而改变，并且椭圆长轴偏向盛行风方向。从理论上说，净辐射表与涡度相关仪器测定的下垫面面积不可能完全相符，但若是下垫面存在着很大的异质性（开阔冠层或多层次冠层），那么这种测量面积的不匹配会给能量平衡闭合带来更大的误差（Baldocchi et al.，2000a）。土壤热通量（G）的测量面积与净辐射表和湍流能量的测量面积存在着更大的差异，通常相差几个数量级。高植被（森林）站点冠层热储量的计算也存在着此类问题。

2. 测量仪器可能产生的系统偏差

测量仪器的不准确标定和数据处理的不规范会影响能量平衡的闭合程度，对仪器的交叉标定和确保数据采集器的正常运行可能会降低能量平衡闭合研究的不确定性（Aubinet et al.，2000；Baldocchi et al.，2001）。仪器测量可能产生的系统偏差主要是由于不能及时准确地进行仪器标定引起的。一些研究报道了不同型号的净辐射表和同一净辐射表在不同的标定方法下净辐射表的测量精度存在着很大的差异（Kustas et al.，1998；Culf et al.，2004；Halldin，2004）。对于土壤热通量的测定来说，在特定条件下，当土壤热通量板的热传导特性与其周围土壤热传导特性不一致时，土壤热通量的测定也不可避免会带来一定的偏差（Mayocchi et al.，1995；Verhoef et al.，1996）。当然，仪器偏差也可能发生在涡度相关装置方面，因为 λE、H 是通过超声风速计所测的风速和温度以及所测的水汽计算出的，在仪器的安装方面可能会遮蔽超声风速计，从而在特定的风向上降低了数据质量和能量平衡的闭合度。另外，夜间各能量吸收项的量级明显小于日间，有时甚至与仪器的观测精度相当，这也会影响能量平衡闭合率。因此，提高仪器的观测精度是提高夜间能量平衡闭合比率的一个重要途径。

3. 其他能量被贮存或吸收

在能量平衡闭合分析中一种假设是能量在系统中被分成 5 个测量组分（λE，H，R_n，G，S），即使这 5 个能量项都能被精确地测量，能量仍会存在不能完全闭合的现象，这是因为在能量平衡系统中可能还存在着另一些能量吸收项。比如土壤热通量板上层土壤的热储量，冠层热储量（S）中植被热储量，植物光合耗能以及冻土在融化、冻结、升华等某些特定气象过程中伴随的能量转化。如姜海梅等（2013）研究发现，土壤水分含量的突然上升使夜间能量平衡闭合率显著降低，从而使总闭合率急剧下降，表明土壤体积比含水量的增加导致夜间能量平衡闭合率降低是能量平衡不闭合的一个原因。并发现潜热通量日变化曲线滞后于净辐射日变化曲线，使闭合率在日落前后剧烈变化，也使得上午的闭合率普遍低于下午。

4. 高频与低频湍流通量损失

涡度相关技术通常定义的平均通量是指在一定的响应时间内通过指定的采样频率对某种强度范围内的湍流进行测定，这样湍流通量就会由于低通滤波（高频损失）的作用和高通滤波（低频损失）的作用被过低测定（Moore，1986；Aubinet et al.，2000）。另外，超声风速计和 IRGA 装置的空间分离也会充当低通滤波的角色，造成高频损失。理论分析和实际经验提醒我们应该考虑低频和高频通量的损失，然而现在还没有一种标准的方法对频率的响应进行校正，现有的不同校正方法得到的结果也会不尽相同。

5. 平流的影响

在涡度相关技术通量观测中，认为垂直平流可以通过坐标旋转使得垂直风速为零而被忽略。然而垂直风速和垂直平流不为零的现象确实存在。这两种水汽流动使得忽视垂直平流的假设变得不成立，一方面是由于地表面的水平异质性而形成的大尺度的局地环流和水汽的垂直移动，另一方面是即使在较为平坦的下垫面，当大气层结具有很强的稳定性时也会在近地面引起夜间泄流和平流现象的发生（Sun et al.，1998）。很多研究表明地形会影响能量平衡的闭合程度，Stannard 等（1994）认为在地形有较大起伏的地区能量平衡很难闭合。在夜间，尤其是当摩擦风速很小（湍流强度很弱），并伴随着热量和水汽向低洼地方流动时，能量平衡闭合程度会很差（Blanken，1998；Aubinet et al.，2000；Lee，1998）。也有认为（蒋海梅等，2013），观测场地处于峡谷或盆地内，低频大涡容易存在，可能导致在有限的取样长度内涡动相关系统测量通量的亏损。

上述各种影响能量平衡闭合的可能因素可以总结为表 2-6（于贵瑞等，2006），表中虽然未涵盖所有可能造成能量不闭合的原因，但是列举了造成能量平衡不闭合的主要因素，同时也指出了各种造成能量平衡不闭合的误差项是否会影响到 CO_2 通量的测量结果（Wilson et al.，2002）

表 2-6 可能影响能量不闭合的原因

不闭合的原因	举例	$\lambda E+H$	R_n-G-S	EBR	CO_2 通量
采样误差	观测面积不等				否
仪器偏差	净辐射表的偏差				CSAT-3 和 IRGA
能量吸收项忽略	热通量板上层热贮存		+	-	否
高频低频损失	传感器的分离/大涡	-		-	是
平流	局地环流				是

注：同时列出了是否会低估或高估湍流能量（$\lambda E + H$）、有效能量（$R_n - G - S$）、能量平衡比率（EBP）。最后一列表明是否对 CO_2 通量造成影响。CSAT-3：三维超声风速计，IRGA：红外 CO_2/H_2O 气体分析仪

第三章　青海草地气候、植被、土壤基本状况 [1]

　　由大气、水圈（海洋、湖泊、河流）、冰雪圈（雪和冰）、生物圈、岩石圈（土壤）组成的气候系统在一定地区形成了特定的气候、植被、土壤，而气候类型决定了区域植被和类型，气候、植被、土壤3者间相互影响、相互联系。地（土壤与植被）—气间又存在相互的反馈作用。这种相互反馈作用以物质循环和能量流动来完成，是通过质量、能量、动量的通量为载体，把地—气间相互作用联系在一起。为此，掌握地区地表水、热、碳通量及交换过程，首先要对区域植被、气候、土壤等状况予以了解。本章则在参考《青海植被图》（中国科学院西北高原生物研究所，1991），《青海植被》（周兴民等，1987），《青海草地资源》（青海草原总站，2012），《中国草地资源》（中华人民共和国农业部畜牧兽医司，1996），《青海土壤》（青海省农业资源区划办公室，1997），《青海天气气候》（王江山等，2004），以及其他相关著作和文献（乔全明等，1994；戴加洗，1990；朱乾根等，1983；章基嘉等，1983；叶笃正等，1979）的基础上，并根据作者的理解和最新研究成果，对青海草地植被、气候、土壤基本状况做详细的介绍。

第一节　青海地理、地形地貌

一、地理位置

　　青海省位于我国西部青藏高原的东北部。纬度处在北纬31°39′～39°19′，东经89°35′～103°04′。北部、东部接壤甘肃省，东南部邻四川省，南和西南与西藏自治区相邻，西北部与新疆维吾尔自治区毗连。东西跨越近1 500 km，南北宽840多 km，垂直高程自河湟谷地最低的1 800 m，上升到5 000 m以上。总面积72万多 km²，约占全国国土面积的7.5%。青海省位于地球"第三极"的青藏高原，大部分地区海拔在3 000 m以上。长江、黄河、澜沧江三大河流发源于省境南部。独特的生态系统造就了世界上高海拔地区独一无二的生态系统，孕育了高寒区特有的生物区系和动植物种类。是世界上高寒生物多样性最丰富和集中的地区，也是国际生物多样性保护的重点区域，其生态区位在我国生态环境保护和建设中占有极其重要的战略地位。

二、地形地貌

　　地形与地貌是形成大地的基础骨架，是土壤形成的重要自然因素。一定的表层岩石、地貌条件加上与其相关的气候、植被、水文等要素，在反映土壤的形成和差异上占有重要地位。

　　青海省大地构造主要由新生代、中生代、古生代和晚元古代地质体镶嵌组成。由于新生代时期新构造运动异常强烈，全省境内特别是青南地区强烈隆升，不断发生褶皱、断裂与相对沉陷，从而基本

---

① 本章执笔：李英年，严振英，宋成刚，毛绍娟，张景华，王军邦，时兴合，张法伟

奠定了今日青海省高原、山地、盆地等地貌格局。新生代以来继承性的构造活动仍然强烈，继续控制着青海省全区现代地貌的发育和演变。其地势的总趋势为南高北低，由西向东倾斜，中间有一相对低矮地带。最高点为昆仑山的布喀坂峰，海拔 6 860 m，最低在民和回族土族自治县与甘肃省交界处的湟水面，海拔 1 620 m，大部分地区海拔在 3 000 m 以上。按大地构造全省大体可分为 3 类不同地形区，即南部青南高原、西部柴达木盆地和北部与东部平行岭谷地。

1. 青南高原

位于北纬30°以北，包括柴达木盆地—青海南山—贵德县巴音山以南、纳木湖以东、四川盆地以西、唐古拉山以北的广大地区，面积约占青海省的1/2。青南高原上耸立着昆仑山及其支脉和唐古拉山。高原海拔 5 500 m 左右，山岭多在 6 000 m。昆仑山是我国山系的总骨架之一，东西亘横 2 500 km，以东经81°为东、西昆仑的分界线，东昆仑是柴达木盆地与青南高原的分界线。进入青海境内的东昆仑山又由北、中、南三列东西向山脉组成，北列为祁曼喀格山—布尔汗布达山—鄂拉山；中列为阿尔格山—博卡雷克塔格山—布青山—阿尼玛卿山；南列为可可西里山—巴颜喀拉山。这些山脉组成了青南高原北部骨架，也是长江、黄河和澜沧江的源头与分水岭。昆仑山是一个比较古老的褶皱断块山，北麓陡峻，南麓低缓。祁曼塔格山在构造上属下古生代褶皱带，山体主要由花岗岩与石灰岩组成，相对高差较大。可可西里山构造为下古代褶皱带，山体不宽，高差不大，山坡平缓，广布冰川。阿尼玛卿山原由古生代海西褶皱带形成，后经喜马拉雅造山运动抬升为今日雄伟的山脉。山体由二叠、三叠纪砂岩夹石灰岩与花岗岩侵入体组成。巴颜喀拉山的最高峰雅合拉达合泽山海拔 5 442 m，终年冰雪覆盖，为黄河的发源地。唐古拉山位于省境西南，是青海省与西藏自治区（以下称西藏）的分界山。西起赤布张湖，沿青藏边界向东绵延千里，在囊谦以东转为西北走向与横断山系接合。北以雁石坪断裂与广阔平缓的长江源高平原分界，南以安多断裂与坦荡开阔的藏北高原分离。一般海拔 5 400～5 700 m，高峰可达 6 000 m。山峰林立，气候酷寒，冰川广布，冰峰林立，千姿百态，景色雄奇。山脉主题由海相、海陆交互的雁石坪（中侏罗系）灰岩、砂岩组成。

青南高原宏观形态比较平缓，山原地势呈西北向东南倾斜，成为高大雄伟的天然屏障阻滞了孟加拉湾暖湿气流北上的通道，直接改变了青海省水热条件的纬度性，在宏观上左右了青海省生物气候的类型和土壤的形成与分布。其地貌特征主要表现有冻土地貌、冰川雪峰地貌、江河源地貌。

冻土地貌区高原气候终年严寒，在昆仑山区的西大滩出现隔年冻土和岛状多年冻土。昆仑山以南为连续多年冻土区，宽达 550 km，冻土厚达 70～80 m。以冻胀崩解、冻融分选、热融滑塌等作用影响土壤母质。山体上部广泛出现石海，山坡上发育着石冰川、石流坡、石河、石带和泥流阶地。山麓河高平原上发育着巨型冰丘和热融湖塘等冻土地貌。在昆仑山海拔 6 000 m 以上地段多为雪被与冰川；可可西里山青新交界处的山峰汇集着大量冰川，最大者可达 1 000 km²；唐古拉山 5 400 m 以上雪被冰川广布，且主要集中在格拉丹东和碑加雪山一带。其中著名的姜根迪如冰川最大，长达 14.7 km。冰峰如林，冰斗琳琅，并蚀地貌千姿百态，景观奇特。这些组成了青海省特有的冰川雪峰地貌。而进入青海境内的东昆仑山，分支为北、中、南三列，北列为祁曼塔格山—布尔汗布达山—鄂拉山。中列为阿尔格山—博卡雷克塔格山—布青山—阿尼玛卿山。南列为可可西里山—巴颜喀拉山。这些海拔高大的山脉组成了青南高原北部骨架，是我国几条主要江河的源头与分水岭。这里山谷比高不大，山峰如丘，丘顶浑圆，坡度低缓，地势平坦，谷地宽广，河道宽阔，水流浅散，下切微弱，积水成池，形成特大面积的河流、湖泊与沼泽，似分似离，首尾相随，息息相通，酷似江南水乡的独特高原江河源地貌。

2. 柴达木盆地

柴达木盆地位于东经90°07'～99°20'，北纬35°13'～39°18'。北依阿尔金山—祁连山南侧，南靠昆仑山，是青藏高原上地势最低的断陷盆地。盆地西北部广布第三系地层及其风积残积物。中部多为第四纪洪积砾石层及泥质岩层风蚀残积物。盆地四周由高山构成盆缘地带，山体多为裸露而古老的变质岩和沉积岩构成。

在柴达木盆地西部盆地，四周环山，中间低凹，西北开阔，东部狭窄。周围山地海拔 3 500 ～ 4 500 m，盆内最低处海拔 2 675 m，盆地内部海拔 2 675 ～ 3 200 m，境内最大高差 4 185 m。盆地东西长约 800 km，南北最宽处约 350 km，总面积约 24 万 km²。其地势北高南低，盆地内有西北东南走向的赛什腾山、绿梁山、锡铁山、俄博山等。有大小河流 70 余条，主要有柴达木河、那仁郭勒河。湖泊大多为咸水湖、盐湖和沼泽。中部坐落着我国最大的察尔汗盐湖。盆地周边庞大的山系和高耸的山峰干扰了气候的纬向性，影响了水热因子的地带性规律，促发了特殊的气候类型，形成了多种特殊的地貌，影响了土壤的形成和分布。盆地内地貌具有从盆地边缘到中心依次为高山—风蚀线近—戈壁—平原—湖泊 5 个不整合环带状地貌特征。地貌类型表现出湖积地貌、洪流堆积地貌、风成地貌等。

湖积地貌主要分布在盆地内部，沿现代湖与湖群分布的地区。是因古湖退却、湖面变迁而依次发育了湖成阶地或湖积平原。地面平坦，土质细腻深厚，如可鲁可湖、托索湖和西部最大的三湖平原。在干燥气候与地下水的共同作用下，有史以来就进行着活跃的现代积盐过程，使地表强烈积盐或形成大面积的盐壳，少有生物存在，湖积物上发育的所有土壤均具有含盐的特点。

洪流堆积物是盆地周边或内部山谷流水造成的沉积物，并形成扇状堆积地形，大的称为洪积扇，小的称为洪积锥。由于水流的分选作用，处于洪积扇不同部位的土质其机械组成具有明显的差异。在洪积扇顶端，分选程度差，多为砾石，层理不清晰，透水性强。从扇顶至扇缘质地逐渐变细，至扇缘下部地下水溢出。所以盆地洪流堆积地貌的特征为在洪积扇中上部多为砾质戈壁，干旱、植被稀疏，而扇缘下部则出现沼泽或湖泊，仅在扇面中部、河流两岸的阶地上地势较高、排水条件较好的地区，方有绿洲出现。

风成地貌是在干旱、多风的条件下形成的。盆地内的风成地貌包括有风蚀地貌和风积地貌 2 种。风蚀地貌主要分布在柴达木盆地西部冷湖至茶冷口以西的广大地区。这里气候极其干旱，年降水量不足 30 mm，多大风，平均风速 4.0 m/s。天上无飞鸟，地下无径流。为第三系盐湖相沉积地层，岩构造断裂严重，风蚀发育成风蚀柱、风蚀蘑菇、风蚀窝、风蚀残丘和风蚀垄槽（雅丹地貌）等风蚀地貌。风蚀严重地带含盐层暴露地表，属非土壤形成物。盆地风积地貌面积较大，主要分布在盆地西南缘，西起尕斯库勒湖，东至中灶火，长 300 余 km，宽 10 km 以上。风积地貌主要有新月形沙丘、格状沙丘链和沙滩。分布在台吉乃尔湖和达布逊湖以南那陵格勒河与托拉海的河间地带，多为新月沙丘、风沙岗地、沙滩；盆地南缘，西起铁圭，东至夏日哈，北至牦牛山，南到香日德风积地貌主要是高大的沙丘垄、沙岗和沙堆等。在德令哈至乌兰县主要为沙堆。此外在苏干湖和绿梁山等地亦有零星分布。盆地风积地貌总计约有 1.6 万多 km²。

不仅如此，在柴达木盆地内部还分布着一系列走向南东东、北西西，由古老变质岩系构成的山地和阿尔金山、祁曼塔格山以及昆仑山西段的中山地带，在干旱多风的气候条件下呈现干燥山地景观，母岩以机械风化为主，经长期风吹剥蚀形成碎屑状风化物。这些被称为干燥剥蚀山地貌。

3. 祁连山地

祁连山西起阿尔金山东端的当金山口，东达甘肃省的贺兰山，北靠河西走廊，南临柴达木盆地北缘。在大地构造上，祁连山分北祁连加里东褶皱带、中祁连山前寒武纪隆起带和南祁连山加里东褶皱带。而断裂构造又将其西北东南的平行岭谷分成西、中、东 3 部分。西部包括党河南段山地、哈尔腾河谷地、察汉鄂博图岭与土尔根达阪山、塔塔棱河、宗务隆山和柴达木山。中部地域辽阔复杂，包括走廊南山、黑河谷地、托勒山、托勒河谷地与木里江仑盆地，托勒南山、疏勒河上游谷地、疏勒南山、哈拉湖—青海湖盆地、青海南山和茶卡—共和盆地 10 个山地与谷地。东部包括冷龙岭、门源盆地和大通—达坂山山地。

东部北部至行岭谷区包括西北的阿尔金山区，东北部的祁连山区及东南部的河湟谷地。其中，阿尔金山为柴达木盆地与塔里木盆地的分界山，西起于新疆境内，东端在当金山口附近与祁连山相接，山体呈东东北—西西南走向，在青海省境内长约 370 km。山顶海拔一般在 3 500～4 000 m，个别高峰可达 5 000 m，山坡南缓北陡。阿尔金山气候干旱，干燥剥蚀作用强烈，山体岩石裸露，山坡多有岩屑。地貌为从东到西大体上成雁形排列的山岭与谷地。

祁连山地是由一些大致互相平行的西北—东南走向的山脉和山间谷地组成。祁连山在青海省境内长约 800 km，东西宽 200～300 km，山峰海拔多在 4 000 m 以上，最高的疏勒南山主峰海拔 5 826.8 m。地貌主要由高山、峡谷与盆地组成。

祁连山中—东部包括青海湖盆地、茶卡—共和盆地和门源盆地。青海湖是我国最大的咸水湖，地质构造上为断陷盆地，湖呈椭圆形，湖面 43.4 万 hm²。与一万年前相比，东西两岸退缩 20 km，水位下降约 80 m，湖面缩小了 1/3，湖周边有几十条河流注入。湖区北侧支流切开了古老的剥蚀平原，使河岸形成了冲积平原。湖区南部为起伏低山丘陵，形成了宽广的山前洪积平原，二者与湖面退缩的共同参与在湖区形成了大面积的湖积平原。茶卡—共和盆地是东西走向的构造盆地，北依青海南山，南靠昆仑山支脉—鄂拉山，西与柴达木盆地相隔，南北宽 30～36 km，东西长达 280 km，盆地底部海拔 3 000 m 左右。因新构造运动形成的三塔平台和龙羊峡才分隔成茶卡与共和盆地。茶卡盆地三面环山，中央即为著名的茶卡盐湖，从盐湖向四周延伸依次呈现湖积平原和山麓砾石带等地貌景观。共和盆地西部是沙珠玉河，两侧有较宽的河湖相台地，台地上有新月形沙丘和活动沙丘链。黄河在盆地东部经过，因下切侵蚀强烈形成河湖相阶地，是盆地的主要地貌类型。由于新构造运动，阶地抬升，黄河下切，使阶地分别高出河面 380～850 m。阶地宏观上仍为起伏坦荡平原（藏语称谓"塔拉"），土质较细，土层较厚。门源盆地西起大梁，东至克图，为一西北东南向的弧形谷地，大通河从西到东贯流而过。河谷地势低平，两岸有阶地 5 级，四周群山对峙，气候湿润，林草丰茂，是青海省重要的林业和油料产地。

在祁连山东部还可划分为大通丘陵盆地、哈拉古山地带、湟水谷地、黄河谷地等，可统称为河湟谷地，区域自北而南又可分为下列多以外引力侵蚀为主的平行岭谷地貌。其中，大通丘陵盆地主要指达坂山以南至老爷山一带，海拔 2 800 m，由一系列大小盆地组合而成，如大通盆地、互助西北丘陵盆地、大通河下游的连城盆地等。盆地地层多为第三纪沉积物，其上覆盖着第四纪黄土，经流水侵蚀，形成各种梁、峁地形，盆地中有湟水支流北川河，自北而南于西宁汇入湟水河谷宽展，有较平坦的冲积阶地。哈拉古山地带主要包括大通县以南的老爷山、娘娘山、互助西北的却龙寺山，一直延伸至民和享堂以北，最高海拔在 4 000 m 以下。第四纪黄土覆盖较厚，大多被流水侵蚀成梁、峁、沟壑地貌。湟水谷地是由于湟水流经不同岩性与构造区，出现了多种不同的地貌形态。有山地与盆地，有丘陵、峡谷与平原。著名的峡谷有巴燕峡、扎马隆峡、小峡和老鸦峡等。谷地中的盆地有西宁盆地和乐都盆地。其中主要的也是面积最大的地貌是黄土低山丘陵沟壑地貌。在湟水谷地两侧的第三纪地层上普遍覆盖着黄土，经现代流水侵蚀切割，多数已成黄土梁、峁和丘陵沟壑，水土流失严重，有的地区第四纪黄土已流失殆尽，第三纪地层裸露，成为光山秃岭荒漠化景观。湟水两岸因河水长期下切侵蚀冲积，形成多级阶地，尤以下淤阶地更多，且多为基座阶地。阶地平坦，土质优良，为青海省精华地区。黄河谷地的地貌以川地与峡谷为代表，自西向东黄河贯通了共和宽谷、龙羊峡窄谷、贵德宽谷、松巴峡窄谷、群科宽谷直到甘肃省的刘家峡。宽谷盆地形成多级河流阶地和盆地丘陵地貌。河湟谷地位于大通山—达板山以南广大地区。在大地构造上湟水谷地属祁连山结晶岩轴，黄河谷地为三叠纪地槽。燕山运动时期发生断裂凹陷，形成许多山间盆地，沉积了很厚的第三系红色砂岩与砾岩，第四纪又堆积了较厚的黄土，是青海省海拔最低的地区。

上述这些地形地貌在土壤形成中的作用主要是因地形的不同地位影响着水热条件的重新分配，从而导致土壤中物质与能量的迁移和转化，由此产生土壤不同类型的垂直分布和区域性的变化。青海省东部位于黄土高原的末端，仅占全省土地总面积的 2.96%；青藏高原则占绝大面积，占 97.04%，乃是青藏高原的重要组成部分。其地形大概分为：祁连山及山间盆地区、昆仑积石高山区、唐古拉高山区以及青海湖南中高山区，系由现代冰川、冰冻风化、剥蚀侵蚀作用而形成的，发育着高山寒漠土、高山草甸土等土类；长江源高平原区、巴颜喀拉山原区、黄河源高平原区，由冰水、河流、湖沼沉积作用而形成，发育着高山草原土、高山荒漠草原土等；柴达木盆地及河湟谷地山间盆地区，系由黄土、风沙、盐类沉积而形成，发育着栗钙土、灰钙土、棕钙土、灰棕漠土、盐土等。在各地形区的低洼地、湖畔均可见大片的或零星的沼泽和泥炭土。由于纬度不同，其土壤垂直带谱的各类土壤海拔高度也呈明显差异，如高山寒漠土分布地区，高山草甸土的上限在祁连山高山区海拔高度（以刚察县为代表，北纬 36° 58′ ～ 38° 04′）为3 900 ～ 4 150 m；唐古拉高山区海拔高度（以杂多县为例，北纬 32° 08′ ～ 33° 46′）则为 4 900 ～ 5 000 m。其他土壤类型上下限衔接海拔高度、南北纬度均有规律性明显的差别。

三、水文

　　水文、水文地质因素与土壤的形成关系密切，特别是地表径流和地下水动态，几乎对所有土壤类型的发生与演化均有着不同程度的影响。青海大地构造复杂独特，使得与其相关的水文、水文地质也出现了自身鲜明的特点，在其影响下，使青海发育了诸多与其相应的土壤类型。青海省有着流域广大的内陆水系与外流水系，地表水资源总量为 631.40 亿 m³，其中内陆水系稀疏，径流贫乏，而外流水域密集，径流丰富。内外流域分界线大体上从格拉丹东雪山东南部青藏边界起，经祖尔肯乌拉山、乌兰乌拉山、博卡雷克塔格山、布青山、鄂拉山、青海南山、日月山、大通山，直至冷龙岭的青甘边界上。界线东南为外流区，西北为内陆区。前者面积为 34.85 万 km²，后者为 37.45 万 km²，比较相近。外流区河流多年平均总径流量 509.9 亿 m³，占全省总径流量的 80.8%；内陆河流多年平均总径流量为121.5 亿 m³，占全省径流量的 19.2%，说明内陆径流相对比较贫乏。由于降水是河流径流的最主要的补给源，所以，上述布局还说明地表径流的地域分布与降水量的分布大体一致。

　　在外流河，河水多发源于青南高原和祁连山地。长江、黄河、澜沧江是青南高原最为著名的 3条江河，俗称三江源。三江源总面积 36.3 万 km²，面积按流域分为黄河源区面积 16.7 万 km²，占三江源地区总面积的 46%；长江源区面积 15.9 万 km²，占三江源地区总面积的 44%；澜沧江源区面积3.7 万 km²，占三江源地区总面积的 10%。长江总水量的 25%、黄河总水量的 49% 和澜沧江总水量的 15% 都来自三江源区（人民日报，2008；中国水利报，2012）。在祁连山地除发源了内陆的布哈河、沙流河注入青海湖，也是保证青海湖水位的主要河流。祁连山地外流的湟水河、大通河在青海境内的年径流量分别达 46.3 亿 m³ 和 28.6 亿 m³，出青海东部至甘肃交界处注入黄河。祁连山地还有外流的疏勒河、黑河，是河西走廊主要绿洲的水源补给河。青南高原和祁连山地诸多江河源区地形开阔，谷地宽坦，支流、湖泊众多，在其影响下发育着水成土壤。在其中游地段径流多穿行于高山峡谷之中，水流湍急，下切侵蚀强烈，使这里的土壤母质具有洪积、冲积、坡积、残积的性质和粗骨性强的特点。在黄河、湟水及其支流的滩地与低阶地，经流水的搬运堆积形成了大量的新积土与潮土。

　　内陆水系主要分布在柴达木地区，河流多发源于四周山区，著名的青海湖就是来源于四周山地的十余条河流呈向心辐合水系而形成的内陆湖泊。由于河流多来源于干旱与冷冻剥蚀山地，源短流急，洪峰集中且短暂，挟带物以粗物质为主。在柴达木盆地，广泛发育着洪流堆积地貌，塑造了长达数百千米的洪积扇倾斜平原，在峡谷中形成小型洪积堆（扇），使成土物质得到了有序的分选。

　　青海省地下水贮存形式有松散岩类孔隙水、基层裂隙水和冻结层水 3 类。与成土有明显关系的是前者，它们主要分布在柴达木盆地、青海湖盆地和共和盆地，均居于自流盆地或自流斜地特征。如柴达木盆地可分戈壁潜水带、潜水泄出带、自流水带及岩湖晶间卤水带 4 个水文地质带，大体呈环状分布，富水程度向盆地中心逐渐减弱，水质渐差，矿化度逐渐升高。

在地下水向盆地中心运动的过程中，经历着上述不同的水文地质变化，在气候和地形的共同参与下，水质在山区其矿化度一般均小于 1.0 g/L，水质的化学类型以重碳酸盐型为主。到洪积扇中下部后，矿化度迅速提高，从微咸水 1.0～3.0 g/L 提高到咸水 3～10 g/L，水质化学类型也转变为硫酸盐型。到洪积扇缘（湖积平原、湖洼带），水质矿化度可达 50.0 g/L，甚至高达 150～400 g/L，成为盐湖水质，水的化学类型也随之变成氯化物硫酸盐型或氯化物型水。地下水从盆地边缘到盆地中心运行的过程中，当其埋深小于 7～10 m 时，即开始挟带盐分沿毛管上升，蒸发积盐。当地下水接近扇缘时，水位迅速抬升，积盐程度也随之增强，以致形成盐结皮和盐壳。这一由水盐运动而呈现的现代积盐过程是盆地各类盐土和盐化土壤形成的主要条件。

另外，湖泊与沼泽是青海省水资源的主要组成部分。青海省湖泊众多，总面积 132.14 万 hm²。其中咸水湖和盐湖 153 个，面积 99.31 万 hm²，占全省湖泊总面积的 74.94%。淡水湖主要分布在可可西里和江河源头，由于地形开阔，谷地宽坦，湖如串珠，水流不畅，形成大面积的沼泽，从而使这些地区出现了水成土壤。但在 20 世纪末到 21 世纪初由于气候暖干化影响，湿地与沼泽退化，湖泊萎缩，使湖泊与沼泽面积急剧减少。例如，素有"千湖之县"的玛多在降水相对平稳的 1990—2000 年，大小湖泊由近 3 000 多个减少到 1 000 多个，到 2010 年以后随降水增多，或许冰川融化水和土壤冻结水融化补给，使湖泊数量增加到 3 000 多个，湖泊水位逐年上升。

咸水湖和盐湖主要分布在柴达木地区，因气候干旱、蒸发剧烈、盐分浓缩而成，使该地区的盐化土壤有沿湖四周呈环状分布的特点。湖泊变迁形成的湖积平原也是水成土或半水成土发育的条件之一。

沼泽在青海省发育相当广泛。主要分布在青南高原、祁连山地和柴达木盆地。长江源区干流以南的当曲，支流众多而密，地面平坦，排水不畅，加之降水较多，高寒气候蒸发较弱，以及地下多年冻土层阻隔水分渗漏造成水体聚集地表，形成大面积沼泽。曲麻莱和治多县城以西的木鲁乌苏河南侧支流科欠曲和雅格曲上游、分水岭尤其平缓，地表起伏更小，因而形成一个沼泽分布区。黄河源的星宿海盆地，以及扎陵湖、鄂陵湖和玛多湖群以南，因排水困难和湖泊影响沼泽地也相当普遍。此外，达日县以南青川边界处、久治县和黄南高原的泽曲流域等地，均有面积不等的沼泽零星分布。祁连山地的五河之源地区，在宽广的纵谷上游和作为河流分水岭的残余古代夷平面上也形成了大片沼泽。

上述各地沼泽是高山草甸通过陆地沼泽化过程形成的。在高寒条件下，植物生长量受到限制，沼泽一般只形成 1～2 m 厚的泥炭层，使这些地区发育的沼泽土具备了地域性的特点。

柴达木盆地发育着另一种类型的沼泽。在第三纪干燥炎热的条件下，古湖含盐量已经较高，通过第四纪古湖的缩小与分解形成的沼泽，其生草过程十分微弱，使这里发育的沼泽土具有缺乏泥炭层和含盐量高的特征。

冰川是青海省重要的水资源，青海省雪山冰川集中分布在高寒的昆仑山、唐古拉山和祁连山，共有冰川面积 52.25 万 hm²，储量 3 705.92 亿 m³，储量最丰的是柴达木水系和长江流域，均在 1 000 亿 m³ 以上，其次是可可西里水系和祁连山水系，皆达 600 亿 m³ 以上。冰川的消长、进退不但调节着河川的径流量，也对其覆盖着的成土物质施加和产生着挤压、冻融、剥蚀等物理风化作用，并在其冰缘地带发育着原始形态的土壤。

河流含沙量反映了流域内地表受水流冲刷侵蚀的程度和各种自然条件的综合状况，对土壤的母质及其发育方向有密切的关系。青海省河流在源头一般侵蚀较小，水质较清，含沙量和输沙量均由源头向下逐渐增大，尤以黄河最为明显。

第二节　青海草地及植被类型

一、草地面积分布

《中国草地资源》（中华人民共和国农业部畜牧兽医司和全国畜牧兽医总站，1996）一书较详细介绍了青藏高原区草地类型及分布面积。其所指的青藏高原系指地理位置为北纬25°～37°、东经75°～103°范围的西藏自治区，青海省除海西自治州和西宁市所辖13个县市以外的所有地区，甘肃省甘南自治州，四川省的阿坝、甘孜自治州，云南省的怒江、迪庆自治州及丽江地区，共辖143个县（市），土地面积199.95万km²，约占国土面积的21%。其中，天然草地面积为12 834.9万km²，而可利用面积11 187.5万km²。天然草地约占全国草地面积的1/3。该书也对青藏高原区各省区的草地面积给出了详细的统计（表3-1）。

《中国草地资源》认为，青藏高原区草地类型多样，国内18类草地中，除干热稀疏灌草丛类以外，其他17类均有分布。这与本区自然条件复杂有着密切关系，并表现出独特的高原地带性水平分布规律和垂直分布特征。高原的东部和东南部边缘地带的山地和山原，海拔较低，气候温暖湿润，植物种类丰富，森林发育，从河谷往上草地植被依次出现热性灌草丛、暖性灌草丛、山地草甸和高寒草甸；高原中部广大地区，平均海拔4 000～4 500 m，气候寒冷，干湿季分明，森林植被基本消失，高山灌丛和高寒草甸分布广泛，是高原地区天然草地的精华；高原西部平均海拔4 500 m以上，气候寒冷、干燥，植物种类贫乏，草地类型以高寒草原为主；羌塘高原北部和帕米尔高原，地势高亢，平均海拔4 600～5 000 m，气候严酷，是高原植物种类最少的地区，高寒荒漠、稀疏垫状植被与裸地相间分布。

《中国草地资源》指出，青藏高原区各类草地中以高寒草甸和高寒草原面积较大，分别占全区草地面积的45.4%和29.1%，二者合计供占74.5%，其次是高寒草甸草原、高寒荒漠草原、高寒荒漠类和山地草甸类草地，分别占4.4%、6.8%、4.5%和5.5%，其他各类草地除温性草原类占1.3%以外，所占比例均在1%以下（图3-1）。按草地热量划分，高寒类草地占89.2%，温性类草地只占8.9%，暖性、热性草丛和灌草丛类草地仅占0.5%，可见青藏高原草地以高寒草地为主体。此外，本区还有一部分未进行实地调查，难以划分类型的草地，面积为93.3万hm²，占草地面积的0.7%。

青藏高原区草地从省区分布上看，西藏自治区草地面积最大，占全区草地面积的63.9%，其次是青海省，占22.1%，四川省占10.9%，云南和甘肃省草地面积较小，分别占1.1%和2.0%。

《中国草地资源》对青藏高原区草地产草量也给予了分析，认为该区草地产草量较低，平均干重为395.5 kg/hm²。产草量最高的是热性草丛类，产量达2 600.8 kg/hm²，其次为低地草甸和山地草甸类，分别为1 087.4 kg/hm²和1 040.8 kg/hm²。水热条件较好的温性草甸草原、暖性灌草丛、热性灌草丛类单产都在800～1 200 kg/hm²以上。分布面积最广的高寒草甸和高寒草原类产草量分别为882.0 kg/hm²和740.9 kg/hm²，产草量最低的是高寒荒漠类，产草117.0 kg/hm²。本区草地不但产草量低，而且草群低矮，多数在10 cm以下，不适应作割草场。本区草地理论载畜量为8 720.3万羊单位，其中高寒草甸类草地占64.5%，可见该类草地在本区的重要地位。

表 3-1　青藏高原区各类草地和载畜量统计　　　　　　　单位：万 hm²

草地类型	四川省		云南省		甘肃省		青海省		西藏自治区		合计		理论载畜量
	面积	可利用	面积	可利用	面积	可利用	面积	可利用	面积	可利用	面积	可利用	
温性草甸草原类							0.1	0.1	21.0	19.3	21.3	19.4	24.2
温性草原类	—	—	—	—	—	—	—	—	171.5	160.8	171.5	160.8	166.6
温性荒漠草原类	—	—	—	—	—	—	—	—	43.2	36.7	43.2	36.7	13.9
高寒草甸草原类	—	—	—	—	—	—	—	—	558.6	479.3	558.6	479.3	137.7
高寒草原类	—	—	—	—	—	—	543.2	472.6	3 194.2	2 685.9	3 737.4	3 158.5	924.0
高寒荒漠草原类	—	—	—	—	—	—	—	—	867.9	700.2	867.9	700.2	115.3
温性草原化荒漠类	—	—	—	—	—	—	—	—	10.7	9.4	10.7	9.4	3.1
温性荒漠类	—	—	—	—	—	—	—	—	4.5	4.4	4.5	4.4	0.7
高寒荒漠类	—	—	—	—	—	—	52.6	23.4	544.2	419.5	596.8	442.9	47.9
暖性草丛类	—	—	—	—	—	—	—	—	1.0	0.9	1.0	0.9	2.7
暖性灌草丛类	—	—	21.4	15.6	—	—	—	—	14.0	12.5	35.4	28.1	65.8
热性草丛类	—	—	1.8	1.3	—	—	—	—	0.9	0.8	2.7	2.1	7.6
热性灌草丛类	—	—	24.8	18.4	—	—	—	—	2.8	2.5	27.6	20.9	59.3
低地草甸类	—	—	—	—	3.5	3.4	—	—	4.4	4.1	7.9	7.5	12.2
山地草甸类	297.4	252.8	78.6	58.2	168.5	161.5	23.7	19.7	136.8	129.6	705.0	621.8	1 257.1
高寒草甸类	974.7	865.3	14.1	10.6	88.2	84.5	2 213.5	2 009.5	2 534.2	2 417.8	5 824.7	5 388.2	5 496.1
沼泽类	35.2	27.5	—	—	—	—	—	—	2.0	1.2	37.2	28.7	73.9
零星草地	88.4	78.3	—	—	—	—	—	—			88.4	78.3	312.2
未划类型草地	—	—	—	—	—	—	—	—	93.3	0.0	93.3	0.0	0.0
合计	1 395.7	1 224.4	140.7	104.1	260.2	235.4	2 833.1	2 525.3	8 205.2	7 084.3	12 834.9	11 187.5	8 720.3

注：载畜量单位为万羊单位

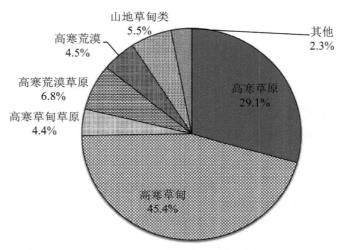

图 3-1　青藏高原各类草地所占面积比

而对于青海省各类草地面积，《青海草地资源》一书（青海省草原总站，2012）给出了详细的调查结果（表 3-2）。表明青海省草地总面积为 4 212.72×10⁴ hm²。其中，天然草地面积 4 191.72×10⁴ hm²，天然草地可利用面积 3 864.58×10⁴ hm²，人工草地（含改良草地）面积 21.0×10⁴ hm²。草地面积占全省国土总面积的 60.47%，占我国草地总面积的 10.72%，仅次于新疆维吾尔自治区（以下称新疆）、内蒙古自治区（以下称内蒙古）和西藏等省区，居全国第四位，是重要牧区之一。青海天然草地共分为 9 个草地类，10 个草地亚类，9 个草地组和 93 个草地型。高寒草甸类草地面积最大，为 2 543.63×10⁴ hm²，占全省草地总面积的 60.38%。高寒草原类为 903.85×10⁴ hm²，占全省草地总面积的 21.46%。除此，还有温性荒漠类、温性草原类、高寒荒漠类、低地草甸类、高寒草甸草原类、温性荒漠草原类、山地草甸类等草地类。在青海，天然草地中高寒草地类组是主体，4 个草地类面积为 3 597.79×10⁴ hm²，占全省草地总面积的 85.83%。

表 3-2　青海草地各草地类面积　　　　　　（单位：hm²，kg/hm²，%）

类型代号	类型名称	草地面积	草地可利用面积	平均可食鲜草	占草地面积比重
合计		42 127 157	38 855 747		100.00
I	温性草原类	2 117 935	2 071 441	1 587	5.03
II	温性荒漠草原类	224 396	203 174	1 274	0.53
III	高寒草甸草原类	351 598	333 216	1 242	0.84
IV	高寒草原类	9 038 453	8 031 562	848	21.46
V	温性荒漠类	2 891 200	1 927 494	1 345	6.86
VI	高寒荒漠类	1 151 617	739 107	360	2.73
VII	低地草甸类	566 157	532 461	2 537	1.34
VIII	山地草甸类	139 563	132 550	3 393	0.33
IX	高寒草甸类	25 436 253	24 674 758	1 820	60.38
X	人工草地	209 985	209 985	17 365	0.50

青海天然草地主要分布在海拔 3 000 m 以上的青南高原、祁连山地及柴达木盆地区，东部黄土高原区分布较少。按行政区域划分，草地面积最大的是玉树州，其次是海西州、果洛州、海南州、海北州、黄南州和海东地区及西宁市（表 3-3）。

表 3-3　青海省各州（地、市）草地面积　　　　　　（单位：hm²，%）

名称	草地面积	占所在地土地面积比重	占全省草地面积比重	草地可利用面积	占所在地草地面积比重	占全省草地可利用面积比重
合计	42 127 157	60.47	100.00	38 855 747	92.23	100.00
西宁市	306 776	40.33	0.72	300 356	97.91	0.77
海东地区	681 396	52.49	1.62	656 372	96.33	1.69
海北州	2 367 430	68.84	5.62	2 304 475	97.34	5.93
海南州	3 427 377	78.88	8.14	3 311 139	96.61	8.52
黄南州	1 542 030	84.60	3.66	1 500 216	97.29	3.86
玉树州	15 607 122	76.17	37.05	14 898 884	95.46	38.34
果洛州	6 251 119	84.19	14.84	6 063 607	97.00	15.61
海西州	11 943 906	39.70	28.35	9 820 698	82.22	25.28

除自然植被的草地外，近年来进行了大量的人工建植草地，这些草地主要系退化草地修复、冬季补饲青草种植等项目而建植。但由于青藏高原区自然环境条件严酷，进行人工草地建设难度大，起步晚，种草往往开垦牲畜的冬春草场，得不偿失。原则上提出在植被没有退化的草地实行保护原生植被，建立人工草地应选择弃耕地、退化草地，采用围栏补播等方式进行。目前，人工建植草地种植种子主要为土种垂穗披碱草、老芒麦、早熟禾、中华羊茅等。

二、植被分布规律

青海省地域辽阔，纬度处在北纬 31° 39′ ～ 39° 19′，南北跨越 7° 40′、840 多 km，经度在 89° 35′ ～ 103° 04′，东西跨越 13° 29′、近 1 500 km，垂直高程自河湟谷地最低的 1 800 m，上升到 5 000 m 以上。就气候带而言，处于北亚热带、暖温带和温带 3 个气候带。但因地势高耸，东部边缘地形复杂并与黄土高原相连，同时受东亚季风气候影响，致使原有的气候带被打破。自然条件具有明显的地区分异特点。形成了由东南向西北表现出温暖湿润—寒冷半湿润—寒冷半干旱—寒冷干旱的大体特征。在这种气候环境下植物适应能力发生很大的差异性，反映到植被的分布上，表现出一定的规律性。其总的特征是从东南向西北种类减少，优势种也随之发生相应的更替变化（周兴民等，1987）。

植被的地带性分异是漫长的自然历史产物，其植被的水平分布规律主要依从于纬向地带性和经向地带性的气候条件而形成。就欧亚大陆而言，植被的分布具有与降水和温度的等值线走向一致的趋势。南北纬度条件下的热量条件和东西降水分布格局不同，是植物水平地带分化的主要基础。东部植被的分布并不单纯决定于降水量和温度的高低，在某些特定区域，水热组合是决定了植被的分布规律。表明，青海省植物的水平分布规律主要还是受地理条件影响下的水热分布格局影响，既不与纬度地带性相符合，也不与经度地带性相一致，仅是由东南向西北呈现出地带性的水平变化。依次相应呈现出森林（乔木—灌木）、草甸（灌丛—草甸—湿地）、草原（草甸—湿地）、荒漠（草原—荒漠）4 个基本类型。需要说明的是植被水平分布主要是在广阔的高原面上所展开（周兴民等，1987）。而在东部高原边缘、地下切割明显的区域，地势陡峻复杂，其植被的水平分布规律有所改变，使其水平地带性与垂直地带性交织，呈现出"高原地带性"。

青海省高山耸立，随山地海拔高度的变化，气温的差异、太阳辐射的强弱、土壤类型的不同，降水、空气湿度、光照均发生相应变化，形成了一定的垂直带谱。因此，在一般较高的山体上，从山麓到山顶，其植物种类可发生变化，植被也就有所不同，进而形成明显的垂直带。植被的垂直带与水平分布一样，存在着明显的规律性。

山地植被的垂直带谱从它的基带开始，能反映出一系列水平地带性的特征。由于各山体所处的位置、地貌特征、山体走向不同，水热条件悬殊，所对应的气候差异明显，其山地垂直带谱的结构也有明显不同，垂直带谱类型也多种多样。随着气候干旱性增强，如向西部降水较少区域，植被的垂直带谱将趋于简单化，各垂直带谱也逐渐抬高。

从垂直带谱来看，不论是森林分布界线，还是草线（上限系与雪线或流失坡接壤地）或灌丛分布线，受温度随纬度降低的影响，在南部地区海拔较高，向北到较高纬度地区海拔高度降低。如在南部马可河林区（北纬 32°40′）冷杉林分布的海拔高度在 3 200～3 700 m，到北部孟达（北纬 37°06′）分布高度则为 2 200～3 000 m。又如圆柏林在玉树的江西沟（北纬 32°54′）分布海拔高度为 3 600～4 500 m，到北部的互助大通河（北纬 37°05′）则为 2 400～3 700 m。再如，高寒灌丛和高寒草甸在马可河林区分布范围的海拔高度在 4 300～4 600 m，到大通河流域则为 3 000～3 900 m（中国科学院西北高原生物研究所，1991）。

受降水和气候湿润度影响，青海植被的经向性分布也十分明显。降水相对丰富，气候多属半湿润半干旱区，海拔相对较低、温度相对较高的区域广泛分布以长芒草为主的暖温性草原，海拔相对高些、温度凉爽的区域多为高寒草甸。降水、温度相对较低的半干旱及干旱区多为温性草原或高寒草原。这种分布自东向西所表现的经向性除镶嵌低海拔区域局地气候影响外使植被出现斑状化的其他类型外，其总的分布特征明显，表现出自森林＋温性草原、高寒灌丛＋高寒草甸、高寒草原＋高寒荒漠过度。

三、青海高寒草地植物区系与主要植被类型

青海植物成分以中国喜马拉雅植物区系中的唐古特植物成分为主（中国科学院西北高原生物研究所，1991；周兴民等，1987），种的地理成分与其他植物区系成分联系广泛，且分布面积大。

受高寒、缺氧等环境影响，青海省植物生活条件极为严酷，植物区系组成较为贫乏。据记载（中国科学院西北高原生物研究所，1991），青海省植物约 2 483 种，分隶属 114 科，577 属。其中，蕨类植物 8 科，16 属，30 种；裸子植物 5 科，9 属，41 种；被子植物 101 科，552 属，2 412 种。与

邻近的其他省份区相比，青海省植物种类相对较少。与全国相比，青海省植物所含的科仅占全国的32.2%，属占全国的18.1%，种只占全国的9.1%。

青海植物不仅种类较少，同时，其起源新老并存。柴达木盆地在地质历史时期是古陆块，由于昆仑山和祁连山断块褶皱山地隆起，柴达木盆地相对下陷，形成一个断陷盆地。自更新世冰期以后，柴达木盆地气候温暖干燥，保留了许多古老的地中海区系成分。例如，梭梭、白刺、怪柳、麻黄、枸杞、红砂、沙拐枣等一系列起源古老的植物种，且有广泛分布。

青南高原随喜马拉雅山隆起、升高，使原有同纬度地带性的植物消失，这一变化从白垩纪开始，经过新第三纪，在中新世末期至上新世初期，由于海拔高度并不高，基本上保留地带性的特征，但也在开始演变中。到上新世末至更新世初，由于青南高原随整个青藏高原大幅度上升，气候发生了巨大变化，植物的演变发生了质的变化。到更新世时，处于世界性的冰期时代，植物发生了更大的演变，朝着改变旧的生态适应性，向适应新的环境而演化。在漫长的地质历史过程中，演化出新的一些植物物种，形成了新起源的植物群。

但由于青藏高原形成时间较晚，到目前仍处在缓慢上升之中，所表现的植物也在不断地演化中。同时表明，区域特有属较少，广布种多，温带性科属所占比例大。

现有的植物除在峡谷、盆地中保留一些古老的种外，其植物地理成分中有许多是由周边一些地区迁移而来，因此表现出特有属较少，在这些特有属中也多为青藏高原所共有。也说明了青海植物区系成分复杂，分布交错，与周边地区联系广泛。

如前所述，青海省在我国气候带上属亚热带范围，但因海拔高，属半湿润半干旱区域，它的东（南）部是亚热带湿润气候，从东南到西北，植被的水平地带性和垂直带谱明显。诸多学者将青海植被在分类中定义为高寒灌丛、高寒草甸、高寒草原、高寒荒漠。但区系上可将植被本身特征和生境的特征综合作为依据，考虑群落外貌特征、种类组成下的建群种、优势种、标志种等后，以群丛、群系和植被型等划分为多个小的植被型。这种小的植被型是纬度（热量条件）、经度（水分条件）、高程（辐射）等大的自然条件下，受气候综合因素影响，产生水平和垂直分布的不同格局和区划。

由于本书报道的是青海草地水热碳通量观测研究的高寒地区，并没有涉及东部农业区和柴达木盆地的森林（系指不包括金露梅灌丛的落叶阔叶林、常绿针叶林、落叶阔叶灌丛、常绿针叶灌丛）、草地、农田、温性荒漠和戈壁。为此，本书以下部分将摘录中国科学院西北高原生物研究所（1991）和周兴民（1987）对青海省海拔高度相对较高、气候寒冷区域的植被区系和类型状况，主要是按草甸、草原、高寒荒漠植被类型的说明和介绍。考虑到高寒湿地（包括沼泽化草甸）、高寒灌丛等植被类型大多嵌套在前二者大的植被类型中，故也进行了较详尽的摘录介绍。

1. 草原

一般认为，草原是低温旱生的多年生草本植物所组成的植物群落。草原是生态系统最为基本的单元，是物质循环和能量流通的核心，是食物链的中心环节。青海省由于东西、南北宽广，面积大，受到的大气环流引导下的东南季风、西南季风、高空西风带的影响作用各地差异显著，加之地形条件复杂多样，因而各地的气候条件差异性也很显著，与不同气候环境的相适应，其草原分布面积较广，而且其分布随气候类型变化多样。在青海，研究者根据草原植物群落对温度适应的生态特征、外貌、种类组成、层片结构、发育规律与演替等差异，将草原划分为温性草原和高寒草原2个亚型，前者分布在温度相对较高的低海拔地区，后者多在温度较低的寒冷的高海拔高纬度地区。并细化为如下类型（周兴民，1987；中国科学院西北高原生物研究所，1991）。

长芒草、籁草、猪毛蒿草原（Form. *Stipa bungeana*, *Leymus secalinus*, *Artemisia scoparia*）：长芒草、籁草、猪毛蒿草原是青海省具有代表性的地带性植被类型。广泛分布于海东地区和贵德的河阴地带，生于海拔1 750～3 200 m的山地阳坡和半阳坡。但垦种历史悠久，天然的长芒草草原保存不多，主要在丘陵顶部、残丘地段和田埂地角尚保存一些。群落中长芒草、猪毛蒿占优势，常见的植物有：垂穗披碱草（*Elymus nutans*）、黑穗画眉草（*Eragrostis nigra*）、短花针茅（*Stipa breviflora*）、阿尔泰狗娃花（*Heteropappus altaicus*）、蒙古蒿（*Artemisia mongolica*）、昆仑蒿（*A.nanschanica*）、小花棘豆（*Oxytropis glabra*）、甘肃马先蒿（*Pedicularis kansuensis*）、平车前（*Plantago depressa*）、刺芒龙胆（*Gentiana aristata*）、扁蕾（*Gentianopsis barbata*）、二裂委陵菜（*Potentilla bifurca*）、露蕊乌头（*Aconitum gymnandrum*）、狼毒（*Stellera chamaejasme*）和异叶青兰（*Dracocephalum heterophyllum*）等，每平方米的植物有 16～24 种，覆盖度 20%～90%。

沙生针茅草原（Form. *Stipa glareosa*）：沙生针茅（*Stipa glareosa*）群系是青海省的一个重要的荒漠草原类型。主要分布于德令哈西部和西北部的红柳沟居红吐和阿让郭勒河两岸以及贵南县城东面一带。常见的伴生种有小花棘豆、青海固沙草（*Orinus kokonorica*）、二裂委陵菜、青藏葱（*Allium przewalskianum*）、锋芒草（*Tragus racemosus*）、糙隐子草（*Cleistogenes squarrosa*）和三芒草（*Aristida adscensionis*）等，在群落的伴生种中并可见到蓍状亚菊（*Ajania achilleoide*）和小甘菊（*Cancrinia maximowiczii*）等，覆盖度 20%～35%。

疏花针茅草原（Form. *Stipa laxiflora*）：疏花针茅草原主要分布于海北州祁连县黑河、托来河、疏勒河上游地区。植物群落优势种有冰草，伴生种有：簌草、青海固沙草、高山苔草（*Carex ivanova*）、阿尔泰狗娃花、高山鸢尾（*Iris potaninii*）、甘肃马先蒿和披针叶黄华（*Thermopsis lanceolata*）等，覆盖度 40%～65%。

短花针茅草原（Form. *Stipa breviflora*）：短花针茅草原在青海省分布于西宁、海东地区的民和、乐都、互助和平安等线的浅山、半浅山地区；贵德盆地及其附近的同德；共和盆地及其附近的兴海；青海湖的东南岸以及青海湖南山的阳坡等地。植物群落中的优势种有西北针茅（*Stipa krylovii* Roshev）、青海固沙草、长芒草、紫花针茅（*Stipa purpurea* Griseb.），伴生种有大针茅（*Stipa grandis*）、赖草、芨芨草（*Achnatherum splenders*）、茵陈蒿（*Artemisia capillaris*）、糙隐子草等，覆盖度 30%～60%。在湟水谷地的河滩、河谷阶地、低矮丘陵、人为活动植被破坏严重的短花针茅草原，海拔 2 000～2 500 m 的地带则被大量的驴驴蒿（*Artemisia dalailamae*）所占据。驴驴蒿是祁连山东段山地荒漠草原的特有种，向北可分布到龙首山，是一种典型的强旱生小半灌木，植株高 10～30 cm，多呈密丛生，其覆盖度 40%～60%。

西北针茅草原（Form. *Stipa krylovii*）：西北针茅草原主要分布于刚察县野马滩及其以西。共和盆地和同德，以及西宁、平安和乐都一带均有分布。植物群落优势种为草地早熟禾（*Poa pratensis*）、高山苔草。伴生种有：高原早熟禾（*Poa alpigena*）、硬质早熟禾（*Poa sphondylodes*）、赖草、洽草（*Koeleria cristata*）、乳白花黄芪（*Astragalus galactites*）、矩镰荚苜蓿（*Medicago archiducisncolai*）等，覆盖度为 20%～90%。

紫花针茅草原（Form. *Stipa purpurea*）：紫花针茅草原广泛分布于青南高原中部和西部，以及祁连山的中段高山，一般生于海拔 3 300～4 500 m 的地带。植物群落优势种有羊茅（*Festuca ovina*）、青海固沙草和早熟禾（*Poa annua*）等，伴生种有：赖草、冰草（*Agropyron cristatum*）、高山苔草、二裂委陵菜、多裂委陵菜（*Potentilla multifda*）、雪白委陵菜（*Potentilla nivea*）、狭叶青蒿（*Artemisia dracunculus*）、紫羊茅（*Festuca rubra*）、阿尔泰紫菀（*Aster altaicus*）、扇穗茅（*Littledalea racemosa*）、短穗兔耳草（*Lagotis brachystachys*）、洽草、垂穗披碱草、矮嵩草（*Kobresia humilis*）、沙生风毛菊（*Saussurea arenaria*）、矮风毛菊（*S.eopygmaea*）、短芒洽草（*Koeleria litvinowii*）、米口袋（*Gueldenstaedtia uniflora*）、多枝黄芪（*Astragalus polycladus* Bur.et Franch.）和矩镰荚苜蓿等，植株高 5～25 cm，覆盖度 25%～90%。在祁连山西段的高海拔山间宽谷地带尚分布有紫花针茅、高山苔草草原。这是高寒干旱的气候条件下植物适应生态环境的一种组合形式。

青海固沙草、短花针茅草原（Form.*Orinus kokonorica*, *Stipa breviflora*）：青海固沙草，短花针茅草原主要分布于共和盆地南部以及兴海、贵德、同德一带。除建群种青海固沙草，亚建群种为短花针茅外，优势种有西北针茅，伴生种有大针茅、赖草、芨芨草、中华隐子草（*Cleistogenes chinensis*）、早熟禾、茵陈蒿、多枝黄芪、高山火绒草（*Leontopodium alpinum*）和醉马草（*Achnatherum inebrians*）等，一般植株高 5～35 cm，覆盖度 35%～60%。

冰草、紫花针茅草原（Form. *Agropyron cristatum*, *Stipa purpurea*）：冰草、紫花针茅草原主要分布于柴达木盆地西北部的鱼卡、冷湖和党河南山的阳坡，与新疆荒漠区的山地草原带相连接。植物群落除建群种冰草，亚建群种紫花针茅外，伴生种有：洽草、草地早熟禾、短花针茅、垂穗披碱草、青海黄芪（*Astragalus tanguticus Batalin*）、阿拉善马先蒿（*Pedicularis alaschanica*）、茵陈蒿、冷蒿（*A.frigida*）、高山苔草和蓝花棘豆（*Oxytropis coerulea*）等，植株高 8～25 cm，覆盖度 30%～40%。

芨芨草草原（Form. *Achnatherum splendens*）：芨芨草草原为青海省特有的一个耐旱丛生禾草草原。主要分布于共和、贵德及其青海湖东岸、北岸湖滨高平原上，铁卜加、乌兰、都兰、香日德西南、德令哈北部和祁连山山间盆地哈拉湖东部地区。群落建群种为芨芨草。一般芨芨草都生长非常密茂。植株高 40～105 cm，丛冠幅直径一般在 50～80 cm，大者在 100cm 以上。这一带的地下水位深，沙性大，土壤排水良好。伴生种有：短花针茅、赖草、冰草、青海固沙草、高山苔草、冷蒿、茵陈蒿、西北针茅、紫花芨芨草（*Achnatherum purpurascens*）、醉马草、阿尔泰紫菀、披针叶黄华、镰形棘豆（*Oxytropis falcata*）、狼毒、黄缨菊（*Xanthopappus subacaulis*）、高山鸢尾、蓝花棘豆、花苜蓿（*Medicago ruthenica*）、短穗兔耳草、二色补血草（*Limonium bicolor*）、长芒草、猪毛菜（*Salsola collina*）和阿拉善马先蒿等，覆盖度 20%～60%。在共和盆地和柴达木东部，地势较平坦的地带，相对比较温暖的地方，尚分布着芨芨草、短花针茅草原。

高山苔草草原（Form. *Carex ivanova*）：高山苔草草原主要分布于贵德和同德一带。植物群落次优势种有紫花针茅。伴生种有：早熟禾、火绒草（*Leontopodium leontopodioides*）、沙生风毛菊、二裂委陵菜、多裂委陵菜、羊茅、披针叶黄华、雪白委陵菜、赖草、茵陈蒿和芨芨草等，覆盖度 35%～60%。

大紫花针茅草原（Form. *Stipa purpurea* var.*arenosa*）：耐寒冷旱生的密丛禾草大紫花针茅是高寒草原的典型代表。广泛分布于青南高原西部，祁连山西部及阿尔金山。植物群落组成种类较少，结构简单，外貌黄绿色，植株高 15～20 cm，优势种在青南高原主要为羽柱针茅（*Stipa basiplumose*），青北山地为座花针茅（*Stipa subsessiliflora*），伴生种有白草（*Pennisetum centrasiaticum*）、魏氏蒿（*Artemisia wellbyi*）、梭罗草（*Kengyulia theroldiana*）、刺参（*Morina caulteriana*）、藏玄参（*Oreosolen wattii*）、弱小火绒草（*Leontopodium pusillum*）、垫状蒿（*Artemisia minor*）、青藏狗哇花（*Heteropappus boweri*）、粗壮苔草（*Carex rubusta*）、甘青铁线莲（*Clematis tangutica*）、狼毒、毛萼獐牙菜（*Swertia hispidicalyx*）、兰石草（*Lancea, tibetica*）、短花针茅、沙生针茅、矮二裂委陵菜（*Potentilla bifurca* var.*humilior*）、美花草（*Callianthemum pimpinelloides*）、蓝侧金盏花（*Adonis coerulea*）、山莓草（*Sibbaldia adpressa*）和罗蒂（*Lloydia grandiflora*）等，覆盖度 30%～50%。

青藏苔草草原（Form. *Carex moorcroftii*）：青藏苔草草原主要分布于青南高原纳赤台、曲麻河、索加、温泉以西的地区，在可可西里尤为集中，西南面与藏北的青藏苔草草原分布区相连。植物群落组成简单，种类少，外貌黄绿色，伴生种有大紫花针茅、羽柱针茅、黑苞风毛菊（*Saussurea apus*）、弱小火绒草、早熟禾、藏芥（*Hedinia tibetica*）、苞叶风毛菊（*S.bracteata*）、矮二裂委陵菜、异叶青兰、粗壮嵩草（*Kobresia robusta*）和矮黄芪（*Astragrlus heydei*）等，覆盖度 20%～60%。

冷蒿草原（Form. *Artemisia frigida*）：冷蒿草原主要分布于青北山地哈拉湖与居洪吐之间的地段。冷蒿一般生长茂盛。植物群落中优势种有大针茅、猪毛蒿，伴生种有：高山苔草、披碱草、白草、赖草、狼毒、铁杆蒿（*Artemisia gmelinii*）、醉马草和蚓果芥（*Neotorularia humilis*）等，覆盖度 30%～70%。

2. 高寒灌丛

灌丛是指高度 5 m 以下，不具明显直立主干而多分枝成簇生的灌木为建群层片所组成的植被类型，与荒漠灌木有很大的差别。灌丛的郁闭覆盖度高，通常在 40% 以上。灌丛植物生长茂盛，组成种类丰富，以旱生、旱中生、寒冷旱生灌木组成（周兴民等，1987）。青海省灌丛分布较广，既分布于森林带内成为森林受损后的次生类型，也存在于森林限以上的高山带而成为原生类型。集中分布在青海东部、东南部和东北部海拔高度 3 600 ～ 4 500 m 的山地阴坡、局地滩地，也见分布于山地阳坡。

灌丛因组成种类繁多，生活型多样，区系地理成分复杂，在青海有常绿的、落叶的、喜温的、耐寒的、耐旱的、直立的、高大的、垫状的、匍匐的等存在方式。通常将青海省的灌丛分为高寒灌丛和温性灌丛。由于温性灌丛大多出现在河湟谷地，是组成稀疏林的重要成分，本书涉及的地表通量观测研究并未涉及，故不予讨论，可见《青海植被》一书（周兴民，1987）。这里着重给出高寒灌丛植被类型的分布状况。

高寒灌丛是指耐寒的灌木建群层片所形成的植物群落。高寒灌丛植株低矮，条枝密集。广布于森林限以上的高山带，常与高寒草甸成复合分布，构成高山灌丛草甸，具有垂直地带性，属相对稳定的原生植被类型。高寒灌丛适应寒冷、半湿润的气候条件，年均气温小于 0℃，年降水量在 400 ～ 650 mm。植物生长季短暂，一般自 5 月中旬萌发生长，9 月下旬凋枯。根据外貌条枝、种类组成、层片结构、发育节律和生态地理分布规律，划分为高寒常绿灌丛和高寒落叶灌丛 2 个群系组，并分为以下几种群系（周兴民等，1987；中国科学院西北高原生物研究所，1991）。

头花杜鹃、百里香杜鹃灌丛（Form. *Rhododendron capitatum*，*Rh.thymifolia*）：头花杜鹃（*Rhododendron capitatum*）、百里香杜鹃（*Rhododendron thymifolium*）灌丛主要分布于班玛、甘德、囊谦、玉树、称多、同仁、贵德东部、大通河流域、祁连山东面、诺木洪南面等地。生于海拔 3 100 ～ 4 800 m 的山地阴坡、半阴坡，下部与高寒针叶林相连，上部为高寒草甸。群落结构简单，一般仅有灌木层和苔藓层，覆盖度 80% ～ 90%，其中灌木层 65% ～ 85%，植株高 70 ～ 110 cm，伴生种有烈香杜鹃（*Rhododendron anthopogonoides*）、金露梅（*Potentilla fruticosa*）、高山绣线菊（*Spiraea alpina*）、鬼箭锦鸡儿（*Caragana jubata*），刚毛忍冬（*Lonucera hispida*）、毛枝山居柳（*Salix oritrepha*）、红花忍冬（*Leycesteriarupicosavar.syringantha*）和西藏忍冬（*Lonicera tibetica*）等。如果下面有草本层也不太发育，一般覆盖度 10% ～ 20%。常见的植物有：线叶嵩草（*Kobresia capillifolia*）、圆穗蓼（*Polygonum sphaerostachyum*）、珠芽蓼（*Polygonum viviparum*）、黑褐苔草（*Carex atrofusca*）、大花虎耳草（*Saxifraga hirculus*）、小大黄（*Rheum pumilum*）、西北黄芪（*Astragalus fenzelianus*）、嵩草（*Kobresia bellardii*）、藏异燕麦（*Helictotrichon tibeticum*）、全缘叶绿绒蒿（*Meconopsis integrifolia*）和双叉细柄茅（*Ptilagrostis dichotoma*）等。苔藓植物比较发达，覆盖度约 70%。

金露梅灌丛（Form. *Potentilla fruticosa*）：金露梅灌丛是青海高原广泛分布的类型，在东经 94° 50′ 以东广大的高山地带均有分布。多生于海拔 2 800 ～ 4 500 m 的半阴坡、阴坡、半阳坡、山麓和宽谷地段。植物群落伴生种常见的有：毛枝山居柳、高山绣线菊、窄叶鲜卑花（*Sibiraea angustata*）、鬼箭锦鸡儿，覆盖度 40% ～ 60%，最大不超过 80%。草本层有：矮嵩草、线叶嵩草、苔草（*Carex condilapis*）、圆穗蓼、珠芽蓼、黑褐苔草、紫羊茅、双叉细柄茅、藏异燕麦、波伐早熟禾（*Poa poophagorum*）、金莲花（*Trollius tanguticus*）、美丽风毛菊（*Saussurea superba*）、黑蕊虎耳草（*Saxifraga melanocentra*）、绢毛毛茛（*Ranunculus membranaceus*）和迭裂紫堇（*Corydalis dasyptera*）等，覆盖度 50% ～ 70%，最高可达 90%。

小叶金露梅灌丛（Form. *Potentilla parvifolia*）：小叶金露梅灌丛主要分布于柴达木盆地两边的山地（库尔雷克山、楚拉克阿拉干河两岸，德令哈、乌兰、都兰附近的山地、诺木洪、巴隆、香日德南面的山地）和共和新哲农场南面的山地。小叶金露梅群落组成结构简单，稀疏，伴生种有：红花岩黄薯（*Hedysarum multijugum*）、鬼箭锦鸡儿，覆盖度约30%。草本层有：西北针茅、芨芨草、冰草、高原早熟禾、高山苔草、阿尔善马先蒿（*Pedicularis alaschanica*）、阿尔泰狗哇花、蓝苞葱（*Allium atrosanguineum*）、异叶青兰和葶苈（*Draba nemorosa*）等，覆盖度20%～30%。在柴达木盆地德令哈北面山地小叶金露梅生长低矮、瘦小，体态发育很差，这是由于干旱而不能很好的生长，形成了一种固有的小叶金露梅干旱变体。

毛枝山居柳灌丛（Form. *Salix oritrepha*）：毛枝山居柳灌丛是青海省分布最广的高寒灌丛，在东经96°30′以东的高山均有。生长于海拔2 960～4 500 m的山地阴坡、半阴坡，一般株高0.8～1.2m，在海拔较高或在山地垭口地带呈匍匐垫状，形成较密集的群落，覆盖度80%～90%。其中毛枝山居柳占40%～50%。伴生种有：头花杜鹃、烈香杜鹃、陇蜀杜鹃（*Rhododendron przewalskii*）、百里香杜鹃、鬼箭锦鸡儿、高山绣线菊、金露梅、积石山柳（*Salix oritrepha* var. *amnematdhinensis*）、刚毛忍冬、窄叶鲜卑花和北极果（*Arctous alpinus*）等，覆盖度20%～80%。草本层植物有：苔草、线叶嵩草、紫羊茅、黑褐苔草、珠芽蓼、五脉绿绒蒿（*Meconopsis quintuplinercia*）、华马先蒿（*Pedicularis oederi* Vahl var. *sinensis*）、甘青报春（*Primula tangutica*）、钝裂银莲花（*Anemone obtusiloba*）、藏异燕麦、早熟禾、双叉细柄茅、达乌里龙胆（*Gentiana dahurica*）、圆穗蓼、绢毛毛茛、发草（*Deschampsia caespitosa*）和高山唐松草（*Thalictrum alpinum*）等，覆盖度25%～70%。在东经96°以东全省各高山阴坡、半阴坡尚分布有毛枝山居柳、金露梅、鬼箭锦鸡儿灌丛，一般较为普遍。

积石山柳灌丛（Form. *Salix oritrepha* var.*amnematchinensis*）：积石山柳灌丛主要分布于班玛、达日、甘德、玛沁和河南等地的高山阴坡、半阴坡，生于海拔3 400～4 700 m。植物群落结构简单，伴生种有：百里香杜鹃、头花杜鹃、鬼箭锦鸡儿、毛枝山居柳、金露梅、西藏忍冬、刚毛忍冬、高山绣线菊等，覆盖度35%～50%。草本层的植物有：线叶嵩草、藏异燕麦、圆穗蓼、甘青虎耳草（*Saxifraga tangutica*）、驴蹄草（*Caltha palustris*）、西北黄芪、钝裂银莲花、矮金莲花（*Trollius pumilum*）、黑褐苔草、全缘叶绿绒蒿、矮嵩草、雪白委陵菜和珠芽蓼等，覆盖度50%～70%。

匍匐水柏枝灌丛（Form. *Myricaria prostrata*）：匍匐水柏枝（*Myricaria prostrate* Hook.f.et Thoms.）灌丛主要分布于青南高原西北部的舒尔干河两岸。主要生长于河漫滩及河谷低阶地的潮湿地带。植物群落外貌整齐，呈黑紫色，结构简单，几乎为单种群落。通常茎叶紧贴地面，呈垫状体，直径50～80 cm，覆盖度20%～25%。常见的伴生种有：小叶金露梅、针叶风毛菊（*Saussurea subulata*）、粗壮嵩草、西藏嵩草（*Kobresia tibetica*）、西藏微孔草（*Microula tibeica*）等，覆盖度20%～30%。

3. 草甸与沼泽化草甸

草甸是由旱中生、中生、湿中性多年生草本植物组成的草甸植被类型，是在适中略有偏多的水分条件下形成和发育的。在青海分布面积较大，而且建群种类型复杂多样。根据群落的生态外貌的分类原则，特别是温度的关系，并考虑草甸植被的发生、发展和改造利用方式与途径的不同，学者们将草甸植被分为3个植被型，即高寒草甸植被型（冷中生）、草甸植被型（温性中生）和盐生草甸植被型（周兴民等，1987；中国科学院西北高原生物研究所，1991；周兴民，2001）。草甸植被型和盐生草甸植被型主要分布在干旱地区，其分布与形成特定的气候、水文条件关系密切。前者为隐域性的植被类型，较多见于湖滨、河畔及地下水露出和排水不畅的局部地区，土壤因水分高而处在湿润状况。后者主要分布在柴达木盆地和茶卡盆地的盐沼边缘和地下水埋藏较浅的低洼地段。

对于本书涉及的内容来说，我们更为关注的是高寒草甸植被型。它在青海乃至青藏高原分布面积广，与草甸植被型和盐生草甸植被型显著不同，是海拔高、气候寒冷的青藏高原或高山地区特定的气候产物，由寒冷中生多年生草本植物建群种所构成的特殊的群落类型。高寒草甸与高寒草原一样，是青海分布面积最广的类型，广布于祁连山东段、昆仑山和青海高原中东部，同藏北高川西—甘南高原的高寒草甸连成一片。

组成高寒草甸的多数植物具有较强的抗寒性。有丛生、莲座状或垫状、植株低矮、叶型小、被茸毛和生长期短、营养繁殖、胎生繁殖等一系列生物生态学特征。但它所形成的植物群落结构简单，层次分化不明显，种类组成较少。所在区域一般年平均气温在0℃以下，最冷月平均气温小于−10℃，年内日平均气温稳定通过≥10℃的天数几乎没有，仅几天而已，积温在500℃·d以内。但年降水量相对青海其他地区稍高，保持在400~650 mm。

由于高寒沼泽化草甸和大多数高寒灌丛草甸与高寒草甸分布在同一地区，沼泽化草甸多以藏嵩草、华扁穗草等为建群种，灌丛草甸中除木本的灌木外，底层生长的草本植物多以矮嵩草等为建群种，群落的建群层片主要为适应高寒气候的低草型密丛短根茎嵩草层片、根茎苔草层片、轴根杂草类层片，建群种和伴生种以北极—高山成分与中国—喜马拉雅成分为主，其发生发展的过程可能与高寒草甸具有密切的亲缘关系，为此，研究者有时也将高寒沼泽化草甸和高寒灌丛草甸合并统一归为高寒草甸（中华人民共和国农业部畜牧兽医司和全国畜牧兽医总站，1996；青海省草原总站，2012）。

高寒草甸类型繁多，根据植物群落对水分生态条件的适应和建群层片优势种的生物生态学特征，可划分典型草甸、草原化草甸、沼泽化草甸3种亚型，以及多个群系组。

高山嵩草草甸（Form. *Kobresia pygmaea*）：高山嵩草草甸是青海省分布面积最广的植被类型之一，遍及青南高原、祁连山系高山的大部分地区。植株高3~6 cm，生长密集，常见的伴生种有：圆穗蓼、珠芽蓼、美丽风毛菊、黄花棘豆（*Oxytropis ochrocephala*）、嵩草、黑褐苔草、甘肃马先蒿、秦艽（*Gentiana macrophylla*）、雪白委陵菜、金莲花、湿生扁蕾（*Gentianopsis paludosa*）、多裂委陵菜、线叶嵩草、乳白香青（*Anaphalis lactea*）、矮火绒草（*Leontopodium nanum*）、黑蕊虎耳草、兰石草、甘青乌头、短芒洽草、垂穗披碱草和波伐早熟禾等30~40种植物，覆盖度70%~95%。

矮嵩草草甸（Form. *Kobresia humilis*）：矮嵩草为典型寒冷旱中生植物，矮嵩草草甸的分布仅次于高山嵩草草甸。主要分布于青海省东经97°以东的许多高山地区。植株高5~10 cm，生长密茂，常见的伴生种有：高山嵩草、黑褐苔草、圆穗蓼、珠芽蓼、阿尔泰紫菀、矩镰荚苜蓿、秦艽、黄花棘豆、蓝花棘豆、鳞叶龙胆（*Gentiana squarrosa*）、湿生扁蕾、青海黄芪、乳白香青、高山唐松草、异针茅（*Stipa aliena*）等20~30余种，覆盖度70%~95%。

线叶嵩草草甸（Form. *Kobresia capillifolia*）：线叶嵩草草甸是青海省重要的植被类型之一，分布于东经95°以东的高海拔地区。主要生长于青南高原，最北可到青海湖北岸的舟群地区，但其生长地的海拔高度远低于青南高原。常见的伴生种有：苔草、矮嵩草、黑褐苔草、甘肃嵩草（*Kobresia kansuensis*）、圆穗蓼、珠芽蓼、鸟足毛茛（*Ranunculus brotherusii*）、迭裂银莲花（*Anemone imbricata*）、高山唐松草、长管马先蒿（*Pedicularis longiflora*）、蔓蝇子草（*Silene repens*）、秦艽、鳞叶龙胆、露蕊乌头、羊茅、乳白香青、东方风毛菊（*Saussurea obvallata* var.*orientalis*）、短芒洽草、高原早熟禾和独一味（*Lamiophlomis rotata*）等20多种植物，覆盖度70%~90%。

嵩草草甸（Form. *Kobresia bellardii*）：嵩草草甸主要分布于祁连山中段的祁连县、天骏和乌兰县北部一带海拔3 400~3 900 m的高山地区。伴生种有：高山嵩草、洽草、圆穗蓼、藏异燕麦、垂穗披碱草、黄花棘豆、长花野青茅（*Deyeuxia longiflora*）、达乌里龙胆、紫花针茅、高山苔草、早熟禾、美丽风毛菊、鳞叶龙胆、矮嵩草、矮火绒草、兰石草、针茅（*Stipa capillata*）、发草、乳白香青、珠芽蓼和香唐松草（*Thalictrum foetidum*）等30余种，覆盖度70%~90%。

垂穗披碱草草甸（Form. *Elymus nutans*）：垂穗披碱草草甸多呈小片的零星分布，比较大面积的分布主要集中于门源盘坡一带和囊谦香达地区。常见的伴生种有：洽草、高山嵩草（*Kobresia pygmaea*）、线叶嵩草、矮嵩草、波伐早熟禾、高原早熟禾、紫羊茅、美丽风毛菊、东方风毛菊、乳白香青、矮火绒草、雪白委陵菜、甘肃马先蒿、异叶米口袋（*Gueldenstaedtis diversifolia*）、秦艽、黄帚橐吾（*Ligularia virgaurea*）、钩腺大戟（*Euphorbia sieboldian*）和双叉细柄茅等，植株高3~45 cm，覆盖度 35% ～ 45%。

青海早熟禾、扇穗茅草甸（Form. *Poa rossbergiana*, *Littledalea racemosa*）：青海早熟禾、扇穗茅草甸主要分布于青南高原玛沁县至沱沱河以东的广大地区。常见的伴生种有：黑褐苔草、双叉细柄茅、发草、珠芽蓼、美丽风毛菊、多裂委陵菜、蕨麻（*Potentilla anserine*）、金莲花、异叶米口袋、甘肃马先蒿、秦艽、高山唐松草、露蕊乌头、条裂银莲花（*Anemone trullifolia*）、冷蒿、路布筋骨草（*Ajuga lupulina*）、披针叶黄华和阿尔泰狗娃花等，植株高 10 ～ 25 cm，覆盖度 10% ～ 75%。

高山嵩草、异针茅草原化草甸（Form. *Kobresia pygmaea*, *Stipa aliena*）：该类型主要分布于囊谦西面、玉树西南、杂多南面及吉曲附近，称多清水河西北，楚玛尔河中游两岸，玛多县东南，兴海西南和祁连山哈拉湖东面。伴生种有：线叶嵩草、圆穗蓼、迭裂银莲花、秦艽、多裂委陵菜、蓝花翠雀（*Delphinium caeruleum*）、川西獐牙菜（*Swertia mussotii*）、鳞叶龙胆、高山唐松草、火绒草、雪白委陵菜、狼毒、矮风毛菊和二裂委陵菜等，覆盖度 80% ～ 90%。

高山嵩草、紫花针茅草原化草甸（Form. *Kobresia pygmaea*, *Stipa purpurea*）：这一类型分布于曲麻莱北面，治多及其西北与西南的索加，玛多县东面及扎陵湖、鄂陵湖，楚玛尔河中、下游，昆仑山东南面，兴海西北面，青海湖北面及哈拉湖南面。伴生种有：羊茅、紫羊茅、高山苔草、矮嵩草、洽草、早熟禾、双叉细柄茅、多裂委陵菜、二裂委陵菜、火绒草、白花蒲公英（*Taraxacum leucanthum*）、沙生风毛菊、麻花艽（*Gentiana straminea*）、矮火绒草和无芒雀麦（*Bromus inermis*）等，覆盖度达 60% ～ 90%。

线叶嵩草、紫花针茅草原草甸（Form. *Kobresia capillifolia*, *Stipa purpurea*）：该类型主要分布于扎陵湖西南。伴生种有：异针茅、波伐早熟禾、赖草、垂穗披碱草、胎生早熟禾（*Poa.sinattenuta* var. *vivipara*）、藏异燕麦、阿尔泰狗娃花、圆穗蓼、珠芽蓼、多茎委陵菜（*Potentilla multicaulis*）、猪毛蒿、黑褐苔草、丛生女篓菜（*Melandrium apricum*）、矩镰荚苜蓿、高山唐松草、达乌里龙胆和钝裂银莲花等，覆盖度 75% ～ 85%。

沙生风毛菊、矮风毛菊草甸（Form. *Saussurea arenaria*, *S.eopygmaea*）：这一类型主要分布于哈拉湖四周，居洪吐、德令哈北面的阿让郭勒河上游、大柴旦的东面、怀头他拉的色拉木、宗务隆河、浪郭勒那仁达乌、天峻的生格、组哈玛、囊谦香达西面、玛多及扎陵湖北面滩地。生于沙质土壤上。常见的伴生种有：高山嵩草、矮嵩草、独一味、兰石草、异叶青兰、密花翠雀（*Delphinium densiflorum*）、甘青报春、早熟禾、异叶米口袋、垂穗披碱草、海乳草（*Glaux maritime*）、西藏微孔草、鳞叶龙胆、西伯利亚蓼和长果婆婆纳（*Veronica ciliate*）等，覆盖度 50% ～ 70%。

西藏嵩草沼泽草甸（Form. *Kobresia schoenoides*）：西藏嵩草沼泽草甸广泛分布于青南高原、祁连山地的低平滩地地下水位较高的地方、洼地，河漫滩、山麓潜水出露的地带。常见的伴生种有：黑褐苔草、粗喙苔草（*Carex scabriostris*）、圆囊苔草（*Carex orbicularis*）、矮嵩草、草地早熟禾、波伐早熟禾、发草、珠芽蓼、圆穗蓼、细叶蓼（*Polygonum tenuifolium*）、海韭菜（*Triglochin maritimum*）、驴蹄草、矮垂头菊（*Cremanthodium humile*）、车前叶垂头菊（*C.ellisii*）、条叶垂头菊（*C.lineare*）、星状风毛菊（*Saussurea stella*）、长管马先蒿、三尖水葫芦苗（*Halerpestes tricuspis*）、无尾果（*Coluria longifolia*）、矮泽芹（*Chamaesium paradoxum*）和川西獐牙菜等 20 多种，覆盖度 80% ～ 95%。

藏北嵩草沼泽草甸（Form. *Kobresia littledalei*）：藏北嵩草沼泽化草甸主要分布于杂多西面的扎日哇滩、格尔木南面的烽火山、唐古拉山、达日的曙光牧场以及其他各地均有零星分布。多生于河漫滩、山麓潜水溢出带和地下水位较高的开阔地。植物群落单调，外貌呈暗绿色，植物生长密茂。常见的伴生种有：矮嵩草、花扁穗草（*Blysmus sinocompressus*）、珠芽蓼、细叶蓼、海韭菜、碎米蕨叶马先蒿（*Pedicularis cheilantifolia*）、粗喙苔草、三尖水葫芦苗、长管马先蒿和水麦冬（*Triglochin palustre*）等，覆盖度 80% ～ 90%。

花扁穗草沼泽草甸（Form. *Blysmus sinocompressus*）：花扁穗草沼泽化草甸分布于 2 800 m 以上的河流两岸低湿地带、小溪边和排水不良的河谷洼地、湖滨或泉水地带，多为小片分布。在青海湖北岸及其子湖——尕海附近，柴达木盆地的甘森个、乌图美仁及其以北的东台吉乃尔河、中灶火北部的乌图美仁河两岸较为集中。植物群落组成种类较少，结构简单，外貌整齐。常见的伴生种有：黑褐苔草、蕨麻、水麦冬、多枝黄芪、多裂委陵菜、甘肃马先蒿、星状风毛菊、三尖水葫芦苗、驴蹄草、矮蔍草（*Scirpus pumilus*）、海韭菜和匙叶龙胆（*Gentiana spathulifolia*）等，覆盖度 80%～95%。

4. 高寒荒漠

通常，荒漠植被是指由超旱生、叶退化和特化的小乔木、灌木、半灌木所构成的稀疏植被。这种植被类型主要分布在青海西北部的柴达木盆地和茶卡盆地，在湟水谷地也有零星分布。但是，这些荒漠植被类型因本书未涉及其地表通量的研究范围，故这里不予讨论，可见相关文献（周兴民，1987；中国科学院西北高原生物研究所，1991）。

垫状驼绒藜荒漠（Form. *Ceratoides compacta*）：垫状驼绒藜荒漠主要分布于青南高原的西北端和青北山地哈拉湖的西部和北部。植物群落组成种类稀少，群落结构简单。常见的伴生种有：高山早熟禾（*Poa alpina*）、青藏苔草（*Carex moorcroftii*）、座花针茅、羽柱针茅、高山紫菀（*Aster alpinus*）、冷龙胆（*Gentiana algida*）、甘肃雪灵芝（*Arenaria kansuensis* Maxim.）、短管兔耳草（*Lagotis brevituba*）、白花蒲公英和矮亚菊（*Ajania scharnhorstii*）等，覆盖度 10%～15%。

唐古特红景天荒漠（Form. *Rhodiola algida* var.*tangutica*）：该类型主要分布于祁连山系哈拉湖滨，哈拉湖南部和阿让郭勒北面之间的地段。植物群落组成种类少，结构简单。常见的伴生种有矮风毛菊、青藏雪灵芝（*Arenaria roborowskii* Maxim.）、垫状点地梅（*Androsace tapete* Maxim.）、甘肃雪灵芝、宽果丛菔（*Solms-laubachia eurycarpa*）、高山早熟禾、蓝花棘豆、紫羊茅和蒲公英（*Taraxacum mongolieum*）等，覆盖度 15%～35%。

5. 高山垫状植被

甘肃雪灵芝、垫状点地梅、簇生柔籽草垫状植被（Form. *Arenarea kansuensis*, *Androsace tapete*, *Thylacospermum caespitosum*）：该类型主要分布于青南高原和青北山地高寒草甸带的上部，其上为高山流石坡和裸岩。常见的伴生种有：青藏雪灵芝、澜沧雪灵芝（*Arenaria lantsangensis*）、青海雪灵芝（*A.qinghaiensis*）、短瓣雪灵芝（*A.brachypetala*）、藓状雪灵芝（*A.bryophylla*）、团状雪灵芝（*A.polytrichoides*）、沙生风毛菊、短穗兔耳草、刺绿绒蒿（*Meconopsis horridula* Hook.f. & Thoms）、迭裂紫堇、长果婆婆纳、多裂委陵菜、矮垂头菊、甘青虎耳草、水母雪兔子（*Saussrea medusa* Maxim.）、无瓣女娄菜（*Melandrum apetalum*）、高山葶苈（*Draba alpina*）和高山嵩草等，覆盖度 15%～20%。

6. 高山流石坡稀疏植被

水母雪兔子、甘肃雪灵芝、唐古特红景天高山流石坡稀疏植被（Form. *Saussurea medusa*, *Arenaria kansuensis*, *Rhodiala algida* var.*tangutica*）：该类型植物群落很稀疏，种类不多，结构简单。常见的伴生种有：簇生柔子草（*Thylacospermum caespitosum*）、甘肃雪灵芝、青藏雪灵芝、沙生风毛菊、栎叶风毛菊（*Saussurea quacifolia*）、垫状点地梅、唐古特红景天、嗜冷红景天（*Rhodiola algida*）、暗绿紫堇（*Corydalis melanochlora*）、杂多紫堇（*Corydalis zadoiensis*）、总状花绿绒蒿（*Meconopsis horridula* Hook.f.et Thoms.var.*racemosa*）、矮垂头菊、肾叶垂头菊（*Cremanthodium reniforme*）、喜马拉雅垂头菊（*C.decaisnei*）、鸟足毛茛、冰雪鸦跖花（*Oxygraphis glacialis*）、高山葶苈、短管兔耳草、网脉大黄（*Rheum reticulatum*）、绢毛菊（*Soroseris hookeriana*）、合头菊（*Syucalathium disciforme*）、山地虎耳草（*Saxifaga montana*）、毛萼巴料草（*Parrya eurycarpa*）、六叶龙胆（*Gentiana hexaphylla*）、胎生早熟禾、粗糙紫堇（*Corydalis scabrosa*）和雪山贝（*Fritillaris delavayi*）等，覆盖度 5%～20%。

四、青海草地资源与生态系统服务功能

长期以来，人们在草地上生息繁衍，草地与人类生活生产息息相关。人们合理利用草地资源将有可持续发展，而过度利用在破坏草地资源的同时，使草地丧失应有的生态功能而将会惩罚。草地的健康与否在固碳持水中或不可少。为此，对草地、草地资源、草地生态功能的认识，以及对草地的利用和保护，是关乎草地可持续发展和生态系统服务功能提升的重要环节。本节依据有关著作（青海省草原总站，2012）对草地、草地资源、生态服务功能及价值、草地牧草产量与载畜量等进行了全面的阐述。

1. 草地、草地资源与环境

草地、草原、草场的概念和含义在国内各地和学术界有不同的认识和定义，不同的术语具有不同的重要意义。植物地理学和植被学家把"草原"看做是一种特殊的自然地理景观，是在干旱的气候条件下产生的，是陆地的一种植被型，是"以多年生微温旱生草本植物为主组成的植物群落"。从畜牧业角度讲"草原是大面积的天然植物群落所着生的陆地部分，这些地区所产生的饲用植物，可以直接用来放牧或刈割后饲养牲畜"（苏大学，1995）。这里所指的草原，有别于植被学作为一种植被类型的"草原"含义，也有别于地理学范畴认为"草原"，是温带和热带干旱区的一种特定的自然地理景观的含义。

"草原资源又称草地资源，是草原生态系统的资源属性总称。包括该生态系统内的植物、动物、微生物等生物资源和水、热、光照、大气、土地等非生物资源"（任继周，2008）。"草地资源是具有数量、质量、空间结构特征，有一定分布面积，有生产能力和多种功能，主要用作畜牧生产资料的一种自然资源"（苏大学，1995）。"草地资源是指在一定空间范围内的草地类型、面积和分布以及由它们生产出来的供给家畜生命活动所需要的物质和能量的蕴藏量，或概称为生产力"。众多学者对草地资源给出了草地资源的贴切定义，这些定义既是草地资源与环境之间的统一性和整体性，也存在空间上的地域性和有限性，又处在时间上的动态性和更新性，同时出现生产能力的可培育性和草地利用的永续性。表现在草地在发展过程中，能适应一定的环境条件，同时环境条件又成了它存在和发展所要求的生态因子。在地域上表现出草地植被类型在地表的空间分布上具有纬向、径向和垂直的规律性。但草地作为一种土地类型有不可增加的有限性，在时间上草地资源的发生和发展是一个缓慢的历史过程。

草地与环境是相互影响相互联系的，气候变化影响着植被类型、植物群落结构、植被生产量等，反过来植被变化又反馈于气候变化。草地与环境的关系较复杂也简单。

2. 草地生态服务功能

草地在提供人们及家畜资源材料外，更大程度上发挥着生态功能的作用。良好而健康的草地生态系统不仅有较高的生产量，而且在水源涵养、碳水固持、生物多样性保护、减缓风蚀和水蚀等方面具有重要的生态作用。

（1）草地资源具有重要的生态作用

草地具有防风固沙（土）、涵养水源的生态功能。草地是绿色植物覆盖面积最大、数量最多、更新速度最快的再生性自然资源，是维系高寒生态系统平衡最重要的生态子系统。草地的生态功能是多方面的，包括在生态系统生态服务功能当量因子表中的气候调节、气体调节、水源涵养、土壤形成与保护、废物处理和生物多样性维持6项生态功能因子。在青海，草地的这些生态服务价值合计高达 $3\,848.90\times10^8$ 元 /a，占全省天然草地生态系统生态服务功能总价值的94.6%（青海省草原总站，2012）。可见，青海天然草地在保护青海生态环境和发挥生态作用等方面，起着举足轻重的作用。

据《三江源生物多样性——三江源自然保护区科学考察报告》（2002），灌丛对降水的渗透率为25%，草原对降水的渗透率为10%，草甸对降水的渗透率为15%。据此估算，仅青海草地的高寒草原

类和高寒草甸类草地，每年渗透到土壤中的降水约有 $200×10^8 m^3$。青海省是长江、黄河、澜沧江的发源地，素有"中华水塔"之称，境内除上述三江外，还有较大支流 190 余条，大小湖泊 16 500 余个，有高寒沼泽化草甸草地 $4.29×10^4 km^2$，从而构成了世界上海拔最高、面积最大的高寒湿地生态系统。该系统不仅能较好地容纳雨雪降水，减少地表径流，而且对长江、黄河、澜沧江等大江大河中下游的水量具有重要调节功能，在降低中下游地区的断流和水灾隐患方面，起到一定的缓解作用。这些重要的生态维护功能中，高寒沼泽化草甸子系统的作用是功不可没的。

草地是生物多样性的基因库。 野生动物、植物及其栖息环境是构成自然生态系统和生物多样性的主体。主要表现为草地类型的多样性、植物种类与区系成分的复杂性以及野生动植物资源的丰富性等方面。

青海高原地形地貌复杂，自然环境复杂多样，发育形成了不同的草地类型及区系分布类型。这些多样的类型为野生动植物的分布、繁衍提供了条件。例如，青海天然草地的植物区系地理成分有世界分布种、北温带分布种、温带亚洲分布种、中亚分布种和中国特有分布种等 13 个区系分布类型，计 352 个属，占全国 2 679 个植物属的 13.13%，从而构成了青海植物多样性的区系类型。据统计（青海省草原总站，2012），青海省植物种类有 2 800 余种，约占我国植物种数的 10% 以上；青海天然草地植物种有 1 091 种，隶属 76 科，373 属，占全省植物总种数的 38.74%。其中，中国特有种植物有 1 000 多种，青藏高原特有种植物 7.5 种。此外，还有 40 多种受国家和国际濒危动植物贸易公约保护的珍稀濒危植物。

在青海，天然草地上的动物资源也十分丰富，种类繁多，区系复杂。以寒温带动物区系和高原高寒动物区系中的青藏类为主，并有少量中亚型和广布种成分。据统计，全省脊椎动物共有 38 科，113 属，466 种。其中，鱼类动物分属 5 科，25 属，55 种；两栖类动物分属 5 科，6 属，9 种；爬行动物分属 5 科，5 属，7 种；哺乳动物分属 23 科，53 属，103 种（《中国农业全书·青海卷》，2001）。其中，分布在青海省境内的国家一、二级保护动物共有 74 种，一级保护动物 21 种，如藏羚羊（*Pantholops hodgsoni*）、西藏野驴（*Epuus kiang*）、野牦牛（*Bos mutus*）、雪豹（*Panthera uncia*）等；二级保护动物 53 种，如盘羊（*Ovis ammon*）、藏原羚（*Procapra picticaudata*）、鬣羚（*Capricornia sumatraensis*）等；以及地方定点保护动物 36 种，如艾虎（*Mustela euersmani*）、斑头雁（*Anser indicus*）等（青海省草原总站，2012）。

草地可以缓解温室效应和调节气候。 由于全球工业化程度的迅速提高和社会生活水平的提升，由此产生大量的废水、废气、废渣等"三废"物质，使大气层中二氧化碳浓度增高而引起全球范围内的"温室效应"，成为全世界关注的主要环境问题之一。草地可起到调节气温、净化空气的作用。据测定，草地比空旷地的湿度高 20% 左右，夏季草地的气温比裸地低 3～5℃，冬季则相反，草地上的气温比裸地高 6～6.5℃。草地通过植物的光合作用，吸收空气中的 CO_2，释放出 O_2；一般 $50 m^2$ 的草地就可以将一个人呼出的 CO_2 全部还原成 O_2。研究表明，林草植被每生产 1 g 干物质，可固定 CO_2 1.63 g，释放 O_2 1.20 g。据此估算，青海省每年每公顷草地可以固定 CO_2 2 489 kg，释放 O_2 1 832 kg。有些植物能吸附大气中的尘埃和吸收一些有毒气体，并能将其转化为蛋白质或无毒性盐类，如黑麦草（*Lolium perenne*）和狼尾草（*Pennisetum alopecuroides*）就有抗 SO_2 污染的能力。另外，草地还有减轻噪声和美化环境的作用。

（2）草地资源的经济功能不可忽视

草地资源是青海畜牧业经济的重要支柱。 草地作为第一性生产者，是发展草食家畜最主要、最经济的饲料"工厂"，为生产畜产品及畜产品的开发提供了物质基础。同时，也提高和改善了人们的物质生活，对缓解人口增长与粮食生产不足的矛盾起到了积极的作用。在青海，天然草地面积巨大，占全省土地总面积的 60.17%，是农田面积的 70.2 倍。草地畜牧业既是青海大农业发展的重点，也是青海大农业经济的支柱。

草地资源是民族地区群众赖以生存和发展的基础。 在长期的生产实践中，人类通过饲料草食畜，将不能被直接利用的草本植物转化成直接利用的肉、奶、皮、毛、乳等畜产品，从而改变了人类的食物结构和营养状况，提高了物质生活水平。草地及其草食畜和畜产品不仅是少数民族同胞经营的主要对象，也是他们赖以生存和发展的基础。草地多是少数民族聚集区，是少数民族生存、发展、创造文明的摇篮。广袤的草地孕育了丰富多彩的民族文化和民族风情。因此，草地也是少数民族文化与汉族文化的交汇，将对促进牧区社会稳定和经济可持续发展起到重要的作用。同时也为草原文化、生态文明、草业经济以及草地多种功能的开发提供了丰富的原材料资源。

草地资源是发展多种经济的原材料基地。 草地拥有丰富的动植物资源，是发展食品、纺织、制革、制药、化工等轻工业以及对外出口贸易等多种经济的原材料。随着人们对重新回归大自然、使用绿色产品、减少碳排放量理念的接受，草地天然经济植物的开发应用步伐将会不断加快，如蕨（*Pteridium aquilinum*）、苦苣菜（*Sonchus oleraceus*）、沙棘（*Hippophae rhamnoides*）等可食的野菜和浆果将成为重要的开发利用对象。特别是现代工业在减轻和治理黑色能源污染过程中，绿色能源、绿色燃料研究和应用已在不少国家悄然兴起，像芦苇（*Phragmites australis*）这样的 C_4 植物，有望成为新的绿色能源。芦苇、芨芨草（*Achnatherum splendens*）等高大草本植物作为造纸工业的原料，不仅能降低生产成本，而且还可节约大量木材，保护林地，发挥其生态功能。

（3）青海草地生态系统服务功能价值评价

草地生态系统作为一种自然资源，它具有多种功能。长期以来，人们只重视了它的资源功能，即它所表现的"畜牧业物质基础和用于生产肉、毛、皮等畜产品和家畜"（苏大学，1995），而忽略了草地生态系统的防风、固沙、净化空气、涵养水源、防止水土流失、保护生物多样性、旅游观光，特别是碳循环等多种生态服务价值。这些非实物型的生态服务价值，具有"公用"特征，且价值尚未市场化，但其内在的价值巨大，且对人类的生存和可持续发展起着重要的作用。对草地生态系统进行生态系统服务功能价值评价，可以帮助人们正确认识草地生态系统，提高公共的环境意识，提高生态系统的服务意识，为建立适宜的草地生态补偿机制提供理论依据。

所谓生态系统服务是指通过生态系统结构、过程和功能直接或间接得到的生命支持产品和服务，自然资产含有多种与生态服务功能相应的价值。为了对这些价值进行评价，在全球范围内人们在不停地探索和研究环境价值评估技术，通常采用市场估值和消费者支付意愿法来进行评估（谢高地等，2003），并取得了较多的成果。青海省草原总站（2012）在谢高地等（2003）制定的我国生态系统服务价值当量（表3-4）的基础上，依据青海草地2009年（青海省草原总站，2012）资源调查数据库（表3-5），订正计算了青海省单位面积农作物每年在自然状态下粮食产量的经济价值。并以此将权重因子转换成当年草地生态系统生态服务功能基准单价（表3-6）。同时，对青海天然草地9个草地类单位面积生物量的差异进行了订正（表3-7）。经过上述计算，得到青海天然草地生态系统的生态服务功能总价值，为 $4\,068.03 \times 10^8$ 元（人民币），其详细计算结果见表3-8和表3-9。

表3-4　中国陆地生态系统单位面积生态服务功能价值当量

序号	项目	森林	草地	农田	湿地	水体	荒漠
1	气体调节	3.50	0.80	0.50	1.80	0	0
2	气候调节	2.70	0.90	0.89	17.10	0.46	0
3	水源涵养	3.20	0.80	0.60	15.50	20.38	0.03
4	土壤形成与保护	3.90	1.95	1.46	1.71	0.01	0.02
5	废物处理	1.31	1.31	1.64	18.18	18.18	0.01
6	生物多样性维持	3.26	1.09	0.71	2.50	2.49	0.34
7	食物生产	0.10	0.30	1.00	0.30	0.10	0.01
8	原材料	2.60	0.05	0.10	0.07	0.01	0
9	娱乐文化	1.28	0.04	0.01	5.55	4.34	0.01

表 3-5　青海天然草地生态系统服务功能价值评价相关数据

草地类型	草地面积（hm²）	草地生物量（kg/hm²·a 干草）		
		地上部生物量	地下部生物量	合计
合计	41 917 172	682.07	1 114.05	1 796.11
温性草原类	2 117 935	638.43	1 023.08	1 661.51
温性荒漠草原类	224 396	488.02	653.68	1 141.70
高寒草甸草原类	351 598	609.48	888.15	1 497.63
高寒草原类	9 038 453	366.94	388.54	755.48
温性荒漠类	2 891 200	502.45	685.67	1 188.12
高寒荒漠类	1 151 617	397.63	441.09	838.73
低地草甸类	566 157	909.62	1 889.13	2 798.75
山地草甸类	139 563	1 465.20	4 466.75	5 931.95
高寒草甸类	25 436 253	804.16	1 428.99	2 233.15

表 3-6　青海省天然草地生态系统服务功能基准单价

生态服务功能	价值（元/hm²）	生态服务功能	价值（元/hm²）
气体调节	1 080.14	生物多样性保护	1 471.69
气候调节	1 215.16	食物生产	405.05
水源涵养	1 080.14	原材料	67.51
土壤形成与保护	2 632.84	娱乐文化	54.01
废物处理	1 768.73		

表 3-7　青海天然草地单位面积生态服务功能价值估算　　（单位：元）

服务功能	类别								
	温性草原	温性荒漠草原	高寒草甸草原	高寒草原	温性荒漠	高寒荒漠类	低地草甸	山地草甸	高寒草甸
合计	9 042.67	6 213.64	8 150.74	4 111.65	6 466.25	4 564.72	15 232.06	32 284.28	12 153.79
气体调节	999.19	686.59	900.63	454.33	714.50	504.39	1 683.10	3 567.32	1 342.96
气候调节	1 124.09	772.41	1 013.21	511.12	803.82	567.44	1 893.49	4 013.24	1 510.83
水源涵养	999.19	686.59	900.63	454.33	714.50	504.39	1 683.10	3 567.32	1 342.96
土壤形成与保护	2 435.53	1 673.56	2 195.30	1 107.42	1 741.60	1 229.45	4 102.56	8 695.35	3 273.47
废物处理	1 636.17	1 124.29	1 474.79	743.96	1 170.00	825.94	2 756.08	5 841.49	2 199.10
生物多样性维持	1 361.40	935.48	1 227.11	619.02	973.51	687.23	2 293.22	4 860.48	1 829.78
食物生产	374.70	257.47	337.74	170.37	267.94	189.15	631.16	1 337.75	503.61
原材料	62.45	42.91	56.29	28.40	44.66	31.52	105.19	222.96	83.94
娱乐文化	49.96	34.33	45.03	22.72	35.73	25.22	84.16	178.37	67.15

表 3-8　青海天然草地生态服务功能总价值估算　　（单位：×10⁸ 元）

服务功能	温性草原类	温性荒漠草原类	高寒草甸草原类	高寒草原类	温性荒漠类	高寒荒漠类	低地草甸类	山地草甸类	高寒草甸类	合计
合计	191.52	13.94	28.66	371.63	186.95	52.57	86.24	45.06	3 091.47	4 068.03
气体调节	21.16	1.54	3.17	41.06	20.66	5.81	9.53	4.98	341.60	449.51
气候调节	23.81	1.73	3.56	46.20	23.24	6.53	10.72	5.60	384.30	505.69
水源涵养	21.16	1.54	3.17	41.06	20.66	5.81	9.53	4.98	341.60	449.51

续表

服务功能	温性草原类	温性荒漠草原类	高寒草甸草原类	高寒草原类	温性荒漠类	高寒荒漠类	低地草甸类	山地草甸类	高寒草甸类	合计
土壤形成与保护	51.58	3.76	7.72	100.09	50.35	14.16	23.23	12.14	832.65	1 095.67
废物处理	34.65	2.52	5.19	67.24	33.83	9.51	15.60	8.15	559.37	736.07
生物多样性维持	28.83	2.10	4.31	55.95	28.15	7.91	12.98	6.78	465.43	612.45
食物生产	7.94	0.58	1.19	15.40	7.75	2.18	3.57	1.87	128.10	168.56
原材料	1.32	0.10	0.20	2.57	1.29	0.36	0.60	0.31	21.35	28.09
娱乐文化	1.06	0.08	0.16	2.05	1.03	0.29	0.48	0.25	17.08	22.48

表 3-9　青海天然草地生态服务功能总价值结构　　　　（单位：%）

服务功能	温性草原类	温性荒漠草原类	高寒草甸草原类	高寒草原类	温性荒漠类	高寒荒漠类	低地草甸类	山地草甸类	高寒草甸类	合计
合计	4.71	0.34	0.70	9.14	4.60	1.29	2.12	1.11	75.99	100.00
气体调节	0.52	0.04	0.08	1.01	0.51	0.14	0.23	0.12	8.40	11.05
气候调节	0.59	0.04	0.09	1.14	0.57	0.16	0.26	0.14	9.45	12.44
水源涵养	0.52	0.04	0.08	1.01	0.51	0.14	0.23	0.12	8.40	11.05
土壤形成与保护	1.27	0.09	0.19	2.46	1.24	0.35	0.57	0.30	20.47	26.93
废物处理	0.85	0.06	0.13	1.65	0.83	0.23	0.38	0.20	13.75	18.09
生物多样性维持	0.71	0.05	0.11	1.38	0.69	0.19	0.32	0.17	11.44	15.06
食物生产	0.20	0.00	0.03	0.38	0.19	0.05	0.09	0.05	3.15	4.14
原材料	0.03	0.00	0.00	0.06	0.03	0.01	0.03	0.01	0.51	0.69
娱乐文化	0.03	0.00	0.00	0.05	0.03	0.00	0.01	0.00	0.42	0.55

从表 3-8 和表 3-9 看到，青海天然草地各草地类的单位面积生物量不同，各草地类之间的生态服务价值也不尽相同。其中，由于高寒草甸类面积最大，其生态服务价值也最高，该类草地生态服务价值达 $3\,091.47 \times 10^8$ 元 /a，占全省天然草地生态服务总价值的 75.99%；其次是高寒草原类，生态服务价值为 371.63×10^8 元 /a，占 9.14%；居第三位的是温性草原类，生态服务价值为 191.52×10^8 元 /a，占 4.71%；第四位是温性荒漠类，生态服务价值为 186.95×10^8 元 /a，占 4.60%；第五位是低地草甸类，生态服务价值为 86.24×10^8 元 /a，占 2.12%；第六位是高寒荒漠类，其生态服务价值为 52.57×10^8 元 /a，占 1.29%；第七位是山地草甸类，生态服务价值为 45.06×10^8 元 /a，占 1.11%；居第八、第九位的是高寒草甸草原类和温性荒漠草原类，生态服务价值分别是 28.66×10^8 元 /a 和 13.94×10^8 元 /a，分别占 0.70% 和 0.34%。

由表 3-7 可知，青海天然草地 9 个草地类单位面积生态服务价值不尽相同。其中，山地草甸类单位面积生态服务价值最高，为 $32\,284.28$ 元 /（$hm^2 \cdot a$）（为 9 个当量因子的生态服务价值合计，下同）；其次为低地草甸类，为 $15\,232.06$ 元 /（$hm^2 \cdot a$）；居第三位的是高寒草甸类，为 $12\,153.79$ 元 /（$hm^2 \cdot a$）；第四位是温性草原类，为 $9\,042.67$ 元 /（$hm^2 \cdot a$）；第五位是高寒草甸草原类，为 $8\,150.74$ 元 /（$hm^2 \cdot a$）；第六位是温性荒漠类，为 $6\,466.25$ 元 /（$hm^2 \cdot a$）；第七位是温性荒漠草原类，为 $6\,213.64$ 元 /（$hm^2 \cdot a$）；第八位是高寒荒漠类，为 $4\,564.72$ 元 /（$hm^2 \cdot a$）；第九位是高寒草原类，单位面积生态服务价值最低，为 $4\,111.65$ 元 /（$hm^2 \cdot a$）。

综上所述，在生态系统生态服务功能当量因子中的气候调节、气体调节、水源涵养、土壤形成与保护、废物处理和生物多样性维持 6 项因子，均表现的是生态功能因子，其生态服务功能价值合计高达 3 848.90×10⁸ 元 /a，占全省天然草地生态系统生态服务功能总价值的 94.62%。可见，青海天然草地在保护青海生态环境和发挥生态作用等方面，起着举足轻重的作用；从青海天然草地 9 个草地类的生态服务功能价值看，高寒草地类组（包括高寒草原类、高寒草甸类、高寒荒漠类、高寒草甸草原类计 4 类草地），生态服务功能价值合计为 3 544.33×10⁸ 元 /a，对青海天然草地生态服务功能贡献率达 87.12%，但是由于高寒草地类组地处高海拔地区，气候寒冷，生态条件恶劣，其生态系统十分脆弱，一旦遭到破坏，其生态功能的恢复十分缓慢，甚至是不可逆的。为此，保护青海高寒类组草地，对全省天然草地生态系统起着极为重要的作用。再从青海天然草地 9 个草地类单位面积的服务价值看，虽然山地草甸类和低地草甸类单位价值较高，但由于 2 类草地在全省分布面积较小，对草地生态系统生态服务功能总价值的贡献率仅为 3.23%，而高寒草甸类草地面积大、分布广，对青海天然草地生态系统生态服务功能价值的贡献率最高，达 75.99%。因此，保护和合理利用青海高寒草甸类草地，对维护和提高天然草地生态系统生态服务功能价值具有重要意义。

3. 青海草地牧草产量与载畜量

草地载畜量是用家畜单位来表示草地的承载能力。青海省草原总站（2012）采用中华人民共和国农业行业标准《天然草地合理载畜量的计算》规定的计算标准和系数，并对个别标准根据青海实际进行了微调后，计算了青海天然草地、人工草地和农作物秸秆的载畜量。在统计计算中规定：①以县级为基本单元，并分级汇总到州（地、市）和全省；②羊单位日食量确定为可食鲜草 4.0 kg，或可食干草 503.7 kg/（羊单位 /a）。羊单位可依据《天然草地合理载畜量的计算》的标准并结合青海家畜的实际体重，各类家畜折羊单位比例有：绵羊 =1.0 个羊单位；山羊 =0.8 个羊单位；黄牛 =4.5 个羊单位；牦牛 =4.0 个羊单位；奶牛 =6.0 个羊单位；马 =6.0 个羊单位；骡 =5.0 个羊单位；驴 =3.0 个羊单位；骆驼 =7.0 个羊单位。

计算中还依据青海大学畜牧兽医科学院的试验研究资料确定了各类家畜幼畜折算比例。分别为：绵羊、山羊幼畜（1 岁以下）占畜群总数比例的 21.32%，每只幼畜折 0.4 个羊单位；马幼畜（2 岁以下）占畜群总数的 50%，每匹幼畜折合 3 个羊单位；牛（含牦牛、黄牛、奶牛）幼畜（2 岁以下）占畜群总数的 49%，每头幼畜折合 2.8 个羊单位。

同时经查阅相关文献及试验研究资料，确定了各类作物秸秆谷草比及饲草利用率，规定青海省各类秸秆的饲草利用率为各类秸秆理论产量的 25% 计，其谷草比为：小麦 1∶1.25；青稞 1∶1.1；马铃薯 1∶0.65（折粮后的比例）；豆类 1∶（1.73～2.01）；油料 1∶2.7。

由于季节性差异以及草地退化程度不同，不同退化程度草地和不同季节有不同的放牧草地利用率，因而青海省草原总站（2012）还依据中华人民共和国农业行业标准，统一核算了青海省全年放牧利用率状况（表 3-10）。

表 3-10　青海天然草地不同季节放牧利用率　　　　　　　　　　　　　　（单位：%）

草地类名称	暖季放牧利用率			冷季放牧利用率			全年放牧利用率		
	未退化草地	轻度退化草地	中度退化草地	未退化草地	轻度退化草地	中度退化草地	未退化草地	轻度退化草地	中度退化草地
温性草原类	50	40	25	60	48	30	50	40	25
温性荒漠草原类	45	36	23	55	44	28	45	36	23
高寒草甸草原类	50	40	25	60	48	30	50	40	25
高寒草原类	45	36	23	55	44	28	45	36	23
温性荒漠类	35	28	18	45	36	23	35	28	18

草地类名称	暖季放牧利用率			冷季放牧利用率			全年放牧利用率		
	未退化草地	轻度退化草地	中度退化草地	未退化草地	轻度退化草地	中度退化草地	未退化草地	轻度退化草地	中度退化草地
高寒荒漠类	5	4	3	5	4	3	5	4	3
低地草甸类	55	44	28	65	52	33	55	44	28
山地草甸类	60	48	30	65	52	33	60	48	30
高寒草甸类	65	52	33	65	52	33	55	44	28

注：①暖季未退化草地取上限值，冷季未退化草地取中值，全年未退化草地取上限值

②轻度退化草地的利用率以未退化草地利用率的80%计；中度退化草地利用率以未退化草地利用率的50%计；中度退化草地实行休牧或禁牧

　　草地载畜量是用家畜单位来表示草地的承载能力。但因放牧强度、放牧时间、放牧结构、放牧利用率等不同草地载畜量将有所不同，其计算方法也有差异。以下给出青海省草原总站（青海省草原总站，2012）对草地承载量的计算方法。其方法采用家畜单位法，即 1 hm² 草地上全年可承载的羊单位。其计算公式如下。

　　（1）全年可承载的羊单位

　　天然草地采用：

$$A_{usw} = \frac{Y_w \times E_w}{I_{us} \times D_w} \tag{3-1}$$

式中：A_{usw} 为面积 1 hm² 草地上全年放牧草地可承载的羊单位；Y_w 为面积 1 hm² 全年放牧草地可食产草量（鲜草，kg/hm²）；E_w 为全年放牧草地利用率，不同草地类型、不同退化草地程度的利用率；I_{us} 为羊单位日食量［可食鲜草 4.0 kg/（羊单位·a）］；D_w 为全年放牧天数（365 d）。

　　人工草地：

$$A_{ush} = \frac{Y_h \times E_f}{I_{us} \times D_h} \tag{3-2}$$

式中：A_{ush} 为面积 1 hm² 人工草地全年利用（365 d）可承载的羊单位；Y_h 为面积 1 hm² 人工草地可食产草量（鲜草，kg/hm²）；E_f 为人工草地的利用率（按 90% 计）；I_{us} 为羊单位日食量［可食鲜草 4.0 kg/（羊单位·a）］；D_h 为全年利用天数（365 d）。

　　（2）草地类型的合理载畜量

　　依据上述公式，某类放牧草地合理载畜量的计算公式有：

　　天然草地的合理载畜量：

$$A_{wk} = \frac{S_{nw}}{S_{usw}} \tag{3-3}$$

式中：A_{wk} 为某类型放牧草地全年可承载放牧的羊单位；S_{nw} 为某类型放牧草地可利用面积（hm²）；S_{usw} 为 1 个羊单位全年需某类型放牧草地的可利用面积［hm²/（羊单位·a）］。

　　人工草地的合理载畜量：

$$A_{hk} = \frac{S_{nh}}{S_{ush}} \tag{3-4}$$

式中：A_{hk} 为人工草地全年利用期内可承载的羊单位；S_{nh} 为人工草地可利用面积（hm²）；S_{ush} 为 1 个羊单位全年所需人工草地可利用面积［hm²/（羊单位·a）］。

农作物秸秆的合理载畜量：首先，按前面述及的谷草比计算出某一地区（县、市、区）的农作物秸秆理论总产量，然后再确定该地区范围内农作物秸秆可收集率和可作为饲草料的利用率，再根据以下公式计算出该地区农作物秸秆的合理承载量。有：

$$A = \frac{Y \times E \times H}{I_{us} \times D_h} \tag{3-5}$$

式中：A 为某一地区农作物秸秆可承载的羊单位量（羊单位）；Y 为某一地区各类农作物秸秆总产量（kg）；H 为某一地区各类农作物秸秆可收集率（按 70% 计）；E 为某一地区各类农作物秸秆可作饲草的利用率（按 35.8% 计）；I_{us} 为 1 个羊单位日食量［青干草，1.38 kg/（羊单位·a）］；D_h 为全年利用天数（按 365 d 计）。

根据青海省农牧厅编制的 2009 年度《青海农牧业统计册》中牲畜栏统计资料，2009 年末全省存栏各类牲畜 1 976.29×10⁴ 头（只、匹、峰），按前述折羊单位标准，共计折合 3 020.05×10⁴ 羊单位（表 3-11）。

表 3-11　2009 年末青海省家畜存栏　（单位：头（只、匹、峰），羊单位）

行政单位	牛	马属畜	骆驼	山羊	绵羊	牲畜总头只数	折羊单位数合计
青海省	4 645 758	328 891	6 576	1 954 267	12 827 359	19 762 851	30 200 503
西宁市	260 513	40 654	0	26 686	702 317	1 030 170	1 837 773
西宁市区	8 981	337	0	0	34 832	44 150	68 742
大通县	123 315	26 370	0	9 100	216 300	375 085	790 740
湟中县	82 200	8 790	0	10 500	214 500	315 990	567 502
湟源县	46 017	5 157	0	7 086	236 685	294 945	410 790
海东地区	261 995	91 023	0	184 288	1 145 194	1 682 500	2 497 319
平安县	8 400	2 000	0	2 200	88 300	100 900	122 074
民和县	36 774	18 749	0	15 956	198 397	269 876	403 427
乐都县	33 130	17 519	0	22 360	163 634	236 643	352 974
互助县	64 500	23 600	0	39 800	252 400	380 300	602 100
化隆县	56 000	20 100	0	27 000	309 000	412 100	578 027
循化县	63 191	9 055	0	76 972	133 463	282 681	438 718
海北州	503 104	36 460	0	37 835	2 692 939	3 270 338	4 279 935
门源县	114 713	9 314	0	32 583	405 308	561 918	828 892
祁连县	165 245	8 113	0	1 645	1 000 492	1 175 495	1 476 254
海晏县	39 692	4 084	0	3 607	465 519	512 902	564 647
刚察县	183 454	14 949	0	0	821 620	1 020 023	1 410 142
黄南州	563 734	42 004	0	76 159	1 487 186	2 169 083	3 456 842
同仁县	45 587	8 629	0	12 950	240 894	308 060	412 058
尖扎县	48 047	11 797	0	46 509	107 040	213 393	338 247
泽库县	213 936	8 900	0	16 700	631 600	871 136	1 332 741
河南县	256 164	12 678	0	0	507 652	776 494	1 373 796
海南州	739 300	36 100	0	713 900	3 381 735	4 871 035	6 161 920
共和县	162 800	11 200	0	245 500	1 090 387	1 509 887	1 738 055
贵德县	27 400	2 900	0	84 800	326 287	441 387	458 362
贵南县	116 000	2 600	0	125 200	671 187	914 987	1 086 560
同德县	175 700	8 400	0	114 600	613 187	911 887	1 254 612

续表

行政单位	牛	马属畜	骆驼	山羊	绵羊	牲畜总头只数	折羊单位数合计
兴海县	257 400	11 000	0	143 800	680 687	1 092 887	1 624 332
果洛州	941 493	29 346	0	3 994	827 311	1 802 144	4 068 767
玛沁县	191 710	6 023	0	0	273 811	471 544	920 003
班玛县	206 456	8 223	0	2 601	30 669	247 949	770 036
甘德县	155 422	2 929	0	0	211 468	369 819	727 897
达日县	154 519	4 172	0	0	89 242	247 933	623 819
久治县	179 304	6 311	0	0	139 648	325 263	761 969
玛多县	54 082	1 688	0	1 393	82 473	139 636	265 042
玉树州	1 221 063	28 291	0	254 965	1 139 630	2 643 949	5 469 654
玉树县	390 200	7 700	0	77 800	61 200	536 900	1 474 989
杂多县	203 381	5 678	0	9 994	191 469	410 522	893 606
称多县	139 312	2 720	0	55 748	118 920	316 700	631 125
治多县	165 535	3 020	0	26 054	240 940	435 549	807 136
囊谦县	254 068	6 252	0	71 231	117 735	449 286	1 048 599
曲麻莱县	68 567	2 921	0	14 138	409 366	494 992	614 200
海西州	154 556	25 013	6 576	656 440	1 451 047	2 293 632	2 428 293
格尔木市	23 400	4 300	1 400	70 300	147 600	247 000	288 868
德令哈市	6 900	2 400	300	120 500	120 000	250 100	229 486
乌兰县	11 400	3 800	2 000	125 000	275 500	417 700	401 612
都兰县	29 827	3 562	1 556	287 860	264 170	586 975	566 808
天峻县	80 843	10 304	0	10 314	592 825	694 286	846 567
茫崖行委	2 100	0	0	11 750	29 850	43 700	42 130
大柴旦行委	86	647	1 320	30 716	21 102	53 871	52 823

最后计算得到 2009 年青海天然草地 9 个草地类的载畜量。共计承载 1 282.84×10⁴ 羊单位。其中，高寒草甸草地类全年载畜量 973.09×10⁴ 羊单位，占青海天然草地总载畜量的 75.9%；其次是高寒草原类全年载畜量为 126.03×10⁴ 羊单位，占 9.8%；居第三位的是温性草原类全年载畜量为 77.72×10⁴ 羊单位，占 6.06%；第四位是温性荒漠类全年载畜量为 44.43×10⁴ 羊单位，占 3.5%；第五位是低地草甸类全年载畜量为 35.14×10⁴ 羊单位，占 2.7%。前述 5 个草地类全年载畜量合计为 1 256.41×10⁴ 羊单位，占全省天然草地总载畜量的 97.9%，构成了青海省承载家畜主体前五位的草地类。其余 4 个天然草地类分别是山地草甸类，居第六位，全年载畜量为 12.70×10⁴ 羊单位，占全省天然草地总载畜量的 1%；高寒草甸草原类居第七位，全年载畜量为 6.90×10⁴ 羊单位，占 0.5%；温性荒漠草原类居第八位，全年载畜量为 6.06×10⁴ 羊单位，占 0.5%；高寒荒漠类居第九位，全年载畜量为 0.77×10⁴ 羊单位，占 0.1%。青海天然草地载畜量见表 3-12。

表 3-12 青海天然草地各草地类载畜量

草地类名称	载畜能力 [hm²/（羊单位·a）]	全年载畜量 （×10⁴ 羊单位）	占全省天然草地总载畜量的百分比（%）	各类草地载畜量排序
合计	3.01	1 282.84	100	
温性草原类	2.67	77.72	6.06	3
温性荒漠草原类	3.35	6.06	0.47	8
高寒草甸草原类	4.83	6.90	0.54	7

续表

草地类名称	载畜能力 [hm²/（羊单位·a）]	全年载畜量 （×10⁴羊单位）	占全省天然草地总载畜量 的百分比（%）	各类草地载畜量 排序
高寒草原类	6.37	126.03	9.82	2
温性荒漠类	4.34	44.43	3.46	4
高寒荒漠类	95.74	0.77	0.06	9
低地草甸类	1.52	35.14	2.74	5
山地草甸类	1.04	12.70	0.99	6
高寒草甸类	2.54	973.09	75.86	1

由表 3-12 可见，青海天然草地载畜量具有如下 3 个特点：①9 个天然草地类的载畜能力相差极为悬殊。草地载畜能力最高是山地草甸类，为 1.04 hm²/（羊单位·a），最低为高寒荒漠类，为 95.74 hm²/（羊单位·a），二者相差 92.06 倍。②青海天然草地载畜能力低。全省 9 个草地类载畜能力平均为 3.01 hm²/（羊单位·a），与全国 18 个草地类平均 0.93 hm²/（羊单位·a）比较，相差 3.24 倍。③草地承载能力属中等水平。在高于全省平均数的有 4 个草地类，草地可利用面积为 2 741.12×10⁴ hm²，占青海天然草地可利用总面积的 70.93%；而低于全省平均数的有 5 个草地类，仅占 29.07%。证明青海天然草地的主体为中等水平的承载力。

限于本书主要涉及的是青海天然草地，故这里未罗列人工草地、秸秆利用等的载畜能力，详见文献（青海省草原总站，2012）。但从青海草地饲草资源量（鲜草总量为 234.75×10⁸ kg，包括天然草地可食饲草、人工草地可食饲草和农作物秸秆可食饲草，共计可饲养各类草食畜 1 608.08×10⁴ 羊单位）来看，其理论载畜量也是较大的，其中各行政区域饲草资源理论载畜量见表 3-13。

表 3-13　青海省各行政区域饲草资源理论载畜量　　　　　　（单位：×10⁴羊单位）

行政单位	合计	天然草地	人工草地	农作物秸秆
合计	1 608.08	1 282.84	220.79	104.45
西宁市	64.73	10.92	22.34	31.47
海东地区	110.05	22.06	48.47	39.52
海北州	157.09	105.79	14.98	9.32
黄南州	142.30	117.55	22.53	2.21
海南州	202.04	156.21	32.14	13.69
果洛州	208.19	202.29	5.81	0.09
玉树州	436.24	415.71	19.45	1.08
海西州	287.44	252.31	28.07	7.07

由表 3-13 知道，以全年载畜量计，青海省不同地区理论载畜量差异较大。其中，玉树州承载力最大，为 436.24×10⁴ 羊单位，占全省理论总载畜量的 27.1%；其次是海西州，为 287.44×10⁴ 羊单位，占 17.9%；第三位是果洛州，为 208.19×10⁴ 羊单位，占 13.0%；第四位是海南州，为 202.04×10⁴ 羊单位，占 12.6%；第五位是海北州，为 157.09×10⁴ 羊单位，占 9.8%；第六位是黄南州，为 142.30×10⁴ 羊单位，占 8.9%；第七位是海东地区，为 110.05×10⁴ 羊单位，占 6.8%；第八位是西宁市，为 64.73×10⁴ 羊单位，占 4.0%。

青海省农业区 2 个地市的全年理论载畜量为 174.78×10⁴ 羊单位，占全省理论总载畜量的 10.9%，而其他 6 个州的理论载畜量为 1 433.30×10⁴ 羊单位，占 89.1%。因此，草地畜牧业仍是青海省畜牧业的主体。

（3）全省载畜压力评价

青海省 2009 年度存栏各类牲畜 1 976.28×10⁴ 头（只、匹、峰），折合 3 020.05×10⁴ 羊单位，与全省理论总载畜量（含农作物秸秆理论载畜量）1 608.08×10⁴ 羊单位相比，超载 1 411.97×10⁴ 羊单位，超载率达 87.8%，属重度超载，草地载畜压力指数为 1.88。各地区草地载畜潜力、幅度及草地载畜压力指数见表 3-14。

表 3-14　青海省草地（含秸秆）载畜压力指数　　（单位：×10⁴ 羊单位，%）

行政单位	2009 年末牲畜折羊单位数	理论载畜量合计	载畜潜力（+-）	超载幅度（+-）	草地载畜压力指数
合计	3 020.05	1 608.08	-1 411.97	-87.81	1.88
西宁市	183.78	64.73	-119.05	-183.92	2.84
海东地区	249.73	110.05	-139.68	-126.93	2.27
海北州	427.99	157.09	-270.90	-172.45	2.72
黄南州	345.68	142.30	-203.38	-142.93	2.43
海南州	616.19	202.04	-414.15	-204.99	3.05
果洛州	406.88	208.19	-198.69	-95.44	1.95
玉树州	546.97	436.24	-110.73	-25.38	1.25
海西州	242.83	287.44	44.61	15.52	0.84

由表 3-14 可见，青海省草地平均超载幅度达 87.81%，但各地区的载畜潜力差异十分明显。其中，海南州超载幅度最大，为 205.0%，草地载畜压力指数为 3.05；其次是西宁市，超载幅度为 183.92%，草地载畜压力指数为 2.84；居第三位的是海北州，超载率为 172.5%，草地载畜压力指数为 2.72；第四位是黄南州，超载率为 142.9%，草地载畜压力指数为 2.43；第五位是海东地区，超载率为 126.9%，草地载畜压力指数为 2.27；第六位是果洛州，超载率达 95.4%，草地载畜压力指数为 1.95；第七位是玉树州，超载率达到 25.4%，属轻度超载，草地载畜压力指数为 1.25；第八位是海西州，草地超载 44.61×10⁴ 羊单位，超载率为 15.5%，草地载畜压力指数为 0.8%。

以上是全省 8 个州（地、市）的载畜状况及草地载畜压力指数的分析，下面再从农业区和牧业区的角度进行分析。首先，看农业区两个地市的载畜状况：经统计，农业区现有牲畜存栏量为 433.51×10⁴ 羊单位，草地（含农作物秸秆）理论载畜量为 174.78×10⁴ 羊单位，超载 258.74×10⁴ 羊单位，超载率达 148.04%，草地载畜压力指数为 2.48。由此可知，农业区草地承载的压力较大，但农业区养畜尚有诸多有利因素，如可以利用农业区水、热条件相对较好的优势，增加间、套、复种优良牧草和人工种草地的面积。提高现有的秸秆利用率，大力发展农业区饲草产业，提高舍饲圈养能力等，即可减少草地的载畜压力。

其次，从牧业区 6 个民族自治州（以下简称青海藏区）的草地载畜状况分析，青海藏区 2009 年度存栏各类草食畜 1 705.02×10⁴ 头（只、匹、峰），折合 2 586.54×10⁴ 羊单位，草地（含农作物秸秆）的理论载畜量为 1 433.31×10⁴ 羊单位，超载 1 153.23×10⁴ 羊单位，超载率达 80.46%，草地载畜压力指数为 1.81。可见，青海藏区草地超载十分严重，若要实现草畜平衡，则要大力实施减畜工程。其中，海南州需减畜 414.15×10⁴ 羊单位，海北州需减畜 270.90×10⁴ 羊单位，黄南州需减畜 203.38×10⁴ 羊单位，果洛州需减畜 198.69×10⁴ 羊单位，玉树州需减畜 110.73×10⁴ 羊单位，海西州由于有 44.61×10⁴ 羊单位的载畜潜力，故不用减畜。对全省 43 个县（市、行委）的载畜（含秸秆）情况来进行分析。全省各县载畜情况见表 3-15。

表 3-15　青海省各县草地载畜压力　　　　（单位：×10⁴ 羊单位，%）

行政单位	2009 年末牲畜折羊单位数	草地（含秸秆）理论载畜量	载畜潜力（+-）	潜力幅度（+-）	草地载畜压力指数
西宁市区	68 742	16 760	-51 982	-310.15	4.10
大通县	790 740	217 716	-573 023	-263.20	3.63
湟中县	567 502	286 671	-280 831	-97.96	1.98
湟源县	410 790	126 146	-284 644	-225.65	3.26
平安县	122 074	74 396	-47 678	-64.09	1.64
民和县	403 427	292 426	-111 001	-37.96	1.38
乐都县	352 974	107 267	-245 707	-229.06	3.29
互助县	602 100	303 262	-298 837	-98.54	1.99
化隆县	578 027	230 476	-347 551	-150.80	2.51
循化县	438 718	92 667	-346 051	-373.43	4.73
门源县	828 892	388 311	-440 581	-113.46	2.13
祁连县	1 476 254	490 893	-985 360	-200.73	3.01
海晏县	564 647	206 846	-357 801	-172.98	2.73
刚察县	1 410 142	484 790	-925 352	-190.88	2.91
同仁县	412 058	201 446	-210 612	-104.55	2.05
尖扎县	338 247	68 115	-270 132	-396.58	4.97
泽库县	1 332 741	433 529	-899 213	-207.42	3.07
河南县	1 373 796	719 861	-653 935	-90.84	1.91
共和县	1 738 055	501 132	-1 236 922	-246.83	3.47
贵德县	458 362	194 247	-264 115	-135.97	2.36
贵南县	1 086 560	329 623	-756 937	-229.64	3.30
同德县	1 254 612	351 307	-903 305	-257.13	3.57
兴海县	1 624 332	644 079	-980 252	-152.19	2.52
玛沁县	920 003	571 285	-348 719	-61.04	1.61
班玛县	770 036	264 215	-505 821	-191.44	2.91
甘德县	727 897	312 653	-415 244	-132.81	2.33
达日县	623 819	208 926	-414 893	-198.58	2.99
久治县	761 969	383 656	-378 313	-98.61	1.99
玛多县	265 042	341 209	76 167	22.32	0.78
玉树县	1 474 989	531 260	-943 729	-177.64	2.78
杂多县	893 606	747 925	-145 682	-19.48	1.19
称多县	631 125	744 203	113 078	15.19	0.85
治多县	807 136	983 698	176 562	17.95	0.82
囊谦县	1 048 599	379 627	-668 972	-176.22	2.76
曲麻莱县	614 200	975 652	361 453	37.05	0.63
格尔木市	288 868	1 056 960	768 093	72.67	0.27
德令哈市	229 486	427 168	197 682	46.28	0.54
乌兰县	401 612	255 914	-145 698	-56.93	1.57
都兰县	566 808	509 759	-57 049	-11.19	1.11
天峻县	846 567	556 331	-290 236	-52.17	1.52
茫崖行委	42 130	35 052	-7 078	-20.19	1.20
大柴旦行委	52 823	30 907	-21 916	-70.91	1.71
冷湖行委		2 351	2 351	100.00	0.00

注：西宁市区包括城西区、城东区、城北区、城中区，下同

（4）草地载畜压力评价指标及分类

青海省各县草地载畜压力评价，拟采用中国科学院地理研究所青海三江源生态监测组（2007）提出的草地载畜压力指数。在此基础上将载畜压力指数作为分级标准进行分析，其分级指数指标见表 3-16。

表 3-16　青海省草地载畜压力指标

草地载畜压力指数分级	指标描述及利用措施
0～0.96	具有载畜潜力或盈载，饲草资源丰富，有发展潜力
0.97～1.03	草畜基本平衡，生态畜牧业可持续发展模式
1.04～1.25	轻度超载，增加饲草总量或者调减牲畜饲养量
1.26～1.65	中度超载，在保护利用的同时，适当调减牲畜饲养量
1.66～1.99	重度超载，在保护利用的同时，调减牲畜饲养量
＞2.00	极度超载，在保护利用的同时，大力调减牲畜饲养量

依据表 3-16 描述，将青海省隶属的 43 个县（市、行委）草地载畜压力等级进行分类，其结果见表 3-17。

表 3-17　青海省草地载畜压力等级分类

压力指数等级	县（市、行委）名称	数量（个）	占全省所属县的比例（%）
（草地盈载）0～0.96	冷湖行委、德令哈市、格尔木市、曲麻莱县、治多县、称多县、玛多县	7	16.28
草地轻度超载 1.04～1.25	茫崖行委、都兰县、杂多县		6.97
草地中度超载 1.26～1.65	平安县、民和县、玛沁县、乌兰县、天峻县		11.63
草地重度超载 1.66～1.99	大柴旦行委、久治县、河南县、互助县、湟中县		11.63
草地极度超载＞2.00	西宁市区、大通县、湟源县、乐都县、化隆县、循化县、门源县、祁连县、海晏县、刚察县、同仁县、尖扎县、泽库县、共和县、贵德县、贵南县、同德县、兴海县、班玛县、甘德县、达日县、玉树县、囊谦县		53.49

由表 3-17 可见，青海省 43 个县（市、行委）中，没有一个县级单位的载畜压力指数在 0.97～1.03，即草、畜基本平衡的类别。仅有冷湖行委等 7 个县级单位属于盈载范围，具有发展草地畜牧业生产潜力。究其原因，可能与这些地区草地面积较大有一定的关系。而这 7 个县仅占全省所属县级总数的 16.3%；有 3 个县（茫崖行委、都兰县、杂多县）属于轻度超载范围，占全省县级总数的 7.0%；平安县、民和县、玛沁县等 5 个县压力指数属于 1.26～1.65，为中度超载区域，属保护利用和调减牲畜饲养量范畴，占全省县级总数的 11.6%；海西州的大柴旦行委、果洛州的久治县、黄南州的河南县以及海东地区的互助县、西宁市的湟中县等压力指数为 1.66～1.99，为重度超载利用，属保护利用和调减牲畜饲养量范畴，占全省县级总数的 11.6%；另有西宁市区、大通县等 23 个县草地压力指数均＞2.00，个别县如尖扎县高达 4.97，循化县高达 4.73，西宁市区高达 4.10 等，均属极度超载范围，必须在保护和建设养畜的同时，大力调减牲畜饲养量。极度超载利用的县级单位数量占全省县级总数的 53.5%。由此可见，青海省境内有 5 成以上的县（市、行委）正处于极度超载利用状态，是促使青海天然草地加速退化的主要因素之一。

（5）草地载畜压力分析

前述已对青海省隶属的 43 个县（市、行委）草地载畜压力指标进行了分级和分类。但由于青海省地域广袤，自然地理和气候条件差异显著，各县草地载畜压力也不尽相同，故将全省 43 个县（市、行委）的载畜压力状况结合当地经济社会、气候条件作一分区评述。

①农业区各县草地载畜压力。青海农业区主要指西宁市和海东地区共计 10 个县。该区域内 2009 年度存栏各类草食畜 433.51×10^4 羊单位，草地饲草资源（含农作物秸秆）的理论载畜量为 174.78×10^4 羊单位，超载 258.74×10^4 羊单位，超载幅度达 148.0%，载畜压力指数为 2.48，属极度超载类别（表 3-18）。

表 3-18 农业区各县草地载畜压力分析 （单位：$\times 10^4$ 羊单位，$\times 10^4$ kg）

县（市）名称	2009 年末草食畜存栏数	载畜潜力（+-）	载畜压力指数	草畜平衡需增加可食饲草量（干草）
合计	433.51	−258.74	2.48	130 322.30
西宁市区	6.87	−5.20	4.10	2 619.24
大通县	79.07	−57.30	3.63	28 862.01
湟中县	56.75	−28.08	1.98	14 143.90
湟源县	41.08	−28.46	3.26	14 335.30
平安县	12.21	−4.77	1.64	2 402.65
民和县	40.34	−11.10	1.38	5 591.07
乐都县	35.30	−24.57	3.29	12 375.91
互助县	60.21	−29.88	1.99	15 050.56
化隆县	57.80	−34.76	2.51	17 508.61
循化县	43.87	−34.61	4.73	17 433.06

由表 3-18 可见，青海省农业区各县目前载畜压力较大，实现草畜平衡尚需要 13.03×10^8 kg 青干草。但究其原因，是由于目前的农业产业结构不合理而形成的，也是暂时的和可以解决的。实际上青海农业区有耕地资源 37.95×10^4 hm²，占全省耕地总面积的 63.6%，而且这些地区是青海省气候条件最为优越、水利资源较为丰富的地区，可以实施灌溉，适宜发展种植业，可以将现有的三元结构（粮、油、菜），调整为粮、油、菜、草相结合的四元结构，大力发展农业区饲草产业，进行牲畜舍饲圈养和异地育肥经营，从而减少草地压力，增加农民的牧业收入。在该区域增加饲草资源的主要途径有：大力发展人工饲草料基地建设；扩大耕地的间、套、复种面积；提高农作物秸秆的饲草利用率等。经测算，只要在目前的基础上将区内的人工草地面积、耕地的间、套、复种面积均扩大 1 倍以上，将区内农作物秸秆的饲草利用率由目前的 25% 提高到 50%，即可补偿区域内饲草缺口。因此，青海农业区目前的草食畜饲养量不仅不能减少和下降，而且还应在增加饲草产量的前提下，大力发展草食畜养殖规模。

②牧业区各县草地载畜压力。青海省牧业区 6 个民族自治州共计有 33 个县（市、行委），区域内各县的载畜压力也不尽相同。其中，海西州的冷湖行委、德令哈市、格尔木市，玉树州的曲麻莱县、治多县、称多县和果洛州的玛多县，共计 7 个县（市、行委）均有载畜潜力，不仅不需要减畜，还可适当增加牲畜饲养量 169.54×10^4 羊单位（表 3-19）。

表 3-19 牧业区超载县草地载畜潜力分析 （单位：$\times 10^4$ 羊单位，%）

行政单位	2009 年末牲畜折羊单位数	理论载畜量	载畜潜力（+-）	超载幅度（+-）	草地载畜压力指数
合计	283.59	453.12	169.54	37.42	0.63
冷湖行委	0.00	0.24	0.24	100.00	0.00
德令哈市	22.95	42.72	19.77	46.28	0.54
格尔木市	28.89	105.70	76.81	72.67	0.27
曲麻莱县	61.42	97.57	36.15	37.05	0.63
治多县	80.71	98.37	17.66	17.95	0.82
称多县	63.11	74.42	11.31	15.19	0.85
玛多县	26.50	34.12	7.62	22.32	0.78

另有海西州茫崖行委、都兰县和玉树州的杂多县为轻度超载的县级单位，只要在今后的草地畜牧业生产中增加人工草地或圈养种草的面积。完全可以补偿 1.06×10^8 kg 饲草缺口，无须实施减畜，即可实现草畜平衡生产（表 3-20）。

表 3-20 牧业区轻度超载县草地载畜压力分析 （单位：$\times 10^4$ 羊单位，$\times 10^4$ kg）

县（市）名称	2009 年末草食畜存栏数	载畜潜力（+-）	载畜压力指数	草畜平衡需增加可食饲草量（干草）
合计	150.25	-20.98	1.16	10 567.63
茫崖行委	4.21	-0.71	1.20	357.63
都兰县	56.68	-5.70	1.11	2 871.09
杂多县	89.36	-14.57	1.19	7 338.91

根据上述 3 个县目前人工草地青干草的单产计，今后 3 个县合计开发 26 700 hm² 人工草地生产饲草料，即可实现草畜平衡，其中茫崖行委增建人工草地面积 700 hm²，都兰县增加 5 600 hm²，杂多县增加 20 400 hm² 的人工草地，即可保障目前草食畜所需的饲草量而不用实施减畜措施。

在牧业区的 33 个县中，尚有门源、贵德、同仁、尖扎等县因毗邻祁连山东部，地处黄河、大通河沿岸，气候条件较为优越，其农业生产属于半农半牧模式。这 4 个县草地载畜压力指数平均为 2.39，属极度超载类别，但是只要加强草地建设，扩大人工草地面积，实施农牧结合的生产模式，该地区同样可以实现草畜平衡（表 3-21）。

表 3-21 半农半牧区各县草地载畜压力分析 （单位：$\times 10^4$ 羊单位，$\times 10^4$ kg）

县名	2009 年末草食畜存栏数	载畜潜力（+-）	载畜压力指数	草畜平衡需增加可食饲草量（干草）
合计	203.76	-118.54	2.39	59 708.60
门源县	82.89	-44.06	2.13	22 193.02
贵德县	45.84	-26.41	2.36	13 302.72
同仁县	41.21	-21.06	2.05	10 607.92
尖扎县	33.82	-27.01	4.97	13 604.94

由表 3-21 可见，青海 4 个半农半牧区县的草地超载十分严重，超载幅度达 139%，以现有草食畜饲养量计，全年尚缺 5.97×10^4 kg 饲草（干草）。若想在不减畜的条件下实现草畜平衡，只有扩大人工饲草地和耕地间、套、复种面积，才能实现增加饲草资源量的目标。据初步测算，将区域农作物秸秆的饲草利用率调高到 50%，新建人工草地（包括耕地的间、套、复种面积和退耕还草面积）10×10^4 hm²，即每县平均新建人工草地 2.5×10^4 hm²，即能补偿目前饲草量的缺口。

青海牧业区 33 个县（市、行委）中，扣除 7 个盈载县、3 个轻度超载县和 4 个半农半牧县，仅有 19 个县的草地属于中度以上超载利用，草地载畜压力指数在 1.26～2.00。其中，中度超载的有玛沁县、乌兰县和天峻县 3 个县；重度超载的有河南县、久治县和大柴旦行委 3 个县（行委）；极度超载的有祁连县、海晏县、刚察县、泽库县、共和县、贵南县、同德县、兴海县、班玛县、甘德县、达日县、玉树县、囊谦县 13 个县。上述 19 个县共计需要减畜 $1\,183.26 \times 10^4$ 羊单位，才能达到草畜平衡生产。此时减畜幅度为 60.7%，若与全省 2009 年末草食畜存栏量相比较，减畜幅度只占全省减畜量的 39.2%（表 3-22）。

表 3-22　牧业区 19 个县调减草食畜数量　　　　（单位：×10⁴ 羊单位，%）

地区名称	2009 年末草食畜存栏量	需要减畜数量	减畜幅度
合计	1 948.95	1 183.26	60.71
海北州	345.10	226.85	65.73
祁连县	147.63	98.54	66.75
海晏县	56.46	35.78	63.37
刚察县	141.01	92.54	65.62
黄南州	270.65	155.31	57.39
泽库县	133.27	89.92	67.47
河南县	137.38	65.39	47.60
海南州	570.36	387.74	67.98
共和县	173.81	123.69	71.17
贵南县	108.66	75.69	69.66
同德县	125.46	90.33	72.00
兴海县	162.43	98.03	60.35
果洛州	380.37	206.30	54.24
玛沁县	92.00	34.87	37.90
班玛县	77.00	50.58	65.69
甘德县	72.79	41.52	57.05
达日县	62.38	41.49	66.51
久治县	76.20	37.83	49.65
玉树州	252.36	161.27	63.91
玉树县	147.50	94.37	63.98
囊谦县	104.86	66.90	63.80
海西州	130.10	45.78	35.19
乌兰县	40.16	14.57	36.28
天峻县	84.66	29.02	34.28
大柴旦行委	5.28	2.19	41.49

　　由表 3-22 可见，青海牧业区 19 个县的减畜幅度各不相同。其中，需要减畜数量最多的是海南州的共和县和同德县，减畜率分别达 71.2% 和 72.0%；减畜率 60%～70% 的有 10 个县，分别是海北州的祁连县、海晏县和刚察县，黄南州的泽库县，海南州的贵南县和兴海县，果洛州的班玛县和达日县，玉树州的玉树县和囊谦县；减畜率在 50%～60% 的有甘德县；减畜率在 40%～50% 的有河南县、久治县和大柴旦行委；减畜率最低的是果洛州的玛沁县和海西州的乌兰县及天峻县，分别为 30%～40%。19 个县平均减畜率高达 60.7%。由以上分析可见，青海牧业区 19 个减畜数量之多和减畜率之高是显而易见的，在实际实施中具有相当大的执行难度。为了顺利实施减畜任务，必须在实行生态补偿的基础上，加大人工草地的建设力度，尤其要扩大高寒牧区圈窝种草的面积，努力增加饲草产量，才能顺利实施退牧减畜和保护生态环境的战略任务。

第三节　青海草地土壤状况

正如前所述，青海省南北、东西跨度大，不同地区受东亚、南亚季风和西风带气候影响明显，不同区域干旱、半干旱、半湿润气候明显，植被类型也繁多。在这种综合条件下，土壤类型也较多。为详细介绍青海省土壤状况，这里摘录《青海土壤》（青海省农业资源区划办公室，1997）的相关内容给予青海草地土壤状况的介绍。需要说明的是，本节是根据文献描述的青海土壤基本特征系 20 世纪末期调查的结果，虽然，近些年全球变化（气候变化和人类活动）明显，但在高寒地区人类活动对植被 / 土壤的影响相对有限，对区域土壤理化性态的了解仍有十分重要的参考价值。

一、土壤分布规律

青藏高原隆起形成是印度板块和欧亚板块碰撞的结果，并形成独特的自然地理区域，通常，因纬度不同接受的太阳辐射不同而引起水热条件的改变，进而影响气候、生物等成土因素自北向南按照一定的带状性水平规律性分布，与纬度的变化相一致。但高原的隆起使原有的青海土壤水平规律有所打破。在青海，受青藏高原体地形的影响，高原面海拔高，很多高山在 5 000 m 以上，进入永久冰雪圈高度范围，海拔高度使温度下降，极大地掩盖了纬度位置的作用，削弱了土壤水平分布规律，多存在以经度地带性的特点，纬度地带性甚微。青海土壤水平规律呈现出在北部祁连山和柴达木盆地，北和河西走廊、西北与新疆荒漠和半荒漠毗邻，由东往西随干旱程度加剧，其主要成土因素之一的植被由温带半干旱草原逐渐向温带半荒漠及荒漠过渡，相应依次为栗钙土带、棕钙土、灰棕漠土等。从东到西的草原栗钙土与半荒漠棕钙土带大致以布哈河河谷—橡皮山—河卡滩一线为界。半荒漠棕钙土与荒漠棕漠土是以柴达木盆地怀头他拉—德令哈—香日德附近的脱土山—巴隆一线为界。青海南部的果洛、玉树东南缘和西南缘的班玛、囊谦河谷、峡谷一带为寒温针叶林带，生长云杉、圆柏等乔木，土壤为灰褐土。大致在东经 96° 以西转入高原面时，森林消失，为金露梅、杜鹃、山地柳等高山灌丛草甸和以嵩草属为优势种的高山灌丛草甸土和高山草甸土所替代，再向西北深入江河源头，海拔升高到4 200～5 000 m 旱化增强，被高寒草甸、高寒草原、高寒荒漠化草原所替代，土壤依次出现高山草甸土和高山灌丛草甸土、高山草甸土和高山草原草甸土、高山草原土、高山寒漠土的水平地带性规律。

由于青海境内高山耸立，山体带随海拔高度变化，降水、温度、太阳辐射、空气和土壤湿度、风速等均发生改变，也就孕育了不同的植被类型，进而发生发育了不同的土壤类型，形成了一定的土壤垂直带谱分布规律。但是，山体所处的地理位置、地貌形态、坡向坡位、水热条件等不同，生物气候差异明显，各山体垂直带谱的结构也有差异，其土壤垂直带谱也多种多样。从东到西，随气候干旱化增强，越向西垂直结构越趋简单，各垂直带也逐渐抬高。

例如，在祁连山地南麓东段的海东地区，灰钙土、栗钙土在阳坡海拔高度比阴坡高，到黑钙土和山地草甸土带上限的海拔高度阴坡与阳坡基本一致。祁连山地的青海湖北向山体土壤垂直带分布为耕种栗钙土、山地栗钙土（3 200～3 300 m）、暗栗钙土（3 300～3 500 m）、山地草甸土（3 500～3 700 m）、高山草甸土（3 700～4 000 m）和高山寒漠土（>4 000 m）。而青海湖南向山体为青海湖滨栗钙土（3 200～3 360 m）、山地草原草甸土（3 360～3 600 m）、高山灌丛草甸土（3 600～3 800 m）、高山草原草甸土（2 800～4 300 m）。

又如，在柴达木盆地东北部的祁连山西段，土壤垂直带以哈拉湖为基带，表现出湖北沿湖低地为沼泽土、往上分别为高山寒漠草原土（4 130～4 250 m）、高山草甸土（4 250～4 500 m）、高山寒漠土（>4 500 m）。哈拉湖南向湖滨为高山荒漠草原土（4 096～4 550 m）。以柴达木盆地的德令哈

（东经97°20′）的棕钙土（2 900～3 600 m）的耕种土壤上限3 200 m为基准，往北至宗务隆山的土壤垂直分布为棕钙土、石灰性灰褐土（3 700～4 050 m）、山地草原草甸土（3 600～3 900 m）、高山草原土（3 900～4 500 m）、高山寒漠土（>4 500 m）。

再如，在青南高原的东南向，海拔高度相对而言较低，水热条件尚好，出现森林和耕种土壤。往西海拔高度升高，气候逐渐干寒，植物种类减少，植被盖度低，乔木消失，高寒灌丛罕见，土壤垂直带谱也趋于简化。如玉树囊谦县香达到曲麻莱可可西里错仁加湖区域，从东南低处到西北高处的土壤垂直带谱表现出山地草甸土、灰褐土（3 500～4 300（4 400）m）、高山草甸土（4 300～4 800（5 000）m）、高山草原土（4 500～4 800 m）、高山荒漠草原土（4 500～4 650 m）、高山寒漠土（4 800～5 000 m）。西部灌丛消失，土壤垂直带谱更简单，表现出沼泽土（4 000～4 600 m）、高山草原土（4 600～4 700 m）、沼泽土（4 700～4 800 m）、原始高山草甸土（4 800～5 000 m）、高山寒漠土（>5 000 m）。

土壤分布除土壤地带性呈现水平和垂直分布规律外，在局部地区因受地形、走向、水文地质、母质特征以及耕作等综合因素影响，还有斑状分布的土壤组合。也因受风蚀、水蚀等影响下的洪积物、残积物、坡积物的作用存在多种斑状土壤组合。

二、土壤分布与环境因素

土壤分布与地形地貌、水文、气候、植被及人类活动是分不开的。其归根结底是一定的气候和植被在影响着土壤类型的发育和分布。关于地形地貌、水文等在土壤发生、发育过程中所起的作用我们已在第二节做过描述，这里着重叙述气候、植被与土壤的关系。

由于地形不同，导致青海各地对空气流动、动力爬升等所起的作用不同，进而使水热状况分布规律不明显。也就是说地形干扰影响，使原有的大气环境遭受"扭曲"，依山体、河谷走向而发生变化，终使各地冷暖气流、水热条件发生改变。但可以认可的是山体带温度垂直变化明显，可形成一定的垂直气候类型，这种垂直气候类型各地有各自的特点。

众所周知，东亚乃至青藏高原是属于季风和西风引导下的季风气候区，这种季风气候受源于孟加拉湾暖湿气流多寡与强弱、暖季西太平洋副热带高压和其中高压、冷季蒙古高压，甚至也受到伊朗高原的影响。暖季青海省虽然受西南季风影响微弱甚至没有，而东南季风影响明显，西南孟加拉湾的暖湿气流虽然直接到达不了青海各地，但该暖湿气流向东北输送到华南西北部时，受副热带高压影响，又沿副热带高压的西南侧源源不断地输送至青藏高原的西北部青海省，其输送的暖湿气流强弱与西太平洋副热带高压强弱有关。来源于东南季风的暖湿气流，经过高原的动力抬升、热力作用易达凝结高度而产生降水，表现出随地形抬升降水在一定的海拔高度之下是随海拔高度增加而增加。期间，在有些地形间峡谷引导下，暖湿气流可长驱直入到青海西部地区，如在大通河谷，暖湿气流可溯源大通河可达祁连县、甚至再沿黑河河谷到达上游的青海野牛沟、托勒地区。再如，暖湿气流可沿黄河河谷、长江河谷、湟水河各地向西可达长江黄河湟水河源头。再向西由于受高山阻挡作用，降水急剧减少而成为少降水区域，从而成为气候干旱环境。冬季受蒙古高压影响，青海处在该高压西南，接受的气流主要是该高压的东北气流，而且该气流干燥少雨，致使青海省降水稀少。

上述降水形式分布叠加，可使青海省各地水平方向上产生不同的气候类型，那些易产生降水的区域为半湿润半干旱区，而那些降水少的区域成为半干旱、干旱气候区。表明大的大气环流嵌套地形地势影响下小的大气环流作用，构成青海省水热分布的主导因素不同，各地水热条件则不同，因而分布的植被类型、种类组成、发育的土壤类型不同。例如，在海拔高度4 000 m以上，至高山冰雪缘地带之间的青南高原西部，年均气温在-4.5～-1.5℃，年降水量在350～650 mm，全年日均气温稳定通过≥5℃积温180～650℃·d，≥10℃积温根本不出现，气候严寒而半湿润或湿润，多生长草甸植被，有机质不易分解，使土体积累有大量的植物及动物排泄残体（根），发育了高山草甸土。在青南高原南部海拔高度 3 100～3 800 m，年均气温 2.6℃左右区域，年降水量 530 mm（囊谦）左右，日均气温稳定通过≥0℃积温在 1 780℃·d 左右，属寒温性半湿润或湿润气候，生长针叶、阔叶混交林和灌丛、草本植物，地表覆盖了大量的植物残落物，适宜的水热条件产生了土体中碳酸盐淋溶、腐殖质的积累和有机分解物的下移等现象，发育了灰褐土。在青海南北中部地带的河湟谷地到柴达木西部边陲，自东向西年平均气温和年降水量依次降低和减少，但温度比青南高原明显偏高，下垫面蒸散势必比青南高原明显加大，且气候干燥度自东向西逐渐增加，这种水热分布格局变迁的条件下，形成了依次为半干旱草原、干草原、荒漠草原、荒漠的自然景观。相应发育了栗钙土、棕钙土、灰棕漠土、风沙土等。

而在山体带谱上，因海拔高度、山体走向及山体所在地理位置不同的情景下，气温的垂直递减率、降水在气流抬升过程中的热力效果不同，使水热在垂直带谱上也产生显著的变化，进而影响土壤类型也有很大的差异。例如，巴颜喀拉山南麓，年均气温 0℃等温线约在海拔 4 650 m，年降水量 500 mm 左右，往上发育了高山寒漠土，往下则为高山草甸土。海拔 3 600 m 以下的基带地区，年平均气温 2℃左右，降水 700～780 mm，属寒温半湿润气候，发育了灰钙土。在阿尼玛卿山一带的黄河流域，年均气温 0℃等温线在 4 600 m 上下，2 900 m 以下的基带河谷阶地年均气温 -1℃，年降水量 300 mm，为冷温性半干旱气候，发育栗钙土。不同地区山体高度、迎风坡的暖湿气流、温度梯度等不同，所造成的气候垂直带差异大，其土壤类型和植被类型也就存在较大的差异，使其土壤类型的垂直带谱特征明显。

当然，气候类型是多种综合气象因素影响的结果，上述我们更多地注重了热量（气温）条件和水分（降水）要素，但实际上日照、辐射、冻土、冰雪覆盖时间长短、风蚀和水蚀作用的强弱均是影响区域植被生长以至土壤发育的影响因素。这里不多赘述。

土壤是植物立地的基本条件，是土壤肥力的创造者，植被还可固持土壤减少风蚀水蚀的作用。植物与土壤互为因子，协同影响。不同的植被类型生化活性不同，生命活动的产物大小各异，外加不同的水热条件，使其绿色植物对于土壤母质中有机无机成分吸收产生选择性，土壤母质在向土壤演变中扮演的角色和强度不一，质量各异的物质与能量转化与积累、有机物质合成分解与矿化、有机残体和根系分泌物归还等不同，因而在不同的植被类型下发育着性质不同的土壤类型，也使得植被类型与土壤类型产生了必然的一致性。也就形成了植被水平地带性和垂直带谱下的土壤的水平和垂直带谱的一致性分布。同时也存在植被区域分布下的土壤类型分布特征。

当然，这些水平和垂直带上土壤微生物、动物的差异也很明显，其土壤微生物和动物类型、数量、活动强度也是土壤类型相关联的主要环境影响因素。这里不一一阐述了。

三、土壤类型分布面积总的情况

青海省各类型土壤繁多，11 类土纲，16 类亚纲，22 个土类，56 个亚类，分属 59 个土属。全省土地面积 7 216.76 万 hm²，土壤面积 6 548.57 万 hm²，占土地总面积的 90.74%，其中草地土壤面积 6 375.45 万 hm²，占土壤总面积的 97.35%（植被覆盖度 > 15% 的草地面积 3 644.94 万 hm²，可利用草地面积 3 161.03 万 hm²）；林地土壤面积 52.16 万 hm²，占 0.80%（密林、疏林面积实为 28.52 万 hm²）；耕种土壤面积 120.96 万 hm²，占 1.85%（耕地面积实为 61.97 万 hm²）（表 3-23）。

从各类型土壤面积统计表（表 3-24）可知，面积最大的为高山草甸土、亚高山草甸土，达 2 083.34 万 hm²，占全省土壤总面积的 31.81%；其次为高山草原土，面积 1 567.69 万 hm²，占 23.94%；黑钙土、栗钙土、灰钙土、棕钙土面积共计 476.92 万 hm²，占 7.28%；沼泽土、泥炭土面积 402.87 万 hm²，占 6.15%；灰棕漠土 400.25 万 hm²，占 6.11%；山地草甸土 357.09 万 hm²，占 5.45%；盐土 270.14 万 hm²，占 4.12%；草甸土、潮土、灌淤土面积共 70.87 万 hm²，占 1.09%；灰褐土 52.16 万 hm²，占 0.80%；目前农牧业利用价值低的高山寒漠土、高山漠土、风沙土、新积土、石质土、粗骨土 867.24 万 hm²，占 13.25%。

表 3-23　青海省各类型土壤

土纲	亚纲	土类	亚类	土属
高山土	寒冻高山土	高山寒漠土		
	干寒高山土	高山漠土		
	湿寒高山土	高山草甸土	高山草甸土	原始高山草甸土 高山草甸土 侵蚀高山草甸土
			高山草原草甸土	高山草原草甸土 淋淀高山草原草甸土 侵蚀高山草原草甸土
			高山灌丛草甸土	高山灌丛草甸土 假潜育高山灌丛草甸土
			高山湿草甸土	
		亚高山草甸土	亚高山草甸土 亚高山灌丛草甸土	
	半湿寒高山土	高山草原土	高山草原土 高山草甸草原土 高山荒漠草原土	
半水成土	暗半水成土	山地草甸土	山地草甸土 山地草原草甸土 山地灌丛草甸土	山地草原草甸土 淋淀山地草原草甸土 侵蚀山地草原草甸土 耕种山地草原草甸土
		草甸土	草甸土 石灰性草甸土 盐化草甸土	石灰性草甸土 灌丛石灰性草甸土
	淡半水成土	潮土	潮土 盐化潮土	泥澄土 泥澄沙土
半淋溶土	半湿温半淋溶土	灰褐土	淋溶灰褐土 石灰性灰褐土	
钙层土	半湿润钙层土	黑钙土	黑钙土	山地黑钙土 滩地黑钙土 耕种黑钙土
			淋溶黑钙土	山地淋溶黑钙土 滩地淋溶黑钙土 耕种淋溶黑钙土
			石灰性黑钙土	山地石灰性黑钙土 滩地石灰性黑钙土 耕种石灰性黑钙土
	半干旱温钙层土	栗钙土	暗栗钙土	山地暗栗钙土 滩地暗栗钙土 耕种暗栗钙土
			栗钙土	山地栗钙土 滩地栗钙土 耕种栗钙土
			淡栗钙土	山地淡栗钙土 滩地淡栗钙土 耕种淡栗钙土
			草甸栗钙土 盐化栗钙土	

续表

土纲	亚纲	土类	亚类	土属
干旱土	干旱温钙层土	灰钙土	灰钙土	灰钙土 耕灌黑钙土
			淡灰钙土	淡灰钙土 耕灌黑钙土
		棕钙土	棕钙土	棕钙土 耕灌棕钙土
			淡棕钙土 盐化棕钙土 棕钙土性土	
漠土	温漠土	灰棕漠土	灰棕漠土	灰棕漠土 耕灌灰棕漠土
			石膏灰棕漠土 石膏盐盘灰棕漠土	
人为土	灌耕土	灌淤土	灌淤土	薄层灌淤土 厚层灌淤土
			潮灌淤土	薄层潮灌淤土 厚层潮灌淤土
盐碱土	盐土	盐土	残积盐土 草甸盐土 沼泽盐土 碱化盐土	
水成土	水成土	沼泽土	沼泽土 腐泥沼泽土 泥炭沼泽土	
			草甸沼泽土	草甸沼泽土 耕灌草甸沼泽土
			盐化沼泽土	盐化沼泽土 耕灌盐化沼泽土
		泥炭土	低位沼泽土	
初育土	土质初育土	风沙土	草原风沙土	流动草原风沙土 半固定草原风沙土 固定草原风沙土
			荒漠风沙土	流动荒漠风沙土 半固定荒漠风沙土 固定荒漠风沙土
		新积土	新积土	新积土 堆垫土
	石质初育土	石质土 粗骨土	钙质石灰土 钙质粗骨土	

表 3-24　青海省土壤各类型面积　　　　　　　　　　（单位：hm²）

土类			亚类			土属		
名称	面积	占比（%）	名称	面积	占比（%）	名称	面积	占比（%）
高山寒漠土	4 950 367	7.56	高山寒漠土	490 367	7.56			
高山漠土	135 120	0.21	高山漠土	135 120	0.21			
高山草甸土	20 347 833	31.07	高山草甸土	8 452 940	12.91	原始高山草甸土	1 308 500	2.00
						高山草甸土	7 017 227	10.27
						侵蚀高山草甸土	127 213	0.19
			高山草原草甸土	9 034 307	13.80	高山草原草甸土	4 588 593	7.01
						淋淀高山草原草甸土	1 201 047	1.83
						侵蚀高山草原草甸土	3 244 667	4.96
			高山灌丛草甸土	1 227 366	1.87	高山灌丛草甸土	1 177 440	1.80
						假潜育高山灌丛草甸土	49 926	0.07
			高山湿草甸土	1 633 220	2.49			
亚高山草甸土	485 627	0.74	亚高山草甸土	286 287	0.44			
			亚高山灌丛草甸土	199 340	0.30			
高山草原土	15 676 893	23.94	高山草原土	5 099 807	7.79			
			高山草甸草原土	3 831 253	5.85			
			高山荒漠草原土	6 745 833	10.30			
山地草甸土	3 570 873	5.45	山地草甸土	1 166 520	1.78			
			山地草原草甸土	1 801 680	2.75	山地草原草甸土	1 631 854	2.49
						淋淀山地草原草甸土	94 740	0.15
						侵蚀山地草原草甸土	34 353	0.05
						耕种山地草原草甸土	40 733	0.06
			山地灌丛草甸土	602 673	0.92			
草甸土	639 653	0.98	草甸土	63 500	0.10			
			石灰性草甸土	482 260	0.74	石灰性草甸土	475 120	0.73
						灌丛石灰性草甸土	7 140	0.01
			盐化草甸土	93 893	0.14			
潮土	20 473	0.031	潮土	19 033	0.029	泥澄土	4 920	0.008
						泥澄砂土	14 113	0.021
			盐化潮土	1 440	0.002			
灰褐土	521 554	0.80	淋溶灰褐土	256 340				
			石灰性灰褐土		0.41			
黑钙土	713 960	1.09	黑钙土	295 446	0.45	山地黑钙土	77 773	0.12
						滩地黑钙土	73 367	0.11
						耕种黑钙土	144 306	0.22
			淋溶黑钙土	214 647	0.33	山地淋溶黑钙土	116 293	0.18
						滩地淋溶黑钙土	25 627	0.04
						耕种淋溶黑钙土	72 727	0.11
			石灰性黑钙土	203 867	0.31	山地石灰性黑钙土	47 680	0.07
						滩地石灰性黑钙土	39 873	0.06
						耕种石灰性黑钙土	116 314	0.18

续表

土类			亚类			土属		
名称	面积	占比（%）	名称	面积	占比（%）	名称	面积	占比（%）
栗钙土	2 492 547	3.806	暗栗钙土	788 893	1.204	山地暗栗钙土	391 133	0.597
						滩地暗栗钙土	211 207	0.323
						耕种暗栗钙土	186 553	0.284
			栗钙土	1 099 847	1.68	山地栗钙土	374 200	0.57
						滩地栗钙土	409 880	0.63
						耕种栗钙土	315 767	0.48
			淡栗钙土	598 047	0.913	山地淡栗钙土	110 073	0.168
						滩地淡栗钙土	388 020	0.593
						耕种淡栗钙土	99 954	0.152
			草甸栗钙土	1 187	0.002			
			盐化栗钙土	4 573	0.007			
灰钙土	192 393	0.293	灰钙土	137 566	0.21	灰钙土	94 506	0.14
						耕灌灰钙土	43 060	0.07
			淡灰钙土	54 827	0.083	淡灰钙土	22 994	0.035
						耕灌灰钙土	31 833	0.048
棕钙土	1 370 327	2.093	棕钙土	298 420	0.456	棕钙土	238 240	0.364
						耕灌棕钙土	60 180	0.092
			淡棕钙土	138 533	0.210			
			盐化棕钙土	259 627	0.397			
			棕钙土性土	673 747	1.030			
灰棕漠土	4 002 466	6.112	灰棕漠土	1 623 067	2.478	灰棕漠土	160 800	2.455
						耕灌灰棕漠土	15 067	0.023
			石膏灰棕漠土	1 610 666	2.459			
			石膏盐盘灰棕漠土	768 733	1.175			
灌淤土	48 587	0.075	灌淤土	46 880	0.072	薄层灌淤土	3 080	0.005
						厚层灌淤土	43 800	0.067
			潮灌淤土	1 707	0.003	薄层潮灌淤土	1 100	0.002
						厚层潮灌淤土	607	0.001
盐土	2 701 447	4.12	残积盐土	767 894	1.17			
			草甸盐土	1 380 027	2.11			
			沼泽盐土	538 453	0.82			
			碱化盐土	15 073	0.02			
沼泽土	3 077 926	4.70	沼泽土	240 586	0.37			
			腐泥沼泽土	78 787	0.12			
			泥炭沼泽土	1 607 020	2.45			
			草甸沼泽土	1 037 940	1.59	草甸沼泽土	1 037 213	1.589
						耕灌草甸沼泽土	727	0.001
			盐化沼泽土	113 593	0.17	盐化沼泽土	113 133	0.169
						耕灌盐化沼泽土	460	0.001
泥炭土	950 773	1.45	低位泥炭土	950 773	1.45			

续表

土类			亚类			土属		
名称	面积	占比（%）	名称	面积	占比（%）	名称	面积	占比（%）
风沙土	1 970 714	3.01	草原风沙土	365 947	0.56	流动草原风沙土	65 773	0.10
						半固定草原风沙土	172 594	0.26
						固定草原风沙土	127 580	0.20
			荒漠风沙土	1 604 767	2.45	流动荒漠风沙土	1 035 707	1.58
						半固定荒漠风沙土	383 273	0.59
						固定荒漠风沙土	185 787	0.28
新积土	177 960	0.27	新积土	177 960	0.27	新积土	165 107	0.25
						堆垫土	12 853	0.02
石质土	351 807	0.54	钙质石质土	351 807	0.54			
粗骨土	1 086 393	1.66	钙质粗骨土	1 086 393	1.66			
总计	65 485 693	100	22 个土类，56 个亚类					

四、各土壤类型理化特征与分布面积

上节给出了青海省土壤各类型的分布情况。这些土壤类型是受原始成土过程、生草和腐殖化过程、黏化过程、钙积过程、盐碱化过程、潜育和泥炭化过程、熟化过程等一系列过程的基础上，不断进行物质转化和能量交换下的产物。由于青海省面积大，成土条件复杂，也就决定了土壤形成过程、性质、表现形式多种多样，土壤形成方向不同，造成了青海土壤种类较多，分布面积不一，共有 22 个土类、56 个亚类。

考虑到本书微气象—涡度相关法水、热、碳通量观测塔的布局点的土壤类型和分布面积较大的土壤类型，重点在《青海土壤》中摘录编写了高山寒漠土、高山草甸土、亚高山草甸土、高山草原土、山地草甸土、沼泽土、草甸土、栗钙土、灰棕漠土、沼泽土、泥炭土等面积大、主要分布在草原的几个土壤类型分布面积、分布特征的状况。同时说明的是，各土壤类型分布的化学性质中，土壤层次、有机质、$CaCO_3$、全磷、速效和代换量的单位分别为 cm、g/kg、g/kg、g/kg、mg/kg 和 cmol（+）/kg。以下表 3-25 到表 3-62 的各表中不再罗列。

1. 高山寒漠土和高山漠土

高山寒漠土亦称高山寒冻土，我国广泛分布于青藏高原几条著名高山的上部。在青海多见于南部高原（青南）的西倾山、阿尼玛卿山、唐古拉山、巴颜喀拉山、昆仑山等高处及北部祁连山山地中、东段地区的冰雪带下部区域。其分布高程随纬度的增高而降低。在青南地区，占据着 4 700 ~ 5 000 m 的分水岭脊的陡坡地段，由南向北至昆仑山内部山地，由于干燥度增加而抬升至 5 300 m 甚至更高部位。北部祁连山地，由于纬度较高而出现于 4 000 ~ 4 700 m 的山谷、古冰碛平台或古冰斗陡坡，总面积 495.04 万 hm²，占青海土壤总面积的 7.56%，集中于海西州、玉树、海北及果洛各州，其他州县分布零散。

高山寒漠土发育弱，土层薄，土体厚度 10 ~ 30 cm，剖面分化不明显，质地较黏的表层可出现融冻结壳。腐殖质层发育较弱，常见粗有机质碎屑与角砾质岩屑相混，颜色取决于母质及粗有机物的数量与分解程度，底部常为多年冻土，土被不连续，土体多见 A-C 或（A）-AC-C 等发生层次，其剖面性态，以曲麻莱县东风乡丘日玛山顶部，海拔 4 980 m 生长红景天、蚤缀等垫状植物，植被的覆盖度 <5%。其理化性质见表 3-25。

表 3-25　高山寒漠土化学性质

地点海拔	层次	有机质	CaCO$_3$	pH	全量			速效			C/N	代换量
					N	P$_2$O$_5$	K$_2$O	碱解 N	P	K		
曲麻莱 4 980 m	0～5	11.7	139.6	8.3	0.8	1.75	39.9	31	6.7	62.5	9.0	3.7

　　高山漠土（又称高山荒漠土）主要分布我国青藏高原西北部的高寒荒漠地带。在青海省见于西北部的阿尔金山西段，海拔 3 800～4 500 m 的干、寒山地；在昆仑山南麓也有零星分布。面积 13.51 万 hm²，占全省土壤面积 0.21%。

　　高山漠土的剖面特征表现为发育于高海拔的低温、干旱多风环境中。其成土过程是在冰冻控制下的原始荒漠化成土过程，形成至少含有 3～4 个发生层的剖面，现以茫崖镇花土沟的采石岭北 7 km² 的剖面为例。Hx-71 号剖面位于山坡上部，距山脊线 20～30 m，坡度 15°～20°，海拔 4 017 m，地面有裸岩，地表有砾幕，无植被，仅在洪流线有单株散生的优若藜，物种简单，结构简单，覆盖度＜5%，地表有白色盐霜，局部出现暴雨形成的地表径流漫过的斑块，有龟裂缝，残积母质。其理化性质见表 3-26。

表 3-26　高山漠土化学性质

地点海拔	层次	有机质	CaCO$_3$	pH	全量			速效			C/N	代换量
					N	P$_2$O$_5$	K$_2$O	碱解 N	P	K		
茫崖采石岭，4 107 m	0～2	3.0	117	8.8	0.40	1.74	23.7	31	3.2	158	5	5.7
	2～10	3.1	49	8.2	0.16	1.67	10.7	32	2.2	110	11	6.0
	10～60	7.5	32	8.2	0.14	3.64	13.5	54	2.3	73	31	10.9

2. 高山草甸土

　　高山草甸土分布受纬度与海拔高程所制约，亦与山系的地理位置、走向及地形的切割状况密切相关，在青海东北部，北纬 37° 以北的大通河、黑河谷地，高山草甸土分布于 3 350（3 500）～3 900（4 000）m，向南的青海东部北纬 36°-37° 的湟水谷地，分布于海拔 3 500（3 600）～4 400 m；北纬 35°～36° 的黄河流域，其下限海拔在 3 300～3 700 m；北纬 33°～36° 及其附近的积石山、巴颜喀拉山等分布地区海拔为 3 800（4 000）～4 700（4 900）m；而唐古拉山东段北纬 32°～33° 及其以南地区，其下限高达 4 100 m，在特殊的地形部位海拔可上升到 4 300～4 400 m。

　　高山草甸土是青海高寒地区分布最广的土壤类型，总面积达 2 034.78 万 hm²，占全省土壤总面积的 31.07%，除西宁市外各州县均有分布，但集中于青南高原和北部的祁连山地。在玉树州、果洛州、海西州、海北州及海南州、黄南州均有大面积的连续分布，占据着青海的各高山的中上部，在唐古拉山、巴颜喀拉山、积石山、阿尼玛卿山、昆仑山、祁连山中部以东地段均是分布最广泛的土壤类型。

　　在省内高山草甸土的分布具有明显的水平分布规律及垂直分异特征。由东南向西北，随着地势抬升，逐渐远离海洋，降水日趋减少，干燥度增加，植被逐渐变得耐旱稀疏，土壤由灰褐土变为高山草甸土，进而出现高山草原土。由于高原四周因遭受切割而形成高山峡谷，而高原内部亦有耸立的山地形成巨大的相对高差，随海拔高度及坡向变化、成土因素、尤其植被类型及气候状况（水热条件）改变，导致土壤类型表现出明显的垂直差异，通常在森林土或山地草甸土之上出现亚高山草甸土（阳坡或偏阳坡）及亚高山灌丛草甸土（阴坡及偏阴坡），进而出现高山草甸土（阳坡或偏阳坡）及高山灌丛草甸土（阴坡及偏阴坡），更高处地形平坦时为高山湿草甸土，陡峻时为原始高山草甸土（土属），如气候趋于半干旱则可出现高山草原草甸土。

　　高山草甸土的土壤特征是土壤发育较为年轻。自青藏地区隆升成陆后，高度仍逐渐上升，在漫长的历史时期中，气候几经寒暖变化，广大地区从第四纪最后一次冰期的冰层覆盖下裸露出来仅 1 万～2

万年。据同地区负地形部位的泥炭层下部的 ¹⁴C 测定，年龄约 5000 年，这与外围地区相比，土壤形成的绝对年龄短暂。高山草甸土因地处高寒，在低温控制下，生物与化学风化过程的强度小，且随海拔升高或气候干寒程度增加而更趋于变弱，矿物风化速率低，物质释放少、迁移弱，土壤普遍表现为薄层性、粗骨性，表层发育不明显，相对年龄亦较年轻。表层根系交织。土壤有机质丰富，粗有机质多，富里酸含量高于胡敏酸，胡敏酸芳构化程度低，分子量小。

在高山带的水热条件及嵩草的生物学特性共同影响下，剖面形态特征明显，表层为根系交织的植毡层，其根系总重量虽仅占土层总重的 5% ～ 14%，但有机物比重小，在体积上占绝对优势，外观上根系盘结，矿质颗粒仅存留于根系交织的孔隙间，据在高山地区实测，根系（活根及外观上没有改变的死根）在 As 层占有机物总量的 23%，A₁ 层骤降至 3%，向下绝对数量虽有下降，但相对比重变化很小；直接来源于根系的粗有机物为死根不同分解程度的混合物，在 As 层中约占总有机物重量的 8%，明显高于其他地带性土壤；腐殖物质是土壤有机质的主要组分，As 层中占 68%，下层上升至 96% ～ 98%。青海高山地区区域辽阔，水热条件及植被类型多变，使得土壤有机物聚积在水平方向及垂直方向上产生分异，导致有机物在组成成分及性质特征上产生差异，直接制约土壤的风化发育程度，甚至成土阶段可能不同。

青海的高山草甸土类面积有 2 034.78 万 hm²，可分成高山草甸土、高山草原草甸土、高山灌丛草甸土及高山湿草甸土 4 个亚类。在低温半湿润的高山带中、上部阳坡、偏阳坡的高寒草甸植被下，根系入土较浅，有机物补给略低而分解较慢，周转速率较小，土体较薄，发育高山草甸土；在高山草甸土西北部较干旱条件下，植被出现草原化，物质迁移减弱，发育成高山草原草甸土；在高山带中、上部半湿润、湿润的阴坡和偏阴坡地段，高寒灌丛草甸植被下，发育的高山灌丛草甸土，常常与高山草甸土呈复合分布；在高山带中、上部的缓坡、滩地、垭合、坡麓等地发育着高山湿草甸土。分别叙述如下。

1）高山草甸土（亚类）：高山草甸土亚类是青海主要的土壤，面积有 845.29 万 hm²，占高山草甸土类的 41.54%，它占据着高山带中、上部的山坡、浑圆山丘、河谷阶地、盆地中排水良好的滩地，以及古冰碛平台、侧碛堤等，是分布最广、牧业经济产值最高的草场土壤之一。年均气温 −2 ～ 6（7）℃，≥ 0℃的年积温 550 ～ 950（1 000）℃·d，负积温 1 500 ～ 2 500℃·d，日最低气温 ≤ 0℃的天数 280 ～ 320 d，年降水 400 ～ 500 mm，年连续降水天数 15 ～ 30 d，雨量 40 ～ 140 mm，植被类型多样，以嵩草属植物建群，主要有矮嵩草、小嵩草、线叶嵩草等，不同区域伴生种不同，比例亦不一致，主要有多种薹草、禾草、杂类草及垫状植物。植被低矮、茂密，覆盖度 75% ～ 95%，每公顷年产青草平均 2 760 kg。其中热量条件较差的原始高山草甸土，因盖度小，产草量 < 1 182 kg，而热量较好地段可达 3 000 kg 以上。豆科植物种类少，生长弱，产草量低。毒草比率不高，牧草质量好，营养丰富。由于区域条件差异，可分为原始高山草甸土、高山草甸土、侵蚀高山草甸土 3 个土属。

其中，原始高山草甸土（土属）面积 130.85 万 hm²，占高山草甸土亚类的 15.48%，是高山草甸土类中分布位置最高，热量条件最差的一个土属。原始高山草甸土是高山草甸土向寒漠土过渡的一个土属，常位于高山寒漠土带以下或交叉分布，呈条带状或斑块状。自然环境严酷，阴冷潮湿，母岩以寒冻风化为主，在原始成土过程控制下，土壤形成过程慢，发育程度低，但表层粗有机质积累明显，草皮层基本形成或正在发育，但厚度较小，根系亦常盘结不紧且斑驳明显。地表坡度大，砾石裸露比例高，植被不连续，组成单调，以垫状植物、苔藓、嵩草为主，总盖度 > 30%，土被呈斑块状分布，土体厚度小，常不足 30 cm，剖面构型以 As−C（D）或 AC−C（D）为主，土体石灰反应取决于母质种类和性质而变异很大，有效养分贫乏，肥力低下。现举果洛藏族自治州久治县赛尔察布杂日山的剖面为例。剖面位于山坡中上部高山寒漠土下 7.50 m 的流石坡下部岩缝中，海拔 4 500 m，植被以薹草、嵩草、垫状蒿缀、苔藓为主，总覆盖度 70%，偏阴坡，坡度 25°，母质为砂质板岩、页岩坡积物。其理化性质见表 3-27。

表 3-27　原始高山草甸土化学性质

地点 海拔	层次	有机质	CaCO₃	pH	全量			速效			C/N	代换量
					N	P₂O₅	K₂O	碱解 N	P	K		
久治	0～45	231.5	0.8	6.98	10.58	1.74	17.6	611	10.7	90	12.7	38.50
4 500 m	45～70	38.8	0.4	7.39	1.99	0.79	29.3	124	6.1	67	11.3	11.97
天峻木里	0～10	174.5	0.2	6.96	8.34	0.78	17.7	405	17.9	190	12.1	44.64
4 065 m	10～15	86.4	0.1	6.90	4.16	0.68	20.1	242	16.5	97	12.0	26.75

高山草甸土（土属）系高山草甸土（土类）的主要土属，面积 701.72 万 hm²，占亚类面积的83.02%，剖面厚度 50～80 cm。地形平缓时土壤深厚，在陡坡地段小于 30 cm。一般有草皮层（As），腐殖质层（A1）、过渡层（AB 或 BC），最下为母质层或母岩（D）。如位于玉树结隆与哈秀乡交界的山坡，海拔 4 650 m，坡度 20°，东北坡向，建群种为小嵩草，混生少量杂类草、植被盖度 85%，地表见有裂缝，缝中充填细土生长禾草。母质为片麻岩、砂质板岩分化物等特征，具有高山草甸土（土属）的代表性。其理化性质见表 3-28。

表 3-28　高山草甸土化学性质

地点 海拔	层次	有机质	CaCO₃	pH	全量			速效			C/N	代换量
					N	P₂O₅	K₂O	碱解 N	P	K		
结隆北	0～6	257.7	2.9	6.9	10.96	2.28	18.6	499	9.0	200	13.6	54.3
5 km,	6～44	38.8	1.1	7.1	2.44	1.91	22.3	159	5.0	138	9.2	20.1
4 650 m	44～60	5.2	1.6	7.8	0.27	0.63	32.2	17	7.0	125	11.0	8.0
结隆西	0～8	146.6	6.0	6.9	5.56	0.69	16.9	284	8.2	154	15.3	32.61
10 km,	8～27	47.5	7.0	7.6	3.14	0.56	18.0	174	5.0	84	8.8	23.74
4 360 m	27～50	16.5	213.0	8.2	1.25	0.51	15.1	66	1.8	56	7.6	11.03
	50～70	2.7	147.0	8.4	0.25	0.47	16.8	55	1.3	47	6.3	5.88

2）高山草原草甸土（亚类）：主要分布在高山草甸土的西北部向高山草原土的过渡地带，在高山草甸土分布区的部分阳坡，河谷低阶地，宽谷滩地等较干旱地段也常为高山草原草甸土占据，总面积 903.43 万 hm²，占高山草甸土类的 44.4%。它是高山草甸土中最干旱的亚类，年降水量 350～400 mm，干燥度 2～3，植被优势种为各种嵩草，但以耐干寒的小嵩草较普遍，且禾草比例增多，垫状植物出现频率亦有提高，高山草原草甸土是青海主要天然牧场之一，干草产量1 200～1 500 kg/ hm²，草质好，但不可食草及毒草略有增加，豆科牧草很少。

高山草原草甸土生草过程强烈，地表根系交织的植毡层发育明显，坚实且具有弹性。土体较干燥，淋溶弱，全剖面均具有石灰反应，石灰新生体发育，出现部位高。植被低矮，在过度放牧下禾草生长受到强烈抑制，趋于矮化和稀疏。鼠兔活动强烈，加之频繁的冻融交替，草皮易成片脱落而形成"黑土滩"，在强风暴雨侵袭下，可发生大面积砾化，土壤特性、甚至剖面构型改变。据此，把高山草原草甸土分成高山草原草甸土、淋淀高山草原草甸土及侵蚀高山草原草甸土 3 个土属。

高山草原草甸土（土属）。此土属面积 458.86 万 hm²，占其亚类面积的 50.79%。土层厚度40～60 cm，As、A1 层明显，向下为 AB 或 BC 层过渡，下部为 C 层。其代表剖面为治多县多彩乡西北约 35 km 的洪积扇中下部，高程 4 580 m，洪积—冲积母质，坡向 N60° W，坡度约 10°，小嵩草建群，混生细叶薹、禾草等，总覆盖度 85%，地表冻融滑塌普遍，土壤风水侵蚀强烈。其理化性质见表 3-29。

表 3-29　高山草原草甸土化学性质

地点 海拔	层次	有机质	CaCO₃	pH	全量			速效			C/N	代换量
					N	P₂O₅	K₂O	碱解 N	P	K		
治多县 西赛 莫涌， 4 580 m	0～10	34.3	44.0	7.94	1.91	0.35	12.3	107	5.8	95	10.4	9.5
	10～41	30.9	63.0	8.09	1.71	0.34	12.7	103	4.3	64	10.5	10.1
	41～61	22.9	95.0	8.12	1.49	0.39	11.8	86	3.3	44	8.9	8.3
	61～75	10.3	165.0	8.29	0.67	0.23	9.4	62	1.7	27	8.9	7.0

　　淋溶高山草原草甸土（土属）。分布于山体的半阴坡和半阳坡，介于高山草原草甸土和高山草甸土之间的过渡带，面积 120.10 万 hm²，占该亚类面积的 13.30%。成土母质多为各种母岩风化物的坡积物；主要优势种有小嵩草、矮嵩草，伴生有垫状点地梅、早熟禾、披碱草、针茅、风毛菊等，盖度90% 左右，草皮层坚硬，具有弹性，根系密集，发育成毡状，厚度为 8～10 cm。由于有坚硬的草皮层，水分难以渗透土层下部，整个剖面比较干燥，在龟裂的裂缝和旧鼠洞周围，透水性和通气性有所改善，才出现生长较高的早熟禾、披碱草及针茅等禾草类。其理化性质见表 3-30。

表 3-30　淋淀高山草原草甸土化学性质

地点 海拔	层次	有机质	CaCO₃	pH	全量			速效			C/N	代换量
					N	P₂O₅	K₂O	碱解 N	P	K		
刚察县 吉尔孟乡， 3 870 m	0～8	114.1	2.6	7.8	5.92	1.29	32.1	461	12	171	11	44.2
	8～44	46.0	22.3	8.4	3.12	1.24	32.1	263	12	103	8	28.1
	44～60	9.8	164.6	8.6	0.78	0.93	30.0	48	8	62	7	15.3
治多县西 5 km， 4 320 m	0～3	108.2	12.0	7.6	5.65	0.51	18.7	98	12	381	11	28.8
	3～10	79.9	114.0	8.1	4.03	0.46	17.7	203	22	233	12	23.9
	10～30	20.9	128.0	8.3	1.36	0.47	17.8	89	2	179	9	11.5
	30～90	5.1	116.0	8.4	0.58	0.34	25.7	87	1	224	5	13.1

　　侵蚀高山草原草甸土（土属）。主要分布于青南高原的坡地和滩地，海拔 4 200～4 700 m，面积324.47 万 hm²，占该亚类的 35.91%。一般草皮被剥蚀达 10%～80% 的高山草原草甸土，划归于此土属，原来的高山草原草甸土经鼠害打洞、放牧过度，在水蚀、冰冻侧压下，地表发生龟裂和塌陷，进而再经径流侵蚀和继续滑塌，使草皮层斑块脱落，严重地区表土脱落殆尽，形成大面积砂砾草地；轻度的斑块脱落，原生植被退化，滋生牲畜不食的杂毒草，产草量锐减。其理化性质见表 3-31。

表 3-31　侵蚀高山草原草甸土化学性质

地点 海拔	层次	有机质	CaCO₃	pH	全量			速效			C/N	代换量
					N	P₂O₅	K₂O	碱解 N	P	K		
杂多县 阿多乡 4 500 m	0～14	31.0	87.9	8.1	1.23	0.93	16.1	7.59	0.70	195	15	9.3
	14～22	14.0	83.4	8.4	0.97	0.95	20.6	6.51	2.06	104	8	7.3
	22～42	10.0	85.8	8.3	1.43	0.91	20.6	7.05	1.79	89	4	6.4

　　高山草甸土区的气候条件严酷，热量不足限制了种植业的发展，今后仍以发展草地畜牧业为主。由于区域条件差异，生产发展水平的不同及经济效益的限制下，当前不可能要求对高山草甸土的投入有大规模的发展，由于人为过度放牧，区域自然变干加重，融冻滑塌加重而导致草场退化，为扭转由此造成嵩草死亡，草皮剥蚀，土壤砂砾化，"黑土滩"逐年扩大，肥力下降，产草量降低的局面，应加强草场管理，合理放牧，在科学利用上下功夫。但为保持牧业生产的稳定发展，在高山草甸土区域内，冬春草场附近寻找避风向阳的局部地区，建立人工草地，刈草补饲，提高抵御雪灾的能力。随着牧业经济的发展，逐步扩大人工草地的比重，改变靠天养畜的经营模式，使牧业生产步入高产稳产的发展轨道。

3）高山灌丛草甸土（亚类）分布与成土条件：高山灌丛草甸土主要分布于青海东北部及东南部相对湿润的区域，与高山草甸土在同一层带内，二者常呈复合分布。高山灌丛草甸土常占据阴坡、偏阴坡地段，上限可达4700 m，与高山寒漠土、原始高山草甸土相接，气候阴冷湿润，土壤冻融交替强烈，下部常有多年冻土。植被为高寒灌丛或高寒灌丛草甸，总覆盖度80%～95%，层次分化明显，上为高寒灌丛，以多种杜鹃、山生柳、金露梅最为普遍，某些区域生长鬼箭锦鸡儿，高度不超过1 m，而峡谷阴坡可达1.5 m，覆盖度变化大，可占总覆盖度的40%～90%，草本植物以嵩草、羊茅、早熟禾、薹草及杂草或苔藓等为主，灌丛稠密时，草本植物减少，且以苔藓为主，母岩多样，以板岩、砂砾岩、石灰岩、千枚岩等较多，风化弱。母质以坡积物、重力堆积物、坡积—残积物较为普遍，产草量差异大，灌丛稠密时，下层以苔藓为主，牧草产量不足750 kg/hm²，生产上作辅助草场；灌丛稀疏时，优良牧草生长茂密，青干草最高产量超过1500 kg/hm²，据统计，平均产草量1000 kg/hm²。

高山灌丛草甸土全省有122.74万 hm²，占高山草甸土类的6.03%，占土壤总面积的1.87%左右，主要分布于果洛、玉树、海南、海北、黄南、海西等州县。高山灌丛草甸土剖面平均厚度约40～60 cm，但受海拔高度及所处地形坡度的制约而变化，范围在20～100 cm，一般海拔越高，坡度越陡，土层越薄。在高寒灌丛植被下，剖面 A_s 层不发育，代之可出现凋落物层（A_0）或苔藓层，苔藓发育，下面为粗腐质层，富含未分解或半分解的粗有机质，有机残体可占总重的24%，腐殖质层深厚，过渡层土色深暗，但有时发育不明显，腐殖质层直接与母质层相接。

由于水热条件及植被等因素的差异，可分为高山灌丛草甸土及假潜育高山灌丛草甸土2个土属，前者面积117.74万 hm²，后者仅有4.99万 hm²。

高山灌丛草甸土（土属）：此剖面位于称多县尕朵乡卡吉大队索地巴沟山坡中部，坡向NE20°，坡度17°，海拔4280 m；成土母质为残积—坡积物。灌丛为高山柳、金露梅、高山绣线菊、锦鸡儿；灌丛下生长草本有嵩草、薹草、珠芽蓼、委陵菜等，覆盖度95%。此剖面理化性质见表3-32。

表3-32 高山灌丛草甸土化学性质

地点海拔	层次	有机质	CaCO₃	pH	全量			速效			C/N	代换量
					N	P₂O₅	K₂O	碱解N	P	K		
称多县尕朵乡，4280 m	0～26	244.0	0	6.3	12.0	3.0	15.8	858	4	100	11.8	60.5
	26～52	217.6	0	6.3	9.0	3.5	17.0	737	2	85	14.0	69.3
	52以下	115.9	0	6.3	5.7	2.8	18.5	385	4	78	11.9	37.7

假潜育高山灌丛草甸土（土属）：在灌丛稠密，土壤湿度大，地表有凋落物及苔藓组成 A_0 层，锈纹锈斑出现层为升高，个别地段可出现小而软的结核，如祁连县310号剖面。其理化性质见表3-33。

表3-33 假潜育高山灌丛草甸土化学性质

地点海拔	层次	有机质	CaCO₃	pH	全量			速效			C/N	代换量
					N	P₂O₅	K₂O	碱解N	P	K		
祁连县多隆乡3600 m	0～10	327.1	0.9	6.3	9.5	0.6	25.3	1195	14	31	19.9	80.2
	10～22	193.7	0.6	6.6	7.3	0.9	26.7	1109	9	113	15.4	49.0
	22～36	147.8	0.6	7.2	6.1	1.9	26.7	1045	9	160	14.1	43.2
	36～50	71.9	1.7	7.2	2.6	0.7	29.1	520	9	270	16.4	30.4

4）高山湿草甸土（土类）分布与成土条件：高山湿草甸土主要分布区域内较湿润地段。如浑圆山地中上部阴坡、水系源头、高山坡折线以下地段等降水较多或下部多年冻土发育的区域，地形都较平缓，土壤水分除有较多的降水外，常有土壤侧渗补给，植被以嵩草为主，且可出现对水分要求较高的藏嵩草、蔗草等植物，盖度高，草质好。剖面中下部土层年内部分季节可为水分饱和而出现缺氧环境，氧化还原交替强烈。全省共有163.32万 hm²，占高山草甸土类8.03%。

剖面性态：土体厚度 50～70 cm，植毡层发育，A_1 层深厚，AB 层明显，呈棱块状鳞片状，结构体表面常为铁、锰有机络合物覆盖，可出现锈斑锈纹。质地轻粗，淋溶强，通常无石灰反应或石灰含量很低，中性至弱酸性反应。其理化性质见表 3-34。

表 3-34　高山湿草甸土化学性质

地点 海拔	层次	有机质	CaCO₃	pH	全量			速效			C/N	代换量
					N	P₂O₅	K₂O	碱解 N	P	K		
称多县 歇武乡， 4 400 m	0～20	137.8	0	6.5	7.0	3.2	17.0	475	3	80	11.6	40.6
	20～50	16.0	0	6.6	0.9	1.0	15.5	39	2	285	10.3	9.6
	50～70	50.2	0	6.5	2.5	2.3	18.6	204	2	75	11.5	26.4
	70～95	12.3	0	7.4	1.0	1.4	11.6	56	2	75	7.1	12.1
玛沁县 北黑土山， 4 200 m	0～8	169.0	3.0	6.5	8.51	0.87	18.0	517	2.9	248	11.5	52.1
	8～20	93.2	2.0	6.7	5.08	0.94	19.8	381	3.9	117	10.6	34.3
	20～56	54.3	2.0	6.7	3.09	0.77	20.3	207	1.6	84	10.2	22.1
	56～90	4.2	3.0	7.3	0.38	0.23	20.4	66	1.0	27	6.4	5.9

高山草甸土是青海高山地区的主要草场土壤，总面积有 2 034.78 万 hm²，约占高山带土壤总面积的 48.92%，热量条件虽较差，但水分条件较好，牧草生长低矮，但繁茂。每公顷产青草平均数 2 700～3 750 kg，除高山灌丛草甸土外，植物以莎草科的各种嵩草为主，禾草次之，豆科牧草较少，不可食草及毒草比重不大。嵩草属植物具有三高（蛋白质、碳水化合物、无氮浸出物高）、一低（纤维素低）的特点，营养丰富，草质好，适口性强，各类牲畜均喜采食，是天然草地中耐牧性强，利用率高的土壤类型，高山草甸土地势高耸，气候凉爽，蚊蝇少，是藏羊、牦牛的理想夏场，高山灌丛草甸土灌丛较稀时，不影响放牧利用；灌丛稠密时，仅能作为夏季辅助草场，放牧以牦牛为好，由于灌丛的水源涵养作用及水土保持功能较强，生态效益明显，不要盲目改变其植被类型。

3. 亚高山草甸土

亚高山草甸土主要分布在高山带下段，森林郁闭线以上区域，下接灰褐土、山地草甸土，上承高山草甸土。在青海地区北部的祁连山东段，东部农业区的脑山以上地段及东南部河谷地区森林郁闭线以上均有分布。由于亚高山草甸土分布区域的地形破碎，切割严重属高山深谷地貌，相对高差大，带谱宽度受到抑制，面积相对较小。全省总面积 48.56 万 hm²，仅占土壤总面积的 0.74%。

亚高山草甸土剖面构型因地形部位不同，土体厚度差异较大，剖面一般为 As-A_1-AB-（B 或 BC）-C 等发生层构成。As 层发育明显，厚度 10 cm 左右，草根交织盘结，但较高山草甸土松，而色调较深暗；A_1 层 10～45 cm，与坡度缓陡关系密切，滩地缓坡深厚，陡坡浅薄，色调较暗，屑粒或小粒状结构，须根多，向下过渡明显；AB 或 B 层较发育，小块状结构，在纬度相对较高的区域，可出现不稳固的鳞片状结构，色调常是剖面最深的层次，结构面为腐殖质胶膜或铁、锰络合物覆盖，有反光，干燥后研粉末时色调较小结构体表面降 1～2 级门赛尔值，向下过渡明显，色调骤变；BC 层为核块状结构，须根少，色调受母质影响明显，可出现碳酸盐新生体。

亚高山草甸土按其坡向、植被、剖面性态及理化性质的差异分为亚高山草甸土、亚高山灌丛草甸土 2 个亚类。

1）亚高山草甸土（亚类）：位于山体的阳坡和半阳坡的坡地和滩地，成土母质为残积—坡积物，以及黄土状物质；植被为嵩草属和薹草属，覆盖度 60%～80%；坡度大的地方，片蚀较严重。其理化性质见表 3-35。

表 3-35 亚高山草甸土化学性质

地点海拔	层次	有机质	CaCO₃	pH	全量			速效			C/N	代换量
					N	P₂O₅	K₂O	碱解N	P	K		
祁连东段 3 860 m	0～9	101.8	1.0	7.7	4.85	2.29	20.2	361	3	106	12.2	36.8
	9～25	101.8	1.0	7.6	4.83	2.44	20.2	341	1	185	12.2	40.1
	25～50	94.8	10	7.7	4.61	2.48	21.5	352	1	327	11.9	35.6

2）亚高山灌丛草甸土：亚高山灌丛草甸土与亚高山草甸土处于同一层带，占据着阴坡或偏阴坡高寒灌丛或高寒灌丛草甸植被下发育。在地形深切、较郁闭的北坡，灌丛生长稠密高大，地表有凋落物层，草本稀疏，苔藓生长旺盛；在坡度较小，地形较开阔地段或偏阴坡，灌丛生长较稀，草本植物发育良好，苔藓生长受抑制，为灌丛草甸植被，地表凋落物薄或不成层，甚至缺失。亚高山灌丛草甸土分布较零散，呈斑块状分布于亚高山草甸土带，土体潮湿，剖面厚度与地形有关，陡坡地段较薄且多石砾，缓坡深厚，有机物丰富，色泽深暗，热量条件较高山灌丛草甸土好，冻融弱，剖面发育好。

现以祁连山东段隆-93号剖面为例，阐明其剖面性态，此坑居于亚高山阴坡和半阴坡，海拔3 700 m；灌丛为紫花杜鹃和高山柳等，灌丛下的草本种类为苔草、早熟禾等；母质为坡积物。其理化性质见表3-36。

表 3-36 亚高山灌丛草甸土化学性质

地点海拔	层次	有机质	CaCO₃	pH	全量			速效			C/N	代换量
					N	P₂O₅	K₂O	碱解N	P	K		
祁连东段 3 700 m	0～5	211.2	1.6	7.6	7.47	1.63	13.3	314	6	242	16.4	72.0
	5～20	199.8	1.4	7.5	7.17	1.84	15.7	366	4	156	16.2	70.7

4. 高山草原土

高山草原土是森林郁闭线以上和无林山原高山带较干旱区域发育的土壤，在青海广泛分布于唐古拉山以北，昆仑山以南的广大山地及高平原区，柴达木盆地东南高山区及北部高山带。海西州昆仑山3 800～4 800（5 000）m的阴坡宽谷及其以南的可可西里内流区；祁连山地西部的疏勒河谷上游及宗务隆山高处3 800～4 400 m的高山带；玉树州西3县（曲麻莱、治多、杂多）西部4 300 m以上的宽谷、湖盆阶地和缓坡；海南州西部高山带阳坡及地形开阔处；海北州西北的托勒河谷3 700 m以上的阳坡、半阳坡等；果洛州玛多、达日、玛沁3县西部4 100～4 300 m的宽谷、湖盆、滩地及阳坡、缓坡，总面积1 567.69万 hm²，占青海省土壤总面积的23.94%。

就水平位置而言，高山草原土主要分布在青海西部外流水系与内流水系分水岭的高原面上，向东南，随湿润条件的改善，仅出现于宽谷滩地，沿深切的河谷向东伸展侵入高山草甸土区。此外，在旱化强烈的柴达木荒漠东部南侧的高山区及受此干旱气候影响的盆地东南方向高山带地形开阔的滩地、阳坡和东北方向的高山带亦广泛分布。在垂直系列中，可出现在高山草甸土带以西及以北更高的高原面上，西接高山漠土，在高山草甸土分布区，则占据着地形开阔的滩地、阳坡或稍低的大河峡谷底部阶地与高山草原草甸土交叉分布。在柴达木盆地及其周围山地，常占据着棕钙土、粗骨土、石质土以上的高山带。

高山草原土在青海高寒干旱区分布广泛，在唐古拉山、昆仑山间广大的高平原上，高山草甸草原土以西的青藏公路两侧，柴达木盆地东部南侧高山区及受盆地干燥气流影响的东南向高山区的宽谷缓坡、阳坡，是最具代表性的高山草原土壤类型。发育于寒冷多风、干旱少雨的高寒草原植被下，平均气温 -2.7℃～ -5.0℃，≥0℃积温600～900℃·d，年降水量在150～500 mm，干燥度1.5～2.5，平均风速3～4 m/s，植被以紫花针茅、异针茅建群，伴生风毛菊、蒿、狼毒、火绒草、棘豆等，覆盖度30%～50%，产草量750～1 200 kg/hm²。成土过程虽较微弱，但仍具有草原土壤的某些特征，表层砂砾化，具微弱深色薄结皮或为浮沙覆盖，有机质含量低，土体呈碱性反应，碳酸盐在剖面中下部略有积累，质地较粗，细粒物质少。其理化性质见表3-37。

表3-37　高山草原土化学性质

发生层	项目	有机质	CaCO₃	pH	全量			速效			C/N	代换量
					N	P₂O₅	K₂O	碱解N	P	K		
A	样本数	85	84	85	86	85	85	82	84	82	—	83
	平均值	30.0	84.6	8.3	2.12	1.3	22.0	111	4.4	170	8.2	11.65
	标准差	18.1	31.5	0.43	1.3	0.2	2.5	34	2.2	57.16	—	4.46
B	样本数	78	74	78	74	76	76	78	76	76		76
	平均值	22.4	89.1	8.1	1.29	1.2	22.5	78	3.0	121	10.1	8.4
	标准差	12.3	34.9	1.01	0.5	0.3	2.1	21.91	1.48	39.96	—	2.7
C	样本数	32	32	34	32	32	30	28	33	30	—	32
	平均值	10.5	97.1	8.3	0.68	1.1	19.9	26	2.2	112	8.9	6.45
	标准差	4.9	28.0	0.41	0.3	0.2	2.8	7.84	0.6	56.98	—	2.01

高山草原土粗骨性明显，不但含有石砾，就小于1 mm或2 mm的土壤部分，其矿质颗粒组成以细砂粒或粗粉粒为主，除发育于页岩红土外，黏粒含量低，属砂壤或轻壤，说明其母质对土壤性质的影响较强和风化发育程度较浅。

高山草原土还包含高山草甸草原土和高山荒漠草原土2个亚类。

高山草甸草原土：系高山草原土亚类，位于青南高原西部，分布于高山草原土与高山草甸土相接的过渡带，在柴达木盆地东部两侧高山带中上部，上接高山寒漠土或石质土、粗骨土等，是高山草原土中水分条件最优越的一个亚类。植被以紫花针茅为主，莎草科的嵩草属植物呈块状散布其间。有一定的草甸化，伴生有扁穗冰草、早熟禾、龙胆等。因区域而异，覆盖度40%～60%，产草量900～1 000 kg/hm²。面积383.13万hm²，占全省土壤的5.85% 高山草甸草原植物生长良好，覆盖度较好，表层草根很多，可有不连续的松软草皮层，腐殖质层发育，色深，含量达3%～4%。

剖面具有高山草甸土相似的构型，但具有高山草原土的特征，土壤有机质减少，通体碱性反应，石灰绝对量与母质类型有关，剖面上部即具石灰反应，且可出现新生体，淋溶强度较高山草甸土明显降低，但淀积较深，以底层含量最高。其理化性质见表3-38。

表3-38　高山草甸草原土化学性质

地点海拔	层次	有机质	CaCO₃	pH	全量			速效			C/N	代换量
					N	P₂O₅	K₂O	碱解N	P	K		
玛多县 4 200 m	0～17	57.8	32	8.2	3.08	0.47	13.9	162	11.4	168	10.9	184.8
	17～37	23.8	37	8.3	1.39	0.37	11.8	57	5.6	83	9.9	97.2
	37～48	10.9	30	8.5	0.69	0.27	9.8	49	1.5	59	9.2	54.6
	48～82	11.6	47	8.4	0.72	0.30	10.3	56	1.7	51	9.3	59.0

高山荒漠草原土（亚类）是高山草原土向干旱荒漠过渡地带的土壤，在唐古拉山与昆仑山之间，青藏公路西侧5 km（昆仑山）到15 km（唐古拉山）以西，广大的可可西里地区的准平原化高原面、宽谷、湖盆及倾斜平原大面积连续分布；在柴达木盆地南侧山地占据着旱化的石质土或粗骨土以上，高山草原土或高山寒漠土以下地段，总面积674.58万hm²，占该土类面积43.03%。主要分布在海西州的昆仑山内部山地及北侧高山带，玉树州西部及可可西里地区。在海南州北部高山阳坡亦有少量分布。土壤发育于高寒多风、干旱荒漠化草原的生物气候条件下，海拔4 200～5 200 m，年均温-3.2～

-7.3℃，最冷季可达 -8.5℃，最热月均温 3～5℃，最冷月的 1 月 -18～-20℃，≥0℃积温低于 400℃·d，年降水量 70～150 mm，干燥度 3～6，植物有稀疏的针茅、细叶薹、高原早熟禾、优若藜等，在柴达木盆地南侧高山以优若藜、猪毛菜、盐爪爪、单丛的芨芨草、针茅等，在勒斜武担湖、太阳湖、昆仑山南麓数百千米范围内的湖盆、宽谷、低山缓坡及大面积的倾斜平原为垫状植物建群，覆盖度 10%～20%，甚至低于 5%，地表有黑色地衣及荒漠化薄结皮，生物积累弱，土色浅淡，有机质含量低，土体薄而多砾，粗质，表面砂砾化，淋溶作用不发育，剖面分化弱，易溶盐淋溶不彻底，钙积层位高或移动不显著，可有少量石膏。其理化性质见表 3-39。

表 3-39　高山荒漠草原土化学性质

地点 海拔	层次	有机质	CaCO₃	pH	全量			速效			C/N	代换量
					N	P₂O₅	K₂O	碱解N	P	K		
治多县青藏70道班，4 520 m	0～12	9.8	118.8	8.9	0.60	1.1	15.1	36	1.0	198	9.4	11.9
	12～24	9.3	123.7	8.8	0.74	0.9	22.8	44	1.0	180	7.3	14.5
	24～40	4.3	113.5	8.6	0.38	0.6	16.1	28	0.8	119	6.6	14.7
格尔木乌兰乌拉高勒，4 300 m	0～16	11.1	139	9.3	0.65	1.69	20.8	25	12.4	304	9.9	5.29
	16～65	11.0	159	8.6	0.65	1.44	22.8	20	5.3	182	9.8	7.11
	65～87	5.9	155	8.2	0.39	1.51	21.8	18	3.5	115	8.8	5.76

5. 山地草甸土

山地草甸土主要分布于山地寒温针叶林层带高度范围内，居于山体中部，上承亚高山草甸土或高山草甸土、下接黑钙土和栗钙土，上限海拔高度与灰褐土相同，如东部农业区海拔 2 600～3 500 m，环湖区 3 100～3 900 m；青南高原海拔 3 400～4 300 m 的低山丘陵的中上部，浑圆山顶、河谷阶地，以及较高海拔的山前滩地，热量条件高于高山草甸土层带，降水量 387～650 mm，年均温 -3～2.3℃。主要植被为草甸和灌丛，主要生长小嵩草、矮嵩草、细薹叶、垂穗披碱草、早熟禾等，株高 3～45 cm，覆盖度 75%～85%，平均产鲜草 2 613 kg/hm²，林缘和阴坡、半阴坡着生杜鹃、金露梅、小檗、锦鸡儿、鲜卑花等灌丛，灌丛下生长嵩草、藏异燕麦、早熟禾、恰草等，灌木覆盖度 20%～40%，草本层覆盖度 30%～50%，平均产鲜草 3 403 kg/hm²，成土母质比较复杂，有残积物、坡积物、洪积物、冲积物，还有冰碛物及黄土、红土等。山地草甸土面积 357.09 万 hm²，占全省土壤面积的 5.45%。

山地草甸土的成土条件、有机质积累与高山草甸土基本相似，剖面发育比较完整，呈 As-A-BC-C 层构型。土壤发育不受地下水影响，主要因冻融导致土体内常形成片状结构，但出现层位较高山草甸土深。有机质积累量大，腐殖质层深厚，厚的可达 1 m 以上，但在地形凸出部位，土层薄仅 10 多厘米；土体内经常可见到蚯蚓粪和蚯蚓活动；阴坡灌丛土体潮湿，可见到锈纹锈斑；由于成土处于低温、湿润气候条件下，淋溶作用弱，矿物风化不彻底。

山地草甸土下分 3 个亚类：即山地草甸土、山地草原草甸土、山地灌丛草甸土，其剖面性态和理化性质分述如下。

（1）山地草甸土（亚类）

面积 116.65 万 hm²，占本土类面积的 32.67%，主要分布在海北、黄南、果洛、玉树州。其水分充足，天然牧草生长旺盛茂密，主要植物有小嵩草、矮嵩草、珠芽蓼、早熟禾、披碱草，美丽风毛菊、米口袋、唐松草等多种植物组成，覆盖度 75%～85%，平均产鲜草 2 613 kg/hm²，草质柔软，富含营养，适宜放牧各类家畜。此亚类的剖面性态如泽库县多福屯乡、拉加更河谷滩地，海拔 3 530 m，植被多为早熟禾等，母质为坡积物，通层无石灰反应。其理化性质见表 3-40。

表 3-40 山地草甸土化学性质

地点 海拔	层次	有机质	CaCO₃	pH	全量			速效			C/N	代换量
					N	P₂O₅	K₂O	碱解 N	P	K		
泽库县 多福屯乡 3 530 m	0～10	151.4	1.0	7.3	7.40	2.09	25.0	159	10	300	11.8	51
	10～37	81.9	1.5	7.3	3.47	1.57	24.3	73	1	59	13.7	39
	37～56	38.1	2.5	7.6	1.66	1.45	25.5	40	1	56	13.3	23

（2）山地草原草甸土（亚类）

面积 180.17 万 hm²，分 3 个土属。即：山地草原草甸土（土属），淋淀山地草原草甸土（土属），侵蚀山地草原草甸土（土属）。

山地草原草甸土（土属）土属面积 163.19 万 hm²，处在山体的阳坡、半阳坡和丘陵地的中下部，土体比较干燥，土壤淋溶弱，从表层起有石灰反应，往下逐渐增强，有明显的钙积层，此层见假菌丝体或斑环状，生长中旱生的嵩草、针茅、赖草、早熟禾、委陵菜、野苜蓿等植物。覆盖度 70% 左右；母质为坡积物或黄土盖红土，其剖面性态如刚察吉尔孟乡折格玛卓，海拔 3 391 m，母质为红棕色第三系红土，全剖面呈强石灰反应。其理化性质见表 3-41。

表 3-41 山地草原草甸土化学性质

地点 海拔	层次	有机质	CaCO₃	pH	全量			速效			C/N	代换量
					N	P₂O₅	K₂O	碱解 N	P	K		
刚察县 泉吉乡 3 567 m	0～17	74.8	72.2	8.0	3.60	3.13	30.5	232	7	337	12	23.5
	17～43	23.7	258.1	8.6	1.06	0.98	25.3	88	痕迹	82	13	12.4
	43～84	14.0	239.4	8.6	0.43	1.04	26.7	58	痕迹	73	19	10.9
	84 以下	5.3	240.3	8.8	0.37	2.63	34.3	27	痕迹	41	18	9.1

淋淀山地草原草甸土（土属）：属于过渡类型，介于山地草甸土和山地草原草甸土之间，面积 9.47 万 hm²，表层无或弱石灰反应，往下逐渐增强，即心土层呈石灰淀积，多假菌丝体，生草层明显，草皮层坚硬，草根絮结成毡状，在冻融作用下，地表出现龟板状的裂缝，在裂缝内早熟禾、披碱草及杂类草繁生。主要生长小嵩草、矮嵩草、针茅、早熟禾、披碱草、龙胆、蒲公英等中生、中旱生植物。母质为第三世红土。其理化性质见表 3-42。

表 3-42 淋淀山地草原草甸土化学性质

地点 海拔	层次	有机质	CaCO₃	pH	全量			速效			C/N	代换量
					N	P₂O₅	K₂O	碱解 N	P	K		
祁连县默 勒乡 3 610 m	0～8	118.9	7.6	7.6	5.47	1.95	29.5	448	6	501	13	41.1
	8～37	91.0	26.7	7.8	4.34	1.50	28.5	371	2	127	12	39.7
	37～56	40.4	182.6	8.1	1.88	1.34	26.0	141	4	94	6	20.1
	56～117	10.2	247.0	8.2	0.74	1.19	24.6	48	痕迹	51	8	15.6

侵蚀山地草原草甸土（土属）：此土属面积 3.44 万 hm²，其成土条件与侵蚀高山草原草甸土相似。由于自然因素和生物因素，草皮层被破坏而流失，地表裸露砾石，表层土疏松，土壤养分含量低，容重达 1.50 t/m³，含水率 200 g/kg 左右，母质为洪积物，次生植物为银莲花、紫堇、艾菊；残存的原生植物有早熟禾、披碱草，覆盖度仅 35%。其理化性质见表 3-43。

表 3-43 侵蚀山地草原草甸土化学性质

地点 海拔	层次	有机质	CaCO₃	pH	全量			速效			C/N	代换量
					N	P₂O₅	K₂O	碱解 N	P	K		
祁连县默勒乡, 3 610 m	0～7	28.9	25.3	8.1	1.4	0.7	55.3	253	4	122	12.1	11.6
	7～30	28.8	30.9	8.1	1.5	0.7	31.4	261	痕迹	111	11.2	10.8

耕种山地草原草甸土（土属）：此土属面积很小，计有 4.07 万 hm²，占山地草甸土（土类）面积的 1.14%，垦种时间短，除表层耕作层外，其他层段仍保持自然剖面特征特性，耕层松散，宜耕性好，易于接纳雨水，但肥力低，特别是磷极缺，应增施有机肥料培肥土壤，补充速效氮，磷化肥，调节养分，提高饲草饲料产量。如河南蒙古族自治县智后茂乡县城东北角，缓坡河沿阶地，成土母质冲积——洪积物，海拔 3 510 m。其理化性质见表 3-44。

表 3-44 耕种山地草原草甸土化学性质

地点 海拔	层次	有机质	CaCO₃	pH	全量			速效			C/N	代换量
					N	P₂O₅	K₂O	碱解 N	P	K		
河南县	0～20	45.3	22	8.0	2.09	1.7	18.6	72	1	150	12.5	18
智合茂乡，	20～43	10.5	22	8.4	0.61	1.0	18.2	12	痕迹	90	9.9	10
3 510 m	43～65	6.7	11	8.7	0.16	1.3	20.2	10	痕迹	100	24.3	8

（3）山地灌丛草甸土（亚类）

面积 60.27 万 hm²，占山地草甸土（土类）面积的 16.88%，全省各州（地）均有此亚类，但多集中在海东、海北、果洛、玉树等州森林线下限的山地阴坡灌丛区。此土壤所处地带气候湿润、水分丰沛，土体潮湿；土层较薄，土体内混杂砾石，母质多为带棱角的坡积物，属淋溶型，通层无石灰反应，呈弱酸性，但发育在红土母质的土壤，在土体中下部有石灰性新生体，生长高大的高山柳、鲜卑花、聚枝杜鹃、鬼箭锦鸡儿，灌丛高大密集，最高可达 2 m 以上，覆盖度 40%～80%，灌丛下生长线叶嵩草、墓草、发草、细柄茅、早熟禾、珠芽蓼，产鲜草 3 900 kg/hm² 左右。其理化性质见表 3-45。

表 3-45 山地灌丛草甸土化学性质

地点 海拔	层次	有机质	CaCO₃	pH	全量			速效			C/N	代换量
					N	P₂O₅	K₂O	碱解 N	P	K		
久治县，白玉乡，	0～13	186.5	0.1	7.4	7.9	1.9	24.0	599	5	203	13.9	37.18
3 720 m	13～25	144.3	0.2	7.6	6.1	1.9	17.5	404	4	153	12.9	33.43
	25～43	98.8	0.6	7.4	4.1	1.6	14.1	198	3	95	14.3	28.33

6. 草甸土

草甸土分布于青海海西州、海北州、玉树州和果洛州等地区。该土为隐域性土壤，主要分布在河流两岸的河漫滩地、湖滨洼地、季节性渍水的洼地或沼泽退化迹地等，属半水成土壤，呈斑块和条带状分布，面积 63.97 万 hm²，占全省土壤面积的 0.98%。

草甸土的成因，主要受地下水和河流季节性（间断性）漫淹或季节性降水影响，地表有短期积水现象，由于地下水位间断的升降，使土体下部出现交替的氧化还原过程，有铁锈斑纹现象，地表的干湿交替，在水中含盐较高的情况下表层亦可发生盐化现象。由于所处地形部位和成土母质各异，如地处河漫滩地的草甸土，母质与上游各类母岩风化物或不同成土物质有关，质地则与河水夹带的泥砂有关，由于该土母质多为冲、洪积物、湖积物，其土体厚薄变化较大，厚者大于 80 cm，薄者小于 30 cm。

该土是中生草甸植被下发育起来的土壤，在干旱气候条件下，通过积水浸润、季节性干湿交替，在生草过程和氧化—还原过程为主导的成土过程作用下形成的土壤。草甸土下划草甸土、石灰性草甸土和盐化草甸土 3 个亚类。

（1）草甸土（亚类）

草甸土只分布在果洛藏族自治州的久治、甘德、玛沁、班玛、达日和玛多等县的河流沿岸的河漫滩，面积 6.35 万 hm²，占草甸土总面积的 9.93%。

植被为典型的草甸类型，主要建群种有嵩草、薹草、洽草、发草、披碱草、早熟禾、野青茅等，伴生植被有金莲花、星状风毛菊等，中湿生草甸植被，局部地区有稀矮的高山柳、金露梅等灌木。覆盖度为 80% 以上，是优良的牧草地。如果洛州久治县苏乎日麻乡纳格龙河谷滩地，海拔 3 850 m；母质为冲积物；植物为西藏嵩草、薹草、早熟禾、龙胆等，盖度 90%。其理化性质见表 3-46。

表 3-46　草甸土亚类化学性质

地点海拔	层次	有机质	CaCO₃	pH	全量			速效			C/N	代换量
					N	P₂O₅	K₂O	碱解 N	P	K		
久治县，	0～9	69.0	0	7.0	3.7	1.4	23.3	266	3	150	10.8	14.9
3 850 m	9～19	36.0	0	7.5	2.1	1.1	17.7	154	1	130	9.9	13.5

（2）石灰性草甸土（亚类）

石灰性草甸土主要分布在青海玉树和海北两州地区，该类土壤主要是受地下水影响形成的，常见于河流沿岸的河漫滩或少数低阶地，面积 48.23 万 hm²，占草甸土总面积的 75.39%，该土生草过程较强，地表植物生长旺盛，在地下水季节性浸润下，土壤含水率高，土体较薄，平均不足 40 cm，且呈强石灰反应。石灰性草甸土（亚类）可分石灰性草甸土（土属）、灌丛石灰性草甸土（土属）、盐化草、回土（土属）。

石灰性草甸土（土属）除果洛藏族自治州久治县降水量达 700 多 mm，土体内不见碳酸盐外，其他各地均是石灰性草甸土，此土属面积 47.51 万 hm²。其理化性质见表 3-47。

表 3-47　石灰性草甸土（土属）化学性质

地点海拔	层次	有机质	CaCO₃	pH	全量			速效			C/N	代换量
					N	P₂O₅	K₂O	碱解 N	P	K		
	0～9	37.3	138	8.6	2.12	1.63	26.0	62	4.6	321	10	15.1
乌兰县	9～33	39.8	168	8.2	2.48	1.61	27.6	82	3.0	109	10	21.6
察汗诺，	33～58	21.5	192	8.1	1.38	1.35	23.3	50	2.8	83	9	9.8
3 290 m	58～79	20.7	228	8.2	1.42	1.51	24.1	47	2.6	120	8	10.6
	79 以下	21.8	164	8.2	1.44	1.51	28.8	55	2.8	154	9	17.9

灌丛石灰性草甸土（土属）。多出现在河流两岸的河漫滩地区，在海北、玉树州均有分布，面积 0.71 万 hm²，占草甸土面积的 1.25%。该土属是在林灌植被下发育的一种土壤，植被主要为沙棘、柽柳、小叶杨、刺梅、金露梅等灌木林，灌丛下伴生的草本植物有羊茅、毛茛、珠芽蓼等以及苔藓等低等植物，覆盖率 90% 左右，土层薄，质地粗，多砾石，疏松，潮湿，呈单粒状结构，有锈纹锈斑新生体。其理化性质见表 3-48。

表 3-48　灌丛石灰性草甸土（土属）化学性质

地点海拔	层次	有机质	CaCO₃	pH	全量			速效			C/N	代换量
					N	P₂O₅	K₂O	碱解 N	P	K		
祁连县	0～22	98.4	36.1	7.9	3.0	1.2	25.2	360	3	60	18.7	14.4
八宝乡，2 800 m	22～31	49.9	40.4	7.9	1.8	6.6	26.6	216	2	61	16.1	13.3

（3）盐化草甸土（土属）

主要分布在河流沿岸和湖滨平缓低洼地区，面积 9.39 万 hm²，占草甸土面积的 14.68%。盐化草甸土是在生草过程、积盐过程和潜育化过程共同作用下形成的土壤类型，盐分来源于含盐风化物，通过降水汇集，矿化度较高的地下水，经蒸发积盐而成或在干旱气候条件下，土壤水蒸发强烈，使盐分富集于地表而成。该土地表均有明显的盐斑或片状盐结皮，星罗棋布于地表。其理化性质见表 3-49。

表 3-49　盐化草甸土（亚类）化学性质

地点海拔	层次	有机质	CaCO₃	pH	全量			速效			C/N	代换量
					N	P₂O₅	K₂O	碱解N	P	K		
大柴旦类努乎图，3 300 m	0～20	19.9	100	8.1	0.97	1.44	36.6	65	8.4	339	12	10.0
	20～42	—	108	8.4	0.64	1.42	30.6	32	4.5	135	9	7.1
	42～70	—	110	8.3	0.67	1.60	30.7	44	8.4	159	7	9.8
	70以下	—	89	8.4	0.44	1.47	28.0	34	5.1	131	8	8.0

7. 栗钙土

栗钙土主要分布在青海省环湖各州县及海东地区，共有 249.25 万 hm²，其中海南最多，为 126.34 万 hm²，海东次之，74.03 万 hm²，海北居第三位，26.05 万 hm²，是青海省农业生产面积最大的土壤，占全省土壤总面积的 3.81%。

栗钙土分布东起海东民和回族土族自治县，西至海西天峻县布哈河中游地带，南自海南州最南端的黄河谷地，北至海北州祁连地区的八宝、扎麻乡，海拔 2 100～3 500 m 的广大地区，是青海省分布面积比较广泛的土类之一。栗钙土是温带半干旱草原地区的地带性土壤，属温带半干旱—干旱大陆型气候，年平均气温 -1.5～6.1℃，年均降水 314～450 mm，年蒸发量 1 200～1 600 mm，湿润系数 0.5～1.0，蒸降比 2.5～5.0，稳定通过 0℃积温 1 628～3 127℃·d，大于 10℃的年积温在 596～2 506℃·d，无霜期 70～230 d，气候受东南季风和西北干寒气流影响和控制，夏秋温凉多雨，冬季干冷少雪，春季干旱多风，年降水不多，季节分配不均，且不稳定，7—9 月为雨季，降水占全年降水量的一半以上，冬春降水仅占全年降水量的 15% 左右，在整个栗钙土区内，降水量由东向西逐渐减少，自低到高随海拔的增高而逐渐增加，气候水平与垂直变化均较明显，致使栗钙土发育着不同的亚类土壤类型。

栗钙土的植被属草原型，主要由旱生多年生草本组成，草群植物组成有针茅、芨芨草冰草、早熟禾、赖草，有些地区还伴生有莎草科的细叶薹草、小嵩草和其他杂类草，覆盖度 30%～70%。

栗钙土多处于剥蚀或侵蚀低山丘陵、冲、洪积和湖积、阶地、台地及滩地上，土壤母质多样，但主要是第四纪黄土和第三纪红土物质以及各种岩石风化物、冲、洪积物和风沙淀积物质。

栗钙土由于半干旱气候的影响，土壤淋溶较弱，成土过程是在中性至弱碱性环境条件下通过以腐殖质的累积与分解和钙化为主的过程发育形成的土壤类型。由于气候干燥，夏季高温，土壤有机质好气性分解过程强度较大，有机物质的矿化速率高于腐殖质的累积速度，所以，该土有机质的含量均较腐土纲的黑钙土类要低得多，腐殖质层的水稳性团粒也较其为少，团粒结构也差。由于气候干燥，淋溶作用弱，土壤钙化作用较强，土体均有石灰反应，碳酸钙的淀积层位与含量均较黑钙土类要高些。

栗钙土类根据其发育程度、有机质含量划分为暗栗钙土、栗钙土、淡栗钙土、草甸钙土和盐化栗钙土，共 5 个亚类。暗栗钙土、栗钙土、淡栗钙土 3 个亚类可分有山地、滩地和耕种 3 个土属。草甸钙土和盐化栗钙土亚类分布面积少，这里不多叙述。

（1）暗栗钙土亚类

分布在海拔 2 700～3 300 m 的半浅、半脑山区和海拔较高的阶地、滩地，常与黑钙土、山地草甸土构成复区，面积 78.89 万 hm²，占栗钙土面积的 31.65%。暗栗钙土主要分布在海北、海西和海南、黄南，海东数量较少，该土在栗钙土中海拔最高，温度偏低，湿度偏大，但仍属半干旱气候，土壤虽有淋溶，但仍较弱，土体均有石灰反应，石灰淀积层多在土体 60 cm 以下，具少量假菌丝，或不明显，钙化作用较弱，碳酸钙含量较低，植被以早熟禾、赖草、披碱草、芨芨草、针茅、薹草为主，伴生冰草、紫菀、披针叶黄花、茵陈蒿等，还有少量的小嵩草。腐殖质累积强度较其他亚类为高，腐殖质层厚度在 60 cm 左右，呈波状分布。该土水、肥、气、热比较协调，是青海省比较肥沃的高产土壤，但在某些山区，水土流失有加剧的趋势，应加强治理。其理化性质见表 3-50。

表 3-50　暗栗钙土亚类化学性质

地点 海拔	层次	有机质	CaCO₃	pH	全量			速效			C/N	代换量
					N	P₂O₅	K₂O	碱解 N	P	K		
化隆县	0～20	67.7	53.0	8.1	4.04	2.26	15.8	191	12	121	9.7	30.1
扎巴乡，	20～60	49.9	54.0	8.1	3.01	2.26	15.1	168	3	56	9.6	29.2
2 834 m	60 以下	19.2	130.0	8.4	1.42	1.87	15.8	168	1	50	7.8	22.6

（2）栗钙土亚类

栗钙土亚类省内各州均有，并以海西、海南和海东面积较大，主要见于河谷地带的低山阳坡、半阳坡、阶地、冲、洪积扇、青海湖滨滩地，以及海东地区河湟流域的浅山地区，面积 109.98 万 hm²，占栗钙土总面积的 44.13%。

栗钙土亚类是在草原植被下形成的土壤，出现的部位海拔跨度较大，东部农业区出现在海拔 2 400～2 800 m，环湖地区出现在 3 000～3 400 m，果洛出现在 3 300～3 600 m。该亚类主要建群植物为芨芨草、针茅等，伴生黄芪、蒿及狼毒等杂草，覆盖度 40%～50%，该亚类与暗栗钙土亚类相比，腐殖质积累较弱，有机质层相对较薄，含量在 25.0～50.0 g/kg。其理化性质见表 3-51。

表 3-51　栗钙土亚类表土化学性质

项目	有机质	CaCO₃	pH	全量			速效			C/N	代换量
				N	P₂O₅	K₂O	碱解 N	P	K		
平均值 样本数	33.06 6	120.8 6	8.4 6	2.2 6	1.78 5	22.9 6	115.16 6	4.76 6	178.8 6	8.7	13.15 6

（3）淡栗钙土亚类

是栗钙土类向灰钙土类过渡的一个亚类，主要分布在海东、海北、海南、黄南低山丘岭的中、下部和浅山阳坡地带，共有 59.8 万 hm²，占栗钙土类总面积的 23.99%。该土所处的海拔高度，一般在 2 500～2 450 m，年平均气温 3～5℃，年降水量 280～350 mm，年蒸发量 1 500～1 700 mm，湿润系数 0.5～0.3，年均无霜期 110～130 天，凉温期 200～220 天，寒冷期 100～125 天，该土类热量充足，降水较少。淡栗钙土植被稀疏，是干草原向荒漠草原过渡的植被类型，主要有芨芨草、固沙草、针茅、麻黄、骆驼蓬、冰草、小锦鸡儿等，覆盖度小，一般 20%～40%。其理化性质见表 3-52。

表 3-52　淡栗钙土亚类化学性质

项目	有机质	CaCO₃	pH	全量			速效			C/N	代换量
				N	P₂O₅	K₂O	碱解 N	P	K		
平均值 样本数	23.6 6	134.5 6	8.4 6	1.6 6	1.74 6	1.86 6	91.24 6	3.88 6	137.2 6	8.56	11.76 6

8. 灰棕漠土

灰棕漠土主要分布于青海柴达木盆地怀头他拉至脱土山以西，即棕钙土带以西的山前洪积扇、山前坡积裙、风蚀残丘、洪积扇中上部海拔 3 600 m 以下的广泛地区。面积 400.25 万 hm²，占全省土壤面积的 6.11%。

灰棕漠土是温带荒漠地区的地带性土壤，在青海柴达木盆地为唯一的分布地区。干旱大陆性气候极为显著，夏季温热少雨，气温年较差和日较差大，年均温 1.1～4.4℃，年降水量 17.8～84.6 mm，年蒸发量 2 186.4～3 297.9 mm。成土母质主要为砂砾质洪积物或坡积物，在风蚀残丘上可见古老变质岩系的风蚀残积物，在冷湖—花崖一带为第三纪含石膏夹盐的风化残积物。质地以粗骨性为主，细土物质少，地表多黑色砾石（漆壳），灰棕漠土分布呈戈壁相，其大体可分为土质戈壁和砾质戈壁 2 种。极端干旱的气候、粗骨性含盐母质、稀疏的植被、微弱的有机质积累、普遍的风蚀和石灰质的表聚、石膏无机盐积累等是灰棕漠土的主要成土特征。植被生长稀疏，多呈单丛状，为深根、耐旱的肉质灌木或小、半灌木，种类主要是梭梭、怪柳、红砂、沙拐枣、白刺、木本猪毛菜和优若藜等，覆盖度＜10% 或构不成覆盖度。

根据石膏聚积和石膏盐盘的形成，灰棕漠土划分为灰棕漠土、石膏灰棕漠土和石膏盐盘灰棕漠土3个亚类。

（1）灰棕漠土

分布于布尔汗布达山、阿木尼克山、祁漫塔格山、宗务隆山的山前洪积扇裙带和冲积、洪积滩地等，面积162.31万 hm²，占本土类面积的40.55%。灰棕漠土分布地形较平坦，微向盆地倾斜，植被为旱生或超旱生梭梭、枇杷柴等，覆盖度5%～15%。根据利用方式本亚类又划分为灰棕漠土和耕灌灰棕漠土2个土属。其理化性质见表3-53和表3-54。

表3-53 灰棕漠土化学性质

地点 海拔	层次	有机质	CaCO₃	pH	全量			速效			C/N	代换量
					N	P₂O₅	K₂O	碱解N	P	K		
都兰县	0～17	0.8	84	8.3	0.07	1.17	17.2	19	1.8	60	7	2.26
大格勒	17～23	1.0	85	8.4	0.06	1.24	19.6	16	2.1	80	10	2.59
2 823 m	33～50	0.9	83	8.5	0.05	1.19	18.7	5	1.8	56	10	1.92

表3-54 灌耕灰棕漠土化学性质

地点 海拔	层次	有机质	CaCO₃	pH	全量			速效			C/N	代换量
					N	P₂O₅	K₂O	碱解N	P	K		
乌兰县 希里沟 2 943 m	0～26	17.1	181	8.6	0.98	1.53	22.4	44	7.4	289	10	7.26
	26～46	14.2	174	8.6	0.93	1.42	22.9	45	3.7	261	9	6.86
	46～73	7.7	204	8.6	0.54	1.26	23.7	28	3.1	146	8	6.54
	73～110	5.9	139	8.6	0.54	1.47	21.8	29	3.3	110	8	4.11

（2）石膏灰棕漠土

主要分布于山前古老洪积扇、古湖阶地及第三纪风蚀低丘上，下接石膏盐盘灰棕漠土，上承粗骨土、灰棕漠土或高山漠土、高山荒漠草原土。面积161.07万 hm²，占本土类面积的40.24%。土壤母质为洪积物、湖积物及风蚀残积物，植被极为稀疏，由于第三纪地层中含有大量石膏无机盐类，风蚀十分严重，在极端干旱的条件下聚集了大量的石膏无机盐，这是石膏灰棕漠土的主要成土特征。由于该土壤干燥缺水，细土物质少，植被盖度＜5%，因此目前在农业上无利用价值。其理化性质见表3-55。

表3-55 石膏灰棕漠土化学性质

地点 海拔	层次	有机质	CaCO₃	pH	全量			速效			C/N	代换量
					N	P₂O₅	K₂O	碱解N	P	K		
茫崖镇 3 500 m	0～1	3.9	87	7.9	0.27	1.51	26.6	21	2.7	75	8.4	3.78
	1～16	3.6	116	8.5	0.26	1.01	15.2	15	1.7	69	8.0	3.36

（3）石膏盐盘灰棕漠土

主要分布于山前洪积扇中下部湖成阶地、残积丘等，多与残余盐土交错分布，面积76.87万 hm²，占本土类面积的19.21%。石膏盐盘灰棕漠土主要特征是在7～50 cm深度有一层或两层由石膏无机盐组成的石膏盐盘层，厚度3～21 cm，含盐量很高。盐盘层的形成主要是由于第三纪地层母质大量积盐，在风蚀作用下使盐层接近地表，通过本地区干旱条件下的弱淋溶而形成此层，或由于表土积盐而后又进行了埋藏过程，总之它是历史的产物。其理化性质见表3-56。

表3-56 石膏盐盘灰棕漠土化学性质

地点 海拔	层次	有机质	CaCO₃	pH	全量			速效			C/N	代换量
					N	P₂O₅	K₂O	碱解N	P	K		
大柴旦 3 400 m	0～9	4.0	73	8.0	0.31	0.94	26.9	28	4.0	120	11.6	6.9
	9～25	2.4	26	8.1	0.16	0.41	21.2	9	2.0	94	13.9	3.9
	25～31	1.5	13	7.3	0.10	0.21	10.1	5	1.8	45	10.8	3.9
	31～53	2.7	43	8.4	0.19	0.55	23.4	7	2.1	102	14.2	5.4

9. 沼泽土

沼泽土是青海省最主要的隐域性土壤，从东部黄土高原西端至西部青藏高原中心部位的可可西里地区，从南部的青南高原到北部的祁连山地及干旱的柴达木盆地，只要是常年或季节性积水的地方及过度潮湿的区域均可出现，但从分布面积的大小及泥炭或腐殖物质积累的程度看，具有很大的区域差异性。通常在高海拔的多年冻土区常大面积集中连片，泥炭积累层深厚，而低海拔的低暖河谷仅有零星分布，且由于海拔较低，热量状况逐渐优越，泥炭层的厚度变薄，最终消失或为腐殖质层代替，导致类型的变化。

沼泽土的形成与发育取决于土壤水分饱和或过饱和状况的有无和持续时间的长短，属水成土壤。通常占据着地形相对低洼且有地表或地下径流补给而下部有不透水层的高寒滩地、坡麓、垭合及山坡中下部缓坡地段、河流宽谷的低阶地或河漫滩、倾斜平原前缘地下水溢出带下方及扇间洼地、湖滨平原和古冰蚀谷等多种地形，虽全省各地都有出现，但主要集中连片分布于高寒冻土发育区域，是大江河及其支流的源头，因降水丰富或冰川雪被融化补给而下部又有常年不透水的冻土层，土壤长期过湿或季节性积水，发育成沼泽土。全省共有 307.79 万 hm^2，为全国 1 100 万 hm^2 沼泽土的 27.98%，占全省土壤面积的 4.71%。行政区域上以玉树、海西、果洛、海北等州最多，在长江正源沱沱河上游、南源当曲源头、黄河源头及星宿海、口前曲上游、牙曲中游以上及大通河、托勒河、疏勒河源头地区等都有大面积连片集中分布，最高上限在唐古拉山地区，海拔可达 5 200 m。

沼泽土及泥炭土是青海主要的水成土壤类型，在自然条件下，整个土体或其下部某些层段常年或季节性地处于渍水条件下而呈还原状态。渍水或被水饱和是引起土体内还原作用的重要条件。在青海半干旱甚至干旱条件下，降水稀少，造成土体长期或周期性渍水而使土体水分饱和的唯一条件是有地表径流、地下径流或土壤侧渗等形式补充土壤水分，而下部如有不透水层，无疑可增强它们的效应，因此，沼泽土及泥炭土常形成于地形相对低洼的地段，如宽谷底部的河流低地及河漫滩，在洪水季节常有地表径流补充而使土壤呈周期性的渍水状态；倾斜平原前缘、扇间洼处，因地下水位高或雨季地下水溢出地表而保持土壤的饱和或过饱和状态；湖滨在陡岸线区域，水面以上虽以地带性土壤为主，但在河流注入湖泊的一侧，因河水水位有较大的周期性升降，使某些地段被周期性淹没或过湿而发育成为水成土壤；在高山的坡麓、垭合及高山冰雪带下缘，由于冰土存在，使降水、地表径流及融冻水不能下渗而积聚于地表，形成终年积水或季节性积水的沮洳地，上述地形条件下常出现斑块状或条带状分布的沼泽土。

青海大江河源头地区的沟谷滩地及缓坡，由于海拔高，温度低，为土壤长期冻结或终年不化的冻土发育区，冻层的不透水性，使降水及融冻水的下渗受阻，而滞留于季节融化层上部，滞留水矿化度低，含水层厚度随季节而剧烈变化，但它直接参与母岩风化和土壤的形成过程，影响土壤的水文状况及土体微生物活动，是导致土壤还原状况的主要因素，因而成为沼泽土的大面积集中分布区。

沼泽土上植物种类丰富，但随区域生态环境不同而有差异。多数地区为高寒沼泽化草甸，由耐寒湿中生多年生地面芽和地下芽植物为主，或混生湿生多年生草本植物，以藏嵩草、甘肃嵩草、花扁穗草等为主，伴生各种杂类草如长花马先蒿、矮金莲花、银莲花、垂头菊、报春花、青藏薹草、黑褐薹草、驴蹄草、海韭菜、沼生蒲公英、双叉细柄茅等，生长茂密，覆盖度80% ～ 95%，产草量1 650 ～ 2 625 kg/hm^2，嵩草属植物根系发达，耐放牧践踏，营养价值高。在常年积水的地区可出现沼生植物建群的植被类型，如杉叶藻，在干旱地区的盐生沼泽可出现紫果蔺、矮蔗草建群的沼泽。此外，还可出现毛茛、芦苇植被。

沼泽土发育于潮湿的生态环境中，植物生长繁茂，尤其高寒沼泽草甸植被，以嵩草和薹草建群覆盖度大，根系发达，且入土较深，根系死亡后可补给土壤大量有机质，在长期低温和季节性冻结的过湿环境中，增强了嫌气还原的影响，有利于泥炭物质的形成积累，特别是高原地区这类土壤中几乎没有纤维分解菌，自然死亡根系中大量纤维物质被保存于土层中逐渐发育成深厚的泥炭层。

高原上沼泽土中泥炭的积累是个长期的历史过程，据 ^{14}C 测定，在 5 000 年的漫长时期内，泥炭层逐渐加厚，迄今仍在不断发展。同剖面不同深度的泥炭层形成时间不同，分解程度有所差异，通常下层分解程度较高，色泽较深暗，而向上分解程度较差，色泽较浅。

在过湿环境中，随着有机质的积累和泥炭化，同时发生潜育过程。雨季地下水位上升，造成通气不良的环境，在嫌气微生物分解有机质时，以土壤中可变价的铁、锰、硫等作为电子受体，使它们还原为 Fe^{2+}、Mn^{2+}，把土层染成青灰色或灰蓝色，形成潜育层。

沼泽土是青海面积较大的一类土壤，总面积307.79万 hm^2，占全省土壤面积的4.70%，在草原带、荒漠草原带及荒漠地带的积水洼地、河漫滩低阶地、湖滨平原、倾斜平原潜水溢出带下方及扇间洼地等均有发育，而最集中连片的是在亚高山及高山带冻土发育的低平滩地四周、垭合、坡麓、宽谷底部及准平原化的江河源头地区，最高上限在唐古拉山东段可达到 5 200 m，依据泥炭积累过程及潜育化过程的强弱，同时考虑其附加的特点，把沼泽土分成草甸沼泽土、沼泽土、泥炭沼泽土、腐泥沼泽土、盐化沼泽土 5 个亚类。

（1）草甸沼泽土

主要分布在沼泽土外围与草甸土过渡的地段。全省各地都有分布，但主要分布在玉树、果洛、海西、海北、海南各州，在黄南藏族自治州与海东地区亦有分布，通常在河漫滩、低阶地、倾斜平原泉水溢出带上缘、湖滨，尤其在高海拔地段的坡麓、滩地外围、宽谷盆地等，总面积为 103.79 万 hm^2，占全省土壤面积的1.59%。草甸沼泽土母质多样，有洪积物、冲积物、湖积物、坡积物等，植被覆盖度大，在80%～90%，植物组成因区域热量条件不同而差异很大，在低海拔的河谷底部、湖滨、潜水溢出带、扇间洼地等有薹草、灯心草、早熟禾、长花马先蒿、海韭菜等，在高海拔低温地区，则以甘肃嵩草、藏嵩草、薹草、发草、小嵩草、杂类草等为主。

草甸沼泽土地表不积水或仅临时性积水，地表没有明显的积聚，而常有草皮层，向下为腐殖质层和潜育层，在潜育层上部或腐殖质层下部的结构面、根孔、裂隙常有大量锈色斑块，但一般无结核，剖面常为 A_s–（A）–B_g（锈斑层）–G（潜育层），高海拔地区还可出现永冻层。其理化性质见表 3-57。

表 3-57　草甸沼泽土化学性质

地点 海拔	层次	有机质	CaCO₃	pH	全量			速效			C/N	代换量
					N	P₂O₅	K₂O	碱解 N	P	K		
治多县 治渠乡 4 230 m	0～9	79.0	84.8	8.1	4.59	1.44	18.1	228	6	387	10	23.6
	9～23	18.4	102.1	8.5	1.14	1.52	18.2	69	5	122	9	10.3
	23～37	16.4	86.4	8.4	1.01	1.31	18.7	56	1.5	75	9	8.5
河南蒙古族自治 县托叶玛乡， 3 540 m	0～12	127.5	96.0	7.6	5.51	1.60	17.8	107	2	120	13	35
	12～29	59.6	80.0	8.0	2.18	1.20	19.1	67	2	110	16	34
	29～57	22.7	83.0	8.3	1.28	1.00	19.0	19	痕迹	120	11	17
天峻县 木里煤矿北， 4 448 m	0～28	227.7	0	6.4	10.35	1.27	15.6	40.6	5.8	64	13	63.4
	28～40	136.0	0	6.7	4.11	0.94	19.3	221	2.9	62	19	38.6
	40～67	75.0	0	6.7	3.30	0.81	18.6	115	2.9	61	14	26.5

（2）沼泽土

沼泽土分布于草甸沼泽土与泥炭沼泽土之间，如在高山带的滩地，其上部与草甸沼泽交错分布，而下缘常与泥炭沼泽土成复区。沼泽土在全省各地都有分布，总面积24.06万 hm^2，集中于玉树、海西、黄南及海北各州高山带的大滩中部、河源宽谷、高平地中部地段，常有岛状冻土。母质多样，以洪积物、冲积物最为普遍，植被以藏嵩草、小嵩草、薹草为主，生长茂盛，覆盖度大，地表多冻胀丘，亦有热融坑，坑内季节性积水，土体潮湿，地表有薄层泥炭累积，剖面中部为氧化还原剧烈交替的层段，下部出现蓝灰或青灰色潜育层，部分高海拔地区底土可出现永冻层。其理化性质见表 3-58。

表 3-58 沼泽土化学性质

地点 海拔	层次	有机质	CaCO₃	pH	全量			速效			C/N	代换量
					N	P₂O₅	K₂O	碱解 N	P	K		
泽库县 泽曲上游, 3 650 m	0～14	280.4	85	7.9	14.28	1.20	11.8	628	24.9	89	11.4	76
	14～26	25.4	68	8.1	1.27	0.55	17.0	128	3.0	32	11.6	15
	26～40	29.0	59	8.0	1.39	0.52	16.2	128	2.0	24	12.1	13
	40～120	40.5	62	7.7	1.97	0.60	17.1	134	6.4	60	11.9	15
天骏县木 里乡, 3 905 m	0～22	213.0	61	7.6	10.46	0.83	14.1	436	12.0	107	12	58
	22～37	82.5	19	7.6	3.96	0.54	16.8	135	5.0	59	12	19
	37～47	47.2	39	7.6	2.83	0.54	21.0	98	2.8	74	10	27
	47～82	34.1	86	8.1	2.11	0.58	16.5	58	5.7	58	9	18

（3）泥炭沼泽土

泥炭沼泽土是青海沼泽土类中面积最大、分布最广的亚类，全省各地都有分布，但主要分布在高海拔地段的河源、缓坡中下部、宽谷底部、河流上游河漫滩、低阶地、高平地。母质多样，以洪积—冲积物、冰水沉积物、坡积—残积物等最广。植物生长茂盛，覆盖度大，以藏嵩草、薹草、小嵩草为主，马先蒿等杂类草亦不罕见，覆盖度 80%～90%。泥炭沼泽土常与沼泽土、泥炭土呈复合分布，地表多冻胀丘或塔头草墩、热融坑，水分充足，常年过湿，融冻季及雨季热融坑中有积水，水面漂浮棕红色油状薄膜，旱季水位下降，坑中积水消失，但下层仍然潮湿。地表冻结时间早、化冻晚、冻结时间长。高海拔地区，下层常有终年冻土。泥炭沼泽土表层都有泥炭有机物累积，厚度 30（20）～50 m，上部为死根残体与活根交织的粗有机质层，分解差，残根原形清晰可辨，有弹性，容重 < 0.35 g/cm³，持水量 2 000 g/kg 左右，向下分解程度提高，根系原形不易辨认，多铁锈斑纹，青灰色或灰棕色，潜育层发育，无结构或大块状结构。其理化性质见表 3-59。

表 3-59 泥炭沼泽土化学性质

地点 海拔	层次	有机质	CaCO₃	pH	全量			速效			C/N	代换量
					N	P₂O₅	K₂O	碱解 N	P	K		
玛多县 江曲南, 4 220 m	0～42	247.8	56	7.8	9.34	0.68	12.7	397	9.2	153	15.4	42.7
	42～65	19.5	39	8.1	0.83	0.34	14.5	59	1.2	56	13.6	5.7
	65～80	23.8	87	8.0	1.30	0.37	15.4	79	1.3	87	10.4	8.9

（4）腐泥沼泽土

腐泥沼泽土面积较小，分布零散，主要集中于柴达木盆地、东部农业区及黄南藏族自治州等海拔较低，温度条件较好的湖滨湿地、封闭的沟谷盆地、山前缓坡、山谷泉水溢出带及河源滩地，一般出现与海拔 3 000 m 以下地区，最高可达林缘（3500m 左右）附近，面积 7.88 万 hm²，占土壤总面积的 0.12%。腐泥沼泽土主要发育于湖积物、淤积物、洪积—冲积物上，土壤过湿，地表常年积水或仅短时期地水位下降至剖面中部以下。植被生长旺盛，更由于温度条件较好，分解快，有机物累积不多，呈腐泥形式聚集于表层，厚几厘米到几十厘米不等，最厚者可达 150 cm，深色，部分因陷足而人畜不易通行，在地下水位升降频繁地区，剖面氧化还原交替，出现大量铁锈斑纹，但常无结核、片状或片块状结构，下部潜育层发育，颜色多样，青灰、灰白、灰黑、灰棕等。其理化性质见表 3-60。

（5）盐化沼泽土

盐化沼泽土的成土过程中，除潜育作用外，常伴随有积盐过程，在青海干旱地区的沼泽土具有积盐现象，盐分来源于土体或地下水，在旺盛的地表蒸发中，盐分随上升水流在表土积聚，地表有灰白色盐霜，含盐量差异较大，但以 < 10 g/kg 为限，中部有锈斑层，最下为青灰色潜育层。盐化沼泽土主要分布在柴达木盆地荒漠区的盐湖湖滨，昆仑山与唐古拉山间高平原地带内流区湖滨低处或宽谷低阶地潜水溢出带下方，在东部农业区浅山地带泉水溢出的洼地亦有零星分布，总面积 11.36 万 hm²，占青海土壤面积的 0.17%。其理化性质见表 3-61。

表 3-60　腐泥沼泽土化学性质

地点 海拔	深度	全量			速效			有机质	C/N	pH	代换量
		N	P₂O₅	K₂O	碱解 N	P	K				
柴达木盆地 克鲁克湖， 2 809 m	0～16	4.06	1.79	18.9	131	16.1	476	92.1	13.2	8.23	17.26
	16～37	3.24	1.74	22.0	110	19.3	308	79.2	14.2	8.13	16.14
	37～59	2.01	1.49	23.0	70	10.5	299	53.4	15.4	8.02	13.83
	59 以下	2.50	1.67	25.2	85	12.6	262	65.9	15.3	7.83	16.49
尖扎县尖扎滩， 3 304 m	0～8	4.90	1.66	15.0	103	7	220	122.5	14.5	8.4	22.7
	8～27	2.00	1.37	15.8	73	1	300	48.3	14.0	8.0	12.1
	27～45	2.82	1.44	22.8	75	0	70	77.1	15.8	8.3	20.2
湟中县上新庄， 2 443 m	0～5	3.14	1.20	19.6	171	21.5	245	51.9	9.6	7.70	23.41
	5～30	3.10	1.14	22.9	193	25.9	214	52.7	9.9	7.80	28.16
	30～50	2.75	1.10	22.3	190	19.9	227	44.7	9.4	8.00	30.11

表 3-61　盐化沼泽土化学性质

地点 海拔	层次	有机质	CaCO₃	pH	全量			速效			C/N	代换量
					N	P₂O₅	K₂O	碱解 N	P	K		
大柴达 湖滨， 3 150 m	0～10	7.6	112	8.2	0.24	0.49	21.3	28	2.1	138	18	5.64
	10～72	3.2	40	8.8	0.13	0.31	22.5	24	1.6	145	14	5.32
	72 以下	14.2	278	8.9	0.06	0.06	15.7	21	5.7	476	12	6.44

10. 泥炭土

青海泥炭土主要分布在青南高原的玉树、果洛州及北部祁连山地的海北藏族自治州，总面积 95.08 万 hm²，占全省土壤的 1.45%。泥炭土与泥炭沼泽土常呈复合分布，占据更低洼的地段，分布区以高山带或亚高山带的多年冻土或岛状冻土区较多，占据着河源地区缓坡下部，宽谷洼地及大滩的低洼地段，地表长期积水，多热融坑和冻胀丘或塔头草墩，植被生长茂密，覆盖度 90% 以上，以藏嵩草、薹草为主，伴生长花马先蒿、驴蹄草、海韭菜、苔藓等，产草量 1 500～2 000 kg/hm²，在常年积水区域，以华扁穗草、杉叶藻为主，母质以冰沉积物，洪积—冲积物最普遍。泥炭土最显著的特征是泥炭层发育深厚，在 50～200 cm，在生态环境恶劣的长江河源头 5 000 m 左右的地区，首次发现 180 cm 的泥炭层。青海泥炭土的泥炭层，是在冷湿环境中长期积累的结果，据用 C¹⁴ 测定，部分地区泥炭层下部的有机碳有 5 000 年左右的历史，但迄今仍未停止积累，这证实青海高原区泥炭土深厚的泥炭层形成是个长期逐渐累积过程，而此成土过程至今仍在进行中。泥炭土表层是活根与根系残体交织致密层次或草丘，但通常较高山草甸土的 As 松散，下部为弱度分解的褐色或棕褐色粗有机质泥炭层，由于泥炭层深厚，故氧化还原交替常在泥炭层的中下部，有大量的铁锈斑纹及分解很差的薹草根系，向下逐渐过渡到青灰、灰蓝或黑色潜育层。

泥炭土发育程度较浅，富铝化不明显，甚至表层风化淋溶系数高于下层，这可能与所处沉积环境有关。铁、锰在不同层次间迁移淀积明显，如以成土过程中相对较为稳定的作为标准，则由铁／铝或锰／铝分子比可知，铁在氧化还原交替层有所积累而锰在表层有所淀积，铁锰的这种分离现象可能与半干旱地区泥炭土以上升水流为主有关。由此推断，泥炭土中水分补充以土壤侧渗为主。其他许多性状，与泥炭沼泽土相近。其理化性质见表 3-62。

表 3-62　泥炭土化学性质

地点 海拔	层次	有机质	CaCO₃	pH	全量			速效			C/N	代换量
					N	P₂O₅	K₂O	碱解 N	P	K		
玉树隆宝湖 东 4 230 m	0～22	426.2	84	76.6	17.45	1.21	10.2	744	33.2	231	14.2	69.2
	22～60	43.4	43	78.5	1.80	0.60	17.8	114	3.2	40	14.0	11.1
	60～80	37.3	17	77.4	1.85	0.56	22.2	97	4.8	87	11.7	11.6
刚察县 3 870 m	0～8	386.0	6.2	6.0	15.6	2.53	20.6	1 294	11	582	14	95.8
	8～62	282.8	3.8	6.2	11.2	1.92	23.4	1 162	4	122	15	63.0
	62～75	88.3	3.4	6.9	2.6	1.69	28.4	249	痕迹	115	20	32.6

第四节　青海天气与气候

一、理想状况下的天文辐射与可照时数

气候形成最重要的动力因子是热能，它几乎完全来自太阳辐射，所以太阳辐射就成为控制气候形成的基本能量。不同地区的气候差异和季节交替就是由于太阳辐射在地球表面分布不均，并随时间变化的结果。一个地区的气候类型除与太阳辐射不同影响有关外，还决定于地区所处的地理纬度、经度、海拔高度（或说气压）、远离海洋程度、气流、气团属性、大气环流等，是太阳辐射主导下的综合产物。地区不同，大气上界的太阳辐射、日长（可照时数）不同，再叠加区域云雾遮蔽干扰影响，使地区地表面接受的光、能、水、热等不同，进而影响到区植被类型、土壤类型乃至初级生产力红外固碳能力等。为此，在描述一个地区的气候变化特征时，至少掌握区域地理坐标下理想的基本天文特征，特别是地区太阳高度、大气上界的太阳辐射（理想辐射）、昼长时数（可照时间），以及在年内的季节分布状况是有必要的。以下则围绕地球天文计算方法，给出有关昼长、理想辐射等相关参数的计算方法及分布状况。

1. 太阳高度

地球上各地的太阳辐射强度是由太阳在天球上的位置确定的。每个天体对于地球都有不同的方向和距离，由于距离很远，看来好像都分布在同样远近的球面上，这个假想的球面，称作天球（图 3-2）。

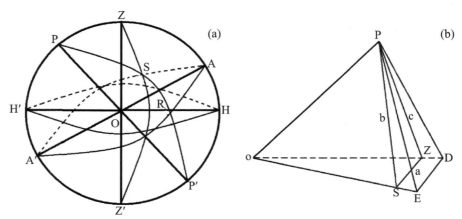

图 3-2　地球某一点处假想的天球（a）和球面三角形（b）分布
注：为了直观球面三角形中 a、b、c 描绘为直线，实际为弧线

在图 3-2 a 上，O 为天球的中心，即观测者的位置（观测地点纬度为 ϕ）。S 为太阳位置。P、P'两点分别为天北极和天南极，是与地球的北极和南极相对应的。AA'为赤道面。HH'为地平圈。PZHH'为天子午圈。Z、Z'两点分别为天顶和天底。PSRP'为通过 S 的赤经圈。沿赤经圈量出天体离赤道的角距离为赤纬。天体在天赤道以北的赤纬为正，在天赤道以南的赤纬为负。

太阳高度是以地平圈为标准，用经过太阳垂直大圆的角距离量之。太阳高度 h 是地球纬度 ϕ，太阳赤纬 δ 和时角 ω 的函数。在球面三角形 PZS〔图 3-2（a）〕中：

$$\widehat{ZP} = 90° - \phi \qquad \widehat{PS} = 90° - \delta$$

$$\widehat{ZS} = 90 - h \qquad \angle ZPS = \omega$$

根据球面三角形（图 3-2 b）的边的余弦公式

$$\cos a = \cos b \cos c + \sin b \sin c \cos \omega \tag{3-6}$$

由于 $a = 90° - h, b = 90° - \delta, c = 90° - \phi$，则有：

$$\cos(90° - h) = \cos(90° - \delta)\cos(90° - \phi) + \sin(90° - \delta)\sin(90° - \phi)\cos\omega$$

即：

$$\sin h = \sin\phi\sin\delta + \cos\phi\cos\delta\cos\omega \tag{3-7}$$

公式（3-7）就是求太阳高度角的基本方程。

气象学家在讨论太阳高度时空变化时，一般是以正午时间为标准。那么，春、秋分正午时有：$\delta = 0$，$\omega = 90°$，表现有：$\sin h = \cos\phi$。故纬度越高，太阳高度角越小；赤道为 90°，到极地为 0°。

而在春分、秋分以外正午时，有：

$$\sin h = \sin\phi\sin\delta + \cos\phi\cos\delta = \cos(\phi - \delta)$$

即：

$$h = 90° - |\phi - \delta| \tag{3-8}$$

显然，$|\phi - \delta|$ 越大，则正午太阳高度越低，反之越高。在 $\phi = \delta$ 时，正午的太阳高度最大。

这样可清楚看到，在赤道：$\phi = 0$，正午太阳高度 $h = 90° - |\delta|$。在春分和秋分时，$\delta = 0$，太阳高度为 90°。在冬至和夏至时，$|\delta| = 23°27'$，太阳高度角最低，为 66°33'。在极地：$\phi = 90°$，$h = \delta$，故北极以夏至的太阳高度为最高（$h = 23°27'$），而在南极以冬至为最高（23°27'）。

根据上述公式可给出主要纬度点在"二分"（春分和秋分）"二至"（夏至和冬至）时正午的太阳高度。如在北半球各纬度在"二分"至"二时"正午的太阳高度见表 3-63。

表 3-63　北半球各纬度在二分二至时正午的太阳高度

纬度	春分日	夏至日	秋分日	冬至日
ϕ	$\delta = 0$	$\delta = 23°27'$	$\delta = 0$	$\delta = 23°27'$
90°	0°	23°27'	0°	−23°27'
66°33'	23°27'	46°54'	23°27'	0°
50°	40°	63°27'	40°	16°33'
40°	50°	73°27'	50°	26°33'
30°	60°	83°27'	60°	36°33'
23°27'	66°33'	90°	66°33'	43°06'
20°	70°	86°33'	70°	46°33'
10°	80°	76°33'	80°	56°33'
0°	90°	66°33'	90°	66°33'

由表 3-63 还可以看出，在赤道上，每年在春分日和秋分日正午太阳恰好在天顶。而太阳高度最小分别在夏至日和冬至日。在北回归线上（北纬 23° 27′），正午太阳恰好在天顶的情况每年只有一次，即夏至日。而北回归线以北地带太阳高度也是夏至日最高，但不会升到天顶。由于太阳高度在不同纬度和不同时间的差异，造成辐射强度或辐射总量因地因时不同，因此形成各地气候的差异。

2. 昼长时数（可照时间）

从日出到日没之间的时间称为昼长时数或可照时间。除两极的高纬度地区以外，一日之内都可分为昼夜两部分。太阳到达地球上的辐射量的多少，与昼长时数有关。因昼长时数随纬度和季节而异，所以也是 ϕ 和 δ 的函数。在日出、日没时（$\omega = \omega_0$），太阳高度为 O，由式（3-7）得：

$$O = \sin\phi\sin\delta + \cos\phi\cos\delta\cos\omega_0$$

即：
$$\cos\omega_0 = -\mathrm{tg}\phi\,\mathrm{tg}\delta \tag{3-9}$$

式（3-8）中的负根 $-\omega_0$ 相当于日出，正根 ω_0 相当于日没，而 $2\omega_0$ 就是昼长时数。

根据式（3-8）可以看出，在 $\phi > 0$，$\delta > 0$，或 $\phi < 0$，$\delta < 0$ 时，$\cos\omega_0$ 为负值，$\omega_0 > 90°$。因此，在北半球（$\phi > 0$）从春分到秋分（$\delta > 0$），或南半球（$\phi < 0$）从秋分到春分（$\delta < 0$），都是日出在午前 6：00 以前，日没在午后 6：00 以后，昼长时数在 12 h 以上。在 $\phi > 0$，$\delta < 0$，或 $\phi < 0$，$\delta > 0$ 时，$\cos\omega_0$ 为正值，$\omega_0 < 90°$。因此，在北半球（$\phi > 0$）从秋分到春分（$\delta < 0$），或南半球（$\phi < 0$）从春分到秋分（$\delta > 0$）都是日出在午前 6：00 以后，日没在午后 6：00 以前，昼长时数小于 12 h。在赤道上由于 $\cos\omega_0 = 0$，$\omega_0 = \pm 90°$，即在赤道上任何季节，昼夜平分，均为 12 h。在春、秋分时因 $\delta = 0$，$\cos\omega_0 = 0$，故 $\omega_0 = \pm 90°$。因此，地球上任何地区，在春、秋分时，昼夜时间相等，各为 12 h。在极地地区（$\phi \geqslant 66°33′$ 地方）将出现永昼和永夜。即在北极圈以北的地区，太阳在一年内至少有一天不下落（昼长为 24 h）和不升起（夜长 24 h）。表 3-64 就是根据式（3-8）计算的各纬度"二分""二至"时的昼长时间。

表 3-64 北半球各纬度"二分""二至"时昼长时间　　　　　　　（h：min）

纬度	夏至日	冬至日	春分日、秋分日
0°	12：00	12：00	12：00
10°	12：35	11：25	12：00
20°	13：13	10：47	12：00
30°	13：56	10：04	12：00
40°	14：51	9：09	12：00
50°	16：09	7：51	12：00
60°	18：30	5：30	12：00
66° 33′	24：00	0：00	12：00

上述是把太阳作为一个几何点看待，并未考虑大气折射作用。若将太阳视半径为 16′ 和假设地平折射为 34′ 加在一起，则太阳上缘与地平线接触时太阳中心还在地平线以下 50′（16′+34′）。正是这种原因使实际可照时间要比用式（3-8）计算值最多早 10 min 左右。此外，由于阳光在大气中被反射、散射还会引起曙光作用，一般曙光的时间为太阳在地平线以下 6.5° 的范围。设 T_0 为加上曙光时间以后的可照时间之半，那么 T_0 值可借下式求之：

$$\sin\frac{T_0}{2} = \sqrt{\frac{\sin\frac{1}{2}(96°30′ - \phi + \delta)\cos\frac{1}{2}(83°30′ - \phi + \delta)}{\cos\phi\cos\delta}} \tag{3-10}$$

例如，当 $\phi = 35°$，$\delta = 15°$ 时，昼长时数为 14 h2 min。由于曙光作用日出约早 18 min。

上述情况是针对四周无障碍物的平原上而言。若在山区则有谷地和山峰之别，谷地比所计算的时间要短，山峰则比计算的时间要长，并因谷地与山峰差异而有差别。

3. 太阳辐射的日、季、年总量

（1）太阳辐射强度与太阳常数

在任一单位水平面积上，单位时间内（如 1 min 或 1 s）所得的太阳辐射能通量，称为太阳辐射强度。在日地平均距离时大气上界单位时间内垂直投射于单位面积上的太阳辐射强度就称为太阳常数，用 I_0 表示，过去单位为 ［cal/(cm^2·min)，卡 / 厘米^2·分］，1977 年开始采用国际气象与大气物理协会辐射委员会决定的国际单位制，即用 W/m^2。其单位换算是：1cal/(cm^2·min)=697.8W/m^2。相应地：1cal/cm^2=41 868.0J/m^2=0.0418 68MJ/m^2。

在这里介绍一下太阳常数值。太阳常数是指假设地球处于日地平均距离处时，地球大气上界垂直于太阳光线的单位面积上在单位时间内接受到的太阳辐射的全谱总能量。1981 年 10 月在墨西哥召开的世界气象组织仪器和观测方法委员会第八届会议建议太阳常数取值为1367±7W/m^2（过去也曾用过 1.96 cal/(cm^2·min)（朱炳海等，1985）。但是，根据近年来火箭高层探测，以及其他方法观测，其测定值均有差异。戴加洗（1991）曾报道，在青藏高原也观测到比上述值高的值。中国气象局（1996）在编写的《气象辐射观测方法》中也指出，我国几乎全部的辐射站太阳总辐射最大值都接近 1 300 W/m^2，3/4 的观测站观测到大于太阳常数（1367 W/m^2），特别是青藏高原海拔 3 000 m 以上的地区，观测到的最大值在 1 600～1 700 W/m^{2}左右。例如，海拔高度分别为 4 567 m、4 279 m、3 720 m、3 681 m、3 650 m、3 306 m、3 302 m 的那曲、阿里、果洛、玉树、拉萨、昌都、刚察分别在 1993 年 8 月 21 日 12：28、1993 年 7 月 13 日 11：37、1994 年 6 月 13 日 12：03、1993 年 7 月 17 日 11：57、1993 年 7 月 18 日 11：56、1994 年 5 月 19 日 12：43、1993 年 6 月 27 日 11：26 观测到 1 740 W/m^2、1 771 W/m^2、1 738 W/m^2、1 739 W/m^2、1 734 W/m^2、1 620 W/m^2、1 649 W/m^{2}的最大值，这些值比太阳常数高出 253～404 W/m^2。这些最大值常出现在特定的天气条件下，一般是在大气混浊度很小（大气透明度高），太阳高度角高，太阳面无云（不遮蔽太阳），水平面可得到强的太阳直接辐射。而四周又有一定量一定方位的积云或积雨云存在，加大了天空中对太阳直接辐射的散射、反射，以及再散射和反射，最终导致地面观测点观测到大于太阳常数的最大值。

毫无疑问，当太阳高度在 90°时辐射强度达到最大值，0°时辐射强度即降为零。在图 3-3 中太阳高度角为 h，垂直投射于 AC 面上的辐射能通量，仍然投射于 AB 面上，则 AB 面上单位面积上单位时间内的辐射能通量 I 就较 AC 面上为小。若太阳高度角越小，则二者差异越大。一般有：

$$I = I_0 \sin h = I_0 \cos Z \tag{3-11}$$

式中：Z 为天顶距；I_0 为太阳常数。

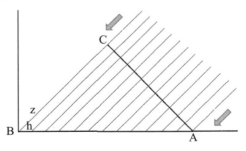

图 3-3　投射在水平面上的太阳辐射

根据式（3-11）可知，水平面上的辐射强度 I 与太阳高度角的正弦或天顶距的余弦成正比，这就是所谓郎伯余弦定律。将式（3-8）代入式（3-11）后，则得任何纬度与任何时刻的太阳辐射强度为：

$$I = I_0(\sin\phi\sin\delta + \cos\phi\cos\delta\cos\omega) \tag{3-12}$$

式（3-12）只适用于日地平均距离时。如果考虑到太阳辐射强度和日地距离 (ρ) 平方成反比，则任何时刻大气上界的辐射强度为：

$$I = \frac{I_0}{\rho^2}(\sin\phi\sin\delta + \cos\phi\cos\delta\cos\omega) \tag{3-13}$$

由式（3-13）可以看出：

在赤道上正午时，因 $\omega = 0$，$\phi = 0$，有 $I = \frac{I_0}{\rho^2}\cos\delta$。故春、秋分 $(\delta = 0)$ 时，太阳辐射强度为最强；冬、夏至 $(\delta = \pm 23°27')$ 时为最小。

在极地，因 $\phi = 90°$，有 $I = \frac{I_0}{\rho^2}\sin\delta$。故北半球太阳辐射强度以夏至为最大；南半球以冬至为最大；永夜期间太阳辐射为零。

在任何纬度的正午，因 $h = 90° - |\phi - \delta|$，有 $I = \frac{I_0}{\rho^2}si[90°-(\phi-\delta)] = \frac{I_0}{\rho^2}\cos(\phi-\delta)$。故春、秋分时，因 $\delta = 0$，所以 $I = \frac{I_0}{\rho^2}\cos\phi$，太阳辐射强度以赤道为最大，极地为零，并由赤道向高纬度减小；在春分到秋分期间，$\delta > 0$，正午太阳辐射强度，在北半球 $\phi \geqslant \delta$ 的地区，由南向北递减，在 $\phi \leqslant \delta$ 的地区，由北向南递减。

（2）太阳辐射的日、季、年总量

在讨论某一地区太阳辐射时仅用太阳辐射强度尚不能说明问题，还应掌握其太阳辐射的日、季、年的变化状况。式（3-13）是代表单位时间（如 1 min 或 1 s）内的太阳辐射能量，若 dw 是太阳在短时间内辐射到单位水平面积上的热量时，则在 dt 分钟内的辐射量 dw 应为：

$$dw = \frac{I_0}{\rho^2}(\sin\phi\sin\delta + \cos\phi\cos\delta\cos\omega)dt \tag{3-14}$$

在某纬度上每日的太阳辐射总量，就是此式从日出到日没的时间积分。把时间 dt 换为时角 $d\omega$，而用 $dt = \frac{T}{2\pi}d\omega$（式中 T 为周期）代入上式得：

$$dw = \frac{TI_0}{2\pi\rho^2}(\sin\phi\sin\delta + \cos\phi\cos\delta\cos\omega)d\omega \tag{3-15}$$

若对（3-15）式由 $-\omega_0$ 至 $+\omega_0$ 进行积分，则得一日间的总辐射量为：

$$W_t = \frac{TI_0}{\pi\rho^2}(\omega_0\sin\phi\sin\delta + \cos\phi\cos\delta\sin\omega_0) \tag{3-16}$$

将式（3-9）代入式（3-16），则得到比较方便的计算方程式：

$$W_t = \frac{TI_0}{\pi\rho^2}\sin\phi\sin\delta(\omega_0 - tg\omega_0) \tag{3-17}$$

由式（3-12）和式（3-13）可知，在永夜地区，$W_t = 0$；而在永昼地区，因为 $\omega_0 = \pi$，故辐射日总量：

$$W_t = \frac{I_0}{\rho^2}T\sin\phi\sin\delta \tag{3-18}$$

在春、秋分时，因 $\omega_0 = \frac{\pi}{2}$，$\delta = 0$，故式（3-16）可转换为：

$$W_t = \frac{TI_0}{\pi\rho^2}\cos\phi = \frac{24\times60}{\pi}\frac{I_0}{\rho^2}\cos\phi = 458.4\frac{I_0}{\rho^2}\cos\phi \tag{3-19}$$

若 ρ 取日地平均距离（即 $\rho = 1$）时，则

$$W_t = 458.4 I_0 \cos\phi \tag{3-20}$$

表明，在春、秋分时，日辐射总量的分布和纬度的余弦成正比。在赤道上，因为 $\phi = 0$，$\omega_0 = \dfrac{\pi}{2}$，有：$W_t = 458.4 \dfrac{I_0}{\rho^2} \cos\delta$。在极地，因为 $\phi = 90°$，$\omega_0 = 0$ 或 $\omega_0 = \pi$，有 $W_t = 0$；或 $W_t = 458.4 \dfrac{I_0}{\rho^2} \pi \sin\delta$。因此，在极地和赤道同时期所接受的太阳辐射量之比是 $\pi \sin\delta : \cos\delta = \pi tg\delta$。当 $\delta = 23°27'$ 时，比值为 1.363，即极地在夏至所接受的太阳辐射量大于赤道同期所接受量的 36%。

计算一日的辐射总量时，若用一年中变化十分均匀的太阳黄经 λ 代替 δ，就更为方便。λ 在春分时为 0°，夏至为 90°，秋分为 180°，冬至为 270°。每隔 1 d 相差为 360°/365.3 d=0.986°/d。

由于 δ、ω_0 和 ρ 可以从天文年历中查出。所以，任一纬度在某日的辐射量可由式（3-16）和式（3-17）求出。同理，可得到一季、一年内太阳辐射能量的总和，称为季辐射总量、年辐射总量。由北半球各季各纬度（仅北半球）一日内的辐射量以及下半年、冬半年和全年的辐射量可知：

1）赤道上日辐射总量全年有两个最高点，在春分和秋分日，是由于太阳两次直射的结果。自赤道向北直至北回归线，辐射日总量由两个最高点逐渐合为一个。再向北直至北极，只有一个最高点，都出现在夏至日，这主要是因太阳高度最大和白天时间最长的缘故。这种分布的特点在气候上的效应是使低纬度气温年变化呈两高两低型，中纬度和高纬度，则为一高一低型。

2）太阳辐射日总量的年变化，随纬度增加而加大，这和气温年较差随纬度增加而加大是一致的。这些特点产生两方面的气候效应，首先，在低纬度地区一年四季所得到的辐射总量不仅高而且变化小。因此，终年温度较高，气温变化小，故无四季之分；高纬度地区在夏季辐射总量很大，但春分、秋分前后辐射日总量大，升温迅速，变化极大，反映在气候上季节过渡不明显，只有冬夏之分；只有在中纬度地区的辐射总量，既不像低纬度那样变化和缓，又不像高纬度那样变化急骤，从冷到热和从热到冷的过渡季节明显，四季分明。由于我国大部分地区处在中纬度，故大部分地区都有四季之分，只是向南夏季增长，向北冬季增长。

3）年辐射总量最多是赤道，随着纬度的增高而逐渐减少。极小值出现在极地，仅占赤道的 40%。这和年平均温度随纬度增高而降低是基本一致的。

4）在夏季半年，太阳辐射量最多的是北纬 20°～25° 的纬度上，由此向南或向北都逐渐减小。但因夏季半年纬度越高，可照时间越长，所以南北之间的辐射差异较小，这也导致了夏季半年南北之间的温度差异较小。

5）在冬季半年，以赤道上获得太阳辐射量为最多，且随纬度的增高而迅速减小，到极地辐射为零。因为在冬季太阳高度和昼长时间都随纬度的增高而减小，所以南北之间的温度差异就越大。

6）以同一纬度而言，日辐射总量、季辐射总量、年辐射总量，到处相同，所以辐射总量具有和纬圈平行成带状分布的特点，这也是气候上的一个基本特征。

4. 青海所处纬度区域可照时间和理想状况下的太阳辐射

上面给出了对地球表面各地在理想状况下的可照时间和太阳辐射的日总量、季总量、年总量的计算及主要时间节点的查算方法。由于本书更关注的是青海草地的相关地表能量通量、CO_2 通量及其生态系统生产力分布格局，故在这里按青海省所处的北纬 31°39′～39°19′ 地理位置给出 28°～40°N′ 区域内主要日（表 3-65）和 1—12 月（表 3-66）的可照时数（日出至日落间的时数），以及各高度（500～800 hPa）、纬度（28°～40°N）逐月理想大气（大气上界）下的太阳辐射（表 3-67）的分布状况。其他不同纬度或高度地区观测点的日可照时数和月可照时数及理想大气下的太阳辐射可按表 3-65、表 3-66、表 3-67 内插求得。因在理想的大气上界可用等压面来描述，所以，观测站点所处的高度可按年平均气压替代。

实际当中气压与高度是一个负相关关系，这种关系可用"压高公式"来相互换算。压高公式是描述大气压力（p）随高度（z）变化规律的公式。其基本形式为：

$$p = p_0 e^{\left(-\frac{1}{R}\int_0^z \frac{g}{T}dz\right)} \tag{3-21}$$

式中：p 为地面气压；R 为空气比气体常数；g 为重力加速度；T 为温度。该方程可简化为多元大气压高公式和等温大气压高公式 2 种方式：

多元大气压高公式为：

$$p = p_0 \left(\frac{T_0 - \gamma z}{T_0}\right)^{\frac{g}{R\gamma}} \tag{3-22}$$

或：

$$z = \frac{T_0}{\gamma}\left[1 - \left(\frac{p}{p_0}\right)^{\frac{R\gamma}{g}}\right] \tag{3-23}$$

式中：γ 为多源大气的温度直减率；T_0 为地面温度；等温大气压高公式为：

$$p = p_0 e^{-\frac{gz}{RT_0}} \tag{3-24}$$

或：

$$z = \frac{RT_0}{g}\ln\left(\frac{p}{p_0}\right) \tag{3-25}$$

另外，为便于理想辐射的查算与比较，表 3-68 给出了青海草地各地地理位置下各月可能总辐射的日总量。也就是说，在各地观测到的辐射日总量一般小于表 3-68 罗列的数值。但在少数海拔高、大气透明度好的特殊站点，观测的值不大于 15%（冬季）～ 10%（夏季）。

表 3-65　青海所处区域逐日可照时数　　　　　　　　　　　　　　　　（单位：h）

日/月	1/1	6/1	11/1	16/1	21/1	26/1	1/2	6/2	11/2	16/2	21/2	26/2	1/3	6/3	11/3	16/3	21/3	26/3
28°	10.35	10.40	10.46	10.53	10.61	10.71	10.84	10.95	11.07	11.20	11.33	11.46	11.55	11.69	11.82	11.96	12.11	12.26
32°	10.04	10.10	10.17	10.25	10.35	10.47	10.62	10.75	10.90	11.05	11.20	11.36	11.46	11.62	11.78	11.94	12.11	12.29
36°	9.70	9.77	9.85	9.95	10.07	10.21	10.38	10.54	10.71	10.88	11.06	11.24	11.35	11.54	11.73	11.92	12.12	12.32
40°	9.32	9.40	9.50	9.62	9.75	9.91	10.11	10.30	10.50	10.70	10.91	11.12	11.25	11.46	11.68	11.90	12.13	12.35
日/月	1/4	6/4	11/4	16/4	21/4	26/4	1/5	6/5	11/5	16/5	21/5	26/5	1/6	6/6	11/6	16/6	21/6	26/6
28°	12.41	12.55	12.68	12.81	12.94	13.07	13.19	13.30	13.41	13.51	13.60	13.68	13.76	13.81	13.84	13.87	13.88	13.87
32°	12.47	12.63	12.79	12.95	13.10	13.25	13.39	13.52	13.65	13.77	13.87	13.96	14.06	14.12	14.16	14.19	14.20	14.19
36°	12.53	12.72	12.91	13.09	13.27	13.44	13.61	13.76	13.91	14.05	14.17	14.28	14.39	14.46	14.52	14.55	14.56	14.55
40°	12.61	12.83	13.04	13.25	13.46	13.66	13.85	14.03	14.20	14.36	14.51	14.64	14.76	14.85	14.91	14.95	14.96	14.95
日/月	1/7	6/7	11/7	16/7	21/7	26/7	1/8	6/8	11/8	16/8	21/8	26/8	1/9	6/9	11/9	16/9	21/9	26/9
28°	13.84	13.81	13.76	13.70	13.63	13.54	13.42	13.32	13.20	13.08	12.96	12.83	12.68	12.55	12.41	12.27	12.13	12.00
32°	14.16	14.12	14.06	13.99	13.90	13.79	13.66	13.54	13.41	13.26	13.12	12.97	12.79	12.63	12.47	12.31	12.15	11.99
36°	14.52	14.46	14.39	14.31	14.20	14.08	13.93	13.79	13.63	13.46	13.29	13.12	12.91	12.72	12.54	12.35	12.17	11.98
40°	14.92	14.86	14.77	14.67	14.55	14.41	14.22	14.05	13.87	13.68	13.49	13.29	13.04	12.83	12.61	12.40	12.18	11.96
日/月	1/10	6/10	11/10	16/10	21/10	26/10	1/11	6/11	11/11	16/11	21/11	26/11	1/12	6/12	11/12	16/12	21/12	26/12
28°	11.86	11.72	11.59	11.45	11.31	11.18	11.04	10.92	10.80	10.70	10.61	10.52	10.45	10.40	10.36	10.33	10.32	10.32
32°	11.82	11.66	11.50	11.34	11.18	11.03	10.86	10.71	10.58	10.46	10.35	10.25	10.17	10.10	10.05	10.01	10.00	10.01
36°	11.78	11.59	11.40	11.22	11.04	10.86	10.66	10.49	10.34	10.20	10.07	9.95	9.85	9.77	9.71	9.67	9.65	9.66
40°	11.74	11.52	11.31	11.09	10.88	10.68	10.44	10.25	10.07	9.90	9.75	9.61	9.49	9.40	9.33	9.29	9.27	9.23

表 3-66 青海所处区域月可照时数　　　　　　　　　　　　　　　　　（单位：h）

	1	2（闰月）	3	4	5	6	7	8	9	10	11	12	年
28°	327.3	313.6（324.8）	371.1	384.2	418.3	415.2	423.8	405.2	368.1	354.9	321.6	321.2	4 424.5（4435.7）
32°	318.9	309.4（320.4）	370.5	388.2	426.1	424.6	432.6	410.7	369.3	351.6	314.5	311.7	4 428.1（4439.1）
36°	309.7	304.7（315.6）	369.9	392.4	434.8	435.2	442.4	416.9	370.5	347.9	306.7	301.2	4 432.3（4443.2）
40°	299.4	299.6（310.3）	369.3	397.3	444.4	447.0	453.6	423.5	371.8	434.9	297.9	289.5	4 437.1（4447.8）

表 3-67 青海所处区域各高度（500～800 hPa）、纬度（28°～40° N）、月份的理想大气中的总辐射 ［MJ/（m²·a）］

纬度		1	2	3	4	5	6	7	8	9	10	11	12	年
800 hPa	28°	628.02	682.83	914.65	1 017.73	1 131.40	1 121.60	1 143.16	1 084.88	935.96	800.39	644.85	589.75	10 709.42
	30°	594.11	656.24	893.92	1 008.77	1 132.32	1 128.01	1 147.18	1 075.88	920.80	788.33	613.53	554.92	10 514.02
	32°	559.78	628.90	871.98	998.38	1 132.11	1 132.86	1 150.07	1 070.15	904.43	761.54	581.71	519.79	10 311.80
	34°	525.07	601.02	849.04	987.00	1 130.73	1 136.67	1 151.87	1 063.20	886.93	733.95	549.43	484.50	10 099.40
	36°	490.11	572.38	825.09	974.39	1 128.09	1 139.44	1 152.37	1 054.99	868.43	705.48	516.78	448.99	9 876.54
	38°	454.94	543.28	799.97	960.54	1 124.24	1 141.07	1 151.83	1 047.79	848.75	676.21	483.66	413.45	9 645.72
	40°	419.68	513.64	774.10	945.71	1 119.26	1 141.66	1 150.07	1 034.98	828.07	646.19	450.46	377.65	9 401.84
700 hPa	28°	632.83	687.68	920.64	1 024.09	1 138.18	1 128.68	1 150.07	1 091.54	941.95	819.78	649.75	594.44	10 779.63
	30°	598.88	661.05	899.87	1 015.05	1 139.27	1 134.79	1 154.22	1 082.54	926.79	793.90	618.31	559.44	10 584.10
	32°	564.30	633.59	877.89	1 004.83	1 139.14	1 139.90	1 157.15	1 076.84	910.38	767.02	586.40	524.27	10 381.71
	34°	529.50	605.62	854.90	993.40	1 137.68	1 143.58	1 158.86	1 069.81	892.92	739.31	553.91	488.68	10 168.19
	36°	494.29	576.82	830.83	980.80	1 135.13	1 146.43	1 159.49	1 061.86	874.29	710.75	521.09	453.01	9 944.70
	38°	459.00	547.63	805.79	966.98	1 131.32	1 148.10	1 158.99	1 054.49	854.61	681.44	487.85	417.30	9 713.50
	40°	423.58	517.87	779.71	951.91	1 126.42	1 148.86	1 157.36	1 041.76	833.63	651.05	454.44	381.71	9 468.28
600 hPa	28°	638.11	692.83	927.12	1 030.75	1 145.42	1 135.84	1 157.36	1 098.53	948.27	825.72	654.90	599.42	10 854.28
	30°	603.86	666.08	906.23	1 021.75	1 146.56	1 141.99	1 161.50	1 089.57	933.07	799.76	623.41	564.34	10 658.13
	32°	569.15	638.61	884.21	1 011.49	1 146.47	1 147.06	1 164.60	1 083.92	916.70	772.84	591.26	528.92	10 455.24
	34°	534.19	610.39	861.06	1 000.14	1 145.09	1 150.99	1 166.32	1 076.93	899.16	745.08	558.69	493.12	10 241.16
	36°	498.90	581.67	836.98	987.46	1 142.49	1 153.80	1 167.03	1 068.76	880.48	716.32	525.61	457.37	10 016.88
	38°	463.35	552.24	811.86	973.60	1 138.77	1 155.56	1 166.53	1 061.56	860.64	686.89	492.37	421.53	9 784.89
	40°	427.77	522.35	785.61	958.57	1 133.87	1 156.27	1 164.89	1 048.84	839.96	656.53	458.71	385.65	9 539.00
500 hPa	28°	643.64	698.40	933.78	1 037.82	1 153.09	1 143.37	1 165.02	1 106.03	955.01	832.04	660.51	604.78	10 933.49
	30°	609.26	671.48	912.93	1 028.86	1 154.30	1 149.61	1 169.29	1 096.98	939.69	806.04	628.82	569.61	10 736.88
	32°	574.47	643.93	890.87	1 018.61	1 154.26	1 154.72	1 172.39	1 091.33	923.32	778.95	596.54	533.86	10 533.24
	34°	539.26	615.63	867.80	1 007.18	1 152.88	1 158.74	1 174.27	1 084.42	905.73	751.03	563.79	498.06	10 318.79
	36°	503.80	586.78	843.56	994.53	1 150.41	1 161.67	1 174.98	1 076.26	887.10	722.35	530.64	462.01	10 094.08
	38°	468.13	557.22	818.23	980.63	1 146.68	1 163.51	1 174.56	1 069.06	867.21	692.66	497.10	425.88	9 860.88
	40°	432.25	527.24	792.02	965.64	1 141.78	1 164.27	1 173.06	1 056.41	846.36	662.27	463.27	389.83	9 614.40

表 3-68　青海草地所处地理位置下各月可能总辐射的日平均总量　　（MJ/（m²·a））

北纬	月份											
	1	2	3	4	5	6	7	8	9	10	11	12
40°	12.4	17.2	23.0	28.5	32.4	33.7	33.0	29.0	23.9	18.5	13.6	11.1
35°	15.0	19.6	24.8	29.4	32.6	33.6	33.1	30.1	25.4	20.6	16.0	13.7
30°	17.5	21.7	26.2	30.0	32.6	33.3	32.9	30.6	26.8	22.6	18.4	16.1
25°	19.8	23.6	27.3	30.3	32.2	32.8	32.5	30.7	27.9	24.4	20.6	18.4

5. 青海高寒草地微气象—涡度相关法水热碳通量观测点可照时间和太阳理想辐射

利用青海省所在的地理纬度、高度等由上述表 3-65、表 3-66 和表 3-67 内插计算得到任何时间任何地点的青海省各地的可照时间、大气理想辐射。

从表 3-65、表 3-66 和表 3-67 看到，青海草地各地年可照时间在 4 428.1 ~ 4 437.1 h（闰年在 4 439.1 ~ 4 447.8 h）。随纬度升高年可照时间减少，但从 28°~ 40° N 仅减少 5 h。而年太阳理想辐射表现出在 9 468.28 ~ 10 933.4 MJ/m²。

目前，我们掌握青海草地 16 个微气象—涡度相关法观测系统，这些点分布在青海主要的草地类型（图 3-4），表 3-69 给出了这些站点地理坐标、植被、土壤类型的基本概况。为了比较，表 3-70 和表 3-71 给出 16 个通量塔所在的可照时间和太阳理想辐射。

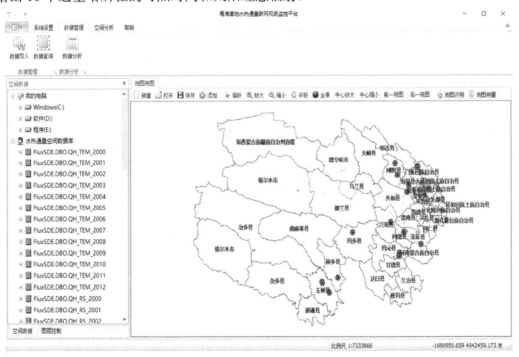

图 3-4　青海草地 16 个微气象—涡度相关法水热碳通量监测站分布

表 3-69　青海草地 16 个微气象—涡度相关法观测点地理坐标及植被、土壤类型

序	站名	地理坐标			植被类型	土壤类型
		纬度（北纬）	经度（东经）	海拔高度（m）		
1	刚察沼泽化草甸	37.74°	100.09°	3 780	藏嵩草沼泽化草甸	草甸沼泽土
2	刚察高寒湿地	36.70°	100.78°	3 212	藏嵩草沼泽化草甸	草甸沼泽土
3	刚察高寒草原	37° 18′	100° 15′	3 286	向北针茅高寒草原	高山草原土
4	海北站泥炭湿地	37° 36′ 32″	101° 19′ 38″	3 253	帕米尔苔草泥炭湿地	泥炭沼泽土

续表

序	站名	地理坐标			植被类型	土壤类型
		纬度（北纬）	经度（东经）	海拔高度（m）		
5	海北站高寒灌丛	37° 39.5′	101° 19.87′	3 352	金露梅高寒灌丛草甸	山地灌丛草甸土
6	海北站高寒草甸	37° 36.77′	101° 18.77′	3 196	高寒矮嵩草草甸	亚高山草甸土
7	海晏草甸草原	36° 58′	100° 52′	3 140	西北针茅草甸化草原	高山草原土
8	兴海温性草原	35° 35′	99° 59′	3 328	冰草温性草原	高山草原土
9	同德人工草地	35° 15′ 11″	100° 41′ 57″	3 305	垂穗披碱草人工草地	亚高山草甸土
10	阿木乎高寒草甸	34.83°	101.62°	3 571	高寒高山嵩草草甸	亚高山草甸土
11	玛多高寒草原	35.10°	97.97°	4 316	高寒紫花针茅草原	高山草原草甸土
12	玛沁高寒草甸	34° 28′ 49″	34° 12′ 11″	3 766	高寒矮嵩草草甸	亚高山草甸土
13	玛沁高寒草甸	34° 21′ 23″	100° 29′ 19″	3 950	高寒矮嵩草草甸	亚高山草甸土
14	玛沁人工草地	34° 21′ 23″	100° 29′ 44″	3 957	垂穗披碱草人工草地	亚高山草甸土
15	珍秦高寒草甸	33.406°	97.346°	4 288	高寒高山嵩草草甸	亚高山草甸土
16	隆宝高寒湿地）	33° 12′	96° 33′	4 220	藏嵩草沼泽化草甸	草甸沼泽土
17	隆宝高寒湿地）	33° 10′	96° 34′	4 212	藏嵩草沼泽化草甸	草甸沼泽土
18	巴塘高寒草甸	32° 51′	96° 57′	3 980	高寒高山嵩草草甸	亚高山草甸土

表 3-70　青海草地 16 个微气象—涡度相关法观测点月（年）可照时间　　　（单位：h）

项目	1	2（闰月）	3	4	5	6	7	8	9	10	11	12	年（闰年）
刚察瓦颜山沼泽化草甸	305.22	302.48（313.29）	369.64	394.53	438.98	440.33	447.27	419.77	371.07	385.75	302.87	296.11	4 474.02（4 484.83）
刚察小泊湖高寒湿地	307.90	303.81（314.67）	369.80	393.26	436.48	437.27	444.36	418.06	370.73	363.13	305.16	299.15	4 449.08（4 459.95）
刚察高寒草原	306.35	303.04（313.88）	369.71	393.99	437.92	439.04	446.04	419.05	370.92	376.18	303.84	297.40	4 463.47（4 474.30）
海北站泥炭湿地	305.58	302.66（313.48）	369.66	394.36	438.64	439.92	446.88	419.54	371.02	382.70	303.18	296.52	4 470.66（4 481.48）
海北站高寒灌丛	305.45	302.59（313.41）	369.65	394.42	438.76	440.07	447.02	419.62	371.04	383.79	303.07	296.37	4 471.86（4 482.68）
海北站高寒草甸	305.55	302.65（313.47）	369.66	394.37	438.66	439.95	446.91	419.56	371.02	382.92	303.16	296.49	4 470.90（4 481.72）
海晏草甸草原	307.20	303.46（314.31）	369.75	393.59	437.13	438.06	445.12	418.50	370.82	369.00	304.57	298.36	4 455.56（4 466.41）
兴海温性草原	310.67	305.19（316.10）	369.96	391.96	433.89	434.09	441.37	416.25	370.37	348.29	307.52	302.30	4 431.86（4 442.77）
同德人工草地	311.43	305.58（316.50）	370.01	391.61	433.17	433.21	440.56	415.74	370.28	348.59	308.16	303.17	4 431.51（4 442.43）
阿木乎高寒草甸	312.39	306.07（317.00）	370.08	391.17	432.26	432.10	439.53	415.09	370.15	348.98	308.98	304.27	4 431.07（4 442.00）
玛多高寒草原	311.77	305.76（316.68）	370.04	391.46	432.84	432.82	440.20	415.51	370.23	348.73	308.46	303.56	4 431.36（4 442.28）
玛沁高寒草甸 -1	382.20	341.74（353.42）	374.63	359.30	366.24	351.67	365.18	368.04	361.04	377.06	368.16	383.94	4 399.20（4 410.89）
玛沁高寒草甸 -1	313.47	306.63（317.57）	370.15	390.68	431.23	430.85	438.38	414.36	370.01	349.42	309.90	305.51	4 430.58（4 441.52）

续表

	1	2（闰月）	3	4	5	6	7	8	9	10	11	12	年（闰年）
玛沁人工草地	313.47	306.63（317.57）	370.15	390.68	431.23	430.85	438.38	414.36	370.01	349.42	309.90	305.51	4 430.58（4 441.52）
珍秦高寒草甸	315.66	307.74（319.71）	370.29	389.68	429.17	428.34	436.05	412.89	369.72	350.30	311.75	308.00	4 429.58（4 440.5）
隆宝高寒湿地-1	316.14	307.99（318.96）	370.32	389.46	428.71	427.78	435.54	412.56	369.66	350.49	312.16	308.55	4 429.36（4 440.33）
隆宝高寒湿地-2	316.21	308.03（319.00）	370.32	389.43	428.64	427.70	435.47	412.51	369.65	350.52	312.22	308.63	4 429.33（4 440.30）
巴塘高寒草甸	316.95	308.40（319.38）	370.37	389.09	427.95	426.85	434.68	412.02	369.56	350.81	312.84	309.47	4 428.99（4 439.97）

表 3-71　青海草地 16 个微气象—涡度相关法观测点月（年）太阳理想辐射量　　（单位：MJ/m²）

项目	1	2	3	4	5	6	7	8	9	10	11	12	年
刚察瓦颜山沼泽化草甸	465.91	553.88	812.27	972.29	1 135.76	1 151.83	1 163.05	1 059.18	860.38	688.15	494.57	424.19	9 781.46
刚察小泊湖高寒湿地	482.62	567.32	822.98	976.96	1 134.91	1 148.12	1 160.45	1 060.32	868.32	701.32	510.13	441.16	9 874.61
刚察高寒草原	472.11	558.64	815.59	972.94	1 133.91	1 148.78	1 160.45	1 058.26	862.53	692.63	500.25	430.53	9 806.63
海北站泥炭湿地	466.76	554.21	811.77	970.80	1 133.27	1 148.96	1 160.30	1 057.09	859.52	688.18	495.22	425.12	9 771.20
海北站高寒灌丛	466.01	553.62	811.33	970.66	1 133.40	1 149.22	1 160.51	1 057.12	859.21	687.61	494.53	424.36	9 767.56
海北站高寒草甸	466.37	553.83	811.34	970.40	1 132.88	1 148.59	1 159.92	1 056.70	859.11	687.76	494.83	424.73	9 766.47
海晏草甸草原	476.89	562.36	818.28	973.65	1 132.79	1 146.75	1 158.75	1 057.81	864.34	696.17	504.67	435.42	9 827.85
兴海温性草原	502.56	583.79	837.05	984.71	1 137.07	1 147.23	1 160.79	1 064.85	879.38	717.81	528.85	461.33	10 005.43
同德人工草地	508.42	588.58	841.09	986.86	1 137.56	1 146.84	1 160.76	1 066.24	882.52	722.59	534.32	467.26	10 043.04
阿木乎高寒草甸	516.66	595.49	847.25	990.72	1 139.43	1 147.57	1 161.97	1 069.18	887.55	729.62	542.07	475.55	10 103.06
玛多高寒草原	514.73	594.55	847.75	993.10	1 143.59	1 152.46	1 166.64	1 072.37	888.82	729.21	540.45	473.41	10 117.08
玛沁高寒草甸-1	523.53	601.25	852.39	993.94	1 140.99	1 148.19	1 162.98	1 071.65	891.75	735.49	548.53	482.46	10 153.13
玛沁高寒草甸-1	525.78	603.12	854.02	994.90	1 141.37	1 148.24	1 163.16	1 072.34	893.06	737.38	550.65	484.74	10 168.74
玛沁人工草地	525.78	603.12	854.02	994.90	1 141.37	1 148.24	1 163.16	1 072.34	893.06	737.38	550.65	484.74	10 168.74
珍秦高寒草甸	544.50	583.74	836.99	984.65	1 136.99	1 147.16	1 160.71	1 064.78	879.32	717.76	528.81	461.29	10 046.69
隆宝高寒湿地-1	547.94	621.43	870.01	1 004.34	1 145.27	1 149.05	1 165.26	1 079.37	905.86	755.89	571.48	507.21	10 323.13
隆宝高寒湿地-2	548.37	621.76	870.23	1 004.38	1 145.15	1 148.85	1 165.08	1 079.33	906.00	756.20	571.87	507.66	10 324.87
巴塘高寒草甸	553.10	625.39	872.81	1 004.99	1 144.04	1 146.91	1 163.47	1 079.18	907.67	759.59	576.21	512.56	10 345.93

二、近地面实际辐射及诱导大气环流改变下的水、热输送状况

1. 辐射种类

上节讨论了大气上界或假设地球上没有大气且四周无阻挡的平原情况下，太阳辐射的时空分布，以及由此而产生的一些气候效应。但实际上太阳辐射在通过大气到达地面的过程中，受到空气分子、水汽、臭氧、二氧化碳、尘埃等的吸收、散射、反射等作用而减弱（这里暂不考虑四周存在障碍物影响），使投射到大气上界的太阳辐射能量不能完全到达地面，而且在质的方面也发生相应的变化。如在大气上界的太阳光谱能量分布中，紫外线占 5%～7%，可见光谱占 50%～52%，红外线占41%～43%。由于大气的吸收和散射作用，在地面上的紫外线很低，大部分为紫外辐射 A 波段，B 波

段次之，C 波段几乎绝迹；可见光线缩减至 40%，而红外线却升高到 60%。此外由于有了大气的存在和下垫面性质的不同，又引起辐射形式的变化。在大气上界只有太阳直接辐射，而在地球表面，除太阳直接辐射外，还有散射辐射、反射辐射、地面辐射、大气长波辐射、大气逆辐射、地面有效辐射等不同形式，构成了一个辐射体系。为此，有必要对各类辐射状况做简单介绍。

太阳总辐射：是指太阳直接辐射和天空散射辐射到达水平面上的总量。其中，直接辐射是指垂直于太阳入射光的部分，即：

$$Q = Q_t \times \sin H_A = S \times \cos H \tag{3-26}$$

式中：Q_t 为垂直于太阳入射光的直接辐射；Q 为水平面上太阳直接辐射；H_A 为太阳高度角；H 为天空顶距（$H = 90 - H_A$）。散射辐射是指太阳辐射经过大气散射或云的反射，以天空 2π 立体角形式向着地面到达的那部分短波辐射。

太阳短波反射辐射：太阳总辐射到达地面后被下垫面作用层向上反射的那部分短波辐射。而下垫面辐射的强弱可用反射比（率）表示。

地球长波辐射：是指地球表面大气和地表产生发射的那部分辐射。大气以长波辐射向着地面发射的反射叫作大气长波辐射或大气逆辐射。地球地面以长波形式向上发射的辐射叫作地面长波辐射。而地面辐射与大气逆辐射之差称为地面有效辐射。

全辐射：是指短波辐射与长波辐射的总和。

净全辐射：也称辐射差额。是指太阳与大气向下发射的全辐射和地面向上发射的全辐射之差。净全辐射实际上就是我们谈到的净辐射通量，将在其他章节详细叙述。净全辐射也称辐射平衡，或称为辐射差额。由此可以理解净全波辐射就是净全辐射。净短波辐射是太阳短波辐射与短波反射辐射之差，而净长波辐射则是大气长波逆辐射与地面长波辐射之差。

2. 太阳短波总辐射模拟经验公式计算

就短波辐射而言，现实当中上述辐射量可以利用辐射表直接观测，当然也可以观测其他不同波段的辐射量。如光合有效辐射、红外辐射、紫外辐射。紫外辐射还可分为紫外 A 波段、紫外 B 波段辐射等。只不过从气候角度出发，更为关注的是太阳总辐射。至于光合有效辐射、紫外辐射等较多地受植物生理学家的青睐。当然，在进行地表碳通量时，由于植物在生长过程中发生光合固碳作用，因而在讨论碳通量时，也较多地关注光合有效辐射。但在同一个地区光合有效辐射占太阳总辐射的比例虽然有微小的季节变化和随海拔高度的变化，而总的占比是稳定的，也就是说，在同一地区的光合辐射量可以通过太阳总辐射的比例来替代。

由于太阳总辐射是地面的主要能源，它的分布和变化能影响到温度场和气压场的分布和变化，在气候理论研究和生产实践上有着重要的意义。由于日射观测资料较少，而且观测点分布也不均匀，在进行大范围辐射气候分析时，存在着一定的困难，只好采用一些气候学上计算的方法来满足其需要。不少研究者也根据不同地区给出了经验公式来计算太阳总辐射。如前所述，影响太阳总辐射的强弱，与许多因子有关。但主要是太阳高度、大气透明度、日照和云量。因此，在计算总辐射时，可概括为一个基本形式，即：

$$(Q + q) = W f_1(a, b) f_2(s, n) \tag{3-27}$$

式中：W 为天文辐射量，由于"一"节中相关方法与公式计算确定，它的强弱是由太阳高度所决定；$f_1(a, b)$ 表示总辐射（$Q + q$，Q 和 q 分别为太阳直接辐射和散射辐射）与大气透明度的关系，大气透明度受很多条件的影响，如空气分子散射，臭氧吸收、氧气吸收，二氧化碳吸收，水汽吸收以及气溶胶散射等；$f_2(s, n)$ 为 $(Q + q)$ 与天空遮蔽状况的关系；s 为相对日照，是实际日照与可能日照之比；n 为云量。显然，$f_2(s, n)$ 为天空遮蔽状况造成的订正项；$W f_1(a, b)$ 为天文辐射量经过大气透明度订正后的量，可以理解为晴天时的总辐射量$(Q+q)_0$，这里的$(Q+q)_0$实际上也是指大气上界的理想辐射。所以在无云（即晴天）时有：

$$(Q+q)_0 = Wf_1(a,b) \tag{3-28}$$

根据实验结果发现，$(Q+q)$与$f_2(s,n)$，$(Q+q)_0$与W之间为线性关系，故大气透明状况$f_1(a,b)$中的系数a可作为关系式的斜率，而系数b可作为截距来确定。于是有：

$$(Q+q)_0 = a_0 W + b_0 \tag{3-29}$$

若有云时，计算总辐射的公式则为：

$$(Q+q)_n = (Q+q)_0 f_2(S,n) \tag{3-30}$$

式中：$f_2(S,n)$一般只选用其中一个因子，以$f_2(S)$表示，或$f_2(n)$表示，即：

$$(Q+q)_s = (Q+q)_0 f_2(S) \tag{3-31}$$

$$(Q+q)_n = (Q+q)_0 f_2(n) \tag{3-32}$$

根据日射观测资料$(Q+q)_n$或$(Q+q)_0$及云量（n）或相对日照（S），即可求得系数a,b。

关于总辐射计算纯理论的方法存在一定的问题。所以，不少中外气候工作者提出一系列半理论半经验的计算公式。实践证明，采用日照资料计算总辐射可取得良好的成果。因此，这里着重介绍以20世纪中前期一些应用日照资料计算总辐射的公式。如$H \cdot L$彭曼和$A \cdot$埃斯川姆用相对日照计算月总辐射公式为：

$$(Q+q) = (Q+q)_0 (a+bs) \tag{3-33}$$

式中：a,b为随气候状况而变化的系数，S为相对日照（以下同）。

早在20世纪中后期，我国学者对上述经验方式做过详细的讨论。如左大康（1963）用我国26个日射站的3年（1957年7月—1960年12月）资料验证了$(Q+q)/(Q+q)_0$与S有良好的线性关系（相关系数为0.96），得出经验公式为：

$$(Q+q) = (Q+q)_0 (0.248 + 0.752S) \tag{3-34}$$

翁笃鸣（1964）根据我国50个日射观测站资料，用$(Q+q) = Wf(S)$形式，配得我国各地月平均辐射日总量的经验公式为：

$$(Q+q) = W(0.625S + 0.130) \text{华南} \tag{3-35}$$

$$(Q+q) = W(0.475S + 0.205) \text{华中} \tag{3-36}$$

$$(Q+q) = W(0.708S + 0.105) \text{华北} \tag{3-37}$$

$$(Q+q) = W(0.390S + 0.344) \text{西北} \tag{3-38}$$

陆渝蓉等（1976；1978）曾用全国70多个站的1963年以前全部日射观测资料，配得经验公式：

$$(Q+q)_月 = aW_月 S + b \tag{3-39}$$

式中：a、b系数在不同地点不同季节是不同的，并认为对a、b取固定值是不合适的。据计算，冬半年（9月—3月）a为$0.60 \sim 1.00$，b为$-10 \sim 30$；夏半年（4—8月）a为$0.55 \sim 0.80$，b为$20 \sim 65$。

王炳忠等（1980）为进一步选择适合于我国具体情况的计算公式，将已有的各式以及所考虑到的公式的可能形式，用同一些站点资料计算公式的系数，并于最后给出计算值验证实测值的均方根，作出我国干旱地区（新疆全部、甘肃西部和柴达木盆地）的经验公式为：

$$(Q+q) = (Q+q)_0 (0.29 + 0.557S) \tag{3-40}$$

和其他地区的经验公式：

$$(Q+q) = (Q+q)_0 \left[0.18 + \left(0.55 + 1.11\frac{1}{E_n} \right) S \right] \tag{3-41}$$

公式（3-40）和式（3-41）中：$(Q+q)$ 为欲计算的月总辐射量；$(Q+q)_0$ 为理想大气中的月总辐射量，可按该站所在纬度和年平均气压内插求出；S 为月相对日照；E_n 为地面年平均绝对湿度（hPa）。

我国学者关于利用环境要素计算太阳总辐射的经验公式，在 20 世纪 60 年代前后取得众多的研究共识，得到的经验方程一致沿用，只是不同学者针对的研究区域不同，其回归系数略有差异而已。近几年，随太阳辐射观测的力度和观测点的布局扩展加大，研究者对各地太阳辐射的模拟计算又有了新的观测研究和模拟计算方法。例如，周秉荣等（2011）以天文辐射理论模型、有关参数为基础，应用 DEM 模型、云量与太阳总辐射关系的 Angstrom 气候学模式（Kreider et al.，1978；张宇等，1991），通过天文辐射、大气透射率的计算，建立了青海高原月、年太阳总辐射估算方法，其平均相对误差仅 7.40%，模拟效果较好。同时，应用模型计算了青海高原 1970 年到 2000 年 30 年来的平均月、年太阳总辐射。建立方程的过程如下。

首先，确定应构建的经验模型为：

$$E = E_0 t_b \left(a + b \frac{n}{N} \right) \tag{3-42}$$

式中：E 为实际太阳总辐射，E_0 为上式计算的日或月天文辐射量，t_b 为大气透射率，n、N 分别表示实际日照时数和可能日照时数；a、b 为待定系数。$E_0 t_b$ 是对天文辐射经过了大气透射订正，可以认为是该地的潜在太阳总辐射即晴天无云条件下的太阳总辐射，是地球表面可能接受到的太阳总辐射的最大值。如果再考虑气象因子即云的影响，那么用模式所计算的太阳辐射即为该区域水平面上的实际太阳总辐射（李云艳等，2007；朱志辉，1987）。上述参数中：

$$t_b = 0.56(e^{0.56M_h} + e^{-0.095M_h}) \tag{3-43}$$

$$M_h = M_0 \times P_h / P_0 \tag{3-44}$$

$$M_0 = [1229 + (614\sin H)^2]^{0.5} - 614\sin H \tag{3-45}$$

$$P_h / P_0 = [(288 - 0.0065h) / 288]^{5.256} \tag{3-46}$$

$$\sin H = \sin\delta \sin\phi + \cos\delta \cos\phi = \cos(\phi - \delta) \tag{3-47}$$

式中，M_h 为海拔高度为 h 的大气量；M_0 为海平面上的大气量；P_h / P_0 为大气压修正系数，h 为海拔高度，采用青海省 1:25 万 DEM 数据；H 为太阳高度角。

然后，利用格尔木、西宁、玉树 3 站（除 1980—1983 年外）实际观测太阳总辐射值、日照百分率、潜在太阳总辐射值（实际及时理想太阳总辐射），经统计回归获得 1—12 月各月的 a、b 系数（表 3-72）。由表 3-72 可见，各系数均通过了 0.01 水平的 t 检验。各月方程的决定系数以 9 月最高，12 月最低，其相关系数均通过了 0.01 水平的显著性检验。因当地辐射测站较少，而且西宁、格尔木、玉树分别位于青海省的东、西、南 3 个方位，海拔高度分别是 2 295 m、2 807 m、3 681 m，台站周边土地利用类型是农用地、戈壁和草地，其方位、海拔及土地利用类型基本能代表青海省的情况。

表 3-72 青海格尔木、西宁、玉树三地 a、b 系数和方程的决定系数 R^2

项目	1 月	2 月	3 月	4 月	5 月	6 月
a	0.272 44	0.244 72	0.135 12	0.066 89	0.099 08	0.125 69
b	0.008 03	0.007 43	0.008 85	0.009 51	0.008 82	0.008 71
R^2	0.536 68	0.556 76	0.622 01	0.744 49	0.647 22	0.677 29
项目	7 月	8 月	9 月	10 月	11 月	12 月
a	0.163 71	0.154 76	0.123 73	0.146 50	0.125 29	0.141 49
b	0.007 96	0.008 24	0.009 06	0.009 05	0.005 40	0.010 18
R^2	0.610 22	0.716 09	0.842 88	0.718 74	0.750 70	0.522 70

从模拟值与实测值的绝对误差来看，玉树站最小绝对误差值 0.23 MJ/m²（12 月），最大绝对误差 82.75 MJ/m²（6 月）。格尔木站最小绝对误差值 0.14 MJ/m²（10 月），最大绝对误差 48.97 MJ/m²（4 月），2 站各月误差值有正有负，属于模型随机误差。西宁站最小绝对误差值 20.14 MJ/m²（12 月），最大绝对误差 65.78 MJ/m²（6 月），模拟值整体高于实测值，这可能是由于大气透射率的影响造成。但总的来讲其准确率是高的。

周秉荣等（2012）还利用 1961—2008 年三江源地区 16 个气象台站观测的日照时数、日照百分率资料，区内玉树气象站的太阳总辐射观测资料以及改进的 Angstrom 模型模拟的全区太阳总辐射年分布资料，应用线性趋势法，对三江源地区太阳辐射、日照时空分布特征以及可能影响因素进行了分析。针对三江源地区提出了其计算总辐射的经验公式，有：

$$E_d = \frac{24 \times 60 \times 60}{\pi} E_{sc}(r_0/r)^2 [\tau_s \sin\delta \sin\phi + \cos\delta \cos\phi \sin\tau_s] \tag{3-48}$$

$$Q = Q_0 t_b \left(a + b\frac{n}{N}\right) \tag{3-49}$$

式中：E_d 为日天文辐射（W/m²）；E_{sc} 为太阳常数，世界气象组织（WMO）1981 年的推荐值为 1 367 W/m²；$(r_0/r)^2$ 是当天日地距离订正系数；ϕ 为当地纬度；δ 为当日太阳赤纬；τ_s 为日出时角。求得日天文辐射量之后，通过累加日天文辐射量，求得月天文辐射量。然后利用改进的 Angstrom 模型公式估算实际太阳总辐射。式（3-49）中，Q 为实际太阳总辐射；Q_0 为天文辐射；t_b 为大气透射率；n、N 分别表示实际日照时数和可能日照时数；a、b 为回归系数（表 3-73）。

表 3-73　三江源地区 a、b 回归系数

项目	1 月	2 月	3 月	4 月	5 月	6 月	7 月	8 月	9 月	10 月	11 月	12 月
a	0.272 4	0.244 7	0.135 1	0.066 9	0.099 1	0.125 7	0.163 7	0.154 8	0.123 7	0.146 5	0.125 3	0.141 5
b	0.008 0	0.007 4	0.008 9	0.009 5	0.008 8	0.008 7	0.008 0	0.008 2	0.009 1	0.009 1	0.005 4	0.010 2
R^2	0.536 7	0.556 8	0.622 0	0.744 5	0.647 2	0.677 3	0.610 2	0.716 1	0.842 9	0.718 7	0.750 7	0.522 7

李英年等（2002a；2002b；2004）针对祁连山海北高寒草甸地区，也提出适应当地气候条件下的经验估算方法。这些方法对计算区域太阳总辐射的模拟计算提供了很好的便利。

关于青海草地不同地区的实际太阳总辐射，目前也有大量的实际观测值，也有准确的模拟计算结果值。这些结果将在本节后面介绍。

3. 大气环流引导下的热量输送

各地接受的实际辐射不同，将导致近地面热量分布不均，进而产生热量、水汽的输送不同。就是说，大气环流是因地球表面热量分布不平衡引起的。但大气环流也产生了热量的输送，这种热量的输送又反过来影响到大气环流的持续或改变，影响到各地的气候状况。在水平方向的热量输送，主要是通过高、低纬度之间和海陆之间的热量交换，这种交换与纬向环流加大或海陆热力状况差异加大相关。

低纬度辐射差额始终为正值，高纬度辐射差额为负值。因此，高纬度为冷源，低纬度为热源。在高低纬度之间，若要维持热量平衡，必定有一种机制使低纬度过剩的热量能向北输送以补偿高纬度热量的不足。各纬度辐射差额的温度值与实测温度值的比较，可说明大气环流在热量交换中的作用，这种作用的结果使北纬 0°～30° 的温度值低于 2°～13℃，北纬 40°～90° 的温度升高了 6°～23℃（表 3-74）。

表 3-74 各纬度上辐射差额的温度值与实测温度值的比较（0℃）

温度（平均值）	纬度（°N）									
	0	10	20	30	40	50	60	70	80	90
辐射差额温度（大气不流动时计算值）	39	36	32	22	8	−6	−20	−32	−41	−44
观测值（大气流动时）	26	27	25	20	14	6	−1	−9	−18	−22
温度差数	−13	−9	−7	−2	+6	+12	+19	+23	+23	+22

海、陆之间的热量输送是季风环流活动的结果。在冬季，热量由海洋向大陆输送，夏季则反之。在个别地区，海洋和大陆之间的热量交换比高、低纬度之间的热量交换值还要大一些。在高、地纬度之间，大陆和海洋之间，都存在一定的热量输送，使得气候保持着一定的状态。所以，地球上大气的热量平衡问题，是解决对气候形成和气候变化的一个重要关键。

热量输送主要包括感热输送和潜热输送，这些输送是可以得到量化的计算，如通过一固定站的感热和潜热的经向输送，可以由下列公式来计算：

$$Q_s = \frac{C_p}{g} \int_0^{p_0} TV d_p \approx \frac{C_p}{g} \sum_{i=1}^{n} T_i V_i \Delta P_i \tag{3-50}$$

$$Q_L = \frac{C_p}{g} \int_0^{p_0} QV dp = \frac{L}{g} \sum_{i=1}^{n} Q_i V_i \Delta P_i \tag{3-51}$$

式中：C_p 为定压比热；g 为重力加速度；p_0 为地面气压；V 为风的经向分量（取向北为正）；T 为空气的绝对温度；L 为凝结潜热；Q 为比湿。当计算纬向输送时，应将 V 换为 u（取向东为正）。i 代表层次，如 1 000 hPa，900 hPa，800 hPa 等。

为了定量计算与讨论的方便，有人把我国划分为多个片区来计算，如东部划分 A 区和 B 区两个区域：A 区的西界为东经 102°，东界为东经 120°，南界为北纬 30°，北界为北纬 40°。B 区的东西界与 A 区相同，北界即 A 区的南界，南界为北纬 23°。在这二区内的热量输送情况的计算结果见表 3-75。

表 3-75 夏季风盛行前后各区感热的净收入

区域		分层（hPa）	盛行前	盛行后
A 区	102°~120° E 30°~40° N	400~100	2.926	1.965
		1 000~400	0.669	−0.961 5
		1 000~100	3.595	1.003 5
B 区	102°~120° E 23°~30° N	400~100	−1.338	−1.087
		1 000~400	0.418	−0.490
		1 000~100	−0.920	−1.547

注：表中单位为 ×1^{015} J/ 秒；"+" 为输入，"−" 为输出

从表 3-75 可以看出，就整层而言，A 区在夏季风盛行前后均为净输入，B 区则为净输出。对 A 区而言，夏季风盛行以后感热在水平方向上为净输入，与这一地区的显著增温是一致的。对 B 区而言，则为净输出，因此，这里温度的增加和维持可能是由于湍流加热的作用。这是由于夏季风盛行后，其主要雨带已北移到北纬 30° 以北，整个 B 区内的天气一般都是晴好的，有利于湍流加热。总之，热量在水平方向上净输入输出对气候的影响是巨大的。根据计算结果表明，我国东部地区在高空副热带高压控制下，由热量向外输送而引起当地大气降温约 0.8℃ /d。

4. 大气环流引导下的水分输送

地球表面错综地分布着陆地和海洋，从陆地和海洋表面上蒸发出来的水汽随着大气环流被输送到各地。就是湿润的地表也因辐射等因素影响下，出现水汽的垂直输送。在输送过程中，水汽通过各种

物理过程，又以降水形式重新回到地球表面。这种由水分蒸发为水汽，再凝结为降水重新降落于地面的循环往复过程叫作水分循环。水分循环由蒸发、大气的水汽输送、降水、径流4个部分组成，而以大气的水汽输送为最重要。其输送量也可以得以计算。总输送量的计算是利用下式：

$$W = \frac{1}{T} \int_0^T \frac{1}{g} \left(\frac{\rho_w}{\rho} \right) C_i \mathrm{d}t \approx \frac{1}{N} \sum_{i=1}^N \frac{1}{g} \left(\frac{\rho_w}{\rho} \right) C_i \qquad (3-52)$$

式中：T 为计算的时距，取月为单位；N 为 T 时距内的观测次数；$\frac{\rho_w}{\rho}$ 为比湿；g 为重力加速度；C_i 为水平风速分量。计算层次为 1 000、950、900、850、700、600、500 hPa 等8个高度。并用外推法上延至 400 hPa，下延至地面，实际上利用梯形求积法可以求得自地面积分至 400 hPa。然后可根据下式得到：

$$W = \int_p^{p_0} w \mathrm{d}p \qquad (3-53)$$

式中：p_0 为地面气压；p 为所计算空气层上界气压；W 为积分后的整层经向或纬向水汽总输送量。

就年平均整层水汽输送而言，我国水汽输送主要有2支水汽流，南方一支随西南气流自孟加拉湾、印度洋和南海输入我国，输入量约在 500 g/（cm·s）以上 [g/（cm·s）是根据上述二公式各单位推导演化而来]。北方一支随西北气流自大西洋和北冰洋输入我国上空，但为量较少，输送量在 500 g/（cm·s）以下。黄淮之间和秦岭一线是两支水汽流的分界线，这与我国气候上湿润和半湿润的分界线基本一致。水汽输入我国的主要地带是西藏高原以东的西南边境和华南沿海。而东南沿海、长江口一带则为我国水汽的几种输出地带。另外，在渤海湾附近也有一个相对较大的输出地带，由西北气流带来的水汽多半由此输出。年平均水汽输送量由东南向西北减少，这与我国大陆上降水分布的总趋势相一致。

当然，冬季的水汽输送情况比较简单。随着西风气流和一次次冷空气的南下，源自大西洋和北冰洋的水汽，自西北向东南流遍全国，但因所含水汽甚少，输送量不大，都在 500 g/（cm·s）以下。只有华南、华中沿海地区，因有来自南海的偏南水汽流，输送量较大，在 1 000 g/（cm·s）左右。但其输送范围一般限于南岭以南。从云南沿北纬 25° 向东出海至琉球群岛，有一条水汽最大输送轴，其位置与 500 hPa 南支西风相对应，而稍偏南。总的说来，冬季我国大陆上空的水汽输送量，是自南向北减少。

夏季，大气正常的水汽输送，要比冬季复杂。我国上空夏季存在3支水汽流，第一支是来自孟加拉湾、印度洋的西南水汽流。第二支沿着太平洋高压西缘，从南海输送到我国大陆。这2支水汽流都带来了大量的水汽，是我国大陆降水的主要水汽来源。第三支是西北水汽流，在夏季所携来的水汽量并不多，仍然不超过 500 g/（cm·s），这是我国西北地区气候干燥的主要原因。西南水汽流与东南水汽流在贵州一带上空汇合，朝东北偏东方向流去，在长江口附近出海流向日本南部。西北水汽流，在夏季比较集中地由渤海一带输出，使河套以北出现一支东西向的西北水汽流的输送轴。这就与冬季不同，在夏季大陆东岸出现了2个水汽集中输出地带。

5. 地球陆地表面的辐射平衡

地表的太阳辐射：太阳辐射在大气或地面被吸收转化成热量，决定了地球的气象环境。太阳辐射被植物光合作用所吸收转化为生物可利用的化学能，形成了地球生命活动的能量源泉。植物吸收的太阳辐射不仅转化为光合作用的能量以及热量，还可以调节植物的生长和分化。大气圈外的太阳辐射波长分布在 0.5 μm 附近形成高峰，与 5 800 K 的黑体辐射分布非常一致。

在太阳辐射通过大气的过程中，由于氮（N_2）、氧（O_2）等空气分子的散射，浮游的微粒子、云和尘埃的反射和散射以及 O_3、CO_2 和 H_2O 的吸收作用，其辐射的量、光谱、前进的方向都发生了变化，其结果是只有波长 $0.29 \sim 2.5$ μm 的太阳辐射可以到达地面。

到达地面的太阳辐射由两部分组成。其一是以平行光线的形式直接投射到地面上的辐射，称为太阳直接辐射；其二是经过大气介质散射后，从天空的各个方向投射到地面的辐射，称为散射辐射；两者之和称为总辐射。

直接辐射：太阳直接辐射的强弱和许多因子有关，其中最主要的有两个，即太阳高度角和大气透明度。太阳高度角不同时，地表单位面积上所获得的太阳辐射也就不同。这有两方面的原因：其一是太阳高度角不同，等量的太阳辐射在地面上的散布面积不同。太阳高度角越小，其在水平面上散布的面积越大，投射到水平面上的太阳辐射与太阳高度的正弦（$\sin h$）成正比。其二是太阳高度角愈小，太阳辐射穿过的大气层愈厚，太阳辐射被减弱的量越多。即：当太阳高度角为 90° 时，通过大气层的射程短，到达地表的太阳辐射大；当太阳高度角变小，太阳光线斜射，通过大气的射程最大，因此太阳辐射被减弱也多，到达地面的直接辐射就相应地减少。

在地面为标准大气压（$1\,013.25$ hPa）时，太阳光垂直投射到地面所经的路程中，单位截面积的空气柱的质量，称为一个大气光学质量 m。不同的太阳高度，阳光穿过大气的光学质量也不同。表现出大气光学质量数随太阳高度减小而增大，且当太阳高度较小时，大气光学质量数的变化较大。

大气透明度的特征用大气透明系数（ρ）表示，它是指透过一个大气光学质量的辐射强度与进入该大气的辐射强度之比。即当太阳位于天顶处，在大气上界太阳辐射通量为 I_0，而到达地面后为 S_p，它们的关系为：

$$\frac{S_p}{I_0} = \rho \tag{3-54}$$

式中：ρ 值表明辐射通过大气后的削弱程度。实际上，不同波长的削弱也不相同，ρ 仅表征对各种波长的平均削弱情况，例如 $\rho = 0.8$，表示在大气的传输过程中平均削弱了 20%。

大气透明系数还取决于大气中所含水汽、水汽凝结物和尘粒杂质的多少。这些物质愈多，大气透明程度愈差，透明系数愈小，因而太阳辐射受到的削弱愈强，到达地面的太阳辐射也就相应地减少。太阳辐射透过大气层后的削弱与大气透明系数和通过大气质量之间的关系，可用伯戈（Bouguer）公式表示（于贵瑞等，2006）：

$$S_p = I_0 \rho^m \tag{3-55}$$

式中：S_p 为到达地面的太阳直接辐射；I_0 为太阳常数；ρ 为大气透明系数；m 为大气光学质量数。

从式（3-55）可以看出，如果大气透明系数一定，大气质量以等差级数增加，则透过大气层到达地面的太阳辐射，以等比级数减小。太阳高度角的大小取决于纬度、季节和一天中的时间。因此直接辐射有明显的日变化、年变化和随纬度的变化。

散射辐射：通过散射辐射作用到地面的太阳辐射强度称为散射辐射通量密度。散射辐射的强弱也与太阳高度角（h）及大气透明系数（ρ）、光学质量（m）有关，可由式（3-56）表示：

$$S_d = 0.5 I_0 (1 - \rho^m) \sin h \tag{3-56}$$

式（3-56）中各符号意义同前。

可以发现，当太阳高度角增大时，到达近地面层的直接辐射增强，散射辐射也就相应地增强；相反，太阳高度角减小时，散射辐射也弱。大气透明度低时，参与散射作用的质点增多，散射辐射增强；反之减弱。阴天和有云天的散射辐射还与下垫面的反射率有关，特别是在积雪条件下，太阳直接辐射被地面积雪大量反射到大气中，然后再经大气散射到地面，使散射辐射增强。同直接辐射类似，散射辐射的变化也主要取决于太阳高度角的变化，一日内正午最强，一年内夏季最强。

总辐射：水平面上总的太阳辐射称为总辐射，记作 S_t，太阳高度角记作 h，散射辐射记作 S_d，与

太阳方向垂直的直达辐射记作 S_p，则下列关系成立

$$S_t = S_d + S_p \sin h \qquad (3-57)$$

散射辐射 S_d 占总辐射 S_t 的比例，在云天和雨天时，几乎是 100%。但在晴天时，因太阳高度和大气中的气溶胶、水蒸气量的变化而变化，太阳高度越低，水蒸气量大，气溶胶越多，S_d 的比例就越高。

当给定了特定的纬度和经度时，那么某日某时刻的太阳高度（h）可由几何学方法求得。进而，如果已知大气辐射的透射率（p），可以由太阳常数 I_0 和 h 计算出无云时的地面直达辐射 S_p，即：

$$S_p = I_0 p^{1/\sin h} \qquad (3-58)$$

式中：p 为太阳位于天顶时即太阳高度 90° 时 S_p 与 I_0 的比，它因大气中的气溶胶和水蒸气量而变化，也随着地理位置和季节而不同，冬季高，夏季低。一般在海拔较高的地区和清澈的大气条件下，p 值可能达到 0.8，在较混浊的情况下可以低至 0.4。Kretith 和 Kreider（左大康，1991）提出了一个在晴朗无云条件下的计算大气透明系数的经验方程为：

$$p = 0.56(e^{-0.56 M_h} + e^{-0.095 M_h}) \qquad (3-59)$$

式中：M_h 为一定地形高度下的大气光学质量，即：

$$M_h = M_0 P_h / P_0 \qquad (3-60)$$

式中：M_0 为海平面上的大气光学质量，计算公式为：

$$M_0 = [1229 + 614 \sin \alpha^2]^{1/2} - 614 \sin \alpha \qquad (3-61)$$

P_h / P_0 为大气压修正系数，计算公式为：

$$P_h / P_0 = [(288 - 0.0065 h) / 288]^{5.256} \qquad (3-62)$$

式（3-59）充分考虑了地理位置、季节以及气溶胶和水蒸气量等因素，其拟合晴朗无云条件下的大气透明系数的误差范围在 3% 之内。

在无云时 S_t 的日变化可用下列正弦曲线来近似：

$$S_t(t) = S_{t(\max)} \sin(\pi t / N) \qquad (3-63)$$

式中：$S_t(t)$ 为从日出开始后的 t 时刻的 S_t；$S_{t(\max)}$ 为日中 S_t 的最大值；N 为从日出到日落的时间。对上式进行积分，可求得日总辐射为 $(2N / \pi) S_{t(\max)}$。

通过上面的公式可以看到，总辐射的时空变化及其影响因子，可以归纳为以下 5 个特征。

1）晴天和阴天总辐射的日变化规律：晴天时，日出以前地面上只有散射辐射，日出之后随着太阳高度的增加，直接辐射和散射辐射逐渐增加，总辐射增加。但直接辐射增加得较快，即散射辐射在总辐射中所占的成分逐渐减少；当太阳高度升到约等于 8° 时，直接辐射与散射辐射相等；当太阳高度为 50° 时，散射辐射仅相当总辐射的 10%～20%；中午时太阳直接辐射与散射辐射均达到最大值；中午以后二者又按相反的次序变化。阴天时，随着时间增加，直接辐射很小，总辐射与散射辐射大致相同，并随着云量变化而变化。

2）总辐射的变化和纬度变化特征：通常在一年中总辐射强度（指月平均值）在夏季最大，冬季最小。但受当地气候特征的影响，各地很不一致。海拔增高，大气对直接辐射的削弱减小，总辐射增加。总辐射随纬度的分布一般是纬度愈低总辐射愈大，反之愈小。

3）总辐射与大气透明系数的关系：大气透明系数大，太阳辐射削弱变小，直接辐射增大，散射辐射变小。因总辐射主要取决于直接辐射，因此大气透明系数大时总辐射大；反之大气透明系数小时总辐射小。

4）云况对总辐射的影响很大，通常有云天的总辐射减小。云量大，云层厚而低，则总辐射小。云的影响还会破坏总辐射的变化规律。例如，中午云量突然增多时，总辐射的最大值可能提前或推后，

这是因为直接辐射是组成总辐射的主要部分，有云时直接辐射的减弱比散射辐射的增强要多的缘故。

5）全球年总辐射的空间格局：全球年总辐射为 2 510～9 210 MJ/（m²·a），基本上呈带状分布，只是在热带低纬度地区其地带性受到破坏。赤道地区，因为云雨较多，年总辐射量大为降低。南、北半球的副热带地区，特别是在大陆上的副热带沙漠地区，因为云量最少，总辐射最大，其最大值出现在非洲东北部，其数值高达 9 210 MJ/（m²·a）。我国各地太阳辐射年总量为 3 350～8 370 MJ/（m²·a），最大值出现在青藏高原南部，高达 8 370 MJ/（m²·a），最小值出现在四川盆地西南部和贵州北部，仅为 3 350～3 768 MJ/（m²·a）。

地面对太阳辐射的反射：投射到地面的太阳辐射，并非完全被地面所吸收，其中一部分会被地面所反射，剩下的部分被吸收转化成热量，地面对太阳辐射的反射量，称为反射辐射通量。反射辐射占总辐射的比例称为反射率，则地面吸收的总辐射量为 $(1-\alpha)S_t$。地表对太阳辐射的反射率为 10%～30%，取决于地表面的性质和状态，森林为 50%～20%，农田为 10%～25%，雪地为 45%～95%，有的雪面反射率可达 60%，洁白的雪面甚至可达 90% 以上。另外，土壤的反射率因土壤类型和土壤水分状况而不同，其中深色土比浅色土反射能力小，粗糙土壤表面比平滑土反射能力小，反射率随着土壤的干燥程度而增大。表 3-76（于贵瑞等，2006）列出了主要陆地表面的反射率的变化范围。

表 3-76　主要陆地表面的辐射特性

陆面的类型	表面状态	反射率（%）	发射率（%）
水	太阳高的时候	3～10	92～97
	太阳低的时候	10～50	92～97
雪	旧雪	40～70	82～89
	新雪	45～95	90～99
冰	海冰	30～40	92～97
	河冰	20～40	
土壤	干砂	35～45	84～90
	湿砂	20～30	91～95
	干黏土	20～35	95
	湿黏土	10～20	97
	沙土	29～35	
	黏土	20	
	浅色土	22～32	
	深色土	10～15	
	黑钙土（干）	14	
	黑钙土（湿）	8	
道路	水泥路	17～27	71～88
	黑色沙石路	5～10	88～95
草地	一般草地	16～26	90～95
	绿草地	26	
	干草地	29	
农田	草本作物	10～25	
	果树	15～20	
	小麦地	10～25	
森林	落叶林	10～20	97～98
	针叶林	5～15	97～99

反射率还随着太阳高度变化而变化，随着太阳高度的增加而降低，当太阳高度角超过 60° 时，平静水面的反射率为 2%，高度角为 30° 时为 6%，10° 时为 35%，5° 时为 58%，2° 时为 79.8%，1° 时为 89.2%，水面上的反射率急剧上升。

地表接受的光合有效辐射：植物光合作用只能使用 0.4 ～ 0.7 μm 波长的辐射，这一波长的辐射称为光合有效辐射，与可见光的波长范围基本一致。直射辐射中约有 45% 的能量为 PAR 波长范围的辐射，散射辐射中其比例更高，平均来看，PAR 波长范围的辐射量约占总辐射的 50%。

大量观测表明，太阳总辐射中 PAR 所占的比例 η 虽然不是常数，但具有相当的稳定性。所以人们提出了一种计算公式为：

$$Q_{PAR} = \eta Q \tag{3-64}$$

式中：η 为 PAR 在太阳总辐射（Q）中所占的比例，又称为光和有效辐射系数。测量表明，η 值的大小是天文因子和气象因子综合作用的结果。从天文因子来说，太阳高度角的变化改变了太阳光线的光学路径长度，引起空气分子、气溶胶粒子和水汽等散射和吸收物质量的变化，从而改变了太阳辐射中直接辐射和散射辐射的比例，其综合结果是太阳高度角增大，η 值略有减小。从气象因子来说，大气浑浊度的增高使 η 值有所下降，而水汽含量的增加，则增加红外辐射的吸收，使 η 值增大。对于云来说，其作用和水汽相似，所以 η 值是阴天高于晴天。

由于 η 的取值受各个方面的影响，因此，将 η 定为常数，必然存在系统误差。故人们常将 η 和常规的气象因子联系起来，得到 η 的经验公式，从而可以在未测量区域通过经验公式计算光合有效辐射。周允华等（1984；1987）、张宪洲等（1997）对 η 值进行了详细的论述。何洪林（2004）分析 ChinaFLUX 8 个站的实际观测数据发现，水汽压和 η 的关系在各个站总体趋势是随着水汽压的增大，η 值增大。但在南部的鼎湖山和西双版纳 2 个站不存在明显的规律，而且其离散度比较大，因此，单纯考虑水汽压一个因子，来揭示 η 值的变化，比较困难，应该与其他因子相结合考虑。研究发现，大气透明系数（ρ）和 η 值的变化规律比较明显，可根据透射系数来计算 η 值。即：

$$\eta = a + b\ln\rho \tag{3-65}$$

式中：ρ 为大气透明系数；a 和 b 为经验系数。

太阳辐射既具有电磁波的性质也具有粒子性，与能量的数量相比较光合反应更强烈地依赖光量子数。因此，在研究植物光合作用的时候，通常把辐射用光量子数来表示更为合适。通常用阿伏加德罗常数（6.02×10^{23}），把光量子数换算成摩尔 PAR 的光量子通量密度，用 PPFD 表示，其单位为 μmol/(m²·s) 每个光量子的能量与波长成反比，波长越长其能量越小。因此，即使辐射能相同，波长越长，光量子数越多，PPFD 越大。因此即使是相同的辐射通量密度，因光谱不同，其光合效率也不同。PAR 的辐射区域单位能量的光量子数基本为一定值，通常在 PAR 的单位（J，焦耳）与 PPFD 单位（μmol）换算中取 1J ≈ 4.6 μmol。

地表的长波辐射平衡：地表在接受来自太阳的短波直射辐射和散射辐射的同时，还将向大气中放出长波辐射，地表向大气的长波辐射的一部分将被水蒸气和 CO_2 等温室效应气体以及云类、气溶胶所吸收，其剩余部分进入大气圈外。大气对太阳短波辐射几乎是透明的，吸收很少，但对地面的长波辐射却能强烈吸收，使地表成为大气的直接热源。通过长波辐射，地面与大气之间，以及大气中气层与气层之间相互交换热量，并向宇宙空间散发热量。

地面和大气都按其本身的温度向外放出辐射能。由于它们是非黑体，可以用斯特藩—玻耳兹曼定律来描述。地表向上的长波辐射 L_u 称为水平面的辐射通量密度（W/m²）可以表示为

$$L_u = \epsilon \sigma T_s^4 \tag{3-66}$$

式中：σ 为斯特藩—玻耳兹曼常数；T_s 为地表温度（K）；ϵ 为发射率。

同样，大气也以大气辐射或者天空辐射的长波辐射方式向地面辐射能量，向下的大气长波辐射记为L_d，可用下式表示：

$$L_d = \sigma T_b^4 \tag{3-67}$$

式中：T_b为把大气看作黑体时的表观温度，称作天空温度或有效辐射温度。在无云状态下，T_b与地表的气温T_a的差大致是一定的，约为20 K，所以上式可以改写为：

$$L_d \approx \sigma(T_a - 20)^4 \tag{3-68}$$

由此，可以根据地上的气温来推算大气辐射。在有云时，T_b会升高，L_d将增大。

地面长波辐射被云体和大气层吸收了绝大部分，只有一小部分透过大气层射入宇宙空间；云和大气层也向宇宙空间放出长波辐射，这两部分进入宇宙空间的长波辐射之和，是地球—大气系统进入宇宙空间的热辐射，称为地球的长波出射辐射。可以将对流层顶的向上净辐射近似地看作长波出射辐射。极地对流层顶的净向上辐射通量平均值为140 W/m²，副热带是251 W/m²。在夏季各纬度向上的辐射通量都是年中的最大值。

大气对长波辐射的吸收非常强烈，主要表现在水汽、液态水、CO_2、O_3等对地球辐射的吸收作用，其中起重要作用的成分有水汽、液态水、二氧化碳和臭氧等。它们对长波辐射的吸收也同样具有选择性。水汽对长波辐射的吸收最为显著，液态水对长波辐射的吸收与水汽相仿，只是作用更强一些。二氧化碳有2个吸收带，吸收中心分别位于4.3 μm和14.7 μm。臭氧为9～10 μm有一个狭窄的强吸收带。

长波辐射在大气中的传输过程与太阳辐射的传输有很大不同，主要具有以下3个特征。

1）太阳辐射中的直接辐射是作为定向的平行辐射进入大气的，而地面和大气辐射是漫射辐射。

2）太阳辐射在大气中传播时，仅考虑大气对太阳辐射的削弱作用，而未考虑大气本身辐射的影响。这是因为大气的温度较低，所产生的短波辐射是极其微弱的。但当考虑长波辐射在大气中的传播时，不仅要考虑大气对长波辐射的吸收，而且还要考虑大气本身的长波辐射。

3）长波辐射在大气中传播时，可以不考虑散射作用。这是由于大气中气体分子和尘粒的尺度比长波辐射的波长要小得多，散射作用非常微弱。

大气长波逆辐射：大气辐射指向地面的部分被称为大气逆辐射。大气逆辐射使地面因发射辐射而损耗的能量得到一定的补偿，即为大气的保温效应或温室效应。据计算，如果没有大气，近地面的平均温度将为-23℃，但实际上近地面的均温是15℃（16℃），也就是说大气的存在使近地面的温度提高了38℃（39℃）。

地面长波有效辐射：地表在接受来自太阳短波辐射的同时，还将向大气放出长波辐射。地表向大气的长波辐射一部分将被水蒸气和CO_2等温室气体以及云、雾、气溶胶等所吸收，其余的部分进入大气圈。地面发射的长波辐射（L_u）与地面吸收的大气逆辐射（L_d）之差，称为地面长波有效辐射（L_n），或地表长波辐射平衡，也称地表净辐射通量密度。

$$L_n = L_u - L_d = \epsilon\sigma T_s^4 - \sigma T_b^4 \approx \epsilon\sigma T_s^4 - \sigma(T_a - 20)^4 \tag{3-69}$$

通常情况下，地面温度高于大气温度，地面有效辐射为正值。这意味着通过长波辐射的发射和吸收，地表面经常会失去热量。只有在近地层有很强的逆温及空气湿度很大的情况下，有效辐射才可能为负值，这时地面才能通过长波辐射的交换而获得热量。

影响地面辐射和大气逆辐射的因子都会影响地面有效辐射，主要因子有地面温度、空气温度、空气湿度和云况等。一般情况下，具有以下变化特征：①在湿热的天气条件下，有效辐射比干冷时小；②有云覆盖时比晴朗天空条件下有效辐射小；③空气混浊度大时比空气干洁时有效辐射小；④在夜间风大时有效辐射小；⑤海拔高度高的地方有效辐射大；⑥有逆温时有效辐射小，甚至可出现负值。

此外，有效辐射还与地表面的性质有关，平滑地表面的有效辐射比粗糙地表面有效辐射小；有植物覆盖时的有效辐射比裸地的有效辐射小。

地面有效辐射具有明显的日变化和年变化。其日变化具有与温度日变化相似的特征。在白天，由于低层大气中垂直温度梯度增大，所以有效辐射值也增大，中午 12：00 ～ 14：00 达最大；而在夜间由于地面辐射冷却的缘故，有效辐射值也逐渐减小，在清晨达到最小。当天空有云（阴天）时，可以看到有效辐射的日变化呈现不规则性。有效辐射的年变化也与气温的年变化相似，夏季最大，冬季最小。但由于水汽和云的影响使有效辐射的最大值不一定出现在夏季。我国秦岭、淮河以南地区有效辐射秋天最大，春季最小；华北、东北等地区有效辐射则春季最大，夏季最小，这是由于水汽和云况影响的结果。

地表的辐射平衡：太阳辐射在传输到达地球表面的过程中，由于云层的反射，空气及其中的尘埃、烟尘、盐粒等散射，以及地面的反射等作用，部分辐射能量将会被反射回宇宙空间，部分被大气的各种成分吸收，地面实际可以接受的净太阳辐射量或净短波辐射通量密度为

$$S_{tg} = (1-\alpha)S_t = (1-\alpha)(S_d + S_p \sin h) \tag{3-70}$$

以全球平均而言，进入地球的太阳辐射约有 30% 被散射和反射回宇宙，20% 被大气和云层直接吸收，50% 可到达地面被吸收。

物体收入辐射能与支出辐射能的差值称为净辐射或辐射平衡。即地表的辐射能量平衡为向上和向下的总辐射之差，可以表示为

$$R_n = (1-\alpha)S_t + L_n = (1-\alpha)S_t + (L_d - L_u) \tag{3-71}$$

上式表示了地表的辐射平衡，通常也称为辐射平衡方程。由此，R_n 是地面所获取的净辐射能量，是支配气象环境的热源。在没有其他方式的热交换时，净辐射 R_n 决定了物体的升温或降温。净辐射 R_n 不为零时，表明物体的辐射能不平衡，会引起地表面的温度变化；净辐射 R_n 为零时，说明地表的辐射能达到了平衡状态，温度保持不变。

影响地面净辐射 R_n 的因子很多，除考虑到影响总辐射和有效辐射的因子外，还应考虑地面反射率的影响。反射率是由不同的地面性质决定的，所以不同的地理环境、不同的气候条件下，地面净辐射值有显著的差异。地面净辐射具有日变化和年变化。一般夜间为负，白天为正，由负值转到正值的时刻一般在日出后 1 h 左右，由正值转到负值的时刻一般在日落前 1.0 ～ 1.5 h。在一年中，一般夏季净辐射为正，冬季为负，最大值出现在较暖的月份，最小值出现在较冷的月份。

地面有效辐射曲线对正午来说是不对称的，其绝对最大值发生在 12：00 以后，这是由于地表最高温度出现在 13：00 左右造成的，因而也导致净辐射曲线对正午的不对称。在夜间 $S_t = 0$，则 $R_n = L_n$，无云状态下的 L_n 年内是基本一定的，约为 –100 W/m²。就是说，在长波辐射领域地表通常是损失 100 W/m² 的能量，比较晴朗的夜晚的降温现象就是地表热量以辐射方式被夺走所造成，即所谓的辐射冷却，天空被云所覆盖时，天空温度和地表温度与地上空气温度接近，其结果使 $L_n \approx 0$，因此辐射平衡方程式在白天为 $R_n \approx (1-\alpha)S_t$，夜间为 $R_n \approx 0$。

净辐射的年振幅随地理纬度的增加而增大。对同一地理纬度来说，陆地辐射差额的年振幅大于海洋。全球各纬度绝大部分地区地面辐射差额的年平均值都是正值，只有在高纬度和某些高山终年积雪区才是负值。因此就整个地球表面平均来说，是辐射能的收入大于支出，也就是说地球表面通过辐射方式不断获得能量。

一个地区受地理坐标的限制，辐射平衡时不一致的。就这个地球系统全年的辐射平衡来讲，来自太阳的总辐射大小为 342 W/m²，进入大气圈后，大气吸收 67 W/m²，地气系统反射 107 W/m²，其中云、尘埃、大气等的反射辐射为 77 W/m²，地表的短波反射为 30 W/m²，其余地面吸收 168 W/m²。地

面射向天空的长波辐射为 390 W/m²，其中通过大气窗口逸出的为 40 W/m²，大气吸收为 350 W/m²。因此大气吸收了 350+67=417 W/m² 辐射能，其本身同时进行长波辐射，其中 235～40=195 W/m² 直接射向太空。由于温室效应大气射向地表的辐射为 324 W/m²，因此通过辐射过程，大气总共吸收 417 W/m²，而长波辐射发射 324+195=519 W/m²，共放热 102 W/m²，因地面向大气输入的潜热 78 W/m² 和感热 24 W/m²，从而维持大气的能量平衡（图 3-5，于贵瑞等，2006）。

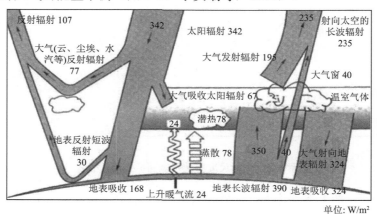

图 3-5　地球系统全年地—气辐射平衡

6. 地球表面的能量平衡

（1）地面的热量平衡

当地面收入的短波辐射能大于其长波支出辐射，净辐射为正值时，一方面使地面升温，另一方面盈余的热量就以湍流或蒸发潜热的形式向空气输送热量，以调节大气温度，并向空气中提供水分。同时还有一部分热量在地表活动层内部交换，以改变下垫面（土壤、海水）温度的分布。当地面净辐射为负值时，则地表温度降低，所亏损的热量或者是由土壤（或海水）下层向上层输送，或者通过湍流及水汽凝结从空气获得热量，使空气降温。根据能量守恒定律，这些热量是可以转换的，但其收入与支出的量应该是平衡的，这就是地面能量平衡。地面能量平衡方程可写成下列形式：

$$R_n + LE + Q_p + A = 0 \qquad (3-72)$$

式中：R_n 为地面净辐射；LE 为地面与大气间的潜热传输量（L 为蒸发潜热，E 为蒸发量或凝结量）；Q_p 为地面与大气间的湍流感热交换；A 为地表面与其下层间的热传输量（B）和平流输送量（D）之和。在式（3-72）中，规定地面得到热量时为正值，地面失去热量时各项为负值。在形成地面能量平衡中，这 4 者是最主要的，其他如大气的湍流摩擦使地面得到的热量，植物光合作用消耗的能量以及与降水使温度不同的地面得到或损失的热量等，其数值都很小，一般可以忽略不计。

对于陆地表面来说，由于土壤热传导而产生的水平输送异常缓慢，因而可忽略不计，而对于年平均而言，土壤与上界面的能量交换为零。因此，对于陆地表面的年平均热量平衡方程就可简化为

$$R_n + LE + Q_p = 0 \qquad (3-73)$$

但对水体，特别是大洋中必须考虑由于海流运动造成的能量输送。在组成地面能量平衡的 4 个分量中，由于净辐射有明显的昼夜变化和季节变化，因此其他分量也发生类似的周期变化，而这种变化又因纬度和海陆分布而不同。地面净辐射的地理分布格局已经较天文辐射复杂得多，而其他分量如地面蒸发失热的年总量分布及地气感热交换的分布，则更为复杂。

（2）全球的热量平衡模式

太阳辐射到达地球表层后，往往转化为各种形式的能量。如蒸发或凝结潜热，湍流感热等。这些能量也是气候形成的基本因素。

将全球地气系统平均能量收支各分量之间的相互关系用图形的方式表示出来，这种图称为全球能量平衡模式，图 3-6 为全球尺度的地球表面能量平衡模式示意图。

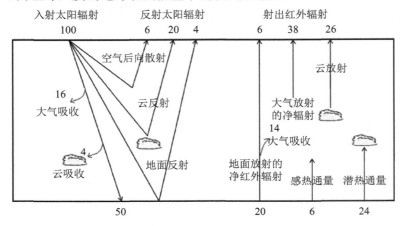

图 3-6   全球尺度的地球表面能量平衡模式

从图 3-6 可以看到，如果将到达大气上界的太阳辐射（175 000×1^{012} W·m^{-2}）算作 100 个单位，进入大气圈后，大气和云共吸收 20 个单位，其中大气吸收 18 个单位（主要是水汽、臭氧、二氧化碳、尘埃等的吸收），云滴吸收 2 个单位。地气系统共反射 30 个单位（又称地球反射率），其中云层反射 20 个单位，大气散射返回宇宙空间 6 个单位，地面反射 4 个单位。地面吸收总辐射 50 个单位，其中吸收直接辐射 22 个单位，散射和反射辐射共 28 个单位（其中来自云层漫射 16，大气散射 12）。

地面因吸收总辐射而增温。根据全球年平均地面气温 T，其长波辐射能量相当于 115 个单位。地面长波辐射进入大气圈时为大气所吸收 109 个单位，只有 6 个单位透过"大气之窗"逸入宇宙空间。

大气和云吸收 20 个单位太阳辐射和 109 个单位地面长波辐射，其本身同时进行长波辐射。在大气和云的长波辐射中，95 个单位为射向地面的逆辐射，64 个单位（其中大气 38 个单位，云层 26 个单位）射向宇宙空间。因此通过辐射过程，大气总共吸收 129 个单位，而长波辐射支出 95+64=159 个单位。其中在亏损的 30 个单位的能量中，由地面向大气输入的潜热 23 个单位和湍流感热 7 个单位来补充，以维持大气的能量平衡。

整个地球下垫面的能量收支为 ±145 个单位，大气的能量收支为 ±159 个单位，从宇宙空间射入的太阳辐射 100 个单位，而地球的反射为 30 个单位，长波辐射射出 70 个单位，各部分的能量收支都是平衡的。这些估算的数值是很粗略的，它们仅仅可以提供一个地气系统中能量收支的梗概。在这种能量收支下形成并维持着现阶段的地球气候状态。

三、北半球—欧亚—青藏高原与大气环流

大气环流的变型、波动势必影响到局地天气变化。为此，讨论一个地区天气气候变化，掌握其环流背景是很有必要的。本小节是在参考文献（王江山等，2004；叶笃正等，1979；乔全明等，1994；戴加洗，1990；朱乾根等，1983；章基嘉等，1983；时兴合等，2001；时兴合，1999）的基础上撰写。

1. 北半球环流的季节演变背景

为了分析青藏高原各主要自然天气季节大气活动中心的环流演变特征，我们选取 1 月、4 月、7 月、10 月为各季节的典型代表月份，并从月环流场的特点分析入手，了解各自然天气季节变化和演变的过程。

（1）冬季环流

冬季长达 5 个月，是青藏高原上最长的一个自然天气季节，其环流的主要特点是副热带急流稳定在青藏高原南侧，100 hPa 极涡深，等高线密集。500 hPa 东亚大陆东岸大槽深，新疆脊强。地面气压场上东亚受蒙古高压和阿留申低压 2 个活动中心控制。

按照环流和天气气候的一些特点（王江山等，2004），青海省一般将冬季分成前冬和后冬。前冬（11—12月）500 hPa新疆脊和东亚大槽处于加深阶段，我国上空偏北气流加强，青海省气温降幅明显。后冬（1—3月）是新疆脊、东亚大槽最稳定和最深的时期，也是北风最强的时期，青海省气温达到最低并开始回升。

（2）春季环流

春季地面气压场上印度低压和太平洋高压生成并逐步加强，蒙古高压和阿留申低压逐渐减弱，形成4个活动中心并存的局面。850 hPa温度迅速回升，表现出夏季大气活动中心的一些特征。500 hPa长波槽、脊位置均发生了明显的变化，新疆脊和东亚槽明显减弱，并西退10个经度，系统的不稳定性显著加大，移动明显增多。100 hPa南亚高压4月在西太平洋的海面上，5月加强西进至中南半岛。副热带急流前期在青藏高原南侧，后期迅速移到高原北侧，最大风速由60 m/s减弱为40 m/s，急流位置也是全年北移最快的时期。春季环流演变的另一个特点是低空先变、高空后变和南方先变。即东亚大陆印度发展上来的低压逐渐代替减弱的蒙古高压。

（3）夏季环流

夏季地面气压场上东亚大陆为强大的印度低压控制，海洋上为太平洋高压控制。850 hPa高度场平均温度达到1年中的最高值，且东半球较西半球明显。500 hPa新疆脊偏西且很弱，120° E为浅槽，切变线明显。100 hPa极涡显著减弱，西退到西半球，南亚高压迅速加强并登上青藏高原。副热带急流位于青藏高原北侧或北部。

根据500 hPa西太平洋副热带高压和100 hPa南亚高压位置移动的阶段性和我国相对多雨（或少雨）带的位置变化及阶段性，将夏季分成5月底6月初至6月上半月、6月下半月至7月初、7月上旬末至7月下旬初、7月下旬末至8月上半月、8月下半月至9月初5个阶段（王江山等，2004），第一阶段：中高层环流的主要特点是500 hPa西太平洋副热带高压尚未北跃，100 hPa南亚高压已登上青藏高原，我国东部大陆上空北风加大，低层辐合线和主要雨带由华中退到华南珠江流域一带，华南进入前汛期。而青藏高原东侧的陕西、甘肃、宁夏及青海东部地区出现相对的少雨阶段。第二阶段：中高层环流发展及变化的主要特点是500 hPa以西太平洋副热带高压第一次北跃过20° N开始至第二次北跃过25° N结束。100 hPa南亚高压中心进入高原且稳定在其上空，脊线位置一般在27°～28° N一带，中心强度达到16 800 gpm，并以西部型居多。华南前汛期结束，长江中下游入梅，西北东部相对少雨期结束，雨量有所增加。第三阶段：最主要的特征是500 hPa以西太平洋副热带高压第二次北跃过25° N开始至第三次北跃过30° N结束。100 hPa高压中心北跳到34° N并东移出青藏高原。这个阶段的环流特点是随着西太平洋副热带高压的第二次北跃，长江中下游梅雨结束，北方地区及黄河中下游的雨季开始，青藏高原的西部也进入相对的多雨期。第四阶段：最明显的特点是500 hPa西太平洋副热带高压和100 hPa青藏高压分别北跃到30° N、34° N以北地区，并且脊线位置或高压中心位置为全年最北的时期。相对多雨带可到达河套、内蒙古以及西北东部的偏北地区，致使这些地区成为全年降水最多的时期。第五阶段：环流特点是500 hPa西太平洋副热带高压和100 hPa青藏高压开始南退的初期阶段。蒙古冷高压开始发展并逐渐南侵，华北雨季结束，相对多雨带出现在西北地区东南部和川北一带，并与青藏高原东部地区的相对多雨区连成一片。

（4）秋季环流

秋季地面气压场上蒙古高压和阿留申低压生成并逐渐加强，形成4个活动中心并存的局面。850 hPa高度场平均温度迅速回落，表现为冬季温度环流场的特征。500 hPa新疆脊和东亚槽逐渐明显起来，西太平洋副热带高压的脊线位置明显南撤，高原南侧的南支槽开始活跃起来。100 hPa南亚高压9月下旬下高原，10月中旬入海。副热带急流急剧南撤，9月南退较慢，10月南退最快。初秋受青藏高原大地形气流分支的影响，在高原东部地区容易形成华西秋雨。秋季环流演变的另一个特点是低空流场先变、高空流场后变和北方环流先变。即在东亚大陆上北方加强的蒙古高压迅速南下，加之东亚西北高和东南低的有利地形，往往初秋首次较强的冷空气能长驱直入，到达华南，使我国东南部低层夏季盛行的偏南风一下子被东北风所代替。

2. 欧亚—青藏高原主要环流

（1）南亚高压（青藏高压）

在 100 hPa 平均图上（王江山等，2004），夏季北半球中低纬度在 2 个大陆上是两个大高压，由于亚非大陆上的高压中心正好在青藏高原上空，故称为青藏高压（也称为南亚高压）。它的范围最大、最稳定，对北半球的环流影响也最大，它是活动于东南亚地区对流层上层的行星尺度环流系统，是北半球的主要大气活动中心。南亚高压的形成与维持与青藏高原的热力和动力作用有着密切的关系，是动力作用和热力作用互相联系和互相转化的，它的形成多来源于副热带西风带动力不稳定长波脊发展所形成的副热带动力性高压单体，当它们伸展移动到高原上空时，强大的高原热力作用使得它受到变性作用，从动力性高压改变成热力性高压。

南亚高压中心在我国上空 100 hPa 上有主要中心与次要中心之别。7—8 月主要高压中心集中出现在高原上空的 31°～35° N 纬带，并有两个高频中心，东部中心在 100° E 以东，西部中心在 85° E 附近。次要高压频数中心在 114° E 附近。7—8 月主高中心的位置比 6 月北移了 5 个纬距，而且高原西部主高中心出现概率增多。这些事实说明了盛夏高原的热力作用对南亚高压有重大影响。7—8 月东部主高中心与 6 月相比有所东移，次高中心比 6 月偏北偏东和增多，9 月主高中心与 6 月相同，又退到高原东南部。

南亚高压脊线位置有明显的季节变化，从多年平均值可以得知，4 月份脊线位于 15° N 附近，5 月很快北移到 23° N，以后脊线北进缓慢，6 月在 28° N 附近，7 月在 32° N 左右，8 月最北可达 33° N，9 月高压脊线又南退到 28° N。高压脊线的走向大致与纬圈平行，但 5—6 月高原的加热作用比同纬度其他地区快，因而这个地区的脊线北进早，致使高原地区的脊线比其东边的偏北。7—8 月由于高原地区的加热强而固定，致使已经上了高原的脊线北进变慢，结果高原地区脊线反而比东边的偏南。120° E 脊线位置的演变也有明显的阶段性，从初夏到盛夏，它大致有 4 次明显的北跳。第一次在 5 月中旬；第二次在 6 月 5—10 日，这时脊线跨过 25° N；第三次在 6 月底 7 月初，脊线由 28° N 推进到 31° N；第四次是 7 月 10—15 日，脊线再次北跳到 33° N 以北。据分析，120° E 脊线位置的明显北跳或南退，对青海省中期明显的降水有着一定的指示意义。从上面高压脊线和高压中心的主要特点来看，100 hPa 高压脊线的南北位置与高压中心的南北位置有关，也与高压中心的东西位置有关，对同一纬度的高压，其高压中心偏东者，120° E 脊线偏北；反之，其高压中心偏西者，120° E 脊线偏南。在 100 hPa 高压中心附近，300 hPa 以下总是暖性的，但在高层 100 hPa 的高压中心和脊线附近有冷中心出现。

从高压中心多年平均图上还可以看出，南亚高压初上高原的平均日期为 6 月 10 日，最早在 5 月 25 日，最迟为 6 月 29 日，但 80% 以上的年份仍在 6 月份。南亚高压初上高原的路径有 3 条：第一条，从东南半岛向北然后向西北移到青藏高原上空，这与多年的气候平均相似；第二条，从中南半岛向西，然后从印度北部移到青藏高原上空；第三条，从中南半岛向西移到印度，再向北移到伊朗高原，然后再东移到青藏高原上空。南亚高压移上高原标志着 HaDLey 环流的消失和季风环流圈建立，高原进入雨季。

根据南亚高压中心偏东或偏西位置并考虑高压脊线、西风槽、西太平洋副热带高压等的配置情况，把南亚高压分为 3 种环流型。东部型环流，带状型环流和西部型环流，其各自的主要特征为：东部型环流：西风槽在 60°～90° E；东部主要高压强大而稳定，中心位置在 90° E 以东；90°～120° E 脊线呈东高西低走向，120° E 脊线在 30° N 以北，西太平洋副热带高压西伸北跳。带状型环流：中高纬为大低压，西风带无大槽、大脊存在；在 60°～135° E 范围，高压外形呈带状，在全过程中高压中心多于 2 个，且均不稳定。西部型环流型：西风槽线在 90°～130° E；主要高压中心在 100° E 以西；90～120° E 高压脊线走向是西高东低。

青海省雨季与南亚高压中心位置有关，一般情况下，当南亚高压中心平均于 5 月 22 日北进到 25° N，青海省进入雨季，平均降水量骤增，是低涡、切变线活动频繁期，大、暴雨及冰雹等灾害性天气发生集中期。平均于 9 月 23 日南亚高压中心退到 25° N 以南，全省降水量骤减，雨季便告结束。在雨季中，南亚高压东部型是青海多雨型，而西部型则是少雨型。当强大的南亚高压中心稳定在高原上空时，青海为晴热期，2000 年的 7 月就是最好的例子。

（2）蒙古冷高压

在冬半年的 10 月以后，西风急流强度逐渐加强，中国的大部分地区都在西风环流控制之下，西风带的平均大槽位于 140° E 附近，强度大而明显。青藏高原北部 90° E 附近为平均脊所在。青藏高原与全国一样基本气流是西风，在地面上为蒙古冷高压，中心平均处在 100°～105° E、45°～55° N 附近，蒙古冷高压在冬半年最强盛，其控制范围可达整个东亚地区，且相对稳定。在这个季节冷高压所形成的气流就是冬季风。该时期，我国北部盛行西北—北气流，长江以南为北—东北气流。蒙古冷高压只有在高空有较强的低压槽移来而地面有气旋发展时才能在短时间内受到破坏，往往是高压槽和地面气旋诱导形成一次新的强冷高压入侵东亚地区的气压系统。会造成一定的强冷空气或寒潮天气过程，这种过程由于受祁连山脉阻隔对青海地区没有直接影响，但尾流倒灌对青海东部地区有一定的间接影响。

春季 3—6 月，陆地地面增热较快，蒙古冷高压减弱并西移到 75° E 附近，阿留申低压东移至 160° W，我国东北地区出现一低压，鄂霍次克海为一高压。青藏高原分支的南支西风急流带向北移动 5 个纬度，北支西风急流强度和位置变化不大。高空基本气流由冬季西北风转变为偏西风，并在偏西风带上存在较多的小槽、小脊活动，而且移动均很迅速，导致的降水等过程也迅速。同时，春季随时间推延，南亚的印度低压逐渐扩展到孟加拉湾、缅甸一带，形成低压带，并在我国的东南西太平洋上副热带高压加强，我国则由华南出现偏南风开始，逐渐盛行夏季风，雨季开始，青藏高原大部分地区也是如此。

（3）经向环流

冬季和夏季高原和大陆地区冷热源分布的不同，导致了高原上空平均垂直运动的不同。

冬季 500 hPa 和 300 hPa，高原上平均为下沉运动，其强度为 -2.3 mm/s，但在 200 hPa 上，下沉运动很小，其强度为 -0.1 mm/s。100 hPa 上是上升运动区，其平均强度为 -1 mm/s 左右。经圈环流在青海主要表现在，高原及上空出现系统的下沉气流区，冬季天气稳定，天气过程少。又由于高原冬季是个冷源，更增加了青海天气的稳定性。

夏季高原上空平均为上升运动，500 hPa、300 hPa、200 hPa 和 100 hPa 上平均分别为 5 mm/s、6 mm/s、5 mm/s 和 2 mm/s 左右。高原南侧的经向环流高达 150 hPa 以上，北侧的环流圈较小，高度仅稍高于 300 hPa。同时，高原南北两边的垂直环流是不对称的，在南边的西南季风是从对流层的下半部（500 hPa 以下）爬向高原的，而在高原北面向高原辐合的气流发生在 500 hPa 左右比较浅薄的一层大气之内。这两支向高原辐合的偏北风和偏南风相遇于 30°～35° N，这正是夏季高原上辐合切变线的位置。

（4）纬向环流与西风带槽脊

纬向环流在冷暖空气的输送过程中起到极为重要的作用。当纬向环流相对平缓时，南北暖冷空气交替减缓、南北对峙，冷（暖）空气南下（北上）的次数或强度降低，形成的降水相对较低，不同纬度带温度变化平稳。当纬向环流加大时，南北各纬度地区降水、温度均产生剧烈变化。特别是降水的常年分布格局将发生重大调整，该种情景下旱涝现象频发。纬向环流的平稳与加大实际上与西风带的槽脊相联系。为此，这里重点介绍西风带 500 hPa 等压面上的槽脊活动状况。

青海省地处青藏高原的东北部，西风带槽脊的活动与青藏高原地形的影响是分不开的。受高原地形的影响，西风带高空槽（脊）经过高原时，高原南北两侧的移动速度是不同的，在高原北部形成反气旋性曲率，在高原南侧形成气旋性曲率，它使得高原北侧有反气旋性涡度生成，所以当高空槽移到高原北侧时强度减弱而移速加快。高空脊移到高原北侧时，强度增强而移速减慢。高空槽（脊）移过高原南侧时情形相反。槽在高原东西两侧时，移速减慢，在高原上空时，移速加快或正常。反之脊在高原东西两侧时，移速加快，在高原上空时，移速减慢或正常。

500 hPa 平均槽脊的分布特征来看（王江山等，2004），冬季西风带的平均大槽位于 140° E 附近，强度明显加强，青藏高原北部 90° E 附近为平均脊所在。春季西风带脊的位置没有大的变化，但强度减弱，5 月东亚大槽明显变宽变平。夏季，西风带平均槽脊的位置与冬季相反，东亚沿海出现高压脊取代原来的东亚大槽，在 80～90° E 出现平均槽取代原来的平均脊，槽脊强度都比冬季弱。秋季 9 月东亚沿岸 130° E 附近平均槽开始建立。但在 500 hPa 平均高度廓线图上，3 月底 4 月初，无论在 30° N 和 40° N，新疆脊都比较稳定，青海省均处在其前部的弱西北气流中。在 30° N，3 月底、4 月初，70° E 的高压脊有一个加强略东移的过程，其结果使青海省南部的西北气流加强，多波动天气。与 40° N 相比，40° N 的新疆脊更为稳定，且强于 30° N，说明青海北部的冷空气活动相对频繁。4 月底到 6 月中旬，在 30° N，70° E 的脊逐渐向西移并减弱，到 40° E 变平，青藏高原的中、东部、青海南部多低槽活动，相对 40° N 来说，在 40° N 的新疆脊要强于 30° N，70° N 的脊。盛夏在中、高纬度 60～80° E 的欧亚大陆中部为高压脊，而初夏和盛夏后期，却相反为低压槽。在 40° N，7 月第一候，70° E 由 6 月底的高压脊变为低压槽，第二候、第三候 70° E 又是一个高压脊，7 月下旬—8 月，70° E 转为弱的低压槽，而 50°～60° E 和 90° E 分别为脊区，此外，30° E 和 120° E 为低槽区，其中以 30° E 地中海槽较为明显。相对 7 月 3 候、6 候、8 月的 1 候、4～6 候在青海的北部是西北低槽相对活跃期。在 30° N 的夏季 40～60° E 和 140°～160° E 分别为高压脊，这两个地区是副热带高中心的所在地。青藏高原的中、东部、青海南部为平均弱槽区。50° N 欧亚范围夏季一般为低槽区。秋、冬季的在 40° N 上，9 月 1～3 候青海北部仍为明显的槽区，该槽随着时间的推移逐渐向偏东方向移动加深，取而代之的是西北气流。新疆附近从弱槽区变为弱脊区，并逐渐加强，结果使青海北部的西北气流逐渐趋于明显。从 11 月第一候到次年 4 月第二候青海北部均处于强西北气流控制中。

西风槽是影响青藏高原天气的重要天气系统之一，天气学家把移入高原的槽称为"外来槽"，把生成在高原上的槽称为"新生槽"。当槽自高原以西移近高原时，常常在高原西侧分裂、切断，分成南北两段，沿高原两侧东移，按其移动的路径和影响地区，以纬度为界限，将外来槽分成 3 类，即南支槽、高原槽、北支槽。另外，由于环流遇到青藏高原的大地形作用影响，往往产生新生槽，他们的具体特征如下。

南支槽：是指通过 20°～30° N 东移的西风槽。它在影响高原天气的西风槽中，与北支槽比较，出现的次数较少，夏半年每月平均有 3～4 次，其中 5 月、6 月最多，尤其是 5 月南支槽活动次数占整个夏半年活动次数的 55% 以上，8 月最少，仅占 1% 多些。而冬半年影响高原天气的南支槽平均每月有 5.1 次。由于高原大地形的影响，在高原南侧的 90° E 附近常常形成动力性低槽，而当南支槽移过这里时，合并加强，移速减慢，甚至成准静止状态，然后东移减弱或消失。南支槽提供的西南气流和高温、高湿条件为高原低涡、切变线的形成创造了流场条件和能量来源。南支槽对高原天气的影响，主要取决于与其他天气系统的配置状况，单纯的南支槽活动，在高原西部时（90° E 以西），一般不会引起高原主体产生明显的降水天气，多为阵性小雨。如果南支槽与高原低涡、切变线共同出现，高原北部有高压脊活动，形成北脊南槽形式，往往造成高原主体及其南部的大范围较大降水。当南支槽与北支槽叠加出现时，则造成冷暖空气在高原主体及其以北交汇，降水主要在高原北部地区，也就是青海省地区。

高原槽：是指通过 27°～40° N 之间的西风槽，自 70° E 以西东移进入高原的西风槽。从统计来看，每月平均出现 6 次，由于盛夏西风带季节性的北撤，所以高原以 5 月和 9 月最多，约占总数的 50%，而 6 月、7 月、8 月显著减少，尤其是 8 月最少，仅占 15% 左右。在 27°～40° N 这个范围内，也是高原"新生槽"的出现地区，"高原槽"与"新生槽"比较，两者的次数差别不大。高原槽的东移常常激发高原低涡的形成，对高原天气的影响与南支槽类似。值得注意的是，高原槽可以引起高原地面上的锋生作用，高原槽进入高原带来的冷空气，在高原地面上表现为槽前减压，槽后降温加压有时十分显著。

北支槽：是指通过 40°N 及其以北东移的西风槽，是影响青海省的主要低槽之一。据资料统计，北支槽以 5—9 月出现的次数最多，平均每月有 6～7 次，即每 4～5 d 有一次北支槽活动。夏季北支槽有时会强烈发展，振幅加大，导致冷空气入侵高原，造成夏季高原上的大范围强烈降温天气，这种现象每月平均有 1～2 次，尤其在 5 月和 9 月为最多。9 月的强烈冷空气侵入高原，往往引起西太平洋副热带高压南退，是黄河上游汛期结束的象征。盛夏时期强冷空气入侵高原虽然次数较少，但却有时可造成大范围的低温冻害。例如，1967 年 7 月 26 日的一次北支槽活动，引导强冷空气南下，造成青海省 13 个县发生严重的霜冻。有的北支槽虽然在高原北部边缘东移，引导的冷空气较弱，却可以激发高原切变线或低涡的生成（即北槽南涡型），这是高原也是青海省的一种重要降水形式。冬半年（10 月中、下旬至 3 月），高原处在西风带控制下，由于高原的阻挡作用，高原上较少有自西部入侵高原的长波槽，长波槽到达高原西部时，常分裂成南北两个小槽。但值得注意的是，自新疆向东南移动加深的长波槽，并与自西移入高原的短波槽在高原上合并，会引导强冷空气入侵高空，造成高原上的大风雪和强烈降温。如 1974 年 10 月 26—28 日、1985 年 10 月 17 日，青藏高原上出现了罕见的大风雪和降温天气，就是高原上初冬强冷空气入侵的结果。

新生槽：青藏高原不仅是外来天气系统十分活跃的地区，而且也是很多天气系统产生的源地，从统计来看，5—9 月从高原中部 27°～40°N 东移的西风槽中有 48% 是产生在高原的（即新生槽）。一般情况下，暖性低槽基本上都是生成在高原主体上空，由于它与高原热力作用和地形有直接关系，所以，其移动速度缓慢每天 3～4 个经距。高原的新生槽，在高原主体上空时多造成阵性降水，降水量一般不大，但当它东移与北支槽或南支槽合并时，往往可造成高原东部地区即青海省的大雨或暴雨。

（5）副热带高压

在南北半球的副热带地区，存在着副热带高压带，由于海陆的影响，常常断裂成若干个高压单体，这些单体统称为副热带高压。在北半球，它主要出现在太平洋、印度洋、大西洋和北非大陆上。影响我国及其青藏高原的主要是出现在西太平洋上的副热带高压，称为西太平洋高压。副热带高压是制约大气环流变化的重要成员之一，是控制热带、副热带地区的、持久的、大型天气系统之一。它的活动不但对中、低纬度的天气变化起着重要的作用，而且对较高纬度环流演变也产生重大的影响。

副热带高压脊呈西南—东北走向，在 500 hPa 以下各层都较一致，但其脊线的纬度位置随高度有很大变化。冬季，从地面向上，副热带高压脊轴线随高度向南倾斜，到 300 hPa 以后，转为向北倾斜。夏季，对流层中部以下，多向北倾斜，向上则约呈垂直，到较高层后又转为向南倾斜。但位于 140°E（海洋上）的副热带高压脊轴线在低层随高度仍然是向南倾斜的。这是因为海洋上的热源或最暖区位于副热带高压的南方，而大陆上的热源或最暖区却位于副热带高压的北方。因此在 500 hPa 以下的低层，海洋上副热带高压脊的轴线随高度往南偏移，而大陆上则往北偏移，这显示了热力因子对副热带高压结构的影响。副热带高压脊的强度总的看来随高度是增强的。但由于海陆之间存在着显著的温度差异，使 500 hPa 以上的情况就不大相同。夏季，大陆上及接近大陆的海面上温度较高，所以位于该地区上空的高压随高度迅速增强，而位于海洋上空的高压则不然，其在 500 hPa 以上各层表现得比大陆上的弱得多。至 100 hPa 以上，太平洋副热带高压已主要位于沿海岸及大陆上空，与地面图相比，形势完全改观。在对流层内高压区基本上与高温区的分布是一致的，每一高压单体都有暖区配合，但它们的中心并不一定配合。在对流层顶和平流层的低层，高压区则与冷区相配合。另外，太平洋副热带高压脊的低层往往有逆温层存在，这是由于下沉运动造成的。特别当高压脊向西伸展的过程中，逆温更明显。逆温层下部湿度大，上部湿度小。太平洋副热带高压脊中一般较为干燥，在低层，最干区偏于脊的南部，且随高度向北偏移，到对流层中部时，最干区基本与脊线重合。高压的南、北两缘有湿区分布，主要湿舌从大陆高压脊的西南缘及西缘伸向高压的北部。

太平洋副热带高压脊线附近气压梯度较小，水平风速也较小；而其南北两侧的气压梯度较大，水平风速也较大。

西太平洋副热带高压的不同部位，因结构的不同，天气也不相同，在副热带高压特别是在脊线附近，为下沉气流，不利于降水过程的发生，多晴朗少云的天气，地面蒸发强烈，易引起严重的干旱现象的产生。又因气压梯度小，风力微弱，天气则更炎热。北侧与西风带副热带锋区相邻，多气旋和锋面活动，上升运动强，多阴雨天气。而南侧的东风带是热带降水系统活跃的地区。西北侧的西南气流是把印度洋和孟加拉湾的水汽向暴雨区输送的重要通道。因此它的位置变化对我国主要雨带的分布有着密切的关系，对青海省大、暴雨天气也密不可分。西太平洋副热带高压脊线4月份在15°N，5月份达18°N，6月份达到20°N。从旬的西太平洋副热带高压脊线平均位置来看，在6月中旬后，很快北跳到20°N以北，这段时期，西太平洋副热带高压虽然还没有直接影响青海省，或者仅仅开始影响青海省南部，但是由于副热带高压的活跃和脊线位置的逐渐北抬、6月中下旬印度季风的爆发，使得高原上低层热低压发展、西南气流逐渐加强、水汽的输送增加。7月上旬后，西太平洋副热带高压脊线又一次北跳，脊线越过25°N，并排徊在25°～35°N，此间印度低压明显加强。从500 hPa月平均图可以看出7月高压脊线从6月的20°N很快北跳到27°N附近，这时，青海省北部（35°N以北）的降水也显著的增多。完整的西太平洋副热带高压可西伸到110°E附近，西伸脊点有时偏西，有时偏东。当5 880 gpm线北界位置在35°N以北时青海省降水是偏多的，而5 880 gpm线北界位置在25°N以南，西太平洋副热带高压西伸脊点到130°E以东时，青海省降水就会偏少。另外，从5 880 gpm线西伸脊点和北界位置来看，西太平洋副热带高压在6月中、下旬北跳时，有西伸的过程。7月上旬至8月中旬北界位置有较明显的逐旬北抬，且达到最北位置；西伸脊点逐旬东移并于8月中旬达到最偏东的位置。8月下旬后西太平洋副热带高压回跳时，又有一次西伸的过程，此时青海省往往出现阴雨天气。冬季，西太平洋副热带高压脊线稳定在20°N以南。

西太平洋副热带高压在随季节作南、北位移的同时还有较短时期的活动，即北进中可能有暂短的南退，南退中可能有短暂的北进，且北移常与西进相结合，南退常与东缩相结合。西太平洋副热带高压的这种进退，持续日数长短不一，如果将一个进退算一个周期，则长的周期可达10 d以上，短的只有1～2 d。一般10 d以上的称长周期，10 d以下为短周期。西太平洋副热带高压边缘的西进和东退均能在青海省形成一次明显的降水天气过程。

夏季，在500 hPa图上，西藏高原地区常有分裂的暖高压中心出现（南亚高压），当其东移并入西太平洋副热带高压时，则引起后者明显的西进。这时暖平流所引起的正变高数值不需很大就足以使西太平洋副热带高压脊西伸、北进。盛夏前，这种正变高只要达30～60 gpm，就可使西太平洋副热带高压脊线产生明显的北跳。而西风带高压脊引起的正变高要达60～90 gpm才能引起西太平洋副热带高压的西伸、北进。

西太平洋副热带高压的脊线位置与高原热状况有一定的关系，当高原温度出现正距平时，西太平洋副热带高压脊线明显偏北。如正距平在2.0℃以上的1961年、1966年、1967年和1972年，500 hPa西太平洋副热带高压脊线均在33.5°N以北；温度距平在-2.0℃以下的1965、1968和1974年，500hPa西太平洋副热带高压脊线均在32.5°N以南；由此可见，青藏高原不尽其雨季来临与结束迟早、降水强度、连阴雨等与西太平洋副热带高压北跳西伸展和强度有关，而且其热状况也与西太平洋副热带高压北跳位置有着十分密切的关系，表明西太平洋副热带高压北跳与高原的加热作用之间的正相关关系是明显的。

一般情况下，副热带高压呈东西带状时，副热带流型多呈纬向型，造成东—西向的暴雨。副热带高压呈块状时，副热带流型多呈径向型，造成南—北向或东北—西南向的暴雨。后者常发生于副热带高压位置偏北的时候。当然，在青藏高原及青海地区主要大气环流特征还表现在其他众多的形式，例如：500 hPa等压面上的地转西风中的西风和高空急流等，这里不再多介绍。

3. 东亚环流与季风

（1）东亚季风特点：广义的东亚地区包括了整个中国大陆以及其他区域，东亚地区处在全球最大陆地的东岸，东部又是最大的大西洋，西部因青藏高原、帕米尔高原的存在，地形十分复杂。导致海陆之间的热力差异和高原的热力、动力作用明显，因而使东亚地区形成了全球著名而明显的季风气候区，具有冷干的冬季与热湿的夏季，天气气候差异比同纬度其他地区更为悬殊，相应的环流特征和天气过程也更具有明显的季节变化。这种季节变化既是海陆和青藏高原对东亚环流和天气系统活动影响的结果，也是大气环流遇高耸的青藏高原发生"变形"后直接影响地区天气过程的结果，具有一定的正负反馈作用。

众所周知，东亚季风的特点是在东亚对流层底部，由于海陆差异，造成了4个明显的大气活动中心，即蒙古冷高压、阿留申低压、印度热低压和太平洋副热带高压，这4个活动中心几乎也是全球最强的气压系统（全球来讲阿留申低压的强度比冰岛低压稍弱），因而区域内的季风也就最为明显，风系转换也就很显著。表现出冬季盛行偏北风、偏西风，夏季则以偏南风、偏东风为主导。冬季干燥、寒冷，夏季多降水、高湿、高热。

而在对流层中部，由于青藏高原及其海陆差异的热力、动力共同作用下，东亚西风带平均环流的高压脊、低压槽在冬季、夏季完全呈现出相反的位相，冬季东亚上空 500 hPa 等压面图上为青藏高原北部高压脊和亚洲东部沿岸低压槽，这"一脊一槽"影响下高空基本为西北风。夏季则转变为相反的分布形势，为"一槽一脊"，高空基本气流表现为在 30°N 以北为西风，以南为偏东风。与北美冬夏不变的状况有很大的不同。

同时，青藏高原的存在表现出季风具有很大的复杂性。由于青藏高原上空与四周自由大气之间的热力差异具有明显的季节变化，高原近地表层冬季为冷源，夏季为热源，导致青藏高原四周的风系多变。冬季在高原面北侧为西风，南侧为东风，夏季是刚好成为相反的风向。而在高原的东侧，冬季为偏西风，夏季转为偏东风。400 hPa 以上的自由大气中，冬季整个高原为西风控制，对流层上部高原的南北两侧各存在一支西风急流。夏季由于高原的加热作用（热岛效应），使南侧西风急流带消失转变为东风急流，高原北侧仍为西风急流，且得到明显的加强。

青藏高原的加热与"冷源"作用不仅在东亚季风气候形成中有重要的影响作用，还表现在直接影响高原本身及其邻近区域的气候。当夏季出现加热作用时，高原及毗邻地区产生上升气流，上升气流到达高空后即可向四周辐散并下沉，造成局地环流，影响着区域气候。例如，印度西南季风沿喜马拉雅山爬坡上升，在高空辐散后，大部分辐散气流向南下沉，形成地面气流向北，而高空的自由大气中又向南输送，高空向南下沉的气流可到达南半球，然后在中低空伴随南半球的东南信风向北流动，越过赤道又到达北半球，受地球偏向力作用而转变为西南气流，再北上与前者提到的沿喜马拉雅山爬坡上升的向南季风合并，构成一个闭合的局地的垂直环流，即季风环流。这个季风环流破坏了该季节里该有的哈德来环流，其垂直结构对青藏高原乃至青海北侧等邻近区域的天气均产生重要的影响。这种垂直环流结构一般使青藏高原南、北两侧辐合的气流约于高原面上 30°～35°N 区域垂直上升，形成了夏季纬向的辐合线，气象学家也称高原切变线，该切变线常出现小幅度的南北和东西移动，是青藏高原雨季的主要的降水系统。而且这个辐合切变线因内部涡度差异较大，可产生许多大小不等的低涡，低涡可迫使降水强度增大，在向西移动的过程中往往造成高原东部及邻近地区夏季暴雨。

（2）青藏高原与东亚环流和天气过程：青藏高原的存在对西风带有阻断、分支的作用，分支后的西风带常产生气流涡旋的变化，进而影响高原自身乃至东亚环流以及天气过程。

冬季对流层下半部的西风带受到高原阻扰而分为南、北 2 支，绕过高原向东流去，在对流层中、上部的气流则爬坡越过青藏高原。这 2 种作用使得高原北部形成一个地形的高压脊，南部形成地形低压槽，对东亚的天气过程有很大影响。冬季，从欧洲东移来的长波槽在高原邻近就开始减速减弱，往往还分成两段，远离高原的北段迅速东移，至贝加尔湖附近才有可能重新加强，槽的南段或是切断变成冷涡，停滞少动并渐渐就地减弱，或是绕过高原往东移去。但是这并不意味着所有的高空槽都不能越过高原往东移去，当行星锋区位于高原上空时，平直西风中的小槽还是能越过高原的。据拉萨统计，冬季每月可以有 5～10 次高空槽移过拉萨。槽在爬山时减弱，一般变成衰老系统，气压场表现并不清楚，但温度场上却比较清楚，这样的高空槽也能引起恶劣天气。

冬季，高原对其四周的自由大气来说是个冷源，因而加强了南侧向北的温度梯度，使得南支急流强而稳定。孟加拉湾的地形槽，槽前的暖平流对于高原东部的天气过程影响很大，是我国冬半年主要水汽输送通道，强的暖湿空气向我国东部地区输送，是造成该地区持久连阴雨的重要条件，也使得昆仑静止锋和华南静止锋能在较长时间内维持下去，而且还是我国东部的江淮气旋、东海气旋生成的重要条件之一。从孟加拉湾地槽的涡源中，东移的南支急流中的小波动，我国预报员称为南支槽、印缅槽，它们也是造成我国华南冬季阴雨天气的主要系统。

夏季，北半球的东西风带都向北移动，青藏高原虽固定不变，但因为热力作用和经过高原的气流有季节变化，高原对环流的影响也就显出季节性的差异。由于加热，高原对于周围的自由大气来说是个热源，它使高原上空大气的水平温度梯度在高原北侧增大，在高原南侧变为相反方向（即指向南）。根据热成风原理，高原北侧的西风增大，高原南侧西风小时而被东风所取代。高原对大气的摩擦作用使高原北侧的反气旋性涡度相应地明显起来，表现为在 700 hPa 天气图上常常有一个孤立的闭合小高压在祁连山东南侧的兰州附近生成并东移，小高压东部的偏北风和高压南部的偏东风与这个季节西伸的太平洋高压脊西部的西南风之间形成一条切变线。这是我国夏半年黄河流域降水的主要系统之一。切变线随着两侧气流势力的对比变化而南北摆动，并伴随着雨区的南北移动。同时，在夏季，高原 500 hPa 上高压活动频繁，对我国天气也有重要影响。例如，范围较大而稳定的暖高压控制高原不仅会造成高原上干旱天气，而且当这种高压向东移到高原边缘时，还会产生暖而干的辐散下沉气流。这种气流又由于有利的下坡地形而又有所加强，所以它在地势较陡的祁连山北坡最为显著，这是河西走廊在地面图上就有强的热低压发展，吹干热的偏东风，也就是干热风的原因。这在小麦灌浆到乳熟期间会造成小麦严重减产。这种温度的暖高压向东北方经常不断发展与西风带的长波脊或西太平洋副高合并，是造成我国夏季酷暑抬起的一种重要天气过程。

四、青海各地日照、总辐射状况

光能是地球上一切生命活动所依赖的基本能量，是大气中一切物理现象和物理过程发生发展的根本动力，是最基本的气候形成因素，也是重要的气候资源。要了解一个地区的气候状况，掌握区域的实际日照时数和得到的太阳总辐射是非常必要的。

1. 日照时数及日照百分率的空间分布

青海省各地日照时数为 2 328～3 575 h。其空间分布趋势以柴达木盆地最多，多在 3 000 h 以上，盆地西部和西北部多于 3 200 h，冷湖高达 3 574.3 h，为青海省日照时数最多的地方。青海湖周围地区在 3 000 h 左右；祁连山地、青南高原和东部地区的大部为 3 000～2 600 h；互助及湟中两地是 2 个相对的低值区，少于 2 600 h；玉树州的杂多、果洛州的东南部在 2 500 h 以下，久治仅 2 328.3 h，为青海省日照时数最少的地区。

一般来说，青海省年日照时数要比我国东部相近纬度的地区多，青南高原的年日照时数比四川盆地的北部、陕西南部、河南西部相近纬度的地区约多 400 h；柴达木盆地比华北地区多 600 h 以上。即使青海省日照时数较少和最少的久治、达日、班玛与东部相近纬度的地区比较也偏多。

在作物、牧草生长季，即日平均气温 ≥ 0 ℃ 期间日照时数为 820～2 000 h，青海湖以东的农业区一般多于 1 600 h；贵德、诺木洪、格尔木、冷湖等地为 1 800～2 000 h；海北州、海南州的大部分地区以及果洛、玉树州的南部为 1 200 ～ 1 600 h；唐古拉山的五道梁至玉树州的清水河之间只有 820 ～ 870 h。日平均气温 ≥ 10℃ 期间的日照时数为 41 ～ 1 310 h，东部农业区和柴达木盆地多年平均在 800 h 以上，贵德、循化、察尔汗等地少数地区超过 1 300 h。

青海省各地日照百分率为 53% ～ 81%，其地区分布规律仍是西北高、南部和东部低。柴达木盆地普遍在 70% 以上，其西北部高于 80%；其他地区均在 70% 以下，东部地区一般在 60% 左右。

2. 太阳总辐射的空间分布

如果大气是透明的，则总辐射的年变化主要决定于太阳高度的变化。就北半球来讲，一年当中，总辐射的最大值应出现在 6 月，最小值出现在 12 月，逐月之间的变化是匀称的。但实际上大气并不完全透明，而且大气中的含水量及透明度还因时因地而异。因此，在一定程度上影响总辐射的年变化，尤其是季风地区更为明显。

在青海，太阳总辐射为 5 862 ～ 7 411 MJ/m²，高于我国东部同纬度地区，是我国辐射资源最丰富的地区之一。省内空间分布由西北向东南逐渐递减。柴达木盆地普遍超过 6 900 MJ/m²，其中冷湖高达 7 411 MJ/m²，是全省总辐射最大的地区。其余地区绝大部分年总辐射量 <6 900 MJ/m²。青海湖以东地区的年总辐射量一般为 5 900 ～ 6 200 MJ/m²，大通是全省年总辐射量最小的地区，仅为 5 862 MJ/m²。祁连山的大部分地区太阳总辐射量也较小，普遍 <6 176 MJ/m²；省内降水量最多的久治，年总辐射量也只有 5 975 MJ/m²。

全省总辐射量的年内时间分布存在明显差异。全省各地 12 月总辐射量均 <411 MJ/m²，其中祁连山地区总辐射量不足 300 MJ/m²。全省各地总辐射量以 4—8 月最多，月总辐射量大部分地区超过 600 MJ/m²，其中冷湖月均总辐射量超过 800 MJ/m²。全省各地 4—8 月的总辐射量占年总量的 49% ～ 55%。

年内月总辐射量变化有 2 种类型。乐都、西宁、贵德、共和等海东西部和海南北部、海北州西部与柴达木盆地的香日德以及大柴旦西北部为单峰型，一般以 5 月为峰（个别 6 月），12 月为谷（个别 1 月）。其余多数地区为双峰型，以 5 月、7 月为峰，6 月稍低。

由于青海高原海拔高，人们在生产生活，以及所关注的植物生长生理中，较多地关注太阳总辐射中紫外辐射波动的分布状况。这里做简单介绍。

我们知道，紫外辐射对植物、对人均是有害的，但靠近可见光的紫外辐射影响植物的形态，常使植物长得低矮、粗壮，叶片增厚，抗倒伏而有利于作物密植高产。当然密植程度不完全取决于辐射强度，还受到阴雨状况、湿度大小、温度高低等的影响，必须全面考虑。但是紫外辐射较强的地区，适当的密植可提高光能利用率，提高植物的产量。

在高原地区，太阳辐射中的紫外线格外强烈。例如，在 4 000 m 海拔的高原上，波长 300 μm 的紫外线照射量增加 2.5 倍。世界科学家一致认为过量的太阳辐射可致皮肤癌、白内障、红斑性狼疮等疾病。这些疾病在青海省的发病率明显高于低海拔地区。高原高辐射和强紫外线使野外作业者更易发生日光性皮炎，即健康人在阳光曝晒下，强烈的高原紫外线照射在体表暴露部位，如面部、颈项、手和前臂等处引起过敏所致的急性或慢性皮肤炎症反应。由于空气中水分随海拔上升而递减，故高原气候随海拔升高而更干燥。这种因素使体表散失水分明显较平原增加，会加剧机体水分含量减少，致使呼吸道黏膜和全身皮肤干燥，促发咽炎、鼻衄、干咳和手足皲裂等。同时高原大气密度小，空气干洁，紫外线量较平原多，加之高原雪域的反射，使辐射强度更大。

紫外线辐射量在太阳总辐射中所占的比例较少，只占 6% 左右，全省年紫外线总辐射量在 350 ～ 445 MJ/m²，空间分布与太阳总辐射趋势基本一致。青海湖以东的紫外线辐射量为 350 ～ 372 MJ/m²，果洛州、玉树州与海西州、格尔木市年紫外线辐射量为 366 ～ 438 MJ/m²；柴达木盆地的小灶火至冷湖间为高紫外线辐射中心，在 436 MJ/m² 以上；玉树州的治多至称多为次高中心，年总紫外线辐射量大于 376 MJ/m²。

从各界限温度期间的太阳紫外线辐射来看，全省各界限温度期间的紫外线辐射量均随界限温度的提高而减少，海拔较低的地区，界限温度持续的日数长，获得的太阳总辐射多，紫外线辐射量也相应较多。但就各界限温度期间的日平均紫外线辐射量来看，大体上随纬度和海拔的升高而增大。所以，纬度越高、海拔越高，紫外辐射越强。

五、青海各地降水

青海省地处青藏高原的东北部，地形复杂多样，既有巍峨的高山，又有坦荡的高原，还有大小不等的盆地以及宽窄不一的谷地，致使降水的分布不但在地域分布差异悬殊，而且在季节分布上也极不均匀。降水的种类也较多，尤其在夏季的青海湖周围和青南高原，一天中雨、雪、霰、雹都出现的情况并不鲜见。年际间降水量极不稳定，柴达木盆地年雨量变率在60%左右，海东大部年雨量变率在15%～25%；格尔木地区年雨量最多年是最少年的8.9倍，海东部分地区接近3倍，久治为1.7倍；年降水量主要集中在农作物和牧草生长季，青南高原腹地因生长季短，牧草生长季的降水量不到年降水量80%，其余各地都超过80%以上。

1. 年平均降水量的空间分布

受水汽通道输送、季风气候影响，青海省年降水量的空间分布极不均匀。青海省多年平均降水量在空间上分布在16.2～746.9 mm，且由东南向西北渐次减少。青南高原的东南部，离青海省主要的水汽源地——孟加拉湾较近，受东南副热带高压底部向西部气流输送及西南季风的影响，同时由于青藏高原本身的作用，造成这一带低涡和切变活动比较频繁，而且地形由东南向西北升高，有利于对气流的抬升，形成年降水量最多区。在高原切变线维持较多的河南—大武—清水河—杂多一线以南，绝大部地区年降水量在500 mm以上，河南、久治年降水量平均在600 mm以上，久治达746.9 mm，是青海省年降水量最多的地方。祁连山东段南麓坡地的互助—门源，再稍西，地形坡度大，上升运动强烈，成为青海省年降水量的次多区，门源、大通、互助的北部，年降水量在500 mm左右，在中科院海北高寒草甸定位站可达560多mm。青海湖周围地区的年降水量一般在300～400 mm。青南高原西部、三江源头一带，年降水量大部在400 mm左右；祁连山西段和中段地区，大多在200 mm以下。柴达木盆地四周山高，地形闭塞，越山后的气流下沉作用明显，是年降水量最少的地区，其中，中、西部大部在50 mm以下，察尔汗至冷湖间平均年降水量不到25 mm，冷湖只有16.2 mm，是青海省降水量最少的地区也是我国最干燥的地区之一。东部地区，西来气流容易受这一带地形的抬升作用，所以年降水量相对较多，德令哈、茶卡、香日德等地超过150 mm。东部黄河、湟水谷地的年均降水量在252.3（贵德）～537.8 mm（湟中），循化和贵德仅为250多mm，是青海省东部降水量最少的地方。

在青海，受季风环流形势的影响，降水量的分布特征基本上可以分为冬半年（10—4月）和夏半年（5—9月）2种类型。夏半年分布特征与年平均降水量的分布基本一样，冬半年略有差异。但青海省夏半年和冬半年的降水总的分布格局可由7月和1月降水量分布代表。如果说夏半年降水分布与季风环流形势下的西太平洋副热带高压、青藏高压有关，而决定冬半年降水量的分布除上述因素的影响外，与蒙古冷高压偶有减弱以及行星西风过高原引起的扰动和高原本身的热力环流系统有关，冬季西风过高原时，通常在高原西部是上升运动区，东部是补偿下沉区，这种状况下，青海省除海西西部沙漠及沙漠边缘地区外，降水分布总体上是西部多，东部少，与年平均降水量和7月降水量的分布情况大不相同，说明冬季气流过山的动力作用也是形成高原降水分布的重要原因。青海省各气象站年、季多年平均降水量、降水季节分配统计状况表明（表3-77）[①]，青海各地降水量不仅地区间差异大，而且季节分配既不均匀，但总的分布格局是大通小异。主要表现在夏季多，冬季少；秋季降水多于春季降水。春季（3—5月），各地降水量占年降水量的7%～22%，大部地区在20%以下。其

---

① 青海省气象局气候资料室。青海省地面气候资料三十年整编（1961—1990），1995

中，东部农业区、祁连山地、海南各地及青海湖周围为15%～22%，青南高原及柴达木盆地的大部为7%～18%。夏季（6—8月），各地降水量占年降水量的53%～70%，（冷湖为85%），柴达木盆地的大部、玉树州各地、海北州除门源外的地区以及果洛州和海南州的部分地区、唐古拉山超过60%，个别地方在70%以上；秋季（9—11月），各地降水量一般占年降水量的20%多，多于春季，但柴达木盆地的都兰、香日德、大柴旦等地情况稍有不同，秋雨≤春雨。冬季（12—2月），是降水量在一年四季中最少季节，仅占年降水量的1%～6%，且均为固态降水，全省各地均表现为寒冷干燥的气候特点。

表 3-77 青海省各地年、季平均降水量（mm）及分配（%）

站名	年降水量	3—5月	6—8月	9—11月	3—5月占降水（%）	6—8月占年降水（%）	9—11月占年降水（%）
西宁	367.2	69.3	217	76.4	18.9	59.1	20.8
民和	344.2	67.8	194.3	76.9	19.7	56.4	22.3
乐都	329.8	59.1	201.3	66.1	17.9	61.0	20.0
大通	518.7	108.1	297.4	107.9	20.8	57.3	20.8
湟源	407.7	70.9	248.4	83.8	17.4	60.9	20.6
湟中	535.4	112.5	302.2	108.6	21.0	56.4	20.3
化隆	445.3	89.5	252.4	93.5	20.1	56.7	21.0
循化	266.6	41.6	173.7	50	15.6	65.2	18.8
门源	522.4	112.1	293.4	109.3	21.5	56.2	20.9
刚察	378.5	52.1	251.4	71.4	13.8	66.4	18.9
祁连	406.8	61.2	268.2	74.2	15.0	65.0	18.2
托勒	292.8	43.3	209.7	36.1	14.8	71.6	12.3
共和	315.7	56.6	197.2	57.4	17.9	62.5	18.2
贵德	252.3	44.1	152.3	54.2	17.5	60.4	21.5
贵南	403.2	82	244.4	71.2	20.3	60.0	17.7
同德	425.7	79.1	256.1	82.8	18.6	60.2	19.5
同仁	401.4	86.4	221.1	86.8	21.5	55.1	21.6
尖扎	342.3	63.6	205.4	71.3	18.6	60.0	20.8
泽库	472.3	88.9	274.8	100.2	18.8	58.2	21.2
河南	554.5	112.6	310.1	117.8	20.3	55.9	21.2
玛沁	508.5	83.1	304.9	112.1	16.3	60.0	22.0
达日	544.5	95.2	310.4	123.9	17.5	57.0	22.8
久治	746.9	151.5	391.1	187	20.3	52.4	25.0
玛多	321.7	50.8	191.7	68.3	15.8	59.6	21.2
玉树	485.8	79.1	288.2	108.1	16.3	59.3	22.3
囊谦	520.9	72.4	317.8	120.9	13.9	61.0	23.2
清水河	508.6	84.6	294.7	111.4	16.6	57.9	21.9
曲麻莱	407	56	250.8	91.4	13.8	61.6	22.5
杂多	535.4	73.2	323.2	120.1	13.7	60.4	22.4
德令哈	182.3	34.5	113.2	25	18.9	62.1	13.7
都兰	193.9	42.2	114.7	24.6	21.8	59.2	12.7
格尔木	42.2	5.7	29.8	5	13.5	70.6	11.8
大柴旦	83.1	14.1	57.6	6.1	17.0	69.3	7.3
冷湖	16.2	1.7	13.1	0.6	10.5	80.9	3.7

续表

站名	年降水量	3—5月	6—8月	9—11月	3—5月占年降水（%）	6—8月占年降水（%）	9—11月占年降水（%）
五道梁	274.6	34.3	183.9	51.9	12.5	67.0	18.9
沱沱河	275.6	24.9	191.4	54.7	9.0	69.4	19.8
互助	490.2	97.3	278	105.7	19.8	56.7	21.6
海晏	387	62	243.8	76.5	16.0	63.0	19.8
乌兰	179.6	39.3	112.1	24.3	21.9	62.4	13.5
平安	345.4	61.6	208.5	71.9	17.8	60.4	20.8
天峻	345.8	58.8	231.2	52.1	17.0	66.9	15.1
班玛	671.5	130.6	352.4	172.6	19.4	52.5	25.7

就降水量的四季来看，冬季最大降水量为 3.6～41.1 mm，冬季最小降水量在 0.0～6.6 mm，冬季平均降水量为 0.7～18.9 mm。冬季平均降水量湟中、河南、果洛及玉树大部和都兰地区为 10.0～18.9 mm，循化、贵德、尖扎、格尔木和冷湖地区为 0.7～2.0 mm，其他地区为 2.1～9.9 mm，冷湖与杂多的平均降水量相差约 27 倍。而冬季最少降水量青南大部地区为 2.5～6.6 mm，循化、贵德、尖扎、格尔木和冷湖地区为零，其他地区为 0.1～2.4 mm；冬季最多降水量湟中、久治、清水河和杂多地区为 30.0～40.1 mm，循化、刚察、祁连、贵德、尖扎、格尔木和冷湖地区为 3.6～9.0 mm，其他地区为 9.1～29.9 mm。总的来讲，冬季降水量占年总降水量比例大部地区小于 8%，是全年降水最少的季节，与降水量相对应的是期间气温是全年最低的季节。

春季历年平均降水量冷湖和格尔木地区不足 6.0 mm，而大通、湟中、门源、河南、久治、班玛等地区为 100.0～151.5 mm，二者相差约 25 倍。此外循化、贵德、海西东部地区、托勒的春季平均降水量为 10.0～58.8 mm，而其余地区为 51.0～99.9 mm，二者相差约 2 倍。春季最多降水量格尔木、冷湖地区为 12.0～17.3 mm，唐古拉、托勒、贵德、玛多、大柴旦、柴达木盆地东部地区为 54.0～99.9 mm，西宁、大通、湟中、门源、河南、久治地区为 150.0～215.8 mm，其他地区为 100.0～149.9 mm。而春季最少降水量格尔木、冷湖地区基本为零，大柴旦为 0.1 mm，乐都、托勒、贵德、柴达木盆地东部、沱沱河地区为 1.6～9.9 mm，门源、河南、达日地区为 50.0～99.9 mm 之间，久治为 102.3 mm，其他地区为 10.0～49.9 mm。

青海夏季柴达木盆地西部夏季降水量为 13.1～57.5 mm，班玛、杂多、囊谦、久治、玛沁、达日、河南、湟中为 300.1～391.1 mm，柴达木盆地东部为 110.1～114.7 mm，其他地区为 151.1～299.9 mm，最大降水量和最小降水量相差近 30 倍。柴达木盆地、黄河河谷地区的贵德和循化是夏季降水的相对小值区，而黄河上游达日至玛曲段，以及玉树洲南部和湟中地区是夏季降水的相对大值区。

秋季平均降水量柴达木盆地西部为 0.5～6.0 mm，循化、贵德、共和、托勒、柴达木盆地东部、唐古拉为 24.1～57.5 mm，大通、湟中、门源、互助以及青南地区除治多、曲麻莱、玛多外秋季平均降水量普遍在 100.1～187.1 mm，西宁、民和和其他地区为 59.1～99.9 mm。即秋季平均降水量的最大和最小相差约 31 倍；秋季最多降水量柴达木盆地仍然小于 50.0 mm，循化、托勒、共和、五道梁不足 100.0 mm，久治最大为 321.8 mm，其他地区为 101.1～299.9 mm；秋季最少降水量出现在柴达木盆地西部，降水量为零，而相对大值中心出现在久治为 100.5 mm，其他地区为 0.1～99.9 mm。即秋季最多降水量与最少降水量至少相差 3～4 倍。

从各季节农牧业生产对降水量的需求来看，春季由于继承着上年秋冬 2 个少雨季节，同时春季气温回升快，大风日数多，蒸发旺盛，因此春季大部分地区普遍缺水，春旱比较频繁对农牧业生产十分不利；夏季是青海省农作物和牧草生长的旺盛时期，温度高，需水量大，较多的降水对农牧业生产十分有利；秋季青海省农业区的农作物已成熟或收割，牧业区的牧草也逐渐黄枯，所以总的来看，秋雨对当年的农作物或牧草的意义并不大，但影响来年春季的土壤墒情，对春播出苗起着重要的作用；冬季青海省基本无农作，仅在黄河、湟水谷地有一些冬麦，少量的降水所造成的短暂积雪很快被融化蒸发，对冬麦并没有太大的实际意义，在高浅山和脑山地区的阴坡，可形成较久的积雪，对春后的土壤墒情可起一定的作用。除柴达木盆地的德令哈，格尔木以西外，各地夜间（20：00 至次日 8：00）降水量都大于白天降水量，从乌兰向东南延伸至海东、黄南、海南的大部分地方及玉树、果洛南部，夜间降水量占全年降水量的 60% 以上，贵德、尖扎及玉树等县夜雨率 65% ～ 66%。

2. 雨季

以降水相对系数的大小来衡量雨季的开始和结束是较为客观的方法。其计算公式为（王树廷等，1984）：

$$旬降水相对系数 = \frac{旬降水量}{历年旬平均降水量} \tag{3-74}$$

根据公式旬降水相对系数定义，旬平均降水相对系数达到 1.5，并且连续两旬以上，则前面一旬确定为雨季开始旬。计算青海各地气象局监测的降水资料表明，青海雨季的开始很有规律，从东、东南向西、西北推迟。青海东部的黄河、湟水流域雨季开始的最早，5 月上、中旬开始，然后向西逐渐推后至 6 月上、中旬开始。另外玉树境内结古附近及其东南部的长江流域，雨季在 5 月下旬开始，然后向西北逐渐推迟至 6 月。柴达木盆地由于全年降水稀少，雨季已无实际意义。雨季的结束从西北向东南推迟，但差异较小，全省均在 9 月雨季全部结束。

3. 年降水相对变率

我们用下面公式表示降水量的平均相对变率：

$$f = \frac{\sum_{i=1}^{n} \left| \frac{\Delta R_i}{\overline{R}} \right|}{n} \times 100\% \tag{3-75}$$

式中：f 为降水平均相对变率；$\overline{R}$ 为降水量平均值；ΔR_i 为降水量距平值；n 为资料序列。

通过计算说明，青海省年降水量平均变率在干旱的柴达木盆地相对较大为 20% ～ 50%，青海东北部的黄河及湟水河谷地区为 20%，其余地区均在 20% 以下，青海北部祁连山区和玉树南部、果洛南部都在 10% 以下。也就是说，青海境内除柴达木盆地外，大部分地区年降水量的变化是不大的。

柴达木盆地虽然降水量不多，平均变率大，但该地区的农业生产基本上不依赖于自然降水，而是依靠高山冰雪融水灌溉；另外，青海东北部的黄河及湟水河谷地区，降水相对少一些，平均变率也比较大，但此地区的农业生产对自然降水的依赖性也同样不强，主要靠河水灌溉，所以说，对以上两个地区来说，降水变率的大小与农业生产关系不大。

4. 降水日数和降水强度

青海省大部地区年降水量较少，降水强度不大，但相对来说，降水日数较多。

青海省日降水量 ≥ 0.1 mm 的降水日数为 11.7 d（冷湖）～ 173.4 d（久治）。青海高原、祁连山地中、东段及拉脊山地年降水日数超过 100 d；果洛州东南部在 150 d 以上，久治多达 173 d，是青海省降水日数最多的地方；东部农业区为 74.3 ～ 132.0 d，最多的是大通、互助，为 126 ～ 132 d，最少的是贵德，仅为 71.7 d；柴达木盆地多在 50 d 以下，其中西部少于 25 d，冷湖仅为 12 d，是青海省降水日数最少的地方。

青海省降水强度一般较小，降水日的 86% 以上是小雨。大雨日（降水量 ≥ 25 mm）≤ 2 d，一日最大降水量为 10.7 ～ 106.5 mm。全年日降水量 > 5 mm 的日数超过 30 d 的仅有果洛、玉树两州的东南部和大阪山两侧以及拉脊山地、黄南州的南部；超过 40 d 的地区已为数不多，仅仅河南外斯、久治、班玛等地。日降水量 ≥ 10 mm 的天数，除湟中、河南、班玛、久治在 16.1 ～ 21.4 天外，全省其余地区普遍在 15 天以下。日降水量 ≥ 25 mm 的日数更少，在 2 天以下。

六、青海各地气温

若按通常的候温标准划分四季，则在青海省绝大部分地区是长冬无夏，春秋相连。冬季漫长而寒冷，每年有 4～6 个月以上的时间日平均气温 ≤ 0℃。我国全年平均气温最低值（-5.4℃）和 7 月平均气温最低值（5.5℃）皆出现在青海省。大多数牧业区，没有绝对无霜期。在青海东部地区，年平均气温也只有 2.5～8.7℃。全年无霜期短的仅有几十天，最长也不过 6 个多月。

1. 年、季、月平均气温的空间分布

青海省各地年平均气温为 5.6～8.5℃（表 3-78）[①]，东部的黄河、湟水谷地与柴达木盆地为高温区，青南高原和祁连山区为低温区。年平均气温最高中心在循化，达 8.7℃，柴达木盆地中部为次高中心区，年平均气温在 5℃ 以上。青南高原黄河源头的玛多、清水河至唐古拉山五道梁及其以西是年平均气温最低的地区，在 -3.9℃ 以下，五道梁为 -5.9℃；祁连山区的托勒、野牛沟是次低中心区，年平均气温 < -2℃。年平均气温 0℃ 以上的地区只有海东、黄南（不包括泽库）、海南、海北的门源与祁连山局部、海西大部以及果洛、玉树的南部地区。祁连山区和青南高原的绝大部分地区年平均气温都在 0℃ 以下。气温地域差异显著，柴达木盆地南缘，格尔木—诺木洪—香日德一线向南每 10 km 递减 1℃ 多；海东的湟中、化隆与其南北两侧相比，年均气温明显偏低，湟中与西宁直线距离不足 25 km，年均气温比西宁低 2.5℃，化隆与尖扎、循化的直线距离约 30 km 和 40 km，年均气温比尖扎、循化低 5.4℃ 和 6.2℃。

青海的年平均气温比我国东部地区要低，这是高原气候的主要特征之一。而且，青海省的年平均气温等温线分布是很复杂的，低于 0℃ 地区的面积几乎占青海省总面积的一半以上，它包括北部的祁连山区、唐古拉山地区、玉树和果洛北部、黄南南部，这在全国其他省区是很少见的。

表 3-78　青海各地气象站月、年平均气温

站名	1 月	2 月	3 月	4 月	5 月	6 月	7 月	8 月	9 月	10 月	11 月	12 月	年均
西宁	-7.7	-4.5	1.8	7.9	12.4	15.2	17.2	16.7	12.1	6.7	-0.5	-8.2	5.9
民和	-6.4	-2.9	3.5	10.0	14.6	17.6	19.8	19.1	14.1	8.5	1.2	-5.0	7.8
乐都	-6.8	-3.6	2.9	9.3	13.6	16.4	18.5	18.1	13.3	7.7	0.5	-5.3	7.0
大通	-11.0	-7.5	-1.0	5.0	9.5	12.0	13.9	13.2	8.9	3.8	-3.4	-9.4	2.8
湟源	-10.4	-7.2	-1.1	5.1	9.6	12.1	13.8	13.2	9.2	3.7	-3.5	-8.6	3.0
湟中	-10.0	-7.5	-1.4	4.8	9.5	12.3	14.3	13.6	9.1	3.9	-3.1	-8.2	3.1
化隆	-10.5	-8.1	-2.2	3.7	8.3	11.4	13.4	12.6	8.1	3.0	-4.1	-8.8	2.2
循化	-5.1	-1.7	4.8	10.8	14.7	17.4	19.7	19.6	14.9	9.4	2.0	-3.7	8.5
门源	-13.4	-9.5	-3.6	2.4	6.8	9.7	11.8	11.1	7.1	1.7	-8.3	-12.1	0.5
刚察	-13.7	-10.7	-5.1	0.7	5.2	8.1	10.6	10.2	5.7	0.3	-6.9	-11.3	-0.8
祁连	-13.4	-10.0	-3.9	2.6	7.5	10.7	12.8	12.0	7.6	1.8	-8.5	-12.2	0.7
托勒	-18.0	-14.3	-7.7	-1.3	4.0	7.6	10.2	9.5	4.4	-2.3	-11.4	-16.9	-3.0
共和	-10.4	-6.4	-0.1	5.8	10.2	13.0	15.2	14.6	10.0	4.0	-3.9	-9.5	3.5
贵德	-6.6	-2.6	3.8	9.6	13.5	16.0	18.1	18.2	13.5	7.4	0.1	-5.1	7.2
贵南	-11.2	-7.3	-1.5	4.3	8.5	11.2	13.4	12.7	8.3	2.5	-5.3	-10.1	2.1
同德	-13.1	-9.1	-3.3	2.4	6.6	9.5	11.6	10.9	6.8	0.8	-7.4	-12.4	0.3
同仁	-7.7	-4.6	1.3	7.3	11.4	13.9	15.9	15.5	11.2	5.8	-1.1	-6.2	5.3
尖扎	-6.0	-2.4	3.9	10.1	14.3	17.1	19.1	18.7	14.0	8.3	0.9	-4.8	7.8

[①] 青海省气象局气候资料室：青海省地面气候资料三十年整编（1961—1990），1995

续表

站名	1月	2月	3月	4月	5月	6月	7月	8月	9月	10月	11月	12月	年均
泽库	-14.5	-11.8	-6.3	-0.7	3.4	6.2	8.7	8.0	4.2	-1.2	-9.0	-13.2	-2.2
河南	-11.2	-8.0	-3.0	1.8	5.5	8.2	10.5	9.7	6.4	1.3	-5.7	-9.9	0.5
玛沁	-12.5	-9.5	-4.5	0.7	4.7	7.5	9.8	9.1	5.8	0.7	-6.7	-11.6	-0.5
达日	-12.7	-9.8	-5.0	-0.2	3.9	6.9	9.2	8.5	5.2	0.0	-7.6	-12.1	-1.1
久治	-10.7	-7.9	-3.3	1.1	5.0	7.6	9.9	9.2	6.3	1.3	-5.2	-9.6	0.3
玛多	-17.0	-13.7	-8.6	-3.1	1.5	4.9	7.4	7.1	3.2	-3.0	-11.6	-16.3	-4.1
玉树	-7.6	-4.7	-0.3	3.8	7.8	10.7	12.5	11.7	8.6	3.5	-3.2	-7.1	3.0
囊谦	-6.5	-3.5	0.7	4.5	8.5	11.5	13.1	12.5	9.7	4.6	-1.9	-6.2	3.9
清水河	-17.0	-14.0	-9.4	-4.0	0.6	3.9	6.4	5.7	2.4	-3.7	-12.6	-17.2	-4.9
曲麻莱	-14.2	-11.1	-6.5	-1.7	2.7	5.8	8.4	8.1	4.3	-1.9	-9.7	-13.5	-2.4
杂多	-11.1	-8.0	-3.7	0.8	5.0	8.4	10.6	10.0	6.9	1.1	-6.0	-10.5	0.3
德令哈	-13.3	-9.3	-1.3	5.7	11.0	14.0	16.8	15.8	10.6	3.0	-5.6	-12.1	2.9
都兰	-10.0	-7.1	-1.6	4.1	8.9	12.2	14.7	14.2	9.2	2.9	-4.6	-8.8	2.8
格尔木	-10.0	-8.0	0.0	6.4	11.8	15.4	17.6	18.9	11.7	4.5	-3.9	-9.1	4.6
大柴旦	-13.8	-9.8	-3.5	2.7	8.7	12.5	15.2	14.5	8.7	1.3	-7.0	-12.2	1.4
冷湖	-12.7	-9.0	-2.7	4.1	10.4	14.5	16.9	16.3	10.3	2.2	-6.4	-11.8	2.7
五道梁	-16.9	-14.8	-10.5	-5.4	-0.8	2.7	5.4	5.1	1.3	-5.1	-12.4	-15.6	-5.6
沱沱河	-16.6	-13.7	-8.9	-3.8	0.9	4.9	7.4	7.1	3.5	-4.1	-12.4	-15.9	-4.3
互助	-11.5	-9.2	-2.2	3.5	8.0	10.5	12.9	12.2	7.6	2.6	-4.9	-9.9	1.6
海晏	-13.6	-9.8	-4.0	2.1	6.8	9.9	11.8	11.1	6.7	0.0	-6.7	-11.5	0.3
乌兰	-10.9	-6.8	-0.9	4.4	9.8	13.0	15.4	14.9	10.1	4.0	-4.0	-9.4	3.3
天峻	-14.7	-11.8	-8.1	0.1	4.9	7.8	10.3	9.7	5.2	-1.1	-8.7	-12.7	-1.6
班玛	-7.6	-5.0	-0.5	3.3	7.3	10.0	11.7	11.0	8.1	3.3	-2.9	-7.0	2.6

　　年平均气温在青海省有 3 个相对的暖区，分别出现在低海拔地区的柴达木盆地、东部黄河、湟水河谷地区和纬度偏南地区的玉树南部地区。柴达木盆地由于地形的影响年平均气温在 3～5℃，闭合暖中心在格尔木为 5.3℃。东部黄河、湟水河谷地区，由于海拔较低约在 2 km，年平均气温为 5～8℃，为青海省最热的地区，暖中心在循化为 8.7℃。玉树南部海拔 3.6 km左右，由于纬度偏南，受西南季风的影响，年平均气温为 3～4℃，暖中心在囊谦为 4.1℃，是青海省的次暖区。由于受海拔高度的影响，年平均气温最低的地方出现在唐古拉山地区和玉树的北部及西部地区，中心在五道梁，年平均气温为 -5.4℃，其次是称多清水河，年平均气温为 -4.8℃。

　　就四季来看，冬季平均气温为 -16.1～-4.3℃。其中海北、海南南部、黄南南部、果洛北部、玉树北部及唐古拉以及柴达木盆地西部地区在 -15.5～-10.0℃，民和、乐都、平安、循化、贵德和尖扎地区在 -4.9～-3.0℃，其他地区在 -9.9～-5.1℃。春季平均气温刚察、泽库、天峻、达日、甘德、玛多、玉树州北部和唐古拉地区为 -5.1～-0.1℃，其余地区为 0.0～10.0℃。夏季刚察、托勒、天峻、同德、黄南南部及果洛、清水河、曲麻莱、杂多、治多、唐古拉等地区的平均气温仍然未超过10.0℃，其余地区的夏季平均气温在 10.0～18.8℃；夏季平均气温的最大值出现在循化，而最小值则出现在五道梁（4.6℃），二者相差近 14.2℃。秋季平均气温在托勒、泽库、河南、达日、玛多、甘德、治多、清水河、曲麻莱、唐古拉、天峻为 -5.1～-0.1℃，尖扎、同仁、贵德、循化、平安、乐都、民和、西宁为 5.0～8.7℃，其他地区为 0.0～4.9℃。

1月是隆冬季节，也是青海省最冷的月份，一般情况下，省内各站点极端最低气温出现在该时段。全省1月平均气温为 –17.7℃～–4.7℃，其中果洛西部到玉树北部、祁连山西部地区、唐古拉山地区1月平均气温均在 –16℃以下。最低点出现在祁连托勒为 –17.7℃，次低点在称多清水河为 –17.3℃，而高海拔地区的玛多、沱沱河、五道梁分别为 –16.8、–16.7、–16.7℃。海东地区的湟源（–10.3℃）化隆（–10.0℃）低于 –10℃，其余地区1月平均气温都高于 –10℃，高点中心在循化为 –4.7℃。其余地区的共和（–9.8℃）、贵德（–6.2℃）、同仁（–7.3℃）、尖扎（–5.6℃）、玉树（结古镇）（–7.6℃）、囊谦（–6.5℃）、班玛（–7.7℃）、格尔木（–9.1℃）、都兰（–9.8℃）高于 –10℃，剩余地区1月平均气温都低于 –10℃。

7月是青海省的最热月，也是高温天气容易出现的月份。从图3-7得知，7月全省月平均气温为 5.4～19.7℃。黄、湟谷地与柴达木盆地中部的察尔汗地区在 18℃以上，黄河源头至唐古拉山腹地与祁连山区仍然为低温区，7月平均气温在 8℃和 10℃以下。低于 10℃的地区在玉树的北部（称多清水河：6.4℃、曲麻莱：8.6℃）、果洛西部及北部（玛沁：9.8℃、达日：9.2℃、玛多：7.4℃）和唐古拉山地区，五道梁7月平均气温只有 5.4℃、沱沱河为 7.5℃，是全国同期气温最低的地区。7月份青海省最暖的中心在海东的民和与循化，平均气温分别为 19.7℃、19.6℃，高于柴达木盆地的格尔木（17.9℃）。

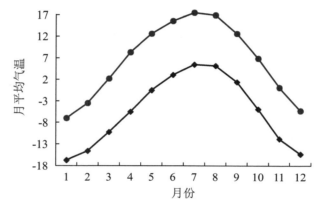

图3-7　西宁（圆点）、五道梁（方点）平均气温年变化曲线

春季4月份全省平均气温为 –5.5～10.9℃，秋季气温一般比春季低，10月全省平均气温为 –4.9～9.2℃。

在青海省，不论何地其气温的季节变化均表现出1月低7月高的单峰式变化过程。这里选取具有代表性的两站，绘制月平均气温的年变化（图3-7），可以看出西宁和五道梁的最热月均出现在7月，最冷月出现在1月，和东部平原地区相似。值得提出的是西宁、五道梁两地的温差夏季略高于冬季，但两地每月的平均气温相差约 12℃。就是北部祁连山地还是南部青南高原的其他地区，月平均气温的年变化也是非常相似，均为1月低7月高的变化特点。也发现，青海各地自1—7月的气温上升过程中的升温速率较7—12月气温下降的降温速率缓慢，表现出春季升温慢，秋季降温迅速。

2. 最高、最低与极端最高、最低气温的空间分布

由于青海各地最热月的7月为 8～20℃，极端最高也多在 25℃以内，这就造成青海夏季气温低、气候凉爽的气候格局，适宜人类生活生产的最宜环境。而在冬季气温低，空气干燥，势必影响动植物的生产生活活动，为此这里再给予月平均最高（低）气温和极端最高（低）气温的分布特点。

在青海，极端最高气温的分布有2个中心，一个中心在海东和海南的交界处（如尖扎曾出现过 40.3℃的高温），另一个中心在柴达木盆地的中西部（如小灶火曾有 36.4℃的记录）。次暖中心在海东—西宁和海南的贵德一带，海东地区和柴达木盆地以及海南地区极端最高气温在 30℃以上，青南地区除黄南的同仁外，大部分地区都在30℃以下。相对较冷的地方极端最高气温在玛多、五道梁、天峻等分别达22.4℃、23.2℃、25.0℃。由于地形和海拔高度的差异较大，极端最高气温的空间温差也大，最高的尖扎和最低的玛多相比较，差值高达17.7℃。

极端最低气温的最冷的中心在玛多为-48.1℃，次冷中心在祁连山西部的祁连托勒地区，为-41.6℃，除海东地区和柴达木盆地及玉树南部的极少数地区外省内大部分地区都在-30℃以下，相对较暖的尖扎（-19.8℃）和最冷的玛多（-48.1℃）相比，差值为28.3℃。

统计1961—2000年全省42个气象台站资料的月平均最高（低）气温［日极端最高（低）气温的平均值］和月极端最高（低）气温［多年达最高（低）的气温观测值］，以及平均气温发现，青海省区域的月平均最高（低）气温、月极端最高（低）气温分布除上述总的特点外，其四季中还表现出以下具体特点。

在冬季平均最高气温为-0.6～-14.0℃，平均最低气温为-5.0～-26.1℃；极端最低气温为-19.8～-45.2℃，极端最高气温为4.7～19.5℃。冬季极端最低气温托勒、清水河和唐古拉地区为-40.0～-45.2℃，循化、尖扎地区极端最低气温分别为-19.9和-19.8℃，其他地区为-20.0～-39.9℃。冬季极端最高气温刚察、托勒、天峻、玛多、甘德、治多、清水河、曲麻莱和唐古拉地区为4.7～9.9℃，民和、乐都、循化、贵德和同仁地区为18.0～19.5℃，其他地区为10.0～17.9℃。

在春季平均气温刚察、泽库、天峻、达日、甘德、玛多、玉树州北部和唐古拉地区在-0.1～5.1℃之间，其余地区为0.0～10.0℃；极端最低气温一般出现在3月、4月，而极端最高气温则出现在4月、5月。极端最低气温托勒、清水河、唐古拉地区仍然在-30.0℃以下，最低值为-38.1℃，其他地区的极端最低气温为-13.7～29.9℃。极端最高气温西宁、民和、乐都、平安、互助、大通、湟源、循化、贵德、同仁、尖扎、格尔木均超过了30.0℃，最高值为35.1℃，其他地区的极端最高气温为18.5～29.9℃。

在夏季极端最低气温一般出现在8月或者6月，极端最高气温一般出现在7月或者8月；极端最低气温清水河、治多、唐古拉低于-10.0℃，最低值为-12.4℃，其他地区的夏季极端最低气温为-9.9～3.0℃；极端最高气温尖扎为40.3℃，而其他地区为22.3～38.7℃。

秋季极端最高气温一般出现在9月和10月，而极端最低气温一般出现在11月。秋季极端最低西宁、乐都、民和、湟中、平安、循化、贵德、同仁、尖扎、囊谦为-14.4～18.9℃，沱沱河最低为-42.8℃，其他地区为-20.1～39.9℃。秋季极端最高气温五道梁、甘德、玛多不到20.0℃，民和、乐都、循化、贵德、同仁、尖扎、德令哈、都兰、格尔木、冷湖为30.0～33.5℃，其他地区为21.0～29.9℃。

3. 日平均气温稳定通过的各界限时期及持续程度

通常，日平均气温稳定通过≥0℃、≥5℃、≥10℃气温是青海省农牧业常用的界限温度之一，如果说日均气温稳定通过≥0℃是植物萌动发芽开始的标志，日均气温稳定通过≥5℃和≥10℃是高寒植物进入强度生长初期和生长最盛期开始的话，那么日均气温稳定通过≥3℃也是高寒植物一个重要的界限温度，可代表植物返青的初始期（李英年等，1995；李英年，1995；李英年等，1997）。但在高寒草地的大部分地区，日均气温稳定通过≥10℃维持的天数极短，大部分地区为10～20 d，这也是高寒草地分布区少见乔木类森林植被类型的原因之一（一般乔木类森林分布区日均气温稳定通过≥10℃维持的天数要达30 d以上）。日平均气温稳定通过0℃的初日，标志着土壤开始解冻，牧草开始萌动，多种作物开始播种，农耕期开始，大地呈明显的春来迹象。日平均气温稳定通过0℃的初日，其地区分布总的趋势是东部及柴达木盆地早，祁连山地和青南高原晚。东部，即大通河以南、日月山以东直至海南和黄南两州的大部及柴达木盆地的几乎全部，初日均在4月10日以前，其中又以湟、黄谷地最早，大部在3月10日前；祁连山地的大部和青南高原在4月20日以后，五道梁≥0℃

的初日始于 6 月 1 日，为青海省最迟；青南高原南部的谷地及青海湖周围于 4 月 20 日前。从全省看，各地日平均气温 ≥ 0℃ 初日的早晚，相差两个多月。日平均温度通过 0℃ 的终日，其地区的分布形势与 ≥ 0℃ 初日的分布形势相反，即 ≥ 0℃ 初日开始早的地区，终日出现晚，≥ 0℃ 初日开始晚的地区，终日则来得早。东部地区，尤其是湟水、黄河谷地最晚，终于 11 月 10 日以后，随着地形的增高，终日逐渐提早；柴达木盆地，诺木洪及其北部终日，在 10 月 31 日以后，向北、向南随着海拔高度的增加而提前，至祁连山地和青南高原，≥ 0℃ 终日在 10 月 10 日前出现；可可西里地区在 9 月 20 日前，日平均气温 ≥ 0℃ 便告结束。青南高原南部谷地和青海湖周围，终日在 10 月 10 日以后。≥ 0℃ 终日，各地也差两个月左右。≥ 0℃ 的持续日数，也是东部和柴达木盆地以及青南高原南部谷地中的久治、班玛、玉树、囊谦等地较长，大部在 200 d 以上，湟、黄谷地普遍超过 250 d，循化最长达 265 d；青南高原和祁连山地短于 180 d，清水河、玛多、沱沱河、五道梁不足 150 d，其中五道梁仅有 109 d；其余地区在 180 ~ 200 d。

日平均气温 ≥ 10℃ 的初日，贵德、尖扎、循化、民和 4 月下旬开始；柴达木盆地为 5 月中旬至 6 月中旬，日平均气温 ≥ 10℃ 终止期最早的是青南高原，唐古拉至果洛州西部的终止期在 7 月下旬，黄、湟谷地 ≥ 10℃ 的终止期为 9 月中旬至 10 月上旬，循化最晚（10 月 11 日）；柴达木盆地一般在 9 月中下旬。全省日平均气温 ≥ 10℃ 的日数较少，青南高原和祁连山区不足 20 d，唐古拉至果洛州西部最少，不足 5 d，黄、湟谷地 ≥ 10℃ 日数在 75（化隆）~ 170 d（循化）之间；柴达木盆地为 85（都兰）~ 130 d（格尔木）。

七、青海各地蒸发皿水面蒸发量

这里系指气象站专用 20 cm 口径的水（冰）面蒸发量。青海各地蒸发量为 1 100 ~ 3 562 mm，其空间分布与降水量相反。蒸发量最大的海西州柴达木盆地，年均蒸发量 2 500 mm 以上，其中察尔汗、冷湖和茫崖为 3 000.4 ~ 3 561.7 mm；青南高原的中部（玉树州称多与果洛州中部、南部）与海北州东部、东部农业区的东北部（大通、互助）为 1 110 ~ 1 250 mm，其中清水河、门源、久治等地的蒸发量为 1 102 ~ 1 196 mm，是全省蒸发量最少的地方；海西东部、海北西部、海南、黄南大部、果洛北部、玉树大部及唐古拉山区年均蒸发量 1 250 ~ 1 750 mm。

蒸发力，运用改进后的彭曼公式计算，全省各地草地年蒸发力均在 600 mm 以上，柴达木盆地因太阳辐射强，气温相对较高，空气湿度小，所以年蒸发力在全省最高，除大柴旦、都兰和茶卡外，均在 1 000 mm 以上，其中，中部和西北部高于 1 200 mm；其次是东部的湟水、黄河谷地，草地年蒸发力也超过 800 mm，循化达 1 028.6 mm；青海湖周围地区、海南台地、玉树州的大部以及同仁、班玛、沱沱河等地在 700 mm 以上；果洛州大部、祁连山地、拉脊山及五道梁等地，草地年蒸发力较小，在 700 mm 以下；称多县清水河和祁连县野牛沟仅为 604 mm，为青海省草地年蒸发力最低的地方。年内各月草地蒸发力的最大值，东部地区一般出现在 6 月，其余各地普遍在 7 月，唯大通和循化出现在 5 月；最小值除兴海、五道梁在 1 月外，均出现在 12 月。

八、青海过去 50 年气候变化趋势

关于器测以来 20 年、30 年、40 年、50 年的青海草地的气候变化特征及其变化趋势特征有着大量的研究报道，涉及分析的气象要素也较多。这里再简单介绍近期关于青海草地气候变化研究的进展。

最新的研究表明（宋辞等，2012），近 50 年来，青藏高原气温明显上升，经历了一个冷期和一个暖期，气温在 20 世纪 80 年代发生突变，整体呈现前低后高波动上升的趋势；最低气温和最高气温呈不对称的线性增温趋势，最低气温的上升速率要比最高气温快得多；而极端事件频率、强度也有所变

化，其中低温事件大大减少，高温事件则明显增加；各类界限温度的积温以及持续日数等生物温度指标也都显著增加。在空间分布上，青藏高原气温呈现出整体一致增暖，并且有西高东低、南北反相的变化形态。影响青藏高原气温变化的因素有很多，主要包括天文因素、高原内部气象要素以及外部环流影响等。

罗永忠等（2017）在研究祁连山地的气候发现，祁连山降水倾向率为 1.06 mm/a，温度倾向率 0.04℃/a，气候变化呈暖湿型特征，其中降水是影响祁连山草地生产力的主要因素。第一特征量以托勒—野牛沟—肃南为高值区，草地生产力显著优于其他区域，应该作为祁连山草地重要保护区域。在气候驱动上，降水对祁连山草地生产力的影响要远远大于温度，尤其在沿沙区和戈壁荒漠区。而温度的影响显著体现在湿润地带即祁连山高地一带。

赵雪雁等（2016）基于青藏高原及周边 107 个气象站点 1965—2013 年逐月气温、降水及日照时数等气象数据，分析了 1965 年以来青藏高原区的气候变化趋势，并采用 MODIS 数据、Thornthwaite Memorial 模型及 GIS 技术分析了近 50 a 青藏高原牧草气候生产潜力及其时空变化特征。利用连续 22 a 的青藏高原牧草生育期观测数据，探讨了牧草生育期的时空变化特征及气象因子与牧草主要发育期的关系。认为近 50 a 青藏高原平均气温呈上升趋势，升温幅度达 0.53℃/10 a，降水量总体呈现上升趋势，但增加幅度较小，其倾向率为 7.81 mm/10 a。而日照时数呈下降趋势，其下降幅度为 16.94 h/10 a。1965—2013 年青藏高原牧草气候生产潜力总体呈增加趋势，空间上由西北向东南依次增加，青海省北部及南部部分地区气候生产潜力上升幅度较大，而西藏东部上升幅度较小，且南北部地区差异较大。牧草返青期、抽穗期及开花期均呈提前趋势，而黄枯期呈现推迟趋势，从而延长了牧草物候期。由东南向西北牧草返青期逐渐推迟，而黄枯期主要出现在一年中的第 257～289 d，其空间整体差异不如返青期明显。温度和降水均与牧草物候期呈显著正相关，而日照时数与其呈显著负相关，且温度是影响牧草物候期变化的主要因子。

赵金忠等（2014）对青海省海南地区 1961—2010 年温度、降水、日照时数的观测资料进行了分析。结果表明：近 50 年来，海南地区气温总体呈显著增温趋势，以冬季升温最明显，贡献率最大为特征。夏季、冬季和年降水量呈不显著的增多趋势，春季和秋季降水量则呈不显著的减少趋势。夏季日照时数呈显著减少趋势，年和其他季节日照时数的增减趋势不显著，说明夏季日照时数的减少是影响年日照时数减少的主要因素。年平均气温在 1990 年发生了增温突变，年降水量和年日照时数未发生突变。

洪卓华等（2018）分析了青海省果洛州 6 县 1967—2017 年的气温、降水、日照时数和 2003—2017 年牧草产量资料，分析了果洛地区气温、降水和日照时数变化特征及其对牧草产量的影响。结果表明：果洛各地年平均气温均呈现极显著的升温趋势，降水量随年际的延长总体上呈现增多趋势，日照时数随年际的延长总体上呈现减少趋势。果洛地区的年牧草总产量主要由每年 8 月的产量决定，8 月的牧草产量与生长期时段中的气温、降水量之间存在显著的正相关，与日照时数存在显著的负相关。

陈亮等（2011）利用青海湖流域 4 个站点的观测资料，运用气温距平法和降水距平百分率法，并结合青海湖水位变化，就近 50 a 来青海湖流域生态环境对全球变暖的响应进行了分析。结果表明：近 50 a 来青海湖流域年平均温度呈上升趋势，线性升温率为 0.28℃/10 a。日气温距平的 30 d 移动平均表明近 10 a 来气温波动明显。近 50 a 来青海湖流域降水量总体上呈波动变化，没有明显的增多趋势，标准气候值为 379.1 mm。整个流域年蒸发量平均为 895.4 mm，明显大于降水量。

付建新等（2018）研究发现，自 1960 年以来年日照时数整体上表现出下降态势，其中东段下降最快。日照时数年内变化 5 月出现最大值，这与该月的天气多晴天有关。夏季与冬季的日照时数突变在四季中表现得最明显，突变开始的年份分别为 2000 年与 1983 年。日照时数振荡周期可能为 28 年。

祁连山区年日照时数整体上呈现东南低西北高的分布规律。夏季与冬季各区段的日照时数均为下降态势。祁连山区日照时数的主要影响因素为水汽压、云量、年降水量以及相对湿度。

也有研究者利用 CMIP5（Coupled Model Intercomparison Project Phase 5）耦合模式结果预测了未来气候情景下青海草地的气候变化趋势（刘彩红等，2015），认为 2011—2100 年增温速率分别为 0.06/10a ～ 0.61℃/10a。年降水量将明显增加，幅度达 1.4 ～ 7.0 mm/10 a。青海高原 21 世纪与气温、降水有关的事件都有趋于极端化的趋势，极端冷指标下降，极端暖指标均明显上升。极端降水频次增加，强度加重，且变化幅度与排放强度成正比。

以上研究表明，青海草地气温明显增加，而且气温增加主要在冬季（李林等，2010；钱拴等，2010）。降水在波动中增加，但达不到显著性检验水平。

九、青海气候资源

1. 气候资源量化方法与指标

王江山等（2003）根据农业生物种类及田间作物的生态学试验方法（贺维农，1981）构建相关模型，然后依据模型进行农业生态气候资源的划分。其模型的思路是依气候资料得到各气候要素在作物停止生长到最适宜生长的取值范围（称为该要素的定义域），而各气候要素对作物生长的适宜程度是定义在此气候要素定义域 [a，b] 区间上、取值在 [0，1] 范围内的模糊子集，记作：

$$Sr \subset [a,\ b]$$
$$S(r) = \mu Sr(r) \rightarrow [0,1] \tag{3-76}$$

式中：$S(r)$ 为气候要素的适宜度模糊子集；$\mu Sr(r)$ 是模糊子集 Sr 的隶属函数；Sr 为气候要素 r 对 s 的隶属度。

由气候要素的适宜度模糊子集，可以诱导出各气候要素随时间变化的适宜度过程，即气候适宜态。如果用 $St(t)$、$Sr(t)$、$Si(t)$ 分别代表气温、降水和日照百分率适宜态，则农业生态气候的动态过程可用模糊向量表示，由此可以给出一组农业生态气候适宜度模型。

$$Sc = \begin{bmatrix} St(t) \\ Sr(t) \\ Si(t) \end{bmatrix} \tag{3-77}$$

$Sc(t)$ 可以是连续的过程，也可以是离散的过程。根据农业生态气候适宜度模型，可用实测的多年平均气候资料推求农业生态气候资源指数 Cr、效能指数 Ce 和利用系数 k（冯定原，1988）。有：

资源指数（Cr）：

连续过程：
$$Cr = 1/3 \int_0^t [St(t) + Sr(t) + Si(t)] \mathrm{d}t \tag{3-78}$$

离散过程：
$$Cr = 1/3 \sum_{t=0}^n [St(t_i) + Sr(t_i) + Si(t_i)] \tag{3-79}$$

资源指数 Cr 表示潜在的气候资源，Cr 愈大，气候潜力愈大。

效能指数（Ce）：

连续过程：
$$Cr = 1/3 \int_0^t [St(t) \wedge Sr(t) \wedge Si(t)] \mathrm{d}t \tag{3-80}$$

离散过程：
$$Ce = 1/3 \sum_{t=0}^n [St(t_i) \wedge Sr(t_i) \wedge Si(t_i)] \tag{3-81}$$

效能指数 Ce 表示光、热、水的配合程度，Ce 愈大，配合程度愈好。

利用系数 k：

$$k = Ce / Cr \tag{3-82}$$

利用系数 k 表示在天然条件下大多数作物所能利用的实际效率，k 愈大，利用率愈高。

资源指数、效能指数中各气象要素的定义域为：温度［0，30］，降水［0，当地最大可能蒸散量］，光照［0，可照时数］，其中30℃为青海省种植的最喜温作物玉米的最适生长温度，当地最大可能蒸散量是农业生物利用降水量的上限，用改进后的彭曼公式计算。

众所周知，青海省位于祖国的西北腹地，青藏高原的东北部，耸立在中纬度西风带中，由于受太阳辐射，季风环流和不同尺度的山地、盆地、谷地等地形环境因素的影响，使得农业生态气候类型具有多样化的特征。王江山等（2003）选取了1971—2000年青海省46个气象台站多年平均气象要素，计算各地的最大可能蒸散量，应用逐月平均气温T（℃）、逐月降水量R（mm）和日照成分率I（％），按照上述农业生态气候模型的离散过程，分别计算了各台站所代表地区的资源指数Cr、效能指数Ce和利用系数k，结果表明，青海自南向北，从东到西，从低海拔到高海拔，资源指数Cr、效能指数Ce和利用系数k大致呈递减的趋势，其中资源指数最高出现在降水比较丰富的班玛，Cr值为5.369，最低值出现在降水稀少的柴达木盆地的茫崖，Cr值只有3.740，效能指数最高值出现在西宁，Ce值为2.856，最低值出现在柴达木盆地的冷湖，Ce值不到0.1。利用系数k最高值出现在民和，为0.609，最低值出现在柴达木盆地的冷湖，不足0.030。这一变化基本上反映了农业生态气候的地域分异特征。

从纬向上看，资源指数Cr在南部4.388～5.369到北部3.740～5.149振荡并渐趋下降，这是自南向北水资源减少和光照资源增多的复合影响所致，效能指数Ce从南部的0.660～2.227下降到北部0.0～1.9，主要凸现出水资源减少和海拔影响温度高低的主导限制作用，因而利用系数k值从南部的0.130～0.438下降到最北部的0.0左右。

从经向上看，资源指数Cr从东部的4.5～5.3到西部的3.7～4.4的上下徘徊，并渐趋下降，这是从东到西降水资源减少和光照增多的复合影响所致，效能指数Ce从东部1.3～2.9到西部0.0～1.5振荡并明显下降，主要凸显出降水资源从东到西减少的主导限制作用，相应地利用系数k从东部0.344～0.609到西部0.0～0.2波动并渐趋下降。

从海拔高度看，资源指数从海拔不到2 000 m的4.4～4.5到海拔4 400 m以上的3.8～3.9摆动并趋于下降，这是随着海拔高度的增加而热资源减少的原因所致，效能指数Ce从1 800～2 000 m的2.2～2.8到4 400 m以上的0.660～0.823振荡，并明显下降，利用系数k则从0.495～0.609下降到0.130～0.200。

2. 农业生态气候资源的类型划分及评价

一年中气温高低起伏，水分时间分配和日照长短变化等诸因子组合状况与匹配程度对任何一个地区的农业生态气候产生实质影响，因此，以实际表征农业生态气候适宜度的效能指数作为分类指标，通过对多年逐月平均效能指数的模糊聚类来测量全年动态过程，这与考虑平均值和总量的综合聚类具有明显的差异，可以较多地体现系统的综合、动态及与作物生长相联系的特点。

王江山等（2003）根据青海省46个台站多年平均气象资料，采用农业生态气候适宜度的动态模型，在计算了农业生态气候的资源指数、效能指数和利用系数的基础上，通过对多年逐月平均效能指数模糊动态聚类水平λ的大小，将样本依次归类形成聚类谱系图，在λ=0.67～0.92将农业生态气候资源划分为7个类型（图3-8）。

1）柴达木盆地中西部型主要分布在柴达木盆地的中西部，包括冷湖、茫崖、小灶火、格尔木、诺木洪等地区，Si处于各省最高，其中冷湖的光照资源在全国也是最为丰富，St也较高，最高月份在0.45～0.585，但降水奇少，最多月份的Sr也只有0.030～0.108，因而Ce值全年不到0.5，利用系数不到0.1，在天然条件下，农业生物不能生长。

I 柴达木盆地中西部型
II 柴达木盆地中东部型
III 青南高原北部型
IV 青南高原中部-祁连山地西部型
V 青南高原东南部-祁连山地东部型
VI 海东高位川水-脑山型
VII 海东低位川水型

图 3-8 青海省农业生态气候资源类型划分

2）柴达木盆地中东部型主要分布在柴达木盆地的中东部，包括大柴旦、德令哈、乌兰、都兰等地区，Cr 较 I 型有所升高，主要是 Sr 有所升高所致，7 月 Ce 达到 0.209～0.330。降水是主要的限制因子，在天然条件下为暖热干燥气候，分布有细叶眼子菜、芦苇、麻黄等植物，可进行适度的畜牧业，但草场生产能力较低，不宜过度放牧，该区地处由昆仑山和祁连山构成的山间盆地和谷地，由于冰雪消融，地下水位上升，部分地区形成小块的绿洲（青海省志编委会，1998），在充分利用地下水资源的情况下，由于光热条件较好，粮食产量较高，可进一步发展片状带绿洲农业垦区，种植小麦、青稞、油菜、药材、瓜果、甜菜等农作物，另外克鲁克湖淡水养鱼也已试验成功，可形成农、牧、渔业综合发展的农业生态气候类型组合。

3）青南高原北部型主要分布在青南高原北部，包括五道梁、沱沱河、玛多、清水河、甘德、大武等地区，较 II 型，Sr 明显上升，在 7—9 月达到 0.614～1.000，St 明显下降，最热月的 7—8 月只有 0.173～0.287，因此，Cr 相对较低，Ce 最热月也未超过 0.300，在 1—5 月、9—12 月为 0。该地区温度是主要限制因子。海拔高，气候寒冷，风雪灾害多，加之土层薄而质地粗，没有种植业条件（严正德等，1994），生态十分脆弱，以饲养牦牛、藏羊的畜牧业生产为主，另外鄂陵湖、扎陵湖、托素湖的鱼业资源可合理利用，形成牧、渔业、农业生态气候类型组合。

4）青南高原中部—祁连山地西部型主要分布在青海高原、青海湖台地、祁连山地西部地区，包括杂多、治多、曲麻莱、达日、久治、共和北部，刚察、天峻、河南、泽库、祁连县西部的托勒、野牛沟。Cr 较 III 型有所升高，主要是 St 和 Sr 均有所增大所致，但增大幅度较小，其中最热月 St 为 0.300 左右，Ce 最高值 0.293～0.353。温度过低是全年的主导限制因子，天然条件下，不能进行种植业生产活动，仅在局部地方适宜发展人工饲草（燕麦、苜蓿）等，可大力发展畜牧业配套建设，形成抗寒性饲草畜牧农业生态气候类型组合。

5）青南高原东南部—祁连山地东部型主要分布在青南高原东南部，祁连山地东部，环湖地区的中东部，包括班玛、兴海、同德、贵南、祁连、门源、海晏等县，与 IV 型比较 Sr 差别不大，Cr 则有所升高，主要是温度有所升高所致，最热月 St 接近 0.4，6—8 月 Ce 在 0.387～0.427。本区是青海省农牧区的交错地区，夏季降水集中，海拔较低的地区可发展农业，种植青稞、油菜、莞根、燕麦、苜蓿等，大部分地区海拔较高，热量不足是限制的主导因子，适宜进行畜牧业生产，可进行以牧养农，以农促牧的农业生产方式，形成抗寒型粮、草农业生态气候类型组合。

6）海东高位川水—脑山型主要分布的海东地区的大通、互助、湟源、湟中、化隆、共和、贵德等县，此外玉树县南部、囊谦县也属此型。Cr 较 V 型有较大起伏，主要是 St 和 Sr 都有所增加所致，7 月 St 峰值在 0.45 以上，Sr 峰值在 8 月，在 0.62 以上。Ce 较 V 型继续增高，峰值在 7 月，超过 0.44，前半年受温度、降水的共同限制，9 月后受温度的限制。该地区山地、川地交错分布，其中分布在达板山、日月山、拉脊山等 2 800～3 200 m 的山坡和山前冲积扇，俗称脑山地区，气温低，生长季短，降水多，气象灾害频繁，适宜种植青稞、油菜、燕麦等作物，海拔超过 3 200 m，适宜发展畜牧业，海拔 2 800 m 以下的浅山、川水地区、热量条件较好，并具有一定的灌溉设施，适宜种植小麦、大油菜等作物，是青海省蚕豆的主要产区，局部地区还可复种绿肥，形成综合发展的粮、经牧农业生态气候类型组合。

7）海东低位川水型主要分布在海东东部的湟水、黄河河谷，包括民和、乐都、循化，Cr 稍低于 VI 型，主要是 St 较 VI 型进一步升高，而 Sr 又明显降低所致，Ce 在 6—8 月较高，峰值达 0.54 以上。上半年受降水影响严重，9 月后则受温度的制约。本区是青海省光热配合最好，也是最为丰富的地区，全年 Ce 值为 2.674～2.856，k 值为 0.573～0.609，均属全省最高，加之灌溉条件较好，适宜种植优质小麦、油菜、蚕豆，大部分地区可种植冬小麦、玉米、黄豆、烟叶，有些地区可复种谷子、糜子、马铃薯、小油菜及绿肥，同时大部分地区适宜多种果树生长，是青海省的水果主要产区，另外利用温棚等设施可部分克服秋冬季热量不足的缺陷，发展反季节蔬菜业，可形成农、经、果综合配套规模发展的农业生态气候类型组合。

通过对青海省农业生态气候资源的系统分析，可以得出全省除柴达木盆地和海东低位川水地区外，其余各地的农业生态气候均不同程度地首先受到热量的限制，其次再受降水的限制，这与高原高寒缺水、热量不足的现实相符合。全省大部分地区高寒缺水、热量不足，农业生态脆弱，特别是青南高原北西部海拔高、气候寒冷、风雪灾害多，加之土层薄而质地粗，生态十分脆弱。需要通过自然保护，强化管理，保障生态良性发展。柴达木盆地光热资源丰富而降水稀少，合理利用地下水资源，开展绿洲农业生产，开发光热资源的优质高效灌溉农业优势凸显。海东低位川水地区光温资源全省配合最好，利用便利的灌溉条件，规模型发展农业复种，水果、蔬菜种植业尚有一定的潜力。

3．气候资源分布特征

光能资源丰富、日照充足。太阳总辐射量大，日照时数多是青海的主要气候特征之一。光能资源丰富，光合作用潜力大，是青海省农牧业优质高产和气候资源开发利用的一大优势。据研究，在太阳辐射条件下，植物叶温比周围气温平均高 1～3 ℃，在青海高原热量不充裕的情况下，由于光照和辐射的补偿作用，一定程度上弥补了热量资源的不足，在水分条件满足的情况下，能够种植多种作物，同时种植作物的产量也比较高，柴达木盆地春小麦创国内高产纪录，与太阳辐射强、日照充足、光质好（蓝紫光和红橙光波辐射强）而有利于密植、提高叶面温度和光合作用是分不开的。

气温低，气候凉爽。青藏高原耸立在中纬度西风带中，青海省全境受海拔高度、纬度、山脉、冰川、积雪和湖泊的影响，各地年平均气温为 −5.4～8.7 ℃，极端最高气温超过 30 ℃仅出现在黄、湟谷地和柴达木盆地，年平均气温在 0 ℃以下的祁连山区、青南高原，其面积占全省面积的 2/3 以上，较暖的东部黄河、湟水谷地，年平均气温为 6～9 ℃，平均气温普遍低于我国东部同纬度地区的其他省份；这样的热量条件造成了青海省发展种植业的面积很有限，种植业只分布在东部及海南盆地、柴达木盆地一少部分地方，绝大部分地区只适宜发展畜牧业。同时由于高原空气干燥、稀薄，白天太阳光透过大气层时损失的能量少，地面太阳辐射强，日间受热强烈，近地层气温高，夜晚地面辐射冷却快，降温迅速，造成日夜气温变化趋于极端，因此青海的气温日较差普遍较大，年均日较差一般为 14～16 ℃，柴达木盆地西部达 17 ℃以上。

温度日较差大，利于干物质积累。气温日较差大对农牧业生产一方面是一个有利的因素。农业生物在正常生长的条件下，白天气温较高，有利于作物和牧草的光合作用，制造较多有机物；夜间温度降低，呼吸作用减缓，减少有机物质的消耗，有利于农业生物有机物质的积累。因此青海省牧业区牧草富含各种营养成分，具有粗纤维、粗蛋白、粗脂肪含量高，无氮浸出物含量低的"三高一低"的特点，适合于耐低温、增膘快、掉膘慢的藏系家畜的生息繁衍。另一方面，气温日较差大，一日间冷暖的急剧变化，往往会增加早晚霜冻的机会，缩短生长季节，限制农业生物对热量资源的充分利用。

积温与无霜期低、热量不足。 积温的空间分布与年平均气温的分布基本一致，主要是由海拔高度决定的。在青海，日平均气温≥0℃、≥10℃期间的积温，最多的地区是海拔较低的黄河、湟水谷地，其次是柴达木盆地，最少的地区是青南高原和祁连山区。黄河、湟水谷地，日平均气温≥0℃期间的积温在3 000℃·d以上，循化达3 476℃·d，但湟水和黄河之间的拉脊山，因海拔高，积温较少，在2 000℃以下；青海湖四周、海南台地及其南部及大通河部分河谷在1 500～2 000℃·d；青南高原和祁连山地大部在1 000℃·d以下。通天河源地及其以西，是青海省≥0℃以上积温最少的地区，普遍在500℃·d以下，如五道梁仅450.6℃·d。

日平均气温≥10℃期间的积温，黄河、湟水谷地在2 000～2 900℃·d，柴达木盆地中部略高于2 000℃·d，青海湖周围地区一般≤1 500℃·d，青南高原和祁连山一般少于500℃·d，甚至因高海拔低温环境下日平均气温≥10℃出现仅仅几天，致使期间积温小于100℃·d。

青海多高寒山地，无霜期较短。黄河、湟水谷地无霜期始于4月中下旬，无霜期可达150 d以上。其中循化无霜期始于3月下旬，尖扎始于4月中旬，民和始于4月下旬，无霜期可达180 d以上，是全省无霜期最长的地区。柴达木盆地、海南等地区无霜期始于5月下旬前后，无霜期可达100 d以上。其中格尔木、香日德等地无霜期在150～160天。青南高原东南部的部分谷地如班玛、玉树、囊谦等地无霜期为30～50 d。祁连山和青南高原的大部分地区没有绝对无霜期，由于最长的无霜期受天气状况影响，出现时间并不一致，而且出现时间不一定在月最高气温出现的月份，有时在连阴天的其他月份往往易出现，因此常用相对无霜期来衡量，一般也就在几点左右。

降水少、变率大，雨热同季。 青海多年平均降水量较我国东部同纬度地区明显偏少，年降水量<300 mm的干旱区占全省面积的43.2%，年降水量为300～450 mm的半干旱区约占全省面积的35.6%，两者合计占全省面积的78.8%。同时年际间降水量极不稳定，如果某月降水特少或连续几个月降水小于正常年份，干旱就会对农牧业生产造成严重的威胁。

降水在季节分配上，夏季（6—8月）最多，各地降水量占年降水量的53%～81%。同期≥0℃积温占全年的55%～65%；在农作物和天然牧草生长的季节，降水量除青南高原腹地因生长季短，不到年降水量80%以外，其余各地都在80%以上，东部地区、海南台地、柴达木盆地的绝大部以及祁连、班玛、玉树、囊谦高于90%，黄河、湟水谷地高于96%，尖扎、循化两地高达99%，同期≥0℃积温在全年的70%～80%以上；这种水热同季的气候环境，既能保证植物有机体细胞生理活动的正常进行，又可提高水分在植物合成碳水化合物的过程中进行各种营养物质和矿物元素传输效率，有利于农作物和牧草的生长发育，提高水分的利用效率。

冷凉气候资源明显、有利产业结构调整、发展青海特色农牧业经济。 青海省气候冷凉，长期制约青海省农牧业经济的发展。但随着西部大开发战略的实施和青海经济的不断发展，过去的农业生产模式和牧业经营方式已发生了巨大变化。从全国气候来看，"冷凉性"气候是青海的一大特色，是青海省农牧业结构进行战略性调整、开发高原特色食品产业的一个突破口。可以说通过对"冷凉性"气候的再认识，确立发展具有青海特色农牧业经济的新观念，为青海省加快农牧业结构战略性调整步伐，发展特色农业和特色食品产业创造新的机遇，带来显著的社会效益与经济效益。

我国的华南、西南和长江中下游地区在盛夏（7—8月）日平均气温接近30℃，高温酷暑制约了喜凉蔬菜的正常生产，出现了盛夏季节喜凉蔬菜供应的淡季，此时黄河、湟水谷地可露天种植喜凉蔬菜，填补国内市场空缺。东部地区利用温棚进行反季节蔬菜的规模种植，充分利用高原光照资源丰富的优势，进行反季节蔬菜种植销售。

柴达木盆地由昆仑山和祁连山构成的山间盆地河谷地，由于冰雪消融，部分地区形成小块绿洲，在充分利用地表水资源的情况下，利用光热条件较好、作物产量较高的优势，进一步发展片状带绿洲特色农业，成为青海省绿洲特色农业的另一个基地。

东部浅、脑山广大地区的大豆、马铃薯、油料等经济作物是理想的纯天然绿色食品的原料。调整产业结构，适当扩大经济作物的种植面积，建立产品深加工配套机制，发展以经济作物产量为原料的青海特色的绿色产品，具有广阔的发展前景。

实施西繁东育的策略，提高经济效益。牧业区充分利用光照资源丰富的优势，加大暖棚育羔、育犊的规模；东部农业区利用充裕的作物秸秆和粮食，实行高原绿色食品原料牛、羊的西繁东育，增加肉、乳产量，同时逐步解决牧区草场超载的老大难问题，减缓草场的退化速度。

广大牧业区加强纯天然、无污染畜产品的宣传力度，改变出售牛羊肉、皮、毛等原材料的做法，兴办畜产品加工企业，扩大加工规模，加大加工力度，将高原绿色食品牛羊肉、奶粉及皮制品、保健药品等品牌推向更大的市场，争取应有的市场份额，提高经济效益。

五道梁、祁连山西段部分及青南地区西部的可可西里无人区，没有无霜期，年 ≥ 0℃的积温 < 500℃·d。该地区高寒，热量不足，加之土层薄而质地差，生态十分脆弱，不利于大规模畜牧业生产经营活动，应通过自然保护、加强管理，保护野生动物，防治生态后备。

风能资源丰富。一般把 3～20 m/s 风速出现的累计时间，称为风能的可用时间，所产生的风能称为可用风能。青海省地域辽阔，地形复杂，风能资源的地区差异较大。

柴达木盆地西北部和青南高原的青藏公路以西部分，是全省风能资源最丰富的区域，风能年贮量 1 020～1 210 kW·h/m²。其中可用贮量 1 010～1 060 kW·h/m²；全年风能可用时间 6 100～6 700 h；可安置中型风力机，可设置风力机群。

柴达木盆地中部和西北部的察尔汗、冷湖地区以及玉树州西部青藏公路以东的高平原和山区，风能年贮量 800～1 030 kW·h/m²。其中可用年贮量 780～980 kW·h/m²；全年风能可利用时间 5 460～6 130 h，是全省风能资源次大区域，风能潜力大，开发前景好。

柴达木盆地东部的诺木洪、青海湖周围、果洛和玉树两州的北部，年风能贮量 550～700 kW·h/m²，其中可利用贮量 540～680 kW·h/m²，全年风能可利用时间 4 100～5 400 小时，是青海省风能资源可利用区。本区地域宽广，水草肥美，是青海省的主要牧业区，小型轻便风力发电机供分散流动的牧民家庭使用非常适宜，因此风能资源利用价值很高。

柴达木盆地南、北、东部的边缘地带、海北州和海南州的西部、玉树和果洛两州的中部以及黄南州的泽库等地，风能年贮量 270～500 kW·h/m²，其中可用贮量 260～490 kW·h/m²，全年风能可用时间 3 000～5 700 h，本区风能资源贮量在青海省属较少地区，但从风能可用时间和可用风能密度看，许多地方风能利用价值较大，曲麻莱、刚察、海晏、香日德、同德和泽库，全年风能可用时间在 4 000 h 以上，月贮量超过 50 的月份全年有 3～4 个月，小灶火风能年贮量虽然只有 335 kW·h/m²，但全年风能可用时间长达 5 700 h，因此本区风能资源虽不丰富，但仍有开发价值。

青海省东部、南部的河谷、山谷，年风能贮量 55～260 kW·h/m²，其中可用贮量 40～240 kW·h/m²，可用时间 1 300～4 300 h，属于青海风能资源贫乏的地区，一般没有开发利用价值，但也不排除个别地方的季节性利用。

第四章　陆地生态系统地表水热碳通量研究状况 [①]

关于陆地生态系统地表水热碳通量研究，可以追溯到 19 世纪。2 个多世纪以来，人们关于地表水热碳通量包括其他物质通量的研究从未中断，这是因为水热碳以及其他物质通量与人类生活的物质交换息息相关。为了更准确地掌握陆地生态系统地表水热碳通量，人们对其的观测技术方法不断更新，分析方法不断创新，得到的结果更趋准确。

青藏高原平均海拔在 4 000 m 以上，大约是中国国土面积的 1/4，属于典型的高寒生态系统，是全球碳库重要的组成部分。气候变暖将直接影响陆地生态系统，而高寒生态系统因其位于高纬度和高海拔地区的特性，对气候变暖的响应更加敏感和迅速。随着青藏高原在全球气候变化研究中地位的凸显，人们对青藏高原的关注度也持续上升，对青藏高原的研究投入逐年增多，研究力度也逐年加强，虽然青藏高原土壤碳排放的研究仍处于初步阶段，但相关的研究人员已经开始不断增加，并已经取得了一定的研究成果。为了掌握水热碳通量研究状况，本章着重介绍了 20 世纪末期到 21 世纪初，研究者所开展的有些工作，以便于与本书研究结果的比较。但由于对陆地生态系统地表水热碳通量包括其他物质通量的研究内容广泛而丰富，要准确而面面俱到地给出其研究进展的全部是需要大量的篇幅的。这里只是将编著者能查到或说遇到的相关报道摘录揭示。

第一节　地—气界面能量通量观测研究进展

地气湍流交换是动量通量、感热通量、潜热通量以及物质通量的基础条件，是表征下垫面与大气之间相互作用的重要参数，不仅和大气边界层中的水文过程、生态过程有关，而且与区域和局部天气、气候密切相关，也是大气环流和全球气候的重要影响因素（张强等，2001）。正是由于地表的空间分布不均匀造成了不同空间尺度的地表通量的不一致。关于地气间伴随湍流发生的动量通量、感热通量、潜热通量，以及碳通量受到气象学家、大气物理学家的极大关注，陆地生态学研究者也给予很多的研究。

一、陆地地表能量通量研究

张智慧等（2010）整理黑河实验中的由涡度相关法数据计算的地表通量，评估了计算过程中所做的校正对地表通量的影响。Wang 等（2015）随后利用 HiWATER 在戈壁滩这种均质下垫面的 20 台涡动观测数据，使用统计方法分析涡度相关法数据之间的系统误差和随机误差，这为利用涡动数据做更深层次的分析提供了质量保证。Evans 等（2012）分析了生长有不同苜蓿、冬小麦、春小麦的农场内地表通量的空间变化，表明生长不同种植物农场的地表通量存在较大的差异。因此，在这样的下垫面下使用涡度相关法观测的通量结果若代表整个区域的通量将会带来较大误差。Custodio 等（2012）利

---

① 本章执笔：李英年，张翔，祝景彬，张法伟，王军邦

用 2 台涡动观测仪观测灌木下垫面的地表通量。为了评估涡度相关法观测结果的空间代表性，他将一台位置固定，另一台则在附近 4 个方位的 16 m 处和 32 m 处共 8 个位置分别观测。根据这两台仪器观测到的地表通量结果分析单点观测在灌木丛下垫面的空间代表性。结果表明，灌木丛下垫面存在显著的空间异质性，这种异质性主要与土壤湿度和叶面积指数空间分布有关。因此使用单点观测来代表一个较大空间区域的结果很可能带来较为显著的误差。Ward 等（2014）对 Swedon 的涡度相关法结果的分析表明，在城镇这种具有道路、草地、建筑复杂的下垫面的状况下，涡度相关法观测到的通量结果受印痕下垫面类型的影响非常显著。

随着大孔径闪烁仪的应用，涡度相关法和大孔径闪烁仪两种仪器共同观测这一方法越来越广泛地用在农田（Evans et al.，2012；Hoedjes et al.，2007；Tang et al.，2015；双喜等，2009；王维真等，2009；Liu et al.，2011；Beyrich et al.，2002）、草地（Beyrich et al.，2002；Meijninger et al.，2002；Samain et al.，2012；Marx et al.，2008；Hemakumara et al.，2003；Zeweldi et al.，2010）、城镇（Ward et al.，2014）、山丘（Liu et al.，2013；Jie et al.，2015）、森林（Beyrich et al.，2002；Randow et al.，2008；Su et al.，2009；Zhang et al.，2010）等下垫面的地表通量观测中，并结合印痕模式、遥感分析下垫面不同空间尺度的地表通量的异同及其影响因素（Hoedjes et al.，2007；Liu et al.，2011；Liu et al.，2013）。白洁等（2010）利用在海河流域农田和丘陵下垫面涡度相关法和大孔径闪烁仪观测到的地表通量分析海河流域不同空间尺度的地表通量特征，分析显示风向和印痕重叠与否对地表通量有重要影响。为此，在黑河流域的研究中，双喜等（2009）评估了涡度相关法和大孔径闪烁仪两种观测方法的空间代表性，指出涡度相关法和大孔径闪烁仪印痕的空间尺度差异明显，进而在分析由涡度相关法和大孔径闪烁仪数据得到的地表通量也同时需要考虑在内。在此基础上，王维真等（2009）分析了黑河流域涡度相关法和大孔径闪烁仪观测的地表通量的日变化特征和季节变化特征，并指出 2 种地表通量的异同与印痕的大小以及印痕内下垫面状况有关。Tang（2015a；2015b）使用大孔径闪烁仪在玉米田的通量结果验证 MODIS 的通量反演结果，并以大孔径闪烁仪观测结果为标准评价 SEBS、TSEB 和 TVT 3 种反演方法的表现。Randow（2008）比较了在亚马逊热带雨林下垫面的涡度相关法和大孔径闪烁仪的观测结果，他从湍流结构角度分析涡度相关法和大孔径闪烁仪观测到的通量结果的差异。两者的通量结果差异随垂直风速与温度的协方差的降低而增大。Brunsell（2011）利用涡度相关法和大孔径闪烁仪研究非均质下垫面地表通量的面积平均值，并使用 MODIS 反演通量做比对。结果表明，当大孔径闪烁仪的印痕较大时，大孔径闪烁仪的观测结果与 MODIS 反演结果有较好的一致性。Ward（2014）利用 Swedon 城镇涡度相关法和 2 台光径不同大孔径闪烁仪观测比较分析不同空间尺度地表尺度的特征。结果表明，3 种空间尺度的地表通量的斜率随着方向范围的变化而变化，这显示出风向不同导致上风向区域地表通量存在一定的差异，这种差异在大量观测结果中可以很显著地体现出来。研究使用 NDVI 表征不同空间尺度植被状况的差异以及对地表通量的影响，结果显示植被状况的空间异质性对地表通量的分配也有影响。此外他还发现，天空中出现云时，云的存在会造成净辐射的快速变化，并能造成空间分布的差异，并进一步导致 3 种观测尺度地表通量的差异。Hoedies（2007）在分析利用摩洛哥的橄榄树果园的涡度相关法和大孔径闪烁仪数据计算的地表通量差异时，提出了使用 Landsat ETM+ 和 ASTER 中午过境时的影像，结合涡度相关法和大孔径闪烁仪的印痕估算两者下垫面状况，并以此分析涡度相关法和大孔径闪烁仪空间尺度地表通量的差异。这一方法为后来的研究者（Ward et al.，2014；Liu et al.，2011）所采纳。大涡模型（LES）（Miller et al.，2013；Stoll et al.，2009；Brunsell et al.，2011；Maronga et al.，2014）也被用来研究不同空间尺度的地表通量，考虑到不同空间尺度的地表通量差异主要由下垫面的空间异质性导致。LES 为分析空间异质性对地表通量的影响提供了很好的工具。Stoll（2009）利用 LES 分析了稳定层结下具有不同粗糙度的空间异质性对稳定层结的风速梯度、温度梯度以及地表通量的影响。Maronga 等（2014）利用高分辨率的 LES

研究了地表异质性对流边界层温度结构函数和湿度结构函数，这对于大孔径闪烁仪非常关键。使用 LITFASS-2003 观测到的千米尺度的土地利用分布的空间异质性来确定下垫面状况。分析表明，空间异质性造成的不稳定层结下的局地结构参数可以达到 100～200 m 高度。这显然超过了掺混高度这一假设。Brunsell 等（2011）分析了异质性下垫面的地气相互作用，并以此来分析改变地表热量和水汽通量的机制。结果表明对于较小（200 m）和较大空间尺度（12.8 km）的空间异质性可以看作是均质下垫面，这种状况下的潜热通量变得非常重要。模拟结果还显示气温受地表异质性的影响较小，但水汽比较敏感，均质下垫面倾向于增大潜热通量，而 1.6 km 的空间异质性尺度是个更为复杂的过程。

青藏高原（26°～39° N，73°～104° E）占我国领土的 1/4，平均海拔超过 4 000 m，是世界上最高、范围最大的高原地形，被誉为地球"第三极"。它的边缘地带被高山环绕，西起帕米尔高原，东至横断山脉，南接喜马拉雅山脉，北抵昆仑山—祁连山脉。它的内部也被唐古拉山、冈底斯山、念青唐古拉山分割为宽谷、盆地，并有众多的湖泊。高海拔导致了青藏高原的全年低温环境，并形成了大量的多年冻土和季节性冻土。由于海拔高，青藏高原空气中的水汽和颗粒物的浓度低于海拔较低的地区，因而接受更强的太阳辐射。诸多研究表明，青藏高原在雨季和冬季都是大气热源，地表向大气输送了大量的热量和水汽，进而影响区域和全球气候。不仅如此，青藏高原大范围异常的高原热力、动力作用及其地—气物理过程对我国东部和南部、亚洲地区乃至全球的气候变化和灾害性天气的形成均有重大影响。青藏高原这些地面热量和水分收支在很大程度上决定并反映了天气和气候的变化以及水文过程，因此理解地气相互作用是分析青藏高原的天气和气候效应、水文过程、生态过程等领域的关键之一（Yang et al.，2014；Duan et al.，2005；Ma et al.，2014；2017；Wu et al.，2007；Ward et al.，2012；Ward et al.，2013），也正因如此，青藏高原地气相互作用的研究成为近几十年来的热点，受到越来越多的关注。

为了揭开青藏高原边界层的"神秘面纱"，中国科学家在过去几十年先后进行了多次高原大气科学试验，并与日本、美国、韩国等国家的科学家共同开展了多次联合现场观测试验及其科学研究，加深了高原陆气相互作用的物理过程对东亚及全球气候变化和中国区域灾害性天气发生、发展作用机理的了解。

自 20 世纪 50 年代起，以叶笃正等（1979）为首的我国科学家，从动力学和热力学的角度对青藏高原的大气环流作用及其天气气候意义展开了系统性的科学研究。随着青藏高原气象研究的深入，我国于 1979 年组织实施了第一次综合性的"青藏高原气象科学试验"（QXPMEX）。第一次青藏高原气象科学试验于 1979 年 5—8 月实施，与国际大气研究计划全球试验（FGGE）和夏季风试验（MONEX）阶段性同步进行。首先通过高原地区增设探空站和 6 个热源观测站及日常探空和地面站的加密观测，获得了亚洲夏季风爆发前后高原及其邻近地区十分宝贵的综合气象资料，得到了丰富的研究成果，有效地推动了青藏高原气象及其气候影响的理论研究。同时，中国科学院兰州高原大气物理研究所于 1982 年 8 月—1983 年 7 月，在改则、那曲、拉萨、甘孜 4 个站开展了以冷热源研究为主题的周年观测，也为进一步分析青藏高原的冷热源特性及其季节性变化提供了有重要价值的补充资料（季国良，1985）。

获取较高时空覆盖的气象资料是第二次青藏高原气象科学试验的重要方面。第二次青藏高原气象科学试验按照项目制定的计划，于 1998 年 5 月 10 日—8 月 10 日在西藏、青海和四川 3 个省区 11 个探空站、12 个地面站进行了加密气象观测。此间，还在改则、当雄和昌都 3 个有代表性的高原实验基地开展大气边界层特殊观测研究。在国家科技部的关心与支持下，中国气象局四大试验总协调人温克刚局长对试验的设计与实施全过程作了总体部署。中国气象局、中国科学院大气所以及北京大学、国家海洋局等单位的科学家与科研人员通力协作、精心设计，中国气象局科教司组织和中国气象科学研究院牵头实施，西藏自治区气象局、青海省气象局、四川省气象局领导共同协作，首席科学家陶诗言、陈联寿院士以及项目专家委员会科学指导，在气候环境特殊、工作条件异常艰苦的世界屋脊上克服了种种困难，成功地实施了加密观测试验任务，获得了大量可贵的高原边界层资料，并取得了本专著所反映的具有创新意义与宝贵科学价值的高原边界层研究成果（章基嘉等，1988；陶诗言等，1998；1999；2000；周明煜等，2000）。20 世纪 90 年代，中日合作的"全球能量水循环之亚洲季风青藏高原试验（GAME/Tibet，1996—2000 年）"把研究青藏高原地表与大气之间能量交换作为首要的科学目标（马耀明等，2006）。同时期进行的第二次青藏高原大气科学实验在西藏西部、中部和东部进行了地气相互作用的观测研究（Li et al.，2000；2001）。随后进行的"全球协调加强观测计划（CEOP）亚澳季风之青藏高原试验研究（CAMP/Tibet，2001—2005 年）"，同样也关注强调了这一重要内容。目前第三次青藏高原大气科学试验正在紧张的筹备阶段当中（李跃清，2011），相信该试验必将给高原大气边界层的研究带来很多全新的资料。

这些大型的观测试验进行了青藏高原地气相互作用的定量解释（Ma et al.，2009）。在那曲（Ma et al.，2005；Li et al.，2015）、珠峰（仲雷等，2007；刘辉志等，2008；Chen et al.，2012）、纳木错（李茂善等，2012）对地表通量的研究结果表明，地表通量不仅出现明显的季节特征和日变化特征，同时受青藏高原广泛分布的冻土影响，存在能量不闭合现象。Yao 等（2008；2011）利用地面观测结果分析了唐古拉山区域的地表能量收支平衡和蒸散发，结果显示冻融过程对蒸散发有显著影响。Ma 等（2014a；2017b）使用遥感方法结合地面观测反演纳木错湖以及青藏高原的蒸散发，研究结果表明，蒸散发与青藏高原的下垫面状况有着非常密切的联系。结合地面观测，利用遥感影像反演得到了青藏高原局部或者整个区域地表通量（Han et al.，2016；Chen et al.，2013；Amatya et al.，2015）；Chen 等（2013）针对青藏高原起伏的地形，在地表能量平衡系统的基础上增加了地形影响，并应用喜马拉雅山脉的地表通量反演；阳坤等（2003；2008）根据地面观测数据对青藏高原的地气能量交换参数化，这一参数化方案用于验证和改进陆面过程模式在青藏高原的模拟（Yang et al.，2009；Chen et al.，2010；Zheng et al.，2014）得到了较好的结果。

由于边界层内湿度分布的复杂性，很多研究只是做了一些较为浅显的现象描述，对其发生机理也没有进行详细的分析。大部分研究仅限于现象描述，而没有结合边界层内的天气系统进行深入分析。总的来说，到目前为止，我们对青藏高原大气边界层结构的认识和研究都还处于揭示现象的阶段，比较成熟的理论还没有形成，所以对未来该特殊边界层的研究首先就需要开展大型综合性试验。只有通过试验，才能获得第一手最直接的数据，才能发现一些新的现象，并据此提出新的理论或者验证已有理论的正确性、适用性等。大气边界层的研究离不开试验，可以说每一次野外试验都推动着边界层物理学的发展。

此外，可以看到，由于青藏高原面积广阔，地形复杂，自然条件恶劣，关于大气边界层的研究多数集中在藏北高原地区，高原中、东部地区和珠峰地区，对于广阔的西部阿里地区仅有改则和狮泉河两站，且多为一些零星站点。此外常规气象观测方面不仅观测历史短，时空分辨率和要素内容也都非常有限。总之，青藏高原大气边界层结构的研究首先遇到的问题是资料问题。高原上气候条件极其艰苦，测站稀少，维持现有测站已属不易，加上探空类观测仪器昂贵，更是不可能大规模使用和维持，因此除了加强现有观测资料的研究应用和集中开展大型野外观测试验外，大气遥感资料在高原地区的使用将成为必然趋势。一系列旨在研究青藏高原地气相互作用的大型观测试验得以实施，并获得了相当显著的进展。

地表面对大气的强迫作用的重要性已被广泛认知。不同尺度的气象模式如何定量地反映高原地表的状态和过程，很自然地便成为本项目研究的核心问题之一。注意到第一次青藏高原气象科学试验及后续工作在高原冷热源的直接观测证据方面已提供了丰富的资料。但是由于条件所限，对发生在高原上的大气边界层地一气物理过程的细节尚缺乏足够的了解。另外，与参数化表达高原地表通量相关的整体输送系数的大小和选值问题也有待进一步研究。这些问题都需要从高原现场的第一手观测数据及其分析研究才能解决。随着国内外大气边界层探测技术的提高，目前我国已具备了利用一些新的仪器和方法开展野外观测的能力，为进一步揭示青藏高原上大气边界层的规律和特点提供新资料。

马耀明等（2000）分析研究藏北高原草甸下垫面近地层的地面加热场、地表能量平衡、地面阻曳系数 C_0 及感热通量整体输送系数 C_H 等特征。该地区的地表对大气而言白天为强的加热源，晚上为弱冷源，日平均为强热源，且地面加热场日变化明显，在 14:10（北京时）左右加热强度最大；该地区的净辐射通量、感热、潜热及土壤热通量有明显的日变化规律，但感热及潜热通量在白天的净辐射通量分配中所占份额随月份不同而不同；在这一地区的晚上，经常有蒸发现象出现；这一地区的地表能量不满足能量平衡方程（$R_0 = C_0 + H + L$，地面阻曳系数 C_0 及感热通量整体输送系数 C_H 在不同的稳定度条件及不同月份具有不同的值，其中 C_0 值与海面上的结果和戈壁沙漠上的 C_0 值都有明显的差别），所以在进行藏北地区天气或气候数值模拟计算时不能将 C_0 及 C_H 当成常数，而要视具体情况而定。马伟强等（2005）基于中日合作项目"全球协调加强观测计划之亚澳季风青藏高原试验"（CAMP/Tibet）在 2001 年 8 月—2002 年 9 月的观测数据资料，分析研究了青藏高原藏北地区地表能量，即净辐射通量、感热通量、潜热通量和土壤热通量等的变化规律。

大气边界层是指离地球表面 1～2 km 高度的低层大气。由于大气边界层受地球表面的影响最大，该层大气有着显著区别于上层自由大气的特征，例如，各种气象要素（气温、湿度和风速等）日变化较大、垂直梯度较大等。大气边界层是人类生活和生产活动的主要场所。由人类活动导致的污染物排放、传输和转化大部分发生在该层，因此大气边界层的环境问题直接影响人类的健康和生存。大气边界层同时也是地球各个圈层相互作用的关键区域。大气边界层的变化直接影响到地圈、水圈、冰雪圈和生物圈与大气圈的能量和物质交换过程，同时对天气和气候产生重要的影响。天气及气候模式中大气边界层物理过程参数化方案的改进是提高其模拟性能的关键科学问题之一，也是当前大气科学研究的基础前沿问题。由于全球变化研究包括气候异常、生态环境恶化、水资源短缺等问题，以及可持续发展研究等的需要，使得大气边界层物理研究已成为大气科学研究的前沿学科之一。在大气边界层物理和大气化学联网观测研究，大气边界层试验、理论与参数化研究，大气化学过程与气候变化的相互作用模拟研究，陆地生态系统与大气间碳氮交换研究，空气质量多模式集合预报系统研制与应用等方面取得了重要进展。对于大气边界层物理方面，刘辉志等（2013）认为，近年来主要研究方向包括：①城市复杂下垫面湍流相关结构和边界层阵风机理，非均匀下垫面大气边界层结构和交换过程；②不同生态系统地—气湍流物质、能量交换规律及特征；③海洋大气边界层物理过程，数值模式中的大气边界层参数化。未来一段时间内大气边界层物理研究重点仍然集中在非均匀下垫面（复杂地形，例如高大山地、城市等）大气边界层结构和特征、天气和气候模式中大气边界层参数化方案的改进、强风条件下海洋大气边界层参数化的方案及大型风电场风电量的短期预报系统等。非均匀下垫面大气边界层的定量描述是目前研究的重点和难点。此外，因为地面单点观测通量的代表性通常在公里尺度，而中尺度模式和遥感资料反演得到的面上湍流通量通常尺度为几千米到几十千米。如何将单点观测到的湍流通量升尺度到面上的通量，或者将遥感反演得到的面上湍流通量降尺度到单点，与地面单点的观测结果比较，从而校验和改进遥感反演算法。因此，地面单点观测、模式输出以及遥感反演结果的匹配也是大气边界层物理未来几年研究的重点。

黄荣辉等（2013）不仅回顾了"中国西北干旱区陆—气相互作用观测试验"经过连续 12 年的观测和多次加强期观测所取得的干旱区陆面过程参数的分析以及边界层和陆—气相互作用特征等的分析和研究，而且综述了应用这些参数来优化有关陆面过程模式的参数化方案和改进有关陆面过程模式的研究；并且，还综述了关于中国西北干旱区感热输送特征以及西北干旱区陆—气相互作用对中国东部气候的影响及其机理，并揭示了中国西北干旱区春、夏季具有高感热输送特征，此高感热对中国东部夏季气候变异有重要影响。此外，还指出今后在此方面应进一步观测和深入研究的科学问题。主要关注：观测的陆面过程参数在青海草地陆面过程模式参数化方案的优化及其模拟结果改进的作用，经参数化方案优化后陆面过程模式对气候模拟的改进，感热和潜热通量在青海草地地表能量平衡中的作用与贡献，青海草地四季地表感热和潜热的输出特征，青海草地感热和潜热时空变化特征及与中国乃至东亚及全球感热和潜热变化的关联，陆—气相互作用对青海草地气候变异的影响及其机理，植被退化对区域气候的影响。

Li 等（2010）利用耦合了陆面过程模型 SSIB（Xue et al.，1991）的 NCEP GCM（Kalnay et al.，1990；Kanamitsu et al.，2002）全球大气环流数值模式（NCEP GCM/SSIB）模拟了西北地区及青藏高原植被退化对周围区域夏季气候的可能影响。在模拟试验中利用了 2 个完全不同的陆面植被覆盖并输入大气环流模型中的 SSIB 模型，通过对比来得到一些较为明显的气候信号。其中的一个试验是植被覆盖情况来源于反演的卫星资料（CaseS1），另一个试验是西北地区大部分地区为裸土（CaseS2）。数值模拟结果表明：中国西北地区植被的退化（从植被覆盖到裸土）将减少地表吸收的辐射，并引起较弱的地表热力作用，这使得中国西北干旱区大部分区域上空对流层中层有反气旋异常环流，会导致此区域大部分地区降水减少。然而，中国西北干旱区植被退化会使高原东北侧上空对流层上层产生反气旋异常，在高原的东北部上空对流层中层会产生气旋环流异常，从而引起了高原东北侧上空产生垂直上升运动的异常，这些环流的变化导致了青藏高原东北部的降水增多。这个数值模拟表明：当西北干旱区植被退化，会导致此区域大部分地区降水减少，但也会引起高原东北侧局部地区降水反而增多。因此，某区域一旦植被破坏导致干旱，总体来说，如 Charney（1975）所指出该区域会变得愈来愈干旱，但还存在区域差异，甚至某一局部区域降水反而增多。王学佳等（2013）利用 NCEP/NCAR 地面感热通量再分析格点资料，分析了 1951—2010 年青藏高原地区地面感热通量的基本气候特征、年际与年代际变化及其空间分布，采用滑动 t 检验和小波分析研究了高原年平均感热通量变化的突变特征，并分析了影响高原感热变化的因素以及探讨了高原感热的变化对东亚、南亚夏季风的影响。结果表明，就全年平均而言，高原感热通量大部分地区为正值，说明高原为热源；冬季是全年感热通量最小的季节，为负值；其余季节感热均为正值，即由地面向大气输送感热。近 60 年高原的感热通量出现了不同程度的减少，春、夏季呈现出相对不显著的下降趋势，秋、冬季和年平均感热通量的下降趋势比较显著，分别为 0.94、0.50 W/（m²·10 a）和 0.49 W/（m²·10 a）。感热线性趋势的空间分布具有季节性和区域性差异。由于 1969 年前后的突变，导致高原感热在 1970—1981 年的下降趋势显著。高原感热的变化与气温呈负相关，与风速和地温呈正相关，与降水的关系不明显。年际尺度上，春季、年平均高原感热的减弱（增强）区域和东亚、南亚夏季风指数有很好的正（负）相关，其显著变化可能会在某种程度上影响东亚、南亚夏季风。

李韧等（2007）利用青藏高原北部五道梁地区实测的太阳辐射及气象资料，计算分析了高原北部地面热量平衡方程中各分量特征，定义了一个无量纲参量土壤热平衡系数 k。结果显示：五道梁地区地表净辐射及地面加热场强度表现为夏季大、冬季小，地表净辐射累年平均通量为 65.5 W/m²；土壤热通量自 1997 年来有增大的趋势；土壤热平衡系数有增大的趋势，平均值为 1.17；感热及潜热是地面热平衡方程中的大项，其中感热居首位，潜热居其次；暖季感热、潜热以相反的趋势变化，波文比有下降的趋势。

马耀明等（2001）利用"全球能量水循环之亚洲季风青藏高原实验"1998 年加强实验期观测资料，分析研究青藏高原草甸下垫面上的动力学粗糙度 z_{0m}、热力学粗糙度 z_{0h} 以及热传输附加阻尼 KB^{-1} 等特征，得到了一些有关青藏高原草甸下垫面上动力学及热力学参数的新认识。认为，①这一地区的动力学粗糙度为 $z_{0m安多} = 0.004\,66$ 和 $z_{0m北PAM} = 0.013\,900 m$，热力学粗糙度为 $z_{0h安多} = 0.000\,440\,7 m$ 和

$z_{0h比PAM} = 0.001\ 140\ 0$ m，动力学粗糙度比热力学粗糙度大一个量级；②这一地区的热传输附加阻尼 KB^{-1} 有明显的日变化趋势，数值模拟和卫星遥感参数化计算时所取的 KB^{-1} 不能直接引用其他研究者的结果，即不能直接取 KB^{-1} 为某一常数，应视具体的计算时刻而定；③这一地区的 KB^{-1} 与地表温度 T_s、地表温度和气温之差 $T_s - T$ 以及 $U(T_s - T)$ 都有明显的线性相关性，其中 KB^{-1} 与地表温度 T_s 相关性最好；④热传输附加阻尼 KB^{-1} 的定义式和从 Monteith 方程出发，得到求取 KB^{-1} 的计算式都可以被用来求取这一地区的 KB^{-1}。

解晋等（2018）选取中国气象局在青藏高原地区常规气象观测站点中 85 个连续性较好的站点资料，基于 CHEN-WENG 感热交换系数方案计算了 1981—2014 年地表日均感热通量，并用 M-K 检验法分析了季节平均感热通量和年均感热通量的年际变化特征，结合经验正交函数法 EOF、Pearson 相关法，分析了年均感热通量的时空演变及异常分布特征以及不同地区站点感热通量与气候因子的相关性。结果表明，1981 年以来，高原地表感热通量无论在年尺度还是季节尺度上的变化都表现为先下降后上升的趋势，其中春季和冬季由下降转变为上升的年份早于夏季和秋季，且夏季上升的幅度是四季中最弱的；1981—2003 年感热通量下降主要与地气温差和平均风速的减小有关，而 2004—2014 年感热通量的上升主要与地气温差的显著增大有关。空间上，各站点感热通量的上升或下降并不同步，但存在一定的相互联系，感热通量上升的站点主要位于青海省；感热通量与各气候因子的相关性有明显的时空差异，整体上受地表温度影响显著，与地表温度变化呈正相关；与降水、日照时数、风速等气候因子的相关性在年尺度上存在较大的空间差异，在季节尺度上，感热通量与气象因子的相关性较好，尤其是夏季，感热通量与降水呈负相关，与日照时数、风速和气温呈正相关，其次是春季，秋、冬季相关性较差。

阳坤等（2010）应用青藏高原 1984—2006 年的常规气象观测资料，对比分析了两类计算方法获得的青藏高原地表感热通量的变化趋势。一类是基于微气象基本理论和野外观测资料发展起来的物理方法，考虑了大气稳定度和地表热力粗糙度对热交换系数的影响；另一类是气候学研究常用的经验方法，即设定热交换系数为常数或风速的函数。结果表明：由物理方法估计的年均感热通量以每 10 年 2% 的速率在减小；各季节的感热通量除冬季外，有每 10 年 2% ～ 4% 的减小趋势。由 2 种经验方法估计的感热通量的气候平均值比较接近，但变化趋势却具有较大不确定性，即当热交换系数设定为常数时，估计的年均感热通量以每 10 年约 7% 的速率减弱；当热交换系数与风速负相关时，感热通量则没有显著的变化趋势。因此，过去计算感热通量的经验方法不能很好地反映感热的变化趋势。

马耀明等（2006）介绍了从 1996 年以来在青藏高原进行的 2 个大型陆面过程试验"全球能量水循环之亚洲季风青藏高原试验研究"（GAME/Tibet）和"全球协调加强观测计划（CEOP）亚澳季风之青藏高原试验研究"（CAMP /Tibet）的试验概况及其局地能量分布（日变化和月际变化）。利用 Landsat-7 ETM 资料结合地面观测资料又得到了 CAMP /Tibet 区域能量（净辐射通量、土壤热通量、感热和潜热通量）的分布图像。

肖瑶等（2011）研究了藏北高原多年冻土区高寒草甸和草原下垫面能量收支各分量，发现该地区的地表净辐射有明显的季节变化特征：①夏季最大，冬季最小。影响净辐射季节变化最重要的因子是太阳高度角，地表状况尤其是积雪状况对净辐射季节变化影响也较大。西大滩和唐古拉年平均净辐射分别为 71.3 W/m² 和 83.4 W/m²。②该地区地表土壤热通量也有与净辐射相似的年变化趋势，夏半年表现为正值，冬半年为负值。西大滩和唐古拉年平均地表土壤热通量分别为 1.67 W/m² 和 1.44 W/m²。③该地区的感热通量季节变化趋势表现为，春季最大，在夏季有所下降，冬季较小。这与降水过程、多年冻土冻融过程，下垫面状况及净辐射变化密切相关。潜热通量夏季最大，冬季最小，主要受降水和土壤含水量的制约。该地区冬春两季地气能量交换以感热传输为主，夏秋两季则潜热输送占主导地位。

曾钰婵等（2016）利用 1948 年、2013 年 NCEP/NCAR 逐日和逐月再分析资料分析了青藏高原（下称高原）大气冷热源转换日期与高原季风爆发日期及二者强度的关系。结果表明：近 66 年来高原热源汇呈现明显的季节变化，热汇最强在 1 月，热源最强在 7 月；高原由热汇转变为热源的日期大致在 15 候，而热源转变为热汇则大致在 58 候；高原热力作用与高原夏季风强度呈正相关关系，即当大气热源强（弱）时，高原夏季风强（弱）；热源强（弱）年高原主体气流辐合较强（弱），而高原四周辐散较强（弱）；高原主体与四周大气热力差异也呈明显的季节转变，7 月高原主体与其四周大气的热力差和高原季风呈正相关，即当高原主体热源较四周大气强（弱）时，高原夏季风就越强（弱）。

李国平等（2000）以 1997 年 9 月—1998 年 12 月青藏高原西部改则和狮泉河地区近地层自动气象站（AWS）连续观测的梯度资料为基础，确定出两站的平均地表粗糙度分别为 2.7 cm 和 2.9 cm。采用廓线—通量法计算出观测期逐日的总体输送系数，两站 1998 年动量总体输送系数（拖曳系数）的年平均值分别为 4.83×10^3 和 4.75×10^3，进一步用总体公式计算出两站逐日的地面动量、感热和潜热通量，其年平均值分别为 3.4×10^2 N/m^2 和 1.8×10^2 N/m^2，73.1 W/m^2 和 67.2 W/m^2，15.4 W/m^2 和 2.9 W/m^2。最后用合成分析法得出上述地面 3 通量的日变化和季节变化特征，并讨论了地面对大气的热量输送与高原季风及雨季的对应关系。

苏彦入等（2018）利用 NCEP-FNL 大气边界层高度资料和 NCEP/DOE（NECP2）的地面感热、潜热通量再分析格点资料，分析了 2000—2016 年夏季青藏高原地区的大气边界层高度及感热、潜热的基本气候特征、年际变化及空间分布，地表能量输送对大气边界层高度的影响机理，并分析了影响大气边界层高度与地表能量输送的主要影响因子。结果表明：夏季高原整体呈大气边界层高度显著下降，潜热通量显著上升，感热通量先增后降的变化趋势。2009 年是高原大气边界层高度的气候突变时间点，其他物理量的变化趋势也在 2009 年发生了转折变化。大气边界层高度和地表能量输送的线性变化趋势分布具有明显的区域差异，以 91°E 为界将高原分为东、西两部分，东部与西部地区的变化特征明显不同；东部、西部地区的变化特征 2009 年前后也有很大差异。影响西部地区大气边界层高度和地表热通量的主要因子是 0～10 cm 土壤含水率和 10 m 风速；影响东部地区大气边界层高度和地表热通量的主要因子则是云量。在 2009 年气候突变时间前、后，各影响因子的影响程度有很大变化。夏季高原低层热低压辐合、高层南亚高压辐散的环流形式，为地表能量输送影响高原大气边界层发展提供了动力条件，有利于上升运动。上升运动的气流能将水汽相变中释放的凝结潜热输送至对流层上层，有利于形成潜热通量和南亚高压的正反馈。

张超等（2018）基于 1970—2015 年青藏高原地区 78 个站点的观测资料，应用物理方法计算了高原中东部地区的感热通量。利用小波分析、相关性分析等研究了高原中东部感热通量的时空特征和影响因子。结果表明，高原年平均和春夏季节，感热通量周期为 3～4 a，而秋冬季节为 2～3 a；感热通量的变化趋势为 1970—1980 年和 2001—2015 年呈增加趋势，而 1981—2000 年呈减小趋势；高原年平均和各季节的最强感热加热中心均位于高原南坡 E 区（除冬季外），最弱加热区域位于高原西北部 A 区（夏季除外）；高原春秋季节感热通量的空间分布均匀，冬夏季节有明显的梯度分布且梯度相反，夏季呈现自东到西的梯度；春季、夏季及秋季，高原感热通量和降水呈负相关；高原 10 m 风速的极值中心随季节北上南撤变化与地气温差的强弱变化共同决定了感热通量的季节变化。

竺夏英等（2012）于现有的 8 种具有较长时间尺度的地表感热加热资料，即 5 套再分析资料（美国环境预报中心 NCEP 提供的第一、第二套再分析资料 NCEPR1，NCEPR2 和气候预报系统再分析资料 CFSR，欧洲中期天气预报中心 ECMWF45 年再分析资料 ERA40 和日本气象厅提供的再分析资料 JRA），2 套陆面模式输出资料（美国国家航空航天局 NASA 提供的全球陆面数据同化系统 GLDAS 第二版本 Noah 陆面模式输出，简称 G2_Noah 和阳坤等基于中国气象局 CMA 台站观测资料，利用简单生物圈模型 SIB2 模拟的高原地表能量通量），和作者基于 CMA 台站资料估算的感热通量，对 1980—

2006 年夏季青藏高原地表感热通量的平均状况、年际变化及线性趋势进行了比较分析。结果表明，由于输入场和计算方法的差异，各种资料估算的感热场也存在明显的区别。除 ERA40 和 JRA 两套资料中夏季高原感热水平分布较均一外，其余 6 套资料均表现为西部大于东部，南北 2 侧大于中部的特征与 76 站的台站资料感热通量相比，其他 7 种资料提供的高原（76 站）气候平均夏季感热大小差异明显，最大值与最小值相差 20 W/m² 以上。尽管如此，它们的年际变化较一致，并大都伴随显著的线性减弱趋势，这主要与各套资料中风速一致减弱有关，虽然各种资料的地—气温差趋势不一致。其中，YSIB2 地—气温差表现为显著的线性增强，而 G2_Noah，NCEPR1 和 NCEPR2 则为显著的线性减弱，其余 4 套资料线性趋势不显著。各套资料中青藏高原表面感热通量的年际变化的一致性以及共同的显著线性减弱趋势表明了这些资料特定的可用性，并且为相关的气候动力学研究提供了重要的信息。

奥银焕等（2008）分析了黄河上游高寒草甸地区夏季小气候、地表辐射和能量平衡连续日变化特征。结果表明：在晴朗天气条件下这一地区近地层动量湍流通量受风速切变控制；总辐射峰值与青藏高原北部相比略小，但比干旱半干旱区的敦煌要大；地表反照率平均值为 0.17，介于河西金塔绿洲农田与沙漠观测的结果之间；能量平衡中潜热释放比感热输送显著的多。

唐恬等（2013）利用 2010 年 6—7 月鄂陵湖野外试验的近地层观测数据，分析了在不同天气条件下黄河源鄂陵湖地区辐射分量、地表能量分量、土壤温度和反照率的变化特征。结果表明：不同天气条件下，辐射和地表能量各分量日变化差异较大，晴天、阴天和雨天的地表反照率依次递减，平均反照率约为 0.21；观测期内，平均辐射贡献从大到小依次为向上长波、向下长波、向下短波、向上短波，日积分值分别为 31.4 MJ/m²、25.6 MJ/m²、22.4 MJ/m²、4.2 MJ/m²，净辐射（12.5 MJ/m²）占向下短波辐射的 55.7%；平均地表能量和土壤温度的变化幅度较晴天小，感热、潜热、0 cm 土壤热通量的平均日积分值分别占净辐射的 21.2%、43.1%、8.2%；平均土壤温度变化幅度随深度增加逐渐减小，浅层土壤温度峰值较晴天低 2℃，深层土壤温度相差不大。云和降水的扰动削弱了向下短波辐射，导致平均感热通量和 0 cm 土壤热通量的峰值比晴天小，而平均潜热通量的峰值大于晴天。由于湖泊水体巨大的热容量和水分供应，鄂陵湖地区的气温日较差较小，地表温度变化幅度较小，附近地表温度升高缓慢。鄂陵湖区的地表能量平衡中，潜热通量占主导，感热和地表土壤热通量次之。

陈金雷等（2017）利用中国科学院西北生态环境资源研究院玛多黄河源气候与环境变化观测站 2014 年 6—8 月观测资料，分析了黄河源区高寒湿地—大气间暖季水热交换特征，并利用公用陆面模式（CLM）模拟了热通量变化，提出针对高寒湿地的粗糙度优化方案。主要结果如下：①暖季向上、向下短波与净辐射的平均日变化规律一致，向上、向下长波平均日变化平缓，地表温度升高相对于向下短波具有滞后性，潜热通量始终为正值并大于感热通量；②温度变化显著层为 20 cm 以上土壤浅层，存在明显的日循环规律，土壤中热量 9：00（北京时，下同）下传至 5 cm 深度，温度升高，11：00 至 10 cm 深度，13：00 至 20 cm 深度，18：00 后开始上传，温度降低，40 cm 及以下深度受此影响较小，热量在土壤中整体由浅层向深层输送；③土壤湿度平均日变化小，5 cm 深度为土壤湿度最小层，10 cm 深度为最大层；④玛多高寒湿地动力学粗糙度 z_{0m} 在暖季变化稳定，可作为常数，$z_{0m} = 0.0143 m$；⑤提出更加适合高寒湿地下垫面暖季附加阻尼 KB^{-1} 参数化方案，使得热通量模拟效果较 CLM 原始方案有所提高。

罗琪等（2017）分析黄河源区玛多湿地下垫面湍流通量涡动相关系统和气象站观测资料，每月选取 3～4 d 晴天条件下的观测数据，分析了黄河源玛多湿地—大气间感热通量、潜热通量和 CO_2 通量的日变化特征，并探讨了近地面能量平衡闭合度。结果表明：黄河源高寒湿地下垫面潜热通量和感热通量有日变化过程，日出后水分和热量交换通量逐渐增高，峰值均出现在 12：00～16：00。在 2013 年夏季，黄河源湿地下垫面感热通量的最高值出现在 9 月 15:30，达到了 150.0 W/m²，潜热通量的最高值出现在 7 月 16：00，达到了 300.0 W/m²。黄河源高寒湿地生态系统的能量消耗主要以潜热为主，近地面能量的闭合度较差，达到了 48.8%。湿地净生态系统的 CO_2 交换通量日变化特征呈 "U" 形曲线，在整个植被生长季节的日变化过程中，日出后湿地系统吸收大气中的 CO_2，净生态系统 CO_2 交换量（NEE）为负，中午达负极值，极值为 -0.55 mg/（$m^2 \cdot s$），出现在 7 月 21 日 12：30；夜间下垫面释放 CO_2，净生态系统 CO_2 交换量（NEE）为正。进一步分析结果表明，CO_2 交换通量的变化动态范围受空气温度、太阳辐射和植被冠层的影响明显。

李甫等（2014）基于玛多县环境梯度监测系统 2009 年 11 月—2010 年 10 月观测数据，利用组合法计算黄河源区近地面的感热通量和潜热通量，进而分析近地面能量收支状况。结果表明：黄河源区年总辐射能量较高，达 $6.73 \times 10^9 J/m^2$，受积雪影响，反射率可超过 0.5；在寒冷季节地面吸收的 60% 以上短波能量以辐射形式传给大气，而夏季则不到 50%；地面全年吸收能量的 80.5% 以潜热形式支出，向地下深层传递的能量较少，仅占 1.9%；不同月份的地表能量收支项差异较大，特别是寒冷季节。王少影等（2012）利用中国科学院黄河源区气候与环境综合观测研究站 2010 年观测资料，分析了玛曲高寒草甸地表辐射与能量收支的季节特征。结果表明：玛曲高寒草甸入射太阳辐射与净辐射年累积量分别为 6 482.2 MJ/（$m^2 \cdot a$）和 2 577.2 MJ/（$m^2 \cdot a$）；年平均地表反照率为 0.25，生长期平均地表反照率为 0.22；全年入射太阳辐射的 38% 转换为地表长波辐射，明显高于低海拔地区的草地；净辐射占入射太阳辐射的 38%，低于全球以及低海拔地区的草地；在冻结期，感热通量占净辐射的 93%，在生长期，潜热通量占净辐射的 62%。

王澄海等（2010）对祁连山地区 2007 年 1—12 月的能量平衡特征进行模拟分析表明：①在地表能量平衡中，感热通量占绝对的主导地位，而潜热较小。②由于该地属于高寒地区，虽然降水较多，但温度偏低，因此，潜热通量较小，潜热通量对降水过程的响应时间尺度有两个时段：一个为 4~5 d，另一个在 12~14 d。表现出该地区土壤湿度对大气的负反馈效应较干旱区所需的时间尺度长。③该地区春季土壤湿度的增加主要由该地区的融冻过程引起，而秋季的潜热主要来自于夏季降水的贡献。

马耀明等（2006）介绍了基于 NOAA-14 AVHRR 和 Landsat TM 资料推算藏北高原地区区域地表特征参数、植被参数及区域地表热通量的方案，并把其用于 GAME/Tibet（全球能量水循环之亚洲季风青藏高原试验研究）和 CAMP /Tibet（全球协调加强观测计划（CEOP）亚澳季风之青藏高原试验研究）试验区。利用卫星遥感与地面观测相结合的手段不失为一种较为有效的途径，但在这方面又有很长的路要走。

谢琰等（2018）利用 2014 年 6 月 1 日—8 月 31 日中国科学院玛多黄河源气候与环境综合观测站（玛多站）陆面过程观测试验资料，将大气和地表因素之和作为环境因子探讨其对潜热通量的影响，分析了太阳辐射和水汽压差对黄河源区高寒湿地下垫面潜热通量的影响，并对其进行了定量化评估（控制参量）。结果表明：①太阳辐射和水汽压差对潜热通量的相对大气因素控制平均为 0.98 和 0.02，即太阳辐射是影响潜热通量的相对大气因素控制的主要因子，水汽压差的影响可忽略。②太阳辐射和水汽压差对潜热通量的相对地表因素控制平均为 0.12 和 -0.31，前者早晚大，中午小，后者绝对值早晚小，中午大。③太阳辐射对潜热通量的绝对总控制平均为 0.22，相对总控制平均为 1.10。水汽压差的绝对总控制平均为 -0.06 W/（$m^2 \cdot Pa$），相对总控制平均为 -0.29。④太阳辐射主要是通过直接作用（大气因素）影响潜热通量；而水汽压差则主要通过改变湿地地表阻抗的间接作用（地表因素）影响潜热通量。⑤高寒湿地下垫面地—气退耦因子（Q）平均为 0.38，表明高寒湿地与大气间的耦合程度较差，实际情况亦是如此，太阳辐射是影响高寒湿地下垫面潜热通量的主要因子。本研究为气候变化背景下的潜热通量参数化及其蒸散发研究开辟一条新的研究思路。

贾东于等（2017）利用 2013—2014 年 6—8 月黄河源区近地面的观测数据进行 CLM4.5 单点模拟植被变化对近地面水热交换影响和能量平衡的研究。结果表明：① 100% 植被覆盖与控制试验（植被覆盖度为 50%）向上短波的模拟差值为 -6.76 W/m^2，裸地（植被覆盖度为 0%）与控制试验的差值为

7.76 W/m²。②植被覆盖度降低对向上长波辐射的模拟影响较大，其中裸地与控制试验的向上长波辐射模拟差值为 5.34 W/m²，而 100% 植被覆盖与控制试验的向上长波模拟差值仅为 –0.62 W/m²。③叶面积指数减小会使地表反照率增大，但辐射通量整体变化幅度不大。其中向上短波平均增加 1.35 W/m²，潜热平均减小 8.43 W/m²。④叶面积指数增加会使向上长、短波减少，同时潜热通量输送增大，且叶面积指数增加后，向上长波辐射、感热的变化范围略大于叶面积指数减少时。⑤净辐射受到云的影响较大，其变化范围为 200～461 W/m²。6—7 月的土壤热通量在 2013 年不同深度均达到峰值，其中 5 cm 深处土壤热通量在 6—7 月的平均值为 6.25 W/m²，最大值为 30.34 W/m²。

周秉荣等（2013）以青藏高原黄河源头玛多为实验区，基于 TRM-ZS1 气象生态环境监测仪 2009 年 11 月 1 日—2010 年 10 月 31 日辐射及能量通量观测数据，采用波文比能量平衡法，进行了该区域潜热和感热通量的估算，分析了黄河源区高寒草甸下垫面辐射收支，潜热、感热和土壤热通量在不同季节的分配，对该区域冬季地面加热场强度的变化进行了研究。结果表明：该区域总辐射、净辐射较强，总辐射平均日积分值为 18.06 MJ/（m²·d），净辐射平均日积分值 5.95 MJ/（m²·d），曾观测到高达 979.50 W/m² 的净辐射通量。全年地表平均反射率为 0.30，接近于荒漠和半荒漠下垫面的反射率。植物生长季土壤湿度和冬、春季地面积雪是影响该区域地表反射率的 2 个最主要因素。该区域感热通量年积分值为 742.68 MJ/（m²·d），潜热通量年积分值为 1 388.58 MJ/（m²·d），全年中地表以潜热方式传递热量为主。季节尺度上分析，冬季感热潜热强度相当，春季以感热为主，夏秋季则以潜热为主。土壤热通量年积分值为 38.06 MJ/（m²·d），全年热通量在热量平衡中约占 1.8%，但季节分配不平衡，在冬季，有 $|G| > H + LE$，土壤热通量是热平衡最大的分量。该区域地表全年向大气释放热量，地表对大气而言是热源。

作者所在的学科组，针对青藏高原高寒草甸、高寒湿地、金露梅灌丛草甸等多种植被类型也进行了其能量平衡、能量分配的研究与讨论。

二、陆地地表通量特征参数研究

在陆面模式中，地表通量一般是用阻尼公式或者整体输送公式计算得到。在计算之前，首先要确定地表湍流输送特征参数，包括动力粗糙度、热力粗糙度、动力传输阻尼、热传输阻尼、附加阻尼、动力拖曳系数、热量整体输送系数、水汽整体输送系数等。这些参数对模式中地表通量的估算非常关键，因此有非常多的研究者利用地面观测数据或遥感影像确定这些参数。目前通常使用涡动相关数据或者梯度数据确定地表湍流输送特征参数。冯健武等（2012）根据位于半干旱区通榆站退化草地和农田下垫面的涡度相关法观测数据分析了 2 种下垫面地表湍流输送特征参数的季节变化特征以及影响因素。

刘野等（2015）利用位于西北和东北半干旱区的观测站分析了空气动力学粗糙度和热传输附加阻尼的特征，并将修正后的粗糙度和附加阻尼参数化方案带入公式对参数化方案加以改进。王慧等（2010）根据 HEIFE 地面观测数据，利用空气动力学方法计算干旱区内绿洲、沙漠、戈壁以及沙漠＋绿洲下垫面的地表热力输送系数，并与 NDVI 建立参数化关系。这为利用总体输送法估算西北干旱区的地表通量打下了基础。并利用西藏改则、狮泉河的自动气象站数据计算动力拖曳系数和热量整体输送系数。马耀明等（2000）利用 GAME-Tibet 试验的 Amdo 和 NPAM 观测点的涡度相关法数据计算了青藏高原高寒草甸和高寒湿地的地表粗糙度和热传输附加阻尼。Ma 等（2008）利用在 HEIFE、GAME-Tibet 和 CEOP-Tibet 的数据分析了不同下垫面对地表湍流输送特征参数的影响。

Yang 等（2003；2008）根据 Amdo 观测点的涡度相关法数据提出了新的热量传输附加阻尼参数化方案，这一方案优化了陆面模式对青藏高原地表通量的模拟结果。Wang 等（2011）利用青藏高原珠峰站、纳木错站、林芝站的涡度相关法数据分析了青藏高原 3 种下垫面的动力粗糙度、热力粗糙度、热量传输附加阻尼以及输送系数，分析了 3 种下垫面地表湍流输送特征参数的特征。结果显示：不同下垫面的地表湍流输送特征参数具有显著的季节变化特征，其中热力粗糙度、热量传输附加阻尼以及输送系数还具有显著的日变化特征。杨耀先等（2014）利用那曲高寒气候与环境观测研究站的涡度相关法数据计算了藏北地区典型下垫面的地表粗糙度，并利用观测数平湖陆面模式中所使用的热传输附加阻尼两种参数化方案的表现加以评估。Li 等（2015）利用鄂陵湖的涡度相关法观测数据计算了青藏高原湖泊下垫面的地表湍流输送特征参数并分析了其影响因素，评估了 WRF 模式的湖泊模拟模块表现能力。

地面观测结果仅能获得空间尺度较小的地表湍流输送特征参数，遥感影像和反演模型被广泛用来估算区域的地表湍流输送特征参数。其中，地表粗糙度的反演是最为关键的。目前应用较为广泛的地表粗糙度反演模型为 Raupach 模型（Raupach，1994；Raupach et al.，1992）和 Massman 模型（Massman et al.，1999；Massman，1997）。Raupach 模型和 Massman 模型都是利用 *LAI* 反演空气动力学粗糙度，但前者主要应用于具有较高植被的下垫面，而后者在反演低矮稀疏植被下垫面的动力学粗糙度时更具优势。Jasinski 提供了 Raupach 模型在 4 种常见下垫面的参数。利用这些参数，Raupach 模型被广泛应用于估算森林、农田等具备较高植被下垫面的地表粗糙度（Chen et al.，2015；Hu et al.，2014；Tian et al.，2011；Colin et al.，2010；Borak et al.，2005；Nakai et al.，2008）。Massman 模型针对于低矮稀疏植被，很适合青藏高原的下垫面类型。因此广泛用于青藏高原地表粗糙度的反演（Sun et al.，2016）和地表通量的估算中（Ma et al.，2014；Han et al.，2016；Chen et al.，2013；Oku et al.，2007；Ma et al.，2011）。

上述方法是根据平坦下垫面的植被状况估算空气动力学地表湍流输送特征参数。随着空间尺度的增大，研究区域内粗糙度元的种类以及组合方式很可能发生改变。在这种状况下，上述方法可能带来一定的误差。为了解决这个问题，一些研究者做了新的尝试。Lu 等（2009）利用观测点不同方向的印痕对各类粗糙元估算所造成的空气动力学粗糙度，并利用 NDVI 产品提出了新的估算模型。Sun 等（2016）利用那曲高寒气候与环境观测研究站的涡度相关法和大孔径闪烁仪数据对比分析 2 种空间尺度的动力学粗糙度，借助地表粗糙度遥感反演模型 Massman 模型和 MODIS 2 种空间分辨率的叶面积指数 *LAI* 反演得到藏北地区两种空间尺度的空气动力学粗糙度。Zhang 等（2004）使用由合成孔径雷达和热红外影像数据获得地表几何粗糙度估算空气动力学粗糙度的方法。这一方法在具有起伏下垫面的地表估算的应用分析（Ma et al.，2014；Zhou et al.，2005；Zhou et al.，2012；Zhou et al.，2006）表明，这一方法能够产生比较理想的结果。

第二节　地—气界面 CO_2 通量观测研究进展

地—气界面的常通量层中，在湍流运动的过程中无时无刻发生着水汽、CO_2、CH_4 等物质的交换。而大气与下垫面湍流交换时发生的 CO_2 物质通量交换，就是 CO_2 通量，它是下垫面植被 / 土壤呼吸排放与植物在发生光合作用时吸收大气 CO_2 量之间的差值。这个值若是 "–" 值，表明下垫面植被光合作用吸收大气 CO_2 的能力大于植被 / 土壤呼吸排放的能力，下垫面的陆地表面便为碳吸收或说碳汇，"–" 表示了大气的 CO_2 量向下垫面传输。若是 "+" 值，则表明下垫面植被 / 土壤呼吸排放的能力大于植被光合作用吸收大气 CO_2 的能力，陆地表面为碳排放或说碳源，"+" 表示了大气的 CO_2 量向上（向大气中）。也正是由于植被光合作用和植被 / 土壤呼吸作用的能力和强度不同，导致不同地区、不同时间 CO_2 通量不同。特别是土地利用不同的状况下，就是同一地区

CO_2 通量也会产生 "+" "-" 的互换。为此，地表 CO_2 通量在空间和时间上的不同分布受到生态学家的高度关注。

一、地气界面 CO_2 通量研究

自 20 世纪以来，人类活动的影响在规模上已从陆地系统扩展到整个地球系统，如大气中温室气体浓度增加、森林锐减、土地退化、环境污染及生物多样性丧失等，特别是人类活动导致大气中温室气体的排放增加，导致大气中 CO_2 和 CH_4 浓度升高，造成了全球气候变化（Abrams et al.，2016）。全球气候变化是指在全球范围内，气候平均状态统计学意义上的巨大改变或者持续较长一段时间（典型的为 30 年或更长）的气候变动。在 20 世纪 70 年代以前科学界并没有特别注意气候系统的变动，当时的观念认为气候是一种静态的、稳定的独立系统。直到 80 年代，气象科学家认识到了地球气候系统的动态变化，对全球气候变化的研究也成为各国科学家研究的焦点之一（Kardol et al.，2010）。随着全球气候变化的加剧，陆面与大气间的碳循环过程逐渐受到关注和重视，探究不同生态系统的碳循环过程及其环境响应机制成为现今众多学科的研究热点之一（王秋凤等，2015）。全球变化的事实引发了全世界关于碳循环及其相关研究的新浪潮，一系列重大国际科学研究计划也应运而生。例如，国际地圈生物圈计划（IGBP）、世界气候研究计划（WCRP）、国际生物多样性计划（DIVERSITAS）和国际全球环境变化人文因素计划（IHDP），进一步推动了全球碳循环的研究。

工业革命以来，化石燃料的燃烧和土地利用方式的变化等人类活动对全球碳循环产生了显著的影响（IPCC，2013）。全球碳循环是指碳素在地球的各个圈层（大气圈、水圈、生物圈、土壤圈、岩石圈）之间迁移转化和循环周转的过程。在漫长的地球历史进程中，碳循环最初只是在大气圈、水圈和岩石圈中进行，随着生物的出现，地球表面形成生物圈和土壤圈，碳循环便在 5 个圈层中进行，碳素的循环流动就从简单的地球化学循环进入到复杂的生物地球化学循环，而生物圈和土壤圈在碳循环过程中扮演着越来越重要的角色（Lee et al.，2018）。就通量来说，全球碳循环中最重要的是 CO_2 的循环，CH_4 和 CO 的循环是较次要的部分（Schlesinger，2017）。CO_2 作为目前全球最为关注的温室气体，其对全球气温升高的贡献居各种温室气体之首，高达 70%（Schimel et al.，2015）。在自然条件下，碳循环的过程是大气中的 CO_2 气体被陆地和海洋中的植物吸收，然后通过生物或地质过程，又以 CO_2 气体的形式返回大气。当该循环中吸收和释放的 CO_2 气体量相等时，大气中的 CO_2 浓度处于相对稳定的理想状态。然而，人类的活动，一方面导致大量植被遭到破坏，另一方面，工业及农业进程加速了 CO_2 进入大气的过程（Harden et al.，2016）。

大气中 CO_2 浓度升高，其结果是破坏了生态系统的碳平衡状态，从而带来一系列的气候异常现象。温室效应便是人类活动所导致的碳循环失衡酿成的恶果。人类向大气中排入的 CO_2 等吸热性强的温室气体逐年增加，导致大气的温室效应也随之增强。这些温室气体能够吸收地面增暖后放出的长波辐射，从而产生全球大气变暖的效应。根据 IPCC 第五次评估报告，到 2100 年大气中温室气体的增加将使全球平均气温升高 0.3～4.8℃，其中高纬度地区的增幅将更为显著（IPCC，2013）。而作为导致全球变暖的主要因素之一，大气中 CO_2 浓度的升高将在很大程度上影响区域乃至全球未来气候变化的趋势。大量监测和模拟研究表明，由 20 世纪开始的全球温室效应正在继续和扩大，全球表面平均温度在过去一个世纪中已经上升了 0.6℃（Lerdau et al.，2018）。而作为影响地上、地下生物学和生物地球化学过程的关键因子，温度的变化对陆地生态系统水热过程，植被生长和碳循环过程都有着重要的影响，例如，气候反常，土壤沙漠化，生物多样性丧失和海平面上升等。目前全球碳循环研究的重点在于陆地生态系统碳储量、碳源/汇的时空格局、碳循环的自然和人为控制机理以及未来的碳循环趋势预测，其目的是减少全球碳循环通量与收支评价的不确定性、寻找"未知碳汇"、了解碳循环动态的控制与反馈机制以及生态系统对全球变化的适应机制，预测未来全球碳循环的可能动态（Haverd et al.，2014）。因此近年来，气候变暖对陆地生态系统的影响已经成为国内外生态学家研究的热点。

陆地生态系统 CO_2 通量的长期观测研究一直是国际上关注的热点问题。涡度相关法是对大气与森林、草原或农田之间的 CO_2 进行非破坏性测定的一种微气象技术（Tramontana et al.，2016）。近年来涡度相关技术的进步使得长期的定位观测成为可能，已经广泛地应用于不同的陆地生态系统的测定中（Reed et al.，2018）。目前，涡度相关技术已经成为直接测定大气与群落 CO_2 交换通量的主要方法，也是世界上 CO_2 通量测定的标准方法，所观测的数据已经成为检验各种模型估算精度的最权威的资料。该方法已经得到微气象学家和生态学家的广泛认可，成为目前通量观测网络 FIUXNET 的主要技术手段。

国际上碳通量的观测始于 20 世纪 50—60 年代，当时日本、英国和美国的科学家开始利用廓线法在地形平坦的农田上进行 CO_2 通量观测，60 年代后期，开始用于苔原、草地、湿地和森林等生态系统的观测。到了 20 世纪 70 年代初，科研工作者们才开始利用涡度相关技术测定 CO_2 通量。70 年代末—80 年代初，超声风速仪和快速响应的红外气体分析仪的研发取得了重大进展，极大的促进了涡度相关技术的发展。直到 1997 年，FLUXNET 的建立，使生态系统碳循环及其对全球变化响应的研究开始迅速在全世界范围得以开展。为了配合近年来一系列国际合作计划（IGBP、WCRP、IHDP、GCTE 和 LUCC），欧洲和美国率先开展了森林生态系统 CO_2 通量的观测，各观测点都加盟到通量观测网络（Fluxnet），目前欧洲有 41 个观测点，称为 Euroflux，美洲有 69 个点，称为 AmeriFlux，日本的 26 个观测点和其他的 15 个站点称为 AsiaFlux。到目前为止，FLUXNET 已经有 250 多个通量观测站点进行长期的 CO_2 通量的观测研究（Falge et al.，2016；Wu et al.，2017）。

FLUXNET 观测网络涵盖包括热带雨林、北方落叶林、温带森林、草地、农田、极地冻土带等。FLUXNET 从区域网络获得数据和元数据，汇编站点特征、地图和背景信息、提供有价值的分析结果和数据。整个 FLUXNET 都强调高质量和可靠的信息和有价值的成果。目前，FLUXNET 所观测的数据通过整合分析，得出了很多重要的研究成果。如 Valentini 等（2000）的研究发现，北美洲、欧洲和亚洲中、高纬度的森林生态系统是重要的碳汇，而大多数温带草地生态系统已达到碳平衡状态，但是草地生态系统碳收支的年际变化较大，在湿润的年份可能是弱的碳汇，而在干燥的年份则容易转变为碳源。Hunt 等（2004）、Law 等（2002）、Meyers 等（2001）的研究则发现，农田生态系统因受高强度人为活动的干扰，其源汇功能因农田管理方式的不同而不同，有些为较大的碳汇，而有些则为碳源。另外，湿地的土地利用以及退化湿地人工修复也会影响其源汇功能的转换（Bridgham et al.，2006）。Kayranli 等（2010）的研究发现，湿地水分的排干会导致湿地由 CO_2 吸收汇向排放源转变，而自然湿地转换为人工水稻田能固定大气中 CO_2。CO_2 浓度升高对森林生态系统产生了"施肥效应"，促进了森林生态系统固碳（Talhelm et al.，2014）。Granier 等（2007）对德国常绿针叶林长达十年的观测资料进行分析，发现该森林年固碳量为 395～698 g C/（m^2·a），Noormets 等（2007）分析了美国 Wisconsin 北部的阔叶林和红松林的碳通量特征，结果表明阔叶林和红松林的年总固碳量分别为 655 g C/（m^2·a）和 648 g C/（m^2·a）。

此外，许多研究还探讨了环境因子和生物因子对生态系统碳通量的影响及控制机理。影响 CO_2 气体源/汇功能空间变化的环境因素较为复杂，水文情况、气候条件、土壤特性以及植物类型等因素都影响当地 CO_2 的排放与吸收。Lloyd 等（1994）的研究发现，温度是控制年尺度生态系统呼吸的主要环境因素；Janssens 等（2003）的研究则发现，土壤呼吸对温度的敏感性有着显著的季节变化，在冬季的敏感性高于夏季；West 等（2002）认为，日尺度的生态系统光合作用受光照、温度和水分等多种因素的综合影响。热带和温带森林湿地的研究发现，不同区域降水和气温直接导致土壤 CO_2 排放通量的差异，且温带森林土壤释放的 CO_2 通量受季节影响较大，而热带 CO_2 通量受季节影响较小，但受降水的影响较大（Sasai et al.，2011）。有研究发现，地球纬度和湿地 CO_2 汇的能力有显著负相关关系，澳大利亚低纬度地区的热带河漫滩湿地 CO_2 汇的能力是北极高纬度地区格陵兰岛泥炭沼泽的 50 倍（Beringer et al., 2013）。美国明尼苏达泥炭地的研究发现生态系统呼吸和 10 cm 土温呈显著的指数相关性；此外土壤酸碱度也直接影响生态系统净呼吸，随土壤 pH 升高，湿地对大气 CO_2 吸收能力越强（Them et al., 2017）。此外，紫外辐射强度变化、氮素添加和臭氧浓度变化等也影响湿地 CO_2 吸收与排放。长时间短波紫外辐射，会微弱增强土壤 CO_2 吸收能力，这与微生物的活性有关，长期的短波紫外辐射显著降低土壤微生物的活动频率，降低微生物呼吸排放 CO_2 的能力，但不会影响到整个湿地生态系统 CO_2 源 / 汇平衡（Haapala et al., 2009；Bowling et al., 2010）。分析不同季节 NEE 与不同深度土壤含水率的关系，发现影响春季 NEE 变化的主控因子为较深层的土壤含水率（Haapala et al., 2009；Bowling et al., 2010）。对于灌丛生态系统，水分一直被认为是制约植被生长的关键因子，从而影响着陆气间水碳通量的传输过程。Kurc 等（2007）和 Petrie 等（2015）分别对位于美国新墨西哥半干旱区的灌丛生态系统进行研究，发现水分条件是影响该生态系统水碳通量的关键因子，在日尺度上，NEE 对于土壤水分的变化最敏感。Reverter 等（2011）对地中海地区的灌丛生态系统的通量观测数据进行分析，发现影响该生态系统碳通量的主控因子是水分和辐射。

诸多学者对人类活动造成的 CO_2 排放量进行了统计，但结果差异较大。据 Houghton（1999）的统计结果表明，通过化石燃料燃烧和土地利用方式的改变每年向大气中排放的 CO_2 量约为 7.0 Pg C/y，其中保留在大气中的 CO_2 量为 3.4 Pg C，被海洋吸收 2 Pg C，剩余 1.6 Pg C 的"未知碳汇"不知去向。Frankignoulle 等（2001）研究表明，海洋对"未知碳汇"的贡献十分有限，然而，IPCC（1995）报告指出由于 CO_2 升高产生的施肥效应使陆地生态系统吸收大气中 CO_2 达到 1 Pg C，因此可认为这部分"未知碳汇"被陆地植被所吸收。虽然很多学者先后对陆地生态系统的碳收支进行了估算，但对碳汇的具体位置及强度仍有争议（Thomazini et al., 2015）。对陆地生态系统碳收支的观测资料相对稀少、模型的不完善以及使用不同的资料和模型进行估算是造成这些争议的主要原因。为了确认和预测各种陆地生态系统 CO_2 汇 / 源关系及其对气候变化的响应和反馈作用，世界范围内的科学家们从不同侧面做了大量的研究工作。可是目前对陆地生态系统碳蓄积、碳循环的许多物理、化学和生理生态学过程的理解还十分有限，很多过程的机理尚不清楚；在陆地生态系统碳库容量和土壤、植被、大气圈层间的碳交换通量的评价等方面，还存在着诸多不确定性（Blecha et al., 2014）。

随着世界碳通量研究的深入以及全球变化的加剧，高海拔、高纬度地区作为陆地生态系统的重要组成部分，对全球气候变化的响应最为敏感，对全球气候变化起着"生态指示器"的作用（Ando, 2006），目前已成为全世界生态学家研究的热点。随纬度升高，植被类型和环境因素都发生显著的变化。一般来讲，高纬度地区（如北极，亚北极）植被多为苔藓，其光合能力弱于低纬度热带森林植被；同时纬度越高，光照时间相应减少，气温、土温、pH 以及降水条件的变化也在某种程度上抑制土壤对大气 CO_2 的吸收（Beringer et al., 2013）。Bridgham 等（2006）研究了全球气候变化对加拿大地区泥炭地碳循环的影响，结果发现大气中 CO_2 浓度提高 1 倍，加拿大地区气温将升高 $2 \sim 6 \, ℃$，从而使大面积的泥炭地暴露出来，平均降雨量将提高 $0 \sim 15\%$，大量的碳将从土壤中释放出来。在北极苔原带的研究发现，土壤呼吸随潜水位的下降而增加，北极苔原被认为是温室气体的一个重要排放源，北极在永久冻土层中贮存了大量的碳，占全球碳贮存的 14%（Tarnocai et al., 2009）。随气候变暖，这些碳会逐渐以 CO_2 和 CH_4 的形式向外排放（Schuur et al., 2008）。全球变暖引发土壤温度升高，促进了土壤微生物的活性同时加速了土壤有机物的分解，南极土壤 CO_2 排放量随即增加（Pires et al., 2017）。据报道，南极陆地生态系统贮存了相当大数量的有机碳，具体数量尚不可估计（Thomazini et al., 2016）。在极地地区，全球气候变暖的作用不仅会被放大，同时还会造成永久冻土的大面积消融（Carvalho et al., 2013），进一步导致大量的碳从土壤中释放出来（Bockheim et al., 2013）。

我国对生态系统碳通量的研究始于对区域或全球的温室气体监测，在典型陆地生态系统的生产力、生物量、养分循环和温室气体排放等方面进行了大量卓有成效的观测和研究。但最初，这些研究大都集中在森林生态系统，从 20 世纪 70 年代以来，全国先后建立起一批森林生态系统的长期定位站，研究人员对我国主要的森林生态系统类型进行了碳储量及分配特征、凋落物分解速率、自然倒木和森林采伐等方面的研究。直到 90 年代，全球变化对陆地生态系统植被和功能的影响得到了许多研究人员的关注，但这些工作仍然主要集中在森林生态系统碳循环关键环节方面。例如，Fang 等（2001）利用生物量估算法指出中国森林生态系统 1949—1980 年为碳源，20 世纪 70 年代末以后为碳汇。王淼等（2004）等使用静态箱—气象色谱法建立了长白山阔叶红松林土壤呼吸的温度响应方程，而由该方程推算出土壤呼吸年总量与当年涡度相关的测定值非常接近。刘允芬等（2006）利用涡度相关技术对千烟洲中亚热带人工林生态系统通量进行了长期观测，结果表明，千烟洲人工林生态系统具有较强碳吸收能力。而沙丽清等（2004）用静态箱—气象色谱对西双版纳热带雨林的土壤呼吸进行了研究，结果发现西双版纳热带季节雨林的土壤呼吸的 Q_{10} 为 2.03～2.36，与文献报道的热带 Q_{10} 很接近。李轩然等（2014）针对长白山温带针阔混交林、鼎湖山亚热带常绿阔叶林和千烟洲亚热带人工针叶林 3 个森林生态系统的碳通量对温度的敏感性进行研究，结果表明，不同的森林生态系统的光合生产和呼吸过程对温度的敏感性不同，温带森林对温度的敏感性高于亚热带森林，人工针叶林对温度的敏感性高于常绿阔叶林。

我国农田碳通量观测研究已广泛开展，东北三江平原在一年中多次进行源汇转换，在作物生长旺季，三江平原是强的碳汇，而在作物非生长季则是弱的碳源（郝庆菊等，2007）。王雯（2013）对我国黄土高原旱作农田生态系统的碳通量观测数据进行分析，发现该生态系统总初级生产力和生态系统呼吸量的年总量均较大，因此导致 NEE 的年总量较小。雷慧闽（2011）分析了位于我国华北平原的农田生态系统的碳通量，发现该生态系统 NEE 的年总量变化为 –585～533 g C/（m²·a）。王明星等（1998）计算出我国稻田 CH_4 排放总量为 9～13 Tg/a，由此推算全球 CH_4 排放总量为 35～50 Tg/a。同时，我国科学家对在影响农田碳蓄积的管理因素、环境因子和 NEE 估算方面也做了大量的工作（刘春岩，2004）。宋文质等（1996）研究发现，我国 CO_2 排放总量估计为 3 300 Tg C，其中农田排放占8%。就目前来说，农田土壤排放 CO_2 通量的直接测定研究比较少，缺乏长期连续的观测数据。另外，国内一些研究还对沼泽湿地土壤有机碳、土地利用变化对土壤有机碳的影响以及含碳温室气体的排放规律进行了探讨（宋长春等，2004），而对于淡水湖泊、潮间带、河口地区等其他湿地类型的碳通量研究则较为罕见。

我国在对不同类型生态系统碳通量观测的研究上，与欧美国家相比，不仅起步较晚，而且观测站点的布设相对偏少（于贵瑞等，2006）。而要精确描述中国陆地生态系统碳循环过程，则必须增加我国针对不同生态系统的通量观测站点，增强通量观测结果的空间代表性（于贵瑞等，2006）。同时，不断积累长期观测数据和空间化的区域环境数据，只有基于可靠和充足的数据资源，才有可能相对准确的了解区域碳循环过程，为区域制定政策提供科学指导（于贵瑞等，2011）。草地生态系统是我国最主要的植被类型之一，我国共有不同类型的草地面积约 $4×10^8$ hm²，其面积约为耕地面积的 4 倍，森林面积的 3.6 倍（温明章，1996），约占我国土地总面积的 40% 以上。我国草地主要集中分布于西部和北部地区，其中北方温带草原 3.13 亿 hm²，占全部草地面积的 78% 左右，是我国草原的主体。此外，南方热带和亚热带草山草坡和沿海滩涂盐渍化草地分别约为 0.67 亿 hm² 和 0.2 亿 hm²（中国生态学学会，2002）。我国对于草地温室气体通量的研究较国际上的相关研究要稍晚些，同时也较国内对于森林生态系统的相关研究也要迟，将草地生态系统与温室气体源汇联系起来进行研究还是近二十年左右的事情。近年来，随着国际社会以及我们国家对温室气体的日益关注，一些和温室气体排放相关的研究陆续的展开，大量的相关科研工作者就我国主要草地类型的温室气体源汇效应进行了原位观测。其中，对温室气体中的 CO_2 给予了更多的关注。

相关学者陆续对我国主要草地生态类型的 CO_2 通量的日变化和季节动态进行了观测。1998—1999年，杜睿等（1998）在内蒙古天然羊草草原利用透明静态箱法研究了 CO_2 日变化规律，并给出了羊草草原在不同生长发育期日排放总量。研究得出天然羊草草原在抽穗前期、开花期、结实期以及果后营养期 CO_2 日排放总量分别为 1.2 g/（$m^2 \cdot d$）、4.0 g/（$m^2 \cdot d$）、6.2 g/（$m^2 \cdot d$）、4.8 g/（$m^2 \cdot d$）。日变化规律表现为 CO_2 排放高峰值在夜晚出现，白天则表现为负通量。而崔晓勇等（2000）在1997年利用了类似的方法对内蒙古锡林河流域大针茅群落 CO_2 日变化规律研究发现，土壤 CO_2 排放高峰出现在 13:00～17:00，最低值出现在夜间 2:00～4:00，表现为昼高夜低的特点，这与董云社等（2000）对内蒙古羊草草原的研究结果十分吻合（董云社等，2000），同时上述研究还进一步指出了 CO_2 通量日变化动态与气温和土壤温度日变化的正相关关系。内蒙古温带草原土壤 CO_2 净排放通量平均值高达 1 180.4 mg CO_2/（$m^2 \cdot h$），是极强的 CO_2 源。王雷等（2010）发现内蒙古羊草和大针茅生态系统在研究年内均表现为碳源，CO_2 释放量分别为 354 g C/（$m^2 \cdot y$）和 157 g C/（$m^2 \cdot y$）。降水是影响草地生态系统碳循环的主要因子，云、气溶胶、有效降水和土壤湿度等环境因素对草地生态系统碳吸收的影响也不可忽视。戴尔阜等（2016）对我国内蒙古草地生态系统的碳通量与环境因子的相关性进行分析，发现草地生态系统的碳通量与降雨呈显著正相关关系，与温度的相关性则不显著。薛红喜等（2009）分析内蒙古草地生态系统的碳通量与环境因子的相关性，结果表明，该草地生态系统碳通量主要受温度控制。

然而，国内外对其碳循环方面的研究却大都集中在低海拔地区的温带和热带草原。对于分布在我国高海拔地区，尤其是青藏高原的高寒草地生态系统碳循环方面的研究目前还很少（Peng et al.，2014）。青藏高原作为非常独特的地理单元，是世界上海拔最高、面积最大、形成最晚的高原，也是我国天然草地分布面积最大的一个区域。受高海拔环境条件的影响，青藏高原气候变化无明显的四季之分，呈现显著的冷、暖两季差异。非生长季寒冷漫长，而生长季相对气温较高、降水充足，水热同期的典型特征非常有利于牧草营养物质合成和累积。高寒草地在青藏高原独特的自然环境条件影响下得到了充分的发育，其面积约为 250 万 km^2，平均海拔在 3 000 m 以上（Li et al.，2015）。青藏高原草地生态系统对青藏高原区域生态系统碳动态平衡起着极为重要的作用，也对区域甚至全球水平的植被和大气界面间的 CO_2 交换有显著贡献。青藏高原地处"世界屋脊"，被认为是全球气候变化的敏感区。青藏高原陆地生态系统脆弱的生态环境与频繁的人类活动使之较其他陆地生态系统对全球气候与环境变化的响应更为迅速，其生态系统对这些干扰和变化的响应更具有超前性（Li et al.，2016）。因此，对青藏高原高寒草地生态系统碳循环主要过程及其对全球变化的响应机制的研究，对于认识我国草地生态系统乃至整个陆地生态系统碳循环过程都有着重要的意义。

青藏高原独特的气候变化特征是决定其生态系统源、汇功能及年际变化特征的主要因素之一。因此，了解全球气候背景下不同生态系统类型的碳源、汇效应、功能强度及 CO_2 通量时空变异性等就成为青藏高原生态系统碳通量研究的主要内容。目前，已有专家学者分别选择在青藏高原不同生态系统类型区内相继开展了许多长期的碳通量定位观测研究工作，得出了许多有意义的结论。如张宪洲等（2004）在西藏班戈高寒草原进行的碳通量观测研究发现，该地区高寒草原生态系统排放最高点出现在当地时间的 14:00 左右，最低点出现在当地时间的凌晨 5:00 左右，同时净生产量的观测结果，表明青藏高寒草原生态系统是碳汇；徐世晓等（2005）、Li 等（2006）、Zhao 等（2006）采用涡度相关法对海北高寒灌丛 CO_2 通量进行了观测研究，并对其全年的通量进行了核算，结果表明，无放牧条件下青藏高原高寒灌丛是显著的汇。青藏高原高寒草地生态系统碳循环具有低强度高循环的特点，不同植被类型表现为不同的碳源/汇特征和差异。王俊峰等（2007）采用静态箱—红外色谱法对风火山地区沼泽草甸和高寒草甸 2 类生态系统 CO_2 排放通量研究表明，2 类生态系统之间及同一生态系统不同退化程度间 CO_2 排放通量存在较大差异。赵亮等（2005）对青藏高原 3 种不同类型的高寒草地生态系统 CO_2 交换量进行的观测发现，CO_2 交换量因植被类型的不同而不同，其中，矮嵩草草甸和金露梅灌丛

草甸存在较强的 CO_2 吸收潜力，而藏嵩草沼泽草甸存在较强的 CO_2 排放潜力。张法伟等（2012）利用青海湖东北岸草甸草原的涡度相关系统观测的连续数据分析了草甸草原 CO_2 通量，发现该草甸草原作为碳汇从大气吸收 271.31 g CO_2/m^2，CO_2 日最大吸收值和释放值分别出现在 7 月 1 日（11.37 g CO_2/m^2）和 10 月 21 日（4.04 g CO_2/m^2）。李红琴等（2016）分析了青藏高原东北部高寒灌丛 2003—2012 年连续 10 年的通量数据，发现高寒灌丛是显著的碳汇，年均 NEE 为 -74.4 g C/m^2，年均 GPP 和 Res 分别为 511.8 g C/m^2、437.4 g C/m^2。

生态系统 CO_2 通量因植被和环境因子的不同而变化，具有明显的植被差异性、季节变化特征和年际差异。了解青藏高原生态系统碳通量变化特征，并对形成这些变化特征的机制进行深入分析，可以为揭示 NEE 的生物和环境控制机制、评价模型的开发等提供重要参考。青藏高原独特的地理和环境因素的组合使得陆地表面生态系统 CO_2 净交换特征及其与影响因子间的关系与众不同，被称为研究特殊条件下生态系统碳通量交换特征最理想的天然实验场。因此，在对青藏高原生态系统 CO_2 净交换的季节变化规律进行监测的同时，分析周围主要生物及环境因子对生态系统碳循环过程的影响效应，可加深对生态系统碳循环过程机理的了解。在青藏高原地区，生态系统的碳源、汇功能的表现很大程度上还受到光合有效辐射、温度、温度日较差、年降水量大小、强度和季节分配的影响。例如，石培礼等（2006）对草原化嵩草草甸生态系统的研究中，2004 年和 2005 年生态系统 CO_2 净交换（NEE）总量为 -34.9 g CO_2/m^2 和 54.4 g CO_2/m^2，分别表现为弱小的碳汇和碳源。这主要是由于研究区 2005 年生长季初期的降水量少且发生延迟所造成的，当年生长季内碳吸收量明显低于 2004 年，吸收高峰期也因此发生延迟，生长季初期和末期的脉冲性降水可能会促进生态系统的碳排放，消耗生态系统的碳吸收，同时成为生态系统碳收支的决定因素。石培礼等（2006）对青藏高原嵩草草甸生态系统研究后指出，白天 NEE 主要受 PAR 及 LAI 交互作用的影响，而温度和土壤含水量则控制生态系统呼吸。生长季大的昼夜温差不利于生态系统碳的获取，在干冷年份则可能会降低生态系统呼吸，从而利于 NEE 的积累而形成碳汇（Schaefer et al.，2012）。古松等（2003）的观测结果已经初步证实，较大的昼夜温差有利于高寒草甸的碳积累。另有学者认为，植物生长季和非生长季 NEE 的日变化分别受控于 PAR 和温度（Ganjurjav et al.，2015）。青海湖东北岸草甸草原 CO_2 交换量在植物生长季的 5—9 月的日变化主要受控于光合光量子通量密度（PPFD）；而非生长季和生长季初、末期 NEE 的日变化主要受气温（Ta）的影响（张法伟等，2012）。对青藏高原东北部高寒灌丛碳通量的研究，发现叶面积指数对碳通量变化有重要影响，而非生长季的土壤温度和生长季的时长对年际 GPP 和 NEE 有重要影响，而生长季的土壤水分则对年际 Res 影响较大（Li et al.，2016）。

青藏高原高寒草地生态系统因较高的太阳辐射和较低的气温常被认为是"碳汇"，但草地生态系统的源 / 汇动态存在较大的变异（Ingrisch et al.，2015）。高光合有效辐射是促进高海拔植物光合作用的能量基础，较大的温度日较差有利于光合产物的积累，较低的温度（特别是夜间和冬季）又可以抑制植物和土壤呼吸，减少碳损失，通常被认为有利于生态系统碳固定（Yvon-Durocher et al.，2010）。一些研究揭示，青藏高原的高寒草甸具有"碳汇"功能（Gu et al.，2003）。但也有研究发现，高原上的草原化草甸随水热等环境因子的季节分配和年际变异而发生"汇—源"或者"源—汇"的转变（Chai et al.，2019）。这说明，虽然高寒草地具有利于碳固定的环境条件，但其碳源 / 汇动态仍因生物环境因子的变化存在较大的变异，这会给未来气候变化影响下高寒草地的碳通量动态预测带来更多的不确定性。

二、土壤呼吸通量观测研究

21 世纪人类正面临着全球环境及可持续发展的巨大挑战。全球性温室效应、气候变暖等生态问题严重威胁着人类生存和社会经济的发展，已成为全世界共同关注的焦点之一，CO_2 作为主要的温室气体而倍受关注（Rodhe，1990）。据 IPCC（1990）公布的数据，大气中 CO_2 浓度现正呈上升趋势。预计到 21 世纪中叶，大气 CO_2 含量将增加 1 倍。目前全球碳循环研究工作主要是估算各碳库的储量及碳库间的交换通量。土壤碳库量为 1 300～2 000 Pg C，约占碳总量的 67%（Jenkison et al.，1991），是仅次于海洋的全球第 2 大有机碳库，土壤碳库是陆地植被碳库的 2～3 倍和大气碳库的 2 倍多（Bolin and Degens，2001）。土壤呼吸是土壤碳输出的主要途径，每年因土壤呼吸排放约 50～75 Pg C，约占全球总排放量的 5%～25%（Raich et al.，1995），超过全球陆地生态系统净初级生产力，也超过由化石燃料等燃烧向大气中排放的 CO_2 量，其微小变化都可能导致大气 CO_2 浓度较大改变（刘绍辉等，1997），进而影响气候变化。因此土壤呼吸作用作为全球气候变化的关键生态过程，已成为全球碳循环研究的核心问题，国内外对其进行了广泛研究（刘绍辉等，1997；Schlesinger et al.，2000；Singh et al.，1997）。

土壤呼吸是土壤生态系统营养循环与能量转化的外在表现，不仅是碳循环的重要组成部分，也是土壤有机质矿化速率和异养代谢活性的指示（Ewel et al.，1987）。土壤呼吸作用，严格意义上讲是指未受扰动的土壤中由于土壤有机体、根和菌根的呼吸排放 CO_2 的所有代谢作用（Singh et al.，1997），包括根系的自养呼吸、根际和土壤微生物的异养呼吸，土壤动物的异养呼吸这 3 个活性过程以及含碳矿物质的化学氧化与分解释放作用这一非生物学过程。其中土壤动物呼吸和土壤中的非生物学过程产生的 CO_2 量只占很小比例，在实际测量或估算中常常被忽略（齐志勇等，2003），通常所说的土壤呼吸主要指根呼吸和微生物呼吸。

从全球范围来看，有关全球陆地生态系统土壤呼吸的研究已涉及农田、草原、森林、湿地、冻原等生态系统（Aslam et al.，2000；Raich et al.，1992），且多集中于北美的温带草原（Frank et al.，2002）以及部分印度（Pati et al.，1983）和澳大利亚的热带草原（Holt et al.，1990）等区域，并取得了一定的研究成果，对于欧亚大陆温带干旱、半干旱草地涉及较少。并且草地是受人类活动影响最为严重的生态系统之一，研究草地生态系统的碳循环与其影响因素对于深入理解全球碳循环具有极其重要的意义。笔者就草地生态系统土壤呼吸及其影响因素的研究进展作一论述，并提出有待于进一步解决的问题。

有研究认为，大气 CO_2 浓度升高，一方面使得 NPP 和根系生物量增加（Owemsby et al.，1994），从而导致根系呼吸量提高，加速了细根的衰老，促进了呼吸碳损失（Fitter et al.，1996）；另一方面大气 CO_2 浓度升高加速了根际沉积的过程，为根际微生物提供了更丰富的活性碳源（Cardon，1996），促进了根际微生物数量和活性的提高（Runion et al.，1994），在非根际，微生物的生物量和活性及呼吸碳损失都增加了（Zak et al.，1993），同时土壤动物呼吸也随 CO_2 浓度的升高增加（Santruckova et al.，1997）。这两方面导致土壤呼吸速率提高。还有一些研究结果与上述研究结果正好相反（Korner et al.，1997；Forlking et al.，1996），他们认为，大气中 CO_2 浓度的升高可以促进植物尤其是 C_3 植物的光合作用，同时由于其他变量如养分、温度等成为限制因子，呼吸作用下降，因此导致植物的净积累增加，并力图据此解释有关失踪的碳汇问题。因此必须针对不同生态系统具体分析才能得出正确结论。

国外对土壤呼吸重视较早，可追溯到 19 世纪初（Saussure，1804；王娟等，2002），但主要针对耕作土壤，并主要集中于欧洲和北美（Zak et al.，1993）。土壤呼吸大规模的研究始于 20 世纪 70 年代，大部分集中在中纬度的草原和森林，农田的工作也占相当大的比例，特别是 20 世纪 90 年代以来，随着人们对土壤呼吸作为大气 CO_2 重要的源，愈来愈受到关注。目前对土壤呼吸研究较多的是影响土壤呼吸的自然因素（温度、湿度、土壤肥力条件、植被类型等）（Zak et al.，1993）、经营措施（采伐、灌溉、放牧等）（Sohlenius et al.，1989；Conanta et al.，2004）、大气 CO_2 浓度升高、氮沉降等。对不同林地、草地等根呼吸对土壤呼吸的贡献的研究结果。土壤的异养呼吸构成了生态系统有机碳的净输出量。研究表明各气候带土壤异氧呼吸占土壤呼吸的比例相差较大，在热带和温带生态系统中比例较高（30%～83%），在寒温带则较低（7%～50%），这与不同地带土壤微生物活动不同有关。

国内土壤呼吸研究开展较晚，早期有对农田排放 CO_2 的测定，近年来的工作主要集中在草原森林生态系统，大多集中在土壤呼吸速率与环境因子的关系，全年土壤呼吸量的估算，土地利用对土壤呼吸的影响以及土壤呼吸对全球变化的响应等方面。对草原生态系统的研究多集中在东北羊草草原和内蒙古温带草原（王艳芬等，2000；崔骁勇等，2000；白永飞等，1994）以及青藏高原高寒草甸（张金霞等，2001；曹广民等，2001）等。对森林土壤呼吸多集中在北京山地温带森林（刘绍辉等，1998；蒋高明等，1997）、温带典型森林（王淼等，2003）、暖温带落叶阔叶林（蒋丽芬等，2004）、亚热带森林（刘建军等，2003）、热带山地雨林（骆士寿等，2001；杨玉盛等，2004）以及西南高山针叶林（罗辑等，2000）。随观测技术水平提高，以及科研力度的加剧，关于植被 / 土壤系统、土壤呼吸排放的监测工作有了长足的发展，特别是在青藏高原的不同地区进行着很多的观测研究，青藏高原土壤碳排放研究主要集中在青海地区（风火山、海北、三江源等）、川西若尔盖地区、西藏的纳木错、当雄、那曲等地。但是，在空间上来看，各地监测的结果差异很大。大多研究发现，青藏高原土壤碳排放存在着明显的日变化，这主要是因为当在夜晚或者在较低的土壤温度时，土壤呼吸速率减小且部分呼吸产物会直接蓄积在土壤内，随着温度的升高，土壤呼吸速率增大，蓄积在土壤中的气体逐渐释放，造成在白天的排放高峰。同时青藏高原土壤碳排放具有明显的季节差异，一般在暖季的 7—8 月高，冷季低。植被生长季节排放速率较高主要是因为该时期内气温较高，同时土壤未被冻结，土壤水分较为充足，同时土壤群系生物活动活跃，土壤有机碳分解迅速（Jin et al.，1999；Chen et al.，2009；岳广阳等，2010）。但也发现，虽然非生长季节温度较低，土壤一般处于冻结状态，土壤所产生的 CO_2 可能被固定在冻土层中，但这并不代表非生长季节土壤碳排放能够被忽视（刘敏等，2015）。目前气候变暖已导致青藏高原非生长季节增温明显（Wang et al.，2013；Xu et al.，2008；Lu et al.，2010）。非生长季节青藏高原土壤的碳排放量已开始逐渐增加，土壤内所大量蓄积的 CO_2 气体将逐渐逸散到大气中（Han et al.，2014；Chang et al.，2013；Li et al.，2014）。一般而言，青藏高原生长季节的土壤呼吸速率是非生长季节土壤呼吸速率的 2.73～2.68 倍（田玉强等，2009），而对高寒湿地草甸的研究表明，非生长季节所排放的 CO_2 占据全年排放的 27%（Zhao et al.，2010），这也与美国卡罗拉多州的亚高山草甸研究所得结果相近（Liptzin et al.，2009）。年际差异同样存在于青藏高原土壤碳排放中（Zhao et al.，2006）。

关于陆地生态系统地表水、热、碳通量的观测研究在全球范围的不同地区、不同生态系统有着大量而久远的研究，并显示出有丰富的研究成果。对于青藏高原的水、热、通量自 20 世纪 50 年代以来从未中断过，虽然微气象—涡度相关法观测系统在青藏高原的不同地区起步较晚，是近十几年才有所开展，但在该方面对地表水、热、碳通量的观测研究工作取得了突飞猛进，硕果累累。其研究成果在国内外学术期刊和著作有海量的报道，本章仅是笔者在有限的视角内所能接触过文献查询而得到的一部分研究进展，更多的研究成果并未表现，需要花大量的时间和精力查阅和消化。

第五章　高寒草地生态系统地—气 CO_2 通量观测研究 [①]

　　草地是世界最广布的植被类型之一。我国天然草地占陆地总面积的 41%，其中高寒草地是我国分布面积最大的天然草地之一，碳储量占全国草地生态系统碳储量的 40%，其中 95% 的碳贮存在土壤中，约占全国土壤碳储量的 49%，是我国陆地生态系统中非常重要碳贮存单元。草地在支撑畜牧业可持续发展的同时，也在通过不同的生态过程固定和释放碳，发挥着调节气候等生态服务功能。在全球气候变化不确定性提高和人类活动日益加剧的背景下，草地生态系统碳收支功能的响应和适应机制，巨大的土壤碳储量未来变化，成为全球科学家关注的热点和前沿。

　　被称为地球第三极的青藏高原，是中国天然草地分布面积最大的一个区域，由于其地理特殊性而成为全球气候变化的启动区、敏感区和脆弱区，也是我国生态系统安全屏障区。青藏高原高寒草地生态系统以其巨大碳库而在全国、甚至在全球陆地生态系统碳平衡中起着极为重要的作用。因此，对青藏高原典型高寒草地 CO_2 通量动态变化及其碳收支状况开展长期监测，揭示其碳源/汇时空变化特征及其形成机制，不仅将促进全球变化生态学，特别是高寒全球变化生物学发展，同时，对于全面评估草地生态功能，使其不仅更好地发挥支撑畜牧业社会经济发展的作用，同时也发挥其碳汇功能，调节气候，减缓全球气候变化，科学管理生态系统，具有重要科学和现实意义。

　　截至 2017 年，在青海高寒草地不同植被类型区架设了近 20 多套微气象—涡度相关法水热碳通量观测系统，试图揭示青海草地碳源汇过程及其形成机制，同时也为生态系统过程模型参数化及验证，以及整个区域草地碳汇强度估算等，提供基础观测数据，具有非常重要的价值和意义。然而，青海地区间海拔高度差异较大，温度变化幅度较大，特别是低温、低气压环境及供电不稳、交通不便等因素，导致水热碳通量观测有效数据量较少，甚至出现虽然进行了较长时间的观测，但难以估算出较为合理的草地碳通量。在这种情况下，本章拟遴选部分观测较好不同草地类型代表性站点，统一系统地整编数据，一方面提升观测数据的有用性，另一方面分析主要草地类型区地气界面碳通量的日、年变化特征及其影响因素，以期为准确评估青海高寒草地碳汇功能提供基础数据支撑和理论依据。这里选择的站点是祁连山海北高寒矮嵩草、海北藏嵩草 + 帕米尔苔草泥炭湿地、海北金露梅灌丛、刚察瓦颜山沼泽化草甸、海晏西北针茅 + 矮嵩草草甸化草原、三江源玉树隆宝藏嵩草沼泽化草甸、三江源果洛垂穗披碱草人工草地等，其微气象—涡度相关法水、热、碳通量观测系统的各站点基本情况见表3-69。本章分为十节，第一节至第六节和第八节分别介绍了 7 个台站概况及观测的生态系统碳交换量在短期观测的基础上，分析了不同时间尺度上的变化特征及其影响因素，第七节对比了祁连山地区不同高寒草地群落的碳交换过程与机制，第九节对比分析了天然草地生态系统碳交换量及其环境控制机制，第十节专门对人工草地的碳交换过程进行了分析。限于篇幅，本书未进行水、热、碳通量的年际尺度变化过程及其影响机制，该方面的研究工作我们计划将后续出版介绍。

　　[①] 本章主要执笔者：张法伟，李英年，赵亮，徐世晓，王军邦，祝景彬，贺福全，张乐乐，肖宏斌

第一节　祁连山海北高寒矮嵩草草甸

一、研究区概况及数据监测

矮嵩草草甸实验地选择在青海海北高寒草地生态系统国家野外观测研究站（简称海北站）西南 1 km 的冬春放牧草场（37°36.4′N、101°18′E、海拔高度为 3 218 m）。观测项目包括了能量平衡及微气象因素外，针对水热碳通量的观测主要为 CO_2 和 H_2O 红外快速气体分析仪（Li-7 500，Li-Cor，USA）、三维超声风速仪（CSAT3，CSI，USA）。实验区草地曾于 20 世纪 60 年代初被开垦，而后因不宜农作物生长而撂荒，随时间进程逐渐恢复为矮嵩草草甸。本节以 2001—2003 年的观测数据分析高寒矮嵩草草甸生态系统 CO_2 净交换量（NEE）的时间变化特征。

矮嵩草草甸植物群落外貌整齐、均匀，植被总盖度约为 93%，由 50 余个植物种类组成，隶属 19 科 40 属（李英年等，2003；2004）。因该类草甸区受 20 世纪 60 年代的垦殖影响，土质较原生真草甸植被类型松软，杂草类植物种子易扎根生长，故植物群落的种类组成上杂草类比例比原生矮嵩草草甸（如比海北站综合实验地的矮嵩草草甸）多。矮嵩草草甸冠层高度为 10～20 cm，除以矮嵩草为建群种外，从重要值分析结果来看，该群落的主要优势种有异针茅、垂穗披碱草、柔软紫菀等，次优势种有麻花艽、甘肃棘豆、紫羊茅、山地早熟禾，伴生种有瑞苓草、青海风毛菊、线叶嵩草、矮火绒草、尖叶龙胆、花苜蓿、圆萼摩苓草等。

二、高寒矮嵩草草甸 NEE 的逐时特征

在 5 月和 10 月，高寒植物处于营养生长阶段的初期和末期，白天植被在生长过程仍可发生光合现象，但强度较低，具有一定的吸收大气 CO_2 能力。但该时期植物根系的现存量最大（李英年等，2004），土壤系统呼吸较为强烈，夜间呼吸速率相对非生长季明显增强，而白天生态系统呼吸速率会出现略小于甚至大于植被吸收 CO_2 强度，致使 NEE 日变化较为复杂（图 5-1）。尤其在中午前后，土壤呼吸释放量可掩盖植被的光合吸收量，致使 NEE 在 5 月和 10 月的日变化波动性相对较大，少有呈现出相对一致的日变化特征（Kato et al.，2003；赵亮等，2005）。

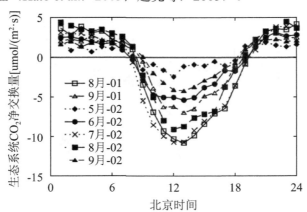

图 5-1　高寒矮嵩草草甸植被生长季 CO_2 通量的逐时特征

在 6—9 月，NEE 逐时日变化规律非常明显，表现白天吸收强烈，夜间排放明显。日出半小时后 NEE 由正值（释放）转换为负值（吸收），中午前后吸收量达到最大，以后随太阳高度角降低，吸收

量开始减少，傍晚 NEE 由负值转为正值。这种变化过程与太阳高度角在一日中变化所引起的太阳总辐射以及光合有效辐射的日变化相联系。一日间最大吸收率和最大排放率分别出现在 11：00—12：00 和 4：00—5：00。但正负转换时间随月份不同变化明显，主要与植物生长期内的日出、日落时间而引起白昼间植物发生光合呼吸时间有关，在太阳高度角高，日出时间提早、日落时间滞后，光合有效辐射强的 6—7 月，日 CO_2 释放（正值）时间缩短，负值维持时间延长；太阳高度角相对较低，日照时间缩短的植物生长前期和后期阶段（如 5 月或 9 月），正值出现时间延长，负值维持时间缩短。当然就是在相同月份，因受天气气候条件影响，以及每日日照时间长短的不一致，日间 NEE 正负值转换时间略有差异。

在植被生长季中，最大 CO_2 的日吸收值为 10.8 μmol/（$m^2 \cdot s$），出现在 2001 年 8 月 13：00 左右。最大 CO_2 释放值为 4.4 μmol/（$m^2 \cdot s$），出现在 2002 年 1：00 左右。CO_2 日振幅在 7 月和 8 月相对较大，正是地上生物量的峰值时期。而在 5 月、6 月和 9 月的振幅相对较小，也正逢地上生物量的生长初期和末期。2001 年 8 月和 9 月的逐时变化与 2002 年的同期相似，但量值范围大于 2002 年，尽管光合有效辐射相差不大（Kato et al.，2004）。在植被非生长季中，高寒矮嵩草草甸的 NEE 逐时变化不明显（图 5-2），波动多且变化幅度小。

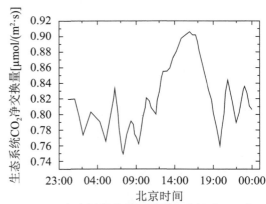

图 5-2 高寒矮嵩草草甸植被非生长季 CO_2 通量的逐时特征

期间土壤冻结，植物处于休眠状况，下垫面主要通过土壤微生物呼吸释放 CO_2，随着日间太阳辐射加强，导致地表受热后 CO_2 释放明显，所产生的日变化在 14:00—15:00（北京时，下同）较高，夜间低而平稳。而且这种日变化在 1—2 月最为明显。

三、高寒矮嵩草草甸 NEE 的逐日特征

NEE 具有明显的季节变化特征（图 5-3）。随时间变化在年内的 4 月和 10 月分别存在 2 个 CO_2 释放高峰期，夏季的 7—8 月则为一个强吸收期。年内基本表现出 1—3 月的 CO_2 释放量相对平稳，4 月开始日交换释放量逐渐加大，4 月形成年内的第一个高释放期，5 月释放量降低，6 月上旬开始转为吸收，7 月、8 月其吸收量达最大后逐渐降低，9 月末出现由吸收转为释放，且释放速率明显加大，10 月进入年内第二个较强的 CO_2 释放期，11 月以后 CO_2 释放量又降低，且平稳变化至次年 3 月。

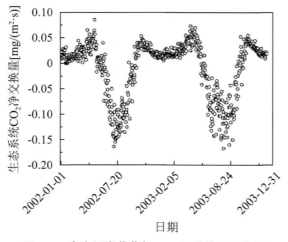

图 5-3 高寒矮嵩草草甸 CO_2 通量的逐日特征

2002—2003 年，矮嵩草草甸 CO_2 吸收维持时间平均为 133 d，释放时间平均为 232 d，其吸收时间明显小于释放时间，但单位时间吸收量大于单位时间的释放量，矮嵩草草甸生态系统整体表现为碳汇。就净生态系统月交换量来看，NEE 在 6 月、7 月、8 月、9 月的 4 个月时间均处于吸收阶段，10 月至翌年 5 月长达 8 个月时间为释放阶段；矮嵩草草甸月最大吸收量出现在 8 月，平均为 281 g CO_2/ m^2。矮嵩草草甸 4 月的 NEE 释放量最大，为 121 g CO_2/m^2。矮嵩草草甸年 NEE 平均为 −282 g CO_2/m^2 （张法伟等，2007）。高寒草甸碳吸收能力和其他北方寒冷生态系统相似。比如，芬兰的欧洲赤松林的年固碳能力在 101 ～ 205 g C/m^2（Zha et al.，2004），美国的落基山脉上的亚高寒森林的年固碳能力在 57.6 ～ 80.5 g C/m^2（Monson et al.，2002），美国北方的高寒针叶林的年固碳能力约为 121.4 g C/m^2 （Falge et al.，2002）。因此，高寒植被生态系统固碳能力应该更多的与气候环境因子相关，而并非植被类型的差异（Kato et al.，2006）。

海北矮嵩草草甸生态系统 CO_2 年总的交换量年间差异较大，早期 Kato 等（2004；2006）曾用短期的观测进行了年总量的计算报道。对 2002—2016 年的值分析发现（祝景彬，2020），其 NEE 的年总量为 −138.20 ～ −210.03 g CO_2/m^2，平均为 −178.54±17.58 g CO_2/m^2，表现为一明显的碳汇。

第二节　祁连山海北藏嵩草 + 帕米尔苔草泥炭湿地

一、研究区概况及数据监测

青藏高原高寒湿地是长期适应高寒气候环境所特有的生态类型，主要分布在土壤通透性差的河畔、湖滨、盆地，以及坡麓潜水溢出和高山冰雪下缘等地带，亦多分布在岛状冻土的边缘地带。其面积约为 0.049×10⁶ km²，是青藏高原分布最为广泛的生态系统类型之一。在长期的生物、气候综合作用下，实验地发育着典型的沼泽土，其泥炭层厚度在 0.2 ～ 2.0 m。土壤呈微碱性，有机质含量丰富，土壤发育年轻。

涡度相关系统设在湿地中央部，该地地势平坦，植物群落生长茂盛，植被高度在 25 ～ 50 cm，分布均匀，外貌整齐，总盖度达 98% 左右。植被组成较为贫乏，以寒冷湿生、多年生地下芽、具有发达通气组织的草本植物莎草科、毛茛科为主，湿地中央以帕米尔苔草为建群种，边缘为藏嵩草草甸为建群种。植物种类同时包括黑褐苔草、华扁穗草、祁连獐芽菜、线叶龙胆、美丽风毛菊、黄帚橐吾等 （李英年等，2003；2004），形成了藏嵩草 + 帕米尔苔草泥炭湿地植被类型。该类型湿地由于边缘地区仍多为藏嵩草沼泽化草甸，故没有特殊说明时，本节仍然按沼泽化草甸，或沼泽草甸，或高寒湿地称呼。

二、高寒藏嵩草泥炭湿地 NEE 的逐时特征

依据 2005 年全年观测数据，分别将植物生长季（5—9 月）与非生长季（1—4 月，10—12 月）每月每天从 0：00—23：00（北京时，下同）之间的每小时 CO_2 通量进行平均，得到植物生长季与非生长季 CO_2 通量日变化的特征（图5-4）。

由图 5-4a 看到，在植物生长季的 6 月、7 月、8 月和 9 月 CO_2 通量日变化幅度较大，7 月和 8 月可分别达 0.64 mgCO_2/（m^2·s）和 0.65 mgCO_2/（m^2·s）。夜间（总辐射 < 1.0 W/m^2）CO_2 基本保持净排放状态，而排放高峰期则不尽相同。5 月排放最高出现在 12：00 左右；6 月和 9 月基本在 7：00 左右，分别为 0.14±0.008 3 mgCO_2/（m^2·s）和 0.16±0.007 5 mgCO_2/（m^2·s）（平均值 ± 标准误）；7 月和 8 月则在

22:00 左右，分别为 0.19 ± 0.0086 mgCO$_2$/（m^2·s）和 0.22 ± 0.0090 mgCO$_2$/（m^2·s）；白天，6 月、7 月、8 月和 9 月为高寒湿地生态系统通过植被光合作用从大气吸收 CO$_2$，4 个月的最大吸收值出现时间基本在 12:00 左右，分别为 0.23 ± 0.0008 mgCO$_2$/（m^2·s），0.45 ± 0.0012 mgCO$_2$/（m^2·s），0.42 ± 0.0010 mgCO$_2$/（m^2·s），0.29 ± 0.0006 mgCO$_2$/（m^2·s），而 5 月的最大吸收值较小，仅为 -0.02 ± 0.0005 mgCO$_2$/（m^2·s）。这与湿地生态系统的植被在 5 月上、中旬才进入返青期有关。

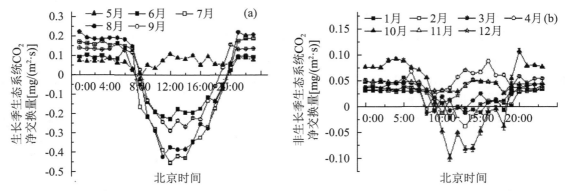

图 5-4　海北高寒湿地生态系统 *NEE* 在植物生长季（a）与非生长季（b）的平均日变化

在植物生长季中，夜晚生态系统保持排放，而白天则吸收，因此变化幅度较大。5 月植被开始返青，为植物初期营养生长阶段，其光合作用强度较低，湿地的呼吸作用由于生态系统温度的升高而较强，表现为明显的碳排放，排放高峰期出现在温度较高的 12:00 左右。而在 6—9 月，植被处在旺盛生长期，碳排放高峰期出现在光合作用尚未开始，而温度也较高的拂晓或傍晚。随着光合强度的增大和气温的升高，植被生理活动逐渐增强，吸收高峰期出现在中午 12:00 前后。

在植物非生长季，高寒湿地 CO$_2$ 通量日变化特征与生长季比较差异显著，CO$_2$ 通量日变化幅度较小，仅 10 月到达了 0.21 mgCO$_2$/（m^2·s），其余月份不足 0.10 mgCO$_2$/（m^2·s）（图 5-4b）。非生长季的夜间，基本保持 CO$_2$ 净排放状态，但由于温度较低，明显小于生长季的排放量；白天则比较紊乱，10 月表现为吸收，其余月则波动较大。10—12 月，1—4 月的排放峰值分别为 0.11 ± 0.0077 mgCO$_2$/（m^2·s），0.05 ± 0.0014 mgCO$_2$/（m^2·s），0.05 ± 0.0030 mgCO$_2$/（m^2·s），0.03 ± 0.0051 mgCO$_2$/（m^2·s），0.04 ± 0.0036 mgCO$_2$/（m^2·s），0.06 ± 0.0048 mgCO$_2$/（m^2·s），0.09 ± 0.0039 mgCO$_2$/（m^2·s）。由于高寒湿地生态系统在非生长季中，温度较低，植被也已进入枯黄期，故排放量较小。仅在 10 月，由于湿地生态系统下垫面积水以及土壤温度相对较高，部分植被未完全枯黄，尚可进行光合作用，而且该生态系统的地表多为苔藓覆盖，而苔藓也可进行光合作用，故白天表现为一定的碳吸收。当然该时期夜间植被与土壤的呼吸也较大。以后随温度迅速下降，地表积水逐渐结冰，植被枯萎，生态系统的自养呼吸也急剧减少。

三、高寒藏嵩草泥炭湿地 *NEE* 的逐日特征

图 5-5 给出了海北高寒湿地生态系统 CO$_2$ 净交换量、生态系统呼吸量和生态系统总初级生产力的季节动态。将高寒湿地生态系统 CO$_2$ 净交换量的数据分植物生长季与非生长季 2 个阶段，在植物生长季的 5—9 月，CO$_2$ 吸收量月平均吸收为 0.02 mgCO$_2$/（m^2·s），小于在植物非生长季（1—4 月，10—12 月）CO$_2$ 排放量（7 个月月平均排放为 0.03 mgCO$_2$/（m^2·s）。在生长季中，5 月表现为碳排放，日平均排放量 5.85 gCO$_2$/m^2，是全年的排放高峰。而 6 月、7 月、8 月、9 月 4 个月中，日平均吸收量分别为 3.05 gCO$_2$/m^2、6.12 gCO$_2$/m^2、3.30 gCO$_2$/m^2 和 0.94 gCO$_2$/m^2，只有 7 月生态系统表现为较大的吸收，整个生长季吸收 230.16 gCO$_2$/m^2。而在非生长季的 7 个月中，10—12 月，1—4 月日平均排放值

依次为 2.46 gCO_2/m²、3.62 gCO_2/m²、3.00 gCO_2/m²，1.54 gCO_2/m²、1.38 gCO_2/m²、1.91 gCO_2/m² 和 4.08 gCO_2/m²，均表现较高的排放过程，只是在 1—3 月因受温度更低，土壤冻结深厚，地表完全被冰雪覆盖所影响，略有降低。植物非生长季高寒湿地生态系统共释放 546.18 gCO_2/m²。就全年来看，海北高寒湿地生态系统 2005 年年释放量为 316.02 gCO_2/m²，总体表现为碳源。该高寒沼泽湿地碳源强度和其他北方高寒湿地的强度相似（Zhao et al., 2010）。例如，美国的阿拉斯加的一个湿地年释放量为 40 gC/m²（Coyne et al., 1975），但另外一个泥炭湿地却表现为碳汇，其固碳能力为 88 gC/m²（Suyker et al., 1997）。此外，美国的高草冻原和莎草冻原也表现为一个碳源，其年释放强度分别为 122 gC/m² 和 25.5 gC/m²（Oechel et al., 1993）。

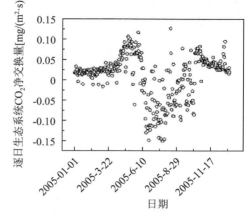

图 5-5　海北高寒湿地逐日生态系统 CO_2 净交换量的季节动态变化

在 2007 年，我们曾利用一年的观测数据报道了海北高寒藏嵩草泥炭湿地的 *NEE* 日、年变化状况，以及年源汇强度（张法伟等，2008；李英年等，2007；Zhao et al., 2010），近期对 2004 年—2016 年的长期观测值分析发现（祝景彬，2020），海北高寒藏嵩草泥炭湿地 *NEE* 的年总量为 76.3 ～ 184.8 gCO_2/m²，平均为 115.1 gCO_2/m²，表现为一明显的碳源。

第三节　祁连山海北金露梅灌丛

一、研究区概况及数据监测

金露梅系蔷薇科委陵菜属植物，是寒温带多年生落叶灌木的典型植被类型，广布于我国东北、华北、西北、西南的高山地区。在青藏高原多分布在东部海拔 2 700 ～ 4 500 m 的山地阴坡、土壤湿度较高的平缓滩地，其分布面积仅次于高山嵩草。金露梅灌丛植物群落结构相对简单，但植物种类组成丰富，群落生产力高，是良好的放牧草场。

观测点位于青藏高原东北隅的青海海北高寒草地生态系统国家野外科学观测研究站。灌丛群落的上层金露梅灌丛株高为 30 ～ 60 cm，盖度为 50% ～ 60%。下层草本植物种类由 47 种组成，隶属 15 科 37 属，叶层平均高约为 8 ～ 16 cm，盖度约为 80%。除金露梅外，建群种还包括草本植物的异针茅、藏异燕麦、垂穗披碱草、紫羊茅、线叶嵩草、柔软紫菀、早熟禾、棘豆、珠芽蓼、矮火绒草等。土壤为暗沃寒冻雏形土（李英年等，2003；2004）。

二、高寒金露梅灌丛 *NEE* 的逐时特征

按 1 月（冬季）、4 月（春季）、7 月（夏季）、10 月（秋季）分别给出了 2003 年和 2004 年 CO_2 交换量的日平均变化状况。图 5-6 表明，2003 年和 2004 年的 1 月，金露梅灌丛草甸 CO_2 通量日变化量值相同，且释放量低而平稳。随着春季来临，4 月日变化逐渐明显，释放量加大，释放量最大值出现在午后的 14：00—17：00，最低出现在 10：00 左右，同时表现出 2003 年 4 月的日变化较 2004 年 4 月大。在 7 月，金露梅灌丛草甸 CO_2 通量日变化振幅最大，上午日出后的 7：00—8：00 从释放转为吸收，到中午 12：00 ～ 13：00 前后日吸收最大，下午日落后的 21：00 以后从吸收转为释放，

2004 年 7 月较 2003 年 7 月降水量相对丰富，光照充足，温度也高，植物生长旺盛导致日间 CO_2 吸收量明显高于 2003 年 7 月，夜间释放量高于其他季节，同时 2003 年和 2004 年 7 月的释放量基本一致。随冷季到来，10 月 CO_2 交换量日平均变化又趋平缓，因大部分植物生长已停止，故对 CO_2 吸收基本消失，但因土壤仍保持较高温度，土壤呼吸强，从而在下午到次日凌晨保持较高的 CO_2 释放量（李英年等，2006）。

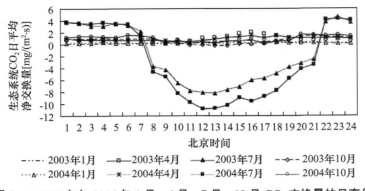

图 5-6　2003 年与 2004 年 1 月、4 月、7 月、10 月 CO_2 交换量的日变化

三、高寒金露梅灌丛 *NEE* 的逐日特征

青藏高原高寒金露梅灌丛草甸生态系统 CO_2 月交换量的季节变化趋势明显。年内的 4 和 10 月分别存在 2 个 CO_2 释放高峰期，夏季则为一个强吸收期。年内基本表现出 1—4 月日交换释放量逐渐加大，在 4 月形成年内的第一个高释放期，5 月释放量降低，6 月上旬开始转为吸收，在 7 月和 8 月的吸收量达最大后逐渐降低，9 月末由 CO_2 吸收转为释放，且释放速率明显加大，10 月进入年内第二个较强的 CO_2 释放期，11 月以后 CO_2 释放量又降低，且平稳变化至次年 3 月（图 5-7）。从年交换量来看，2003 年和 2004 年的年 CO_2 交换量分别为 –231.41 gCO_2/m^2 和 –274.78 gCO_2/m^2，其中 2004 年比 2003 年吸收量高 43.3 gCO_2/m^2。说明在全年内金露梅灌丛草甸生态系统 CO_2 的年交换量处于吸收状态，具有明显的碳汇功能（徐世晓等，2007）。

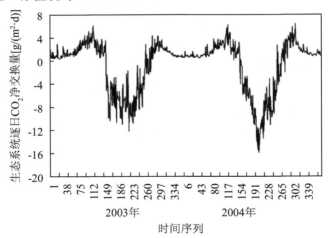

图 5-7　2003 年和 2004 年生态系统 CO_2 逐日交换量的变化

在 2007 年，我们曾利用一年的观测数据报道了海北高寒金露梅灌丛的 *NEE* 日、年变化状况，以及年源汇强度（Zhao et al.，2005；赵亮等，2006；徐世晓等；李英年等，2006；Li et al.，2006），近期对 2003—2016 年的连续观测值分析发现（祝景彬，2020），海北高寒金露梅灌丛草甸 *NEE* 的年总量为 –10.52 ～ –131.91 g C/m^2，平均为 –70.23±30.90 gC/m^2，表现为碳汇，但小于矮嵩草草甸。

第四节　祁连山刚察瓦颜山沼泽草甸

一、研究区概况及数据监测

瓦颜山沼泽草甸的观测数据来源于青海师范大学在青海湖流域瓦颜山湿地布设的综合观测站。观测站（37.73° N，100.08° E）位于青海湖北部（图 5-8），距离刚察县西北 52 km 瓦颜山河源处，是沙柳河上游支流瓦颜曲的河源湿地。观测场周围地势开阔，海拔 3 720～3 850 m，根据以往研究的结果，该站点年平均气温为 –3.3℃，日平均气温最大值为 11.9℃，最小值为 –19.7℃，年降水量为 420.4 mm，属于典型的高原大陆性气候。观测场下垫面为沼泽草甸（张乐乐等，2018），土壤活动层的深度约为 4 m。植被组成以禾草和杂类草为主，主要优势种包括西藏嵩草、黑褐苔草、矮嵩草、青藏苔草、线叶嵩草、冷地早熟禾、三脉梅花草、矮火绒草、喉毛花等。土壤为矿质有机土，其中黏土、壤土和沙土的组成比例分别为 5%、49% 和 46%。表层土壤的有机碳含量为 151.6 mg/g，总氮和总磷含量分别为 12.6 mg/g 和 1.1 mg/g，土壤容重和 pH 分别为 0.5 g/cm³ 和 6.9（Li et al.，2017）。

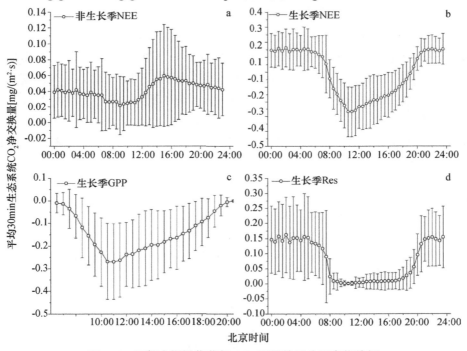

图 5-8　瓦颜山沼泽化草甸 CO_2 通量的平均日变化特征

二、高寒瓦颜山沼泽草甸 CO_2 通量的逐时特征

瓦颜山沼泽草甸 *NEE* 的平均日变化如图 5-8 所示。在植被非生长季 *NEE* 平均为 0.04±0.01 mgCO₂/（m²·s），平均最大值和最小值分别为 0.06±0.06 mgCO₂/（m²·s）和 0.02±0.04 mgCO₂/（m²·s），出现在 15：00 和 9：00 左右。其日变化基本呈现出先下降而后升高再下降的趋势。而生长季 *NEE* 平均为 –0.01±0.16 mgCO₂/（m²·s），表现出倒钟形变化特征。其夜间呼吸基本维持在 0.15 mgCO₂/（m²·s），随着光合有效辐射和植被生理活动加强，CO_2 的最大吸收峰为 –0.27±0.17 mgCO₂/（m²·s），基本出现在 11：00 左右。有一点值得注意的是，生长季 *NEE* 在上午的变化斜率远大于下午变化斜率（图 5-8b），表明生态系统 *NEE* 具有较大的时间非对称性，这是今后过程模型模拟需要关注的一个方向。

生态系统总呼吸（Res）利用夜间呼吸数据与土壤温度的拟合方程外延至白天得到生态系统白天呼吸量，白天和夜间呼吸之和即为生态系统的总呼吸量。生长季的生态系统总呼吸（Res）平均为 0.08 ± 0.07 mgCO$_2$/（m^2·s），最大值为 0.16 ± 0.12 mgCO$_2$/（m^2·s），出现在凌晨 2：00 左右，这可能由于水体具有较大的比热，白天吸收热量，降低了土壤温度的升高，而夜间释放热量，提高了土壤温度，刺激了植物根系和微生物的呼吸强度，致使在 2：00 时段出现了一个峰值。生态系统总交换量为生态系统总呼吸量与生态系统净交换量之差。在生态系统的尺度上，生态系统总初级生产力（GPP）与生态系统总交换量数值等同，但方向相反。因此生长季生态系统总初级生产力（GPP）表现为单峰型变化特征，平均值为 -0.14 ± 0.09 mgCO$_2$/（m^2·s），最大吸收值的出现时间和具体数值和 NEE 接近，这主要由于 Res 在白天较小所致，这也可能是湿地地表由于水分覆盖导致土壤温度的特殊变化所致。

三、高寒瓦颜山沼泽草甸 CO$_2$ 通量的逐日特征

瓦颜山逐日 CO$_2$ 通量的变化如图 5-9 所示。生态系统总呼吸 Res 日平均为 4.58 ± 2.71 gCO$_2$/（m^2·d），呈现出单峰型变化特征，最大值为 12.50 gCO$_2$/（m^2·d），出现在 8 月 15 日。生态系统总初级生产力 GPP 平均为 -5.98 ± 4.52 gCO$_2$/（m^2·d），最小值为 -15.83 gCO$_2$/（m^2·d），出现在 7 月 25 日。生态系统 CO$_2$ 净交换 NEE 平均为 2.10 ± 3.66 gCO$_2$/（m^2·d），最小值和最大值分别为 -10.80 gCO$_2$/（m^2·d）和 12.20 gCO$_2$/（m^2·d），出现在 7 月 27 日和 5 月 19 日。累计逐日 Res 和累计逐日 GPP 均符合 logistic 变化特征（$R^2=0.99$，$P<0.001$）。累计逐日 NEE 开始出现下降的日期为 6 月 5 日，表明该日期之后生态系统连续出现 GPP 大于生态系统 Res，生态系统出现明显的碳吸收。而累计逐日 NEE 在 9 月 9 日开始呈现出连续增加趋势，即生态系统 Res 开始大于 GPP。因此，瓦颜山碳吸收持续天数为 96 d。此外，在生长季中累计逐日 NEE 一直大于 0，最小值仅为 351.07 gCO$_2$/m^2，表明该生态系统的植物光合的净固碳量不仅不能抵消生态系统的总呼吸，而且不能补偿非生长季 1—5 月的 CO$_2$ 释放量，该生态系统碳损失比较明显。

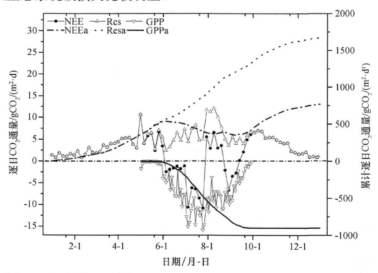

图 5-9 瓦颜山沼泽化草甸 CO$_2$ 通量的逐日特征（NEE 和 NEEa 分别是生态系统 CO$_2$ 净交换量和累计净交换量，Res 和 Resa 分别是生态系统总呼吸和积累总呼吸，GPP 和 GPPa 分别是生态系统总初级生产力和累计总初级生产力）

瓦颜山逐月 CO$_2$ 通量的变化如图 5-10 所示。月 NEE 最小值为 -111.39 gCO$_2$/（m^2·month），出现在 7 月。而月 NEE 最大值为 184.80 gCO$_2$/（m^2·month），出现在 10 月。而次高峰为 175.95 gCO$_2$/（m^2·month），出现在 5 月。瓦颜山沼泽草甸月 GPP 和月 Res 的最大值分别为 -349.33 gCO$_2$/（m^2·month）和 244.79 gCO$_2$/（m^2·month），分别出现在 7 月和 8 月。月 Res 的

次高峰为 237.94 gCO₂/（m²·month），出现在 7 月。因此，瓦颜山沼泽草甸的年 *GPP* 和年 *Res* 分别为 –903.72 gCO₂/（m²·a）和 1 671.20 gCO₂/（m²·a）。生长季年均固碳为 164.26 gCO₂/（m²·a），主要集中在 6—8 月。瓦颜山沼泽草甸在年际尺度上表现为碳源，每年释放 767.48 gCO₂/（m²·a）。值得说明的是，该结果仅是一年的观测数据，而高寒系统 *NEE* 的年际波动十分强烈，后续研究应加强数据的有效积累，从而准确评估该系统的碳功能。

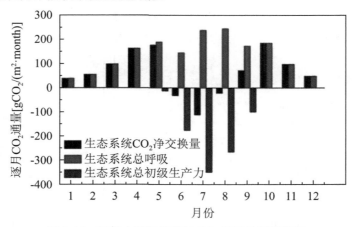

图 5-10　瓦颜山沼泽化草甸 CO₂ 通量的逐月特征

第五节　祁连山海晏西北针茅 + 矮嵩草草甸草原

一、研究区概况及数据监测

高寒草甸草原生长于青藏高原海拔相对较低、热量条件较好的地区，亦是高原重要植被类型之一，主要分布于环青海湖环湖区域、青海同德、兴海等地区，在区域经济和社会的可持续发展中地位重要，其碳收支也是青藏高原高寒草地不可忽视的一部分（周兴民等，2001）。

研究地点位于青海省海北牧业气象试验站试验基地（100°51′E，36°57′N，海拔 3 140 m），隶属于青海湖东北的海晏县，为冬季牧场。研究区地处欧亚大陆腹地，属典型的高原大陆性气候。年平均气温和年降水量分别为 0.8 ℃和 398.2 mm，年日照时间为 2 912.7 h，平均无霜期为 48 d。土壤为沙壤土。草地植被以西北针茅为优势种，主要植物种类为紫花针茅、落草、冷地早熟禾、矮嵩草，伴生种多为猪毛蒿、紫菀和花苜蓿等。观测场地地形平坦，植被分布均匀（冠层高度约为 20 ~ 30 cm），可基本代表环青海湖地区草甸草原的特征（朱宝文等，2009）。根据植被优势种和群落景观命名原则，该区域可命名为西北针茅 + 矮嵩草草甸草原，本节简称为西北针茅草甸草原。

二、高寒西北针茅草甸草原 *NEE* 的逐时特征

由图 5-11 看到，草甸草原在冬春转换的 4 月下旬出现较微弱的吸收现象，日平均最大瞬时吸收速率出现在 11：30。生态系统的吸收强度（*NEE*）受控于日平均气温 T_a（$NEE = 0.000\,54\,T_a^2 - 0.005\,9\,T_a - 0.006\,0$，$R^2 = 0.44$，$P = 0.009$），开口向上的二次函数关系暗示 4 月的呼吸释放比光合吸收具有更强的温度敏感性。夜间 CO₂ 释放速率比较稳定；但系统在 4 月表现为碳源。生长季的 5—9 月，在白天的 8：00—18：00*NEE* 基本表现为碳吸收，最大吸收速率均出现在 11：30 左右，其中最大吸收速率

排列顺序为 7 月 >8 月 >6 月 >9 月 >5 月。相关分析表明，5—9 月吸收强度均由 PPFD 控制（0.52<R^2 < 0.85），两者表现为直角双曲线关系。而生态系统的夜间释放较为稳定。在 8 月的 11：30—13：00 出现明显的群落"午休"现象，这和相距 80 km 高寒草甸植被光合午休的出现时间一致（师生波等，2001）但明显晚于内蒙古羊草草原（8：00—10：00，Hao et al.，2007），这不仅由于两者的经度相差 大约 16°（即北京时间相差约 1 h），也和群落结构、水热状况密切相关。草甸草原 10 月的 CO_2 吸收 最大值也出现在 11：30，和 4 月类似，其白天吸收强度与 T_a 呈现抛物线关系（R^2=0.61，P<0.01），而夜间释放较为稳定，系统 10 月也表现为强的碳源（张法伟等，2012）。

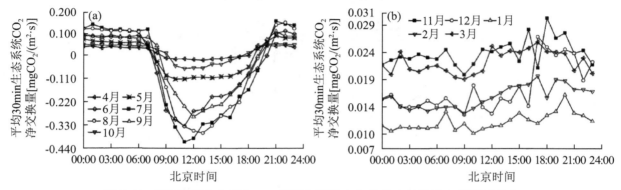

图 5-11 草甸草原生态系统 CO_2 通量生长季（a）和非生长季（b）平均日变化

草甸草原非生长季 NEE 日均变化较为简单，其变化趋势以单峰现象为主（图 5-11（b））。释放 高峰一般出现在 16：00—20：00，其平均排放强度的排序为 11 月 > 3 月 >12 月 >2 月 >1 月。非生长 季释放强度与 T_s 呈现指数关系（0.18<R^2 <0.52）。若采用 Van't Hoff 函数来表述，则各月 Q_{10} 顺序为 12 月（4.2）>1 月（3.0）>2 月（2.6）>11 月（2.1）>3 月（1.8），和相应的 T_s 无显著关系（P=0.19）。综合生长季和非生长季变化特征，青海湖东北岸草甸草原 NEE 的日变化在 4 月到翌年 10 月主要由 T_a 控制，而在 5—9 月主要由 PPFD 控制。

三、高寒西北针茅草甸草原 NEE 的逐日特征

草甸草原的日最大 CO_2 吸收强度出现在 7 月 1 日，7 月吸收量最大。最大日 CO_2 释放速率出现在 10 月 21 日，但 11 月释放量最多。生长季 CO_2 吸收量为 511.79 g CO_2/m²，其中 6 月、7 月和 8 月分别 贡献了 27.4%、33.9% 和 30.1%。生长季逐日 NEE 主要由 T_a（R^2=0.18，P<0.001）和 PPFD（R^2=0.13，P<0.001）控制，分别呈现出线性（NEE=−0.002 8 T_a − 0.003 7）和直角双曲线[NEE=−0.005 6×0.65 PPFD/（0.005 6 PPFD+0.65）− 0.70]关系，但 T_a 和 PPFD 两者无交互作用（P=0.19）。非生长季 CO_2 释放量为 240.48 g CO_2/m²，主要受控于 T_s（R^2=0.59，P<0.001），两者表现为指数关系（R_{eco}= 0.031 e$^{\ln (1.06) (7s-1.57)}$）。因此，该生态系统在 2010 年 6 月 30 日至 2011 年 7 月 1 日表现为碳汇，年总 量为 −271.31 gCO_2/（m²·a）（图 5-12a）（张法伟等，2012），折算到碳量为 −73.99 gC/（m² a），是 一碳汇功能区。

逐日 NEE 主要受控于 T_a，两者关系可用指数线性方程表述（图 5-12（b））。生态系统总初级生 产力（GPP）为 2 241.92 gCO_2/（m²·a），而生态系统总呼吸（R_{eco}）为 1 970.61 gCO_2/（m²·a），明显 高于三江源人工草地，但略低于海北高寒草甸的研究结果（赵亮等，2008）。R_{eco}/GPP 在 5—9 月平均 为 0.74，比三江源人工草地的 0.84 低，但和北美草原持平（Law et al.，2002）。GPP、R_{eco} 分别和 T_a 线性（R^2=0.52，P<0.01）、指数（R^2=0.92，P<0.01）显著相关，但 R_{eco} 显然具有更高的温度敏感性，表明温度升高可能会更强的刺激生态系统呼吸强度，暗示草甸草原生态系统对温度升高可能具有正反 馈响应机制。

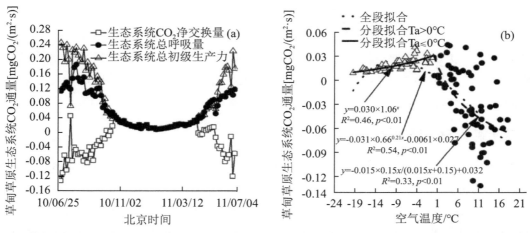

图 5-12　草甸草原生态系统 CO_2 净交换量（*NEE*）、生态系统总呼吸（*R*~eco~）和生态系统总初级生产力（*GPP*）季节变化特征（a）及其与空气温度（*Ta*）的关系（b）

青海湖东北岸草甸草原的最大吸收速度为 11.37 g CO_2/（m²·d），略高于西藏当雄草原化嵩草草甸（Shi et al.，2006），与内蒙古羊草草原（Hao et al.，2006）、加拿大西部的湿草草地（Novick et al.，2004）接近，但略低于附近的高寒草甸（Kato et al.，2004；Zhao et al.，2006）和北美混合高草草原（Law et al.，2002）。全年的 Q_{10} 为 2.42，和海北高寒草甸的 2.3 接近（Kato et al.，2004），明显低于西藏草甸草原的 3.3（Shi et al.，2006）和三江源人工草地的 4.8（吴力博等，2010），但处于生态系统 Q_{10} 平均变幅 1.3 ～ 3.3 之（Raich et al.，1992）。生长季内，生态系统最大 CO_2 同化速率 P_{max} 和表观光量子效率 a 平均为 0.54 mg CO_2/（m²·s）和 0.000 87 mg CO_2/μmol，略高于意大利的 monte bondone 高寒草甸（Wohlfahrt et al.，2008）。由于研究地点海拔较高、气温较低，生态系统的呼吸速度明显低于内蒙羊草草原，仅和西藏草甸草原接近，同时，作为生态系统光合潜力的主要生物因子 *LAI* 也高达 2.3，表明生态系统的碳吸收能力较强。其全年吸收 271.31 g CO_2/m²，与藏北高寒灌丛的 244.75 g CO_2/m²（Zhao et al.，2006）和高寒草甸的 311.11 g CO_2/m²（Kato et al.，2006）相差不多，明显高于内蒙羊草草原和西藏草甸草原（Hao et al.，2006；Shi et al.，2006），但明显低于北美混合高草草原的 1 327 g CO_2/m²（Law et al.，2002）。

第六节　三江源玉树隆宝藏嵩草沼泽草甸

一、研究区概况及数据监测

青藏高原中部的玉树隆宝地区是长江上游通天河源区的一块重要湿地，位于青海省玉树藏族自治州首府结古镇西北方向 60 km 处，湿地四周是连绵的山峰，中间密布江河湖水。隆宝湖湿地生态系统为典型的高寒湿地，其植被群落结构简单，草层低矮且层次分化较不明显，植物群落为多年生草本为主，草群密集生长，群落的总盖度较大，植被的生长季节较短，生物的生产量偏低。群落样方调查结果表明，研究区内共有 10 科 19 属 21 种，群落种类组成以中国喜马拉雅植物成分及北极高山植物成分为主，其中建群种为西藏嵩草、二柱头藨草、青藏苔草等莎草科植物。研究区内的植物因长期适应高寒气候而具有丛生、株矮、叶小且被茸毛、莲座状，生长期短及营养繁殖为主等一系列的抗寒生物—生态学特性，由此而形成的植物群落种类相对较少，外貌较为整齐的高寒湿地群落（卢素锦等，2016）。

该地属典型的高原大陆性气候，辐射强烈，气候变化剧烈，夏季受沿通天河侵入的东南暖气流影响，雨水集中，空气湿润；冬季受青藏冷高压所控制，大风，空气干燥，气温低，湖水每年 11 月开始结冰，次年 4—5 月融化；年降水量为 730 mm，年水面蒸发量 1 300～1 700 mm，全年日照时间长度约为 2 300 h，土壤类型为高寒草甸土。本节所采用的观测资料来自于青海省气象科学研究所架设在青海省玉树州隆宝镇（33°10′N，96°34′E）境内的通量观测站点，研究点海拔 4 167 m，下垫面为沼泽性草甸覆盖的高寒湿地类型（张海宏等，2017）。

二、高寒藏嵩草沼泽草甸 *NEE* 的逐时特征

图 5-13 给出了玉树隆宝湿地各月 CO_2 通量日变化情况，所用数据为每个月通量有效数据质量评价位于前 50% 的天数的平均值。生长季（4—9 月）CO_2 通量日变化均呈倒单峰型，白天净吸收，夜间净排放。7 月 CO_2 通量日变化幅度最大，白天 *NEE* 最低值为 –0.62 $mgCO_2/(m^2 \cdot s)$，出现下午 14:00 左右，夜间 *NEE* 最高值维持在 0.10 $mgCO_2/(m^2 \cdot s)$ 左右。玉树隆宝高寒湿地夏季 CO_2 吸收速率高于西藏那曲高寒草甸 [–0.23 $mgCO_2/(m^2 \cdot s)$] 和内蒙古半干旱草原 [–0.28 $mgCO_2/(m^2 \cdot s)$]。夏季白天植被光合 CO_2 净吸收持续时间及吸收强度大于夜间呼吸 CO_2 净排放持续时间和释放强度。非生长季（11 月—次年 3 月）CO_2 通量全天皆为正值，高寒湿地生态系统只排放 CO_2。冬季 CO_2 通量日变化幅度很小，例如 1 月只有 0.03 $mgCO_2/(m^2 \cdot s)$ 左右。

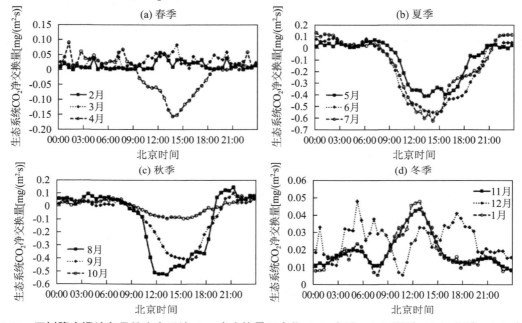

图 5-13 玉树隆宝湿地各月份生态系统 CO_2 净交换量日变化（a）春季，（b）夏季，（c）秋季，（d）冬季

三、高寒藏嵩草沼泽草甸 *NEE* 的季节特征

图 5-14 给出了玉树隆宝湿地各月生态系统 CO_2 净交换量。1—3 月高寒湿地生态系统为碳源，且 CO_2 净排放量逐渐增加，3 月达到 18 gCO_2/m^2，4 月 *NEE* 变为负值，生态系统开始从大气中吸收 CO_2，且吸收强度大于释放强度，高寒湿地生态系统转为碳汇。4—6 月 *NEE* 增加较为迅速，说明生长季湿地植被的光合作用显著增强，7 月 *NEE* 最大，达到 144 g CO_2/m^2，8—9 月 *NEE* 减少较为缓慢。10 月 *NEE* 再度变为正值，高寒湿地生态系统又转为碳源，11—12 月 CO_2 净排放量逐渐减少。整体上看，玉树隆宝湿地的碳释放的高峰出现在 3 月和 11 月，释放量相对较小，而生态系统的碳吸收高峰则出现在 6 月和 7 月，远大于释放高峰，约为释放高峰的 7 倍。玉树隆宝湿地全年 *NEE* 为 –465.00 gCO_2/m^2，表明该生态系统整体表现为从大气中吸收 CO_2。玉树隆宝高寒湿地全年 CO_2 净吸收量高于其他地区，表

明该区域高寒湿地的碳汇能力较强（张海宏等，2017）。

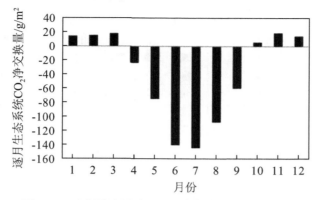

图 5-14　玉树隆宝湿地逐月生态系统 CO₂ 净交换量

第七节　祁连山海北主要植被群落 *NEE* 对比

一、植被群落的对比

高寒草甸是青藏高原地区分布最为广泛的植被类型之一，面积约 120 万 km²；它不仅是亚洲中部高寒区域的典型生态系统之一，在世界高寒地区也极具代表性。高寒灌丛是由耐寒的中生或旱生灌木为优势种而形成的一类植被，是青藏高原植被类型的重要组成部分，也是当地的优势植被之一。中国青藏高原上高寒灌丛的面积约有 116 400 km²，居世界之最。在海北高寒草甸地区，距离相差不大的范围内就有以矮嵩草草甸、金露梅灌草甸为主，及藏嵩草沼泽化草甸、草原化小嵩草草甸等多种植被类型分布。本节以相对广泛分布矮嵩草草甸、金露梅灌丛和藏嵩草＋帕米尔苔草泥炭湿地 3 种植被类型为例，探讨 3 者碳交换的异同，为准确评估植被类型在青藏高原高寒草地碳功能提供数据支撑和理论依据。表 5-1 列出了 3 种植被类型的植物种类的差异，金露梅灌丛以金露梅为主，禾本科植物垂穗披碱草、异针茅的重要值相对较高。矮嵩草草甸则以垂穗披碱草和紫羊茅等禾本科植物相对较多，建群种矮嵩草的重要值为中等。藏嵩草＋帕米尔苔草泥炭湿地则以藏嵩草和帕米尔苔草为主要优势植物。

表 5-1　3 种植被植物群落调查统计

物种名	金露梅灌丛草甸				矮嵩草草甸				藏嵩草＋帕米尔苔草泥炭湿地			
	相对高度（%）	相对盖度（%）	相对频度（%）	重要值（%）	相对高度（%）	相对盖度（%）	相对频度（%）	重要值（%）	相对高度（%）	相对盖度（%）	相对频度（%）	重要值（%）
垂穗披碱草（*Elymus nutans*）	8.66	9.10	13.90	10.55	6.88	6.79	8.30	7.32	18.61	3.92	3.61	8.71
异针茅（*Stipa aliena*）	10.56	10.79	26.44	15.93	7.84	13.60	28.59	16.68				
华扁穗草（*Blysmus sinocompressus*）									13.34	0.76	0.11	4.74
黑褐苔草（*Carex atrofusca*）									21.44	0.89	0.22	7.52
羊茅（*Festuca ovina*）	3.21	2.69	6.71	4.20	4.49	4.17	7.88	5.51	34.78	1.55	0.33	12.22
紫羊茅（*Festuca rubra*）	3.21	2.69	6.71	4.20	6.60	10.41	15.83	10.95				
落草（*Koeleria cristata*）	6.50	2.72	2.32	3.85	4.54	2.26	2.11	2.97	6.76	1.70	0.23	2.90
山地早熟禾（*Poa orinosa*）	9.90	4.09	5.13	6.37	5.91	4.33	3.28	4.51	11.89	3.32	1.60	5.60

续表

物种名	金露梅灌丛草甸				矮嵩草草甸				藏嵩草+帕米尔苔草泥炭湿地			
	相对高度（%）	相对盖度（%）	相对频度（%）	重要值（%）	相对高度（%）	相对盖度（%）	相对频度（%）	重要值（%）	相对高度（%）	相对盖度（%）	相对频度（%）	重要值（%）
青藏苔草（C.moorcropt）	2.88	2.52	3.78	3.06	3.67	2.87	2.13	2.89	7.76	22.13	24.85	18.25
帕米尔苔草（Carex Pamirensis）									62.36	63.21	53.46	59.68
矮嵩草（Kobresia humilis）					2.47	7.52	6.19	5.39	19.13	35.25	68.90	41.09
藏嵩草（Kobresia tibetica）									21.88	47.83	58.83	42.85
美丽风毛菊（Saussurea superba）	2.27	3.59	1.05	2.30	2.35	2.08	6.76	3.73				
青海风毛菊（Saussurea kokonorensis）	3.78	4.18	2.48	3.48	4.65	7.12	11.69	7.82				
星状风毛菊（Saussurea stilla）									1.93	18.58	14.53	11.68
白花蒲公英（Taraxacum leucanthum）	5.65	3.39	2.23	3.76	2.56	1.94	1.19	1.90				
蒙古蒲公英（Taraxacum mongolicum）					2.11	1.52	2.17	1.93				
柔软紫菀（Aster flaccidus）	3.12	9.91	6.45	6.49	3.90	6.45	4.54	4.96	2.12	6.04	0.53	2.90
矮火绒草（Leontopodium nanum）	1.25	7.05	7.94	5.41	0.83	2.48	1.46	1.59				
尖叶龙胆（Gentiana aristata）	4.03	7.69	2.08	4.60	3.44	1.19	0.47	1.70				
线叶龙胆（Gentiana farreri）					2.34	1.42	1.71	1.82				
叶龙胆（Gentiana spathulifolia）					2.51	1.02	0.50	1.34				
高山唐松草（Thalictrum alpinum）	2.69	3.92	3.35	3.32	1.79	1.41	0.86	1.35				
青海黄芪（Astragalus tanguticas）	3.07	1.97	1.49	2.18	2.97	1.17	0.79	1.64				
雪白委陵菜（Potentilla nivea）	2.07	4.66	3.80	3.51	1.82	1.42	0.28	1.17				
鹅绒委陵菜（Potentilla anserine）	1.90	3.45	3.01	2.79	2.64	1.59	0.51	1.58				
二裂委陵菜（Potentilla bifurca）	2.16	1.41	0.48	1.35	2.35	1.11	0.71	1.39				
二柱头藨草（Scirpus distigmaticus）	5.37	1.26	0.34	2.32	4.68	2.22	5.89	4.26	7.05	6.04	1.76	4.95
繁缕（Stellaria media）	2.79	1.16	0.45	1.47	2.12	0.59	0.41	1.04	1.55	4.70	0.04	2.10
蓬子菜（Galium verum）	5.78	2.06	1.35	3.06								
珠芽蓼（Polygonum viviparum）	5.91	5.53	5.30	5.58								
西伯利亚蓼（Polygonum sibiricum）	3.41	0.87	0.55	1.61	2.19	0.69	0.26	1.05				
雅毛茛（Ranunculus pulchellu）	6.95	3.30	0.34	3.53	2.71	1.29	0.79	1.60	1.13	1.21	0.07	0.80
三裂叶毛茛（Halerpestes tricuspis）					3.14	0.42	0.13	1.23				
长裂叶碱毛茛（Halerpestas ruthenica）	2.82	1.61	0.25	1.56	2.72	0.53	0.36	1.53				
异叶米口袋（Gueldenstaedtis diversifolia）	1.62	1.60	0.61	1.28	2.34	5.13	1.51	2.99				
麻花艽（Gentiana straminea）	2.40	1.06	0.46	1.31	4.52	11.88	21.09	12.50				
细叶亚菊（Ajania tenuifolia）	2.87	1.94	1.43	2.08	3.13	1.67	0.44	1.75				
甘肃马先蒿（Pedicularis kansuensis）	3.31	1.94	1.19	2.15	1.91	0.86	0.40	1.06	0.99	8.05	0.46	3.17
斑唇马先蒿（Pedicularis longiflora）									9.17	21.63	26.91	19.24
黄花棘豆（Oxytropis ochrocephala）	4.35	6.66	7.67	6.23	2.85	6.98	6.78	5.54				
甘肃棘豆（Oxytropis kansuensis）					4.64	8.10	24.45	12.40				
花苜蓿（Trigonella ruthenica）	3.10	2.84	7.04	4.33	2.49	5.06	6.77	4.77				
喉毛花（Comastoma pulmonarium）									19.04	0.50	0.08	6.54
乳百香青（Anaphalis lacteal）	2.65	3.67	3.66	3.33	1.61	2.08	0.82	1.50				
直立唐松草（Thalictrum alpinum）	2.03	0.98	0.07	1.03	2.45	0.71	0.18	1.11				

续表

物种名	金露梅灌丛草甸				矮嵩草草甸				藏嵩草 + 帕米尔苔草泥炭湿地			
	相对高度（%）	相对盖度（%）	相对频度（%）	重要值（%）	相对高度（%）	相对盖度（%）	相对频度（%）	重要值（%）	相对高度（%）	相对盖度（%）	相对频度（%）	重要值（%）
摩苓草（Morina chinensis）	6.74	3.56	1.94	4.08								
宽叶羌活（Notopterygium forbesiide）	2.59	2.83	2.70	2.71	1.34	1.19	0.09	0.87				
线叶嵩草（Kobresia capillifolia）	4.50	8.07	12.22	8.26								
藏异燕麦（Helictotrichon tibeticum）	15.84	6.41	20.03	14.09								
婆婆纳（Veronica didyma）	1.81	0.76	0.31	0.96	1.95	0.44	0.13	0.84				
兰石草（Lancea tibetica）	0.72	3.78	2.79	2.43	0.78	1.32	1.06	1.05				
紫花地丁（Purpurea yedoensis）	0.55	0.85	0.29	0.56	0.44	1.13	0.76	0.78	0.62	11.75	0.87	4.41
黄帚囊吾（Ligularia virgaurea）	3.79	3.58	4.65	4.01					34.18	30.34	23.12	29.21
钝叶银莲花（Anemone obtusiloba）	1.85	3.43	1.46	2.45	2.19	3.45	1.90	2.51				
甘青老鹳草（Geranium pylzowianum）	4.40	2.58	1.86	2.95	2.14	0.80	0.08	1.01				
祁连獐芽菜（Swertia przewalskii）									2.90	1.55	0.70	1.72
獐牙菜（Swertia tetraptera）	2.05	0.50	0.83	1.13	1.02	0.77	0.34	0.71	5.28	1.57	0.15	2.33
假龙胆（Gentianella limprichtii）	1.28	0.73	0.33	0.78	2.11	0.56	0.21	0.96	4.78	1.23	0.12	2.04
小龙胆（Gentiana elarkei）	1.20	0.65	0.25	0.70	1.67	0.43	0.19	0.76	4.20	1.24	0.11	1.85
肋柱花（Lomatogonium carinthiacum）	1.46	0.42	0.71	0.86	0.62	0.71	0.42	0.58	4.78	1.00	0.09	1.95
小米草（Euphrasia tatarica）	5.02	2.43	1.58	3.01	5.95	3.59	1.87	3.80				
瑞苓草（Saussurea nigrescens）	4.10	7.61	5.22	5.64	3.28	10.17	14.81	9.42				
海乳草（Glaux maritime）	1.92	0.14	1.58	1.21	1.84	0.80	0.13	0.92				
野青茅（Deyeuxia arundinacea）	9.48	2.19	1.75	4.47	4.58	1.56	1.37	2.50				
湿生扁蕾（Gentianopsis paludlsa）					6.40	5.24	2.03	4.56				
四叶律（G.bungei steud）					0.74	0.07	0.01	0.27				
西藏忍冬（Lonicera tibetica）					1.65	1.33	1.65	1.54				
三脉梅花草（Parnassia trinervis）					2.30	2.37	0.64	1.77	9.03	0.70	0.33	3.35
鸢尾（Iris potaninii）					4.58	1.11	1.29	2.33				
杉叶藻（Hippuris vulgaris）									26.43	12.94	17.06	18.81

图 5-15 为嵩草草甸、灌丛草甸和藏嵩草 + 帕米尔苔草泥炭湿地（沼泽草甸）的地上生物量和群落叶面积指数的季节变化。可以看出 3 种植被类型的地上生物量 [图 5-15（a）] 和群落叶面积指数 [图 5-15（b）] 变化趋势基本一致，经历了缓慢积累、快速增加、相对稳定和折损减少 4 个阶段。6 月下旬以前，气温较低，降水较少，地表 30 cm 以下冻土还在维持，植物生长受到春寒和春旱的胁迫，植物生长处于返青时期，生物量积累为缓慢阶段；6 月下旬—8 月，气温升高，降水增多，有利的水热条件促使植物进入强度生长期，生物量快速增加；8 月—9 月初，植物成熟，生物量达年内最高，并保持相对平稳；9 月中旬以后，天气开始转冷，降水减少，生物量不再积累，并受外界恶劣环境因素的影响，生物量逐渐降低。同时还可看到，3 者地上生物量在前 2 个阶段区别不是很大，尤其是灌丛草甸和藏嵩草 + 帕米尔苔草泥炭湿地。嵩草草甸在 8 月底到达最大值（394.60±8.75 g/m²），而灌丛草甸和藏嵩草 + 帕米尔苔草泥炭湿地在 8 月中旬到达最大值（309.68±10.85 g/m²，331.33±19.98 g/m²），且明显低于嵩草草甸。灌丛草甸和藏嵩草 + 帕米尔苔草泥炭湿地分别处在海拔相对较高和地表积水较多的地区，区域温度较低，地上最大生物量比温度稍高的矮嵩草草甸区低，表明地上生物量的积累主要与温度有关（张法伟等，2007）。

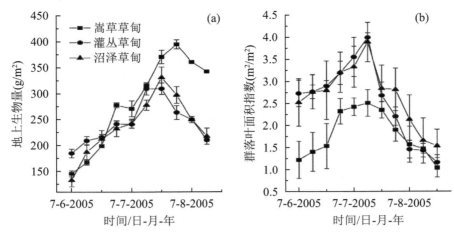

图5-15　3种植被类型的地上生物量（图a）和群落叶面积指数（图b）的动态变化

图5-15（b）可知，嵩草草甸、灌丛草甸和藏嵩草+帕米尔苔草泥炭湿地3种植被类型的群落叶面积指数均在7月中旬到达最大（3.98±0.10 m²/m²，2.50±0.30 m²/m²，3.88±0.44 m²/m²），与Kato（2004）调查的群落叶面积的极值一致。3者在到达最大值以前，嵩草草甸和藏嵩草+帕米尔苔草泥炭湿地（下称沼泽草甸）差别不大，明显高于灌丛草甸，这与灌丛草甸的植被盖度较小有关，其盖度一般在70%，明显低于另外2者的90%。在进入逐渐下降期的时候，3种植被类型的群落叶面积指数并没有太大的区别。

二、NEE 逐时变化对比

图5-16给出了3种草甸类型生长季与非生长季的NEE日变化。由图可看出，在植物非生长期，3种草甸类型的NEE的日变化相似，日变化不明显，波动多且变化幅度小，表现为向大气中释放CO₂。从3种植被类型在非生长季的释放速率来看，表现有高寒沼泽化草甸＞高寒矮嵩草草甸＞高寒金露梅灌丛草甸。在植物生长期，3种植被类型区的NEE日变化与常见的情形一致，日变化规律明显，表现为白天吸收，夜间排放，凌晨NEE由正值（释放）转换为负值（吸收），中午前后吸收量达到最大，然后吸收量开始减少，傍晚NEE由负值转换为正值，这种变化过程与太阳高度角在一日中变化所引起的太阳总辐射以及光合有效辐射的日变化相联系。日间最大吸收率和最大排放率分别出现在11：00—12：00和4：00—5：00，但正负转换时间随月际变化明显（表5-2），基本依植物生长期内太阳高度角的变化而引起白昼时间长短而变化，在太阳高度角高，光合有效辐射强的6—7月，正值时间缩短，负值维持时间长，在太阳高度角相对较低，光合有效辐射下降，植物生长前期和后期5月或9月，正值出现时间延长，负值维持时间缩短。既表明在不同月份因日照时间的缩短和延长，由晚间的正值向白昼负值转换时间因季节变化的不同出现时间不一致，如在5月嵩草草甸由正转换为负的时间在9：00—10：00，由负转换为正的时间在17：00—18：00，NEE为负的时间只有8 h左右，在7月由正转换为负的时间在7：00—8：00，由负转换为正的时间19：00～20：00，NEE为负的时间约12 h左右。到9月开始，正值转换为负值时间逐渐推后，而由负转换为正的时间逐渐提前。NEE正负值转换变化特征不仅在不同月份不同，而且在同月份不同草甸类型之间也有较大的差异。如在5月，嵩草草甸NEE有正负变化过程，而灌丛草甸和沼泽草甸不存在正负变化过程，同样在6月，这3种草甸NEE变化过程也存在明显差异（赵亮等，2006）。

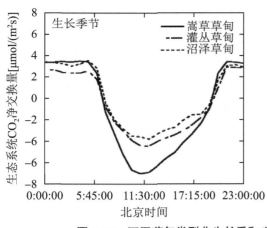
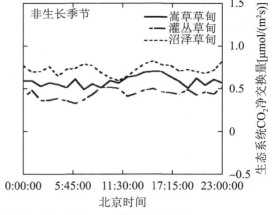

图 5-16　不同草甸类型非生长季和生长季的净生态系统 CO₂ 交换量的日变化

表 5-2　在生长季不同草甸类型 *NEE* 正负转换时间的月际变化

		5 月	6 月	7 月	8 月	9 月
高寒嵩草草甸	正→负	9：00—10：00	7：00—8：00	7：00—8：00	7：00—8：00	8：00—9：00
	负→正	17：00—18：00	20：00—21：00	20：00—21：00	19：00—20：00	18：00—19：00
高寒灌丛草甸	正→负	—	7：00—8：00	7：00—8：00	7：00—8：00	8：00—9：00
	负→正	—	19：00—20：00	19：00—20：00	19：00—20：00	18：00—19：00
沼泽草甸	正→负	—	7：00—8：00	7：00—8：00	7：00—8：00	8：00—9：00
	负→正	—	19：00—20：00	19：00—20：00	19：00—20：00	18：00—19：00

　　就矮嵩草草甸、金露梅灌丛草甸和藏嵩草沼泽草甸 3 种草甸类型在植物非生长期的 9 月至翌年 4 月时段平均来看，因 4 月和 9 月土壤释放量级较大，统计时掩盖了其他月份的日变化规律，表现出植物非生长季平均日变化复杂。3 种植被类型在植物非生长季土壤释放量大于植被吸收，且土壤释放速率因植被类型的不同而不同，表现为藏嵩草沼泽化草甸 > 矮嵩草草甸 > 金露梅灌丛草甸。主要表现在：在藏嵩草沼泽化草甸，虽然日平均气温很低，地表面被冰层所覆盖，但土层冻结在 50 cm 范围。一定层次内的土壤处于非冻结层状态，因非冻结层温度 >0℃，土壤呼吸仍可得到维持，土壤呼吸释放的 CO₂ 将通过上层浅薄的冻结层结冰和冰晶状的孔隙大量释放到大气。当然沼泽植物根系生长发达且扎根至 100 cm 左右，非冻结层范围的植物根系在相对较高的温度条件下仍可得到发育，而对大气 CO₂ 的吸收非常微小，同时在沼泽化草甸冷季虽然气候严寒，但岛状草丘上仍有大量的苔藓处于绿色状态，苔藓仍有生长且发生光合现象的可能，但对 CO₂ 的吸收也是微乎其微的，最终导致在该阶段藏嵩草沼泽化草甸具有很高的 CO₂ 释放量；矮嵩草草甸和金露梅灌丛草甸区，在上述阶段具有等同的气候效应，金露梅灌草甸海拔高于矮嵩草草甸，温度更低，土壤冻结更为坚实而深厚，冻土深度可达 200 cm，低温和深冻土限制了金露梅灌丛草甸区的土壤 CO₂ 的排放，导致 CO₂ 释放金露梅灌丛草甸 > 矮嵩草草甸，但均小于藏嵩草沼泽化草甸。

　　在植物生长季的 5—9 月，虽然 5 月仍有很高的 CO₂ 释放量，但其他月份因处于强太阳辐射，以及适宜温、湿度条件下，植物光合作用强，将强烈吸收大气 CO₂，导致时段内 *NEE* 日平均变化极为明显。而且其日变化振幅表现出矮嵩草草甸 > 金露梅灌丛草甸 > 藏嵩草沼泽化草甸。主要表现在矮嵩草草甸植被盖度大，土壤相对干燥，因在 3 植被类型中海拔高度较低，植物非生长季温度最高，利于植物碳水化物的形成，日间导致较高的 CO₂ 吸收；金露梅灌丛草甸植被类型处在土壤湿度相对较高的阴坡、半阴坡，植被盖度相对较低，区域温度因受海拔高的影响较低，但相对藏嵩草沼泽化草甸高而干燥，使该地在日间对 CO₂ 的吸收降低；藏嵩草沼泽化地表积水明显，水体导热率低，温度变化相对平稳，且在 3 种植被类型区保持较低的温度，日间对大气 CO_2 的吸收更低。对 3 种不同植被类型 NEE 由正值（释放）转换为负值（吸收）比较来看（表 5-3），植被类型不同，因地区所处的环境差异明显，造成日出后植物产生光合现象时间的不一致性，植物对大气 CO_2 吸收和释放时间均有所不同。

表 5-3 不同草甸类型 NEE 正负转化日期、最大排放量出现日期和最大吸收量出现日期

项目	高寒嵩草草甸	高寒灌丛草甸	高寒沼泽草甸
NEE：负→正日期	9 月下旬	9 月中旬	9 月上旬
NEE：正→负日期	5 月中旬	6 月上旬	7 旬上旬
最大排放量出现日期	2004 年 4 月 12 日	2004 年 5 月 29 日	2004 年 6 月 28 日
最大吸收量出现日期	2003 年 8 月 4 日	2003 年 7 月 14 日	2003 年 8 月 2 日

三、NEE 的逐日变化对比

青藏高原高寒草甸生态系统地—气 CO_2 的 NEE 具有明显的季节变化。图 5-17（a）给出了金露梅灌草甸 2003—2005 年逐日 NEE 的季节变化过程，为了比较，在图 5-17（b）和（c）分别给出了矮嵩草草甸和藏嵩草草甸相同时期逐日 NEE 的季节变化过程。可以看到，随时间变化在年内的 4 月和 10 月分别存在 2 个 CO_2 释放高峰期，夏季的 7—8 月则为一个强吸收期。年内基本表现出 1—4 月日交换释放量逐渐加大，4 月形成年内的第一个高释放期，5 月释放量降低，6 月上旬开始转为吸收，7 月、8 月其吸收量达最大后逐渐降低，9 月末出现由吸收转为释放，且释放速率明显加大，10 月进入年内第二个较强的 CO_2 释放期，11 月以后 CO_2 释放量又降低，且平稳变化至次年 3 月。当然这种变化过程随年景气象条件影响，年际间差异较为明显。同时因植被类型不同，所处的土壤、气象环境的不同，地区间差异也是不一致的。

比较 3 种高寒草甸植被类型 NEE 由正负值转化时间（表 5-3）发现，在植物生长后期，藏嵩草沼泽化草甸 NEE 由负→正时间最早，金露梅灌丛草甸次之，矮嵩草草甸最晚，相差时间约 15 d。主要表现在藏嵩草沼泽化草甸植物不论是地上，还是地下对土壤有机物质补给量极为丰富，每年植物倒伏地表累积，以及根茎生长和伸展，活根、死根和残留物相互交织，覆盖于地表，使土壤有机物质大量积存。导致有很高的土壤有机质，土壤有机质含量最高（约 25%）。受高海拔条件制约，该地区冬半年漫长而寒冷，加之湿地土壤过湿，嫌气性强，致使植物残留物不易矿化，还原能力差。即使在夏半年，也因地温不高和过分潮湿而分解较弱，大部分死根保持原有外形与韧性长期贮留在近地表层。随时间的推移，形成了厚达 2 m 左右的泥炭层。这些较厚的泥炭层和极高的有机物质利于向大气排放 CO_2，在相同温度环境下，当沼泽化草甸与其他 2 种植被类型具有相同的植被吸收量时，其呼吸分解所释放 CO_2 量明显高于金露梅灌丛草甸和矮嵩草草甸，导致 NEE 由负值转入正值时间提早。金露梅灌草甸因比其他 2 类植被区海拔高，热量条件差，植物受霜冻影响以及土壤冻结均来得提前，同时其土壤有机质（约 7%）比矮嵩草草甸区仅高 1% 左右，土壤向大气释放 CO_2 量降低，终久使 NEE 由负值转入正值时间比矮嵩草草甸早。

每年，在植物初期营养生长阶段，也就是生长旺季初期，在有利的气候条件下，植物进行光合作用而迅速累积干物质。也就在该阶段开始，高寒草甸生态系统的 NEE 发生吸收现象，一般 NEE 由正值转向负值时间矮嵩草草甸最早，金露梅灌丛草甸次之，藏嵩草沼泽化草甸最晚，3 种高寒植被类型由正→负的时间与由负→正的时间相反，相差时间延长到 20～30 d（表 5-3）。这种变化同由负→正的影响机制刚好相反，与所处的地理环境条件关系密切。所不同的是在藏嵩草沼泽化草甸，虽然植物生长物候期与另 2 类地区雷同，但沼泽化草甸因冬季土壤冻结浅薄，虽地表积水，水体热容量大，导热率低，与另 2 类植被区的土壤深度相比，土壤温度低，但高土壤有机物质及厚泥炭层有很高的 CO_2 排放能力，使藏嵩草沼泽化草甸由正→负的时间推迟。

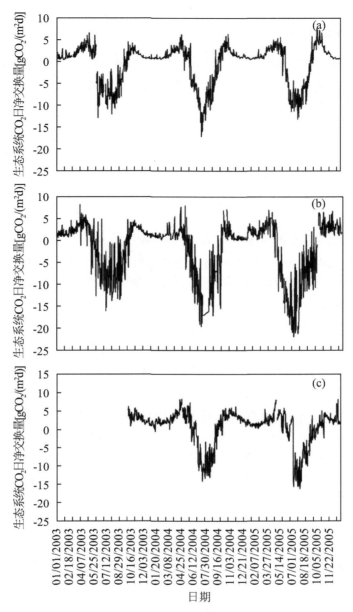

图 5-17　2003—2005 年高寒金露梅灌草甸
（a）矮嵩草草甸（b）和藏嵩草草甸（c）生态系统 CO₂ 日净交换量的季节变化

　　一年内，矮嵩草草甸、金露梅灌丛草甸和藏嵩草沼泽化草甸 CO₂ 吸收维持时间分别约 133 d、106 d 和 74 d，释放时间分别约 232 d、249 d 和 291 d，其吸收时间明显小于释放 CO₂ 的时间，但在单位时间的吸收量大于单位时间的释放量。就净生态系统月交换量来看，矮嵩草草甸和金露梅灌草甸 NEE 在 6 月、7 月、8 月、9 月的 4 个月时间均处于吸收阶段，10 月至翌年 5 月长达 8 个月时间为释放阶段；藏嵩草沼泽化草甸只有 6 月、7 月和 8 月 3 个月时间为吸收期，其他 9 个月为释放期。在金露梅灌草甸，7 月 CO₂ 吸收量最大，为 204.94 gCO₂/m²；而矮嵩草草甸和藏嵩草沼泽化草甸出现在 8 月，分别为 281.02 gCO₂/m² 和 260.18 gCO₂/m²。矮嵩草草甸和金露梅灌丛草甸在 4 月的 CO₂ 释放量最大，分别为 120.97 gCO₂/m²、96.00 gCO₂/m²，而藏嵩草沼泽化草甸出现在 5 月，为 170.88 gCO₂/m²。比较 3 种植被类型月最大释放量（$NEE > 0$）发现，藏嵩草沼泽化草甸最大，金露梅灌丛草甸最小，矮嵩草草甸居中；月最大吸收量（$NEE < 0$），则有矮嵩草草甸最大，其次为藏嵩草沼泽化草甸，金露梅灌丛草甸最小。

四、NEE 最大交换量对比

矮嵩草草甸、金露梅灌草甸和藏嵩草沼泽化草甸 CO_2 最大吸收率分别为 0.74 $mgCO_2$/（$m^2 \cdot s$）、0.46 $mgCO_2$/（$m^2 \cdot s$）和 0.73 $mgCO_2$/（$m^2 \cdot s$），最大排放率分别为 0.36 $mgCO_2$/（$m^2 \cdot s$）、0.34 $mgCO_2$/（$m^2 \cdot s$）和 0.82 $mgCO_2$/（$m^2 \cdot s$）。表明青藏高原同一地区不同植被类型之间的 CO_2 最大交换量存在着较大差异。CO_2 最大吸收表现有高寒矮嵩草草甸和藏嵩草沼泽化草甸基本相同，金露梅灌草甸最小。而 CO_2 最大排放率表现出藏嵩草沼泽草甸＞矮嵩草草甸＞金露灌丛草甸。比较这 3 个类型的 CO_2 最大吸收率与排放率之比，发现藏嵩草沼泽化草甸的这一比值为 0.88，小于 1，而矮嵩草草甸和金露梅灌草甸分别为 2.04 和 1.35，均大于 1，从而说明藏嵩草＋帕米尔苔草泥炭湿地（沼泽草甸）具有较高的排放潜能。

比较发现，青藏高原矮嵩草草甸和藏嵩草＋帕米尔苔草泥炭湿地的 CO_2 吸收量最大值与俄克拉荷马州 C_3/C_4 草原 [0.68 $mgCO_2$/（$m^2 \cdot s$）] 和美国科罗拉多州森林 [0.68 $mgCO_2$/（$m^2 \cdot s$）] 的最大值基本相同，而金露梅灌丛草甸的 CO_2 吸收量最大值是这两地区的 2/3；与其他一些 C_4 草原（-1.40 $mgCO_2$/（$m^2 \cdot s$）（Suyker & Verma，2001）；-2.50 $mgCO_2$/（$m^2 \cdot s$）（Li & Oikawa，2001））相比，青藏高原 3 种植被类型的最大值较小，甚至只是上述地区的 20～25%。青藏高原矮嵩草草甸和金露灌丛草甸 CO_2 最大排放量小于其他草地的最大值（0.35～0.40 $mgCO_2$/（$m^2 \cdot s$）（Sim & Bradford，2001）；0.44 $mgCO_2$/（$m^2 \cdot s$）（Monson et al.，2002）；0.50 $mgCO_2$/（$m^2 \cdot s$）（Suyker & Verma，2001）；0.95 $mgCO_2$/（$m^2 \cdot s$）（Hum & Knapp，1998））。而沼泽化草甸的最大 CO_2 排放量与美国科罗拉多州森林（Sim & Bradford，2001）、堪萨斯州 C_4 草原（Monson et al.，2002）和俄克拉荷马州高草草原（Suyker & Verma，2001）相比要高出 1/3，比日本的 C_3/C_4 草原（Li & Oikawa，2001）低三分之一。因此认为，青藏高原矮嵩草草甸和金露梅灌草甸比 C_4 草原和一些低海拔草原和森林具有较低的 CO_2 吸收和排放量潜能，而藏嵩草沼泽化草甸具有较高的排放潜能。

五、表观光量子效率、最大光合速率和生态系统暗呼吸对比

图 5-18 为表观光量子效率（a）、最大光合速率（P_{max}）和生态系统暗呼吸（R_{eco}）的季节动态变化。其中，灌丛草甸的 a 的季节动态变化不是很明显，振幅仅为 0.001 47 mg CO_2 ×μmol /Photon，6 月、7 月和 9 月的差别不是很大，而沼泽草甸的 a 的季节动态较为明显，振幅到达了 0.003 47 mg CO_2 ×μmol /Photon，只是在 8、9 月的差别较小，但是 2 者均在 7 月达到最大（0.002 51±0.001，0.003 56±0.001 95 mg CO_2 ×μmol /Photon）。嵩草草甸的 a 的季节动态最为明显，振幅略小于沼泽草甸，到达了 0.003 45 mg CO_2 ×μmol/Photon，在 8 月达到最大（0.004 14±0.001 mg CO_2 ×μmol /Photon）。总体上可知，矮嵩草草甸的 a 较高与其他 2 种类型草甸，而沼泽草甸又略大于灌丛草甸。这可能由于嵩草草甸的物种组成较为丰富（54 种），群落盖度一般在 90% 以上，而优势种复杂，明显较高于灌丛草甸（47 种）和沼泽草甸（24 种）。尽管沼泽草甸的物种丰富度较小，但其群落盖度一般在 95%，远大于灌丛草甸的 70%（周兴民等，2006）。嵩草草甸的研究结果也与卢存福等（1995）对矮嵩草的研究结果相似，其 a 为 0.025 9 mg CO_2 ×μmol /Photon。3 种植被类型的 a 的最大值明显高于 Xu（2005）对西藏当雄高寒草甸的研究结果（极大值为 0.001 07 mg CO_2 ×μmol /Photon），原因可能是在海北地区海拔较低，而当雄海拔达到了 5 500 m，植物生长季时节水热条件较好，植被生长良好，而且最大叶面积指数也明显大于当雄的 1.86 m^2/m^2。

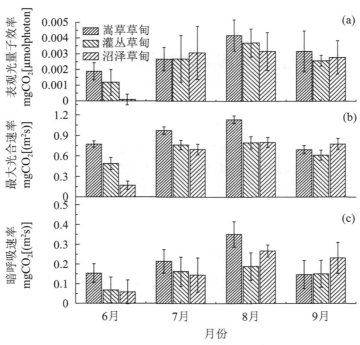

图 5-18 3 种植被类型生长季的表观光量子效率
（a）最大光合速率（b）和生态系统暗呼吸（c）的季节动态变化

3 种植被类型的 P_{max} 的变化与 a 有所差异，均在 8 月达到各自的最大值，这与师生波等（1996）和 kato 等（2004）对矮嵩草草甸植物群落的研究结果一致，在生长季的 6—8 月依次增大。但是嵩草草甸 P_{max} 值的动态变化（最大值为 1.133 64±0.057 37 mgCO₂/（m²·s），略大于 kato 等（2004）的 0.896 mgCO₂/（m²·s），较明显区别与其他 2 种类型。3 种植被类型的 P_{max} 平均值的大小顺序为嵩草草甸＞灌丛草甸＞沼泽草甸，这与嵩草草甸的物种组成丰富，而且优势种较多，群落叶面积指数也较高有关，具有较高的最大 CO₂ 吸收量 282 gCO₂/m²（Zhao et al.，2005）。灌丛草甸的物种组成也较为丰富，但优势种单一，群落叶面积指数最低，而沼泽草甸则相反。但 3 者振幅大小为沼泽草甸＞嵩草草甸＞灌丛草甸，这由于沼泽草甸由于枯枝落叶和有机残体的分解慢，植被在 6 月末 7 月初才进入旺盛生长期，致使沼泽草甸的 P_{max} 在 6 月最低，仅有 0.149 83±0.513 91 mgCO₂/（m²·s），分别是灌丛草甸和嵩草草甸的 29.0% 和 19.8%，而在 7—9 月与其他 2 者的差别不是很大。同时，灌丛草甸和沼泽草甸的在 7 月和 8 月动态变化不是很大，其值分别维持在 0.73 mgCO₂/（m²·s）。这与 2 者的群落结果简单有关。金露梅为灌丛草甸灌木层的单优势种，而其草本层的植物种类较少；沼泽草甸结果更为简单，仅为草本一层，优势种（帕米尔苔草）单一。

3 种植被类型的 R_{eco} 具有与 P_{max} 类似的变化，在 8 月达到最大。呈现这种季节变化的原因可能是 R_{eco} 与土壤 5 cm 温度之间的指数关系（Gu et al.，2003）。其中，由于嵩草草甸的 5 cm 地温较高于其他 2 者大约 1℃，嵩草草甸的 R_{eco} 值较大，季节动态变化最为明显［最大值为 0.351 46±0.064 mgCO₂/（m²·s）］，这与 Kato 等（2004）对 2002 年嵩草草甸生态系统的呼吸规律基本一致，生态系统呼吸的最大值为 0.53 mgCO₂/（m²·s），出现在 8 月中旬，也较高与其他 2 种草甸类型的最大值。沼泽草甸的 R_{eco} 略大于灌丛草甸［0.138 mgCO₂/（m²·s）＞ 0.127 mgCO₂/（m²·s）］，这与沼泽草甸常年累积的枯枝落叶和有机残体主要在 7 月、8 月进行分解有关，7 月和 8 月的值 R_{eco} 分别为 0.183 54±0.094 49 mgCO₂/（m²·s）和 0.191 54±0.075 36 mgCO₂/（m²·s），明显高于灌丛草甸 7 月和 8 月的 R_{eco}。灌丛草甸 8 月达最大值（0.161 17±0.065 8 mgCO₂/（m²·s）），较小于其他 2 者的最大值（张法伟等，2007）。

第八节 三江源高寒草甸区垂穗披碱草人工草地

我国草地的 90% 以上处于不同程度的退化之中，其中"中度退化"以上的草地面积已占半数，并且每年还以 200 万 hm² 的速度增加，草地生态环境形势十分严峻。天然草地要想得到真正意义上的恢复，适度放牧及减轻人为干扰是必须的保证。而退化草场的恢复与畜牧业的发展是一对尖锐的矛盾，矛盾的焦点是饲料问题，正是基于这种考虑，人工草地才得以迅速发展。我国人工草地面积近 6.67 百万 hm²，仅为天然草地面积的 2%。然而，畜牧业发达的国家人工草地面积通常占草地总面积的 10% ～ 15%，西欧、北欧和新西兰已达 40% ～ 70%。若将我国人工草地的比重从 2% 提高到 3.5%，天然草场过度利用现象将得到明显改善，饲草紧张及饲草的季节不平衡状况就可得到缓解。同时，随着三江源生态保护和建设工程（一期和二期）的实施，为了缓解天然草地放牧压力和提升退化草地的治理效果，人工草地得到了迅速的发展，成为生态工程的重要组成部分（尚占环等，2018）。为揭示三江源玛沁地区人工建植的垂穗披碱草草地生态系统 CO_2 净交换及其影响机制，吴力博等（2010）和赵亮等（2008）利用 2005 年和 2006 年涡度相关系统观测的数据分析了该人工草地的生态系统 CO_2 净交换量（*NEE*），生态系统总初级生产力（*GPP*）、生态系统总呼吸（R_{eco}）以及 R_{eco} / *GPP* 的变化特征及其影响因子的分析。

一、研究区概况及数据监测

试验地位于青藏高原腹地三江源区的青海省果洛州大武镇东南部 25 km 处的格多牧委会草场（100° 26′ ～ 10 041 E，34° 17′ ～ 34° 25′ N，海拔为 3 980 m）。该区域属典型高原大陆性气候，年平均日照 2 576 h，辐射强烈，无绝对无霜期，年平均气温为 –0.5℃，1 月的平均气温为 –12.7℃，7 月的平均气温为 9.8℃。年平均降水量约 500 mm，其中 85% 的降水量集中在 5—9 月。人工草地于 2002 年 5 月建成，面积为 2 000 hm²，是以垂穗披碱草单播。5—9 月为植物生长季，最大生物量为 232 g/m²，冬季放牧，为中度放牧强度。土壤类型以高山草甸土和高山灌丛草甸土为主。

涡度相关和常规气象观测系统置于地势平坦、视野开阔并具有足够大"风浪区"的人工草地中心。采用三维超声风速仪（CSAT3，CSI，USA）和开路红外气体分析仪（LI-7 500，LI-COR，USA）监测生态系统 CO_2 净交换（*NEE*）的变化，观测高度为 300 cm，采样频率为 10 Hz，每 15 min 输出一次平均值，数据存储于数据采集仪（CR5 000，CSI，USA）中。同时观测太阳总辐射、净辐射、土壤热通量、不同高度的空气温度和湿度、5 cm 深度的土壤温度、地表温度、降水、光量子通量密度（*PPFD*）以及不同深度的土壤含水量等相关数据，亦分别存储于数据采集仪（CR23 和 CR5 000）中。

二、三江源人工草地 *NEE* 的逐时特征

为便于比较各月之间 *NEE* 的日变化，本研究选取 5—9 月晴天 *NEE* 的数据进行分析（图 5-19）。由图 5-19 可见，除 6 月的 *NEE* 呈弱的双峰型变化外，其他月份的日变化基本呈现单峰曲线，昼间的 *NEE* 为负值（碳汇），夜间为正值（碳源），但各月之间存在显著差异（图中的横坐标为北京时间，比当地地方时间提前约 75 min）。生长季初期的 5 月，昼间生态系统碳吸收与夜间生态系统的呼吸都较弱。在生长旺季的 7 月、8 月，昼间生态系统碳吸收与夜间的呼吸都达到最强。另外，生态系统碳吸收的最强值均出现在 10：00—12：00，随后下降，18:00 以后，*NEE* 逐渐变为正值，由碳吸收转变为碳排放。生态系统碳吸收的日最强值为 –0.35 mg CO_2/（m²·s），出现在 8 月的 10：00 左右，夜间

NEE 的最大值为 0.22 mg CO_2/（$m^2 \cdot s$），出现在 7 月的 21：00 左右。值得注意的是，尤其是在植被生长季 7 月和 8 月，生态系统 *NEE* 在上午的下降速率远大于下午的升高速率，表明生态系统的光合活动在白天的时间尺度上具有不对称性，这可能光合产物转移和环境胁迫有关。在上午，植物光合强度较大，形成的光合产物来不及及时转移，到下午，由于光合产物的逐渐累积，开始限制了光合强度。或者，下午由于环境水分的胁迫，植物的生理活动受水分限制所致。

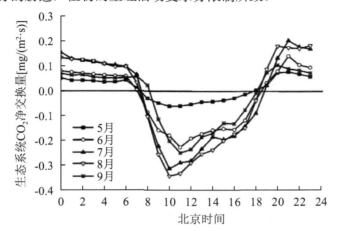

图 5-19　生长季不同时期晴天的生态系统 CO_2 净交换（*NEE*）的日变化。

三、三江源人工草地 *NEE* 的逐日特征

逐日 *NEE* 的年变化如图 5-20 所示，1—4 月均表现为碳排放，5 月上旬生态系统的碳排放量达到一年中的最大值，日最大值为 4.88 g CO_2/（$m^2 \cdot d$）。从 5 月开始生态系统的 *NEE* 开始下降，并逐渐由碳源转变为碳汇，碳吸收的日最高值为 -6.48 gCO_2/（$m^2 \cdot d$），出现在 8 月。10 月又逐渐由碳汇转为碳源，10 月下旬出现第二个碳排放高峰值。之后，随着温度的降低，植物根系呼吸和微生物呼吸的强度下降，碳释放强度亦逐渐降低。

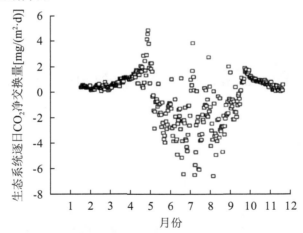

图 5-20　2006 年人工草地生态系统生态系统 CO_2 净交换（*NEE*）的季节变化。

逐月 *NEE* 的变化如图 5-21 所示，1—4 月生态系统均表现为净碳排放，4 月的碳排放量最大，为 53 g CO_2/m^2。从 5 月开始转为微弱的碳汇，一直持续到 9 月，7 月最多，为 -74 g CO_2/m^2，10 月又转为碳排放，2 月排放量最低，为 12.2 g CO_2/m^2。从全年的 *NEE* 来看，该生态系统为微弱的碳汇，CO_2 的年吸收量为 111.2 g CO_2/m^2。一年中各月生态系统总初级生产力（*GPP*）的变化趋势和生态系统总呼吸（R_{eco}）的趋势相似。从生长季初期的 5 月开始，生态系统从碳排放转为碳吸收（图 5-21），即生态系统的 *GPP* 大于 R_{eco}，7 月 *GPP* 的绝对值达到一年中最高，约为 -493.9 g CO_2/（$m^2 \cdot month$）。从

9月开始 *GPP* 明显减小，10月的 *GPP* 比 R_{eco} 低，生态系统呈现微弱的碳源。由于11月至翌年4月生态系统没有光合作用，因此，该阶段生态系统的 *NEE* 可视为生态系统的呼吸。R_{eco} 的最小值出现在冬季，最高值出现在生长旺季的7月、8月。

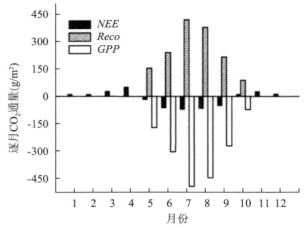

图 5-21　2006 年人工草地生态系统各月净生态系统 CO$_2$ 交换（*NEE*）、
总初级生产力（*GPP*）和生态系统呼吸（R_{eco}）的季节变化

垂穗披碱草人工草地一年可以固定 111 g CO$_2$，是一个较弱的碳汇。该生态系统的碳吸收能力低于世界上其他的草地生态系统。从年变化来看，由于该人工草地的 Q_{10} 较高，生态系统所固定的碳 90% 被用于生态系统的呼吸作用。而非生长季由于温度低，生态系统呼吸十分微弱。从日变化来看，虽然下午以后光合作用较强，但下午的净 CO$_2$ 交换量低于上午，原因为下午的温度较高，生态系统呼吸较强，R_{eco} / *GPP* 高于上午。随着 *PPFD* 和 *VWS* 的降低，人工草地生态系统的 CO$_2$ 吸收和 R_{eco} 也随之降低；生态系统的光合能力虽然由 *PPFD* 控制，但也受 *LAI*、*VPD* 与温度的影响；R_{eco} 与土壤温度呈指数相关，而 *VWS* 和 *LAI* 的变化对 R_{eco} 具有调节作用，从而影响了 R_{eco} 的季节变化。在本试验中，因为雨热同期，人工草地生态系统在生长季几乎不存在水分胁迫，温度的变化是生态系统碳收支的主要控制因子。

第九节　天然草地 *NEE* 与环境控制机制

高寒草地生态系统与其他生态系统类型一样，系统碳固定是绿色植物通过光合作用来实现，系统碳释放一方面通过植物的自养呼吸，另一方面是异氧呼吸，主要包括死亡植物根系碳素分解，通过在土壤中的再分配及土壤中有机物质在微生物作用下，分解释放使得碳素重新释放到大所中实现的。高寒草甸生态系统 CO$_2$ 净交换（*NEE*）取决于组成高寒草甸的植物种类的生理生态特性和群落物候特征及它们的遗传特征，同时也受控于环境因子，例如土壤温湿状况、大气温湿特征、辐射收支平衡，相对于高寒草甸的植物群落结构的相对稳定性，环境因子可能是短期 *NEE* 变化的主要调控因子。本节将从土壤温湿、光合有效辐射、昼夜温差、地表反射率、积雪状况、降水事件及植被因子对 *NEE* 的影响，探讨高寒草地生态系统 CO$_2$ 通量的响应规律。

一、土壤温度和土壤水分对夜间 *NEE* 的影响

草地生态系统放出的 CO$_2$ 常常主要来自土壤，土壤呼吸强弱既因植被群落类型和地理位置的不同而有较大的分异，更大程度上受土壤水热的影响。Rey 等（2002）指出植物根系呼吸以及土壤微生物

活性对土壤温度的变化都很敏感，土壤水分充足且不成为限制因素的条件下土壤呼吸与土壤温度呈正相关，而在水分含量成为限制因子的干旱、半干旱地区，水分含量和温度共同起作用。高寒草甸土壤温度虽没达到微生物活性的最适温度，但土壤微生物活动是长期适应于寒冷湿润的环境，因而当土壤温度稍有升高时，微生物活动便会急剧加强。在不考虑土壤水分时，青藏高原高寒草甸 CO_2 通量与土壤温度呈正相关关系，但考虑土壤水分时，CO_2 通量与土壤温度关系因土壤水分条件不同而不同，并且还与植被类型不同分布而存在差异。如图 5-22 所示，在较低或过高的水分条件下，矮嵩草草甸和金露梅灌草甸土壤呼吸对土壤温度比较敏感，但二者响应趋势截然相反，矮嵩草草甸的土壤呼吸依土壤温度增高而增大，金露梅灌丛草甸则相反。

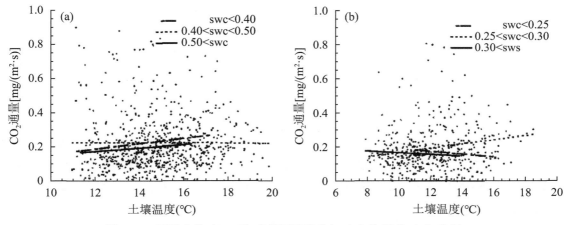

图 5-22　不同水分（SWC）条件下高寒草甸（a）和灌丛（b）夜间 CO_2 通量（Fc）与土壤温度（Ts）的关系

在植物非生长季，在同一温度水平条件下，CO_2 排放速率表现出藏嵩草沼泽化草甸 > 矮嵩草草甸 > 金露梅灌草甸。藏嵩草沼泽化草甸具有较高的呼吸敏感性（$Q_{10}=4.6$），是矮嵩草草甸（$Q_{10}=2.9$）和金露梅灌草甸（$Q_{10}=2.3$）的 $1.5 \sim 2$ 倍（图 5-23）。在植物生长季，矮嵩草草甸和藏嵩草沼泽化草甸的 Q_{10} 基本相同，约为 2.5，比金露梅灌草甸（2.9）略低（图 5-24），而这 3 种不同植被类型生态系统的 CO_2 排放量对温度响应基本相同。但是，在温度低于 $10℃$ 时，3 种生态系统的 CO_2 排放量之间具有一定的差异性，藏嵩草沼泽化草甸 > 矮嵩草草甸 > 金露梅灌丛草甸。在青藏高原，高海拔导致高寒草甸地区的温度往往低于 $10℃$，这也决定了藏嵩草沼泽化草甸在植物生长季有一个较高的排放量，进而导致藏嵩草沼泽化草甸在生长季有一较低的吸收量（$223 \text{ g } CO_2 /\text{m}^2$）。

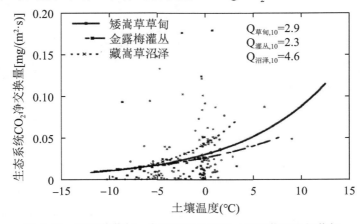

图 5-23　矮嵩草草甸、金露梅灌丛草甸、藏嵩草沼泽化草甸在植物非生长季净 CO_2 交换量与 5 cm 土壤温度的关系

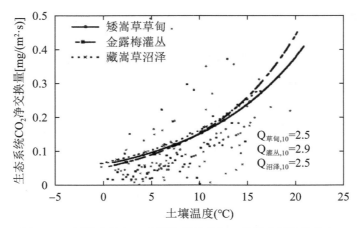

图 5-24　矮嵩草草甸、金露梅灌丛草甸、藏嵩草沼泽化草甸
在植物生长季夜间净 CO$_2$ 交换量与 5 cm 土壤温度的关系

二、光合有效辐射与白天 NEE 的关系

分析不同天气状况下（多云或少云）PPFD 与总碳吸收量（Gc）之间的关系时发现，不同植被类型区，在不同的天气状况下，Gc 对 PPFD 响应趋势是一致的，均表现出 Gc 随 PPFD 的升高而增大。另一方面，在较低 PPFD 条件下，Gc 随 PPFD 增加而迅速增大（图 5-25）。然而，在较高的 PPFD 条件下，Gc 几乎不随 PPFD 增大而增大，二者相互独立。在相同的 PPFD 的条件下，矮嵩草草甸 Gc [25.81 g CO$_2$/（m^2·d）] 大于金露梅灌草甸 [20.02 g CO$_2$/（m^2·d）]。少云天气状况下，Gc 日平均量大小因植被不同而不同，矮嵩草草甸区少云天气状况下，Gc 日平均量 [26.41 g CO$_2$/（m^2·d）] 显著高于多云天气状况下的日平均量 [25.28 g CO$_2$/（m^2·d）]；在金露梅灌丛草甸，少云天气状况下 Gc 日平均量 [19.39 g CO$_2$/（m^2·d）] 显著低于多云天气状况下的日平均量 [20.61 g CO$_2$/（m^2·d）]。在 PPFD > 1 200 μmol/（m^2·s）时，净 CO$_2$ 交换量（NEE）随温度从 10℃ 到 22℃ 变化将显著降低，嵩草草甸的降低速率大于灌丛草甸的降低速率。较高的 PPFD 水平下，温度对呼吸的影响比 PPFD 对呼吸的影响更大，并且不同的植被类型区对温度的响应程度是不一样的（图 5-26）。在相同的 PPFD 条件下，3 种高寒草甸植被类型区其 GPP 大小顺序为：矮嵩草草甸 > 金露梅灌丛草甸 > 藏嵩草沼泽化草甸（图 5-27）。

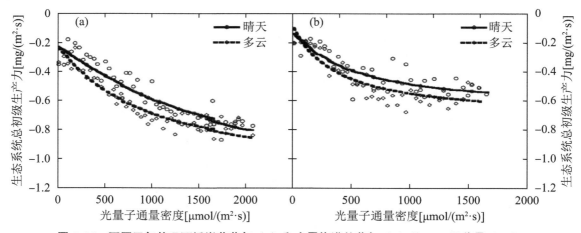

图 5-25　不同天气状况下矮嵩草草甸（a）和金露梅灌丛草甸（b）总 CO$_2$ 吸收量（Gc）
与光合有效辐射（PPFD）之间的关系

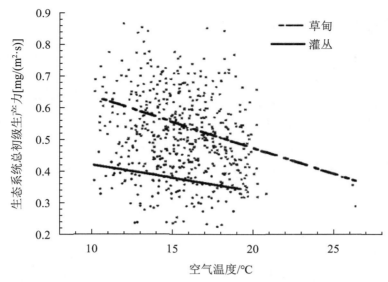

图 5-26 $PPFD > 1\,200\,\mu mol/(m^2 \cdot s)$ 条件下空气温度（Ta）与
净生态系统 CO_2 交换量（NEE）之间的关系

矮嵩草草甸：$NEE=-0.086\,Ta+0.507\,8$，$F_{(1, 131)}=9.92$，$P<0.001$；金露梅灌丛草甸：$NEE=-0.016\,3\,Ta+0.801\,0$，$F_{(1, 439)}=64.30$，$P<0.001$。

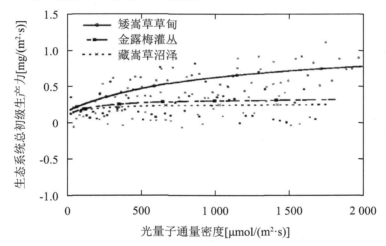

图 5-27 在植物生长季矮嵩草草甸、金露梅灌丛草甸、藏嵩草沼泽化草甸
总 CO_2 吸收量（GPP）与光合有效辐射（$PPFD$）之间的关系

辐射是生态系统进行光合作用的能源。总体上生长季生态系统的 NEE 和 GPP 随 $PPFD$ 的增加而增强。在生长初期的 5 月，由于植物较小，NEE 随 $PPFD$ 的变化较缓慢。在 6—9 月的上午，净光合速率随 $PPFD$ 的升高而增加，但是在午后，当 $PPFD$ 超过 $1\,500\,\mu mol/(m^2 \cdot s)$ 时，生态系统的 NEE 随 $PPFD$ 的增加呈升高趋势，特别是 7 月、8 月尤为明显。导致这种现象发生的原因是温度和辐射共同变化的结果，在相同的 $PPFD$ 条件下，生态系统的光合速率通常随温度的升高而增强，因此，温度既影响呼吸也影响光合作用。同时也说明该生态系统在午后温度较高时发生了一定的光抑制现象。高原上的强辐射会使植物的光合器官受损，为了避免这种状况发生，植物的对策是被动关闭气孔，导致光合速率下降，造成植物的"午休"现象（1997）。此外，师生波等（2001）都曾报道过青藏高原和内蒙古草原植物的"午休"现象。由于温度同时影响生态系统的呼吸和光合作用，关于温度变化对呼吸和光合作用各自贡献的定量分析尚有待于进一步深入研究。

三、昼夜温差和水汽饱和差、降水量与 *NEE* 的关系

在非生长季，高寒西北针茅草甸草原区的昼夜温差（T_d）与 *NEE* 呈极显著线性负相关（*NEE*= – 0.000 73 T_d+0.035，R^2=0.18，P<0.001，图 5-28 a）；在生长季，T_d 与 *NEE* 呈现抛物线关系（*NEE*=0.000 46 T_d^2– 0.014 T_d+0.052，R^2=0.11，P<0.001；图 5-28 b），表明当 T_d<14.8℃时，*NEE* 随着 T_d 增大而减小，即有利于生态系统碳积累，反之则不利于生态系统碳积累。适度的 T_d 既不影响植被白天的光合作用又降低系统夜间呼吸；但当 T_d 过大时，则夜间容易发生霜降、冻害等灾害天气，显著降低了白天的光合生理强度，进而影响系统对碳素的固定。

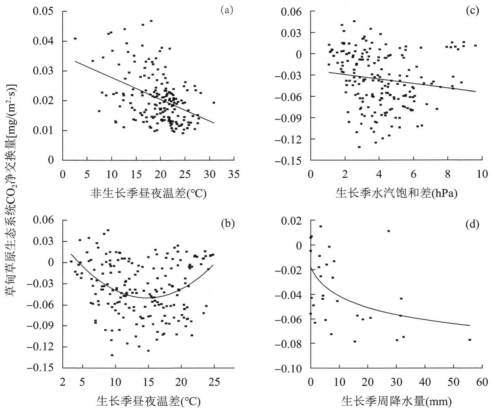

图 5-28 草甸草原非生长季（a）与生长季（b）昼夜温差（T_d）、生长季水汽饱和差（*VPD*，c）和生长季周降水量（d）与净生态系统 CO_2 交换量的关系

在高寒生态系统降水一般作为系统地上生产力振荡的辅助源。若以周为时间分辨率，则高寒西北针茅草原的 *NEE* 和降水量呈现对数关系 [*NEE*=–0.016 ln（x+3.03），R^2=0.22，P < 0.001]；两者存在饱和现象，印证了草甸草原系统 *NEE* 对降水量不是十分敏感。该地区生长季的 *VPD* 是 3.9 hPa，远远小于高寒生态系统限制植被光合 *VPD* 阈值（15.0 hPa），即生态系统较少出现水分胁迫。而有关研究发现高寒生态系统的植被光合能力随 *VPD* 升高而增强 0.022，R^2=0.02，P=0.036；根据魏永林等（2009）的研究数据，土壤质量含水量在生长季约为 20%，即容积含水量（土壤容重为 1.13 g/cm³）约为 23%，和当雄地区的高寒草地接近，但小于海北高寒草甸区 30%，当雄 CO_2 通量与土壤含水量相关，而海北则基本无关，因此青海湖北岸草甸草原短时间尺度（≤年）碳过程可能也与土壤含水量相关，但与降水和 *VPD* 关系较小。年际尺度的关系则有待后续研究。

在青藏高原，高寒草甸植被是长期适应高寒、低温、高湿环境的特殊植物群落，表现出高寒草甸植物具有较强的耐寒抗寒能力，在温度小于 –7℃的低温环境条件下仍可正常生长和发育，表明在相对较低的温度环境下，高寒植物仍可发生光合作用。观测发现，矮嵩草草甸和金露梅灌草甸区的 8 月白天平均

气温比较低，分别为 11.43℃和 11.02℃，夜间平均气温分别为 7.07℃和 6.07℃。2 种植被类型的最大昼夜温差可达 11℃以上，目前普遍认为昼夜温差有利于生态系统碳固定（Gu et al.，2003）。分析表明，高寒草甸植被类型区的 NEE 随昼夜温差增加而增大（图 5-29），从而证实较高的昼夜温差对碳固定有利。

四、地表反射率与 NEE 的关系

地表反射率是表征下垫面吸收太阳辐射能多少的重要指标，是作用层面最为重要的小气候参数，它在能量分配中占据重要地位，同样在土壤—植被碳固定方面有着重要的影响作用（赵亮等，2004）。Gu 等（2003）和 Zhao 等（2005）研究表明，NEE 随着地表反射率的增加而减少，并且因植被类型不同，植物群落结构（植物种类、层片结构、高度、盖度等）不同，地表反射率对 NEE 影响不同（图 5-30）。

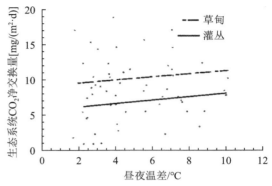

图 5-29　昼夜气温差（$T_{ad}-T_{an}$）与净生态系统 CO_2 交换量之间的关系

地表反射率是反映下垫面状况的基本物理参数。在高寒藏嵩草湿地植物非生长季由于植被枯黄，吸收太阳辐射的能力较差，或者下垫面被冰雪覆盖，其反射率一般较大。反之，在生长季中，植被旺盛生长，生态系统下垫面基本被绿色植物所覆盖，反射辐射较低，从而将低了反射率，而且变化较小。因此，NEE、GPP 在地表反射率为 0.1 左右时，呈现快速垂直增加趋势，一直到非生长季开始。当地表反射率超过 0.2 时，两者在最大值附近，基本保持恒定。R_{es} 也呈现出相似的变化，不同的是在地表反射率超过 0.2 时，R_{es} 基本恒定与最小值附近。

五、积雪时长对 NEE 的影响

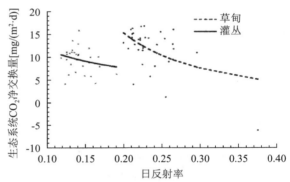

图 5-30　2 种植被类型白天净生态系统 CO_2 交换量（NEE）与反射率（A）之间的关系

有关季节性的积雪对 CO_2 通量影响已经进行了大量的研究（Zimov et al.，1991；Winston et al.，1995；Solomon et al.，1987；Sommerfeld et al.，1993；1996）。这些研究认为，当地表有积雪时，土壤温度与 CO_2 通量不存在相关关系，这与青藏高原高寒草甸生态系统的结果一致（赵亮等，2005），当地表有积雪时，CO_2 通量与 5 cm 土壤温度之间不存在相关关系。虽然土壤表层（0～5 cm）的温度对植物和微生物的生命活动有着决定性的影响，直接影响土壤排放 CO_2 的过程，但是当地表有积雪时，积雪的保温作用超过它的冷却作用，积雪时间越长，保温作用愈大，并且积雪降低了土壤温度的变化，使之处于一个稳定的阶段，当地表面有积雪时，5 cm 的土壤温度比较稳定，在 -0.65～2.22℃ 范围内波动，最大值没有超过 5℃，这样影响了土壤微生物的活动。

CO_2 通量与积雪时间的相关关系因下垫面不同而不同（图 5-31）。金露梅灌草甸和藏嵩草沼泽化草甸 CO_2 通量与积雪时间相关关系不甚明显。而矮嵩草草甸的 CO_2 通量与积雪时间之间相关性极显著，表明 CO_2 通量随着积雪时间的增长而下降。而在北极的一些研究结果证明 CO_2 通量随积雪时间指数增长（Brooks，1997）。这是因为在北极积雪时间较长，并且积雪厚度大，不容易融化，随着时间的延长，积雪厚度愈来愈厚，而青藏高原高寒草甸的积雪是周期性，降雪后，经过一段时间后，雪完全融化，积雪厚度随着时间推移而减小。另外，地表有积雪时，CO_2 通量值显著地高于无积雪条件（表 5-4）。因此，北极的 CO_2 通量随着积雪时间的延长而增加，而青藏高原北部地区的 CO_2 通量随积雪时间的延长而减少。

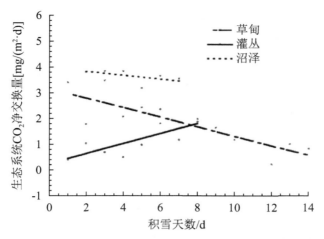

图 5-31 矮嵩草草甸、金露梅灌草甸、藏嵩草沼泽化草甸日均 CO_2 通量与积雪天数之间的关系

表 5-4 不同条件下 3 种植被类型的平均 CO_2 通量

项目	CO_2 通量（$gCO_2/(m^2 \cdot d^{-1})$）		显著性检验		
	有积雪	无积雪	t-value	df	P
矮嵩草草甸	1.17	0.73	4.10	3 240	0.000 1
金露梅灌丛草甸	0.86	0.60	0.78	1 792	0.436 1
藏嵩草沼泽化草甸	3.33	2.45	3.97	1 689	0.000 1

赵亮等（2005）研究表明，积雪对青藏高原高寒草甸生态系统 CO_2 交换量的影响因生态系统的性质不同而不同，矮嵩草草甸 CO_2 交换量，随着积雪时间的延长而线性降低，而金露梅灌丛和藏嵩草沼泽化生态系统不随积雪时间的延长而降低。这可能是由于在灌丛草甸由于植被盖度较高，积雪没有完全覆盖地表，土壤—大气存在一定的气体交换通道。沼泽草甸生态系统，在冬季下垫面全是冰面，已经把土壤—大气的物质循环分成了两个较为独立的系统，因而积雪对 CO_2 交换量影响不大。矮嵩草草甸生态系统，植被盖度低，为 $10 \sim 15$ cm，积雪完全覆盖地表，这样积雪把土壤—大气的物质循环隔离开，形成了 2 个较为独立的系统。虽然积雪把土壤—大气隔离为 2 个独立系统，但是由于积雪的存在增加了大气中的水汽浓度，地表有积雪条件下的平均水汽通量显著地高于地表无积雪条件，这样增加了 CO_2 交换速度，从而影响了 CO_2 通量。这个影响因生态系统类型的不同而不同，沼泽和草甸在地表有积雪条件下的 CO_2 通量值显著地高于无积雪条件的，而灌丛在这 2 个条件下 CO_2 通量值没有显著性差异。

六、降水事件对 *NEE* 的影响

探讨降水量与 *NEE* 之间的关系时发现，当有降水过程发生时，降水将强迫有关其他微气象要素，以及能量输送和湍流交换等发生从平衡态到非平衡态的暂时性变化，这种变化也影响 *NEE* 变化。首先，当降水过程产生时生态系统呼吸速率受降水胁迫影响略有降低，在降水天气事件过后的短时间尺度内，生态系统呼吸速率迅速增加，增加量大于降水前平衡态下的正常值。说明降水事件前后过程中，生态系统呼吸发生了平衡态→非平衡态→恢复阶段→平衡态的过渡形式。表明降水过程将刺激生态系统呼吸率的增大，其大小将强烈作用于 *NEE*（图 5-32）。

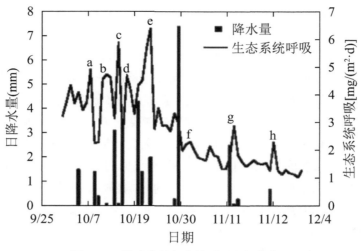

图 5-32　降水事件与土壤呼吸之间的关系

选取高寒矮嵩草草甸的 2002 年 8 月 8—17 日降水过程的数据进行研究（图 5-33）。8 月 8—17 日 CO_2 通量的日变化及平均日变化，表明 CO_2 交换量呈现明显的单峰日变化，生态系统白天通过植物光合作用吸收的 CO_2 大于生态系统的呼吸量，表现为碳吸收，而且随着光合有效辐射的增强，植物的光合作用升高速率大于呼吸作用的，净交换量得以提高，其绝对值在中午左右达到最大。夜晚由于光合作用停止，土壤温度变化相对较小，生态系统 CO_2 通量比较稳定。同时可以看到，在降水过程前的 8 日、降水过程中的 11 日、降水过程后的 13 日，CO_2 通量最小值分别为 -0.52 mgCO_2/（$m^2 \cdot s$）、-0.32 mgCO_2/（$m^2 \cdot s$）、-0.42 mgCO_2/（$m^2 \cdot s$）。降水过程中光合有效辐射下降了 61.7%，导致生态系统 CO_2 的净吸收量降低了 38.6%。但降水过程前后 CO_2 净吸收量变化不是很明显，因为 8 月海北矮嵩草草甸地区仍温暖而多雨，绿色植物的生长处于生长旺盛期，生态系统 CO_2 通量对短期的水热变化的不是很敏感。在降水过程中，降水对生态系统呼吸量的影响较小，尽管夜间的地温有所升高，能提高了生态系统的呼吸量（Fang et al.，2001），但降水提高了土壤和大气湿度，致使探头至地表之间的 CO_2 的贮存量增加，仪器测定值可能小于生态系统夜间的实际呼吸量。而且，由于土壤含水量的增高，抑制了土壤中部分微生物的活动，也影响了生态系统的呼吸量（Rey et al.，2002），但从图中可看出降水之后的土壤呼吸有所提高，这与大部分研究结果相似（Dong et al.，2005；Plotts et al.，2006；Chou et al.，2007）。

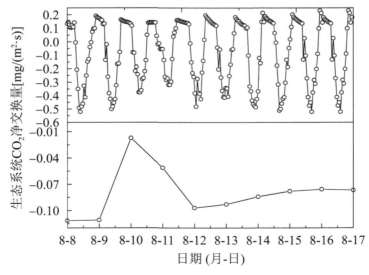

图 5-33　降水过程对 CO_2 通量的影响（图 a 日变化，图 b 日平均变化）

为了进一步了解降水过程对高寒矮嵩草草甸 CO_2 通量的影响，将各个环境因子按照降水（10—12 d）与非降水（14—17 d）过程分别对白天、夜间 CO_2 通量的影响进行了 Stepwise 回归分析（表 5-5）。降水期间，白天 NEE 主要受光量子通量密度（$PPFD$）的控制（$P<0.001$），而夜间呼吸则主要受控于地温，地表温度可以解释其变异的 48%（$P<0.001$），从方程发现其与 5 cm 地温负相关，这可能只是统计上的现象。如果单独考虑其与 5 cm 地温的关系，回归可知两者正相关（$R^2=0.14$，$P=0.046$）。非降水期间，白天 NEE 主要受 $PPFD$ 和地表温度两者影响，而单独用 $PPFD$ 也可解释其 83% 的变异程度（$P<0.001$）。因此，降水过程削弱了 $PPFD$ 对白天 NEE 的影响程度，而增加了其他因素的作用。比如，土壤含水量的 P 值从 0.8 降低到 0.09。夜间呼吸主要受控于地温，而降水似乎增加了地温对夜间呼吸的影响程度，能解释其 63% 的变异，明显高于非降水期间的。从剔除因素的 P 值可以得出一些可能的解释，非降水期间，5 cm 土壤含水量、气温对夜间呼吸的 P 分别为 0.054 和 0.27，5 cm 土壤含水量影响较大，而降水期间，其 P 值分别为 0.15 和 0.068，温度的作用增加。即通过降水作用，使 5 cm 土壤含水量的影响作用一部分转移到温度因子上，增加了温度解释生态系统呼吸变异的程度。降水削弱了 $PPFD$ 对白天 NEE 的影响，而增加了地温对夜间呼吸的控制。这与 Dong 等（2005）对内蒙古草原的研究结果不同，内蒙草原属于半干旱地区，其生态系统呼吸主要受控于土壤含水量（$0.70<R^2<0.94$），而高寒草甸则主要对温度因子敏感。

表 5-5　降水与非降水期间部分环境因子对 CO_2 通量影响的多元回归分析

项目		回归方程	F（P）值	R^2
降水期间	白天	$Y=-0.001\,x_5-0.033$	52.51（0.00）	0.56
	夜间	$Y=0.061\,x_3-0.000\,36\,x_4-0.000\,44$	22.30（0.00）	0.63
非降水期间	白天	$Y=0.007\,4\,x_3-0.000\,36\,x_5+0.001\,8$	208.65（0.00）	0.89
	夜间	$Y=0.011\,x_3+0.061$	24.71（0.00）	0.39

注：x_1 为气温；x_2 为空气湿度；x_3 为地表温度；x_4 为 5 cm 地温；x_5：$PPFD$；x_6：5 cm 土壤含水量；Y：CO_2 通量

当然，降水强度也是对 CO_2 通量影响的主要因素之一。这里按白天和夜晚分别讨论了降水强度对 CO_2 通量的影响。图 5-34 给出了降水强度对 CO_2 通量的影响。由图 5-34 可知，降水强度对白天 NEE 几乎没有什么影响。降水期间白天 NEE 受 $PPFD$ 控制，但高原降水强度普遍较低，持续时间也较短。在该期降水过程中，日降水量最大的 11 日，其降水强度仅为 1.31 mm/h，比中国东部地区均很低。统计降水强度（x）与 $PPFD$ 的回归关系有：$PPFD=169.94\,x+290.91$（$R^2=0.014$，$P=0.64$），表明降水强度对 $PPFD$ 影响十分微小。但降水强度对夜间呼吸则有较大影响，随着强度的增大，呼吸明显降低。降水期间夜间呼吸的主要影响因素为地温，而降水强度的增大均与温度等因素（地表温度、5 cm 地温和空气温度与降水强度的回归方程的 $R^2=0.47$，$P=0.02$；$R^2=0.17$，$P=0.21$ 和 $R^2=0.38$，$P=0.04$）呈现负相关关系。降水强度大时能降低夜间呼吸。

七、植被因子对 NEE 影响

以高寒藏嵩草湿地为例，在植物生长季节中，地上生物量和群落叶面积指数与 NEE、R_{es} 和 GPP 均有一定线性关系（图 5-35）。其中，与 NEE 和 GPP 呈线性负相关，而与 R_{es} 则成线性正相关，即地上生物量和群落叶面积指数的增加虽然增加了生态系统的固碳能力，但也在一定程度上增加了生态系统的呼吸量。地上生物量对 NEE 和 GPP 的影响较叶面积指数显著，其相关系数均较大，而对 R_{es} 的影响较群落叶面积指数稍小。由于湿地生态系统分解较慢，R_{es} 主要由植物地上部分的呼吸组成，故与地上生物量和群落叶面积指数呈正相关而且 R^2 较大，平均到达 0.83。在同等因素下，NEE 和 GPP 的影响因子较为复杂，故生物因子对其的影响较小。

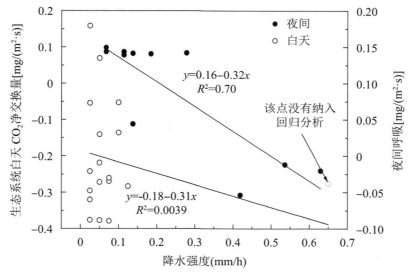

图 5-34　降水强度对 CO_2 通量的影响

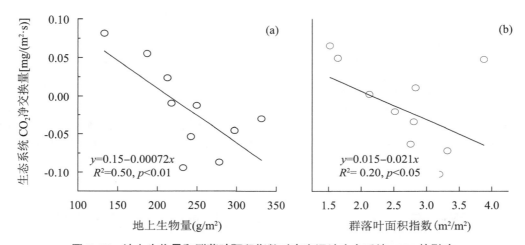

图 5-35　地上生物量和群落叶面积指数对高寒湿地生态系统 NEE 的影响

而高寒西北针茅草甸草原，LAI、EVI 和逐日 NEE 之间均表现为对数关系，尤其后者可解释 NEE 变异的 80%（图 5-36 a、5 ～ 36 b）。而相对应的 T_a 的解释度为 51%，和 LAI 的相近（图 5-36c）。T_a 作为影响草甸草原 NEE 的主要环境因子。因此本研究主要区分 T_a 与 LAI、EVI 的交互作用。T_a 与 LAI、EVI 的线性相关程度分别高达 0.78 和 0.88。采用简单归一化方法以区分 T_a 和生物因子的交互作用。结果表明（图 5-36c），NEE 与 T_a 的拟合曲线和 NEE/EVI 与 T_a 的拟合曲线的交点所对应的 T_a 值为 3.1℃，即 T_a <3.1℃时，T_a 对 NEE 贡献较大；反之随温度升高，EVI 贡献则远大于 T_a，而 3.1℃ 既与 4 月中旬（植物生长尚未开始）平均气温 3.2℃ 接近，也和 10 月上旬（植物生长基本结束）的 3.1℃ 相同，表明在整个植被生长季内 EVI 和 NEE 的相关性较好。NEE 与 T_a 的拟合曲线和 NEE/LAI 与 T_a 的拟合曲线的交点所对应的 T_a 值为 6.0℃，当 T_a <6.0℃时，LAI 对 NEE 的驱动强度较大，反之则 T_a 略大。而 NEE 和 T_a、LAI 以及 NEE 和 EVI、T_a 的一般线性模型结果也表明 LAI 和 T_a 之间存在显著的交互作用（$P=0.03$），而 EVI 和 T_a 无交互作用（$P=0.12$），但 EVI 的主效应极显著（$P<0.001$）。

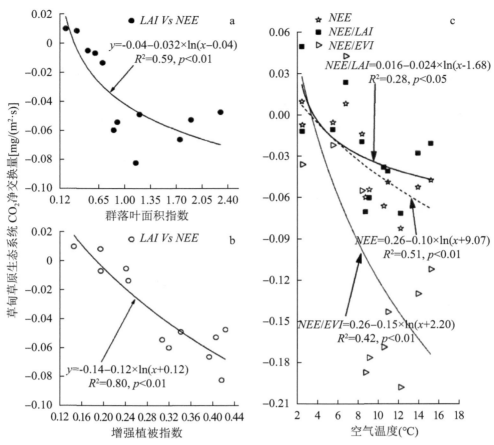

图5-36　草甸草原净生态系统 CO_2 交换量（NEE）与叶面积指数（LAI，a）和增强型植被指数（EVI，b）的关系以及气温（Ta，c）对 NEE 的相对贡献（NEE/LAI 和 NEE/EVI 分别代表 LAI 和 EVI 归一化的 NEE）

第十节　人工草地 NEE 变化的环境控制机制

一、土壤温度和人工草地夜间 NEE 的关系

利用夜间摩擦风速 $u_* > 0.15m/s$ 的 NEE 观测数据，分析生长季不同月份的 R_{eco} 的温度敏感性的效应（图5-37）。结果显示，每个月的 R_{eco} 都随温度升高而指数增加，但呼吸强度及其随温度升高的增加速率显著不同。在土壤温度小于15℃时，相同土壤温度的呼吸强度在8月较大，而大于15℃时，7月较大。Q_{10} 变化为 $1.08 \sim 2.64$。在非生长季节，R_{eco} 与土壤温度之间关系和生长季一样满足指数关系（图5-38），Q_{10} 为2.59。

温度是影响生态系统光合作用和呼吸作用的重要因子之一。很多研究报道了温度与生态系统呼吸的关系（Kato et al.，2004；徐世晓等，2007）。本试验地海拔高，生态系统常年处于低温环境中，即使在植物生长旺季的7月，其月平均气温也只有10℃左右，日最低温度可降到0℃以下。低温环境导致植物的分解速率减慢，土壤中有机碳含量通常较高（Ni et al.，2001；Kato et al.，2004）。三江源人工草地生态系统的 Q_{10} 为4.81，高于西藏草原化嵩草草甸的3.3（石培礼等，2006），也略高于海北站矮嵩草草甸的4.65（Zhao et al.，2006），说明该生态系统的呼吸对温度变化的响应更为敏感。

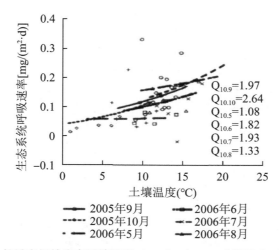

图 5-37　生长季夜间的生态系统呼吸（R_{eco}）对 5 cm 土壤温度（T_s）的响应

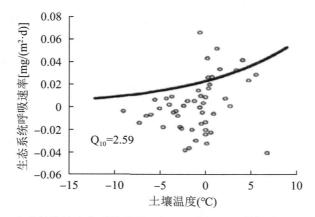

图 5-38　非生长季的生态系统呼吸（R_{eco}）对 5 cm 土壤温度（T_s）的响应

二、光合有效辐射与人工草地白天 *NEE* 和 *GPP* 的关系

5—9 月逐月晴天上、下午生态系统的 *NEE* 与 *PPFD* 的关系（图 5-39 a，以当地时间划分，约为北京时间 13：00）表明，生态系统的 *NEE* 与 *PPFD* 之间有很好的直角双曲线关系。从上、下午的光合曲线变化可知，生长季各月上、下午 *NEE* 随 *PPFD* 的变化速率存在明显差异，各月都是上午的 *NEE* 对 *PPFD* 的响应强于下午。在植物生长初期的 5 月，生态系统 *NEE* 随 *PPFD* 的变化较缓慢，上、下午生态系统净光合速率的差异较小。6 月的净光合速率明显高于 5 月，上、下午的净光合速率差值与 5 月相当，但当 *PPFD* 超过 1 250 μmol/（m² · s）时，上、下午的差值略有增大。而在生长旺盛季节的 7 月和 8 月，生态系统的净光合速率达到最大，且当 *PPFD* 超过 1 500 μmol/（m² · s）时，*NEE* 随 *PPFD* 的增大反而呈现下降趋势。9 月上、下午生态系统的净光合速率与 6 月相似。5—9 月逐月晴天上、下午生态系统的 *GPP* 与 *PPFD* 的关系（图 5-39 b）表明，*GPP* 与 *PPFD* 亦存在良好的关系。与图 5-39 a 不同的是下午的 *GPP* 均高于上午。也看出，在相同的 *PPFD* 情况下，上午的 *NEE* 值小于下午，而上午的 *GPP* 值明显大于下午，表明午后气温的升高导致了下午的 *GPP* 随 *PPFD* 的变化速率比上午的高。该结果一方面说明下午温度的升高对生态系统的呼吸影响很大，另一方面也说明温度的升高提高了生态系统的光合作用。

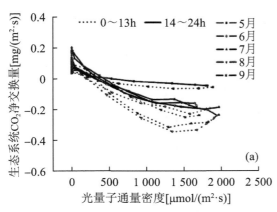
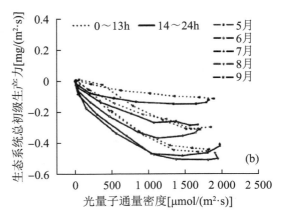

图 5-39 生长季人工草地生态系统净生态系统 CO_2 交换（*NEE*）和总初级生产力（*GPP*）对光量子通量密度（*PPFD*）的响应

三江源人工草地生态系统在碳交换日过程中，*NEE* 并不完全随着 *PPFD* 的增加而增大，当 *PPFD* 超过某一值时，*NEE* 随 *PPFD* 的增加而降低。发生这种现象的原因：一方面可能与土壤温度有关。土壤温度随 *PPFD* 增加而增加，由于土壤呼吸与土壤温度呈指数增长，因而此时由于单位时间内呼吸增长量大于吸收量，导致 *NEE* 下降；另一方面可能与水分胁迫有关。在水分胁迫条件下低的叶水势降低了保卫细胞的膨胀，限制了气孔的开张，同时也影响了与光合作用有关的酶的活性，降低了植被与大气之间的 CO_2 交换。这种现象出现在青藏高原北部的金露梅灌丛草甸（赵亮等，2006；Zhao et al.，2006），但是在青藏高原北部的矮嵩草草甸没有发现这种现象（Kato et al.，2006）。

从生长季 5—9 月的各月来看，白天垂穗披碱草人工草地 *NEE* 和 *PPFD* 之间的关系与青藏高原其他生态系统一样。首先随着 *PPFD* 增加 *NEE* 的吸收量呈增大的趋势，当增加至最大值后略微下降或平稳（图 5-40）。而且这些增大和下降趋势随着月份的变化存在差异。根据 Michaelis-Menten 动力学，*NEE* 对 *PPFD* 的响应曲线可由直角双曲线方程来描述（Hollinger et al.，1994）。

青藏高原三江源垂穗披碱草人工草地生态系统 CO_2 日最大吸收率和最大呼吸率分别为 $-6.82\ \mu molCO_2/(m^2\cdot s)$ 和 $2.95\ \mu molCO_2/(m^2\cdot s)$。与青藏高原天然草地相比，低于当雄草原化草甸 $-8.3\ \mu mol\ CO_2/(m^2\cdot s)$（石培礼等，2006）、金露梅灌丛草甸 $-8.22\sim-10.87\ \mu mol\ CO_2/(m^2\cdot s)$（赵亮等，2006；Zhao et al.，2006）和矮嵩草草甸 $-10.8\ \mu mol\ CO_2/(m^2\cdot s)$（Kato et al.，2006），这可能由于三江源区人工草地生态系统群落比较单一，并且 *LAI* 较低引起的；与世界上其他的草地生态系统相比，明显偏小。例如，在北美大草原生态系统中最大 CO_2 吸收速率普遍较高，都在 $-20\ \mu molCO_2/(m^2\cdot s)$ 以上，如最高可以分别达到 $-23\ \mu mol\ CO_2/(m^2\cdot s)$（Ham et al.，

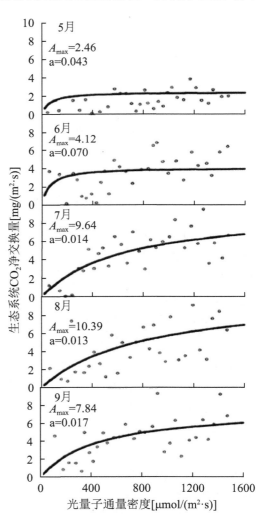

图 5-40 三江源人工草地的净生态系统 CO_2 交换量（*NEE*）与光合有效辐射（*PPFD*）的关系

1998）、-27 μmolCO$_2$/（m^2·s）（Dugas et al.，1999）、-30 μmolCO$_2$/（m^2·s）（Kim et al.，1990）和 -34 μmolCO$_2$/（m^2·s）（Verma et al.，1992）。究此原因，可能是这些温带草原植被具有较高的 LAI，可达 4～5 m^2/m^2，且含有 C$_4$ 植物成分。高于新西兰的丛生草地 -5 μmolCO$_2$/（m^2·s）（Hunt et al.，2002）。最大呼吸速率接近西藏高原当雄草原化草甸的 2.4 μmolCO$_2$/（m^2·s）（石培礼等，2006），但低于青藏高原东部的金露梅灌丛草甸的 4.50～5.43 μmolCO$_2$/（m^2·s）（赵亮等，2006；Zhao L et al.，2006）和矮嵩草草甸的 4.4 μmolCO$_2$/（m^2·s）（Kato et al.，2004）。二者出现的时间是在地上生长量和 LAI 达到最大的季节，即在 8 月达到最大。

许多研究表明，生态系统光合能力与 $PPFD$ 和 LAI 呈显著正相关，对人工草地的研究结果也印证了这一点，日净吸收量随着 $PPFD$ 和 LAI 的增加而逐渐增大，在 7 月末或 8 月初达到最大。随后，随着 $PPFD$ 和土壤水分的降低，以及地上生物量和 LAI 降低，生态系统日净吸收量也随之下降。生态系统的光合能力受 $PPFD$ 的控制，普遍呈非线性的直角双曲线关系，但光合潜力的大小，即生态系统的 A_{max} 和 α 是受 LAI 所调节的，LAI 的大小决定了光合潜力大小。LAI 高的生态系统，如前面提到的北美大草原温带草地生态系统的 LAI 很大，其日 CO_2 吸收速率就高。青藏高原东部的高寒草甸 LAI 和光合速率也高于本研究结果。西藏高原当雄草原化草甸 LAI 小于本研究结果，但是其日最大光合速率高于本研究观察结果。比较这两个生态系统，发现除了 LAI 存在差异外，群落组成也存在很大差异，如三江源人工草地的群落比较单一，多样性低，而西藏高原当雄草原化草甸多样性相对较高。可见，生态系统的日最大光合速率除了是受到 $PPFD$ 和 LAI 的综合控制，还可能受到群落多样性的影响，这一点有待于我们做进一步的研究。

三、昼夜温差对人工草地 NEE 的影响

图 5-41 给出了生长季（5—9 月）每个月和整个生长季节的昼夜温差对 NEE 形成的影响。可见，在生长季，昼夜温差对 NEE 形成的影响，因植物生长期和叶面积大小不同而存在差异（图 5-41 a），但均没有达到显著性水平。从整个生长季来看，随着昼夜温差增大，NEE 减少（$NEE = 1.03 - 0.07 \times (T_{day} - T_{night})$，$R^2 = 0.05$，$P < 0.05$，图5-41b），即在生长季，大的昼夜温差不利于生态系统碳吸收。

虽然青藏高原具有较大的昼夜温差，但是在生长季，大的昼夜温差不利于三江源区人工草地生态系统碳吸收和累积，这一结果与位于西藏高原草原化嵩草草甸（石培礼，2006）和位于青藏高原东北部的海北金露梅灌丛草甸（Zhao et al.，2005；Li et al.，2006；李英年等，2006）观测结果一致，而与赵亮等（赵亮等 2006；Zhao et al.，2006）和 Gu 等（2003）仅用 8 月观测数据得出的结论相反，二者观测结果表明，昼夜温差越大越有利于形成生态系统碳汇。不少研究表明，生长季昼夜温差大利于植物光合作用和光合产物的积累（周兴民，2001）。从本文研究结果可以看出，生长季昼夜温差对 NEE 的影响因植物生长期不同而存在差异。这主要因为：一方面在初期和末期的叶面积指数小

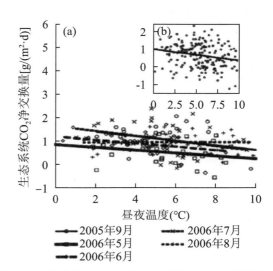

图 5-41　每个月（a）和整个生长季（b）昼夜温差（$T_{ad} - T_{an}$）与净 CO_2 日交换量（NEE）的关系

导致较小的生态系统固碳能力，即低的 GPP。在草盛期高的叶面积指数较高，具有较大的 GPP，并且此时的最低温度达到 -2.2℃；另一方面，在这 3 个生长期中 Q_{10} 基本相似。

四、植被因子对人工草地 *NEE* 的影响

植被是影响生态系统碳收支的重要因子（李英年，2003；朴世龙等，2004）。本研究地为垂穗披碱草单播人工草地，地上生物量的最大值出现在 8 月下旬，约为 232 g/m²，最大叶面积指数（*LAI*）约为 2.5，出现在 7—8 月（周华坤等，2007）。从本研究结果可知，生态系统的碳收支状况存在明显的季节变化，这与植被状况密切相关。在植物生长旺盛的 7—8 月为相对较强的碳汇，这与青藏高原海北站矮嵩草草甸的研究结果相似（Kato et al.，2004）。然而，海北站生物量与叶面积指数的最大值分别为 348.3 g/m² 和 3.8 左右（Kato et al.，2004），而该人工草地的生物量与叶面积指数均比海北站低。从生态系统的碳收支来看，人工草地生长季（5—9 月）各月生态系统的碳吸收能力均低于海北站矮嵩草草甸；人工草地 5—9 月碳吸收量为 268 gCO₂/m²，也远低于海北矮嵩草草甸的生长季碳吸收量 829 gCO₂/m²（Kato et al.，2004）。人工草地的年碳吸收量为 111 g CO₂/（m²·a），比海北站矮嵩草草甸的碳年吸收量 [282 g CO₂/（m²·a）]（赵亮等，2005）低得多；石培礼等（2006）报道了青藏高原退化草地的碳收支状况，该退化生态系统的生物量（150.9 g/m²）与叶面积指数（1.86）均比本研究地的人工草地低，年碳吸收量亦比本研究地要低。与 Suyker 等（2001）的结果比较，叶面积指数低于高草草原的 2.8，远低于高草草原的碳年吸收量 –268 gCO₂/（m²·a）。

在三江源建植人工草地，不但有利于草地退化问题的解决，也将促进高原草地生态系统碳吸收，增强生态系统碳汇功能。与青藏高原天然草地相比，三江源区人工草地生态系统的碳汇能力低于青藏高原东部金露梅灌丛草甸（58.5～75.5 gC/（m²·a））（赵亮等，2006；Zhao L et al.，2006）和矮嵩草草甸（78.5～192.5 g C/（m²·a））（Kato et al.，2006），但高于西藏高原当雄草原化草甸（–14.84～9.52 gC/（m²·a））（石培礼等，2006）。因此可以认为，通过人工草地的建设和利用，可以保护已经退化及未退化的天然草地，能够促进自然保护区和国家公园的建设和发展。对于轻度退化草场应尽可能依靠自然恢复的方法，减少人为干扰，但对重度退化且不能自然恢复的草地，以及"黑土滩"型退化草地，则应该采取人工草地重建的措施，并且在重建人工草地时应注意提高人工草地群落结构的多样性，以提高人工草地群落的稳定性和抗干扰力。因此，加强三江源区人工草地建设，不仅可促进高寒草地碳吸收，为国家固碳增汇做出贡献；也可缓解三江源区草—畜矛盾和利于草地畜牧业，将为地方社会经济可持续发展做出贡献。

第六章　青海高寒草甸植被／土壤呼吸排放通量监测及碳周转 ①

　　土壤是全球陆地碳的主要贮存场所，其储量巨大，是全球碳循环关键性的组成部分，具有改变大气中碳含量的巨大潜力。同时土壤碳库很不稳定，对全球气候变化十分敏感，细微的变化都可能导致土壤向大气释放大量的 CO_2 和 CH_4 及 N_2O 等气体。全球陆地生态系统由于人们对植被的高度利用、采伐和其他土地利用变化导致的土壤 CO_2 释放的增加量，是除了化石燃烧释放 CO_2 导致大气 CO_2 浓度升高的另一重要因素。草地作为陆地生态系统的主体生态类型之一，在地球表面分布最为广泛，各类草地总面积为 44.5×10^8 hm²，约占陆地总面积的 25%（Graetz，1994）。草地生态系统贮存的碳总量约为 266.3 Pg，占陆地生态系统碳储量的 15%，其中 89% 贮存在土壤中，仅有 11% 贮存在植被当中（赵有益等，2008）。因此草地土壤通过土壤呼吸作用向大气释放 CO_2 是草地生态系统碳循环中最主要的一个环节，在区域气候变化及全球碳循环中占有重要的位置（Craine et al.，2002）。为此，人们对于草地植被／土壤系统的呼吸排放高度重视。

　　在目前气候变暖的大背景下，青藏高原增温速率是全球最高的，这种情况已经直接影响到青藏高原的土壤碳排放过程。然而，目前高寒区域的土壤碳排放研究仍大多位于北半球高纬度区域，尤其是集中在美国阿拉斯加、加拿大中北部及俄罗斯的西伯利亚地区等。近些年来，在青藏高原也开展了较多的研究。本章则归纳总结了编著者在海北站、三江源玛沁高寒草甸，以及其他学者在青海其他高寒草地关于植被／土壤 CO_2 呼吸排放特征及影响机理的研究。需要说明的是，本章中所指的植被／土壤 CO_2 呼吸排放包括了植被／土壤系统呼吸排放、土壤呼吸排放、微生物呼吸排放、植物根系呼吸排放，将在第一节做说明。本章中大多数系指土壤 CO_2 呼吸排放，只在个别"节"中讨论了植被／土壤系统呼吸排放、微生物呼吸排放、植物根系呼吸排放。同时，本书中所表述的呼吸排放与呼吸释放，呼吸排放（释放）速率与呼吸排放（释放）通量，均系是同一概念。另外，讨论的区域均为高寒、缺氧、低压环境条件下的青藏高原高寒草地植被类型，其有机体及有机质分解所表现的分解时间和规律相似，故土壤／植被有机碳的周转时间基本一致，仅在第九节做叙述，在其他节中不再做草地类型区细分述。

第一节　关于植被／土壤呼吸排放说明

　　植被／土壤 CO_2 呼吸排放实际上中间包含了植被呼吸、土壤呼吸，二者是生态系统呼吸二大部分。植被呼吸包括了地上与地下的植物呼吸，而土壤呼吸严格意义上来讲是指未受扰动土壤中产生 CO_2 的所有代谢作用，它包括 3 个生物学过程（即土壤有机质的分解和土壤微生物的呼吸、植物的根

① 本章执笔：李英年，白炜，温军，赵亮，李红琴，吴启华，杨永胜，张光茹，刘晓琴，毛绍娟

系呼吸、及土壤无脊椎动物的呼吸）和一个非生物学过程，即含碳矿物质的化学氧化作用（Singh et al.，1997）。

由于气候环境的影响，干旱地区和湿润地区土壤无脊椎动物和含碳矿物的化学氧化量不同（刘新民等，2005），因此在不同生态系统中土壤呼吸就显得极为重要，而且随植被类型不同差别较大，因而也是人们所关注的重要性所在。苏永红等（2008）较详细地阐述了土壤呼吸的重要性及国内外相关研究状况。土壤呼吸是全球碳循环中重要的流通途径，它的变化将显著影响大气 CO_2 的浓度，控制土壤呼吸将能有效缓和大气 CO_2 浓度的升高和温室效应（Ciais et al.，1995）；土壤呼吸也是表征土壤质量和土壤肥力的重要的生物学指标，在一定程度上反映了土壤氧化和转化能力，是预测生态系统生产力对气候变化响应的参数之一，尤其是基础土壤呼吸部分，反映了土壤的生物学特性和土壤物质的代谢强度；土壤呼吸又是反映生态系统对环境胁迫相应指标之一，其呼吸速率变化与否以及变化的方向反映了生态系统对胁迫的敏感程度和生态系统对污染承受力的一个依据（Burke et al.，1995；Robies et al.，1997）；土壤呼吸还是土壤内的 CO_2 在浓度梯度的驱动下向土表扩散的过程，可以用来测定土壤的通气性；在有一定冠层的植物群落中，土壤呼吸释放的 CO_2 改变了冠层的 CO_2 浓度梯度，使下层植被得到更多的碳源，提供更多的光合作用原料，改变植物的光合作用进程，从而影响植物的产量（Cebrian et al.，1995）。因此，研究陆地生态系统土壤呼吸对植物群落的根系呼吸、土壤微生物呼吸和土壤动物活性状况、土壤中碳素的周转速度（Raich et al.，1992）以及全球气候变化等都有极其重要的意义。土壤呼吸作为一个复杂的生物学过程，受到多种因素的作用，这使得土壤呼吸一方面具有某种规律性，另一方面又表现出不规则的变化，显示了相当的复杂性（刘绍辉等，1997）。

通俗意义上，土壤呼吸包括土壤微生物对有机质的分解和植物根系呼吸 2 大部分（Singh et al.，1997），但在计算碳汇／源能力时严格讲是排除植物根系呼吸以及根系分泌量后的异养呼吸，否则将会低估碳汇／源强度。受条件限制我们没有进行植物根系呼吸以及根系分泌量的测定。Rochette 等（1997）综合考虑各种因素及不同方法的比较时提出了根去除法是区分土壤各组分呼吸的一种比较切实可行的方法。因此，这里首先应对相关呼吸排放所指的内容做简单描述。

从土壤呼吸产生的生理学机制看，草地土壤呼吸主要包括自养呼吸和异差呼吸，自养呼吸为根系呼吸，异养呼吸为土壤微生物呼吸（土壤动物呼吸忽略不计）（Hanson et al.，2000）。根系呼吸的测定主要集中在森林生态系统，Epron 等（2001）在研究 30 年生的山毛榉林时，认为根系呼吸占整个土壤呼吸的 60%。Hogberg 等（1993）用环剥试验法研究发现樟子松（Pinus sylvestris）林土壤呼吸的 54% 来自于根系呼吸。也有研究认为根系呼吸在整个土壤呼吸中所占的比例占 23% ～ 33%（Kelting et al.，1998）。而微生物呼吸占土壤呼吸的 70% 左右（Kelting et al.，1998），土壤微生物在不同生态系统和不同环境条件下其驱动力大小及作用特点有较大的差异。

要全面地了解土壤微生物在碳循环中的作用特点，有必要在不同生态系统中开展综合研究，明确土壤微生物对环境变化的反馈机制等。也正是如此，对于土壤呼吸排放的监测研究中要明确"呼吸"排放的相关概念。

自养呼吸：自养是将无机物转化为有机物，如进行光合作用的植物、某些细菌等。自养是自身可以合成有机物，不需要别的生物提供能量或有机物。而植物用于维持性呼吸和生长性呼吸消耗的部分，称作自养呼吸（R_a）。不难看出，净初级生产力（NPP）是指绿色植物在单位时间单位面积内积累的有机物质的总量，是植物总初级生产力（GPP）减去植物自养呼吸（R_a）以后剩余的部分。

异养呼吸：异养是不能自身合成有机物，它需要吸收别的生物所产生的有机物，不能单独存活。由于土壤呼吸是指土壤中的大量小动物和微生物呼吸，所以同样是异养呼吸。也正因为如此，人们就把土壤呼吸与异养呼吸等同讨论。所以，人们定义净生态系统生产力（NEP）是净初级生产力（NPP）

中减去异养生物呼吸（R_h）消耗（如土壤呼吸）以后剩余的部分。

当然，在生态系统中还有非呼吸代谢而消耗的光合产物（NR），如农、林、牧产品经人们或动物获得利用转移出去，或被动物啃食后，残留植物腐烂、死亡，动物啃食下去的那一部分则又被排泄，变成动物体内营养的非呼吸消耗，还包括火灾、病虫害、动物啃食、农林产品收获、森林砍伐等。而动物啃食吃下去而被当作热量呼吸出去的那一部分并不包括在内。人们对净生态系统生产力（NEP）减去非呼吸消耗（NR）的部分称作净生物群系生产力（NBP）。

有了上述的认识，我们很容易理解植被／土壤系统呼吸的相关观测方法。因此，讨论植被／土壤呼吸包括了植被／土壤系统呼吸、土壤呼吸、微生物呼吸、根呼吸。这些呼吸排放的实验监测中，按下列方法界定。

植被／土壤系统呼吸：指整个植被／土壤系统的呼吸，对草地的 CO_2 呼吸排放监测时，利用观测仪器直接监测单位面积内的呼吸排放量。

土壤呼吸：指齐地面减去植物地上部分后单位面积内的呼吸排放量。

微生物呼吸：指选择一定面积区域，分土壤层挖掘，最大限度地将植物根系分拣，然后按原状土分层回填埋实，埋实时随时测定土壤硬实度，尽可能保持与原状土的硬实度一致。利于观测仪器直接监测单位面积内的呼吸排放量，即为土壤微生物呼吸排放量。

根呼吸：由上述观测的土壤呼吸减去微生物呼吸即为根呼吸。

植物的呼吸：将植被／土壤系统呼吸与土壤微生物呼吸之间的差值称为整个植物系统的呼吸。

对于一个地区来讲，植物的光合产量是固定的，不同的是受气候条件限制，不同年份间其植被（包括地上和地下）的净初级生产量发生改变。同时，由于土壤呼吸在生态系统呼吸中所占据的比例较大，甚至高出 80% 以上，因此，人们更较多关注的是土壤呼吸。而生态系统呼吸的观测研究主要是通过涡度相关法分析的结果较多，实际观测的相对土壤呼吸排放较少，对于土壤呼吸中的土壤微生物呼吸、根呼吸亦有报道，但与整个土壤呼吸来讲也相对薄弱。鉴于此，本节着重进行了土壤呼吸的国内外及青藏高原的研究进展状况，兼顾了少量的土壤微生物和根系呼吸排放方面的介绍。

第二节　祁连山海北高寒草甸冬季放牧草场及放牧强度下植被／土壤 CO_2 呼吸排放

一、研究区基本状况

多年来，对于海北高寒矮嵩草草甸、金露梅灌丛草甸，乃至青海草地不同植被类型区的土壤呼吸、生态系统呼吸监测有诸多的报道（张金霞等，2001a；2001b；2001c；2003；曹广民等，2 001 a；2001b；2002；吴琴等，2005；2011；周党卫等，2003；李东等，2005；吴启华等，2013；李英年，2016；李红琴等，2014；2019；刘晓琴，2013），也取得显著的成果。早期的观测多为静态箱—气相色谱法。后期采用 Li-8 100、Li-8 100 A 等方法进行观测。不同观测方法、不同的研究者得到的研究结果因受年份气候环境的影响，其结果大同小异。监测研究过程中，开展了以 1～3 h 为时间间隔步长的日变化监测，也有按有关研究者提出的 9：00—11：00（地方时）采样可代表日平均值的方案（Dugas et al.，1999），视天气状况每月进行 4～6 次观测频次的监测研究，最后根据 CO_2 排放与土壤温度的回归经验方程模拟估算日、月变化及年总量。

这里所指的高寒矮嵩草草甸是青藏高原面积最为广泛的植被类型之一，在海北站有大量的分布，

植被 / 土壤呼吸排放监测样地设在海北站区前西北方 1.0 km 的"北滩"冬季放牧草场的矮嵩草草甸。区域气候、植被、土壤的总体状况已在微气象—涡度相关法水热碳通量观测系统的介绍中做了详细的描述，也可参考众多的文献（周兴民，1991；李英年等，2004；2017；2019；赵新全等，2009；周兴民等，2006）。

冬季放牧草场试验区植物以矮嵩草建群种，早熟禾、异针茅、垂穗披碱草为优势种，伴生种有青藏苔草、二柱头蔗草、麻花艽、线叶龙胆、羊茅、矮火绒草、美丽风毛菊、雪白委陵菜等，植被覆盖度达 95% 以上。在 2001—2017 年的观测发现，9 月中旬地上、地下植被现存生物量为 306.40 ～ 528.44 g/m² 和 1 183.26 ～ 3 612.34 g/m²。土壤类型为亚高山草甸土，也有学者称为草毡寒冻雏形土（中国科学院南京土壤研究所系统分类课题组等，1991）。土壤发育年轻，土层浅薄，有机质含量丰富（乐炎舟等，1982）。

植被 / 土壤 CO_2 呼吸排放监测时，选择地势较为平坦，植被分布较为均一的草地，多数研究者分别设置了保持自然状态的植被 / 土壤系统 CO_2 呼吸排放（视植被 / 土壤生态系统 CO_2 呼吸）。齐地面剪除植物的地上部分并清除地表凋落物（视土壤 CO_2 呼吸排放，包括了土壤微生物对有机质的分解和植物根系呼吸排放两大部分），此工作在每次监测实验的前一天进行地上植物的剪除。在观测区域选定代表性地段，在开展每次监测实验前一个月选择一定面积（一般比观测框边缘大 40 cm 以上，避免边际效应产生）最大限度的分土层进行挖掘，人工剔除植物根系，然后按原状土层结构依次回填，并注意回填时随时测定土壤硬实度与自然状况保持一致，最后形成裸露的地表。每次设置 3 个重复（吴琴等，2005）。

二、植被 / 土壤 CO_2 排放的日、年变化特征的普遍性及年呼吸排放状况

对高寒草甸众多的研究表明（张金霞等，2001a；2001b；2001c；2003；曹广民等，2001a；2001b；2002；周党卫等，2003；李东等，2005；Cao et al.，2004；吴琴等，2005；2011；赵倩等，2014），青海草地不同地区 CO_2 呼吸排放速率具有明显的日、季节变化特征，生态系统呼吸、土壤呼吸、土壤微生物植被 / 土壤 CO_2 呼吸释放速率 3 者变化趋势基本一致，均呈明显的单峰型特点。例如，吴琴等（2005；2011）给出的海北高寒矮嵩草草甸植被 / 土壤系统、土壤、土壤微生物植被 / 土壤 CO_2 呼吸释放速率的日（图 6-1）、年（图 6-2）变化表明，一日间，其最大排放速率在当地地方时的 12：00 ～ 13：00，最小值出现在凌晨 3：00—7：00，地方时的 7：00—12：00 为 CO_2 排放速率的上升期，12：00—次日 3：00 为下降期，白天均高于夜间。

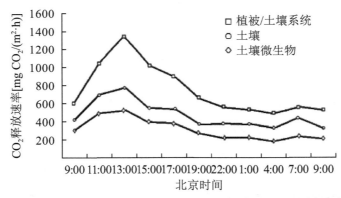

图 6-1 高寒矮嵩草草甸植被 / 土壤系统、土壤、土壤微生物 CO_2 释放速率的日变化

而在一年中，除个别年份外，植物生长期植被 / 土壤 CO_2 呼吸释放速率明显高于枯黄期。CO_2 排放速率最高值均出现于 8 月，最低值均出现在 1 月。6—8 月下旬为植被 / 土壤 CO_2 呼吸释放速率的上升期，而 8 月下旬至翌年 1 月植被 / 土壤 CO_2 呼吸释放速率持续下降（图 6-2）。生态系统呼吸、土

壤呼吸、土壤微生物呼吸的 CO_2 排放速率月最高值出现时间与该地区微生物数量的高峰期相吻合（朱桂茹等，1982；王启兰等，1991）。

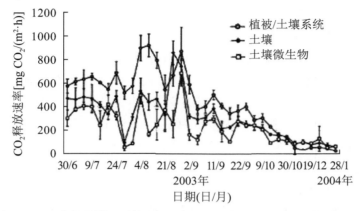

图6-2　高寒矮嵩草草甸植被／土壤系统、土壤、土壤微生物 CO_2 释放速率的季节变化

实际上上述植被／土壤 CO_2 呼吸释放速率日、年变化与国内外其他草地的研究（董云社等，2000；徐洪灵等，2012；Davidson et al.，2006；Flanagan et al.，2005；Hobbie et al.，1998；吴启华等，2013a；李英年，2016；李红琴等，2013；2019；Hu et al.，2008；孙步功，2008；宗宁等，2013；白炜，2010）得出的结论也是相同的。当然个别地区也有一定的差异，例如，吴琴（2011）对植物非生长季的矮嵩草草甸植被／土壤系统呼吸排放和土壤呼吸排放速率的监测表明，日变化在地方时 15：00 左右达到最大值，然后逐渐下降，在 0：00—3：00 为最小。但其总的变化趋势是一致的。

吴琴（2005）通过 2003—2004 年对海北高寒矮嵩草草甸的观测研究发现，高寒矮嵩草草甸植物生长盛期（7—8 月），植物／土壤系统 CO_2 呼吸排放速率平均为 680.30 ± 135.71 mg/（$m^2 \cdot h$），土壤呼吸排放速率为 459.40 ± 183.09 mg/（$m^2 \cdot h$），土壤微生物呼吸排放速率为 323.99 ± 165.67 mg/（$m^2 \cdot h$）。则植物地上部分的呼吸排放速率为 220.90 mg/（$m^2 \cdot h$），占植被／土壤系统呼吸排放速率的 32.5%，植物根系的呼吸排放速率为 135.41 mg/（$m^2 \cdot h$），占土壤呼吸排放速率的 29.5%，土壤微生物呼吸排放速率占土壤呼吸的 70.5%。研究中发现，6 月 30 日—翌年 1 月 28 日，植物—土壤系统 CO_2 呼吸排放速率为 438.34 ± 264.12 mg/（$m^2 \cdot h$），土壤呼吸速率为 313.20 ± 189.74 mg/（$m^2 \cdot h$），土壤微生物呼吸速率为 230.34 ± 145.46 mg/（$m^2 \cdot h$）。则植物根系呼吸速率为 82.86 mg/（$m^2 \cdot h$），占土壤呼吸的 26.5%，土壤微生物呼吸占土壤呼吸的 73.5%。

吴琴（2011）在对 2003—2004 年冬季（11 月—翌年的 4 月），植被／土壤系统呼吸与土壤呼吸排放速率研究表明，冬季植被／土壤系统呼吸与土壤呼吸速率变化范围为 $51.63 \sim 206.07$ mgCO_2/（$m^2 \cdot h$）、$47.41 \sim 152.94$ mgCO_2/（$m^2 \cdot h$）。2004—2005 年冬季生态系统呼吸与土壤呼吸速率变化范围为 $35.12 \sim 145.17$ mg CO_2/（$m^2 \cdot h$）、$28.21 \sim 107.89$ mg CO_2/（$m^2 \cdot h$）。2 个冬季植被／土壤系统呼吸与土壤呼吸变化趋势相近，均表现出随着气温或土壤温度的降低而降低，至 3—4 月气温逐渐回升时，呼吸速率逐渐增加。但由于冬季地表植被呈完全枯萎状态，土壤呼吸与植被／土壤系统呼吸速率之间在统计上未达到显著性差异。2003—2004 年冬季，土壤呼吸占植被／土壤系统呼吸的平均比例为 91%，2004—2005 年冬季二者的比例则为 78%。相应地，地上部分的（包括立枯和凋落物）的 CO_2 释放在 2 个冬季大致占据 9%、22%。

早期研究认为，冬季植被／土壤 CO_2 呼吸排放速率很小，因此在分析地气 CO_2 交换过程中可以忽略不计。但最近的研究发现，冬季土壤呼吸占全年土壤呼吸的很大比例，即使在高纬度和高寒地区也不能忽略（Wang et al.，2007；Monson et al.，2006）。高寒矮嵩草草甸冬季时间长达 6 个月，因此，冬季碳排放在年内碳平衡中占据重要位置。根据 2003—2005 年 2 个冬季的观测,高寒矮嵩草草甸冬季植被 / 土壤系统、土壤平均呼吸速率分别达到 88.96 mg CO_2/(m² · h)、72.83 mg CO_2/(m² · h),大约相当于生长季生态系统呼吸速率 [586.97 mg CO_2/(m² · h)] 的 15%,土壤呼吸速率 [400.40 mg CO_2/(m² · h)] 的 18%(吴琴等,2005)。以 6 个月的冬季时间初步估算高寒矮嵩草草甸冬季土壤呼吸排放的碳大约为 86.90 gC/m²,与文献报道的针叶林冬季土壤呼吸平均值 89.10 gC/m² 相当,略低于落叶林的冬季土壤呼吸平均值(103.30 gC/m²),明显高于极地苔原的平均值(12.27 gC/m²)(Wang et al.,2007;Fahnestock et al.,1999)。高寒矮嵩草草甸年地上与地下净初级生产力为 1 523.50 g/m²(干物质量,李英年等,2004),换算成固碳量为 609.40 gC/m²。因此,高寒矮嵩草草甸全年固定的碳大约 15% 被冬季土壤呼吸消耗掉。冬季矮嵩草草甸土壤呼吸与植被 / 土壤系统呼吸在统计上没有显著差异,显示冬季生态系统碳排放主要以土壤呼吸的形式进行。

Silvola 等(1992)的研究结果指出草地根系呼吸可占到土壤呼吸的 10%～40% 的研究结果在其范围之内。Kucera 等(1971)在北美高山草原群落的研究中发现根系呼吸占土壤呼吸比例为 40%。Upadhyaya 等(1981)在印度热带草地群落中则为 36.4%。Coleman 等(1973)采用土壤碳收支平衡法算得次生 Broomsedge 草原群落根系呼吸占土壤呼吸的 24%～35%。而吴琴(2005)对高寒矮嵩草草甸研究的结果发现,植物生长盛期(7—8 月)植物根系的呼吸速率占土壤呼吸速率的 29.5%;一年中的 6 月 30 日至翌年 1 月 28 日间植物根系呼吸速率占土壤呼吸的 26.5%,土壤微生物呼吸占土壤呼吸的 73.5%。

本研究与上述各地得到的结论相近。但是,与 Groffman 等(2009)认为在温带和极地环境中的生态系统,根呼吸较低,冬季土壤 CO_2 排放对其年总量的贡献很少的结论有所不同。说明地处第三极的青藏高原高寒草地的根呼吸在土壤呼吸占据近 1/3 的贡献量。从另一个方面讲,健康或正在生长的植被土壤呼吸排放中植物根系生理活动强,而在退化的植被中土壤微生物呼吸排放强。

三、不同放牧强度和禁牧封育状况下植被 / 土壤生态系统呼吸变化特征

我们于 2011 年开始在海北高寒矮嵩草草甸冬季放牧草场在以 37° 36′ 49″ N、101° 18′ 16″ E、海拔高度 3 190 m 为中心区域,构建了 3 hm²(200 m×150 m)不同放牧梯度试验平台,以进行不同放牧强度在植被 / 土壤碳水固持能力、CO_2 呼吸排放强度、植物群落演替等方面的研究。放牧强度按相关研究结果(王启基等,1991;周立等,1991)制定为重牧(10.5 只羊 /hm²)、中牧(5.25 只羊 /hm²)、轻牧(3.75 只羊 /hm²)、封育对照(禁牧)。除此还考虑新建试验区就近的(200 m 以内)到 2012 年为止禁牧 6 年、16 年的封育样地。共为 6 个放牧梯度(包括不同封育时间)方式。放牧时间按照当地居民放牧时间,即:当年 9 月 16 日到次年 5 月 30 日,为期 8 个半月,260 d 的放牧。放牧绵羊为 2～4 岁的藏系羯羊。每个小区搭建绵羊栖息和挡雨的小棚,每个样地设饮水槽,人工补给绵羊饮水。

2014 年和 2015 年植物生长季 5—9 月,用 LI-6 400 便携式光合仪和同化箱测定了不同放牧强度和禁牧封育 1 年、6 年、16 年试验样地生态系统净 CO_2 交换量和生态系统呼吸量(李红琴等,2019;刘晓琴,2013;李英年,2016)。这里主要给出生态系统的呼吸排放速率的相关结果。生态系统呼吸监测是在植物生长季的 5—9 月不同放牧强度样地每月中旬和下旬选择晴天 9:00—11:00 进行。9:00—11:00 监测值以代表当天的平均值(Dugas et al.,1999)。同期利用土壤温湿度自动记录仪测定土壤 5 cm、10 cm 处的温度和体积含水率。

1. 不同放牧强度下生态系统呼吸速率

分析发现,不同放牧强度草地生态系统呼吸的季节变化见图 6-3。由图 6-3 可以看出,放牧强度仅对 7 月的生态系统呼吸产生影响,其余月份 4 个样地的差异均不显著。7 月,在重度放牧样地的生

态系统呼吸显著高于中度放牧，其余样地之间差异均不显著。生态系统呼吸表现出倒"V"形变化规律，7月最高，8月次之，生长季初期的5月和末期的9月较小。

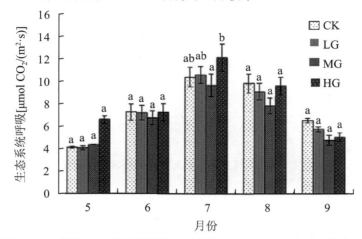

图 6-3　生长季 5—9 月不同放牧强度植被／土壤生态系统呼吸的变化
注：CK、LG、MG、HG 分别为封育对照、轻度放牧、中度放牧、重度放牧

　　生态系统呼吸包括地上的植物冠层呼吸和地下的土壤呼吸，植物冠层呼吸主要受地上生物量影响（宗宁等，2013），季节差异较大，土壤呼吸主要受土壤理化性质及环境因子的影响。放牧通过影响生物量和土壤理化性质，进而影响生态系统呼吸，机制较为复杂（Li et al.，2013）。生长季的 6—9 月放牧和对照样地间的生态系统呼吸无显著差异，与 Lin 等（2011）研究结果相同。这可能是因为放牧样地的凋落物量、植物生物量以及土壤微生物量都较低，能使放牧样地呼吸降低；但另一方面，放牧条件下草地凋落物的 C/N 降低（Lecain et al.，2000），动物粪便的归还又使表层土壤温度升高，能促使生态系统呼吸增加；两者综合作用的结果使得放牧对生态系统呼吸无显著作用。

　　2. 禁牧封育年限土壤呼吸排放速率
　　监测发现在植物生长期的 6 月 16 日的土壤呼吸速率日变化值中均表现为封育 1 年 > 封育 16 年 > 封育 6 年，封育 1 年的土壤呼吸速率显著大于封育 6 年（$P<0.05$），而封育 16 年样地与封育 1 年和 6 年样地之间的差异不显著（$P>0.05$）（图 6-4）。

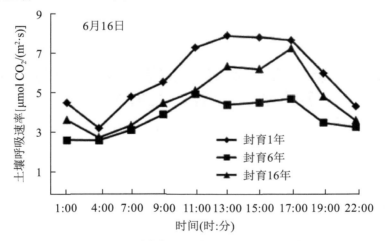

图 6-4　不同封育年限土壤 CO_2 呼吸速率日变化

　　通过植物生长季 5—10 月每月随机选择晴天状况 3～4 d，观测禁牧封育样地 9：00—11：00 土壤 CO_2 呼吸排放速率发现，在生长期的 5—10 月季节的动态中，土壤 CO_2 呼吸速率也表现为封育 1 年 > 封育 16 年 > 封育 6 年样地，但差异不甚显著（$P>0.05$）（图 6-5）。

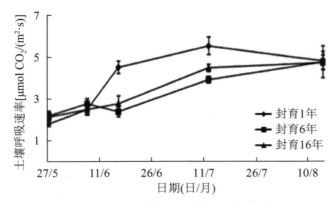

图 6-5　不同封育年限土壤 CO_2 呼吸速率变化

总体而言，在植物生长季，土壤呼吸速率随封育年限延长呈现先下降后上升的趋势。

整合放牧强度实验、禁牧封育样地观测的植被/土壤小碳呼吸排放、土壤呼吸排放的相关数据，并按吴琴等（2005；2011）研究的根系呼吸排放占土壤呼吸排放的 26.5% 的结果推算得到根系呼吸排放量。再利用 5 cm 土壤温度与生态系统、土壤、根系 CO_2 呼吸排放量的关系（见本章第八节），经单位换算到 gC/m^2 等监测与计算过程，估算了不同放牧强度梯度及不同禁牧封育年限下的年总量（表 6-1）。表 6-1 表明，高寒草甸冬季放牧草场生态系统呼吸表现出轻牧 > 禁牧 16 年 > 禁牧 6 年 > 中牧 > 自然放牧 > 重牧；土壤呼吸表现出禁牧 16 年 > 轻牧 > 禁牧 6 年 > 中牧 > 重牧 > 自然放牧；根呼吸在轻牧状态下最高，依次为禁牧 6 年、禁牧 16 年、自然放牧、中牧、重牧。但相互间差异不甚显著。

表 6-1　高寒草甸冬季放牧草场牧压梯度下土壤呼吸、生态系统呼吸和根呼吸的年总量　（单位：$gC/m^2 \cdot a$）

项目	重牧	中牧	轻牧	自然放牧	禁牧 6 年	禁牧 16 年
生态系统呼吸	557.72	622.49	652.83	572.00	624.98	643.10
土壤呼吸（R_s）	404.84	413.28	452.83	400.01	448.02	452.91
根呼吸（R_a）	107.28	109.52	120.00	106.00	118.73	120.02
微生物呼吸（R_h）	297.56	303.76	332.83	294.01	329.29	332.89

注：根系呼吸、微生物呼吸是按分别占土壤呼吸速率的 26.5% 和 73.5% 计算得到

第三节　祁连山海北高寒草甸夏季放牧草场放牧强度下植被/土壤 CO_2 呼吸排放

一、研究区基本状况

高寒杂草类草甸一般分布在高山雪线区稀疏植被到嵩草草甸或金露梅灌丛草甸的过渡带，地区多为夏季牧场，也以斑状形式镶嵌在过度放牧、草场退化严重的高寒矮嵩草草甸、金露梅灌丛草甸地区。高寒杂草类草甸虽然分布面积不大，但分布区域海拔高度稍高，植物种类组成多以杂草为主，禾草类较少，土层浅薄。同时，非生长季维持时间长，积雪厚，土壤温度相对偏高，导致土壤、植被呼吸强度不同于嵩草草甸、灌丛草甸。为此，了解该类型区域的生态系统、土壤及植被呼吸、植被净初级生产碳量等，对生态系统碳汇能力的估算和碳循环的研究十分必要。

这里所涉及的夏季牧压梯度实验样地位于海北站东北 9 km 处祁连山冷龙岭南麓坡地，系金露梅灌丛草甸上沿的高寒杂草类草甸，系当地牧民的夏季放牧草场。优势种及伴生种有矮嵩草、垂穗披碱草、异针茅、早熟禾、重齿风毛菊、青藏苔草、矮火绒草等，约 12 科 24 属 31 种。海拔相对较高，气温比海北站略低 0.4℃，降水基本一致。实验地地势开阔，坡度约为 5°，中心点地理坐标为 37° 41′ N、101° 21′ E、海拔高度 3 545 m。

2011 年设置了不同放牧梯度试验样地，放牧强度参考以往研究经验（王启基等，1991；周立等，1991）来设置，分别为轻牧（4.5 只羊 /hm²）、中牧（7.5 只羊 /hm²）、重牧（15 只羊 /hm²）和封育对照（禁牧）4 个管理方式。试验地用围栏围封，试验羊为当地藏系羯羊。放牧按当地放牧方式在每年的 6 月 1 日—9 月 15 日进行，即每年放牧时间 3 个半月（李英年，2014）。我们（吴启华，2 013 a；2013b；2013c；2014）曾在 2013 年植物生长季 5—9 月，用箱式法在不同月份，每月 4～6 次测定了植被／土壤、土壤 CO_2 排放通量的监测。监测时间在 10：00—11：00 进行，以代表当天的平均值（Dugas et al.，1999），同时利用同步观测的 5 cm 土壤温度，并建立影响生态系统日呼吸速率的指数关系：

$$R_s = ae^{bT} \text{ 或 } R_e = ae^{bT} \tag{6-1}$$

式中：R_s、R_e 分别为土壤和生态系统呼吸速率（g C/（m²·d））；T 为 5 cm 日平均地温（℃）；a 为截距；b 为温度反应系数。

为了分析土壤呼吸排放、生态系统呼吸排放对温度的敏感性系数（Q_{10}），即温度每升高 10℃，生态系统呼吸增加的倍数，按下式构建其模拟影响方程：

$$Q_{10} = e^{10b} \tag{6-2}$$

二、高寒杂草类草甸牧压梯度下植被／土壤呼吸排放

1. 不同放牧强度下土壤呼吸速率

8 月 25 日对照和重度放牧样地的土壤呼吸速率日变化表现为对照显著大于重度放牧（图 6-6）。可以看到，对照和重牧的土壤呼吸速率日变化均呈单峰形，且对照和重牧均在 22：00 达到最低值，对照在 15：00 时达到最大值，重牧在 13：00 时达到最大值。

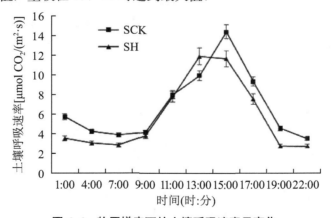

图 6-6　牧压梯度下的土壤呼吸速率日变化

注：SCK、SH 分别为封育对照、重度放牧

植物生长季内土壤呼吸速率 9：00—11：00 的变化规律见图 6-7。土壤呼吸在整个生长季节均表现为单峰形，从 6 月到 8 月逐渐增大，8 月中旬时达到最大值，之后逐渐降低。由图 6-8 可以看出整个生长季土壤呼吸平均速率表现出封育对照＞中度放牧＞重度放牧＞轻度放牧，轻度放牧显著低于封育对照和中度放牧，其他相互之间均无显著差异。

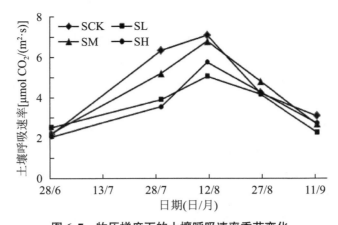

图 6-7　牧压梯度下的土壤呼吸速率季节变化
注：SCK、SL、SM、SH 分别为封育对照、轻度放牧、中度放牧、重度放牧

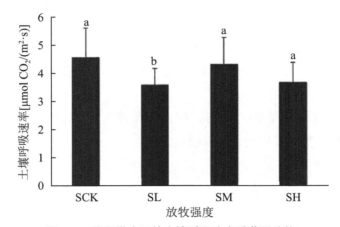

图 6-8　牧压梯度下的土壤呼吸速率季节平均值
注：SCK、SL、SM、SH 分别为封育对照、轻度放牧、中度放牧、重度放牧

2. 不同放牧强度下生态系统呼吸速率

8 月 25 日对照和重度放牧样地的生态系统 CO_2 呼吸速率日变化表现为对照显著大于重度放牧（图 6-9）。可以看到，对照呈双峰形，中午时阳光强烈，为了减少蒸腾，植物气孔关闭，重牧的生态系统呼吸速率日变化均呈单峰形，且对照和重牧均在 7：00 达到最低值，对照在 13：00 和 15：00 时达到峰值，重牧在 13：00 时达到最大值。

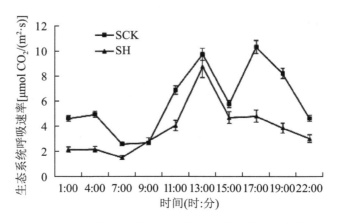

图 6-9　牧压梯度下的生态系统 CO_2 呼吸速率日变化
注：SCK、SL、SM、SH 分别为封育对照、轻度放牧、中度放牧、重度放牧

植物生长季内生态系统呼吸速率 9：00—11：00 的变化规律见图 6-10。生态系统呼吸在整个生长季节均表现为单峰形，从 6—8 月逐渐增大，8 月时达到最大值，之后逐渐降低。由图 6-11 可以看出，整个生长季生态系统呼吸平均速率表现出对照样地＞轻度放牧＞中度放牧＞重度放牧，对照显著大于放牧条件，放牧条件下 3 者之间均无显著差异。

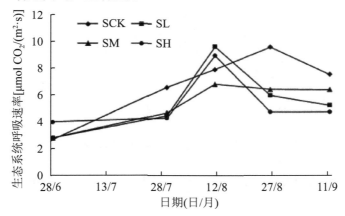

图 6-10　牧压梯度下的生态系统 CO_2 呼吸速率季节变化
注：SCK、SL、SM、SH 分别为封育对照、轻度放牧、中度放牧、重度放牧

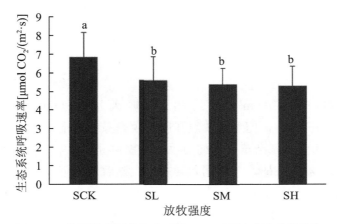

图 6-11　牧压梯度下的生态系统 CO_2 呼吸速率季节平均值
注：SCK、SL、SM、SH 分别为封育对照、轻度放牧、中度放牧、重度放牧

采用 5 cm 土壤温度影响植被／土壤呼吸排放的拟合方程（见第五节），并通过换算，可模拟出不同放牧强度下全年的生态系统和土壤的 CO_2 日释放量及年内动态变化（图 6-12）。统计可知：2013 年全年的土壤呼吸量占生态系统呼吸量的比例在中牧、轻牧和重牧下分别为 66.71%、66.02% 和 65.86%，3 种放牧强度下土壤呼吸占生态系统呼吸的比例为中牧最大，轻牧其次，重牧最小，但 3 者间差异很小。

吴琴等（2005）在海北高寒矮嵩草草甸采用该方法来区分土壤各组分 CO_2 释放速率的差异，得出了高寒矮嵩草草甸植物根系呼吸占土壤呼吸的 26.5%，土壤微生物呼吸占土壤呼吸的 73.5% 的结论，这个比例在 Silvola 等（Silvola et al.，1973）研究结果指出，根系呼吸可占到土壤呼吸的 10%～40%，采用土壤碳收支平衡法算得次生 Broomsedge 草原群落根系呼吸占土壤呼吸的 24%～35%。这里涉及的高寒杂草类草甸离吴琴等研究的高寒矮嵩草草甸较近，且土壤类型及气候条件基本一致。为此可利用吴琴等（2005）在高寒矮嵩草草甸研究得出的比例来计算本试验区的土壤呼吸中根系自养呼吸量和微生物的异养呼吸量，其结果见表 6-2。这样计算得到的结果可能存在一定的误差，但仍能说明高寒杂草类草甸碳汇能力的强度。

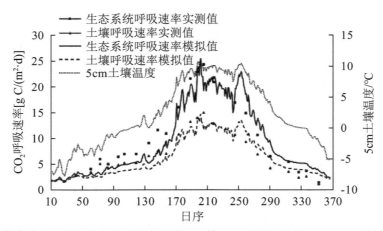

图 6-12　高寒杂草类草甸中度放牧条件下生态系统、土壤 CO_2 呼吸速率及 5 cm 日平均地温的年动态变化

表 6-2　海北夏季草场高寒杂草类草甸不同放牧强度下植被 / 土壤系统、土壤、植物根、微生物呼吸排放的年总量

放牧强度	RN	R_s	R_a	R_h	NPP	NEP
轻牧	854.64	564.24	149.52	414.72	766.65	351.93
中牧	909.79	606.92	160.84	446.08	707.76	261.68
重牧	811.70	534.56	141.66	392.9	570.36	177.46

注：RN 植被 / 土壤生态系统呼吸；R_s 土壤呼吸；R_a 根系自养呼吸；R_h 微生物异养呼吸；NPP 净初级生产力；NEP 净生态系统生产力单位：g C/（m² · a）

统计 2013 年全年中牧、轻牧和重牧梯度下生态系统年总释放量分别为 909.79 gC/（m² · a）、854.64 gC/（m² · a）和 811.70 g C/（m² · a），而土壤呼吸分别为 606.92 gC/（m² · a）、564.24 gC/（m² · a）和 534.56 gC/（m² · a），但不同放牧强度下生态系统及土壤 CO_2 年总释放量相互之间没有显著差异。同时发现，在海北高寒杂草类草甸中牧、轻牧和重牧时年土壤呼吸量占生态系统呼吸量的比例分别 66.71%、66.02% 和 65.86%，3 者间差异很小。随着放牧强度增大，总的净初级生产碳量逐渐减小，但微生物异养呼吸为中牧条件下最大，轻牧次之，重牧最低。轻牧、中牧和重牧放牧强度下，年净生态系统生产碳量依次为 351.93 gC/（m² · a）、261.68 gC/（m² · a）和 177.46 g C/（m² · a），可以看出随着放牧强度的增大，生态系统的碳汇能力也逐渐减弱，同时也可认为，无论是轻牧还是重牧，高寒杂草类草甸为一碳汇区，且碳汇潜力较大。

尚若考虑植被现存量，我们发现（吴启华等，2013b）植物总的植被现存碳密度在对照、轻度放牧、中度放牧和重度放牧分别为 1 417.98 gC/m²、1 135.76 gC/m²、852.17 gC/m²、797.66 gC/m²（包括地表残留的半腐殖质碳量）。假设以禁牧对照样地为自然条件下标准的碳储量值，那么依相互间差异计算得到，轻度放牧、中度放牧和重度放牧仍分别可有 282.22 gC/m²、565.81 gC/m²、620.32 g/m² 的植被固碳能力，且随放牧强度的增大而增大。但因牧压梯度实验较短，从净初级生产量衡量不了其固碳能力的大小。同样，以 2013 年 9 月土壤碳密度核算，放牧梯度试验 3 年后，0 ～ 40 cm 整层土壤有机碳密度，在轻度放牧、中度放牧、重度放牧依次为 17.68 kgC/m²、18.49 kgC/m²、20.69 kgC/m²，禁牧条件下大于放牧，对照为 23.65 kgC · m⁻²，轻度放牧、中度放牧、重度放牧分别比对照降低了 5.97 kg/m、5.16 kg/m、2.96 kg/m，这个值分别可代表对应放牧程度的固碳能力。同时表明随放牧强度增大土壤固碳能力稍有降低。从净生态系统交换速率的平均值来看，对照、轻度放牧、中度放牧、重度放牧分别为 -11.79 μmol/（m² · s）、-10.78 μmol/（m² · s）、-8.76 μmol/（m² · s）和 -8.11 μmol/（m² · s），与对照相比，轻度放牧、中度放牧、重度放牧分别降低 1.01 μmol/（m² · s）、3.03 μmol/（m² · s）、3.68 μmol/（m² · s）。

第四节　祁连山海北金露梅高寒灌丛植被／土壤 CO_2 呼吸排放

一、研究区基本状况

高寒金露梅灌丛草甸主要分布在冷湿的山地阴坡，其上发育着金露梅灌丛、山生柳灌丛和狭叶鲜卑木灌丛，植株一般低矮，疏密不一。在湖泊和河流沿岸的周边地区也有大量的分布。灌木层下草本层以耐寒中生植物为主，其盖度因灌木层植物疏密程度的不同而有所差异。在海北主要为金露梅灌丛为主。

架设在海北站东北 8 km 金露梅灌丛草甸处的涡度相关法水热通量塔附近，群落总盖度约为 91%。金露梅灌丛株高为 30～40 cm，最高可达 60 cm。除以金露梅建群种外，底层草甸草本层的优势种有藏异燕麦、垂穗披碱草，次优势种有异针茅、羊茅、紫羊茅、线叶嵩草，伴生种有柔软紫菀、山地早熟禾、甘肃棘豆、瑞苓草、珠芽蓼、矮火绒草、尖叶龙胆、糙毛野青茅、青海风毛菊、花苜蓿、圆萼摩苓草等。由 49 种植物组成，隶属 15 科 37 属，草本层平均高为 8～20 cm。2003—2010 年的 8 年间，灌丛与草本植物净初级生产量为 345.02～633.96 gC/m²，平均为 468.55 gC/m²，其中地上、地下分别为 100.71～151.32 gC/m² 和 246.24～480.58 gC/m²（李英年等，2006；李红琴等，2014；2015）。土壤为高山灌丛草甸土，也称为暗沃寒冻雏形土（中国科学院南京土壤研究所系统分类课题组等，1991）。

二、金露梅高寒灌丛植被／土壤 CO_2 呼吸排放速率的日、季节变化规律

关于海北高寒灌丛草甸 CO_2 释放速率李东等（2005a；2005b）已做过较详细的报道。他于 2003 年 6 月 30 日至 2004 年 2 月 28 日分别进行了灌丛、丛内草甸和次生裸地作为监测对象，观测了 3 种类型下的生态系统（植被／土壤系统）CO_2 呼吸排放速率。结果显示，高寒灌丛草甸 CO_2 释放速率同样具有明显的单峰型日变化进程（图略，见李东等，2005a）。CO_2 释放速率日最大值出现在 15：00—17：00，最小值出现在 7：00 前后；7：00—15：00 为 CO_2 释放速率上升时段，15：00 至翌日 7：00 为 CO_2 释放速率下降时段，释放速率白天大于夜晚。以 2003 年 7 月 17 日 9：00 至翌日 9：00 测定结果为例，该日灌丛系统、丛内草甸系统和裸露地表系统的 CO_2 释放速率最大值分别为 2 015.23 mg/（m²·h）、1 114.3 mg/（m²·h）和 388.56 mg/（m²·h）；最小值分别为 491.23 mg/（m²·h）、418.61 mg/（m²·h）和 225.78 mg/（m²·h）。白天（9：00—19：00）灌丛系统、丛内草甸系统和裸露地表系统的 CO_2 平均释放速率分别为 1 150.01±135.75 mg/（m²·h）、838.63±115.8 mg/（m²·h）和 306. 16±147. 33 mg/（m²·h），夜晚（20：00 至翌日 9：00）分别为 487.16±263.11 mg/（m²·h）、470.27±43.48 mg/（m²·h）和 248.25±106.37 mg/（m²·h）。白天分别是夜间的 2.4 倍、1.8 倍和 1.2 倍。

高寒灌丛草甸灌丛系统、丛内草甸系统和裸露地表系统的 CO_2 释放速率 3 者的季节变化趋势基本一致。在观测期间生长期 CO_2 释放速率明显高于枯黄期，且均表现为正排放。2003 年 6 月 30 日—2004 年 2 月 28 日灌丛系统、丛内草甸系统和裸露地表系统的 CO_2 最高释放速率均出现在 8 月上旬，分别为 1 168.23 mg/（m²·h）、1 112.38 mg/（m²·h）和 646.73 mg/（m²·h）；最低排放速率出现在 2004 年 2 月 16 日、2003 年 12 月 28 日和 2004 年 2 月 28 日，分别为 34.21 mg/（m²·h）、28.31 mg/（m²·h）和 20.49 mg/（m²·h）。7 月和 8 月为 CO_2 释放高峰期，且 CO_2 释放速率以灌丛系统、丛内草甸系统和裸露地表系统依次降低，且达极显著检验水平（$P < 0.05$）。

枯黄后期（11月至翌年2月）灌丛系统、丛内草甸系统和裸露地表系统的CO_2释放速率明显低于盛草期和枯黄初期（9—10月），且变异较大。虽然，观测期间灌丛系统、丛内草甸系统和裸露地表系统的CO_2释放速率均表现为盛草期＞枯黄初期＞枯黄后期（$P<0.01$），而灌丛系统、丛内草甸系统和裸露地表系统的CO_2释放速率依次降低，但枯黄后期CO_2释放速率表现为裸露地表系统最大，丛内草甸系统最低，灌丛系统居中，且灌丛系统、丛内草甸系统和裸露地表系统的CO_2释放速率差异明显减小，基本上以微弱的基础土壤呼吸为主（表6-3。李东等，2005b）。

表6-3　在草盛期、枯黄期金露梅灌丛、丛内草甸植被生态系统呼吸及裸地（土壤）CO_2呼吸释放速率

物候	样地	变化范围［mg/（m² · h）］	平均值±标准偏差［mg/（m² · h）］	变异系数（%）
草盛期（2003.6.30—2003.8.28）	灌丛	1 168.32～522.08	813.54±205.16	25.22
	丛内草甸	1 112.38～317.12	565.07±82.37	14.58
	裸露地表	488.73～125.74	272.08±71.66	26.34
枯黄初期（2003.9.2—2003.10.30）	灌丛	689.92～178.87	450.99±93.03	20.61
	丛内草甸	669.78～159.97	360.39±48.75	13.53
	裸露地表	352.91～89.42	242.62±39.80	16.41
枯黄后期（2003.11.13—2004.2.28）	灌丛	91.71～34.21	59.51±55.5	93.26
	丛内草甸	57.43～29.11	42.92±30.16	70.27
	裸露地表	259.55～20.49	99.91±35.35	35.38

观测资料显示，灌丛系统、丛内草甸系统和裸露地表系统的CO_2释放速率7月和8月2个月温度达到年内最高，植物生长进入盛草期，CO_2释放速率达到高峰，尔后随着温度的降低，植物新陈代谢减弱，CO_2释放速率显著减少，11月至翌年2月，气温和地表温度均出现负温，土壤冻结，CO_2释放速率降至低谷。观测期间灌丛系统、丛内草甸系统和裸露地表系统的CO_2释放速率与5 cm地温均呈极显著或显著相关关系，相关系数分别为0.9402、0.8827和0.5117（$P<0.01$）。另外，从CO_2释放速率季节变化曲线中可以看到，盛草期曲线中出现了一些较大的波动，使曲线呈锯齿状变化特征。这种锯齿状变化的产生并不是取样或分析失误造成，而是更进一步反映了自然状况下的连续降雨过程对CO_2释放速率的影响。连续降雨使气温和土壤温度降低，微生物活性减弱。同时，过多的土壤含水量导致毛细孔隙堵塞，土壤气体难以产生或产生的气体易溶于水，且CO_2在水中的扩散常数低（1.77×10^{-5} cm/s），不利于土壤气体与大气进行交换，使该测定日CO_2释放速率偏低。

李东等（2005a）研究表明，2003年6月30日—2004年6月28日，海北高寒灌丛植被/土壤系统CO_2释放量为4 293.63±955.75 gCO_2/m²，丛内草甸植被/土壤系统CO_2释放量为3 319.68±806.19 gCO_2/m²，裸地（实际上就是土壤呼吸）CO_2的释放量为1 724.14±444.14 gCO_2/m²，土壤呼吸分别占灌丛植被/土壤、丛内草甸植被/土壤系统CO_2释放量的40.16%和51.93%。究其原因，主要是植被的多重作用导致土壤微生物数量的不同所致。土壤—植被系统CO_2释放速率的大小主要由植物代谢和微生物活动的强弱所决定。土壤中约有60%的CO_2是在微生物分解土壤有机质的过程中产生（麦克拉伦等，1984）。微生物数量的多少、活动强弱主要是温度、湿度决定，温度高、湿度大，微生物数量多、活动强，相应的CO_2释放速率大，反之则小。灌丛地表覆盖度和地下根系较草甸和裸地大，根系呼吸活动强，并在土层中产生较多的有机质和根系分泌物，为土壤微生物活动提供了能源。其次，灌丛郁闭度高能有效控制和减少土层蒸发，导致土壤湿度增大，并有效改善土层结构，使土层疏松多孔，利于CO_2扩散，导致灌丛CO_2释放速率高于草甸和裸地。而冬季植物新陈代谢微弱，土壤微生物活动停止，覆盖度高可能会降低CO_2的释放速率。如李东等（2005a；2005b）实验期2003年11月至2004年2月28日，裸地CO_2释放速率略高于灌丛和丛内草甸，这与一般实验结果有所出入，其原因可能是由于裸地下垫面覆盖物较灌

丛和草甸少，能有效地吸收和利用太阳辐射，土壤导热性能强，在较短的时间内表层土壤温度变化大，出现短暂的冻融现象，进而使其 CO_2 释放速率高于灌丛和丛内草甸。

利用监测的土壤呼吸、植被呼吸排放速率数据，建立与微气象连续观测资料的 TEM 指数相关模型：

$$R_{eco} = R_{eco,f} e^{\ln Q_{10}(T-T_f)/10}$$

（6-3）

其中，R_{eco} 为植被／土壤系统呼吸速率；$R_{eco,f}$ 是系统在 T_f 参考温度下的呼吸速率（本研究取 T_f 为 10 ℃）；Q_{10} 为系统呼吸敏感度（温度每增加 10 ℃，呼吸速率增加的倍数）；T 为土壤温度。并根据灌木和草本的比例，获取生态系统年呼吸特征，进而计算金露梅灌丛年际 NEP。

通过对金露梅灌丛按草本植被／土壤呼吸排放、灌丛植被／土壤呼吸排放和裸露地表下的土壤呼吸排放与 5 cm 土壤温度间关系模拟，并计算植被／土壤 CO_2 呼吸排放速率的日总量，表明其年变化明显（图 6-13）。

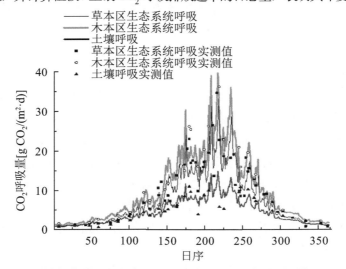

图 6-13　高寒金露梅灌丛草甸草本区、木本区生态系统和裸露地表下总土壤 CO_2 日排放量的年特征

计算表明，高寒金露梅灌丛草甸生态系统呼吸、土壤呼吸和植物呼吸年总量分别为 886.28 gC/（$m^2 \cdot a$）、444.93 gC/（$m^2 \cdot a$）和 441.36 gC/（$m^2 \cdot a$）（表 6-4）。并根据 2003—2010 年 5 cm 日平均地温资料利用相关指数回归模型计算出 8 年生态系统呼吸、土壤呼吸、植物呼吸的年总量，8 年平均分别为 874.43 gC/（$m^2 \cdot a$）、441.36 gC/（$m^2 \cdot a$）和 433.07 gC/（$m^2 \cdot a$）（表 6-4）。虽然年景不同，生态系统、土壤呼吸、植物呼吸有所不同，但波动幅度较小（约为 10%），生态系统、土壤呼吸、植物呼吸其年间波动幅度分别为 76.89 gC/（$m^2 \cdot a$）、34.33 gC/（$m^2 \cdot a$）和 47.73 gC/（$m^2 \cdot a$）。植被呼吸、土壤呼吸占生态系统呼吸比例表明，分别为 49.5% 和 50.5%（表 6-4）。

表 6-4　海北金露梅灌丛草甸 2003—2010 年 R_e、R_a、R_h、NPP、NEP 分布状况及、分配比例

年份	R_e	R_a	R_h	NPP	NEP	R_a/R_e	R_h/R_e
2003	845.81	429.56	416.25	445.68	16.12	0.492	0.508
2004	836.34	424.58	411.76	456.12	31.54	0.492	0.508
2005	913.23	453.74	459.49	345.02	-108.72	0.503	0.497
2006	908.87	450.99	457.88	469.36	18.37	0.504	0.496
2007	855.76	435.11	420.66	419.22	-15.89	0.492	0.508
2008	849.44	433.05	416.39	553.48	120.43	0.490	0.510
2009	899.70	458.90	440.80	633.96	175.06	0.490	0.510
2010	886.28	444.93	441.36	425.53	-19.40	0.498	0.502
平均	874.43	441.36	433.07	468.55	27.19	0.495	0.505

注：R_e 生态系统呼吸 [gC/（$m^2 \cdot a$）]；R_a 植被呼吸 [gC/（$m^2 \cdot a$）]；R_h 土壤呼吸 [gC/（$m^2 \cdot a$）]；NPP 植被地上地下总的净初级生产碳量 [gC/（$m^2 \cdot a$）]；NEP 为忽略根分泌及根系呼吸后的碳汇能力 [gC/（$m^2 \cdot a$）]

第五节　祁连山疏勒河上游多年冻土区高寒草甸土壤 CO_2 呼吸排放

一、研究区基本状况

除上述在海北高寒草甸地区进行植被/土壤 CO_2 呼吸监测外，赵倩等（2014）、刘文杰等（2012）对祁连山疏勒河上游（98° 19'24″ E、38° 28'33″ N、海拔 3 890 m）多年冻土区高寒草甸土壤 CO_2 呼吸排放进行了观测研究。这里摘录赵倩等的研究结果。该区域气候干冷，多风，年均气温和降水量分别约为 -4.8℃ 和 417.0 mm（Liu et al.，2012）。多年冻土类型为阿尔金山—祁连山高寒带山地多年冻土（盛煜等，2010），按其稳定性划分属于不稳定型多年冻土，活动层厚度约 3.2 m（Chen et al.，2012）。植被类型为高寒草甸，覆盖度约 40%，优势物种为紫花针茅和青藏苔草。土壤类型为钙积简育寒冻雏形土。

观测时按文献（王学佳等，2012）对土壤进行了冻融时期的划分，即土壤温度的日最小值 ＞ 0℃ 时，为土壤完全消融；土壤温度的日最大值 ＜ 0℃ 时，认为土壤完全冻结；土壤温度的日最大值 ＞ 0℃ 而日最小值 ＜ 0℃ 时，认为发生了日冻融循环（即土壤夜间冻结，白天消融）。基于 2012 年 10 月 5 日至 2013 年 10 月 4 日试验样地 2 cm 土壤温湿盐的连续监测资料和野外实际调查资料，以及年冻结融化过程中活动层水热状况的不同特征，初步把 2 cm 土壤的年变化过程划分成 4 个冻融时期：（1）2012 年 11 月 2 日至 2013 年 3 月 1 日，2 cm 土壤一直处于冻结状态，称其为完全冻结期；（2）2013 年 3 月 2 日—5 月 5 日，2 cm 土壤发生了日冻融循环，称其为融化过程期；（3）2013 年 5 月 6 日—9 月 23 日，2 cm 土壤一直处于融化状态，称其为完全融化期；（4）2012 年 10 月 5 日—11 月 1 日和 2013 年 9 月 24 日—10 月 4 日，2 cm 土壤发生了日冻融循环，称其为冻结过程期。其中，5 次观测日分别对应于不同的冻融时期：2012 年 12 月 31 日为完全冻结期、2013 年 4 月 30 日为融化过程期、2013 年 7 月 3 日和 7 月 28 日全融化期，2013 年 9 月 30 日为冻结过程期。

二、静态箱—气相色谱法与 LI-8 100 测定的土壤 CO_2 呼吸排放通量观测结果的一致性比较

赵倩等（2014）首先在 2013 年 7 月 28 日和 9 月 30 日，采用静态箱—气相色谱和 LI-8 100 观测的 2 种方法进行了比较。其中，7 月 28 日 LI-8 100 测得土壤 CO_2 呼吸排放通量变化范围为 270.07 ～ 597.17 mg/（m²·h），日均呼吸排放通量为 417.45 mg/（m²·h）；静态箱—气相色谱法测得土壤 CO_2 呼吸排放通量变化范围为 234.87 ～ 532.81 mg/（m²·h），日均值为 354.95 mg/（m²·h），比 LI-8 100 测定日均呼吸排放通量偏低 15.21%。9 月 30 日 LI-8 100 测得土壤 CO_2 呼吸排放通量变化范围为 15.31 ～ 104.54 mg/（m²·h），日均呼吸排放通量为 53.46 mg/（m²·h）；静态箱—气相色谱法测得土壤 CO_2 呼吸排放通量变化范围为 5.51 ～ 199.73 mg/（m²·h），日均值为 67.21 mg/（m²·h），比 LI-8 100 测定日均呼吸排放通量偏高 25.72%。一般认为，静态箱—气相色谱法观测结果的误差主要来源于观测期间箱内微气象环境的变化，特别是箱内空气温度、相对湿度、压力和箱内空气混合程度的变化（Dore et al.，2003）；而 LI-8 100 测定结果的误差主要来源于测量室的压力变化，因其会改变土壤 CO_2 浓度的梯度（Healy et al.，1996）。尽管两种方法测定结果均存在不确定性，但静态箱—气相色谱法与 LI-8 100 测定的土壤 CO_2 呼吸排放通量结果具有较好的一致性。

三、土壤 CO_2 呼吸排放通量变化规律

监测发现在日变化过程中，土壤 CO_2 呼吸排放通量变化为 $2.52 \sim 532.81$ mg/（$m^2 \cdot h$），不同观测期土壤 CO_2 呼吸排放通量的日变化表现出相似的趋势。例如，2013 年的 7 月 28 日和 9 月 30 日，土壤 CO_2 呼吸排放通量最低出现在早晨 6：00 左右，最高出现在下午 15：00 左右（图 6-14。赵倩等，2014）。此外，日均土壤 CO_2 呼吸排放通量具有明显的季节动态，表现出，2012 年 12 月 31 日为最低（27.06 mg/（$m^2 \cdot h$）），随后逐渐增加，至 2013 年 7 月 28 日出现最高值 353.95 mg/（$m^2 \cdot h$），随后逐渐降低（图略）。从不同观测期来看，土壤 CO_2 呼吸排放通量日均值表现为完全冻结期＜冻结过程期＜融化过程期＜完全融化期。融化过程期的土壤 CO_2 呼吸排放通量明显大于完全冻结期，一方面是因为青藏高原土壤微生物长期适应高寒环境，温度稍微升高可能会增加微生物活性，进而导致土壤 CO_2 呼吸排放通量增加；另一方面，融化过程期青藏高原高寒草甸土壤 CO_2 呼吸排放通量受表层土壤冻融交替作用的影响，会明显增大。

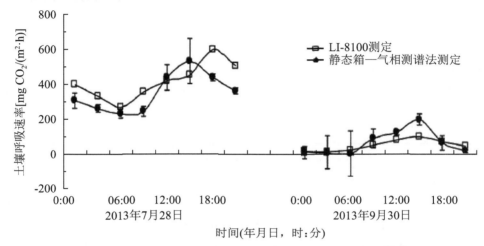

图6-14　祁连山疏勒河上游多年冻土区高寒草甸土壤 CO_2 呼吸排放通量的日变化

整个观测期土壤 CO_2 呼吸排放通量与气象因子和土壤环境因子的相关性分析结果见表 6-5。土壤 CO_2 呼吸排放通量与空气温度和相对湿度、表层 2 cm、10 cm、20 cm、30 cm 土壤温度、含水量和盐分均显著相关。其中，土壤 CO_2 呼吸排放通量与空气温度、表层 2 cm、10 cm、20 cm、30 cm 土壤温度显著正相关，表明空气温度和土壤温度是影响土壤 CO_2 呼吸排放通量的关键因子。在微生物最合适温度达到之前，土壤温度升高对土壤微生物和酶活性以及土壤中有机质分解都有促进作用，因此，土壤 CO_2 排放速率会随着温度的升高而增加。此外，土壤含水量也是土壤 CO_2 排放的重要影响因子。从表 6-5（刘文杰等，2012）可看出，土壤 CO_2 呼吸排放通量与表层 2 cm、10 cm、0 cm、30 cm 土壤含水量显著相关，这是因为土壤含水量可以通过土壤通气状况和扩散路径来影响土壤 CO_2 的排放速率。

不同时期土壤 CO_2 呼吸排放通量与气象因子和土壤环境因子（表 6-5）的相关性分析结果显示，土壤完全融化期（2013 年 7 月 28 日—8 月 1 日）的土壤 CO_2 呼吸排放通量与空气温度、空气相对湿度、总辐射、风速和表层 2 cm、10 cm、20 cm、30 cm 土壤温湿盐均显著相关。逐步回归分析结果如下。

$$F_1 = 12.57ST_{2cm} + 175.82 （R^2 = 0.52,\ P < 0.01）\tag{6-4}$$

式中：ST_{2cm} 为 2 cm 土壤温度；F_1 为完全融化期土壤 CO_2 呼吸排放通量。2 cm 土壤温度是影响完全融化期土壤 CO_2 呼吸排放通量的最重要因子，能解释其变化的 52.2%。

冻结过程期（2013 年 9 月 30 日—10 月 5 日）的土壤 CO_2 呼吸排放通量与空气温度、空气相对湿度、总辐射、风速及 2 cm 和 10 cm 土壤温度、20 cm 土壤盐分和温度、30 cm 土壤温湿盐显著相关。

表 6-5 土壤 CO_2 呼吸排放通量与气象因子及土壤温湿盐的相关性

环境因子	土壤 CO_2 呼吸排放通量（mg/（m²·h））				
	完全融化期[a] （n=456）	冻结过程期[a] （n=700）	完全冻结期[b] （n=8）	融化过程期[b] （n=8）	整个观测期[b] （n=40）
空气温度 /℃	0.68**	0.95**	0.83*	−0.55	0.41**
相对湿度 /%	−0.51**	−0.79**	−0.20	0.24	0.43**
总辐射 /（w/m²）	0.39**	0.78**	0.49	−0.15	0.01
风速 /（m/s）	0.42**	0.35**	0.74*	−0.64	−0.13
2 cm 含水量 /%	0.73**	0.58**	0.80*	−0.77*	0.66**
2 cm 盐分 /（g/L）	0.69**	0.62**	0.77*	−0.93**	0.59**
2 cm 土壤温度（℃）	0.72**	0.80**	0.76*	−0.58	0.43**
10 cm 含水量（%）	0.73**	0.07	0.63	0.53	0.71**
10 cm 盐分 /（g/L）	0.61**	0.05	−0.11	−0.39	0.78**
10 cm 土壤温度（℃）	0.55**	0.26**	0.21	−0.79*	0.49**
20 cm 含水量（%）	0.63**	0.03	0.28	−0.46	0.70**
20 cm 盐分 /（g/L）	0.58**	−0.10**	−0.09	0.20	0.73**
20 cm 土壤温度（℃）	0.30**	−0.19**	−0.29	−0.64	0.52**
30 cm 含水量（%）	0.47**	−0.32**	−0.77*	−0.23	0.70**
30 cm 盐分 /（g/L）	0.39**	−0.19**	−0.56	0.24	0.79**
30 cm 土壤温度（℃）	−0.28**	−0.80**	−0.77*	−0.58	0.55**

注：[a]表示由 LI-8 100 测定，[b]表示由静态箱—气相色谱法测定；* 表示相关性达到显著水平（$P < 0.05$），** 表示相关性达到极显著水平（$P < 0.01$）

逐步回归分析结果如下：

$$F_2 = 5.45T_a + 0.03TR + 35.03（R^2 = 0.93，P < 0.01）\tag{6-5}$$

式中：F_2 为冻结过程期土壤 CO_2 呼吸排放通量。T_a 为空气温度；TR 为总辐射；空气温度和总辐射是影响冻结过程期土壤 CO_2 呼吸排放通量的最重要因子，分别能解释其变化的 89.7% 和 3.4%。

完全冻结期（2012 年 12 月 31 日）的土壤 CO_2 呼吸排放通量与空气温度、风速及 2 cm 土壤温湿盐、30 cm 土壤含水量和温度显著相关。逐步回归分析结果如下：

$$F_3 = 4.78T_a + 123.89（R^2 = 0.83，P < 0.01）\tag{6-6}$$

式中：T_a 为空气温度；F_3 为全冻结期土壤 CO_2 呼吸排放通量。空气温度是影响完全冻结期土壤 CO_2 呼吸排放通量的最重要因子，能解释其变化的 83.0%。

融化过程期（2013 年 4 月 30 日）的土壤 CO_2 呼吸排放通量与 2 cm 含水量和盐分、10 cm 土壤温度显著相关。逐步回归分析结果如下：

$$F_4 = -95.78SS_{2cm} + 160.78（R^2 = 0.93，P < 0.05）\tag{6-7}$$

式中：F_4 为融化过程期土壤 CO_2 呼吸排放通量；SS_{2cm} 为 2 cm 土壤盐分。2 cm 土壤盐分是影响融化过程期土壤 CO_2 呼吸排放通量的最重要因子，能解释其变化的 92.8%。

利用不同时期土壤 CO_2 呼吸排放通量与环境因子的上述关系式计算不同观测时期的土壤 CO_2 呼吸排放总量，进而得到不同观测时期的土壤 CO_2 排放总量及其在全年中（2012 年 10 月 5 日—2013 年 10 月 4 日）所占的比例。发现土壤 CO_2 年呼吸排放总量为 1 429.88 gCO_2/m^2，年均呼吸排放通量为 163.23 $mgCO_2/（m^2·h）$，其中，完全冻结期（157.85 gCO_2/m^2）、融化过程期（199.31 gCO_2/m^2）、完全融化期（1052.60 gCO_2/m^2）和冻结过程期（20.12 gCO_2/m^2）所占的比例分别为 11.04%、13.94%、73.62% 和 1.41 %。

利用不同观测期土壤 CO_2 呼吸排放通量与不同温度指标数据进行了指数拟合所得 Q_{10} 值见表 6-6（刘文杰等，2012）。从表 6-6 可以看出，指数模型具有较好的拟合度，均达到显著水平（$P < 0.05$）。其中，完全融化期以 2 cm 土壤温度与土壤 CO_2 呼吸排放通量的拟合度最高，冻结过程期以空气温度与土壤 CO_2 呼吸排放通量的拟合度最高，整个观测期以 10 cm 土壤温度与土壤 CO_2 呼吸排放通量的拟合度最高，与相关性分析结果相吻合。

表 6-6　不同观测期土壤 CO_2 呼吸排放通量与温度的拟合关系及 Q_{10} 值

观测时间	温度指标	拟合方程	R^2	P	Q_{10}
完全融化期 （2013-07-28—08-01）	2 cm 土壤温度	$Y=155.05e^{0.065\,5x}$	0.72	< 0.01	1.93
	10 cm 土壤温度	$Y=155.14e^{0.058\,6x}$	0.29	< 0.01	1.80
	空气温度	$Y=235.88e^{0.045\,1x}$	0.49	< 0.01	1.57
冻结过程期 （2013-09-30—10-05）	2 cm 土壤温度	$Y=12.04e^{0.158x}$	0.56	< 0.01	4.58
	10 cm 土壤温度	$Y=12.75e^{0.146x}$	0.11	< 0.01	4.31
	空气温度	$Y=24.15e^{0.189x}$	0.82	< 0.01	6.62
整个观测期 （2012-12-05—2013-10-04）	2 cm 土壤温度	$Y=60.36e^{0.062\,4x}$	0.35	< 0.05	1.87
	10 cm 土壤温度	$Y=56.41e^{0.073\,9x}$	0.38	< 0.05	2.09
	空气温度	$Y=76.42e^{0.072\,1x}$	0.35	< 0.05	2.06

注：Y 为土壤 CO_2 呼吸排放通量；x 为对应的温度指标

3 个观测期拟合方程的最佳拟合度 R^2 分别为 0.72、0.82 和 0.38。其中，2 cm 土壤温度、空气温度和 10 cm 土壤温度变化分别能够解释完全融化期、冻结过程期和整个观测期土壤 CO_2 呼吸排放通量变化的 72.0%、82.0% 和 38.0%，对应的 Q_{10} 值分别为 1.93、6.62 和 2.09。完全融化期 2 cm 土壤温度和整个观测期 10 cm 土壤温度的 Q_{10} 值与中国区域土壤 CO_2 呼吸排放通量的平均 Q_{10} 值（2.26±0.75）相当，略低于全球土壤 CO_2 呼吸排放通量的平均值（2.95±1.85）（展小云等，2012）。因此，完全融化期的 Q_{10} 值能一定程度上反映整个观测期，而冻结过程期 Q_{10} 值偏大，不能代表整个观测期的结果。Q_{10} 值是反映土壤 CO_2 呼吸排放通量对温度变化敏感性的重要指标，但利用不同的温度指标计算得到的 Q_{10} 值通常存在一定差异，究竟利用何种温度指标计算 Q_{10} 值，目前仍没有统一的结论（Qi et al.，2010）。

有研究表明，地表温度与土壤 CO_2 呼吸排放通量拟合方程的拟合度最好（Pavelka et al.，2007），也有研究认为 5 cm 土壤温度与土壤 CO_2 呼吸排放通量的相关性最好（Raymeng et al.，2000），还有研究结果认为 10 cm 土壤温度是影响土壤 CO_2 呼吸排放通量的最主要因子（Norman et al.，1992）。但在疏勒河上游的本研究中发现，不同深度土壤温度和空气温度计算得到的 Q_{10} 值差异较大，因此，在比较不同研究中土壤 CO_2 呼吸排放通量的温度敏感性时，应采用一致的温度指标。

同时，分析发现在温度较低时，土壤 CO_2 呼吸排放通量点聚集在拟合曲线附近（图略），而在温度较高时，土壤 CO_2 呼吸排放通量点相对发散，说明温度较低时温度是限制土壤 CO_2 呼吸排放通量的主要因子，温度敏感性较强；而温度较高时，温度对土壤 CO_2 呼吸排放通量的制约作用减弱，土壤 CO_2 呼吸排放通量很容易受到其他环境因子的影响（Qi et al.，2010）。

第六节　三江源高寒草地不同退化阶段植被 / 土壤 CO_2 呼吸排放

在黄河源区，我们对不同退化阶段的高寒草甸经围封 2 年后的 2016 年进行了土壤呼吸排放的监测工作。孙步功（2008）曾于 2006 年进行了不同退化阶段的高寒草甸 CO_2 呼吸排放通量监测。温军等（2014）于 2011 年选择青海省果洛州玛多县黄河乡高寒草原未退化、轻度退化、中度退化和重度退化四种退化类型，监测了植物返青期（5 月底）、生长盛期（7 月底）和枯黄期（9 月底）土壤 CO_2 呼吸排放速率。

一、玛沁高寒草甸不同退化阶段土壤 CO_2 呼吸排放

1. 研究区基本状况

孙步功（2008）于 2006 年植物生长季，在青海省果洛藏族自治州玛沁县大武镇以西大武河流域选择了具有代表性的 5 个退化梯度的草地，即未退化草地、轻度退化草地、中度退化草地、重度退化的"黑土型"草地进行了植被 / 土壤系统呼吸排放的研究工作。采用野外观测和室内测定相结合的方法，利用静态箱—气相色谱等设备对 5 个不同退化和利用梯度草地的主要温室气体 CO_2 和 CH_4 进行野外定位观测。同步观测了气温、地温（0 cm、5 cm、10 cm）和土壤含水量等环境因子以及生物量、多样性和盖度等群落学特征。其中，不同退化阶段植被群落特征等如下。

轻度退化草地：短根茎莎草 + 密丛禾草植物阶段，该阶段是短根茎莎草科植物草场超载过牧的结果，属轻度退化，以短根茎莎草，密丛禾草为优势种，如小嵩草、矮嵩草、针茅、羊茅等，伴有部分杂类草，如麻花艽、美丽风毛菊和二裂委陵菜等，物种分布不太均匀，总盖度达 70% ～ 85%，草场秃斑地占 15% ～ 20%，优良牧草为 50% ～ 75%，嵩草属植物的重要值为 15.0 ～ 20.0，总地上生物量变化较小，在 100 g/m^2 以上，土壤坚实度为 3 ～ 4 kg/cm^3，有机质含量也超过 10%，较短根茎莎草科植物阶段，草群垂直结构变低，为喜开阔生境的啮齿动物，如高原鼠兔提供了较好的生存条件。

中度退化草地：疏丛禾草、短根茎莎草和杂类草植物群落阶段，该阶段是轻度退化草场超载过牧和鼠害共同作用的结果，属中度退化草场，以疏丛禾草、短根茎莎草为优势种，如垂穗披碱草、早熟禾和小嵩草等，杂类草如美丽风毛菊、线叶龙胆和雪白委陵菜等为主要伴生种，总盖度为 50% ～ 70%，裸露的秃斑地占 30% ～ 50%，优良牧草的比例为 30% ～ 50%，嵩草属植物的重要值为 10.0 ～ 15.0，总地上生物量略有下降，在 100 g/m^2 左右，土壤坚实度下降为 2 kg/cm^3 左右，有机质含量略有下降，但超过 10%，该阶段为高寒草甸退化的量变过程，其中杂类草的盖度和优势度加大，为高原鼢鼠和高原鼠兔提供了丰富的食物资源和良好的栖息环境。

重度退化草地：为匍匐茎杂类草植物群落阶段。中度退化草场在鼠害和过牧的共同危害下，很快就退化为以匍匐茎杂类草为优势种的阶段，属重度退化草场。此阶段往往形成以鹅绒委陵菜和短穗兔耳草等匍匐茎植物为优势种的植物群落，伴生种有杂类草如兰石草、矮火绒草、海乳草、细叶亚菊、西伯利亚蓼、棘豆等，这些杂类草无性繁殖能力很强，侵占了大面积生境，而禾草和莎草只是偶尔出现。整个群落优良牧草比例明显下降，杂毒草比例上升，总盖度为 30% ～ 50%，秃斑地面积占 50% 左右，优良牧草为 10% ～ 30%，嵩草属植物的重要值下降为 2.0 ～ 6.0，总地上生物量下降至 60 ～ 100 g/m^2，土壤坚实度下降为 1 kg/cm^3 左右，有机质含量下降显著，在 5% ～ 8%，该阶段草场因裸露土壤呈黑色，牧民统称该类草场为"黑土滩"，草场退化已发生质的变化，草场已失去放牧利用价值。植被以一二年生毒杂草为主，如白苞筋骨草、黄帚橐吾、马先蒿、摩苓草等，群落盖度在

30% 以下，草场秃斑地达 70% 以上，优良牧草在 10 % 以下，嵩草属植物的重要值在 1.0 以下，土壤坚实度下降为 1 kg/cm³ 以下，有机质含量较中度退化草场有所下降，为 3%～8%，草场基本失去利用价值。

不同退化阶段各植物类群生物量变化幅度有所不同，且存在显著差异（F=4.93，$P<0.05$，df=3.50）。未退化草地→轻度退化阶段莎草科植物地上生物量开始下降，而禾本科植物地上生物量反而有一定幅度的增加，这是高寒草甸草地退化演替中发生量变过程的开始，草地生态系统处于轻微受损阶段。轻度→中度阶段是优势种植物矮嵩草生物量下降的主要阶段，杂类草开始快速增加，草地退化演替已经到了临界状态。禾草生物量大幅下降则在中度→重度退化阶段，尽管杂类草生物量呈现上升的趋势，并在此阶段大幅上升，但不足以补偿莎草和禾草下降的部分，优良牧草的比例只占整个群落 30%，草地生态系统已处于严重的受损状态。到极度退化阶段，莎草科和禾本科植物基本消失，阔叶型杂类草成为群落生物量的主体，原生植被的生草层几乎消失，出现大面积的次生裸地，草地生态系统处于极度受损状态。

对 4 个不同退化阶段的草地，观测了植被／土壤生态系统呼吸排放、土壤呼吸排放和土壤微生物呼吸排放，即：①在未改变生态状况原状草地上测定土壤呼吸加植物包括地上部分和根系的呼吸总和；②在剪取植物地上部分，保留原状植物根系，并去除冒出地面嫩芽的裸露地表上测定土壤微生物呼吸加植物根系的呼吸；③在试验正式开始前 1～2 个月，在稍大于 40 cm×40 cm 的地块内，用铁锹将 0～30 cm 土壤全部翻出，过 1 mm 筛，然后再按原状放回去，适当压实的裸露地表测定土壤微生物呼吸。

2. 不同退化阶段 CO_2 呼吸排放通量日、年变化规律

图 6-15 分别是未退化、轻度退化、中度退化、重度退化 4 种退化阶段下土壤／植被系统、土壤、土壤微生物 CO_2 呼吸排放通量的日变化（孙步功，2008）。

由图 6-15 看到，不同退化阶段土壤／植被系统、土壤、土壤微生物 CO_2 呼吸排放通量均表现出相同的日变化规律，即基本在北京时间 13：00 最高，4：00 左右达最低。未退化、轻度退化、中度退化到重度退化 4 个退化阶段土壤／植被系统分别为 327.47±15.21 mg/（m²·h）、309.29±13.24 mg/（m²·h）、299.59±14.28 mg/（m²·h）、309.50±15.21 mg/（m²·h），土壤呼吸分别为 217.20±10.34 mg/（m²·h）、279.34±12.19 mg/（m²·h）、259.39±13.24 mg/（m²·h），土壤微生物呼吸分别为 221.19±11.25 mg/（m²·h）、249.14±11.28 mg/（m²·h）、244.02±11.29 mg/（m²·h）、235.54±12.18 mg/（m²·h）。土壤／植被系统、土壤、土壤微生物 CO_2 呼吸通量的日间相互差异在日间温度最高、呼吸释放量最大时最大，而在温度较低的夜晚时相互间差异缩小，特别是在 4：00 土壤／植被系统、土壤、土壤微生物 CO_2 呼吸释放速率达最低时相互间的差异最小，如在未退化、轻度退化、中度退化到重度退化 4 个退化阶段植被／土壤系统呼吸释放量仅分别为 109.93±3.09 mg/（m²·h）、101.16±3.17 mg/（m2·h）、92.21±2.69 mg/（m²·h）、97.12±5.86 mg/（m²·h），而且与同期土壤、土壤微生物 CO_2 呼吸通量间无显著差异（$P > 0.05$）。从图 6-15 中也看出，土壤／植被系统、土壤、土壤微生物 CO_2 呼吸通量在日间其振幅（日较差）也是很明显的，如植被／土壤生态系统呼吸在未退化、轻度退化、中度退化到重度退化 4 个退化阶段日振幅分别达到 217.54 mg/（m²·h）、208.13 mg/（m²·h）、207.38 mg/（m²·h）、212.48 mg/（m²·h）。

不同退化程度草地 CO_2 通量均为正值，高寒草甸生态系统与大气 CO_2 交换表现为释放源的特征。生长季 CO_2 释放速率具有明显的单峰型日变化进程，有昼高夜低的特点，释放速率最大值一般出现在 11：00—13：00，最小值出现在 4：00 左右。7：00—13：00 为 CO_2 释放速率上升时段，13：00 至翌日 4：00 为 CO_2 释放速率下降时段（图 6-15）。

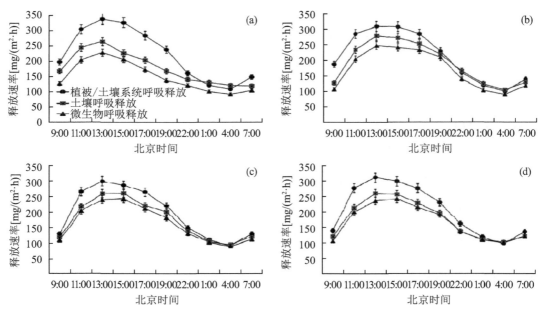

图 6-15 高寒草甸未退化（a）、轻度退化（b）、中度退化（c）、重度退化
（d）阶段土壤 / 植被系统、土壤、土壤微生物 CO_2 呼吸排放通量的日变化

每月测定 4 次 CO_2 的通量，每次采样均在 9：00—11：00 进行，将每月所得数据进行平均即为每月平均通量。利用与土壤 5 cm 深度温度与呼吸具有很好的相关性，故用地温进行模拟计算了生长季 5—10 月呼吸的月变化（图 6-16。孙步功，2008），在 4 种退化阶段上，土壤 / 植被系统、土壤、土壤微生物呼吸发现，不同退化阶段草地 CO_2 通量均表现为类似的季节变化规律，即生长旺季最高，非生长旺季逐渐降低。草原生态系统植物根系和土壤微生物呼吸通量及其季节变化主要受温度和水分条件的控制，并且因群落类型和地理位置的不同而异。7—8 月是全年气温最高的时段，降雨量也较大，水热因子均达到较适宜的水平，植物正处于生长旺季，根系生长和土壤微生物活动增强，呼吸通量达到最高。进入 9 月后，随着气温和地温的逐渐降低，植物地上部分开始枯萎，土壤根系和微生物活动减弱，土壤中活根数量减少，CO_2 通量开始降低。

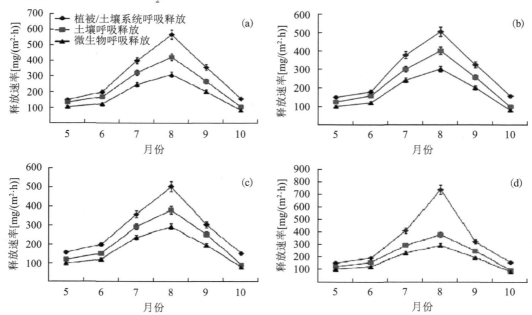

图 6-16 高寒草甸未退化（a）、轻度退化（b）、中度退化（c）、重度退化
（d）阶段土壤 / 植被系统、土壤、土壤微生物 CO_2 呼吸通量的季节变化

方差分析显示，重度退化草地与中度退化草地 CO_2 释放速率差异显著，重度退化草地与未退化草地 CO_2 释放速率差异不显著。生长旺季（6—9月）重度退化草甸释放速率明显高于中度退化草甸，主要是因为重度退化草甸以杂类草为主，禾草和莎草科植物偶见，毒杂草所占比例较大，虽然返青晚，但生长旺季总盖度为 40%～60%，且毒杂草高度大。而中度退化草甸以禾草为优势种，虽返青早，但总盖度为 20%～30%，裸露的秃斑地占 40%～60%。

我们（张光茹等，2020）也曾选择青海南部三江源玛沁县大武镇西 5 km 处具有代表性的冬季放牧草场（中心区处在 100° 12′ E、34° 28′ N，海拔高度 3 715 m）开展了不同退化阶段土壤 CO_2 呼吸排放观测。根据文献（赵新全，2011）对高寒草甸植被退化等级的标准划分，将放牧样地的草地退化程度分为 3 个不同梯度，分别是轻度退化、中度退化和重度退化阶段（表 6-7）。采用 Li-8 100 监测土壤 CO_2 呼吸排放速率，并用与土壤 5 cm 温度之间的关系计算量其日、月、年总量。监测发现，土壤 CO_2 呼吸排放速率与土壤 5 cm 温度之间呈显著正相关关系，在轻度退化、中度退化和重度退化的状况下土壤 CO_2 呼吸排放速率与 5 cm 土壤温度分别有模拟方程 $R = 0.722e^{0.1038T}$（$R^2=0.637\,4$）、$R = 0.385\,9e^{0.1264T}$（$R^2=0.726\,7$）和 $R = 0.421\,3e^{0.0853T}$（$R^2=0.598\,9$）。在不同退化阶段植物种类组成与重要值（表 6-8）、多样性（表 6-9）、生物量（表 6-10）不一致的状况下，植被群落特征与土壤 CO_2 呼吸排放具有一定的协同关系。模拟计算表明，不同退化阶段，土壤呼吸排放量不一致，同时表明土壤 CO_2 呼吸排放与植被群落演替具有显著的协同性，随退化程度的加剧，土壤呼吸速率下降（图 6-17，图 6-18）。计算发现，三江源玛沁高寒草甸区轻度退化、中度退化、重度退化下 2017 年土壤 CO_2 呼吸排放总量分别为 626.89 gC/m^2、386.66 gC/m^2、393.81 gC/m^2。表现出轻度退化植被的土壤 CO_2 呼吸排放比中度和重度退化均较高。轻度退化的高寒草甸植物根系生物量较中度退化的低，但高于重度退化，表明轻度退化的高寒草甸根系呼吸可能低的状况下，其土壤微生物仍保持较高的含量而有较高的呼吸排放量。在重度退化草地根系生物量低其根系呼吸也很低。中度退化的高寒草甸区根系有较高的呼吸排放，但微生物含量因退化明显其呼吸排放下降。

表 6-7　样地设置

退化阶段	植被特点
轻度退化（LD）	植被生长较好，放牧干扰较少，优势种早熟禾、棘豆、银莲花等
中度退化（MD）	植被生长较弱，放牧干扰适中，优势种有矮火绒、麻花艽、黄帚橐吾等
重度退化（HD）	植被低矮稀疏，有裸地，放牧压力大，优势种有矮火绒、黄帚橐吾等。

表 6-8　不同退化阶段物种重要值

功能群	物种	重要值		
		轻度退化	中度退化	重度退化
禾本科	山地早熟禾（*Poa orinosa*）	0.10±0.03 a	0.05±0.01 a	0.07±0.02 a
	紫花针茅（*Stipa purpurea*）	0.03±0.02 a	0.03±0.02 a	0.02±0.02 a
	垂穗披碱草（*Elymus nutans*）	0.08±0.03	—	—
莎草科	矮嵩草（*Kobresia humilis*）	0.05±0.00 b	0.07±0.00 ab	0.08±0.01 a
	二柱头藨草（*Scirpus distigmaticus*）	0.05±0.00 b	0.04±0.00 b	0.05±0.00 a
	小嵩草（*Kobresia myosuroides*）	0.00±0.00 b	0.07±0.01 a	—
豆科	黄花棘豆（*Oxytropis ochrocephala*）	0.05±0.01 a	0.07±0.01 a	0.06±0.00 a
	异叶米口袋（*Gueldenstaedtis diversifolia*）	0.06±0.00 a	0.03±0.01 a	0.05±0.01 ab
	青海黄芪（*Astragalus tanguticas*）	0.01±0.01 a	0.03±0.01 a	0.01±0.01 a
杂类草	矮火绒（*Leontopodium nanum*）	0.01±0.00 b	0.07±0.01 a	0.10±0.01 a
	獐牙菜（*Swertia tetraptera*）	0.06±0.01 a	0.06±0.00 a	0.06±0.01 a

续表

功能群	物种	重要值		
		轻度退化	中度退化	重度退化
杂类草	麻花艽（*Gentiana straminea*）	0.05±0.01 a	0.06±0.00 a	0.06±0.01 a
	雪白委陵菜（*Potentilla nivea*）	0.02±0.01 a	0.04±0.00 a	0.02±0.01 a
	黄帚橐吾（*Ligularia virgaurea*）	0.07±0.01 a	0.07±0.01 a	0.05±0.01 a
	线叶龙胆（*Gentiana farreri*）	0.05±0.00 a	0.04±0.01 a	0.06±0.01 a
	钝叶银莲花（*Anemone obtusiloba*）	0.04±0.01 a	0.04±0.00 a	0.05±0.01 a
	兰石草（*Lancea tibetica*）	0.04±0.01 a	0.01±0.01 b	0.01±0.00 b
	青海刺参（*Morina kokonorica*）	0.01±0.01 a	0.05±0.03 a	—
	蒙古蒲公英（*Taraxacum mongolicum*）	0.03±0.00 a	0.00±0.00 b	0.03±0.01 a
	短穗兔耳草（*Lagotis brachystachya*）	0.03±0.00	—	—
	三裂叶毛茛（*Halerpestes tricuspis*）	0.01±0.01	—	—
	独一味（*Lamiophlomis rotata*）	0.03±0.01	—	—
	狼毒（*Stellera chamaejasme*）	0.01±0.01 b	0.05±0.01 a	0.06±0.00 a
	柔软紫菀（*Aster tataricus*）	0.01±0.01	—	—
	三脉梅花草（*Parnassia trinervis*）	0.00±0.00	—	—
	纤杆蒿（*Artemisia demissa*）	0.02±0.01 a	0.02±0.01 a	0.03±0.01 a
	乳白香青（*Anaphalis lacteal*）	0.01±0.01	—	—
	鹅绒委陵菜（*Potentilla anserine*）	0.00±0.00 b	0.05±0.00 a	0.01±0.00 b
	湿生扁蕾（*Gentianopsis paludlsa*）	0.00±0.00	—	0.02±0.01 a

注：小写字母表示同一物种在不同退化程度下显著性差异

表 6-9　不同退化阶段植物多样性特征

退化阶段	物种数	多样性指数	均匀性指数
轻度退化	20±0.63 a	2.85±0.03 a	0.95±0.00 b
中度退化	17.6±0.4 b	2.80±0.02 ab	0.98±0.00 a
重度退化	16.8±0.73 b	2.73±0.04 b	0.97±0.01 a

表 6-10　不同退化阶段植被变化特征

退化阶段	分种总盖度	地上生物量	地下生物量
轻度退化	163.8±3.57 a	283.83±15.04 a	528.30±72.40 b
中度退化	165±5.68 a	272.87±63.15 a	817.91±56.99 a
重度退化	124.44±1.24 b	211.83±56.07 a	427.95±28.80 b

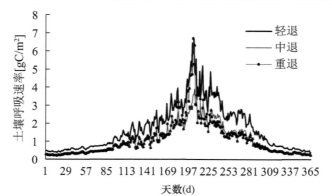

图 6-17　高寒草甸不同退化阶段 2017 年土壤呼吸 CO_2 呼吸日排放量的年变化

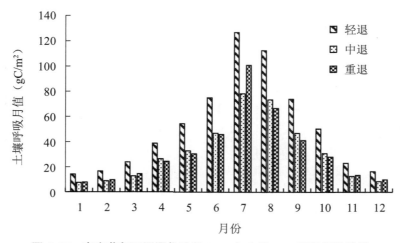

图 6-18　高寒草甸不同退化阶段 2017 年土壤 CO_2 呼吸月排放量

二、玛多高寒草原不同退化阶段土壤 CO_2 呼吸排放

1. 研究区基本状况

以上是孙步功（2008）对黄河源区高寒草甸不同退化阶段土壤／植被系统、土壤、土壤微生物 CO_2 呼吸通量的有关分析。实际上也有学者报道了区域高寒草原不同退化阶段的土壤 CO_2 呼吸排放的状况。温军等（2014）选择青海省果洛州玛多县黄河乡高寒草原未退化、轻度退化、中度退化和重度退化四种退化类型（周华坤等，2012），在 2011 年生长季，在返青期（5 月底）、生长盛期（7 月底）和枯黄期（9 月底）分别进行了土壤 CO_2 呼吸排放的监测。其中，未退化、轻度退化、中度退化、重度退化的高寒草原分别以盖度较高的典型紫花针茅草原、盖度相对低杂草类较多的紫花针茅草原、杂草类草原、沙化草原来界定（周华坤等，2012）。

2. 不同退化阶段 CO_2 通量日、年变化规律

温军等（2014）的研究表明，不同退化程度的高寒草原土壤呼吸均表现出一定的月动态，这种月动态在不同退化程度间各有不同。不同退化程度之间和不同月份之间土壤呼吸均存在显著差异（$P<0.01$），随着退化程度的增加，未退化、轻度退化和中度退化土壤呼吸呈逐步增加的趋势（图 6-19。温军等，2014），其中 9 月底（枯黄期）土壤呼吸值显著高于 5 月底（返青期）和 7 月底（生长盛期）（$P<0.01$），分别为（2.94±0.20）μmol/（m²·s）、（3.20±0.27）μmol/（m²·s）和（3.21±0.13）μmol/（m²·s），5 月底土壤呼吸值最低，分别为（0.82±0.06）μmol/（m²·s）、（1.75±0.20）μmol/（m²·s）和（1.27±0.13）μmol/（m²·s），7 月底土壤呼吸值处于 5 月和 9 月的数值之间，分别为（2.02±0.09）μmol/（m²·s）、（1.75±0.25）μmol/（m²·s）和（2.66±0.01）μmol/（m²·s），而重度退化程度下土壤呼吸值却表现出 5 月底和 9 月底显著高于 7 月底（$P<0.01$），分别为（1.60±0.11）μmol/（m²·s）和（1.41±0.14）μmol/（m²·s），它们之间无显著差异（$P>0.05$），7 月底最低为（0.89±0.13）μmol/（m²·s）。

观测的 3 个月中，5 月底（即返青期）未退化草地土壤呼吸值显著低于其他退化程度（$P<0.01$），轻度退化程度土壤呼吸值最高，但和重度退化下差异不显著（$P>0.05$），中度退化程度显著低于重度退化程度（$P<0.05$）；7 月底中度退化程度下土壤呼吸值达到最高，显著高于其他退化程度（$P<0.01$），未退化和轻度退化之间无显著差异，重度退化程度下土壤呼吸值显著低于其他退化程度（$P<0.01$）。9 月底未退化、轻度退化和中度退化程度的土壤呼吸值均显著高于重度退化（$P<0.01$），而它们两两间无显著差异（$P>0.05$）。

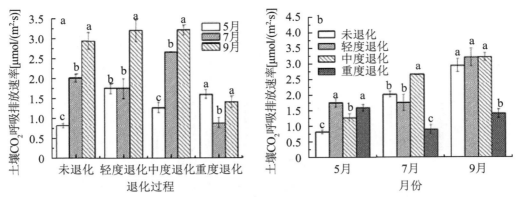

图 6-19　高寒草原不同退化程度下土壤 CO_2 呼吸排放（均值 ± 标准误差）

注：不同字母表示差异显著（$P < 0.05$）

将所观测各退化程度高寒草地返青期、生长盛期和枯黄期土壤呼吸值进行平均，来代表整个生长季的平均土壤呼吸值，方差分析结果显示，中度退化程度下土壤呼吸值最高 [（2.46 ± 0.27）$\mu mol/ (m^2 \cdot s)$]，显著高于未退化 [（1.92 ± 0.11）$\mu mol/ (m^2 \cdot s)$] 和重度退化 [（1.30 ± 0.16）$\mu mol/ (m^2 \cdot s)$] 程度（$P<0.01$），与轻度退化 [（2.22 ± 0.19）$\mu mol/ (m^2 \cdot s)$] 下的土壤呼吸值无显著差异（$p>0.05$），重度退化程度下土壤呼吸值显著低于其他退化程度（$P<0.01$）（图 6-20。温军等，2014）。

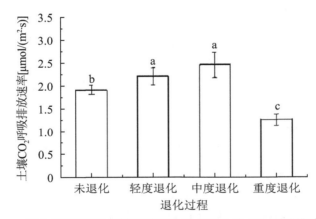

图 6-20　玛多高寒草原不同退化程度在生长季土壤 CO_2 呼吸排放速率

注：不同字母表示差异显著（$P < 0.05$）

草地退化是生态系统逆向演替的过程，是植被—土壤系统的综合退化过程，二者互为因果关系（安渊等，1999；王根绪等，2002；马玉寿等，2006）。随着青藏高原草地退化面积的扩大和加剧，恢复和重建迫在眉睫。以三江源区玛多县和治多县高寒草原群落调查数据为源数据将高寒草原划分为原生未退化、轻度退化、中度退化和重度退化 4 类。

三、风火山区高寒草甸和高寒沼泽湿地植被 / 土壤 CO_2 呼吸排放

长江源区气候寒冷，环境恶劣，处在生命禁区区域。关于区域草地 CO_2 的排放研究工作很少。而了解该地区草地植被 / 土壤 CO_2 排放是极为重要的。白炜（2010）对该地 CO_2 做了大量的研究工作，并取得显著的成果。这里编著者依据白炜的有关研究结果给予报道。

1. 实验区基本状况

青藏高原腹地风火山地区建设了试验观测基地，对 2 类典型高寒生态系统的碳循环关键过程进行了观测，高寒草甸和沼泽草甸分布。风火山地区位于长江源区北麓河流域，大致位于 34°43′ N、

92°52′E。区域属高原大陆性气候区，气候寒冷干燥，气温气压低，春秋季节短暂，冻结期持续时间较长，从9月至翌年的4月。根据近年来风火山临时气象站资料，年平均气温 −5.3℃，极端最高气温24.7℃，极端最低气温 −38.5℃。年均降水量269.7 mm。

白炜（2010）选择了高寒草甸和沼泽草甸，基本范围在34°44′N、92°54′E，海拔4 754～4 766 m。其中高寒草甸主要分布于山地的阳坡、阴坡、圆顶山、滩地和河谷阶地，海拔在3 200～4 700 m，其分布上限最高可达5 200 m左右。草甸植物种类丰富，一般每平方米有植物25～30种，多者可达40种以上。组成草群的优势种主要有莎草科嵩草属的高山嵩草、矮嵩草、线叶嵩草、北方嵩草、禾叶嵩草和苔草属的黑褐苔草、粗喙苔草。杂毒草有鹅绒委陵菜、黄帚囊吾、禾叶风毛菊、沙生风毛菊、珠牙蓼、棘豆、细叶亚菊、华马先蒿、垫状点地梅等，常见的伴生种有异穗苔草、草地早熟禾、高原早熟禾、冷地早熟禾、短芒稻草、异针茅、紫花针茅、紫羊茅、中华羊茅、藏异燕麦、垂穗鹅观草、高山紫菀、乳白香青、矮火绒草、美丽风毛菊、圆穗蓼、多裂委陵菜、多茎委蔓麦瓶草、甘肃马先蒿、阿拉善马先蒿、女娄菜、蔓麦瓶草、蓝花棘豆、黄花棘豆、露蕊乌头、达乌里龙胆、斜升龙胆、匙叶龙胆、鳞叶龙胆、高山唐松草、狼毒等。草群分化不明显，一般只有一层，高度在30 cm以下，在以垂穗披碱草为优势种的草地上可分为两层，上层以禾草垂穗披碱草为主，高45～60 cm，其他为第二层，植物株高10～25 cm。覆盖度一般在60%～90%，个别以杂毒草为优势种的退化草地覆盖度只有20%～30%。

沼泽草甸主要分布在海拔3 200～4 800 m的河畔、湖滨、排水不畅的平缓滩地、山间盆地、蝶形注地、高山鞍部、山麓潜水溢出带和高山冰雪带下缘等部位。分布地区气候寒冷，地形平缓，地下埋藏着多年冻土，成为不透水层，使降水、地表径流和冰雪消融水不能下渗而聚集在地表，造成土壤过湿，甚至形成地表终年积水和季节性积水的沮洳地。在长期冷湿的环境下，发育着根矮茎短的地下芽植物群落。组成草群植物主要由湿中生、湿生多年草本植物群落构成，群落覆盖度大、物种组成丰富。优势种为藏嵩草、小嵩草、甘肃嵩草、针茅、羊茅和粗喙苔草，常见的伴生种主要有矮嵩草、黑褐苔草、青藏苔草、发草、星状风毛菊、驴蹄草、三裂碱毛茛、矮火绒草等不可食杂类草和毒草。草群层次分化不明显，一般高1～25 cm，草群密集，覆盖度高达80%～95%。草地外貌整体呈黄绿色，因冻融作用地表形成高出地面10～20 cm、直径40～80 cm的冻胀草丘，分布均匀而致密，地表整体凹凸不平。

在风火山试验区，选择具有代表性的高寒草甸和沼泽草进行试验。

2. 植被／土壤系统 CO₂ 排放日变化与季节变化

以2010年6月3—4日与高寒草甸测定的排放通量为例进行日变化的分析（图6-21。白炜，2010），结果表明，排放通量的日变化呈现明显的单峰型，排放通量最高为4.45 μmol/（m²·s），16：00之后开始下降，直至22：00下降速率减缓。

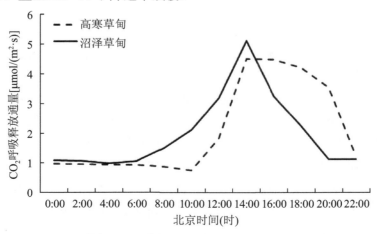

图6-21 草甸和沼泽草甸不同处理CO₂排放通量的日变化

同时，高寒草甸的生态系统呼吸表现出明显的季节变化规律（图6-22。白炜，2010），即植被生长旺盛期的7—8月最大，5—6月最低，9月居中，最大的8月为2.31 μmol/（m²·s），这是由于草地生态系统植被的呼吸与气温密切相关，植物根系和土壤微生物的呼吸对土壤温度变化也比较敏感，而研究区域的降水与气温均在植被生长旺盛期达到峰值，这种水热同期的条件使得植被的呼吸作用和土壤微生物活性都达到较高水平。

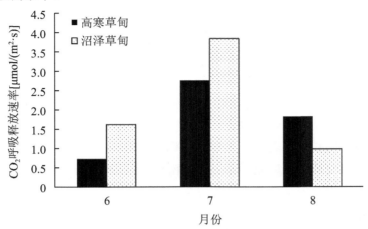

图 6-22　高寒草甸和沼泽草甸不同处理排放通量的季节变化

对于沼泽草甸，采用2010年6月6日—7日所测定的排放通量为例，进行日变化分析表明（图6-21），与高寒草甸相似，沼泽草甸的日变化同样表现出非常明显的单峰型日变化规律。沼泽草甸生态系统排放通量同是6:00左右达到最小值，为1.01 μmol/（m²·s），随后排放通量均开始明显升高，直到14:00左右生态系统呼吸速率最大，为4.45 μmol/（m²·s），之后开始下降，直至22:00左右下降的速度减缓。

同时，沼泽草甸的生态系统呼吸也具有明显的季节变化规律（图6-22），即植被生长旺盛期7—8月大于返青期的5—6月，更大于植物枯黄期的9月。8月峰值达3.81 μmol/（m²·s），沼泽草甸的这种季节变化规律，与植被生长旺盛期强大的光合固碳能力以及较高的土壤微生物活性等密切相关。这可能是因为温度升高使得植物呼吸作用加强，微生物数量增多，活动能力加强，土壤中含碳物质分解速率加快，从而致使排放通量增加。

第七节　三江源高寒草甸区人工建植草地植被 / 土壤 CO_2 呼吸排放

青藏高原气候温凉，温度是植物生长的重要限制因子，温度升高会促进湿润地区植物光合作用和碳固定，但在干旱地区，温度升高会促进土壤水分蒸发，加剧植被受干旱胁迫的程度，导致植被生产力降低（Guo et al.，2015），而且温度也是物候转移的主导因子（Zhang et al.，2018）。过去30年来青藏高原气温在不断上升（Liu et al.，2018），这对于温度敏感的青藏高原而言无疑是巨大的挑战。青藏高原52%的土地用来发展畜牧业，为草原地区约500万牧民提供了生计（秦大河等，2014），但在过去的50年中，在广袤的青藏高原，高寒草地随气候温暖化加剧及人类活动影响发生了明显的退化，超过50%草地退化或沙化（Harris，2010；秦大河等，2014），这不仅会严重影响草地生态系统生产力和服务，还危及到畜牧生产，地方经济和区域可持续性发展（Zhao et al.，2018）。

极度退化的草地已成为寸草不生或杂毒草为主的"黑土滩"。为了使这些"黑土滩"植被得到快速的恢复，人们开展了人工草地建植。至目前位置，仅在三江源区的人工建植草地面积约达67 000 hm² (Zhao et al., 2018)。人工草地建植使原有的"黑土滩"得到有效的控制，甚至有明显的恢复。可见，在"黑土型"退化草地上建植人工草地是可行的，也是快速恢复其植被的主要途径（马玉寿等，2002；王启基等，2000）。在过去 10 年里，我国实施的生态恢复工程增加固碳 74 Tg C/a，农业管理增加固碳 20 Tg C/a (Fang et al., 2018)。生态恢复工程不仅使环境得到了改善，还大大提升了生态系统的服务功能。净生态系统 CO_2 交换在全球尺度上是由气候因素决定，而在站点尺度上由站点性质和管理措施决定的 (Luyssaert et al., 2007)。因此，关于单个站点管理措施与碳收支年际变异关系的研究是很有必要的。探讨人工草地生态系统的碳循环对认识青藏高原人工草地生态系统碳/水循环、生态价值、功能，以及对三江源区的生态安全都具有重要的意义。

但是，建植过程有单播，也有混播，同时随建植时间的延长其植被盖度、生物量、物种丰富度等均发生改变。这种改变出现多种形式，如建植多年生的垂穗披碱草仅 5 年后发生退化现象，但其地表物种丰富度明显增加。随建植年限（龄）延长，植被/土壤呼吸也有着显著的变化。为此，这里摘录相关研究者对人工建植草地分不同播种处理、建植年限延长后植被/土壤 CO_2 呼吸排放速率的报道。

一、玛沁"黑土滩"人工建植垂穗披碱草草地 7 年后植被/土壤 CO_2 呼吸排放

1. 研究区基本状况

孙步功（2008）于 2006 年曾对单播 7 龄的垂穗披碱草人工草地进行了原状草地（植被/土壤系统呼吸）、去表草地（土壤呼吸）和去草根土壤（微生物呼吸）CO_2 通量的日变化监测。由于垂穗披碱草是人工群落的建群种，因此，草地植被覆盖度取决于垂穗披碱草的长势，随着优势种的衰退为其他物种创造了良好的生长发育环境。建植的前两年 95% 以上的生物量形成来自垂穗披碱草。禾草草层高度为 38 cm 左右，莎草草层高度为 2.0 cm 左右，杂草草层高度为 15.0 cm 左右。群落总盖度为 80%，禾草、莎草和杂草其盖度分别为 70%、1.0% 和 8.0%。

人工草地是利用综合农业技术，在完全破坏了天然植被的基础上，通过人为播种建植的人工草地群落。人工草地群落进行生物多样性、丰富度、均匀度变化的分析表明，垂穗披碱草等禾本科牧草为绝对优势种，平均优势度在 65% 以上，抑制了其他物种的侵入与发育。以生产为主要目标的人工草地生态系统中，物种多样性与生产力成反比。施肥和灭杂措施提高了物种均匀度（马玉寿等，2006）。

2. 植被—土壤 CO_2 呼吸日、年变化

图 6-23（白炜，2010）给出人工草地建植 7 年后 3 个处理，原状草地（植被/土壤系统呼吸）、去表草地（土壤呼吸）和去草根土壤（微生物呼吸）CO_2 通量的日平均变化给出。由图 6-23 看出，植被/土壤系统呼吸、土壤呼吸和微生物呼吸 CO_2 通量均有昼高夜低的特点，或发现最高值除土壤呼吸出现在 11：00 外，植被/土壤系统呼吸和微生物呼吸均出现在 13：00，分别为 255.39±12.38 mg/（m²·h）、369.23±16.19 mg/（m²·h）和 229.30±11.24 mg/（m²·h）。最低出现在 4：00—7：00。

释放速率具有明显的季节动态（图 6-24。白炜，2010），其变化趋势基本一致，且均表现为正排放。方差分析显示，重度退化草地和人工草地 CO_2 释放速率与中度退化草地 CO_2 释放速率差异显著，重度退化草地与未退化草地 CO_2 释放速率差异不显著。生长旺季（6—9 月）重度退化草甸释放速率明显高于中度退化草甸，主要是因为重度退化草甸以杂类草为主，禾草和莎草科植物偶见，毒杂草所占比例较大，虽然返青晚，但生长旺季总盖度为 40% ～ 60%，且毒杂草高度大。而中度退化草甸以禾草为优势种，虽返青早，但总盖度为 20% ～ 30%，裸露的秃斑地占 40% ～ 60%。

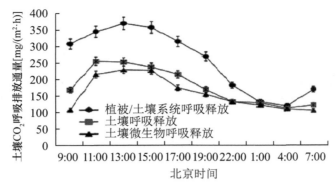

图 6-23 人工草地 3 个处理土壤 CO₂ 呼吸排放通量日变化

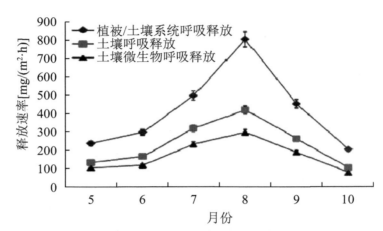

图 6-24 人工草地 3 个处理 CO₂ 通量季节变化

二、同德人工建植草地不同播种处理下土壤 CO₂ 呼吸特征

温军（2012）曾在三江源同德地区，开展了人工草地建植中不同播种处理［即单播、单播＋（混播）］，以及施氮、不同播种处理播种年限延长下的有关土壤 CO₂ 呼吸排放速率的监测。其结果如下。

1. 不同播种处理下土壤 CO₂ 呼吸排放日、月变化动态

温军（2012）在 7 月底、8 月底和 9 月底选取典型天气（最近 3 d 内无降雨）进行土壤呼吸进程的测定发现（图 6-25。温军等，2012），各处理土壤呼吸值在 3 个月底的测量中昼夜变化规律大致相当，均呈现单峰曲线，早晨土壤呼吸随着温度的升高逐渐增大，到中午至下午时达到最高值，夜间随着温度的降低减小至最低。7 月底和 8 月底土壤呼吸在一天中最大值出现的时间为 13：00—15：00，最小值出现在 3：00—5：00，9 月底由于夜间土壤表层出现冻结现象，土壤表层气体扩散受到抑制，在此期间所测土壤呼吸值在不同时间段变化较小。3 次土壤呼吸日进程测定结果显示，5 个种的混播处理和对照（天然草地）土壤呼吸最高值出现的时间要迟于其他播种处理草地，最小值出现的时间大致相同。

各播种处理土壤呼吸的月动态均呈多峰曲线（图 6-26。温军等，2012），与土壤 0～5 cm 处温度变化趋势相似，生长季从返青期开始，随着温度的大幅回升植物由返青期进入快速生长期，土壤温度在 6 月底时达到一个高峰值，植物生长旺盛，土壤呼吸速率也达到最高，随后随着温度的回落而下降，在 8 月底继续上升，进入枯黄期时再次降低。

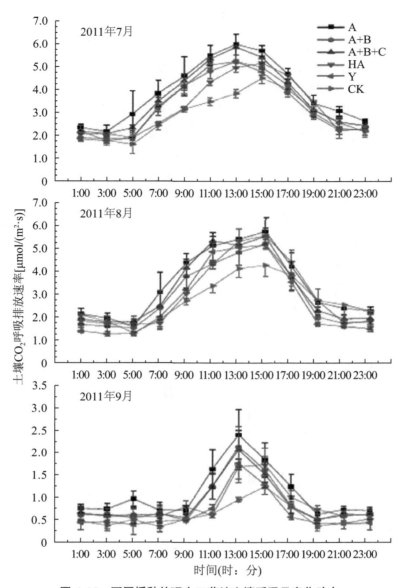

图 6-25　不同播种处理人工草地土壤呼吸日变化动态

注：垂穗披碱草（A）、中华羊茅（B）、早熟禾（C）和燕麦（Y）、垂穗披碱草＋中华羊茅（A+B）、中华羊茅＋早熟禾（B+C）、垂穗披
碱草＋早熟禾（A+C）、垂穗披碱草＋中华羊茅＋早熟禾（A+B+C）和垂穗披碱草＋中华羊茅＋早熟禾＋老芒麦＋星星草（DBH），以天然
草地为对照（CK）

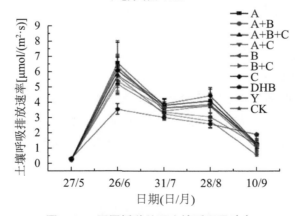

图 6-26　不同播种处理土壤呼吸月动态

注：垂穗披碱草（A）、中华羊茅（B）、早熟禾（C）和燕麦（Y）、垂穗披碱草＋中华羊茅（A+B）、中华羊茅＋早熟禾（B+C）、垂穗披碱草＋
早熟禾（A+C）、垂穗披碱草＋中华羊茅＋早熟禾（A+B+C）和垂穗披碱草＋中华羊茅＋早熟禾＋老芒麦＋星星（DBH），以天然草地为对照（CK）

2. 不同播种处理建植 5 年后土壤 CO₂ 呼吸特征

将不同播种处理人工草地生长季平均土壤呼吸速率进行单因素方差分析，结果显示，人工草地建植 5 年后（图 6-27。温军等，2012），除一年生燕麦之外，不同播种处理人工草地生长季平均土壤呼吸值均高于天然草地（2.44 ± 0.06 μmol/（m²·s）（$P<0.05$）），燕麦处理（2.60 ± 0.11 μmol/（m²·s））显著低于其他播种处理，垂穗披碱草、中华羊茅和早熟禾处理两两间无显著差异（$P>0.05$），分别为 3.19 ± 0.10 μmol/（m²·s）、3.05 ± 0.15 μmol/（m²·s）和 2.92 ± 0.18 μmol/（m²·s），各混播处理中垂穗披碱草、中华羊茅和早熟禾 3 个种混播下生长季平均土壤呼吸最高，为 3.02 ± 0.08 μmol/（m²·s），但它们之间无显著差异（$P>0.05$），垂穗披碱草＋中华羊茅、垂穗披碱草＋早熟禾和中华羊茅＋早熟禾处理生长季平均土壤呼吸值分别为 2.808 ± 0.15 μmol/（m²·s）、2.809 ± 0.06 μmol/（m²·s）和 2.798 ± 0.18 μmol/（m²·s）。5 个种混播的处理生长季平均土壤呼吸值（2.22 ± 0.08 μmol/（m²·s））显著低于其他处理（$P<0.01$）。

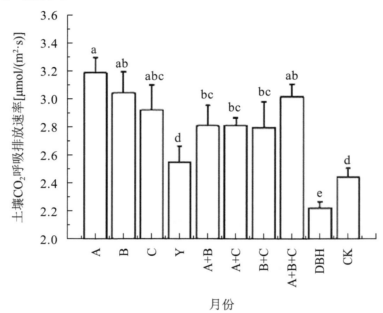

图 6-27　不同播种处理生长季平均土壤呼吸

注：垂穗披碱草（A）、中华羊茅（B）、早熟禾（C）和燕麦（Y）、垂穗披碱草＋中华羊茅（A+B）、中华羊茅＋早熟禾（B+C）、垂穗披碱草＋早熟禾（A+C）、垂穗披碱草＋中华羊茅＋早熟禾（A+B+C）和垂穗披碱草＋中华羊茅＋早熟禾＋老芒麦＋星星草（DBH），以天然草地为对照（CK）

3. 不同播种处理下连续 5 年氮素添加下的土壤 CO₂ 呼吸排放

不同播种处理人工草地建植 5 年后土壤 $0\sim10$ cm 层有机碳密度均小于天然草地（$P<0.01$），5 个种的混播处理土壤 $0\sim10$ cm 层有机碳密度显著高于单播、两两混播和 3 个种混播处理（$P<0.01$），而单播处理和两两混播以及 3 个种的混播处理土壤 $0\sim10$ cm 层有机碳密度两两间无显著差异（$P>0.05$）。连续 5 年的氮肥添加之后，部分播种处理土壤表层有机碳发生显著变化（图 6-28。温军等，2012），早熟禾人工草地土壤表层有机碳储量得到显著提高（$P<0.01$），为 2.72 ± 0.33 kg/m²，而中华羊茅、燕麦和垂穗披碱草＋中华羊茅处理施加氮肥之后土壤表层有机碳密度显著低于未施肥处理（$P>0.01$），分别为 1.75 ± 0.08 kg/m²、1.65 ± 0.11 kg/m² 和 1.67 ± 0.16 kg/m²。其他处理施肥后土壤表层有机碳密度均无显著差异（$P<0.05$）。

氮肥添加可以改变土壤可利用氮的含量，本研究结果显示，连续 5 年氮肥施加之后各播种处理生长季平均土壤呼吸速率与未施肥相比较虽然出现增加或降低的状况（图 6-29。温军等，2012），但方差分析结果显示施肥对各播种处理生长季平均土壤呼吸无显著影响（$P>0.05$）。

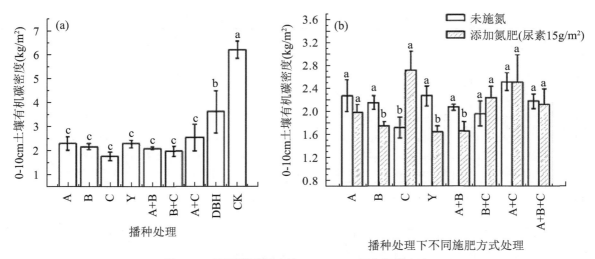

图 6-28　不同处理下土壤 0 ～ 10 cm 层有机碳密度

注：垂穗披碱草（A）、中华羊茅（B）、早熟禾（C）和燕麦（Y）、垂穗披碱草＋中华羊茅（A+B）、中华羊茅＋早熟禾（B+C）、垂穗披碱草＋早熟禾（A+C）、垂穗披碱草＋中华羊茅＋早熟禾（A+B+C）和垂穗披碱草＋中华羊茅＋早熟禾＋老芒麦＋星星草（DBH），以天然草地为对照（CK）

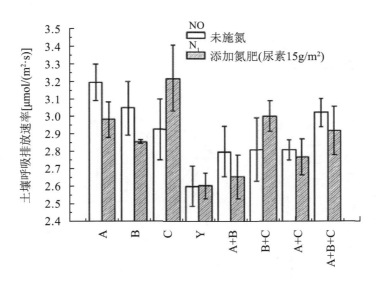

播种处理下不同施肥方式处理

图 6-29　不同播种处理氮素添加后生长季平均土壤呼吸速率，图中 N_0 为未施氮，N_1 为添加氮肥（尿素 15 g/m²）

注：参考图 6-28

4. 不同建植龄期单播的垂穗披碱草土壤 CO_2 呼吸特征

不同龄期垂穗披碱草人工草地生物量高峰期群落调查结果显示（温军等，2012），不同龄期垂穗披碱草人工草地物种数，多样性指数以及地上地下生物量存在显著差异（表 6-11，$P<0.05$），人工草地群落优势种垂穗披碱草随着龄期的增加逐渐被入侵杂草取代，物种数先降低后增加，5 龄人工草地物种数最低，垂穗披碱草为绝对优势种，随着演替年限的增加 15 龄草地群落物种数达到最高，垂穗披碱草完全消失，甘肃马先蒿和鹅绒委陵菜为群落优势种；在此过程中多样性指数在 10 龄时达到最高，5 龄时最低，均匀度指数最低值出现在 6 龄，10 龄时最高，多样性指数和均匀度指数总体呈现降低再增加再降低的变化趋势；群落地上和地下生物量均在 5 龄时达到最高，地上生物量在 7 龄时最低，而地下生物量的最低值出现在 10 龄草地。

表 6-11　不同龄期垂穗披碱草人工草地群落特征

龄期	物种数	香浓维纳指数	Pielou 指数	群落盖度（%）	地上生物量（g/m²）	地下生物（g/m²）	主要优势种
1 龄	9.4±1.40	1.40±0.15	0.64±0.06	62%	167.09±7.91	982.88±116.70	A
5 龄	2.6±0.40	0.54±0.04	0.62±0.07	70%	239.72±41.07	1 149.89±147.46	A
6 龄	5.6±0.60	0.88±0.12	0.51±0.06	68%	102.33±15.71	959.50±151.27	A
7 龄	9.2±1.31	1.43±0.14	0.65±0.04	70%	89.31±18.01	997.77±155.02	B
10 龄	15.4±1.57	2.01±0.06	0.74±0.01	65%	115.6±5.34	895.24±145.11	C
15 龄	15.5±0.68	1.80±0.05	0.66±0.02	90%	204.15±18.01	1 142.35±112.99	D

注：主要优势种为 A 垂穗披碱草；B 垂穗披碱草、甘肃马先蒿；C 棘豆；D 甘肃马先蒿、鹅绒委陵菜

以不同龄期和不同月对土壤呼吸速率做双因素方差分析，发现不同龄期和不同月之间土壤呼吸均存在显著差异（$P<0.01$），我们对不同龄期人工草地的月动态进一步进行分析，如图 6-30（温军等，2012）所示，各龄期垂穗披碱草人工草地土壤呼吸均表现出一定的季节动态，7 月底即生长盛期土壤呼吸速率显著高于 5 月底（返青期）和 9 月底（枯黄期）（$P<0.01$），而 5 月底和 9 月底土壤呼吸速率因人工草地龄期不同而不同。生长季平均土壤呼吸速率随着人工草地建植龄期的增加呈现先增加后降低再增加的趋势，5 龄 [4.39±0.14 μmol/（m²·s）]、6 龄 [4.42±0.12 μmol/（m²·s）] 和 15 龄 [4.33±0.07 μmol/（m²·s）] 人工草地生长季平均土壤呼吸显著高于 1 龄 [3.23±0.12 μmol/（m²·s）]、7 龄 [3.66±0.20 μmol/（m²·s）] 和 10 龄 [2.83±0.10 μmol/（m²·s）]（$P<0.01$），它们两两之间差异不显著（$P>0.05$），7 龄显著高于 1 龄和 10 龄（$P<0.01$），而 10 龄显著低于其他龄期（$P<0.01$）。

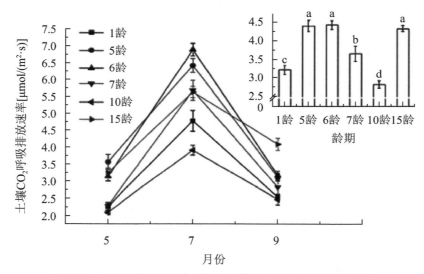

图 6-30　不同龄期垂穗披碱草人工草地生长季土壤呼吸特征

不同龄期垂穗披碱草人工草地在龄期和月份之间土壤呼吸均存在显著差异（$P<0.01$），7 月底即生长盛期各龄期人工草地土壤呼吸均达到最高。生长季平均土壤呼吸速率随着人工草地建植龄期的增加呈现先增加后降低再增加的趋势，5 龄 [4.39±0.14 μmol/（m²·s）]、6 龄 [4.42±0.12 μmol/（m²·s）] 和 15 龄 [4.33±0.07 μmol/（m²·s）] 人工草地生长季平均土壤呼吸显著高于 1 龄 [3.23±0.12 μmol/（m²·s）]、7 龄 [3.66±0.20 μmol/（m²·s）] 和 10 龄 [2.83±0.10 μmol/（m²·s）]（$P<0.01$），它们两两之间差异不显著（$P>0.05$），7 龄显著高于 1 龄和 10 龄（$P<0.01$），而 10 龄显著低于其他龄期（$P<0.01$）。

第八节 环境要素对高寒草地植被／土壤CO_2呼吸排放的影响机制及不确定性

浅表层土壤（指深约 0～1 m 的土壤土层）中贮存了土壤大部分的有机碳（Mu et al.，2015；Trumbore et al.，1996），并且直接与大气层接触，受气候变化影响最为明显（Bockheim et al.，2014），因此人们的关注点主要也集中在浅表层土壤中，目前青藏高原的研究中所指的"土壤碳排放"一般都是指浅表层土壤的碳排放。影响青藏高原土壤碳排放因子有很多，不同季节影响因子也不完全一样（Li et al.，2015）。研究发现，土壤温度、土壤湿度、土壤区系生物、人类活动及多年冻土退化是影响青藏高原土壤碳排放最关键的 5 个影响因子。刘敏等（2015）对此做过详细的报道。

但总的来讲，这些影响因素主要包括生物因素、非生物因素和人类活动因素。其生物学过程的影响包括植被类型、净生态系统生产力、地上和地下生物量的分配、叶面积指数、枯落物、种群和群落的相互作用（周萍等，2009；Boone et al.，1998）和土壤动物（Komulainen et al.，1995）等。非生物学过程的因子包括土壤温度、土壤湿度、降水、土壤 C 和 N 含量、土壤孔隙度、土壤—植被—大气系统间的 CO_2 浓度梯度（李玉宁等，2002）、pH 值（Vanhala，2002）和风速（William et al.，2005）等。人为因素包括土地利用、施肥和采伐（Zhang et al.，2002）等。

一、温度对土壤CO_2释放速率的影响

1. 温度升高对土壤CO_2释放速率的影响

温度是影响植物生长、发育和功能的重要环境因子，是调节许多陆地生态系统生物地球化学过程的关键因素之一（陈全胜等，2004）。草地土壤呼吸对温度变化响应的研究备受瞩目（Morison et al.，1999）。土壤呼吸与土壤温度具有良好的相关性，其响应方程有多种类型，包括线性方程（Raich et al.，1992）、指数方程（Knapp et al.，1998）、Arrhenius 方程（Lloyd et al.，1994）、幂函数方程（Fang et al.，2001）和逻辑斯缔方程（Grace et al.，2000）等。贾丙瑞等（2004）对放牧羊草样地土壤呼吸速率与温度的相关性研究得出土壤呼吸速率与大气温度、地表温度以及 5 cm 地温都具有较好的指数相关性。徐洪灵等（2012）对川西北高寒草甸土壤呼吸的研究，Davidson 等（2006）对森林生态系统和 Flanagan 等（2005）对北温带草原生态系统的生态系统呼吸研究都证实，土壤呼吸、生态系统呼吸均与温度具有显著相关性，尤其是与 5 cm 土壤温度具有极显著相关性。实际上土壤或生态系统呼吸与温度之间的关系属指数关系是毋庸置疑的，其形式为：$y = ae^{bx}$，只是植被类型不同，或地理位置不同其有关回归系数不同而已。

据 IPCC 最新预测，到 2100 年全球平均气温将升高 1.8～4.0℃（IPCC，2007），而土壤呼吸对温度的变化相当敏感，因此土壤呼吸的温度敏感性研究得到广泛关注。土壤呼吸的温度敏感性通常利用 Q_{10} 描述，并通过下式确定 Q_{10} 值：$Q_{10} = e^{10\,b}$，式中：b 为温度反应系数，即温度每升高 10℃，土壤呼吸增加的倍数，该模型在低温时的拟合效果明显好于高温时的拟合效果（Fierer et al.，2005）。这说明温度较低时，根系和土壤微生物的代谢活动主要受温度变化控制，温度较高时，温度不再是限制因子，根系和土壤微生物的生命活动很容易受到其他因素的影响和制约。有研究表明，温度每升高 1℃，全球陆地土壤将分解释放 1.1～3.4 Pg C 的 CO_2 到大气中（Batjes，1996）。Q_{10} 值的微小变化就可能引起对土壤呼吸评价的很大变化，从而导致对未来土壤 C 损失量预测的重大误差。因此充分理解温度及其他因素对土壤呼吸敏感性的影响是预测未来气候变化下的土壤 C 平衡的关键。但是，土壤

呼吸各分室对温度的敏感性不同（Kirschbaum，1995），且土壤呼吸温度敏感性存在着相当大的时空变化，这可能与温度以外的土壤理化性质等因素的空间分异有关。然而迄今为止，除温度以外还有哪些因素影响及其如何影响 Q_{10} 值仍然没有明确的结论。目前所报道的众多 Q_{10} 值存在着一定的差异，Raich 等（1992）经过综合研究发现其中值为 2.4，高纬度地区大于低纬度地区，温带草原 Q_{10} 值为 $2.0 \sim 3.0$。

气温增高后，表层土壤（$0 \sim 20$ cm）湿度降低，植被根系变细，土壤氮循环速率加快，同时土壤胞外酶的活性增加，土壤微生物活性增加，从而使得表层土壤的碳排放能力增大（刘敏等，2015；Peng et al.，2015；Wu et al.，2014；Jing et al.，2014；Crill et al.，1988；Frolking et al.，1994；Yang et al.，2014；Peng et al.，2014）。Peng 等（2015）对高寒草甸增温 2℃后，发现表层土壤碳排放 2 a 内分别增加 263、247 g/m²；而对连续冻土区内表层土壤增温后发现（Peng et al.，2015），土壤碳排放量分别增加了 77.10 g/a（1.88℃）、125.80 g/a（3.19℃），说明增温幅度越大，表层土壤碳排放增加量越大。这主要是因为土壤碳排放的温度敏感性会随着温度增高而增高，如 Qin 等（2015）对土壤温度增高 0.62℃后发现，增温区较非增温区 Q_{10} 高 10.59%，而土壤碳排放量增加 17.41%。与青藏高原研究结果相近，北极苔原冻土区域的研究发现（R ustad et al.，2001），气温升高 $0.3 \sim 6℃$后能够显著提高土壤的呼吸速率、净氮矿化速率和植被的地上生物量。

不仅如此，土壤有机质的转化包括有矿化过程和腐殖化作用，而矿化作用是有机物质在微生物的参与下的氧化过程，所有影响微生物生命活动的因素都影响着矿化过程。温度不仅影响微生物细胞的物理反应及生物化学反应速率，而且对环境中的物理化学特性也有影响。高寒草地土壤的矿化氮累积量与培养温度相关极为显著（乐炎舟等，1988；张金霞等，2001），并且认为在高寒地区，热量条件对于有机氮的矿化效应较气候温暖地区敏感。同时，温度表征着区域大气及土壤的热量条件，对植被生长发育特别是对生长初期营养生长阶段起着极其重要的作用。由于草地生态系统呼吸释放主要来自于土壤，说明土壤温度又是影响土壤呼吸和释放过程中的主要环境因素，如果仅考虑温度因素，则土壤呼吸变异是由土壤温度的变化造成的。

吴琴等（2005）在分析植物生长季（5—9 月）土壤 CO_2 的日平均释放速率与日平均气温、地表温度、5 cm 地温、10 cm 地温、15 cm 地温、20 cm 地温及 30 cm 地温进行回归分析时认为，环境温度也是影响高寒嵩草草甸土壤 CO_2 释放强度最主要的因素（Braswell et al.，1997）。土壤 CO_2 释放速率与气温及各层地温均呈显著正相关关系（表 6-12）。与 10 cm 以下的地温呈极显著相关关系。说明高寒草甸土壤 CO_2 释放速率的季节动态主要受 10 cm 以下地温影响较大，受剖面下层温度所控制。土壤温度呈明显的日变化和季节变化，两者的变幅随深度而变小。土壤剖面具有较大的垂直温度梯度，温度梯度在土壤中随深度而变小。土壤下层温度不如表土层剧烈，热量释放相对较慢，当表层温度低时，逐渐向上部传递热量，从而影响了土壤的呼吸作用。土壤 CO_2 释放速率的日变化与气温和土壤表层温度有强烈的相关性，表明土壤微生物的数量和活性随表土层温度的变化而变化，有机物质的矿化也随之波动，土壤 20 cm 及 30 cm 的温度变化幅度甚小，且和气温及表土层温度呈负相关关系，因而 CO_2 释放速率与之多呈负相关关系。说明土壤 CO_2 释放主要是地表的贡献作用，Steven 等（1996）和 Cao 等（2004）的研究结果更能得到体现。

表 6-12　草毡寒冻雏形土 CO_2 日平均释放速率与日平均气温和地温的相关分析

气温或地温	回归方程	相关系数
气温	$Y=155.31+37.55x$	0.639 5*
0 cm	$Y=156.25+28.91x$	0.676 7*
5 cm	$Y=-12.02+44.77x$	0.748 7*
10 cm	$Y=-21.67+46.21x$	0.811 7**

续表

气温或地温	回归方程	相关系数
15 cm	$Y=-13.83+43.42x$	0.898 5**
20 cm	$Y=1.204+45.68x$	0.832 5**
30 cm	$Y=33.40+44.28x$	0.824 3**

注：*$P<0.05$；**$P<0.01$

温度不但影响微生物类群的数量，而且影响微生物的活性，一个地区的微生物细胞活动力是受热力条件所控制。对高山草甸土纤维素分解的季节动态研究结果表明（李英年等，2000；姜文波等，1995），高寒矮嵩草草甸土壤的纤维素分解菌的数量和纤维素分解率均在7—8月最高，纤维素分解率与土壤温度呈正相关。其分解速率随温度升高而增加。与CO_2释放速率的季节动态一致。将土壤CO_2释放速率与纤维素菌的数量进行相关分析发现，其相关系数$r=0.981\,2$（$n=5$）达到极显著正相关水准。王启兰等（1995）对高寒嵩草草甸真菌生物量研究结果表明，5月开始菌丝生物量迅速增高，7月、8月达最高值，以后开始下降，与土壤CO_2释放速率趋势相同。

分析发现（吴琴等，2005），整个植物、植物根系以及土壤微生物CO_2的释放速率与土壤5 cm温度具有极显著正相关关系，相关系数分别为0.858、0.628和0.672，均达极显著性差异（$P<0.01$）。整个植被／土壤系统呼吸、土壤呼吸（包含植物根系呼吸和土壤微生物呼吸）与土壤5 cm温度可拟和为指数方程（图6-31），分别为$y=168.03e^{0.1086x}$（$R^2=0.878\,3$）和$y=149.69e^{0.0745x}$（$R^2=0.818\,9$）。

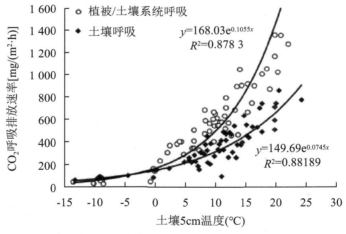

图 6-31　矮嵩草草甸整个系统、土壤呼吸与土壤 5 cm 温度的关系

李红琴等（2014）对海北金露梅灌丛草甸植被—土壤CO_2排放取得了66次生态系统呼吸的有效数据分析发现，生态系统CO_2日排放量与5 cm地温（T_d）具有极显著的指数关系（图6-32）。由模拟方程可知，T_d能够解释丛间草地区和灌木区系统呼吸变异的93%和95%，而对裸露地表的土壤呼吸可解释83%。根据TEM模型，各区系统呼吸熵Q_{10}分别为4.40、4.13和3.16，表明灌丛草本区和木本区系统呼吸强度的温度敏感性较高。其中灌木区系统呼吸强度最大，丛间草本区次之，裸露地表区最小。这主要由于：①灌丛区郁闭度较高，能有效降低土壤蒸发，改善土壤湿度和结构，利于微生物的活动和CO_2扩散；②灌丛区、草本区和裸露区的地下生物量和系统光合通化速率依次降低，而根系活动强度和光合能力的高低影响了微生物活动的底物供应；③灌丛植被具有较高的持水能力，为微生物和根系活动提供了充足的水分和营养物质。

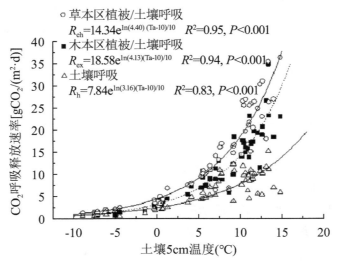

图6-32 高寒金露梅灌丛草甸草本区（R_{eh}）、木本区（R_{ew}）和裸露土壤（R_h）系统日呼吸速率与 **5 cm** 平均地温关系

李英年（2016）对海北高寒草甸冬季放牧草场的禁牧及放牧梯度的土壤呼吸、生态系统呼吸观测结果表明，各分量呼吸强度与 5 cm 地温具有显著的指数相关关系（图6-33）。

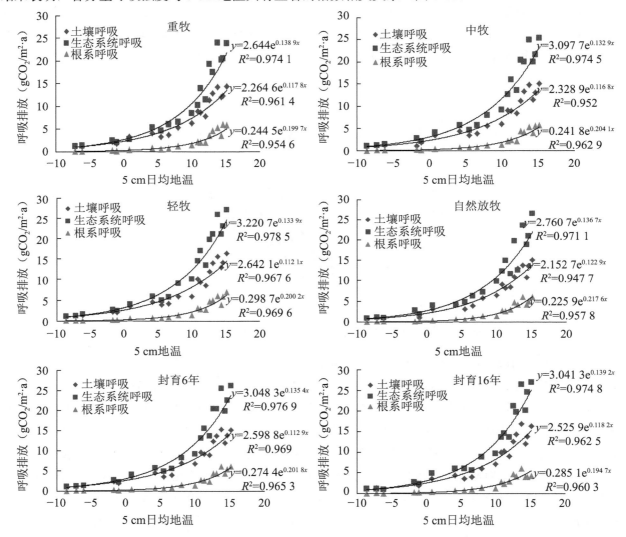

图6-33 海北高寒草甸冬季放牧草场土壤呼吸、生态系统呼吸和根呼吸与 **5 cm** 地温具有显著的指数相关关系

吴启华等（2013）对夏季放牧草场不同放牧强度试验地观测分析发现，高寒杂草类草甸在轻牧、中牧和重牧条件下植被／土壤系统 CO_2 日释放量（R_e）与 5 cm 日均地温间分别有指数方程 $R_e = 4.787\ 1e^{0.145\ 5T_d}$、$R_e = 5.182\ 6e^{0.142\ 6T_d}$ 和 $R_e = 4.456\ 6e^{0.148\ 9T_d}$，均达极显著检验水平（$n=26$，$p<0.01$）（图 6-34）。土壤 CO_2 日释放量（R_s）与 5 cm 日均地温分别有指数方程 $R_s = 3.635\ 6e^{0.120\ 3T_d}$、$R_s = 3.966\ 2e^{0.117\ 6T_d}$ 和 $R_s = 3.384\ 6e^{0.123\ 6T_d}$，均达极显著检验水平（$n=26$，$p<0.01$）。在 3 种放牧强度下，中牧时的 5 cm 土壤温度能够解释生态系统呼吸变异的 83.29%，其次是轻牧为 82.15%，重牧最小（为 81.32%）。同样，5 cm 土壤温度对解释土壤呼吸变异出现中牧为 77.02%，轻牧为 76.43%，重牧为 75.07%。放牧强度不同，5 cm 土壤温度对植被／土壤系统呼吸、土壤呼吸的影响强度也不同，这可能因放牧强度不同时受家畜采食、排泄的影响，无论是正在生长的绿体植物，还是地表覆盖的枯落物和由家畜粪便及枯落物常年积累形成的碎屑物在地表形成的盖度不同，导致地表接受的太阳总辐射不同，影响土壤温度的差异，进而影响植被／土壤系统呼吸、土壤呼吸的排放量不同。但也表明，家畜的觅食、踩踏程度过度或过轻均不利与植物良好的生长，中牧时的土壤呼吸比较稳定，重牧时植被／土壤系统呼吸、土壤呼吸稳定性较差。同时也表明不同放牧强度下，植被地上、地下生物量和土壤的理化性质有所改变的同时，植被／土壤系统呼吸、土壤呼吸对温度的敏感性有所不同。

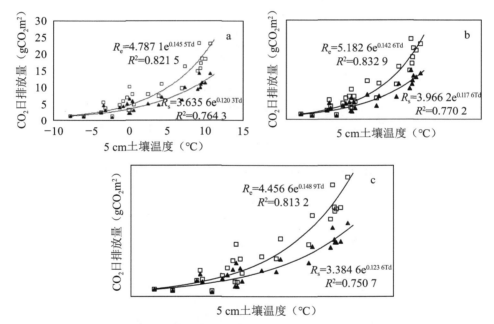

图 6-34　高寒杂草类草甸牧压梯度下生态系统呼吸（□）、土壤呼吸（▲）与 5 cm 日均地温关系
注：a 轻度放牧；b 中度放牧；c 重度放牧

对高寒草甸不同退化阶段分析也表明（孙步功，2008），不同退化阶段的 CO_2 呼吸与土壤温度具有很高的相关性（表 6-13。孙步功，2008）。未退化草地的植被／土壤系统呼吸、土壤呼吸、土壤微生物呼吸与气温具有显著的正相关（图略），其拟合的线性回归方程分别为：y=16.866 x+89.316、y=9.797 3 x+94.779 和 y=9.180 8 x+77.444，相关系数 R^2 分别是 0.851 1、0.738 2 和 0.775 7。与土壤温度同样也有极显著的正相关关系（表 6-13）

对 CO_2 通量和各层地温分别做相关分析显示，除原状草地 CO_2 通量与 10 cm 地温的相关关系为 0.05 显著性水平外，其他均达到了 0.01 的极显著水平，而且，随着土壤深度的增加，R^2 有下降的趋势，说明地温与草地 CO_2 通量有一定的相关性，其相关程度随土壤深度的增加而减小。

我们在三江源玛沁高寒草甸不同退化草地进行了不同退化阶段和在对不同退化阶段的高寒草甸封育 2 年

后植被/土壤CO_2的排放监测。发现不同退化阶段植被/土壤系统呼吸排放与5cm地温的关系（图6-35），而对不同退化阶段封育2年后土壤系统呼吸排放与5cm地温具有相同的变化规律（图6-36）。

表6-13 未退化草地植被/土壤系统呼吸、土壤呼吸、土壤微生物呼吸（CO_2通量）与地温关系（$n=10$）

处理	土壤温度	拟合直线方程	R^2
植被/土壤系统呼吸	0 cm	$y = 17.430x + 94.595$	0.860 3
	5 cm	$y = 19.202x + 86.694$	0.766 9
	10 cm	$y = 19.823x + 78.929$	0.688 3
土壤呼吸	0 cm	$y = 9.143x + 107.310$	0.771 7
	5 cm	$y = 10.623x + 97.783$	0.631 9
	10 cm	$y = 10.967x + 93.850$	0.588 6
土壤微生物呼吸	0 cm	$y = 9.538x + 77.714$	0.806 6
	5 cm	$y = 10.536x + 75.425$	0.710 1
	10 cm	$y = 10.681x + 72.367$	0.604 6

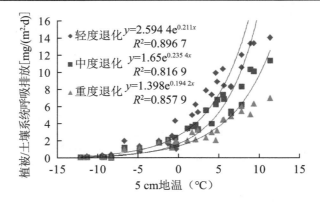

图6-35 不同退化阶段植被/土壤系统呼吸排放与5cm地温的关系

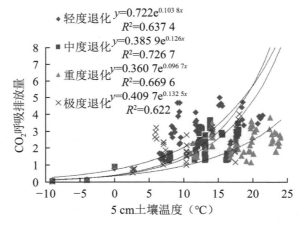

图6-36 不同退化阶段封育2年后土壤系统呼吸排放与5cm地温的关系

我们（李红琴等，2019）通过放牧强度对青海海北高寒矮嵩草草甸碳交换的影响研究发现（表6-14），生态系统呼吸与土壤温度呈极显著正相关，相关系数为0.824；与绿体生物量呈显著正相关，相关系数为0.453；表明土壤温度越高、地上生物量越大，生态系统呼吸越大，即碳释放能力越强；生态系统呼吸与土壤有机碳含量极显著负相关，表明土壤有机碳含量越高，生态系统呼吸越小，即碳释放能力越弱；生态系统呼吸与土壤湿度、枯体生物量和土壤全氮含量的相关性不显著。

表 6-14　生态系统呼吸与生物环境因子的相关性分析

	相关系数					
	温度 （℃）	土壤含水量 （%）	绿体生物量 （g/m²）	枯体生物量 （g/m²）	土壤全氮含量 （g/kg）	土壤有机碳含量 （g/kg）
生态系统呼吸	0.824**	−0.403	0.453*	−0.211	−0.312	−0.605**

注：*、**分别表示相关系数通过 0.05 和 0.01 水平的显著性检验

土壤温度升高可以促进土壤中有机质分解、生物酶活性和微生物活性，从而增加土壤中温室气体的排放（Zhou et al.，2005；Raich et al.，1992）。温度较低时，根系和土壤微生物的代谢活动主要受温度变化控制；温度较高时，温度将不再是限制因子（陈全胜等，2004）。通常情况下，土壤温度与土壤 CO_2 排放（土壤呼吸）呈指数相关，并对土壤 CO_2 排放具有很好的解释率。两者之间的关系以用温度敏感系数（Q_{10}）进行表示。Q_{10} 是指当温度增加 10℃ 时，土壤温室气体排放的变率（Berglund et al.，2010），其值会随着土壤深度的增加而增加（Tang et al.，2005；Peng et al.，2009）。由于土壤理化性质、植被、气候条件的差异，不同生态系统土壤 CO_2 排放 Q_{10} 具有很大差异。Raich 等（1992a；1992b）通过总结全球土壤呼吸速率对温度敏感性的研究结果得出土壤 CO_2 排放的 Q_{10} 均值为 2.4 其变异范围为 1.3 ~ 3.3。这一结果与 Hu 等（2015）（变异范围：1.7 ~ 2.5）和 Jiang 等（2015）（均值为 2.2）的结果非常接近。而 Peng 等（2009）总结 161 个中国森林生态系统土壤 CO_2 排放 Q_{10} 的变化范围则较大为 1.09 ~ 5.51。

2. 模拟增温对土壤 CO_2 释放速率的影响

上述谈到，在青海草地不论是三江源的青南地区，还是北部祁连山地，温度（气温和低温）对土壤 CO_2 释放速率的影响是极显著的。这从模拟增温对土壤 CO_2 释放速率的影响研究可以得到证实。为了解析模拟增温对植被／土壤 CO_2 通量的影响，白炜（2010）在长江源区风火山地区进行了模拟增温对碳通量影响的关系研究。

白炜（2010）选择的地区在长江源区北麓河流域的风火山地区，选择具有代表性的高寒草甸（34°43′36″N、92°53′45″E、海拔高度 4 766 m）和沼泽草甸（34°43′44″N、92°53′34″E、海拔高度 4 754 m）2 种类型为研究对象。采用 LI-8 100 观测了自然状况（CK）、2 种 OTC 模拟增温幅度下的 CO_2 释放速率。增温设施为六边形圆台结构，六面均由有机玻璃制成，透光率 95%、圆台上开口均为 0.60 m 的小室，只是 2 种模拟增温的圆台高度不同，分别为 0.40 m（OTC-1）和 0.80 m（OTC-2），圆台斜边均与地面成 60° 倾角。上下开口面积比分别为 1 : 3.1（OTC-1）和 1 : 6.5（OTC-2）。每个三江源区每组处理各设 3 个重复。观测期间不同深度土壤理化性质见表 6-15（白炜，2010）。

表 6-15　高寒草甸与沼泽草甸土壤理化性质

植被类型	深度（cm）	有机质（%）	容重（g/m³）	速效氮（g/kg）	>50 μm 粒度含量（%）	<2 μm 粒度含量（%）
高寒草甸	0 ~ 10	6.92（±2.4）	0.86（±0.21）	97.4（±8.6）	48.02（±3.7）	7.16（±0.6）
	10 ~ 20	4.17（±1.7）	0.92（±0.14）	83.2（±3.3）	41.04（±3.2）	18.76（±1.5）
	20 ~ 30	2.13（±1.3）	1.13（±0.17）	19.3（±2.5）	44.42（±3.5）	16.05（±1.4）
沼泽草甸	0 ~ 10	8.75（±2.2）	0.83（±0.11）	111.7（±7.8）	47.77（±3.8）	11.55（±1.7）
	10 ~ 20	4.32（±1.3）	0.94（±0.21）	96.6（±4.3）	50.94（±4.2）	11.58（±1.1）
	20 ~ 30	2.46（±2.1）	1.19（±0.12）	23.3（±5.2）	47.96（±3.2）	12.94（±0.9）

上述设计的增温幅度发现，高寒草甸试验区 OTC-1 月平均气温相比对照点提高了 0.93 ~ 1.58℃，OTC-2 月平均气温相比对照点提高了 2.96 ~ 4.49℃，平均分别提高了 1.25 和 3.68℃（$P < 0.001$）。沼泽草甸 OTC-1 月平均气温相比对照点提高了 0.79 ~ 3.68℃，OTC-2 月平均气温相比对照点提高了 2.38 ~ 6.56℃，平均分别提高了 2.10℃ 和 4.80℃（$P < 0.001$）。

目前关于温度升高对植被生物量的影响观点并非统一，一些研究认为，模拟增温对植被的生长和生物量积累有促进作用（Biasi et al.，2008；Klanderud et al.，2005）。另一些研究却发现，模拟增温对植物生长和生物量积累有着负面的影响（Saavedra et al.，2003；Wada et al.，1998）。还有一些研究认为，气温升高对于草地生态系统的生物量生产和干物质分配并没有显著的影响（Kudo et al.，2003；Sandvik et al.，2004）。这种争议的形成可能源于气温升高对植被生物量生产产生影响的两种途径（Melillo et al.，2002），一方面是气温升高可能增加植物的呼吸作用或降低土壤的含水量使得草地生态系统的生物量减少；另一方面是气温升高还可能增强植物新陈代谢的光合作用和增强植物对矿化营养的吸收能力，使得草地生态系统的生物量增加。

不同幅度的模拟增温处理对两种草甸生态系统生物量生产有着显著的影响（表6-16。白炜，2010）。在高寒草甸，持续增温使得OTC-1和OTC-2内的地上、地下生物量相比对照点显著增加，不同季节OTC-1相比对照点生物量增长了25.1%～28.6%，地下生物量增长65.6%～145.7%。OTC-2内则相比对照点地上生物量增长了0.8%～40.8%，地下生物量增长了75.0%～105.8%。这种现象表明短期的模拟增温对高寒草甸植被生物量有正面效应。原因可能是由于OTC系统改变了植物群落的小气候环境，一定程度上满足了植物生长对热量的需求，有利于植物的生长发育。

表6-16　不同处理高寒草甸与沼泽草甸生物量的季节变化　　　　　　　（单位：g/m²）

草甸类型	处理	6月		8月		9月	
		地上	地下	地上	地下	地上	地下
高寒草甸	CK	241.50（±8.3）	793.23（±14.1）	300.48（±10.5）	1 316.53（±31.2）	276.57（±7.6）	1 174.08（±41.6）
	OTC-1	310.67（±9.4）	1 313.98（±30.3）	380.7（±12.3）	2 974.28（±33.5）	346.05（±10.1）	2 884.14（±51.4）
	OTC-2	339.95（±7.2）	1 388.25（±29.©6）	303.03（±6.3）	2 709.45（±40.2）	310.14（±6.9）	2 176.27（±48.2）
沼泽草甸	CK	378.15（±11.2）	7 045.25（±43.1）	874.29（±15.6）	13 657.5（±15.23）	334.22（±8.7）	12 474.31（±124.2）
	OTC-1	564.04（±13.5）	7 581.41（±40.6）	1 125.541（±22.8）	19 179.78（±43.26）	500.43（±10.2）	13 332.71（±327.4）
	OTC-2	710.26（±15.2）	8 789.21（±35.2）	1 689.161（±33.1）	22 134.96（±512.8）	345.19（±7.6）	18 210.05（±532.7）

表中数值为平均值 ± 标准差，每个处理3个重复。

表6-17　高寒草甸和沼泽草甸对照点、OTC-1、OTC-2的 CO_2 排放通量与气温和5 cm土壤温度的相关性

处理	温度	高寒草甸			沼泽草甸		
		r	n	p	r	n	p
CK	地温	0.908	24	0.000	0.774	34	0.000
	气温	0.789	24	0.000	0.807	34	0.000
OTC-1	地温	0.688	24	0.000	0.718	34	0.000
	气温	0.717	24	0.000	0.832	34	0.000
OTC-2	地温	0.554	24	0.000	0.655	34	0.000
	气温	0.643	24	0.001	0.696	34	0.001

对于沼泽草甸，不同幅度增温处理下，地上和地下生物量相比对照点均显著增加。在不同季节OTC-1相比对照点地上生物量增长了28.7%～49.7%，地下生物量增长了6.9%～40.4%。OTC-2则相比对照点地上生物量增长了3.3%～93.2%，地下生物量增长了24.8%～62.1%。

白炜（2010）的研究发现，高寒草甸和高寒沼泽草甸，不同增温处理样地内 CO_2 排放通量与空气温度、土壤温度均具有显著的相关性（表6-17。白炜，2010）。表现出草地生态系统的碳排放受气温、土壤温度的影响显著（Zhao et al.，2007；Wang et al.，2009；Zhao et al.，200；Wang et al.，2009）。

由表6-17可知，高寒草甸在各个环境因子中，CO_2 排放通量与5 cm土壤温度之间表现出最为显著的正相关关系（$P < 0.001$）。在对照点、OTC-1、OTC-2 CO_2 排放通量与5 cm土壤温度之间的相

关系数分别为 0.908、0.688、0.554，与气温正相关明显（$P < 0.001$），表现出随增温幅度的之间增大，CO_2 排放通量与气温之间的相关性同样表现出逐渐减弱的趋势。

对于沼泽草甸，不同增温处理样地内 CO_2 排放通量与空气温度、土壤温度相关性分析表明（表 6-17），CO_2 排放通量与气温之间表现出最为显著的正相关关系（$P < 0.001$）。对照点、OTC-1、OTC-2 的 CO_2 排放通量与气温之间的相关系数分别为 0.807、0.832、0.696。同时，沼泽草甸生态系统呼吸与 5 cm 土壤温度之间也存在显著的正相关关系。在对照 OTC-1、OTC-2 的 CO_2 排放通量与 5 cm 土壤温度的相关系数分别为 0.774、0.718、0.655，表现出沼泽草甸生态系统呼吸速率与 5 cm 土壤温度之间的相关性随着增温幅度的增加逐渐减小。

白炜（2010）将整个观测期间的不同增温处理样地内 CO_2 排放通量和 5 cm 土壤温度的数据进行回归分析发现，不同处理排放通量和土壤温度均符合形式为 $y = ae^{bx}$ 的指数关系。如表 6-17 所示，随着增温幅度的提高，回归系数 R^2 和 F 值均表现出不断减小的趋势，P 值则有增大的趋势，表明该模式的拟合程度和显著性均随着增温幅度的增大而减小。同时，不同处理 CO_2 排放通量均表现出随 5 cm 土壤温度的增加而不断增大的趋势图 6-37（白炜，2010）。这可能是由于温度条件是影响土壤呼吸作用的主要因素，土壤温度的升高刺激土壤微生物和植物根系的活性，导致微生物呼吸和植物根系呼吸增强，土壤中有机质分解速率加快有关，因此不同增温处理 CO_2 排放通量均随着 5 cm 土壤温度的升高而逐渐增大。

对沼泽草甸也进行了模拟增温对 CO_2 呼吸的研究，发现不同增温处理内 CO_2 排放通量和 5 cm 土壤温度之间也符合 $y = ae^{bx}$ 形式的指数关系。随着增温幅度的提高，回归系数 R^2 和 F 值均表现出不断减小的趋势，P 值则均小于 0.001，表明该采用指数关系拟合 CO_2 排放通量和 5 cm 土壤温度之间关系的拟合程度和显著性随着增温幅度的增大而减小。不同模拟增温处理条件下沼泽草甸 CO_2 排放通量均表现出随 5 cm 土壤温度的增加而不断增大的趋势。同样是由于土壤温度的变化对土壤微生物活性以及植被生长与活性的影响。土壤温度升高会改变土壤有机质的物理化学状态，使其更容易分解。因此，不同处理沼泽草甸的生态系统呼吸速率与土壤温度呈显著正相关关系（图 6-38。白炜，2010）。

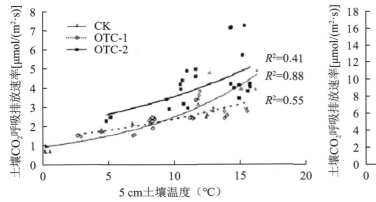

图 6-37　高寒草甸不同处理排放通量与地温的关系

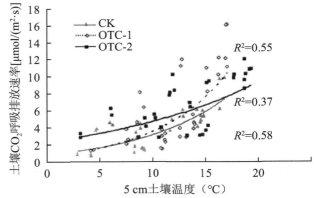

图 6-38　沼泽草甸不同处理排放通量与地温的关系

同样，白炜（2010）也分析了高寒草甸不同模拟增温下气温对 CO_2 排放影响的研究。由于气温变化与地温变化都存在周期性，而地温的变化通常是因为气温变化直接导致的，因此将观测期间的不同处理样地内 CO_2 排放通量和地表气温的数据进行回归分析发现，CO_2 排放通量和气温之间同样符合指数关系。随着增温幅度的提高，回归系数 R^2 和 F 值表现出不断减小的趋势，P 值则有增大的趋势，表明采用指数关系的拟合程度和显著性均随着增温幅度的增大而减小。不同模拟增温处理 CO_2 排放通量均随气温的升高而逐渐增大（图 6-39。白炜，2010）。原因可能是气温升高导致土壤呼吸基数量和质量的改变，促进土壤中活性碳库向钝性或缓性碳库转移，因此在一定范围内气温的升高会导致土壤呼吸作用的增强。此外，由于 LI-8100 土壤碳通量测定系统在进行 CO_2 通量测定时，气室的设计采用不透光材料，地植物活体的呼吸作用主要以暗呼吸为主。而以往研究表明，植物的暗呼吸与气温或气温的平方成正比，因此不同处理内气温的升高在增强土壤呼吸作用的同时加速了地上植物活体的呼吸速率，从而导致生态系统 CO_2 排放通量的增加。

对于沼泽草甸模拟增温处理发现，CO_2 排放通量和气温之间符合指数关系。在对照和两种模拟增温后，R^2 分别为 0.549、0.739 和 0.498，F 值分别为 39.023、90.783 和 31.744，P 值则均小于 0.001，表明不同处理条件下沼泽草甸 CO_2 排放通量和气温之间的关系采用指数关系进行拟合的效果均较好，但相比高寒草甸，其拟合优度和显著性并未随增温幅度的增大而表现出明显的变化趋势。不同处理 CO_2 排放通量均随气温的升高而逐渐增大（图 6-40。白炜，2010），其原因是气温的升高直接导致土壤温度的增加，刺激土壤微生物和植被根系活性，使得植被生长更加旺盛，从而提高了生态系统呼吸速率（Briones et al.，2004）。同时，气温升高导致土壤动物生物量的增加，从而大幅度增加土壤呼吸也是一个重要的原因。Rustad 等（2001）研究发现土壤增温 0～6℃，可以增加土壤呼吸 20%。

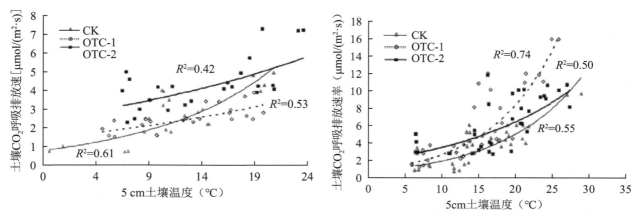

图 6-39 高寒草甸不同处理排放通量与气温的关系   图 6-40 沼泽草甸不同处理排放通量与气温的关系

3. 植被/土壤系统呼吸对温度变化的敏感性分析

Q_{10} 值被广泛应用于评价土壤或植被/土壤系统呼吸对于温度变化的敏感性，其值一般在 1.30～3.30 变化（Raich et al.，1992；Boone et al.，1998）。吴琴等（2011）根据植被/土壤系统呼吸和土壤呼吸与气温之间的指数关系（图 6-41。吴琴等，2011），分别计算了冬季矮嵩草草甸 CO_2 释放的温度敏感性指数 Q_{10}。其中，2003—2004 年冬季植被/土壤系统呼吸的 Q_{10} 值为 1.53，土壤呼吸的 Q_{10} 值为 1.38。2004—2005 年冬季植被/土壤系统与土壤呼吸的 Q_{10} 值分别为 1.86、1.68。2 个冬季植被/土壤系统呼吸的 Q_{10} 值均高于土壤呼吸，这可能是因为植物地上立枯部分及凋落物含有更多易分解的碳，如糖类、淀粉等碳水化合物，从而使得植被/土壤系统呼吸的基质活性高于土壤呼吸（Davidson et al.，2006）。

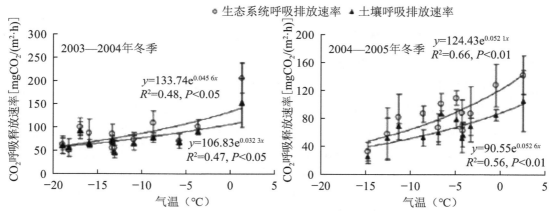

图 6-41 高寒矮嵩草草甸冬季 CO_2 释放与气温之间的关系

植被／土壤系统或土壤呼吸的温度敏感性指数 Q_{10} 值随着温度的降低而增加（Kirschbaum，1995；Davidson et al.，1998；Luo et al.，2001；Oechel et al.，2000）。据此，假设高寒草甸冷冬年份 CO_2 释放的 Q_{10} 值要高于暖冬年份，冬季 Q_{10} 值要高于生长季，而实验结果并没有支持我们的假设，相反，暖冬年份的生态系统、土壤呼吸的 Q_{10} 值均高于冷冬年份。

此外，矮嵩草草甸植物生长季植被／土壤系统呼吸的 Q_{10} 值为 2.0（吴琴等，2011），亦高于 2 个冬季植被／土壤系统呼吸的 Q_{10} 值（Hu et al.，2008）。Q_{10} 的变化不仅受温度的影响，还受到土壤水分、基质有效性、土壤微生物活性等因素的影响以及这些因素的交互作用影响（Davidson et al.，2006）。例如，温度变化会降低水分有效性，进而导致呼吸的温度敏感性降低。

有学者观测到一年中相对干旱时期的土壤呼吸、植被／土壤系统呼吸的温度敏感性较低，即归因于水分有效性降低后使得基质通过土壤水膜供给微生物的有效性降低而导致的（Rey et al.，2002；Janssens et al.，2003；Curiel et al.，2004；Reichstein et al.，2002）。因此，矮嵩草草甸出现的生长季生态系统呼吸的 Q_{10} 值高于冬季，以及暖冬年份的 Q_{10} 值高于冷冬年份与各时段用于呼吸的基质有效性密切相关。

从高寒杂草类不同放牧强度实验看到（吴启华，2013 a；2014），轻牧、中牧和重牧 3 种不同放牧强度下植被／土壤系统呼吸的 Q_{10} 分别为 4.28、4.16 和 4.43，、土壤呼吸的 Q_{10} 分别为 3.33、3.24 和 3.44。表现出中牧强度下温度敏感性最弱，轻牧其次，重牧下生态系统呼吸的温度敏感性最强。对三江源玛沁高寒草甸的轻度退化、中度退化和重度退化下的 Q_{10} 分析表明（张光茹等，2020），Q_{10} 分别为 2.82、3.54 和 2.35，表现出随退化程度加剧，温度的敏感性下降。

高寒草甸生长季植物体不同器官的光合产物（碳水化合物）蕴藏丰富，用于自养呼吸的基质有效性极高，且土壤水分有效性高、微生物活跃。在这种没有其他生态因子限制的情形下，说明高寒植物体不同器官用于自养呼吸的温度敏感性强，具有较高的 Q_{10} 值。

例如，吴琴等（2005）分析海北高寒矮嵩草草甸地区生态系统呼吸排放时发现，2003—2004 年冬季相对较冷，整个观测时段的平均气温为 -11.5℃、土壤 5 cm 平均温度 -5.9℃。2004—2005 年冬季相对较暖，整个观测时段的平均气温、土壤温度则分别为 -6.3℃、-3.1℃。受基质有效性、微生物活性等影响，冷冬得到的 Q_{10} 值要低于暖冬年份的 Q_{10} 值。

二、降水、土壤水分、干旱化对植被／土壤 CO_2 释放速率的影响

1. 土壤水分（土壤湿度）对土壤 CO_2 释放速率的影响

土壤水分是影响草地生态系统 CO_2 通量重要影响因子，不仅影响根系呼吸和微生物呼吸，还影响 CO_2 在土壤中的传输，尤其当土壤水分成为胁迫因子时，可能取代温度而成为主要控制因子，王庚辰等（2004）对温带半干旱草地群落的研究结果也表明这一点。土壤水分过低会限制微生物呼吸和根系呼吸，而土壤水分过高会阻塞土壤空隙，减少土壤中的 CO_2 浓度，限制 CO_2 的释放，导致土壤呼吸强度减弱（Bouma et al.，1997）。土壤呼吸在一定范围内随土壤湿度增大而增强，在接近田间持水量的一定范围内，土壤呼吸量最高，在饱和或永久萎蔫含水量时，呼吸作用停滞。土壤水分也是控制凋落物分解速率及其分解过程的重要因素（Schnell et al.，1996），是好氧微生物活性最主要的控制因素（Liang et al.，2003）。一般认为含水量在最大持水量的 40% ～ 80% 时土壤微生物对有机物分解能力最大。对于干旱条件（旱地）和淹水条件（水田）下有机物分解速率问题则存在分歧，大多数学者认为淹水条件下有机物分解更慢，但也有相反的结论（Gulledge et al.，1998）。

大多草地地下水补给土壤水的能力较低，土壤水分含量高低主要是降水量的高低来决定。土壤水分影响生物体的有效水分，影响土壤中可溶物质的性质和数量，影响土壤通气状况、pH 值、渗透压等。如在海北高寒草甸生态系统定位站地区，在植物生长季水热同期，降水量较高，土壤含水率

也较高，土壤湿润，年平均降水 618.4 mm，0～40 cm 土壤含水量在 36.74%～59.79%（李英年等，2017；2019），这种环境条件下有利于植物及微生物的生长。对于高寒草甸生态系统而言，土壤含水量是该区域土壤非常重要的物理特性及组成部分，也是土壤发育中最为活跃的影响因素。土壤的含水量通过对物质循环和能量流动的限制和影响，进而在植被的生长、发育和年产量形成的过程中发挥重要的作用。同时，土壤含水量对土壤呼吸的影响也很重要，尤其在干旱或半干旱地区当土壤水分成为胁迫因子时可能取代温度而成为土壤呼吸的主要控制因子（Wang et al.，2013），因此土壤含水量的大小不仅影响草地生态系统的碳吸收，同时也影响着草地生态系统的碳排放，是草地生态系统排放重要的影响因素（高丽等，2014）。相关研究证实（朱桂茹等，1982；王启兰等，1991），高寒草甸地区大多数状况下温度小于 10℃，而温度在 10℃ 以上微生物活动才急剧上升，由此认为，在高寒草甸地区土壤水分并不象温度那样表现的非常敏感，植被/土壤系统的 CO_2 释放速率与土壤水分在植物生物季常达不到较高的相关水准。但在高寒草原区域，这种现象可能将有所改变，至少仅次于温度的影响。

前文谈到，土壤温度在土壤 CO_2 排放中起到非常重要的作用，但在野外环境条件下，土壤含水量和温度对土壤温室气体排放的影响往往是重叠的，土壤温度对土壤温室气体排放的促进作用往往会受到土壤水分条件的限制，这使清晰的得到土壤温度和湿度对土壤温室气体排放的单独效应变得十分困难。因为土壤水分是微生物所需要的营养物质最主要的传输媒介（Fowler et al.，2009）。Wu 等（2014）在云南哀牢山的研究表明土壤温度和土壤含水量共同解释了 89% 的土壤 CO_2 排放。

白炜（2010）在长江源不冻泉地区的高寒草甸和沼泽化草甸进行不同增温处理排放通量和土壤湿度的关系时认为，CO_2 排放通量与 5 cm 土壤含水量之间的关系则表现的较为复杂（表 6-18。白炜，2010）。对照点的 CO_2 排放通量与 5 cm 土壤含水量之间存在极显著的正相关关系（$P < 0.001$，$R=0.754$）。而在 OTC-1、OTC-2（在高寒草甸区年平均气温分别增加 1.25℃ 和 3.68℃）的 CO_2 排放通量与 5 cm 土壤含水量之间则表现出比较显著的负相关关系（$P < 0.05$），并且随着增温幅度的增大，CO_2 排放通量与 5 cm 土壤含水量之间的相关性逐渐减弱。白炜（2010）发现，高寒草甸对照点、OTC-1、OTC-2 不同处理的高寒草甸 CO_2 排放通量和 5 cm 土壤含水量均符合形式为 $y = ax^2 + bx + c$ 的二次多项式关系。表现出随着增温幅度的提高，回归系数 R^2 和 F 值表现出不断减小的趋势，P 值则有增大的趋势，在模拟增温（OTC-2）的方式中，P 甚至达到了 0.035，表明该模式的拟合优度和显著性均随着增温幅度的增大而减小。

表 6-18　高寒草甸对照点、OTC-1、OTC-2 CO_2 排放通量与 5 cm 层次土壤含水率的相关性

处理	5 cm	高寒草甸			沼泽草甸		
		r	n	p	r	n	p
CK	土壤含水量	0.754	24	0.000	0.764**	34	0.000
OTC-1	土壤含水量	−0.553	24	0.005	−0.648**	34	0.001
OTC-2	土壤含水量	−0.445	24	0.029	0.630**	34	0.001

从图 6-42（白炜，2010）中看到，高寒草甸在对照地 CO_2 排放通量随 5 cm 土壤含水量的增加显著增大，而在模拟增温 -1（OTC-1）和增温 -2（OTC-2）内，CO_2 排放通量则表现出随土壤 5 cm 处含水量的增加而出现减小的趋势。根据土壤呼吸的水分限制理论，过干和过湿的土壤条件都不适于土壤呼吸的进行（Peterjohn et al.，1994；Peterjohn et al.，1994）。土壤水分过低，缺少根系或微生物活动所必需生存环境，产生的 CO_2 量将会减少，如果土壤水分过高，土壤孔隙减小，异氧呼吸所需氧气的进入以及呼吸产物的 CO_2 排放都会受到限制，而厌氧微生物在这种情况下开始大量繁殖，促使土壤中有机质的厌氧分解，产生甲烷的排放。

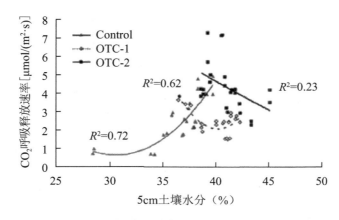

图6-42 高寒草甸不同处理排放通量与土壤含水量的关系

在观测期间，高寒草甸的对照、OTC-1、OTC-2状况下5 cm土壤含水量存在着显著差异（$P < 0.001$，$F=26.646$），且平均值分别为36%、41%、42%，土壤含水量表现出随模拟气温升高而逐渐增大。这可能是由于在OTC-1、OTC-2小室内，土壤温度的升高使得土壤的蒸发和植被的蒸腾作用加剧，冻土活动层中土壤水分出现由底部向表层运移，并当土壤水分运移至表层0～5 cm层次时，由于温室的阻挡作用，增温小室内风速降低，空气湍流减弱，致使水分在气液界面的流动减弱，大量水分滞留在表层土壤。当在自然放牧的对照区，土壤含水量处在适宜持水量范围内，土壤含水量的增加导致植被和土壤微生物新陈代谢所需要的激发能减少，生态系统CO_2排放通量也随之增加。而在OTC-1、OTC-2小室内，土壤含水量过高，超出了高寒草甸土壤的适宜持水范围，从而导致CO_2和O_2传输困难。

白炜（2010）分析沼泽草甸时认为，沼泽草甸CO_2排放通量与5 cm土壤含水量之间的相关关系也表现的相比其他环境因子更为复杂。在对照点和模拟增温幅度较大（OTC-2，年平均提高了4.80℃）的状况下，CO_2排放通量与5 cm土壤含水量之间均表现出显著的正相关关系，相关系数分别为0.764和0.630。而在模拟增温幅度较小（OTC-1，年平均提高了2.10℃）的状况下，CO_2排放通量与土壤含水量之间则表现出显著的负相关关系。对于沼泽草甸，不同处理条件下CO_2排放通量和5 cm土壤含水量也都符合形式为$y = ax^2 + bx + c$的二次多项式关系，表明采用二次多项式对沼泽草甸生态系统呼吸与土壤湿度间关系进行拟合的拟合程度和显著性均随着增温幅度的增大而减小。

图6-43表明（白炜，2010），在对照和OTC-2状况下，CO_2排放通量随5 cm土壤含水量的增加显著增大。而在OTC-1状况下，CO_2排放通量则表现出随5 cm土壤含水量的增加而出现减小的趋势。通过对土壤含水量数据的统计发现，对照、OTC-1、OTC-2状况下沼泽草甸土壤含水量存在显著差异（$P < 0.001$，$F=74.126$），平均值分别为40%、44%、45%，同样呈现逐渐增大的趋势。在对照点，土壤含水量在沼泽草甸土壤的适宜持水量范围内，土壤含水量的增加导致植被和土壤微生物新陈代谢所需要的激发能减少，生态系统CO_2排放通量也随之迅速增加。而在OTC-1内，土壤含水量过高，超出了沼泽草甸的适宜持水量范围，从而降低了土壤的通透性，限制了土壤中O_2的传输，使得土壤处于嫌气状态（Orchard et al.，1983），植物根系和土壤中好氧微生物的活性降低，产生的CO_2减少，其向地表传输的过程也受到限制。但在增温幅度最大的OTC-2中，虽然5 cm土壤含水量甚至比OTC-1高，但由于其具有较大的地下生物量（表6-13，白炜，2010），使得土壤具有非常好的导水性能，从而使得表层土壤不容易形成积水并保持良好的通气状态，因此在OTC-2内，过高的含水量并未严重影响土壤中O_2和CO_2的传输，而土壤湿度的增加降低了新陈代谢所需的激发能从而导致了生态系统呼吸速率的加快。

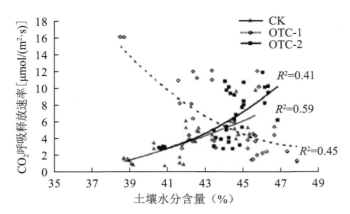

图 6-43　不同处理排放通量与 5 cm 土壤含水量的关系

多数研究表明，土壤 CO_2 排放最适孔隙含水率为 60% 左右（Linn et al.，1984；Davidson et al.，1998；Van Lent et al.，2018），而 Husen 等（2014）的研究发现土壤 CO_2 排放的最适土壤空隙含水率为 50%。Hursh 等（2017）通过分析全球土壤呼吸数据库（Bondlamberty et al.，2010）中的数据发现当土壤体积含水量为 27% 时，土壤 CO_2 排放速率最大。由此可见，不同土壤的 CO_2 排放对土壤含水量变化的响应不同。土壤的机械组成可以影响土壤含水量，粗质土壤（粗颗粒占主要成分）由于很难保持水分，因此有利于好氧条件下产生的气体（N_2O 和 CO_2）的排放（Van der Weerden et al.，2012）。同时，稳定的土壤团聚体由于限制了土壤微生物对 C、N 等底物的可利用性也会造成土壤温室气体排放的降低（Kögel-Knabner et al.，2010）。

土壤湿度能影响植物体内的有效水分、土壤通气状况、土壤 CO_2 扩散路径的长短、土壤微生物群落结构及土壤微生物活性（Wang Lin et al.，2005；Zhang et al.，2013；Li et al.，1992；王慧春等，2006；王启兰等，2007；刘敏等，2015）。对于高寒草甸及高寒草原而言，土壤湿度与土壤温度共同影响土壤碳排放速率（Zhang et al.，2010）。而对于高寒荒漠而言，往往是土壤湿度占据主要调控地位（Li et al.，2015）。这主要是因为高寒荒漠持水能力较差，土壤较难提供满足土壤正常碳排放所需的水分。已有研究表明，青藏高原土壤湿度越高，碳排放速率越大，土壤 CO_2 排放速率与土壤湿度间具有显著线性相关（Peng et al.，2014；Wang et al.，2007）。Zhang 等（2005）在室内控制实验中对土壤湿度与沼泽草甸土碳排放速率关系进行测定，发现土壤湿度达到 66% 时沼泽草甸土碳排放速率达到最大。这些都能表明土壤湿度是控制青藏高原土壤碳排放的关键性因素（Peng et al.，2014；王俊峰等，2007；Xu et al.，2013）。

2. 降水对土壤 CO_2 释放速率的影响

降水可以通过影响土壤中生物活动、根系生长需水量、土壤含水量及土壤温度来影响土壤呼吸。在湿润的生态系统或有干湿交替的生态系统中比较湿润的季节，降水对土壤呼吸可能产生较明显的抑制现象，而在干旱的生态系统或干湿交替的生态系统中比较干旱的季节，降水可能会强烈地激发土壤呼吸，一个可能原因是降水激活了土壤微生物的活性，增加了微生物的种群数量，进而增强了其分解活动，另一个可能原因是降雨增加了根系的呼吸。Davidson 等（2000）在研究巴西亚马孙河流域东部草原土壤呼吸的过程中发现，大的降雨事件过后土壤呼吸会受到明显的抑制。而 Holt 等（1990）在澳大利亚昆士兰州北部发现，在旱季大的降雨过后，土壤 CO_2 排放量较降雨之前增加幅度达 300%，生态系统 CO_2 量明显增大，从而抑制土壤呼吸作用。土壤呼吸量在降雨发生后减小的可能原因是降水导致土壤温度降低；此外，降雨会降低 CO_2 在土壤大孔径中的传输速率，降雨也会改变土壤的物理性质，如黏土含量、土壤紧密度等，也会导致土壤 CO_2 通量降低。生长季末脉冲性降水会显著促进生态系统呼吸的结果与在地中海气候条件下的加利福尼亚一年生草地（Atkin et al.，2000）和有季节性干旱的新西兰丛生草地（Espeleta et al., 1998）的结果相似。西藏高原也表现出类似的结果。因此，脉冲性降水可能会促进生态系统的碳排放，降低生态系统的碳吸收。

降水最直接的影响是湿润土壤，并通过植被层转换给予土壤水分的补给。降水的多少直接影响到土壤水分的高低（李英年等，2017；2019）。表面上，降水量高低是影响一个地区植被生产量高低，并综合当地其他气象条件通过气候的湿润状况、水分供给状况，影响着区域植被类型、土壤类型分布，以及其他植被、土壤环境的物理过程和发生的生物化学碳循环过程，进而影响到植被/土壤系统 CO_2 排放通量。降水致使土壤水分的饱和、土壤含水量过多，水分占据了土壤孔隙，土壤气体不易产生或产生后易溶于水中，而 CO_2 在水中的扩散常数很低（17.7×10^4 cm/s），这样土壤气体和大气很难进行交换，从而导致较低的 CO_2 释放速率出现降低的可能（张金霞等，2001），土壤 CO_2 释放速率在生长季节多次出现排放的低谷，很可能是由实验期间频繁降水导致土壤温度降低所引起的，特别是出现连续降水的条件下这种现象更为严重（Cao et al., 2004）。当然，这种现象一般出现在降水相对丰富的高寒草甸地区，那些相对较为干旱的高寒草原，出现较大的降水量时，利于土壤有机质的分解与矿化，对提高植被/土壤呼吸排放有利，可增加其排放量，这也与干旱和半干旱草原区植被净初级生产量提高与降水有很大的关系相联系。例如，在西安地区，对马兰黄土 CO_2 释放规律的研究中发现，连续降雨后的 5 d 内土壤 CO_2 释放一直处于较低水平的释放状态，但之后的第 12 天 CO_2 释放量明显增加（赵景波等，2002）。有关这方面的研究结果在高寒草甸生态系统 CO_2 排放研究中还不多见，尚有待深入研究与探讨。

降雪是降水的一种表现形式，降雪和地面积雪是土壤过程的重要调节者，持续的雪覆盖能有效地隔离土壤与大气，起着绝缘体的作用，通常能够防止土壤冻结，为生物过程提供有效的水分（Marchand，1999）。Monson 等（2006）在一个山地森林的研究表明，冬季土壤呼吸对积雪厚度的变化非常敏感，雪覆盖的减少导致了土壤呼吸速率的降低。冬季地表通量观测也出现了类似的结果，例如，吴琴等（2011）实验期间的 2005 年 3 月 16 日，3 月 27 日地表均有积雪，积雪深度分别为 15 cm、5 cm。这 2 次的植被/土壤系统呼吸分别达到 103.43 mg CO_2/（m²·h）、112.01 mg CO_2/（m²·h）。土壤呼吸速率则达到 89.84 mg CO_2/（m²·h）、81.72 mg CO_2/（m²·h），均明显高于气温相差不大的其他通量观测日的生态系统、土壤呼吸速率。

3. 干旱化对土壤 CO_2 释放速率的影响

干旱化是降水减少，不能满足当地植物需水的问题，干旱化作为严重的自然灾害之一，早在 20 世纪 30 年代就受到关注（竺可桢，1979）。近年来，气候变暖对干旱及干旱化发生和发展的影响及全球和区域尺度上由增暖所引起的干旱化日趋严重的事实已被揭示（Dai et al.，2004），已有研究表明对干旱化的客观表征需要综合降水和气温的共同影响。且干旱化对于草地生态系统碳收支及土壤呼吸有较强的影响，但这方面的研究还较少。

三、季节性交替是植被/土壤呼吸的直接和间接作用

理解土壤呼吸的季节动态对于估算生态系统的碳收支，模拟气候变化对土壤碳固存及估算植物的地下碳分配均具有重要的意义（Giardina et al.，2002）。土壤呼吸具有明显的季节变化动态：一年中一般在 7—8 月最高，从 11 月至翌年 4 月最低且相对稳定（黄承才等，1999）。夏季是土壤动物、微生物活动以及植物根系呼吸较为频繁的时期，陈四清等（1999）的研究表明，CO_2 排放速率的季节变化趋势与地上生物量，尤其与绿色部分的季节动态有一定同步性。所以夏季的土壤 CO_2 释放量在全年中会占有很大的比例，对一个地区、气候带以及全球 CO_2 的浓度的变化会有较大的影响。

现有草地土壤呼吸的研究多集中在生长季，且对年土壤呼吸量的估算大多基于冬季土壤呼吸为 0

的假设（Fahnestock et al., 1998）。而有关非主要生长季的研究相对较少，非主要生长季的土壤呼吸虽明显小于主要生长季，冬季土壤呼吸占年土壤呼吸量的14%～30%（Jones, 1999）。冬季由于积雪能够防止土壤冻结，维持了微生物较高的活力，显著地影响着生态系统的碳平衡（Decker et al., 2003）。随着全球变暖，尤其是冬季增温和雪覆盖的减少，冬季土壤呼吸对区域和全球碳循环的贡献显得更为重要。草地群落非主要生长季土壤呼吸排放速率不仅与植物生长季存在较大差异，而且部分时段甚至表现出与植物生长季不同的通量方向，对于非生长季土壤呼吸出现负值的原因，可能是由于冬季气温与土壤温度均很低，土壤微生物和根系呼吸基本停止，土壤空气中没有CO_2的累积，致使土壤空气与大气CO_2失衡，在大气与土壤CO_2浓度差的驱动下，大气中的CO_2向土壤扩散，从而被土壤固定（张金霞等，2003）。非生长季呼吸负通量现象的出现却给了我们一个提示：以往单纯利用生长季的观测资料来估算整个年份的总呼吸量将会使所得结果较实际偏大。提高非生长季土壤呼吸通量的观测频率，加强其机制的深入探讨将有助于我们对草地土壤年呼吸量的准确估算，也还会在一定程度上消除由于陆地生态系统CO_2源汇估算不准确所带来的碳失踪汇问题。

在植物非生长季，土壤呼吸通量则更多地受到温度条件的限制，这是因为土壤呼吸的适宜温度范围一般为10～30℃。而在植物非生长季，冬季寒冷漫长，气温以及土壤温度普遍低于这一范围，此时土壤中微生物和植物根系的活动都受到温度条件的强烈制约，温度条件的微小变化在土壤呼吸上都会明显地表现出来。此外，在植物非生长季，植物根系生物量较低，根系呼吸所占的比例较小，土壤呼吸基本上是以土壤微生物的代谢呼吸为主，而土壤微生物活性主要取决于温度条件的变化（张金霞等，2001）。这也与李凌浩等（2000）对温带草地生态系统气温较低时段土壤呼吸的研究结果相一致。因此，在不同年份非生长季，温度条件与土壤呼吸的相关关系更密切，温度条件的变化多能解释土壤呼吸速率变化的70%以上。

四、多年冻土区土壤冻融过程对土壤CO_2释放速率的影响

冻土是指具有负温或零温并且含有冰的土类或岩石；其分布具有明显的纬度和垂直地带性，主要集中在北半球的北极、亚北极和青藏高原等区域。青藏高原区域可以分为多年冻土区及季节冻土区两个部分（王志伟等，2012）。多年冻土区指含有冻结状态持续两年以上土层（土壤、土、岩石）的区域，而冻结状态持续半月或数月则为季节冻土区。青藏高原多年冻土区主要集中在中国西藏地区及青海西南方向，而季节冻土区则主要分布在青海地区的东北部及东南部。青藏高原几乎全部区域都为冻土区，同时近2/3的区域为多年冻土区（Dorfer et al., 2013）。

随着气候变暖和人类活动的影响，目前青藏高原各类冻土环境已经有不同程度的退化，冻土逐渐消失，冻土活动层厚度增加，地温升高，冻土分布下界抬升，冻土面积萎缩。多年冻土区退化为季节冻土区后，将导致土壤含水量减少，湿生植物迅速消失，旱生植物开始入侵，生态系统生物多样性及地上生物量降低，土壤内有机碳含量减少。同时青藏高原内未冻结土壤的Q_{10}要高于冻结土壤的Q_{10}（Wang et al., 2014），与Waldrop等（2010）在美国阿拉斯加冻土区内研究发现冻结土壤的Q_{10}（平均2.7）及未冻结土壤的Q_{10}（7.5）之间关系的研究结果相近。这表明未冻结土壤的温度敏感性要远高于冻结土壤，相同幅度的温度升高将导致未冻结土壤贡献更多的土壤碳排放量。

青藏高原多年冻土的退化将有可能导致土壤碳排放增大（Wang et al., 2014；Wu et al., 2014）。青藏高原若尔盖地区属于季节冻土区，对比若尔盖地区与多年冻土区内不同土地类型最大CO_2排放量可以发现，若尔盖地区高寒湿地（53 g/（m²·d））（Kang et al., 2014）要低于风火山地区（100 g/（m²·d））（Wang et al., 2013），但要高于海北地区（5.85 g/（m²·d））（张法伟等，2008）；而沼泽泥炭地（风火山地区，149.6±12.9 m g/（m²·h））（Zhou et al., 2014）则要低于若尔盖地区（203.22 m g/（m²·h））。若尔盖地区高寒草地（323.03 mg/（m²·h））（王德宣，2010）要高于西藏

申扎地区［17～141 mg/（m²·h）］（Lu et al.，2013）与纳木错地区［208.2 mg/（m²·h）］（魏达等，2011）。

　　土壤碳排放量不仅受多年冻土影响，还受到环境因素及人为因素的干扰，判断多年冻土对土壤碳排放的影响依旧需要更加深入的研究。多年冻土一旦发生退化过程，将能通过塑造冻土区特有地貌、改变土壤温度及湿度、影响植被盖度及植被群落、降低地下水位等 4 个方面对土壤碳排放造成影响（Yang et al.，2006；Baumann et al.，2009；Yi et al.，2014；Chen et al.，2012；罗栋梁等，2012；王增如等，2011）。热融湖／热融洼地是多年冻土区内特有的冻土地貌，是一种典型的冻土退化现象。

　　在青海草地，季节冻土和多年冻土均可维持，其表层为发生冻融的活动层。这个每年随季节变化所形成的活动层，对土壤 CO_2 排放影响是明显的。若以日平均土壤温度开始持续＜0℃为开始冻结日期，日平均温度开始持续＞℃为开始消融日期（Romanovsky et al.，1997）衡量，可以得到不同地区不同深度活动层的开始冻结日期、开始消融日期和持续冻结时间等，而用这些日期可将土壤水热过程分成 4 个阶段，即冻结过程期（土壤剖面正在冻结的过程），冻结期（土壤剖面完全处于冻结状态）、融化过程期（土壤剖面发生消融的过程）、未冻结期（土壤剖面处于消融状态）。由于 4 个阶段中水分迁移和温度梯度有很大的区别，进而可导致土壤内部包括碳、水在内的物质迁移和输送有很大的差异和复杂性。

　　冻结过程中，土壤水分变化速率均随着土壤深度的增加而变小。这是因为表层土壤更容易受到气温变化的影响，致使其含水量变化速率更快。冻结过程中，不同处理内的土壤在一深度范围内基本上都表现为表层向深层冻结的过程，在表层形成稳定冻结层过程中，表层以下土壤的含水量减小主要是由于土壤未冻水向位于表层的冻结锋面迁移造成的，而越深层的土壤未冻水迁移量越小。因此在冻结过程初期深层土壤的含水量下降速率较小，直到冻结锋面最终延伸至深层，其土壤含水量因为土壤水发生相变而迅速减小。冻结过程结束时土壤含水量随气温升高而减小，这是因为表层土壤更容易受到气温变化的影响，致使其含水量变化速率更快。

　　同时，由于冻融的影响，使土壤含水量接近饱和，降低了土壤中 O_2 的含量，进一步降低了冻融事件中温室气体的排放（Groffman et al.，2009）。在冻融交替循环的过程中，由于土壤颗粒的解聚作用，较多的营养物质会提供给微生物新陈代谢利用（Christensen et al.，2010），造成融解过程后，死亡的有机物质（例如死亡的植物根系）的供给会促进土壤 CO_2 和 N_2O 的排放（Mørkved et al.，2006）。因此，温带气候区域冬季温室气体排放的重要性较低，而最大的温室气体排放速率会出现在春季。

　　目前，气候变暖已导致青藏高原热融湖的数量和面积不断增大，热融湖／热融洼地形成演化过程中伴随的热喀斯特过程会导致积累在冻土层中有机物的分解，并通过水面冒泡的现象，向大气释放出大量的碳（Niu et al.，2014；2011；Zimov et al.，1997）。Wu 等（2014）采集了热融湖面所逸散的气泡，发现气泡主要以 N_2、O_2 以及 CO_2 为主，CH_4 也部分存在，证实了热融湖／热融洼地属于碳源。

　　多年冻土退化后，冻土上限深度将增加，植被的覆盖度及生物量有着明显的减少，土壤的有机质含量呈指数下降，土壤表层沙砾含量将增加，土壤微生物减少，并导致地下水位的降低，致使地下水的毛细上升高度无法达到植被根系分布的浅层土壤中，浅层土壤含水率降低，这将造成土壤碳排放速率一定幅度的增大（王娇月等，2011；王根绪等，2006；曹文炳等，2006），同时土壤排放气体组成的成分也将随着土壤湿度的改变而发生改变（Oechel et al.，1998；Ding et al.，2007）。如 Yang 等（2014）研究便发现青藏高原甲烷排放强度和地下水位埋藏深度之间的相关性达到 82%。

五、植被与植被/土壤 CO_2 释放速率的关系

1. 不同植被类型对土壤 CO_2 释放速率的影响

草地生态系统土壤呼吸是一种复杂的生物学过程，受多因素影响，表现出明显的昼夜、月份、年际变化。其生物学过程的影响因包括植被类型，净生态系统生产力、地上和地下生物量的分配、叶面积指数、枯落物、种群和群落的相互作用（周萍等，2009；Boone et al.，1998）和土壤动物（Komulainen et al.，1995）等。

植被类型不同其呼吸排放量不同，这在海北高寒草甸植被区表现的最为明显。在海北高寒草甸生态系统距离相近的 10 km 范围内，分布有矮嵩草草甸（滩地、阳坡）、金露梅灌丛草甸（阴坡、河滩阶梯面）、泥炭湿地（湖泊积水带）、沼泽化草甸（湖泊和河流沿岸）、小嵩草草甸（阳坡）、杂草类草甸（夏季放牧草场）等多种植被类型，但因植被类型差异下，植被/土壤系统呼吸排放、土壤呼吸排放有很大的不同。

植被类型的不同还会影响到冠层叶面积指数以及冠层覆盖面积，进一步影响冠层下方光的有效性和土壤温度，并对土壤温室气体排放产生影响（Kim，2013）。灌丛郁闭度高能有效控制和减少土层蒸发，导致土壤湿度增大，并有效改善土层结构，使土层疏松多孔，利于 CO_2 扩散，导致灌丛 CO_2 释放速率高于草甸和裸地。而冬季植物新陈代谢微弱，土壤微生物活动停止，覆盖度高可能会降低 CO_2 的释放速率。如我们（李红琴等，2013）的观测发现，2003 年 11 月至 2004 年 2 月 28 日，裸地 CO_2 释放速率略高于灌丛和丛内草甸，这与一般实验结果有所出入，其原因可能是由于裸地下垫面覆盖物较灌丛和草甸少，能有效地吸收和利用太阳辐射，土壤导热性能强，在较短的时间内表层土壤温度变化大，出现短暂的冻融现象，进而使其 CO_2 释放速率高于灌丛和丛内草甸。

白炜（2010）在高寒草甸与沼泽化草甸进行模拟增温的研究还表明，植被类型不同，CO_2 排放的日变化与季节变化一致。但随植被类型和模拟增温幅度不同，CO_2 排放不同。高寒草甸区的日变化过程中（图 6-44），对照、OTC-1、OTC-2 的高寒草甸 CO_2 排放通量在 6：00—10：00 最小，分别为 0.87 μmol/（m²·s）、1.54 μmol/（m²·s）、2.11 μmol/（m²·s）。随后开始明显升高，各处理间差异也开始明显增加，对照、OTC-1、OTC-2 间的差异也开始增加，直到 14：00—16：00 达最大，分别为 4.45 μmol/（m²·s）、5.74 μmol/（m²·s）、7.16 μmol/（m²·s），此时对照、OTC-1、OTC-2 间的差异也达到峰值。16：00 之后 CO_2 排放通量开始下降，22：00 左右下降的速度减缓，对照、OTC-1、OTC-2 间的差异降至最小，对照与 OTC-1 几乎没有差异。在季节变化过程中（图 6-45。白炜，2010），植被生长旺盛期的 7—8 月＞枯黄期的 9 月＞返青期的 5—6 月，峰值在 8 月，分别为 2.31 μmol/（m²·s）、2.35 μmol/（m²·s）、6.38 μmol/（m²·s）。这与该期区域环境气温最高、降水量最为丰沛影响下植物根系和土壤微生物的呼吸最为强烈有关。也可以看到，模拟增温作用下 CO_2 排放通量随增温幅度的增大而逐渐增大，表现出模拟增温幅度最大的 OTC-2 最高，OTC-1 次之，在对照区最小，温度升高幅度越大生态系统呼吸速率加快的趋势越明显。土壤 CO_2 呼吸排放速率（μmol/（m²·s））

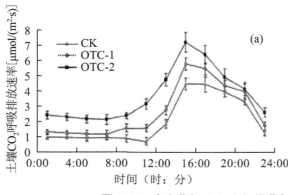
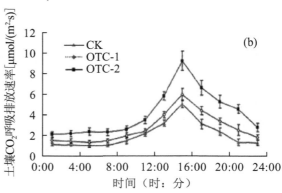

图 6-44　高寒草甸（a）和沼泽草甸（b）不同处理排放 CO_2 通量的日变化

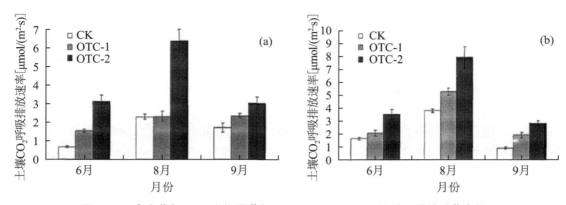

图 6-45　高寒草甸（a）和沼泽草甸（b）不同处理 CO_2 排放通量的季节变化

　　而在沼泽化草甸，其日变化、年变化均表现出与高寒草甸有相同的变化规律，但 CO_2 排放量则出现显著的不同，例如，白炜（2010）采用 2010 年 6 月 6—7 日对沼泽草甸的 CO_2 排放通量进行分析表明（图 6-44），一日间，对照和 OTC-1、OTC-2 沼泽草甸生态系统 CO_2 排放通量在 6:00 左右最低，分别为 1.01 μmol/（m^2·s）、1.47 μmol/（m^2·s）、2.31 μmol/（m^2·s）。中午 14:00 最高[分别为 4.45 μmol/（m^2·s）、5.74 μmol/（m^2·s）、7.16 μmol/（m^2·s）]，以后下降，22:00 左右下降减缓，下降后对照和 OTC-1、OTC-2 间 CO_2 排放通量差异降至最小。在季节过程中（图 6-45），对照和 OTC-1、OTC-2 沼泽草甸的生态系统呼吸排放量 8 月最大[分别为 3.81 μmol/（m^2·s）、5.29 μmol/（m^2·s）、7.94 μmol/（m^2·s）]，CO_2 排放通量与高寒草甸一样随增温幅度的增大而逐渐增大。

2. 植被龄对土壤 CO_2 释放速率的影响

　　植被年龄能够影响土壤呼吸。Saiz 等（2010）发现幼林龄与 10 年、15 年、31 年和 47 年林龄的云杉林相比具有较高的土壤呼吸速率。通常情况下，土壤呼吸随着林龄的增加而降低的主要原因是细根生物量的降低。但是，土壤呼吸的降低会随着林龄的进一步增加而得到补偿，主要原因是老林龄根呼吸的降低会由于较高有机质输入而引起的微生物呼吸的升高（Saiz et al.，2010）。相似的结果在 45 年和 250 年林龄的松林（Law et al.，2010），20 年和 40 年林龄的冷杉林（Klopatek，2002）以及 5 年和 15 年林龄的杨树林（Gong et al.，2012）的土壤呼吸对比研究中也有发现。此外，具有较高生物多样性和稳定的 C_3 和 C_4 植物组成的草地生态系统往往具有较高的 C 储量。在人工草地生态系统中，由于播种植物比较单一，植被类型发生改变，其植被／土壤系统呼吸排放也随建植龄的延长有很大的不同。特别是在高海拔地区，受恶劣环境的影响外来种不仅少，而且不易着床生长，建植的草地要恢复达到当地原生植被的顶级群落，需要十几年甚至几十年，这就使在一定的年限内，固氮植物固 N 所引起的土壤 N_2O 排放的增加显著低于 N 肥施用的效应，对于土壤碳储量的提高相对缓慢，进而导致植被／土壤呼吸排放在人工草地建植初期高，后期（4～5 年以后）低。

3. 植被生物量对土壤 CO_2 释放速率的影响

　　大气中 CO_2 浓度的增加可以提高土壤中的根系生物量，并进一步提高土壤 CO_2 的浓度（Dorodnikov et al.，2010），草地生态系统的生物量与碳通量交换的大小显著相关（黄祥忠等，2006）。Silvola 的研究结果表明，根系呼吸可占到土壤呼吸的 10%～40%[Jukka Laine et al,（李文华译），1996]，高寒草甸地下根系的现存量是地上部分生物量的 6.15～9.64 倍，且多集中于土壤表层，这种条件下，根系呼吸排放不可忽视，是影响土壤 CO_2 释放的一个重要因素。与此同时，由于植物气孔开放时间的降低会导致蒸腾作用的降低，并提高土壤含水量。这些条件都有利于土壤 CO_2、N_2O 和 CH_4 的生成和排放（Kim，2013）。

4. 植被叶面积指数、光合作用、凋落物等对土壤 CO_2 释放速率的影响

　　植被／土壤呼吸强度还可能受到如叶面积指数、植物光合作用、凋落物等其他生物因素的影响。

　　叶面积指数是衡量植被覆盖度的指标之一，与植被类型有关，反映植被的生物生产力状况（Sims

et al., 2001）。叶面积指数大小可以直接影响到植被覆盖下土壤的微气候（Raich et al., 2000），也是影响土壤呼吸的重要因素。叶面积指数的季节性变化会导致土壤呼吸模式的变化，Sims 等（2001）选取 20 d 的日平均土壤 CO_2 通量值和同步测量的叶面积指数值进行线性回归后发现二者存在显著相关性。Frank（2002）也发现日平均土壤呼吸与叶面积指数和生物量的年变化趋势一致且正相关。

植物光合作用对土壤呼吸作用有驱动作用（Tang et al., 2005），能促进根系和根际微生物活动。一般草地根际呼吸作用对土壤呼吸作用的贡献可达 51% ～ 89%（Domanski et al., 2001）。草地植物群落的光合作用速率最大值出现在太阳辐射较强的正午 12:00，这与土壤呼吸的峰值出现时间接近，可能此时温度和光合作用共同驱动土壤呼吸作用，而在温度和光合作用较低的凌晨，根系活动和呼吸微弱，土壤呼吸作用主要受温度影响，因此草地出现最低值的时差较峰值短。

凋落物层作为生态系统中独特的结构层次，它对生态系统的环境、土壤和植被均有一定的塑造作用。研究表明凋落物的蓄积会导致由土壤呼吸释放的 CO_2 量增加，这一点应引起人们的关注（韩大勇等，2007）。首先，凋落物层的微生物控制着土壤中主要的生物化学过程。表层土壤最具生物活性，表层土壤较下层土壤经历着更为剧烈的温度和湿度变化，而且更容易受到分解物和根系分泌物的影响。其次，凋落物作为土壤有机质输入的主要来源，是真菌或微生物进行生命活动的物质基础，而且对土壤的温度、湿度也会产生影响，进而影响土壤呼吸。最后，草地生态系统地表凋落物层有减缓土壤向大气排放 CO_2 的作用。

六、土壤营养物质、区系生物与土植被 / 土壤 CO_2 释放速率的关系

1. 土壤养分对土壤 CO_2 释放速率的影响

土壤营养物质的可利用性是控制微生物和植物呼吸过程的主要因素。因此，土壤 N 和 C 含量、大气 C、N 沉降以及施肥在土壤温室气体排放中扮演重要角色。N_2O 排放与土壤碳氮比（C/N）之间呈负相关，当土壤 C/N ≥ 30 时，由于较高的 C/N 限制了有机质的分解，所以具有最低的土壤温室气体排放速率，而在 C/N 比为 11 时，排放速率最高（Christiansen et al., 2012；Gundersen et al., 2012）。在干旱和较低土壤 pH 的共同作用下，当 C/N < 20 时，会显著抑制土壤 N_2O 的排放（Christiansen et al., 2012；Gundersen et al., 2012）。土壤 CO_2 和 CH_4 的排放与 C/N 之间呈正相关关系（Shi et al., 2014；Weslien et al., 2009）。

有研究表明，在土壤碳不受限制时，增加土壤氮的含量通常会增加土壤呼吸和净生态系统碳交换（NEE）（Niu et al., 2010；Peng et al., 2011）。而在碳的可利用性受限时，N 肥的施用对土壤呼吸的影响则可以忽略不计（Micks et al., 2004）。N 肥的施用会增加土壤呼吸对土壤含水量的敏感性而降低对土壤温度的敏感性（Peng et al., 2011）。Micks 等（2004）的研究表明，短期添加 NO_3^- 和 NH_4^+ 会降低（或者没有影响）森林土壤的土壤呼吸速率。Bowden 等（1990）也发现，长期 N 添加会降低土壤呼吸。。

2. 土壤酸碱性对土壤 CO_2 释放速率的影响

土壤 pH 可以影响土壤微生物的活动，因此可以进一步影响土壤温室气体的排放。pH 值的变化与土壤 CH_4 产生量之间并无直接关系（Borken et al., 2010），也与土壤 NO 和 N_2O 的排放与 pH 之间并不存在显著相关性（Pilegaard et al., 2006）。但是，通常情况下，酸性条件下 NO 主要是通过反硝化作用产生，而碱性条件下则主要通过硝化作用（Remde et al., 1991）。Hütsch 等（1994）在英国洛桑实验站的研究发现 pH 值的降低，降低了土壤对 CH_4 的吸收能力，其主要原因是酸性条件下，有利于土壤重金属（Al、Fe、Mn 和 Ca 等）的释放。特别是当 pH 值小于 5.0 时，Al_3^+ 的释放对大多数微生物都具有毒性，而产甲烷古菌受到较厚细胞壁的保护，Al_3^+ 对其毒害作用要小于甲烷氧化菌（革兰氏

阴性菌），从而减少了土壤对 CH_4 的吸收。中性 pH 值条件下，绝大多数土壤微生物较高，因此土壤 CO_2 的排放最高（Čuhel et al.，2010）。在酸性条件下，N_2O 还原酶的活性会受到抑制，因此，更有利于土壤 N_2O 排放（Skiba et al.，1993）。硝化作用会随着土壤 pH 值的增加而升高，其原因是 pH 值的升高会造成 NH_3 和 NO_3^- 的化学平衡会倾向于 NH_3 的形成（Nugroho et al.，2007）。土壤反硝化酶活性在碱性条件下要高于酸性条件下，因而更有利于反硝化过程的进行。这些硝化与反硝化作用会间接影响到土壤 CO_2 的排放。

3. 土壤区系生物（微生物、啮齿类动物）对土壤 CO_2 释放速率的影响

土壤区系生物是浅表层土壤碳循环的重要调节者，同时是土壤内 CO_2 的一个关键产生部分（Moorhead et al.，2003）。青藏高原内影响土壤碳排放的土壤区系生物主要分为细菌／真菌及啮齿类动物 2 种。青藏高原土壤碳排放速率与土壤微生物总生物量有着良好的关联性，真菌微生物的数量及活性与土壤碳排放速率出现峰值的时间相近，均出现在 7～8 月（田玉强等，2009）。同时也有研究表明真菌微生物是青藏高原暗沃寒冻雏形土内有机质的主要分解者（曹广民等，2001）。

目前气候变暖已使得青藏高原表层土壤中的真菌／细菌比例降低，并诱使土壤微生物群系由真菌群系向细菌群系转换，导致土壤微生物群落结构和 N 循环功能结构发生改变（Zhang et al.，2014；Xiong et al.，2014；Yang et al.，2014），进而造成了土壤碳排放产物及排放速率的改变（Xiong et al.，2014）。

高原啮齿动物（如高原鼠兔、鼢鼠等）已经对高原环境造成巨大破坏（郭永旺等，2009；慈海鑫等，2007）。啮齿类动物主要从以下两方面影响青藏高原碳循环：降低土壤内土壤有机碳库储量和提高土壤碳排放速率（Peng et al.，2015；Liu et al.，2013）。高原鼠兔活动会破坏土壤营养结构及土壤团聚结构，使得土壤内有机碳组分发生改变，进而增大土壤碳排放能力，造成表层土壤的有机碳库储量的损失（Liu et al.，2013）。在若尔盖地区的研究也表明（Zhou et al.，2014），高原鼢鼠活动区域的土壤碳排放量要明显高于无高原鼢鼠的区域.

七、海拔高度与土植被／土壤 CO_2 释放速率的关系

关于高海拔地区生态系统 CO_2 通量的信息很少。但我们尝试研究了植被／土壤系统 CO_2 排放通量沿海拔高度变化时发现（Mitsuru et al.，2009），沿海拔高度生态系统排放 CO_2 通量与植被和土壤性质之间具有显著的影响关系。我们发现，沿高度梯度植被生物量和生态系统 CO_2 通量所表现的变化模式基本相同，即在 4 个海拔高度中二者最高和最低的值都较高。这种植被生物量的高度分配模式似乎与人们普遍认为，高海拔地区的植物生物量随海拔升高而下降的看法不一致（Koürner，2003）。这可能的原因是与生长季节放牧的影响有关。尽管本研究地区缺乏关于不同高度放牧强度的详细资料，但可以肯定的是，与区域放牧绵羊和牦牛的强度在不同海拔高度不同有直接的原因。在 3 800 m 处的上下范围，几乎所有进入夏季放牧草场的牧民，均选择该区域作为定居点，建立临时帐篷和夜晚管护家畜的牛羊圈，以及家畜饮水点，放牧家畜活动频繁，且对草场践踏中，导致 3 600～4 000 m 放牧过度，大大限制了植物喘息生长的概率。Galen（1990）在科罗拉多州落基山树线附近草食动物高度分布格局研究发现有类同的结果。Ohtsuka 等（2008）对青藏高原海拔 4 400～5 300 m 区域的土壤有机质（有机碳）的调查研究表明，放牧强度增加对土壤有机质有很大的潜在影响，发现低海拔的土壤有机质远低于高海拔区域，并在植被上限附近（海拔 5 000 m）达到峰值。我们的研究发现（Mitsuru et al.，2009），生态系统 CO_2 通量和植被生物量为 3 600～4 200 m 具有明显的高度变化，与上述的研究具有相似之处，也就是说生态系统呼吸是生物环境因子（放牧）和非生物环境因子（温度、土壤湿度、降水等）综合作用的结果。限于条件，我们仅进行了短期的观测速率及分析，并无法单独评价生物和非生物环境对生态系统 CO_2 通量和植被生物量的影响。但至少认为，生物和非生物环境因子综合影响

不可忽视，而且放牧对高寒草地生态系统 CO_2 通量的影响、内在的生态生理特征，及其单因素影响的作用等，以后需要做更深入的研究。

以往对草地生态系统 CO_2 通量（包括生态系统总初级生产力、植被／土壤生态系统呼吸释放和生态系统生产力）的研究表明（Arndal et al.，2009；Kato et al.，2004；Koch et al.，2008；Li et al.，2007；Street et al.，2007；Zhang et al.，2009），植被生物量及其相关参数，如叶面积指数、叶片氮含量和叶绿素浓度是控制生态系统 CO_2 通量的关键因素。结果表明（Mitsuru et al.，2009），高光强下生态系统总初级生产力最大的逼近值随地上生物量的增加而增加，而生态系统呼吸随总生物量的增加而增加，这与以前的研究是一致的。说明植被生物量是主要生态系统 CO_2 通量的一个较好的预测指标。此外，我们还发现，植被生物量与高光强下生态系统总初级生产力最大逼近值和生态系统呼吸之间的关系在 4 种海拔地区之间存在差异。

高光强下 GPP 最大的逼近值与地上生物量的比值在 4 200 m 时最高，4 000 m 时最低。这一比值的差异表明了 2 种海拔地区光合能力的差异，尽管现有的证据不足以阐明不同海拔地区植被间的生理差异。Arndal 等（2009）曾对格陵兰东北部的北极高生态系统 5 种植被类型的生态系统总初级生产力与叶片氮含量关系发现。具有显著正相关关系，且各植被类型间的相关性不同。我们的结果也有相似之处。此外，生态系统总初级生产力（GPP）／光强比（aGPP）的初始斜率可能部分解释了 4 种高度之间高光强下生态系统总初级生产力最大的逼近值与地上生物量之比的差异。aGPP 的海拔变化表明，海拔最高（4 200m）以垫层植物为主的高寒草地光利用效率较低。

生态系统呼吸和地温在最低的地点都显著升高。表明土壤温度是决定生态系统呼吸的另一个重要的非生物因子。合理的假设是，土壤温度在垂直梯度上的差异会影响生态系统呼吸与总生物量之间线性回归的斜率。事实上，当我们可以用生态系统呼吸［自养呼吸（$Re_{daytime}$）］依 5 cm 地温（ST_5）关系的指数回归方法：$Re_{daytime} = a \times e^{ST_5 \times b}$ 和相同的地温（例如 10℃）计算 4 个海拔高度之间生态系统呼吸时，在各海拔高度上线性回归的斜率大致相同（0.002 3）。同时，生态系统呼吸对较低地点（3 600～4 000 m）土壤温度（Q_{10}）的敏感性也表现出显著的高值。考虑到低地植被与最高海拔 4 200 m 的植被相比，说明放牧强度会影响生态系统呼吸对土壤温度的敏感性。

高光强下达到最大净生态系统生产力逼近值的大小表明，不同海拔高度的 4 个地点至少在生长期的白天都是大气 CO_2 的弱汇，而且汇的强度随海拔的升高而不同。同时，高光强下达到最大净生态系统生产力的逼近值与地上生物量具有显著的正相关。由于 4 200 m 处在海拔高、下部有较陡峭的坡度，放牧家畜难以涉足，与其他较低的 3 个地点相比，有较大的地上生物量和可能较大的叶面积，造成高光强下达到最大净生态系统生产力逼近值更高，碳汇能力更强。这些结果与青藏高原土壤有机质含量随海拔高度的变化是一致的。2002 年我们曾经在同地区低海拔（3200m）的冬季放牧的高寒草甸区，观测到 7 月 1 日和 8 月 1 日间高光强下达到最大净生态系统生产力的逼近值为 20.4 $\mu molCO_2/(m^2 \cdot s)$（Kato et al.，2006）。而且因作为放牧草场，其放牧强度的高低也直接影响到高寒草甸土壤呼吸强度（Cao et al.，2004）进而影响到其余生态系统碳源汇强度和能力。并证明适度的放牧强度可增加碳汇能力。

山体梯度带的研究证实（Mitsuru et al.，2009），高海拔的高寒草原具有较高的 CO_2 吸收效率，这表明生长季节高海拔地区的碳库强度潜力很大。在海拔最高处（4 200m，植被线周围），生态系统呼吸与高光强下总初级生产力最大逼近值的比值明显小于低海拔地区（Kato et al.，2004）。呼吸作用主要有助于评估植物利用光合产物进行生长和贮存的效率（Amthor et al.，2001）。在低温强光下，高寒植物将比低地植物更有效地利用光合产物（Koürner，2003），表现出高寒生态系统中生态系统呼吸与总初级生产力比值应该更小等有关。

当然，我们仅做了植物生长季 7 月底的有关高寒草原生态系统 CO_2 通量的大小和高度格局状况，并未进行年内不同季节的有关变化情况。但长期生态系统碳动态及其对各种干扰的响应仍存在不确定性。此外，高寒草原稀疏植被带的抽样设计，如围绕植被线而进行，在今后的研究中还需要进一步观察，以加强我们对高山草原生态系统的了解，包括放牧对生态系统 CO_2 通量的影响。

八、封育与放牧强度与土植被／土壤 CO_2 释放速率的关系

放牧是青藏高原内最主要的人类活动，是影响土壤碳源／汇的关键性因素之一，对青藏高原土壤碳排放的影响巨大（Zhu et al.，2015；Yuan et al.，2015；Chen et al.，2015）。放牧会导致土壤容重增大，土壤内有机碳含量减少，土壤地上及地下生物量减少，同时一旦过度放牧将造成明显的草地退化。草地退化是人类活动对青藏高原高寒环境所造成最严重的破坏产物。目前，过度放牧已造成青藏高原内的草地明显退化（Zhao et al.，1999）。草地退化后将使得草地蒸散发增大，土壤水分含量降低，土壤理化性质及水热条件发生改变，从而导致土壤碳排放速率的增大并导致土壤碳库蓄积量降低（Babel et al.，2014；Wang et al.，2010；You et al.，2014）。Wang 等（2010）研究高寒沼泽草甸和高寒草甸退化后对土壤碳排放的影响，发现退化后将导致土壤碳排放增大明显，且 CH_4 排放速率增大幅度要高于 CO_2 排放速率增大幅度。Zhu 等（2015）利用静态箱—气相色谱法研究放牧强度对土壤碳排放的影响，发现放牧后的土壤碳排放速率及排放量要远高于未放牧的点。Peng 等（2014）利用刈割来模拟放牧后发现，刈割行为更多的是先导致环境因子的改变（土壤温度增高、土壤湿度减少），而后致使土壤碳排放增大。

前面我们谈到植被类型不同，将影响植被／土壤系统的呼吸排放。实际上就是植被类型相同的同一块大样地内，放牧强度不同，禁牧时间长短不同其植被的群落结构、生物量、生产力将发生改变，也将导致植被／土壤系统的呼吸排放也不同（李红琴等，2019）。同样，在夏季放牧草场的不同放牧强度试验地（吴启华等，2013a）其放牧强度是土地利用的另一种方式，是影响草地生态系统关键因素之一，放牧过程中家畜的觅食、践踏等作用改变了生境和空间异质性。研究显示（李红琴等，2019），不同放牧强度样地的碳交换在植物生长季的变化规律与禁牧样地基本相同，表明碳交换的季节变化并没有因放牧而改变，这一研究结果与沈晓坤等（2014）结论一致。植物生长季，试验地雨热同期，随着温度和土壤含水量的增加，草地植被进入旺盛生长期，生物量积累增多，叶面积指数增大，极大地促进了植物的光合作用，提高了植物对 CO_2 的吸收量，使这一时期的草地生态系统处于碳吸收阶段，但放牧处理减少了枯落物，进而减少了枯落物对太阳光的遮挡，从而促进了植物生长，植物群落整体的光合能力增加，因此对 CO_2 的吸收能力提高。

放牧强度不同植被／土壤系统的呼吸排放不同，就是禁牧封育后其呼吸排放也有显著差异（李红琴，2019；李英年，2016；刘晓琴，2013）。这些表明，封育与放牧强度明显影响植被／土壤 CO_2 释放速率。实际上也是土地利用方式的内容。

研究发现（李红琴等，2019），土壤温度随放牧强度增大而增大，体积含水率随放牧强度增大而减小。生态系统呼吸呈现出倒"V"形变化规律，放牧强度仅对 7 月的生态系统呼吸产生影响，其余月份 4 个样地的差异均不显著；放牧强度梯度下生态系统呼吸与土壤温度和绿体生物量显著正相关，与土壤有机碳含量极显著负相关。

九、冬季积雪对 CO_2 的影响效应

过去往往人们对积雪的认识是过多地考虑积雪过多会导致雪灾，事实上积雪可提升较高的生态功能，在大气—植被—土壤系统中扮演重要的生态效应，是土壤—植被—大气过程的重要调节者。已有的研究发现，冬春降雪对来年牧草产量提高有利（李英年等，1998；Li et al.，2015；李红琴等，2015）。积雪还可提早牧草返青，即使温度稍低，也能比正常环境提早物候。积雪覆盖后家畜对植被

啃食减少，同时，因雪并不是干净的，积雪后雪可污染干枯的植被层，可有更多的枯落物留存地表，这些因素将增加了地上枯落物对土壤碳的补给能力。

积雪增加可湿润土壤，利于植被有机碳给予土壤层碳淋溶增加的同时，还可使土壤中的可溶性碳向下层淋溶加大，终究随地下径流而汇入海洋，这给土壤预留了更多的碳汇"空间"，使土壤对碳处于"饥渴"状态，有利于吸收大气 CO_2，提高固碳能力。积雪还可避免家畜对土壤的反复践踏，就是有践踏，由于积雪的作用可"缓冲"对土壤践踏的作用，可使土质趋于松软。冬春季往往是逆温层出现多的时期，期间产生降雪，进而可有多的氮沉降量，提高了植被需要生长的土壤养分。有研究表明，N 含量越高，根系的分解速度越慢，土壤中的碳保留率越高（Robinson et al.，1987；Jones，2003）。积雪还可缓解牲畜的反复践踏，促使土壤墒情保持，降低土壤硬实度的同时对降低土壤容重、增加土壤持水量和有机质有利。

持续的雪覆盖能有效地隔离土壤与大气，起着绝缘体的作用，积雪的存在不仅可保持土壤相对高的温度，通常能够防止土壤冻结，为生物过程提供有效的水分（Marchand，1999）。同时，还可增加微生物活动能力和微生物种群数量。Monson 等（2006）在一个山地森林的研究表明，冬季土壤呼吸对积雪厚度的变化非常敏感，雪覆盖的减少导致了土壤呼吸速率的降低。说明积雪造成的生态功能价值远大于致灾家畜的损失量。

十、土地利用、人类活动与土植被／土壤 CO_2 释放速率的关系

1. 土地利用对土壤 CO_2 释放速率的影响

土地利用变化对土壤温室气体排放具有非常重要的影响，特别是当森林、草地和泥炭地被农业用地所取代。DeGryze 等（2015）的研究表明，在森林转变为农业用地的 30 年内，表层土壤（7 cm）损失了 30%～35% 的碳储量，而深层土壤对西双版纳热带雨林与人工橡胶林土壤温室气体排放及其对气候变化的响应变化很小。此外，农业活动包括耕作方式和施肥对土壤温室气体排放的影响也需要考虑。为了人类对食物的需求所进行的生产活动贡献了全球 19%～29% 人为温室气体排放，其中 80～86% 与农产品之间相关而且具有显著的空间变异（Vermeulen et al.，2012）。土壤有机碳累积量在很大程度上依赖于植被覆盖类型。土地利用变化决定了土壤是作为大气中 CO_2 以及其他温室气体的源还是汇（Poeplau et al.，2013；Sainju et al.，2008）。不同植物在根系深度和空间分布上存在很大的区别。因此，在分析来自不同土地利用、土地覆盖以及气候区域的土壤温室气体通量数据时，需要分别考虑这些因素，以获得正确的土壤温室气体排放特征及影响机制（Bahn et al.，2010a）。

2. 人类活动对土壤 CO_2 释放速率的影响

近些年，由于人类活动的加剧，土壤释放的 CO_2 量超过了净初级生产量及凋落量，人类活动造成的全球土壤有机碳储量下降已使大气中的 CO_2 浓度提高了近 140 μL/L（Schlesinger et al.，2000），明显改变着陆地生态系统的土壤呼吸特征。放牧和农垦活动频繁，是目前人类活动影响较为严重的区域。脆弱的生态环境与频繁的人类活动使之较其他生态系统对全球气候与环境变化的响应更为敏感（Smith et al.，2000）。人类活动影响土壤呼吸速率的因素很多，吴建国等（2003）发现同一区域不同土地利用方式土壤呼吸的差异很大。灌丛和草本群落组织化水平较低，抵御外界干扰的能力较低，受人为干扰的影响较大，其土壤日平均呼吸速率相对于其他群落偏高。草地开垦会使土壤中碳素量减少，毁林或改变林地利用现状也会造成 20%～50% 的有机碳损失（金峰等，2000）。据估计，过去因自然生态系统转化为耕地已使土壤碳库减少了 38 PgC，20 世纪 80 年代因土地利用变化引起的碳排放量约为 1.6±0.7 Pg C/a（于贵瑞，2003）。另外，耕地转变为草地会有利于土壤有机质的积累，土壤免耕能有效抑制土壤湿度状况的改变，减缓土壤有机质的分解速度，提高土壤有机碳含量（Buyanovsky et al.，1987）。

草地开垦是影响草原土壤碳储量最为剧烈的人类活动因素，开垦过程会破坏致密的根系层，使土壤深层的有机碳暴露于空气中，加速土壤呼吸过程（Anderson et al., 1985）。草地开垦为农田后会损失掉原来土壤碳库总量的 30% ～ 50%，这种损失大部分是由土壤呼吸排放造成的。由于土壤呼吸损失的碳主要发生在开垦后的最初几年，20 年后趋于稳定（Schlesinger，1995）。Buyanovsky 等（1987）发现，天然草场开垦种植小麦以后土壤呼吸量也随之增加。Schlesinger（1995）估计 1850—1980 年由于开垦导致的草原生态系统碳损失约为 10 Pg。其中，温带草原土壤碳损失量为 15.7 Pg，占同期全球陆地生态系统土壤碳损失总量的约 40%。

施肥可以缓解营养元素缺乏对植物生长的不利影响，施肥通常会增加土壤表层和深层的 C、N、P 含量，改变土壤的化学元素组成，增加土壤呼吸的底物，而且还可以增加土壤中根系的生物量，进而促进微生物分解活动和根系的呼吸（李小坤等，2008）。对施肥和未施肥草地 CO_2 的通量进行比较，尽管其他条件相同，但草地在施肥后总体上会增加土壤呼吸速度。但也有研究发现施肥会导致天然草地土壤呼吸下降，且其细根和粗根的生产力也明显变小（De Jong et al., 1974）。不同地点、不同植被类型、施肥时间长短等都会对土壤呼吸产生不同的效果（Chapin et al., 1986）。

土壤呼吸的主要碳源是土壤有机质，施入有机肥通常会改善土壤理化和生物学性质（Sikora et al., 1990），当土壤中的有机质含量、根系生物量、微生物活性增加时，其土壤呼吸速度就会显著增加（Bazzaz et al., 1991）。对土壤中碳的变化，还要考虑不同土壤粒级中碳的变化，因为不同土壤粒级碳的代谢周转不同，如果高 CO_2 浓度显著增加 <53 μm 部分土壤碳浓度，土壤有积累碳的趋势，因为这部分土壤颗粒碳相对更为稳定，不易分解或周转时间长。但许多试验结果都发现新输入的碳都存在于 >53 μm 土壤颗粒部分（Xie et al., 2005）。这很可能与试验时间不够长有关，因为土壤有机质转化过程就是由植物残体到腐殖质一个漫长的阶段，因此要确定大气 CO_2 浓度升高对土壤碳库的影响还需长期定位试验。

施用矿质肥料会抑制天然草地的土壤呼吸作用。但也有研究认为，施用矿质肥料对土壤呼吸量的大小影响不显著（高志强等，2004）。土壤中氮素不足会影响植物的光合作用，向土壤中施加氮肥会增加土壤的含氮量，进而降低土壤中的 C/N。土壤中氮的变化可能影响微生物的活性，最终影响土壤 CO_2 的排放。在我国温带草原发现土壤呼吸与土壤全氮含量、C/N 显著正相关。也有研究表明，施氮抑制土壤呼吸作用，原因可能是由于氮素与碳的亲和性降低了碳素的可利用性，进而会对微生物的代谢活动产生阻碍，减缓了 CO_2 的排放。氮肥的施用效应与土壤呼吸量的关系较为复杂，随着氮沉降的研究备受关注，氮素可能会成为植物生长的一个限制性因素（Olga et al., 2004），适量的养分促进植物生长，而养分过量则会抑制植物生长。

3. 人工草地建植对土壤 CO_2 释放速率的影响

近年来青海草地退化严重的地区，较多地进行了人工草地的建设，而人工草地建植后其植被 / 土壤 CO_2 排放通量亦将有显著的变化。在高寒草甸区由于环境条件恶劣，人工建植的草地需要十几年甚至几十年的恢复，才能达到当地原生植被的顶级群落。而在草地建植初期，施肥、松耙等过程下，建植植物发生光合作用，水分利用率高时，在一定的年限内（一般在 4 ～ 5 年内）植被生产量很高，其间植被 / 土壤呼吸排放也很高。但是后期（4 ～ 5 年以后），固氮植物固 N 所引起的土壤 N_2O 排放的增加显著低于 N 肥施用的效应，对于土壤碳储量的提高相对缓慢，进而导致植被 / 土壤呼吸排放在人工草地建植初期高，建植后期低。

不同播种处理下土壤呼吸对土壤温度的响应：国内外许多研究发现温度是影响土壤呼吸的重要因素，温军（2012）分别对不同播种处理下人工草地土壤呼吸和土壤温度相关性进行分析（表 6-19）表明，不同播种处理下土壤温度和土壤呼吸均存在正相关性，且都达到极显著水平（$P<0.01$），单播处理拟合系数皆低于混播处理和对照，天然草地土壤呼吸与温度的拟合系数最高，在生长季观测期间不

同播种方式下草地土壤温度的升高对土壤呼吸有促进作用。

表 6-19　土壤呼吸和温度相关性拟合（温军等，2012）

处理	拟合方程	R^2	P	Q_{10}
A	$SR=1.723\,4\,e^{0.047\,8\,T}$	$R^2=0.403\,2$	$P<0.01$	1.61
B	$SR=1.354\,3\,e^{0.056\,4\,T}$	$R^2=0.466\,0$	$P<0.01$	1.76
C	$SR=1.693\,3\,e^{0.047\,3\,T}$	$R^2=0.411\,8$	$P<0.01$	1.60
Y	$SR=1.342\,8\,e^{0.048\,6\,T}$	$R^2=0.631\,4$	$P<0.01$	1.63
A+B	$SR=1.460\,1\,e^{0.051\,8\,T}$	$R^2=0.634\,2$	$P<0.01$	1.68
A+C	$SR=1.279\,7\,e^{0.060\,2\,T}$	$R^2=0.605\,3$	$P<0.01$	1.83
B+C	$SR=1.248\,5\,e^{0.058\,4\,T}$	$R^2=0.474\,4$	$P<0.01$	1.79
A+B+C	$SR=1.573\,4\,e^{0.049\,8\,T}$	$R^2=0.452\,2$	$P<0.01$	1.65
DHB	$SR=1.305\,4\,e^{0.073\,8\,T}$	$R^2=0.513\,9$	$P<0.01$	2.09
CK	$SR=0.643\,9\,e^{0.091\,9\,T}$	$R^2=0.901\,1$	$P<0.01$	2.51

　　注：垂穗披碱草（A）、中华羊茅（B）、早熟禾（C）和燕麦（Y）、垂穗披碱草＋中华羊茅（A+B）、中华羊茅＋早熟禾（B+C）、垂穗披碱草＋早熟禾（A+C）、垂穗披碱草＋中华羊茅＋早熟禾（A+B+C）和垂穗披碱草＋中华羊茅＋早熟禾＋老芒麦＋星星草（DHB），以天然草地为对照（CK）

　　人工草地温度敏感系数 Q_{10} 因播种方式的不同而不同，天然草地 Q_{10} 最高，为 2.51，不同播种处理间 5 个种混播处理 Q_{10} 最高，为 2.09，对照处理 Q_{10} 最低，为 1.60，值得注意的是，人工草地土壤呼吸温度敏感系数 Q_{10} 均小于天然草地，因此，人工草地土壤呼吸对温度的敏感性要低于天然草地。对土壤湿度和土壤呼吸进行二项式拟合，如图 6-46（温军等，2012）所示，只有天然草地和 5 个种混播的草地拟合效果达到极显著水平（$P<0.01$），其他播种处理下土壤湿度和呼吸无显著相关性（$P>0.05$）。由图 6-46 可以看出，两种不同类型人工草地土壤湿度与土壤呼吸拟合曲线均存在一个水分阈值，观测期间土壤湿度小于这个阈值的时候对呼吸有抑制作用，大于阈值时土壤湿度增加会促进呼吸作用。

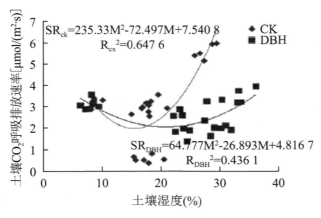

图 6-46　土壤呼吸与湿度相关关系

　　土壤有机碳密度对土壤呼吸的影响。为了探究人工草地土壤有机碳密度对土壤呼吸的影响，分别对添加无机氮肥和未添加氮肥处理下土壤有机碳密度和生长季平均土壤呼吸做回归分析，图 6-47a（温军等，2012）为不同播种处理土壤 $0\sim10$ cm 有机碳密度和土壤呼吸的关系，在未添加氮肥的情况下土壤呼吸和土壤有机碳密度呈线性负相关（$P<0.05$），即高的有机碳密度对土壤呼吸有抑制作用，图 6-47b（温军等，2012）为不同播种处理添加无机氮肥之后土壤呼吸和土壤 $0\sim10$ cm 有机碳密度相关关系，土壤呼吸和有机碳密度呈线性正相关（$P<0.05$）。在土壤有机碳密度升高的前提下无机氮肥添加对土壤呼吸有促进作用。

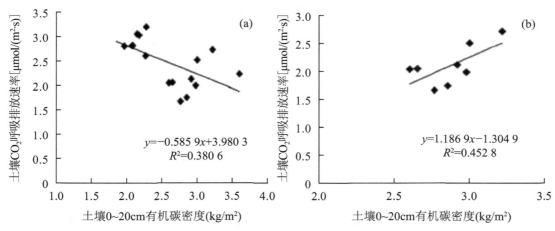

图 6-47　土壤有机碳密度和土壤呼吸相关关系

单播垂穗披碱草不同龄期土壤呼吸对土壤温度和湿度的响应。不同龄期垂穗披碱草人工草地土壤呼吸和温度指数拟合均达到极显著水平（$P<0.01$）（图 6-48。温军等，2012），但土壤呼吸和水分的二项式拟合结果除 10 龄草地有极显著相关性外其他龄期都不显著（$P>0.05$）（图 6-49。温军等，2012），土壤温度和呼吸的拟合系数都在 0.8 以上，说明该地区不同龄期人工草地土壤呼吸季节动态主要受温度控制。不同龄期垂穗披碱草人工草地温度敏感系数 Q_{10} 的大小顺序为 7 龄 >6 龄 >5 龄 >10 龄 >1 龄 >15 龄（表 6-20。温军等，2012）。

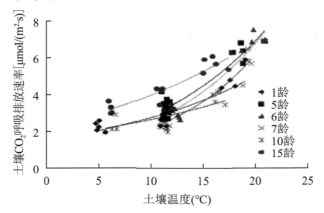

图 6-48　不同龄期垂穗披碱草人工草地土壤呼吸与温度相关关系

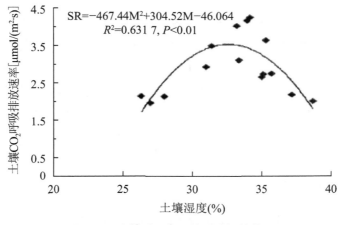

图 6-49　土壤呼吸与土壤湿度相关关系

表 6-20 土壤呼吸与温度拟合关系

龄期 Ages	拟合方程 Fitting equation	P	R^2	Q_{10}
1 龄	$SR = 1.528\ 9\ e^{0.059\ 4\ T}$	<0.01	0.800 4	1.81
5 龄	$SR = 1.215\ 9\ e^{0.087\ 2\ T}$	<0.01	0.862 8	2.39
6 龄	$SR = 0.968\ 5\ e^{0.097\ 7\ T}$	<0.01	0.917 0	2.66
7 龄	$SR = 0.776\ 1\ e^{0.103\ 5\ T}$	<0.01	0.893 0	2.82
10 龄	$SR = 1.366\ 4\ e^{0.060\ 2\ T}$	<0.01	0.810 2	1.83
15 龄	$SR = 2.291\ 2\ e^{0.055\ 5\ T}$	<0.01	0.867 2	1.74

4. 人工草地不同播种处理下施肥对土壤 CO_2 释放速率的影响

研究表明，土地利用方式对于土壤呼吸的影响十分显著，不同土地利用方式不仅改变了地表植被，而且改变了土壤温湿度以及养分结构，使土壤有机质含量、微生物群落的组成等发生改变，相应的土壤呼吸也发生变化。对同德人工草地的研究结果显示，除一年生燕麦外其他播种处理（不同牧草单播及混播）人工草地建植 5 年后生长季平均土壤呼吸速率与天然草地相比发生显著改变，5 个种的混播草地生长季土壤呼吸速率显著低于天然草地，其他单播和混播处理下土壤呼吸速率均高于天然草地。对生长季土壤呼吸和环境因子相关性的分析结果显示，温度是人工草地日动态和月动态的主要驱动因素，湿度对土壤呼吸的影响除 5 种牧草混播处理外均不显著。土壤呼吸值在不同月份之间的动态与温度变化趋势一致，这与其他学者在不同地区对天然草地和人工管理草地土壤呼吸的研究结果一致（Buyanovsky et al., 1987；Kirschbaum，1995；李凌浩等，2000）。有研究显示高海拔高纬度地区土壤呼吸温度敏感性显著高于低海拔和低纬度地区（付刚等，2010；施政等，2008）。国内学者对内蒙古温带典型草原的 11 个不同群落的土壤呼吸研究结果显示，Q_{10} 处于 1.47～1.84（安渊等，1999）。同德人工草地研究区地点处于高纬度高海拔地区，温度对土壤呼吸的限制显得更为明显，不同播种处理人工草地 Q_{10} 处于 1.61～2.09，均小于天然草地（为 2.51）。

土壤异养呼吸是一个复杂的生态学过程，土壤温度、湿度、植被类型、土壤微生物组成及活性、土壤养分循环过程等多种因素及其变化都会影响土壤异养呼吸速率（Knorr et al.，2005），有研究认为，在不同陆地生态系统中异氧呼吸占总呼吸的比率为 10%～90%（Hanson et al.，2000），这与测定方法和生境因素有关，表现出不同播种处理下异氧呼吸占总呼吸的比率为 63%～89%，不同月份间存在变异。氮是包括草地生态系统类型在内的所有生态系统初级生产力的主要限制因素（Burke et al.，1997），其可利用性及其对全球变化的响应对生态系统以及全球碳平衡显得尤为重要（Reich et al.，2006）。在环境因子相对稳定的情况下土壤全氮含量能直接或间接地决定生态系统 CO_2 排放通量的变化（耿远波等，2001），而年降水量、蒸发量和干燥度是影响土壤有机碳、全氮分布的重要因子（Luo et al.，2004）。国内外一些研究表明氮肥的长期输入会影响土壤呼吸的变化，乔云发等在中国科学院海伦生态实验站对玉米地施肥的研究结果显示，N、P 和 K 等肥料的混合施加显著提高了土壤呼吸量和根际呼吸量（乔云发等，2007），诸葛玉平等认为有机肥和 N、P、K 化肥配合使用对土壤 CO_2 排放增加的影响更为明显（诸葛玉平，2005），而对于森林生态系统的一些研究表明，施无机氮肥由于增加了土壤全氮的浓度从而降低了土壤呼吸和微生物呼吸（Haynes et al.，1995），有学者对农田生态系统土壤呼吸的研究同样发现无机氮素添加降低了土壤呼吸速率（Wilson et al.，2008）。本研究结果显示，人工草地连续 5 年施加氮肥之后与未施氮肥相比较，氮肥的长期添加增加或降低了部分播种处理人工草地土壤表层有机碳密度，但对各播种处理土壤呼吸无显著影响。

十一、高寒草地植被／土壤 CO_2 呼吸排放的不确定性

从海北和三江源的研究结果来看，无论是原生的植被，还是不同退化程度的植被，所表现的植被／土壤系统呼吸、土壤呼吸、土壤微生物呼吸、根呼吸排放总量，随植被类型不同、地理位置不同、植被退化程度不同而显著不同。总体发现在植被良好的区域植被／土壤 CO_2 呼吸排放高，而退化植被、高海拔区域土壤呼吸排放低，青南大于青北，草甸大于草原、湿地最高。同时也发现，观测采用的仪器不同、方法不同其差异也较大，例如，赵倩等（2014）在 2013 年的 7 月 28 日和 9 月 30 日，采用静态箱—气相色谱和 LI-8100 观测的 2 种方法进行了疏勒河上游多年冻土区高寒草甸土壤 CO_2 呼吸排放比较发现，静态箱—气相色谱法测得土壤 CO_2 呼吸排放通量变化比 LI-8100 测定的偏高 25.7%。这与静态箱—气相色谱法箱内微气象环境的变化，特别是箱内空气温度、相对湿度、压力和箱内空气混合程度的变化与 LI-8100 不同有关。尽管两种方法测定结果均存在不确定性，但静态箱—气相色谱法与 LI-8100 测定的土壤 CO_2 呼吸排放通量结果具有较好的一致性。但是，在对青海草地植被／土壤 CO_2 呼吸排放的监测，少部分是采用静态箱—气相色谱法在祁连山海北站进行观测研究，大多数地区采用的是 LI-8100 土壤观测方法来测定。进而影响植被／土壤 CO_2 呼吸排放量的不同，就是排放速率也不同。从本章的第一节到第七节看到，虽然研究者在青海北部的祁连山地和青海南部的三江源地区进行了大量的监测研究工作，有些学者仅进行了土壤呼吸排放的监测，有些学者进行了植被／土壤系统的呼吸排放监测，还有少量的学者进行了微生物、植物根呼吸的监测工作，但是，由于前期对土壤呼吸的"土壤"界定和初始处理方法、处理后观测时滞后时间长短等也可造成较大的差异性。如有些学者对土壤呼吸的界定是减去地表植物的土壤表面上的观测值，往往由于人为造成减去绿色植被后留的"茬"的高度有一定差异而导致土壤呼吸排放不同。还由于当剪去植物后有的在 3 d 以后观测，有的在次日观测，时间滞后时间长短不同牧草（植物）有时生长发育不同，有时候受良好的水热条件趋势下，仅在 1 d 植物就可得到迅速的生长发育，这也造成监测的土壤呼吸排放加大。另外，有些学者观测到微生物呼吸是最大限度的分土层进行挖掘，人工剔除植物根系，然后按原状土层次结构回填，但回填后原有的土壤结构受到破坏，导致监测结果并非完全代表当时的数据情况。不仅如此，静态箱—气相色谱和 LI-8 100 观测往往不能在较大范围开展，仪器通信线的限制，只能在小的局部范围采取的重复数，而在自然草地，土壤异质性大，在第八节我们也可以看到。土壤呼吸排放影响因素多且明显，而在土壤异质性很大的条件下，观测的结果势必受到多种局地环境要素影响而造成很多的不确定。种种原因终久会导致目前得到的观测结果有着一定的不确定性。

但不论青海南部的三江源地区，还是青海北部的海北地区，其土壤呼吸的日年、年变化是毋庸置疑的，土壤呼吸占植被／土壤系统呼吸的比例在 75%～90% 之间，在土壤呼吸中土壤微生物呼吸占土壤呼吸的 62.5%～73.5% 之间等是可以理解的。这期间，植物地上部分（绿体、立枯和凋落物）的呼吸占植被／土壤系统呼吸的 32.5%，植物根系的呼吸速率为 135.41 mg/（m²·h），占土壤呼吸速率的29.5%。甚至在冬季，地上部分（立枯和凋落物）的 CO_2 释放占植被／土壤系统呼吸量的 9%～22%（吴琴等，2011）。从以上得到的植被／土壤系统呼吸及土壤呼吸总量来看，土壤温室气体的排放显得极为重要。土壤温室气体排放主要来源于土壤微生物活动、根呼吸、碳酸盐的化学分解以及土壤动物和真菌异养呼吸（Chapuis-Lardy et al.，2010），麦克拉伦等（1984）认为，土壤中约有 60% 的CO_2 是在微生物分解土壤有机质的过程中产生。而微生物数量的多少、活动强弱主要是温度、湿度决定。温度高、降水多、湿度大，微生物数量多、活动强，相应的 CO_2 释放速率大，反之则小。

十二、高寒草地植被／土壤呼吸排放研究与展望

多数研究表明，草地生态系统中植被／土壤系统呼吸速率、土壤呼吸速率的变化不仅受温度与水分共同调控（贾丙瑞等，2004），而且多种因素及其交互作用影响着植被／土壤系统呼吸速率、土壤呼吸速率（周萍等，2009；Boone et al.，1998；Komulainen et al.，1995）。表现出植被／土壤系统呼吸速率、土壤呼吸速率是一个比较复杂的过程，虽然有规律可循，但是很多时候由于因子间交互作用而表现偏离，对其准确估算需要找出关键因子，并综合分析其他因子的影响（Morison et al.，1999；

Schnell et al., 1996）。

就研究的地域而言，草地生态系统土壤呼吸研究主要集中在中纬度地区，高寒草地和热带亚热带草地生态系统土壤呼吸的研究相对比较少，我国土壤呼吸的研究主要集中在东部地区特定的草地和森林生态系统，而西部地区土壤呼吸以及土壤呼吸沿海拔梯度、人类干扰下土地利用方式变化对土壤呼吸的研究报道并不多见。草地生态系统土壤呼吸对陆地生态系统的潜在影响尚不明确，长期的 CO_2 浓度的增加对生态系统影响的持续性尚不明确。土壤呼吸的发生系统通常被认为是一个"黑箱"，土壤微生物与土壤动物在系统中所发挥的功能和根际微生态系统土壤呼吸的相关生理过程还不清楚。对于草地生态系统土壤呼吸测定方法标准也不统一，碳循环模式的计算结果存在较大的差异。在数据共享的理念和管理机制上与欧美之间存在相当大的差距。开展土壤异养呼吸的空间分布方面的研究并积极研发适合国内不同地域、不同生态系统的测定仪器，制定统一的测定方法和测定标准也是迫切需要解决的问题。目前，土壤呼吸研究正趋向宏观模拟（James et al., 2002）和微观分析（Kuzyakov, 2005）2 个方向发展。宏观方面，需要确定参与碳循环的各个碳库尤其是陆地生态系统碳库源汇的转化，并强化遥感和地理信息系统技术在草地生态系统土壤呼吸及区域碳平衡研究中的应用，以实现陆地生态系统源 / 汇在时间和空间格局上的快速评估。在微观方面，正如 Killham 等（2001）所言，精确区分根呼吸产生的 CO_2 和土壤碳矿化产生的 CO_2 是个难点，且已经成为定量研究根圈碳通量的最大挑战之一。此外，不同研究方法间的对比研究较少，而且，采用的方法不同其得到的结果差异较大，这也是以后需要加强研究的一个重要方面。

目前，青藏高原土壤碳排放的研究更多的是针对区域小尺度的观测研究，研究较多的是位于青藏高原东部的高寒草甸及高寒草原，对高寒荒漠以及青藏高原中部的高寒草原涉及较少，针对整体青藏高原的观测资料及数据还很缺乏，观测的时间连续性十分缺乏，所得的研究结果并不能良好的代表整个青藏高原的整体排放水平。同时气候变暖导致的环境因子变化有着很大的不确定性，对土壤碳排放的影响也有着很大的变异性，因此需要加强区域间多点同步对比观测研究，同时加强大尺度连续的空间分析，以及增加长时间序列的观测，形成完整的青藏高原土壤碳排放观测系统。

同时，我们也看到，高寒草地土壤 CO_2 呼吸排放大多还是停留在观测水平，对土壤碳排放的机理性研究十分缺乏。尤其是气候—生物环境因子—人类活动—冻土—土壤碳排放 5 者之间的耦合联系并没有更深入的研究，而且研究方法较为单一，背景资料不够充分，对研究结果的真实性和可靠性有一定影响，难以正确评估气候变暖对青藏高原土壤碳排放可能造成的影响。注重多影响因素的耦合作用，对深入揭示青藏高原土壤碳排放研究的变化机理提供了可能，同时能将高寒生态系统碳循环研究工作向前推进。

时空变异性是土壤碳排放的关键性问题，如何更好的理解青藏高原尺度问题是研究的重点和难点。目前对青藏高原土壤碳排放尺度差异性的理解还很片面，尺度问题研究较少，关于尺度推绎的研究基本没有，需要加强多尺度观测试验和控制试验的进行，并在此基础上进行多尺度机理分析及模拟，有针对性的进行尺度推绎，定量分析尺度效应对土壤碳排放的控制作用。

目前不同地区的高寒草地均处在退化过程中，退化的高寒草地高原啮齿类动物猖獗，并已造成青藏高原大量的土壤有机碳损失，但目前针对高原啮齿类动物对土壤碳排放影响的研究还较少。同时土壤微生物群落对土壤碳排放的影响大小及影响机理也缺乏研究。气候变暖对青藏高原土壤区系生物的影响及其可能造成的土壤碳排放影响等方面，需要深入加强研究。

青藏高原又是多年冻土分布广泛的预期。多年冻土退化后将对土壤碳排放造成影响的程度及影响机理还缺乏深入研究。多年冻土区与季节冻土区，以及岛状、零星及连续多年冻土区等的不同冻土区域的冻土对土壤碳排放影响的差异性尚未有相关研究。这将对评估冻土退化对土壤碳排放影响程度及影响后果的准确性造成很大影响。

为此，针对青藏高原高寒草地，进行土壤 CO_2 排放研究需要注重以下 5 个问题。

1）在研究碳循环与气候变化的耦合作用时，加强 Q_{10} 与其他影响因子之间的关系研究，以避免对草地生态系统源汇功能及其空间分布状况的估计和对未来气候变化的预测所产生的偏差。

2）加强典型物候期和不同季节典型天气对土壤呼吸的测定，建立全球系统观测体系，为土壤 CO_2 通量估算和全球气候变化预测提供可靠数据支持。

3）完善和补充草地生态系统碳平衡研究，加强土地利用／土地覆被变化对土壤呼吸影响的研究。

4）加强对不同生物和非生物生态环境影响因子的同步测定，特别重视生物因子对非生物因子的调节作用。

5）加强模拟试验和模式研究。迫切需要长期和连续的草地生态系统土壤呼吸过程的准确观测数据，为土壤呼吸过程模型的建立和验证及全球陆地生态系统碳汇潜力和碳平衡提供科学依据。

同时，植被／土壤系统 CO_2 释放速率不论是日变化还是年变化，不同时段植被／土壤系统呼吸排放、土壤呼吸排放、微生物呼吸排放及根系排放的不同，表明土壤温室气体排放速率的日、年变化，乃至年总的呼吸排放量高低，都会受到温度（空气温度、土壤温度）、降水量、土壤含水量、土壤通气状况、土壤 pH 值、土壤养分、土壤微生物类群及活性、根呼吸、有机物质数量及分解速率、C/N、氧化还原电位、土壤孔隙度等诸多因素的影响，是多种因素协迫和影响下的综合反映，所涉及的影响机制也复杂多样，既包含了气候变化，也包含了环境条件，既是植物生长光合、水分利用下的产物，也是土壤内部植物根系、微生物呼吸作用的影响结果。当然也涉及有机质的分解与矿化、土地利用、覆被改变等方式。但其总的趋势还是归于环境气候要素的变化状况下影响植被／土壤物理活动、结构的改变，其中微生物分解是最大的要素。因此，给予环境因素影响的机理分析是重要的内容。

第九节　青海草地植被／土壤碳素转移、周转与消耗

当大气 CO_2 经绿色植物发生光合作用形成植物有机碳后发生滞留，植物碳素还将经过植物体本身和枯落物等方式转化分配到植物体其他器官（如根部）和土壤中（根系分泌和枯落物淋溶），其滞留或转化过程具有一定的时间。同时在发生转移过程中产生消耗、利用等。相反，土壤中的有机碳与植物体碳素一样也不是固定不变的，也将通过环境因子的驱动作用下发生转移至大气、或被植物所吸收、或近土壤内部水分的淋溶作用，将可行碳素经土壤渗漏而转移的地下水系最终可流入海洋。因此，分析植被层和土壤有机碳的转化、周转时间、水分消耗时碳的固定量等是具有意义的。本节则阐述了不同草地类型植被层碳素储量及转化和分配，同时也计算了高寒草甸地区土壤、植被有机碳的周转时间，土壤可溶性碳经土壤渗漏作用流失量。其中，植被层碳素储量及转化和分配参照了 Zhao 等（2015）和徐隆华（2017）利用稳定同位素示踪技术。

当然，对于草地来讲，碳素的转移还包含了放牧家畜商品畜转移、夜间粪便归圈后形成有机肥外运转移、枯落物经劲风作用被吹至低洼河流带走转移等。这里将不做讨论。

一、植被／土壤有机碳周转时间及碳素利用

土壤有机碳周转时间。可用土壤有机碳贮量除以土壤呼吸量即可求得土壤有机碳的周转时间（李凌浩等，1998）：

$$T_o = \frac{S_0}{R_r} \tag{6-8}$$

式中：T_o 为土壤有机碳周转时间（年）；S_0 为土壤有机碳贮量（gC/（m²））；R_r 为年土壤呼吸量（gC/（m²·a））。

植物生物量周转时间。Milner 等（1968）在 20 世纪 60 年代末曾报道过英国布莱克韦尔草原的根系周转时间。杨福囤等（1985）生长季 80 年代用监测的 0～5 cm 活根根系量占 0～50 cm 总根系量和死根量的比例，简单地计算报道了青海海北高寒矮嵩草草甸根系周转量。这些计算方法的公式可表示为：

$$T_{db} = \frac{GW_b}{BNPP}\qquad(6-9)$$

式中：T_{db} 为根系周转时间（年）；GW_b 为根系最大生物量（或称最大现存量，g/m²）；$BNPP$ 为根系年净初级生产量（地下净初级生产量，g/（m²·a））。同样，我们可以定义地上生物量周转时间。由于植物在随周而复始的气候变化中，不断出现萌动发芽、返青、营养生长、强度生长、开花、结果、成熟、掉落或枯黄等生长发育过程。这些过程中，其植被地上生物量的有机碳周转时间就是地上最大现存生物量与地上净初级生产量的比值来衡量，即：

$$T_{da} = \frac{GW_a}{ANPP}\qquad(6-10)$$

式中：T_{da} 为地上生物量周转时间（年）；GW_a 为地上现存最大生物量（g/m²）；$ANPP$ 为植物地上年净初级生产量（g/（m²·a））。当然，这里的地上最大生物量包括了当年生长产生的生物量（$ANPP$）、枯落物（GW_l，也包括不易折断的硬杆立枯、被粪便污染的枯落物）和枯落物经分化或被动物反复践踏后在地表形成的半腐殖质碎屑物（GW_d）。在有放牧或其他食草动物的区域，还要考虑动物排泄并形成的半腐殖质碎屑物量（GW_e）。即：

$$GW_a = ANPP + GW_l + GW_d + GW_e$$

由于高寒草地不同植被类型均处在青藏高原高寒气候环境下，而且大多为 C_3 植物，其分解、矿化速率基本一致，为此，高寒草甸冬季放牧草场的土壤有机碳、植被有机碳的周转时间可基本代表广大高寒草地。通过海北冬季放牧草场土壤呼吸，以及植被地上地下生物量及净初级生产量的监测，就可计算其土壤有机碳、植物地下根系、植物地上生物量的周转时间。从表 6-1 可以看到，在海北高寒矮嵩草草甸自然放牧区土壤呼吸排放量为 400.01 gC/m²，不同放牧强度及不同封育年限下土壤呼吸年释放量平均为 428.65 gC/m²；我们对 2001—2017 年对冬季放牧草场的植被地下净初级生产量监测结果表明，地下净初级生产量在 196.45～791.09 gC/m²，平均为 453.37 gC/m²；5～9 月植物地下最大现存量在 680.60～1 876.84 gC/m²，平均为 1 201.17 gC/m²；地上净初级生产量在 124.34～189.23 gC/m²，平均为 167.26 gC/m²，枯落物在 0.94～31.58 gC/m²，平均为 11.66 gC/m²，碎屑物在 4.89～28.00 gC/m²，平均为 10.97 gC/m²。而地上植被最大现存量就是地上净初级生产量、枯落物量、碎屑物量的总和（平均为 189.89 gC/m²）。

我们也曾调查，在海北高寒草甸的冬季放牧草场其 0～100 cm 层次的土壤有机碳密度为 27 854.41 kg/m²，由上述分析知道，区域土壤呼吸释放量年平均为 428.65 gC/m² 值，那么，采用式（6-8）可计算得到海北高寒草甸土壤有机碳周转时间为 64.98 年。这个值比世界温带草原 0～100 cm 土壤有机碳的平均周转时间（60 年）（Raich et al.，1992）稍长。不难理解，这与高寒草甸地处高海拔区域，温度低、纤维素分解相对缓慢有很大的关系。但是若土层深厚特别是深层土壤，水分和温度等环境保持稳定，也不易受外界干扰影响，其土壤有机碳贮存时间长，周转时间可能会更长。在土壤表层周转时间将会大大缩小，如李凌浩等（1998）用土壤表层 0～20 cm 处羊草样地土壤有机碳贮量的实测值 [5 405～5 683 gC/（m²·a）] 除以土壤呼吸量 [（181.03±46.32）gC/（m²·a）] 求得内蒙古羊草群落土壤有机碳的周转时间约为 30 年。同样，我们根据海北高寒草甸 0～20 cm 土壤碳密度

（13 561.41 gC/m²）计算得到其土壤有机碳周转时间为 31.64 年。也就是说土壤 0～20 cm 上层的土壤有机碳周转时间将比 0～100 cm 层次厚度的周转时间缩短近一半，同时比我国的内蒙古温性草原周转时间将延长 1.64 年。而与深层土壤相比，高寒草甸土壤浅层易受水热环境波动影响，在土壤上层土壤温度、水分变化幅度大，冻融交替明显，同时，强烈的温度梯度和水分梯度作用诱导下更易发生包括水分在内的物质运动和迁移，进而导致土壤有机碳波动变化明显，土壤有机碳周转时间相比深层大大缩短。

利用多年监测的地上地下最大现存生物量、植被地上地下净初级生产量，采用式（6-9）和式（6-10）分别计算，可得到海北高寒草甸植物根系周转时间和地上生物量的周转时间，分别为 2.65 年和 1.14 年。说明在海北高寒草甸地区的植被系统地下生物量可在 2.65 年内发生更替，更替过程中通过微生物分解直接归还于土壤，进而增加土壤有机碳。地上部分因暴露在地表，不论是当年新增的部分还是通过食草动物觅食再排泄归于土壤表面的部分，其周转时间较短，在很短的 1 年稍过一点完全归于土壤或分解到大气当中了。

当然，由于放牧强度不同，植被退化程度不同，其植物生物量、净初级生产量、土壤有机碳密度、土壤呼吸释放速率等将发生变化，进而可导致土壤有机碳周转时间、植被生物量周转时间、植物根系周转时间均有所不同，但其差异不甚明显，计算到平均状况时仍基本保持在上述周转时间。

二、高寒草甸土壤有机碳淋溶渗漏转移

当然，碳素的转移还通过土壤水向底层渗漏后，通过地下径流而流失，最终到达海洋。我们（Yang et al.，2016）曾在青海省果洛州玛沁县大武乡河谷地带（N34°28′4752″，E100°12′0537″，海拔高度 3 763 m）进行了土壤水分的渗漏观测。试验于 2013 年 3 月在研究区选取自 2003 年开始围栏封育的草甸作为实验样地，在封育样地围栏外 500 m 的放牧区设置自然放牧样地（对照）。自然放牧样地的放牧强度为 1.36 只羊单位 /hm²，全年放牧。封育样地在 11 月至翌年 5 月进行放牧，放牧强度为 1.00 只羊单位 /hm²，其余时间完全禁牧。放牧的牲畜均为藏系绵羊，观测样地为 60 m×60 m，在围栏封育和自然放牧样地中部距围栏 15 m、35 m、45 m 处分别设置土壤渗漏水试验装置，即每个处理 3 个重复。

图 6-50 展示了 2013 年土壤非冻结期（5—9 月）降水量及 0～40 cm 层次土壤渗漏水量的旬动态变化。结果显示，高寒草甸植物生长季自然放牧和封育样地土壤水渗漏量均呈单峰变化趋势，二者均在 5—6 月和 8—9 月较低，7 月达到峰值。封育措施显著提高了植物生长季高寒草甸 40 cm 深处土壤水渗漏量，自然放牧样地在 5—9 月土壤水渗漏量介于 0.0～3.1 mm，均值为 0.6 mm；封育样地为 0.0～4.1 mm，均值为 1.0 mm。封育样地 5—9 月土壤水渗漏总量（14.7 mm）比自然放牧样地（9.6 mm）高出 53.1%（$p<0.05$），二者分别占同期降水总量（423.6 mm）的 3.4%、2.2%。相关分析结果表明，封育和自然放牧样地土壤水渗漏量与降水量呈显著正相关关系（$r=0.876\,43$，$p<0.001$；$r=0.837\,89$，$p<0.001$）。

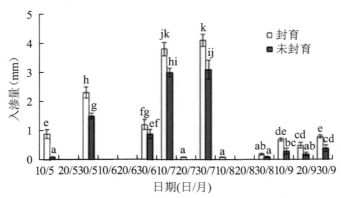

图 6-50　封育和自然放牧样地 5—9 月土壤水渗漏量和降水量

此外，我们也测定了土壤可溶性碳淋溶量。观测分析发现（图6-51），除自然放牧及封育样地在5—7月土壤可溶性碳淋溶量明显高于8—9月（$P<0.05$），二者在5—7月平均土壤可溶性碳淋溶量分别为5.2 gC/m²、3.6 gC/m²，而8—9月平均土壤可溶性碳淋溶量分别为1.2 gC/m²、0.4 gC/m²。同时，由图6-51可以看出封育措施明显提高了植物生长季高寒草甸40 cm深处土壤可溶性碳淋溶量，封育样地在5—9月土壤可溶性碳淋溶量介于$0.0 \sim 13.8$ gC/m²，均值为3.6 gC/m²；自然放牧样地为$0.0 \sim 10.5$ gC/m²，均值为2.3 gC/m²。封育样地5—9月土壤可溶性碳淋溶总量（53.8 gC/m²）比自然放牧样地（34.6 gC/m²）高出55.5%（$P<0.05$）。相关分析结果表明，高寒草甸存在明显的土壤可溶性碳淋溶现象，封育和自然放牧样地土壤可溶性碳淋溶量与土壤水渗漏量呈极显著正相关关系（$r=0.985\ 79$，$P<0.001$；$r=0.990\ 08$，$P<0.001$）。主要原因有以下两点：一是封育措施能够提高土壤和植被有机碳密度，增加了土壤中的可淋溶碳源；二是封育措施改善了土壤水入渗能力，提高了土壤水渗漏量。20世纪末，Scholes（1999）提出陆地生态系统净碳汇的估计值为2 Pg/a，并预测在未来几十年将趋于饱和。与之相反，季劲钧等（季劲钧等，2008）认为到21世纪末青藏高原东部半干旱地区不会出现碳饱和现象，这一地区仍将起到碳汇作用。本研究结果结合青藏高原高寒草甸面积（Ni，2002），可以推断出高寒草甸在土壤非冻结期（5—9月）的土壤可溶性碳淋溶量为2.20×10^7 t，占该区植被年固碳量的7.5%（张金霞等，2003）。由于高寒草甸土层浅薄，其厚度多在$30 \sim 40$ cm（曹广民等，2010），土壤可溶性碳会不断地随土壤水渗漏到地下水系统，最终汇入江河湖泊，这与土层较厚的地区有所不同，从而使高寒草地土壤始终具有一定的固碳空间，这一结果间接地支持了季劲钧的观点（季劲钧等，2008），也从一定程度上解释了高寒草甸具有较强固碳功能的原因。同时也证实高寒草甸土壤非冻结期土壤碳淋溶量高达34.6 gC/m²，占该区域土壤呼吸的年均CO_2通量（陶贞，2007）的18.1%，这将对揭示高寒草地土壤"碳流失"过程具有重要意义。

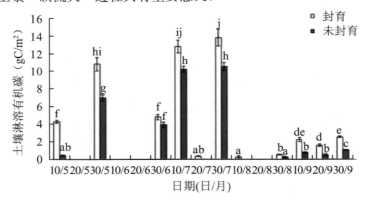

图6-51　封育和自然放牧样地5—9月土壤碳淋溶量

土壤水渗漏是土壤水分损失的重要途径之一，也是降水、地表水、土壤水和地下水相互转化过程中的一个重要环节（何念鹏等，2011）。我们的研究发现高寒草甸土壤水渗漏具备以下特征。①土壤水渗漏量与降水量呈极显著正相关关系。②在5—6月和8—9月土壤水渗漏量较低，7月较高。③在土壤非冻结期（5—9月），高寒草甸自然放牧草地土壤水渗漏量介于$0.0 \sim 3.1$ mm，均值为0.6 mm，总土壤水渗漏量为9.6 mm，占同期降雨量的2.2%。青藏高原高寒草甸面积约为6.37×10^5 km²（Ni，2002），依此推断，土壤非冻结期高寒草甸土壤水渗漏量可达到6.1×10^9 m³，占到黄河上游多年（1919—2010年）平均径流量（226.3×10^9 m³）（李二辉等，2014）的2.7%。封育措施能够提高植被覆盖度（Wu et al.，2010）、降低土壤容重，增加土壤入渗能力（Naeth et al.，1990）。我们（Li et al.，2017）也曾研究发现，1982—1999年生长季地表径流系数在（0.37±0.07）～（0.24±0.07），到2000—2012年，受国家生态治理工程的建设效果影响下，植被恢复后从1982—1999年至2000—2012年地表径流减少9.75±0.48 mm，约减少了16.4%，与径流量相反，恢复有利于保持土壤水分。这些研究表明，封育可增加地下水的渗漏，进而加大土壤可溶性碳素的渗漏。也表明，高寒草地植被根系主要分布在 $0 \sim 30$ cm 层面（Yang et al.，2009），40 cm 以下土壤水分很难被植被利用。因此，适度放牧将有利于减少高寒草甸土壤水分的流失，提高土壤水分的利用效率。

我们（李红琴等，2015）在研究高寒草甸渗漏量的同时，也在玛多高寒草原进行了渗漏量的观测，观测发现植物生长期内的 5 月 1 日—9 月 28 日，$0 \sim 40$ cm 土壤实际贮水量在 $16.898 \sim 98.16$ mm，土壤 40 cm 底层渗漏量在 $6.70 \sim 8.55$ mm，占同期降水量的 $3\% \sim 4\%$。依此推算年内约 11.00 mm 的降水渗入地下。

从某种角度讲，高寒草地土壤碳随土壤底层水的渗漏流失，既可以为区域碳汇能力的提升"腾出"了空间，也是解释"碳丢失"的另一原因。当然，这些研究仅只是我们在三江源玛沁高寒草地地区尝试研究的初步结果，更详细的结果有待进一步研究和证实。

第七章　青海典型高寒草地地表水、热交换与能量平衡①

大气的能量和水分运动与地球表面的各种物理过程有密切关系，地表与大气间作用过程实质上是能量、动量和质量的互相交换过程，其结果决定了环境和气候的形成与变化（刘昌明等，1999；Dickinson，1995）。光、热和水是最主要的气候资源，地表光热资源主要包括地表辐射收支和地表热量平衡。生态系统中，水分和热量相互联系、互为影响，区域水分含量、水汽的输送量以及水的相变，取决于该区域热力条件（Rutter，1971）。辐射为地气系统能量流动和物质交换提供能源，辐射平衡直接影响地气系统能量交换和物质交换，辐射平衡研究的重要性不言而喻（Ma et al.，2003）。青藏高原是亚洲季风气候形成的主要强迫源，它的存在对亚洲乃至全球的气候变化有着极为明显的作用。该地区生物多样，植物区系分异明显，草地生态系统脆弱，一直引起不同学科研究者的重视。高寒草甸是青藏高原寒冷高湿环境下形成的特殊植被类型，研究该类区域的能量交换过程，不仅为研究青藏高原热力状况提供资料，而且为了解高寒草甸生命与非生命系统间的关系，揭示系统间能量流动及其物质循环规律，解释高寒草甸植被类型区气候及水分循环等奠定基础，及为恢复退化草地等生态系统管理具有重要指导意义。

第一节　植被对气候变化的响应与反馈

一、植被对气候变化的响应

气候变化及其对陆地生态系统和人类生存环境的影响，已成为举世关注的重大研究课题，对此不同学科的研究工作者作了大量的研究报道（周广胜等，1996a；王绍武等，1995；李英年等，1999；赵名茶，1995）。然而气候变化在作用于生态系统发生变化的同时，其土壤—植被又反馈于气候变化，对气候产生新的影响（刘永强等，1992；周广胜等，1996b；李晓东等，1997）。

毫无疑问，气候变化通过改变植被的结构、组成、物候等进而影响植被的生物量和生产量，是引发地表植被覆被发生改变的重要原因（郭继凯，2016）。国内外大量研究结果显示，气候变化对植被的影响主要体现在改变植被物候和植被生产力，即全球增温改变了植被的物候期（Abuasab et al.，2001；郑景云等，2003；康晓甫等，2010；Walther，2010；丁明军等，2011；郭连云等，2011；朱宝文等，2012；李夏子等，2018），促使植被生产力发生变化，加之植被生长对不同气候因子的响应有所差异，故间接影响了大气—植被—土壤系统水热交换。国内不同地区植物物候对气候变化响应的分析结果均表明，气候变化导致气温升高、降水量增加是引起植物物候发生改变的主要原因，它会造成不同植物不同生长阶段提前、延长或滞后。在国外，Abuasab（2001）等研究发现，在过去 30 年间增温导致华盛顿地区植被的开花期平均提前了 2.4 天；EI-Ghani、Ghazanfar 等研究沙特阿拉伯和阿曼地

① 本章执笔：李英年，张翔，王军邦，张法伟，周秉荣，赵亮，罗谨

区沙（荒）漠植物物候与气象因子的关系时发现，气温是调控植物生长季长短的主要影响因子（李夏子等，2018；Walther，2010）。Walther（2010）表示，已有大量研究证明植物物候改变的确是由气候变化导致的。

除对物候变化的研究，研究者更关注全球增温背景下气候因子与植被生产力之间的关系（Alward，1999；Bai et al.，2004；徐海量等，2005；姚玉璧等，2005；张钛仁等，2007；陈效逑等，2008；赵慧颖等，2008；高浩等，2009；龙慧灵等，2010；田永生等，2010；黄德青等，2011；王莺等，2011）。Alward 等（1999）研究发现全球增温降低了 C_4 植物的净初级生产力、促进了 C_3 植物的产量和丰度增加。姚玉璧等（2005）发现黄土高原地区呈气温上升、年降水量下降的趋势下，作物气候生产力呈递减趋势，并由此推断未来"暖湿型"气候利于作物生产力，而"冷湿型"气候会对气候生产力不利。田永生等（2010）证实温度和降水共同主导了山东地区 NPP 的季节变化和时空分布，大部分地区 NPP 变化主要受温度的影响，而在沼泽和喜水植物的黄河三角洲降水则是主要的影响因子。同时，大量研究表明水热条件是影响草地生态系统生产力的最主要因素，地理位置、气候类型的空间分异会导致区域气候因子与植被产量的相关性存在差异。Jian（2004）对我国北方温带草原的研究表明，草地地上生物量（ANPP）与年降水量和夏季降水量均呈极显著正相关，而地下生物量（BNPP）和总生物量（TNPP）与夏季气温的负相关性高于年均温。相关研究学者（陈效逑等，2008；赵慧颖等，2008；高浩等，2009）在内蒙古草原地区的研究结果显示，降水量是影响地区地上生物量和气候生产潜力的主要气候因子。来自甘南草地（王莺等，2011）和青海草地（康晓甫等，2010；张钛仁等，2007）的研究认为降水量是致使该地区 NPP 发生变化的主要驱动力，降水越多，产量越高。

植被覆被变化对区域生态环境状况具有重要且直接的指示作用。气候是影响植被覆盖度主导因素，那么植被也可以反之用作指示区域气候变化特征（曹旭娟，2017）。目前，学者们对于植被动态变化和气候变化特征之间关系的研究方法主要分为两类：一类是借助于遥感影像进行植被观测，对 NDVI 进行分析，这种方法因算法精度高、误差小的优点是为当下热门研究方法之一，广泛应用于各种尺度空间植被变化的研究中；另一类是基于观测数据的经验方法，结合地—气之间的能量平衡方程、水量平衡方程等动力学理论探讨植被变化与气候之间的反馈关系和可能机制，这种方法着重于植被在时间序列上的变化，研究方法以线性趋势、相关系数等统计学方法为主（艾尼瓦尔，2019）。

二、植被对气候变化的反馈

1. 关于反馈机制的两个假说

植被变化又影响气候及水热交换，对气候变化产生反馈作用。Charney（1995）针对 Sahara 沙漠的研究认为地表植被减少引起的地表反照率变化是干旱持续发生的主要原因，提出了植被对气候变化反馈的反照率假说。Meher-Homji（1980）对印度西部山脉地区的研究结果显示，植被覆盖减少后，地区降水量呈减少发展，降雨强度却呈增加变化。Wendle et al.（1983）对植被覆盖与地表温度之间反馈效应的研究显示植被覆盖减少导致地表温度升高。Kaufmann（2003）对美国北部森林和欧洲森林的研究结果显示植被覆被增加能够促进冬春季节温度升高、夏秋季节温度降低。郑益群等（郑益群等，2002a；2002b）对我国整体植被的模拟研究表明北方草原沙漠化和南方常绿阔叶林退化共同导致了江淮流域洪涝灾害的增加，同时还指出植被变化影响了大气的水汽输送。

植被对气候变化的反馈机制的另一个假说，是地表蒸散反馈假说。通过大气环流模式及其地—气耦合模式、地—气相互作用的数值模拟实验结果还表明（刘永强等，1992），土壤水分、植被类型的改变，将会导致气候发生明显的变化，其土壤湿度的变动会给地区气候带来持续性波动或异常。Namias（1959）认为，降水较少时，土壤较干，消耗于土壤水分蒸发的热量较少，从而加强了地表向大气的感热通量输送，高层大气反气旋环流得以加剧，导致降水较少的天气形势容易维持。在土壤较湿的情景下，降水形势与之相反。他还发现，美国相邻月或相邻季之间同一类型天气异常的可能性形势易得到维持。

以地表能量平衡和辐射平衡为主的地表能量交换过程是地—气系统之间相互作用的主要内容。从地表能量平衡的角度而言，下垫面得到的地表净辐射主要通过下垫面与近地层大气间进行的感热交换、土壤蒸发或植物蒸腾或凝结所吸收或释放的潜热、下垫面与下层土壤间的热交换达到平衡。当植被覆被发生改变时，近地表层的气候特征、能量收支均可能发生改变，这种改变一般可以概括为植被覆被增加会促进局地空气和土壤湿度增加、地表粗糙度增大、造成地表反射率减小（李周园，2016）、地表对入射辐射的吸收增大、净辐射增加，相应的感热通量和潜热通量增加，反之植被减少、覆盖度降低，促使地表反照率增大，地表净辐射减少而导致气温降低（Charney，1975）。从地表辐射平衡的角度而言，辐射平衡差异取决于地表反射率和下垫面温度状况，其中地表反射率作为表征太阳辐射反射能力的物理量，它不仅决定着地气之间的辐射能量的分配过程，还影响着生态系统中的一系列物理、生理、生物化学过程（肖登攀等，2011）。

地表能量在潜热和感热之间的分配极为复杂，且存在显著地区差异（Wang et al.，2012），模式结果显示，全球平均地表蒸散发约占净辐射的 48% ~ 88%（Trenberth et al.，2009）。Nedbal（2018）针对捷克 D8 高速公路修建对地区能量转换的研究表明，因建设高速公路的需求而铲除周边植被的结果是，高速公路及周围地区的潜热减小（植被减少，蒸腾减弱），感热和地表热通量以近似 2∶1 的比例显著增加，地表温度增加，即植被覆盖下降减弱了地区的降温作用。Teuling（2010）对欧洲地区的夏季不同下垫面的观测结果显示，高温条件下森林地区感热交换强烈、草地下垫面潜热交换强烈。冯超等（2010）和陈向红等（1999）关于地表反照率的研究表明，植被覆被增加、地表反照率增加，在其他条件不变的情况下，土壤吸收热量会增加，下垫面温度因此得以提高，植被蒸腾和土壤蒸发增大、此时地表能量分配潜热通量发挥主导作用。对绿洲—荒漠过渡带能量分配的研究表明下垫面特征对能量分配具有重要调节作用，对于气候干旱、植被稀疏地表，其因生态系统持水、保水、滞水能力差造成水分严重稀缺，能量分配以感热为主；而植被覆盖良好、气候环境条件湿润的下垫面，因土壤和植被含水量多、蒸散和蒸腾旺盛，能量主要通过潜热形式进行输送（闫人华等，2003；张强等，2013）。孙树臣等（2018）在对黄河地区柠条林地地表能量平衡的研究中指出，植被覆盖度的变化在导致地表反射率、粗糙度发生变化的同时，它对植被蒸腾的作用具体表现在覆盖变化会导致表层土壤水分和根下土壤水分发生变化，改变土壤表面抗阻和叶片抗阻，从而影响植物蒸腾。

2. 植被变化与地表长波净辐射

地表长波净辐射（F）是地面放射辐射（U）和地面吸收大气逆辐射（SG）的差额。即

$$F = U - SG_0 \tag{7-1}$$

式中，S 为下垫面相对辐射系数（灰体系数），G_0 为大气逆辐射。翁笃鸣等（1981）研究发现，在晴天状况下，地面长波辐射与大气逆辐射之间存在相关系数高达 0.97 以上的线性关系。所表现的关系有：$SG = k(E + d)$，k、d 为经验系数。即式（7-1）可表示为

$$F = U - k(E - d) = E(1 - k) - kd = k_0 E + d_0 \tag{7-2}$$

由于 $1-k$、kd 为常数，故令 $k_0 = 1 - k$、$d_0 = -kd$，不失一般性。

对于某一下垫面类型，当其类型发生改变后，地表长波辐射参数、土壤温度和湿度会发生相应变化。即对于下垫面变化前后（分别以角下标 1 和 2 表示）的地面有效辐射差异可表示为：

$$\Delta F = F_1 - F_2 = \Delta U - S \Delta G \tag{7-3}$$

式中角下标 1 和 2 为下垫面变化前后的表示。由于经验系数在变化前后变化微弱（或不发生改变），且在小气候范围内大气逆辐射各处相同，则 $\Delta G = 0$，故有：

$$\Delta F = \Delta U \tag{7-4}$$

表明，下垫面变化前后地面有效辐射改变主要取决于前后活动面长波辐射的差异。根据斯蒂芬—玻尔兹曼定理，有：

$$U = S\delta\theta_\omega^4 \tag{7-5}$$

式中，δ 为斯蒂芬—玻耳兹曼常数（$0.817\times10^{-10}k/(\mathrm{cm \cdot min} \cdot K^4)$），$S$ 为相对辐射系数（即灰体系数，取 0.98），θ_ω^4 为下垫面温度的四次方。

下垫面变化前后的有效辐射差可写为：

$$\Delta F = \Delta U = S\left(\delta\theta_{\omega1}^4 - \delta\theta_{\omega2}^4\right) \approx 4S\delta\theta_\omega^3\Delta\theta_\omega \tag{7-6}$$

$\Delta\theta_\omega$（$\Delta\theta_\omega = \Delta\theta_{\omega1} - \Delta\theta_{\omega2}$）为变化前后下垫面温度差值。显然变化前后的地面有效辐射只决定于植被表面的温度变化。表现出下垫面性质不同，反射辐射不同，地面所吸收的辐射能不同，从而造成地面有效辐射发生改变。

地表性质不同（植被覆盖、土壤湿度等），其热量差额将不同，最终会造成温度变化的差异性。即：

$$Q = R_n - P - \lambda E - G \tag{7-7}$$

式中：Q 为热量差额；R_n 为地面辐射差额；P 为乱流传输；λE 为蒸发耗热或凝结释放热（λ 为汽化潜热，E 为蒸发量）；G 为地表与大气之间的热交换（即地表热通量，对于年平均来说 G 接近于 0）。

根据式（7-4），可得下垫面变化前后热量差额的差值：

$$\Delta Q = \Delta R_n - \Delta P - \Delta\lambda E - \Delta G \tag{7-8}$$

以上说明一个地区的辐射差额不仅与地面辐射有关，还与地区蒸发耗热有关。植被覆被不同和土壤形态差异都会致使蒸发量产生差异，从而使地区热量差额发生变化。

3. 植被变化与地表辐射平衡

对于一个地区的地—气辐射平衡，有方程：

$$R_n = Q(1-A) - F \tag{7-9}$$

式中：R_n 为辐射平衡（或称辐射收支、辐射差额、净辐射）；Q 为太阳总辐射；A 为地表反射率；F 为大气辐射。

对下垫面变化前后（分别以角下标 1 和 2 表示），辐射平衡方程有：

$$R_{n1} = Q_1(1-A_1) - F_1 \tag{7-10}$$

$$R_{n2} = Q_2(1-A_2) - F_2 \tag{7-11}$$

于是有

$$\Delta R_n = R_{n1} - R_{n2} = Q_2(1-A_2) - Q_1(1-A_1) - (F_2 - F_1)$$
$$= \Delta Q(1-A) - Q\Delta A - \Delta F \tag{7-12}$$

式中的 ΔR_n、ΔQ、ΔA、ΔF 分别为相应要素在变化前后的差值，即当下垫面变化发生后，引起辐射平衡差异的因素是总辐射、地表反射辐射等差异所造成的。对某一地区而言，假设下垫面变化前后所获得的总辐射是基本相同的，即 $Q_1 = Q_2 = Q = 0$，$\Delta Q = 0$。从而有：

$$\Delta R_n = -Q\Delta A - \Delta F = -Q\Delta A - 4S\delta\theta_\omega^3\Delta\theta_\omega \tag{7-13}$$

表示对某一地点，辐射平衡差异取决于下垫面变化前后地表反射率和下垫面温度状况。当植被—土壤性状发生改变后，下垫面粗糙度发生变化，可引起地表反射率的变化，下垫面温度随之有变化，最终造成辐射平衡的改变。正是植被自然分布的特殊性，如下垫面的颜色、水分含量、形状等，将导致植被层及局地辐射平衡的改变，最终影响气候变化。

4. 植被变化与地表水热平衡

将大气—土壤—植被作为一个整体考虑，由地球表面存在的 2 个平衡方程，即能量和水分平衡方程有［Jose（吴国雄，刘辉等译校），1995］：

$$B = P + \lambda E_0 + H \tag{7-14}$$

$$r = f + E_0 + W \tag{7-15}$$

式中：H 为地表与下层土壤间的热交换；P 为地面与大气间的热交换；r 为降水量；f 为径流量（地下地上）；W 为土壤蓄水量变化（包括积雪、水库储水、土壤含水）。

对于一定时间尺度长的时期来讲，热量平衡中的 H 值较 B、P、λE_0 要小 $10^2 \sim 10^4$ 量级，因而热平衡方程可简写为：

$$B = P + \lambda E_0 \tag{7-16}$$

而对于水量平衡中，W 的变化量较 r、f、E 小得多，故可略去 W 的影响。即有：

$$r = f + E_0 \tag{7-17}$$

由式（7-13）和式（7-14）有：

$$r = \frac{L_r - B + P}{\lambda} \tag{7-18}$$

对于下垫面变化前后的径流量有：

$$\Delta f = f_1 - f_2 = \frac{\lambda \Delta_r - \Delta B + \Delta P}{L} \tag{7-19}$$

由前面知：

$$B = Q(1 - A) - E \tag{7-20}$$

$$\Delta F = S(\delta \theta_{\omega 1}^4 - \delta \theta_{\omega 2}^4) \approx 4S \delta \theta_\omega^3 \Delta \theta_\omega \tag{7-21}$$

地气之间热交换 P 可表示为（周广胜等，1996 b）：

$$P = \rho C_p D(\theta_\omega - \theta) \tag{7-22}$$

式中：θ_ω 为地表温度；θ 为 2 米高度处的气温；ρ 为水汽密度；C_p 为定压比热；D 为乱流扩散系数。下垫面变化前后的地气热交换量有：

$$\Delta P = \rho C_p D(\Delta \theta_\omega - \Delta \theta) \tag{7-23}$$

根据周广胜等（1996b）研究指出，$\Delta \theta_\omega = 18 \Delta \theta$，即下垫面变化对地表温度的影响等于其对空气温度影响的 18 倍。于是下垫面变化前后的径流量变化可表示如下：

$$\Delta f = \frac{\lambda \Delta r + Q \Delta A + \beta \Delta \theta_\omega}{\lambda} \tag{7-24}$$

$$\beta = 4S \delta \theta_\omega^3 + \rho C_p D \tag{7-25}$$

β 取决于空气的乱流交换系数，一般为 0.071 J/（min·K）（周广胜等，1996 b）。由此有：

$$\Delta \theta_\omega = \frac{\lambda \Delta f - \lambda \Delta r - Q \Delta A}{\beta} \tag{7-26}$$

这样可由下垫面变化前后的径流量、降水及反射率已知，就可确定一地下垫面温度。事实上 Δf 的变化也可由下垫面变化前后的水量平衡方程来确定：

$$\Delta f = \Delta r - \Delta E_0 \tag{7-27}$$

表明径流量变化取决于降水和蒸散量变化，对蒸散量计算方法很多，这些方法中大多用到实时的净辐射、温度及降水等气象要素值，而其温度是可预测的。于是看到，一个地区的径流量可通过降水及净辐射的变化来体现，由此可解释土壤—植被对一个地区的降水、温度等气候因素影响的作用过程。

当降水不发生变化时，有：$\Delta\theta_\omega = \dfrac{\lambda\Delta f - Q\Delta A}{\beta}$，即表明，一地径流量不变，反射率减小，温度将升高；当反射率不变，径流量加大，会使地表由于水分的降温作用减轻，而使温度升高。在青藏高原大部为天然放牧草地，地表反射率一般为 0.20～0.35，甚至更高，而且冬半年大于夏半年（季国良等，1997），我们于 1998—1999 年在中国科学院海北高寒草甸生态系统定位站的观测结果也是如此，暖季的 5—9 月平均达 0.21～0.25（李英年等，2000；2002）。假如植被遭受破坏，如超载过牧、气候干旱、"黑土滩"面积扩大、草场退化等，反射率将会明显提高。

假设青藏高原太阳总辐射为太阳常数，即 1 360 W/m²（事实上观测结果有时往往超过此值），对植被变化后反射率增加或减少 5%，统计地表温度及气温的变化幅度，同时不考虑径流变化。则利用 $\Delta\theta_\omega = \dfrac{\lambda\Delta f - \lambda\Delta r - Q\Delta A}{\beta}$ 可粗略估算得出 $\Delta\theta_\omega$=15.96，K=0.06℃，表明，当反射率增加或减少 5% 时，下垫面温度降低或升高 0.06℃左右，相应气温将降低或升高约 1.1℃。这比周广胜等（1996b）对我国黄土高原地区的讨论结果要低。当然以上计算时没考虑地表径流及降水量的变化，由于过程的复杂性，该方面工作有待进一步探讨。

5. 植被覆盖变化对气候的反馈作用

通过上述分析表明，如果一个地区的土壤—植被的反射率减小，即 $\Delta A<0$，在其他条件不变的情景下，土壤吸收热量多，下垫面温度得以提高，土壤—植被的蒸散量增大，局部地区空气水汽含量增多，利于降水的产生。表明较高的土壤水分和良好的植被覆盖度可使降水、温度有所增加的可能；同时植被的存在（或保持较大的覆盖度）将使降水增加的状况下，土壤—植被存在较强的持水能力，会导致地表径流的减少，得以提高土壤水分含量，进而对气候变化的平稳性有利，气候异常现象减弱，表明土壤植被具有调节气候的能力，植被覆盖度和土壤湿度越大，初始扰动导致系统异常维持的时间越短，因而系统回到正常平衡状态的速度也就越快。尽管径流量减少使得土壤—植被变得较湿，使下垫面温度有降低的趋势，但远小于反射率减小所造成的增温效应，地表温度仍将会得到提高。从而证实地—气系统异常的持续性特征与土壤和植被状况有一定的联系。

第二节　祁连山海北高寒草甸地区下垫面能量平衡

一、海北高寒矮嵩草草甸能量平衡

1. 波文比—能量平衡法计算的能量平衡

对海北站地区（37°37′N、101°19′E，海拔 3 200 m）高寒草甸能量平衡及交换的研究，自 2003 年就已经开始了。李英年等（2003）在海北高寒草甸，以微气象观测为基础，分别选择 4 月 21 日（返青初期）、5 月 19 日（生长初期）、6 月 19 日（生长盛期）、7 月 14 日（开花盛期）、8 月 22 日（种子成熟初期）、9 月 15 日（枯黄初期）、10 月 17 日（枯黄期）7 个物候日的净辐射通量、土壤热通量、感热通量和潜热通量变化观测数据，进行了能量平衡分析。因高原"绝对"的晴天很少，一般每天均有少量的云系出现，而且云系大多出现在午后 12：00 以后，因此，这里将上述 7 个时段的云量状况做一简单的说明。7 个时段自 12：00 开始，西及西北日平均云量分别有 1 成、3 成、1 成、0 成、3 成、2 成和 4.0 成，即有少量的云，可能会影响能量平衡。

计算方案是由所测定的 2 层温湿度的垂直梯度观测数据，采用波文比—能量平衡法，即下垫面能量平衡方程、感热和潜热通量的垂直输送方程为：

$$R_n = H + \lambda E + G \tag{7-28}$$

$$H = \rho C_p K_H \partial T / \partial Z \tag{7-29}$$

$$\lambda E = \rho \lambda \epsilon / P K_w \partial e / \partial Z \tag{7-30}$$

式中：R_n、G、H 和 λE 分别为净辐射通量、土壤热通量、感热通量和潜热通量（W/m^2，其中 E 为蒸发量）；ρ 为大气密度（kg/m^3）；C_p 为空气定压比热（1004J/（kg·K））；λ 为水的汽化潜热（2.5×10^6 J/kg）；ϵ 为水汽分子与干空气分子的重量比（$M_w / M_a = 0.622$）；P 为大气压力（hpa）；K_H 和 K_w 分别为热量和水汽垂直输送交换系数（m^2/s）；$\partial T / \partial Z$ 和 $\partial e / \partial Z$ 分别为空气温度和水汽压的梯度。

波文比为感热通量与潜热通量的比值，可有：

$$\beta = H / \lambda E = C_p \times P / \epsilon \lambda \times \partial T / \partial e \tag{7-31}$$

观测地点地势平坦，地形开阔，具有一定尺度的"风浪区"。假设 $K_H = K_w$。由式（7-28）～式（7-31）得：

$$H = (R_n - G) \times \beta / (1 + \beta) \tag{7-32}$$

$$\lambda E = (R_n - G) / (1 + \beta) \tag{7-33}$$

式中：R_n、G 是实测值；β 可由空气温度及湿度的梯度来计算。因而依式（7-32）和式（7-33）便可计算出相应的感热通量（H）与潜热通量（λE）值。

对海北站太阳总辐射、地表反射辐射的观测表明，由于海北矮嵩草草甸地区海拔高，大气中的水汽、气溶胶等含量明显较少，空气清洁，大气透明系数大，太阳总辐射较低海拔平原地区强，瞬时最大仅比太阳常数（1 360W/m^2）小 136 W/m^2 左右，出现时间一般在午后北京时 13：00—14：00，6 月 22 日瞬时最大 1 233 W/m^2。较大值常出现时，在天空有一定中高云存在，且未遮蔽太阳，在这种天气状况下，辐射仪不仅接受太阳的直接照射，而且也易接受云较大的散射辐射作用。但总体而言，太阳总辐射日间呈现单峰式的曲线变化过程，上午日出后随太阳照射的时间推移急剧升高，下午依太阳高度角降低急剧下降；但在植物生长期内的不同时期，所表现的日变化略有不同（李英年等，2 002 a；2002b）。

基于植物生长期及前后的 4—10 月实际观测（包括云雨天），海北矮嵩草草甸地区，太阳总辐射随季节进程表现为一单峰式的变化过程，由于 2000 年 7 月较为干旱，最高日太阳总辐射出现在了 7 月，达 747.78 MJ/m^2（表 7-1），从 4—10 月，太阳总辐射量为 4 227.05 MJ/m^2，占该期间晴空太阳总辐射的 56%。其地表反射辐射比荒漠半荒漠地区低，日瞬时最大可达 230 W/m^2 多，主要发生在牧草返青前期，该期植被受冬季牧事活动及劲风作用，地表近似裸露，气候亦较干燥，如 4 月 21 日 13：00 瞬时最大达 238 W/m^2，5 月 19 日瞬时最大达 232 W/m^2；而在植物生长良好，植被盖度较高，气候湿润的 6—10 月，地表反射辐射较低。地表反射辐射的日变化与太阳总辐射日变化进程基本一致。地表反射辐射不仅有明显的日变化，并且其季节性变化也甚为明显，随季节变化，表现出与太阳总辐射相同的变化节律。根据实际天气状况下的反射辐射观测，自 4—10 月，2000 年地表反射辐射总量为 973.56 W/m^2，是同期太阳总辐射的 23.03%。

矮嵩草草甸植被分布较为均匀，植被盖度高，研究区多属湿润或半湿润环境，研究时段内反射辐射在一日间所占太阳总辐射的比值（地表反射率 A），表现为早晚高，中午前后低，如 6 月 22 日，早晚为 0.35，而中午为 0.19。在 4—10 月变化中，反射率在 0.21～0.30 变化，平均约为 0.23；在降水相对丰富，太阳高度角高，土壤湿度大，草甸植被旺盛生长且盖度大的 5—9 月，平均为 0.22，它可基本表征海北矮嵩草草甸植被在植物生长期内的平均反射率。

表 7-1　海北站植物生长期 4—10 月 7 个物候日太阳总辐射、反射辐射、地表反射率及净辐射的月变化

项　目	4	5	6	7	8	9	10	4—10 月计
太阳总辐射	598.34	708.73	613.25	747.78	654.53	456.93	449.79	4 227.05
地表反射辐射	179.37	174.05	128.29	157.93	142.43	95.32	96.15	973.56
地表反射率	0.30	0.25	0.21	0.21	0.22	0.21	0.21	0.23
正向净辐射	268.25	364.00	355.35	463.69	405.81	282.85	234.30	2 374.25
反向净辐射	58.41	53.80	37.84	45.87	37.37	28.03	58.75	320.07

净辐射作为土壤—植被—大气系统的外部驱动能量，主要以感热通量（H）、潜热通量（λE）的形式加热大气边界层底部，也以部分能量以土壤热通量（G）的形式进入土壤，以作为土壤增温的强迫能量，同时植被层部分能量的贮存也来自净辐射通量（R_n），但这部分能量极小（一般小于 R_n 的 5%）而常被忽略。由此，下垫面热量平衡方程有：

$$R_n - H - \lambda E = 0 \qquad\qquad (7\text{-}34)$$

在矮嵩草草甸植物生长期内，观测到的 R_n 通量水平较高，日变化也明显，白天为正值，为正向净辐射（R_n^+），瞬时最高可达 775 W/m²（6 月 19 日 12：00），表现出在植物生长期内，白天下垫面达到的净辐射能量较高。夜间为负值，为负向净辐射（R_n^-），属净损失能量，但其变化平稳，负值最大可为 74 W/m²，但出现时间极不一致，如 4 月 21 日出现于 21：00，6 月 19 日最低出现于 3：00 等。

植物生长期内的晴天状况下，R_n 日总量也较大（图 7-1），如 7 月 14 日正向（R_n^+）为 19.88 MJ/m²，反向（R_n^-）为 2.816 MJ/m²。R_n 在一日中两次通过零点的时间分别在早晨日出后的半小时左右和傍晚日落前的半小时左右。

植物生长期内（表 7-1），R_n 在 7 月较高，其他时间较低。4—10 月总 R_n^+ 为 2 374.25 MJ/m²，总 R_n^- 为 320.07 MJ/m²，其间总 R_n^+ 明显大于总 R_n^-。4—10 月 R_n 占太阳总辐射的 56%。

依 2000 年观测资料（其中 4、5、10 月由于有结冰现象，无法计算有关参数而未列出其有关湍流交换量），矮嵩草草甸植被区的感热通量，其变化与常见情况一样，在上午逐渐增大，中午 13：00 左右达到最大，如 9 月 15 日达 323 W/m²，午后随太阳总辐射的减弱逐渐减小，到晚上感热通量向下，转为负值。表现出白天地表向大气输送热量，夜间转变为由大气向地表输送热量，日间感热通量变化基本在 −28 ～ 320 W/m² 波动。

就 6 月、7 月、8 月、9 月的 4 个代表日的平均情况而言，8：00—18：00 向上的感热通量较高，并表现出早晨所占净辐射通量的比例高于下午，如 4 天平均在 8：00 感热通量所占净辐射通量的比例约为 35% 左右，傍晚 18：00 为 20% 左右，而在中午的 12：00 为 25% 左右。就 4 个代表日的全天平均而言，全天感热通量占净辐射通量的比例约为 28.6%。

潜热通量主要是由地面蒸发和大气凝结潜热所致，它表征了地表植被水分蒸散量的多少，其能量交换与水的相变相联系。潜热通量的大小主要依赖于植被表面所接受净辐射的强弱，在较湿润地区，净辐射的较大部分能量应用于潜热通量的消耗，空气越湿润，潜热通量越大。图 7-1 看到，矮嵩草草甸近地面层潜热通量在白天大部分时间为正值，与感热通量一样，一般在 7：00 左右通过零点，从凝结潜热转变为蒸发潜热。从 8：00 开始逐步增大，14：00 达最大，如 6 月 19 日 12：00 瞬时为 579 W/m²。14：00 以后，潜热通量又逐渐下降，傍 19：00 左右通过零点，成为负值。同时还表现出，随太阳高度角加大，天空总辐射达最大时的中午潜热通量最大。在夜间变化则较为平稳，量值最大也仅是 32 W/m²（9 月 15 日 20：00）以内，夜间多数时间处于凝结过程。白天与夜间潜热通量的不同分布，表示了海北矮嵩草草甸地区日间 8：00—19：00，植被表层水分低层向空气散失，而在夜间的 20：00—次日 7：00，土壤—植被表层蒸散发微弱，存在有自空气向地表层植被凝结水分的现象。就日平均情况来看，全天日间潜热通量占净辐射通量的比例约为 68.0%。所产生的潜热通量较感热通量对净辐射通量的比例高出 39% 左右。

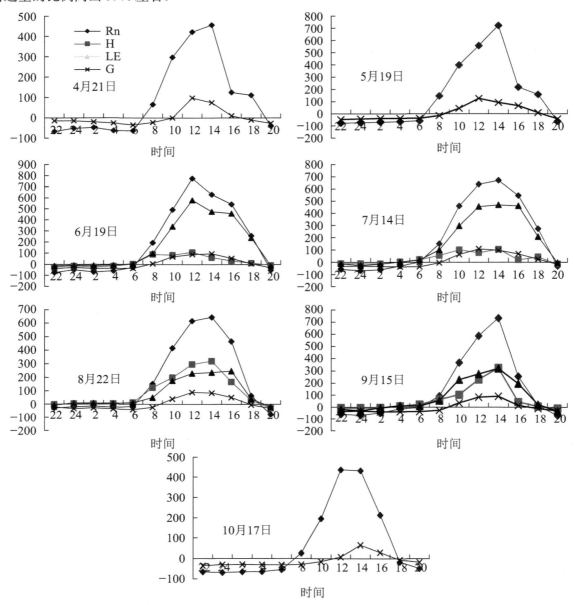

图 7-1　植物生长期内矮嵩草草甸净辐射通量、感热通量、潜热通量和土壤热通量的季节日变化

注：横坐标为北京时间（h）；纵坐标为通量（W/m²）

　　潜热通量在夜间趋势平稳，日间变化较大，这可能与白天风速切变大，土壤表面直接受太阳辐射强烈，温度高，致使植被冠层及土壤表层更容易产生蒸腾蒸发现象有关。在夜间，潜热通量接近于零，这是由于高海拔地区的海北高寒矮嵩草草甸地区，夜间温度低，湍流微弱，在傍晚的 20：00 到次日 11：00 还出现一定的逆温现象（李英年等，2000），大气层结趋于稳定。同时，夜间植物叶面气孔近乎处在关闭状态，造成土壤和植被的蒸发和蒸腾减小，使潜热通量在夜间出现负值，即有向下的潜热输送，易造成地表及植物活动面出现结露、霜冻等现象。同时也表明在一定的高程范围内出现逆湿现象，而逆湿现象有待进一步观测证实。

海北矮嵩草草甸地区潜热通量的日变化也较干旱地区明显，数值也较大。这是因为，青藏高原高寒矮嵩草草甸分布区，降水较为丰富，年降水量一般在 450～700 mm，地区处在湿润半湿润地带，空气湿度较高寒荒漠、高寒草原等均要高，同时空气湿度的日变化也较上述地区变化相对平稳。虽然植被分布均匀，外貌整齐，地表粗糙度相对较小，一定植被盖度的影响，土壤比较湿润，发达的植物根系具有较强的持水能力，但该类地区土层浅薄，一般为 40～60 cm，土壤内部水分迁移迅速，水汽运动变化较为急剧，致使潜热通量的日变化强烈。

在海北矮嵩草草甸地区，受高原气候的影响，白天土壤地表接受太阳照射强烈，温度升高很快，夜间长波辐射冷却也极为剧烈，土壤导热率低，温度变化主要发生于地表，同时由于嵩草植物的根系活根死根扭结在一起，在土壤中形成厚达 0～20 cm 的根系，坚实而具有弹性，有着良好的隔热作用，减缓热量传递。因而所表现的土壤热通量变化也较小。土壤热通量在白天变化较夜间幅度较大，日间的 8：00—18：00，变化幅度较大，如 5 月 19 日达 172 W/m²（最低为 -46 W/m²，出现在 22：00；最高为 90 W/m²，出现在 12：00）。一般土壤热通量变化与地表温度的变化有关，在上午 8：00 开始为正值，热量由地表向土壤深层输送，到 14：00 达最大，至下午 19：00 左右变为负值，由地下向地表释放热量，日间变化与净辐射一致（图 7-1）。夜间虽然为负值，但变化平稳，量值也较低。表明土壤深层吸收的热量并不高。就 6 月、7 月、8 月、9 月的 4 个代表日日间土壤热通量所占净辐射的比例平均为 3% 左右。

由于在土壤至植被层的一定范围内，温度变化急剧，白天地表受热迅速，温度很快得以提高，大气层结极不稳定，温度垂直递减率大，对流天气易发展，近地层水汽也易扩散，夜间地表长波辐射冷却强烈，形成一定的大气逆温层结，水汽在地面（包括植被层）易保持，从而在白天水热的传输最为活跃，不论是感热通量和潜热通量，还是土壤热通量，其日变化均呈现有剧烈的变化。同时在植物生长期内，随季节变化及天气变化也有明显的不同（图 7-2）。

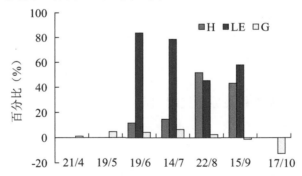

图 7-2　矮嵩草草甸植物生长期内感热通量、潜热通量和土壤热通量占净辐射通量百分比的季节日变化

由图 7-2 可以看到，在 6 月由于土壤下层冻结仍然维持，自然降水丰富，湿度较高，潜热通量所占净辐射通量的比例明显较高，感热通量较小；但在植物生长中后期，降水相对减少，加之 7 月在该地区出现少有的降水偏少情景，土壤极其干燥，虽然后期降水有所增加，但远远弥补不了由于干旱所造成的影响，加之高寒草甸土层浅薄，一般为 60 cm 厚，底层又多为砾石结构，土壤水下渗明显，致使土壤显得较前期干燥，终久导致感热通量占净辐射通量的比例增大。

土壤热通量所占净辐射通量的比例随不同月份变化也较为明显，植物生长的中前期高，后期低，在 9 月 15 日和 10 月 17 日出现负值，表明在植物生长初期开始，受太阳辐射影响，地表温度升高，土壤出现加热现象；在植物生长后期，太阳辐射虽仍然较强，但植被开始进入枯黄，生产量在年内达最高，植被层厚，将阻隔太阳辐射直接到达地表，温度开始下降，土壤自上而下散失热量，到 10 月 17 日，土壤热通量为 -117 W/m²，占净辐射通量的 12.6%。

通过 2000 年植物生长期内小气候观测计算表明，海北高寒草甸地区的净辐射通量、土壤热通量、感热通量和潜热通量有以下几点特征：①海北高寒草甸地区总辐射有较高的水平，4—10 月达 4 227.05 MJ/m²，地表反射率在 4—10 月平均为 0.23，植物生长旺盛且植被盖度大的 5—9 月为 0.22。②晴天状况下海北高寒草甸地区净辐射通量、土壤热通量、感热通量和潜热通量均存在有一高一低的日变化规律，白天正向通量变化幅度较大，以 14：00 左右为最高，而在夜间其反向通量变化较为平稳，最低出现时间也不一致。③比较发现，正向净辐射占太阳总辐射的 56% 左右；日间土壤热通量、感热通量和潜热通量所占净辐射的比例分别为 3%、29% 和 68%。表明潜热通量在净辐射能量的分配中占有较大的比例，感热通量次之，土壤热通量所占比例则显得很小。④净辐射、土壤热通量、感热通量和潜热通量通过零点的时间基本一致，一般在日出后的 7：00 左右和日落前的 19：00—20：00。表明在 7：00—20：00，热量由地表向土壤深层输送，植被表面热量湍流输送明显，随太阳高度角加大，天空总辐射达最大时，潜热通量也最大，表示了海北高寒草甸地区日间 8：00—19：00，植被表层以蒸散为主；而在夜间的 20：00—次日 7：00，则产生由土壤深层向地表输送热量，空气湍流现象微弱，土壤—植被表层发生水分凝结现象。⑤由于在土壤至植被层的一定范围内，温度变化急剧，白天地表受热迅速，温度很快得以提高，大气层结极不稳定，温度垂直递减率大，对流天气易发展，近地层水汽也易扩散，夜间地表长波辐射冷却强烈，形成一定的大气逆温层结，水汽在地面（包括植被层）易保持，从而在白天水热的传输最为活跃，不论是感热通量和潜热通量，还是土壤热通量其日变化呈现剧烈。

2. 微气象—涡度相关法观测系统的能量平衡及其闭合状况

进入 21 世纪初，海北站架设了微气象—涡度相关法观测系统，涡度相关法系统将直接由超声仪观测水热能量的数据。张法伟等（2006；2007a；2007b；2008）利用涡度相关法观测值进行了能量平衡的分析，但涡度相关法观测水热能量有非闭合的现象。区域高寒矮嵩草草甸植物以多年生草本植物为主，群落外貌整齐、均匀，植被的总盖度为 93%，草层高度为 10～20 cm，主要有 54 种植物种类组成，隶属 19 科 40 属。其植被类型植物除以矮嵩草为建群种外，群落的主要优势种有垂穗披碱草、异针茅，次优势种有麻花艽、甘肃棘豆、紫羊茅，伴生种有瑞苓草、美丽风毛菊、柔软紫菀等（周兴民，1982；2001）。

感热通量和潜热通量根据涡度相关原理连续测定，可直接由测定的三维风速、湿度和温度平均值和瞬时脉动值通过下式计算得出：

$$\lambda E = L\rho \overline{w'q'} \tag{7-35}$$

$$H = \rho C_p \overline{W'T'} \tag{7-36}$$

生物圈中任何一点的净辐射通量，是通过其他过程进行能量交换及转化的，因而也称其为"辐射平衡"。在能量平衡中，通常，当地面获得能量时，净辐射通量 >0，反之，当能量由地面放出热量时，净辐射通量 <0。一般能量平衡以下方式表达：

$$R_n = \lambda E + H + G + F + \sum S \tag{7-37}$$

其中：

$$\sum S = S_a + S_v + S_g, \quad S_v = C_v \cdot \Delta T_v \cdot h \tag{7-38}$$

能量平衡比率（EBR）是指感热通量与潜热通量之和与有效能量通量（净辐射通量与土壤热通量及其他耗热的差）之比：

$$EBR = \frac{\lambda E + H}{R_n - G - F - \sum S} \tag{7-39}$$

上式中：$\sum S$ 为作用层的热（存储）通量，包括了观测仪下方的空气层贮存热（S_v），植被层贮热（S_a），以及土壤热通量板埋深厚度土层的贮热（S_g）；C_v为空气的定容比热；T_v为空气的温度（K）；F为光合作用储能。其他符号意义同前。因高寒草甸植被高度一般平均高度在 20～40 cm，生长期也只有 5 个月（5—9 月），故 $\sum S$ 和 F 可忽略不计。

（1）净辐射、潜热、感热和土壤热通量的日、年变化特征

图 7-3 给出了 1 月（冬季）、4 月（春季）、7 月（夏季）、10 月（秋季）矮嵩草草甸净辐射、潜热、感热和土壤热通量的平均日变化情况。由图 7-3 可知，不同季节净辐射、潜热、感热和土壤热通量的平均日变化均呈现明显的单峰式变化规律，约在日出后的半小时，净辐射、潜热、感热和土壤热通量从负值转为正值。日间上午随太阳高度角的增大，上述通量逐渐加大，至午后 13：30（北京时，下同）左右达最大，午后随太阳高度角的降低而降低，约在日落前后从正值转为负值。Gu 等（2005）的研究也给出类似状况。在夜间，净辐射、潜热、感热和土壤热通量多保持负值，而且变化平稳。由图 7-3 还可看到，2003 年净辐射、潜热、感热和土壤热通量在 1 月、4 月、7 月、10 月日平均出现最高和最低的量值略有不同，但出现时间基本一致。

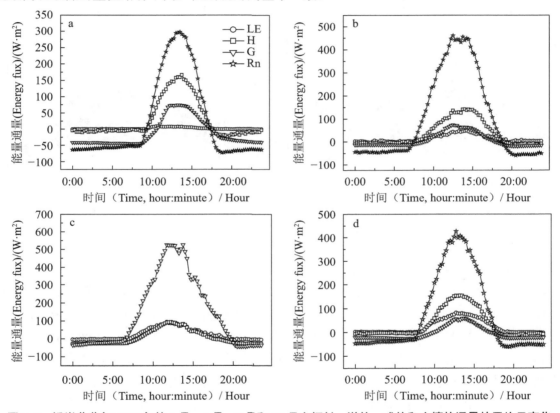

图 7-3　矮嵩草草甸 2003 年的 1 月、4 月、7 月和 10 月净辐射、潜热、感热和土壤热通量的平均日变化

图 7-4 给出了净辐射、潜热、感热和土壤热通量的年变化情况。由图 7-4a 可知，净辐射通量季节变化明显。年内太阳高度角最低的 12 月，月平均接近 0 MJ/m²，6 月是净辐射最高时期，日均为 12.89 MJ/m²。在植物生长季的 5—9 月，日均净辐射为 11.42 MJ/m²。全年合计 2.69×10³ MJ/m²。在暖季，净辐射的离散性多于冷季，是因冷季多为晴天，而暖季正值雨季阶段，其受天空云量降水影响所致（李英年等，2002b）。

潜热通量与净辐射通量同样存在明显季节变化（图 7-4b）。在降水丰沛，温湿度较高的暖季高，8 月是年内潜热通量最高的月份，日均为 6.09 MJ/m²。在植物非生长季节的冷季，降水稀少，温度低，下垫面蒸散明显减弱，加之冷季土壤表层经吹风等作用，地表干燥，土壤和空气湿度为年内最低时期，从而导致潜热通量出现较低水平，而且变化也较为平稳，如 1 月日均为 0.17 MJ/m²。在整个植

物生长季是海北高寒矮嵩草草甸地区降水最为丰富时期，由于潜热通量主要是由地面蒸发和植被的蒸腾，以及大气凝结潜热所致，它表征了地表植被水分蒸散量的多少，其能量交换与水的相变相联系，故在植物生长期，地区较为湿润，净辐射通量的较大部分能量应用于潜热通量的消耗，表现出有较高的量值。5—9 月日均为 4.94 MJ/m²。而在植物非生长季潜热通量非常低，几乎接近于 0 MJ/m²。全年来看，潜热通量合计为 9.32×10^2 MJ/m²。

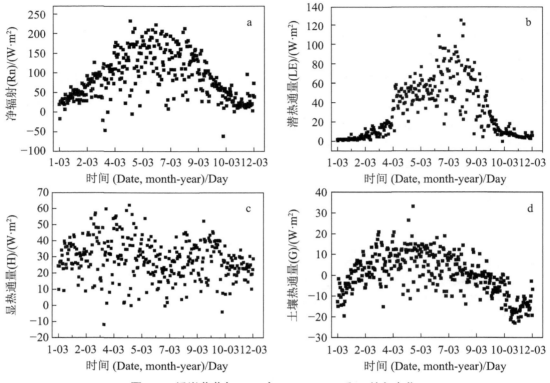

图 7-4　矮嵩草草甸 2003 年 R_n、λE、H 和 G 的年变化

由图 7-4c 知，感热通量呈现弱双峰式的季节变化，与净辐射通量和潜热通量的变化有一定差异，这与蔡锡安等（1997）对鹤山亚热带草坡热量平衡研究的结果相似。年内有 2 个高值区，分别出现在 4 月和 10 月前后，在寒冷的冬季为最低，7 月出现年内的次低值。如 4 月日均为 3.04 MJ/m²，10 月日均为 2.90 MJ/m²；寒冷的 1 月日均为 2.31 MJ/m²，温度高降水丰富的 7 月，为 1.80 MJ/m²。这种变化与温度和降水分布，以及植物旺盛生长是所发生的植物蒸腾和土壤蒸发有关。3—4 月土壤表面的植物因冬春牧事活动及吹风作用，植被明显减少，地表近似裸露，随太阳总辐射加大，地表易接受热量，期间虽底层土壤季节冻土维持，但其上部已出现消融，土壤表面因冬季少降水而干燥，导致能量的交换以感热通量为主。7 月正是降水丰沛时期，植物也处在旺盛生长阶段，叶面积指数最大，植物在强度生长阶段，将较多的热量消耗到植物的蒸腾和土壤的蒸发上，致使感热通量处于一个相对较低的时期。在 9 月日均气温降到 5℃以下，大部分植物生长基本停止，植被表面出现部分枯黄，温度降低导致植被和土壤的蒸散减少，蒸散消耗热量降低，致使感热通量有所提高。以后直至冬季，整个区域降水明显减少，温度下降，使感热通量降低，甚至接近到 0 MJ/m²。年内基本变化在 0～5.12 MJ/m²。在植物生长季的 5—9 月感热通量日均为 2.37 MJ/m²；植物非生长季感热通量日均为 2.52 MJ/m²。年合计为 8.96×10^2 MJ/m²。

在高原气候的影响下，土壤表面白天接受强烈的太阳辐射而快速升温，但是夜晚的长波辐射的冷却效应同样剧烈，由于土壤的导热率很低，土壤温度变化主要发生在地表（李英年等，2003）。同时，由于矮嵩草草甸的植物根系集中在 0～20 cm 地表，坚实又有弹性，具有良好的隔热效果，所以土壤热通量的变化幅度不是很大。由图 7-4d 可知，土壤热通量的年变化明显，在 5 月出现年内的最高值（日均 0.71 MJ/m²），冷季的 12 月为最低（日均 –1.29 MJ/m²）。约在 2 月底从负值转入正值，在 9 月中从正值转入负值。从图 7-4d 还可看到，一年内维持正值的时间较维持负值的时间稍短，说明在高寒矮嵩草草甸区土壤热量的平衡过程中，暖季土壤吸收热率比冷季散热率明显。从全年来看，在土壤吸收热量的生长季（5—9 月），日均达 0.43 MJ/m²，而在植物非生长期的冷季，土壤释放热量日均达 0.37 MJ/m²，暖季的总吸收稍微小于冷季的总释放，全年合计为 –14.3 MJ/m²。

图 7-5 给出了潜热通量、感热通量、土壤热通量占净辐射通量比例的月变化状况。由图 7-5 可知，潜热通量占净辐射通量的比例随月份不同而不同，在 8 月最大（53%），2 月最小（6%），年内呈现明显的单峰式变化过程。植物生长季为 44%，全年为 35%，这些比值远低于农田（大于 0.70）森林（0.56 ~ 0.78）的相应的研究结果（张永强等，2002；关德新等，2004）。

感热通量占净辐射通量的比例随月份不同而不同，在 1 月最大（129%），7 月最小（17%），感热通量占净辐射通量的比例随月份不同而呈现"U"形季节变化。植物生长季为 20.8%。年均为 33%。土壤热通量占净辐射通量的比例随季节变化明显。由图 7-5 可知，土壤热通量占净辐射通量的比例随月份不同而不同，在 3 月最大（8%），1 月最小（–62%），植物生长季为 4%。年均为 –1%。

（2）能量平衡比率的日、年变化特征及其环境因素的影响

图 7-6 给出了 1 月、4 月、7 月和 10 月能量平衡比率日平均变化情况。图 7-6 看到，白天（8：00—18：00）能量平衡比率变化比较平稳，随时间进程到下午 18：00 略有升高，8：00—18：00 平均在 0.54，这与白天太阳辐射强烈，地表温度上升很快，大气层结逆温层消失，空气热对流活跃，湍流便于充分发展有关。夜间（18：00 至翌日 8：00）由于逆温层出现而且持续的时间较长（李英年等，2004），大气层结稳定，尤其是夜间大气稳定度较高，稳定边界层的厚度可高达 500 m（Stull，1988），影响了湍流的发展，加之空气凝结水的大量存在，能量平衡比率波动性明显，期间平均值只有 0.22，明显小于白天的闭合状况（李正泉等，2004）尤其在昼夜交替的过度时间，湍流通量的测量误差很大，从而不可避免的低估了夜间的湍流通量，影响了平均能量平衡比率。

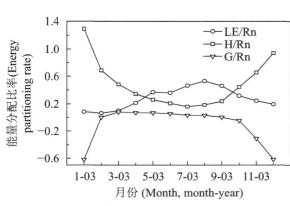

图 7-5　矮嵩草草甸 2003 年的 λE、H 和 G 占 R_n 比例的月变化

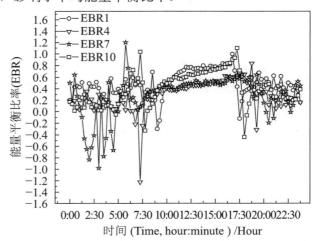

图 7-6　矮嵩草草甸 2003 年的 1 月、4 月、7 月和 10 月能量平衡比率的平均日变化

图 7-7 给出了能量平衡比率随季节变化情况。由图 7-7 可见，在随季节变化过程中能量平衡比率变化复杂，总的趋势是冷季略大于暖季，植物生长季（5—9 月）平均为 0.66。而植物非生长季分别为 0.70。能量平衡比率平均值分别为 0.69。表明在青藏高原的海北高寒矮嵩草草甸区能量闭合只达到 0.69，这个值低于李正泉等（李正泉等，2004）对于中国通量观测网络（ChinaFLUX）能量平衡闭合

的研究结果。在生长季中，由于植被生长消耗、生态系统的能量贮存增多，能量平衡比率较小。在非生长季中，由于植被的枯萎凋落，其地面裸露，同时也可能有大面积的积雪覆盖，致使地面反射率比暖季的反射率明显增大，净辐射值减小，能量平衡比率有所增加。

（3）环境因素对能量平衡比率的可能影响

理论的能量平衡比率为 1，即有效能量通量与感热通量、潜热通量之和相等。但由于各种原因，能量平衡比率在 –1～1 波动，出现能量不闭合的现象，而夜间不闭合现象比白天明显。事实上在世界陆地各类生态系统均出现不同程度的能量不闭合现象，只是因地区不同下垫面性质不同，能量不闭合的程度有差异而已，其不闭合的程度为 0.1～0.3（Wilson et al.，2002）。影响不闭合现象的因素是多方面的（Moore，1986；Sun et al.，1998；Mayocchi，1995），有样地取样的误差（辐射通量代表的源面积大于土壤热通量的代表面积）；仪器本身的偏差（高频和低频的湍流通量的

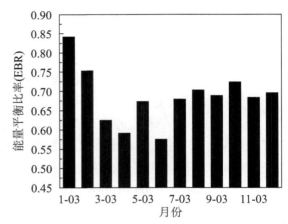

图 7-7　矮嵩草草甸 2003 年能量平衡比率的变化

损失）；忽略相关能量项（作用层热储能（$\sum S$），光合作用储能等（F））；夜间平流、环流和斜流的影响等。同时更可能与研究地区地势结构情况有关，本研究区域的南北部均为高大的达坂山（平均海拔 3 700 m）和冷龙岭（平均海拔 4 000 m 以上），区域又多河流和湿地，在这种地形作用下，昼夜温差大，夜间可出现较大的逆温层，而且受地形作用平流作用明显，故热量平衡过程中除受植物层、观测仪下方的空气层，以及土壤热通量板埋深厚度的土层中的热存储，还有光合作用储能外，还受到热量的水平流的影响。另外，暖季的降雨明显，加之该地区湿润和温度低的影响，下垫面易结露和出现霜冻，导致观测仪传感探头表面易有水滴和水汽的影响而产生较大的测量误差。由前所述，在海北高寒矮嵩草草甸地区能量闭合只达到 0.69，其不闭合程度较高，将达 0.31。但也有人认为，能量平衡比率只是涡度观测数据的部分反映，能量平衡闭合评价仅可作为数据质量评价的重要参考指标（温学发等，2004）。如何验证和量化这些因素的影响，是通量观测研究中待深入解决的理论和技术问题（于贵瑞等，2004）。为此下面就能量平衡比率与气象条件之间的关系做一简单的分析。

图 7-8 反映了能量平衡比率与气温和土壤容积含水量的关系，发现能量平衡比率与气温和土壤容积含水量之间呈现出负相关关系。其中，能量平衡比率与土壤容积含水量是线性的负相关，与气温则呈现指数负相关。这说明，如果土壤容积含水量和温度高时，直接影响能量闭合程度，加大了能量不闭合程度。事实上，在土壤容积含水量和温度较高时，也正是高寒植物生长旺盛时期，该阶段太阳辐射强烈，下垫面增热迅速，自地表到一定的空气高度和一定范围的土壤层结内，温度梯度和湿度梯度明显大于冷季，从而导致热通量板上部的浅层土壤，以及植物层和空气层热储量比较大，同时该层结内因有较大水汽的存在也可存储较高的热量。但是，如果土壤容积含水量太低的话，对植物的生长不利，进而影响下垫面的结构和湍流的起因（机械的和热力学的），也可能降低能量平衡比率。

同时，从图 7-8 可知，当土壤容积含水量和气温低于某一阈值时，随这两个环境因子的增加，能量闭合率随之增加；而超过各自的阈值之后，能量闭合率则不随这两个因子发生变化。这两个阈值可能是 0.15 m³/m³ 和 –6℃，即在过于干旱，或温度过低时，能量闭合程度更高，可以达到 0.85；但在土壤容积含水量高于阈值，气温高于 –6℃ 之后，从现有的观测数据而言，能量闭合程度则与这 2 个因素不存在相关关系，很有可能是观测原理和方法的系统性问题，这则需要更多的地面观测加以探讨。

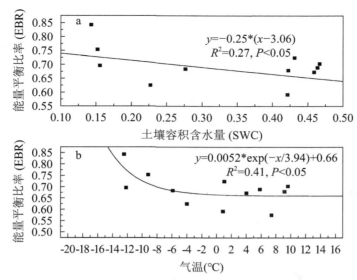

图7-8　能量平衡比率与土壤容积含水量（a）、空气温度（b）的关系，实线代表模拟的曲线

另外，气温是影响边界层的最重要的因素，与潜热通量、感热通量有直接的关系。温度较低的时候，作用层热储能和光合作用储能等完全可以忽略，涡度相关的高频和低频的滤波现象也会有所遏制，可提高能量平衡比率。温度较高的时候，局部温度、湿度梯度变化剧烈，气团活跃，对流旺盛，同时降水也集中于该时期，使湍流通量很难代表源面积，从而降低了能量平衡比率。如果温度过低的话，仪器又难以正常运转，也有可能导致升华等特殊天气现象的出现，而其中伴随的能量转化同样对能量平衡比率有影响。夜间大气稳定度同样也影响能量平衡比率，因为大气稳定度高，湍流的发展就会受到限制，潜热通量和感热通量更容易被低估，即能量平衡比率正相关于摩擦速度（Wilson et al.，2002；李正泉等，2004）。

通过对微气象—涡度相关法观测系统得到的净辐射通量、潜热通量、感热通量和土壤热通量的日、年变化及能量平衡比率的分析表明，①在海北高寒矮嵩草草甸，净辐射通量、潜热通量、感热通量和土壤热通量均呈现单峰式的日变化。在日出半小时之后，由负值转变为正值，约在14：00达到最大值，在日落前后，再由正值转为负值。②净辐射通量、潜热通量和土壤热通量均存在明显季节变化。在生长季节（5—9月）有明显的峰值出现。而感热通量呈现微弱的季节规律，在4月和10月出现两次高峰，1月最小。在净辐射通量的分配中，生长季节中，潜热通量平均占44%，感热通量平均占21%，土壤热通量平均占3.8%。全年中，潜热通量、感热通量和土壤热通量分别占净辐射通量的35%，33%和–1%，其中潜热通量和土壤热通量呈现倒"U"形变化，感热通量则呈现"U"形变化。③能量平衡比率的日变化呈现出白天高而且稳中有升；夜晚低、波动剧烈。能量平衡比率平均只有0.69，即能量闭合率只有69%，且有微弱的季节变化规律，即在冷季稍高，暖季稍低；能量平衡比率的波动可由土壤容积含水量的变化解释27%，气温变化可解释41%。

二、海北高寒泥炭湿地能量平衡

李英年等（2006；2007；2008）通过海北高寒泥炭湿地的通量观测系统，利用2004年的微气象观测资料分析了其辐射通量和能量通量的变化状况。观测区域植物以多年生草本植物为主，群落外貌整齐、均匀，植被的总盖度为93%，中央区植被高、种类组成少。边缘区植被高度低，物种比中央区丰富。群落主要有25种植物组成，植株高为10～35 cm不等。建群种的优势种有藏嵩草、帕米尔苔草，次优势种和伴生种有华扁穗草、黑褐苔草、黄帚囊吾、杉叶藻、斑唇马先蒿、祁连獐芽菜等。在边缘带还有大量的星状风毛菊、青藏苔草，约300 m以外为矮嵩草草甸植被类型。

气象观测数据取自涡度相关法和常规气象观测，系统的安装、布局及观测技术形态介绍详见第五章。

1. 太阳总辐射、下垫面反射辐射及下垫面反射率年变化

图 7-9 给出了海北高寒湿地的太阳总辐射、下垫面反射辐射及下垫面反射率年变化情况。由图 7-9a 可知，2004 年海北高寒湿地太阳总辐射在 4 月最高，日均 23.89 MJ/m²，12 月最低，日均 10.20 MJ/m²。4 月、5 月和我国北方一样，空气干燥，大气干洁，透明度大，地表接受太阳总辐射强，6 月、7 月虽然受季风气候影响，处于雨季，天空云系多，但太阳高度角在年内最高，太阳总辐射仍较高，在 4—7 月太阳总辐射日平均达 22.78 MJ/m²。依冬、春、夏、秋 4 季来看，太阳总辐射日均量分别为 12.14 MJ/m²、20.81 MJ/m²、21.39 MJ/m² 和 14.67 MJ/m²。其中植物生长季的 5—9 月为 3 058.80 MJ/m²，日均 20.01 MJ/m²。2004 年全年为 6 348.47 MJ/m²，日均 17.32 MJ/m²。

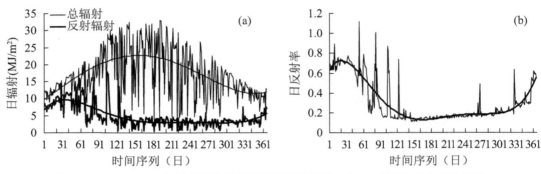

图 7-9　2004 年高寒湿地太阳总辐射和地面反射辐射（a）、反射率（b）的年变化

由于高寒湿地表长久积水，植被茂密，这些性质决定了下垫面反射辐射较小，且有一定的季节变化。由图 7-9a 知，下垫面反射辐射表现出在 1—2 月明显大于其他季节，但波动较大，其他月份值较低，但变化相对平稳。这是因为潮湿的土壤将降低下垫面反射辐射，另外由于气候季节变化，使海北高寒湿地植被景观随季节变化明显。12 月至翌年 3 月，下垫面被冰雪所覆盖，其表面积雪及结冰深厚，下垫面反射强烈，导致下垫面反射辐射很强，日均 6.34 MJ/m²，其中 1—2 月日均为 9.03 MJ/m²。4—5 月冰雪融化，消融水及时流走，外来水不能及时补给，同期降水少，使湿地处于年内相对干燥时期，虽然该期植物进入萌动发芽初期，但地表经冬季封冻影响，残留的枯黄植被较多，在枯黄植被下面才能见到刚返青的绿色幼苗，干燥的下垫面及枯黄植被影响，下垫面反射辐射仍较高，但比冬季明显降低。6—9 月，湿地积水增多，枯黄植被受水热条件影响，逐渐分解或沉积于积水下层，植物生长繁茂，下垫面为绿色植被所覆盖，叶面积最大，从而降低了下垫面反射辐射。10 月开始，温度降低明显，日间清晨常出现低于 0℃ 的环境温度，并发生霜冻，导致植物逐渐枯黄，从而加大了下垫面反射辐射。海北高寒湿地下垫面反射辐射年总量为 1 756.27 MJ/m²，日均为 4.81 MJ/m²，其中植物生长季的 5—9 月为 518.56 MJ/m²。其下垫面反射辐射值较同地区其他植被类型区低得多（周明煜等，2000）。

由图 7-9 b 中看到，年内下垫面反射率具有明显的季节变化，表现出冬季高夏季低的"U"形变化。这种变化不仅与太阳高度角有很大的关系外，更大程度上与下垫面性质的改变有关。12 月至翌年 3 月受下垫面结冰的影响，下垫面反射率的日平均达 0.49，其中 1—2 月达 0.68。4 月以后冰雪融化，随植物萌动发芽、返青，以及降水增多，地表积水加厚等影响，下垫面反射率降低明显，5—8 月下垫面反射率日平均仅为 0.18。8 月以后，随植物生长成熟且随时间推移，天气转冷，出现霜冻等影响，植被冠面颜色变浅，部分叶稍枯黄，下垫面反射率逐渐升高。全年来看下垫面反射率为 0.32，植物生长季的 5—9 月为 0.20，植物生长季的下垫面反射率与矮嵩草草甸相比较低（周明煜等，2000）。在 2—4 月、9—11 月，当有降水过程时往往因温度低产生降雪，积雪将短期内提高下垫面反射率，如 9 月 19 日到 22 日日平均可由 0.29 突然升高到 0.49。

2. 地—气长波辐射及地面长波有效辐射的季节变化特征

观测表明（图 7-10），海北高寒湿地大气长波逆辐射、下垫面长波辐射在年内夏季高冬季低，日平均变化在 15 ～ 33 MJ/m²，年变化较太阳总辐射和下垫面反射辐射相对平稳，同时下垫面长波辐射日平均比大气长波逆辐射高 3 ～ 5 MJ/m²。就全年来看，大气长波逆辐射、下垫面长波辐射分别为 8 846.6 MJ/m² 和 9 813.0 MJ/m²，其中植物生长季的 5—9 月分别为 4 515.67 MJ/m² 和 4 954.82 MJ/m²。下垫面长波有效辐射在年内其季节变化较大气长波逆辐射、下垫面长波辐射复杂，3 到 4 月最低，12 月较高，季节波动明显，全年来看总量为 966.33 MJ/m²，植物生长季为 439.09 MJ/m²。

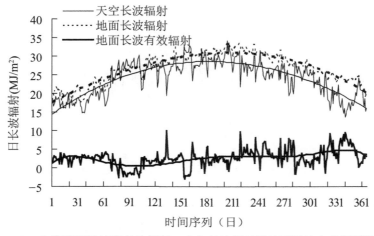

图 7-10 2004 年高寒湿地地面长波辐射、大气长波辐射及地面长波有效辐射的年变化

3. 净辐射、感热、潜热、动量通量以及地表热源强度的季节变化特征

由图 7-11a 知，净辐射通量在 5—6 月最大，最高的 6 月日均为 18.84 MJ/m²，12 月和 1 月最小，12 月日均为 1.53 MJ/m²。由此可见，最高（低）净辐射通量出现月份同太阳高度角的最高（低）月一致。事实上，因净辐射通量的分布是太阳总辐射、下垫面反射辐射、大气长波逆辐射、下垫面长波辐射的共同作用，如前所述，5—6 月是北方最为干燥时期，高寒湿地也因天气回暖表面结冰融化后处于相对干燥时期，虽然增大了下垫面反射辐射和下垫面长波辐射，减小了大气长波逆辐射，但干燥的气候条件和透明度高的大气，易使太阳光线到达地表，所增大的太阳总辐射远远超过下垫面反射辐射、下垫面长波辐射增大量，最终导致净辐射通量的提高。由于气候条件及下垫面的限制，虽然 12 月和 1 月净辐射通量的日均值在 0 MJ/m² 以上，但该期的部分天气，净辐射通量日总量在 0 MJ/m² 以下。就全年来看，净辐射通量年总量达 3 789.03 MJ/m²，日均 10.40 MJ/m²。植物生长季总量为 2 343.51 MJ/m²，日均 11.49 MJ/m²。

感热通量和潜热通量的季节变化也非常明显（图 7-11a），感热通量一般在 4—6 月和 8—10 月出现 2 个高值时期，而且前者比后者高。除冬季为明显的低值区外，在 7 月前后，太阳总辐射、净辐射通量均较高，植物蒸腾显著增大，蒸发耗热导致了活动面温度下降，其结果使气温与活动面温度差缩小，进而造成感热通量的下降特征。由于下垫面为积水或冬季的结冰面，高寒湿地的潜热通量除寒冷的 1 月和 12 月与感热通量基本一致外，其他时期均表现出潜热通量 > 感热通量，而且在植物繁茂生长的夏季潜热通量明显大于感热通量，表现出在 6—7 月潜热通量高，冬季低。全年来看，感热通量、潜热通量的年总量分别为 576.07 MJ/m² 和 1 772.36 MJ/m²，日均分别为 1.62 MJ/m² 和 4.83 MJ/m²。植物生长季分别为 396.28 MJ/m² 和 1 327.04 MJ/m²，日均量为 2.44 MJ/m² 和 8.13 MJ/m²。年总量分别占净辐射通量的 15% 和 47%。因受积水影响，我们没有观测土壤热通量，但可以推定在高寒湿地水层将有较大的热量贮存。

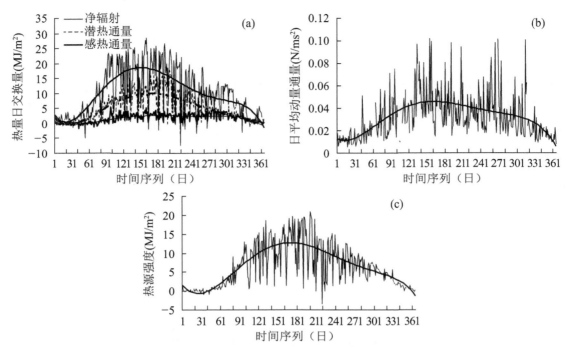

图7-11 2004年高寒湿地净辐射通量、感热通量、潜热通量（a）、动量通量（b）及地表热源强度（c）的年变化

动量通量（t）反映了空气湍流运动状况，由图7-11b看出，动量通量在5月最大，日平均为0.08 N/m²，冬季小，1月日平均为0.016 N/m²。这种变化与年内的风速分布有关。年平均为0.04 N/m²。同时由图7-11b也可以看出，τ的日间差异较大，高的日平均可达1.00 N/m²左右，低的可在0.01 N/m²以下。

通常地面加热强度用净辐射与土壤热通量差（$R_n - G$）或感热与潜热通量之和（$H + \lambda E$）来表示（周明煜等，2000），由于湿地积水多而未进行土壤热通量的观测，但可从$H + \lambda E$的月变化情况来分析海北高寒湿地下垫面对大气的加热效应。图7-11c列出2004年海北高寒湿地下垫面热源强度的季节变化。由图7-11c可知，湿地在寒冷的冬季出现一定的"冷源"效应，如1月热源强度日平均仅为0.10 MJ/m²，月内在0 MJ/m²以下的负值达18 d左右，甚至在2月热源强度小于0 MJ/m²的也达7～10 d。其他季节为明显的热源，热源强度最大在5—7月，日平均在12.02 MJ/m²。

对海北高寒湿地太阳总辐射、下垫面反射辐射、大气长波逆辐射、下垫面长波辐射、下垫面反射率、净辐射通量、潜热通量、感热通量、动量通量等分析表明，因受高寒湿地地表长久积水，植被茂密，下垫面性质等影响，各要素在年变化过程与就近的矮嵩草草甸中稍有差异。太阳总辐射、大气长波逆辐射、下垫面长波辐射、净辐射通量、感热通量、动量通量基本在暖季高，冷季低。下垫面反射辐射和下垫面反射率在1—2月明显大于其他季节，7—10月小。下垫面长波有效辐射则变化复杂，无明显季节变化而言。2004年太阳总辐射、下垫面反射辐射、大气长波逆辐射、下垫面长波辐射、下垫面长波有效辐射、净辐射通量、感热通量和潜热通量等的年总量分别为6 362.47 MJ/m²、1 756.33 MJ/m²、8 846.56 MJ/m²、9 813.04 MJ/m²、966.33 MJ/m²、3 789.09 MJ/m²、576.07 MJ/m²和1 772.41 MJ/m²。年内下垫面反射率表现出冬季高夏季低的"U"形变化特征。在12月至翌年3月日平均达0.49，5—9月日平均仅为0.20。感热通量在4—6月和8—10月出现2个高值时期，而且前者比后者高，冬季为明显的低值区外，7月感热通量出现比前后月份稍低。潜热通量在1月低7月最高，同时表现出潜热通量＞感热通量，感热通量、潜热通量年总量分别占净辐射通量的15%和47%，能量闭合率仅只有62%。海北高寒湿地夏季及春秋季均为明显的热源，而在寒冷的冬季出现一定的"冷岛"效应。

4. 高寒湿地生态系统水热通量的日变化特征

图 7-12 给出了高寒湿地生态系统的净辐射（Rn）、潜热通量（λE）和感热通量（H）在春（4 月）、夏（7 月）、秋（10 月）和冬（1 月）的平均日变化特征。图 7-12 表明，高寒湿地 Rn、λE 和 H 的日变化均表现出单峰式特征，在夜间基本维持在 0 值左右，在日出之后开始增大，并于 14：00 时左右（北京时间）达到最大，而后开始下降，一般在日落之后降为 0 值附近。3 者的日变化只是在各个季节中的变化幅度和峰值有所不同。在 1 月，三者的最大值分别为 190 W/m²、26 W/m² 和 16 W/m²，而在 4 月和 7 月其最大值分别增加为 564 W/m²、181 W/m²、64 W/m² 和 711 W/m²、348 W/m²、96 W/m²，而后开始下降。在 10 月其值分别为 476 W/m²、107 W/m² 和 148 W/m²。

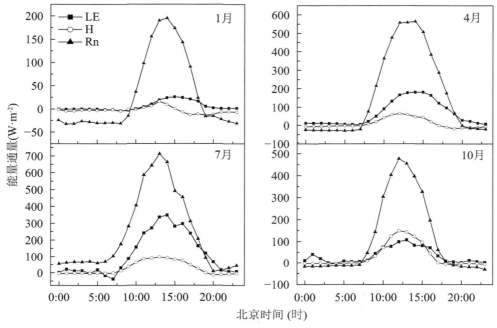

图 7-12　高寒湿地生态系统 Rn、λE 和 H 在春（4 月）、夏（7 月）、秋（10 月）和冬（1 月）的日变化特征

λE 和 H 所占 Rn 的比例表现出一定的季节差异。1 月 λE、H 和 Rn 的日平均分别为 6 W/m²、-3 W/m²、和 30 W/m²，λE 和 H 的比例分别为 20.4% 和 -10.7%，λE 是该时段湿地生态系统能量的主要消耗者，而 H 的负值则表明该生态系统从大气吸收热量。4 月 3 者日平均分别为 65 W/m²、10 W/m² 和 165 W/m²，λE 和 H 占 Rn 的比例分别为 40% 和 6%，λE 依旧是能量的最大消耗者，而 H 则开始从大气吸收能量。7 月 3 者日平均值分别为 111 W/m²、26 W/m² 和 236 W/m²，到达各自的峰值（H 除外）。λE 所占的比例也高达 47%，而 H 的比例则略微有所升高至 11%。10 月 3 者日平均值有所下降（H 则达到峰值），分别为 33 W/m²、30 W/m² 和 108 W/m²，λE 所占比例下降为 31%，H 的比例则升高至 28%，但 λE 的比例仍然较大。这些分析表明，不论是冬季还是夏季，因湿地特殊的环境下年内不同季节下垫面被冰雪覆盖或有积水存在，致使在年内的任何季节处于下垫面潮湿状态而有强烈的蒸发散过程，导致能量平衡在蒸发散上耗热明显，只是在秋季因水体热容量大，积水温度受滞后作用高于 7 月，感热通量升高明显，仅次于潜热通量。高寒湿地生态系统中，能量分配的这种过程与 Ballards Marsh（USA）的研究结果相似（Burba et al.，1999）。与海北高寒湿地生态系统样地邻近的高寒矮嵩草草甸的研究结果有所差异，嵩草草甸生态系统中，λE 所占比例在植物生长季中较大，而 H 在植物非生长季中则是能量的最大消耗者。

5. 环境因子对高寒湿地水热通量日变化的影响机制

为了阐明环境因子对高寒湿地生态系统水热通量日变化的影响，特选择以下常规的 18 个气象因子作为自变量：1.1 m 气温（x_1）；2.5 m 气温（x_2），1.1 m 空气湿度（x_3），2.5 m 空气湿度（x_4），1.1 m 水气压（x_5）；2.5 m 水气压（x_6），太阳总辐射（x_7），地面反射辐射（x_8），天空长波辐射（x_9），地面长波辐射（x_{10}），光合有效辐射（x_{11}），冠层温度（x_{12}），5 cm 地温（x_{13}），10 cm 地温（x_{14}），20 cm 地温（x_{15}），40 cm 地温（x_{16}），80 cm 地温（x_{17}），降水量（x_{18}）。以 1 月、4 月、7 月和 10 月的 R_n、λE 和 H 分别为因变量，采用 stepwise 进行线性回归，结果见表 7-2 ～ 表 7-5。

由表 7-2 知，1 月各个能量分量日变化的线性回归方程中，Rn 的日变化与 PAR 变化一致，说明，Rn 受控制于 PAR 明显，PAR 可以解释其日变化的 98.6%；与空气湿度（2.5 m）、水气压（1.1 m）和降水量呈现负相关，这可能由于此 3 因素的增大可吸收太阳总辐射，进而改变 PAR，以此影响 Rn。4 个因素可以解释其变化的 100%。λE 的日变化与 2.5 m 空气湿度明显负相关（$R^2=0.933$），与 1.1 m 水气压也负相关，两者可以解释 λE 日变化的 96%，其他因素可能是统计上的现象，比如 20 cm 地温、气温等。H 的日变化较为复杂，影响因子较多，降水量成为 H 的主控因子（$R^2=0.589$），同时也与 80 cm 地温正相关，两者可以解释 H 变化的 80%。

表 7-2　海北高寒湿地生态系统 1 月水热通量与环境因子的回归分析

因变量	回归方程	F（R^2）	P
Rn	$Y=0.286\,x_{11} \sim 25.5$	1 498.4（0.986）	< 0.000 1
	$Y=0.242\,x_{11} - 0.896\,x_4+36.6$	4 845.8（0.998）	< 0.000 1
	$Y=0.239\,x_{11} - 1.144\,x_4 - 457.8\,x_5+118.1$	5 806.2（0.999）	< 0.000 1
	$Y=0.245\,x_{11} - 1.396\,x_4 - 439.0\,x_5 - 19.6\,x_{18}+112.7$	5 263.5（0.999）	< 0.000 1
λE	$Y=-0.536\,x_4+38.04$	304.7（0.933）	< 0.000 1
	$Y=-0.866\,x_4 - 293.1\,x_5+88.68$	276.0（0.963）	< 0.000 1
	$Y=-1.066\,x_4 - 283.3\,x_5+37.82\,x_{15}+227.5$	405.0（0.984）	< 0.000 1
	$Y=-0.807\,x_4 - 757.4\,x_5+34.02\,x_{15}+506.5\,x_6+194.2$	360.0（0.987）	< 0.000 1
	$Y=.158\,x_4 - 1\,498.6\,x_5+24.86\,x_{15}+1\,072.8\,x_6+2.32\,x_1+153.6$	526.4（0.993）	< 0.000 1
	$Y=-1\,364.2\,x_5+26.74\,x_{15}+957.6\,x_6+2.00\,x_1+163.4$	680.4（0.993）	< 0.000 1
H	$Y=58.48\,x_{18} \sim 4.88$	31.50（0.589）	< 0.000 1
	$Y=52.05\,x_{18}+508.4\,x_{17} \sim 270.8$	42.23（0.801）	< 0.000 1

在 4 月各个能量分量的日变化过程中，Rn 的日变化还是与 PAR 正相关（$R^2=0.999$）（表 7-3），增加了 5 cm 地温因素，可以解释 Rn 的全部的日变化。λE 的主控因素变化为地面长波辐射（$R^2=0.962$），与 2.5 m 水气压负相关（可解释 3.0% 的变异），降水量与前两个因素可以共同解释 99% 的变异程度。H 的日变化可以由地面反射辐射解释其变异的 94%，和 2.5 m 气温、冠层温度可以共同解释 H 的 99.0% 的变异。

表 7-3　海北高寒湿地生态系统 4 月水热通量与环境因子的回归分析

因变量	回归方程	F（R^2）	P
Rn	$Y=0.511\,x_{11} \sim 23.12$	1 224 636（0.999）	< 0.000 1
	$Y=0.505\,x_{11}+51.89\,x_{13} \sim 12.83$	612 847（1.000）	< 0.000 1
λE	$Y=2.98\,x_{10} \sim 870.1$	555.1（0.962）	< 0.000 1
	$Y=3.10\,x_{10} - 808.5\,x_6 - 624.3$	1 229.8（0.992）	< 0.000 1
	$Y=3.02\,x_{10} - 829.9\,x_6 \sim 13.32\,x_{18} - 592.0$	1 036.8（0.994）	< 0.000 1

续表

因变量	回归方程	F（R^2）	P
H	$Y=0.397\,x_8 \sim 11.798$	159.3（0.937）	< 0.000 1
	$Y=0.528\,x_8 \sim 2.56\,x_2 \sim 18.74$	190.8（0.974）	< 0.000 1
	$Y=0.349\,x_8 \sim 3.50\,x_2+10.21\,x_{12-}\,26.99$	234.9（0.986）	< 0.000 1
	$Y=0.388\,x_8 \sim 10.56\,x_2+9.41\,x_{12} \sim 1.81\,x_4+76.94$	236.9（0.990）	< 0.000 1
	$Y=0.161\,x_8 \sim 18.72\,x_2+4.59\,x_{12} \sim 2.30\,x_4+2.03\,x_{10} - 510.3$	333.6（0.995）	< 0.000 1
	$Y=-0.326\,x_8 \sim 25.49\,x_2+9.22\,x_{12} \sim 2.49\,x_4+3.98\,x_{10}+2\,953.7\,x_{10} -900.1$	719.1（0.998）	< 0.000 1
	$Y=-0.275\,x_8 \sim 26.74\,x_2+7.40\,x_{12} \sim 2.39\,x_4+4.20\,x_{10}+2\,138.5\,x_{10}+1\,458.7\,x_{10-}\,500.6$	1 080.1（0.999）	< 0.000 1

7月能量分量的日变化中，Rn 主要受太阳总辐射的影响（$R^2=0.958$），但却与 PAR 呈现了负相关关系（可以解释2.7%的变异），这可能只是统计结果。2.5 m 水气压与前两个因素可以共同解释 R_n 变异的99%。λE 的日变化可以用 PAR 解释94%的变化，这与 PAR 在生长季主要影响植物的光合、蒸腾，同时也影响下垫面的蒸发有关。1.1 m 水气压和地面长波辐射等两个因素可以解释4%的 λE 变异。H 在7月日变化的主控因素与 Rn 相同，太阳总辐射能更大程度地影响 H（$R^2=0.97$），冠层温度、5 cm 地温与太阳总辐射可以解释99%的 H 变化程度。

表 7-4　海北高寒湿地生态系统 7 月水热通量与环境因子的回归分析

因变量	回归方程	F（R^2）	P
R_n	$Y=0.817\,x_7 \sim 43.27$	498.0（0.958）	< 0.000 1
	$Y=7.23\,x_7 \sim 4.04\,x_{11}+47.38$	673.9（0.985）	< 0.000 1
	$Y=6.18\,x_7 \sim 3.34\,x_{11} \sim 294.3\,x_6+328.4$	604.8（0.989）	< 0.000 1
	$Y=6.03\,x_7 \sim 3.23\,x_{11} \sim 424.8\,x_6+0.105\,x_9+424.3$	637.8（0.993）	< 0.000 1
	$Y=2.80\,x_7 \sim 1.13\,x_{11} \sim 166.0\,x_6+0.178\,x_9 \sim 19.3\,x_{12}+407.2$	1 102.6（0.997）	< 0.000 1
λE	$Y=0.276\,x_{11}+7.35$	373.9（0.944）	< 0.000 1
	$Y=0.195\,x_{11} \sim 3.17\,x_3+282.3$	512.9（0.980）	< 0.000 1
	$Y=0.206\,x_{11} - 2.61\,x_3+0.062\,x_{10}+216.6$	415.5（0.984）	< 0.000 1
H	$Y=0.140\,x_7 - 6.66$	742.0（0.971）	< 0.000 1
	$Y=0.161\,x_7-2.55\,x_{12} - 26.8$	779.4（0.987）	< 0.000 1
	$Y=0.238\,x_7-9.53\,x_{12}+16.0\,x_{13} \sim 83.1$	697.8（0.991）	< 0.000 1
	$Y=0.261\,x_7 - 11.4\,x_{12}+19.8\,x_{13} \sim 0.976\,x_{18}-104.4$	660.7（0.993）	< 0.000 1
	$Y=-0.100\,x_7 - 13.5\,x_{12}+22.6\,x_{13} \sim 1.03\,x_{18}+0.240\,x_{11}-112.4$	629.0（0.994）	< 0.000 1
	$Y=-13.2\,x_{12}+22.3\,x_{13} \sim 1.02\,x_{18}+0.175\,x_{11}-113.0$	814.3（0.994）	< 0.000 1

10月能量分量日变化影响因子较为简单，Rn 的影响因素与7月相同，太阳总辐射和 PAR 可以解释99%的变化，各个主要因子的解释力度也与7月基本相同。λE 与地面反射辐射负相关（$R^2=0.880$），与水气压也负相关，两者共同解释 λE 变化的98%。H 的日变化则主要受控于太阳总辐射（$R^2=0.916$），相对7月太阳总辐射的解释力度下降了6%。

表7-5　海北高寒湿地生态系统10月水热通量与环境因子的回归分析

因变量	回归方程	F（R^2）	P
R_n	$Y=0.777\,x_7-18.7$	527.2（0.960）	< 0.000 1
	$Y=4.84\,x_7-2.68\,x_{11}-19.7$	933.2（0.989）	< 0.000 1
	$Y=5.89\,x_7\sim3.10\,x_{11}\sim2.35\,x_8-9.50$	954.3（0.993）	< 0.000 1
λE	$Y=-0.002\,x_8+0.000\,013\,2$	161.6（0.880）	< 0.000 1
	$Y=-0.001\,x_8-324\,x_6+0.131$	415.5（0.984）	< 0.000 1
H	$Y=0.153\,x_7,8.32$	239.0（0.916）	< 0.000 1

三、海北金露梅灌丛草甸能量平衡

1. 总辐射及反射率的日变化

在海北高寒草甸地区，3种植被类型（矮嵩草草甸、金露梅灌丛草甸、藏嵩草沼泽化草甸）分布在距离10 km的范围，其太阳总辐射应该说基本一致，只是因植被类型不同下垫面的植被群落特征、植被盖度、土壤温湿度等有所不同，导致地表反射率、长波辐射不同，进一步影响到地表能量各分量的差异明显。因此，本节仅阐述灌丛植被的反射率，以及能量平衡内容。相关太阳总辐射分布特征可参见区域其他植被类型区的分布分析。李英年等（2009）根据祁连山海北高寒金露梅灌丛草甸2004年观测的太阳总辐射和反射辐射资料，分析了高寒金露梅灌丛草甸植被反射率（A）的变化特征。辐射观测由中国通量网（ChinaFlux）在海北站东北金露梅灌丛草甸实验地搭建的涡度相关观测系统进行。图7-13给出了1—12月A的月平均日变化，其中5—9月代表植物生长季，1—4月和10—12月代表了植物非生长季。图7-13看到，不论是植物非生长季还是生长季，A在日出后和日落前较高，而且不同月份差异较大，最高可达0.4以上。日间太阳高度角达到一定值后A值比较稳定，如1月平均日变化中，11：00—17：00一般稳定在0.21～0.23，但早晚可在0.24以上。7月A的月平均日变化中，9：00—17：00一般稳定在0.12，早晚在0.13～0.31波动。日间这种"U"形分布状况主要与太阳高度角的变化有关。太阳高度角的改变，可使太阳光线的入射角和辐射光谱成分发生变化。首先，到达地表面的太阳光光谱组成由于在地球大气所通过的路线长短发生变化。另外，太阳光线在不同时间其入射角不同。当太阳高度角低时，太阳辐射光谱中长波部分占有较大的比重，而地表对长波（红外）辐射部分的反射能力总是很强，当太阳高度角低时，意味着到达地表的入射角大，而任何表面对入射角大的光线其反射能力就强。因而，在太阳高度角低的早晚，地表反射率大。反之，随太阳高度角的增加，太阳辐射中短波部分所占的比重增大，导致A减小，这种影响在太阳高度角低时更为显著。

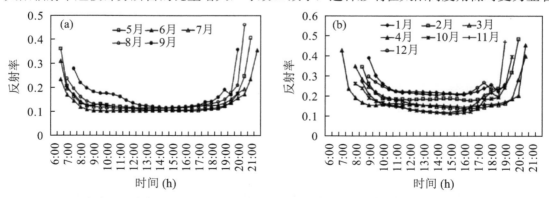

图7-13　高寒金露梅灌丛草甸植物生长季（a）和非生长季（b）地表反射率各月平均日变化

如果采用太阳高度角（h）进行A的模拟，一般均可用指数方程的形式（$A=ae^{bh}$）来表示，只是因地区（主要是地理纬度）的不同其指数方程的回归系数而不同，这里多不论述。但分析表明，一般日间太阳高度较高时，A 与太阳高度角的指数关系不甚明显，也就是说在太阳高度角高时（一般 >30°），A 的变化不大且较为平稳，在太阳高度角低时（一般 <30°），A 的变化较为剧烈。

所表现的"U"形分布状况除太阳高度角的影响外，另一原因是冬季下垫面常有霜冻存在，夏季因地区空气湿润，水汽含量高，在日出和日落前后，植被表面易结露，同时由于海拔高，温度低，部分寒冷的早晨还往往发生霜冻现象，导致植物表面形成一定的"水镜面"，这也是导致 A 提高的另一原因。

图 7-14 给出了时间相近的典型晴天、昙天和阴天的 A 日变化过程，其中 7 月 9 日为晴间少云天（14：30 有微量云存在）、7 月 7 日为昙天、7 月 8 日为阴天。可以看到，3 类天气过程的 A 均呈现"U"形分布特点，但不同天气所表现的"U"形结构略有差异，主要表现在日出日落的前后。

阴雨天气状况下，由于日出后和日落前阶段植被冠面有大量的露水存在，天空以散射辐射为主，太阳高度角的影响很小，A 明显提高；在多云天气的状况下，由于云层存在，地表凝结水少，A 在日出后和日落前阶段相对较低，晴天状况下结露仅次于有降水时的天气状况，日出后和日落前阶段的 A 也是较高的。日间 8：30—19：00，7 月 7 日、7 月 8 日和 7 月 9 日的 A 分别为 0.12、0.11 和 0.12，表现出阴雨天由于云层厚，太阳辐射主要为散射辐射主导，导致 A 的值比晴天和多云天降低 0.01。在日间的 8：30—19：00，A 表现出阴天 > 昙天 > 晴天，但在日出后的 8：30 以前和日落前 17：00 以后 A 表现出阴天 > 晴天 > 昙天。

图 7-15a 给出了金露梅灌丛 A 的季节（月际）变化。考虑到早晚日出（落）前后的时间段太阳高度角很小，加之易受地面结露、霜冻的影响，太阳总辐射和反射辐射都很低，计算出的反射率容易出现奇异值，这里也绘出了当地正午时 13：30 的 A 的季节变化过程。同时，图 7-15b 给出了 2004 年 A 逐日平均值年变化情况。

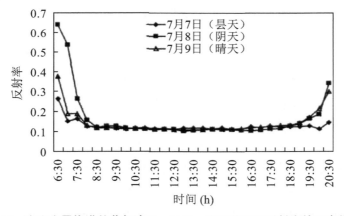

图 7-14 高寒金露梅灌丛草甸晴天、昙天、阴天状况下反射率的日变化比较

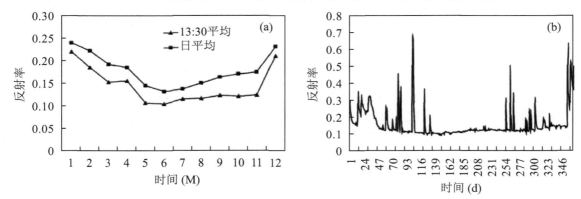

图 7-15 高寒金露梅灌丛草甸反射率的季节变化（a 为逐月平均；b 为逐日平均）

由图 7-15a 看出，2004 年 A 的日平均自 1 月的 0.24 开始下降，6 月最低，为 0.13，以后又逐渐增加，到 12 月为 0.23，表现为"U"形分布。这种变化除受冬季太阳高度角低的影响外，还受到不同季节下垫面差异的影响。冬季下垫面干燥，加上在降水过程时易在地表产生积雪，增大了反射辐射，A 较大；植物生长季的 6 月金露梅刚展叶，底层草本植物呈深绿色，并形成了一定的叶面积，植株茂密，夏季土壤湿润，将导致反射辐射的降低。数据分析表明，6 月 A 最低。7 月以后金露梅开花，底层部分草本植物也出现开花阶段，植层冠面颜色稍浅，提高了 A 值，以后随植物成熟，植被冠面颜色变得越来越浅，A 逐渐增大。正午时 13：30 的 A 的季节变化具有相同变化规律，只是因在太阳高度角高的正午，其值将比日平均低 0.02～0.05。

以逐日平均值的时间进程来看（图 7-15 b），生长季内 A 比较稳定，5—8 月中旬变化于 0.13～0.16。但在冬季及其季节交换时期的秋—冬季和冬—春过渡季节，由于高寒金露梅灌丛草甸分布地区温度低，降水以降雪为主，在 4 月或 9 月末，虽然日间温度高，但夜间温度下降明显，早晨常降到 0℃ 以下，这种条件下常会出现日间降雨，早晨降雪，地面积雪导致 A 的提高。如图 7-15 b 所示，冬季 12 月 22—28 日，冬—春过渡季的 4 月 14 和 15 日，秋—冬过渡季节的 9 月 21 日 A 的急剧升高均与当日上午或前日因降雪导致地面有积雪有关。冬季 12 月 22 日前近 1 个月时间未产生降雪，A 维持在 0.14～0.16，22—26 日降水 1.6 mm，虽然降水量不高，但冬季严寒，地面积雪不易融化，维持时间长，A 值大于 0.35 以上的高值达 16 d，维持到 2005 年 1 月 5 日，最高的 12 月 22 日达 0.64；在春—夏过渡季的 4 月 14 日和 15 日，日间温度较高，早晚很低，日间降雨，到夜间转变为降雪，因降水比冬季明显大，地表积雪深厚，导致该 2 日的 A 增高明显，分别为 0.68 和 0.66，但无降雪太阳照射下积雪融化很快，A 值迅速下降，如 17—19 日分别下降到 0.24、0.12 和 0.11；与春夏季节交换不同的是，在夏秋季节交换时期，土壤温度很高，同样在日间降雨夜间温度下降转为降雪的情景下，A 在降雪后急剧升高，但次日随地面积雪的融化 A 急剧降低，如 9 月 20 日上午开始有降水产生，但以降雨为主，约在 17：20 开始转为雨加雪，夜间为降雪，至 21 日 9：00 降水停止，使 21 日 A 的值高达 0.51，到 22 日因土壤温度较高积雪融化后又下降至 0.21，到 22 日为 0.12。值得说明的是，季节转化期在有降水到下次降水过程前的时段中，A 的日平均变化常出现一种普遍现象：降水产生当日（前期为降雨，后期为降雪）光照弱，日平均 A 为低，到第 2 日降水停止，天空放晴，A 的日平均随之升高，以后的几天内，随积雪融化，土壤潮湿，A 的日平均值甚至低于 6—7 月植物旺盛生长时期，说明土壤湿度的增大使 A 值下降明显。

总的来看，生长季内海北高寒金露梅灌丛草甸的 A 比较稳定，5—9 月 A 的月平均在 0.13～0.16，5 个月平均为 0.15。低于同地区的矮嵩草草甸，与同地区的藏嵩草沼泽化草甸基本相同。非生长季的 10 月至翌年 4 月 A 的月平均变化在 0.17～0.24，7 个月平均为 0.20，低于同地区的矮嵩草草甸和藏嵩草沼泽化草甸，特别是比藏嵩草沼泽化草甸低很多。其原因在于藏嵩草沼泽化草甸冬季下垫面为积雪和冰面所覆盖，导致 A 明显高，矮嵩草草甸地势平坦，下垫面均一，而金露梅灌丛草甸由于灌丛斑块生长结构的影响，冠面结构显得相对粗糙，致使 A 值降低显著。全年来看，海北高寒金露梅灌丛草甸的年 A 为 0.18。

2. 微气象—涡度相关法观测系统的高寒金露梅灌丛能量平衡及其闭合状况

选择高寒金露梅灌丛的能量通量在 1 月、4 月、7 月和 10 月来说明冬、春、夏、秋四季能量平衡及个分量的日变化特征。发现，能量各分量均呈现出单峰型的日变化特征（图 7-16）。其中，1 月净辐射（Rn）、潜热通量（λE）、感热通量（H）和土壤热通量分别为 26 W/m²、7 W/m²、33 W/m² 和 −4 W/m²，由于夜间净辐射为负值，即夜间生态系统的向外的长波辐射较强，导致感热通量的日均值超过净辐射。白天 R_n、λE、H 和 G 日均值分别为 195 W/m²、19 W/m²、133 W/m² 和 −1 W/m²，白天 λE 和 H 分别占净辐射的 10% 和 68%。R_n、λE 和 H 日均最大值分别为 317 W/m²、29 W/m² 和

204 W/m²，出现在 13：30 左右，而 G 的最大值为 8 W/m²，滞后出现在 16：00。白天波文比呈现出先快速升高后缓慢下降的趋势，最大值为 8，出现在中午 12：00，白天日均值为 7。夜间 λE 基本维持在 0 值附近，而 R_n、H 和 G 均小于 0，分别为 −65 W/m²、−21 W/m² 和 −7 W/m²。

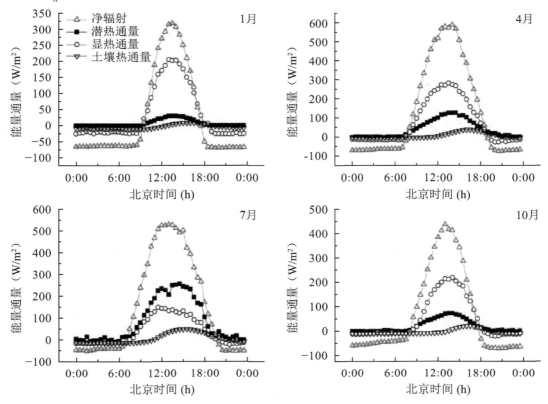

图 7-16 高寒金露梅灌丛能量通量 1 月（a）、4 月（b）、7 月（c）和 10 月（d）的平均日变化特征

而在 4 月，日均 R_n、λE、H 和 G 分别为 133 W/m²、40 W/m²、75 W/m² 和 8 W/m²，λE 和 H 分别占净辐射的 31% 和 56%。白天 R_n、λE、H 和 G 日均值分别为 448 W/m²、96 W/m²、219 W/m² 和 15 W/m²，白天 λE 和 H 分别占净辐射的 21% 和 49%。R_n、λE 和 H 日均最大值分别为 588 W/m²、127 W/m² 和 282 W/m²，也出现在 13：00—14：00，而 G 的最大值为 38 W/m²，仍滞后出现在 16：00。白天波文比也呈现出先快速升高后缓慢下降的趋势，最大值为 2.73，出现在中午 11：00，白天日均值为 2.28。夜间 λE 和 G 均大于 0，分别为 9 W/m² 和 3 W/m²，而 R_n 和 H 依旧小于 0，分别为 −42 W/m² 和 −5 W/m²。

在植被生长旺盛季的 7 月，日均 R_n、λE、H 和 G 分别为 154 W/m²、85 W/m²、39 W/m²、和 8 W/m²，λE 和 H 分别占净辐射的 55% 和 26%。白天 R_n、λE、H 和 G 日均值分别为 441 W/m²、204 W/m²、119 W/m² 和 25 W/m²，白天 λE 和 H 分别占净辐射的 46% 和 27%。R_n、λE 和 H 日均最大值分别为 530 W/m²、255 W/m² 和 149 W/m²，也出现在 13：00—14：00，而 G 的最大值为 50 W/m²，仍滞后出现，但提前至 15：00。白天波文比呈现出下降的趋势，最大值为 0.78，出现在上午 9：00，白天日均值为 0.60。夜间 LE 为 16 W/m²，而 R_n、H 和 G 均小于 0，分别为 −8 W/m²、−6 W/m² 和 −3 W/m²。

在植被枯黄期的 10 月，日均 R_n、λE、H 和 G 分别为 71 W/m²、20 W/m²、48 W/m² 和 2 W/m²，LE 和 H 分别占净辐射的 28% 和 69%。白天 R_n、λE、H 和 G 日均值分别为 297 W/m²、53 W/m²、153 W/m² 和 3 W/m²，白天 λE 和 H 分别占净辐射的 18% 和 52%。R_n、λE 和 H 日均最大值分别为 437 W/m²、72 W/m² 和 219 W/m²，也出现在 13：00—14：00，而 G 的最大值为 50 W/m²，仍滞后出现，但延迟至 16：30。白天波文比再度呈现出先快速升高后缓慢下降的趋势，最大值为 3.27，出现在

中午 11：00，白天日均值为 2.89。夜间 λE 为 2 W/m²，而 R_n、H 和 G 均小于 0，分别为 −49 W/m²、−9 W/m² 和 −6 W/m²。

高寒金露梅灌丛的平均日变化表明，在 1 月系统以感热通量交换为主，白天感热通量约为潜热通量的 3 倍，而在 4 月和 10 月也以感热通量为主，但感热通量占比相对减小，约为潜热通量的 2 倍。在植被生长旺盛期的 7 月，潜热通量占据主要位置，约为感热通量的 1.5 倍。土壤热通量在系统热交换的日变化过程中的作用较小，一般不超过净辐射的 5%。

高寒金露梅灌丛的逐日能量闭合率约为 77%。逐日 R_n、λE 均呈现出单峰型季节变化特征（图 7-17），其最大值分别为 246 W/m² 和 139 W/m²，出现在 7 月 9 日和 7 月 11 日，最小值分别为 −12 W/m² 和 −20 W/m²，则出现在 12 月 28 日和 7 月 8 日。而逐日 H 则表现为双峰型季节变化特征，其逐日最大值为 116 W/m²，出现在 5 月 4 日，最小值为 −16 W/m²，出现在 6 月 12 日。而逐日土壤热通量则表现出正弦曲线变化的特征，其最大值和最小值为 20 W/m² 和 −12 W/m²，分别出现在 4 月 30 日和 9 月 19 日。其中，逐日 λE、H 和 G 分别占逐日 R_n 的 35%、61% 和 4%。逐日波文比平均为 2.77。

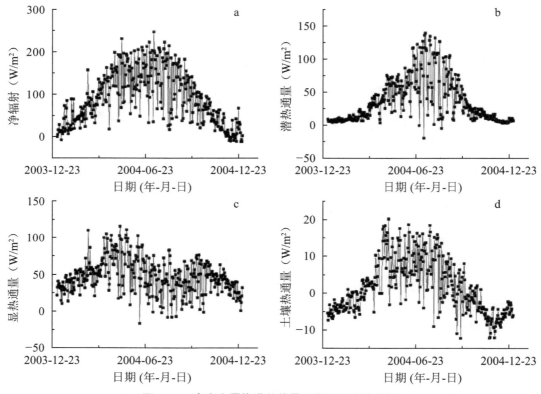

图 7-17 高寒金露梅灌丛能量通量逐日变化特征

在逐月尺度上，月均 R_n 为 91 W/m²，最大月均值为 154 W/m²，出现在 7 月，最小月均值为 94 W/m²，则出现在 12 月（图 7-18）。而逐月 λE 和 H 分别为 36 W/m² 和 47 W/m²，最大和最小月均 λE 分别为 85 W/m² 和 6 W/m²，分别出现在 7 月和 12 月，而 H 最大月均值为 75 W/m²，则出现在 4 月，最小月均值为 28 W/m²，也出现在 12 月。至于逐月 G，在 4—7 月，分别为 8 W/m²、7 W/m²、9 W/m² 和 8 W/m²，相差较小，平均为 8 W/m²；月最小值为 11 月的 −7 W/m²。逐月波文比呈现出"U"形变化，最小月均值为 0.46，出现在 7 月，而最大月均值为 5.09，出现在 2 月。$\lambda E/R_n$ 基本表现出在非生长季较低、生长季较高的趋势，最大月均值为 79%，出现在 7 月。而 H/R_n 则也表现出"U"形变化，最小值为 26%，也出现在 7 月，在 1 月、11 月和 12 月均大于 1。至于 G/R_n，则表现出钟形逐月变化，最大值为 6%，出现在 4 月。年累计 R_n、λE、H 和 G 分别为 2 862.26 MJ/m²、1 135.11 MJ/m²、1 496.76 MJ/m² 和 49.10 MJ/m²。

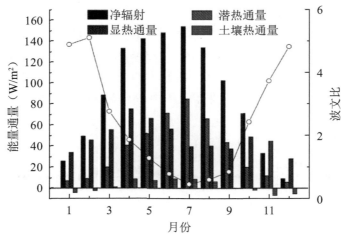

图 7-18 高寒金露梅灌丛能量通量逐月变化特征

高寒金露梅灌丛能量交换的季节特征表明，感热通量是该系统辐射能量的主要消耗者，约占净辐射的 61%，并呈现出双峰型的季节变化特征，而潜热通量在植被生长季的 6—9 月，约占净辐射的 49%，高于同期感热通量的占比（33%）。土壤热通量在 4—8 月，约占净辐射的 6%，全年仅为 4%，在系统能量交换季节变化中作用较小，但在 1 月和 12 月中，却是系统热量交换的重要能量来源之一，可占净辐射能量的 10% 左右。

除此，我们选取 2004 年度通量观测数据，采用基于中分辨率成像光谱仪（MODIS）的增强植被指数（EVI）数据产品（MOD13Q1），研究了植被覆盖对湍流热量交换的影响。EVI 数据产品的空间分辨率为 250 m，时间分辨率为 8 d。数据来源于美国橡树岭国家实验室数据实时归档与发布中心（ORNL DAAC, http://daac.ornl.gov/MODIS/modis.html），选取以通量塔为中心的 1 km² 范围内有效像元值得平均值，用于分析。

高寒灌丛湍流热量传输的空气阻抗（R_a）和冠层阻抗（R_s）分别采用下式计算：

$$R_a = \frac{W_s}{u_*^2} + 6.2u_*^{0.67} \tag{7-40}$$

$$R_s = \frac{\rho C_p VPD}{\gamma \lambda ET} + \frac{\beta \Delta - r}{\gamma G_a} \tag{7-41}$$

式中：W_s 为 2.2 m 处风速（m/s）；u_* 为摩擦风速（m/s）；ρ 为平均空气密度（kg/m³）；C_p 为空气定压比热（kPa/℃）；VPD 为饱和水汽压差（kPa）；γ 为空气干湿表常数（kPa/ºC）；λET 为潜热通量（W/m², λ 为水的汽化潜热）；β 为波文比（$H/\lambda ET$，H 是感热通量）；Δ 为水汽饱和曲线斜率（kPa · ℃$^{-1}$）。

解耦系数（Ω）量化了冠层阻抗（R_s）对系统蒸散速率的控制程度（Jarvis，1986），可通过下式计算：

$$\Omega = \frac{\Delta + \gamma}{\Delta + \gamma \left(1 + \dfrac{R_s}{R_a}\right)} \tag{7-42}$$

式中符号同前。Ω 的变化范围在 0～1。当 Ω 接近于 1 时，冠层阻抗对系统蒸散影响很小，系统蒸散主要取决于太阳辐射；相反，当 Ω 趋向于 0 时，系统蒸散则主要由 R_s 控制，即下垫面的有效水分供给。R_s 和 Ω 采用白天 8：00—17：00（北京时间）的 30 min 计算值，同时舍去了由于异常天气现象等导致的奇异值。

分析发现，金露梅灌丛草甸感热通量（H）和潜热通量（λET）在非生长季、过渡期和生长季均呈现出单峰型日变化特征，夜间基本在 0 值附近（图 7-19）；H 和 λET 在各阶段的平均瞬时最大值依次为 5 W/m² 和 229 W/m²、111 W/m² 和 225 W/m²、213 W/m² 和 158 W/m²，均出现在 13：30 左右。H 在非生长季、过渡期和生长季中占日均太阳短波辐射的 26%、44% 和 19%，而 λET 占太阳短波辐射在 3 个阶段中依次为 9%、17% 和 30%，即非生长季中 H 约为 λET 的 3 倍，而生长季中 λET 约为 H 的 1.5 倍。

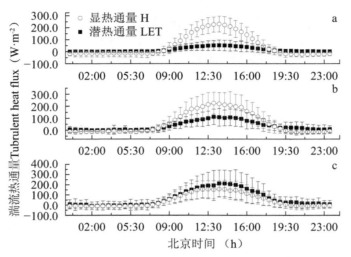

图 7-19　高寒金露梅灌丛 2004 年非生长季（11—4 月，a）、生长过渡期（5 月和 10 月，b）和生长季（6—9 月，c）湍流热通量平均日变化过程（误差棒代表标准差）

以 3 个生长阶段的 30 min H 和 λET 的观测值为因变量，采用增强回归树分析太阳短波辐射、地表长波辐射、气温、空气相对湿度、饱和水汽压差、风速、5 cm 土壤温度及 10 cm 土壤体积含水量等主要环境因子的相对贡献。结果表明（图 7-20），3 个生长阶段中，H 和 λET 逐时变异的主要影响因子均为太阳短波辐射，其相对贡献率分别为 70% 和 25% 以上；其次，地表长波辐射对生长季 λET 的逐时变异的相对贡献为 23.8%。因此感热通量的逐时变化主要受太阳短波辐射控制，而潜热通量则主要由太阳短波辐射和地表长波辐射共同影响。

为了匹配 EVI 的时间分辨率，将逐日湍流热通量和环境因子也平均至 8 d。由图 7-21 可知，高寒灌丛的 H 呈现出双峰季节变化特征，日均最大峰和次高峰分别为 78 W/m² 和 53 W/m²，依次出现在 4 月中旬和 10 月下旬。而 LET 则表现出单峰型的季节趋势，最大值（95 W/m²）出现在 7 月下旬。非生长季、过渡期和生长季的日均 H 和 λET 分别为 46 W/m² 和 15 W/m²、57 W/m² 和 36 W/m²、43 W/m² 和 67 W/m²。H 和 λET 全年累计值分别为 1 495.71 MJ/m² 和 1 137.73 MJ/m²，年均蒸散发量为 503.40 mm。

分析阻抗是探讨湍流热量分配的重要前提。由图 7-22 a 可知，日均空气阻抗（R_a）和冠层阻抗（R_s）均呈现出先降低后升高的"U"形季节动态。年均 R_a 为 50.1 s/m，其最小值出现在 5 月初（36.8 s/m）。而年均 R_s 为 387.9 s/m，最小值出现在 8 月底（114.8 s/m），其中生长季平均为 168.3 s/m。R_a 和生长季 R_s 分别与风速（$R^2=0.52$，$P<0.001$，$N=46$）和指数（$R^2=0.63$，$P<0.001$，$N=21$）负相关。由图 7-22 b 可知，蒸散比例［$\lambda ET / (H + \lambda ET)$，ER］与解耦系数（$\Omega$）则呈现出一致的季节趋势，而均与波文比（$\beta$）的变化特征相反。在非生长季、过渡期和生长季的日均 β 分别为 5.7、2.3 和 1.0，3 个阶段的日均 ER 和 Ω 依次为 0.2 和 0.2、0.4 和 0.3、0.6 和 0.6。因此，湍流热通量在生长季主要分配至潜热通量，而在另外 2 个阶段主要被感热通量消耗。年均 β、ER 和 Ω 分别为 3.6、0.4 和 0.4。

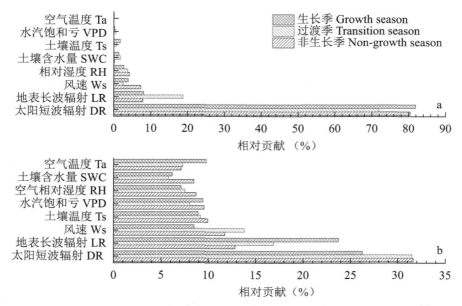

图 7-20　增强回归树分析主要环境因子对非生长季、过渡期和生长季 3 个阶段感热通量
（a）和潜热通量（b）逐时变异的相对贡献

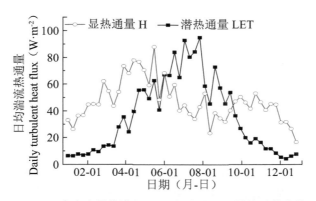

图 7-21　高寒金露梅灌丛 2004 年湍流热通量的季节变化

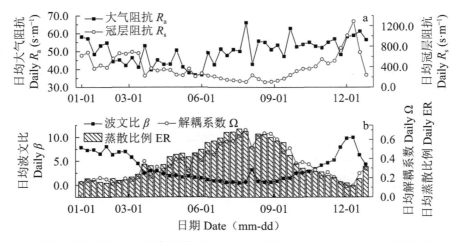

图 7-22　高寒金露梅灌丛日均空气阻抗（R_a）、日均冠层阻抗（R_s，a）和日均波文比（β）、
日均解耦系数（Ω）、日均蒸散比例（ER，b）的季节变化特征

四、海北高寒草甸 3 种植被类型湍流交换通量的比较

李英年等（2007）对海北定位站分布的金露梅灌丛草甸、矮嵩草草甸、藏嵩草沼泽化草甸 3 种高寒植被类型群落结构、感热（H）和潜热（λE）通量进行了对比研究。以海北站附近金露梅灌丛草甸、矮嵩草草甸、藏嵩草沼泽化草甸 3 种高寒植被类型植物群落结构及生物生产力，并联系在这 3 种不同植被类型生态系统架设的涡度相关观测系统所观测的潜热和感热通量进行比较分析。旨在揭示植被类型对气候条件的反馈情况，对高寒草甸生态系统的形成与演化、结构功能特征、生态适应性等具有重要的理论与实践意义，并为青藏高原气候动力学机制的研究以及对高原加热强度的研究提供科学依据。

1. 不同植被类型群落结构特征与地上净初级生产量调查结果

金露梅灌丛草甸多处在山地阴坡、沿河边缘阶地及土壤湿度较高的平缓滩地。金露梅灌丛草甸是高寒落叶灌木的典型代表，其群落外貌高低不等，一般由 2 层群落层组成，除上层金露梅灌丛组成木本植物群落外，下部生长有多种优良牧草，构成了底层植物群落。金露梅灌丛株高在 30～40 cm，最高可达 60 cm，其盖度为 60%～70%。随海拔升高，气候变得愈加寒冷，植株逐渐变得低矮。其下部草本植物因生境和灌木层高度、盖度的差异分布，种类组成、盖度等差异较大。就调查地段来看，草本层中主要有 47 种植物组成，隶属 15 科 37 属，群落总盖度约为 91%，草本叶层平均高为 8～16 cm。金露梅灌丛草甸中其草本层的优势种有针茅、藏异燕麦、垂穗披碱草，次优势种有羊茅、紫羊茅、线叶嵩草，伴生种有柔软紫菀、早熟禾、棘豆、瑞苓草、珠芽蓼、矮火绒草、尖叶龙胆、野青茅、花苜蓿、摩苓草等。

矮嵩草草甸多在平缓滩地和山地阳坡等地分布，矮嵩草草甸植物群落外貌整齐、均匀，植被总盖度为 93%，主要有 54 种植物种类组成，隶属 19 科 40 属，草层高度为 10～20 cm。除以矮嵩草为建群种外，从重要值分析结果来看，该群落的主要优势种为针茅，次优势种有麻花芃、甘肃棘豆、紫羊茅，伴生种有瑞苓草、针茅、花苜蓿、青海风毛菊、垂穗披碱草、美丽风毛菊、柔软紫菀等。

藏嵩草沼泽化草甸主要分布在土壤通透性差的河畔、湖滨、盆地，以及坡麓潜水溢出和高山冰雪下缘等地带，其植物群落的组成比较单一，结构简单，总盖度高，可达 95% 左右。植物优势种中央与边缘地带略有不同，中央部以帕米尔苔草为主要植物建群种，而边缘地带以藏嵩草为主要建群种。其总的趋势是中央植被高、种类组成少；边缘区植被高度低，物种比中央带丰富。调查表明主要有 24 种植物组成，隶属 10 科 20 属，草群高为 10～50 cm。群落的优势种为帕米尔苔草，次优势种有华扁穗草、黑褐苔草，伴生种有杉叶藻、斑唇马先蒿、祁连獐芽菜等。在边缘带还有大量的矮嵩草。对植被年净初级生产力调查表明，矮嵩草草甸、金露梅灌丛草甸和沼泽化藏嵩草草甸 3 种不同植被类型其净初级生产力差异明显，3 种植被类型地上年净初级生产力分别为 318.60 g/m²、217.70 g/m² 和 258.34 g/m²，表现出矮嵩草草甸 > 沼泽化藏嵩草草甸 > 金露梅灌丛草甸。

2. 不同植被类型潜热和感热通量的季节节律及波文变化情况

图 7-23 给出了海北高寒草甸地区矮嵩草草甸、金露梅灌丛草甸和沼泽化藏嵩草草甸 3 种不同植被类型 2003 年 7 月—2004 年 8 月近地表大气能量交换过程中的潜热和感热通量的季节变化。由图 7-23a 看到，3 种植被类型区潜热和感热通量均有明显的季节变化过程，而且随植被类型的不同差异明显。年平均潜热通量表现出藏嵩草沼泽化草甸（44 W/m²）> 金露梅灌丛草甸（40 W/m²）> 矮嵩草草甸（29 W/m²）。季节变化中，3 种不同植被类型区的潜热通量在 3 月以后开始，随季节进程升高，在水热配合良好的植物生长期均表现较高的水平，9 月以后下降迅速，12 月至翌年 2 月达最低，但藏嵩草沼泽化草甸因地表湿润，潜热通量的变化相对平稳，而且变化值较低。潜热通量的这种变化情况与温

度变化引起季节转化过程中土壤融冻及冻结时土壤湿度的变化、雨季来临、结束及雨季持续时间长度和雨水分配及强度等有关。一般土壤潮湿、雨水丰沛其潜热通量高，反之在冷季或在暖季受强太阳辐射影响并遇晴天状况，潜热通量将有所下降。

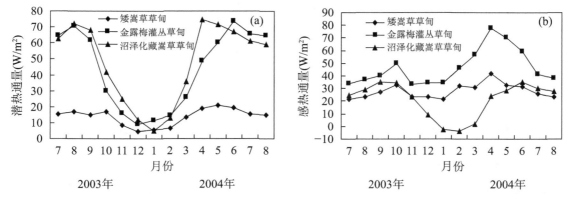

图 7-23　3 种高寒草甸植被类型分布区 λE（a）和 H（b）的月变化（2003 年 7 月—2004 年 8 月）

统计不同植被类型的感热通量发现（图 7-23b），金露梅灌丛草甸（48.367 W/m²）年平均感热通量 > 矮嵩草草甸（28.83 W/m²）> 藏嵩沼泽化草甸（20.13 W/m²）。这与藏嵩草沼泽化草甸在年内大部分时间地表积水，水的热容量大使表面热量易传导至深层，金露梅灌丛草甸有较高的高度，易在地表层贮存较多的热量有关。从季节变化过程来看，感热通量冷季低，暖季高，特别是在植物生长初期的 4—5 月，降水少，近地表植物因冬季牧事活动及大风天气减少严重，地表近似裸露，当地表面受太阳辐射后急剧散热，导致金露梅灌丛草甸和矮嵩草草甸的感热通量高于其他时期。6—8 月虽温度在年内为最高时期，但因该期植被生长茂盛，植物发生光合的同时势必有较大的水汽输送，下垫面不仅有强烈的蒸发过程，而且植被的蒸腾作用也很强烈，从而影响到感热通量的提高。3 种植被类型的感热通量的季节变化合乎一般性规律，但从 2003 年 7 月—2004 年 8 月观测资料看出，不同年景的不同月份因受降水和温度条件的分配影响，各月或不同年景的同一月感热通量则有所不同，例如：2003 年 8 月降水明显高于 2004 年 8 月，导致 2004 年 8 月感热通量高于 2003 年 8 月。再从 2003 年 10 月看到感热通量有明显的增高，这也与该月降水明显减少，但气温明显偏高有关（据测定，2003 年 10 月平均气温比正常年份偏高 2.3℃）。藏嵩草沼泽化草甸因地表常年处于过湿（冬季下垫面基本为结冰所覆盖）状态而较一致，导致感热通量的季节变化不甚复杂。

3. 不同植被类型波文比（β）的季节变化

图 7-24 给出了 3 种植被类型波文比的季节变化过程。可以看到，在矮嵩草草甸分布区，因下垫面均匀且土壤相对金露梅灌丛草甸和藏嵩草沼泽化草甸干燥，致使在全年内的任何月份表现有感热通量 > 潜热通量（波文比 >1），冷季的 11 月到次年 4 月表现尤为明显；金露梅灌丛草甸植被类型区，感热通量与潜热通量在不同月其大小不同，一般在植物非生长季节及其前后的 10 月到次年 5 月表现出感热通量 > 潜热通量（波文比 >1），而在植物生长旺盛，降水丰富，温度较高的 6—9 月表现出感热通量 < 潜热通量（波文比 <1）；藏嵩草沼泽化草甸植被类型区，因近地表层（下垫面）常年处于积水或结冰的状态，在全年的任何时期均表现出与矮嵩草草甸截然不同，均表现出感热通量 < 潜热通量（波文比 <1），其中在冷季的 1—3 月因下垫面结冰，冰面温度低常从大气吸热，导致感热通量的传输方向向下，造成感热通量 <0，在该时期出现波文比 <0。这些随植被类型不同所表现出感热通量与潜热通量的大小不同，表明了不同植被类型感热通量与潜热通量变化在青藏高原季节变化过程中，具有很大的不一致性。同时还表现出随气候年景的不同，因降水、温度分配不一致，感热通量与潜热通量在不同月份分配差异明显。

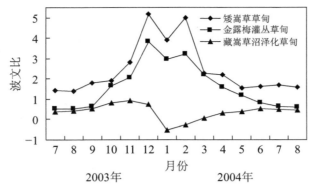

图 7-24　3 种高寒草甸植被类型分布区 β 在月尺度的变化（2003 年 7 月—2004 年 8 月）

4.　3 种植被类型潜热与感热通量之和（$\lambda E + H$）的季节变化

潜热与感热通量之和或者净辐射与土壤热通量的差（$R_n - G$）表示了水热交换过程，也表示了地面加热场的强度，潜热与感热通量之和 >0 表示地面有热量盈余，热量自地表输送给大气，地面为热源；$\lambda E + H$ <0 表示地表面热量亏损，地面需从大气获得热量，地面为冷源。图 7-25 给出了 3 种高寒草甸植被区潜热与感热通量之和的月变化过程。

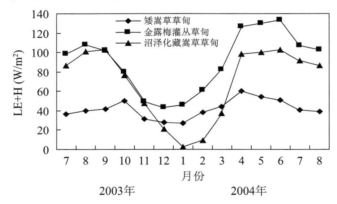

图 7-25　3 种高寒草甸植被类型分布区潜热与感热通量之和的月变化（2003 年 7 月—2004 年 8 月）

由图 7-25 看出，3 种不同植被类型在年内均表现出潜热与感热通量之和 >0，表明在青海海北高寒草甸区，太阳辐射强烈，近地层湍流输送明显，地表为一热源。所不同的是因下垫面性质的不同，3 种植被类型所产生的热源强度有所不同，从年平均（2003 年 9 月—2004 年 8 月）来讲地表热源强度出现有金露梅灌丛草甸 > 沼泽化藏嵩草草甸 > 矮嵩草草甸，其年平均通量值分别为 1 062 W/m²、776 W/m²、506 W/m²，折合年总量分别约为 2 797.40 MJ/m²、2 043.69 MJ/m²、1 334.26 MJ/m²。

图 7-25 还表明，3 种植被类型分布区的潜热与感热通量之和月变化明显，其中藏嵩草沼泽化草甸区月变化幅度最大，矮嵩草草甸最小，金露梅灌丛草甸居中。在藏嵩草沼泽化草甸的 1 月潜热与感热通量之和最低接近 2 W/m²，表明该区域冬季又是在小尺度范围内有一相对的冷岛效应，实际上在冬季该区域近地层被冰雪所覆盖，感热通量很低，甚至出现负值，潜热通量也因温度影响下发生的冰面蒸发小，水汽输送弱而降低，暖季因近地表层常有积水，地下水位高，地表潮湿，导致下垫面（包括土壤表层）热容量大，导热率小，易贮存热量而导致较大的潜热通量有关。金露梅灌丛草甸在年内任何月份均表现较高的水平，这与金露梅灌丛草甸因金露梅灌木的存在，白天吸收太阳辐射后易在灌木中贮存能量有关。矮嵩草草甸区植被高度较低，最高也仅在 20 cm 左右，热量不易贮存，土壤又相对干燥，致使潜热与感热通量之和变化较金露梅灌丛草甸和藏嵩草沼泽化草甸相对平稳。

5. 3种不同植被类型植物种类、净初级生产力与波文比的对应关系

众所周知，感热通量表征了大气与地表之间的热量交换，它的变化一定程度上影响着底层空气的温度。当感热通量增加时，气温升高；感热通量支出减少时，气温下降。而潜热通量是一地地表（包括植被）水分散失多少有关，在近地表层，由于水汽变化（如蒸发、蒸腾，以及升华等）也对近地表层的气温变化产生影响。而对于一地的地表热量交换的总的特征可以用下列热量平衡方程来表示（蒙特思，1985；Esmaiel et al.，1993）：

$$R_n = H + \lambda E + G + S + A + J + D + W \tag{7-43}$$

式中：R_n为净辐射；H为感热通量；λE为潜热通量；G为土壤热通量；S为植物层贮存热；A为生物化学贮存热，即净光合作用时发生的热量；J为从地表到观测高度处单位横截面积空气柱中物理方式贮存的能量；D为因水平流被水平方向流走的能量；W为寒冷地区因固体降水融雪耗热项。由于在固定的同一地区的多年平均$G = 0$，加之S、A、J、D、W等变化极小，因此对于年平均而言，上述热量平衡方程可简化为：

$$R_n = H + \lambda E \tag{7-44}$$

由此可以看到，感热通量与潜热通量的关系出现一个数值的变化会引起另一个数值的反向变化。即在净辐射不变时，感热通量的增加则有潜热通量的减少，底层气温升高，相反当有感热通量的降低，则有潜热通量的增加，导致下层空气温度的下降。

不论是感热通量与潜热通量的比值，即波文比，还是水热交换过程的感热通量与潜热通量的之和，在各地因地带性植被景观不同下就显得特别重要。从而认为波文比不仅与太阳辐射、地表面粗糙度有关，而且与当地的气候湿润情况、植被覆盖度、下垫面性质等有很大的联系，这种联系归根结底与一地的土壤温湿度有关。正是因土壤温湿度及降水等地理地带性的差异，导致不同地区的波文比差异明显，进而表现出不同植被类型分布区有不同的波文比值，当然波文比值的差异将导致植被产量也有所不同。正是感热通量与潜热通量的反相变化，影响着地理环境的结构和动态变化，应该说同时也影响着植被的群落结构、植被生产力等不同的自然景观及生态特征。图7-26中绘出了海北高寒草甸3种不同植被类型区不同的波文比和感热通量与潜热通量之和状况下所对应的植物群落组成种类和年地上净生产量的情况。

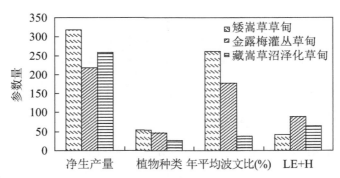

图7-26　3种植被类型植物种类、群落净生产量、波文比的比较和感热通量与潜热通量之和的相互关系

图7-26表明，3类型高寒草甸植被的年地上净生产量基本与波文比呈现正效应（正相关），与感热通量与潜热通量之和呈现明显的反效应（反相关），表现有波文比高，感热通量与潜热通量之和低植被净生产量高，反之，有波文比低，感热通量与潜热通量之和高植被净生产量较低；3种植被类型区的植物种类组成基本与感热通量与潜热通量之和具有反效应，与波文比呈明显的正效应（正相关），表现出感热通量与潜热通量之和低，波文比高，植物组成种类丰富，反之，感热通量与潜热通量之和高，波文比低，对应的植物组成种类相对减少。

通过对海北高寒草甸地区矮嵩草草甸、金露梅灌丛草甸和沼泽化藏嵩草草甸3种植被类型区潜热和感热通量、波文比和感热通量与潜热通量之和分析发现，均有明显的季节变化过程，而且随植被类型的不同，其变化过程有所不同。同时发现，年地上净生产量基本与波文比呈现正效应（正相关），与感热通量与潜热通量之和呈现明显的反效应（负相关）；3种植被类型区的植物种类组成基本与感热通量与潜热通量之和有反效应，与波文比呈明显的正效应（正相关），表现出感热通量与潜热通量之和低，波文比高，植物组成种类丰富，反之，感热通量与潜热通量之和高，波文比低，对应的植物组成种类相对减少。

五、祁连山宁缠地区植被水热交换的季节变化

王澄海等（2010）利用VIC大尺度分布式水文模型，对祁连山地区宁缠观测站101.99°E，37.3°N，海拔2 721.1 m，2007年1—12月的能量平衡特征进行模拟分析（图7-27）。在月尺度上，该地区感热通量比潜热通量大，感热通量在地表平衡中占主导地位。感热通量的最大值出现在5—7月，而潜热通量的最大值则出现在8—9月。值得注意的是，在3月、10—11月的2个过渡季节，潜热通量大于感热通量，相应的波文比（b）小于1；3月底气温回升较快，但同时风速较大，蒸散发能力较强，风速和温度的共同作用使该时段内地表的蒸发能力较强，潜热相对于感热较大而达到全年的最大值。一方面，3月温度上升，地表出现日尺度的冻融周期变化，增加了地表水分（Wang et al., 2009）。另一方面，可能和该地的过渡季节风速较大、蒸散发作用强、温度较低有关。尽管潜热通量较感热通量大，但潜热通量本身较小，而且其变率较大。波文比在某种程度上可以反映下垫面土壤的干湿状况（Blad et al., 1974；Steduto et al., 1998），3月的波文比也是全年里最小的。说明除温度和风速的作用较为显著外，在此时段，该地区的土壤湿度开始上升，融雪和融冻过程的发生。

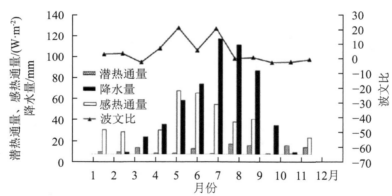

图7-27　月降水量、波文比、潜热通量及感热通量的月平均值

进入夏季，由于降水增多，空气中水汽含量增加，影响地表的蒸发能力，潜热通量平均值较低。而感热通量在该时段内由于太阳辐射增强逐渐增大，波文比也逐渐增大，在5月波文比达到最大。在整个夏季，由于较强的太阳辐射，感热通量维持在较高的水平。另外，该地区的土壤湿度的分析表明，该地的土壤湿度本身较小，即使在夏季，其变化较小，是该地区的潜热也较小的主要原因。

由夏季转入秋季，太阳高度角减小，辐射也随之减弱，温度也开始降低。但由于夏季较多的降水，在感热降低的同时，潜热仍然较其他月（除3月外）高，因此波文比也维持在较小的水平。可见，在祁连山地区，地表能量平衡中以感热为主要作用，潜热较小。

第三节　三江源区域水热交换的特征

一、黄河源区玛多高寒草甸下垫面能量平衡特征

周秉荣等（2013）利用黄河源区玛多县黄河沿（98° 13′ E，34° 53′ N，海拔高度 4 300 m）布设两套微气候观测仪，观测了 0.5 m 和 2.0 m 高度的风速、空气温度和相对湿度、大气压，太阳总辐射、净辐射、反射辐射、10 cm、30 cm 及 50 cm 层次土壤温湿度、土壤热通量等微气候参数，进行了 2009 年 9 月—2011 年 9 月辐射及能量通量的分析。除净辐射、反射辐射及土壤热通量通过观测直接获取外，饱和水气压应用改进的 Magnus 公式得到，潜热、感热两分量通过波文比法计算获取：

$$R_n = H + \lambda E + G_n \tag{7-45}$$

$$B = \frac{H}{\lambda E} \tag{7-46}$$

$$B = \frac{C_p}{\lambda} \times \frac{\Delta T}{\Delta q} = \gamma \frac{\Delta T}{\Delta q} = \gamma \frac{T_s - T_z}{e_s - e_z} \tag{7-47}$$

$$\gamma = \frac{C_p P}{\epsilon \lambda} \tag{7-48}$$

$$e_{s0} = 610.78 \exp^{\left(17.269(T-273.16)\big/_{T-35.86}\right)} \tag{7-49}$$

$$T = t + 273.16 \tag{7-50}$$

$$e_s = h^* e_{s0} \tag{7-51}$$

根据湍流扩散理论和相似理论：

$$H + \lambda E + G_n = -\rho C_p K_h \frac{\partial T}{\partial z} - \rho \lambda K_w \frac{\partial q}{\partial z} + G \tag{7-52}$$

以差分代替微分，并令 $K_h = K_w = K$，得到

$$K = -\frac{(R_n - G)\Delta Z}{\rho C_p \Delta T + \rho \lambda \Delta q} \tag{7-53}$$

得到潜热和感热通量项

$$H = -\rho C_p K_h \frac{\partial T}{\partial z} = \frac{R_n - G}{1 + \dfrac{\lambda}{C_p} \times \dfrac{\Delta q}{\Delta T}} \tag{7-54}$$

$$\lambda E = -\rho \lambda K_w \frac{\partial q}{\partial z} = \frac{R_n - G}{1 + \dfrac{C_p}{\lambda} \times \dfrac{\Delta T}{\Delta q}} \tag{7-55}$$

式中：$\Delta z = z_2 - z_1$；$\Delta q = q_2 - q_1$；$\Delta T = T_2 - T_1$；R_n 为地表吸收的净辐射通量（W/m² 或 MJ/m²）；H 为感热通量（W/m² 或 MJ/m²）；λE 为潜热通量（W/m² 或 MJ/m²）；G_n 从地表面传导到土壤深处的热通量（W/m² 或 MJ/m²）；B 为波文比，无量纲；γ 是干湿球常数；P 为大气压（hPa）；t 为温度（℃）；ϵ 等于 0.622 g/g；C_p 为定压比热，取 1 012.0 J/（kg·K）；λ 为水汽化潜热，取 2.26×10⁶ J/kg。

1. 总辐射与反射辐射

玛多高寒草甸因地处 4 300 m 的高海拔地区，大气中水汽、气溶胶含量低，其太阳总辐射值较高（图 7-28）。年内 5 月、7 月太阳总辐射最强，月总量分别为 693.84 MJ/m² 和 738.83 J/m²（表 7-6），日均值为 22.38 MJ/m² 和 23.83 MJ/m²，2 月总辐射最低，为 385.66 MJ/m²，最高月和最低月总辐射差异大，2 月总辐射是 7 月的 50%。玛多气象站观测资料表明，该区同期 5 月、6 月、7 月月平均总云量分别是 7.8 成、8.7 成、6.6 成，可以看到，云作为影响总辐射的限制性因子，使该区域 6 月的总辐射低于 5 月和 7 月。总辐射变化趋势从 1 月的 402.09 MJ/m² 开始逐渐升高到 7 月的 738.83 MJ/m²，达到最高值，然后开始逐渐降低，到次年 2 月 385.66 MJ/m²，达到最低值。5—9 月植物生长期期间总辐射量为 3 301.47 MJ/m²，约占全年总辐射的 50%。

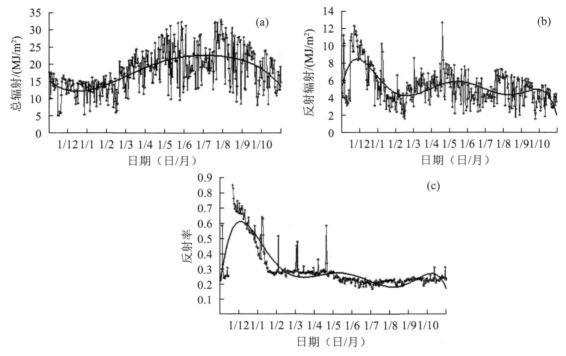

图 7-28 黄河源区总辐射（a）、反射辐射（b）、反射率（c）年变化特征

表 7-6 黄河源区总辐射、反射辐射月总量及月平均反射率

月份	总辐射（MJ/m²）	反射辐射（MJ/m²）	净辐射（MJ/m²）	反射率月平均值
11	395.74	237.57	−11.77	0.39
12	402.55	235.07	−28.52	0.58
1	402.09	142.33	53.05	0.35
2	385.66	111.40	93.39	0.29
3	567.31	164.73	168.82	0.29
4	636.41	186.57	205.63	0.29
5	693.84	165.93	296.61	0.24
6	601.68	130.47	298.95	0.22
7	738.83	158.31	362.86	0.21
8	678.18	149.54	303.19	0.22
9	588.95	137.26	249.33	0.23
10	510.85	121.25	181.06	0.24
年值	6 602.09	1 940.44	2 172.61	0.30

黄河源区反射辐射年总量 1 940.44 MJ/m²（表 7-6）。月际变化特征较为复杂，11 月、12 月达到全年最高值，反射幅射月总量分别 237.57 MJ/m²、235.07 MJ/m²，日均值为 7.92 MJ/m²、7.58 MJ/m²，然后下降，2 月降到全年最低 111.40 MJ/m²，随即开始上升，4 月达到 186.57 MJ/m²，5—7 月震荡，到 10 月达到全年次低值 121.51 MJ/m²。图 7-28c 表示的是黄河源区反射率全年日平均值，其变化特征与反射辐射比较一致，11 月至次年 1 月，反射率较高，在 0.24～0.85 变化，平均为 0.44。2—4 月反射率月平均值为 0.29，5—9 月植物生长期反射率月平均值约为 0.22，7 月为全年最低值 0.21。

反射率的变化受各种因子的综合影响，对于高原地区，影响反射率的主要因子主要有积雪、植被、土壤水分。黄河源区地表积雪对反射率的影响很大，雪被具有很高的短波反射率，冬季地表积雪和反射率有很好的相关性（图 7-29a）（R=0.90），积雪使该区域地表反射率持续维持在 0.3 以上，由于该区域冬季严寒漫长，即使在 5 月，仍然有积雪产生，2 月 2 日、3 月 3 日、3 月 5 日、4 月 20 日反照率的高值点恰好对应的是降雪日点。11 月和 12 月黄河源区降雪形成的积雪，使这两个月地表反照率持续偏高，1 月和 2 月降水偏少，地表积雪减少，反射率下降。影响该区域地表反射率的另一重要因子为土壤水分，图 7-29b 为植物生长季地表反射率和土壤 10 cm 湿度的日变化曲线图，可以明显地看出植物生长季反射率和土壤湿度之间的反相关关系，这也可以解释在降水较为充沛的 6—8 月，反射率达到最低的原因。地表植被对反射率也有一定的影响，但没有土壤湿度和积雪显著，从 5 月开始，地表植被覆盖度持续增加，覆盖度从 0 上升到 70%，地表反射率从 0.24 降到 0.21，该区域植被对反射率的影响要小于土壤湿度的影响。因此，黄河源区对反射率的影响，植物生长期土壤湿度和冬春季积雪是两个关键的因素。

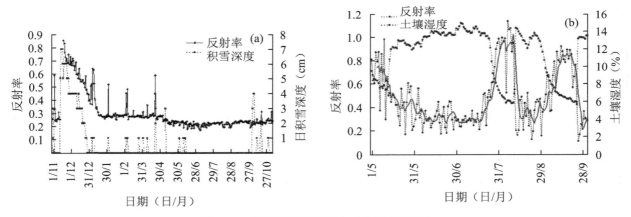

图 7-29　下垫面积雪和湿度对反射率的影响

2. 净辐射与感热通量、潜热通量

生态系统的净辐射是驱动植被下垫面温度变化、感热和潜热交换的能量来源，这些变化所需的能量都是由辐射平衡的能量转化而来的。黄河源区净辐射年总量为 2 172.61 MJ/m²，日均 5.95 MJ/m²。2009 年净辐射日总量年最大值 15.55 MJ/m²，出现在 7 月 28 日，净辐射日总量年最低值 −6.79 MJ/m²，出现于 11 月 16 日，二者差值达 24.34 MJ/m²（图 7-30）。净辐射月总量全年 7 月最高，为 362.86 MJ/m²，随后降低，到 11 月成为负值，12 月最低为 −28.52 MJ/m²（图 7-31）。从本研究观测结果分析，黄河源冬季 11—12 月热量收支为负值，表明地表吸收热量，而 1 月开始，热量收支变为正值，地表释放热量。

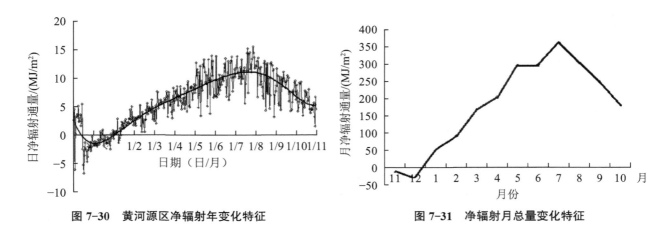

图 7-30　黄河源区净辐射年变化特征　　　　　图 7-31　净辐射月总量变化特征

黄河源区净辐射较强，2010 年 7 月 3 日 12：40 两套仪器分别观测到的瞬时值平均值 979.5 W/m²，表 7-7 为世界不同地区中午的净辐射最大值，可以看出黄河源区净辐射比世界各站不同下垫面的高很多。

表 7-7　黄河源区净辐射与世界其他站点对比

测站	纬度	净辐射通量（W/m²）	地面状况	观测日期
Sharouwrah（沙特阿拉伯）	18° N	360	沙漠	1998 年 6 月
Pit Meadows（加拿大）	49° N	490	草地	1976 年 7 月 25 日
Rothamated（英国）	52° N	500	耕地	1963 年 7 月 23 日
Pingree Park（美国）	30° N	660	岩石	1984 年 8 月 3 日
Cedar Rive（美国）	47° N	710	森林	1972 年 8 月 10 日
拉萨（中国）	30° N	870	草地	1986 年 6 月 10 日
玛多（中国）	34° N	979	草地	2010 年 7 月 3 日

地表热平衡方程为 $R_n = G + H + \lambda E$，其中 R_n 为净辐射，G 为土壤热通量，H 为感热，λE 为潜热。黄河源区全年 G 为 38.06 MJ/m²，H 年总量为 742.68 MJ/m²，潜热通量年总量为 1 388.58 MJ/m²。土壤热通量全年总量在热量平衡中约占 2%，比例很小。如果不考虑平流损失的热量，黄河源区地表全年通过净辐射获取的热量，98% 是通过感热和潜热的方式由地表传递到近地层大气的，但季节内分配不平衡，冬季 G 在热量平衡中为很重要的一个分量。其中，通过感热方式传递到大气的热量占净辐射的 34%，潜热方式占 64%，感热通量和潜热通量日平均值分别为 2.03 MJ/m²、3.80 MJ/m²，黄河源区从全年来看以潜热方式传递热量为主。5—9 月植物生长季，感热通量和潜热通量分别为 360.47 MJ/m² 和 1 011.54 MJ/m²，两者所占净辐射的比例是 23.9%、67.0%。生长季通过潜热方式传递的能量比例略高于全年的比例。

图 7-32 为感热通量、潜热通量、波文比的年变化图。可以看到，黄河源区感热通量、潜热通量的月际变化非常明显。11—12 月，感热通量和潜热通量为全年最低，感热通量略小于潜热通量。这两个月中，感热通量和潜热通量日累积值出现负值，表明这段时间中有些天数是大气向地表以感热和潜热的形式释放热量，地表吸收热量，有些天数表现为地表向大气释放热量（图 7-32a）。11—12 月，感热通量月总值为 9.66 MJ/m²、7.74 MJ/m²，潜热通量为 11.00 MJ/m²、9.39 MJ/m²，但土壤热通量为负值，分别是 −32.99 MJ/m²、−45.66 MJ/m²，并且月总值绝对值超过感热通量和潜热通量月总值之和（图 7-32 b）。说明 11 月和 12 月，黄河源区土壤热通量对地表热量的影响要大于感热通量和潜热通

量对地表热量的影响。土壤热通量在全年热量传递中所占比例很小，但在冬季这 2 个月中，是热平衡主要的分量（表 7-8）。该时段虽然净辐射为负值，但地表热量收支（$R_n - G$）仍然为正，其平均值为 18.9 MJ/m²，表明地表对于大气而言，为弱热源。

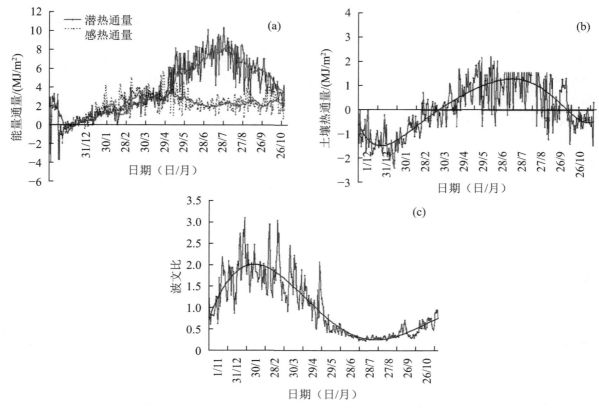

图 7-32　黄河源区感热和潜热通量（a）、土壤热通量（b）和波文比（c）年变化

表 7-8　黄河源区地表热平衡

月份	潜热通量（MJ/m²）	感热通量（MJ/m²）	土壤热通量（MJ/m²）	净辐射通量（MJ/m²）
11	11.00	9.66	−32.99	−12.32
12	9.39	7.74	−45.66	−28.54
1	36.08	44.69	−27.93	52.84
2	37.91	58.44	−5.62	90.73
3	73.40	92.44	2.65	168.49
4	89.02	93.64	23.28	205.95
5	173.79	90.77	33.51	298.07
6	198.14	65.30	34.27	297.71
7	250.26	67.44	44.66	362.37
8	215.08	66.97	20.23	302.28
9	174.27	69.98	5.73	249.98
10	120.24	75.61	−14.08	181.76

2—4月，感热通量和潜热通量逐渐增大，感热通量＞潜热通量，波文比介于1.23～2.95，感热通量月累积值达到全年最高值93.64 MJ/m²。土壤热通量月总值由2月的–5.62 MJ/m²上升至4月的23.28 MJ/m²，深层土壤向地表传递热量的方向在2—3月发生了转换，由地表从深层土壤吸收热量，转换为地表向深层土壤释放热量。5—7月，潜热通量快速增加，月总值由173.79 MJ/m²增加到250.06 MJ/m²，感热通量月总值在4月达到全年最高值后，从5月开始减小，到7月为67.44 MJ/m²。波文比也从2.07迅速下降到全年最低0.27（图7-32 c）。土壤热通量变化幅度较小，从23.20 MJ/m²上升到44.66 MJ/m²。4—7月潜热通量的月总值达到感热通量和土壤热通量之和的2倍，地表以潜热方式传递热量为主。8月开始，潜热通量逐渐降低，但感热通量仍然缓慢升高，8月月总值是66.97 MJ/m²，10月为75.61 MJ/m²，日波文比介于0.28～0.95，仍有潜热通量＞感热通量。土壤热通量月总值由20.23 MJ/m²下降到–14.08 MJ/m²。潜热通量释放的热量占净辐射的69%，地表释放热量仍以潜热为主。

以上分析表明：①该区域全年总辐射量为6 602.09 MJ/m²，年均辐射为18.06 MJ/m²，年总辐射甚至高于沙漠、戈壁地区。全年5月、7月太阳辐射最强，2月总辐射最低。该区域反射率较高，全年反射率平均值为0.30，接近于荒漠和半荒漠下垫面的反射率。黄河源区影响地表反射率的2个最主要因素是植物生长期土壤湿度和冬春季的积雪。②黄河源区净辐射较强，全年所观测到的净辐射为2 172.61 MJ/m²。曾观测到高达979.5 W/m²的净辐射通量值，比世界各站不同下垫面的高很多。2010年11月、12月总净辐射为负，其值分别为–11.77 W/m²、–28.52 W/m²，

这2个月，净辐射的分量中地表长波辐射分量要大于其余分量。③该区域2010年感热通量年总量为742.68 MJ/m²，潜热通量年总量为1 388.58 MJ/m²，区域全年中以潜热方式传递热量为主、感热方式其次。分季节分析，冬季感热潜热强度相当，春季以感热为主，夏秋季潜热为主。土壤热通量2010年总量为38.06 MJ/m²，全年总量在热量平衡中约占1.8%，比例很小。但在冬季这2个月中，是热平衡最主要的分量。④该区域全年地表向大气释放热量，地表对大气而言是热源。⑤由于观测时间仅有两年时间，对于一些辐射的气候学特征无法给出普适性结论，所述特征在一定气候背景下适用，解决的方法只能是延长观测时期，以得出更为普遍的结果。

二、黄河源鄂陵湖高寒草原地区幅射收支和地表能量平衡特征

唐恬等（2013）分析了黄河源鄂陵湖地区辐射收支和地表能量平衡特征。发现，白天，地面吸收太阳辐射后使土壤增温，大气的能量则主要来源于地面的感热和潜热输送以及长波辐射，晴天、阴天、雨天的向下短波辐射、净辐射、土壤水分含量以及土壤热容量有较大差别，因此地表能量也必然有一定的差别。由于湖区下垫面的多样性、地表反照率和土壤湿度等因素，高寒区草地下垫面的能量交换特征比西北干旱区复杂，当地表向土壤深层传递热量，土壤热通量直接关系到高寒区冻土的发育状态（王银学等，2011；张伟等，2012）。若进入土壤的热通量为正值，多年冻土则将处于退化状态，造成不利的影响（高荣等，2011）。因此，在地一气能量交换中，潜热、感热和土壤热通量的分配比例值得深入探讨。

图7-33是不同天气条件下的地表能量各分量日变化。在图7-33a中，晴天感热通量在12：00出现最大值为246 W/m²，夜间出现最小值，约为–42 W/m²。白天潜热通量一直为正值，表明有自地表向大气的水汽蒸发过程，且蒸发大于吸收；夜间在零值附近波动，有时为负值，表明有水汽向下输送。潜热通量在14：00达到峰值，约为136 W/m²，最小值为–12 W/m²。白天，随着太阳的升起，土壤表面接收太阳辐射，0 cm土壤热通量开始由夜间的负值转变为正值，最大值、最小值分别为122 W/m²、–39 W/m²，日较差约为161 W/m²，0 cm土壤热通量的日平均值为20 W/m²。感热、潜热、0 cm土壤热通量的日积分值分别为5.89 MJ/m²、3.44 MJ/m²、1.71 MJ/m²，3者之和小于净辐射，净辐射的

分配为感热通量占 49.67%、潜热通量占 228.6%、0 cm 土壤热通量占 14.22%，能量不闭合部分约占 7.5%。从上述分析可以看出，地—气之间的能量传输主要以感热交换为主，这种地表能量分配与敦煌的绿洲（张强等，2002）及荒漠戈壁（张强等，2003）不同，这说明下垫面特征的不同对地表能量的分配过程起着重要的调节作用。

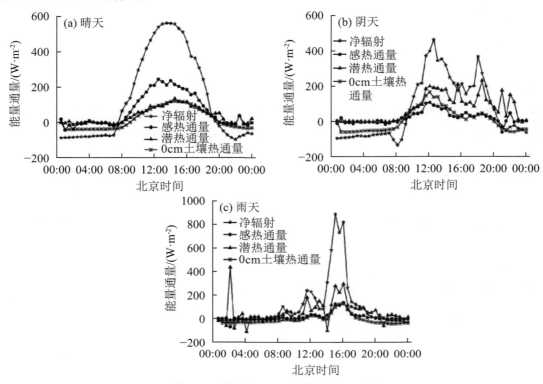

图 7-33　不同天气条件下的地表能量各分量日变化

　　阴天时（图 7-33b），地表能量各分量日变化规律与晴天不同，净辐射、感热以及 0 cm 土壤热通量都有不同程度的削减。阴天时，净辐射的峰值为 464 W/m²，最小值为 -136 W/m²，日平均净辐射通量为 73 W/m²，比晴天条件下减少了约 66 W/m²；感热通量的峰值约为 107 W/m²，最小值为 -61 W/m²，日平均感热通量为 22 W/m²，比晴天的日平均值减少了 47 W/m²；0 cm 土壤热通量的峰值为 166 W/m²，最小值为 -60 W/m²，日平均值为 7 W/m²，比晴天减少了 13 W/m²；阴天由于水汽充足，潜热通量比晴天有所增加，其峰值可达到 232 W/m²，最小值为 -10 W/m²，日平均潜热通量为 73 W/m²，比晴天时候的日平均值增加了 33 W/m²。阴天感热、潜热和 0 cm 土壤热通量的日积分值分别为 1.91 MJ/m²、6.30 MJ/m²、0.66 MJ/m²，它们分别占到净辐射的 30%、99% 和 9%，能量超闭合部分占 39%。这种超闭合的状况可能是观测值的误差导致，如凌晨时仪器上附有一薄层水或水滴，因而观测值会受到一定影响，具体的影响程度，还有待于进一步研究确定，这种情况也在金塔地区出现过（文小航等，2011）。在降水天气条件下（图 7-33c），地气之间的能量传输以潜热蒸发为主，感热小，0 cm 土壤热通量为负值说明土壤在不断地释放热量。

　　表 7-9 列出了晴天和阴天条件下各能量通量的日积分值。白天感热通量为正值，地面加热大气，夜间为负值，大气加热地面，这种昼夜不同现象可能与鄂陵湖湖水对气温的调节有关。夜间暖湖效应抬升了湖区及周边的气温，同时地面因辐射降温，造成气温高于地面温度，热量则由大气传送给地面。白天水的蒸发相变一直存在，而夜间潜热通量在零值附近波动，说明蒸发相变很弱；0 cm 土壤热通量白天为正值，土壤储热，夜间为负值，土壤向大气释放能量。对净辐射取绝对值可知，由于没有云的作用，晴天的能量在白天进得多，夜间耗散得快，无论昼夜均有晴天大于阴天。

表 7-9　晴天和阴天条件下地表能量各分量昼、夜积分值对比

		净辐射 MJ/m²	感热通量 MJ/m²	潜热通量 MJ/m²	0 cm 土壤热通量 MJ/m²
晴天	昼	15.04	6.19	3.29	2.90
	夜	-3.03	-0.23	0.15	-1.19
阴天	昼	8.80	1.94	5.30	2.52
	夜	-2.46	-0.07	1.04	-1.94

注：昼为 07：00—19：00；夜为 00：00—06：30 和 19：30—23：50

　　云和降水对地表能量收支的影响在土壤温度的日变化特征上也可以清楚地反映出来（图 7-34），利用试验观测期间的土壤温度数据，对土壤温度日变化进行对比：无论何种天气条件下，5 cm 和 10 cm 深度的土壤温度均呈一种准正弦变化趋势。对于 5 cm 土壤温度而言，晴天的振幅最大，约为 17℃，阴天次之，约为 13℃，雨天约为 12℃；对 10 cm 的土壤温度而言，晴天最高温度约为 16℃，阴天和雨天为 12℃；对 20 cm、40 cm 的土壤温度而言，不同天气条件下的变化幅度都很小，可见天气条件对深层土壤的温度影响不大，这与文献（李万莉等，2009）的研究结果相同。对照不同天气条件下的土壤温度数据发现，雨天降水之前 5 cm、10 cm 的土壤温度明显高于同一时间段晴天和阴天条件下的土壤温度，说明降水前云量的增加对土壤有一定的保温作用。综合上述分析，虽然净辐射是土壤能量的来源，但土壤温度的变化还决定于土壤的热容量，降水会使土壤热容量产生显著变化，从而影响了浅层地温，而深层地温受天气影响很小，季节变化可能是其主要变率。

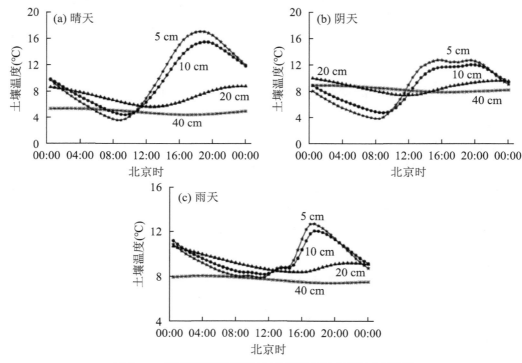

图 7-34　鄂陵湖地区不同天气条件下各层土壤温度日变化

　　图 7-35a 为观测期内草地测站平均地表能量日变化特征，由于云和降水的影响，净辐射的峰值只有 521 W/m²，比晴天条件下减少了 42 W/m²，平均感热通量和 0 cm 土壤热通量的峰值相对于晴天也较小，分别为 109 W/m² 和 108 W/m²。因为云和降水的影响使大气中的水汽量增多，水发生相变时的热量输送增大，平均潜热通量的峰值比晴天时较大，约为 249 W/m²。感热、潜热、0 cm 土壤热通量的平均日积分值分别为 2.70 MJ/m²、5.40 MJ/m²、1.02 MJ/m²，它们分别占到净辐射的 21%、43%、8%。由于湖泊的存在，水体巨大的热容量和水分供应使得鄂陵湖地区的气温日较差较小，地表温度变化幅度

变小，附近地表温度不会过快升高，与锡林郭勒草原（岳平等，2010）的感热通量占主导不同，在鄂陵湖区地表能量平衡中，潜热通量占主导。从图 7-35 b 可知，5 cm 和 10 cm 的平均土壤温度峰值都低于晴天 2℃，20 cm 土壤温度与晴天 20 cm 土壤温度差异较小，40 cm 的平均土壤温度反而比晴天大，可见云在一定程度上起到了"保温"作用。

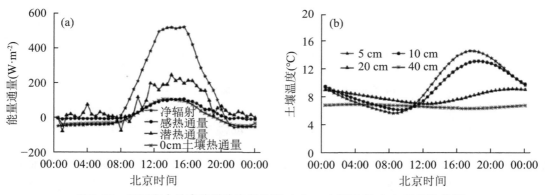

图 7-35　观测期内地表能量收支各分量（a）、土壤温度（b）日变化特征

晴天的感热通量、土壤热通量日积分值均大于阴天、雨天，而潜热通量日积分值小于阴天、雨天。净辐射是土壤能量的来源，但土壤温度的变化还决定于土壤的热容量，降水会使土壤热容量产生显著变化。无论何种天气条件，5 cm、10 cm 的土壤温度都比 20 cm、40 cm 的土壤温度变化剧烈，说明天气条件对深层土壤的温度影响不大。

由于云和降水的扰动削弱了向下短波辐射，导致平均感热通量和 0 cm 土壤热通量的峰值比晴天小，而平均潜热通量的峰值大于晴天。感热、潜热、0 cm 土壤热通量的平均日积分值为 2.71 MJ/m²、5.44 MJ/m²、1.02 MJ/m²，它们分别占到净辐射的 21%、43%、8%。由于湖泊的存在，水体巨大的热容量和水分供应使得鄂陵湖地区的气温日较差较小，地表温度变化幅度变小，附近地表温度不会过快升高，所以在鄂陵湖区的地表能量平衡中，潜热通量占主导。5 cm 和 10 cm 的平均土壤温度峰值都低于晴天 2℃，20 cm 平均土壤温度与晴天差异较小，40 cm 的平均土壤温度比晴天大，可见云在一定程度上可以起到"保温"的作用。

三、黄河源麻多水热交换的季节变化

贾东于等（2017）利用 2013—2014 年 6—8 月黄河源区中科院麻多黄河源气候与环境变化观测站（96° 22′ E，35° 01′ N 海拔 4 313 m），近地面的观测数据进行 CLM4.5 单点模拟植被变化对近地面水热交换影响和能量平衡的研究表明（图 7-36）。①植被覆盖度的改变会显著影响感热和潜热通量的变化，尤其是裸地与 50% 植被覆盖的潜热差值，变化范围在 -4 ~ 18 W/m²。植被覆盖度的增减对向上短波的模拟结果完全相反，具体表现为，植被覆盖度增加会使向上短波减小，反之亦然。②叶面积指数增加会使土壤温度下降，且变化幅度比 LAI 减少时大，5 cm 深处土壤温度的降幅最大为 3.08℃。这说明植被增加对土壤温度的影响较大。同时，叶面积指数增加会使土壤液态含水量减少。叶面积指数的减少会使向上长、短波辐射及感热通量增加。反之，叶面积指数增加会使向上长、短波减少，潜热输送增大。③净辐射通量受到云的影响最大，变化范围在 200 ~ 461 W/m²；多云天的能量闭合较差，闭合度仅为 69%；晴天的能量闭合度较高，为 88%。同时，6 月麻多的潜热通量在不同天气条件下均大于感热。④ 2013 年 6—7 月的土壤热通量在不同深度都达到峰值，其中 5 cm 深处土壤热通量的平均值为 6 W/m²，最大值为 30 W/m²。20 cm 深处的土壤热通量由于在热量传输过程中的耗散，整体变化范围较小。

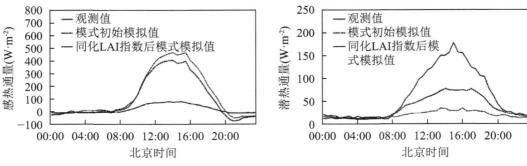

图7-36　2014年6—8月模式模拟的湍流通量与观测值的平均日变化比较

四、黄河源麻多高寒湿地—大气间水热和碳交换通量日变化特征

陈金雷等（2017）利用中国科学院西北生态环境资源研究院青海省玉树藏族自治州曲麻莱县麻多乡东黄河源气候与环境变化观测站（35°05′N，96°22′E），海拔4 313 m，下垫面类型主要为高寒湿地，地势平坦、开阔。2014年6—8月观测资料，分析了黄河源区高寒湿地—大气间暖季水热交换特征，并利用公用陆面模式（CLM）模拟了热通量变化，提出针对高寒湿地的粗糙度优化方案。

通过分析暖季6—8月92 d净辐射变化，可以将其分为晴天与多云天（晴天总共10 d），平均后得到暖季晴天与多云天的辐射变化状况，发现平均后的多云天失去了震荡特征，晴天与多云天辐射分量变化趋势与总体平均相似。如表7-10所示，晴天向下短波最大值达1 047 W/m²，远高于多云天679 W/m²，净辐射亦是如此，分别为658 W/m²、4 488 W/m²，说明白天为晴天的能量收入高于多云天，夜晚反之，云的逆辐射作用使得地面向上长波辐射部分返回大地，辐射损失降低，其他辐射通量最大最小值如表7-10所示。

表7-10　2014年6—8月暖季晴天与多云天辐射通量最大值和最小值

项　目	辐射通量（W/m²）				
	向下短波	向上短波	向下长波	向上长波	净辐射
晴天（最大值）	1 046.8	187.9	261.8	447.7	657.5
晴天（最小值）	−3.7	2.1	225.8	32.6	−90.3
多云天（最大值）	679.4	124.8	34.6	408.8	448.0
多云天（最小值）	−1.9	1.6	281.2	318.6	−52.1

由于水汽充足，潜热通量整体大于感热通量（图7-37）。夜间感热通量出现负值，最小值为−8 W/m²，潜热通量始终为正值，表明始终有自地表向大气的水汽蒸发过程，且蒸发大于吸收。一部分能量以土壤热通量方式向下传递使土壤温度升高，18：00后净辐射小于零，土壤热通量开始向上传递，温度降低；9：00之后热通量下传，温度升高，40 cm及以下深度受此影响非常小。

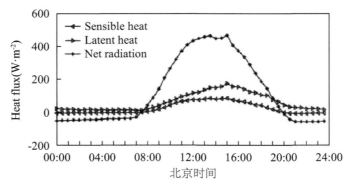

图7-37　2014年6—8月麻多高寒湿地基本气象要素变化及能量收支特征：能量通量平均日变化

在同地区，地理位置为 92° 56′ E-97° 35′ E，33° 36′ N-35° 40′ N，罗琪等（2017）分析了 2013 年 7 月 16 日—10 月 19 日黄河源区麻多湿地下垫面湍流通量涡动相关系统和气象站观测资料。每月选取 3～4 d 晴天条件下的观测数据，分析了黄河源麻多湿地—大气间感热通量、潜热通量和 CO_2 通量的日变化特征，并探讨了近地面能量平衡闭合度。

陆面过程观测试验期间 2013 年 7 月 20—22 日，8 月 7 日，12—14 日，9 月 12—13 日，27 日及 10 月 8—11 日的晴天条件的湍流通量数据，求取其平均值（图 7-38），从图中可以看出，7—10 月，晴天条件下感热通量的日变化过程总体上呈单峰型。白天由于太阳辐射较强，导致黄河源高寒湿地表面温度高于近地面空气温度，感热通量向上传输，在 12：00—14：00 期间数值较大，最高值出现在 9 月 15：00，达到了 150 W/m²。在夜间，高寒湿地表面温度低于大气温度，感热通量向下传输，特别是在 9 月；10 月夜间感热通量的绝对值大于 9 月其值，可见 10 月夜晚感热通量向下输送较强。在几个日变化过程中，9 月感热通量日变幅最大，10 月次之，8 月最小。7 月和 8 月高寒湿地感热通量日变化的变幅相当，说明潮湿季节（7—8 月）的感热通量最大值要比寒冷季节（9—10 月）的低一点。但 7 月感热通量日变化的波动较大，说明 7 月该地区大气状况更加不稳定。

通过 2013 年植被生长季节几个晴天条件下黄河源高寒湿地—大气间潜热通量的平均日变化过程（图 7-39）中可见，潜热通量日平均变化总体上呈单峰型，潜热通量的日变化特征表现为：夜间较低且变化较小，日出后逐渐增高，一般在 15：30—16：00 期间达到最大值，最高值出现在 2013 年 7 月 16：00，达到了 300 W/m²，期间会出现波动，日落后趋于稳定，夜间变化幅度很小。

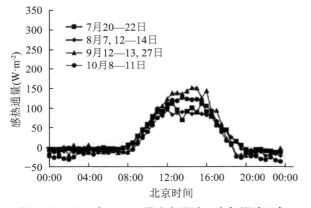

图 7-38　2013 年 7—10 月麻多湿地—大气间晴天条件下感热通量的日变化

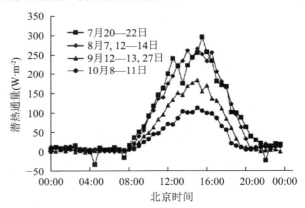

图 7-39　2013 年 7—10 月麻多湿地—大气间晴天条件下潜热通量的日变化

总体而言，夏季（7 月和 8 月）的潜热通量峰值明显大于秋季（9 月和 10 月）。青藏高原东部麻多草甸下垫面潜热通量不同月份的日变化与该地区相近，在 7—10 月 8 月最大，10 月最小。

在分析不同月感热通量和潜热通量占净辐射的比例时发现（图 7-40），2013 年的 7 月和 8 月，特别是白天，二者之比数值比较稳定，感热通量占净辐射的比例日变幅不大，而 9 月和 10 月感热通量在白天下午时，二者之比数值显著增加。潜热通量占净辐射比例白天为正，夜间为负值，说明在高寒湿地下垫面，夜间的负潜热输送不可忽略。二者之比数值白天较大，不同月数值相差较大，日出或日落前后变化过程呈现不连续。

感热通量与潜热通量之比为波文比，即 $|H_s / \lambda E|$，波文比反映了观测下垫面能量分配的大小。从 2013 年 7—10 月黄河源麻多高寒湿地—大气间晴天条件下波文比日变化过程（图 7-41）可以看出：在整个植被生长季节，黄河源高寒湿地下垫面白天波文比维持正值，上午数值较小，下午数值较大。这主要是在下午，随着下垫面吸收的太阳辐射能增加，下垫面被加热，用于蒸散发消耗的热量增加，而且 7 月和 8 月数值明显大于 9 月和 10 月。所以黄河源高寒湿地湍流通量中潜热通量占主导地位，生态系统的能量消耗以潜热为主，白天波文比为正值，相对稳定。而夜间由于感热和潜热通量观测相对

误差较大，波动也较大，净辐射通量较小，因此，在实际分析日变化过程时忽略夜间的波文比（宋从和，1993）。

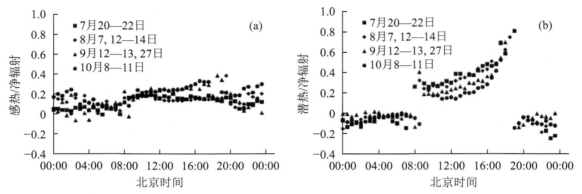

图7-40 2013年7—10月麻多湿地—大气间晴天条件条件下感热通量（a）和潜热通量占净辐射比例（b）的日变化

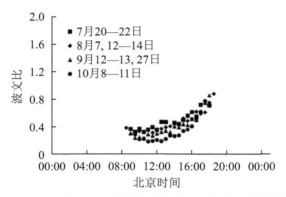

图7-41 2013年7—10月麻多湿地晴天条件下波文比日变化

五、长江源西大滩和唐古拉水热交换的季节变化

肖瑶等（2011）利用2007年青藏高原冰冻圈观测研究站在唐古拉（91° 56′ E，33° 04′ N，海拔5 100 m）和西大滩综合观测场（94° 08′ E，35° 43′ N，海拔4 538 m）的实测资料，计算了藏北高原多年冻土区2种不同植被下垫面的能量收支各分量，并对其季节变化特征和主要影响因素进行了分析。西大滩和唐古拉2站净辐射年平均值分别为71 W/m² 和83 W/m²。净辐射瞬时最大值均出现在夏季，分别高达907 W/m² 和1 001 W/m²（图7-42）。唐古拉站的纬度较西大滩低，因此年平均总辐射值较大。两地年平均地表热通量分别为2 W/m² 和1 W/m²（图7-43）。

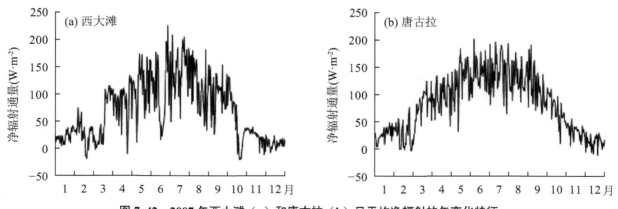

图7-42 2007年西大滩（a）和唐古拉（b）日平均净辐射的年变化特征

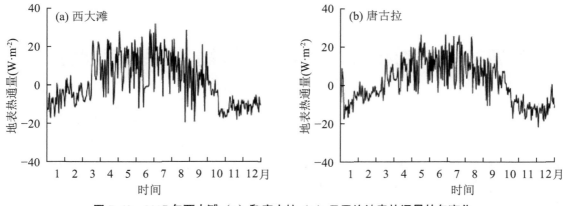

图 7-43　2007 年西大滩（a）和唐古拉（b）日平均地表热通量的年变化

感热通量在冬季较小，春季达到最大，在夏季有所下降（图 7-44）。冬季净辐射较小，地表土壤处于冻结状态所以感热通量值最小；而在春季净辐射显著升高，地表温度上升，活动层融化开始，但雨季没有到来，土壤含水量不高，使得净辐射主要转化为感热通量，其值达到全年最高；而后随着高原雨季的到来，降水量增加，土壤含水量变大，植被开始生长，使潜热通量在夏季增大的尤为明显，相应感热通量在夏季则有所下降；秋季感热通量较夏季变化不太明显。唐古拉站 2007 年地表积雪的影响相对较小，感热通量的季节变化趋势更加显著，冬季较低，春季最大，在夏季有所下降。

潜热通量与降水量和土壤表层土壤含水量密切相关。高原雨季集中在高原夏季风期间，5 月开始，10 月结束（汤懋苍等，1979），这一阶段也正好是多年冻土区活动层的融化期（赵林等，2000），地表土壤含水量显著增加。随着气温和地表温度的升高，土壤含水量的增加，以及地表植被的生长，潜热通量自 4 月中下旬急剧增大，在 7—8 月达到最高。在 10—11 月，降水量骤减，此间土壤开始冻结，表层土壤含水量急速下降，潜热通量随之降低。在整个冬季，日平均潜热通量在无降雪的时段里接近于零（图 7-44）。

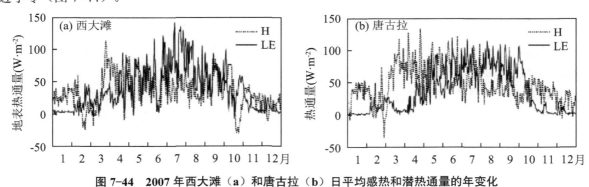

图 7-44　2007 年西大滩（a）和唐古拉（b）日平均感热和潜热通量的年变化

感热通量和潜热通量相比，在 1—4 月感热通量远远大于潜热通量，此时地气间的热量交换以感热输送为主；5—6 月潜热通量增大，与感热通量相当，二者在这段时间相差不大；在 7—9 月潜热通量要高于感热通量，占据了主导地位；潜热通量在 10 月急剧降低，在 11—12 月远远小于感热通量，感热输送再次成为热量交换的主要方式。

西大滩和唐古拉夏秋两季的平均波文比分别为 0.72 和 0.79，而冬春两季的平均波文比分别为 1.66 和 1.56。感热通量在两站都体现出春季最大，夏季略有下降，冬季最小；而潜热通量在夏季达到最高，冬季极小。

第四节　三江源区人工和退化草地能量平衡变化特征

受高原严酷气候环境的影响，三江源区生态系统极为脆弱，微小的气候变化都可能导致生态系统产生强烈响应（Klein et al.，2004）。近几十年来，在全球变暖的背景下，青藏高原的升温幅度（0.36 ℃/10 a）远高于全球的平均幅度（0.12℃/10 yr）（Wang et al.，2008；IPCC，2013）。与此同时，三江源区牲畜数量大幅增加，其中部分地区超载率超过200%（Zhou et al.，2005）。在气候变化和超载放牧等自然和人为因素的共同影响下，三江源区草地出现大面积退化现象，严重地区已形成了黑土型次生裸地—"黑土滩"（曹广民等，2009；刘纪远等，2008；刘晓玲等，2007）。草地退化已成为三江源区面临的最主要生态问题之一（赵新全等，2005）。据统计，三江源地区中度以上退化草地面积已达 5.7×10^4 km²，占可利用草地面积的55.4%，其中"黑土滩"型重度退化草地总面积为 1.8×10^4 km²，占退化草地面积的32.1%（陈国明等，2005）。另据青海草原总站统计，三江源区仅玉树、果洛两州目前有"黑土滩"型退化草甸 2.7×10^4 km²，占两州可利用草地面积的16.8%，此类草地平均鲜草产量为400.5 kg/hm²，仅占未退化草地产量的13.2%，平均植被盖度为45.4%，在产量组成中优良牧草比例只有14%，毒杂草高居76%，草场利用价值已明显下降（周华坤等，2016）。日益加剧的高寒草甸退化已严重影响到自然生态系统的结构和功能、水热交换过程以及草地生产力（冯超等，2010；张金霞等，2001），这不仅极大地限制了三江源区的畜牧业经济发展，而且对长江、黄河中下游地区的社会经济发展构成了巨大的威胁（赵新全等，2005）。

三江源区生态退化问题受到我国政府的高度重视，国务院于2005年批准实施《青海三江源自然保护区生态保护和建设总体规划》，积极开展生态工程建设以及相关生态学研究，其中制定了一系列保护和恢复措施，如退耕还草、除虫灭鼠、禁牧围封和建植人工草地等。对已退化的高寒草甸进行封育和建植人工草地，可以有效的促进生态系统的恢复。相比而言，封育需要的时间周期比较长，草地恢复的效果不能很快显现出来（牛书丽等，2004）。而人工草地是利用综合农业技术，在完全破坏了天然植被的基础上，通过人为播种建植的人工草地群落（胡自治，1997），其恢复效果明显较快。研究表明，建植人工草地、发展集约经营的草场建设是恢复重度退化草地、提高草地生产力、实现草畜均衡生长以及促进畜牧业持续发展的有效途径之一（施建军等，2007；Wu et al.，2010）。目前，三江源区主要选取垂穗披碱草、老芒麦、中华羊茅、西北羊茅、毛稃羊茅、冷地早熟禾等多年生禾本科牧草，采用单播或混播的方式来建植人工草地（马玉寿等，2002）。据李发吉等（1993）研究报道，在"黑土滩"上建立人工、半人工草场，到第三年地上可食牧草鲜草产量分别可达7 200 kg/hm²和2 780 kg/hm²，依次为对照的533.5%和205.9%。王启基等（2004）研究发现，在三江源区退化草甸上建植人工草地，通过补播、施肥和封育等措施，群落地上生物量明显提高，杂类草比重明显下降，土壤养分条件明显改善。据统计，三江源区人工草地面积达 0.1×10^4 km²（周华坤等，2016）。

无论是高寒草甸退化还是建植人工草地，必然引起草地生态系统下垫面性质的改变，其中植被盖度、生物量、土壤水热等状况的变化将会对该地区生态系统能量交换过程产生巨大的影响。然而，目前关于三江源区退化草甸和人工草地的相关研究主要集中在生产力、群落结构、土壤的理化性质和水源涵养等方面（刘艳书等，2014；徐翠等，2013；周华坤等，2005；2007），个别研究报道了蒸散变化特征（李婧梅等，2012；张立锋等，2017），但是缺乏对退化草甸或人工草地能量平衡的系统研究，更缺少两种草地能量平衡的对比研究，所以无论退化草甸或人工草地的能量平衡变化及其对环境因子的响应均尚不清楚。为此，张翔（2019）针对三江源区退化草甸（DM）和人工草地（AP）的能量平衡进行对比研究。

一、试验地概况

研究地位于青海省果洛藏族自治州玛沁县大武镇东南部的格多牧委会草场。退化高寒草甸观测场（34° 24′ N，100° 24′ E，海拔 3 963 m）和人工草地观测场（34° 21′ N，100° 29′ E，海拔 3 958 m）相距约 7 km，2 个草地地势平坦、视野开阔、植物分布均匀。每个观测场大小为 50 m × 50 m，且用围栏围封以免受到干扰。植物生长季为 5—9 月，其中 5 月初植物开始生长，生物量和叶面积指数于 7 月底—8 月初达到最高值，9 月之后随着植物的枯萎和凋亡而下降，期间没有放牧干扰。由于 2 个样地相距较近，其气候条件基本一致。该区气候具有典型的高原大陆性气候特点：无四季之分，冷季漫长、干燥寒冷，暖季短暂、湿润凉爽；温度年差较小而日差较大，1995—2004 年研究地年平均气温为 −1.39 ～ 0.68 ℃，最冷月 1 月的平均气温为 −12.29℃，最热月 7 月的平均气温为 10.14℃，全年无绝对无霜期；日照充足，年日照平均在 2 500 h 以上；年降水量为 420 ～ 560 mm，其中 80% 以上的降水集中在生长季 5—9 月（贾顺斌等，2011；赵亮等，2008）。

DM 在未退化之前主要群落优势种为小嵩草和矮嵩草等，以短根茎莎草科植物为绝对优势种，伴有丛生禾草和少量杂类草，总盖度达 98.5%，优良牧草的比例在 80% 以上；而目前的植物群落优势种已演替为细叶亚菊、甘肃马先蒿和西伯利亚蓼，以匍匐茎杂类草为优势种，这些杂类草无性繁殖能力强，整个群落的优良牧草比例低于 5%，已经基本丧失放牧利用价值（周华坤等，2005）。研究期间 DM 植被盖度已降至 55%，而且不少地方地表没有植被覆盖，植被低矮，平均高度小于 5 cm，最大地上生物量约为 150 g /m²，叶面积指数的最大值在 1.2 m² /m² 左右。根据刘伟等（2003）对三江源地区高寒草地的退化等级划分标准和本研究区草甸植被的种类组成特征，DM 处于极度退化状态，即"黑土滩"型退化草地。DM 土壤类型以高山草甸土和高山灌丛草甸土为主，土壤表层和亚表层中的有机质含量丰富。受高寒条件影响，土壤基质形成原始，大多厚度薄、质地粗、肥力低、易受蚀，尚处于年轻发育阶段（张静等，2008）。土壤质地以砂壤和黏壤为主，其中根际层以砂壤为主，厚度约在 20 ～ 40 cm，砂壤孔隙大，有利于降水的入渗；底土层为黏壤或粉砂黏壤，厚度为 20 ～ 55 cm，黏壤或粉砂黏壤会对入渗的降水进行拦截，从而使草地生态系统具有较强的保水保肥作用，这种土壤质地构体水热气肥耦合较好，有利于草地生态系统支持功能的维持（张静等，2008）。

AP 建植在天然高寒草甸退化严重的草场上，该草场地势较平坦，便于机械操作和管理。采用"翻耕 + 耙糖 + 撒播 + 轻耙 + 镇压"的农艺措施，选用垂穗披碱草播种，播种量为 37.5 kg/hm²，以 150 kg/hm² 磷酸二铵作基肥，2002 年 5 月中旬开始建植，面积 1 330 hm²（周华坤等，2007）。研究期间，虽然 AP 的建群种仍为垂穗披碱草，但群落中也少量侵入了其他物种，如甘肃马先蒿、冷地早熟禾、细叶亚菊、星星草和高山唐松草等。AP 植被盖度在 80% 以上，平均高度为 25 ～ 30 cm，最大地上生物量约为 310 g/m²，叶面积指数最大值接近 3.0 m²/m²。建植前，AP 的土壤特征与 DM 基本相同。建植后，由于人类活动（主要是翻耕和施肥）的影响，土壤特征有所变化。

二、植被和环境因子变化特征

图 7-45 显示的是研究期间 DM 和 AP 地上生物量（AGB）和叶面积指数（LAI）的季节变化。2 个样地的 AGB 季节变化趋势相同，均在 5 月初开始萌发，之后随着降水和温度的升高，AGB 迅速增加，在 8 月达到最大值，之后随着植物的衰老，AGB 有所降低。由年际变化可知，2008 年植被生长盛期（7—8 月）2 个样地的 AGB 均高于其他年份同期，这可能与 2008 年 7—8 月降水频繁且量大有关。此外，AP 的 AGB 明显大于 DM，其中 AP 的 AGB 最大值（AGB_{max}）在 2006 年、2007 年和 2008 年分别为 271.8±19.3 g/m²、241.1±11.2 g/m² 和 311.1±11.8 g/m²，而 DM 的 AGB_{max} 在 2007 年和 2008 年分

别为 120.0±13.1 g/m² 和 149.1±16.1 g/m²，AP 的 AGB_{max} 约是 DM 的 2.0 倍。

与 AGB 的季节变化相比，2 个样地的 LAI 季节变化略有不同（图 7-45）。DM 的 LAI 最大值（LAI_{max}）出现在 7 月，在 2007 年和 2008 年分别为 0.96±0.13 m²/m² 和 1.20±0.12 m²/m²，而 AP 的 LAI_{max} 出现在 8 月，在 2006 年、2007 年和 2008 年分别为 2.50±0.39 m²/m²、2.40±0.26 m²/m² 和 2.91±0.25 m²/m²。这可能是因为人工草地是单一的垂穗披碱草，所以叶面积指数与生物量基本同步变化；而退化草甸物种多样，7 月叶面积指数达到最大值后，部分植物的茎干可能依然在生长，造成生物量在 8 月达到最大值。AP 的 LAI 明显高于 DM，其 LAI_{max} 约是 DM 的 2.4 倍。

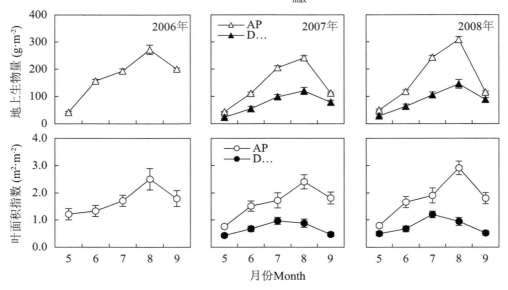

图 7-45　2006—2008 年退化高寒草甸（DM）和人工草地（AP）地上生物量（AGB）和叶面积指数（LAI）的季节变化

研究地属于典型高原大陆性气候，2006—2008 年数据显示，DM 和 AP 的气温（T_a）季节变化非常明显，低值出现在 1 月，高值出现在 7 月（图 7-46 a）。DM 在 2007 年和 2008 年 1 月的 T_a 平均值分别为 -12.1±0.4 ℃ 和 -10.8±0.6 ℃；AP 在 2006 年、2007 年和 2008 年 1 月的 T_a 平均值分别为 -6.8±0.5 ℃、-13.2±0.4 ℃ 和 -12.3±0.5 ℃，其中 2006 年的 1 月 T_a 明显高于其他两年。DM 在 2007 年和 2008 年 7 月的 T_a 平均值都为 8.4±0.4 ℃；AP 在 2006 年、2007 年和 2008 年 7 月的 T_a 平均值分别为 10.5±0.5 ℃、8.0±0.4 ℃ 和 8.1±0.4 ℃，其中 2006 年的 7 月 T_a 高于其他两年。DM 在 2007 年和 2008 年的日平均 T_a 年变化幅度分别为 30.2 ℃ 和 30.3 ℃；AP 在 2006 年、2007 年和 2008 年的日平均 T_a 年变化幅度分别为 31.9 ℃、31.0 ℃ 和 31.0 ℃。DM 的 T_a 年平均值在 2007 年为 0.1±0.4 ℃，高于 2008 年的 -0.7±0.4 ℃；AP 的 T_a 年平均值在 2006 年为 -0.2±0.4 ℃，高于 2007 年的 -0.5±0.4 ℃ 和 2008 年的 -1.3±0.4 ℃。值得注意的是，无论是在生长季（5—9 月）还是在非生长季（10—4 月），两个样地的 T_a 均无显著差异。

两个样地的土壤表面温度（T_s）变化趋势表现出和气温类似的变化规律（图 7-46b），较低和较高 T_s 分别出现在 1 月和 7 月。DM 在 2007 年和 2008 年 1 月的 T_s 平均值都为 -8.0±0.4 ℃，AP 在 2006 年、2007 年和 2008 年 1 月的 T_s 平均值分别为 -6.2±0.2 ℃、-9.3±0.2 ℃ 和 -10.1±0.4 ℃；DM 在 2007 年和 2008 年 7 月的 T_s 平均值分别为 8.6±0.5 ℃ 和 9.2±0.5 ℃；AP 在 2006 年、2007 年和 2008 年 7 月的 T_s 平均值分别为 15.2±0.4 ℃、13.2±0.2 ℃ 和 13.4±0.4 ℃。DM 在 2007 年和 2008 年的日平均 T_s 年变化幅度分别为 29.1 ℃ 和 27.0 ℃；AP 在 2006 年、2007 年和 2008 年的日平均 T_s 年变化幅度分别为 29.3 ℃、28.6 ℃ 和 33.0 ℃。3 年中，2006 年的平均 T_s 最高（其中 AP 为 4.2±0.4 ℃），2007 年次之（DM 和 AP 分别为 1.7±0.4 ℃ 和 3.2±0.4 ℃），2008 年最低（DM 和 AP 分别为 0.9±0.3 ℃ 和 2.9±0.4

℃）。在生长季，3 年中依然是 2006 年的平均 T_s 最高，其中 AP 为 12.0±0.2 ℃，2007 年 DM 和 AP 分别为 7.4±0.3 ℃和 11.2±0.2 ℃，2008 年 DM 和 AP 分别为 7.0±0.2 ℃和 11.4±0.2 ℃。此外，由图 7-46b 可知，2007 年和 2008 年生长季 AP 的 T_s 明显高于 DM，统计检验结果显示两个样地的 T_s 差异在生长季达到极显著水平（$P < 0.01$）。

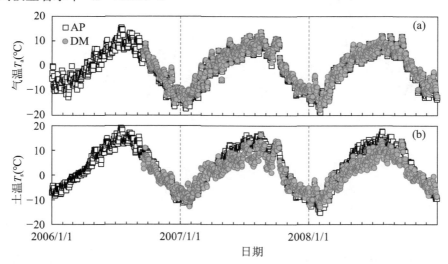

图 7-46　2006—2008 年退化高寒草甸（DM）和人工草地（AP）的（a）气温（T_a）和（b）土壤表面温度（T_s）季节变化

　　如图 7-47 a 所示，2 个样地的水汽压（P_v）具有基本相同的变化趋势和幅度，最低值出现在 1 月，之后逐渐升高，在 7 月或 8 月达到最高值，然后快速降低；其中 DM 的 P_v 日均值在 2007 年和 2008 年的变化范围分别为 0.05～1.13 kPa 和 0.05～1.07 kPa，AP 的 P_v 日均值在 2006 年、2007 年和 2008 年的变化范围分别为 0.06～1.32 kPa、0.04～1.13 kPa 和 0.05～1.06 kPa，统计检验结果表明两个样地的 P_v 在生长季和非生长季均无显著差异。

　　饱和水汽压差（VPD）是描述空气湿度的物理量，其变化受实际水汽压和气温共同影响。因为 VPD 在夜间几乎接近于零，因此本研究利用正午前后（北京时间 11：30—15：30，地方时约 10：30—14：30）的平均值代表 VPD 的日均值。2 个样地的 VPD 日均值季节变化如图 7-47b 所示，由于 DM 与 AP 距离较近，气温和降水等环境要素十分接近，所以在整个研究期间，两个样地的 VPD 表现出相同的变化趋势和幅度。总体上，VPD 在冬季相对较低，5 月前后出现较高值，7 月、8 月由于降水增多的原因，VPD 有所降低；其中 DM 的 VPD 日均值在 2007 年和 2008 年的变化范围分别为 0.02～1.63 kPa 和 0.01～1.39 kPa，AP 的 VPD 日均值在 2006 年、2007 年和 2008 年的变化范围分别是 0.05～1.44 kPa、0.06～1.61 kPa 和 0.03～1.34 kPa，统计检验结果表明两个样地的 VPD 在生长季和非生长季均无显著差异。

　　由于 2 个样地相距仅 7 km，DM 和 AP 使用相同的降水数据。3 年中，2006 年的降水量为 461 mm，略低于 2007 年和 2008 年的降水量（分别为 493 mm 和 480 mm）。降水主要分布在植物生长季的 5—9 月，2006—2008 年生长季的降水量分别占全年降水量的 87.3%、89.2% 和 86.9%（图 7-48）。生长季也是太阳辐射和温度最高的时期，反映出青藏高原水热同期的气候特点，这种气候比较有利于植物的生长。

　　如图 7-48 所示，2 个样地的 5 cm 深度土壤含水量（SWC）季节变化过程与降水量密切相关。2007 年和 2008 年生长季 DM 的 SWC 变化范围分别为 0.131～0.325 m³/m³ 和 0.172～0.325 m³/m³，平均值分别为 0.243±0.004 m³/m³ 和 0.242±0.003 m³/m³；而 2006 年、2007 年和 2008 年生长季 AP 的 SWC 变化范围分别为 0.294～0.427 m³/m³、0.164～0.405 m³/m³ 和 0.177～0.407 m³/m³，平均值分别为 0.361±0.002 m³/m³、0.294±0.005 m³/m³ 和 0.314±0.005 m³/m³。可见，生长季中 AP 的 SWC C 明显

高于 DM，统计检验结果显示 2 个样地在生长季的 *SWC* 差异极显著（*P* < 0.01）。

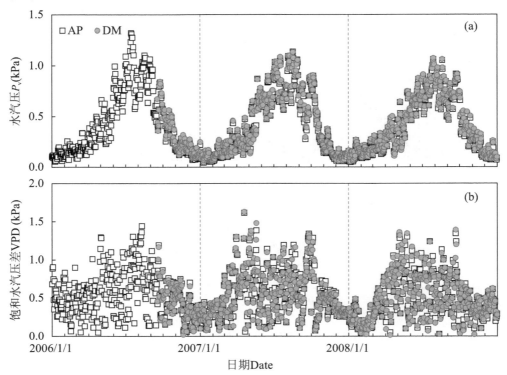

图 7-47 2006—2008 年退化高寒草甸（DM）和人工草地（AP）的（a）水汽压（P_v）和（b）饱和水汽压差（*VPD*）的季节变化

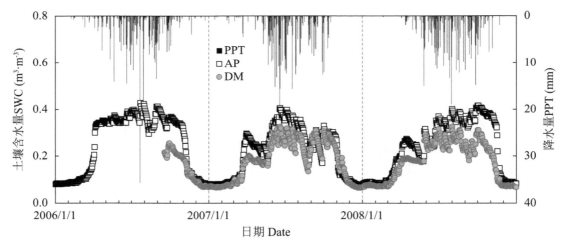

图 7-48 2006—2008 年退化高寒草甸（DM）和人工草地（AP）的降水量（*PPT*）和 5 cm 深度土壤含水量（*SWC*）的季节变化

三、能量平衡各分项变化

净辐射（R_n）为地面收入辐射能和支出辐射能的差值。R_n 最低值出现在 12 月或 1 月，之后随 R_s 的增加逐渐增大，到 6 月或 7 月达最高值，整个观测期间 R_n 日总量均为正值（图 7-49）。值得注意的是，非生长季 2 个样地的 R_n 差异不显著，而在植被生长季特别是 2008 年生长季，DM 的 R_n 显著高于 AP（*P* < 0.01）；其中 DM 的 R_n 在 2007 年和 2008 年生长季的平均值分别为 12.0±0.3 MJ/（$m^2 \cdot d$）和 12.1±0.3 MJ/（$m^2 \cdot d$），而 AP 的 R_n 在 2006 年、2007 年和 2008 年生长季的平均值分别为 11.3±0.3 MJ/（$m^2 \cdot d$）、11.4±0.3 MJ/（$m^2 \cdot d$）和 10.9±0.3 MJ/（$m^2 \cdot d$）。

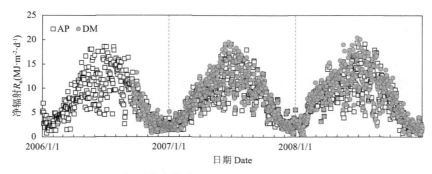

图 7-49　2006—2008 年退化高寒草甸（DM）和人工草地（AP）净辐射（R_n）
日总量的季节变净辐射（R_n）的季节变化

如图 7-50a 所示，2 个样地的感热通量（H）具有相似的季节变化，在 12 月或 1 月通常相对较低，从 2 月开始，随着净辐射（R_n）的增加不断增大，4 月末—5 月初达到最高值（其中 DM 在 2007 年和 2008 年的最高值分别为 10.3 MJ/（$m^2 \cdot d$）和 10.4 MJ/（$m^2 \cdot d$），AP 在 2006 年、2007 年和 2008 年的最高值分别为 9.8 MJ/（$m^2 \cdot d$）、9.9 MJ/（$m^2 \cdot d$）和 9.4 MJ/（$m^2 \cdot d$）），随后尽管 R_n 继续增加，H 却呈降低趋势，而在 9 月或 10 月出现次高值。值得注意的是，2 个样地的 H 在非生长季无显著差异，然而在生长季 AP 的 H 显著高于 DM（$P < 0.01$）。

如图 7-50 b 所示，潜热通量（λE）的季节变化明显不同于 H，其在冬季的值非常低；从 3 月开始，随着太阳辐射增强、温度升高以及土壤解冻，λE 呈缓慢上升趋势；由于 5 月开始降水增加以及植被生长，λE 快速增加，在 6 月或 7 月达到最高值（其中 DM 在 2007 年和 2008 年的最高值分别为 14.1 MJ/（$m^2 \cdot d$）和 14.4 MJ/（$m^2 \cdot d$），AP 在 2006 年、2007 年和 2008 年的最高值分别为 12.5 MJ/（$m^2 \cdot d$）、12.3 MJ/（$m^2 \cdot d$）和 12.5 MJ/（$m^2 \cdot d$）），之后随太阳辐射和温度的降低以及植物凋落，λE 逐渐减小。与 H 相反的是，生长季 AP 的 λE 显著低于 DM（$P < 0.01$）。

与 H 和 λE 相比，土壤热通量（G）的季节变幅相对较小，大致在 $-2.0 \sim 2.0$ MJ/（$m^2 \cdot d$）变动，总体上是生长季高于非生长季（图 7-50 c）。此外，2 个样地的 G 无显著差异，并且全年基本保持收支平衡，其中 DM 在 2007 年和 2008 年的年平均值分别为 0.0 ± 0.05 MJ/（$m^2 \cdot d$）和 -0.1 ± 0.05 MJ/（$m^2 \cdot d$），AP 在 2006 年、2007 年和 2008 年的年平均值分别为 -0.1 ± 0.03 MJ/（$m^2 \cdot d$）、-0.1 ± 0.04 MJ/（$m^2 \cdot d$）和 -0.2 ± 0.04 MJ/（$m^2 \cdot d$）。

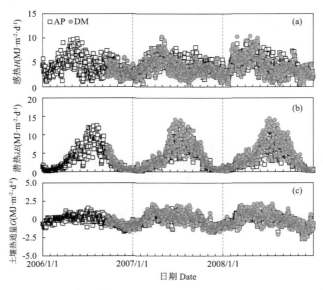

图 7-50　2006—2008 年退化高寒草甸（DM）和人工草地（AP）的（a）感热通量（H）、
（b）潜热通量（λE）和（c）土壤热通量（G）日总量的季节变化

四、反射率和波文比

反射率（a）定义为地表反射的太阳辐射与到达地表的太阳总辐射之比。如图 7-51 所示，2 个样地的 α 具有明显的季节变化，总体上是非生长季高于生长季。1—4 月，除伴随降雪过程的发生 α 出现几次异常高值外，其余时间变化不大，略呈缓慢下降趋势。之后，随着温度升高、土壤解冻、降水量和土壤含水量逐渐增加，α 开始下降，其中 DM 在 5 月出现一年中的最低值，然后又呈现缓慢上升趋势，一直持续到 8 月左右，随后又呈缓慢下降趋势，10 月以后再次上升；而 AP 在 7—8 月出现最低值，之后一直呈缓慢上升趋势。2 个样地的 α 变化幅度较大，其中 DM 的 α 变化范围在 2007 年和 2008 年分别为 0.14～0.57 和 0.14～0.58，AP 的 α 变化范围在 2006 年、2007 年和 2008 年分别为 0.17～0.57、0.15～0.60 和 0.16～0.61。另外，在不同时期 DM 和 AP 之间的 α 差异变化较大，在植被生长初期（4—6 月），DM 的 α 明显低于 AP，而到了植被生长盛期（7—8 月），DM 的 α 逐渐升高并接近于 AP。然而，无论是非生长季还是生长季，AP 的 α 均显著高于 DM（$P<0.01$）。值得注意的是，由于研究地海拔较高，即使在植物生长季的 5—9 月也偶有降雪发生，导致 α 突然上升，但通常降雪量不大，且迅速融化，因此 α 会发生骤升骤降现象。

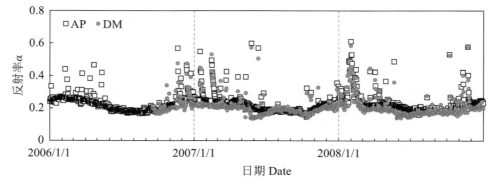

图 7-51　2006—2008 年退化高寒草甸（DM）和人工草地（AP）反射率（α）的季节变化

波文比（$\beta=H/\lambda E$）为感热与潜热通量的比值，它能够较为直观地反映不同时期感热和潜热通量主导地位的变化。如图 7-52 所示，2 个样地的 β 季节变化相似，最高值出现在冬季，之后随着土壤解冻、植被返青而逐渐降低，5—9 月稳定在较低的状态（基本小于 1.0），10 月以后，随着降水减少以及土壤冻结又逐渐升高。此外，AP 的 β 变化幅度高于 DM，其中 AP 在 2006 年、2007 年和 2008 年的变化范围分别为 0.12～22.30、0.10～21.22 和 0.15～13.70，而 DM 在 2007 年和 2008 年的变化范围分别为 0.06～17.41 和 0.10～11.07。统计检验结果显示，生长季 AP 的 β 显著高于 DM（$P<0.01$）。

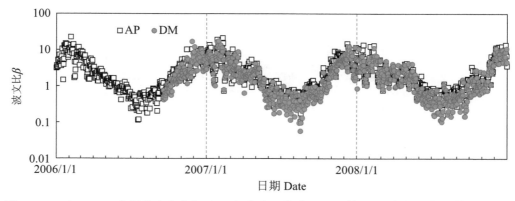

图 7-52　2006—2008 年退化高寒草甸（DM）和人工草地（AP）的（a）波文比（β）的季节变化

五、冠层导度和解耦系数

为了评价植被和环境因子对地表与大气之间潜热通量的影响，这里计算了冠层导度（g_c）的日平均值（北京时间 11：30—15：30）。如图 7-53 a 所示，冬季 g_c 明显较低，无雪覆盖时通常小于 5.0 mm/s，随着土壤解冻以及植被生长，g_c 逐渐增加，在 7 月达到最高值（其中 DM 在 2007 年和 2008 年分别为 26.1 和 24.5 mm/s，AP 在 2006 年、2007 和 2008 年分别为 23.0 mm/s、22.2 mm/s 和 19.9 mm/s），之后逐渐降低。此外，随着土壤解冻，2 个样地 g_c 的差异逐渐增大，在生长季 DM 的 g_c 显著高于 AP（$P < 0.01$）。

解耦系数（Ω）常被用于分析地表与大气之间水热交换的耦合状况。两个样地的 Ω 日平均值（北京时间 11：30—15：30）在冬季较低，高值出现在 7 月或 8 月（图 7-53 b）。生长季的 Ω 值基本都超过 0.5，其中 DM 在 2007 年和 2008 年的平均值分别为 0.59 ± 0.1 和 0.57 ± 0.1，AP 在 2006 年、2007 年和 2008 年的平均值分别为 0.58 ± 0.1、0.58 ± 0.1 和 0.56 ± 0.1。相反，非生长季的 Ω 值大部分都小于 0.5，其中 DM 在 2007 年和 2008 年的平均值分别为 0.23 ± 0.1 和 0.32 ± 0.1，AP 在 2006 年、2007 年和 2008 年的平均值分别为 0.18 ± 0.1、0.19 ± 0.1 和 0.28 ± 0.1。

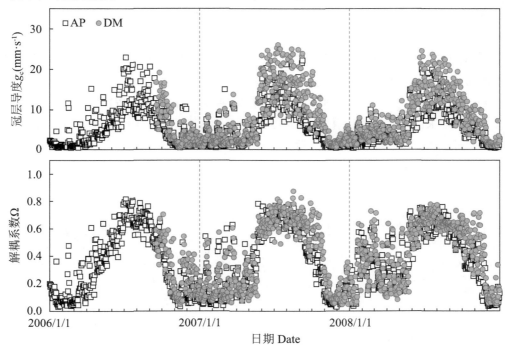

图 7-53　2006—2008 年退化高寒草甸（DM）和人工草地（AP）的（a）冠层导度（g_c）和
（b）解耦系数（Ω）的季节变化

六、生物和环境因子对能量平衡的影响

作为能量分配的主要分项，λE 与冠层导度（g_c）的变化密切相关（Arain et al.，2003；Collatz et al.，1991；Gu et al.，2008；Law et al.，2002；Wilson et al.，2000），而 g_c 主要受植被 LAI 等生物因子和 SWC、VPD 等环境因子的驱动（Morison et al.，1983；Sperry et al.，2002；Wever et al.，2002）。分析发现 DM 的 g_c 在生长季显著高于 AP（$P < 0.01$）。虽然 2 个样地具有基本相同的气候条件，但是 DM 和 AP 的 g_c 对 LAI、SWC 和 VPD 出现了不同的响应。通常情况下，植被 LAI 的增加会导致 g_c 增大（Li et al.，2006；Wilson et al.，2000）。DM 的 g_c 随着 LAI 的增加迅速增大，与其他低植被覆盖的放牧草原的研究结果一致（Chen et al.，2009；Li et al.，2006）。然而在 AP，g_c 与 LAI 之间

的关系可用一个对数函数拟合，即当 $LAI < 1$ 时，g_c 随着 LAI 的增加快速增大，而当 $LAI > 1$ 时，g_c 增速放缓（图 7-54 a）。结果表明，g_c 对低值范围内变化的 LAI 响应更为敏感，而且 DM 的响应速率高于 AP。g_c 主要由土壤表面导度（控制土壤蒸发）和冠层气孔导度（控制叶片蒸腾）组成，其中土壤表面对 g_c 的贡献随着 LAI 的增加而减小（Saigusa et al.，1998；Wilson et al.，2000）。例如，根据 Rutter（1975）的研究，在相对封闭的冠层中，土壤蒸发量约占总蒸散量的 10%，而 Körner（1977）的研究指出，对于低覆盖度的高寒草地生态系统，土壤蒸发量的贡献高达 30%。因此 AP 的对数型关系可能主要是冠层气孔导度对 LAI 的响应，而 DM 的线性关系可能反映了土壤表面导度和冠层气孔导度对 LAI 的共同响应。许多研究表明，在无土壤水分限制条件下，植被生长的初始阶段，g_c 随着 LAI 的增大呈线性增加，而在植被生长盛期，g_c 则更多地受环境条件（如 SWC、VPD 等）控制（Ripley et al.，1978；Wever et al.，2002；Wilson et al.，2000）。研究中 2 个样地的 g_c 与 SWC 呈显著正相关关系（图 7-54b），说明 g_c 受土壤水分含量的限制，这与其他草地报道的结果一致（Li et al.，2006；Shang et al.，2015；Wever et al.，2002）。然而在相同 SWC 的情况下，DM 的 g_c 明显高于 AP，且 2 个样地的差值随 SWC 的增加而迅速增大。VPD 是影响 λE 变化的重要环境因子，因为 VPD 影响 g_c 的变化。通常，g_c 随着 VPD 的增大而减小（Law et al.，2002；Li et al.，2006）。本研究结果显示，随着 VPD 的增加，2 个样地的 g_c 呈先慢后快的下降趋势（图 7-54 c），说明 g_c 对较高范围内（> 1.0 kPa）的 VPD 变化更加敏感，这与之前关于草地的研究结果一致（Aires et al.，2008；Krishnan et al.，2012）。尽管 DM 和 AP 之间的 VPD 无显著差异，但是 g_c 对 VPD 变化的响应却有所差异，主要原因考虑为生长季 DM 的 g_c 显著高于 AP。此外，2 个样地的 VPD 变化范围较小（DM 和 AP 分别为 0.01 ~ 1.63 kPa 和 0.03 ~ 1.61 kPa），明显低于一些其他草地生态系统的研究结果（最大 VPD 变化范围为 2.0 ~ 5.0 kPa）（Hunt et al.，2002；Kellner，2001；Li et al.，2006；Verhoef et al.，1996；Wever et al.，2002），这说明较低的 VPD 会降低生态系统中大气的蒸发需求。

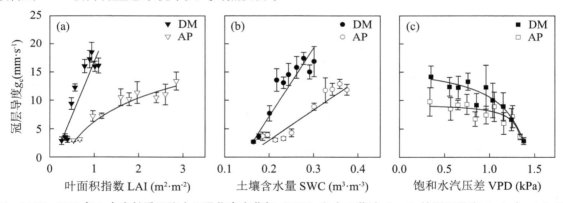

图 7-54　2007—2008 年 2 个生长季无降水日退化高寒草甸（DM）和人工草地（AP）的冠层导度（g_c）与（a）叶面积指数（LAI）、（b）土壤含水量（SWC）和（c）饱和水汽压差（VPD）的关系。应用 Bin-average 方法，DM 和 AP 的 LAI 分别以 0.075 m²/m² 和 0.210 m²/m²、SWC 分别以 0.014 m³/m³ 和 0.018 m³/m³、VPD 分别以 0.10 kPa 和 0.10 kPa 为单位划分小数据集，图中误差线为 ±1 标准误，实线代表回归函数

解耦系数（Ω）经常用于区分 g_c 和 R_n 对 λE 影响的相对重要程度（Jarvis，1985；Jarvis，1986；Meinzer，1993）。Ω 值在 0 ~ 1 变化，当 Ω 值趋近 1 时，表示冠层的水热交换与大气耦合较差，λE 主要是受 R_n 主导；当 Ω 值接近 0 时，表示冠层的水热交换与大气耦合较好，λE 主要受 g_c 的控制。总体上，2 个样地的 Ω 值都是生长季高于非生长季，与其他草地生态系统的研究结果一致（Chen et al.，2009；Gu et al.，2005；Li et al.，2005；Shang et al.，2015），这说明在非生长季 g_c 对 λE 的影响占主导，而在生长季 R_n 对 λE 的控制超过 g_c。此外，生长季 2 个样地的 Ω 值通常超过 0.5，较高的 Ω 值与高寒草甸和湿润温带草地的研究结果相当（Gu et al.，2005，2008；Li et al.，2005），说明在生长季 R_n 对 λE 的影响占主导作用。这可能是由于本研究区虽然接收到较高的 R_s，但是辐射效率（η）相比于其他草地生态系统却明显偏低造成的（Li et al.，2005；Rosenberg，1969；Shaw，1956）。

第五节　三江源区不同覆盖度草地的水热通量交换特征

气候变暖和人类活动致使草地退化严重（刘军会等，2013；赵新全，2011）。诸多的研究显示，植被覆被变化受气候影响的同时，对气候具有强烈的反馈作用。这种作用主要通过改变地表反照率、地表粗糙度等，影响到地气系统的能量收支与辐射平衡，进而会引起区域气候的改变（肖攀登等，2011；曹旭娟，2017）。草地退化与恢复过程是植被覆被变化的最直接表现之一，而草地退化与恢复过程通过地表能量的强烈交换，对区域生态环境状况具有重要且直接的影响作用（张颖等，2017）。为了揭示高寒草地植被变化对局地微气象的影响及地表水（潜热通量）、热（感热通量）能量转化特征，我们于 2017 年 9 月到 2018 年 9 月选择植被覆盖度分别为 45% 和 90% 的高寒草甸植被类型，监测二层空气温湿度、总辐射、反射辐射、净辐射、5 cm 和 20 cm 土壤温湿度等气象要素，以比较植被盖度不同时对气候的反馈作用（罗谨，2019）。

一、试验地概况

观测点选择在黄河源区青海河南县气象局相距 13 km 的牧业试验站（以下简称牧气站）和生态观测站（以下简称生态站），分别视为低覆盖植被和高覆盖植被区，地理坐标分别为 34° 44′ N，101° 36′ E，海拔高度 3 501 m 和 34° 49′ N，101° 33′ E，海拔高度 3 500 m。前者草地退化严重，5 年前适当补播过高原早熟禾，生长末期的 8 月底植被平均高度 10 cm，植被盖度 45%。后者为原生植被草地经围封、禁牧（仅在植被生长初期的 4 月适时放牧，以便于减少枯草的堆积），同时在 4 年前适当进行了垂穗披碱草 + 高原早熟禾的补播，生长末期的 8 月底植被平均高度 25 cm，覆盖度为 95%。相关植物群落见表 7-11。

表 7-11　低植被覆盖度草地的植物群落特征参数

植物名称	低覆盖植被区		高覆盖植被区	
	盖度（%）	高度（cm）	盖度（%）	高度（cm）
早熟禾 *Poa* spp.	25	5	36	17
垂穗披碱草 *Elymus nutans*	3	12	65	25
美丽风毛菊 *Saussurea superba*	17	2	2	4
鹅绒委陵菜 *Potentilla anserina*	12	4	28	7
香薷 *Nepeta cataria*	10	8	4	18
兰石草 *Tibet Lancea*	8	1	1	2
麻花艽 *Gentiana straminea*	7	1		
柔软紫菀 *Aster flaccidus*	6	4	2	5
三裂叶毛茛 *Ranunculus hirtellus*	2	1	1	1
磷叶龙胆 *Gentiana squarrosa*	1	2		
矮火绒草 *Leontopodium nanum*	4	4		
青甘韭 *Allium przewalskianum*	2	5	2	15

续表

植物名称	低覆盖植被区		高覆盖植被区	
	盖度（%）	高度（cm）	盖度（%）	高度（cm）
细叶亚菊 *Ajania tenuifolia*	3	3	1	4
棘豆 *Oxytropis* spp.	4	2		
矮嵩草 *Kobresia humilis*	8	2	2	2
苔草 *Carex tristachya*	2	3	1	4
紫花针茅 *Stipa purpurea*	6	12		
獐芽菜 *Swertiapatens*	2	10		
异针茅 *Stipa aliena*	5	12		
垂头菊 *Cremanthodium reniforme*	1	2		
大戟 *Euphorbia pekinensis*	2	1	0.5	1
黄帚橐吾 *Ligularia virgaurea*	4	6	0.5	2
灰藜 *Chenopodium album*	1	4	1	10
兔耳草 *Lagotis gaertn*	2	4		
珠牙蓼 *Polygonum viviparum*	2	4	1	2
甘肃马先蒿 *Pedicularis kansuensis*	4	3	1	4
黄芪 *Stragalus membranaceus*	2	2		
地丁 *Corydalis bungeana*	0.5	1		
蒲公英 *Taraxacum mongolicum*	1	1	1	4
雪白委陵菜 *Potentilla nivea*	2	2		
苜蓿 *Medicago Sativa*	1	3		
二裂委陵菜 *Potentilla bifurca*	1	1		
小米草 *Euphrasia regelii*	1	4		
繁缕 *Stellaria media*	1	2		
老鹳草 *Geranium wilfordii*			1	1
星状风毛菊 *Saussurea stella*			1	2
棘豆 *Oxytropis* spp.			2	4
米口袋 *Gueldenstaedtia verna*			1	4
瑞苓草 *Saussurea nigrescens*			1	2
落草 *Koeleria*			1	4
海乳草 *Glaux maritima*			3	2
羌活 *Notopterygium incisum*			2	5

二、不同草地覆被的地表反照率的变化

我们（罗谨，2019）在植物生长季，通过随机选择晴朗天气观测地表反照率得到的数据分析可知（图7-55），高、低植被覆盖草地生长季平均地表反射率分别为0.20和0.24，低覆盖度草地总高于高覆盖草地（$P<0.01$，差异性显著），两地之间的差值介于3%～5%，且差异随着生长季节的结束而减小。这是因为在非积雪的时期，地表反照率的变化主要受地面覆盖物和土壤湿地的影响，生长季低覆盖草地因部分地表裸露，致使其与未退化样地之间存在下垫面颜色差异，同时高覆盖草地土壤水分相对充足，土壤湿度与地表反照率之间呈反向关系，即土壤湿度增加、地表反照率减小，而生长季末期，植被开始黄枯、凋亡，下垫面颜色开始趋同，土壤湿度的变化不再受植被的影响，因此可以推测植被覆盖变化与地表反照率之间存在反相关关系，即植被覆盖越高、地表反照率越小。

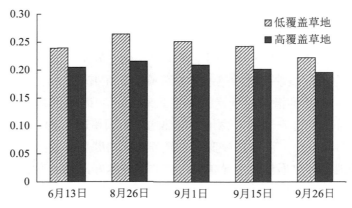

图 7-55　不同植被覆盖样地地表反照率

对于地表反射率而言，河南高寒草甸的地表反射率介于 0.20 ～ 0.24，是全球平均水平（0.13）的 1.5 ～ 1.9 倍，与王少影（2012）对毗邻玛曲高寒草甸生长季地表反射率的研究结果一致（0.22），高于冯超（2010）对三江源区退化草地的研究结果（生长季约为 0.18）。低覆盖草地总是高于高覆盖草地，这是因为植被覆盖越低，其地表粗糙程度越小，对太阳辐射的吸收能力越弱，因此表现出较大的地表反射能力，这与大部分关于地表辐射率变化影响机制的研究结论一致（王少影，1999；冯超等，2010；Charney，1975；Nedbal et al.，2018），均认为植被覆盖度增减是导致地区地表反射率发生改变的主要原因。我们（罗谨，2019）对三江源不同植被覆盖度之间反射率差值的大小比较发现平均相差 3% ～ 5%。同时，还发现不同覆盖度草地间地表短波辐射差异为 10 ～ 28 W/m²，即地表反射率每减少或增加 5%，净辐射相差约 28 W/m²。

三、不同草地覆被的地表水、热通量变化特征

图 7-56 为 2017 年 9 月至 2018 年 9 月不同植被覆盖样地净辐射年变化。从图中可知，高寒草甸净辐射的年变化呈现冷季降低、暖季升高的单峰单谷变化模式，谷值出现在 12 月（低覆盖草地为 7 W/m²、高覆盖草地为 –1 W/m²）、峰值出现在 7 月（低覆盖草地为 109 W/m²、高覆盖草地为 83.8 W/m²）。同时，净辐射的大小受地表植被覆盖的影响，低覆盖度草地净辐射全年高于高覆盖度草地，冷季两地净辐射差异减小、暖季差异增大。两地净辐射差额冷季减小、暖季增加。因为冷季下垫面均被枯草和裸地覆盖，高、低植被覆盖度地表性质虽有差异但不明显，故两样地获得的净辐射相差不多，平均相差 16 W/m²，尤其在 11 月至次年 1 月，净辐射差额小于 10 W/m²；暖季气温升高、降水增加，伴随植物生长季到来，研究区草地逐渐表现出明显的地表差异，致使接收的净辐射差异增加，差值介于 18 ～ 25 W/m²，且差值随着生长季结束减小。说明草地覆被变化对地区地表净辐射具有一定影响，具体表现为植被覆盖增加可使其获取的净辐射减小。

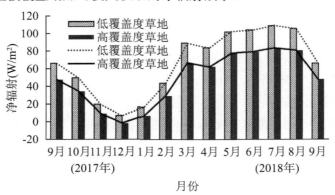

图 7-56　不同植被覆盖样地净辐射年变化

图 7-57 为 2017 年 9 月至 2018 年 9 月不同植被覆盖样地潜热通量年变化。从图中可以看出，不同植被覆被样地的潜热通量变化与净辐射变化一致，亦表现为冷季降低、暖季增加，低覆盖度草地潜热通量长期高于高覆盖度草地的变化特征。不同于净辐射变化之处是，高、低覆盖度草地的潜热通量差异更加明显，具体表现为非生长季两地潜热差异显著减小，尤其 11 月至次年 1 月两地潜热都几乎为 0 W/m²，且至 3 月为止，两地的潜热通量差额均低于 5 W/m²；暖季伊始，两地潜热通量开始出现明显差异，至植物生长最为旺盛的 7—8 月，两地的潜热通量差额超过了 30 W/m²，而在伴随生长季结束的 9 月，潜热的差额又再次变小。说明覆被变化会显著地影响潜热通量，这种影响表现为植被覆被差异性越大、生长季时期地表潜热通量的差异越大；植被覆被越好，其地表潜热通量波动越小、变化越平稳。

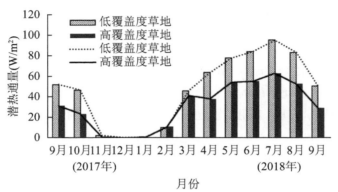

图 7-57　不同植被覆盖样地潜热通量年变化

不同植被覆盖样地感热通量季节变化如图 7-58 所示。与净辐射和潜热通量不同，感热通量的年内变化不随气温变化同增共减，且覆被变化对感热的影响也不随植被覆盖度的高低变化而发生改变。观测时段内植被覆被变化与感热通量具有相关性，表现为相比与低覆盖草地，高覆盖草地感热通量更趋于平稳。

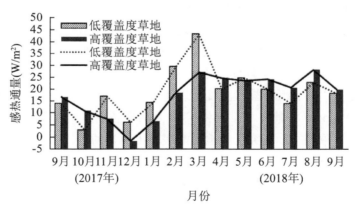

图 7-58　不同植被覆盖样地感热通量年变化

土壤热通量的变化与太阳辐射和气温的年变化有关（贾东于，2017）。根据相邻两日气温值，计算获得土壤热通量结果如图 7-59 所示，可知土壤热通量年内呈现冷季增加、暖季减小的变化特征，与净辐射、潜热、感热的变化模式相反，但数值年内波动不超过 1 W/m²。同时，覆被变化对其的影响近似为 0 W/m²，因此在进行地表能量平衡分析时，土壤热通量往往被忽略不计，即覆被变化对土壤热通量影响甚微。

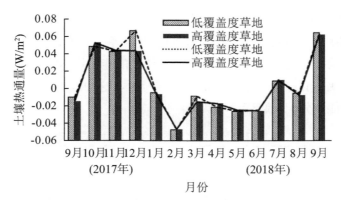

图 7-59　不同植被覆盖样地土壤热通量年变化

四、不同草地覆被的地表能量分配

地表能量交换是地一气之间相互作用的主要过程，地表存在能量平衡关系，即 $R_n - G = H + \lambda E$（张强，2003）。植被覆被变化可能会影响能量输送和交换，进而可能会改变能量分配；基于此，我们对高覆盖度和低覆盖度草地的辐射分量动态进行了观测和分析（图 7-60、表 7-12），因为土壤热通量占比均不足 1% 而忽略未计。分析结果发现（图 7-60），河南高寒草甸能量分配在非生长季（冷季）以感热为主（$\lambda E / R_n < H / R_n$），生长季（暖季）以潜热为主（$H / R_n < \lambda E / R_n$）；在冷暖季交替的时期，感热和潜热的输送占比会发生趋同改变，具体表现为冷季结束感热输送减少潜热输送增加、暖季结束潜热输送减小感热输送增加。暖季开始时，潜热输送占比迅速增加，整个生长季潜热输送占比超过了净辐射的 60%，低覆盖度草地占比最高达到了 87.3%，高覆盖度草地也超过了 75%；此时感热传输保持在全年净辐射占比低值区间，其所占比例在低覆盖草地低于 30%、高覆盖草地不超过 40%。冷季时期，潜热与感热在能量传输过程中，感热占比开始增大，并在 11 月至次年 1 月保持在 78% 以上；同时两类草地潜热均达到年内最小占比，比例不超过 15%。这种季节动态变化的可能原因是，生长季气温升高、降水丰富，土壤蒸发和植被蒸腾旺盛，且风速小、气候波动小，故能量主要通过潜热进行传输；而在冷季，研究区地表植被几近光秃，土壤冻结致使持水、滞水能力低下，气温降低，常出现大风天气、气候波动强烈，导致感热占据了能力传输的主导地位。

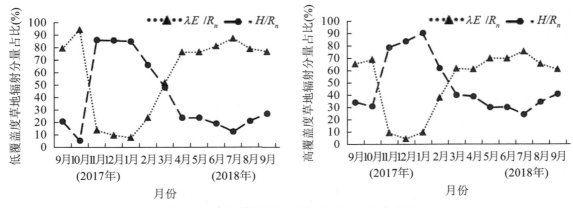

图 7-60　高低覆盖度状况下辐射分量占比年变化

草地覆被变化对地表能量分配及转化程度的影响对比如表 7-12 所示。就年平均状况而言，低覆盖度和高覆盖度草地均呈潜热占净辐射的大部分（占比分别为 58% 和 51%），感热分别占 41% 和 45%，高覆盖度草地的能量转化差异低于低覆盖度草地，即覆被变化会改变地表能量转化，覆被增加能够促进能量分配，覆被减少会致使能量分配差异增大。这种差异性在生长季表现更为明显，从

表 7-12 可知，低覆盖度草地生长季 $\lambda E/R_n$ 平均达到了 80%，H/R_n 仅有 21%，相差近 60%；高覆盖度草地 $\lambda E/R_n$ 为 68%、H/R_n 为 32%，相差仅 36%。在非生长季，2 种覆盖度草地的能量分配趋近一致，都以感热输送为主，平均占比超过了 50%，通过潜热传输的能量均不超过 40%。

综上分析说明，覆被变化会改变研究区能量分配特征，这种改变表现为植被覆盖高能够降低能量转化的差异性，使地区能量分配更趋于平均状态。

表 7-12 覆被变化差异下垫面能量分配动态

项 目	类 别	低覆盖度草地	高覆盖度草地
$\lambda E/R_n$（%）	年均	58.2	51.2
	生长季	80.0	68.3
	非生长季	39.6	36.9
H/R_n（%）	年均	40.5	44.5
	生长季	20.8	32.0
	非生长季	57.2	54.8

河南高寒草甸能量分配的模式为非生长季以感热为主，生长季以潜热为主（图 7-60，表 7-12），这与青藏高原地区能量分配年变化的众多研究结果相一致（陈海山等，2005；尚伦宇等，2015；尤全刚等，2015；葛骏等，2017；张浩鑫等，2017；苏彦入，2018；王景元，2018）。冷季地表裸露，陆面过程主要以热力过程为主（陈海山等，2005），地区降水贫瘠、土壤水分低，少有水汽传输过程，地面能量的分配以感热为主；暖季气温升高、降水增加、地表反射率减小，陆面过程以水汽输送为主，故地表能量分配以潜热为主。但是对于不同植被覆盖度而言，以生长季为例，低植被覆盖草地的潜热转化是感热的近 4 倍，占据了绝对主导地位，而同期高植被覆盖草地潜热仅为感热的 2 倍，说明植被覆盖增加对地区能量均衡分配具有促进作用。

从表 7-12 看到，低的植被覆盖度潜热通量占净辐射通量的比例较高覆盖度要高，年平均高出 7.0%，其中植物生长季的 5—9 月高 11.7%，非生长季（10 月至翌年 4 月）高 2.7%。这些特征表明，植被覆盖度增加感热通量增加，但潜热减少，特别是在植物生长季的夏半年尤为明显。其原因可能是，低覆盖度环境下，空气流畅，在高寒地区地表辐射冷却明显，昼夜温差较大的条件下，地表温度梯度明显加大，致使土壤水分易在高温度梯度作用下传输明显，地表面蒸发明显加大，形成较高的潜热。而高植被覆盖度条件下，可使更多的热量贮存在植被冠层中，植被冠层的保温效果明显，不仅使昼夜温差减小，而且较高的温度环境下有大量的感热产生，降低了能量平衡中的潜热。高植被覆盖度的潜热较低植被覆盖度低，从另一方面也揭示了在高寒草甸地区，土壤蒸发引起的潜热变化比植物蒸腾所引起的潜热能交换更为明显。

第六节　青藏高原地表感热通量的年际时空变化及周期性

一、2000—2016 年夏季青藏高原地区感热、潜热的年际变化及空间分布特征

苏彦入等（2018）利用 NCEP-FNL 大气边界层高度资料和 NCEP/DOE（NECP2）的地面感热、潜热通量再分析格点资料，分析了 2000—2016 年夏季青藏高原地区的大气边界层高度及

感热、潜热的基本气候特征、年际变化及空间分布，地表能量输送对大气边界层高度的影响机理，并分析了影响大气边界层高度与地表能量输送的主要影响因子。通过对范围为 28°～38° N，79°～103° E 为代表的高原主体区域求区域平均的各要素的夏季变化趋势图（图 7-61。苏彦入等，2018）发现，21 世纪以来，夏季高原大气边界层高度呈现通过 0.001 显著性水平检验的明显下降趋势，潜热通量则表现为通过 0.001 显著性水平检验的显著上升趋势，感热通量呈先升后降的变化，线性变化不显著。

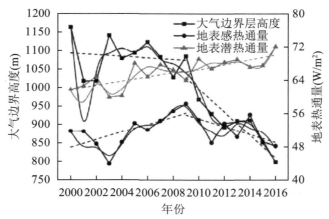

图 7-61　2000—2016 年高原整体夏季大气边界层高度，感热通量，潜热通量平均变化趋势

若以 91° E 为界将高原主体分为东、西两部分，将区域范围为 28°～38° N，79°～91° E 作为高原西部地区，28°～38° N，91°～103° E 作为高原东部地区。发现就大气边界层高度而言突变前，塔里木盆地地区、高原西部阿里地区和南部喜马拉雅山脉附近呈上升趋势，上升速率可达 40 m/a 以上，东部和北部地区大部则呈下降趋势，下降速率在 30 m/a 左右；气候突变后，除塔里木盆地东南部地区和高原西南侧部分地区仍呈小幅上升趋势外，高原大部地区都以下降趋势为主，其中东部地区下降速率增大明显，达 60 m/a 以上；气候突变后，高原整体大气边界层高度下降趋势明显，下降速率明显增大。

高原地区地表感热通量在突变前除东北部地区表现为下降趋势外，大部分地区表现为明显的上升趋势；高原南侧的喜马拉雅山脉有感热通量的上升速率大值中心，上升速率达 7 W/（m²·10 a）；气候突变后高原地表感热的变化趋势呈现与突变前大致相反的分布，高原西部和东南部地区由上升趋势转变为下降趋势，东北部则由速率 -3 W/（m²·10 a）转变为 4 W/（m²·10 a）。

高原主体东西部地区的地表潜热通量在气候突变前后呈明显趋势相反的分布情况：气候突变前潜热通量西部呈下降趋势，下降速率最大值为 3 W/（m²·10 a）；东部则呈上升趋势，在高原东南部横断山脉附近地区有上升趋势的大值中心，中心最大值为 6 W/（m²·10 a），气候突变以后西部呈上升趋势，东部则呈下降趋势。

对比东、西部地区的年际变化趋势（图 7-62。苏彦入等，2018）发现，就多年平均来看，西部地区夏季大气边界层的平均高度为 1 094 m，平均地表感热通量为 59 W/m²，平均地表潜热通量为 57 W/m²；东部地区夏季大气边界层平均高度为 920 m，平均地表感热通量为 45 W/m²，平均地表潜热通量为 74.8 W/m²，自东向西高原地区地表潜热通量逐渐减小，而感热通量逐渐增大（季劲钧等，2006）。2000—2016 年大气边界层高度在东、西部地区均呈下降趋势，下降的速率分别为 -13.44 m/a 和 -22.96 m/a，西部地区和东部地区的下降速率均通过了 0.01 的显著性水平检验。东部地区地表感热通量和潜热通量分别以 0.15 W/（m²·a）、0.65 W/（m²·a）的速率呈缓慢上升趋势，地表感热通量线性趋势未通过显著性检验，潜热通量趋势通过了 0.05 的显著性水平检验。

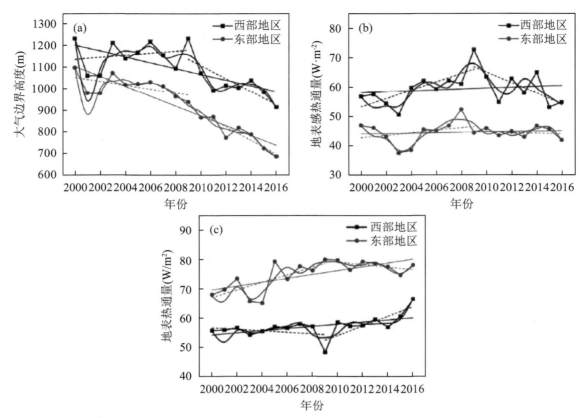

图 7-62　东、西部地区 2000—2016 年夏季大气边界层高度（a）、感热通量（b）、潜热通量（c）平均变化

注：趋势实线为五点三次平滑线，细实线为整体线性趋势线，虚线为突变前后时间段线性趋势

西部地区地表感热通量和潜热通量分别以 0.06 W/（m²·a）、0.37 W/（m²·a）的速率上升，地表感热通量趋势未通过显著性检验，潜热通量上升趋势通过了 0.01 的显著性水平检验。

从年际变化和五点三次平滑后的趋势线来看，高原东、西部地区在气候突变年（2009 年）前后大气边界层高度以及地表热通量的变化趋势均发生了明显转折。西部地区大气边界层高度和地表感热通量均由上升的趋势转为下降趋势，地表潜热通量则由缓慢上升趋势转变为大幅上升趋势。东部地区大气边界层高度由缓慢下降转变为大幅下降趋势，地表感热通量由缓慢上升趋势转变为略有小幅下降的趋势，地表潜热通量由下降趋势转为上升趋势。

其中，东部地区气候突变前的大气边界层高度变化趋势通过了 0.100 的显著性水平检验，突变后的变化趋势通过了 0.001 的显著性水平检验，西部地区仅气候突变后的变化趋势通过了 0.02 的显著性水平检验；东部地区气候突变前的地表潜热通量变化趋势通过了 0.05 的显著性水平检验，突变后变化趋势通过了 0.1 的显著性水平检验。说明高原东、西部地区的大气边界层高度和东部地区的感热通量在气候突变之前和之后的时间段内变化都是比较显著的。

夏季高原相对于周围自由大气是个热源，这种加热作用使得高原及其临近地区产生上升气流，低层辐合形成低压环流，在 600 hPa 高原被热低压控制。受热低压影响，气流辐合，高原地区近地面有正涡度值，西部地区有正涡度大值中心，这说明高原西部地区的气旋性环流较东部地区更强，更有利于产生上升运动。500 hPa 是低层低压系统与高原高层高压系统的过渡层，高原有一稳定低槽，槽前正涡度平流，使气旋性涡度增加，有利于上升运动的出现。100 hPa 南亚高压控制高原及其临近地区，这一强大稳定的反气旋环流有利于高原地区高层大气产生辐散运动。这种低层辐合、高层辐散的形势，有利于上升运动，为高原大气边界层的发展提供了动力抬升机制。

沿 33°N 夏季平均相对湿度和环流的垂直分布的显著特征是高原上空存在深厚的上升运动区，特别是高原东部地区的近地层上升运动十分明显，并且在高原上空存在逆湿现象，高原东部地区有湿舌向西伸展，西部地区近地面的相对湿度明显小于东部地区，东、西部地区热力差异明显。2009 年突变后高原大部地区近地面比湿增大，在高原东南部、北部塔里木盆地有比湿增大的大值中心，中心值大于 0.4 g/kg 在昆仑山脉附近有比湿的负值中心，中心最大值为 -0.2 g/kg，总体而言高原地区比湿是增大的，这说明高原地区近地面水汽增多，这也与地表潜热通量的变化趋势一致。近地面水汽增多配合高原上空的上升运动，使得生成的云系增多、总云量增大，从而减少了入射太阳辐射，降低了感热通量。同时，由于低层的气旋性环流在青藏高原东南部表现为西南风，有利于孟加拉湾的水汽输送，使得高原东南部地区的水汽更为充足，潜热通量也相较于其他地区更大；另外，积雨云中深厚的上升气流能将水汽相变中释放的凝结潜热输送至对流层上层，从而影响南亚高压，潜热通量增大，导致南亚高压增强，高空的辐散运动也增强，从而有利于上升运动的产生，形成一个高原地区近地面潜热通量和高层南亚高压的正反馈机制。

综上所述，夏季高原地区低层辐合、高层辐散的环流形式，有利于高原上空产生上升运动，为高原大气边界层的发展提供了动力条件。西部地区近地面干燥，地表能量以感热为主，上升运动有利于能量扩散，使得高原西部地区边界层高度较高。而东部地区空气湿润潮湿，上升运动更易成云致雨，使得地面吸收的太阳辐射减少，感热通量减少而潜热通量增大，对流活动受到抑制，这种热力上的差异是东部地区的大气边界层高度小于西部地区大气边界层高度的原因之一。

解晋等（2018）选取中国气象局在青藏高原地区常规气象观测站点中 85 个资料连续性较好的站点资料（图 7-63），基于 CHEN-WENG 感热交换系数方案计算了 1981—2014 年地表日均感热通量，并用 M-K 检验法分析了季节平均感热通量和年均感热通量的年际变化特征，结合经验正交函数法（EOF）、Pearson 相关法，分析了年均感热通量的时空演变及异常分布特征以及不同地区站点感热通量与气候因子的相关性。他在已知地表温度、近地面气温和风速时的状况下，用整体输送法计算感热通量（MoninandObukhov，1954；Garratt，1992）：

$$H = \rho \times c_p \times c_h \times u \times \left(\overline{T_g} - \overline{T_a} \right) \tag{7-56}$$

式中：ρ 为空气密度；c_p 为定压比热；c_h 为热交换系数；u 为平均风速；$\overline{T_g}$ 为平均地表温度；$\overline{T_a}$ 为平均气温。c_h 通常取常数（Chen et al., 1985；章基嘉等，1988）、CHEN-WENG 方案（陈万隆等，1984；Yang et al., 2009）：

$$c_h = 0.00112 + \frac{0.01}{\overline{u}} \tag{7-57}$$

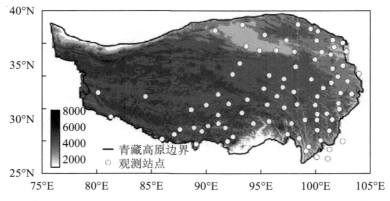

图 7-63　高原地形（阴影区，单位：m）和所选取的 85 个站点（圆点）的空间分布

研究表明，在年际变化中，2006 年以前感热通量呈下降趋势，2008 年开始感热通量转变为增加趋势，其中，2000 年感热通量的下降趋势达到了 95% 的显著性水平，并在 2003 年下降趋势达到最大，

此后感热通量不再继续下降，转为上升，直至 2007 年完全由下降趋势转变为增长趋势，并在 2012 年增长趋势达到 95% 显著性水平（图 7-64。解晋等，2018）。

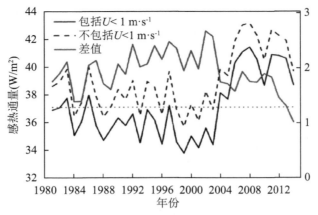

图 7-64　1981—2014 年高原 85 个站点平均的年均感热通量的年际变化

在季节变化中，春季，高原大部分地区的感热通量在 45 W/m² 以上，小值区位于西藏、青海以及四川 3 省交界处；夏季，高原北部，尤其是柴达木盆地附近，感热通量明显增强，高原东南部及南部感热通量明显减弱，这是因为夏季虽然高原太阳辐射整体增强，但相对于北部，南部降水也明显增多，抑制了其感热通量的增强，而在柴达木盆地附近，感热通量由于地表加热的加强而明显上升；秋季，几乎整个高原地区的感热通量明显减弱，尤其是高原北部，这是因为在高原北部下垫面植被状况比南部差，因此地表能量对太阳辐射季节性变化更加敏感，这一特性在冬季表现的更加明显；冬季是高原地区全年感热通量最小的季节，在柴达木盆地、西藏自治区中部以及西藏和四川交界处都出现了负值，尤其以柴达木盆地附近的负值强度较大，达到了 −10 W/m² 以下，而高原南部边缘区域感热通量受季节转变的影响不大，有些地方的感热通量相比秋季还略微有增强。

从空间分布上看，春季和夏季在年降水量低于 100 mm 的极端干旱和稀疏植被的高原北部和西南部，地表感热通量明显高于下垫面植被状况较好的高原东部和南部，而在秋季整个高原地表感热通量相当，冬季则相反。其次，高原大部分地区的感热通量都具有季节性的特点，即随季节的转变有较大的变化，只有高原东南部感热通量随季节变化不明显。

同时也发现，虽然在 1981—2003 年，4 个季节的感热通量都呈下降趋势，但是夏季和秋季的下降趋势要明显大于冬季和春季（图 7-65。解晋等，2018）。2003 年发生转折后，虽然各个季节的感热通量都在上升，但是夏季的上升趋势是 4 个季节中最慢的，其他 3 个季节的上升趋势相当，尤其是春季和冬季在 2010 年前后感热通量的上升趋势显著性水平达到 95%。说明 1981—2014 年，夏季和秋季感热通量的减少对高原地区感热通量的下降趋势贡献最明显，而在后期的上升趋势中，春季、秋季和冬季感热通量的增加起了相当大的作用。

相关性的年变化趋势表明，感热通量与降水呈负相关，与日照时数和风速呈正相关，与地温和气温的相关性不明显，并且感热通量与降水量、日照时数等气候要素在年际尺度上的相关性波动较大，为此分季节对上述相关性进行了分析，结果表明感热通量与地表温度在夏季和冬季呈显著正相关，春季和秋季相关性不显著；与 1.5 m 气温的相关性虽然在夏季和冬季以正相关为主，在春季和秋季以负相关为主，但所有季节的相关性均不显著，这可能是由于高原地区海拔差异较大，而地表温度与气温的变化与海拔高度密切相关，因此整体上考虑他们与感热通量的相关性忽视了这种差异的存在，可能导致相关性不显著，在下一步的空间尺度分析上考虑这种相关性可能会更加合理。与风速的相关性除了在冬季表现较差外，其他季节都呈较为显著的正相关，此外，高原地区地表感热通量与降水量和日照时数的季节性相关也很明显，尤其是春季和夏季，与降水呈现显著负相关，与日照时数呈显著正相关。

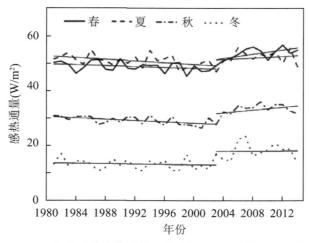

图 7-65　1981—2014 年各季节平均感热通量的年际变化趋势（细实线为趋势线）

二、青藏高原中东部地区地表感热通量的年际变化过程的周期性

张超等（2018）基于 1970—2015 年青藏高原地区 78 个站点的观测资料，应用物理方法计算了高原中东部地区的感热通量。利用小波分析、相关性分析等研究了高原中东部感热通量的时空特征和影响因子。他按不同植被覆盖的下垫面热力输送系数不同的特点，将高原植被覆盖率相近的地区划分为高原的一个子区，共得到 7 个子区（图 7-66。张超等，2018）。分析发现（表 7-13。张超等，2018），高原分区各季节感热通量的最大值均位于高原 E 区，而最小值位于 A 区（除夏季）；高原整体春季感热通量最大，冬季最小。高原整体各季节均出现 2 个转折变化且转折年份较为接近。

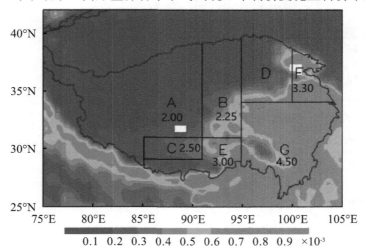

图 7-66　1979—2010 年青藏高原植被覆盖度年平均值和各分区的热力输送系数

表 7-13　年平均和各季节高原各分区和整体感热通量的极值及转折年份

时段	分区结果				6 个区平均结果		
	最大值（W/m²）	最大值区	最小值（W/m²）	最小值区	最大值（W/m²）	最小值（W/m²）	转折年份
全年	37.17	E	6.94	A	26.23	17.80	1979—2003
春季	57.46	E	11.72	A	40.11	28.24	1979—2001
夏季	55.12	E	14.53	C	38.55	24.92	1983—2003
秋季	30.00	E	0.29	A	17.80	11.80	1982—2003
冬季	21.69	E	-3.80	A	13.12	4.55	1979—2001

高原整体年平均和各季节感热通量分别在 1980 年和 2001 年前后，发生了转折（图 7-67。张超等，2018），其中 1970—1980 年和 2001—2015 年感热通量均逐渐增大，而 1981—2000 年感热通量均逐渐减小。年平均和各季节高原感热通量，均表现出相似的波动变化。此外，从图中还可以看出，有明显的年际变化。

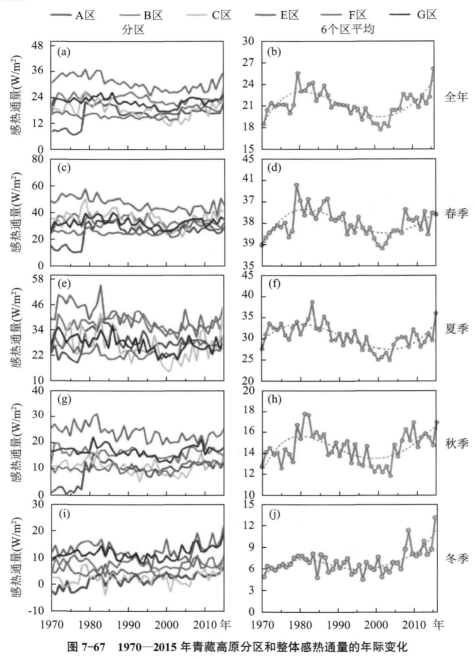

图 7-67　1970—2015 年青藏高原分区和整体感热通量的年际变化

由图 7-67 得到，高原整体全年平均感热通量具有 3～4 a 主周期和 8～12 a 副周期；高原春季感热通量具有 3～4 a 和 6～8 a 主周期；夏季高原感热通量具有 3～4 a 和 10 a 的主周期；秋季高原感热通量具有 2～3 a 主周期和 14 a 的副周期；冬季高原感热通量出现 2～3 a 主周期和 7～8 a 的副周期。

高原年平均和各季节感热通量的变化趋势较为相似，1970—1980 年和 2001—2015 年感热通量呈增大的趋势，而 1981—2000 年感热通量呈减小的趋势，该结果与多数研究结论高原感热通量"一直减小"并不一致。

对感热通量和可能对其产生影响的气象要素进行同期相关分析（表 7-14。张超等，2018），除冬季外，其他季节高原降水和感热通量均呈负相关。春、夏和秋季高原降水和感热通量相关性比较显著，尤其是夏季，通过了 0.01 的显著性检验；高原地气温差和感热通量在年平均和各季节上均显著相关；除冬季外，高原 10 m 风速和感热通量显著相关。此外，从冬季到春季，降水、风速与感热通量的相关性升高，而地气温差的相关性降低。因此，推测冬季到春季高原感热通量的变化幅度很大，可能是因为春季为季风建立与撤退阶段，高原风速风向、降水和地气温差的变化均较大。

表 7-14　1980—2015 年高原感热通量与其影响因子的相关分析

时间	降水	地气温差	风蚀
年平均	−0.235	0.526***	0.675***
春季	−0.285*	0.293*	0.613***
夏季	−0.395**	0.433**	0.824***
秋季	−0.287*	0.590***	0.725***
冬季	0.121	0.911***	0.174

注：*、**、*** 分别表示通过 0.05、0.01、0.001 的显著性检验

从表 7-14 可以看出，高原冬季感热通量只与地气温差显著相关。原因是高原冬季感热通量在 1980 年前后和 2000 年前后发生转折变化（图 7-67），而高原冬季降水为微弱减少趋势，冬季 10 m 风速为减小趋势。

第八章　陆地生态系统碳汇认证及青海高寒草地 CO_2 减排增汇管理 ①

　　碳增汇与减排是一个问题的两个方面，前者是从生态系统"汇"的角度来考虑，而后者是以工业排放"源"作为出发点，即所谓的"减源增汇"，其实质是采用合理有效的措施将更多的碳固定于生态系统中，以降低大气 CO_2 浓度。各国已对碳增汇/减排技术做出过一些有益的探索（杨书润等，1997；王玲，2002；陈泮勤等，2008；方精云等，2001）。我国有关技术措施多是针对工业及能源消费方面，在农业方面研究者做过一些总结（刘允芬，1998；李晶等，1997；张厚，1998；赵荣钦等，2004）。对森林、草地等方面的增汇减排技术也有些报道，但是在草地碳增汇与减排方面则显得相对薄弱（陈泮勤等，2008；郭然等，2008；于贵瑞等，2018；白永飞等，2018）。

　　青海地域辽阔，地理、气候等自然因素相差悬殊，构成了不同的草地自然生态系统类型，而且不同生态系统间生态文明建设略有差异。因此，根据青海草地资源实际状况，结合自然、社会、经济、人文特点，树立经济、社会、生态三位一体发展理念，保障生产、生活、生态稳步促进的基础上，如何在理顺可持续发展过程中兼顾局部利益与全局利益、当前利益与长远利益，进行青海草地区域社会、经济全面发展，加快草地生态建设，加强天然草地保护和合理利用，恢复草地生产力，强化生态系统碳增汇减排措施，保持生态系统的稳定性、协调性和可持续性，解决青海草地生态系统碳增汇/减排问题，不断提高固碳能力是不仅是生态系统对全球气候变化响应与适应的基础科学问题，也是生态系统管理，特别是牧业管理的现实社会经济可持续发展问题。

第一节　全球陆地及青海高寒草地生态系统碳源汇状况

　　自然界碳循环的基本过程为大气中的 CO_2 被陆地和海洋中的植物吸收，然后通过生物呼吸或地质过程以及人类活动，又以 CO_2 的形式返回大气中，每年有数十亿吨的碳在陆地、大气和海洋之间进行着快速的碳循环运动（Falkowski et al.，2000），按理，这些碳循环运动在吸收转化和呼吸排放过程中使全球碳保持平衡状态。但这种平衡态随着人类社会的飞速发展被打破，化石燃料燃烧等人为制造的 CO_2 排放远远超过了自然界所能吸收转化的容量。每年的 CO_2 新增量中，60% 的 CO_2 排放至大气中，剩余的大部分 CO_2 进入海洋，少量被陆地生物吸收。然而，自然界能承载的 CO_2 上限为 30 PgC/a，这意味着目前的 CO_2 排放量需降低 60% ～ 70%，即减排 50 ～ 70 PgC/a（Davis et al.，2010）。

　　碳循环是一个氧化—还原过程，大气中 CO_2 的累积本质是人类活动引起的碳氧化（燃烧）与还原的不对称性，一定程度上实现减少使用碳化物或还原使 CO_2 固定是实现低碳化的本质。这将成为未来

---

　　① 本章执笔：李英年，王军邦，严振英，张法伟，宋成刚，毛绍娟，杨永胜，李红琴

碳汇科学与增汇技术的主旋律，其核心是 CO_2 的选控转化利用以及其与非碳能量的耦合。陈倩倩等（2019）针对工业碳减排技术，在国内 CO_2 利用技术研发取得了可喜进展的基础上，提出了几种未来可能适合于中国的以 CO_2 规模化利用技术为核心的碳减排方案，包括化石能源耦合 CO_2 的转化利用技术、零碳能源耦合 CO_2 的转化利用技术以及温和条件下 CO_2 直接转化利用技术等。基于我国能源消费结构、短中期化石能源的主导地位以及可再生能源日新月异的发展，化石能源的易获取性和低成本使得其耦合 CO_2 的转化利用技术方案近年来飞速发展，并可能将在近期带来巨大碳减排潜力和经济效益。零碳能源发电技术的突飞猛进有利于核能 / 可再生能源发电耦合 CO_2 生产燃料化学品技术的发展，成为中期最具竞争力的 CO_2 大规模利用技术。远期来说太阳能驱动的 CO_2 温和转化可以实现真正意义上的生态碳循环，是远期最有前景的 CO_2 还原技术。但是这些减排技术主要是涉及化石燃料及工业发展方面。虽然陆地生态系统在 CO_2 的增汇减排在数量上占据的位置较低，但陆地生态系统面积巨大，成本较低，因而其增汇减排功能显得极其重要。

一、全球及北半球陆地生态系统碳源汇状况

根据全球碳计划组织发布的预测报告（陈倩倩等，2019），2018 年全球碳排放预计增加 2%，中国的碳排放量约占 27%，仍是全球最大的碳排放国（Le et al.，2018）。目前，中国经济正处于重化工业主导的工业化和城市化阶段，加上以煤为主的能源结构等多方面原因，未来将继续处于 CO_2 排放的上升期。基于我国政府明确提出控制温室气体排放的行动目标，到 2020 年国内生产总值 CO_2 排放比 2005 年降低 40% ～ 45%，2030 年左右实现 CO_2 排放达到峰值并努力争取早日达峰，意味着实现高碳资源的低碳化利用和 CO_2 减排技术的规模化发展刻不容缓。

北半球中纬度地区是主要的化石燃料燃烧排放区，排放量为 5.2 PgC/a。因此，北半球大气 CO_2 浓度应该比南半球高 4 ～ 5 mg/kg，但实际观测北半球只比南半球高约 3 mg/kg，这意味着北半球中高纬度地区存在未知的碳汇（Law et al.，1996；李玉强等，2005）。但这个汇是存在于海洋还是陆地，最初的研究结果并不一致（Fan et al.，1998）。后来根据海洋表面的 CO_2 浓度、大气 $^{13}C/^{12}C$ 比率和氧气浓度变化研究发现，北半球中纬度陆地生态系统（主要是森林生态系统）可能起着大气 CO_2 汇的作用（Ciais et al.，1995；Keeling et al.，1996；Tans et al.，1990）。近年来，在不同地区采用不同方法所获得的许多碳汇研究结果（Battle et al.，2000；Fang et al.，2001；Janssens et al.，2003；Pacala et al.，2001；Smith et al.，2004），有力地支持了北半球中纬度地区存在陆地碳汇的结论。然而，由于应用的方法不同和考虑的时间尺度不同，对陆地碳汇大小的估计差异很大。如 Holland 等（1997）、Keeling 等（1996）和 Tans 等（1990）估计的北半球中纬度陆地碳汇为 1 ～ 3 PgC/a，Fan 等（1998），Holland 等（1999）和 Schimel 等（2000）估计的北美洲陆地碳汇为 0.05 ～ 1.7 PgC/a，Houghton 等（2002；2000）估计的美国森林碳汇为 0.014 ～ 0.11 PgC/a。Schulze 等（2000）估计的西伯利亚和欧洲陆地碳汇分别为 0.01 ～ 1.30 PgC/a 和 0.2 ～ 0.4 PgC/a，Fang 等（2001）估计的中国森林碳汇为 0.021 PgC/a，Houghton 等（2002）、Yang 等（2001）估计的全球陆地生态系统碳汇为 0.4 ～ 1.4 PgC/a。

除北半球中纬度陆地生态系统外，有研究表明热带陆地生态系统可能也是一个重要的碳汇（Cao and Woodward，1998；Keeling et al.，1996）。来自亚马孙热带森林的研究结果支持了这一观点（Bousquet et al.，2000；Grace et al.，1995；Phillips et al.，1998），也有研究指出热带地区既非碳源也非碳汇（Prentice et al.，2001），或是表现为碳源（Ciais et al.，1995；Scott et al.，2003）。

在全球尺度上，草地生态系统约占陆地总面积的 32%（Adams et al.，1990），其植被生物量和土壤碳量仅次于森林生态系统。草地地上部分和地下部分总碳贮量约占全球陆地生态系统的 1/3（Schuman et al.，2002）。

二、中国陆地生态系统碳源汇状况

中国拥有各种天然草地近 4 亿 hm^2，占世界草地面积的 13%，占全国国土面积的 41% 左右，为世界第二草地资源大国，是中国面积最大的陆地生态系统（刘黎明等，2003），其草地生态系统碳储量为 44.09 PgC，占中国陆地生态系统的 16.7%（Ni，2001）。

有关中国陆地生态系统的碳汇问题也有较多的报道（刘允芬，1998；张厚，1998；赵荣钦等，2004；陈泮勤等，2008；郭然等，2008；于贵瑞等，2018；白永飞等，2018；Wang et al.，1994；Wang et al.，1995）。但因地区差异大，研究者采用的方法各异，从而导致碳汇能力、强度及分布格局具有较大的不确定性。于贵瑞等（2013）总结了中国区域陆地生态系统碳汇强度的时空格局，认为碳汇强度是陆地生态系统经过长期生物物理过程后存留在生态系统中的碳量，是生态系统的净碳收支（Steffen et al.，1998）。指出在自然生态系统中，碳汇强度可以用净生态系统生产力（NEP）来表征。然而也应看到，只有在前提条件得到满足，即没有外来干扰、没有其他途径，如 VOC，CO_2 等的碳排放和碳输入时，NEP 与生态系统净碳收支才能画等号（Chapin et al.，2006）。总结中国学者利用资源清查、大气反演等方法对中国区域陆地生态系统碳汇强度估算结果表明（表 8-1。于贵瑞等，2013；方精云等，2007；Piao et al.，2009），1981—2000 年中国区域碳汇强度为 0.14～0.26 Pg C/a，平均为 0.19～0.21 Pg C/a，占全球陆地碳汇 2.6 Pg C/a（0.90～4.30 Pg C/a）的 7.36%～7.87%（IPCC，2007）。

表 8-1　中国区域陆地生态系统碳汇强度

研究方法	研究时段	碳汇强度（Pg C/a）	文献
资源清查	1981—2000	0.136～0.176	方精云等，2 007
资源清查	1980—2000	0.177	Piao et al.，2009
大气反演	1980—2000	0.261	Piao et al.，2009
平均		0.19～0.21	

于贵瑞等（2013）还认为，碳源、碳汇时空格局受到气候等多种因素的影响表现出较为复杂的空间异质性，在我国东北地区呈现为碳源，但在西南和东南地区、青藏高原呈现为碳汇（Piao et al.，2009）。不同生态系统类型，其碳汇强度存在明显差异。森林生态系统表现出较高的碳汇特征，灌丛的固碳速率仅次于森林，农田固碳速率相对较弱（方精云等，2007），草地基本呈现碳源或碳中性。综合目前已有研究结果可以看出（表 8-2。于贵瑞等，2013），全国森林、草地、农田和湿地生态系统总的固碳速率约为 0.150 4 Pg C/a。由于现有的资源所限，表 8-2 中统计的全国陆地生态系统固碳速率还没有包括荒漠和湿地等生态系统。

表 8-2　中国区域不同生态系统类型的碳汇强度（1980—2010 年）

生态系统类型	植被（Pg C/a）	土壤（Pg C/a）	全部（Pg C/a）	文献
森林	0.019	0.005 7*	0.024 7	Piao et al.，2005b
	0.075	0.005 7*	0.080 7	方精云等，2007
	0.082	0.005 7*	0.087 7	中国国家发展和改革委员会，2 007
	0.082	0.005 7*	0.087 7	徐新良等，2007
	0.075 2	0.004	0.079 2	Piao et al.，2009
森林平均	—	—	0.072	
草地	0.025	−0.064*	−0.039	方精云等，2007
	0.007	0.006	0.013	Piao et al.，2009
草地平均	—	—	−0.013	
农田	0.012 5～0.014 3	0.018*	0.031 4	方精云等，2007
农田平均	—	—	0.031 4	
灌丛	0.02	0.04	0.060	Piao et al.，2009
总和	—	—	0.150 4	

　　中国学者根据不同管理措施对森林、农田和草地等生态系统固碳速率的影响也展开了相关研究。结果表明，从 20 世纪 80 年代开始，由于实施人工植树造林，中国森林逐渐由碳源转变为碳汇。近20 年来，中国人工林共吸收碳 0.45 Pg C，年均增加 0.023 Pg C/a（方精云等，2001）。目前，中国人工林的固碳能力在 89～668 gC/（$m^2 \cdot a$），平均为 191 g C/（$m^2 \cdot a$）（陈泮勤等，2008）。如果以第七次森林清查资料公布的人工林面积（61.69 万 km^2）进行计算，2009 年中国人工林固碳速率达到0.118 Pg C/a，约为 20 世纪 90 年代末全国森林的固碳速率。自 20 世纪 90 年代末开始实施的六大林业工程也为森林碳汇的增加作出了重要贡献。

　　由于农田生态系统的特殊性，其固碳潜力受到人为活动的强烈影响。吴乐知和蔡祖聪（2007）研究表明，在极端耗竭情景下，过去 20 年全国农田表土有机碳储量减少 0.419 Pg C，但在最大增长潜力下中国农田表土有机碳储量可以增加 1.56 Pg C，两者相差 1.979 Pg C，与实际农田土壤有机碳储量增加 0.36 Pg C（表 8-2 中农田土壤固碳速率乘以 20 年得到）相比，人为管理措施增加了 0.779 Pg C土壤碳储量，年均增加 0.039 Pg C/a。如果采取更大范围的合理施肥及秸秆还田等措施，固碳能力将进一步增强。陈泮勤等（2008）估算的当前中国农田在人为管理措施（如施用化肥、秸秆还田、免耕、施加有机肥）下的土壤固碳能力约为 0.101 Pg C/a。

　　根据郭然等（2008）关于人工管理措施对草地土壤碳汇影响的研究，2004 年因草场围栏、种草和退耕还草 3 种管理措施增加的固碳能力约为 9.17 Tg C/a。如果加入其他合理的人工管理措施，草地生态系统的碳汇功能可能得到进一步增强。陈泮勤等（2008）研究认为中国东部开展退田还湖使得湿地的固碳能力年增加 3.66 Gg C/a（1 Gg＝10^9 g）。当然，并非所有的人为管理措施都能增加生态系统的固碳速率。如采用涡度相关观测结果表明，长期围封使得内蒙古草地生态系统从碳汇转变为碳源（Wang et al.，2008）。因此，应采用合理的人为管理措施，以达到增强陆地生态系统碳汇功能的目的。

　　综合分析得出，20 世纪 80 年代至 21 世纪初，中国陆地生态系统碳汇大小为 0.19～0.21 Pg C/a，全国森林、草地、农田和湿地生态系统总的固碳速率约为 0.150 4 Pg C/a，但估算结果具有很大的不确定性。碳吸收的主体是森林生态系统，其次是灌丛生态系统。1981—2010 年，中国区域陆地生态系统的累积 NEP 大约相当于同期工业累积碳排放量的 12.14%。

　　目前，针对中国陆地生态系统吸收、呼吸排放与碳汇强度开展的大量的研究工作为中国陆地生态系统碳循环研究与碳收支及源汇强度的估算提供了重要的数据支撑。但是，当前的研究工作仍然存在着一定的不足，需要进一步改进和加强，主要表现在以下 3 个方面（于贵瑞等，2013）。

　　1）目前的研究中，对区域尺度总初级生产力的研究较少，并且存在着很大的不确定性；同时缺乏对区域尺度生态系统呼吸的估算。在未来的研究中应重点加强这两方面的研究。

　　2）需要对区域碳收支及源汇强度开展多途径多手段的综合评估。单一方法的评估结果往往存在很大的不确定性，因此，需要在现有数据的基础上，采用多种手段对比分析的方法进行综合评价和定量分析。

　　3）增加对模拟结果的不确定性分析。模型结构及驱动数据的质量和精度是引起模拟结果不确定性的两个主要原因。同时，在对未来情景进行预测分析时，还应加强气候变化背景下碳循环过程适应性的研究。

三、青海草地生态系统碳汇状况

　　全球变化包括了地球环境中诸如气候、土地生产力、水资源、大气化学、生态系统等自然和人类活动所引发的变化过程。近半个多世纪以来，由于诸多温室效应气体浓度的急剧上升。导致全球温暖化加剧，并进一步影响人类赖以生存的环境，如全球范围的森林衰退、土地退化与荒漠化、生态系统退化、植被带迁移等。目前，全球 CO_2 浓度仍以平均每年 1.2～1.8 ppmv 的速度增长，根据有关模型预测，到 20 世纪中叶 CO_2 浓度可达 550 ppmv。如果温室气体按目前速度继续增加，整个地球环境可能会加速变化，由此引起的气候变化将会对地表植被诸如生产力、植被带迁移等产生间接和直接的严重影响。特别是青藏高原气候变化具有比全球气候变化更具敏感性，温暖化条件下，永久冻土层退化、冰川消融，可能使原来在冻土、冰川层封冻的碳加速改变形（性）态，而容易散逸到大气。同时，青藏高原高寒草地原来少人烟的区域人类活动显著增加，也使高寒草地原有生态状态发生改变，也可导致陆地生态系统碳汇能力趋于减缓，增强了 CO_2 向大气的排放。因此，掌握高寒草地现有碳汇状况，可为增汇减排技术提供基本依据。

对于青藏高原及青海草地区域来讲，较为详细的碳汇强度研究仍显得薄弱。大部分研究中忽略了高寒草地的独特性，而与温带草地一并进行讨论、分析与估算。然而，青藏高原隶属"地球三极"的气候环境特征，其植被、土壤固碳性质将有很多的不同，较详细计算其固碳能力、强度、速率等仍还需要长期连续的监测，以及估算方法的推新。有幸的是我们看到，在青海乃至整个青藏高原架设了一系列微气象—涡度相关法水热碳通量的观测。另外，中国科学院先导专项（A 类）应对气候变化的碳收支认证及相关问题项目"生态系统固碳现状、速率、机制和潜力"实施，开展了"青藏高原草地固碳现状、速率、机制和潜力"，取得的成果显著（于贵瑞等，2018），估算了土壤碳储量，为青海草地碳汇强度的估算提供了基础数据。

在第五章，我们给出了青海主要植被类型区域利用涡度相关法观测系统监测的相关地—气界面的碳通量结果。其中，高寒草甸、高寒灌丛草甸、泥炭湿地、草甸化草原生态系统与大气间碳交换量分别为 -178.54 gC/m^2、-70.23 gC/m^2、115.14 gC/m^2、-73.99 gC/m^2。受条件限制以及通量观测技术及数据质量的影响，对于青海高寒草地中的高寒草原、高寒荒漠的碳源汇强度显得极为薄弱，有些则因观测仪器的原因，得到的碳通量数据有效性极差。幸好对于相同类型草地在相似气候和土壤环境下的青藏高原其他地区有着较理想的碳通量观测，可以弥补不足。如，Lei 等（2018）利用 2014—2015 年班戈高寒草原（31°25′N、90°02′E、海拔 4 700 m）通量观测数据分析了 NEE 的日、年变化，得到 2015 年全年 NEE 为 -21.80 gC/m^2，是弱的碳汇。朱志鸥等（2015）在 31.37°N、91.90°E、海拔 4 509 m 的那曲小嵩草（高山嵩草）草甸，土壤为高山草甸土的中国科学院那曲高寒气候环境观测研究站，利用 2008 观测资料分析了生态系统碳通量的日变化和季节变化特征及其影响因子，得出区域 CO_2 年通量为吸收（碳汇），达 -151.50 gCO_2/m^2（即 -41.30 gC/m^2）。除此，本书编著者与马耀明（中国科学院青藏高原研究所）通讯联系收集到中国科学院阿里荒漠环境综合观测研究站（33°39′N、79°70′E、海拔 4 270 m）对青藏高原高寒荒漠碳通量观测数据。分析发现，阿里高寒荒漠 2013 年和 2015 年 NEE 分别为 -38.97 gCO_2/m^2 和 -74.70 gCO_2/m^2（即分别为 -10.63 gC/m^2 和 -20.38 gC/m^2，平均为 -15.51 gC/m^2），这个数据表明，在广袤的青藏高原西部高寒荒漠地区，也是一个较弱的碳汇区。

然而，湿地（包括泥炭湿地、高寒湿地、沼泽化草甸、沼泽地等多种称谓）由于不同区域湿地沉积物成分、植物种类和密度、水文条件等不同，生态系统年 NEE 差异悬殊，导致 CO_2 源/汇功能差异大。多数研究认为，全球沼泽草甸为碳汇（董成仁等，2015）。董成仁等（2015）和 Zhang（2008）认为，全球除青藏高原高寒湿地表现为大气 CO_2 源外，其余湿地生态系统均是大气 CO_2 汇，并发现随着纬度的升高，湿地 CO_2 吸收值减小，即湿地作为大气 CO_2 汇的能力有减弱的变化规律，低纬度的澳大利亚河漫滩湿地（Beringer et al.，2013）吸收的 CO_2 量是高纬度的格陵兰泥炭沼泽草甸（Nordstroem et al.，2001）的 50 多倍。因此，高纬度的湿地生态系统表现出了更弱的 CO_2 汇能力，这主要是因为湿地生态系统植被类型随纬度的升高，CO_2 吸收能力减弱，如高纬度温带藓类（泥炭沼泽）植物与亚热带的红树林相比，光合作用能力明显削弱。同时，随着纬度的升高而温度降低、光照时长变短、光照强度减弱，这些均不利于高纬度生态系统的光合作用和碳的累积。

根据我们的观测发现，在海北高寒湿地的 NEE 为 115.14 gC/m^2，为一较强的碳源，这也与董成仁等（2015）阐述的青藏高原高寒湿地表现为大气 CO_2 源一样。但也不尽如此，青藏高原的高寒湿地大多为沼泽化草甸，目前的观测来看，沼泽化草甸为碳汇，如西藏当雄的高寒沼泽化草地为一碳汇（-161.85 gC/m^2）（Niu et al.，2017）。玉树隆宝湿地（沼泽化草甸）CO_2 交换量为 -465.00 gCO_2/m^2（-126.82 gC/m^2）（张海宏，2017）。在青海湖流域的瓦颜山为极强的碳源，达到 767.48 $gCO_2/（m^2 \cdot a）$（209.31 gC/m^2）。这种差异的存在，可能与沼泽草地的泥炭层分布厚度等有关。在青海海北和瓦颜山的高寒湿地实际上是泥炭层较厚（泥炭层厚度在 2～4 m），其地气界面 NEE 为强的碳源，但那些泥炭层薄的沼泽化草甸却发挥着碳汇功能。这也从侧面说明高寒湿地的碳源汇仍有很多的不确定性，随植被、土壤有机质、泥炭层厚度等不同而有所不同。

在青海草地，高寒草原和荒漠面积较大，但遗憾的是通量监测数据较少，有些地点既是有涡度相关法观测系统的监测工作，但其数据质量差而无法统计其碳源汇强度。当然，学者们利用生态过程模型估算了中国陆地净生态系统生产力（NEP）。尽管在区域尺度上 NEP 不等于碳汇，但常常可作为碳汇大小的量度（Cao et al.，2003；方精云等，2007；Piao et al.，2005；朴世龙等，2004）。为此，对于青海高寒草甸无法开展涡度相关法观测地气界面 NEE 的区域，一来可以利用生物量累积差法及 NEP 模型模拟方法估算得到，二来也可以用相同类型草地在其他气候环境、植被类型和土壤类型一致或相似区域的研究结果可替代仍然具有重要的参考价值。如青海广大的高山嵩草草甸地区、0 高寒草原地区、高寒荒漠地区的碳通量仍可用上述提到的西藏那曲地区、班戈地区、阿里地区观测得到的 NEE 年总量来估算。

因此，我们依据目前涡度相关法观测的 NEE 并参考文献中生物量法和生态过程模型法计算温性草原的 NEP，可较准确地估算青海草地生态系统碳汇强度。表 8-3 中分别罗列了青海高寒草地分布面积（见表 3-3，青海省草原总站，2012），以及对应的碳汇状况。这里，未包括祁连山东部山地、黄河和湟水河流域、青海湖盆地、柴达木盆地东部的温性草原，半干旱区柴达木盆地东部、青海湖东部的温性荒漠草原，柴达木盆地为主的温性荒漠。

根据青海高寒荒漠、高寒草原、草甸草原、草甸（山地草甸、矮嵩草草甸、高山嵩草草甸、其他杂草类草甸）、灌丛草甸、沼泽化草甸、泥炭沼泽化草甸（泥炭湿地）、其他杂草类草甸对应的碳通量（NEE）分别为 -15.51 $gC/（m^2 \cdot a）$（西藏阿里荒漠观测值）、-21.80 $gC/（m^2 \cdot a）$（西藏班戈紫花针茅高寒草原观测值）、-73.99 $gC/m^2/a$（青海海晏西北针茅草甸草原观测值）、-178.54 $gC/（m^2 \cdot a）$（海北高寒矮嵩草草甸观测值）、-70.23 $gC/（m^2 \cdot a）$（海北高寒金露梅灌丛草甸观测值）、-143.84 $gC/（m^2 \cdot a）$（西藏当雄与玉树隆宝藏嵩草沼泽化草甸观测平均值）、115.14 $gC/（m^2 \cdot a）$（海北帕米尔苔草泥炭沼泽草甸观测值）、-178.54 $gC/（m^2 \cdot a）$（用海北高寒矮嵩草草甸观测值替代），以及相应分布的面积分别为 115.16 万 hm^2、903.84 万 hm^2、35.16 万 hm^2、1 664.12 万 hm^2、209.59 万 hm^2、580.97 万 hm^2、12.58 万 hm^2、2.52 万 hm^2（青海草原总站，2012）来计算，其青海高寒草地生态系统现实状况下 CO_2 碳汇总能力为 -0.036 Pg/a（"-"表示碳吸收，为碳汇，绝对值越大碳汇能力越强）。其中，高寒矮嵩草草甸最强（-0.023 Pg/a），沼泽化草甸也为一重要的碳汇能力区，为 0.008 Pg/a，而泥炭沼泽化湿地土壤有机质含量丰富，加之底层多为泥炭层厚，具有很高的土壤有机碳，生态系统 CO_2 碳汇能力为 +0.001 Pg/a，是一碳源分布区（表 8-3）。需要指出的是，沼泽化草甸可能高估了碳汇强度，由于沼泽化草甸区土壤有机质含量也很高，植物生长季生态系统呼吸对温度的响应比总初级生产力更为敏感，意味着未来气候变暖的情景下，可能削弱沼泽化草甸的 CO_2 吸收。

表 8-3　青海不同类型高寒草地生态系统 CO_2 碳汇总能力（未包括柴达木盆地）

草地类型	分布区区域	面积（hm²）	*NEE*（gC/m²）	方法	碳汇强度（Pg/a）
高寒荒漠	可可西里为主	1 151 617	−15.51	通量监测	−0.000 19
高寒草原	青海中西部为主	9 038 453	−21.80	通量监测	−0.001 97
草甸草原	青海湖北岸、青海西北部山前、三江源中西部	351 598	−73.99	通量监测	−0.000 26
山地草甸	山体带中上部	139 563	−178.54	通量监测	−0.000 25
高寒草甸	青海中东部矮嵩草	13 086 550	−178.54	通量监测	−0.023 36
	青海中东部高山嵩草	2 934 204	−41.50	通量监测	−0.001 22
	青海中东部灌丛草甸	2 095 860	−70.23	通量监测	−0.001 47
	青海各地沼泽化草甸	5 809 724	−143.84	通量监测	−0.008 36
	青海各地泥炭沼泽草甸	1 257 516	115.14	通量监测	0.001 45
	杂草类草甸（其他）	251 503	−178.54	通量监测	−0.000 45
总计	—	38 233 983	—	—	−0.036 08

注：1 Eg（艾克）=10^{18} g；1 Pg（拍克）=10^{15} g；1 T（太克）=10^{12} g；1 Gg（吉克）=10^9 g；1 Mg（兆克）=10^6 g；1 kg（千克）=10^3 g；1 hg（百克）=10^2 g

在第三章曾提到青海草地面积占全省国土总面积的 60.47%，占我国草地总面积的 10.72%，仅次于新疆、内蒙古和西藏等省区。从现阶段估算的青海高寒草地（表 8-3，不包括荒漠外的高寒荒漠、高寒草原、高寒草甸、高寒灌丛、高寒湿地、高寒沼泽化草甸）碳汇强度（−0.036 Pg/a）的计算结果来看，青海草地具有很大碳汇潜力。

当然，上述的计算中某些植被类型是特定地区，只有海北站 3 个通量观测数据是较长时间序列的，其他数据是特定年份涡度相关法碳通量观测的值替代计算得到的。由于不同植被类型及其内部空间异质性、不同年份气候的波动性，生态系统总初级生产量、净初级生产量，以及生态系统呼吸均会发生变化，其碳源汇能力随之而变，因此，上述方法估算的碳汇强度结果有一定的误差，主要表现在以下几个方面。

1）多数草地类型的碳通量观测期较短（甚至只有 1 年），受气候波段等影响，每年各草地类型生态系统碳通量波动明显，甚至年际波动在 2 倍以上，如我们在对海北高寒矮嵩草草甸、金露梅灌丛草甸和沼泽湿地的年际动态监测时发现（见第五章），其年总量波动范围分别在 −138.20 ～ −210.03、−10.52 ～ −131.91 和 76.28 ～ 184.83 gC/m²。

2）与农田和森林生态系统相比较，草地生态系统的固碳潜力及其相关研究比较少。国内草场退化造成土壤有机碳损失和围封草场的固碳速率研究相对较多，而其他措施的固碳速率数据比较缺乏，只能参考仅有的观测调查数据。

3）在对退化草场恢复的固碳潜力估算中，草场退化面积数据只有全国的平均估计，其准确程度还有待提升。

4）草地植物地下部分多为多年生，草地管理措施可能会影响到植物地下部分的碳贮量，但目前这方面的数据较少，进而影响生态系统 CO_2 碳汇能力的估算。

5）生态系统中土壤的固碳过程易于理解，但植被的固碳过程则与陆地植物的生长过程紧密相关，植物同时进行着光合作用和自养呼吸过程，在光合作用中，植物将大气中的 CO_2 吸收固定到植物体中，即植物的光合作用实际上是一个固碳过程；而植物的自养呼吸消耗固定的有机质，是一个碳释放过程。因此在植物的净固碳能力随不同生命阶段而发生变化，同时，也受不同地区气候、水文、土壤养分，以及植物物种等的不同而有差异，因此，常常强调创造适宜植物生长的环境条件，促进植物生物量的形成，从而促进生态系统的固碳潜力。据估算，草原绿色植物初级生产力占陆地绿色植物初级生产力的 16%，达到 1.89×10^{10} t/a（Coupcand，2005），具有较大的固碳潜力。

尽管我们估算青海高寒草地碳汇能力时，缺乏大面积长时间序列的观测数据，仅少数站点有 10 年尺度以上的观测数据，有些植被类型区用极个别站仅 1 年的观测结果来估算，但考虑到一定区域气候变化是在一定范围波动，加之碳汇强度单位采用的数量级是"Pg，10^{15}g"，从碳汇潜力的角度而言，这里估算的青海高寒草地碳汇强度 −0.036 Pg/a 仍然具有一定的参考价值。

研究表明，青海地区高寒草地在 20 世纪中后期就存在大范围的退化现象，目前，虽然进行了大量的生态系统恢复过程，但其退化现象仍十分严重，而开展的微气象—涡度相关法观测得到的通量数据可以说是在已退化或轻度退化的草地上进行监测的。尚若青海草地得到恢复，或者如 20 世纪初一样，植被未退化，那么其碳汇能力或许更高。郭然等（2008）以国内长期定位试验数据为基础，估算在我国草地实施人工种草、围封草场和退耕还草 3 种措施下的固碳速率，并估算了我国退化草地完全恢复的土壤固碳潜力（表 8-4）。他们的研究认为，通过减少畜牧承载量等方法，使退化草地得以恢复，可以使草地土壤有机碳库增加 4 561.62 TgC，其中内蒙古、西藏、陕西、甘肃、青海、宁夏、新疆退化草地恢复的固碳潜力分别可达到 1 181.09 TgC、1 060.38 TgC、47.82 TgC、279.14 TgC、595.44 TgC、77.16 TgC 和 1 320.58 TgC，这些碳库主要分布在内蒙古（占 25.89%）、西藏（占 23.24%）和新疆（占 28.95%）。人工种草、退耕还草和草场围栏封育也是最基本的草地管理措施，在中国这些措施的累计面积的固碳总量分别是 25.59 TgC/a、1.46 TgC/a 和 12.01 TgC/a，总计达 39.06 TgC/a。从这些估算结果中可以看出，我国退化草地生态系统的恢复具有很大的固碳潜力。如果在 30 a 内使退化草地得到恢复，则每年可以固定大气 CO_2 量为 152 Tg/a。这比美国（9 Tg/a）、加拿大（0.2～0.6 Tg/a）和俄罗斯（0.4～0.8 Tg/a）的估算要大得多。我国目前已经实施的草地管理措施的固碳潜力为 39.06 Tg/a，新增面积的草地固碳能力将随着时间推移具有一定累积效应，但由于目前缺乏该方面的全国规划和相关数据，难以给出比较可靠的草地生态系统固碳潜力的估计值。

表 8-4　中国主要草地管理措施的固碳速率　　　　　　　［单位：$t/（hm^2 \cdot a）$］

草地管理措施	典型草地	荒漠草地	高寒草甸	文献
人工草地	1.09	1.09	1.09	IPCC（2001）
改良草地	0.9	0.9	0.9	朱连奇等（2004）
退耕还草	0.5	0.5	0.5	郭胜利等（2003）

另外，在青海广阔的高寒草地，自 20 世纪以来均发生不同程度的退化，有些地区退化现象十分严重，导致地区地表裸露或杂草丛生而成为极度退化的"黑土滩"。为了治理这些丧失生态功能的"黑土滩"，开展了大量的人工草地，在青海人工草地面积达 7.99×10^5 hm^2 以上（Shen et al.，2016；官惠玲等，2019），而且随国家投入力度的加大，人工草地每年按一定比例不断推进，面积不断增大。这些人工草地的建设也是碳增汇能力增加的一种措施。贺福全（2019）在对同德人工草地的碳通量监测表明，一个种植周期（5 年）累计固碳 180.42 g C/m^2，除种植第 1 年表现为碳源（47 gC/m^2），其他年份均为碳汇，第 3 年碳汇强度达到 −128.3 gC/m^2。"人做事，天帮忙"，近些年随气候温暖化加剧的状况下，青海高寒草地地区降水量也在不断增加，青海退化草地在响应国家号召，加强草地管理，强化减畜，开展季节轮牧等措施下，退化草地自然恢复效果显著。这些表明，青海高寒草地不仅在自然恢复过程中提升了碳汇能力，而且人工草地的建设也不断增加了碳汇强度。

目前，我国关于人类活动，特别是放牧和草地恢复对草地土壤有机碳的影响研究还很少。放牧作为最主要的人为管理措施，还没有建立完善的指标体系和计量标准，使得不同的研究方法得出的过牧和适牧结果不一，不便于数据的整合。在草地土壤固碳机理研究方面，还缺乏有关管理措施对草地生态系统固碳潜力的实验观测。这就需要我们更加强化不同类型植被、不同区域的长期定位联网观测和对比试验研究，同时，特别关注草地退化及放牧利用等的固碳效应，以促进更加准确地估算区域碳源汇强度。

第二节　陆地生态系统碳源汇的影响机制及其固碳增汇的认证

气候变化和人类活动的全球变化对草地产生直接影响，导致其生态系统碳循环及碳增汇格局的变化。当植被趋于健康发展，植被的固碳能力增强，在一定放牧适应技术措施及管理下，草地生态系统在提供人们生产生活资料的同时，生态系统处于可持续稳定和安全状态，可能在发挥碳汇功能。但若草地处于严重退化，植被群落发生演替，草地生产力衰减，地下生物量减少，土壤肥力下降，土壤有机质、土壤持水能力衰减，这种状况可能加速土壤异养呼吸强度，导致下垫面与大气界面间的 CO_2 净交换量向大气输送明显加剧，使陆地生态系统可能成为碳源。全球变化对草地生态系统碳循环过程的这种直接影响可能更为复杂，可能受更多因素的综合影响，从而表现为更加复杂的生物地球化学过程、非生物因素的的碳迁移循环过程。本节我们在介绍关于碳汇的《京都议定书》概念体系的基础上，参照于贵瑞等（2011a；2013）、何念鹏等（2011）、李玉强等（2005）相关报道，阐述碳汇能力的生物化学以及环境要素的影响过程和影响机制。

一、碳汇的《京都议定书》概念体系

在气候变化科学研究以及应对策略的讨论中，关于碳收支的基准主要包括 2 个标志性的时间节点，即在气候变化科学问题研究中主要关注自工业革命以来的生态系统固碳水平（速率 / 储量）的变化，一般取 1840 年为基准年；在讨论各国的温室气体减排和碳汇管理问题时，主要是关注《京都议定书》规定的 1990 年（基准年）以后的固碳水平（速率 / 储量）的变化，即主要是以 1990 年为基准状态或参考点，更为关注的是自然固碳速率和人为增汇作用的区别，以及通过人为措施增加碳汇的测量、报告和核查（于贵瑞等，2011a；2013）。

《京都议定书》规定了发达国家和地区须在 2008—2012 年实现温室气体排放量比 1990 年削减 5% 的定量目标（1990 年全球每年化石燃料和工业活动排放约 59 亿 t 碳），同时也确定了全球减排的"京都机制"。基于《京都议定书》的规定，以及国际碳贸易的限定，形成了以下几个非常重要而又十分严格的碳汇概念（于贵瑞等，2011a；2013）。

1. 京都碳汇

京都碳汇是指可被《京都议定书》认定的碳汇。京都碳汇特指在 1990 年之后直接由人类活动引起的土地利用变化和林业（LULUCF）活动（限于第三条第 3 款中的造林、再造林和砍伐森林，以及第三条第 4 款下选定的由人类引起的任何活动，这些活动可能是森林管理、植被重建、农田管理和放牧地管理）导致的生态系统固碳量增加，并以透明且可核查的方式作出报告，经专家组评审后确认的碳汇。发达国家既可以将本国的京都碳汇直接用于抵消本国第一承诺期的减排指标（"抵消排放"），也可以利用京都机制购买国外的清洁发展机制（CDM）项目所形成的碳汇额度，用于换取本国的排放权（换取排放），虽然目前很多国家在努力争取将森林管理、农田管理、草地管理、湿地管理和植被重建等碳汇效应也纳入京都碳汇之中，但是其谈判历程还将非常艰苦。

2. CDM 碳汇

CDM 碳汇是指基于清洁发展机制（CDM）实施的减排或固持的碳增汇额度。发达国家和地区可以通过购买"可核证的排放削减量"来换取本国的 CO_2 排放权，以维持其自身生产发展，而拥有大量"碳汇"的发展中国家，则可通过出售 CDM 项目新增的 CO_2 吸收量来获得技术援助或经济收益，可以看作为一种国际间的碳排放补偿机制。目前的 CDM 项目主要包括 2 种类型，其一是清洁能源技术，既包括使用可再生能源（风能、水能、生物质能、太阳能和核能等），又包括在生产行业（钢铁、水泥和化工等）中减少能耗的项目；其二是通过土地利用、土地利用变化和林业活动所增加的碳汇，并且这些增汇活动必须是 1990 年之后发生的，其碳汇量需要经过严格核算，使用碳汇数量不能超过缔约方基准年排放量的 1% 乘以 5。

3. 市场交易碳汇

市场交易碳汇是指《京都议定书》中规定的 CDM 项目所形成的碳汇额度在国际市场上可以交易的碳汇。碳汇交易市场的建立是将市场机制引入到国家碳汇管理和生态服务领域的重要举措。近年来，国际碳汇市场不断发育，碳汇已经开始成为一种可以用来购买或交换的产品。目前的国际碳汇交易主要以排放交易制度（ETS）为依据（Ellerman et al.，2001），人们可以通过利率、贴现率、信贷额度、政府债券、期货等经济杠杆作用促进增汇和减排的碳管理（王金南，1994）。

二、草地生态系统碳源汇影响机制

生态系统碳汇或碳源决定于地区众多因素的影响，同时在不同时间尺度上也有其相互的转化过程。图 8-1（于贵瑞等，2018；何念鹏等，2011）中展示了草地生态系统碳增汇 / 减排影响因素的关系结构。从关系结构图中可以看出，草地生态系碳增汇 / 减排的影响因素可分为土地（植被）利用方式变化、气候因子变化、土壤条件、植被类型及群落特征等方面，这些因子的变化实际上均属于全球变化的范畴。

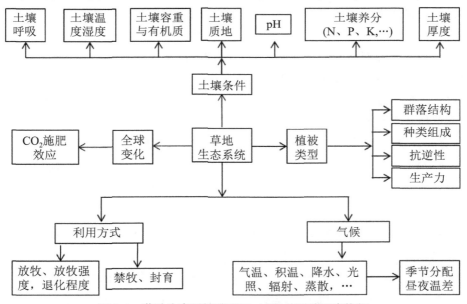

图 8-1　草地生态系统碳增汇 / 减排的影响因素构架

草地植被类型及种类组成、生产力是决定植被通过光合作用吸收（植被固碳）大气 CO_2 能力的高低。利用放牧及其放牧强度方式的不同，表现为植物光合形成的碳量被家畜觅食后发生转移，输送到土壤的有机碳减少；过度放牧甚至还会导致土壤碳加速分解而排放 CO_2，使该生态系统成为碳源。有研究也表明，在轻度放牧强度时，植被生长良好，有利于植被碳的固持能力，固定的碳以枯落物、根系分泌物等形式转为土壤有机碳，而形成较强的的碳汇能力。

目前全球由于以毁林为主的土地利用方式变化，导致陆地每年向大气排放 CO_2 的量为 1.6 PgC，是仅次于化石燃料燃烧的第二大碳源（Keith et al.，1998）。草地上人类活动及生产方式主要可归结于放牧强度的高低，放牧强度的不同虽然不会导致直接的土地利用方式的变化，在为发生退化之前仍然是同一种利用类型，但其土壤理化性质可能发生变化，进而直接影响土壤异养呼吸，影响生态系统碳汇功能。这种影响在年际时间尺度上可产生生态系统碳源汇的转化过程，一种可能的过程是，植被良好时生态系统为碳汇，当放牧过度导致草地退化后生态系统将从碳汇转变为碳源，这说明人类活动及其生产方式在一定程度上决定了草地生态系统碳循环的速率、碳贮存量，最终决定了碳源汇功能。在全球气候变化背景下，促进生态系统碳汇，应对和减缓气候变化的有效途径，可能在于草地生态系统的有效科学管理，如通过改善生产方式、减轻放牧强度、或加大封育力度等措施，来探索碳增汇/减排技术，以达到固碳增汇的目的。

草地基本处在"靠天吃饭"的格局当中，现在虽然科技发展，卫星上天，但是草地仍然是对气候变化反应最为敏感和脆弱的。气候变化直接影响草地植被净初级生产量，植被碳素量的高低直接影响土壤碳的补给能力，也就是说，任何程度的气候变化都会给草地生产及其相关过程带来潜在的或显著的影响。

IPCC 第五次评估报告指出，1880—2012 年全球地表平均温度上升了 0.85℃。与 1850—1900 年相比，2003—2012 年这 10 年的全球地表平均温度上升了 0.78℃。而且，最近的几年仍表现为增加的趋势（见第一章）。但是，近百年来全球平均降水量变化并不明显，而区域差异明显，极端干旱洪涝事件频发。根据《中国气候变化监测公报》（2012），1901—2012 年，中国地表年平均气温呈显著上升趋势，并伴随明显的年代际变化特征，其中 1913—2012 年中国地表平均气温上升了 0.91℃，气候变暖导致中国部分地区的降水、日照等主要气候因素随之发生变化。青藏高原系高寒地区，其生态系统对气候变化反应最为敏感、最为脆弱，任何程度的气候变化都会给牧业生产及其相关过程带来潜在的或显著的影响，特别是极端天气气候事件诱发的自然灾害将造成草地生产的波动，危及社会的稳定和社会经济的可持续发展。

气候变暖，气候带向高海拔和高纬度的位移。表面看起来，热量增加，延长了无霜期，加快了植物生长发育速度，提早了物候发育生长初期，延后末期，可使牧草生长期拉长，也使植物组成种类发生改变，造成牧草产量的提高。基于未来气候气温上升 2℃ 或 4℃，降水分别增加 10% 和 20% 的 2 种变化情景，高寒草地牧草气候生产潜力与现实状况相比有很大的差异。草地气候生产力估算值分别为 479 g/m² 和 538 g/m²；气温上升 2℃、降水增加 10% 时，牧草气候生产力将下降 10% 左右；而气温上升 4℃、降水增加 20% 时，牧草产量有所提高，但仅提高 1% 左右。表明在全球气候变暖后高寒草甸牧草生产力水平变化格局有所不同，这主要与降水的影响关系较大。当气温上升 2℃、降水增加 10% 时，植被的蒸散力大于降水的补给量，干旱胁迫加重，因而水分成为牧草生长的限制因素，略估算只有降水在同期增加 15% 以上时这种限制才能得到缓解。在气温上升 4℃、降水增加 20% 时，降水量增加较高的假设下，牧草产量比现实状况有所提高，但提高的并非明显，只有 1% 左右。因而，从某种角度来讲，如果气温上升，降水增加的可能较小，将造成高寒草甸分布区域地表及植被蒸散力的加大远比降水量的增加来得快，使其区域干旱现象明显，水分的不足终将限制草地生产力的提高（李英年等，2000），进而直接或间接影响植被和土壤的固碳能力，降低碳增汇强度。

气候变化不仅影响各国的粮食安全，致使全球粮食总产量因严重自然灾害而降低，到 2030 年，我国种植业产量总体上因全球变暖可能会减少 5% ～ 10%，其中小麦、水稻和玉米三大作物均以减产为主（钱凤魁等，2014）。也将会影响草地牧草生产安全，表现在气候温暖化可能促使人们更多地开发草地，扩大垦殖面积，在草地面积减少的趋势下，植被给予土壤碳的补给减少，导致碳的贮存能量、蓄水能力减少，而耗水能力加大，其结果将影响碳汇强度。

总之，气候变化对草地产生的影响是多方面的和多层次的，气候变化对草地生产的影响有利有弊，不同区域之间存在很大差别，如何趋利避害，科学应对气候变化是当前迫切需要解决的问题。而人类的发展是以不断毁坏天然植被为代价的，对草地的掠夺式经营等的人类活动，严重影响着草地的碳汇功能。人类为了寻求草地更高的生产力及畜牧产出，导致用水量增加，一些措施可能短期内提升了草地生产力，但从长远来看，这些措施可能对植被及土壤结构造成破坏，减弱土壤有机质进一步积累，甚至因人类活动加剧使土壤有机质进一步分解使其含量下降增加了向大气的 CO_2 释放，削弱了生态系统碳的贮存而成为碳源。

研究认为，影响陆地碳汇形成的机制可以分成两大类（Houghton，2002；李玉强等，2005；于贵瑞等，2011；2013；何念鹏等，2011）：第一类是影响光合、呼吸、生长以及腐烂分解速率的生理代谢机制，是属于短时间内发生的、客观存在的、人类目前较难直接调控的自然状况，包括大气 CO_2 浓度增加，有效营养增加，气温和降雨的变化，以及能够加速植被生长的生理生态机制；这些机制通常受人类活动的间接影响。第二类是干扰和恢复机制。包括自然干扰和土地利用变化和管理的直接影响，对于草地而言，归根结底还是放牧利用程度为决定因素。

1. 碳源汇影响的生理代谢机制

（1）CO_2 施肥作用

近年来，发表了许多 CO_2 对光合作用和植物生长的直接和间接影响的研究结果（Körner，2000；Law et al.，1996；Luo et al.，1999；Schimel et al.，2000）。研究表明，植物固定碳起首要作用的酶是 Rubisco，C_3 植物中 Rubisco 的饱和 CO_2 浓度范围为 $800 \sim 1\,000$ mg/kg。因此，在目前的大气 CO_2 浓度下 C_3 植物的光合作用并未达到饱和（Falkowski et al.，2000）。CO_2 浓度增加可以提高光合作用的水分利用效率（WUE）（Körner，2000），能够延长季节性干旱生态系统的植被生长期，从而增加 C_3 和 C_4 植物的净初级生产量 NPP（Chapin et al.，2002）。CO_2 的这种作用被认为是导致陆地生态系统净吸收大量 CO_2 的最主要原因。大气 CO_2 浓度加倍的条件下，C_3 作物的 NPP 大约增加 30%（Koch et al.，1996）。CO_2 浓度增加 100% 的条件下，幼树的光合作用强度、作物的生长、针叶树幼林生长和草地生物量分别增加 60%、33%、25% 和 14%（Houghton，2002）。中国陆地生态系统在 CO_2 浓度增加至 519 mg/kg 时 NPP 可增加 6%（Xiao et al.，1998）。全球 CO_2 施肥作用（主要在热带）形成的碳汇大小为 $0.5 \sim 2.$ PgC/a（Fan et al.，1998）。但是，一些实验证据表明，因为营养限制，在将来的 50 年内当 CO_2 浓度达到 $550 \sim 650$ mg/kg，NPP 将在超过目前 10% $\sim$ 20% 的水平上保持稳定（Körner，2000）。此外，有研究表明，温度升高有可能导致微生物异养呼吸增强，会抵消，甚至超过 CO_2 施肥作用引起的 NPP 的增加（Falkowski et al.，2000）。

（2）氮沉降作用

有效态 N 的不足是生态系统 NPP 增加的主要限制因子（Chapin et al.，2002）。化石与生物燃料燃烧、工业、畜牧业以及肥料使用过程中以氧化氮（NO_2）与氨（NH_3）形式进入空气的活性氮的沉降，被认为对陆地植被具有施肥作用，可以增加 NPP 和碳储量（Nadelhoffer et al.，1999）。基于 C 与 N 之间的化学定量关系，许多生理模型证实了活性氮的沉降能够导致生物量碳积累（Houghton，2002）。森林氮沉降施肥不仅能增加 NPP，还可以延长土壤有机质的滞留时间（Prentice et al.，2001）。全球人为氮沉降增加导致碳汇增加的估计值为 $0.2 \sim 2.0$ PgC/a，并且这些碳汇增加主要发生在北半球（Fan et al.，1998）。但是，沉降的氮也可能被土壤固定或流失到生态系统之外，大部分并不为植物所用（Houghton，2002；Nadelhoffer et al.，1999）。用 ^{15}N 标记输入到生态系统中的氮，结果表明，许多 ^{15}N 出现在土壤中，而不是植物生物量中。这意味着氮沉降未必是北半球森林碳汇的主要贡献者。此外，当一个生态系统氮积累到一定程度，会出现氮饱和（Houghton，2002），或是在超过某个临界值后引起生态系统退化，减少碳储量（Aber et al.，1998）。

（3）大气及土壤污染

许多污染物质（如 SO_2 和臭氧）通过影响叶面积增长来减缓光合速率，或是通过气孔进入、破坏光能合成组织来直接影响光合速率（Chapin et al.，2002）。对流层臭氧和酸雨是对生态系统的 NPP 或有机质分解起消极作用的 2 个最主要因子。臭氧浓度的升高导致北美（Mclaughlin et al.，2000）和欧洲（Braun et al.，2000）森林生长减缓，臭氧对全球森林 NPP 的危害比例将从 1990 年的 25%增加到 2100 年的 50%（Fowler et al.，2000）。伴随降雨发生的 NO_3^- 和 SO_4^{2-} 沉降引起的土壤酸化，削弱了有效营养元素（Ca^{2+}、Mg^{2+}、K^+）的吸收，增强了 Al 的流动性和毒性，增加了森林土壤中 N 和 S 的储量（Driscoll et al.，2001）。酸雨对北美、欧洲和中国南方森林的长期健康与生产力的危害已引起广泛关注。虽然臭氧和酸雨通常会引起 NPP 的减少，但目前并不清楚它们对陆地碳汇的实际影响程度。如果它们减少有机质分解的作用大于减少 NPP 的作用，也许能引起碳储量的增加（Houghton，2002）。

（4）气候变化

UNFCCC 将"气候变化"定义为"经过相当一段时间的观察，在自然气候变化之外由人类活动直接或间接地改变全球大气组成所导致的气候改变"（IPCC，2001）。气候变化对陆地生态系统碳源与碳汇的影响是多方面的。气候变化（包括温度、湿度和辐射变化）通过影响碳的输入（光合作用）和输出（呼吸作用）来影响陆地碳汇形成。短时期内的气候变暖能够引起异养呼吸增加而降低土壤碳储量，但生态系统的呼吸能逐渐适应温度的变化，长时间尺度内呼吸速率并不是温度的线性增函数（Chapin et al.，2002）。伴随温度升高有机氮等有机营养元素的矿化速率加快，能够引起植物有效营养的吸收和 NPP 增加（Shaverb et al.，2000；Vukicevic et al.，2001）。1980—1990 年由于温度增加，引起北半球森林生长加速增加的碳汇为 0.5 ± 0.5 PgC/a（方精云等，2001）。1980—1993 年气候变化引起美国陆地产生的碳汇为 0.08 PgC/a（Schimel et al.，2000）。中国陆地生态系统在气候变化条件下，1981—1998 年形成的碳汇为 1.22 PgC（Cao et al.，2003）。研究表明，陆地生态系统在温暖年份往往表现为碳源，而在冷凉年份表现为碳汇，因为随着温度升高，火灾和呼吸释放的 CO_2 要远远高于 NPP 的增加（Schimel et al.，2001；Vukicevic et al.，2001；Yang et al.，2001），例如 1992—1993 年因温度下降，引起北美陆地的碳吸收能力急剧增强（r=0.8）（Bousquet et al.，2000），这可能最能解释为何在 1990 年陆地生物圈是一个很强的碳汇（Chapin et al.，2002）。但也有相反的研究结果，例如，20 多年的卫星记录表明北温带和温带欧洲陆地植被生长期有所延长，意味着生长量和碳储量的增加，但 CO_2 通量测定表明，这些生态系统并没有响应于温度升高而表现为一个净碳汇（Houghton，2002）。Lovett（2002）指出降雨和湿度的增加也是引起植物生长加速最重要的因素之一，降雨增加可引起的植物生长量增加 14%。因为降雨和湿度增加不仅给植物根系提供了更多水分，而且额外的湿度使植物的气孔张开的更大，让更多的 CO_2 进入叶子，使光合作用过程更为迅速（Chapin et al.，2002）。Steven Running 指出，基于"降雨增加是导致碳汇产生的最重要因素"这一前提，在倡导其他研究者改进他们的碳汇模型的同时，也对"通过造林来抑制全球变暖"的提议发出了挑战（Lovett，2002）。因为植树造林具有区域适宜性，树木发挥碳汇的效能取决于所处地区的水分状况，而降水的可变性很大，或许随着全球变暖降水会持续增加，或许相反，那么造林的碳汇功能目标可能无法到达，甚至会引起其他一系列环境问题。

此外，漫射光比例的增加会引起总的光合作用产物增加，而火山爆发、污染和温室气体都可以减弱光照强度，增加漫射光比例，导致植物对大气 CO_2 吸收的增加（Farquhar et al.，2003；Gu et al.，2003）。

（5）生理机制的协同作用

影响生态系统碳储量的各种因素之间存在相互作用，如较高浓度的 CO_2 条件可以提高植物的水分利用效率，也可减轻温度、臭氧等对植物的胁迫。CO_2 改善胁迫的间接效应可能比 CO_2 直接影响光合作用的效应更为重要（Luo et al.，1999）。氮沉降施肥和 CO_2 浓度增加对森林生长的联合效应大于单因子的累加效应（Oren et al.，2001）。仅考虑 CO_2 浓度增加的单因素影响，在 6 个生理过程模型中有

5 个模型的模拟表明，大气 CO_2 浓度增加导致全球陆地碳汇形成的作用可持续到未来的 100 多年，预测的碳汇强度为 4 ～ 10 PgC/a（Cramer et al.，2001）。若结合气候变化因素，预测的碳汇强度减小，并且到 2100 年 CO_2 影响陆地碳汇形成的作用有可能为零（Houghton，2002）。目前的生理过程模型还不足以量化各种生理机制的相对重要性，也未能考虑到影响碳储量的非生理因子（如火灾、风暴、病虫害和人类干扰等）（Cramer et al.，2001；Knorr et al.，2001）。

2. 碳源汇干扰和恢复机制

土地利用变化是影响陆地碳源和碳汇变化的主要因素之一。退化生态系统的恢复或土地利用的有效管理可以蓄积、维持和增大植被及土壤碳库。

（1）土地利用变化

土地利用变化有类型间转化型和类型内部渐变型之分（Chapin et al.，2002）。土地利用转化型是指一个生态系统类型完全被另一个物理环境或植被功能型不同的生态系统替代，如森林向草地的转换。土地利用渐变是指对生态系统过程、群落结构、种群动态产生明显影响，但不发生物理环境或植被功能型的极端变化，如天然林向人工林的转变，传统粗放农业向现代集约农业的转变，草场过度放牧引起的生态系统退化和沙化等。渐变型土地利用变化的逐渐积累，有可能导致类型转变。

目前，森林向牧场或农田的转变是最主要的土地利用变化方式，每年砍伐的原始森林大约为 $7.5×10^4$ km²，次生林大约为 $1.45×10^5$ km²（Chapin et al.，2002）。当森林被皆伐时，大部分地上生物量可能被燃烧，并将碳迅速释放进入大气。砍伐森林或改变林地利用现状都会造成 20 ～ 30 年多至 20% ～ 50% 的有机碳损失，大部分损失来自于地表有机质的侵蚀（李克让，2002）。20 世纪 90 年代初，全球土地面积近乎 40% 已转变成耕地或永久牧场，这种转变在很大程度上是以牺牲森林和草地为代价而实现的。过去 150 年中，由自然系统向人类管理系统的转变已经导致了大约相当于同期化石燃料燃烧向大气释放的 CO_2 净通量。目前全球土地利用变化释放的 CO_2 量约为化石燃料燃烧释放量的 31.5%（Houghton et al.，2003）。

早在 20 年前，Houghton（2003）的研究表明，1850—2000 年各种类型的土地利用变化（主要是森林的破坏）导致的 CO_2 净排放，全球为 156 PgC，中国为 23 PgC。中国在 1980—1990 年因土地利用变化导致的 CO_2 平均排放量为 0.10 PgC/a，1990—2000 年平均排放为 0.03 PgC/a，在过去的 50 a 里中国因土地利用变化而引起的 CO_2 排放量有所降低。随时间推移到现在，人们更意识到人类活动、土地利用变化对大气 CO_2 排放的严重性，开展了植被绿化、森林建植等大量的节能减排工程，其 CO_2 排放更加有所降低。

（2）土地利用管理和退化生态系统恢复

近年来的大量研究和实验表明，森林、农田和牧场的管理可影响 CO_2、CH_4 和 N_2O 的源和汇。生态系统的恢复、保护与管理实践可以贮存、维持和增大土壤碳库（李克让，2002）。如北美陆地碳吸收增加至少可归因于弃耕农田和砍伐迹地的森林再生长（Fan et al.，1998）。长期过度放牧的退化草地围封 5 年和 10 年后土壤有机碳分别增加 34 g/m² 和 156 g/m²（Su and Zhao，2003）。中国森林生态系统在 1948—1980 年是大气的碳源，释放量为 0.022 PgC/a，20 世纪 70 年代后期至 1998 年森林碳储量从 4.38 PgC 增加到 4.75 PgC，增量为 0.37 PgC，其中人工林的贡献为 0.39 PgC，而天然林损失 0.02 PgC。这说明通过森林管理措施增加碳截留是可行的（Fang et al.，2001）。

政府间气候变化专门委员会（IPCC）的《土地利用、土地利用变化和林业》特别报告中指出，通过造林和再造林措施可以将森林砍伐导致的 CO_2 排放量从 1.79 PgC/a 降低到 1.59 ～ 1.20 PgC/a，2010 年和 2040 年因土地利用管理水平的提高形成的陆地碳汇强度将分别达到 1.3 PgC/a 和 2.5 PgC/a（IPCC，2000a）。

陆地生态系统的碳源与碳汇研究对于全球碳循环研究以及预测未来全球的气候变化有非常重要的意义。尽管陆地生态系统中的碳失汇存在的事实及其许多生态影响机制已经为大家所接受，但仍存在许多科学问题，如与碳循环有关的资源环境问题研究不够全面；对陆地碳汇还缺乏一致性的估算数据；过去 10～100 年以及未来影响陆地碳汇形成的主控生态机制，及陆地生态系统碳汇和碳源的时空变化模式均存在不确定性；缺乏对不同生态系统的组成、结构、生物量和生物生产力、养分循环、水循环、能量利用、植物光合与呼吸量、凋落物、土壤呼吸量、土壤碳、氮含量等进行长期定位观测的基础数据；缺乏将生物地球化学过程和物理气候过程紧密耦合的生态系统模型等。

三、生态系统增汇潜力的基准水平、潜力水平和增汇潜力

要了解一个地区生态系统碳源汇强度、增汇 / 减排能力，至少要掌握区域在气候变化、植被生产过程生态系统固碳速率和增汇潜力等概念，这些概念不仅在理论上要明确，而且更应在理解如何定量核算生态系统碳源汇强度、增汇 / 减排的量并给予认证。于贵瑞等（2011；2013；2018）关于生态系统碳源汇强度、增汇 / 减排能力及其定量认证已有较为详细的阐述，这里再做梳理与归纳。

1. 关于生态系统的固碳速率和增汇潜力概念

生态系统碳汇及增汇潜力的相关概念很多，这些概念既有其相似之处，也有微妙的差异。生态系统的固碳速率、碳汇功能及其增汇潜力既可以从生态系统固碳的能力水平（固碳速率或固碳总量）来定义，又可以从自然因素和人为调控因素驱动下的固碳能力变化程度来理解。同时，在不同的概念框架下又因各种科学假设、测量方法、度量标准、报告范围和政策限制等因素而衍生出一些特定概念。在进行青海草地生态系统碳汇功能及减排增汇管理措施的理解前，掌握固碳速率和增汇潜力概念及其定量认证是十分必要的。为此，这里以于贵瑞（2011）的研究结果给予阐述。

广义的生态系统碳固定量（CSC），可以包括生态系统总固碳量（CSC_G）和净生态系统固碳量（CSC_N）。生态系统总固碳量是指植物光合作用固定转化 CO_2 为有机碳的总量，它既可以是一定时间内 GPP 的积分值（被称为总初级固碳量，CSC_{GP}），也可以是 NPP 的积分值（被称为净初级固碳量，CSC_{NP}）。小尺度和短时间的典型生态系统净固碳量是指植被从大气中净吸收并贮存于植物和土壤之中的碳总量，是总初级固碳量扣除各种呼吸碳排放的净吸收量，为 NEP 的积分值（净生态系统固碳量，CSC_{NEP}）或者 NBP 的积分值（净生物群系固碳量，CSC_{NBP}），而大尺度和长期的区域生态系统净固碳量则是 NRP 的积分值，为区域生态系统净固碳量（CSC_{NRP}）。

目前人们通常所说的生态系统固碳速率主要是指 NEP 或 NBP，对于区域生态系统而言，则实质性的含义是指 NRP，因为只有这 3 个分量才可以经过长期的累积被有效地贮存于典型生态系统或区域生态系统之中，形成植被（根、茎、叶和凋落物）有机碳和土壤有机碳（土壤有机质、微生物有机碳和可溶性有机碳），并且也只有这 3 个分量在可以接受的假设条件之下能够利用生态学方法直接测定，其单位为 g C/m²、t C/hm² 或 g C、t C。

生态系统的现存碳储量（CSE）是生态系统长期积累碳蓄积的结果，是生态系统现存的植被生物量有机碳（CS_V）、凋落物有机碳（CS_L）和土壤有机碳储量（CS_S）的总和。一般将单位土地面积生态系统、植被和土壤碳储量分别定义为生态系统碳密度（CD_E）、植被碳密度（CD_V）和土壤碳密度（CD_S），其单位为 gC/m²、t C/hm²。

通过上述分析可知，我们就不难理解生态系统的生产力、碳交换通量（固碳速率）与固碳量和碳储量的关系，概括起来有：

$$CS_E(t) = CS_{E0} + \int GPP(t)\mathrm{d}t - \int CER_G(t)\mathrm{d}t \qquad (8\text{-}1)$$

式中：$CS_E(t) = CS_V + CS_L + CS_S$，为生态系统的现存碳储量；方程右边的第一项为生态系统的初始碳储量，第二项为生态系统总的固碳量，第三项为生态系统呼吸的总碳排放量，$CER_G = R_a + R_h + R_b$，第二项与第三项的差值则为生态系统净碳蓄积量，为 $NEP(t)$ 或 $NEE(t)$ 的积分值。进而将其扩展为区域生态系统长期过程，则方程为：

$$CS_G(t) = CS_{G0} + \int GPP(t)\mathrm{d}t - \int CER_G(t)\mathrm{d}t - ECL_G \qquad (8-2)$$

式中：CS_G 为长期过程决定的区域生态系统的现存碳储量，方程右边的第四项为生态系统总碳泄漏量（$ECL_G = E_p + L_g + L_a$），第二项与第三项和第四项的差值则为区域生态系统净碳蓄积量，为 NRP 的积分值。

　　生态系统的固碳速率和碳储量（固碳量）是量纲不同的两个物理量，固碳速率与生态学的生产力和气象学的碳通量的量纲相同，都是（$MT^{-1}L^{-2}$）；而生态系统碳储量和固碳量则是管理学的物质流动和交换量的概念，其量纲是（MT^{-1}），其统计单元可以是特定面积的区域生态系统，也可以是特定类型的工程项目、管理措施或制度方案等。

　　对于异质的多景观生态系统，其区域性的平均固碳速率（CSR_{AR}）、平均排放速率（CER_{AR}）以及平均碳密度（CD_{AR}）多采用面积加权方法统计分析。

$$CSR_{AR} = \frac{1}{A_{TR}}\sum_i^N CSR_i A_i \qquad (8-3)$$

$$CER_{AR} = \frac{1}{A_{TR}}\sum_i^N CSR_i A_i \qquad (8-4)$$

$$CD_{AR} = \frac{1}{A_{TR}}\sum_i^N CD_i A_i \qquad (8-5)$$

式中：A_{TR} 和 A_i 为区域土地面积和不同土地利用/覆被方式（$i=1，2，\cdots，N$）的面积；CSR_i、CER_i 和 CD_i 为不同土地利用/覆被方式下的平均固碳速率、排放速率和碳密度。

　　进而，区域尺度的总固碳速率（CSR_G）、总呼吸排放速率（CER_G）、总碳储量（CSE_G）为：

$$CSR_G = CSR_{AR} \bullet A_{TR} = \sum_i^N CSR_i A_i \qquad (8-6)$$

$$CER_G = CER_{AR} \bullet A_{TR} = \sum_i^N CSR_i A_i \qquad (8-7)$$

$$CS_{EG} = CD_{AR} \bullet A_{TR} = \sum_i^N CD_i A_i \qquad (8-8)$$

　　对于区域生态系统，或者特定生态工程项目、管理制度和措施体系的固碳总量和总的现存碳储量 CS_E 也多采用净固碳速率（CSR_N）与面积（A）乘合的方法进行统计分析。

$$CS_E(T) = CS_{E0} + A_{TR}(CSR_{AR} - CER_{AR}) = CS_{E0} + \sum_i^N A_i(CSR_i - CER_i) \qquad (8-9)$$

或者，用碳密度的面积积分统计。

$$CS_E = CS_{E0} + CD_{AR} + A_{AR} = CS_{E0} + \sum_i^N CD_i A_i \qquad (8-10)$$

　　生态系统固碳速率不仅决定于环境条件，也决定于植物生长发育过程、植被的演替阶段，以及群落叶面积及其功能状态的变化。在通常的气候和土壤环境条件下，生态系统固碳速率有其自然的季节、年际和长期的动态变化规律。但是这种固碳速率的变化规律及其特征值也会因生态系统类型、区域性环境条件以及人为干预措施的影响而改变，这也正是人们通过改变土地利用/覆被和生态系统管理提高生态系统固碳能力的生态学基础，也是定量分析和认证。

　　生态系统固碳速率不仅决定于环境条件，也决定于植物生长发育过程、植被的演替阶段，以及群落叶面积及其功能状态的变化。在通常的气候和土壤环境条件下，生态系统固碳速率有其自然的季节、年际和长期的动态变化规律。但是这种固碳速率的变化规律及其特征值也会因生态系统类型、区域性环境条件以及人为干预措施的影响而改变，这也正是人们通过改变土地利用/覆被和生态系统管理提高生态系统固碳能力的生态学基础，也是定量分析和认证。

　　2. 碳汇速率及潜力基准年与基准水平

　　生态系统增汇潜力是相对于某个基准水平而言的，选择不同的基准年或基准水平来分析增汇潜力的结果可能是完全不同的，其结果的实际意义、生态学含义以及经济和技术可行性也都具有巨大的差异。

因此在生态系统固碳潜力分析研究中，必须明确地定义基准水平（或参考水平）和潜力水平等问题。

在基准年和基准的自然条件或基准的人为调控水平下现实的生态系统固碳速率（CSR_B，$gC/(m^2 \cdot a^2)$），一般可以定义为：

$$CSR_B = -NEE_B = NEP_B = CSR(E, M) \tag{8-11}$$

或者用特定时间、特定区域（特定项目、特定管理、特定政策）生态系统的净固碳总量（CSC_B，PgC，tC）来度量和统计。

$$CSC_B = \sum_i^N CSC_{Bi} A_{Bi} \tag{8-12}$$

式中：$CSR(E, M)$ 为固碳速率是环境因子和人为调控因子共同作用的函数；CSC_{Bi} 和 A_{Bi} 为区域内第 i 种类型生态系统的基准固碳量和面积，或者是指碳汇项目的固碳效益和活动规模。

基准年、基准自然条件和基准人为调控水平的确定是一个十分复杂的问题，主要是根据碳计量的目的、碳管理目标和政策情景等因素而确定。服务于《京都议定书》的碳汇计量基准年为 1990 年，其基准自然条件和基准人为调控水平也都是以 1990 年的状态为标准。

3. 目标年 / 管理措施 / 情景与固碳的潜力水平

生态系统固碳潜力分析的目的主要是评价在未来自然条件或人为管理措施、情景、政策条件下，或者是在某种要素改变或要素组合变化情景下，自基准年到目标年期间可能增加的固碳量。因此，通常定义生态系统固碳的潜力水平为在特定目标年和环境背景下，生态系统可能达到的最大固碳能力，可用单位时间单位面积的生态系统可能实现的最大固碳速率 [简称为潜在固碳速率（CSR_p，$gC/(m^2 \cdot a)$] 来度量。

$$CSR_p = -NEE_{max} = NEP_{max} = CSC(E_{po}, M_{po}) = GPP_{max} - R_{a\,min} - R_{h\,min} = NPP_{max} - R_{h\,min} \tag{8-13}$$

还可以定义为特定时间、在特定区域（实施特定项目、特定管理、特定政策）状况下的生态系统可能实现的最大固碳总量（简称潜在固碳量，CSC_p，tC，tC/hm^2）。

$$CSC_p = \sum_i^N CSC_{pi} A_{pi} \tag{8-14}$$

式中：$CSC(E_{po}, M_{po})$ 为最优的环境条件下目标措施优化实施后的水平；CSC_{pi} 和 A_{pi} 分别为区域内第 i 种类型生态系统的潜在固碳量和面积，或者是指碳汇项目的固碳效益和活动规模。

这里的潜在固碳速率水平可以是自然环境变化情景下的自然生态系统饱和固碳速率，或者近似平衡态的顶级群落生态系统的饱和固碳速率（CSR_s），也可以是通过人为管理措施可能实现的生态系统最大固碳速率（CSR_{max}）。

如图 8-2 所示（于贵瑞等，2018），自然状态下的潜在固碳量水平是指生态系统自然演替过程的饱和固碳容量水平（CSC_s）或者某个平衡态（稳态）生态系统可能达到的最大碳储量（CS_{max}）。人为活动影响下的潜在固碳量水平是指通过人为管理措施可能实现的生态系统最大碳蓄积量，或者是多种自然和人为措施优化组合条件下的生态系统饱和碳蓄积水平（CSC_s）。对于特定区域的潜在固碳能力而言，它既可以是自然环境变化情景下的潜在的区域生态系统固碳量（CSC_p），也可以是人类活动和管理情景下的最大可能区域生态系统固碳量（CSC_{max}）。

4. 生态系统碳汇功能及其增汇潜力

生态系统碳汇功能是指生态系统吸收大气 CO_2，减缓大气 CO_2 浓度升高的生态系统功能。在实际的生态系统碳汇管理实践中，根据不同的目的，以及不同的基准水平与潜力水平组合可以形成多种来自生态的、经济的和气候变化公约限制下的增汇潜力概念体系。

基于基准水平和潜力水平 2 个概念，可以将生态系统的增汇潜力（PICS）定义为通过某种自然因素或因素组合，而使得生态系统在基准固碳水平基础上可能增加的固碳速率或者净固碳总量（于贵瑞等，2018），即：

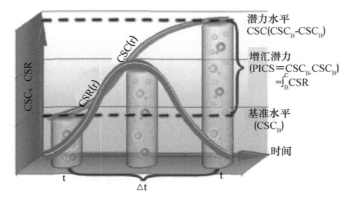

图 8-2　生态系统固碳的基准水平、潜力水平、增汇潜力及增汇速率的相互关系

$$生态系统增汇潜力 = 生态系统潜力固碳水平 — 生态系统基准固碳水平 \tag{8-15}$$

这里既可以用生态系统固碳量将增汇潜力表达为：

$$PICS_{Cj} = CSC_{Pj} - CSC_{Bj} = CSC_{Sj} - CSC_{Bj} = CSC_{maxj} - CSC_{Bj} \tag{8-16}$$

式中：$PICS_{Cj}$ 为 j 种情景下或 j 种驱动因素影响下增加的固碳量，CSC_{Pj} 和 CSC_{Bj} 分别为对应的 j 种情景下或因素驱动下的潜力固碳量和基准固碳量，也可以用生态系统固碳速率将增汇潜力表达为：

$$PICS_{Rj} = CSR_{Pj} - CSR_{Bj} \tag{8-17}$$

式中：$PICS_{Rj}$ 为 j 种情景下或 j 种因素驱动的可能增加的固碳速率，CSR_{Pj} 和 CSR_{Bj} 分别为对应的 j 种情景下或驱动因素的潜力固碳速率和基准固碳速率，其平均增汇速率则可以表示为：

$$\overline{CSR_S} = \frac{\Delta CSC}{\Delta t} = \frac{1}{t_s - t_0} \int_{t_0}^{t_s} CSR(t) \tag{8-18}$$

如图 8-3（于贵瑞等，2018）所示，可以相应地将现实固碳水平，或者基准年和基准情景下的固碳水平（碳储量/固碳速率）定义为基准固碳水平或者自然固碳水平，则可以将基准碳容量水平与各种潜力的碳容量水平之间的差值（图 8-3 a）分别定义为不同情景下的增汇潜力。

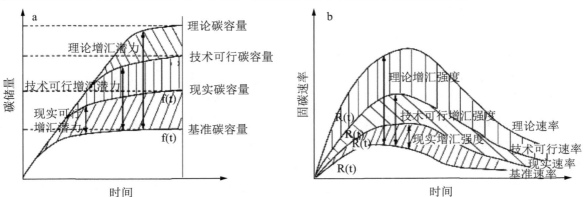

图 8-3　生态系统的碳储量、固碳速率变化及其固碳潜力水平与增汇潜力和碳汇的强度关系

理论增汇潜力 [$PICS_{C_T}(t)$] 为：

$$PICS_{C_T}(t) = CSC_{PT}(t) - CSC_B(t) \tag{8-19}$$

技术可行增汇潜力 [$PICS_{C_{TF}}(t)$] 为：

$$PICS_{C_{TF}}(t) = CSC_{PTF}(t) - CSC_B(t) \tag{8-20}$$

现实的增汇潜力（$PICS_{C_P}(t)$）为：

$$PICS_{C_P}(t) = CSC_{PPI}(t) - CSC_B(t) \tag{8-21}$$

进而，可以将基准固碳速率与各种潜在固碳速率之间的差值（图 8-3 b）定义为不同情景下的增汇强度。

理论增汇强度为：

$$PICS_{RT}(t) = CSR_{PT}(t) - CSR_B(t) \tag{8-22}$$

技术可行增汇强度为：

$$PICS_{RTF}(t) = CSR_{PTF}(t) - CSR_B(t) \tag{8-23}$$

现实的增汇强度为：

$$PICS_{RP}(t) = CSR_{PP}(t) - CSR_B(t) \tag{8-24}$$

关于生态系统的理论固碳潜力水平的确定有很多技术途径。对于特定的典型生态系统而言，可以用时间连续清查法，空间代替时间参照系法，限制因子分析法等技术手段来确定，比较简单的方法还是以当地的顶级生态系统饱和碳蓄积量作为参考值（Hudiburg et al.，2009；Smithwick et al.，2002）。对于区域尺度的生态系统而言，基于生态过程和地学统计理论的方法更为符合逻辑，可是比较直观有效的方法是采用自然植被的潜在分布（历史上相对稳定的土地利用格局），结合各种类型生态系统饱和碳储量（相同或相近类型的顶级生态系统饱和碳蓄积量），进行加权统计来定量评价。

图 8-3 展示了在自然或传统土地利用 / 覆被生态系统的固碳水平（速率 / 储量）的基础上，如何增加陆地生态系统碳汇的基本途径和技术措施，其中的右侧的阴影部分是被国际认可的碳汇管理途径，主要是通过对现有的土地利用的调整，并加以空间格局和碳循环过程管理的技术途径，由此增加的碳汇可以按照《京都机制》纳入国际碳管理的框架之中。除此之外还有一个重要的增汇技术途径却被忽视，这就是在自然或传统土地利用/覆被生态系统格局基础上，通过改善自然和人为措施的生态调控，增强人为的生态过程管理可能增加的碳汇。现实的生态系统生产力水平往往比气候和土壤限制下的生产力水平低很多，主要原因是生态系统管理水平的差距，这会限制生态系统自然固碳潜力的发挥，通过生态系统管理水平的提高增加生态系统固碳速率 / 潜力也必将会成为应对气候变化的重要途径，是必须给与高度重视的碳汇。

5. 人为措施的碳汇功能和增汇效益

应对气候变化的碳管理的主要思路是通过人为调控作用增强生态系统碳汇功能、吸收大气 CO_2，以缓解气候变化进程（IPCC，2006；Food and Agriculture Organization of the United Nations，2010）。因此，目前国际社会所考虑的减排和增汇对象还仅限于人为措施下的增汇技术、固碳工程和政策等，所关注的人为增汇措施或工程增汇效果报告、计量、认证和核查（IPCC，2007），特别重视自然过程对生态系统固碳功能的影响与人为措施贡献的合理区分（Eggers et al.，2008）。可是现实的人工措施还只能通过改变限制生态系统固碳的各种自然因素，改善生态系统管理等来提高其固碳潜力和速率，这就使得两者的区分十分困难。但是，人为措施对生态系统固碳潜力和速率的影响有可能提高生态系统的自然固碳潜力和速率，也有可能降低生态系统自然固碳速率。

在现阶段的国际增汇 / 减排碳管理谈判过程中，所设定的基准的人类活动状态是指自然或传统（基准年）的土地利用 / 覆被状态，而人类活动水平主要是指人为活动影响下的土地利用 / 覆被的改变。据此所计量的碳源 / 汇主要是指通过土地利用改变而导致的生态系统的固碳水平（速率 / 储量）的变化，即所谓的 LULUCF 增汇和碳损失的贡献（张小全等，2003；2009），最近的国际谈判开始关注减少砍伐森林和森林退化导致的温室气体排放（REDD），2009 年，经过哥本哈根气候变化大会谈判，

REDD 在原有的减少森林砍伐和退化的基础上新增了森林保护、森林可持续管理和增加碳储量 3 项内容，即"REDD+"。

实际上，通过调控自然环境和过程变化的增汇潜力，特别是通过生态系统过程管理的增汇潜力也是不可忽视的，但是这部分增汇潜力还没有被纳入应对气候变化国际谈判的对象之中，这必将成为今后的科学研究及国际谈判的重点（图 8-4。于贵瑞等，2018）。

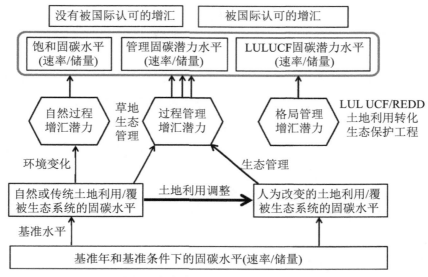

图 8-4　增加生态系统固碳速率和增汇潜力的技术途径

现实的人为措施影响下的生态系统固碳速率往往与潜在的自然固碳速率之间有较大的差距，这正是人为增加陆地碳汇功能的理论基础。也就是说，人们可以采取一些措施来减小各种限制因子对生态系统固碳潜力的制约，以提高生态系统固碳速率和潜力水平，通常把它们称为人为措施增加的固碳速率和潜力水平，或称为人为增汇强度和人为增汇潜力。

四、生态系统固碳速率和增汇潜力计量方法的科学基础

1. 生态系统的自然固碳速率和区域碳收支计量

区域性自然固碳速率和增汇潜力的计量是各种碳计量的基础，也是土地利用变化引起的碳储量变化和各类应对气候变化项目（生态工程、固碳技术、规划和政策情景等）增汇效果评价的基础数据来源。目前，可以用于区域性自然固碳速率和增汇潜力的碳计量与评估的方法主要包括以下 4 种：①基于生物量和土壤碳储量清单调查的区域碳收支评估；②基于生态系统通量观测结果的区域碳收支评估；③基于生态系统过程模型和遥感模型的区域碳收支评估；④利用大气 CO₂ 浓度反演方法的区域碳收支评估（于贵瑞等，2006）。

2. 人为措施的固碳效应及其增汇潜力的计量

人为措施的固碳效应及其增汇潜力的计量和认证问题很复杂，其关键的问题之一是如何区分自然因素与人为因素对生态系统固碳速率的影响，其二是如何评估人为管理措施可能实现的潜力水平。关于前者的确定现在还只能采用野外对比试验或者区域性的抽样调查方法获取数据，采用数据整合分析技术来实现，而后者的确定目前可以采用的方法主要包括时间连续清查法、空间代替时间参照系法和限制因子分析法等（于贵瑞等，2006）。

（1）时间连续清查法

时间连续清查法是指利用长时间调查或观测资料、森林清查资料或森林生长方程，得到生态系统固碳量的时间序列，进而推算生态系统固碳速率和固碳潜力。时间连续法的理论基础是基于生态系统

演替中的碳蓄积动态过程，通过 2 个观测时间点上的碳蓄积量差分来评价生态系统固碳速率（CSR），可以利用生态系统饱和碳储量与现存碳储量的差值来估计潜在的固碳量（CSC_P），以及潜在的年平均固碳速率（CSR_{Pa}）。即：

$$CSR = \frac{CSC_{T2} - CSC_{T1}}{T_2 - T_1}$$ （8-25）

$$CSC_P = CSC_{max} - CSC(t)$$ （8-26）

$$CSR_{pa} = \frac{CSC_{max} - CSC(t)}{T_0 - t}$$ （8-27）

式中：CSC_{T2}，CSC_{max} 分别为 t_2 时刻的碳库储量和生态系统最大碳储量；CSC_{T1} 和 $CSC(t)$ 为基准年或 t 时刻的生态系统碳库储量；T_0 为生态系统演替到顶级状态所需要的时间。

关于 CSC_{max} 的确定是一个极其困难的理论和技术问题，目前可以采用的方法主要有专家经验判断方法、区域内同类生态系统参照法、基于长期观测和实验数据模拟估算（等差三点法、黄金分割优选法、逐步搜索法）等方法。但是无论何种方法的理论基础都是基于生态系统的原生演替或次生演替理论，对于原生或次生演替的生态系统主要参考顶级群落的碳储量或干扰前的原始群落的生态系统碳储量。在中国，常用于生态系统固碳速率评价的时间连续的观测数据是森林清查、土壤清查、草地清查资料，其中以全国森林资源普查资料最为完整，共有 7 次（1973—1976 年，1977—1981 年，1984—1988 年，1989—1993 年，1994—1998 年，1999—2003 年，2004—2008 年），这些数据对于了解中国森林整体发展历史和现状非常重要。

（2）空间代替时间参照系法

空间代替时间参照系法又称为库—差别法，其科学假设也是生态系统的演替理论，这种假设认为在环境条件及受干扰情况相近的地点，生态系统会沿着一个相似的演替过程发展，因此可以用处于不同演替阶段或者不同年龄的多个生态系统及其形成时间构建出一个空间变化系列，来代替生态系统时间变化碳储量序列，进而采用基于生态系统演替理论的时间连续法的研究思路，定量分析生态系统的固碳速率和增汇潜力。采用空间代替时间法隐含着一个基本假设，即在相同区域的自然生态系统（天然的老龄林或封育的草地）的碳储量可以作为当地生态系统最大碳储量的参考值。因此，现实的生态系统碳储量与参考生态系统碳储量的差值即为生态系统的固碳潜力（CSC_P），将 CSC_P 与演化到参考生态系统碳储量状态所需要时间（ΔT）的比作为增汇速率（C_v），即：

$$CSC_P = CSC_{max} - CSC(t)$$ （8-28）

$$C_v = \frac{CSC_{max} - CSC(t)}{\Delta T}$$ （8-29）

应用空间代替时间参照系方法的关键技术问题是关于固碳潜力参考标准的确定，这种方法经常被用于生态系统管理等人为措施固碳潜力的分析之中。例如，在土壤固碳潜力分析中，常采用相同气候带的最大土壤碳储量，或者同类土壤的最大碳储量作为参考值；在森林植被固碳潜力分析中，可采用成熟或过熟林的森林植被和土壤碳密度作为参考；在农作物固碳潜力分析时，可以选择相同区域的历史最高产量作为参考；在研究草地放牧管理时，可以把不同放牧强度区和封禁区的草地固碳量作为参考。

（3）限制因子分析法

限制因子分析法是基于各种环境因子可以独立地影响生态系统碳储量，并且其综合影响符合"最小养分律"所描述的"木桶效应"理论。限制因子法的应用思路是从环境因子对生态系统固碳功能限制程度的角度出发的，即现实的生态系统固碳速率（CSR_p）是多种限制因子综合作用的结果，其潜在的固碳速率则是在各种环境因子的限制作用最小时可能实现的最大的固碳速率（CSR_{max}），即：

$$CSR_P = CSR_{max} \cdot \prod_i^N F_i \qquad (8\text{-}30)$$

式中：F_i 为各种因子（光能、温度、水分和土壤等因子）对固碳速率的影响函数，一般在 $0 \sim 1$ 变化，其数值越接近 1，说明该因子对固碳能力的制约程度越低，生态系统固碳速率趋近于最大值 CSR_{max}；CSR_{max} 为植物生理功能决定的最大固碳速率。

限制因子法在讨论固碳速率方面有其独到的优势，有益于分析和评价管理措施以及特定群落的最大增汇潜力，但是由于没有考虑生态系统演替过程对固碳速率和潜力的影响，在评价生态系统碳蓄积的动态过程方面还有很大缺陷。

3. 区域或国别的增汇潜力及其效果的计量

应对气候变化的固碳速率和增汇潜力的定量认证必须是以具有行政管理和履行义务的区域或国家为对象，其固碳速率、固碳潜力，以及固碳措施和政策的实际效果必须是可测量、可报告和可核查的。因此如何计量和评估区域或国别的增汇效果及其增汇潜力是一个最实际应用的科技问题。直接应对气候变化的碳汇管理的基本操作单元也是国家或地区，目前的碳计量主要对象是区域土地利用变化引起的碳源汇变化和各类应对气候变化项目（生态工程、固碳技术、规划和政策情景等）的增汇效果。

（1）土地利用变化的碳汇效应计量

土地利用/覆盖类型是决定陆地生态系统碳存储的关键因素，土地利用/覆盖由一种类型转换为另一种类型会伴随着大量的植被和土壤碳存储的变化，其基本假设是，当生态系统由类型 A 转换成类型 B 时，它将具有类型 B 生态系统的固碳功能。目前关注较多的土地利用/覆被的变化主要是林地、草地和耕地之间的相互转换。土地利用变化包括 2 个不同层次的含义，其一是指由于人类活动以及自然环境的影响使土地覆盖类型发生的变化，例如，林草垦殖转为农田以及农田转换为城镇建设用地等。其二是指虽然土地覆盖类型未发生明显改变，但是其中的植被群落或者土地利用强度发生了变化，包括森林的次生化、草地退化以及农田耕作制度和产量的变化等。土地利用变化引起的碳源汇变化量可以根据土地类型的历史数据和半经验排放常数估算，采用"薄记模型"统计得到。时间序列的对比分析是最直观而易于理解的评估方法。通过对同一空间区域内不同时间序列的土地利用状况的差异分析，就可以获得研究区域在这一时间段内的土地利用变化结果。但是土地利用变化数据获取的可靠性以及土地利用类型转换对碳源和碳汇影响评价的不确定性会对土地利用变化的碳源汇计量产生很大影响。

（2）生态工程项目的碳汇效果计量

生态工程项目主要是指造林、再造林、植被恢复等林业工程项目。一般是通过生态工程的实施实现生态系统的增汇和减排。例如，联合国粮农署、开发署以及环境署的合作项目"联合国森林减排方案（UN-REDD）"、中国的天然林保护工程、退耕还林工程等都属于此类项目的范畴。中国实施的天然林保护、退耕还林、退牧还草等生态工程，极大地增加了森林碳汇，为全球的碳管理做出了重要贡献。对于此类工程项目增汇效益的计量，主要是依据生态系统原生演替和次生演替原理。比如，对于造林、再造林的碳汇效果计量主要利用次生演替过程中的碳储量变化规律进行评估，而对于矿山恢复、沙漠化地区的造林，则主要是利用原生演替的原理。

（3）固碳技术措施、生态规划和政策情景的碳汇效果计量

现在被采用的生态系统固碳技术措施主要包括：免耕、少耕、秸秆还田、有机肥（化肥）施用等农田管理措施，林业经营和合理采伐等林业管理，以及草地封育、轮牧等草地管理措施。这些技术措施一般是通过利用自然演替规律，辅助人为措施调节思路展开的，通过人为的辅助措施来加速或调整自然系统演替过程，以实现增汇的目标。对这类技术措施增汇效果的计量主要是采用对比实验方法，通过设置不同技术措施的试验对照，采取对比分析的方法来确认或定量评价各种措施的增汇效果。对于区域效应的评价主要采用地理学的加权统计，"薄记模型"等技术手段。生态规划或政策情景（退耕还林、能源

结构调整等）的增汇效果和潜力，通常是根据生态规划方案和政策情景的设计方案确定活动水平，通过参照系方法确定增汇效果因子，采用"薄记模型"方法进行概算。这种概算往往没有与地理空间的生态环境信息相结合，对增汇效果因子的确定也比较粗放，所以其概算结果的不确定性非常大，需要在生态规划的实施过程中不断的精细化评估，也需要在生态规划实施后及时开展效果监测和后评估。

综合研究和评价中国陆地生态系统固碳速率、增汇潜力以及各类碳管理措施的影响，不仅可以服务于中国的碳管理，也具有重要的全球意义。上述从生态系统生产力的基本概念出发，系统性地阐述了陆地生态系统固碳速率和增汇潜力分析的理论基础，提出了陆地生态系统增汇途径及其增汇潜力的概念框架，并阐述了生态系统固碳速率和增汇潜力计量方法的科学基础，目的是为中国固碳速率、增汇潜力的计量与定量认证方法论和技术体系的建立提供理论基础。目前，在中国开展区域尺度陆地生态系统固碳速率和增汇潜力的定量认证科学研究，还缺乏系统性的生态系统固碳潜力和速率的科学观测、实验研究和区域遥感数据的支持，缺乏国际公认的陆地生态系统碳收支及其增汇潜力计量和认证体系。因此，今后的研究重点应该放在获取和整合已有的主要类型生态系统以及国家层次的基础科学数据、专项科学数据和碳统计数据，集成并发展国家尺度碳循环生态过程—遥感模型，研究构建中国陆地碳收支认证的区域模型系统，基于多源数据—多模型集成研究建立服务于"三可"的国家层次的陆地生态系统碳管理计量运行平台，综合评价中国陆地生态系统自然固碳现状、速率、潜力以及各类碳管理措施的影响，从而为中国应对气候变化提供基础数据、科学知识和技术支撑。

第三节　陆地生态系统区域碳增汇减排的可行性

关于区域陆地生态系统碳汇措施正在逐渐增多（于贵瑞等，2003；王礼茂，2004；吴静等，2007；杨林章等，2008；陈泮勤等，2008）。同时，中国许多传统的或已经大面积实施的人为管理措施（如天然林保护、草地封育和湿地保护等），虽然已被证实具有明显的碳汇效应，但仍未被 IPCC 碳汇认证体系所采纳（Fang et al.，2001；气候变化国家评估报告编写委员会，2007；Piao et al.，2009；高云等，2010）。

国际社会普遍采用 IPCC 碳汇认证体系和方法（于贵瑞等，2011b；2013），该体系主要强调不同土地类型间转化所造成的碳源/碳汇大小，对自然生态过程和许多人为管理措施的碳汇效应并未加以认证（或未提供计算方法），从而增加了 IPCC 认证结果的不确定性（IPCC，2003；2006；王芳等，2009）。一个重要的原因是，一些具有较高碳汇效应（已大规范推广）的人为管理措施，其碳收支过程与机理，碳汇认证的理论基础和方法体系还显得薄弱。因此，系统地对各种人为管理措施的碳汇效应及其可行性进行定性评价，不仅可归纳出未来一段时间内需要重点研究的碳增汇的理论，还将为区域陆地生态系统碳增汇的理论研究提供导向性建议。这里以何念鹏等（何念鹏等，2011）的研究详细阐述陆地生态系统碳增汇的途径及可行性评价体系。

一、区域尺度陆地生态系统碳增汇途径

1. 自然过程的陆地生态系统碳增汇主要过程与估算

（1）区域尺度陆地生态系统碳收支及其主要过程

区域陆地生态系统碳收支状况受区域内植物群落组成、植物群落光合特性、生物地球化学、生态系统空间格局、土地利用类型及其相互转化等多种因素的共同影响（于贵瑞等，2011c；2003；韩士杰等，2008）。它主要取决于以下 4 个过程：①植物光合作用与生产力形成过程；②植物、动物和微生物呼吸所释放 CO_2 的过程；③凋落物分解、矿化和腐质化过程；④生态系统水平的有机质输入与输

出过程（图 8-5。何念鹏等，2011）。

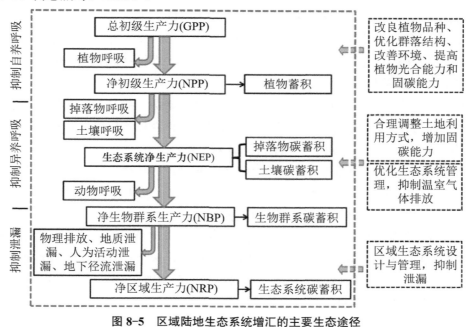

图 8-5　区域陆地生态系统增汇的主要生态途径

上述 4 个过程共同决定了区域陆地生态系统碳循环的时空格局、碳收支状况及其碳源／碳汇转化关系，同时也是人为活动调控生态系统碳收支的着力点和关键点。

（2）自然过程的生态系统固碳能力的估算

区域陆地生态系统固碳能力可分别用植被总固碳量和区域总固碳量来表示（于贵瑞等，2003；韩士杰等，2008；Falkowski et al.，2000）。其中，植被总固碳量计算公式如下：

$$NBP_{region} = (GPP - R_a - R_h - R_b) \times t \times a \quad (1) \tag{8-31}$$

式中：GPP 为总初级生产力；R_a 为生态系统植物自养呼吸；R_h 为生态系统微生物异养呼吸；R_b 为生物群系呼吸（动物和昆虫等）；t 为有效时间；a 为有效面积。因此，根据 NBP_{region} 计算公式，能调控上述各个主要因子的人为管理措施，均能提高区域陆地生态系统的植被固碳量。

区域总固碳量计算公式可用下式（于贵瑞等，2011 b）：

$$NRP_{region} = NBP_{region} - E_p - L_g - L_a \tag{8-32}$$

式中：E_p 为焚烧或火灾等引起的物理过程碳排放；L_g 为水蚀、风蚀和渗漏等引起的地质过程碳泄漏；L_a 为食物采集、采伐和放牧等人为活动所引起的碳泄漏；E_p、L_g 和 L_a 之和为生态系统总碳泄漏（ECL_G）。因此，任何能减少生态系统碳泄漏的途径均能增加区域陆地生态系统固碳量。

2. 基于自然过程的碳增汇途径

根据计算公式（8-31）和公式（8-32），自然生态过程的碳增汇 4 类途径可解释如下。

1）增强碳汇强度型增汇途径：该途径一方面通过改良物种、控制植物群落的物种组成和结构、改善植物生长环境，提高植物群落光合能力，增加碳输入，也可简称为"开源途径"。另一方面，该途径还能同时调控植物自养呼吸、动物和微生物异养呼吸，调控凋落物分解与腐殖质化过程，达到减少碳释放的目的，也可简称为"节流途径"。在实践过程中，开源与节流途径并举，将实现生态系统碳汇的最大化。

2）保护碳汇型增汇途径：合理地保护自然生态系统或辅以人为措施的生态系统恢复，不仅可提高生态系统生产力，更为重要的是它通过改良微生境，降低原有土壤有机质分解和流失速度，实现保护碳汇型的增汇目的。具体措施包括天然林保护、湿地保护、退化森林、退化草地和退化湿地的生态恢复。

3）结构调整型增汇途径：通过对现有生态系统或土地利用格局进行结构性调整，优化各类生态系统或土地利用类型的空间布局，实现区域生态系统碳增汇目的。主要途径包括：①采用具有更高生产力或更高碳汇能力的土地利用类型替代其他土地利用类型；②发展生态保护功能更强的土地利用方式或植被类型；③优化农业结构/农业垦作制度；④优化各类土地利用类型的空间配置，实现区域尺度综合管理模式下碳汇效应的最大化和持久化。

4）减少碳泄漏型增汇途径：通过合理的管理措施减少碳泄漏，维持高水平的生态系统碳贮量，也是提高生态系统碳汇功能的重要途径之一。主要措施包括防止森林和草地火灾的发生、降低水蚀和风蚀、防治病虫害、减少作物秸秆燃烧、合理有序采伐森林等。

目前，中国科学家对前两种增汇途径的研究较多，而对后两种途径的研究非常缺乏。事实上，在区域尺度，结构调整型和减少泄露型增汇途径具有巨大的潜力，也是未来研究的重点之一。

3. 基于人为活动的区域陆地生态系统碳增汇途径

1）基于人为活动的陆地生态系统碳增汇效应估算方法。除自然过程外，目前国内外科学家更关注人为活动的区域陆地生态系统碳汇效应。在实际操作过程中，区域尺度陆地生态系统碳增汇效应更多采用经济学的统计方法，即采用区域内的增汇/减排措施、平均增汇/减排效应和活动水平相结合的统计方法，如式（8-33）和式（8-34）。

$$区域碳增汇量 = 增汇因子 \times 增汇活动水平 - 碳泄漏量 \qquad (8-33)$$

或者：

$$区域碳减排量 = 减排因子 \times 减排活动水平 + 碳泄漏量 \qquad (8-34)$$

式中：增汇/减排因子是指在标准单位活动水平下人为活动的增汇强度；增汇活动水平是指增汇/减排项目或人为管理活动的规模。式（8-33）和式（8-34）是基于人为活动效应、活动规模的域陆地生态系统碳增汇计量方程，与 IPCC 碳计量框架基本吻合（IPCC，2006）。

2）基于人为活动的陆地生态系统碳增汇途径。根据人为活动的陆地生态系统碳增汇效应的估算公式（8-33）和式（8-34），其增汇包括提高增汇因子的强度，提高增汇措施的技术效果；依据特定区域的自然和经济优势，优化布局各种增汇/减排措施，寻求多种措施的组合增汇或减排目的；更合理地设定各种增汇/减排措施的活动水平，既保证其技术/经济可行性，又使其增汇/减排效应不因规模扩大而降低；低增汇/减排措施实施过程中所引起碳泄漏，提高生态系统净增汇效应（何念鹏等，2011）。增汇的主要措施是减少工业生产、生活和其他活动的碳排放；增加生态系统碳储量和净吸收大气 CO_2 的速率；采取人为措施封存大气 CO_2；调节地球化学循环过程，增加岩石圈的碳储量，利用循环过程增加大气 CO_2 的净固持速率（何念鹏等，2011；于贵瑞等，2018）其基本思路在于减少生态系统碳释放；增加植被的碳吸收速率及其植被和土壤碳库中碳的贮存量。特别要关注如何减少短周期过程的碳释放和长周期过程的碳贮存，尤其促进短周期碳存储箱长周期碳贮存的转变。

通常情况下，气候等自然条件是人为活动无法改变的，所以由气候条件等自然地理因素和植被演替规律所决定的生态系统碳蓄积饱和水平，可以视为通过先进的科学技术、优化的生态系统结构和碳循环过程管理能达到的生态系统最大的潜在固碳量，这也就是所谓的理论固碳潜力水平，或为前面提到的最大自然碳汇潜力水平。现实状况中，其可能达到的生态系统碳储量水平与理论固碳潜力是有一定的差距（于贵瑞等，2018）。

二、区域尺度陆地生态系统碳增汇措施的技术与经济可行性分析

1. 生态系统碳增汇措施的技术可行性分析

增汇措施的技术可行性是实施碳增汇计划的基础，主要受 3 个因素的制约：①增汇措施的科技水平和技术成熟度，即研制该增汇措施的科技条件、技术路径、技术规范性和可操作性；②增汇措施的

环境适应性，即在增汇措施大规模推广过程中，区域内自然环境或生产条件的制约程度；③增汇措施的社会适应性，即技术成熟的管理措施在大规模推广时，是否受传统行为、社会机制或现行法规的制约。

从表8-5可以看出，目前大多数据碳增汇措施均具有一定的技术可行性；然而，受一个或多个因素的制约，大多数管理措施仅在特定区域具有较好的增汇效应。因此，在选择何种管理措施或组合时，应因地制宜，根据各地区生态环境和社会经济状况，制定适宜的管理措施（组合），实现区域尺度陆地生态系统碳增汇最大化。

2. 生态系统碳增汇措施的经济可行性分析

目前，国内外碳贸易市场仍未充分培育，碳增汇措施还难以纳入市场经济的调控范畴。因此，在选择具体增汇措施时，如不考虑增汇措施的成本、附加经济利益以及地方（或中央）政府的财政支撑能力，再好的技术措施在推广时也必将面临极大困难。从经济可行性角度，现有的碳增汇途径可大致分为4类：①依赖于国家行为或国家财政投入的增汇措施，这类措施主要属于资源和环境保护型的增汇措施，在改善区域生态环境的同时实现碳增汇；如退耕还林、退耕还草、森林、草地和湿地自然恢复；②需要高投入的碳增汇措施。这类措施以碳增汇为主要目标，通过高投入（或牺牲当前利益）来换取碳汇，以应对未来的碳贸易和各国减排需求，如单纯的速生林建设、采用清洁能源和施用抑制剂减少温室气体释放等；③低成本碳增汇＋环保兼容型措施，在农林业经营过程中，在国家财政补贴下，采用具有生态保护性的技术措施，在确保经济利益前提下实现碳增汇，如森林和草地防火、山地水土保持、人工林轮伐、草地轮牧、保护性耕作、有机肥施用和秸秆还田等；④增产与碳增汇兼容的管理措施，在农林业生产经营过程中，通过选育优质种子资源、肥力投入、合理的灌溉排水、森林经营管理和草地经营管理等，在实现增产/增收的前提下实现碳增汇。

3. 生态系统碳增汇措施的技术与经济分析

在增加技术和经济投入时，陆地生态系统大多表现为明显的碳增汇效应；通常，逻辑斯谛方程可较好地模拟陆地生态系统碳储量随着技术或经济投入强度的变化趋势（图8-6a。何念鹏等，2011；于贵瑞等，2018）。因此，制定区域陆地生态系统碳增汇策略时，应首先弄清不同技术/经济投入强度下特定生态系统碳增汇效应的特征曲线（图8-6b。何念鹏等，2011；于贵瑞等，2018），再结合不同区域的生态—经济—社会现况，因地制宜地制定碳增汇目标和技术途径，实现区域陆地生态系统碳增汇最优化并保证其具有可持续性（陈泮勤等，2008）。从经济学角度考虑（图8-6 b），低投入或少投入即可获得较高的碳增汇效应，这类措施应优先选用，并鼓励大面积推广（吴静等，2007）。当然，在合理的技术和经费投入状况下，能实现更高的生态系统碳储量和增汇效应，这类措施是未来的最佳选择；高经济投入或高技术投入，虽然可换取更高的生态系统碳储量，但随着投入强度的增

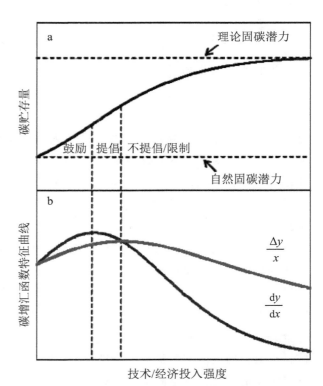

图8-6　区域陆地生态系统碳增汇的优化选择模式

加，其单位投入的碳汇效应（汇报值）明显下降，这类措施目前应不提倡甚至加以限制。

由以上知，中国现有大多数碳增汇措施在理论上和技术上都是可行的。但在实际操作过程中，在

选择技术或经济投入规模时，应充分考虑陆地生态系统在特定管理措施下碳增汇效应的特征曲线，通过合理的技术或经济投入，实现高增汇效应和高产出／投入比的双重目的，使人为管理的碳增汇效应达到最优化。此外，大多数人为管理措施，虽然已在不同区域陆地生态系统被证明具有明显且可验证的碳汇效应，但仍未被 IPCC 碳汇认证体系所采纳。在未来一段时间内，中国相关领域的科学家应紧密围绕这些具有较高碳汇效应的管理措施，系统地开展其碳收支过程、机理、碳汇效应认证方法的基础理论研究，为科学地评估中国区域尺度陆地生态系统碳汇效应提供科学依据。

对青海草地来讲，因为均处在自然生态系统，而且因超载过牧、气候温暖化导致高寒草地退化，已有大量土壤碳排放，导致土壤维持了较多的碳"空"，为填补这个"空"，其固碳能力是明显的。

第四节　青海高寒草地碳汇能力与潜力

在人类活动扰动下，一些自然土壤被改变了原有的结构状态，从而也改变了土壤碳库的正常代谢，影响大气中 CO_2 浓度（Smith，2008），增大全球气候变暖压力。土壤有机碳比大气和生物圈含更多的有机碳，是陆地生态系统碳库的重要组成部分（Grace，2010）。特别是在人类活动日益加剧，资源需求不断增加的背景下，加强陆地生态系统碳流转与固存，提高陆地生态系统碳的存贮，减少对气候变化的威胁，成为国际性的一个重要课题，在全球相关科学界得到广泛关注。随着人类对全球气候变化的关注，积极寻找减缓大气 CO_2 浓度的各种技术途径，其中草地生态系统的固碳潜力已经引起了各国学者和政府的关注（郭然等，2008）。

一、青南退化高寒草甸植被／土壤碳汇能力的案例

草地地上部分和地下部分总的碳储量占全球陆地生态系统的 1/2（Heimann et al.，2008；Reeder et al.，2002）。有研究认为，大气 CO_2 浓度的增加可加强植物光合作用，影响植物根系生长活力，根系生物量的提高将促进根系呼吸，根系腐烂可增加土壤有机质的含量（Six et al.，2002）。也有研究者指出，气候温暖化和水平衡失调及人类活动将加强土壤呼吸，从而导致有机质的大量分解，降低了土壤碳的贮存（Risser et al.，1981；Wu et al.，2008；王根绪等，2002）。因此，人类对全球变化（包括人类活动和气候温暖化）所带来的影响比以往任何时候都更为关注，进而也在积极寻找减缓大气 CO_2 浓度的各种技术途径，其中草地生态系统的固碳潜力已经引起了各国学者和政府的普遍重视。

地处青海南部（青南）的三江源地区，由于海拔高，环境条件恶劣，生态系统极为脆弱。高寒草甸作为该地区的主要植被类型，在保持水分涵养、生态服务和生态屏障等功能中发挥着积极的作用。但自 20 世纪 80 年代以来，随气候温暖化及人类活动加剧的影响，气候温暖化进程中青南草地退化严重，植被生产力降低十分明显，继而影响植被碳归还土壤碳的能力，同时温暖化又可导致土壤有机质的分解，终究使高寒草甸生态系统固碳能力发生明显变化。因此，我们曾选择青南高寒草甸地区的气候、土壤、植被的文献资料、野外调查资料，在分析青海北部（青北）和青南植被类型、土壤类型及气候类型的相似性的基础上，计算了现实状况下青南不同退化草地植被、土壤碳密度，并以青海北部海北高寒草甸生态系统定位站（海北站）为背景，评估青南退化的高寒草甸恢复到青北高寒草甸植被碳密度、土壤碳密度时的土壤固碳潜力（李英年等，2012）。

分析发现，自 1960 年以来，无论是青南地区还是青北地区年均气温约按 0.33℃/10 a 的倾向率上

升，在青北气温上升趋势甚至稍高（李林等，2006）。受各种因素影响，青南草地和土壤均退化严重。据调查，三江源区的草地已呈现全面退化的趋势，其中中度以上退化草场面积达 120 万 hm^2，占本区可利用草场面积的 58%（赵新全和周华坤，2005）。同 20 世纪 50 年代相比，单位面积产草量下降 30% ～ 50%，优质牧草比例下降 20% ～ 30%，有毒有害类杂草增加 70% ～ 80%；草地植被盖度减少 15% ～ 25%，优势牧草高度下降了 30% ～ 50%。80 ～ 90 年代平均草场退化速率比 70 年代增加了 1 倍以上。三江源区"黑土滩"面积已达 283 万 hm^2，占可利用草地总面积的 15%。沙化面积也已达 293 万 hm^2，每年仍以 0.52 万 hm^2 的速度在扩大。而在青北地区草地退化面积少，植被生长相对良好（李英年等，2004）。

考虑到青北海北高寒草地植被覆盖度高，植物生长良好，视为非退化草地。故个例中先分析了青南和青北土壤、植被以及气候的相似程度，再按青北海北站与甘德县不同退化草地的植被和土壤碳的差值进行固碳量的计算。这样做虽然未考虑未来气候变化的影响，也未考虑土壤其本身还有多大的固碳能力，但至少能说明，若将青南三江源高寒草甸区的植被恢复到青北高寒草甸植被或土壤状况，其固碳量的多少。

1. 青南青北土壤—植被形成的环境及相似性

青藏高原高寒草甸分布区，与同纬度我国的东部地区相比，海拔高、空气稀薄，大气透明度高，太阳辐射强，温度较低。年平均气温多在 0.5 ～ 2.8℃，1 月平均气温在 –11.0 ～ 17.0℃，7 月也仅在 8.5 ～ 14.0℃。而其区域降水量一般比青藏高原的高寒草原区、我国北方温性草原区高，在 450 ～ 700 mm（鲍新奎等，1993）。在这种特殊气候的影响下，高寒草甸植被发育年轻，土层深度在 20 ～ 60 cm，砾质性，粗骨性明显，淋溶淀积作用弱，缺少淀积层，分化程度低，发育程度弱，母质为黄土；土壤呈现有机质及全量养分丰富而速效养分贫乏。由于气候原因，土壤微生物活动微弱，植物残落物和死亡根系得不到充分分解，因而土壤表层形成了根系盘结的草皮层，有机质分解缓慢，积累明显（李英年等，2006）。据 20 世纪 80 年代对甘德县土壤调查（青海省农业资源区划办公室，1997）和海北站土壤调查（周兴民，2001）发现，海北高寒草甸土壤类型与青南甘德、达日、玛沁等县的土壤类型比较接近，均以亚高山草甸土为主。在青南，高山草甸土分布面积广，主要分布在海拔 3 700 ～ 4 500 m 的阳坡、半阳坡、半阴坡、山顶、滩地及其阴坡部分地区，而青北高山草甸土因纬度偏北分布在海拔高度 3 200 ～ 4 300 m。

同时，青南青北植被类型也基本相同。依据收集的资料显示，在青南高寒草甸地区植被高度、植被地上净生产量比青北均稍低，但其种类组成基本接近（赵新全，2011；周兴民，2001；王启基等，1998），在海北及甘德高寒草甸植物种除极个别的植物种稍有差异外，其优势种和伴生种基本一致，表现均为高寒草甸植被类型。不论是青北高寒草甸还是青南高寒草甸，其植被分布的区域也出现斑块状的高寒草原（青南）、斑块湿地（青南、青北）和灌丛（青南山生柳居多，青北金露梅居多）。

一个地区的植被类型决定于其土壤性质和气候类型（周广胜等，1996），相似的气候状况下如果土壤性质接近，也就决定了其植被类型，以及植被／土壤固碳能力的大小。统计甘德与海北站之间气象参数（主要为气温和降水）表明，2 地区年平均气温和年降水量之间具有相似的月变化规律（图 8-7）。甘德县气象站资料显示多年平均气温和降水量分别为 –2.2℃ 和 533.3 mm，与海北站年均气温和降水量基本相同，分别为 –1.3℃ 和 538.5 mm，只是年均气温较甘德县高 0.9℃。

月平均气温和降水的相关性分析和差异性分布表明，海北站温度、降水变化相关性极为显著（$r=0.950\,0$ 以上，$P<0.001$），说明虽然上述 2 地区处在不同的地理纬度，但其气候类型及变化趋势极为相似。海北与甘德地区每年最高气温均出现在 7 月，最低气温均出现在 1 月，而且温度值非常接近。一年之中降水的最高值均出现在 7 月或 8 月，最低值出现在 12 月，年降水量和各月降水量非常接近。这种相似性形成的原因主要有 2 个方面，即海拔和纬度。甘德地区海拔较高，但是纬度稍低，海

北地区海拔虽低，但是纬度相对较高，受其影响导致两地气候非常相似。而且这种土壤结构、植被类型和气候的相似性表明，甘德县和海北站2地区植被/土壤的固碳能力具有很强的可比性。

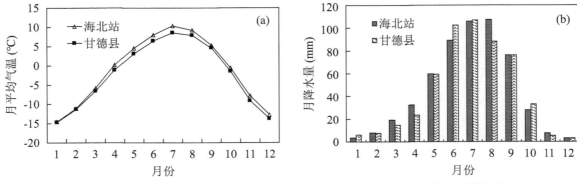

图 8-7　青南甘德县和青北海北站 1980 年以来年平均气温和年降水量的季节变化

2．现实状况下青北青南地区植物和土壤碳密度状况

1）植被碳密度。统计 2008 年对未退化、轻度退化、中度退化、重度退化、极度退化的 5 个高寒草甸的地上生物量结果发现，其地上生物量随退化程度的加剧而降低，且与文献（周华坤等，2005）大同小异（表 8-5）。

表 8-5　青南甘德不同退化程度高寒草甸、海北站高寒草甸植被生物量（g/m²）及碳密度（gC/m²）

名称		青北	青南				
资料来源	植被	未退化	未退化	轻度退化	中度退化	重度退化	极度退化
2008 年	地上生物量	353.82	188.65	187.85	176.44	80.67	57.59
2008 年	地下生物量	2 475.27	2 824.10	2 091.87	1 826.50	504.18	125.143
植被碳量	地上地下	1 149.33	1 214.53	921.28	810.00	237.97	75.97
文献	地上生物量	—	185.84	230.00	196.60	155.52	141.36
文献	地下生物量	—	2 782.00	2 561.76	2 035.20	972.08	307.16
植被碳量	地上地下	—	1 196.43	1 128.20	902.55	458.82	186.48

注：文献为（周华坤等，2005）

调查显示（表 8-5），海北地区的地上生物量高，植物碳密度高，地上、地下植被现存碳密度为 1 149.33 gC/m²（其中地上为 159.22 gC/m²，地下 990.11 gC/m²）；甘德地区未退化的植被碳密度也很高，达 1 214.53 gC/m²，但轻度退化向极度退化的进程中，植被碳密度随退化程度加剧而急剧下降，特别是重度退化后植被碳密度下降幅度十分明显。在极度退化的高寒草甸植被碳密度仅为 75.97 gC/m²。但与文献（周华坤等，2005）比较发现有一定的差异，这种差异与取样年份的气象条件影响结果不同和取样地点的不同而存在差异所导致。

2）土壤碳密度。草地生态系统中有机碳主要贮存在土壤中，土壤碳密度的大小主要决定于土壤容重、土壤有机质含量及土层厚度。2008 年 8 月底在海北站植被保护良好、放牧强度相对较低的高寒草甸区（海北站综合试验区，视未退化草甸）调查发现，土壤碳储量 0～40 cm 平均达到 20.31 kgC/m²（表 8-6）。为了比较我们在甘德县不同退化的高寒草甸地区进行类同观测和室内分析，得到轻度、中度、重度和极度退化的 4 种高寒草甸的土壤碳储量（表 8-6），并在表 8-7 给出这些地区不同层次的土壤容重。

表 8-6　青南甘德不同退化程度及海北站土壤碳密度分布状况　　　（kgC/m²）

土壤层次 （cm）	青北	青南			
	未退化	轻度退化	中度退化	重度退化	极度退化
0～10	5.67	4.89	4.23	4.14	3.39
10～20	6.40	6.32	6.59	5.23	4.88
20～40	8.23	5.55	5.32	4.99	4.68
合计	20.31	16.76	16.15	14.36	12.95

表 8-7　青南、青北土壤容重　　　（g/cm³）

土壤层次 （cm）	青北	青南			
	未退化	轻度退化	中度退化	重度退化	极度退化
0～10	0.86	0.89	1.08	1.19	1.19
10～20	0.90	1.00	1.16	1.16	1.20
20～40	1.01	1.13	1.29	1.34	1.345

　　由表 8-6 和表 8-7 表明，高寒草甸生态系统土壤具有较高的土壤碳密度。如 0～40 cm 土层土壤碳密度，在青北海北站和青南甘德地区未退化或轻度退化的高寒草甸均较高，在 16 kgC/m² 以上。而草地退化后土壤碳密度降低十分明显，同时土壤容重明显增加（如甘德极度退化的高寒草甸 0～40 cm 土壤碳密度下降到 12.95 kgC/m²，土壤容重平均增加到 1.25 g/cm³。这种现象与草地退化加剧，土壤碳密度损失严重有关。王根绪（2010）曾估算三江源地区 1996—2000 年 15 年间高寒草甸土壤 0～30 cm 土层有机碳库损失量为 1.73 GgC，而且多发生在 0～10 cm 的土层中。王文颖等（2006）研究表明，截至 1998 年土地退化造成 0～20 cm 层土壤碳丢失量为 3.80 kgC/m²。若考虑近 10 多年的损失量，那么高寒草甸土壤碳损失可能更大，而高寒草甸在青南占有很大的分布面积，可以认为青南高寒草甸地区轻度、中度、重度和极度退化的碳储量具有很高的固碳潜力。

　　3. 青南退化草地与青北草地相比植被土壤固碳能力

　　土壤碳密度的差异主要与土壤有机质含量和土壤容重的大小有关。海北地区和甘德地区的土壤主要是高山草甸土，这种土壤主要分布于山体中上部，山顶、高滩地、沟谷等地，虽然发育较年轻，土层较薄，但是土壤水分含量高，温度低，微生物活动微弱。在特定的气候、生物条件下，土壤有机质积累高，腐殖质含量高。统计及比较青南不同退化程度高寒草甸与海北高寒草地植被及土壤碳密度列表 8-8。通过对比，甘德地区未退化草地的植物地上、地下碳密度和土壤碳密度均高于退化草地的碳密度。如果采取适当的措施，使得各退化程度的草地均恢复到原来未退化水平，或假设在理想状况下达到海北高寒草甸现实状况的水平，那么仅甘德地区就有很大的固碳潜力（表 8-8）。

表 8-8　不同退化程度的高寒草甸植物碳密度和 0～40 cm 土壤固碳量　　　（gC/m²）

地区	植被退化状况	植物碳密度（gC/m²）						土壤碳密度 （kgC/m²）	
		地上部分		地下部分		总固 碳量			
		碳密度	固碳量	碳密度	固碳量			碳密度	固碳量
青北	未退化	159.22	—	990.118	—	—		20.31	—
青南	轻度退化	84.53	74.69	836.75	153.36	228.05		16.76	3.55
	中度退化	79.40	79.82	730.60	259.51	339.33		16.15	4.16
	重度退化	36.30	122.92	201.67	788.44	911.35		14.36	5.95
	极度退化	25.92	133.30	50.06	940.05	1 073.36		12.95	7.36

　　通过表 8-8 对比表明，青南高寒草甸若达到青北草甸植被类型水平，轻度、中度、重度和极度退化其植物地上地下总碳密度可分别增加 228.05 gC/m²、339.33 gC/m²、911.35 gC/m²、1 073.36 gC/m²，

其中轻度退化草甸由于植被生物量仍处于较高水平，其植被的出现固碳能力较低，这与轻度放牧后导致植物种类增加，多样性丰富，植被具有较高的生物量有关（李红梅等，2010）。而土壤碳的增加可分别达 3.55 kgC/m²、4.16 kgC/m²、5.95 kgC/m² 和 7.36 kgC/m²。就是与当地未退化草甸相比，4 种退化草甸仅 0～20 cm 层次的土壤固碳密度分别可达 3.55 kgC/m²、4.16 kgC/m²、5.95 kgC/m² 和 7.36 kgC/m²。韩道瑞等在调查了青海海北、西藏那曲、青海果洛和玉树的高寒草甸地区时指出，其 0～40 cm 原生植被土壤平均碳密度为 15.77 kgC/m²。周华坤等（2005）曾研究青南土壤碳密度时显示，在青南未退化草甸 0～20 cm 层次范围的土壤有机质含量分别为 12.94%，容重平均为 0.86 g/cm³，换算成碳密度为 12.91 kgC/m²。那么如果与韩道瑞等（2011）提到的原生植被土壤碳密度相比，我们所调查的轻度、中度、重度和极度退化的 0～40 cm 层次土壤固碳能力分别为 –0.991 kgC/m²、–0.27 kgC/m²、1.41 kgC/m² 和 2.82 kgC/m²。而与周华坤等（2005）提到的青南当地未退化植被为参照值的话，轻度、中度、重度和极度退化 0～20 cm 土层固碳分别达到 1.69 kgC/m²、2.09 kgC/m²、3.54 kgC/m² 和 4.28 kgC/m²。可以看到，虽然与韩道瑞等（2011）的研究中提到的原生植被下 0～40 cm 土层中表层土壤固碳密度有所下降，但他的研究是青藏高原较大范围的平均值，因空间变异大而其平均值存在一定的不确定性，但仍能说明青南退化高寒草甸地区具有很高的固碳能力，而且草地退化程度越严重固碳潜力越大。

陆地生态系统的碳库主要为植物和土壤两部分。对于草地生态系统来说，植物每年生产的净初级生产力变化相对平稳，表现出植物碳库相对比较稳定，由表 8-8 看到，与土壤碳密度相比其植物碳密度相对较低。而土壤碳在生态系统中占有很高的比例，同时在过度放牧、温暖效应加剧影响下土壤有机碳的损失严重。为此，人们认为人工种草、围封草场和退耕还草等措施可以促进草地土壤有机碳的恢复和积累，具有固定大气 CO_2 的能力。IPCC 报告分析和评价了草场退化、放牧管理、草地保护和恢复、施肥、灌溉、引种及防火对草地土壤有机碳的影响，并估算了全球草地 2010 年的固碳潜力为 0.24 Pg（IPCC，2007）。我国科技工作者从不同角度研究了不同区域的固碳能力状况，如胡会峰等（2008）国华估算了中国天然林保护工程的固碳能力，吴庆标等（2008）估算了中国森林生态系统植被固碳现状和潜力，韩冰等（2008）估算了中国农田土壤生态系统固碳现状和潜力，段晓男等（2008）估算了中国湿地生态系统固碳现状和潜力，郭然等（2008）估算了中国草地土壤生态系统固碳现状和潜力，曾永年等（2009）估算了黄河源头高寒草地沙漠化土地固碳潜力。这些估算结果均以不同的背景调查基础上得到，但由于对照值不同其结果差异性较大。

三江源地区近年来植被退化严重，据赵新全（2011）对离甘德县相距 30 多 km 的达日县草地调查发现，达日县天然草地 140.2 万 hm²，是全县总面积的 94%；可利用草地面积 111.7 万 hm²，占草地面积的 80%；退化草地面积为 51.0 万 hm²，占全县可利用草地面积的 45.7%，其中轻度退化草地面积 10.6 万 hm²，中度退化草地面积 25.5 万 hm²，重度退化草地面积 14.9 万 hm²，分别占全县可利用草地面积的 9.49%、22.83% 和 13.34%。这些退化的草地植被净初级生产量和土壤根系现存量均十分低下，直接导致植被碳储量下降、碳密度降低，不仅如此，退化草地土壤碳丧失严重，碳密度下降十分明显。从本研究结果来看，青南退化的高寒草甸植被与青北高寒草甸相比，其植被和土壤碳密度均较低，表现出具有较大的固碳潜力。

由于青北海北高寒草甸植被和青南高寒草甸其植被类型、植物种类组成、群落结构、土壤类型，特别是气候类型一致，具有显著的相似性，只是青南土壤层较青北浅，表现出其土壤碳密度及固碳潜力有很好的可比性。为此比较发现，相对青北高寒草甸植被类型，青南未退化草甸植被和土壤碳密度基本与青北接近，但轻度、中度、重度和极度退化 4 种类型，不论是植被碳密度还是土壤碳密度均随退化程度的加剧而显著降低，所以，应采用适当的措施，防止轻度和中度草地的进一步退化，促使其逐步的向未退化草地方向恢复；限制过度放牧，鼓励适度放牧，是保护草地生物多样性，维护放牧生态系统功能与健康，发展草地生态系统生产力的有效途径。同时根据不同退化阶段采取不同的恢复治理策略，特别是根据土壤养分的变化状况，采取不同的施肥策略，改善土壤养分和物理性状，加速恢复进程将具有很大的固碳潜力。

二、草地退化机制与碳效应

要掌握草地生态系统碳汇功能及减排增汇管理，至少应了解气候变化、人类活动对草地的影响，同时了解草地退化后的碳发生怎样的转变效应，这样才能准确地对青海草地碳汇功能及减排增汇的能力进行评估，才能提出草地生态系统在应对全球变化过程中的管理措施。

1. 草地退化

草地退化既包括"草"的退化，又包括"地"的退化，其结果是整个草地生态系统的退化，破坏了草地生态系统物质的相对平衡，使生态系统逆向演替（李绍良等，1997），即草地生态系统从原来的平衡稳定态转变为不稳定的非平衡态，从而使整个生态系统结构功能受到破坏，生态服务价值降低的过程，并且这种破坏是无法或者很难通过自然条件下土壤的自我调节得到恢复。土壤退化比草的退化缓慢，土壤具有较强的抗干扰能力和缓冲能力（李绍良等，2002），因此土壤的退化往往要落后于草的退化，但当土壤退化后，恢复其性能则也需要相对较长的时间。草地退化最显著特征是草地植被的变化，包括质量特征和数量特征 2 个方面的变化（李青丰等，2001）。在质量方面的退化主要表现为植物种群构成变差，优质牧草种群减少；数量特征方面主要表现为草地生物量下降，可食牧草产量降低等。随着草的退化，作为草被生长的基质土壤也开始发生变化，首先是土壤表层裸露，容易遭到风、水的侵蚀，破坏了表层土壤的正常结构和生态功能；然后土壤不断沙化，有机质含量下降，养分减少，土壤结构性变差，土壤紧实度增加，通透性变低，土壤持水保水能力下降等一系列不利于环境健康的方向发展（陈佐忠，2000）。

在青藏高原的高寒草地，特别是高寒草甸植被类型，各类生态系统的独特性、原始性、脆弱性决定了受温暖化气候和人类活动影响易受破坏。气候温暖化使地表蒸散加大，造成水资源量短缺，气候异常波动加速生境退化，过度放牧和盲目垦殖导致植被退化，鼠害加剧了退化的速率。形成原生植被由草皮层加厚草毡层老化、土壤侵蚀根系死亡、土壤表层开裂、重力坍塌（原生植被崩溃）、鼠类加剧、加速退化的机理过程，其结果是植被覆盖度、草地质量指数和优良牧草地上生物量比例下降，草地间的相似性指数减小，植物群落多样性和均匀度指数随退化程度加大，丰富度减少。随退化程度加剧，杂草生物量增加，莎草、禾草类生物量减少，甚至消失，地下根系浅层化，土壤种子库密度下降。植被的变化改变了土壤环境，引起土壤微生物数量发生变化，微生物数量逐渐以细菌占优势。随草地退化程度加剧，土壤理化性状恶化，土壤有机质、速效磷、速效钾含量减少，容重增加，土壤速效氮不能满足植物生长的需要。

现代人类活动对草地产生的负面影响是巨大的、多方面的，也是最直接的。退化草地的主要表现为草地生态环境恶化，草地生产力下降，草地植物资源质量变劣等。草地生存环境的恶化，导致草地植被稀疏和矮化，草地土壤团粒结构和有机质含量减少，草地植被盖度下降 30% ～ 70%，草地牧草产量减少了 30% ～ 50%；草地退化引发了草地生态环境的恶化，水土流失加剧，土地沙化、荒漠化面积扩大。据资料（青海省草原总站，2012），目前青海省水土流失面积达 $3\,340 \times 10^4\ hm^2$，占全省土地总面积的 46%；由于草地退化，使草地生物多样性迅速减少，目前，省境内受到威胁的生物种已占总数的 15% ～ 20%，已高出世界平均数（10% ～ 15%）5%。

草地退化还可引发草地生物灾害频发。目前，全省鼠虫害危害面积为 $924.41 \times 10^4\ hm^2$，草地毒杂草危害面积 $215.07 \times 10^4\ hm^2$，分别占草地可利用面积的 23.79% 和 5.54%（青海省草原总站，2012）。在鼠虫害危害区，每公顷草地上平均有鼠洞土丘 376.4 个。由于鼠类的打洞造穴，挖掘草根等活动，轻则地表千疮百孔、毒杂草丛生，使草地植被发生逆性演替，重则形成寸草不生的次生裸地"黑土滩"。目前，全省"黑土滩"面积已达 556.18×10^4 hm²，占全省重度退化草地面积的 55.04%。在毒杂草危害区，一般每平方米有毒草 6~10 株，盖度达 30%~40%，最严重危害区毒杂草已成为优势群落，其盖度达到 80%~90%。

草地退化导致草地生态环境变劣、草地植被逆行演替的根本所在。造成草地退化的重要原因除部分为自然因素外，而人为因素，即人类的经济活动——超载过牧才是最为重要的因素。如今，现代人类也十分重视对草地的保护性干预，如草地围栏休牧、禁牧，实施草地生态保护工程等，均会对草地产生正面影响。

天然草地退化的成因主要集中在自然因素（包括气候干暖化、无霜期和降水量下降等）和人为因素（包括不合理的人类活动、人口的膨胀、制度的低效率、管理的滞后和低效率等）2 大驱动因素，并且人为因素的影响发挥的作用越来越大（陈秋红，2009）。柴军等（2009）研究人类活动的增加对新疆阿勒泰牧区草地退化的相对影响力达 55%，而自然因素的相对影响力为 45%。

2. 草地退化的人为因素

人类活动与自然因子是一种互动机制，即人类活动的加剧促进了自然因子的改变，如人类活动造成生态系统碳释放的增加，引起大气中温室气体浓度的增加，而使全球气候变暖，同时使降水等因子改变，从而在自然生态系统与自然气候因子的互动中，自然生态系统又遭到了破坏。

在人类对自然资源需求不断扩大的过程中，在掠夺自然资源的同时对自然生态结构和系统功能产生了破坏作用，如草地土壤的开垦、采矿、过度放牧等人类活动均影响了自然平衡态和草地正常生态功能的发挥，引起从植被到土壤乃至气候的系列性破坏。人类活动不仅会直接导致自然植被发生相应的变化，同时还深刻地影响着生态系统的物质循环，其中一个重要方面是对土壤氮和碳循环的影响（Hachl et al.，2000；刘合满等，2011）。

草地服务于人类生产活动主要是作为放牧牲畜草料的承载，因此过度放牧是人类施于草原生态系统最强大的影响因素，在全世界草地退化总面积中，约有 35% 是由于过度放牧造成的（李凌浩，1998）。千年生态系统评估报告称，预计从现在到 2050 年，目前草原和林地 10%~20% 将被转化作其他用途，其主要原因是农业的扩张和城市及基础设施的扩张（世界资源研究所，2005）。全球过度放牧草地只有 20%~50% 的地上生物量以凋落物和家畜粪便的形式返还土壤（李凌浩等，1998），从而引起草地土壤碳含量减少。

3. 草地退化的自然因素

气候是影响草地生态系统的一个重要因素。降水、气温等变化与草地退化密切相关（李辉霞等，2005），由于对温度的适应，气温升高对植物生长的直接影响也许相对较小，但可能对枯枝落叶成分发育有加速和激发作用（孙成权，2003），从而影响了草地生态系统碳循环。同时在全球气候变化背景下，区域降水的重新分配也影响了草地生态系统的供水，从而使局部草地生态系统的生态过程受到了不同程度的影响，主要表现为降雨量减少的区域草地退化相对严重。

4. 鼠类活动对草地的影响

啮齿动物生存的条件之一是对空间和栖息地有严格的选择性。当植被覆盖水平和植株高度增加时，植被对地表遮挡增加，啮齿动物不易发现天敌，而其活动场所受到限制，故降低啮齿动物的群落多样性、密度分布。当放牧强度增加，植被地上生物量随时被家畜所觅食采集后，地形变得开阔，视野宽，对于啮齿类动物来讲在地表活动时随时可以观察到天敌的出现，有利于啮齿类动物的活动、繁殖，致使密度、群落多样性更为丰富。也就是说，从某种角度来讲草地覆被好时，啮齿类物种少，以根田鼠居多，而覆被盖度和高度下降后利于啮齿类动物的繁衍生息，更加重了草地的退化，使草地处于恶性循环的退化过程。近年来，不合理的放牧及乱开垦等因素影响，导致植被盖度及地上部分现存量降低，使根田鼠的密度和生物量有所限制，但随根田鼠的密度和生物量减少的同时高原鼠兔和喜马拉雅旱獭，以及地下生活的高原鼢鼠种群数量增多。高原鼠兔、喜马拉雅旱獭、高原鼢鼠其本身体型较大、喜栖开阔环境和喜杂草性，一旦遇到良好的适应的生活环境，其繁衍速度和维持的生命活动能力均具有很强的适应性。

在草地生态系统中动植物种群的分布与鼠类数量之间有着极为密切的关系，其相互适应取决于食物条件（食物链）和栖息环境条件。因而可以证明，动植物之间除遗传、化学信息等其他因素外，食物资源谱和栖息环境是决定食草类动物群落种类组成和种群数量分布的重要因素。高度放牧后植被的郁闭性减小，杂草类及有毒有害植物增多，而杂草类植物正是极度退化草地的代表种，一般根茎硕大、多汁且粗壮，水分及营养含量丰富，对大多数啮齿动物具有可口可食性，从而给较大型鼠类等提供了良好的栖息生活条件。这说明鼠类的多样性与植物的多样性变化趋势一致。相反，在良好植被覆盖的非退化草地，植物多以禾草类为主，地下根茎多以毛须根为主，地下生物量相对较少，不利于对草场破坏严重的鼠类啃噬，从而可减轻"黑土滩"的形成。倘若植被生长良好，草场植物群落结构合理，层次层片垂直分布适度，密度较大的植物群落将对根田鼠和甘肃鼠兔提供了良好的栖息条件，利于根田鼠和甘肃鼠兔的发展。高原鼠兔、喜马拉雅旱獭、高原鼢鼠的发展则得到抑制，比如，它们在重度、次重度和中度放牧处理下较为丰富，而在次轻度和轻度放牧处理则较贫乏或消失。相比而言，根田鼠和甘肃鼠兔对草地的破坏远远小于其他较大鼠类对草地的破坏能力。从这个角度来讲高原鼠兔、喜马拉雅旱獭、高原鼢鼠的数量是否增多更值得去关注。

5. 草地退化的碳效应

自古以来从游牧到农耕人们对草地的开发和利用从未中断。草地作为廉价而丰富的生物自然资源是长期以来畜牧业生产的物质基础，因而，人类在对草地放牧利用的同时，对草地的影响也相伴随。进而人类在不断索取资源的同时，出现乱采、滥挖、过度开展牧事活动等，直接或间接地对植被的组合、生长发育、群落结构、种类组成、群落的分布格局，以及生物生产力和植被演替等起到显著的影响作用（周兴民等，2006）。

自 20 世纪 60 年代以来，人口不断增长，人类为了索取更多的粮食生产不断进行草地开垦，使原来水草丰美的天然草地变为人工种植的经济作物区。而那些未开垦的植被区也因过度放牧，家畜觅食量增加的同时，反复践踏，导致草地退化，如整个青海三江源区 20 世纪 70 年代中后期至 90 年代初三江源地区草地退化面积 764 万 hm^2，占全区草地面积的 32.83%。90 年代初至 2004 年该区草地退化面积 841 万 hm^2，占全区草地面积的 36.12%。前后 2 个时段对比草地退化面积增长 3.87%。20 世纪 70 年代后期至 90 年代初轻度退化草地面积占全区草地总面积的比重为 22.88%，而到 90 年代至 2004 年该比重上升为 23.93%，增长了 1.05%（表 8-9，刘纪远等，2008）。70 年代中后期至 90 年代初中度退化草地面积占全区草地总面积的比重为 9.5%，到 90 年代初至 2004 年该比重上升为 11.74%，增长了 2.24%（邵全琴等，2016；刘纪远等，2008；赵新全，2011）。可见草地的退化在气候和人类活动双重作用下较为严重。进入 21 世纪初国家采取生态环境治理工程项目后，草地退化的现象才得到初步的遏制（刘纪远等，2013；邵全琴等，2016）。

表 8-9　三江源草地退化程度统计

退化程度	70 年代中后期至 90 年代			90 年代至 2004 年		
	面积（hm^2）	比例（%）	速度（hm^2/a）	面积（hm^2）	比例（%）	速度（hm^2/a）
轻度退化	5 328 317	22.88	380 594	5 572 405	23.93	428 647
中度退化	2 212 216	9.50	158 015	2 734 779	11.74	210 368
重度退化	103 957	0.45	7 426	103 082	0.44	7 929
草地转好	67 465	0.29	4 819	6 159	0.03	474

草地退化是其上生长的植被生产量降低，虽然仍有较高的光合生产力（光合固碳量），但植被退化后植物生长需要的水分利用、光温利用率受到不同程度的降低，在植物群落发生改变（甚至形成无植物的裸露地）的同时，生产力下降明显，植被生物量减少，不仅影响根系分泌给予土壤碳的补给，也大大减缓了枯落物对土壤有机质的淋溶补给，进而使土壤碳库的碳量减少明显。进而在一定程度上提高了土壤 CO_2 的排放（温军等，2014）。而这些退化的草地具有很大的碳效应。

土壤有机碳动态在土壤生产力和全球碳循环中起着十分重要的作用（Biederbeck et al., 1994）。当陆地生态系统碳平衡被破坏，土壤碳向大气中释放引起全球气候变暖的压力下，陆地生态系统碳储量、动态及驱动机制等成为地球学科研究的一个重要方面。而草地是地球陆地上最重要的生态系统之一，其植被—环境—人类活动 3 者构成了草地生态系统中碳循环的重要环节。植被为草地生态系统中的重要生物组成部分，是土壤表层天然的"绿色保护膜"或者"生物保护膜"，其可以起到保护土层、稳定土壤结构，减少土壤扰动等作用，同时植被凋落物又可以在土壤表层经一系列的环境条件和生物作用，逐步分解、富集转化为有机质，增加了草地土壤的有机质含量。

在草地生态系统中碳循环应包括土壤碳变化动态特征及土壤呼吸作用中的碳释放 2 个方面。在陆地生态系统中，土壤有机碳含量是植物的 3 倍（Schlesinger，1990），是大气碳储量的 2 倍（Lal，2004）。全球草地生态系统碳储量约 266.3 PgC，约占陆地生态系统碳总储量的 12.7%（樊江文等，2003）。过度放牧等不合理的畜牧业活动，已经造成了中国草地生态系统，特别是土壤有机碳含量明显减少。有研究表明，重度退化草地碳含量相对于原生植被封育处理草地土壤 0～20 cm 土层有机碳流失 50.87%（王文颖等，2006）。随着放牧时间延长，土壤微生物碳含量随放牧强度增加而迅速降低（张蕴薇等，2003）；关世英等（1997）研究不同放牧强度下暗栗钙土土层有机质含量变化，表现为土壤 0～10 cm 土层有机质含量随放牧强度的增加而显著降低。且随着草地退化程度的加重，土壤有机碳含量呈明显降低趋势（王文颖等，2006；吴永胜等，2010；冯瑞章等，2010）。

Wang 等（2011）综合了中国 133 篇关于土地利用转换和改良管理措施对我国草原土壤有机碳（SOC）的影响的论文表明，过度放牧和自由放牧草地向农田的转化导致土壤有机碳年平均下降 2.3%～2.8%，造成我国草地有机碳总量的 30%～35% 的损失。改进管理做法可扭转 SOC 的损失。退耕还林和退耕还草（自然恢复）使退化草地平均碳含量分别提高 34% 和 62%。碳固存率在处理开始后的前 30 年最高，在 10 cm 的土壤中趋于最高。土壤固碳潜力与土壤初始碳氮浓度呈负相关。放牧封育和退耕还林，0～40 cm 土壤平均碳固存率为 130.4 gC/（$m^2 \cdot a$），0～30 cm 土壤为 128.0 gC/（$m^2 \cdot a$），年平均增长率为 5.4%～6.3%。实现将放牧牲畜排除在中国 1.5 亿 hm^2 草原之外和到 2020 年建立 3 000 万 hm^2 耕地的国家目标，将使 2006 年中国化石燃料 CO_2 排放量达到 0.24 pgC/a 以上，相当于中国化石燃料 CO_2 排放量的 16%。

三、青海草地碳汇潜力

退化草地在植被恢复过程中提高了草的生物量和草地的生产能力，从而增加了土壤结构的稳定性和土壤中还田的生物量，还田草被残体在土壤中分解富集，引起土壤碳库的增加。郭然等（2008）估算了中国典型草地恢复退化草地的固碳潜力为 4.2～51.65 t/hm^2，平均为 31.58 t/hm^2。高寒草甸恢复退化草地的固碳潜力为 15.24～65.75 t/hm^2，平均为 34.26 t/hm^2。且草地恢复重建会逐步改善土壤的物理和化学特性，最终使退化草地生态系统逐步由碳源向碳汇方向转变（王文颖等，2007）。郭小伟等（2011）曾对青海省高寒地区的高寒草原、高寒草甸、高寒草原化草甸 3 种类型，按照原生草地、退化草地和人工草地 3 种土地利用格局，以原生草地为参照，通过比较不同草地类型和土地利用格局草地碳贮现状，探索了其碳的增贮潜力后认为，高寒草甸、高寒草原化草甸、高寒草原和人工草地的理论碳增贮潜力分别为 18.82±0.51 tC/hm^2、18.15±0.15 tC/hm^2、14.65±0.78 tC/hm^2、

1.29 ± 0.21 tC/hm²。这些碳贮潜力与我们（李英年等，2012）对青南轻度、中度、重度和极度退化4种退化草甸的植被及 $0\sim40$ cm 固碳潜力密度基本相仿。可见，青海高寒草地不论是退化的草地还是原生为退化的草地，通过植被恢复后土壤具有很大的固碳潜力。

第五节　青海高寒草地生态系统碳汇功能存在的问题及减排增汇管理

　　人们为了经济发展的需要，对自然资源利用、对能源需求不断增加，其结果是世界范围内 CO_2 的排放量在全球温暖化叠加人类活动不断加剧的状况下明显升高（IEA，2000）。就目前来看，中国温室气体人均排放量虽然仅为美国的1/10，世界平均水平的一半，但其总量却很大（唐更克等，2002）。CO_2 的排放大多是化石能源消费所引起，但非化石能源 CO_2 的排放所占的比重也很高。近年来，"中国政府在调整产业结构、优化能源结构、节能提高能效、控制非能源活动温室气体排放、增加碳汇等方面采取一系列活动，取得积极成效"，仅在2017年将"中国碳强度比2005年下降约46%，已超过2020年碳强度下降40%～45%的目标"[①]。可以看到，这些 CO_2 减排的成效在非能源活动的陆地生态系统保护与管理中，强化碳汇功能提升、减排增汇措施等也有重要的贡献。但生态系统碳汇功能及减排增汇措施是永久的话题，要树立有长期的观念和认识。也就是说，随着人类活动对全球气候变化的影响，加强陆地生态系统碳流转与固存，积极寻找减缓大气 CO_2 浓度的各种技术途径，提高陆地生态系统碳的贮存，减少对气候变化的威胁，成为国际性的一个重要而长期的课题，应受到全球相关科学界和政府广泛的关注。草地生态系统因多处自然生态系统，其分布面积在全球所占比例大，具有较强的固碳潜力，也应引起学者和政府的关注（刘合满等，2011）。

　　青海省面积大，草地类型繁多，受气候变化影响的草地区域差异特征显著。多年来受气候温暖化和人类活动叠加影响，草地不仅区域差异明显加大，就是同一地区受植被退化，植被生产能力也发生显著的改变，表现出退化的草地植被净初级生产量下降，固碳能力衰减，这些已成为不争的事实。与此同时，植物为适应环境其植物群落结构、种类组成、植物功能群占比也发生改变。为此，开展固碳能力提升、增汇减排等适应措施与对策研究，已成为草地生态科学应对气候变化的重要内容。本节则以青海草地目前面临的问题（草地退化、放牧管理、人工草地建植、草地经营、生物多样性保护等方式和措施），给予固碳能力提升、增汇减排等技术方面予以探讨。

一、现实状况下青海草地存在的问题

1. 草地生态科学应对气候变化适应措施与对策研究不足

　　青海高寒草地适应气候变化技术还处于发展的初步阶段，各类技术分散于不同部门，其应用领域、影响范围和成熟度均有不同，限制了适应气候变化技术的发展，草地生态系统适应技术主要集中在草地放牧体系改造、气候灾害防控和基础设施条件建设上，适应技术的自主研发能力较弱，适应技术之间相互联系和依赖性相对较差，适应技术缺少典型区域示范，有效地适应技术薄弱，目前仍在试验中，尚未形成配套和示范规模。部分适应技术措施可操作性不强，尚未形成和建立可操作性的适应技术清单和适应技术集成体系。

　　在进行如何适应全球变化下碳的增汇减排措施，首先要了解草地生产、草地固碳能力在适应气候变化中存在的薄弱环节，建立健全完善的适应技术以及成本效益分析等问题，这样才有可能提出将来

[①] 生态环境部。中国应对气候变化的政策与行动（2018年度报告）。

应对气候变化中草地生产、草地生态功能、草地碳增汇提升适应技术措施的发展趋势和方向等的问题。这些措施中包括通过对气候变化影响的科学系统研究，减少不确定性，提升草地生态功能在全球气候变化过程中的地位，建立适应技术清单和技术集成体系以及建立科学选择和评估适应技术的方法步骤，在一定程度上通过增强适应能力来减轻气候变化的不利影响，以促进草地生产、促使生态功能好转的可持续性。草业生产是一个劳动者利用植物、动物和自然之间的物质与能量的转换以及加工和再生产的过程。草业研究，就是紧紧围绕这一转换过程，研究牧草、牲畜生产过程，研究保护、建设和隔离利用草地，实现草畜动态平衡的技术途径，维护资源的持续利用和草业的可持续发展。只有这样，才能更好地建设草地，发挥草地生态功能，提升草地持续的固碳能力，才能达到草地生态系统碳增汇减排的目标。而目前草地的状况面临的问题较多，需要准确把握。

2. 草地生态环境日益恶化与生态安全面临严重挑战

气候变化与人类活动叠加所引起的全球变化，是目前人们最为关注的问题。气候温暖化表面看起来热量增加，利于植物充足的热量资源。但温暖化随年份时间进程表现出明显的极显著性水平，而降水基本没有增加，这种状况下加剧了区域植被/土壤的蒸散量，潜在蒸散量和实际蒸散量均增加明显（李英年等，2019），植物生长受到抑制。人类活动中最为明显的是放牧家畜数量有增无减，就是国家实施生态环境治理工程以来，减畜的措施不断加大下，有些地区减蓄数量也不甚明显。草地仍处在较高的放牧强度下，植被生产量也在明显下降，致使当年内留存在地表的现存生物量被家畜反复觅食，留存与地表的枯落物极少，归还土壤有机物质明显下降。而过度的放牧也可使地下根系生产力减少（吴启华等，2013；毛绍娟等，2015；李英年，2017），不仅使植物根系分泌给予土壤的碳量减少外，地下生物量也减少后给予土壤碳的补给下降，终久导致植被/土壤系统固碳能力、碳贮存能量均处于减少。说明草地生态环境日益恶化，不仅导致植被生产下降、草地涵养水源和保持水土能力降低，生态安全面临严重挑战，而且碳汇功能衰减。

青海草地地处高原，高寒缺氧，自然条件严酷。青藏高原作为全球大江大河、冰川、雪山及高原生物多样性最集中的地区，是我国影响范围最大的生态功能区，对世界气候有着重要的影响。近些年来，随着全球气候变暖，冰川和雪山逐年退缩，直接影响了高原湖泊和湿地的水源补给，众多的湖泊、湿地面积逐渐缩小甚至干涸，沼泽地消失。据我们分析（见第三章），青海草地年均气温在年际间的正常波动中呈现出明显的上升趋势，年均气温以每 10 年 0.336℃ 的速率上升，其增幅明显高于我国 0.03～0.06℃ 的增幅，足见其增暖趋势是十分显著的。气候温暖化后降水分配比过去更不协调，部分地区降水增多，部分地区持续减少，将导致有些不同类型植被发生萎缩或扩展（李英年等，1999）。部分地区发生严重的草地退化，据调查（邵全琴等，2016；刘纪远等，2008；青海草原总站，2012），青海省有退化草地面积 3 131.05×10⁴ hm²，占全省天然草地面积的 74.70%。另外，全省还有草地鼠虫害、毒杂草危害面积 1 373.3×10⁴ hm²。年均气温的升高和年降水量的波动直接导致了整个高原气候变化的干旱趋势，还加剧了高原地表蒸发量的不断增大，使高原水资源供给减少而支出增多，进而严重破坏了高原固有的水资源平衡，最终造成河流流量减少，湖泊萎缩，草地大面积退化、沙化，草地植被遭到破坏，地表植被覆盖度下降，水土流失严重，从而导致草地生态弹性和草地生产力、草地质量下降，最终让本已十分脆弱的草地生态系统功能丧失。给青海牧区的生态安全、草地资源的可持续利用、草地植被与土壤固碳能力构成了严重威胁。

3. 人口、牲畜数量持续增长与草场承载能力下降问题突出

新中国成立以来，青海省人口总量呈现持续增长态势，同时全省各类牲畜数量亦呈持续增长。据青海草原总站（青海草原总站，2012）统计，1952 年年末全省总人口为 161.38×10⁴ 人，其中农牧业人口为 145.08×10⁴ 人；到 2009 年年底，全省总人口达到 554.30×10⁴ 人，其中农牧业人口为 372.02×10⁴ 人，58 年全省农牧业人口增加了 226.94×10⁴ 人。全省牧区六州现有牧业人口 75.25×10⁴

人，牧民人均占有草地 54.67 hm²，1980—2009 年的 30 年全省牧区牧业人口增加了 18.99×10⁴ 人，增长了 35%，而牧民人均占有草地却减少 22.3 hm²，降低了 32%，人均饲养牲畜由 35 羊单位锐减至 22 羊单位。而青海省天然草地合理载畜量为 1 608×10⁴ 羊单位，目前，实际承载 3 020×10⁴ 羊单位，超载 1 411×10⁴ 羊单位。根据草场载畜能力以及维持牧民基本生活需求标准（人均拥有 50 羊单位）计算，现有青海天然草地仅能容纳 32×10⁴ 人从事畜牧业生产。

由于农牧业人口增长速度过快，导致农牧区牲畜数量迅速增加，草地放牧牲畜超载严重。1949 年末青海省各类草食畜为 748.73×10⁴ 头只，到 2009 年末全省各类草食家畜达到 1 976.29×10⁴ 头只，61 年间全省共增加草食家畜 1 227.56×10⁴ 头只，增长近 2 倍。虽然，自 2005 年国家实施《三江源》工程开始，青海草地严格开展减蓄的措施，但其总量仍然较高，甚至到 2015 年以后因生态治理工程的实施植被有所恢复的状况下，部分地区牲畜数量有所增加。牲畜数量无序增加，草地超负荷承载，牧草得不到修养生息，导致草地植被退化，盖度降低，生态系统恶化，整个草地生态系统趋于超载—退化—再超载—再退化的恶性循环状态，使得草场承载力大大降低，人、草、畜矛盾越来越突出，这些因素是直接影响到草地碳汇能力的提升重要因素。

4. 传统畜牧业生产方式与新时期草业发展的挑战

青海牧区是除西藏自治区以外全国最大的藏族聚居区，藏区面积占全省面积的 96.6%。由于受历史、地理、环境条件限制，牧区主体经济以草地畜牧业为主，产业结构单一，生产方式落后。长期以来，畜牧业发展重数量、轻质量，低投入、高索取，畜牧业生产至今仍然没有摆脱传统的"靠天养畜"的困境，传统草地畜牧业原始落后的依靠数量增长的发展方式依然存在，以分散经营的模式为主。为此，实施草地畜牧业由放牧转为禁牧、休牧、舍饲或半舍饲养畜，需要有棚圈及饲草贮备做基础。提高牧民思想认识和畜牧业生产经营技术，从根本上转变畜牧业生产经营方式，才能实现草地生态、畜牧业生产和牧民致富的良性循环。虽然，几十年来，青海省草业科技事业有了长足的发展，取得了一些成绩，但目前草地领域适应气候变化的技术措施开发和应用水平很不平衡，理论研究较多，实践不足。总体来讲，对青海高寒草地的认知程度依然很低，草地资源利用、固碳持水能力研究范围、研究内容仍然较少。尚未构建完善和成熟的可持续发展适应推广技术体系，尚无行业可操作性的适应技术清单，在技术研发和引进以及适应技术措施示范方面缺乏稳定的资金和政策保障，主要表现在占全省草地面积将近 3/4 的退化草地改良技术、天然草地合理利用技术、高产优质人工草地建植及利用技术、草产品精深加工技术、人工草地培育技术及最佳牧草组合、鼠虫害防治及毒草防除等科技成果未得到及时有效的推广和应用，科学认识水平、科学的适应规划、科学的适应技术研究显得薄弱，草业科技成果的转化率较低，与现代草业科技的发展尚有一定的差距。

适应气候变化是一个系统工程，需要巨大的资金支持，特别是发展中国家，由于适应的基线较低，在适应行动中需要投入的资金更大。而在采取应对气候变化的适应行动中，缺少国家适应战略规划的指导，导致草地领域应对气候变化适应行动分散、针对性不强。由于缺乏有效的国际合作制度，发达国家和发展中国家在适应问题上一直存在着很大的分歧和矛盾，不能公平和及时掌握草地领域适应技术研究与创新的最新动态，导致在引进、吸收和转化先进技术方面的国际合作基础薄弱。虽然国内外对适应气候变化作为应对气候变化的主要途径达成一致。但是气候变化的适应问题却没有得到真正的重视，对如何提高公众适应气候变化的意识与管理水平，增强适应气候变化的能力做得很少。因此，应进一步利用现代信息传播技术，加强适应气候变化的先进草地技术的普及、推广及应用培训，提高公众对气候变化影响认识的深刻性和行动的自觉性是畜牧业生产方式与新时期草业发展和固碳能力提升的挑战。

二、青海草地类型减排增汇技术及措施

1. 加强草地生态系统碳循环、碳过程、碳贮存、固碳能力的研究

草地生态系统中碳的固定包括草地植物通过光合作用对碳的固定，又包括草地土壤对碳的吸收和对碳的蓄积能力的固碳。对于草地生态系统固碳主要包括植被光合作用的固碳和通过一定的措施稳定土壤结构，改善土壤性质，促进土壤固碳2个方面。从自然角度考虑，土壤系统的固碳主要依靠生态系统中的植被生长与物质循环来逐步改善土壤结构和性质，从而发挥固碳作用。

植被固碳：在草地植物光合作用过程中，草地可以固定大气中一部分CO_2，从而降低大气中C含量，对于维持大气碳平衡起着重要作用。在植物生长过程中，植物同时进行着光合和呼吸作用，在光合作用过程中，植物可以将大气中的CO_2吸收固定到植物体中，即植物的光合作用实际上是一个固碳过程。一般地，一种植物体中碳含量比例是一个常数，故在植物—土壤生态系统中，常常强调创造适宜植物生长的条件，促进植物生物量的形成，从而促进环境中碳的固定。据估算，草原绿色植物初级生产力占陆地表面绿色植物的初级生产力的16%，达到$1.89×10^{10}$ t/a（Coupcand，2005），草地生态系统中绿色植物可以通过光合作用固定大气中的碳而形成初级生物量，故提高土壤生产能力可以提高土壤生态系统固碳量。

土壤固碳：土壤有机质（SOM）是直接和间接影响植物生长能力的最重要的土壤属性之一（Bongiovanni et al.，2006），极大程度地影响了土壤性质和植物营养系统，同时也是一个重要的CO_2源和汇（Etana et al.，1999）。在人类活动扰动下，一些自然土壤被改变了原有的结构状态，从而也改变了土壤碳库的正常代谢，影响大气中CO_2浓度（Smith，2008），进而增大了全球气候变暖的压力。因此，作为大气中CO_2的源和汇，陆地生态系统碳循环对全球碳平衡起着重要作用，是全球碳循环中的重要环节（Canadel et al.，2000）。关于陆地土壤扰动引起土壤碳向大气中释放，大气碳平衡被破坏，导致全球气候变暖压力增大等方面的研究和报道很多（Dominique Arrouays et al.，1994）。在全球变暖的大背景下，全球碳循环已成为地球科学、生物科学和社会科学共同关注的3个主题之一（陈泮勤，2004）。土壤有机碳比大气和生物圈含更多的有机碳，是陆地生态系统碳库的重要组成部分（Grace，2010）。特别是在人类活动日益加剧，对资源需求不断增加的背景下，加强陆地生态系统碳流转与固存，提高陆地生态系统碳的贮存，减少对气候变化的威胁，成为国际性的一个重要课题，在全球相关科学界得到广泛关注。随着人类对全球气候变化的关注，积极寻找减缓大气CO_2浓度的各种技术途径，其中草地生态系统的固碳潜力已经引起了各国学者和政府的关注。

在陆地生态系统中，除了植被碳库之外，土壤也是一个巨大的碳库，且土壤中的碳储量比植被大，全球平均地表以下1 m深的土壤碳库的储碳总量约为植被碳库总量的4倍左右。研究表明，土壤碳固存，特别其表层，也受人类活动的影响。除了采取各种措施增大湿地碳固存以外，亦可通过土地利用变化增大土壤碳的固存和蓄积。因此，土壤碳固定是当前有关陆地生态系统碳循环与全球变化的地球表层过程研究的重要优先领域之一，同时土壤碳容量与稳定化是全球变化下土壤碳循环的焦点问题（潘根兴等，2007）。对于草地生态系统固碳主要包括植被光合作用的固碳和通过一定的措施稳定土壤结构，改善土壤性质，促进土壤固碳2个方面。从自然角度考虑，土壤系统的固碳主要依靠生态系统中的植被生长与物质循环来逐步改善土壤结构和性质，从而发挥固碳作用。目前，土壤碳循环及固碳潜力研究是国际全球变化研究的主流趋势（潘根兴等，2005）。

土壤碳循环及固碳潜力研究是国际全球变化研究的主流趋势（潘根兴等，2005），特别是土地利用的生态过程及其与全球变化的关系是当代对地球表层过程的综合研究的主要发展方向和优先领域之一（宋长青等，2005）。在陆地生态系统中碳循环、碳流转及固碳机制机理等方面的研究应得到进一步加强和深化，为构建健康陆地生态系统，减缓土壤碳向大气中释放而引起全球气候变暖的压力提供

理论支持和提供科学依据。

结合目前国内外关于草地生态系统碳研究，建议以后在青海草地生态系统中应逐步加强以下几个方面内容的研究。

1）树立实事求是，依靠科学技术保护生态环境的理念。实施生态保护，必须坚持实事求是，一切从实际出发，不照抄照搬别的做法，实事求是地以严谨的科学态度评价草地退化的原因与机理，明晰退化草地到底在草地碳源汇功能起到什么样的作用与效果。国家实施生态环境治理工程后其碳源汇发生怎样的改变，植被/土壤固碳速率、固碳能力、固碳潜力有多大。核实生态环境治理工程中既吸收成功的经验，也接受不成功的教训。"不唯书、不唯上、只唯实"。要把勇于实践、大胆创新的精神与科学慎重的态度结合起来，加大科技投入，强化科技支撑作用，各项工程措施应有充分的科学依据，重大决策必须经过深入调研和科学论证，对一时还没有把握的手段和措施要先经过实验。要加强科研监测体系建设，收集积累本底资料，加强生态科学理论研究，及时做好工程效果评估；尽量采用最新科研成果，孤立技术创新和技术组合，在卫星遥感监测、高原人工增雨、无毒副作用灭鼠、次生裸地修复、沙化草原治理、发展生态畜牧、调整牧区能源结构等方面，大力推广使用先进实用技术，以科技进步促进生态保护并取得固碳能力的实效性。

2）揭示草地生态系统中碳循环与微域环境耦合机理关系和效应。气温、土壤含水量和土壤温度是调控沼泽草甸、高寒草地生态系统碳通量的主要环境因子（王俊峰，2008）。加强区气候条件如全球气候变暖条件下的降水、温度等条件对土壤碳动态的影响及互作耦合效应的研究。特别是气候条件特殊的局部气候条件下草地生态及碳过程的气候响应研究。在全球气候变暖的进程中，伴随着一系列的气象条件的变化会影响到草地的生长及土壤的稳定性等，因此应加强草地生态系统中碳过程研究，包括碳组分的变动特征与微生境的关系等。

3）明晰草与土壤生态系统碳互动效应。在草地生态系统中，草与地是相互影响的一种生态体系。土壤为草的生长提供了物质条件，同时草的生长又为土壤起到保护和缓冲作用。草地系统中，碳主要贮存在土壤中，作为土壤的天然生物屏障对于土壤的保护和土壤性质的稳定起着重要作用。

4）加强气候变化对草地生态系统影响的科学系统研究。如前所述，气候变化是植被生态系统生产力的主要因素，陆地表面的一切生物活动、生产力形成是气候环境下最基本的产物，气候环境不仅影响到生态系统生产力，而且在植被类型形成、扩张、萎缩等是主导因素。研究区域气候与生态系统的相互作用、适应过程极其重要。只有了解一地的气候特点，掌握其变化规律，才能明确植被生态系统生产力的形成与草地固碳持水能力的提升，才能提出适应气候变化的可持续发展模式与技术。

5）理解现代气候变化条件下土壤地表过程碳特征与调控机制。地表（0～20 cm）物质循环对陆地生态系统土壤—植被物质循环起决定性作用，并对气候变化具有高度敏感性。故在不同典型气候区条件下，还应进一步加强地表土壤碳循环过程及气候变化的响应研究。

6）明确土壤性质与固碳机制。土壤有机碳的转化与稳定和有机碳对微生物分解的抗性是土壤固碳容量的实质。土壤固碳即通过合理改善土壤结构和土壤性能，减少土壤中原有碳向大气中的释放和增加土壤碳贮存量，即改善土壤性质、提高土壤有机碳稳定性，减少土壤碳中易挥发性的活跃性有机碳组分。通过不同的管理措施可以改变土壤结构特性，从而改变土壤固碳性能。如通过施氮素提高土壤肥力，增加草被生物量，一定程度上可以提高土壤稳定性和增加土壤碳库。通过不同的管理措施下，土壤碳变化特征来研究不同管理措施条件下土壤固碳潜力，并可寻求在当地气候和生产条件下最佳的生态管理措施，达到最大限度地固定碳的效果。在土壤特性与固碳潜力方面的研究主要集中在土壤结构特性与化学性质方面。其中团聚体物理保护是土壤固碳的重要机制（Six et al.，2000；Huyens et al.，2005），退化草地恢复过程中，土壤团聚体活性有机碳含量逐渐提高并趋于稳定，且0.5～0.25 mm粒径团聚体中活性有机碳含量最高（华娟等，2009）。Paul 等（2001）研究也表明，土壤有机碳的平均驻留时间与砂粒含量成反比，而与黏粒含量成正比。由此可知，通过一定的措施，逐步改善和增加土壤团粒结构，减少土壤退化而向沙化和荒漠化发展均有利于稳定土壤碳，减少碳的释放，增加碳的固定与留存。特别是土地利用的生态过程及其与全球变化的关系是当代对地球表层过程的综合研究的主要发展方向和优先领域之一（宋长青等，2005）。

7）掌握生态系统、土壤 CO_2 呼吸排放规律。环境条件、植被类型、土壤类型不同，其草地生态系统、土壤 CO_2 呼吸排放量不同。同时，受气候条件的限制和影响，不同草地类型生态系统、土壤 CO_2 呼吸排放速率、排放规律有所不同。相关研究证实，温度（气温、低温）、水分（降水量、湿度）、植被类型与群落结构、土地利用、覆被变化、人类活动、土壤区系生物等生物非生物综合影响着生态系统、土壤 CO_2 呼吸排放量（第六章）。而生态系统、土壤 CO_2 呼吸排放量是地—气常通量层碳通量的主要组成部分，生态系统、土壤 CO_2 呼吸排放量增加将削弱生态系统净交换量；反之，生态系统、土壤 CO_2 呼吸排放量减少将利于对大气碳的吸收。因此，加强生态系统、土壤 CO_2 呼吸排放量，特别是土壤 CO_2 呼吸排放量的观测研究就显得极为重要。

8）建立起对草地资源类型、面积、分布等进行定期调查的机制。碳的贮存式管理主要指增加植被（包括地上和地下活的生物量）、土壤（包括枯枝落叶层、立枯、矿质土壤和某些重要的泥炭土）以及耐久木质素贮存的碳量等。增大植被和土壤碳库的方法主要包括保护草地，使它们通过天然或人工更新和土壤增肥吸收碳。这种过程的时间尺度可能是几十年到几百年，时间长短取决于植被生长的龄级、可容纳的最大碳密度、植被类型、植被生物量和土壤有机质的周转时间等。即贮存与植被类型、面积分布等有很大关系，也与草地退化、草地分布格局、植被群落结构、低温环境、雪灾、火灾、旱灾、鼠虫害及毒杂草发生的地点、时间、范围、面积等有密切的关系。因此，对不同季节各类草地牧草生物量及其空间变化情况进行长期连续监测，对主要草地沙化、退化及退化程度和分布格局进行动态监测，对雪灾、火灾、旱灾、鼠虫害及毒杂草发生的地点、范围、面积及灾情评估和发展趋势等进行监测和预测等。建立健全科学准确、及时有效的草地生态环境监测、分析评估系统，确保草地生态环境持续改善，才能有效的掌握固碳能力和碳汇能力强度。

9）摸清植被光合能力，注重净初级生产力提升的研究。草地生态系统中碳的固定包括草地植物通过光合作用对碳的固定，又包括草地土壤对碳的吸收和对碳的蓄积能力。在草地植物光合作用过程中，草可以固定大气中一部分 CO_2，从而降低大气中 C 含量，对于维持大气碳平衡起着重要作用。据估算，草原绿色植物初级生产力占陆地表面绿色植物的初级生产力的16%，达到 $1.89×1^{010}$ t/a（杨林章等，2005），草地生态系统中绿色植物可以通过光合作用固定大气中的碳而形成初级生物量，故提高土壤生产能力可以提高土壤生态系统固碳量。为此，针对高寒草地气候严寒，草地畜牧业基础设施薄弱，生产不稳定，结构单一的特点，加大草地光合产量、水分利用率的研究。同时，为遏制天然草地的进一步退化，改善草地生态环境，加强草地基础设施建设和"防灾抗灾"能力，促进草地可持续发展也是主要的研究内容。

10）加强有害生物及其影响机制的研究。对有害生物泛滥的草地进行适时防治也是减缓碳排放，增加碳汇能力的措施之一。青海退化草地的有害生物主要有害鼠、害虫和有毒有害杂草等。对草地鼠虫害泛滥区要适时进行有效防治，尤其要通过对鼠虫害发生及危害情况的长期监测，摸清草地鼠虫害的发生发展规律及形成危害的生态经济阈值，做到预测预报在先，有效防治在后，减少由鼠虫害泛滥造成的草地生态经济损失。据资料表明，实施鼠虫害防治的草地，在防效达90%时，每年可减少牧草损失 450 kg/hm^2。因此，对该类有害生物要有选择地进行防治。对天然草地上的毒杂草植物已形成优势群落，且对家畜构成危害的草地可进行适当的无公害、无污染的防治，防治后进行适时补播优良牧草，使其草地植被尽快覆盖地表，以免发生水土流失，从而更好地发挥草地的生态经济功能；对零星分布且具有药用价值的毒杂草只要未殃及家畜生命，亦可不进行防治，以期维持天然草地的生物多样性，进而提高固碳能力。

11）加强退化草地恢复与重建建设碳增汇措施的研究。开展以种植和建植多年生禾本科人工和半人工草地、围栏补播和灭鼠治虫等综合措施改良退化草地为主要内容的草地基础建设也是重要的措施。这就需要开展自然保护遗传资源调查和区域引种实验，由于许多物种，尤其是植物有较大的地理分布范围和生态适应性，需要对这些植物种进行基因测定，了解其遗传资源的组成结构，并进行遗传分类、筛选出能适应气候变化条件和生态适应性强的遗传基因型，进行合理的保护和培育，扩大种群数量，进行跨气候区的引种实验，这种引种并非是一种常规的引种试验、而是将其种引入自然环境中，即让其在天然植被生长的环境中生长，以此能使引入种加入到当地植被的自然演替进程之中参与竞争。这样不仅仅能测试物种对气候的适应状况和能力，而且能了解引入种参与植物群落的生态过程，提高群体的稳定性。当然，草地上的有毒有害植物具有一定的生态功能，特别是有毒有害植物一般不被家畜或其他食草性动物所觅食而残留在地表，这些有机残留物对抑制草地生态功能衰减，提升植被/土壤有机碳有利。为此，在开展退化草地恢复与重建建设时，也要注重杂毒草生态功能的研究。

2. 开展植被和食草动物生态适宜指数研究，核定资源环境承载力及等级标准，建立应对气候变化的草地管理适应技术措施

一个地区的植物生长发育对应有相适宜的气候环境，正是这样，形成了生物的气候适应性和生物气候区划，"生物的气候适应性和生物气候区划"是指各种生物品种都可适应一定的气象条件（如极端最低气温、最冷月和最暖月平均气温，年降水量等），可根据各种生物对气候条件的要求，可作出生物气候区划（如牧业区划、小麦等的农业气候区划、果木的种植区划，还有某些野生动物栖息环境及分布区划等）（李鸿洲，1991）。这也就形成自然地理环境各组分（气候、地貌、水文、土壤、植被、动物及人类社会）相互作用的格局与过程是自然地理、生态等综合研究的核心命题和长期任务（吕一河等，2018）。许多生物生长和发育的季节变化是受气象条件（如日照长度、温度、降水等）所支配，同时气象条件又通过各器官影响到动植物体和人体各神经系统。为此，按照对环境水分、温度、日照等，可把植物分成寒冷性、湿中生，乃至中性植物、长日照植物等的界定。其间也因环境条件不同易导致植物对环境（如紫外线照射）适应程度不同。这也说明生物生态资源环境要素不仅有自身的承载范围和阈值，而且也有其生态适应（宜）指数，生长标准等级划分等。从区域空间尺度的陆地生态学来讲，围绕气象、水文、土壤理化、气象/水文自然灾害、人与动植物消长规律和生长适应程度等资源环境生态属性，给定气候/植被/土壤系统中诸多生态属性（要素）生物生态资源环境承载力、行业生态适应指数、适宜指数、标准等级划分等，将为人类和生态系统健康发展提供了保障服务，也为政府的相关决策服务提供了安全保障。

草地基本处在"靠天吃饭"的格局当中。青海草地不仅是国家生态安全战略重要区，也是国家重点生态功能区，在美丽中国的永续发展中占据主要的位置。然而，青海草地因海拔高、气候寒冷、含氧量极低，生态环境及其恶劣，各地间太阳辐射强度、植物生长所需的热量和水分条件、植物群落结构、种类组成、生产力等空间差异悬殊，就是生活在当地的人和动物其适宜性能力也有很大的差异，表现出生物资源及环境指数具有自身的分布规律与特殊特征。这也就与我国东部及内地低海拔、低氧区传统的有关资源环境要素的生长适宜指数、等级标准有所不同。为此，思考青海高寒草地陆地生态系统资源环境承载力（容纳量）在空间尺度上是怎样分布的？自动向西的温度、降水梯度上资源环境要素遵循怎样的变化规律和特征？人与动植物对环境适应指数与内地有何不同？非生物的气象、水文、土壤物理化、气象/水文灾害、系统碳水固持能力等资源环境承载力（量）又有怎样的分布等级标准？如何提高适应能力来应对气候变化？是加强青海草地生态系统碳汇功能及减排增汇我们面临的主要议题，也是研究者的主要课题。尤其是高寒草地是对气候变化反应最为敏感和脆弱的领域之一，而提高适应能力是应对气候变化的主要对策。

也正是如此，我们应追溯历史资料，结合现地观测及调查。明晰青海草地自东向西温度和降水梯度下生物生态资源环境要素遵循的变化规律和分布特征，揭示生物生态资源环境要素的空间变异特征，采用数理统计方法、生态足迹理论，核定计算高寒草地陆地生态系统资源环境要素在空间尺度上的承载力（容纳量）分布状况。在定量分析生态系统结构和功能及其对气候变化响应的函数关系，生态系统功能状态对各种资源环境胁迫因子响应阈值，认知资源环境承载力—生态系统脆弱性—全球变化风险生态学联系，明确生物生态资源环境要素与内地低海拔区差异性分布的基础上，采用多种方法比较后，构建青海高寒草地区域植物、人与食草动物对环境适应的生态指数。计算给出气象、水文、土壤物理化、气象／水文灾害、系统碳水固持能力等资源环境承载要素的概率分布状况、极端事件发生的频率、小概率事件概率及阈值。确定适宜青海高寒草地的生物生态资源环境要素的系列指标，并给予确切的定义和标准等级的划分。再在适应指数、划分的等级标准，规范规划放牧制度，建立适应技术集成体系，严格承载力的基础上开展牧事活动，对各种适应技术进行选择、优化、配置，形成一个由适宜要素组成的、优势互补的、匹配的有机体系。将为区域生态安全保障，应对全球变化，完善体制管理和决策服务，指导、利用和管护青海草地动植物资源，发挥生态屏障等作用具有重要的现实意义。

3. 强化退化草地的生态修复

建立良好的植被是改善地面地下水量再分配与水源涵养能力、热量变化的平稳、土壤有机碳封存与稳定等的基础。这是因为，植被可以形成一个特殊的空气层和土层，良好的植被覆盖以及所形成的腐枝落叶，可以减少降水的动量冲刷作用而保护土壤，还可以拦蓄一定的降水后蓄积水分使其有较高的湿度，并可使温度变化区域相对平稳。良好的植被自身具有很高的植物根系量，根系对碳素的分泌物也多，在增加腐殖质的同时，不仅改善了土壤结构、容重下降、持水能力增加、蓄积水量更多，而且可大量贮存碳素。

退化草地通过植被恢复过程，在提高草地生物量和草地的生产能力并给予土壤碳素补充的同时，还可增加土壤结构的稳定性，增加草被残体在土壤中分解富集，引起土壤碳库的增加。在第四节我们曾分析退化草地通过植被恢复后土壤具有很大的固碳潜力。由于青海天然草地退化加剧，直接导致草地生态系统的物质循环和能量流动的失衡，草地生态环境恶化，不仅使草地植被的生态功能下降，而且还造成了草地经济功能的衰退损失，对人类和草食动物的生存构成了威胁。为此，对退化草地的生态修复是青海草业可持续发展的首要举措，也是提升固碳能力，减缓排放甚至增汇的主要手段之一。

（1）尊重自然规律，保护生态，坚持以自然修复为主

只要人类活动合理、有度，大自然本身就具有顽强的自我恢复能力。严酷的自然条件使得生态链条间衔接耦合、内在运行的机制复杂而脆弱，有些尚未被我们认识，过多地针对自然生态的人为干预，往往带有很大的盲目性，如截流改水、抽水灌溉、翻耕种草、施肥催生等强力措施，不仅无益，而且只能加剧对生态的破坏。像三江源地区是国内最大的高原野生动物栖息地，是野生动物所剩无几的最后家园，如果不加区分地大规模建设草场围栏等人工设施，不但浪费巨资，造成季节草场比例失调，而且会对野生动物的生存带来灾难性后果。因此，实施退牧还草，必须彻底转变征服自然、战胜自然的传统思维，尊重规律，充分利用大自然的自我修复功能，尽可能少地采用改变自然生态原貌的工程治理措施，逐步恢复三江源地区的原始面貌。

据研究资料表明，草地退化主要是由自然因素和人为因素共同作用而造成的。其中，以人为因素为主，自然因素为辅。在人为因素中，主要是长期超载放牧、滥垦、乱挖、滥伐等，破坏草地植被造成草地退化；自然因素中除有害生物泛滥外，主要是气候暖干化影响了草地的水热条件和草地植物生长发育节律致使草地发生逆行演替。在这两大因素中，人为因素的影响是直接的、破坏力巨大，有时也是不可逆转的；而自然因素的影响则是渐进的、缓慢的、不易被人类察觉的生态过程，但其影响也

是显而易见的。据此，针对青海天然草地退化的主要原因，从主要矛盾入手，分析并制定出可行的修复方案，即实施禁牧、减畜、休牧、轮牧等措施；利用草地生态系统自我平衡的修复功能，减少人为干扰，使退化草地自我修复并实现逆转。据研究资料，退化草地自我修复措施，是目前治理退化草地方案中最为廉价、最为有效的一种治理方式。只有这样，才能提高植被生物量，增加固碳能力。

（2）轮牧减畜，保护原生植被，促使中、轻度退化草地自我修复

众所周知，土壤碳排放是植物根系、土壤微生物、土壤动物等呼吸排放的共同产物。草地退化与开垦挖掘后是一样的道理，具有较高的 CO_2 排放通量，因此保护原生植被与那些农田免耕具有同等效应，能增加表土层土壤微生物碳、氮含量，通过陆地生物及落叶的转化，有机碳蓄积量能够增加，是增加碳汇的有效途径（金峰等，2000；张厚瑄等，1996）。这也是一项增加草地生态系统碳汇的重要措施。总的来说，从草地转化为农田或草地退化，其过程会导致土壤有机质含量显著减少。采用恰当保护方式，可以达到增加碳汇的目的。

土壤有机碳含量与枯落物返还量呈线性关系，因此枯落物是决定土壤有机碳含量的关键因子之一，对于增加草地碳汇来说，枯落物是一项重要而又切实可行的措施，在当前的放牧制度下，家畜数量大，在春季牧草萌动返青前期，牧草基本被家畜觅食殆尽，地表裸露，势必影响植物碳给予土壤有机质的补充。因此，提倡合理放牧强度，保证"吃一半留一半"的原理，是保证牧民生产生活与区域生态"双赢"保证（周兴民等，1995；周立等，1995）。基本耕种制度下，最经济而且易于推广。农田温室气体排放主要通过作物植株传输、农田土壤呼吸和水层扩散等途径，而秸秆还田有利于抑制温室气体的扩散，它能够培育土壤肥力，明显提高土壤有机质含量。在农业生产活动中应该提倡非经济产量的资源化利用，推行秸秆还田、发展沼气；直接还田的秸秆要在粉碎、沤制后施用，严禁就地焚烧。减缓放牧强度，推广"轻度"放牧理论，实施吃半留半，甚至禁牧的原则，杜绝超载过牧、掠夺经营。只有这样减源增汇就有了最大的保证。

（3）加快中度、重度退化草地的人工补播修复

绿化造林、建植人工草地可作为吸收 CO_2 增长的一个途径。有人计算，根据全国第五次森林资源清查的结果，目前的森林覆盖率为16.55%。按照《中华人民共和国森林法》全国森林覆盖率要达到30%的目标，全国造林的潜力为国土面积的13.45%，即 $1.29 \times 10^8 \, hm^2$，按照人工造林的固碳率 $1.4 \, tC/(hm^2 \cdot a)$ 计算，中国造林的固碳潜力为 $1.81 \times 10^8 \, tC$。在草地，开展人工补播也是提高植被覆盖度，提高生产量，进而提升草地固碳能力的重要措施。贺福全等（2019）对同德人工草地的碳通量监测表明，人工草地建植第3年后碳汇强度达到 $-128.30 \, gC/m^2$，使原有退化严重的草地提升了明显的碳汇效应。对于中度、重度退化草地人工修复改良一般是通过补播和松耙加补播。

补播改良退化草地是建立补播牧草的竞争机制，在不破坏或减少破坏原有植被的情况下，在草群中播种一些适应当地自然条件、有价值的优良牧草，通过对光、养分、水分的竞争，优化草地资源的利用，提高草地初级生产力，改善草地营养状况，达到提高草地生产力和退化草地尽快恢复的目的。这些补播的种子可以延续考虑草群结构的多层化（如上繁草、下繁草等），群落组成成分（种类组成）的可能性增加是优势种或伴生种增加，另外可考虑植被群落盖度和高度的增加是植物群落隐域性增加。补播一般在中轻度退化草地进行。

草地松耙（有时与补播同步进行）改善退化草地土壤状况的措施，主要用于以根茎禾草型退化草地恢复，因为这些牧草的分蘖节和根茎在土壤的较深处，松耙后能切断但不易拉出根茎，松土后土壤的空气状况得到改善，促进了嫩枝（芽）和某些根茎性草类的生长，也有利于土壤空气通畅、水分渗入，减少土壤水分的蒸发，起到保墒作用。当然，划破草皮也是草地松耙处理的一种措施，是保证草皮不受破坏的状况下，对草皮进行划缝处理，它也是通过划破草皮，改良草地土壤的通气条件，提高土壤的透水性，改进土壤肥力，提高草地生产力的一种方式。划破草皮还可以调节土壤的酸碱性、减少土壤中有

毒、有害物质，进而可抑制厌气微生物，使好气微生物得以活跃，利于退化草地的自然恢复。

（4）极度退化的"黑土滩"开展人工草地建设

在青海退化草地序列中，尚有 $1\,010.59 \times 10^4\,hm^2$ 的重度退化草地，其中"黑土滩"面积 $556.25 \times 10^4\,hm^2$，中度以上沙化草地 $454.34 \times 10^4\,hm^2$，这 2 类退化草地均无自我修复能力或是系统内的调节能力十分脆弱。若仅靠草地系统内部的自我调节功能，很难实现自我修复或需要更长的恢复过程。因此，针对该类退化草地的特点，适当、适度加大人为干扰力度，即在封育、防止鼠害的基础上，进行草地补播，或实施耕翻后建植新的人工植被，并施加科学管理和合理利用等措施，可以缩短该类草地的逆转进程，收到较好的效果。据果洛州达日县建设乡才哇沟的试验研究，人工植被建设当年地上生物量达 $4\,728\,kg/hm^2$（$2\,127.60\,kgC/hm^2$），植被盖度达 100%，可见对"黑土滩"等退化草地进行人工干预，其修复效果十分明显。

极度退化的草地多为"黑土滩"，大部分"黑土滩"分布区植被覆盖度很低，甚至成为裸露地表，这种状况可加大土壤 CO_2 的呼吸排放。在高海拔高寒环境下，由于温度低、降水分配不均，若让其裸露地表自然恢复、或补播，很难在短时间内甚至十几年内得到恢复，为此，开展人工草地的建植是恢复植被的重要措施。人工草地建植 2 年以后会大幅度提高草地生产力，即起到植被固碳能力，虽然这种固碳能力是仅人工干扰后有时施肥包含有一定程度上人为加碳引起的效应，但建植的人工草地具有较高的光能利用率、水分利用率，进而提高了植被的固碳能力（李英年等，2018）。不仅如此，经人工建植的草地将增加地表粗糙度，减缓风速，起到保护地表不被风蚀的作用，粗糙度加大还可使枯落物不被劲风所带走而残留在地表，并经雨水的淋溶作用，给予土壤碳素补给能力加大，提高土壤有机碳，提升了土壤固碳能力。

张新时等（2016）认为，人工草地还可以发挥重要的生态服务功能。高生产力和高覆盖度的多年生牧草组成的人工草地具有重要的涵养水源、保持水土和防风固沙的作用。人工草地的科学管理可实现草地畜牧业的可持续发展，肥沃的腐殖土上生长的多年生草地可为畜牧业提供高产优质的饲草，畜牧业又可以为人工草地提供充足的有机肥，实现人工草地持续的高生产力和生态服务价值。建设人工草地和保育天然草地还可以提高草地的固碳量，提高我国的固碳能力，发展"碳贸易"可成为我国生态建设和减缓全球变化的关键对策和重大举措。

目前世界上先进的草地畜牧业国家主要是发展集约经营的优质高产的人工草地和草地农业。集约型人工草地是以农业技术种植与经营草地，包括育种、耕作、灌溉、施肥、病虫害防治、收获、加工、储藏等，虽然成本高于天然草场放牧，但通过所收获牧草的产量和质量的提高足可得到抵偿。尤其是人工草地抵御各种自然灾害的能力大为提高。一般来说，人工草地和草地农业的产草量是天然草地的 10～20 倍。因此，对极度退化的草地开展人工草地建植，具有重大的生态和经济意义。不仅恢复其草被与腐殖土层重大的育土涵水、防风固沙，而且具有较高的碳汇的生态功能。

（5）退牧还草（禁牧封育），提升生态功能，提高固碳能力

土壤有机碳含量的变化，取决于有机碳输入和输出的平衡。若增加土壤有机碳的水平就必须从增加植物残留量和降低土壤有机碳的矿化过程两方面入手。前者与生物产量和残留物比重直接相关，后者则与土壤水、热、气条件，有机质组成及其在土体中的分布状况，土壤结构体状况以及水土流失等多种因素有关。有人利用反硝化—分解模型对中国 $1.03 \times 10^8\,hm^2$ 农业土地（其中：农田 $9.59 \times 10^7\,hm^2$，草地牧场 $7.5 \times 10^6\,hm^2$）及美国 $3.51 \times 10^8\,hm^2$ 农业土地（其中：农田 $1.44 \times 10^8\,hm^2$，草地牧场 $2.08 \times 10^8\,hm^2$）一年的状况进行模拟发现，中国农业土地年丢失碳 $73.8\,Tg$，美国农业土地每年净增碳 $72.4\,Tg$（李长生，2000）。二者具有显著的不同，终其原因是中国农业土壤每年以 CO_2 形式丢失碳 $366\,Tg$，而从农作物残留物补给的碳为 $293\,Tg$；美国农业土壤每年释放的 CO_2 为 $812\,Tg$，从农作物残留物中获得的碳为 $884\,Tg$。尽管美国土壤通过 CO_2 排放丢失的碳量高于中国两倍之多，但美国

从农作物残留中补回的碳量是中国的 3 倍，结果美国农业土壤中有机碳逐年增加，而中国土壤有机碳逐年减少。

在农田实行秸秆还田有助于土壤固碳的措施，而且土壤固碳的潜力非常巨大。有研究者计算（杨学明，2000），如果全国的地面上秸秆还田的比率由当前的 15% 增加到 80%，则中国农田土壤 C 的平衡状态就由当前的每年净排 9.5×10^7 tC，变为从大气中吸收 8.0×10^7 tC，假设综合措施在 30 年内可使土壤有机质提高 30% ～ 40%，全国仅耕地一项就可增加固碳近 1.0×10^9 t，相当于美国和加拿大两国之和。

如前所述，土壤有机碳含量与枯落物返还量呈线性关系，因此枯落物是决定土壤有机碳含量的关键因子之一，对于增加草地碳汇来说，枯落物是一项重要而又切实可行的措施。而退牧还林（草）过程实际上就是其生长的牧草不被家畜啃食，形成一定量的枯落物形式留存在土壤表面，这些覆盖物经环境条件的影响，雨水淋溶等过程，将有机物质补给到土壤中，进而提高土壤有机碳，增加了土壤碳的贮存能量。

退耕还林还草，建立人工草地是发展固定二氧化碳的一个重要途径，也可以在国际上争得很大的固定二氧化碳的额度。虽然牧草的光合固碳能力比较低，可是一些超级"好草"的转化率倍数可以提高 30 倍。有些草即使在温带地区，1 亩地当年可以达到 20 ～ 30 t，比玉米高得多。这种草的转化率就非常高，当然要给足水分和足够的肥料，才能有这样高的转化率。这样在生物和气候关系上，既尊重气候的生产力，又在可能的情况下提高转化率，这是生物和气候关系非常重要的一个方面。

封育和放牧是草地群落最重要的人为干扰因素之一，为此，国内外研究者对此进行了大量的针对草地群落植物多样性、功能群、层次结构及生产力变化等方面的研究。杨殿林等（2006）研究了不同放牧强度对贝加尔针茅草原群落植物多样性和生产力的影响，表明群落初级生产力随放牧强度的增加而下降，群落适口性差、耐牧的杂草类植物渐趋增加。许岳飞等（许岳飞等，2012）对青藏高原高山嵩草草甸的研究表明，随放牧牦牛强度增加，群落物种数、多样性、地上生物量均显著降低。Snyman（2005）对南非半干旱草原的研究也表明重度放牧会导致草地物种多样性降低，群落结构简单化，生产力下降。

草地封育是退牧还草的主要措施。草地封育也称为封滩育草，就是在一定的时间内，将退化的草地用一定设施管护起来，消除不良人为干扰，禁止割草、放牧，为植物生长发育创造条件，使牧草得到修养生息机会，同时种子成熟和繁衍更新的机会，进而提高它的生物再生产能力。主要有用铁丝围栏、刺丝围栏、电围栏、生物围栏等，若希望使退化的草地得以迅速恢复，还可结合草地施肥、草地补播等技术，其效果更好。在退化草地恢复和植被重建的过程中，草地围栏封育以其投资少、见效快的特点，已成为退化草地恢复的重要措施之一。诸多研究证实，短期封育对植物生长、植物多样性、生物量、群落结构、土壤水源涵养能力提高、缓解气候波动有利。然而，围栏封育也是一种生境破碎化的表现方式。封育后由于对草地的利用程度不同，看上去一致的大面积生境中，实际上是由不同生境镶嵌而成，封育形成的斑块不可能找到大面积原生生境中的不同小生境。斑块状分布的物种或仅利用小生境的物种在这种情况下更为脆弱。网格化的封育增加了动物种群的隔离，在减少野生动物栖息地面积的同时，也影响着动物的迁徙，限制了野生动物的自由活动，阻碍种群的个体与基因的交换，降低了物种的遗传多样性，威胁着种群的生存力。封育围栏甚至造成对野生动物伤害。

另外，围栏长期封育可使草地分布格局破碎化，生境破碎化的后果是生境异质性的消失。从生态系统功能来看，封育地边缘地带的羊道经家畜的反复践踏，会使草地退化，植被发生演替。季节性封育地放牧过程中在家畜进出口区域植物种类急剧减少、土壤硬实度增加、持水固碳能力下降。不仅如此，因封育围栏的存在，家畜觅食选择性强，导致封育地内不同区域放牧利用程度不同，使生态功能参数特征分布失去均衡。长期禁牧封育因丧失植物被利用，逐年积累，覆被于地表，并因高寒气候环境影响下分解缓慢，较厚的枯落物层以未分解的半腐殖质形式留存地表，进而影响植物（特别是宽叶植物）对光能的竞争与利用，使植物群落组成发生改变，禾草类植物增多，杂草类植物减少甚至丧失，终久导致生产力下降，抑制了生态功能的提高和稳定性维持。因此，为了减少封育对动植物生境的影响，构建退化草地生态功能恢复和封育序列的平衡模式和内在生态过程，确定封育年限的最佳时间效益和经济效益是目前亟待解决的问题。

（6）加强草地鼠虫害防止，减缓草地植被破坏

鼠虫害在草地退化过程中起着推波助澜的作用。鼠虫害加重不仅与家畜争食牧草，也加剧了草地退化，破坏草地环境。鼠类挖洞造穴将破坏地表，增加地表粗糙度，是地表蒸发加大，地表水通过洞道可直接下渗到土壤深层而成为无效水，进而加大了水分的严重流失，植物生长所需的有效水大大降低，直接影响植物的生长。而打洞本身在产生土壤剥蚀的同时，挖掘形成的土丘覆压牧草可破坏草地植被，洞道塌陷后也可直接造成水土流失，形成新的地表剥蚀，砾石裸露为次生裸地。为此，鼠虫害防止是植被恢复中不可忽视，主要方法有生物防治、器械防治、化学防治、微生物防治等。

（7）开展人工增雨与灌溉专业，保障水分供给

极大多草地分布区存在降雨不均衡的现象。春季是万物复苏的季节，如果降雨不足、缺乏水分，会在很大程度上影响牧草返青。就是应在雨水充沛的夏季，出现间歇的干旱天气时，牧草受到水分供给不足时，产生枯黄甚至死亡的现象。现阶段全球气温的不断升高，在很大程度上加大了干旱灾害的发生率，给牧业生产发展带来了巨大的影响，草场大面积退化的背景下，降水减少将极大地影响生产力提高。在水分供给不足时，也影响到光合产量的提升，进而导致固碳能力的下降。在这种情况下，人们迫切希望能够通过人工干预的方式缓解旱情。人工增雨抗旱需要在一定的条件下才能够完成，科学合理地应用人工增雨催化技术，科学合理地选择时机，并充分结合不同云层的物理特点，借助火箭、飞机等手段将催化剂散播到云层中，进而增加云层的冰晶数量以及雨滴直径，增加云层中的凝结核，最终达到降雨的目的，有效缓解农牧业旱情，提高植被的水分利用率生产力，增加植被固碳能力，更好地保证农牧业稳定生产和发展。青海草地的冬半年，既是气候干旱时期，也是牧草短缺致使草畜失衡的阶段。在冬半年实施土壤保墒措施对来年牧草萌动发芽甚至牧草产量提高有利（李英年等，1998；Li，2015）。降雪和地面积雪是土壤过程的重要调节者，持续的雪覆盖能有效地隔离土壤与大气，起着绝缘体的作用，通常能够防止土壤冻结，为生物过程提供有效的水分（Marchand，1987；Jones，1999），进而提高草地植物光合利用率、水分利用率，增加植被碳汇能力。

4. 加强草地管理，促进草地生产，转变经营方式

长期以来，青海草地畜牧业生产一直沿用重数量、轻质量、低投入、高索取的生产经营方式，从而造成了草地超载，牲畜出栏率、商品率、仔畜成活率低、生产力水平低的"四低格局"。为了摆脱上述局面，加强对天然草地的监督管理：高度重视天然草地的监督管理，承担起草地保护和管理职责工作，明确草原监督管理工作的职能和任务，理清思路，依法管理，促进草原监督管理的法制化、规范化和科学化。合理开发利用草地野生植物资源的保护和工作；搞好草原监督管理。

通过不同的管理措施可以提高植被的光合能力，水分利用效率、增加生物量，进而具有补偿土壤有机碳的能力。加强现地管理更重要的是改变土壤结构特性，从而改变土壤固碳性能。如通过施氮素提高土壤肥力，增加草被生物量，一定程度上可以提高土壤稳定性和增加土壤碳库。通过不同的管理措施下，土壤碳变化特征来研究不同管理措施条件下土壤固碳潜力，并可寻求在当地气候和生产条件下最佳的生态管理措施，达到最大限度地固定碳的效果。在土壤特性与固碳潜力方面的研究主要集中在土壤结构特性与化学性质方面。其中团聚体物理保护是土壤固碳的重要机制（Six et al.，2000；Huyens et al.，2005），退化草地恢复过程中，土壤团聚体活性有机碳含量逐渐提高并趋于稳定，且0.5～0.25 mm粒径团聚体中活性有机碳含量最高（华娟等，2009）。Paul 等（2001）研究也表明，土

壤有机碳的平均驻留时间与砂粒含量成反比，而与黏粒含量成正比。由此可知，通过一定的措施，逐步改善和增加土壤团粒结构，减少土壤退化而向沙化和荒漠化发展均有利于稳定土壤碳，减少碳的释放，增加碳的固定与留存。

（1）适度开展一年生人工草地，加强青草补饲措施，减缓放牧草地的放牧压力

一直以来，人们总在考虑草原还该不该放牧，有人说草原放牧已经不划算了。这是因为放牧过度将会导致草地退化，较轻的放牧对当地牧民来讲又对生产生活水平的提高作用不甚明显。而且，广大草原在寒冷区域，冬春季降雪往往造成雪灾，一旦产生雪灾，国家救灾的钱数远高于对草原的投入，国家对草原的投入主要是在救灾上，有的年份救灾款项高于草原的生产值。但是，要明白草原是一个不能自持的系统，靠自己无法维持的系统。只有一个放牧但又不过度，产生的生态效应才能得以充分的发挥。因此，在对草地轻度利用压力的情况下，为保证更多的产值，其生产结构必须做大的调整，应该在有条件的地方大力发展稳产、高产的人工草地，因为人工草地的生产量要比自然草原的生产量高出十几倍乃至几十倍，只要发展 10% 的人工草地就可以代替原来的天然草地，而且发展了现代化的以舍饲圈养为主的畜牧业。这样可以求得一个气候跟生态系统的平衡和优化，天然草地发挥保持水土、防止水土流失、固碳和生物多样性（野生动物）的作用。才能求得人和自然的和谐，气候和生态系统间的和谐。

牧草生产是草业产业化发展的基础，青海省目前虽有近 21×10^4 hm^2 的人工草地保留面积，但由于种植牧草品种单一，加之管理、建设等方面的技术和手段落后，人工草地的利用年限只能维持 $3 \sim 5$ 年，且产量低而不稳，开发成本高，对牧草产业化的长期稳定发展有很大的影响。因此，在水热条件较好、土层较厚、地面比较平坦宽广而适宜播种饲料作物的地块上，以分散、小型、靠近冬季畜圈地区，建立饲草饲料基地并适时收割调制青干草，妥善保存，重点解决母畜、种公畜、幼畜的冷季补饲草料问题。在加强现有人工草地管护、延续草地利用年限的同时，应大力开展优质、高产人工草地的基地建设。在建设中要因地制宜进行科学规划，按照全省畜牧业规划，每年应稳定扩大人工饲草基地生产规模，以确保牧草产业化工作的长期稳定发展。同时，加强牧草良种的研究和推广应用、优质高产栽培技术研究等方面与草业生产实际和草产品市场还有一定的差距。因此，今后要加大这些方面的试验研究，以科研试验示范基地为基础，以科研推广中心为依托，加大良种的培育、引进的推广力度，引进先进的管理技术和加工工艺，加快科技成果的转化率，以增加牧草科技含量和附加值。即加快饲草料生产和草产品加工步伐间接地对固碳能力提高，增强区域碳汇能力、降低排放有利。

（2）提倡早春"返青期"和秋季"成熟期"休牧，促进牧草生长发育与种子繁殖

早春日均气温稳定通过 $\geqslant 0℃$ 时，牧草开始进入萌动发芽、返青阶段，该时期土壤自上而下解冻，解冻期间的融冻水底层因冻土层存在将隔离水的下渗（周幼吾等，2000），土壤处在非常潮湿阶段，分布在低洼、地下水位较高、河床、阴坡半阴坡地区的高寒草甸区土壤水分甚至达饱和状态。该时期夏季牧场因温度更低不易放牧，放牧践踏更易使土壤板结、硬实，这种状况势必影响植物的初期营养生长，直接影响植物的生长发育阶段，对植被的光合利用下降，植被的总初级生产量降低的条件下，净初级生产量也受到影响，进而减缓了植被固碳能力。当植物生长发育受到威胁时植物的根系生长也将受到影响，进而导致植物根系生物量降低。不仅在植物地上生物量降低、枯落物减少给予土壤碳补给能力下降，而且植物地下生物量减少的状况下根系分泌物减少、根系分解量亦减少的状况下，土壤固碳能力也衰减。为此，把握时机，开展天然草地早春"返青休牧"，实施青储饲料补给圈养家畜的季节性资源配置技术，让初春的植物生长得到充分的生息机会，对植物年内正常生长发育有利，既可增加植被地上地下净初级生产量，加大植物固碳量，也因生物量的增加补给土壤有机质能力增加，进而促使土壤固碳能力。同时可促进草地资源的可持续利用。

Adler 等（2000）研究发现，围封休牧和降低放牧压可使植物繁殖能力得以发挥，适宜的植物种

群增长迅速，促使草地发生恢复演替。青藏高原高寒草甸在冬末春初时冷季草地枯草和储备饲草即将耗尽，家畜采食刚刚返青的牧草影响牧草生长发育，保护春季牧场牧草萌发是解决高寒草甸退化的关键措施之一（贺有龙等，2008）。春季延迟放牧对提高草地生产力，改善草地植被盖度和增加牧草繁殖机会效果显著（Buttolph et al.，2004；Nie et al.，2012；Ismail et al.，2013；王巧玲等，2015；赵钢等，2006；2003；朱立博等，2008；高娃等，2006；魏德平等，2005；李青丰等，2005）。返青期牧草被反复采食会给毒草的生长提供机会和空间，草地毒草蔓延是过牧和早期放牧过重的结果。反之，优良牧草的正常生长会抑制毒草的发育（朱立博等，2008）。同时，我们研究表明在返青期休牧可以有效降低高寒草甸草地毒杂草的生物量。

这些说明，返青期休牧是控制毒草的有效手段。只要在牧草返青期进行短期休牧，草地牧草就能发挥其最大生产潜力，草地生产力大幅度提高，其结果是冬季缺草问题得到缓解甚至彻底解决。在条件相对较好的草地上，通过返青期休牧，再加上施肥等措施，天然草地即可进行打草，储备的青干草用于来年返青期休牧时牛羊圈养的饲草，整个高寒草地生态系统将会进入良性循环状态。返青期休牧是减轻天然草地放牧压力的有效手段。

种子雨是土壤种子库的直接来源，因此，放牧能够通过改变草地群落的物种丰富度和多度来改变群落内不同物种的种子产出，进而影响土壤种子库的物种组成（Mayor et al.，2003；Kinucan et al.，1992；Kinloch et al.，2005）。在秋季，牧草种子正值成熟阶段，已成熟的草种子乳汁含量丰富，往往被家畜喜欢觅食，也是家畜抓"油膘"的时期，过度放牧后那些已成熟的牧草种子易被采食，采食后将减缓种子的有性繁殖能力，终久对牧草生产更新受到影响。高寒草地区域气候严寒，其植物虽然是适应长期环境的产物，但其种子萌发率较低，高度对成熟种子的采集可使繁殖率降低更为严重。同时，该期为从秋到冬的季节转换时期，家畜的反复践踏，土壤表面板结，减缓通气性，这种通气性可一直维持在整个冬半年，进而影响土壤的正常"呼吸"，使土壤养分下降，并可能贮存较多的有害物质，对草地正常生长不利。为此，在种子成熟期的 9 月中旬—10 月中旬，建议休牧，保证种子完全成熟，并保存较多的数量。进入 10 月以后，随降水减少，土壤表层冻结，气候干燥，成熟的种子稍受外加干扰（如放牧家畜践踏、冲撞，强劲吹风）等影响，种子易掉落地表，有较多的种子数量，不仅提高种子繁殖概率，也经放牧家畜的践踏可以埋深到土壤中，待来年着床生根发芽，提高种子的有性繁殖率。

（3）保护植物多样性，提升土壤有机碳

植物多样性、初级生产力和生态系统碳循环之间存在明显的联系。已有研究表明（Judith et al.，2019），物种丰富的植物群落表现出更高的生产力，物种丰富的植物群落可以通过增加植物有机质的输入来促进土壤微生物群落的生长，从而引发微生物量的增加，也可使微生物生物量周转率增加，促进了微生物残体的形成，这些机制共同作用可导致土壤有机质的累积。也正因如此，研究者、相关政府部门经常提到保护原生植被，因为原生植被具有较高的植物多样性。也就是说，较高的植物多样性只有在健康的草地生态系统中才能有所展现。

（4）调整放牧家畜畜种结构，以草定畜，畜草平衡，优化畜种比例

畜种不同对草地利用和利用中的损伤程度不同，进而也影响植被和土壤的固碳能力。一般情况是放牧的牦牛，在啃食牧草是用舌头"卷""起地表植物，在发生"卷食"过程中，往往是将植被齐地面而食用，甚至在土质松软的地方"卷食"过程中出现连根拔起的现象，对草地植被有所损伤和破坏，进一步趋于草地退化。而绵羊的觅食过程有所不同，绵羊在觅食地表植被时往往用牙齿"啃食"，在"啃食"过程中一来啃食是用牙齿觅食时像剪刀一样齐地面啃食，直接"剪断"植物，二来"啃食"中在地表留有一定的"茬"，保持地表总是存在一定高度的立枯物而对植被生长损伤减轻。也就是说，同样一个羊单位状况下，牦牛对植被生长发育的损伤影响大于绵羊。牦牛觅食大大增强了

对立枯和枯落物的采食量，将减少对土壤碳的固持能力，而绵羊觅食的草地更易残留较多的立枯或枯落物，对土壤有机碳的补给能力有利。所以，在放牧草地进行畜种结构的调整，优化畜种比例也是一种不错的选择。既可保证家畜的正常生产，也可保持草地固碳能力的平稳性和提升能力。

王德利等（2019）、Wang 等（2019）的研究结果发现，多元多样性与生态系统多功能性之间的联系始终强于单一多样性组成部分和功能之间的联系，畜牧业的多样化可以促进多元化和生态系统的多功能性，多样化的牲畜可以促进草地生物多样性和生态系统的多功能性，并且还提供了多维多样性在管理生态系统中维持生态系统多功能性的重要性。通过牲畜多样化进行的草地放牧管理增加了自然对人类的益处，部分原因是维持了各种各样的草原物种。王启基等（1991）在研究高寒草甸草地畜牧业时认为，在高寒草甸地区藏系绵羊与牦牛的比例保持 3∶1，同时提出了适宜的母畜比例和载畜量，一方面可加快畜群周转率，减轻草地放牧压力，起到保护草地生态环境和草地资源的作用。另一方面，可使畜群年轻化，增强再生能力，使经济、生态和社会效益明显提高。

（5）开展生态移民，减缓人类活动影响

青海高寒草地草场退化的直接动因是人口的过快增长。解决畜牧业的根本出路在于减轻人畜对草场的压力，增加畜均草场占有量，实现草畜平衡。人既是物质财富的创造者，又是环境的直接破坏者。过去的几十年，为了满足新增人口的生活需求，必然会增加牲畜数量，加速草场退化，陷入恶性循环。那么，要减轻草场牲畜超载过牧的压力，必须抓住并解决好人畜增长超出自然生态承载力这一主要矛盾，把一部分人从草场上迁出来，先减轻人对草场的压力，减人才能减畜。在减人减畜、草畜平衡的基础上，走适度聚居、适度舍饲、适度围栏的天然草地畜牧业之路，也就是要走一条减人—减畜—保护生态—人与自然和谐的畜牧业发展之路，辅之于牲畜提纯复壮、草原灭鼠、人工补播等先进畜牧业技术，恢复草场植被，实现草场的永续利用。同时，改善住房、公路、聚居点学校等基础设施条件，推广太阳能等环保技术，改善牧民生产生活条件，为加快牧区脱贫致富奔小康创造良好环境。具体操作时对具有重要生态功能和自然条件严酷、短期内草地生态难于恢复的区域实行生态移民，长期禁牧和草地生态系统管护等措施，恢复天然草原重要的生态功能；对草原退化严重区域，在温度和完善现有草场家庭承包责任制的基础上，通过大幅度减畜，围栏封育，使草原充分休养生息，力争禁牧 5 年以上使天然草原基本恢复，实现草地资源的永续利用和国民经济的可持续发展，提高草地固碳能力。

（6）积极探索和建立适应牧草生产、符合市场经济运行规律的各类社会化服务组织

一方面为牧民种植牧草提供技术、信息、流通等服务，另一方面作为农牧民与企业的桥梁，协调农牧民和企业的经济关系。要积极鼓励有志的专业科技工作者带头兴办草业经济实体，起带头示范作用。鼓励和支持农牧民利用当地资源优势，积极开发名、特、优草业产品、中藏药材及其他草业产品，增加收益。

草地资源是一个动态的生态系统，草地生态监测及预警体系建设就是要努力适应日新月异的现代科技发展形势，充分吸收当前最先进的草业科学技术及信息技术，积极推进草业建设及生态监测的信息化，为提高草地资源利用、管理、保护决策的科学性，制定草地生态建设规划，以及草业生产，草地资源与生态环境动态监测提供及时、准确可靠多的信息和数据。

（7）倡导施肥，坚持依水分类型调整放牧模式

草地施肥是恢复和提高土壤肥力、改善草地植物组成、提高牧草产量和质量、促进退化草地恢复的重要措施，有撒播、条施、溶水灌喷、飞机施肥等。目前的自然放牧草地，长期放牧处于自然放牧状况，很少进行人为施肥等管理措施，长期的超载过牧，营养物质大量消耗，入不敷出，使土壤缺乏氮、磷营养成分十分明显，严重制约退化草地的自我恢复能力。因此，施肥是十分必要而有效的措施。同时，应重视豆科牧草的选育和引进，增加菌肥（根瘤菌）的来源，开辟生物肥源途径。

施肥对农田土壤碳、氮含量与可矿化量以及微生物活性都具有重要影响。长期施用有机肥能显著提高土壤活性有机碳的含量，有机肥配施无机肥，可提高作物产量，而使用化学肥料能增加土壤有机碳的稳定性（王绍强等，2002）。因此，我们完全可以通过改善施肥条件来达到减排的目的。但施肥对农田碳增汇的影响需要建立在大量长期的定位实验上，应该对不同地域和作物采用各自不同的实验方法，才能达到不同的施肥固碳效应。

从农业管理碳汇成本来看，像水管理制度的改变和增加秸秆还田比例，只是改变传统的习惯和模式，本身并不要什么投入，因此，减排成本很低，关键是如何通过政策引导农民来自觉完成。有人对连续淹灌和晒田这两种不同的水管理制度进行了模拟，结果表明从1980—2000年，在其他条件不变的情况下，仅由于水管理制度的改变，中国水稻田的CH_4年排放量已经减少了大约5×10^6 t（李长生等，2003）。一般土壤含水量在持水量的15%～40%时具有最强的氧化能力。长期淹水的土壤CO_2排放速率逐渐上升，而好气土壤CO_2的排放速率随时间延长而逐渐下降（王绍强等，2002；蔡祖聪，1999）。表明了人为改变土壤的水分类型可以改变土壤排放的温室气体的总量、组成及其产生的潜在温室效应。

当然，生态系统进行碳增汇/减排还有其他诸多方式，如培育具有对有抗性的品种，确保在新的生态环境中牧草产量不断提高，扩大碳的吸收贮存。另外，也可以采取措施改变地表径流、改良土壤，扩大人工草地等，来间接增加草地的碳汇功能。总之，草地生态系统碳循环具有双重作用，它既是碳"汇"又是碳"源"，关键是我们应当采取何种措施使草地生产由碳"源"变为碳"汇"（刘慧等，2002），在探索碳增汇技术的同时，也应该兼顾由此产生的影响，使其发挥更大的社会、经济和生态效益。

5. 建立草地类自然保护区，确定分片生态功能保护管理区

青海天然草地是青藏高原自然生态系统的组成部分，同时也是高寒地区珍稀野生动物的栖息地，并形成了高寒生物多样性的基因库，具有重要的保护价值。但是近几十年来，随着人口和牲畜数量的增加，天然草地普遍超载过牧，草地退化十分严重，如高寒沼泽化草甸亚类草地由于全球暖干化而日趋干旱化，逐步向高寒草甸演替；部分温性荒漠和高寒荒漠类草地由于过牧而沙化，或演替为裸地（沙漠）。随着草地退化及生态环境的变化，草地植物群落的植物组成、草地类型的外貌特征等均发生了明显的改变，草地产草量下降，有些植物区域矮化，甚至消失等，其结果是植被层和土壤层碳储量明显下降。建立草地类自然保护区，确定分片生态功能保护管理区，提高草地的生产能力是提升草地生态系统的固碳能力最为有效的办法之一。因此，全面推广以草定畜、草畜平衡和轮牧、休牧、禁牧的放牧制度，强化对天然草地的保护力度等都具有特殊意义。

首先，要全面落实生态立省战略，抓住历史机遇，遏制生态恶化，有效保护草地生物多样性。充分利用全省退牧还草、退耕还林还草、"黑土滩"综合治理、鼠虫害防治、人工种草、减畜、生态移民等项目的实施和农业区种植业结构调整的大好机遇，基本遏制草地生态系统逐年恶化的趋势，使草地生物多样性得到有效保护。同时要科学管理、合理利用草地，维持草地生态系统的良性循环。通过以草定畜、划区轮牧，合理利用草地资源，提高草食家畜出栏率和商品率，加快牲畜周转，将家畜数量控制在草地承载能力以内，使草地生态系统向良性循环的方向发展。

其次，建立草地类自然保护区。青海天然草地按水、热等气候因子可划分为高寒草地类组和温性草地类组2类。其中，高寒草地类组是主体，占青海天然草地面积的85.83%，内含高寒草甸类、高寒草原类、高寒荒漠类和高寒草甸草原4个草地类；温性草地类组内含温性草原类和温性荒漠类等5个草地类。全省9个草地类都有不同的发生发展过程和独特的植被特征，具有极为重要的研究价值。为此，在青海省的青南高原区、环青海湖区和柴达木盆地选择具有代表性的草地，如高寒草甸类、高寒草原类、高寒荒漠类和温性荒漠类、温性草原类建立草地类自然保护区是十分必要的。草地类保护区

的建立，可以减少人类活动对草地的干扰，"还原"天然草地的自然属性，为草地类的"本底"研究和草地生产、草地的合理利用等提供科研场所。

　　青海草业的可持续发展，既包括天然草地的合理利用和草地畜牧业的可持续发展，也包括农业区和半农半牧区饲草料生产和农业区畜牧业的可持续发展。为此，依据青海省不同地区草业发展的内涵和畜牧业经济的发展特点，在发展方向和重点上应有所不同，要因区域治理，加强青海草地增汇减排的分区布局，青海草原总站（青海草原总站，2012）对青海草地提出了分片生态功能保护管理区是很好的。包括了如下 4 个区。

　　1）高寒牧业区。该区域是青海省纯牧业区，是全省面积最大的地区，这里自然条件严酷，自然灾害频繁，经济基础薄弱，基础设施落后，草地退化严重。构建该区的目的是在已有的国家级、省级自然保护区和基本草原划定的基础上，建立草地资源自然保护区，保护天然草地资源，有计划地开展建设名、特、优饲草料产品和中藏药材产品和其他有特色的草业产品。

　　2）青南高原高寒草地生态保护区。该区域包括果洛州、玉树州、黄南州、海南州四个藏族自治州以及海西州格尔木市的唐古拉山镇，土地面积达 $37.30×10^4$ km^2，平均海拔 4 000 m 以上，气候严酷，牧草生长期短，产草量低，经济基础薄弱，草地基础建设缓慢，至今仍处于"靠天养畜"的状态，畜牧业生产很不稳定，生产力水平低。是全省牦牛、藏羊的主要产地。草业发展重点是以三江源自然保护区的草地生态保护为中心，严格实施"以草定畜"，实行减畜禁牧和阶段性禁牧封育；在有条件的地区积极发展饲草饲料基地建设，减轻天然草地压力，促进天然草地的自然恢复。同时，要加大"黑土滩"退化草地的人工植被恢复、草地改良和鼠虫害防治力度，遏制对天然草地的人为破坏。积极推广科学养畜和先进生产技术，逐步实施与生态相适应的草地畜牧业生产经营模式，使之成为青海省草地生态环境保护和建设的重点地区。

　　3）祁连山地生态畜牧业开发区。该区域包括祁连县、海晏县、门源县、刚察县、天峻县和共和县北部等 $6.74×10^4$ km^2 的土地面积，平均海拔 3 000 ～ 4 000 m。该区域应大力加强草地基础设施配套建设和饲草料的生产基地建设、人畜饮水工程建设，实施季节性休牧、划区轮牧制度，大力开展舍饲、半舍饲的畜牧业生产方式，促使草地生态环境向良性循环转化。

　　4）农牧交错带耦合发展区：自然条件是青海省境内相对最好的地区，各种牧草都能在该区生长发育，完成生长周期，尤其是豆科牧草均能开花、结籽，是省内豆科牧草繁育和生产豆科牧草产品最适宜的地区。应在巩固和扩大退牧还草、退耕还林（草）的同时，积极推行种植结构的调整和引草入田战略，以间、套、复种为重点，加大培育优良豆科、燕麦品种，形成以豆科牧草、燕麦草产品，豆科牧草、燕麦种子生产等优质青饲料的套种与复种面积，抓好牧草种子基地建设，提高青饲料青贮、氨化比例，充分利用川水地区具有水浇地和水热资源的优势发展草业，形成千家万户经营草产品的产业模式，为牧区饲草料基地和牧户圈窝子种草提供优良牧草籽种，同进行家畜的繁育与育肥。发挥农业种植，农牧结合，与纯牧区牧业生产协调互补的优势，使之成为高寒牧区产业化草业生产、经营基地的理想场所。

　　6. 探讨碳税征收试点与管理，引起人们对减排的关注

　　采取碳税管理措施，将会引起人们对增汇减排的重视（王礼茂，2004）。目前有 5 个国家实行了碳税（或能源税），主要是北欧的瑞典、挪威、丹麦、芬兰和荷兰。挪威国家温室气体排放委员会给挪威环境保护部门的报告认为，2010 年挪威现有的碳税制度仅能使 CO_2 的排放量从比 1990 年增长 24% 降低为增长 23%（刘江，2001）。表现出发达国家 CO_2 的减排作用不大，主要原因是碳税税率太低，碳减排成本高，故减排效果不明显。而税率过高，对经济和社会的冲击又太大，实施起来难度较大。

　　西方发达国家利用能源环境税收政策，在提高能源利用效率，减少大气污染和温室气体排放方面

取得了一些效果。但碳税是通过税收使环境污染的外部不经济性内部化，这一目标需要在市场经济的背景下才有可能实现。对中国来说，目前的市场经济体制还不是很完善，碳税的实行有一定的难度，实施的效果也很难保证。但也有人做过研究，魏涛远等（2002）通过设定每吨碳征收 5 美元和 10 美元 2 种碳税税率，对中国经济和碳减排短期和长期的影响进行了模拟，得出的结论如表 8-10（魏涛远等，2002）。由表 8-10 可看到，在短期内中国实施碳税制度下对碳排放的影响还是较大的。

表 8-10 不同碳税率下碳税对经济和碳排放的影响

碳税税率	对 GDP 的影响（%）		对碳排放的影响（%）	
	短期影响	长期影响	短期影响	长期影响
5 美元 /t 碳	下降 0.4	下降 0.1	下降 8	下降 2
10 美元 /t 碳	下降 0.85	下降 0.07	下降 14	下降 4

如果进一步提高碳税的税率，假定税率从 30 美 /tC，50 美元 /tC，100 美元 /tC，150 美元 /tC，提高到 200 美元 /tC，GDP 的损失占基准方案下当年的 GDP 的百分比一般都在 2% 以下（高鹏飞等，2002）。不同税率对经济影响的水平不同，减排效果也存在差异。但并不是税率定的越高，碳减排的效果就越好。如果用减排率与 GDP 的损失率来表示减排的效果的话，50 美元 tC 的减排效果最好。

对于广大的发展中国家而言，某些低成本的减排途径效果较好。根据 Begg 等（2001）对 4 个发展中国家（尼泊尔、津巴布韦、肯尼亚和斯里兰卡）所做的小型能源项目对 CO_2 减排的影响来看，在比较不同项目的减排效果来看，家庭沼气池和改进家用灶具的人均减排效果较好，分别为 310～530 kgC/a 和 100～1 000 kgC/a。相比较而言，小水电和家用太阳能系统的减排效果不如前 2 个项目，分别是 19～130 kgC a 和 12～57 kgC/a。这说明在发展中国家相对简单的减排技术措施相对于较高技术的减排措施具有一定的优势（王礼茂，2004）。

碳税征收是对 CO_2 减排的一种尝试，长远来讲，其效果还是显著。关键是碳税征收将改变人们传统的观念，将增加并提高人们对碳增汇减排的意识。

7. 关于青海高寒湿地特殊情况的碳增汇减排的再提示

湿地不仅在调节气候、调节水资源发挥着重要的功能，为此，被称为"地球之肾"。湿地类型多样，包含了沼泽地、泥炭地、湖泊、河流、海滩和盐沼等，它们在抵御极端天气，缓冲、减少洪涝灾害，缓解干旱，以及吸收、贮存等方面发挥着重要作用。其中，湿地中的沼泽地特别是泥炭地贮存了大量的碳，在有效缓解温室效应、应对气候变化方面发挥着不可替代的作用。表现出有卓越的碳汇能力，是重要的"储碳库"和"吸碳器"，是气候变化的"缓冲器"。湿地植被群落结构、物种的丰富度、多样性、遗传特征，以及通过物质循环宜于再生的特性，使其除了能适应正常的气候变化外，还能适应异常的大幅度气候变化。

湿地又是大量碳贮存的处所，特别是那些泥炭湿地其泥炭层从几米到几十米的厚度，土壤有机质含量极高（如地处海北高寒草甸地区的风峡口的"乱海子"湿地，是一典型的泥炭湿地，泥炭层厚度厚，土壤有机质含量很高（李英年等，2003；2007；张法伟等，2008；2009）。这些高有机碳、泥炭层是长期环境设置上千年上万年累积的产物，而且因长期处于低温状况，表面有较长时期的积水存在，使这些被"埋藏"的"碳"处在高而稳定的状况。但当气候温暖加剧，积水减少，管理措施不得当时将导致天然湿地的土壤碳可能得到大量的释放，形成明显的碳源地。

湿地是如何实现碳汇的？湿地植物通过光合作用吸收大气中的 CO_2，随着根、茎、叶和果实的枯落，堆积在微生物活动相对较弱的湿地中，形成了动植物残存体和水所组成泥炭。由于泥炭水分过于饱和的厌氧特性，导致植物残体分解释放 CO_2 的过程十分缓慢，从而有效固定了植物残存体中的大部分碳。经过千万年的层层积累，最终形成厚度超过 30 cm，甚至达 10 m 以上的泥炭地。科学研究表明，距今两万年前，第四纪冰川消退，森林慢慢生长之后，泥炭开始形成。目前，全球泥炭地占地球陆地面积 3%，贮存了陆地上 1/3 的碳，是全球森林碳储总量的 2 倍。显而易见，以泥炭地为主的湿地是最高效的碳汇，在调节区域环境、缓解全球气候变化方面发挥着关键作用。

湿地虽然具有强大的储碳功能，但目前关于湿地功能仍然被严重低估。我们要清楚地认识到，湿地一旦遭到破坏，被安全封锁在土壤中的碳将被释放到大气中，湿地由碳汇转变成碳排放源，将加剧全球变暖进程。据测算，全球泥炭地被排干或烧毁所释放的碳，是每年燃烧化石燃料所释放碳量的 1/10，占全球人为活动碳排放总量的 6%。而湿地退化所释放的甲烷占全球甲烷排放量近 1/4。因此，对天然湿地应加强科学经营管理，维持湿地生态系统的生物多样性，提高湿地的稳定性，减缓因人为管理不当而限制了湿地自然演替进程或使环境变化加剧。停止对自然资源和人工资源的滥用和破坏，采用持续的土地利用方式，加强对天然湿地的管理是非常重要的。这里针对青海高寒草地特殊的湿地状况，除做上述增汇减排的措施外，再做以下详细的介绍。

1）减缓放牧强度，推广"轻度"放牧理论，实施"吃半留半"，甚至禁牧的原则，杜绝超载过牧、掠夺经营，只有这样减源增汇就有了最大的保证。

2）完善和扩大湿地自然保护区的数量和面积，特别是要在目前保护区面积较小的地区以及自然地理区的过渡区和未来气候变化引起植被迁移的过渡区域内增加保护区。对现有的自然保护区在重点保护核心区的同时，扩大缓冲区和人为活动区的保护范围，使每个保护区都尽可能地包括该地区的各种湿地植被类型和生境，对已受损和退化的湿地，应以多种有效的措施恢复和重建，应适当加以保护使其自然恢复，促进其健康发展。保证未来气候变化环境下保护物种与植被迁移的栖息地。

3）开展自然保护遗传资源调查和区域引种实验，由于许多物种，尤其是植物有较大的地理分布范围和生态适应性，需要对这些植物种进行基因测定，了解其遗传资源的组成结构，并进行遗传分类、筛选出能适应气候变化条件和生态适应性强的遗传基因型，进行合理保护和培育，扩大种群数量，进行跨气候区的引种实验，这种引种并非是一种常规的引种试验、而是将其种引入自然环境中，即让其在天然植被生长的环境中生长，以此能使引入种加入当地植被的自然演替进程之中参与竞争。这样不仅仅能测试物种对气候的适应状况和能力，而且能了解引入种参与植物群落的生态过程，提高群体的稳定性和再生植被动态发展过程中的成功概率。

4）贮存式管理主要指增加植被（包括地上和地下活的生物量）、土壤（包括枯枝落叶层、矿质土壤和某些重要的泥炭土）以及耐久木质产品中贮存的碳量。增大植被和土壤碳库的方法主要包括保护湿地，使它们通过天然或人工更新和土壤增肥吸收碳。有条件地区在湿地及其周边增加种草种树力度，发展林草综合经营系统等。

5）增大土壤碳固存及其影响的因子研究。如上所述，在陆地生态系统中，除了植被碳库之外，土壤也是一个巨大的碳库，且土壤中的碳储量比植被大，全球平均地表以下 1 m 深的土壤碳库的储碳总量约为植被碳库总量的 4 倍。研究表明，土壤碳固存，特别其表层，也受人类活动的影响。除了采取各种措施增大湿地碳固存以外，亦可通过土地利用变化增大土壤碳的固存和蓄积。

6）在开展湿地保护过程中，探寻出一套"湿地＋"模式，这个"＋"可以多式多样，如水体改良、土壤改良、水量注入、生态修复等。只有这样，不仅有效地改善湿地周边生态环境质量，而且将明显减缓碳排放，增加碳的埋藏能力。

三、可持续发展草地草业是固碳能力提升的保证

草地作为"地球的衣被"，具有防风固沙、涵养水源、保持水土、净化空气，以及维护生物多样性等主要生态功能（杜青林，2006）。草是第一性生产，是最基本的固碳量，要提升青海草地碳汇能力，可持续发展青海草业是十分必要的。也就是说改善草地生态状况，大力提高草地第一性生产（总初级生产和净初级生产），实现可持续发展，是目前最为关注的重大问题。

青藏高原独特的自然地理环境条件孕育了世界上独一无二的大面积高寒草甸类、高寒荒漠类和高寒草原类等草地生态系统，形成特有的高寒类草地生态景观。青海草地是青藏高原重要的陆地生态系统，具有重要的生态功能、生产功能和休闲旅游等多功能性。青海也是长江、黄河、澜沧江的发源地，被誉为"中华水塔"，是我国国土安全、生态安全的重要屏障。约占全国草地总面积1/10的青海草地面积，是青海经济社会可持续发展的重要基础，也有提高固碳能力的巨大空间和力。境内草地生态环境的优劣不仅影响全省近600多万人的生存环境和经济社会的发展，而且也直接影响我国广大地区乃至东南亚地区的气候环境，同时也是我国碳汇增加的重要造成部分。因此，重视青海草地生态环境建设和青海草业的发展，对维护长江、黄河中下游地区生态安全以及湄公河流域生态安全，减少地表冲刷和江河泥沙淤积、降低水灾隐患等具有不可替代的作用。同时也在现有基础上增加了碳汇能力，维护我国的国际形象和国际声誉意义重大。

草地资源是草业生产的重要组成部分，它不仅是国民经济持续发展的物质基础，而且对维护生态平衡、保护人类生存环境，具有其他资源不可替代的重要地位和作用。保护草地资源就是保护自然，保护我们的生存环境和保护我国的生态安全。是草业可持续发展的首要任务。是维护国家生态安全、促进国民经济发展、构建和谐社会的需要，也是强化碳的增汇减排措施的需要。只有强化草地可持续发展这个"硬道理"，才能利于青海草地固碳能力、数量的提升，才能在CO_2增汇减排发挥重要作用。

近几十年来，青海省经济、社会和生态建设实现了跨越式发展，通过开展天然草地植被恢复建设工程、退耕还林（草）、退牧还草、草地围栏建设、草地鼠虫害防治、天然草地改良和"黑土滩"治理，以及《青海三江源自然保护区生态保护和建设总体规划》《青海三江源生态保护和建设二期工程规划》等的实施，使全社会生态保护意识不断增强，为青海草地草业的迅速发展提供了有力保证。同时，为进一步推进草业可持续发展，提升固碳能力提供了前所未有的良好机遇。

参考文献

艾尼瓦尔，2019.哈密市植被变化及其对气候变化的响应［J］.科学技术与工程，19（5）：64-71.

安渊，徐柱，阎志坚，等，1999.不同退化梯度草地植物和土壤的差异［J］.中国草地学报，21（4）：31-36.

奥银焕，吕世华，李锁锁，等，2008.黄河上游夏季晴天地表辐射和能量平衡及小气候特征［J］.冰川冻土，30（3）：426-432.

白洁，刘绍民，丁晓萍，2010.海河流域不同下垫面上大孔径闪烁仪观测感热通量的时空特征分析［J］.地球科学进展，25（11）：1187-1198.

白炜，2010.长江源区高寒草地生态系统变化及其碳排放对气候变化的响应［D］.兰州：兰州大学.

白永飞，陈世苹，2018.中国草地生态系统固碳现状、速率和潜力研究［J］.植物生态学报.42（3）：261-264.

鲍新奎，曹广民，高以信，1993.草毡表层的形成环境和发生机理［J］.土壤学报，32（增刊）：45-52.

蔡锡安，任海，彭少麟，等，1997.鹤山南亚热带草坡生态系统的热量平衡［J］.热带亚热带植物学报.5（1）：27-32.

蔡祖聪，1999.水分类型对土壤排放温室气体组成和综合温室效应的影响［J］.土壤学报.36（4）：484-490.

曹广民，李英年，张金霞，等，2001b.环境因子对暗沃寒冻雏形土土壤CO_2释放速率的影响［J］.草地学报.19（4）：307-313.

曹广民，龙瑞军，张法伟，等，2010.青藏高原高寒矮嵩草草甸碳增汇潜力估测方法［J］.生态学报，30（23）：6591-6597.

曹广民，龙瑞军，2009.三江源区"黑土滩"型退化草地自然恢复的瓶颈及解决途径［J］.草地学报，17（1）：4-9.

曹广民，张金霞，李英年，等，2001a.高寒草甸不同土地利用格局土壤CO_2的释放量［J］.环境科学，22（6）：14-19.

曹广民，张金霞，赵新全，等，2002.草毡寒冻雏形土土壤CO_2释放量估测方初探［J］.土壤学报，39（2）：261-266.

曹文炳，万力，曾亦键，等，2006.气候变暖对黄河源区生态环境的影响［J］.地学前缘，13（1）：40-47.

曹旭娟，2017.青藏高原草地退化及其对气候变化的响应［D］.北京，中国农业科学院.

曾永年，马正龙，冯兆东，2009.高寒草地沙漠化土地固碳潜力分析：以黄河源区为例［J］.山地学报，27（6）：671-675.

曾钰婵，范广洲，赖欣，等，2016.青藏高原季风活动与大气热源/汇的关系［J］.高原气象，35（5）：1148-1156.

柴军，张陆彪，毛炜峰，2009.基于PP回归技术的草地退化驱动因子的影响力研究—以新疆阿勒泰牧区为例［J］.农业技术经济 2：96-100.

陈国明，2005.三江源地区"黑土滩"退化草地现状及治理对策［J］.四川草原（10）：37-39，44.

陈海山，孙照渤，2005.青藏高原单点地气交换过程的模拟试验［J］.高原气象（1）：9-15.

陈金雷，文军，王欣，等，2017.黄河源高寒湿地—大气间暖季水热交换特征及关键影响参数研究［J］.大气科学，41（2）：302-312.

陈亮，陈克龙，刘宝康，等，2011.近50a青海湖流域气候变化特征分析［J］.干旱气象，29（4）：483-487.

陈明荣，1985.青藏高原夏季地面有效辐射随高度的变化［J］.地理研究，4（4）：39-46.

陈泮勤，王效科，王礼茂，2008.中国陆地生态系统碳收支与增汇对策［M］.北京：科学出版社.

陈泮勤，2004.地球系统科学合作伙伴及对我国在该领域发展的建议［J］.中国科学院院刊，19（6）：425-428.

陈倩倩，顾宇，唐志永，等，2019.以二氧化碳规模化利用技术为核心的碳减排方案［J］.中国科学院院刊 34，（4）：478-486.

陈秋红，2009. 草地生态系统动态演化机制研究综述 [J]. 草业与畜牧（6）：6-13.

陈全胜，李凌浩，韩兴国，等，2004. 典型温带草原群落土壤呼吸温度敏感性与土壤水分的关系 [J]. 生态学报，24（4）：831-836.

陈四清，崔骁勇，周广胜，等，1999. 内蒙古锡林河流域大针毛草原土壤呼吸和凋落物分解的 CO_2 排放速率研究 [J]. 植物学报 41（6）：645-650.

陈万隆，翁笃鸣，1984. 关于青藏高原感热和潜热旬总量计算方法的初步研究 [M]. 青藏高原气象科学实验文集（二）[M]. 北京：科学出版社.

陈向红，1999. 地面反射率与若干气象因子关系的初步分析 [J]. 成都气象学院学报（3）：22-27.

陈孝全，苟新京，马世震，2002. 三江源自然保护区生态环境 [M]. 西宁：青海人民出版社.

陈效述，郑婷，2008. 内蒙古典型草原地上生物量的空间格局及其气候成因分析 [J]. 地理科学（3）：369-374.

陈佐忠，汪诗平，2000. 中国典型草原生态系统 [M]. 北京：科学出版社：307-315.

程积民，邹厚远，Akio H，1998. 封育刈割放牧对草地植被的影响 [J]. 水土保持研究，5（1）：36-54.

程积民，邹厚远，1995. 黄土高原草地合理利用与草地植被演替过程的试验研究 [J]. 草业学报，4（4）：17-22.

程雷星，陈克龙，汪诗平，等，2013. 青海湖流域小泊湖湿地植物多样性 [J]. 湿地科学，11（4）：460-465.

慈海鑫，张中学，雷晓水，2007. 青藏高原特有害鼠黑唇鼠兔的危害及防治对策 [J]. 中国媒介生物学及控制杂志，18（2）：167-169.

崔骁勇，陈四清，陈佐忠，2000. 大针茅典型草原土壤 CO_2 排放规律的研究 [J]. 应用生态学报（3）：390-394.

崔玉亭，卢进登，韩纯儒，1997. 集约高产农田生态系统有机物分解及土壤呼吸动态研究 [J]. 应用生态学报，8（1）：59-64.

戴尔阜，黄宇，吴卓，等，2016. 内蒙古草地生态系统碳源/汇时空格局及其与气候因子的关系（英文）[J]. Journal of Geographical Sciences，26（3）：297-312.

戴加洗，1990. 青藏高原气候学 [M]. 北京：气象出版社.98-124.

戴君虎，崔海亭，1999. 国内外高山林线研究综述 [J]. 地理科学，19（3）：243-249.

丁明军，张镱锂，刘林山，等，2011. 青藏高原植物返青期变化及其对气候变化的响应 [J]. 气候变化研究进展，7（5）：317-323.

丁一汇，2008. 人类活动与全球气候变化及其对水资源的影响 [J]. 中国水利（2）：20-27.

丁忠兵，2006. 论三江源地区的生态地位与可持续发展 [J]. 青海社会科学（2）：45-50.

董成仁，郗敏，李悦，等，2015. 湿地生态系统 CO_2 源/汇研究综述 [J]. 地理与地理信息科学，31（2）：109-114.

董云社，张申，齐玉春，等，2000. 内蒙古典型草地 CO_2、N_2O、CH_4 通量的同时观测及其日变化 [J]. 科学通报，45（3）：318-322.

杜青林，2006. 草业的可持续发展战略 [J]. 中国牧业通讯（7）：16-18.

杜睿，王庚辰，刘广，等，1998. 内蒙古羊草草原温室气体交换通量的日变化特征研究 [J]. 草地学报（4）：258-264.

段晓男，王效科，逯非，等，2008. 中国湿地生态系统固碳现状和潜力 [J]. 生态学报，28（2）：463-469.

段争虎，2008. 土壤水研究在流域生态 - 水文过程中的作用、现状与方向 [J]. 地球科学进展 23，（7）：682-684.

方精云，陈安平，方精云，等，2001. 中国森林植被碳库的动态变化及其意义 [J]. 植物学报 43，（9）：967-973.

方精云，郭兆迪，朴世龙，等，2007. 1981—2000 年中国陆地植被碳汇的估算 [J]. 中国科学（D 辑）：地球科学，37（6）：804-812.

方精云，柯金虎，唐志尧，等，2001. 生物生产力的"4P"概念、估算及其相互关系 [J]. 植物生态学报，25（4）：414-419.

方精云，朴世龙，赵淑清，2001. CO_2 失汇与北半球中高纬度陆地生态系统的碳汇 [J]. 植物生态学报，25（5）：594-602.

方精云，2000. 全球生态学 - 气候变化与生态响应 [M]. 北京：高等教育出版社.

方精云，2000. 中国森林生产力及其对全球气候变化的响应 [J]. 植物生态学报，24（5）：513-517.

冯超，古松，赵亮，等，2010. 青藏高原三江源区退化草地生态系统的地表反照率特征 [J]. 高原气象，29（1）：70-77.

冯定原，1988.农业气象预报和情报方法［M］.北京：气象出版社.

冯健武，刘辉志，王雷，等，2012.半干旱区不同下垫面地表粗糙度和湍流通量整体输送系数变化特征［J］.中国科学（地球科学），42（1）：24-33.

冯瑞章，周万海，龙瑞军，等，2010.江河源区不同退化程度高寒草地土壤物理、化学及生物学特征研究［J］.土壤通报，41（2）：263-269.

冯松，汤懋苍，王冬梅，1998.青藏高原是我国气候变化启动区的新证据［J］.科学通报，43（6）：633-636.

付刚等，2010.不同海拔高寒放牧草甸的生态系统呼吸与环境因子的关系［J］.生态环境学报，19（12）：2789-2794.

付建新，曹广超，李玲琴，等，2018.1960—2014年祁连山日照时数时空变化特征［J］.山地学报，36（5）：709-721.

高国栋，陆渝蓉，1978.我国辐射平衡各分量计算方法及时空分布的研究（2）：太阳辐射各分量［J］.南京大学学报（自然科学版）（2）：83-99.

高浩，潘学标，符瑜，2009.气候变化对内蒙古中部草原气候生产潜力的影响［J］.中国农业气象，30（3）：277-282.

高丽，董婷婷，王育青，等.，2014.不同降雨量年份鄂尔多斯高原油蒿灌丛生态系统碳交换特征［J］.应用生态学报，25（8）：2167-2175.

高鹏飞，陈文颖，2002.碳税与碳排放［J］.清华大学学报（自然科学版），42（10）：1335-1338.

高荣，钟海玲，董文杰，等，2011.青藏高原积雪、冻土对中国夏季降水影响研究［J］.冰川冻土，33（2）：254-260.

高娃，王世新，李纯刚，等，2006.锡林郭勒盟天然草原春季休牧效果监测分析［J］.内蒙古草业，18（3）：42-50.

高永恒，陈槐，罗鹏，等，2008.放牧强度对川西北高寒草甸植物生物量及其分配的影响［J］.生态与农村环境学报，24（3）：26-32.

高云，罗勇，张军岩，2010.从哥本哈根气候变化大会看气候变化谈判的焦点问题及IPCC第五次评估报告的可能作用［J］.气候变化研究进展，6（2）：83-88.

高志强，刘纪远，曹明奎，等，2004.土地利用和气候变化对农牧过渡区生态系统生产力和碳循环的影响［J］.中国科学D辑.地球科学，34（10）：946-957.

戈峰，李典谟，王德华，等，2008.现代生态学［M］.北京：科学出版社.

葛骏，余晔，解晋，等，2017.青藏高原两类下垫面地表能量分配对气候要素的响应研究［J］.大气科学，41（5）：918-932.

耿元波，董云社，孟维齐，2000.陆地碳循环研究进展［J］.地理科学进展，19（4）：297-306.

耿远波，章申，董云社，等，2001.草原土壤的碳氮含量及其与温室气体通量的相关性［J］.地理学报，56（1）：44-53.

巩远发，段廷扬，陈隆勋，等，2005.1997/1998年青藏高原西部地区辐射平衡各分量变化特征［J］.气象学报，63（2）：225-235.

关德新，吴家兵，王志安，等，2004.长白山阔叶红松林生长季热量平衡变化特征［J］.应用生态学报，15（10）：1828-1832.

关世英，常金宝，贾树海，等，1997.草原暗栗钙土退化过程中的土壤性状及其变化规律的研究［J］.中国草地（3）：39-43.

官惠玲，樊江文，李愈哲，2019.不同人工草地对青藏高原温性草原群落生物量组成及物种多样性的影响［J］.草业学报，28（9）：192-201.

郭继凯，2016.塔里木河流域植被覆盖对气候变化和人类活动的响应［D］.北京：北京林业大学.

郭李萍，林而达，1999.减缓全球变暖与温室气体吸收汇研究进展［J］.地球科学进展，14（4）：384-390.

郭连云，赵年武，田辉春，2011.气候变暖对三江源区高寒草地牧草生育期的影响［J］.草业科学，28（4）：618-625.

郭明英，徐丽君，杨桂霞，等，2010.不同刈割间隔对羊草草甸草原割草地土壤呼吸的影响［J］.草原与草坪，30（6）：10-14.

郭然，王效科，逯非，等，2008.中国草地土壤生态系统固碳现状和潜力［J］.生态学报，28（2）：862-867.

郭胜利，路鹏，党廷辉，2003.退耕还草对土壤水分养分演变的影响［J］.西北植物学报，23（8）：1383-1388.

郭小伟，韩道瑞，张法伟，等，2011.青藏高原高寒草原碳增贮潜力的初步研究［J］.草地学报，19（5）：740-745.

郭亚奇，2012.气候变化对青藏高原植被演替和生产力影响的模拟［D］.北京：中国农业科学院.

郭永旺，施大钊，王登，2009.青藏高原的鼠害问题及其控制对策［J］.中国媒介生物学及控制杂志，20（3）：268-270.

国家林业局，2014.第八次全国森林资源清查结果［J］.林业资源管理（1）：1-2.

韩冰，王效科，逯非，等，2008.中国农田土壤生态系统固碳现状和潜力［J］.生态学报，28（2）：612-619.

韩大勇，杨允菲，李建东，2007.1981—2005年松嫩平原羊草草地植被生态对比分析［J］.草业学报，16（3）：9-14.

韩道瑞，曹广民，郭小伟，等，2011.青藏高原高寒草甸生态系统碳增汇潜力［J］.生态学报31（24）：7408-7417.

韩俊，2011.中国草原生态问题调查［M］.上海：上海远东出版社.

韩士杰，董云社，蔡祖聪，等，2008.中国陆地生态系统碳循环的生物地球化学过程［M］.北京：科学出版社.

韩兴国，李凌浩，黄建辉，1999.生物地球化学概论［M］.北京：高等教育出版社.

郝庆菊，王跃思，宋长春，等，2007.三江平原农田生态系统CO_2收支研究［J］.农业环境科学学报（4）：1556-1560.

何洪林，2004.中国陆地太阳辐射要素空间变化研究［D］.北京：中国科学院地理科学与资源研究所博士后报告.

何念鹏，王秋凤，刘颖慧，等，2011.区域尺度陆地生态系统碳增汇途径及其可行性分析［J］.地理科学进展，30（7）：788-794.

贺福全，李奇，陈懂懂，等，2019.三江源农牧交错区一个种植周期的垂穗披碱草人工草地CO_2通量变化特征［J］.生态环境学报，28（5）：918-929.

贺福全，2019.三江源农牧交错区多年生人工草地碳通量变化特征［D］.北京：中国科学院大学.

贺庆棠，2001.中国森林气象学［M］.北京：中国林业出版社.

贺维农，1981.农业常用数据资料［M］.北京：农业出版社.

贺有龙，周华坤，赵新全，等，2008.青藏高原高寒草地的退化及其恢复［J］.草业与畜牧（11）：1-9.

洪卓华，张海珍，2018.1967—2017年青海果洛地区气候变化及其对天然牧草的影响［J］.中国农学通报，34（33）：122-128.

侯扶江，杨中艺，2006.放牧对草地的作用［J］.生态学报，26（1）：244-264.

侯琳，雷瑞德，王德祥，等，2006.森林生态系统土壤呼吸研究进展［J］.土壤通报，37（3）：589-594.

侯小丽，张丽，张炳华，等，2016.青藏高原植被对气候变化响应的研究进展［J］.安徽农业科学，44（17）：230-235，244.

侯学煜，1988.植物地理（下册），中国自然地理［M］.北京：科学出版社.

胡会峰，刘国华，2006.中国天然林保护工程的固碳能力估算［J］.生态学报26（1）：292-296.

胡隐樵，陈晋北，左洪超，2007.湍流强度定理和湍流发展的宏观机制［J］.中国科学D辑：地球科学，37（2）：272-281.

胡自治，1997.草原分类学概论［M］.北京：中国农业出版社.

华娟，赵世伟，张扬，等，2009.云雾山草原区不同植被恢复阶段土壤团聚体活性有机碳分布特征［J］.生态学报，29（9）：4613-4619.

黄秉维，1958.中国综合自然区划的初步草案［J］.地理学报，25（4）：348-365.

黄承才，葛滢，常杰，等，1999.中亚热带东部三种主要木本群落土壤呼吸的研究［J］.生态学报，19（3）：324-328.

黄大明，王祖望，皮南林，等，1991.高寒草甸生态系统［C］//高寒草甸家庭牧场的能量流和价值流的研究.北京：科学出版社381-402.

黄德青，于兰，张耀生，等，2011.祁连山北坡草地生物量及其与气象因子的关系［J］.草业科学，8（8）：1495-1501.

黄荣辉，周德刚，陈文，等，2013.关于中国西北干旱区陆—气相互作用及其对气候影响研究的最近进展［J］.大气科学，37（2）：189-210.

黄祥忠，郝彦宾，王艳芬，等，2006.极端干旱条件下锡林河流域羊草草原净生态系统碳交换特征［J］.植物生态学报，30（6）：894-900.

季国良，江灏，查树芳，1987.青藏高原地区有效辐射的计算及其分布特征［J］.高原气象，6（2）：141-149.

季国良，江灏，吕兰芝，1995.青藏高原的长波辐射特征［J］.高原气象，14（4）：451-458.

季国良，邹基玲，1994.干旱地区绿洲和沙漠辐射收支的季节变化［J］.高原气象，13（3）：323-329.

季国良，1985.1982 年 8 月—1983 年 7 月青藏高原地面的辐射与气候 [J].高原气象，4（4）.

季国良，1997.青藏高原地区辐射能收支的观测研究 [C] // 中国的气候变化与气候影响研究.北京：气象出版社.

季劲钧，黄玫，李克让，2008.21 世纪中国陆地生态系统与大气碳交换的预测研究 [J].中国科学（D 辑：地球科学），38（2）：211-223.

季劲钧，黄玫，2006.青藏高原地表能量通量的估计 [J].地球科学进展，21（12）：1268-1272.

贾丙瑞，周广胜，王风玉，2004.放牧与围栏羊草草原生态系统土壤呼吸作用比较 [J].生态学报，15（9）：1611-1615.

贾东于，文军，马耀明，等，2017.植被对黄河源区水热交换影响的研究 [J].高原气象，36（2）：424-435.

贾顺斌，赵建中，周华坤，2011.1995—2004 年玛沁县气温与降水的变化趋势及相关性分析 [J].安徽农业科学，39（18）：10960-10961.

姜海梅，刘树华，张磊，等，2013.EBEX-2000 湍流热通量订正和地表能量平衡闭合问题研究 [J].北京大学学报（自然科学版），49（3）：443-451.

姜文波，王启兰，杨涛，等，1995.高寒草甸土纤维素分解的季节性动态 [C] // 高寒草甸生态系统（第 4 集）.北京：科学出版社，183-188.

蒋有绪，1996.世界森林生态系统结构与功能研究简述 [C] // 中国森林生态系统结构与功能规律研究.北京：中国林业出版社.

焦燕，赵江红，徐柱，2009.农牧交错带开垦年限对土壤理化特性的影响 [J].生态环境学报，18（5）：1965-1970.

解晋，余晔，刘川，等，2018.青藏高原地表感热通量变化特征及其对气候变化的响应 [J].高原气象，37（1）：28-42.

金峰，杨浩，赵其国，2000.土壤有机碳储量及影响因素研究进展 [J].土壤，32（1）：11-17.

康绍忠，1990.土壤水分动态的随机模拟研究 [J].土壤学报，27（1）：17-24.

康晓甫，伏洋，颜亮东，等，2010.环青海湖北岸草甸化草原植物群落与气候因子的关系 [J].草业科学 27（10）：1-9.

乐炎舟，张金霞，王在模，1988.高寒草甸土壤有机氮矿化之研究 [C] // 中国科学院西北高原生物研究所编，高寒草甸生态系统国际学术讨论会文集.北京：科学出版社.155-168.

乐炎舟，左克成，张金霞，1982.海北高寒草甸生态系统定位站的土壤类型及基本特点 [C] // 高寒草甸生态系统.兰州：甘肃人民出版社.19-33.

雷慧闽，2011.华北平原大型灌区生态水文机理与模型研究 [D].北京：清华大学.

李博，雍世鹏，李瑶，等，1990.中国的草原 [M].北京：科学出版社.

李博，2000.生态学 [M].北京：高等教育出版社.

李博，1997.我国草地资源现况、问题及对策 [J].中国科学院院刊，12（1）：49-51.

李迪强，李建文，2002.三江源生物多样性 [M].北京：中国科学技术出版社.

李东，曹广民，吴琴，等，2005a.海北高寒灌丛草甸生态系统 CO_2 释放速率的季节变化规律 [J].草业科学，22（5）：4-9.

李东，曹广民，胡启武，等，2005b.高寒灌丛草甸生态系统 CO_2 释放的初步研究 [J].草地学报，13（2）：144-148.

李二辉，穆兴民，赵广举，2014.1919—2010 年黄河上中游区径流量变化分析.[J] 水科学进展，25（2）：155-163.

李发吉，孙宝琛，李希来，1993.治理"黑土滩"草地的试验研究 [J].青海草业，2（2）：32-35.

李甫，周秉荣，李凤霞，等，2014.黄河源区草场近地面能量收支研究 [J].自然资源学报，29（5）：810-818.

李国平，段廷扬，巩远发，2000.青藏高原西部地区的总体输送系数和地面通量 [J].科学通报，45（6）：865-869.

李红梅，马玉寿，白彦芳，2010.气候变化对青海高原植被演变的影响分析 [J].冰川冻土，32（2）：414-421.

李红琴，李英年，张法伟，等，2013.基于静态箱式法和生物量评估海北金露梅灌丛草甸碳收支 [J].生态学报，34（4）：925-932.

李红琴，乔小龙，张镱锂，等，2015.封育对黄河源头玛多高寒草原水源涵养的影响 [J].水土保持学报，29（1）：195-201.

李红琴，宋成刚，张法伟，等，2014.青海高寒区域金露梅灌丛草甸灌木和草本植物固碳量的比较 [J].植物资源与环境学报，23（3）：1-7.

李红琴，张法伟，毛绍娟，等，2019. 放牧强度对青海海北高寒矮嵩草草甸碳交换的影响 [J]. 中国草地学报，41（2）：16-21.

李宏宇，2015. 中国大陆地区陆面能量交换及其对大尺度气候变化响应的初步分析 [D]. 南京：南京大学.

李鸿洲，1991. 生物气象学 [J]. 地球科学进展，6（5）：63-64.

李辉霞，刘淑珍，2005. 西藏自治区北部草地退化驱动力系统分析—西藏自治区那曲县实验区 [J]. 水土保持研究，12（6）：215-217.

李嘉竹，2009. 陆地 C_3、C_4 草本植物稳定同位素组成及其对温度变化的响应研究 [D]. 烟台：鲁东大学.

李晶，王明星，陈德章，1997. 水稻田甲烷的减排方法研究 [J]. 中国农业气象，18（6）：9-14.

李婧梅，蔡海，程茜，等，2012. 青海省三江源地区退化草地蒸散特征 [J]. 草业学报，21（3）：223-233.

李克让，2002. 土地利用变化和温室气体净排放与陆地生态系统碳循环 [M]. 北京：气象出版社.

李林，陈晓光，王振宇，等，2010. 青藏高原区域气候变化及其差异性研究 [J]. 气候变化研究进展，6（3）：181-186.

李林，李凤霞，郭安红，等，2006. 近43年来"三江源"地区气候变化趋势及其突变研究 [J]. 自然资源学报，21（1）：79-85.

李凌浩，韩兴国，王其兵，2002. 锡林河流域一个放牧群落中根系呼吸占土壤总呼吸比例的初步估计 [J]. 植物生态学报 26（1）：19-32.

李凌浩，刘先华，陈佐忠，1998. 内蒙古锡林河流域羊草草原生态系统碳素循环研究 [J]. 植物学报，40（10）：955-961.

李凌浩，王其兵，白永飞，等，2000. 锡林河流域羊草草原群落土壤呼吸及其影响因子的研究 [J]. 植物生态学报，24（6）：680-686.

李凌浩，1998. 土地利用方式对草地生态系统土壤碳储量的影响 [J]. 植物生态学报（22）：300-302.

李茂善，杨耀先，马耀明，等，2012. 纳木错（湖）地区湍流数据质量控制和湍流通量变化特征 [J]. 高原气象，31（4）：875-884.

李巧萍，丁一汇，2004. 植被覆盖变化对区域气候影响的研究进展 [J]. 南京气象学院学报，27（1）：131-140.

李青丰，胡春元，王明玖，2001. 浑善达克地区生态环境劣化原因分析及治理对策 [J]. 干旱区资源与环境，15（3）：9-16.

李青丰，赵钢，郑蒙安，等，2005. 春季休牧对草原和家畜生产力的影响 [J]. 草地学报，12（4）：53-66.

李韧，赵林，丁永建，等，2007. 青藏高原北部五道梁地表热量平衡方程中各分量特征 [J]. 山地学报，25（6）：664-670.

李绍良，陈有君，关世英，等，2002. 土壤退化与草地退化关系的研究 [J]. 干旱区资源与环境，16（1）：92-95.

李绍良，贾树海，陈有君，1997. 内蒙古草原土壤的退化过程及自然保护区在退化土壤的恢复与重建的作用 [J]. 内蒙古环境保护，9（1）：17-18.

李万莉，吕世华，傅慎明，等，2009. 金塔绿洲的辐射平衡特征和地表能量研究 [J]. 太阳能学报，30（12）：1614-1620.

李夏子，赵放，林伟楠，2018. 气候变化对牧草生长发育的影响研究综述 [J]. 中国农学通报，34（25）：145-152.

李小坤，鲁剑巍，陈防，2008. 牧草施肥研究进展 [J]. 草业学报，17（2）：136-142.

李晓东，赵宗慈，1997. 人类活动对未来东亚地区气候变化的影响 [C] // 中国的气候变化与气候影响研究（丁一汇、石广玉主编）. 北京：气象出版社.

李轩然，孙晓敏，张军辉，等，2014. 温度对中国典型森林生态系统碳通量季节动态及其年际变异的影响 [J]. 第四纪研究，34（04）：752-761.

李一曼，叶谦，2019. ENSO 背景下基于柯本分类法的我国气候分类 [J]. 气候变化研究进展，15（4）：1-10.

李英年，鲍新奎，曹广民，2001. 青藏高原正常有机土与草毡寒冻雏形土地温观测的比较研究 [J]. 土壤学报，38（2）：145-152.

李英年，古松，赵新全，等，2007. 三种高寒草甸植被分布及与湍流交换通量关系的比较 [J]. 山地学报，25（1）：

39-44.

李英年，贺慧丹，杨永胜，等，2019. 覆被变化与高寒草甸水分过程概论［M］. 兰州：兰州大学出版社.

李英年，姜文波，2000. 亚高山草甸土纤维素分解过程及与环境因子的对应关系［J］. 土壤通报，31（3）：122-124.

李英年，沈振西，师生波，等，2002. 高寒草甸地区感热通量及潜热通量的初步分析［C］// 高原生物学集刊，15：157-164.

李英年，沈振西，周华坤，2001. 寒冻雏形土不同地形部位土壤湿度及其与主要植被类型的对应关系［J］. 山地学报，19（3）：220-225.

李英年，师生波，曹广民，等，2000. 祁连山海北高寒草甸地区微气候特征的观测研究［J］. 高原气象，19（4）：512-519.

李英年，孙晓敏，赵新全，等，2006. 青藏高原金露梅灌丛草甸净生态系统 CO_2 交换量的季节变异及其环境控制机制［J］. 中国科学（D），36（1）：163-173.

李英年，王启基，赵新全，等，2000. 气候变暖对高寒草甸气候生产潜力的影响［J］. 草地学报，8（1）：23-29.

李英年，王启基，周兴民，1995. 矮嵩草草甸地上生物量与气象条件的关系及预报模式的建立［C］// 高寒草甸生态系统. 北京：科学出版社.1-10.

李英年，王启基，周兴民，1996. 矮嵩草草甸年净生产量对气象条件响应的判别分析［J］. 草地学报，4（2）：155-161.

李英年，王启基，1999. 气候变暖对青海农牧业生产格局影响的分析［J］. 西北农业学报，8（2）：102-107.

李英年，王勤学，杜明远，等，2008. 祁连山海北高寒湿地微气象日变化特征［J］. 高原气象，27（1）：193-201.

李英年，王勤学，杜明远，等，2006. 寒冻雏形土有机质补给、分解及大气 CO_2 通量交换［J］. 草地学报，14（2）：165-169.

李英年，王勤学，古松，等，2004. 高寒植被类型及其植物生产力的监测［J］. 地理学报，59（1）：40-48.

李英年，王文颖，1999. 模拟气候变化对植被分布影响的分析—以青海省为例［C］// 高原生物学集刊，14：89-95.

李英年，徐世晓，赵亮，等，2012. 青南退化高寒草甸植被土壤固碳能力［J］. 冰川冻土，34（5）：1157-1164.

李英年，张法伟，杨永胜，等，2017. 高寒草甸植被气候学研究［M］. 西宁：青海人民出版社.

李英年，张景华，1998. 祁连山海北冬春气温变化对草地生产力的影响［J］. 高寒气象，17（4）：443-446.

李英年，张景华，1997. 祁连山区气候变化及其对高寒草甸植物生产力的影响［J］. 中国农业气象，18（2）：29-32.

李英年，赵亮，古松，等，2003. 海北高寒草甸地区能量平衡特征［J］. 草地学报，11（4）：289-296.

李英年，赵亮，王勤学，等，2006. 高寒金露梅灌丛生物量及年周转量［J］. 草地学报，14（1）：72-76.

李英年，赵亮，张法伟，等，2006. 植物生长季海北高寒湿地辐射收支特征［J］. 冰川冻土，28（4）：549-554.

李英年，赵亮，赵新全，等，2007. 高寒湿地生态系统土壤有机物质补给及地－气 CO_2 交换特征［J］. 冰川冻土，29（6）：940-946.

李英年，赵亮，周华坤，等，2007. 高寒湿地太阳辐射和地表反射率变化的统计学特征［J］. 冰川冻土，29（1）：137-143.

李英年，赵新全，曹广民，等，2002a. 海北高寒草甸地区太阳总辐射、植被反射辐射的有关特征［J］. 草地学报，10（1）：33-40.

李英年，赵新全，曹广民，等，2004. 海北高寒草甸生态系统定位站气候、植被生产力背景的分析［J］. 高原气象，23（4）：558-567.

李英年，赵新全，王勤学，等，2003. 青海海北高寒草甸五种植被生物量及环境条件比较［J］. 山地学报，21（3）：257-264.

李英年，赵新全，赵亮，等，2003. 祁连山海北高寒湿地气候变化及植被演替分析［J］. 冰川冻土，25（3）：243-249.

李英年，周华坤，2002 b. 祁连山海北高寒草甸地区植物生长期的光合有效辐射特征［J］. 高原气象，21（1）：90-95.

李英年，师生波，曹广民，等，2000. 祁连山海北高寒草甸地区微气候特征的观测研究［J］. 高原气象，19（4）：512-519.

李英年，王启基，1999. 气候变暖对青海农牧业生产格局的影响［J］. 西北农业学报，8（2）：102-107.

李英年，2014. 放牧管理对高寒草甸夏季牧场固碳潜力影响的定量化评估［R］. 国家自然基金面上项目结题报告.

李英年，2016. 高寒草甸冬季牧场放牧梯度下植被－土壤可实现固碳潜力及最适放牧强度的研究［R］. 国家自然基金面上项目结题报告.

李英年，2000. 高寒草甸牧草产量和草场载畜量模拟研究及对气候变暖的响应［J］. 草业学报，9（2）：77-82.

李英年，1998. 高寒草甸植物地下生物量与气象条件关系及周转值分析［J］. 中国农业气象，19（2）：36-38.

李英年，1995. 高寒地区气象条件与季节草场及牧事活动［J］. 青海草业，4（3）：26-29.

李玉宁，王关玉，李伟，2002. 土壤呼吸作用和全球碳循环［J］. 地学前缘，9（2）：351-357.

李玉强，赵哈林，陈银萍，2005. 陆地生态系统碳源与碳汇及其影响机制研究进展［J］. 生态学杂志，24（1）：37-42.

李元，岳明，2000. 紫外辐射生态学［M］. 北京：中国环境科学出版社.

李跃清，2011. 第三次青藏高原大气科学试验的观测基础［J］. 高原山地气象研究，31（3）：77-82.

李云艳，孙治安，曾宪宁，等，2007. 晴天地表太阳辐射的参数化［J］. 南京气象学院学报，30（4）：512-518.

李长生，肖向明，FrolkingS，等，2003. 中国农田温室气体排放［J］. 第四纪研究，23（5）：493-503.

李长生，2000. 土壤碳储量减少：中国农业之隐患－中美农业生态系统碳循环对比研究［J］. 第四纪研究，20（4）：345-350.

李正泉，于贵瑞，温学发，等，2004. 中国通量观测网络（ChinaFLUX）能量闭合状况的评价［J］. 中国科学（D 辑：地球科学），34（增刊Ⅱ）：46-56.

李周园，2016. 中国典型草地覆被变化与下垫面气候因子关系研究［D］. 北京：清华大学.

连婧慧，王钧，曾辉，2017. 土地利用／覆被的剧烈变化对深圳市气温的影响［J］. 北京大学学报（自然科学版），53（4）：692-700.

廉丽姝，2007. 三江源地区土地覆被变化的区域气候响应［D］. 上海：华东师范大学.

林光辉，何渊，1995. 稳定同位素技术与全球变化研究［M］∥现代生态学讲座. 北京：科学出版社.

刘彩红，余锦华，李红梅，2015. RCPS 情景下未来青海高原气候变化趋势预估［J］. 中国沙漠，35（5）：1353-1362.

刘昌明，孙睿，1999. 水循环的生态学方面：土壤－植被－大气系统水分能量平衡研究进展［J］. 水科学进展，10（3）：251-259.

刘春岩，2004. 基于静态明、暗箱观测估算稻田生态系统—大气 CO_2 净交换［D］. 南京：南京气象学院.

刘合满，曹丽花，2011. 退化草地碳动态及固碳潜力［J］. 中国农学通报，27（22）：11-15.

刘辉志，冯建武，邹悍，等，2008. 青藏高原珠峰绒布河谷地区近地层湍流输送特征［J］. 高原气象，26（6）：1151-1161.

刘辉志，冯健武，王雷，等，2013. 大气边界层物理研究进展［J］. 大气科学，37（2）：467-476.

刘慧，成升魁，张雷，2002. 人类经济活动影响碳排放的国际研究动态［J］. 地理科学进展，21（5）：420-429.

刘纪远，邵全琴，樊江文，2013. 三江源生态工程的生态成效评估与启示［J］. 自然杂志，35（1）：40-46.

刘纪远，徐新良，邵全琴，2008. 近 30 年来青海三江源地区草地退化的时空特征［J］. 地理学报，63（4）：364-376.

刘江，2001. 中国可持续发展战略研究［M］. 北京：中国农业出版社，431-442.

刘军会，高吉喜，王文杰，2013. 青藏高原植被覆盖变化及其与气候变化的关系［J］. 山地学报，31（2）：234-242.

刘黎明，赵英伟，谢花林，2003. 我国草地退化的区域特征及其可持续利用管理［J］. 中国人口、资源与环境，13（4）：46-50.

刘敏，金会军，罗栋梁，等，2015. 青藏高原土壤碳排放研究进展［J］. 冰川冻土，37（6）：1544-1554.

刘强，刘嘉麟，何怀宇，2000. 温室气体浓度变化及其源与汇研究进展［J］. 地球科学进展，15（4）：453-460.

刘尚武，1997. 青海植物志［M］. 西宁：青海人民出版社.

刘树华，刘和平，1995. 不同下垫面湍流输送计算方法的研究［J］. 应用气象学报，7（2）：229-237.

刘帅，李胜功，于贵瑞，等，2010. 不同降水梯度下草地生态系统地表能量交换［J］. 生态学报，30（3）：557-567.

刘伟，王溪，周立，等，2003. 高原鼠兔对小嵩草草甸的破坏及其防治［J］. 兽类学报，23（3）：214-219.

刘文杰，陈生云，赵倩，等，2012. 疏勒河上游多年冻土区植物生长季主要温室气体排放观测［J］. 冰川冻土，34（5）：1149-1156.

刘晓玲，2007. 三江源自然保护区"黑土滩"退化草地调查［J］. 青海师范大学学报（自然科学版）（1）：93-96.

刘晓琴，2013. 高寒草甸不同封育年限对碳氮固持能力及生物多样性的影响［D］. 北京：中国科学院大学.

刘野，郭维栋，孙耀明，2015. 半干旱区关键地表参数的估算及其对地气通量模拟的改进 [J]. 中国科学（地球科学），45（10）：1524-1536.

刘永强，丁一汇，1995. ENSO 事件对我国季节降水和温度的影响 [J]. 大气科学，19（2）：200-208.

刘永强，叶笃正，季劲钧，1992. 土壤湿度和植被对气候的影响：Ⅰ. 短期气候异常持续性的数值实验 [J]. 中国科学（B 辑：生命科学）（4）：441-448.

刘允芬，于贵瑞，温学发，等，2006. 千烟洲中亚热带人工林生态系统 CO_2 通量的季节变异特征 [J]. 中国科学.（D 辑：地球科学），（增刊 1）：91-102.

刘允芬，1998. 中国农业生态系统碳汇功能 [J]. 农业环境保护，17（5）：197-202.

刘振，2012. 环太湖地区土地利用变化对局地气候及环流的影响 [D]. 南京：南京大学.

柳媛普，吕世华，2007. 三江源区草地荒漠化对局地气候影响的数值模拟 [J]. 干旱区资源与环境，21（6）：130-135.

龙慧灵，李晓兵，黄玲梅，等，2010. 内蒙古草原生态系统净初级生产力及其与气候的关系 [J]. 植物生态学报，34（7）：781-791.

卢存福，贾桂英，韩发，等，1995. 矮嵩草光合作用与环境因素关系的比较研究 [J]. 植物生态学报（19）：72-78.

卢素锦，侯传莹，袁坤宇，2016. 三江源隆宝湖湿地植物群落特征及其土壤理化性质 [J]. 安徽农业大学学报，43（5）：755-763.

陆渝蓉，高国栋，1976. 我国辐射平衡各分量计算方法及时空分布的研究总辐射和有效辐射 [J]. 南京大学学报（自然科学版），2（1）：89-108.

罗栋梁，金会军，林琳，等，2012. 青海高原中、东部多年冻土及寒区环境退化 [J]. 冰川冻土，34（3）：538-546.

罗谨，2019. 河南高寒草甸覆被变化与气候因子的相互影响作用 [D]. 北京：中国科学院大学.

罗琪，文军，王欣，等，2017. 黄河源高寒湿地 - 大气间水热和碳交换通量日变化特征的观测分析 [J]. 高原气象，36（3）：667-674.

罗永忠，郭小芹，刘绪珍，2017. 1961—2013 年气候变化对祁连山草地生产力影响评价 [J]. 山地学报，35（4）：437-443.

吕佳佳，吴建国，2009. 气候变化对植物及植被分布的影响研究进展 [J]. 环境科学与技术，32（6）：85-95.

吕一河，傅微，李婷，等，2018. 区域资源环境综合承载力研究进展与展望 [J]. 地理科学进展，37（1）：130-138.

马伟强，马耀明，李茂善，等，2005. 藏北高原地区地表辐射支出和能量平衡的季节变化 [J]. 冰川冻土，27（5）：673-679.

马耀明，姚檀栋，王介民，2006. 青藏高原能量和水循环试验研究 –GAME/Tibet 与 CAMP/Tibet 研究进展 [J]. 高原气象，25（2）：344-351.

马耀明，姚檀栋，王介民，等，2006. 青藏高原复杂地表能量通量研究 [J]. 地球科学进展，21（12）：1216-1223.

马耀明，塚本修，王介民，等，2001. 青藏高原草甸下垫面上的动力学和热力学参数分析 [J]. 自然科学进展，11（8）：824-828.

马耀明，塚本修，吴晓鸣，等，2000. 藏北高原草甸下垫面近地层能量输送及微气象特征 [J]. 大气科学，24（5）：715-722.

马耀明，仲雷，田辉，等，2006. 青藏高原非均匀地表区域能量通量的研究 [J]. 遥感学报，10（4）：543-547.

马玉寿，郎百宁，李青云，等，2002. 江河源区高寒草甸退化草地恢复与重建技术研究 [J]. 草业科学，19（9）：1-5.

马玉寿，郎百宁，王启基，1999. "黑土型"退化草地研究工作的回顾与展望 [J]. 草业科学，16（2）：5-9.

麦克拉伦 A D，波得森 G H，斯库金斯 J，等，1984. 土壤生物化学 [M]. 北京：农业出版社.

毛慧琴，延晓冬，熊喆，等，2011. 农田灌溉对印度区域气候的影响模拟 [J]. 生态学报，31（4）：1038-1045.

毛绍娟，吴启华，李红琴，等，2015. 放牧强度对高寒杂草类草甸群落结构及生物量的影响 [J]. 冰川冻土，37（5）：1372-1380.

明道绪，1990. 通径分析 [M]. 雅安：四川农业大学出版社.

聂道平，徐德应，王兵，1997. 全球碳循环与森林关系的研究 - 问题与进展 [J]. 世界林业研究，（5）：33-40.

牛书丽，蒋高明，2004.

人工草地在退化草地恢复中的作用及其研究现状 [J]. 应用生态学报，15（9）：1662-1666.

潘根兴，赵其国，蔡祖聪，2005.《京都议定书》生效后我国耕地土壤碳循环研究若干问题 [J]. 中国基础科学，（2）：12-18.

潘根兴，周萍，李恋卿，等，2007. 固碳土壤学的核心科学问题与研究进展 [J]. 土壤学报，44（2）：327-336.

裴志永，欧阳华，周才平，2003. 青藏高原高寒草原碳排放及其迁移过程研究 [J]. 生态学报，23（2）：231-236.

彭敏，赵京，陈桂琛，1989. 青海省东部地区的自然植被 [J]. 植物生态学与地植物学学报，13（3）：250-257.

蒲健辰，1994. 中国冰川目录Ⅷ—长江水系 [M]. 兰州：甘肃文化出版社.

蒲金涌，姚小英，邓振镛，等，2006. 气候变化对甘肃黄土高原土壤贮水量的影响 [J]. 土壤通报，37（6）：1086-1690.

朴世龙，方精云，贺金生，等，2004. 中国草地植被生物量及其空间分布格局 [J]. 植物生态学报，28（4）：491-498.

朴世龙，方精云，2003. 1982—1999 年我国陆地植被活动对气候变化响应的季节差异 [J]. 地理学报，58（001）：119-125.

气候变化国家评估报告编写委员会，2007. 气候变化国家评估报告 [M]. 北京：科学出版社.

钱凤魁，王文涛，刘燕华，2014. 农业领域应对气候变化的适应措施与对策 [J]. 中国人口·资源与环境，24（5）：19-24..

钱拴，伏洋，PANFF，2010. 三江源地区生长季气候变化趋势及草地植被响应 [J]. 中国科学：地球科学，40（10）：1439-1445.

钱正安，焦彦军，1997. 青藏高原气象学的研究进展和问题 [J]. 地球科学进展，12（3）：207-216.

乔全明，张雅高，1994. 青藏高原天气学 [M]. 北京：气象出版社.

乔云发，苗淑杰，王树起，等，2007. 不同施肥处理对黑土土壤呼吸的影响 [J]. 土壤学报，44（6）：1028-1035.

秦大河，2014. 三江源区生态保护与可持续发展 [M]. 北京：科学出版社.

青海草原总站，2012. 青海草地资源 [M]. 青海人民出版社.

青海省农业资源区划办公室，1997. 青海土壤 [M]. 北京：中国农业出版社.

青海省志编委会，1998. 气象志 [M]. 合肥：黄山出版社.

人民日报，2008. 高举旗帜、科学发展 [N]，（1 版）.

任国玉，郭军，2006. 中国水面蒸发量的变化 [J]. 自然资源学报，21（1）：31-44.

任红松，吕新，曹连莆，等，2003. 通径分析的 SAS 实现方法 [J]. 计算机与农业（4）：17-19.

任继周，2008. 分类、聚类与草原类型 [J]. 草地学报，16（1）：4-10.

任贾文，秦大河，井哲帆，1998. 气候变暖使珠穆朗玛峰地区冰川处于退缩状态 [J]. 冰川冻土，20（2）：184-185.

沙丽清，郑征，唐建维，等，2004. 西双版纳热带雨林的土壤呼吸研究 [J]. 中国科学（D 辑：地球科学），34（增刊 II）：167-174.

山本晋，1999. 日本 / 亚洲 CO_2 通量观测网络 – 生态系统吸收能力的揭示 [J]. 燃料与燃烧，66（3）：3-9.

尚伦宇，张宇，吕世华，等，2015. 青藏高原东部高寒草原地表能量交换特征（英文）[J]. Science Bulletin，60（4）：435-446.

尚占环，董全民，施建军，等，2018. 青藏高原"黑土滩"退化草地及其生态恢复近 10 年研究进展：兼论三江源生态恢复问题 [J]. 草地学报，26（1）：1-21.

邵明安，王全九，黄明斌，2006. 土壤物理学 [M]. 北京：高等教育出版社.

邵全琴，樊江文，刘纪远，等，2016. 三江源生态保护和建设一期工程生态成效评估 [J]. 地理学报，71（1）：3-20.

沈晓坤，刘明惠，张燕堃，等，2014. 黄土高原围封与自然放牧草地碳交换特征 [J]. 西北植物学报，34（9）：1869-1877.

沈艳，杨鹏，覃强，2009. 不同刈割处理对苏丹草生产性能的影响 [J]. 草原与草坪（2）：25-28.

沈永平，王顺德，2002. 塔里木河流域冰川及水资源变化研究新进展 [J]. 冰川冻土，24（6）：1.

盛煜，李静，吴吉春，等，2010. 基于 GIS 的疏勒河流域上游多年冻土分布特征 [J]. 中国矿业大学学报，39（1）：32-39.

师生波，贾桂英，韩发，1996. 矮嵩草草甸植物群落的光合特性研究 [J]. 植物生态学报（20）：225-234.

师生波，韩发，李宏彦，2001.高寒草甸麻花艽和美丽风毛菊的光合速率午间降低现象［J］.植物生理学报，27（2）：123-128.

师生波，韩发，1997.高寒矮嵩草草甸群落光合作用的"午休"现象［J］.植物生理学报，23（4）：405-409.

施建军，邱正强，马玉寿，2007."黑土型"退化草地上建植人工草地的经济效益分析［J］.草原与草坪（1）：60-64.

施能，陈绿文，封国林，2004.1920—2000年全球陆地降水气候特征与变化［J］.高原气象，23（4）：435-440.

施雅风，2003.中国西北气候由暖干向暖湿转型问题评估［M］.北京：气象出版社.

施政 et al，2008.武夷山不同海拔植被土壤呼吸季节变化及对温度的敏感性［J］.应用生态学报，19（11）：2357-2363.

石培礼，孙晓敏，徐玲玲，等，2006.西藏高原草原化嵩草草甸生态系统CO_2净交换及其影响因子［J］.中国科学（D辑：地球科学）（S1）：194-203.

时兴合，秦宁生，马仓元，等，2001.青海省春季降水的概念模型及典型个例分析［J］.气象科学，21（4）：445-451.

时兴合，赵燕宁，秦宁生，1999.青海省气候异常偏暖的成因分析［J］.中国沙漠，19（3）：119-222.

世界资源研究所，2005.2005年度千年生态系统评估；生态系统与人类福祉：生物多样性综合报告［J］.世界资源研究所.

双喜，刘绍民，徐自为，等，2009.黑河流域观测通量的空间代表性研究［J］.地球科学进展，24（7）：724-733.

宋辞，裴韬，周成虎，2012.1960年以来青藏高原气温变化研究进展［J］.地理科学进展，31（11）：1503-1509.

宋从和，1993.波文比能量平衡法的应用及其误差分析［J］.河北林果研究，8（1）：85-96.

宋文质，王少彬，苏维瀚，等，1996.我国农田土壤的主要温室气体CO_2、CH_4和N_2O排放研究［J］.环境科学（1）：85-88.

宋永昌，2001.植被生态学［M］.上海：华东师范大学出版社.

宋长春，杨文燕，徐小锋，等，2004.沼泽湿地生态系统土壤CO_2和CH_4排放动态及影响因素［J］.环境科学（4）：1-6.

宋长青，冷疏影，2005.21世纪中国地理学综合研究的主要领域［J］.地理学报，60（4）：546-552.

苏大学，1995.西藏草地资源的结构与质量评价［J］.草地学报3（2）：144-151.

苏明峰，王会军，2006.中国气候干湿变率与ENSO的关系及其稳定性［J］.中国科学（D辑：地球科学），36（10）：951-958.

苏彦入，吕世华，范广洲，2018.青藏高原夏季大气边界层高度与地表能量输送变化特征分［J］.高原气象，37（6）：1470-1485.

苏彦入，2018.青藏高原地表能量平衡及其对大气边界层影响研究［D］.成都：成都信息工程大学.

苏永红，冯起，朱高峰，等，2008.土壤呼吸与测定方法研究进展［J］.中国沙漠，28（1）：57-65.

孙步功，2008.黄河源区不同退化程度高寒草地CO_2、CH_4通量研究［D］.兰州：甘肃农业大学.

孙成权，2003.国际全球变化研究核心计划与集成研究［M］.北京：气象出版社.20-25.

孙广友，邓伟，邵庆春，1990.长江河源区冰缘环境沼泽的研究：献给竺可桢教授诞辰百周年［J］.地理科学，10（1）：86-92.

孙鸿烈，郑度，1998.青藏高原形成演化与发展［M］.广州：广东科技出版社.

孙鸿烈，1996.青藏高原的形成演化［M］.上海：上海科学技术出版社.

孙睿，朱启疆，2000.中国陆地植被净第一性生产力及季节变化研究［J］.地理学报，55（1）：36-45.

孙菽芬，2005.陆面过程的物理、生化机理和参数化模型［M］.北京：气象出版社.

孙树臣，邵明安，2018.热储通量对黄土高原北部柠条林地地表能量平衡的影响［J］.生态学报，38（16）：5782-5791.

汤懋苍，沈志宝，陈有虞，1979.高原季风的平均气候特征［J］.地理学报，34（1）：33-41.

唐更克，何秀珍，本约朗，2002.中国参与全球气候变化国际协议的立场与挑战［J］.世界经济与政治（8）：34-40.

唐恬，王磊，文小航，2013.黄河源鄂陵湖地区辐射收支和地表能量平衡特征研究［J］.冰川冻土，35（6）：1462-1473.

陶诗言，陈联寿，徐祥德，等，1998.第二次青藏高原大气科学试验研究进展（一）［M］.北京：气象出版社.

陶诗言，陈联寿，徐祥德，等，1999. 第二次青藏高原大气科学试验研究进展（二）[M]. 北京：气象出版社.

陶诗言，陈联寿，徐祥德，等，2000. 第二次青藏高原大气科学试验研究进展（三）[M]. 北京：气象出版社.

陶贞，沈承德，高全洲，等，2007. 高寒草甸土壤有机碳储量和 CO_2 通量 [J]. 中国科学（地球科学），37（4）：553-563.

田永生，郭阳耀，张培栋，等，2010. 区域净初级生产力动态及其与气象因子的关系 [J]. 草业科学，27（2）：8-17.

田玉强，高琼，张智才，等，2009. 青藏高原高寒草地植物光合与土壤呼吸研究进展 [J]. 生态环境学报，18（2）：711-721.

汪业勖，赵士洞，1998. 陆地碳循环研究中的模型方法 [J]. 应用生态学报，4（6）：578-584.

王兵，崔向慧，包永红，2004. 民勤绿洲荒漠过渡区辐射特征与热量平衡规律研究 [J]. 林业科学，40（3）：26-32.

王炳忠，张富国，李立贤，1980. 我国的太阳能资源及其计算 [J]. 太阳能学报，1（1）：1-9.

王澄海，黄波，潘保田，2010. 祁连山地区能量平衡特征的模拟分析研究 [J]. 冰川冻土，32（1）：78-82.

王德利，王岭，2019. 草地管理概念的新释义 [J]. 科学通报，64（11）：1106-1113.

王德宣，2010. 若尔盖高原泥炭沼泽二氧化碳、甲烷和氧化亚氮排放通量研究 [J]. 湿地科学，8（3）：220-224.

王芳，葛全胜，陈泮勤，2009. IPCC 评估报告气候变化观测数据的不确定性分析 [J]. 地理学报，64（7）：828-838.

王锋，朱奎，宋昕熠，2015. 区域土壤水资源评价研究进展 [J]. 人民黄河，37（7）：44-48.

王根绪，程国栋，沈永平，2002. 青藏高原草地土壤有机碳库及其全球意义 [J]. 冰川冻土，24（6）：693-700.

王根绪，李元寿，王一博，2010. 青藏高原河源区地表过程与环境变化 [M]. 北京：科学出版社.

王根绪，李元寿，吴青柏，等，2006. 青藏高原冻土区冻土与植被的关系及其对高寒生态系统的影响 [J]. 中国科学（D辑：地球科学），36（8）：743-754.

王根绪，沈永平，钱鞠，等，2003. 高寒草地植被覆盖变化对土壤水分循环影响研究 [J]. 冰川冻土，653-659.

王庚辰，杜睿，孔琴心，等，2004. 中国温带草原土壤呼吸特征的实验研究 [J]. 科学通报，49（7）：692-696.

王广帅，杨晓霞，任飞，等，2013. 青藏高原高寒草甸非生长季温室气体排放特征及其年度贡献 [J]. 生态学杂志，32（8）：1994-2001.

王国安，韩家懋，周力平，2002. 中国北方 C3 植物碳同位素组成与年均温度关系 [J]. 中国地质，29（1）：55-57.

王慧，李栋梁，2010. 卫星遥感结合地面观测资料对中国西北干旱区地表热力输送系数的估算 [J]. 大气科学，34（5）：1026-1034.

王慧春，赵修堂，王启兰，2006. 青海高寒草甸不同植被土壤微生物生物量的测定 [J]. 青海草业，15（4）：2-5.

王建雷，李英年，杜明远，等，2009. 祁连山冷龙岭南坡小气候及植被分布特征 [J]. 山地学报，27（4）：418-426.

王江山，李锡福，2004. 青海天气气候 [M]. 北京：气象出版社.

王江山，颜亮东，李凤霞，等，2003. 青海省农业生态气候资源的量化分析和分类评价 [J]. 气象科学，23（1）：78-83.

王娇月，宋长春，王宪伟，等，2011. 冻融作用对土壤有机碳库及微生物的影响研究进展 [J]. 冰川冻土，33（2）：442-452.

王金南，1994. 环境经济学 [M]. 北京：清华大学出版社.

王景元，2018. 黄河源区季节性冻土冻融过程及地表能量特征 [A]. 第 35 届中国气象学会年会－高原天气气候研究进展 [C]. 中国气象学会，1.

王军邦，2003. 中国陆地净生态系统生产力遥感模型研究 [D]. 杭州：浙江大学.

王俊峰，王根绪，王一博，等，2007. 青藏高原沼泽及高寒草甸生长期内 CO_2 排放 [J]. 兰州大学学报（自然科学版）（5）：17-23.

王俊峰，王根绪，王一博，等，2007. 青藏高原沼泽与高寒草甸草地退化对生长期 CO_2 排放的影响 [J]. 科学通报，52（13）：1554-1560.

王俊峰，2008. 长江源区沼泽与高寒草甸生态系统变化及其碳平衡对全球气候变化的响应 [D]. 兰州：兰州大学.

王堃，洪绂曾，宗锦耀，2005. "三江源"地区草地资源现状及持续利用途径 [J]. 草地学报，13（Suppl1）：28-31.

王雷，刘辉志，Bernhofer C，2017. 土壤水分条件对内蒙古典型草原水汽和二氧化碳通量的影响研究 [J]. 大气科学，41（1）：167-177.

王雷，刘辉志，David，等，2010.内蒙古羊草和大针茅草原下垫面水汽、CO_2通量输送特征［J］.高原气象，29（3）：605-613.

王雷，刘辉志，Ketzer，等，2009.放牧强度对内蒙古半干旱草原地气间能量和物质交换的影响［J］.大气科学，33（6）：1201-1211.

王礼茂，2004.几种主要碳增汇/减排途径的对比分析［J］.第四纪研究，24（2）：191-197.

王玲，2002.日本减排二氧化碳的举措［J］.全球科技经济展望，196（4）：53.

王淼，韩士杰，王跃思，2004.影响阔叶红松林土壤CO_2排放的关键因子［J］.生态学杂志，23（5）：24-29.

王明星，李晶，郑循华，1998.稻田甲烷排放及产生、转化、输送机理［J］.大气科学（4）：218-230.

王谋，李勇，黄润秋，等，2005.气候变暖对青藏高原腹地高寒植被的影响［J］.生态学报，25（6）：1275-1281.

王其兵，李凌浩，白永飞，等，2000.模拟气候变化对3种草原植物群落混合凋落物分解的影响［J］.植物生态学报，24（6）：674-679.

王启基，来德珍，景增春，等，2005.三江源区资源与生态环境现状及可持续发展［J］.兰州大学学报（自然科学版），41（4）：50-55.

王启基，史惠兰，景增春，等，2004.江河源区退化天然草地的恢复及其生态效益分析［J］.草业科学，21（12）：37-41.

王启基，王文颖，邓自发，1998.青海海北地区高山嵩草草甸植物群落生物量动态及能量分配［J］.植物生态学报，22（3）：222-230.

王启基，周立，王发刚，1991.放牧强度对冬春草场植物群落结构及功能的效应分析［J］.高寒草甸生态系统，北京：科学出版社（4）：353-364.

王启基，周立，赵新全，1991.高寒草甸草地畜牧业特点及对策的研究［C］//高寒草地生态系统.北京：科学出版社（3）：275-283.

王启基，周兴民，彭宏春，等，2000.青藏高原草地资源、环境现状及持续发展战略［A］.草业与西部大开发学术研讨会暨中国草原学会.

王启兰，曹广民，王长庭，2007.高寒草甸不同植被土壤微生物数量及微生物生物量的特征［J］.生态学杂志，26（7）：1002-1008.

王启兰，李家藻，1995.高寒草甸不同植被土壤真菌生物量的季节动态［C］//高寒草甸生态系统（4）.北京：科学出版社169-177.

王启兰，李家藻，1991.高寒草甸生态系统不同植被土壤真菌生物量的测定［C］//高寒草甸生态系统（3）.北京：科学出版社，267-274.

王巧玲，花立民，王贵珍，等，2015.春季延迟放牧对高寒草甸草地群落特征及生产力的影响［J］.草地学报，23（5）：1068-1072.

王秋凤，郑涵，朱先进，等，2015.2001—2010年中国陆地生态系统碳收支的初步评估［J］.科学通报，60（10）：962.

王少影，张宇，吕世华，等，2012.玛曲高寒草甸地表辐射与能量收支的季节变化［J］.高原气象，31（3）：605-614.

王少影，1999.地面反射率与若干气象因子关系的初步分析［J］.成都气象学院学报（3）：22-27.

王绍强，刘纪远，2002.土壤碳蓄积量变化的影响因素研究现状［J］.地球科学进展，17（4）：528-534.

王绍武，叶瑾琳，1995.近百年全球气候变暖的分析［J］.大气科学，19（4）：549-553.

王树廷，王伯民，1984.气象资料的整理和统计方法［M］.北京：气象出版社.

王体健，孙照渤，1999.臭氧变化及其气候效应的研究进展［J］.地理科学进展，14（1）：37-43.

王万瑞，2011.季节的划分与称谓［J］.陕西气象（6）：51-52.

王维真，徐自为，刘绍民，等，2009.黑河流域不同下垫面水热通量特征分析［J］.地球科学进展，24（7）：714-723.

王娓，郭继勋，2002.东北松嫩平原羊草群落的土壤呼吸与枯枝落叶分解释放的CO_2的贡献量［J］.生态学报，22（5）：655-660.

王文颖，王启基，王刚，2006.高寒草甸土地退化及恢复重建对土壤碳氮含量的影响［J］.生态环境，15（2）：362-366.

王文颖，王启基，王刚，等，2007. 高寒草甸土地退化及其恢复重建对植被碳、氮含量的影响 [J]. 植物生态学报，31（6）：1073-1078.

王雯，2013. 黄土高原旱作麦田生态系统 CO_2 通量变化特征及环境响应机制 [D]. 杨凌：西北农林科技大学.

王襄平，张玲，方精云，2004. 中国高山林线的分布高度与气候的关系 [J]. 地理学报，59（6）：871-879.

王晓春，周晓峰，李淑娟，等，2004. 气候变暖对老秃顶子林线结构特征的影响 [J]. 生态学报，24（11）：2412-2421.

王效科，白艳莹，欧阳志云，等，2002. 全球碳循环中的失汇及其形成的原因 [J]. 生态学报，22（1）：94-103.

王学佳，杨梅学，万国宁，2012. 藏北高原 D105 点土壤冻融状况与温湿特征分析 [J]. 冰川冻土，34（1）：56-63.

王学佳，杨梅学，万国宁，2013. 近60年青藏高原地区地面感热通量的时空演变特征 [J]. 高原气象，32（6）：1557-1567

王银学，赵林，李韧，等，2011. 影响多年冻土上限变化的因素探讨 [J]. 冰川冻土，33（5）：1064-1067.

王英，曹明奎，陶波，2006. 全球气候变化背景下中国降水量空间格局的变化特征 [J]. 地理研究，25（6）：1031-1040.

王莺，夏文韬，梁天刚，2011. 基于 CASA 模型的甘南地区草地净初级生产力时空动态遥感模拟 [J]. 草业学报，20（4）：316-324.

王增如，杨国靖，何晓波，等，2011. 长江源区植物群落特征与环境因子的关系 [J]. 冰川冻土，33（3）：640-645.

王志伟，赵林，冯琦胜，等，2012. 青藏高原冻土区划与草原分类一致性分析 [J]. 草业科学，29（6）：851-856.

魏达，旭日，王迎红，等，2011. 青藏高原纳木错高寒草原温室气体通量及与环境因子关系研究 [J]. 草地学报，19（3）：412-419.

魏德平，达布希拉图，张春信，等，2005. 锡林郭勒盟 2005 年春季休牧监测研究 [J]. 内蒙古草业，17（3）：7-9.

魏涛远，格罗姆斯洛德，2002. 征收碳税对中国经济与温室气体排放的影响 [J]. 世界经济与政治（8）：47-49.

温军，周华坤，姚步青，等，2014. 三江源区不同退化程度高寒草原土壤呼吸特征 [J]. 植物生态学报，38（2）：209-218.

温军，2012. 三江源区草地退化及人工草地建植对土壤呼吸的影响 [D]. 北京：中国科学院研究生院.

温明章，1996. 草地资源开发在我国生态农业中的地位及前景 [J]. 农业环境与发展（2）：14-17.

温学发，于贵瑞，孙晓敏，等，2004. 复杂地形条件下森林植被湍流通量测定的分析 [J]. 中国科学（D辑），34（增刊Ⅱ）：57-66.

文小航，吕世华，尚伦宇，等，2011. WRF 模式对金塔绿洲—戈壁辐射收支的模拟研究 [J]. 太阳能学报，32（3）：346-353.

翁笃鸣，陈媛，1992. 中国大气逆辐射的气候计算及其分布特征 [J]. 南京气象学院学报，15（1）：1-9.

翁笃鸣，冯燕华，1984. 青藏高原夏季地面有效辐射和大气逆辐射特征分析 [J]. 科学通报，29（13）：796-799.

翁笃鸣，陈万隆，沈觉成，等，1981. 小气候和农田小气候 [M]. 北京：农业出版社.

翁笃鸣，1991. 青藏高原地表净辐射若干重要特征研究 [J]. 南京气象学院学报，14（2）：151-159.

翁笃鸣，1964. 试论总辐射的气候学计算方法 [J]. 气象学报，34（3）：304-315.

吴国雄，刘辉译，1995. 气候物理学 [M]. 北京：气象出版社.

吴建国，张小全，徐德应，2003. 六盘山林区几种土地利用方式土壤呼吸时间格局 [J]. 环境科学，24（6）：23-32.

吴静，王铮，吴兵，等，2007. 中国增汇型气候保护政策实施对对经济的影响 [J]. 生态学报，27（11）：4815-4823.

吴乐知，蔡祖聪，2007. 基于长期试验资料对中国农田表土有机碳含量变化的估算 [J]. 生态环境，16（6）：1768-1774.

吴力博，古松，赵亮，等，2010. 三江源地区人工草地的生态系统 CO_2 净交换、总初级生产力及其影响因子 [J]. 植物生态学报，34（7）：770-780.

吴启华，李红琴，张法伟，等，2013b. 短期牧压梯度下高寒杂草类草甸植被/土壤碳氮分布特征 [J]. 生态学杂志，32（11）：2857-2864.

吴启华，李英年，刘晓琴，等，2013a. 牧压梯度下青藏高原高寒杂草类草甸生态系统呼吸和碳汇强度估算 [J]. 中国农业气象，34（4）：390-395.

吴启华，李英年，刘晓琴，等，2013c.高寒杂草类草甸牧压梯度下植被碳密度季节动态及分配特征［J］.山地学报，31（1）：46-54.

吴启华，2014.牧压调控对高寒草甸夏季草场植被、土壤固碳能力影响的研究［D］.北京：中国科学院大学.

吴琴，曹广民，胡启武，等，2005.矮嵩草草甸植被—土壤系统 CO_2 的释放特征［J］，资源科学，27（2）：96-102.

吴琴，胡启武，曹广民，等，2011.高寒矮嵩草草甸冬季 CO_2 释放特征［J］.生态学报，31（18）：5107-5112.

吴庆标，王效科，段晓男，等，2008.中国森林生态系统植被固碳现状和潜力［J］.生态学报，28（2）：517-524.

吴永胜，马万里，李浩，等，2010.内蒙古退化荒漠草原土壤有机碳和微生物生物量碳含量的季节变化［J］.应用生态学报，21（2）：312-316.

吴征镒，王荷生，1988.植物地理（上册）// 中国自然地理［M］.北京：科学出版社.

夏露，张强，2014.黄土高原地表能量平衡分量年际变化及其对气候波动的响应［J］.物理学报，63（11）：119-201.

夏杨，孙旭光，闫燕，等，2017.全球变暖背景下ENSO特征的变化［J］.科学通报，62（16）：1738-1751.

向皎，李程，张清涛，等，2016.绿洲荒漠过渡带风况对波文比和蒸散发的影响［J］.生态学报，36（3）：705-720.

肖攀登，陶福禄，肖登攀，等，2011.MoiwoJP.全球变化下地表反照率研究进展［J］.地球科学进展，26（11）：1217-1224.

肖瑶，赵林，李韧，等，2011.青藏高原腹地高原多年冻土区能量收支各分量的季节变化特征［J］.冰川冻土，21（12）：1034-1039.

谢高地，鲁春霞，肖玉，等，2003.青藏高原高寒草地生态系统服务价值评估［J］.山地学报，21（1）：50-55.

谢琰，文军，刘蓉，等，2018.太阳辐射和水汽压差对黄河源区高寒湿地潜热通量的影响研究［J］.高原气象，37（3）：614-625.

邢兆凯，1989.章古台固沙林引起下垫面热量平衡特征变化的分析［J］.生态学杂志，8（1）：17-21.

徐翠，张林波，杜加强，等，2013.三江源区高寒草甸退化对土壤水源涵养功能的影响［J］.生态学报，33（8）：2388-2399.

徐海量，宋郁东，胡玉昆，2005.巴音布鲁克高寒草地牧草产量与水热关系初步探讨［J］.草业科学（3）：14-17.

徐洪灵，张宏，张伟，等，2012.川西北高寒草甸土壤呼吸速率日变化及温度影响因子比较［J］.四川师范大学学报（自然科学版），35（3）：405-411.

徐隆华，2017.基于稳定同位素示踪技术对不同建植年限人工草地碳固定能力、氮素吸收利用及其耦合机制研究［D］.北京：中国科学院大学.

徐世晓，赵亮，李英年，等，2007.降水对青藏高原高寒灌丛冷季 CO_2 通量的影响［J］.水土保持学报，21（3）：193-195.

徐世晓，赵亮，李英年，等，2007.青藏高原高寒灌丛暖季 CO_2 地-气交换特征［J］.中国环境科学，27（4）：433-436.

徐世晓，赵新全，李英年，等，2005.青藏高原高寒灌丛 CO_2 通量日和月变化特征［J］.科学通报（5）：481-485.

徐新良，曹明奎，李克让，2007.中国森林生态系统植被碳储量时空动态变化研究［J］.地理科学进展，26（6）：1-10.

徐柱，1998.面向21世纪的中国草地资源［J］.中国草地（5）：1-8.

许岳飞，益西措姆，付娟娟，等，2012.青藏高原高山嵩草草甸植物多样性和土壤养分对放牧的响应机制［J］.草地学报，20（6）：1027-1032.

薛红喜，李琪，王云龙，等，2009.克氏针茅草原生态系统生长季碳通量变化特征［J］.农业环境科学学报，28（8）：1742-1747.

闫人华，熊黑钢，张芳，2013.夏秋季绿洲—荒漠过渡带芨芨草地蒸散及能量平衡特征研究［J］.中国沙漠，33（1）：133-140.

闫玉春，唐海萍，辛晓平，等，2009.围封对草地的影响研究进展［J］.生态学报，29（9）：5039-5046.

严正德，王毅武，1994.青海百科大辞典［M］.北京：中国财政经济出版社.

阳伏林，周广胜，张峰，2009.内蒙古温带荒漠草原生长季地表反射率特征及数值模拟［J］.应用生态学报，20（12）：2847-2852.

阳伏林，周广胜，2010.内蒙古温带荒漠草原能量平衡特征及其驱动因子［J］.生态学报，30（21）：5769-5780.

阳坤，郭晓峰，武炳义，2010.青藏高原地表感热通量的近期变化趋势 [J].中国科学（地球科学），40（7）：923-932.

杨殿林，韩国栋，胡跃高，，2006 等.放牧对贝加尔针茅草原群落植物多样性和生产力的影响 [J].生态学杂志，25（12）：1470-1475.

杨帆，邵全琴，李愈哲，等，2016.北方典型农牧交错带草地开垦对地表辐射收支与水热平衡的影响 [J].生态学报，36（17）：5440-5451.

杨福囤，陆国泉，史顺海，1985.高寒矮嵩草草甸结构特征及其生产量 [C] // 高原生物学集刊，北京：科学出版社（4）：49-56.

杨健博，刘红年，费松，等，2013.太湖湖陆风背景下的苏州城市化对城市热岛特征的影响 [J].气象科学，33（5）：473-484.

杨靖春，王大珍，1989.东北羊草草原微生物呼吸速率的研究 [J].生态学报，9（2）：139-143.

杨林章，孙波，2008.中国农田生态系统养分循环与平衡及其管理 [M].北京：科学出版社.

杨林章，徐琪，2005.土壤生态系统 [M].北京：科学出版社.

杨书润，张树森，1997.对我国控制农业源温室气体排放的建议：借鉴几个发达国家的做法 [J].农业环境与发展，53（3）：16-19.

杨昕，王明星 2001.末次冰期极盛时陆地生态系统碳库的模式研究 [J].自然科学进展，11（10）：1074-1080.

杨学明 2000.利用农业土壤固定有机碳 – 缓解全球变暖与提高土壤生产力 [J].土壤与环境，9（4）：311-315.

杨耀先，李茂善，胡泽勇，等，2014.藏北高原高寒草甸地表粗糙度对地气通量的影响 [J].高原气象，33（3）：626-636.

杨英，耿玉清，黄桂林，等，2016.青海小泊湖区沼泽化草甸、草甸和沙地的土壤酶活性 [J].湿地科学，14（1）：20-26.

杨元合，朴世龙，2006.青藏高原草地植被覆盖变化及其与气候因子的关系 [J].植物生态学报，30（1）：1-8.

姚洁，陈海山，朱伟军，2010.北半球陆面过程对全球变暖响应特征的初步分析 [J].大气科学学报，33（2）：220-226.

姚润丰，2003.我国 90% 的天然草原已出现不同程度退化 [J].草业科学，20（12）：83-85.

姚玉璧，李耀辉，王毅荣，等，2005.黄土高原气候与气候生产力对全球气候变化的响应 [J].干旱地区农业研究（2）：202-208.

叶笃正，高由禧，1979.青藏高原气象学 [M].北京：科学出版社.

叶笃正，1992.中国的全球变化预研究 [M].北京：气象出版社.

易现峰，杨月琴，张晓爱，等，2003.海北高寒草甸生态系统研究定位站没有发现 C_4 植物—来自于稳定性碳同位素的证据 [J].植物学报，45（11）：1291-1296.

尹荣楼，王玮，尹斌，1993.全球温室效应及其影响 [M].北京：文津出版社.

尹燕亭，侯向阳，运向军，2011.气候变化对内蒙古草原生态系统影响的研究进展 [J].草业科学，（28）：1132-1139.

尤全刚，薛娴，彭飞，等，2015.高寒草甸草地退化对土壤水热性质的影响及其环境效应 [J].中国沙漠，35（05）：1183-1192.

于贵瑞，方华军，伏玉玲，等，2011.区域尺度陆地生态系统碳收支及其循环过程研究进展 [J].生态学报，31（19）：5449-5459.

于贵瑞，伏玉玲，孙晓敏，等，2006.中国陆地生态系统通量观测研究网络（ChinaFLUX）的研究进展及其发展思路 [J].中国科学，（D 辑：地球科学），（增刊 1）：1-21.

于贵瑞，何念鹏，王秋凤，2013.中国生态系统收支及碳汇功能 [M].北京：科学出版社.

于贵瑞，孙晓敏，2006.陆地生态系统通量观测的原理与方法 [M].北京：高等教育出版社.

于贵瑞，孙晓敏，2008.中国陆地生态系统碳通量观测技术及时空变化特征 [M].北京：科学出版社.

于贵瑞，王秋凤，刘迎春，等，2011.区域尺度陆地生态系统固碳速率和增汇潜力概念框架及其定量认证科学基础 [J].地理科学进展，30（7）：771-787.

于贵瑞，张雷明，孙晓敏，等，2004.亚洲区域陆地生态系统碳通量观测研究进展 [J].中国科学（D 辑：地球科学），

34（增刊Ⅱ）：15-29.

于贵瑞，赵新全，刘国华，2018.中国陆地生态系统增汇技术途径及其潜力分析［M］.北京：气象出版社.

于贵瑞，2003.全球变化与陆地生态系统碳循环和碳蓄积［M］.北京：北京气象出版社.180-201.

于惠，2013.青藏高原草地变化及其对气候的响应［D］.兰州：兰州大学.

于应文，胡自治，徐长林，等，1999.东祁连山高寒灌丛植被类型与分布特征［J］.甘肃农业大学学报，34（1）：12-17.

袁婧薇，倪健，2007.中国气候变化的植物信号和生态证据［J］.干旱区地理，30（4）：465-473.

袁汝华，黄涛珍，胡炜，2000.气候异常对我国水资源的影响及对策［J］.地理学报（55）：128-134.

岳平，张强，邓振镛，等，2010.草原生长期地表辐射和能量通量月平均日变化特征［J］.冰川冻土，32（5）：941-947.

展小云，于贵瑞，郑泽梅，等，2012.中国区域陆地生态系统土壤呼吸碳排放及空间格局：基于呼吸排放通量观测的地学统计评估［J］.地理科学进展31（1）：97-108.

张超，田荣湘，茆慧玲，等.，2018.青藏高原中东部地区地表感热通量的时空变化特征［J］.气候变化研究进展，14（2）：127-136.

张法伟，李红琴，刘安花，等，2007.青藏高原矮嵩草草甸地面热源强度与生物量的初步研究［J］.中国农业气象，28（2）：144-148.

张法伟，李英年，曹广民，等，2012.青海湖北岸高寒草甸草原生态系统 CO_2 通量特征及其驱动因子［J］.植物生态学报，36（3）：187-198.

张法伟，李英年，李红琴，等，2007.青藏高原3种主要植被类型的表观量子效率和最大光合速率的比较［J］.草地学报，15（5）：442-448.

张法伟，李英年，赵亮，等，2006.高寒矮嵩草（Kobresia humilis）草甸能量平衡及其闭合状况的初步研究［J］.山地学报，24（增刊）：258-265.

张法伟，李英年，赵新全，等，2008.一次降水过程对青藏高原高寒草甸 CO_2 通量和热量输送的影响［J］.生态学杂志，27（10）：1685-1691.

张法伟，刘安花，李英年，等，2008.青藏高原高寒湿地生态系统 CO_2 通量［J］.生态学报，28（2）：453-462.

张法伟，李英年，汪诗平，等，2009.青藏高原高寒草甸土壤有机质、全氮和全磷含量对不同土地利用格局的响应［J］.中国农业气象，30（3）：323-326.

张法伟，2007.青藏高原高寒湿地生态系统能量分配和 CO_2 通量的初步研究［D］.北京：中国科学院研究生院.

张海宏，李林，周秉荣，等，2017.青藏高原高寒湿地 CO_2 通量特征及影响因子分析［J］.冰川冻土，39（1）：54-60.

张浩鑫，李维京，李伟平，2017.春夏季青藏高原与伊朗高原地表热通量的时空分布特征及相互联系［J］.气象学报，75（2）：260-274.

张厚，1998.农业减排温室气体的技术措施［J］.农业环境与发展，55（1）：17-22.

张厚瑄，李玉娥，1996.减缓农业生产中温室气体排放的对策及其经济可行性初探［J］.中国农业气象，17（5）：7-11.

张家诚，1989.二氧化碳的气候效应与华北干旱问题［J］.气象，15（3）：3-9.

张家诚，1991.中国气候总论［M］.北京：气象出版社.

张家诚，1987.气候干旱化问题［C］//干旱气象文集.北京：气象出版社.4-22.

张金霞，曹广民，周党卫，等，2001a.放牧强度对高寒灌丛草甸土壤 CO_2 释放速率的影响［J］.草地学报，9（3）：183-190.

张金霞，曹广民，周党卫，等，2001b.草毡寒冻雏形土土壤 CO_2 释放特征［J］.生态学报，21（4）：544-549.

张金霞，曹广民，周党卫，等，2003.高寒矮嵩草草甸大气－土壤－植被－动物系统碳素储量及碳素循环［J］.生态学报，23（4）：627-634.

张金霞，曹广民，周党卫，等，2001c.退化草地暗沃寒冻雏形土 CO_2 释放的日变化和季节动态［J］.土壤学报，38（1）：31-40.

张静，李希来，徐占香，2008.三江源地区不同退化草地土壤物理性状分析［J］.草原与草坪（3）：34-37.

张凯，王润元，张强，等，2007.绿洲荒漠过渡带夏季晴天地表辐射和能量平衡及小气候特征［J］.中国沙漠，27

（6）：1055-1061.

张乐乐，高黎明，陈克龙，2018. 青海湖流域瓦颜山湿地辐射平衡和地表反照率变化特征 [J]. 冰川冻土，40（6）：1216-1222.

张立锋，张继群，张翔，等，2017. 三江源区退化高寒草甸蒸散的变化特征 [J]. 草地学报，25（2）：273-281.

张强，曹晓彦，2003. 敦煌地区荒漠戈壁地表热量和辐射平衡特征的研究 [J]. 大气科学（2）：245-254.

张强，黄菁，张良，等，2013a. 黄土高原区域气候暖干化对地表能量交换特征的影响 [J]. 物理学报，62（13）：561-572.

张强，李宏宇，张立阳，等，2013b. 陇中黄土高原自然植被下垫面陆面过程及其参数对降水波动的气候响应 [J]. 物理学报，62（1）：514-524.

张强，王胜，卫国安，2003. 西北地区戈壁局地陆面物理参数的研究 [J]. 地球物理学报，46（5）：616-623.

张强，卫国安，黄荣辉，2001. 西北干旱区荒漠戈壁动量和感热总体输送系数 [J]. 中国科学 D 辑，31（9）：783-792.

张强，张存杰，白虎志，2010. 西北地区气候变化新动态及对干旱环境的影响 [J]. 干旱气象，28（1）：1-7.

张强，张良，黄菁，等，2014. 我国黄土高原地区陆面能量的空间分布规律及其与气候环境的关系 [J]. 中国科学（地球科学），44（9）：2062-2076.

张强，周毅，2002. 敦煌绿洲夏季典型晴天地表辐射和能量平衡及小气候特征 [J]. 植物生态学报，26（6）：717-723.

张桥英，张运春，罗鹏，等，2007. 白马雪山阳坡林线方枝柏种群的生态特征 [J]. 植物生态学报，31（5）：857-864.

张士锋，华东，孟秀敬，等，2011. 三江源气候变化及其对径流的驱动分析 [J]. 地理学报，66（1）：13-24.

张钛仁，颜亮东，张峰，等，2007. 气候变化对青海天然牧草影响研究 [J]. 高原气象（4）：724-731.

张伟，王根绪，周剑，等，2012. 基于 CoupModel 的青藏高原多年冻土区土壤水热过程模拟 [J]. 冰川冻土，34（5）：1099-1109.

张宪洲，石培礼，刘允芬，等，2004. 青藏高原高寒草原生态系统土壤 CO_2 排放及其碳平衡 [J]. 中国科学（D 辑：地球科学）（增刊2）：193-199.

张宪洲，张谊光，周允华，1997. 青藏高原 4—10 月光合有效量子值的气候学计算 [J]. 地理学报，52（4）：361-365.

张翔，刘晓琴，张立峰，等，2017. 青藏高原三江源区人工草地能量平衡的变化特征 [J]. 生态学报，37（15）：4973-4983.

张小全，侯振宏，2009. 第二承诺期 LULUCF 有关议题谈判进展与对策建议 [J]. 气候变化研究进展，5（2）：95-102.

张小全，侯振宏，2003. 森林、造林、再造林和毁林的定义与碳计量问题 [J]. 林业科学，39（2）：145-152.

张新时，唐海萍，董孝斌，等，2016. 中国草原的困境及其转型 [J]. 科学通报（61）：165-177.

张新时，1993. 研究全球变化的植被—气候分类系统 [J]. 第四纪研究（2）：157-169.

张新时，1994. 中国山地植被垂直带的基本生态地理类型 [C] // 植被生态学研究. 北京：科学出版社 .77-92.

张镱锂，李炳元，郑度，2002. 论青藏高原范围与面积 [J]. 地理研究，21（1）：1-8.

张颖，章超斌，王钊齐，等，2017. 三江源 1982—2012 年草地植被覆盖度动态及其对气候变化的响应 [J]. 草业科学，34（10）：1977-1990.

张永强，沈彦俊，刘昌明，等，2002. 华北平原典型农田水、热与 CO_2 通量的测定 [J]. 地理学报，57（3）：333-342.

张宇，赵四强，1991. 关于逐日太阳辐射估算方法的探讨 [J]. 气象，17（10）：52-53.

张蕴薇，韩建国，韩永伟，等，2003. 不同放牧强度下人工草地土壤微生物量碳、氮的含量 [J]. 草地学报，11（4）：342-345.

张智慧，王维真，马明国，等，2010. 黑河综合遥感联合试验涡动相关通量数据处理及产品分析 [J]. 遥感技术与应用，25（6）：788-796.

章基嘉，葛玲，1983. 中长期天气预报基础 [M]. 北京：气象出版社 .

章基嘉，朱抱真，朱福康，1988. 青藏高原气象学进展：青藏高原气象科学实验和研究 [M]. 北京：科学出版社 .

赵东升，李双成，吴绍洪，2006. 青藏高原的气候植被模型研究进展 [J]. 地理科学进展，25（004）：68-78.

赵钢，曹子龙，李青丰，2003. 春季禁牧对内蒙古草原植被的影响 [J]. 草地学报，12（2）：183-188.

赵钢，李青丰，张恩厚，2006. 春季休牧对绵羊和草地生产性能的影响 [J]. 仲恺农业技术学院学报，19（1）：1-7.

赵慧颖，魏学占，乌秋力，等，2008.呼伦贝尔典型草原区牧草气候生产潜力评估［J］.干旱地区农业研究，（1）：137-140，159.

赵金忠，高红贤，郭连云，2014.近50年青海海南地区气候变化趋势及突变分析［J］.中国农学通报，30（29）：234-238.

赵景波，杜娟，袁道先，等，2002.西安地区土壤CO_2释放量和释放规律［J］.环境科学，23（1）：25.

赵景学，祁彪，多吉顿珠，等，2011.短期围栏封育对藏北3类退化高寒草地群落特征的影响［J］.草业学报，28（1）：59-62.

赵亮，古松，杜明远，等，2004.海北高寒草甸辐射能量的收支及植物生物量季节变化［J］.草地学报，12（1）：66-69.

赵亮，古松，周华坤，等，2008.青海省三江源人工草地生态系统CO_2通量［J］.植物生态学报，32（3）：544-554.

赵亮，李英年，赵新全，等，2005.青藏高原3种植被类型净生态系统CO_2交换量的比较［J］.科学通报，50（9）：926-932.

赵亮，徐世晓，伏玉玲，等，2005.积雪对藏北高寒草甸CO_2和水汽通量的影响［J］.草地学报，13（3）：242-247.

赵亮，徐世晓，李英年，等，2006.青藏高原矮嵩草草甸和金露梅灌丛草甸CO_2通量变化与环境因子的关系［J］.西北植物学报，26（1）：139-148.

赵林，程国栋，李述训，2000.青藏高原五道梁附近多年冻土活动层冻结和融化过程［J］.科学通报，45（11）：1205-1211.

赵名茶，1995.全球CO_2倍增对我国自然地域分异及农业生产的影响的预测［J］.自然资源学报，10（2）：148-157.

赵其国，刘良梧，1990.我国土地资源在人为利用下的变化及其对环境的影响［J］.土壤，22（5）：225-229.

赵倩，刘文杰，陈生云，等，2014.祁连山疏勒河上游多年冻土区高寒草甸土壤CO_2呼吸排放通量特征［J］.冰川冻土，36（6）：1572-1581.

赵荣钦，黄爱民，秦明周，等，2004.中国农田生态系统碳增汇/减排技术研究进展［J］.河南大学学报（自然科学版），34（1）：60-65.

赵晓松，黄耀，2008.三江平原沼泽湿地垦殖对水热通量的影响［A］//中国气象学会年会大气环境监测、预报与污染物控制分会场论文集.336-349.

赵新全，曹广民，李英年2009.高寒草甸生态系统与全球变化［M］.北京：科学出版社.

赵新全，周华坤2005.三江源区生态环境退化、恢复治理及其可持续发展［J］.中国科学院院刊，20（6）：471-476.

赵新全.三江源退化草地生态系统恢复与可持续管理［M］.北京：科学出版社，2011，85-126.

赵雪雁，万文玉，王伟军2016.近50年气候变化对青藏高原牧草生产潜力及物候期的影响［J］.中国生态农业学报，24（4）：532-543.

赵有益，龙瑞军，林慧龙，等，2008.草地生态系统安全及其评价研究［J］.草业学报，17（2）：143-150.

郑度，张荣祖，杨勤业，1979.试论青藏高原的自然地带［J］.地理学报，46（1）：1-11.

郑景云，葛全胜，赵会霞，2003.近40年中国植物物候对气候变化的响应研究［J］.中国农业气象（1）：29-33.

郑益群，钱永甫，苗曼倩，等，2002.植被变化对中国区域气候的影响Ⅰ：初步模拟结果［J］.气象学报，60（1）：1-16.

郑益群，于革，2002.植被变化对中国区域气候的影响Ⅱ.机理分析［J］.气象学报，60（1）：17-30.

郑远长，1995.青藏高原东南部山地森林植被–气候关系研究［J］.地理研究，14（4）：104-104.

政府间气候变化专门委员会2007.气候变化2007［R］//自然科学基础.

中国科学院南京土壤研究所微生物室编，1985.土壤微生物研究方法［M］.北京：科学出版社.

中国科学院南京土壤研究所系统分类课题组，等，1991.中国土壤系统分类［M］.北京：科学出版社.

中国科学院西北高原生物研究所，1991.青海省植被图［M］.北京：中国地图出版社.

中国气象局，1996.气象辐射观测方法［M］.北京：气象出版社.

中国气象局气候变化中心，2019.中国气候变化蓝皮书［R］.北京.

中国生态学学会，.2002.面向新世纪的草地生态学研究［A］//生态安全与生态建设—中国科协2002年学术年会论文集.

中国水利报，2012.9.14.为中华水塔构筑绿色生态屏障（5版）.

中华人民共和国农业部畜牧兽医司，全国畜牧兽医总站，1996. 中国草地资源 [M]. 北京：中国科学技术出版社.

仲雷，马耀明，李茂善，2007. 珠穆朗玛峰绒布河谷近地层大气湍流及能量输送特征分析 [J]. 大气科学，31（1）：48-56.

周秉荣，李凤霞，肖宏斌，等，2013. 黄河源区高寒草甸下垫面 2009/2010 年能量平衡特征分析 [J]. 冰川冻土，35（3）：601-608.

周秉荣，李凤霞，颜亮东，等，2011. 青海省太阳总辐射估算模型研究 [J]. 中国农业气象，32（4）：495-499.

周秉荣，颜亮东，校瑞香，2012. 三江源地区太阳辐射与日照时空分布特征 [J]. 资源科学，34（11）：2 074-2 079.

周党卫，曹广民，张金霞，等，2003. 植物生长季退化草毡寒冻雏形土 CO2 释放特征 [J]. 应用生态学报，14（3）：367-371.

周道玮，1992. 草原管理用火 [J]. 内蒙古草业（1）：22-25.

周广胜，张新时，1996a. 全球变化中的中国气候—植被分类研究 [J]. 植物学报，38（1）：8-17.

周广胜，张新时，1996. 全球气候变化的中国自然植被的净第一性生产力研究 [J]. 植物生态学报，20（1）：11-19.

周广胜，张新时，1996b. 植被对于气候的反馈作用 [J]. 植物学报，38（1）：1-7.

周华坤，姚步青，于龙，2016. 三江源区高寒草地退化演替与生态恢复 [M]. 北京：科学出版社.

周华坤，赵新全，温军，等，2012. 黄河源区高寒草原的植被退化与土壤退化特征 [J]. 草业学报，21（5）：1-11.

周华坤，赵新全，赵亮，等，2007. 高山草甸垂穗披碱草人工草地群落特征及稳定性研究 [J]. 中国草地学报，29（2）：13-25.

周华坤，赵新全，周立，等，2005. 青藏高原高寒草甸的植被退化与土壤退化特征研究 [J]. 草业学报，14（3）：31-40.

周立，王启基，赵京，等，1995. 高寒草甸牧场最优放牧强度的研究 [C] // 高寒草地生态系统（4），北京：科学出版社：377-390.

周陆生，2001. 青海省长期气候变化趋势及其对生态环境可能影响的初步展望 [J]. 青海气象（2）：2-13.

周明煜，徐祥德，卞林根，等，2000. 青藏高原大气边界层观测分析与动力学研究 [M]. 北京：气象出版社. 79-99.

周萍，刘国彬，薛萐，2009. 草地生态系统土壤呼吸及其影响因素研究进展 [J]. 草业学报，18（2）：184-193.

周兴民，李健华，1982. 海北高寒草甸生态系统定位站的主要植被类型及其地理分布规律 [C] // 高寒草甸生态系统（1）. 兰州：甘肃人民出版.

周兴民，王启基，张堰青，等，1995. 青藏高原退化退化草地的现状、调控策略和持续发展 [C] // 高寒草地生态系统（4）. 北京：科学出版社：263-268.

周兴民，王质彬，杜庆，1987. 青海植被 [M]. 西宁：青海人民出版社.

周兴民，吴珍兰，2006. 植被与植物检索表：中国科学院海北高寒草甸生态系统研究站 [M]. 西宁：青海人民出版社.

周兴民，2001. 中国嵩草草甸 [M]. 北京：科学出版社.

周幼吾，郭东信，邱国庆，等，2000. 中国冻土 [M]，北京：科学出版社.

周允华，项月琴，单福芝，1984. 光合有效辐射（PAR）的气候学研究 [J]. 气象学报，42（4）：387-397.

周允华，项月琴，1987. 太阳直接辐射光量子通量的气候学计算方法 [J]. 地理学报，42（2）：116-128.

朱宝文，陈晓光，郑有飞，等，2009. 青海湖北岸天然草地小尺度地表径流与降水关系 [J]. 冰川冻土（31）：1074-1079.

朱宝文，侯俊岭，严德行，等，2012. 草甸化草原优势牧草冷地早熟禾生长发育对气候变化的响应 [J]. 生态学杂志，31（6）：1525-1532.

朱炳海，王鹏飞，束家鑫，1985. 气象学词典 [M]. 上海：上海辞书出版社.

朱耿睿，李育，2015. 基于柯本气候分类的 1961-2013 年我国气候区类型及变化 [J]. 干旱区地理，38（6）：1121-1132.

朱桂茹，李家藻，唐诗声，等，1982. 海北高寒草甸生态系统定位站土壤微生物学的研究 [C] // 高寒草甸生态系统. 兰州：甘肃人民出版社，144-162.

朱立博，曾昭海，赵宝平，等，2008. 春季休牧对草地植被的影响 [J]. 草地学报，16（3）：278-282.

朱连奇，许立民，2004. 草地改良对土壤有机碳的影响—以福建省建瓯市牛坑龙草地生态系统试验站为例 [J]. 河南大学学报（自然科学版），34（2）：64-68.

朱乾根，林锦瑞，寿绍文，1983. 天气学原理和方法［M］.北京：气象出版社.

朱文泉，潘耀忠，张锦水，2007. 中国陆地植被净初级生产力遥感估算［J］.植物生态学报，31（3）：413-424.

朱志辉，1987. 墙面太阳辐照的理论计算公式：以上海为例［J］.地理学报，42（1）：28-41.

朱志鸥，马耀明，胡泽勇等.青藏高原那曲高寒草甸生态系统 CO2 净交换及其影响因子［J］.高原气象，2015，34（5）：1 217-1 223.

朱治林，孙晓敏，张仁华，等，2002. 内蒙古半干旱草原能量物质交换的微气象方法估算［J］.气候与环境变化研究，7（3）：351-358.

诸葛玉平，张旭东，刘启，2005. 长期施肥对黑土呼吸过程的影响［J］.土壤通报，36（3）：391-394.

竺可桢，1979. 华北之干旱及其前因后果［A］∥竺可桢文集［C］.北京：科学出版社.1-91.

竺夏英，刘屹岷，吴国雄，2012. 夏季青藏高原多种地表感热通量资料的评估［J］.中国科学：地球科学，42（7）：1104-1112.

宗宁，石培礼，蒋婧，等，2013. 短期氮素添加和模拟放牧对青藏高原高寒草甸生态系统呼吸的影响［J］.生态学报，33（19）：6 191-6 201.

左大康，王懿贤，陈建绥，1963. 中国地区太阳总辐射的空间分布特征［J］.气象学报，33（1）：78-96.

左大康，1991. 地球表层辐射研究［M］.北京：科学出版社.

Abdalla M，Kumar S，Jones M，et al.，2011. Testing DNDC model for simulating soil respiration and assessing the effects of climate change on the CO_2 gas flux from Irish agriculture［J］.Global & Planetary Change，78，106-115.

Abdalla M，Saunders M，Hastings A，et al.，2013. Simulating the impacts of land use in Northwest Europe on Net Ecosystem Exchange（NEE）：The role of arable ecosystems，grasslands and forest plantations in climate change mitigation［J］.Science of the Total Environment，465：325-336.

Aber J D，Mcdowell W，Nadelhoffer K，et al.，1998. Nitrogen saturation in temperate forest ecosystems［J］.Bioscience，48：921-934.

Abrams J F，Hohn S，Rixen T，et al.，2016. The impact of Indonesian peatland degradation on downstream marine ecosystems and the global carbon cycle［J］.Global change biology，22（1）：325-337.

Abuasab M S，Peterson P M，Shetler S G，et al.，2001. Earlier plant flowering in spring as a response to global warming in the Washington，DC，area［J］.Biodiversity & Conservation，10（4）：597-612.

Adams J M，Faure H，Faure-Denard L，et al.，1990. Increases in terrestrial carbon storage from the Last Glacial Maximum to the present［J］.Nature，348（6303）：711-714.

Aires L M，Pio C A and Pereira J S，2008. The effect of drought on energy and water vapour exchange above a mediterranean C_3/C_4 grassland in Southern Portugal［J］.Agricultural and Forest Meteorology，148（4）：565-579.

Alder P B and Lauenroth W K，2000. Livestock exclusion increases the spatial heterogeneity of vegetation in Colorado shortgrass steppe［J］.Applied Vegetation Science，3：213-222.

Al-Riahi M，Al-Jumaily K and Kamies I，2003. Measurements of net radiation and its components in semi-arid climate of Baghdad［J］.Energy Conversion and Management，44（4）：509-525.

Alward R D，1999. Grassland Vegetation Changes and Nocturnal Global Warming［J］.Science，283（5399）：229-231.

Amatya P M，Ma Y，Han C，et al.，2015. Mapping regional distribution of land surface heat fluxes on the southern side of the central Himalayas using TESEBS［J］.Theoretical and Applied Climatology，1-12.

Amthor J S，Baldocchi D D，2001. Terrestrial higher plant respiration and net primary production. In：Roy J，Saugier B，Mooney HA（eds）.Terrestrial Global Productivity［J］.San Diego，CA：Academic Press，33-59.

Anderson D E，Verma S B，Clement R E，et al.，1986. Turbulence spectra of CO_2，water vapor，temperature and velocity over a deciduous forest［J］.Agricultural and Forest Meteorology，38（1-3）：81-99.

Anderson D W，Coleman D C，1985. The dynamics of organic matter in grassland soils［J］.Journal of Soil and Water Conservation，40：211-216.

Anderson J M，1992. Soil and climate change［J］.Advance in ecological research，22：188-210.

Ando T，2006. Effects of valley mixing and exchange on excitons in carbon nanotubes with Aharonov–Bohm flux [J]. Journal of the Physical Society of Japan，75（2）：024707–024707.

Angus D E and Watts P J，1984. Evapotranspiration–how good is the Bowen ratio method？[J]. Agricultural Water Management，8（1–3）：133–150.

Arain M A，Black T A，Barr A G，et al.，2003. Year–round observations of the energy and water vapour fluxes above a boreal black spruce forest [J]. Hydrological Processes，17（18）：3581–3600.

Aranibar J N，Otter L，Macko S A，et al.，2004. Nitrogen cycling in the soil–plant system along a precipitation gradient in the Kalahari sands [J]. Global Change Biology，10：359–373.

Arndal M F，Illeris L，Michelsen A，et al.，2009. Seasonal variation in gross ecosystem production，plant biomass，and carbon and nitrogen pools in five high arctic vegetation types [J]. Arct Antarct Alp Res，41：164–173.

Atkin O K，Edwards E J，Loveys B R，2000. Response of root respiration to changes in temperature and its relevance to global warming [J]. New Phytol，147：141–154.

Aubinet M，Chermanne B，Vandenhaute M，et al.，2001. Long term carbon dioxide exchange above a mixed forest in the Belgian Ardennes [J]. Agricultural and Forest Meteorology，108：293–315.

Aubinet M，Grelle A，Ibrom A，et al.，2000. Estimates of the annual net carbon and water exchange of European forests：the EUROFLUX methodology [J]. Advances in ecological Research，30：113–174.

Babel W，Biermann T，Coners H，et al.，2014. Pasture degradation modifies the water and carbon cycles of the Tibetan highlands [J]. Biogeosciences，11（23）：6633–6656.

Bahn M，Reichstein M，Davidson E，et al.，2010a. Soil respiration at mean annual temperature predicts annual total across vegetation types and biomes [J]. Biogeosciences，7，2147.

Bai Y，Han X，Wu J，et al.，2004. Ecosystem stability and compensatory effects in the Inner Mongolia grassland. [J]. Nature431（7005）：181–184.

Baker J M，Norman J M，Bland W L，1992. Field scale application of flux measurement by conditional sampling [J]. Agricultural and Forest Meteorology，62：31–52.

Baldocchi D D，Falge E，Wilson K，2000b. A sprctral analysis of biosphere–atmosphere trace gas flux densities and meteorological variables across hour to year time scales [J]. Agricultural and Forest Meteorology，107：1–27.

Baldocchi D D，Xu L K and Kiang N，2004. How plant functional–type，weather，seasonal drought，and soil physical properties alter water and energy fluxes of an oak–grass savanna and an annual grassland [J]. Agricultural and Forest Meteorology，123（1）：13–39.

Baldocchi D D，2003. Assessing the eddy covariance technique for evaluating carbon dioxide exchange rates of ecosystems：past，present and future [J]. Global Change Biology，9（4）：479–492.

Baldocchi D D，1997. Measuring and modeling carbon dioxide and water vapor exchange over a temperate broad–leaved forest during the 1995 summer drought [J]. Plant，Cell and Environment，20：1108–1122.

Baldocchi D，Falge E，Gu L，et al.，2001. FLUXNET：A New Tool to Study the Temporal and Spatial Variability of Ecosystem-Scale Carbon Dioxide，Water Vapor，and Energy Flux Densities. [J]. Bulletin of the American Meteorological Society，82（11）：2415–2434.

Baldocchi D，Finnigan J，Wilson K，et al.，2000a. On measuring net ecosystem carbon exchange over tall vegetation on complex ter–rain [J]. Boundary-Layer Meteorology，96：257–291.

Baldocchi D，Hicks B B，Meyers T P，1988. Measuring biosphere–atmosphere exchanges of biologically related gases with micrometeorological methods [J]. ecology，69：1331–1340.

Baldocchi D，Kelliher F M，Black T A，et al.，2000. Climate and vegetation controls on boreal zone energy exchange [J]. Global Change Biology，6（S1）：69–83.

Baldocchi D，Meyers T P，1998. On using eco–physiological，micrometeorological and biogeochemical theory to evaluate carbon dioxide，water vapor and gaseous deposition fluxes over vegetation [J]. Agricultural and Forest Meteorology，90：1–26.

Baldocchi D，Valentini R，Running S，et al.，1996 . Strategies for measuring and modeling carbon dioxide and water vapour fluxes over terrestrial ecosystems ［J］. Global Change Biology，2（3）：159-168.

Batjes N H，1998. Mitigation of atmospheric CO_2 concentrations by in-creased carbon sequestration in the soil ［J］. Biological Fertilization and Soils，27：230-235.

Batjes N H，1996. Total carbon and nitrogen in the soils of the world ［J］. Europe Journal of Soils Science，47：151-163.

Battle M，Bender M L，Tans P，et al.，2000. Global carbon sinks and their variability inferred from atmospheric O_2 and $\delta\ ^{13}C$ ［J］. Science，287：2467-2470.

Baumann F，He J S，Schmidt K，et al.，2009. Pedogenesis，permafrost，and soil moisture as controlling factors for soil nitrogen and carbon contents across the Tibetan Plateau ［J］. Global Change Biology，15（12）：3001-3017.

Bavel C H M V and Hillel D I，1976. Calculating potential and actual evaporation from a bare soil surface by simulation of concurrent flow of water and heat ［J］. Agricultural Meteorology，17（6）：453-476.

Bazzaz F A，Williams W E，1991. Atmospheric CO_2 concentrations within a mixed forest：Implications for seedling growth ［J］. Ecology，72（11）：2-16.

Begg K，Parkinson S，Wilkinson R，2001. Maximizing GHG emissions reductionand sustainable development aspects in the clean development mechanism ［J］. World Resources Review，13（3）：315-334.

Berbigier P，Bonnefond J M，Mellmann P，2001. CO_2 and water vapour fluxe for 2 years above Euroflux forest site ［J］. Agricultural and a Forest Meteorology，108：183-197.

Berglund，Ö.，Berglund，K.，Klemedtsson，L，2010. A lysimeter study on the effect of temperature on CO2 emission from cultivated peat soils ［J］. Geoderma，154，211-218.

Beringer J and Tapper N，2002. Surface energy exchanges and interactions with thunderstorms during the Maritime Continent Thunderstorm Experiment（MCTEX）［J］. Journal of Geophysical Research：Atmospheres，107（D21）：4552.

Beringer J，Chapin F S III，Thompson C C，et al.，2005. Surface energy exchanges along a tundra-forest transition and feedbacks to climate ［J］. Agricultural and Forest Meteorology，131（3）：143-161.

Beringer J，Livesley S J，Randle J，et al.，2013. Carbon dioxide fluxes dominate the greenhouse gas exchanges of a seasonal wetland in the wet-dry tropics of northern Australia ［J］. Agricultural and forest meteorology，182：239-247.

Beyrich F，Bruin H A R D，Meijninger W M L，et al.，2002. Results from One-Year Continuous Operation of a Large Aperture Scintillometer over a Heterogeneous Land Surface ［J］. Boundary-Layer Meteorology，105（1）：85-97.

Bhatt G M，1973. Significance of path coefficient analysis in association ［J］. Euphytica，22（2）：338-343.

Biasi C，Meyer H，Rusalimova O，et al.，2008. Initial effects of experimental warming on carbon exchange rates，plant growth and microbial dynamics of a lichen-rich dwarf shrub tundra in Siberia ［J］. Plant Soil，307：191-205.

Biederbeck V O，Janzen H H，et al.，1994. Labile soil organic matter as influenced by cropping practices in an arid environment ［J］. Soil Biology & Biochemistry，26：1647-1656.

Billesbach D P and Arkebauer T J，2012. First long-term，direct measurements of evapotranspiration and surface water balance in the Nebraska Sandhills ［J］. Agricultural and Forest Meteorology，156（1）：104-110.

Bink N J，1996. The Structure of the Atmospheric Surface Layer Subject to Local Advection ［D］. Ph. D. Thesis. Agricultural Universit，Wageningen，The Netherlands.

Black D M，Cummings S R，Karpf D B，et al.，1996. Randomised trial of effect of alendronate on risk of fracture in women with existing vertebral fractures. Fracture Intervention Trial Research Group ［J］. Lancet，348（9041）：1535-1541.

Blad B L，Rosenberg N J，1974. Lysimetric calibration of the Bowen ratio-energy balance method for evapotranspiration estimation in the Central Great Plains ［J］. Journal of Applied Meteorology，13（2）：227-236.

Blake D R，Meyer R E，Tyler S. Global increase of atmospheric methane concentration between 1978 and 1980 ［J］. Geophysics Resarch Letters，82：477-480.

Bland B L and Rosenberg N J，1974. Lysimetric calibration of the Bowen ratio-energy balance method for evapotranspiration estimation in the central great Plains ［J］. J. APPL. Meteorol，13：227-236.

Blank M M，Barritt B H，Kappel F，1997. Contribution of soil respiration to the carbon balance of apple orchard ［J］. Acta

Hort，451：337-344.

Blanken P D，Black T A，Neumann H H，et al.，1998. Turbulence flux measurements above and below the overstory of a boreal aspen forest［J］. Boundary-Layer Meteorology，89（1）：109-140.

Blanken P D，Black T A，Yang P C，et al.，1997. Energy balance and canopy conductance of a boreal aspen forest: partitioning overstory and understory components［J］. Journal of Geophysical Research：Atmospheres，102（D24）：28915-28927.

Blecha M，Faimon J，2014. Spatial and temporal variations in carbon dioxide（CO_2）concentrations in selected soils of the Moravian Karst（Czech Republic）［J］. Carbonates and evaporites，29（4）：395-408.

Bockheim J G，Munroe J S，2014. Organic carbon pools and genesis of alpine soils w ith permafrost：A review［J］. Arctic Antarctic and Alpine R esearch，46（4）：987-1006.

Bockheim J，Vieira G，Ramos M，et al.，2013. Climate warming and permafrost dynamics in the Antarctic Peninsula region ［J］. Global and Planetary Change，100：215-223.

Bohn H L，1976. Estimate of organic carbon in world soils［J］. Soil Science Society of America Journal，40：468-470.

Bolin B，Doos B R，Jager J，et al.，1986. The Greenhouse Effect，Climate Change and Ecosystems［J］. John Wiley and Sons，New York.

Bonan G B，Pollard D and Thompson S L，1992. Effects of boreal forest vegetation on global climate［J］. Nature，359（6397）：716-718.

Bonan G B，1997. Effects of land use on the climate of the United States. Climatic Change，37（3）：449-486.

Bondlamberty B，Thomson A，et al.，2010. A global database of soil respiration data［J］. Biogeosciences，7，6（2010-06-15）：7，1915-1926.

Bongiovanni M D，Lobartini J C，2006. Particulate organic matter，carbohydrate，humic acid contents in soil macro-and microaggregates as affected by cultivation［J］. Geoderma，136：660-665.

Boone R D，Nadelhoer K J，Canary J D，et al.，1998. Roots exert a strong influence on the temperature sensitivity of soil respiration［J］. Nature，396：570-572.

Borak J S，Jasinski M F，Crago R D，2005. Time series vegetation aerodynamic roughness fields estimated from MODIS observations［J］. Agricultural and Forest Meteorology，135（1）：252-268.

Börjesson G，Samuelsson J，Chanton J，2007. Methane Oxidation in Swedish Landfills Quantified with the Stable Carbon Isotope Technique in Combination with an Optical Method for Emitted Methane［J］. Environmental Science & Technology，41：6684-6690.

Borken W，Brumme R，2010. Liming practice in temperate forest ecosystems and the effects on CO2，N2O and CH4 fluxes ［J］. Soil Use & Management，13，251-257.

Boucher O，Myhre G and Myhre A，2004. Direct human influence of irrigation on atmospheric water vapour and climate［J］. Climate Dynamics，22（6-7）：597-603.

Bouma T J，Nielsen K L，Eissenstat D M，1997. Estimating respiration of roots in soil：Interactions with soil CO_2，soil temperature and soil water content［J］. Plant and Soil，195：221-232.

Bousquet P，Peylin P，Ciais P，et al.，2000. Regional changes in carbon dioxide fluxes of land and oceans since 1980［J］. Science，290：1342-1346.

Bowden R D，Melillo J M，Steudler P A，et al.，1990. Effects of nitrogen additions on annual nitrous oxide fluxes from temperate forest soils in the northeastern United States［J］. Journal of Geophysical Research Atmospheres，96，9321-9328.

Bowden R D，Nadelhoffer K J，Boone R D，et al.，1993. Contribution of aboveground litter，and root respiration total soil respiration in a temperate mixed hardwood forest［J］. Canadian Journal of Forest Research，23：1402-1407.

Bowen I S，1926. The ratio of heat losses by conduction and by evaporation from any water surface［J］. Physical Review，27（6）：779-789.

Bowling D R，Bethers‐Marchetti S，Lunch C K，et al.，2010. Carbon，water，and energy fluxes in a semiarid cold desert grassland during and following multiyear drought [J]. Journal of Geophysical Research: Biogeosciences, 115 (G4).

Braswell B H, Schimel D S, Linder E, et al., 1997. The response of global terrestrial ecosystems to inter-annual temperature variability [J]. Science, 278: 870-872.

Braun S, Rihm B, Schindler C, et al., 2000. Growth of mature beech in relation to ozone and nitrogen deposition: an epidemiological approach [J]. Water Air Soil Pollut, 116, 356-364.

Bremer D J and Ham J M, 1999. Effect of spring burning on the surface energy balance in a tallgrass prairie [J]. Agricultural and Forest Meteorology, 97 (1): 43-54.

Bremer D J, Auen L M, Ham J M, et al., 2001. Evapotranspiration in a prairie ecosystem: effects of grazing by cattle [J]. Agronomy Journal, 93 (2): 338-348.

Bridgham S D, Megonigal J P, Keller J K, et al., 2006. The carbon balance of North American wetlands [J]. Wetlands, 26 (4): 889-916.

Briones M J I, Poskitt J, Ostle N, 2004. Influence of warming and enchytraeid activities on soil CO_2 and CH4 fluxes [J]. Soil Biology and Biochemistry, 36: 1851-1859.

Brooks P D, Schmidt S K, Williams M W, 1997. Winter production of CO_2 and N_2O from alpine tundra: environmental control and relationship to inte-system C and N fluxes [J]. Oecologia, 110: 403-413.

Brunsell N A, Ham J M, Arnold K A, 2011. Validating remotely sensed land surface fluxes in heterogeneous terrain with large aperture scintillometry [J]. International Journal of Remote Sensing, 32 (21): 6295-6314.

Brunsell N, Mechem D, Anderson M, 2011. Surface heterogeneity impacts on boundary layer dynamics via energy balance partitioning [J]. Atmospheric Chemistry and Physics, 11 (7): 3403-3416.

Brutsaert W. Evaporation into the atmosphere [M], 1982. Dordrecht: Springer.

Bsaibes A, Courault D, Baret F, et al., 2009. Albedo and LAI estimates from FORMOSAT-2 data for crop monitoring [J]. Remote Sensing of Environment, 113 (4): 716-729.

Bunnell F L, Scoullar K A, 1975. ABISIO IIacomputer simulation of carbon flux in tundra ecosystems [J]. Ecol Bull, 20: 425-448.

Burke, I.C., Lauenroth, W.K. and Parton, W.J. Regional and temporal variation in net primary production and nitrogen mineralization in grasslands [J], 1997. Ecology, 78 (5): 1330-1340.

Businger J A, Delany A C, 1990. Chemical sensor resolution required for measuring surface fluxes by three common micrometeorological techniques [J]. Journal of Atmospheric Chemistry, 10: 399-410.

Businger J A, Oncley S P, 1990. Flux Measurement with Conditional Sampling [J]. Journal of Atmospheric and Oceanic Technology, 7 (2): 349-352.

Businger J A, Wyngaard J C, Izumi Y. and Bradley E F, 1971. Flux-Profile Relationships in the Atmospheric Surface Layer [J]. Journal of the Atmospheric Sciences, 28 (2): 181-189.

Businger J A, 1986. Evaluation of the accuracy with which dry deposition can be measured with current micrometeorological technique [J]. Journal of Climate and Applied Meteorology, 25: 1100-1124.

Buttolph L P, Cppock D L, 2004. Influence of deferred grazing on vegetation dynamics and livestock productivity in an Andean pastoral system [J]. Journal of Applied Ecology, 41 (4): 664-674.

Buyanovsky G A, Kucera C L, WagnerG H, 1987. Comparative analyses of carbon dynamics in native and cultivated ecosystems [J]. Ecology, 68 (6): 2023-2031.

Callendar G S, 1938. The artificial production of carbon dioxide and influence on temperature [J]. Quarterly Journal of the Royal Meteorological Society, 64: 223-240.

Campbell G S an, Norman J M, 1977. An introduction to environmental biophysics [M]. New York: Springer.

Canadel J G, Mooney H A, Baldocchi D D, et al., 2000. Carbon Metabolism of the Terrestrial biosphere: Amultite-chnique approach for improved understanding [J]. Ecosystems3: 115-130.

Cao GM, Tang H, Mo H, et al., 2004. Grazing intensity alters soil respiration in an alpine meadowon the Tibetan plateau [J]. Soil Biology&Biochemistry, 36: 237-243.

Cao M K, Tao B, Li K R, et al., 2003. Interannual variation in terrestrial ecosystem carbon fluxes in China from 1981 to 1998 [J]. Acta Bot. Sin, 45 (5): 552-560.

Cao M K, Woodward F I, 1998. Dynamic responses of terrestrial ecosystem carbon cycling to global climate change [J]. Nature, 393: 249-252.

Caprez R, Niklaus P A, Körner C, 2012. Forest soil respiration reflects plant productivity across a temperature gradient in the Alps [J]. Oecologia, 170: 1143-1154.

Carvalho J V D S, Mendonça E D S, La Scala N, et al., 2013. CO_2-C losses and carbon quality of selected Maritime Antarctic soils [J]. Antarctic Science, 25 (1): 11-18.

CENRRNSTC (Committee on Environment and Natural Resources Research of the National Science and Technology Council), 1995. Our changing plant-the fiscal year [C] //Washington D C: US Global Chang Research Program, 1-38.

Chai X, Shi P, Song M, et al., 2019. Carbon flux phenology and net ecosystem productivity simulated by a bioclimatic index in an alpine steppe-meadow on the Tibetan Plateau [J]. ecological Modelling, 394: 66-75.

Chapin et al. Chapin F S, Woodwell G M, Randerson J T, et al., 2006. Reconciling carbon-cycle concepts, terminology, and methods [J]. Ecosystems, 9: 1041-1050.

Chapin F S III, Sturm M, Serreze M C, et al., 2005. Role of land-surface changes in Arctic summer warming [J]. Science, 310 (5748): 657-660.

Chapin F S, Maston P A, Mooney H A, 2002. Principles of Terrestrial Ecosystem Ecology [M]. New York: Springer-verlag Berlin Heidelberg.

Chapin F S, Vitousek P M, Van Cleve K, 1986. The nature of nutrient limitation in plant communities [J]. American Naturalist, 127: 48-58.

Chapuis-Lardy L, Wrage N, Metay A, et al., 2010. Soils, a sink for N2O? A review [J]. Global Change Biology, 13: 1-17.

Charney J G, 1975. Dynamics of deserts and drought in the Sahel [J]. Quarterly Journal of the Royal Meteorological Society, 101 (428): 193-202.

Chen Jin, Shi Weiyu, Cao Junjin, 2015. Effects of grazing on ecosystem CO_2 exchange in a meadow grassland on the Tibetan Plateau during the grow ing season [J]. Environmental M anagement, 55 (2): 347-359.

Chen L X, R eiter E R, Feng Z Q, 1985. The atmospheric heat source over the Tibetan Plateau: May-August 1979 [J]. Mon Wea R ev, 13: 1771-1790.

Chen Q, L Jia, Hutjes R, et al., 2015. Estimation of Aerodynamic Roughness Length over Oasis in the Heihe River Basin by Utilizing Remote Sensing and Ground Data [J]. Renote Sensing, 7 (4): 3690.

Chen S P, Chen J Q, Lin G H, et al., 2009. Energy balance and partition in Inner Mongolia steppe ecosystems with different land use types [J]. Agricultural and Forest Meteorology, 149 (11): 1800-1809.

Chen S Y, Liu W J, Qin X, et al., 2012. Response characteristics of vegetation and soil environment to permafrost degradation in the upstream regions of the Shule river Basin [J]. Environmental R esearch Letters, 7 (4): 10. 1088 /1748-9326/7/4 /045406.

Chen X, Su Z, Ma Y, et al., 2013. An Improvement of Roughness Height Parameterization of the Surface Energy Balance System (SEBS) over the Tibetan Plateau [J]. JOURNAL OF APPLIED METEOROLOGY AND CLIMATOLOGY52 (3): 607-622.

Chen X, Su Z, Ma Y, et al., 2013. Estimation of surface energy fluxes under complex terrain of Mt. Qomolangma over the Tibetan Plateau [J]. Hydrology and earth system sciences, 17 (4): 1607-1618.

Chen X, Su Z, Sun M F, 2012. Analysis of Land-Atmosphere Interactions over the North Region of Mt. Qomolangma (Mt. Everest) [J]. Arctic, Antarctic, and Alpine Research, 44 (4): 412-422.

Chen Y, Yang K, Zhou D, et al., 2010. Improving the Noah Land Surface Model in Arid Regions with an Appropriate Parameterization of the Thermal Roughness Length [J]. Journal of Hydrometeorology, 11 (4): 995-1006.

Christensen S, Christensen B T, 2010. Organic matter available for denitrification in different soil fractions: effect of freeze/

thaw cycles and straw disposal [J]. Journal of Soil Science，42，637-647.

Christiansen J R，Gundersen P，Frederiksen P，et al.，2012. Influence of hydromorphic soil conditions on greenhouse gas emissions and soil carbon stocks in a Danish temperate forest [J]. Forest Ecology and Management，284，185-195.

Ciais P，Tans P P，Trolier M，et al.，1995. A large Northern-Hemisphere terrestrial CO_2 sink indicated by the $^{13}C/^{12}C$ ratio of atmospheric CO_2 [J]. Science，269：1098-1102.

Clark K L，Gholz H L，Moncrieff J B，et al.，1999. Environmental controls over net exchanges of carbon dioxide from contrasting Florida ecosystems [J]. ecological Application，9：936-948.

Coleman D C，1973. Soil carbon balance in a successional grassland [J]. Oikos，24：195-199.

Colin J，Faivre R，2010. Aerodynamic roughness length estimation from very high-resolution imaging LIDAR observations over the Heihe basin in China [J]. Hydrology and Earth System Sciences，14（12）：2661-2669.

Collatz G J，Ball J T，Grivet C，et al.，1991. Physiological and environmental regulation of stomatal conductance，photosynthesis and transpiration：a model that includes a laminar boundary layer [J]. Agricultural and Forest Meteorology，54（2-4）：107-136.

Correia A C，Minunno F，Caldeira M C，et al.，2012. Soil water availability strongly modulates soil CO_2 efflux in different Mediterranean ecosystems：Model calibration using the Bayesian approach [J]. Agriculture，Ecosystems & Environment，161：88-100.

Coupcand R T，2005. Grassland ecosystems of the world// 杨林章，徐琪，主编. 土壤生态系统 [M]. 北京：科学出版社.

Craine J M，Wedin D A，2002. Determinants of growing season soil CO_2 flux in a Minnesota grassland [J]. Biogeochemistry，59：303-313.

Cramer W，Bondeau A，Woodward F I，et al.，2001. Global response of terrestrial ecosystem structure and function to CO_2 and climate change：results from six dynamic global vegetation models [J]. Global Change Biol，7：357-373.

Cramer W，Field C B，1999. Comparing global models of terrestrial net primary productivity（NPP）：introduction [J]. Global Change Biology，5（Suppl.1）：16-24.

Cravatte S，Delcroix T，Zhang D，et al.，2009. Observed freshening and warming of the Western Pacific Warm Pool [J]. Climate Dynamics，33（4）：565-589.

Crill P M，Bartlett K B，Wilson J O，et al.，1988. Tropospheric methane from an amazonian floodplain lake [J]. Journal of Geophysical R esearch-Atmospheres，93（D2）：1564-1570.

Crutzen P J，Ramanathan V，2000. Pathways of Discovery：The Ascent of Atmospheric Science [J]. Science，290：299-304.

Cuevas J G，2002. Episodic regeneration at the Nothofagus pumilio alpine timberline in Tierra del Fuego，Chile. Journal of Ecology，90（1）：52-60.

Čuhel J，Šimek M，Laughlin R J，et al.，2010. Insights into the Effect of Soil pH on N_2O and N2Emissions and Denitrifier Community Size and Activity [J]. Applied and Environmental Microbiology，76，1870-1878.

Culf A D，FolkenT，Gash J H C，2004. The energy balance closure problem [C] //Kabat P，Claussen M，Dirmeyer P A，et al. eds. Vegetation，Water，Humans and the Climate. Berlin：Springer-Verlag，159-166.

Curiel Yuste J，Janssens I A，Carrara A，et al.，2004. Annual Q_{10} of soil respiration reflects plant phenological patterns as well as temperature sensitivity [J]. Global Change Biology，10（2）：161-169.

Custodio S，2012. How representative is a point？The spatial variability of surface energy fluxes across short distances in a sand-sagebrush ecosystem [J]. Journal of Arid Environments，87（87）：42-49.

Dai A G，Trenberth K T，Qian T T，2004. A global dataset of Palmer drought severity index for 1870-2002：Relationship with soilmoisture and effects of surface warming [J]. Journal of Hydrometeor，5：1117-1130.

Dale V H，1994. Terrestrial CO_2 flux：the challenge of inter disciplinary research. In：Dale V H（Ed.），Effects of land use change on atmospheric CO_2 concentrations [J]. Springer-Verlag，New York，1-14.

Davidson E A，Belk E，Boone R D，1998. Soil water content and temperature as independent or confounded factors controlling soil respiration in a temperate mixed hardwood forest. Global Change Biology，4：217-227.

Davidson E A, Janssens I V, Luo Y Q, 2006. On the variability of respiration in terrestrial ecosystems: moving beyond Q_{10}. Global Change Biology, 12 (2): 154-164.

Davidson E A, Verchot L V, Cattanio J H, et al., 2000. Effects of soil water content on soil respiration in forests and cattle pastures of eastern Amazonia [J]. Biochemistry, 48: 53-69.

Davidson E, Richardson A, Savage K, et al., 2006. A distinct seasonal pattern of the ratio of soil respiration to total ecosystem respiration in a spruce-dominated forest [J]. Global Change Biology, 12 (2): 230-239.

Davin E L and de Noblet-Ducoudré N, 2010. Climatic impact of global-scale deforestation: radiative versus nonradiative processes [J]. Journal of Climate, 23 (1): 97.

Davis S J, Ken C H, Damon M, 2010. Future CO_2 emissions and climate change from existing energy infrastructure [J]. Science, 329 (5997): 1330-1333.

De Jong E, Schappert H J, MacDonald K B, 1974. Carbon dioxide evolution from virgin and cultivated soil as affected by management practices and climate [J]. Soil Science, 54: 299-307.

Decker K L, Wang D, Waite C, 2003. Snow removal and ambient air temperature effects on forest soil temperatures in northern Vermont [J]. Soil Science Society of American Journal, 67: 1234-1242.

DeGryze S, Six J, Paustian K, et al., 2015. Soil organic carbon pool changes following landuse conversions. Global Change Biology, 10, 1120-1132.

Denmead O T, 1979. Chamber Systems for Measuring Nitrous Oxide Emission from Soils in the Field1 [J]. Soil Science Society of America Journal, 43 (1): 89-95.

Desjardins R L, Lemon E R, 1974. Limitations of an eddy covariance technique for the determination of the carbon dioxide and sensible heat fluxes [J]. Boundary-Layer Meteorology, 5: 475-488.

Dickinson R E, 1995.Land processes in climate models [J]. Remote Sensing Environment, 55 (1): 27-38.

Ding WX, Cai ZC, 2007. Methane emission from natural wetlands in China: Summary of years 1995—2004 studies [J]. Pedosphere, 17 (4): 475-486.

Dixon R K, Brown S, Houghton R A, et al., 1994. Carbon pools and flux of global forest ecosystems [J]. Science, 263: 185-190.

Dlugkencky E J, Massarie K A, Lang P M, et al., 1998. Continuing decline in the growth rate of the atmosphere menthane burden [J]. Nature, 393: 447-450.

Domanski G, Kuzyakov Y, Siniakina S, 2001. Carbon flows in the rhizosphere of ryegrass (Loliumperenne) [J]. Journal of Plant Nutrition and Soil Science, 164: 381-387.

Dominique Arrouays, Philippe Pelissier, 1994. Change in temperate humic loamy soils after forest clearing and continuous corn cropping in France [J]. Plant and Soil, 160: 215-223.

Dore S, Hymus G J, Johnson D P, et al., 2003. Cross validation of open-top chamber and eddy covariance measurements of ecosystem CO_2 exchange in a Florida scrub-oak ecosystem [J]. Global Change Biology, 9 (1): 84-95.

Dorfer C, Kuhn P, aumann F, et al., 2013. Soil organic carbon pools and stocks in permafrost-affected soils on the tibetan plateau [J]. Plos One, 8 (2): 9.

Dorodnikov M, Blagodatskaya E, Blagodatsky S, et al., 2010. Stimulation of microbial extracellular enzyme activities by elevated CO2 depends on soil aggregate size [J]. Global Change Biology, 15, 1603-1614.

Driscoll C T, et al., 2001. Acidic deposition in the northeastern US: sources and inputs, ecosystem effects and management strategies [J]. Bioscience, 51, 180-198.

Du MY, Li YN, Zhang FW, et al., 2018. Recent chqnges of climate and livestock productions on the Tibetan plateau and in situ observations of NEE [J]. Journal of Arid Land Studies, 28 (S): 139-142.

Du M Y, Lin J S, Li Y N et, 2019. Are high altitudinal regions warming faster than lower elevations on the Tibetan Plateau? [J] Int. J. Global Warming, 18 (3/4): 363-382.

Duan A M, Wu G X, 2005. Role of the Tibetan Plateau thermal forcing in the summer climate patterns over subtropical Asia [J]. Climate Dynamics, 24 (7-8): 793-807.

Dugas W A，Heuer M L，Mayeux H S，1999. Carbon dioxide fluxes over bermudagrass，native prairie，and sorghum [J]. Agr Forest Meteorol，93（2）：121-139.

Dyer A J，1974. A review of flux-profile relationships [J]. B. L. M.，7：363-372.

Edwards N T，Sollins P，1973. Continuous measurement of carbon dioxide evolution from partitioned forest floor components [J]. Ecology，54：406-412.

Eggers J，Lindner M，Zudin S，et al.，2008. Impact of changing wood demand，climate and land use on European forest resources and carbon stocks during the 21st century [J]. Global Change Biology，14：2288-2303.

Elizabeth Jane Kendon，David P，2010. Rowell Richard G. Jones. Mechanisms and reliability of future projected changes in daily precipitation [J]. Clim Dyn，35：489-509.

Ellerman A. D，Buchner B K，2001. The European Union Emissions Trading Scheme：Origins，Allocation，and Early Results [J]. Review of Environmental Economics and Policy，1：16：6-87.

Emanuel W R，Killough G，Olsn J S，1981. Modelling the circulation of carbon in the world's terrestrial ecosystems [C] // Carbon Cycle Modeling，SCOPE 16. John Wiley & Sons，Chichester，335-353.

Esmaiel M，Gail E B，1993. Comparison of Bowenratio-energy balance and the water balance methods for the measurement of evapotranspiration [J]. J Hydrol，146：209-220.

Espeleta J F，Eissenstat D M，Graham J H，1998. Citrus root responses to localized drying soil：A new approach to studying mycorrhizal effects on the roots of mature trees [J]. Plant Soil，206（1）：1-10.

Etana，A，I. Hakansson，E. Zagal，et al.，1999. Effects of tillage depth on organic carbon content and physical properties in five Swedish soils [J]. Soil & Tillage Research，52：129-139.

Eugster W，Rouse W R，Pielke Sr R A，et al.，2000. Land-atmosphere energy exchange in Arctic tundra and boreal forest：available data and feedbacks to climate [J]. Global Change Biology，6（S1）：84-115.

Evans J G，Mcneil D D，Finch J W，et al.，2012. Determination of turbulent heat fluxes using a large aperture scintillometer over undulating mixed agricultural terrain [J]. Agricultural & Forest Meteorology，166-167（2）：221-233.

Ewel K C，Cropper W P，Gholz H L，1987. Soil CO_2 evolution in Florida slash pine plantation. II. Importance of root respiration [J]. Can J of For Res，17：330-333.

Fahnestock J T，Jones M H，Brooks P D，1998. Winter and early spring CO_2 efflux from tundra communities of northern Alaska. Journal of Geophysica [J]. Research Atmosphere，103：29023-29027.

Fahnestock J T，Jones M H，Welker J M，1999. Wintertime CO_2 efflux from arctic soils：implications for annual carbon budgets [J]. Global Biogeochemical Cycle，13（3）：775-779.

Falge E，Aubinet M，Bakwin P S，et al.，2017. FLUXNET research network site characteristics，investigators，and bibliography [J]. 2016. ORNL DAAC.

Falge E，Baldocchi D，Olson R，et al.，2001a. Gap filling strategies for long term energy flux data sets [J]. Agricultural and Forest Meteorology，107（1）：71-77.

Falge E，Baldocchi D，Olson R，et al.，2001b. Gap filling strategies for defensible annual sums of net ecosystem exchange [J]. Agricultural and Forest Meteorology，107（1）：43-69.

Falge E，Baldocchi D，Tenhunen J，et al.，2002. Seasonality ecosystem respiration and gross primary production as derived from FLUXNET measurements [J]. Agricultural and Forest Meteorology，113，53-74.

Falkowski P，Scholes R J，Boyle E，et al.，2000. The global carbon cycle：A test of our knowledge of earth as a system [J]. Science，290（5490）：291-296，2937-2940.

Fan S，Gloor M，Mahlman J，et al.，1998. A large terrestrial carbon sink in North America implied by atmospheric and oceanic CO_2 data and models [J]. Science，282：442-446.

Fan S，Gloor M，Mahlman J，1999. North American carbon sink. Science，283：1815.

Fang C，Moncrieff J B，2001. The dependence of soil CO_2 efflux on temperature [J]. Soil Biology and Biochemistry，33：155-165.

Fang J Y，Chen A P，Peng C H，et al.，2001. Changes in forest biomass carbon storage in China between 1949 and 1998

［J］. Science，292（5525）：2320-2322.

Fang J Y，Ying L，2002. Climatic Factors for Limiting Northward Distribution of Eight Temperate Tree Species in Eastern North America ［J］. Journal of Plant Ecology，44（2）：199-203.

Fang J Y，Yu G，Liu L，et al.，2018. Climate change，human impacts，and carbon sequestration in China ［J］. Proc Natl Acad Sci U S A，115（16）：4015-4020.

FAO，1993. Forest resources assessment 1990：tropical countries ［M］. FAO Forestry Paper 112.

FAO，1982. World forest products demand and supply 1990 and 2000 ［M］. FAO Forestry Paper 29.

Farquhar G D，Roderick M L，2003. Pinatubo，Diffuse Light，and the carbon cycle ［J］. Science，299：1997-1998.

Feig G，Mamtimin B，Meixne F，2008. Use of laboratory and remote sensing techniques to estimate vegetation patch scale emissions of nitric oxide from an arid Kalahari savanna ［J］. Biogeosciences Discussions，5.

Feister U and Gericke K，1998. Cloud flagging of UV spectral irradiance measurements ［J］. Atmospheric Research，49 （2）：115-138.

Fiedler S，Holl B S，Jungkunst H F，2015. Methane budget of a black forest spruce ecosystem considering soil pattern ［J］. Biogeochemistry，76：1-20.

Fierer N，Craine J M，Mclauchlan K，et al.，2005. Litter quality and the temperature sensitivity of decomposition ［J］. Ecology，86（2）：320-326.

Finnigan J，1999. A comment on the paper by Lee（1998）："On micrometeorological observations of surface-air exchange over tall vegetation" ［J］. Agricultural & Forest Meteorology，97（1）：55-64.

Fitzjarrald D R，Morre K E，1990. Mec hanisms of nocturnal exchange between the rain forest and the atmosphere ［J］. Journal of Geophysical Research，95：16938-16850.

Flanagan L B，Wever A，Carlson P J，2002. Seasonal and interannual variation in dioxide exchange and carbon balance in a northern temperature grassland ［J］. Global Change Biology，8（7）：599-615.

Flanagan L，Johnson B，2005. Interacting effects of temperature，soil moisture and plant biomass production on ecosystem respiration in a northern temperate grassland ［J］. Agricultural and Forest Meteorology，130（3-4）：237-253.

Fluckiger J，Dallenbach A，Blunier T，et al.，1999. Variations in atmospheric N_2O concentration during the past 110000 years ［J］. Science 285：227-230.

Foken T，Wichura B，1996. Tools for quality assessment of surface-based flux measurements. Agricultural and Forest Meteorology，78：83-105.

Foken T，Wimmer F，Mauder M，et al. 2006. Some aspects of the energy balance closure problem ［J］. Atmos. Chem. Phys，6：4395-4402.

Foken T，2008. The energy balance closure problem：an overview ［J］. Ecol. Appl，18：1351-1367.

Foley J A，Defries R，Asner G P，et al.，2005. Global consequences of land use ［J］. Science，309（5734）：570-574.

Foody G M，Palubinskas G，Lucas R M，et al.，1996. dentifying Terrestrial Carbon sinks：Classification of Successional Stages in Regenerating Tropical Forest from Landsat TM Data ［J］. Remote Sens. Environ，55：205-216.

Fowler D，Cape J N，Coyle M，et al.，2000. The global exposure of forests to air pollutants ［J］. Water Air Soil Pollut，16：5-32.

Frank A B，Dugas W A，2001. Carbon dioxide fluxes over a northern semiarid，mixed-grass prairie ［J］. Agricultural Forest and Meteorology，108（4）：317-326.

Frank A B，2002. Carbon dioxide fluxes over a grazed prairie and seeded pasture in the Northern Great Plains ［J］. Environment Pollution，116：397-403.

Frank D A，Inouye R S，1994. Temporal variation in actual evapotranspiration of terrestrial ecosystems：patterns and ecological implications ［J］. Journal of Biogeography，21（4）：401-411.

Frankignoulle M，Borges A V，2001. European continental shelf as a significant sink for atmospheric carbon dioxide ［J］. Global biogeochemical cycles，15（3）：569-576.

Frederick K D，Major D C，Stakhiv E Z，1997. Water resourcesplanning principles and evaluation criteria for climate change：Summary and conclusions［J］. Climate Change，37（1）：291-313.

Freibauer A，Kaltschmitt M，2003. Controls and models for estimating direct nitrous oxide emissions from temperate and sub-boreal agricultural mineral soils in Europe［J］. Biogeochemistry63：93-115.

Frolking S，Crill P，1994. Climate controls on temporal variability of methane flux from a poor fen in southeastern new hampshiremeasurement and modeling［J］. Global Biogeochemical Cycles，8（4）：385-397.

Fu Q，Feng S，2014. Responses of terrestrial aridity to global warming［J］. Journal of Geophysical Research：Atmospheres，119（13）：7863-7875.

Fuchs M and Tanner C B，1970. Error analysis of Bowen ratios measured by differential psychrometry. Agricultural Meteorology，7（4）：329-334.

Furley P，1998. Plant ecology，soil environments and dynamic change in tropical savannas［C］//Progress in physical geography，257-284.

Galen C，1990. Limits to the distributions of alpine tundra plants：herbivores and the alpine skypilot，Polemonium viscosum［J］. Oikos，59：355.

Gallimore R G，Kutzbach J E，1996. Role of orbitally induced changes in tundra area in the onset of glaciation［J］. Nature，381（6582）：503-505.

Gan L，Peng X H，Peth S，et al.，2012. Effects of grazing intensity on soil water regime and flux in Inner Mongolia Grassland，China［J］. Pedosphere，22：165-177.

Ganjurjav H，Gao Q，Zhang W，et al.，2015. Effects of warming on CO_2 fluxes in an alpine meadow ecosystem on the central Qinghai-Tibetan Plateau［J］. PLOS One，10（7）：e0132044.

Gao F，Schaaf C B，Strahler A H，et al.，2005. Modis bidirectional reflectance distribution function and albedo climate modeling grid products and the variability of albedo for major global vegetation types［J］. Journal of Geophysical Research：Atmospheres，110（D1）：D01104.

Gao J，Zhou W，Liu Y，et al.，2018. Effects of Litter Inputs on N_2O Emissions from a Tropical Rainforest in Southwest China［J］. Ecosystems，21：1013-1026.

Garratt J R，The atmospheric boundary layer［M］，1992. Cambridge：Cambridge University Press.

Giambelluca T W，Scholz F G，Bucci S J，et al.，2009. Evapotranspiration and energy balance of Brazilian savannas with contrasting tree density［J］. Agricultural and Forest Meteorology，149（8）：1365-1376.

Giardina C P，Ryan M G，2002. Total belowground carbon allocation in a fast growing Eucalyptus plantation estimated using a carbon balance approach［J］. Ecosystem，5：487-499.

Gong J，Ge Z，An R，et al.，2012. Soil respiration in poplarplantations in northern China at different forest ages［J］. Plant & Soil，360，109-122.

Goulden M L，Munger J W，Fan S M，et al.，1996. Measurements of Carbon Sequestration by Long-Term Eddy Covariance：Methods and a Critical Evaluation of Accuracy［J］. Global Change Biology，2（3）：169-182.

Grace J，Lloyd J，McIntyre J，et al.，1995. Net carbon dioxide uptake by an undisturbed tropical rain forest in South West Amazonia during 1992 to 1993［J］. Science，270：778-780.

Grace J，Rayment M，2000. Respiration in the balance［J］. Nature，404：819-820.

Grace J. Understanding and managing the global carbon cycle，2010. In：Fengpeng Han，Wei Hu，Jiyong Zheng，et al. Estimating soil organic carbon storage and distribution in a catchment of Loess Plateau，China［J］. Geoderma，261-266.

Graetz. Changes in land use and land cover［A］，1994. A Global Perspective［C］. Cambridge：Cambridge University Prss，125-145.

Granier A，Ceschia E，Damesin C，et al.，2000. The carbon balance of a young beech forest［J］. Functional ecology，14：312-325.

Granier A，Reichstein M，Bréda N，et al.，2007. Evidence for soil water control on carbon and water dynamics in European forests during the extremely dry year：2003［J］. Agricultural and forest meteorology，143（1-2）：123-145.

Greco S，Baldocchi D D，2010. Seasonal variations of CO_2 and water vapour exchange rates over a temperate deciduous forest

［J］. Global Change Biology，2（3）：183–197.

Griffis T J，Black T A，Morgenstern K，et al.，2003. Ecophysiological controls on the carbon balances of three southern boreal forests［J］. Agricultural and Forest Meteorology，117：53–71.

Gritsch C，Zimmermann M，Zechmeister-Boltenstern S，2015. Interdependencies between temperature and moisture sensitivities of CO_2 emissions in European land ecosystems［J］. Biogeosciences，12：5981–5993.

Groffman PM，Butterbach-Bahl K，Fulweiler，et al.，2009. Challenges to incorporating spatially and temporally explicit phenomena（hotspots and hot moments）in denitrification models［J］. Biogeochemistry，93，49–77.

Gu J，Loustau D，Hénault C，et al.，2014. Modeling nitrous oxide emissions from tile-drained winter wheat fields in Central France［J］. Nutrient Cycling in Agroecosystems，98：27–40.

Gu L，Meyers T，Pallardy S G，et al.，2006. Direct and indirect effects of atmospheric conditions and soil moisture on surface energy partitioning revealed by a prolonged drought at a temperate forest site［J］. Journal of Geophysical Research，111（D16）：D16102.

Gu L H，Baldocchi D D，Wofsy S C，et al.，2003. Response of a deciduous forest to the mount pinatubo eruption：enhanced photosynthesis［J］. Science，299：2035–2038.

Gu L H，Fuentes J D，Shugart H H，et al.，1999. Responses of net ecosystem exchanges of carbon dioxide to changes in cloudiness：results from two North American deciduous forests［J］. Journal of Geophysical Research：Atmospheres，104（D24）：31421–31434.

Gu L H，Meyers T，Pallardy S G，et al.，2006. Direct and indirect effects of atmospheric conditions and soil moisture on surface energy partitioning revealed by a prolonged drought at a temperate forest site［J］. Journal of Geophysical Research：Atmospheres，111（D16）：D16102.

Gu S，Tang Y H，Cui X Y，et al.，2008. Characterizing evapotranspiration over a meadow ecosystem on the Qinghai-Tibetan Plateau［J］. Journal of Geophysical Research：Atmospheres，113（D8）：693–702.

Gu S，Tang Y H，Cui X Y，et al.，2005. Energy exchange between the atmosphere and a meadow ecosystem on the Qinghai-Tibetan Plateau［J］. Agricultural and Forest Meteorology，129（3–4）：175–185.

Gu S，Tang Y H，Du M Y，et al.，2005. Effects of temperature on CO_2 exchange between the at-mosphere and an alpine meadow［J］. Phyton，45，361–370.

Gu S，Tang Y H，Du M Y，et al. 2004. Short-term variation of CO_2 flux in relation to environmental controls in an alpine meadow on the Qinghai-Tibetan Plateau. Journal of Geophysical Research［J］，108：4670–4679.

Gulledge J，Joshua P，Schimel，1998. Moisture control over atmospheric CH_4 consumption and CO_2 production in diverse Alaskan soils［J］. Soil Biology& Biochemistry，30（8）：1127–1132.

Gundersen P，Christiansen J R，Alberti G，et al.，2012. The response of methane and nitrous oxide fluxes to forest change in Europe［J］. Biogeosciences，9，3999–4012.

Guo Q，Li S，Hu Z，et al.，2015. Response of Gross Primary Productivity to Water Availability at Different Temporal Scales in a Typical Steppe in Inner Mongolia Temperate Steppe［J］. Journal of Desert Research，35（3）：616–623.

Gupta S K，Ritchey N A，Wilber A C，et al.，1999. A climatology of surface radiation budget derived from satellite data［J］. Journal of Climate，12（8）：2691–2710.

Haapala J K，Mörsky S K，Saarnio S，et al.，2009. Carbon dioxide balance of a fen ecosystem in northern Finland under elevated UV‐B radiation［J］. Global change biology，15（4）：943–954.

Hachl E，Zechmeister-Boltenstem S，Kandeler E，2000. Nitrogen dynamics in different types of pasture in the Austrian Alps［J］. Biology and Fertility of Soils，32：321–327.

Halldin S. Radiation measurements in integrated terrestrial experiments，2004. In：Kabat P，Claussen M，Dirmeyer P A，et al. eds. Vegetation，Water，Humans and the Climate. Berlin：Springer-Verlag，167–171.

Ham J M，Knapp A K，1998.Fluxes of CO_2，watervapor，and energy from a prairie ecosystem during the seasonal transition from carbon sink to carbon source［J］. Agricultural and Forest Meteorology，89，1–14.

Hammerle A，Haslwanter A，Tappeiner U，et al.，2008. Leaf area controls on energy partitioning of a temperate mountain grassland ［J］. Biogeosciences，5（2）：421-431.

Hamotani K Uchida Y，Monji N，et al.，1996. A system of relaxed eddy accumulation method to evaluate CO_2 flux over plant canopies ［J］. Journal of Agricultural Meteorology，52：135-139.

Hamotani K，Yamamoto H，Monji N，et al.，1997. Development of a mini-sonde system for measuring trace gas fluxes with the REA method ［J］. Journal of Agricultural Meteorology，53：301-306.

Han C，Ma Y，Chen X，et al.，2016. Estimates of land surface heat fluxes of the Mt. Everest region over the Tibetan Plateau utilizing ASTER data ［J］. Atmospheric Research，168：180-190.

Hansen A J，DiCastri F，1992. Landscape boundaries：consequences for biotic diversity and ecological flows ［M］. New York：Springer Science & Business Media.

Hanson，P.J.，Edwards，N.T.，Garten，C.T.et al.，2000. Separating root and soil microbial contributions to soil respiration：A review of methods and observations ［J］. Biogeochemistry，48（1）：115-146.

Hao Yb，Wang Yanfen，Sun Xiaomin，et al.，2006. Seasonal variation in carbon exchange and its ecological analysis over leymus chinensis steppe in Inner Mongolia ［J］. Science in China Series D-Earth Sciences ［J］，49（Supp. II）：186-195.

Harden J W，Sanderman J，Hugelius G，2016. Soils and the Carbon Cycle ［C］//International Encyclopedia of Geography：People，the Earth，Environment and Technology：People，the Earth，Environment and Technology：1-14.

Harris，R.B，2010. Rangeland degradation on the Qinghai-Tibetan plateau：A review of the evidence of its magnitude and causes ［J］. Journal of Arid Environments，74（1）：1-12.

Harrison K，Broecker W，1993. A strategy for estimating the impact of CO_2 fertilization soil carbon storage ［J］. Global Biogeochemical Cycles，7（1）：69-80.

Harsch M A，Hulme P E，Mc Glone M S，et al.，2009. Are treelines advancing？ A global meta-analysis of treeline response to climate warming ［J］. Ecology Letters，12（10）：1040-1049.

Haverd V，Ahlström A，Smith B，et al.，2014. Carbon cycle responses of semi‐arid ecosystems to positive asymmetry in rainfall ［J］. Global change biology，23（2）：793-800.

Hayakawa A，Akiyama H，Sudo S，et al.，2009. N_2O and NO emissions from an Andisol field as influenced by pelleted poultry manure ［J］. Soil Biology and Biochemistry，41：521-529.

Haynes，B.E. and Gower，S.T.，1995，Belowground carbon allocation in unfertilized and fertilized red pine plantations in northern Wisconsin. Tree Physiology，15（5）：317-325.

Healy R W，Striegl R G，Russell T F，et al.，1996. Numerical evaluation of static-chamber measurements of soil-atmosphere gas exchange：Identification of physical process ［J］. Soil Science Society of America Journal，60（3）：740-747.

Heimann M，Keeling C D，Fung I，1986. Simulating the atmospheric carbon dioxide distribution with a three dimensional tracer model ［C］//Trabalka J R，Reichle D E，eds. The Changing Carbon Cycle：A Global Analysis. New York：Springer-Verlag，16-49.

Heimann M，Reichstein M，2008. Terrestrial ecosystem carbon dynamics and climate feedbacks ［J］. Nature，451（7176）：289-292.

Heinemeyer A，Mcnamara N P，2011. Comparing the closed static versus the closed dynamic chamber flux methodology：Implications for soil respiration studies ［J］. Plant & Soil，346，145-151.

Hemakumara H M，Chandrapala L，Moene A F，2003. Evapotranspiration fluxes over mixed vegetation areas measured from large aperture scintillometer ［J］. Agricultural Water Management，58（2）：0-122.

Hirano T，Hiratai R，Fujinuma Y，et al.，2003. CO_2 and water vapor exchange of a larch forest in northern Japan ［J］. Tellus，55B：244-257.

Hobbie SE，Chapin FS Ⅲ，1998. The response of tundra plant biomass，aboveground production，nitrogen，and CO_2 flux to experimental warming ［J］. Ecology，79（5）：1526-1544.

Hoedjes J C B，Chehbouni A，Ezzahar J，et al.，2007. Comparison of Large Aperture Scintillometer and Eddy Covariance

Measurements：Can Thermal Infrared Data Be Used to Capture Footprint-Induced Differences？［J］. Journal of Hydrometeorology，8（2）：144-159.

Holland E A，Braswell B H，Lamasque T F，et al.，1997. Variations in the predicted spatial distribution of atmospheric nitrogen deposition and their impact on carbon uptake by terrestrial ecosystems［J］. Journal of Geophysical Research，102（D13）：15849-15866.

Holland E A，Brown S，Potter C S，et al.，1999. North American carbon sink［J］. Science，282：1815.

Hollinger D Y，Goltz S M，Davidson E A，et al.，1999. Seasonal patterns and environmental control of car-bon dioxide and water vapor exchange in an ecotonal boreal for-est［J］. Global Change Biology，5，891-902.

Hollinger D Y，Kelliher F M，Byers J N，et al.，1994. Carbon dioxide exchange between an undis-turbed oldgrowth temperate forest and the atmosphere［J］. Ecology，75，134-150.

Holt J A，Hodgen M J，Lamb D，1990. Soil respiration in the seasonally dry tropics near Townsville. North Queensland［J］. Australian Journal of Soil Research，28（5）：737-745.

Holtmeier F K，Broll G，2005. Sensitivity and response of northern hemisphere altitudinal and polar treelines to environmental change at landscape and local scales［J］. Global Ecology and Biogeography，14（5）：395-410.

Houghton J T，Jenkins G J，Ephraums J J，1990. Climate change：the IPCC scientific assessment［M］. Cambridge University Press，1-150.

Houghton R A，Callande B A，Varrney S K，1992. Climate change［M］. Cambridge University Press，Cambridge，150.

Houghton R A，Hackler J L，2000. Changes in terrestrial carbon storage in the United States Ⅰ：The roles of agriculture and forestry［J］. Global Ecol. Biogeogr，9：125-144.

Houghton R A，2002. Magnitude，distribution and causes of terrestrial carbon sinks and some implications for policy［J］. Climate Policy，2：71-88.

Houghton R A，2003. Revised estimates of the annual net flux of carbon to the atmosphere from changes in land use and land management 1850-2000［J］. Tellus B，55（2）：378-390.

Houghton R A，2002. Terrestrial carbon sinks-uncertain explanations［J］. Biologist，49（4）：155-160.

Houghton R A，1996. Terrestrial sources and sinks of carbon inferred from terrestrial data［J］. Tellus，48B：420-432.

Houghton R A，1999. The annual net flux of carbon to the atmosphere from changes in land use 1850-1990［J］. Tellus B，51（2）：298-313.

Hu D，Xing L，Huang S，et al.，2014. Parameterization of aerodynamic roughness of China's land surface vegetation from remote sensing data［J］. Journal of Applied Remote Sensing，8（1）：083528.

Hu Q W，Wu Q，Cao G M，et al.，2008. Growing season ecosystem respirations and associated component fluxes in two alpine meadows on the Tibetan Plateau［J］. Journal of Integrative Plant Biology，50（3）：271-279.

Hu Q，Wu Q，Yao B，et al.，2015. Ecosystem respiration and its components from a Carex meadow of Poyang Lake during the drawdown period［J］. Atmospheric Environment，100，124-132.

Hu X，Lee X，Steven D E，et al.，2002. A numerical study of noctural wavelike motion in forest［J］. Boundary-Layer Meteorology，102：199-223.

Hu Z M，Yu G R，Zhou Y L，et al.，2009. Partitioning of evapotranspiration and its controls in four grassland ecosystems：application of a two-source model［J］. Agricultural and Forest Meteorology，149（9）：1410-1420.

Hudiburg T，Law B，Turner D P，et al.，2009. Carbon dynamics of Oregon and Northern California forests and potential land-based carbon storage［M］. Ecological Application.

Hum J M，Knapp A K.，1998 Fluxes of CO_2，water vapor，and energy from a prairie ecosystem during the seasonal transition from carbon sink to carbon source［J］. Agricultural and Forest Meteorology，89：1-14.

Hunt J E，Kelliher F M，McSeveny T M，ea al，2002. Evapora-tion and carbon dioxide exchange between the atmosphere and a tussock grassland during a summer drought［J］. Agricultural and Forest Meteorology，111（1）：65-82.

Hunt J E，Kelliher F M，McSeveny T M，et al.，2004. Long - term carbon exchange in a sparse，seasonally dry tussock grassland［J］. Global Change Biology，10（10）：1785-1800.

Hursh A，Ballantyne A，Cooper L，et al.，2017. The sensitivity of soil respiration to soil temperature，moisture，and carbon supply at the global scale［J］. Glob Chang Biol，23，2090-2103.

Husen E，Salma S，Agus F，2014. Peat emission control by groundwater management and soil amendments：evidence from laboratory experiments［J］. Mitigation & Adaptation Strategies for Global Change，19，821-829.

Hütsch B W，Webster C P，Powlson D S，1994. Methane oxidation in soil as affected by land-use，soil-ph and n-fertilization ［J］. Soil Biology & Biochemistry，26，1613-1622.

Huyens D，Boeckx P，Van Cleemput，et al.，2005. Aggregate and soil organic carbon dynamics in South Chilean Andisols ［J］. iogeosciences Discussions，2：159-174.

Idso S B，Jackson R D，Reginato R J，et al.，1975. The dependence of bare soil albedo on soil water content［J］. Journal of Applied Meteorology，14（1）：109-113.

Ingrisch J，Biermann T，Seeber E，et al.，2015. Carbon pools and fluxes in a Tibetan alpine Kobresia pygmaea pasture partitioned by coupled eddy-covariance measurements and $^{13}CO_2$ pulse labeling［J］. Science of the Total Environment，505：1213-1224.

Intergovernmental Panel on Climate Change，2001. Climate Change 2001，The Scientific Basis［M］. Cambridge：Cambridge University Press.

Intergovernmental Panel on Climate Change，2014. Climate Change 2014：Impacts，Adaptation and Vulnerability：Regional Aspects［M］. Cambridge University Press.

IPCC（intergovernmental panel on climate change），2007. Climate Change［M］. Washington：The Physical Science press，25-28.

IPCC，2013. Summary for policymakers［A］//Stocker，T. F. Qin，D. Plattner，G. K. Tignor，M. Allen，S. K. Boschung，J. Nauels，A. Xia，Y. Bex，V. Midgley，P. M.（Eds.），Climate Change 2013：the Physical Science Basis. Contribution of Working Group I to the Fifth Assessment Report of the Intergovernmental Panel on Climate Change［M］. Cambridge University Press，Cambridge，UK and New York，NY，USA.

IPCC，2006. 2006 IPCC Guidelines for National Greenhouse Gas Inventories［C］. Vol. 4 Agriculture，Forestry and Other Land Use the National Greenhouse Gas Inventories Programme，eds. Eggleston H S，Buendia L，Miwa K，et al. Institute for Global Environmental Strategies［M］，Kanagawa，Japan.

IPCC. 2007. Summary for policymakers of climate change 2007：the physical science basis. Contribution of Working Group I to the Fourth Assessment Report of the Intergovernmental Panel on climate change［M］. Cambridge：Cambridge University Press.

IPCC，1996. Climate change 1995：The science of climate change［M］. Cambridge：Cambridge Uniwersity Press.

IPCC，2001. Climate Change 2001. Synthesis Report［R］. Cambridge：Cambridge Univ ersity Press.

IPCC，2007. Climate Change 2007. Synthesis Report［R］. Contribution of Working Groups I，II and III to the Fourth Assessment Report of the Intergovernmental Panel on Climate Change［Core Writing Team，Pachauri R K and Reisinger A （eds.）］. IPCC，Geneva，Switzerland，104.

IPCC，2007. Climate Change 2007. The Physical Science Basis：Working Group I Contribution to the Fourth Assessment Report of the IPCC［M］. Cambridge：Cambridge University Press.

IPCC，2013. Climate Change 2013：The Physical Science Basis. Stocker T F，Qin D，Plattner G-K，et al.（eds）［M］. New York：Cambridge University Press.

IPCC，1996. Climate change. The science of climate change. Houghton J T，LGM Filho，B A Callander，N Harris，A Kattenberg，K Maskell eds［M］. Cambridge：Cambridge University Press：.

IPCC，2003. Good practice guidance for land use，land-use change and forestry. Institute for Global Environmental Strategies （IGES）［R］，Kanagawa，Japan.

IPCC，2013. Intergovernmental Panel on Climate Change，Climate Change 2013：the physical science basis［M］. Cambridge：Cambridge University Press.

IPCC，2000a. Land Use，Land-Use Change and Forestry. A Special Report of the IPCC［R］. Cambridge：Cambridge

University Press.

Ismail S S，Lars O E，Oystein H，et al.，2013. The effects of a deferred grazing systems on rangeland vegetation in a north-western，semi-arid region of Tanzania [J]. African Jouenal of Range & Forage Science，30（3）：141-148.

Iziomon M G，Mayer H，Wicke W，et al.，2001. Radiation balance over low-lying and mountainous areas in south-west Germany [J]. Theoretical and Applied Climatology，68（3）：219-231.

J. L. 蒙特思（卢其尧，江广恒，高亮之等编译），1985. 植被与大气原理 [M].北京：农业出版社 .68-129.

James W R，Christopher S P，Dwipen B，2002. Inter-annual variability in global soil respiration [J]. Global Biology Change，8：800-812.

Janssens I A，Freibauer A，Ciais P，et al.，2003. Europe's Terrestrial Biosphere Absorbs 7% to 12% of European Anthropogenic CO_2 Emissions [J]. Science，300：1538-1542.

Janssens I A，Pilegaard K，2003. Large seasonal changes in Q_{10} of soil respiration in a beech forest [J]. Global Change Biology，9（6）：911-918.

Janzen H H，Campbell C A，Izaurralde R C，et al.，1998. Management effects on soil C storage on the Canadian prairies [J]. Soil and Tillage Research，47：181-195.

Jarvis P P G，1985. Coupling of transpiration to the atmosphere in horticultural crops：the omega factor [J]. Acta Horticulturae，171：187-203.

Jarvis P G，Mcnaughton K G，1986. Stomatal control of transpiration：Scaling up from leaf to region [J]. Advances in Ecological Research，15：1-49.

Jarvis P G，Massheder J，Hale D，et al.，1997. Seasonal variation of carbon dioxide，water vapor and energy exchanges of a boreal black spruce forest [J]. Journal of Geophysical Research，102：28953-28967.

Jarvis P P G and Mcnaughton K G，1986. Stomatal control of transpiration：scaling up from leaf to region [C] //MacFadyen A and Ford E D（eds）. Advances in Ecological Research. London：Academic Press. 1-49.

Jian N，2004. Estimating net primary productivity of grasslands from field biomass measurements in temperate northern China [J]. Plant Ecology，174（2）：217-234.

Jiang J，Guo S，Zhang Y，et al.，2015. Changes in temperature sensitivity of soil respiration inthe phases of a three-year crop rotation system. [J] Soil and Tillage Research，150，139-146.

Jie B，Li J，Liu S，et al.，2015. Characterizing the Footprint of Eddy Covariance System and Large Aperture Scintillometer Measurements to Validate Satellite-Based Surface Fluxes [J]. IEEE Geoscience & Remote Sensing Letters，12（5）：943-947.

Jing X，Wang YH，Chung H，et al.，2014. No temperature acclimation of soil extracellular enzymes to experimental warming in an alpine grassland ecosystem on the Tibetan Plateau [J]. Biogeochemistry，117（1）：39-54.

Johson D，Geisinger A，Walker R，et al.，1994. Soil CO_2，soil respiration，and root activity I. CO_2-fumigated and nitrogen fertilized ponderosa pine [J]. Plant Soil，165（1）：129-138.

Jones H G，1999. The ecology of snow-covered systems：a brief overview of nutrient cycling and life in the cold [J]. Hydrological Processes13（14）：2135-2147.

Jose P，1995. Peixoto and Abraham H. Oort（吴国雄，刘辉等译校）.气候物理学 [M].北京：气象出版社 .

Judith Prommer，Tom W. N. Walker，Wolfgang Wanek et al.，2019. Increased microbial growth，biomass，and turnover drive soil organic carbon accumulation at higher plant diversity [J]. Global Change Biology，https：//org/10.1111/gcb.1477.

Jukka Laine，et al.，1996.（李文华译）.北方沼泽地水位下降对全球气候变暖的影响 [J]. Abmio，25（3）：179-184.

Kaimal J C，Finnigan J，1994. Atmospheric boundary layer flows：their structure and measurement [J]. Oxford：Oxford university Press.

Kalnay E，Kanamitsu M，Baker W E，1990. Global numerical weather prediction at the National Meteorological Center [J]. Bull. Amer. Meteor. Soc，71：1410-1428.

Kalvova J，Halenka T，Bezpalcova K，et al.，2003. Köppen climate types in observed and simulated climates [J]. Studia

Geophysica Et Geodaetica，47（1）：185-202.

Kammer A，Tuzson B，Emmenegger L，et al.，2011. Application of a quantum cascade laser-based spectrometer in a closed chamber system for real-time δ13C and δ18O measurements of soil-respired CO₂ [J]. Agricultural and forest meteorology，151：39-48.

Kanamitsu M，Kumar A，Juang H M H，et al.，2002. NCEP dynamical seasonal forecast system 2000 [J]. Bull. Amer. Meteor. Soc，83：1019-1037.

Kang XM，Wang YF，Chen H，et al.，2014. Modeling carbon fluxes using multi-temporal modis imagery and CO₂ eddy flux tow er data in Zoige alpine w etland，south-w est China [J]. Wetlands，34（3）：603-618.

Kardol P，Campany C E，Souza L，et al.，2010. Climate change effects on plant biomass alter dominance patterns and community evenness in an experimental old-field ecosystem [J]. Global Change Biology，16（10）：2676-2687.

Kato S and Yamaguchi Y，2007. Estimation of storage heat flux in an urban area using ASTER data [J]. Remote Sensing of Environment，110（1）：1-17.

Kato T，Tang Y H，Gu S，et al.，2004. Carbon dioxide exchange between the atmosphere and an alpine meadow ecosystem on the Qinghai-Tibetan Plateau，China [J]. Agricultural and Forest Meteorology，124：121-134.

Kato T，Tang Y H，Gu S，et al.，2004. Seasonal patterns of gross primary production and ecosystem respiration in an alpine meadow ecosystem on the Qinghai-Tibetan Plateau，China [J]. J Geophys Res Atmos，109：109-118.

Kato T，Tang Y H，Gu S，et al.，2006. Temperature and biomass influences on interannual changes in CO₂ exchange in an alpine meadow on the Qinghai-Tibetan Plateau [J]. Global Change Biology，12，1285-1298.

Kaufmann R K.，Zhou R B，Myneri C J，et al.，2003. The effect of vegetation on surface temperature：A statistical analysis of NDVI and climate data [J]. Geophysical Research Letter，30：2147.

Kayranli B，Scholz M，Mustafa A，et al.，2010. Carbon storage and fluxes within freshwater wetlands：a critical review [J]. Wetlands，30（1）：111-124.

Keeling C D，Whorf T P，Wahlen M，et al.，1995. Interannual extremes in the rate of rise of atmospheric carbon dioxide since 1980 [J]. Nature，375：666-670.

Keeling R F，PiperS C，Heimann M，1996. Global and hemispheric CO₂ sinks deduced from changes in atmospheric CO₂ concentration [J]. Nature，381：218-221.

Keith Paustian，Vernon Cole.，1998 CO₂ Mitigation by Agriculture：An Overview [J]. Climate Change，40：135-162.

Kellner E，2001. Surface energy fluxes and control of evapotranspiration from a Swedish *sphagnum* mire [J]. Agricultural and Forest Meteorology，110（2）：101-123.

Khalil M A K，Pasmussen R A，1988. Nitrous oxide：trends and global mass balance over the last 3000 years [J]. Annuals of Glaciology，10：73-79.

Killham K，Yeomans C，2001. Rhizosphere carbon flow measurement and implications：from isotopes to reporter genes [J]. Plant and Soil，232：91-96.

Kim J，Verma S B，Clement R J，1992. Carbon dioxide budget in tem-perate grassland ecosystem [J]. Journal of Geophysical Research，97：6057-6063.

Kim J，Verma S B，1990. Carbon dioxide exchange in a temperate grassland ecosystem [J]. Boundary-Layer Meteorology，52，135-149.

Kim Y S，2013. Soil-atmosphere exchange of CO2，CH4 and N2O in northern temperate forests：effects ofelevated CO2 concentration，N deposition and forest fire [J]. Eurasian Journal of Forest Research，16，1-43.

Kinloch J E，Friedel M H，2005. Soil seed reserves in arid grazing lands of central Australia. Part 1：Seed bank and vegetation dynamics [J]. Journal of Arid Environments，60：133-161.

Kinucan R J，Smeins F E，1992. Soil seed bank of a semiarid Texas grassland under three long-term（36-years）grazing regimes [J]. American Midland Naturalist，128：11-21.

Kirschbaum M U F，1995. The temperature dependence of soil organic matter decomposition and the effect of global warming on soil organic C storage [J]. Soil Biology and Biochemistry，27（6）：753-760.

Kitzler B，Zechmeisterboltenstern S，Holtermann C，et al.，2006. Nitrogen oxides emission from two beech forests subjected to different nitrogen loads [J]. Biogeosciences，3：1381-1422.

Klanderud K，Totland O，2005. Simulated climate change altered dominance hierarchies and diversity of an alpine biodiversity hotspot [J]. Ecology，86：2047-2054.

Klasner F L，Fagre D B，2002. A half century of change in alpine treeline patterns at Glacier National Park，Montana，USA [J]. Arctic，Antarctic，and Alpine Research，34（1）：49-56.

Klein J A，Harte J and Zhao X Q，2004. Experimental warming causes large and rapid species loss，dampened by simulated grazing，on the Tibetan Plateau [J]. Ecology Letters，7（12）：1170-1179.

Kleypas J A，Buddemeier R W，Archer D，et al.，1999. Geochemical consequences of increased atmospheric carbon dioxide on coral reefs [J]. Science，284：118-120.

Klopatek J M，2002. Belowground carbon pools and processes in different age stands of Douglas-fir [J]. Tree Physiology，22，197.

Knapp A K，Conard S L，Blair J M，1998. Determinants of soil CO_2 flux from a sub-humid grass land effect of fire and fire history [J]. Ecological Applications，8：760-770.

Knorr W，Heimann M，2001. Uncertainties in global terrestrial biosphere modeling. Part1. A comprehensive sensitivity analysis with a new photosynthesis and energy balance scheme [J]. Global Biogeochem. Cycles，15：207-225.

Knorr W，Prentice I C，House J I，et al.，2005. Long-term sensitivity of soil carbon turnover to warming [J]. Nature，433（7023）：298-301.

Koch G W，Mooney H A，1996. Response of terrestrial ecosystems to elevated CO_2: a synthesis and summary [A] //Carbon Dioxide and Terrestrial Ecosystems [C]. San Diego: Academic Press.

Koch O，Tscherko D，Kuppers M，et al.，2008. Interannual ecosystem CO_2 dynamics in the alpine zone of the eastern alps，Austria [J]. Arct Antarct Alp Res，40：487-496.

Kögel-Knabner I，Amelung W，Cao Z H，et al.，1995. Biogeochemistry of paddy soils [J]. Geoderma，2010，157，1-14.

Komulainen M，Mikola J. Soil processes as influenced by heavymetals and the composition of soil fauna [J]. Journal of Applied Ecology，32：234-241.

Körner C，2000. Biosphere responses to CO_2 enrichment [J]. Ecol. Appl，10：1590-1619.

Körner Ch，1977. Evapotranspiration und Transpiration verschiedener Pflanzenbestände im alpinen Grasheidegürtel der Hohen Tauern [a] //Cernusca A（ed）. Alpine Grasheide Hohe Tauern，Ergebnisse der Ökosystemstudie 1976，Veröffentlichungen des österreichischen MaB Hochgebigsprogramms Hohe Tauern Vol. 1 [C]. Innsbruck: Universitätsverlag Wagner，47-68.

Koürner，2003. Alpine Plant Life，Functional Plant Ecology of High Mountain Ecosystems，2nd edn [J]. New York: Springer.

Kreider J F，Kreith F，1978. Principles of solar engineering [M]. Washington: Hemisphere Publishing Corporation.

Krishnan P，Meyers T P，Scott R L，et al.，2012. Energy exchange and evapotranspiration over two temperate semi-arid grasslands in North America [J]. Agricultural and Forest Meteorology，153（SI）：31-44.

Kucera C，Kirkham D，1971. Soil respiration studies in tall-grass prairie in Missouri [J]. Ecology，52：912-915.

Kudo G，Suzuki S，2003，. Warming effects on growth，production，and vegetation structure of alpine shrubs: A five-year experiment in northern Japan [J]. Oecologia135：280-287.

Kustas W P，Prueger J H，Hipps L E，et al.，1998. Inconsistencies in net radiation estimates from use of several models of instruments in a desert environment [J]. Agricultural and Forest Meteorology，90：257-263.

Kuzyakov Y，2005. Theoretical background for partitioning of root and rhizomicrobial respiration by δ 13C of microbial biomass [J]. European Journal of Soil Biology，7（2）：10-16.

Lal R，2004. Soil carbon sequestration to mitigate climate change [J]. Geoderma，123（2）：1-22.

Lam J C，Li D H W，1996. Correlation between global solar radiation and its direct and diffuse components [J]. Building and Environment，31（6）：527-535.

Lamers M，Ingwersen J，Streck T，2007. Nitrous oxide emissions from mineral and organic soilsof a Norway spruce stand in South-West Germany［J］. Atmospheric Environment，41：1681-1688.

Lascano R J，van Bavel C H M，Hatfield J L，et al.，1987. Energy and water balance of a sparse crop：simulated and measured soil and crop evaporation［J］. Soil Science Society of America Journal，51（5）：1113-1121.

Launiainen S，Rinne J，Pumpanen J，et al.，2005. Eddy covariance measurements of CO_2 and sensible and latent heat fluxes during a full year in a boreal pine forest trunk-space. Boreal Environment Research，10：569-588.

Laville P，Flura D，Gabrielle B，et al.，2009. Characterisation of soil emissions of nitric oxide at field and laboratory scale using high resolution method［J］. Atmospheric Environment，43：2648-2658.

Law B E，Falge E，Gu L，et al.，2002. Environmental controls over carbon dioxide and water vapor exchange of terrestrial vegetation［J］. Agricultural and Forest Meteorology，113（1-4）：97-120.

Law B E，Ryan M G，Anthoni P M，2010. Seasonal and annual respiration of a ponderosa pine ecosystem［J］. lobal Change Biology，5，169-182.

Law R M，et al.，1996. Variations in modeled atmospheric transport of carbon dioxide and the consequences for CO_2 inversions ［J］. Global Biogeochem. Cycles，10：783-796.

Le Quéré C，Andrew R，Friedlingstein P，et al.，2018. Global Carbon Budget 2018［C］. Earth System Science Data，10：2141-2194.

Lecain D R，Morgan J A，Schuman G E，et al.，2000. Carbon exchange rates in grazed and ungrazed pastures of Wyoming ［J］. Journal of Range Management，53（2）：199-206.

Leclerc M Y，Thertell G W，1990. Footprint prediction of scalar using a Markovian analysis［J］. Boundary-Layer Meteorology，52：247-258.

Ledrew E F，Weller G，1978. A Comparison of the radiation and energy balance during the growing season for an Arctic and alpine tundra［J］. Arctic and Alpine Research，10（4）：665-678.

Lee E，Koster R，Zeng F，et al.，2018. Studying Land-Atmosphere Feedbacks via Coupling of the Global Carbon Cycle［J］.

Lee T，Mc Phaden M J，2010. Increasing intensity of El Niño in the centralequatorial Pacific［J］. Geophysical Research Letters，37：L14603，10-1029. DOI：10.1029/2010GL044007.

Lee X，Barr A G，1998. Climatology of gravity waves in a forest［J］. Quarterly Journal of the Royal Meteorological Society，124：1403-1419.

Lee X，Hu X Z，2002. Forest-air fluxes of carbon，water and energy over non-flat terrain［J］. Boundary-Layer Meteorology，103：277-301.

Lee X，1998. On micrometeorological observation of surface-air exchange over tall vegetation［J］. Agricultural and Forest Meteorology，91：39-49.

Lei Wang，Huizhi Liu，Yaping Shao，et al.，2018. Water and CO_2 fluxes over semiarid alpine steppe and humid alpine meadow ecosystems on the Tibetan Plateau［J］. Theor Appl Climatol，131：547-556.

Lerdau M T，Jablonski A，Ziska L H，et al.，2018. Transgenic plants and the global carbon cycle［C］//AGU Fall Meeting Abstracts.

Leuning R，1995. A critical appraisal of a combined stomatal-photosynthesis model for C_3 plants［J］. Plant Cell and Environment，18（4）：339-355.

Li C，Frolking S，Frolking T A，1992. A model of nitrous oxide evolution from soil driven by rainfall events：1. Model structure and sensitivity［J］. Journal of Geophysical Research：Atmospheres，97：9759-9776.

Li F，Peng Y，Natali S M，et al.，2017. Warming effects on permafrost ecosystem carbon fluxes associated with plant nutrients［J］. Ecology，98（11）：2851-2859.

Li G，Duan T，Gong Y，2000. The bulk transfer coefficients and surface fluxes on the western Tibetan Plateau［J］. Chinese Science Bulletin，45（13）：1221-1226.

Li G，Duan T，S Haginoya，et al.，2001. Estimates of the bulk transfer coefficients and surface fluxes over the Tibetan Plateau using AWS data［J］. Journal of the Meteorological Society of Japan，79（2）：625-635.

Li H Q，Zhang F W，Li Y N，et al.，2015. Thirty-year variations of above-ground net primary production and precipitation-use efficiency of an alpine meadow in the north-eastern Qinghai-Tibetan Plateau [J]．Grass and Forage Science，208-218.

Li H，Qiu J J，Wang L G，et al.，2012. Estimates of N_2O Emissions and Mitigation Potential from a Spring Maize Field Based on DNDC Model [J]．Journal of Integrative Agriculture，11：2067-2078.

Li H，Zhang F，Li Y，et al.，2016. Seasonal and inter-annual variations in CO_2 fluxes over 10 years in an alpine shrubland on the Qinghai-Tibetan Plateau，China [J]．Agricultural and forest meteorology，228：95-103.

Li H Q，Zhang F W，Li Y N，et al.，2015. Thirty-year variations of above-ground net primary production and precipitation-use efficiency of an alpine meadow in the north-eastern Qinghai-Tibetan Plateau [J]．Grass and Forage Science，208-218.

Li J，Liu D，Wang T，et al.，2017. Grassland restoration reduces water yield in the headstream region of Yangtze River [J]．Scientific reports，7（1）：2162.

Li M，Babel W，Chen X，et al.，2015. A 3-year dataset of sensible and latent heat fluxes from the Tibetan Plateau，derived using eddy covariance measurements [J]．Theoretical and Applied Climatology.122（3-4）：457-469.

Li Q，Xue Y，2010. Simulated impacts of land cover change on summer climate in the Tibetan Plateau [J]．Environmental Research Letters，5（1）：015102.

Li S G，Asanuma J，Kotani A，et al.，2007. Evapotranspiration from a Mongolian steppe under grazing and its environmental constraints [J]．Journal of Hydrology，333（1）：133-143.

Li S G，Eugster W，Asanuma J，et al.，2006. Energy partitioning and its biophysical controls above a grazing steppe in central Mongolia [J]．Agricultural and Forest Meteorology，137（1-2）：89-106.

Li S G，Harazono Y，Oikawa T，et al.，2000. Grassland desertification by grazing and the resulting micrometeorological changes in Inner Mongolia [J]．Agricultural and Forest Meteorology，102（2-3）：125-137.

Li S G，Lai C T，Lee G，et al.，2005. Evapotranspiration from a wet temperate grassland and its sensitivity to microenvironmental variables [J]．Hydrological Processes，19（2）：517-532.

Li S G，Oikawa T，2001. Energy budget and canopy carbon dioxide flux over a humid C_3 and C_4 co-existing grassland. In：Proceedings of the International Workshop for Advanced Flux Network and Flux Evaluation [J]．CGER-REPORT. CGER-M011，23-28.

Li X，Zhang C，Hua F，et al.，2013. Grazing exclusion alters soil microbial respiration，root respiration and the soil carbon balance in grasslands of the Loess Plateau，northern China [J]．Soil Science & Plant Nutrition，59（6）：877-887.

Li Y N，Sun X M，Zhao X Q，et al.，2006. Seasonal variations and mechanism for environmental control of NEE of CO_2 concerning the Potentilla Fruticosa in alpine shrub meadow of Qinghai-Tibet Plateau [J]．Science in China Series D：Earth Sciences，49（Supp. II）：174-185.

Li Y，Dong S，Liu S，et al.，2015. Seasonal changes of CO_2，CH_4 and N_2O fluxes in different types of alpine grassland in the Qinghai-Tibetan Plateau of China [J]．Soil Biology and Biochemistry，80：306-314.

Li Y，Xu XQ，Zhu XM，1992. Preliminary-study on mechanism of plant-roots to increase soil antiscouribility on the Loess Plateau [J]．Science in China Series B-Chemistry，35（9）：1085-1092.

Li Z，L yu S，L Zhao，et al.，2015. Turbulent transfer coefficient and roughness length in a high-altitude lake，Tibetan Plateau [J]．Theoretical and Applied Climatology，124（3）：723-735.

Li Z，Yu G，Xiao X，et al.，2007. Modeling gross primary production of alpine ecosystems in the Tibetan Plateau using MODIS images and climate data [J]．Remote Sensing Environment，107：510-519.

Liang C，Das K C，McClendon R W，2003. The influence of temperature and moisture contents regimes on the aerobic microbial activity of a bio solids composting blend [J]．Bioresource Technology，86：131-137.

Liebig M A，Doran J W，Gardner J G，1996. Evaluation of a field test kit for measuring select soil quality indication [J]．Agro J，88（4）：683-686.

Lin X，Zhang Z，Wang S，et al.，2011. Response of ecosystem respiration to warming and grazing during the growing seasons in the alpine meadow on the Tibetan plateau [J]．Agricultural & Forest Meteorology，151（7）：802.

Linn D M，Doran J W，1984. Effect of water-filled pore space on carbon dioxide and nitrous oxide production in tilled and nontilled soils [J] . Soil Science Society of America Journal, 48: 647-653.

Liu C, Holst J, Yao Z, et al., 2009a. Growing seasonmethane budget of an Inner Mongolian steppe [J] . Atmospheric Environment, 43: 3086-3095.

Liu F, Jensen C R and Andersen M N, 2005. A review of drought adaptation in crop plants: changes in vegetative and reproductive physiology induced by ABA-based chemical signals [J] . Australian Journal of Agricultural Research, 56 (11): 1245-1252.

Liu M L, Tian H Q, Chen G S, et al., 2008. Effects of land-use and land-cover change on evapotranspiration and water yield in China during 1900-2000 [J] . Journal of the American Water Resources Association, 44 (5): 1193-1207.

Liu S M, Xu Z W, Zhu Z L, et al., 2013. Measurements of evapotranspiration from eddy-covariance systems and large aperture scintillometers in the Hai River Basin, China [J] . Journal of Hydrology, 487: 24-38.

Liu S, Li S G, Yu G R, et al., 2009. Surface energy exchanges above two grassland ecosystems on the Qinghai-Tibetan Plateau [J] . Biogeosciences Discussions, 6 (5): 9161-9192.

Liu S, Xu Z, Wang W, et al., 2011. A comparison of eddy-covariance and large aperture scintillometer measurements with respect to the energy balance closure problem [J] . Hydrology and Earth System Sciences, 15 (4): 1291-1306.

Liu W J, Chen S Y, Qin X, et al., 2012. Storage, patterns and control of soil organic carbon and nitrogen in the northeastern margin of the Qinghai-Tibetan Plateau [J] . Environmental R esearch Letters, 7 (3). Doi: 10. 1088 /1748-9326 /7 /3 /035401.

Liu YS, Fan JW, Harris W, et al., 2013. Effects of Plateau pika (ochotona curzoniae) on net ecosystem carbon exchange of grassland in the Three R ivers Headw aters R egion, Qinghai-Tibet, China [J] . Plant and Soil, 366 (1/2): 491-504.

Liu, H. et al., 2018. Shifting plant species composition in response to climate change stabilizes grassland primary production [J] . Proc Natl Acad Sci U S A, 115 (16): 4051-4056.

Lloyd A H, Fastie C L, 2003. Recent changes in treeline forest distribution and structure in interior Alaska [J] . Ecoscience, 10 (2): 176-185.

Lloyd J, Taylor J A, 1994. On the temperature dependence of soil respiration [J] . Functional Ecology, 8: 315-323.

Lobell D B and Asner G P, 2002. Moisture effects on soil reflectance [J] . Soil Science Society of America Journal, 66 (3): 722-727.

Longdoz B, Yernaux M, Aubinet M, 2010. Soil CO_2 efflux measurements in a mixed forest: Impact of chamber disturbances, spatial variability and seasonal evolution [J] . Global Change Biology, 6 (8): 907-917.

Lovett R A, 2002. Rain might be leading carbon sink factor [J] . Science, 296: 1787.

Lu L, Liu S, Xu Z, et al., 2009. The characteristics and parameterization of aerodynamic roughness length over heterogeneous surfaces [J] . Advances in Atmospheric Sciences, 26 (1): 180-190.

Lu XY, Fan JH, Yan Y, et al., 2013. Responses of soil CO_2 fluxes to short-term experimental w arming in alpine steppe eco system, northern Tibet [J] . Plos One, 8 (3): 8.

Luo H B and Yanai M, 1984. The large-scale circulation and heat sources over the Tibetan Plateau and surrounding area during the early summer of 1979. Part II: heat and moisture budgets [J] . Monthly Weather Review, 112: 966-989.

Luo T, Pan Y, Ouyang H, et al., 2004. Leaf area index and net primary productivity along subtropical to alpine gradients in the Tibetan Plateau [J] . Global Ecology and Biogeography, 13 (4): 345-358.

Luo Y Q, Reynolds J, Wang Y P, 1999. A search for predictive understanding of plant responses to elevated [J] . Global Change Biol, 5: 143-156.

Luo Y Q, Wan S Q, Hui D F, et al., 2001. Acclimatization of soil respiration to warming in a tall grass prairie [J] . Nature, 413: 622-625.

Luo, Y. et al., 2004. Progressive nitrogen limitation of ecosystem responses to rising atmospheric carbon dioxide [J] . Bioscience, 54 (8): 731-739.

Luyssaert, S. et al., 2007. CO_2 balance of boreal, temperate, and tropical forests derived from a global database [J] . Global Change Biology, 13 (12): 2509-2537.

Ma W，Ma Y，Ishikawa H，2014. Evaluation of the SEBS for upscaling the evapotran spiration based on in-situ observayions over the Tibetan Plateau. Atmospheric Research，138：91-97.

Ma W，Ma Y，Su B，2011. Feasibility of retrieving land surface heat fluxes from ASTER data using SEBS：a case study from the Namco area of the Tibetan plateau [J]. Arctic，Antarctic，and Alpine Research，43（42）：139-245.

Ma Y，Wang Y，Wu R，et al.，2009. Recent advances on the study of atmosphere-land interaction observations on the Tibetan Plateau [J]. Hydrology and Earth System Sciences，13（7）：1103-1111.

Ma Y M，H Zeyong，T Lide，et al.，2014. Study Process of the Tibet Plateau Climate System Change and Mechanism of Its Impact on East Asia [J]. Advances in Earth Science，29（2）：207-215.

Ma Y M，Su Z B，Koike T，et al.，2003. On measuring and remote sensing surface energy partitioning over the Tibetan Plateau：From GAME/Tibet to CAMP/Tibet [J]. Physics and Chemistry of the Earth，28：63-74.

Ma Y，Fan S，Ishikawa H，et al.，2005. Diurnal and inter-monthly variation of land surface heat fluxes over the central Tibetan Plateau area [J]. Theoretical and Applied Climatology，80（2-4）：259-273.

Ma Y，Liu S，Zhang F，et al.，2014. Estimations of Regional Surface Energy Fluxes Over Heterogeneous Oasis-Desert Surfaces in the Middle Reaches of the Heihe River During HiWATER-MUSOEXE [J]. IEEE Geoscience and Remote Sensing Letters，12（3）：671-675.

Ma Y，Menenti M，Feddes R，et al.，2008. Analysis of the land surface heterogeneity and its impact on atmospheric variables and the aerodynamic and thermodynamic roughness lengths [J]. Journal of Geophysical Research：Atmospheres，113.

Ma Y，Zhu Z，Zhong L，et al.，2014. Combining MODIS，AVHRR and in situ data for evapotranspiration estimation over heterogeneous landscape of the Tibetan Plateau [J]. Atmospheric Chemistry and Physics，14（3）：1507-1515.

Mahrt L，1998. Flux sampling errors for aircraft and towers [J]. Journal of Atmospheric and Oceanic Technology，15（2）：416-429.

Mahrt L，1982. Momentum balance of gravity flow [J]. Journal of the Atmospheric Sciences，39：2701-2711.

Marchand P J，1987. Life in the Cold：An Introduction to Winter Ecology [M]. Hanover：University Press of New England.

Maronga B，Hartogensis O K，Raasch S，et al.，2014. The Effect of Surface Heterogeneity on the Structure Parameters of Temperature and Specific Humidity：A Large-Eddy Simulation Case Study for the LITFASS-2003 Experiment [J]. Boundary-Layer Meteorology，153（3）：441-470.

Marx A，Kunstmann H，2008. Uncertainty analysis for satellite derived sensible heat fluxes and scintillometer measurements over Savannah environment and comparison to mesoscale meteorological simulation results [J]. Agricultural & Forest Meteorology，148（4）：0-667.

Massman W J，Lee X，2002. Eddy covariance flux corrections and uncertainties in long-term studies of carbon and energy exchanges [J]. Agricultural and Forest Meteorology，113（1-4）：0-144.

Massman W J，Weil J C，1999. An Analytical one-Dimensional Second-Order Closure Model of Turbulence Statistics and the Lagrangian Time Scale Within and Above Plant Canopies of Arbitrary Structure [J]. Boundary-Layer Meteorology，91（1）：81-107.

Massman W，1997. An analytical one-dimensional model of momentum transfer by vegetation of arbitrary structure [J]. Boundary-Layer Meteorology，83（3）：407-421.

Matson P A，Parton W J，Power A G，et al.，1997. Agricultural intensification and ecosystem properties [J]. Science，277：504-509.

Mayocchi C L，Bristow K L，1995. Soil surface heat flux：some general questions and comments on measurements [J]. Agricultural and Forest Meteorology，75：43-50.

Mayor M D，Boo R M，Pelaez D V，Elia O R，2003. Seasonal variation of the soil seed bank of grasses in central Argentina as related to grazing and shrub cover [J]. Journal of Arid Environments，53：467-477.

Mckane R B，Rastetter E B，Shaver G R，et al.，1997. Reconstruction and analysis of historical changes in carbon storage in arctic tundra [J]. Ecol，78（4）：1188-1198.

Mclaughlin S，Percy K，2000. Forest health in North America：some perspectives on actual and potential roles of climate and air pollution [J]. Water Air Soil Pollut, 116: 151-197.

Meher-Homji V M, 1980. Repercussions of deforestation on precipitation in Western Karnataka, India [J]. Archiv Für Meteorologie Geophysik Und Bioklimatologie Serie B, 28 (4): 385-400.

Meijninger W M L, Hartogensis O K, Kohsiek W, et al., 2002. Determination of Area-Averaged Sensible Heat Fluxes with a Large Aperture Scintillometer over a Heterogeneous Surface - Flevoland Field Experiment [J]. Boundary-Layer Meteorology, 105 (1): 37-62.

Meinzer F C 1993. Stomatal control of transpiration [J]. Trends in Ecology and Evolution, 8 (8): 289-294.

Melillo J M, Steudler P A, Aber J D, et al., 2002. Soil warming and carbon cycle feedbacks to the climate system [J]. Science, 298: 2173-2176.

Meyers T P, 2001. A comparison of summertime water and CO_2 fluxes over rangeland for well watered and drought conditions [J]. Agricultural and Forest Meteorology, 106 (3): 205-214.

Micks P, Aber J D, Boone R D, et al., 2004. Short-term soil respiration and nitrogen immobilization response to nitrogen applications in control and nitrogen-enriched temperate forests [J]. Forest Ecology & Management, 196, 57-70.

Miller K A, Rhodes S L, Macdonnell L J, 1997. Water allocation in a change climate: Institutions and adaptation [J]. Climatic Change, 35: 157-177.

Miller N E, Stoll R, 2013. Surface Heterogeneity Effects on Regional-Scale Fluxes in the Stable Boundary Layer: Aerodynamic Roughness Length Transitions [J]. Boundary-Layer Meteorology, 149 (2): 277-301.

Mitchell J F, Manabe S, Tokilka T and Meleshko V, 1990. Equilibrium climate change. In: Climate Change: The IPCC scientific assessment Houghton, R A Jenkins G J and Ephraums J J (Eds.) [M]. Cambridge University Press, Cambridge, 131-172.

Mitsuru Hirota, Pengcheng Zhang, Song Gu, et al., 2009. Altitudinal variation of ecosystem CO_2 fluxes in an alpine grassland from 3600 to 4200 m [J]. Journal of Plant Ecology, 2 (4): 197-205.

Moncrieff J B, Malhi Y, Leuning R, 1996. The propagation of errors in long-term measurement of land-atmosphere fluxes of carbon and water [J]. Global Change Biology, 2: 231-240.

Monin A S, Obukhov A M, 1954. Basic laws of turbulent mixing in the atmosphere near the ground [J]. Tr Akad Nauk SSS R Geofiz Inst, 24 (151): 163-187.

Monji N, Hamotani K, Hirano T, et al., 1996. CO_2 and heat exchange of a mangrove forest in Thailand [J]. Journal of Agricultural Meteorology, 52: 149-154.

Monson R K, Burns S P, Williams M W, 2006. The contribution of beneath-snow soil respiration to total ecosystem respiration in a high elevation, subalpine forest [J]. Global Biogeochemical Cycles, 20 (3): GB3030, doi: 10.1029 / 2005GB002684.

Monson R K, Lipson D L, Burns S P, 2006. Winter forest soil respiration controlled by climate and microbial community composition [J]. Nature, 439: 711-714.

Monson R K, Turnipseed A A, Sparks J P, et al., 2002. Carbon sequestration in a high-elevation subalpine forest [J]. Global Change Biology, 8: 459-478.

Monteith J L, Unsworth M H, 1990. Principles of Environmental Physics, second ed [M]. New York: Chapman and Hall.

Moore C J, 1976. A comparative study of radiation balance above forest and grassland [J]. Quarterly Journal of the Royal Meteorological Society, 102 (434): 889-899.

Moore C J, 1986. Frequency response corrections for eddy correlation systems [J]. Boundary Layer Meteorology, 37: 17-35.

Moorhead D L, Barrett J E, Virginia R A, et al., 2003. Organic matter and soil biota of upland w etlands in Taylor Valley, Antarctica [J]. Polar Biology, 26 (9): 567-576.

Morison J I L and Gifford R M, 1983. Stomatal sensitivity to carbon dioxide and humidity: a comparison of two C_3 and two C_4 grass species [J]. Plant Physiology, 71 (4): 789-796.

Morison J L, Lawlor D W, 1999. Interactions between increasing CO_2 concentration and temperature on plant growth [J].

Plant Cell Environ，22：659-682.

Mørkved P T，Dorsch P，Henriksen T M，et al.，2006. N2O emissions and product ratios of nitrification and denitrification as affected by freezing and thawing [J] . Soil Biology & Biochemistry，38，3411-3420.

Morre Ⅲ B，Braswell Jr B H，1994. 地球的新陈代谢：了解碳循环 [J] . AMBIO（中文版），23（1）：4-12.

Moseley M L，Tao Z，Yoshio I，et al.，2006. Bidirectional expression of CUG and CAG expansion transcripts and intranuclear polyglutamine inclusions in spinocerebellar ataxia type 8 [J] . Nature Genetics，38（7）：758-769.

Mu Cuicui，Zhang Tingjun，Wu Qingbai，et al.，2015. Editorial：Organic carbon pools in permafrost regions on the Qinghai-Xizang（Tibetan）Plateau [J] . Cryosphere，9（2）：479-486.

Nadelhoffer K J，Emmett A，Gundersen P，et al.，1999. Nitrogen deposition makes a minor contribution to carbon sequestration in temperate forests [J] . Nature，398：145-148.

Naeth MA，Rothwell RL，Chanasyk DS，et al.，1990. Grazing impacts on infiltration in mixed prairie and fescue grassland ecosystems of Alberat [J] . Can. J. Soil Sci，70：593-605.

Nakai T，Sumida A，Ken'ichi Daikoku，et al.，2008. Parameterisation of aerodynamic roughness over boreal，cool-and warm-temperate forests [J] . Agricultural and Forest Meteorology，148（12）：1900-1925.

Namias J，1959. Recent Seasonal Interactions between North Pacific Waters and the Overlying Atmospheric Circulation [J] . Journal of Geophysical Research Atmospheres，64（64）：631-646.

Namias J，1959. Rossby memorial Vohume [M] . Oxford Uni. Press，New york.

Nedbal V，Brom J，2018. Impact of highway construction on land surface energy balance and local climate derived from LANDSAT satellite data [J] . Science of the Total Environment，633：658-667.

Ni J，2002. Carbon storage in grasslands of China [J] . Journal of Arid Environments，50（2）：205-218.

Ni J，2001. Carbon storage in terrestrial Ecosystem of China：Estimates at different spatial resolutions and their response to climate change [J] . Climate Change，49：339-358.

Nicholson S E，Tucker C J and Ba M B，1998. Desertification，drought，and surface vegetation：An example from the West African Sahel [J] . Bulletin of the American Meteorological Society，79（5）：815-829.

Nicolini G，Castaldi S，Fratini G，et al.，2013. A literature overview of micrometeorological CH_4 and N_2O flux measurements in terrestrial ecosystems [J] . Atmospheric Environment，81：311-319.

Nie A N，Zollinger R P，2012. Impact of deferred grazing and fertilizer on plant population density，ground cover and soil oisture of native pastures in steep hill country of southern Australia [J] . Grass and Forage Science，67（2）：231-242.

Nigel W A，1998. Climate change and water resources in Britain [J] . Climatic Change，39：83-110.

Niu B，He Y T，Zhang X Z，et al.，2017. CO_2 Exchange in an Alpine Swamp Meadow on the Central Tibetan Plateau [J] . Wetlands，DOI 10.1007/s13157-017-0888-2.

Niu FJ，Lin ZJ，Liu H，et al.，2011. Characteristics of thermokarst lakes and their influence on permafrost in Qinghai-Tibet Plateau [J] . Geomorphology，132（3/4）：222-233.

Niu FJ，Luo J，Lin ZJ，et al.，2014. Morphological characteristics of thermokarst lakes along the Qinghai-Tibet engineering corridor [J] . Arctic Antarctic and Alpine R esearch，46（4）：963-974.

Niu S，Wu M，Han Y，et al.，2010. Nitrogen effects on net ecosystem carbon exchange in a temperate steppe [J] . Global Change Biology，16，144-155.

Nobel P S，1999. Physicochemical and environmental plant physiology，2nd ed [M] . San Diego：Academic Press.

Noormets A，Chen J，Crow T R，2007. Age-dependent changes in ecosystem carbon fluxes in managed forests in northern Wisconsin，USA [J] . ecosystems，10（2）：187-203.

Nordstroem C，Soegaard H，Christensen T R，et al.，2001. Seasonal carbon dioxide balance and respiration of a higharctic fen ecosystem in NE-Greenland [J] . Theoretical and Applied Climatology，70（1-4）：149-166.

Norman J M，Garcia R，Verma S B，1992. Soil surface CO2 fluxes and the carbon budget of a grassland [J] . Journal of Geophysical Research，97：18845-18853.

Nugroho R A，Röling W F M，Laverman A M，et al.，2007. Low Nitrification Rates in Acid Scots Pine Forest Soils Are Due to pH-Related Factors［J］. Microbial Ecology，53，89-97.

Odum E P，1983. Bascic Ecology ［M］. CBS Colleg Pubishing.

Oechel W C，Hastings S J，Vourlitis G，et al.，1993. Recent change of Arctic tundra ecosystems from a net carbon dioxide sink to a source［J］. Nature，36（11）：520-523.

Oechel W C，Vourlitis G L，Hastings S J，et al.，2000. Acclimation of ecosystem CO_2 exchange in the Alaskan Arctic in response to decadal climate warming［J］. Nature，406：978-981.

Oechel W C，Vourlitis G L，Hastings S J，et al.，1998. The effects of water table manipulation and elevated temperature on the net CO_2 flux of w et sedge tundra ecosystems［J］. Global Change Biology，4（1）：77-90.

Oertel C，Herklotz K，Matschullat J，et al.，2012. Nitric oxide emissions from soils: a case study with temperate soils from Saxony，Germany［J］. Environmental Earth Sciences，66：2343-2351.

Ohmura A，1982. Objective criteria for rejecting data for Bowen ratio flux calculations［J］. Journal of Applied Meteorology，21（4）：595-598.

Ohtaki E，Matsui T，1982. Infrared device for simultaneous measurement of fluctuations of atmospheric carbon dioxide and water vapor［J］. Boundary-Layer Meteorology，24（1）：109-119.

Ohtaki E，1984. Application of an infrared carbon dioxide and humidity instrument to studies of turbulent transport［J］. Boundary-Layer Meteorology，29（1）：85-107.

Ohtaki E，1980. Turbulent transport of carbon dioxide over a paddy field［J］. Boundary-Layer Meteorology19（3）：315-336.

Ohtsuka T，Hirota M，Zhang X，et al.，2008. Soil organic carbon pools in alpine to nival zones along an altitudinal gradient （4400m-5300m）on the Tibetan Plateau［J］. Polar Sci，2：277-285.

Oku Y，Ishikawa H，Su Z，2007. Estimation of land surface heat fluxes over the Tibetan Plateau using GMS data［J］. Journal of Applied Meteorogy and Climatology，46（2）：183-195.

Olga I，George P K，et al.，2004. Effects of nitrogen addition on nitrogen metabolism and carbon reserves in the temperate sea grass Posidonia oceanica［J］. Journal of Experimental Biology and Ecology，303：97-114.

Oliphant A J，Grimmond C S B，Zutter H N，et al.，2004. Heat storage and energy balance fluxes for a temperate deciduous forest［J］. Agricultural and Forest Meteorology，126（3-4）：185-201.

Oncley S P，Foken T，Vogt R，et al.，2007. The energy balance experiment EBEX-2000. Part I: overview and energy balance［J］. Bound.-Lay. Meteorol，123：1-28.

Orchard V A，Cook F J，1983. Relationship between soil respiration and soil moisture［J］. Soil Biology and Biochemistry，22：153-160.

Oren R et al.，2001. Soil fertility limits carbon sequestration by forest ecosystems in a CO_2-enriched atmosphere［J］. Nature，411：469-472.

Pacala S W，Hurtt G C，Baker D，et al.，2001. Consistent land-and atmosphere-based US carbon sink estimates［J］. Science，292：2316-2320.

Panin G N，Tetzlaff G，Raabe A，1998. Inhomogeneity of the land surface and problems in the parameterization of surface fluxes in natural conditions［J］. Ther. Appl. Climatol，60：163-178.

Papale D，Valentini R，2003. A new assessment of European forests carbon exchanges by eddy fluxes and arti-ficial neural network spatialization［J］. Global Change Biology，9：525-535.

Parton W J，Risser P G，1980. Impact of management practices on the tallgrass prairie［J］. Oecologia，46（2）：223-234.

Patiño-Zúñiga L，Ceja-Navarro J A，Govaerts B，et al.，2009. The effect of different tillage and residue management practices on soil characteristics，inorganic N dynamics and emissions of N_2O，CO_2 and CH_4 in the central highlands of Mexico: a laboratory study［J］. Plant and Soil，314：231-241.

Pattey E，Desjardins R L，Rochette P，1993. Accuracy of the relaxed eddy-accumulation technique，evaluated using CO_2 flux measurements［J］. Boundary-Layer Meteorology，66：341-355.

Pattey E，Edwards G C，Desjardins R L，et al.，2007. Tools for quantifying N_2O emissions from agroecosystems [J]. Agricultural and Forest Meteorology，142：103-119.

Pattey E，Strachan I B，Desjardins R L，et al.，2002. Measuring nighttime CO_2 flux over terrestrial ecosystem using eddy covariance and noctural boundary layer methods [J]. Agricultural and Forest Meteorology，113：145-158.

Paul E A，Collins H P，Leavitt S W，2001. Dynamics of resistant soil carbon of Midwestern agricultural soils measured by naturally occurring 14 C abundance [J]. Geoderma，104：239-256.

Paul E A，Paustian K，Elliott E T，et al.，1997. Soil Organic Matter in Temperate Agroecosystems：Long-Term Experiments in North America [M]. CRC Press.

Pauli H M，Gottfried M and Grabherr G，2003. Effect of climate change on the alpine and nival vegetation of the Alps [J]. Journal of Mountain Ecology，7（Suppl）：9-12.

Pauli H，Gottfried M，Reiter K，et al.，2001. High mountain summits as sensitive indicators of climate change effects on vegetation patterns：The "Multi Summit-Approach" of GLORIA（global observation research initiative in alpine environments）[A] //Visconti G，Beniston M，Iannorelli E D，et al.（eds）. Global Change and Protected Areas [C]. Dordrecht：Springer，45-51.

Pausch J，Tian J，Riederer M，et al.，2013. Estimation of rhizodeposition at field scale：upscaling of a 14C labeling study. Plant and Soil，364：273-285.

Pavelka M，Acosta M，Marek M V，et al.，2007. Dependence of the Q_{10} values on the depth of soil temperature measuring point [J]. Plant Soil，292：171-179.

Paw U K T，Baldocchi D D，Meyers T P，et al.，2000. Correction of eddy-covariance measurements incorpo rating both Advective effects and density fluxes [J]. Boundary-Layer Meteorology，97：487-511.

Peichl M，Carton O and Kiely G，2012. Management and climate effects on carbon dioxide and energy exchanges in a maritime grassland [J]. Agriculture Ecosystems and Environment，158：132-146.

Peng F，You Q，Xu M，et al.，2014. Effects of warming and clipping on ecosystem carbon fluxes across two hydrologically contrasting years in an alpine meadow of the Qinghai-Tibet Plateau [J]. Plos One，9（10）：e109319.

Peng F，Quan G Y，Xue X，et al.，2015. Effects of rodentinduced land degradation on ecosystem carbon fluxes in an alpine meadow in the Qinghai-Tibet Plateau，China [J]. Solid Earth，6（1）：303-310.

Peng F，Xue X，You Q G，et al.，2015. Warming effects on carbon release in a permafrost area of Qinghai-Tibet Plateau [J]. Environmental Earth Sciences，73（1）：57-66.

Peng F，You Q G，Xu M H，et al.，2015. Effects of experimental w arming on soil respiration and its components in an alpine meadow in the permafrost region of the Qinghai-Tibet Plateau [J]. European Journal of Soil Science，66（1）：145-154.

Peng F，You Q G，Xu M H，et al.，2014. Effects of warming and clipping on ecosystem carbon fluxes across two hydrologically contrasting years in an alpine meadow of the QinghaiTibet Plateau [J]. Plos One，9（10）：14.

Peng Q，Dong Y，Qi Y，et al.，2011. Effects of nitrogen fertilization on soil respiration in temperate grassland in Inner Mongolia，China [J]. Environmental Earth Sciences，62，1163-1171.

Peng S S，Piao S L，Wang T，et al.，2009. Temperature sensitivity of soil respiration in different ecosystems in China [J]. Soil Biology and Biochemistry，41，1008-1014.

Perez P J，Castellvi F，Ibañez M，et al.，1999. Assessment of reliability of Bowen ratio method for partitioning fluxes [J]. Agricultural and Forest Meteorology，97（3）：141-150.

Peterjohn WT，Melillo JM，Steusler PA，et al.，1994. Response of trace gas fluxes and N availability to experimentally elevatcd soil temperatures [J]. Ecological Applications，4：617-625.

Petersen S O，Ambus P，Elsgaard L，et al.，2013. Long-term effects of cropping system on N_2O emission potential [J]. Soil Biology and Biochemistry，57：706-712.

Petrie M D，Collins S L，Swann A M，et al.，2015. Grassland to shrubland state transitions enhance carbon sequestration in the northern Chihuahuan Desert [J]. Global change biology，21（3）：1226-1235.

Phillips O L，Malhi Y，Higuchi N，et al.，1998. Changes in the carbon balance of tropical forests：evidence from long-term plots [J] . Science, 282: 439-442.

Piao S L, Fan J Y, Ciais P, et al., 2009. The carbon balance of terrestrial ecosystems in China [J] . Nature, 458 (7241): 1009-1013.

Piao S L, Fang J, Zhu B, et al., 2005b. Forest biomass carbon stocks in China over the past 2 decades: Estimation based on integrated inventory and satellite data [J] . Journal of Geophysical Research, 110, G01006, doi: 01010. 01029/02005JG000014.

Pielke Sr R A, Marland G, Betts R A, et al., 2002. The influence of land-use change and landscape dynamics on the climate system: relevance to climate-change policy beyond the radiative effect of greenhouse gases [J] . Philosophical Transactions of the Royal Society A, 360 (1797): 1705-1719.

Pielke Sr R A, 2005. Land use and climate change [J] . Science, 310 (5754): 1625-1626.

Pilegaard K, Hummelshoj P, Jensen N O, et al., 2001. Two years of continuous CO_2 eddy-flux measurement over a Danish beech forest [J] . Agricultural and Forest Meteorology, 107: 29-41.

Pilegaard K, Skiba U, Ambus P, et al., 2006. Factors controlling regional differences in forest soil emission of nitrogen oxides (NO and N2O) [J] . Biogeosciences, 3, 651-661.

Pires C V, Schaefer C, Hashigushi A K, et al., 2017. Soil organic carbon and nitrogen pools drive soil CO_2 emissions from selected soils in Maritime Antarctica [J] . Science of The Total Environment, 596: 124-135.

Poeplau C, Don A, 2013. Sensitivity of soil organic carbon stocks and fractions to different land-use changes across Europe [J] . Geoderma, 192, 189-201.

Post D F, Fimbres A, Matthias A D, et al., 2000. Predicting soil albedo from soil color and spectral reflectance data [J] . Soil Science Society of America Journal, 64 (3): 1027-1034.

Post W M, Emanuel W R, Zinke P J, et al., 1982. Soil carbon pools and world life zones [J] . Nature, 1990, 298: 156-159.

Post W M, Peng T H, Emanuel W R, et al., 1990. The global carbon cycle [J] . American Scientist, 78: 310-326.

Power S, Delage F, Chung C, et al., 2013. Robust twenty-first-century projections of El Niño and related precipitation variability [J] . Nature, 502 (7472): 541-545.

Prentice I C, et al., 2001. The carbon cycle and atmospheric CO_2 [R] . IPCC Third Assessment Report, WG1 [m] . Cambridge: Cambridge University Press.

Prentice I C, Farquhar G D, Fasham M J R, et al., 2001. Chapter 3: The Carbon Cycle and Atmosphere CO_2. In: The Intergovernmental Panel on Climate Change (IPCC). Third Assessment Report. Houghton J T, Yihui D, (Eds) [m] . Cambridge University Press, Cambridge.

Priestley C H B and Taylor R J, 1972. On the assessment of surface heat flux and evaporation using large-scale parameters [J] . Monthy Weather Review, 100 (2): 81-92.

Pumpanen J, Kolari P, Ilvesniemi H, et al., 2004. Comparison of different chamber techniques for measuring soil CO_2 efflux [J] . Agricultural and Forest Meteorology, 123: 159~176.

Qi Y C, Dong Y S, Liu L X, et al., 2010. Spatial-temporal variation in soil respiration and its controlling factors in three steppes of Stipa L. in Inner Mongolia, China [J] . Science China: Earth Sciences, 53 (5): 683-693.

Qi Y C, Dong Y S, Peng Q, et al., 2012. Effects of a conversion from grassland to cropland on the different soil organic carbon fractions in Inner Mongolia, China [J] . J Geogr Sci, 22: 315-328.

Qian Y T, Hsu P C and Cheng C H, 2017. Changes in surface energy partitioning in China over the past three decades [J] . Advances in Atmospheric Sciences, 34 (5): 635-649.

Qin Y, Yi S H, Chen J J, et al., 2015. Responses of ecosystem respiration to short-term experimental w arming in the alpine meadow ecosystem of a permafrost site on the Qinghai-Tibetan Plateau [J] . Cold Regions Science and Technology, 115: 77-84.

Quary P D, Tilbrook B, Wong C S, 1992. Oceanic uptake of fossil fuel CO_2: carbon-13 evidence [J] . Science, 256: 74-79.

Raich J W，Schlesinger W H，1992a. The global carbon dioxide flux in soil respiration and its relationship to vegetation and climate ［J］. Tellus，44B（2）：81-99.

Raich J W，Wtufekcioglu A，2000. Vegetation and soil respiration：Correlations and controls ［J］. Biogeochemistry，48：71-90.

Rakonczay Z，Seiler J R，Samuelson J，1997. A method for the in situ measurement of fine root gas exchange of forest trees ［J］. Experiment Botany，37：107-113.

Ramankutty N and Foley J A，1999. Estimating historical changes in global land cover：Croplands from 1700 to 1992 ［J］. Global Biogeochemical Cycles，13（4）：997-1027.

Randow C V，Kruijt B，Holtslag A A M，et al.，2008. Exploring eddy-covariance and large-aperture scintillometer measurements in an Amazonian rain forest ［J］. Agricultural and Forest Meteorology，148（4）：0-690.

Rannik U，1998. On the surface layer similarity at a complex forest site ［J］. Journal of geophysical research，103：8685-8697.

Rao K S，Wyngaard J C，Cote O R，1974. Local advection of momentum，heat，and moisture in micrometeorology ［J］. Boundary-Layer Meteorology，7：331-348.

Raupach M R，Finnigan J J，1997. The influence of topography on meteorological variables and surface-atmosphere interactions ［J］. Journal of Hydrology，190（3-4）：182-213.

Raupach M R，Weng W S，Carruthers D J，et al.，1992. Temperature and humidity fields and fluxes over hills ［J］. Quarterly Journal of the Royal Meteorology Society，118：191-225.

Raupach M R，1998. Influences of local feedbacks on land-air exchanges of energy and carbon. Global Change Biology，4（5）：477-494.

Raupach M R，1978. Infrared fluctuation hygrometry in the atmospheric surface layer ［J］. Quarterly Journal of the Royal Meteorological Society，104（440）：309-322.

Raupach M R，1994. Simplified expressions for vegetation roughness length and zero-plane displacement as functions of canopy height and area index ［J］. Boundary-Layer Meteorology，71（1-2）：211-216.

Raupach M，1992. Drag and drag partition on rough surfaces ［J］. Boundary-Layer Meteorology，60（4）：375-395.

Rayment M B，Jarvis P G，2000. Temporal and spatial variation of soil CO_2 efflux in a Canadian boreal forest ［J］. Soil Biology & Biochemistry，32：35-45.

Reed D E，Frank J M，Ewers B E，et al.，2018. Time dependency of eddy covariance site energy balance ［J］. Agricultural and Forest Meteorology，249：467-478.

Reeder J D，Schuman G E，2002. Influence of livestock grazing on C sequestration in semi-arid mixed-grass and short-grass rangelands ［J］. Environmental Pollution，116：457-463.

Reich，P.B.，et al.，2006. Nitrogen limitation constrains sustainability of ecosystem response to CO_2 ［J］. Nature，440（7086）：922-925.

Reichstein M，Tenhunen J D，Roupsard O，et al.，2002. Ecosystem respiration in two Mediterranean evergreen Holm Oak forests：drought effects and decomposition dynamics ［J］. Functional ecology，16：27-39.

Reichstein M，Tenhunen J，Roupsar O，et al.，2002. Severe drought effects on ecosystem CO_2 and H_2O fluxes at three Mediterranean evergreen sites：revision of current hypotheses？［J］. Global Change Biology，8（10）：999-1017.

Remde A，Conrad R，1991. Role of Nitrification and Denitrification for NO Metabolism in Soil ［J］. Biogeochemistry，12，189-205.

Reverter B R，Carrara A，Fernández A，et al.，2011. Adjustment of annual NEE and ET for the open-path IRGA self-heating correction：Magnitude and approximation over a range of climate ［J］. Agricultural and forest meteorology，151（12）：1856-1861.

Rey A，Pegoraro E，Tedeschi V，et al.，2002. Annual variation in soil respiration and its components in a coppice oak forest in Central Italy ［J］. Global Change Biology，8（9）：851-866.

Ripley E A and Saugier B，1978. Biophysics of a natural grassland：evaporation. Journal of Applied Ecology，15（2）：

459–479.

Risk D，Kellman L，Belltrami H，2002. Carbon dioxide in soil profiles：Production and temperature dependence ［J］. Geophysical Research Letters，29（6）：11–14.

Risser P G，Birney E C，Blocker H D，1981. The true prairie ecosystem ［J］. Hutchinson Ross Pub，Co.

Robinson D，Hodge A，Fitter A ，2003. Constraints on the Form and Function of Root Systems ［M］. Root Ecology，Springer Berlin Heidelberg press，1–31.

Rochette P，Flsnagan L B，1997. Quantifying rhizosphere respiration in a corn crop under field conditions ［J］. Soil Science Society of America Journal，61：466–474.

Romanovsky V E，Osterkamp T E，1997. Thawing of active layer on the coastal plain of the Alaskan Arctic ［J］. Permafrost and Periglacial Processes，8：1–22.

Rosenberg N J，Blad B L and Verma S B，1983. Microclimate：The Biological Environment，second ed ［M］. New York：John Wiley.

Rosenberg N J，1969. Seasonal patterns in evapotranspiration by irrigated alfalfa in the central Great Plains ［J］. Agronomy Journal，61（6）：879–886.

Rosset M，Montani M，Tanner M，et al.，2001. Effects of abandonment on the energy balance and evapotranspiration of wet subalpine grassland ［J］. Agriculture Ecosystems and Environment，86（3）：277–286.

Rosset M，Riedo M，Grub A，et al.，1997. Seasonal variation in radiation and energy balances of permanent pastures at different altitudes ［J］. Agricultural and Forest Meteorology，86（3–4）：245–258.

Rothfuss Y，Biron P，Braud I，et al.，2010. Partitioning evapotranspiration fluxes into soil evaporation and plant transpiration using water stable isotopes under controlled conditions ［J］. Hydrological Processes，24（22）：3177–3194.

Rubey and William V，1951. Geologic history of sea water：an attempt to state the problem ［J］. Geological Society of America Bulletin，62：1111–1148.

Ruimy A，Jarvis P G，Baldocchi D D，et al.，1995. CO_2 fluxes over plant canopies and solar radiation：a review ［J］. Advances in Ecological Research ，26，1–68.

Rustad L E，Campbell J L，Marion G M，et al.，2001. A meta-analysis of the response of soil respiration，net nitrogen mineralization，and aboveground plant grow th to experimental ecosystem warming ［J］. Oecologia，126（4）：543–562.

Rutter A J，1971. A predictive model of rainfall interception in forest：Deriation of the model from observation in a plantation of Corsican pine ［J］. Agr Mest，（9）：367–384.

Rutter A J，1975. The hydrological cycle in vegetation. In：Monteith J L（ed）. Vegetation and Atmosphere ［M］. London：Academic Press.

Ryu Y，Baldocchi D D，Ma S，et al.，2008. Interannual variability of evapotranspiration and energy exchange over an annual grassland in California ［J］. Journal of Geophysical Research：Atmospheres，113（D9）：D09104.

Saavedra F，Inouye D W，Price M V，et al.，2003. Changes in flowering and abundance of Delphinium nuttallianum（Ranunculaceae）in response to subalpine climate warming experiment ［J］. Global Change Biology，9：885–894.

Sachs，L，1996. Angewandte Statistik：Anwendung Statistischer Methoden ［J］. Berlin：Springer.

Saigusa N，Oikawa T and Liu S，1998. Seasonal variations of the exchange of CO_2 and H_2O between a grassland and the atmosphere：an experimental study ［J］. Agricultural and Forest Meteorology，89（2）：131–139.

Saigusa N，Yamamotoa S，Murayama S，et al.，2002. Gross primary production and net ecosystem exchange of a cool-temperate deciduous forest estimated by the eddy covariance method ［J］. Agricultural and Forest Meteorology，112：203–215.

Sainju U M，Jabro J D，2008. Soil carbon dioxide emission and carbon content as affected by irrigation，tillage，cropping system，and nitrogen fertilization ［J］. Journal of Environmental Quality，37，98–106.

Saiz G，Byrne K A，Butterbach-Bahl K，et al.，2010. Stand age-related effects on soil respiration in a first rotation Sitka spruce chronosequence in central Ireland ［J］. Global Change Biology，12，1007–1020.

Sakai R K，Fitzjarrald D R，Moraes O L L，et al.，2004. Land-use change effects on local energy，water，and carbon balances in an Amazonian agricultural field [J]. Global Change Biology, 10 (5): 895-907.

Samain B, Simons G W H, Voogt M P, et al., 2012. Consistency between hydrological model, large aperture scintillometer and remote sensing based evapotranspiration estimates for a heterogeneous catchment [J]. Hydrology and Earth System Sciences, 16 (7): 2095-2107.

Sandvik SM, Heegaard E, Eleven R, Vandvik V, 2004. Response of alpine snowbed vegetation to long-term experimental warming [J]. Ecoscience, 11: 150-159.

Sanz-Cobena A, García-Marco S, Quemada M, et al., 2014. Do cover crops enhance N_2O, CO_2 or CH_4 emissions from soil in Mediterranean arable systems? [J]. Science of the Total Environment, 466-467, 164-174.

Sasai T, Saigusa N, Nasahara K N, et al., 2011. Satellite-driven estimation of terrestrial carbon flux over Far East Asia with 1-km grid resolution [J]. Remote Sensing of Environment, 115 (7): 1758-1771.

Schaefer K, Schwalm C R, Williams C, et al., 2012. A model - data comparison of gross primary productivity: Results from the North American Carbon Program site synthesis [J]. Journal of Geophysical Research: Biogeosciences, 117 (G3).

Schaufler G, Kitzler B, Schindlbacher A, et al., 2010. Greenhouse gas emissions from European soils under different land use: effects of soil moisture and temperature [J]. European Journal of Soil Science, 61: 683-696.

Schimel D S, House J I, Hibbard K A, et al., 2001. Recent patterns and mechanisms of carbon exchange by terrestrial ecosystems [J]. Nature, 414: 169-172.

Schimel D, Melillo J, Tian H Q, et al., 2000. Contribution of increasing CO_2 and climate to carbon storage by ecosystemsin the US [J]. Science, 287: 2004-2006.

Schimel D, Stephens B B, Fisher J B, 2015. Effect of increasing CO_2 on the terrestrial carbon cycle [J]. Proceedings of the National Academy of Sciences, 112 (2): 436-441.

Schlesinger W H, Andrews J A, 2000. Soil respiration and the global carbon cycle [J]. Biogeochemistry, 48: 7-20.

Schlesinger W H. 1995. An overview of the carbon cycle [A] //Lai Retal (Eds.). Soils and Global Change [M]. CRC Press, Florida, Boca Raton, 9-25.

Schlesinger W H, 1997. Biogeochemistry: an analysis of global change [M]. Academic Press, San Diego, California.

Schlesinger W H, 1990. Evidence from chronosequence studies for a low carbon storage potential of soils [J]. Nature, 348: 232-234.

Schlesinger W H, 2017. Inorganic Carbon: Global Carbon Cycle [M] //Encyclopedia of soil science [J]. CRC Press, 1203-1205.

Schlesinger W H, 1985. Soil organic matter: a source of atmospheric CO_2. In: Woodwell G M (Ed.), Role of terrestrial vegetation in the global carbon cycle. Scope 23 volume [J]. John Wiley & Sons, 111-150.

Schmid H P, Grimmond C S B, Cropley F, et al., 2000. Measurements of CO_2 and energy fluxes over a mixed hardwood forest in the mid-western United States [J]. Agricultural and Forest Meteorology, 103: 357-374.

Schmid H P, 1994. Source areas for scalars and scalar fluxes [J]. Boundary-Layer Meteorology, 67 (3): 293-318.

Schnell S, King G M, 1996. Responses of methanotrophic activity in soils and cultures to water stress [J]. Applied and Environmental Microbiology, 62: 3203-3209.

Scholes B, 1999. Will the terrestrial carbon sink saturate soon [J]. IGBP Global Change Newaletter, 37: 2-3.

Schulze D G, Nagel J L, Van Scoyoc G E, et al., 1993. Significance of organic matter in determining soil colors. In: Bigham J M and Ciolkosz E J (eds) [J]. Soil Color. Madison: Soil Science Society of America, Inc, 71-90.

Schulze E D, Wirth C, Heimann M, 2000. Managing ForestsAfter Kyoto [J]. Science, 289: 2058-2059.

Schuman G, Janzen H, Herrick J, 2002. Soil carbon dynamics and potential carbon sequestration by rangelands [J]. Environmental Pollution, 116: 391-396.

Schuur E A G, Bockheim J, Canadell J G, et al., 2008. Vulnerability of permafrost carbon to climate change: Implications for the global carbon cycle [J]. BioScience, 58 (8): 701-714.

Scott R S, Scott D M, Daniel M M, et al., 2003. Carbon in Amazon forests: unexpected seasonal fluxes and disturbanceinduced losses [J] . Science, 302: 1554-1557.

Scurlock J M O, Hall D O. 1998. The global carbon sink: a grassland perspective [J] . Global Change Biology, 4: 229-233.

Seneviratne S I, Corti T, Davin E L, et al., 2010. Investigating soil moisture-climate interactions in a changing climate: a review [J] . Earth-Science Reviews, 99 (3-4): 125-161.

Shang L Y, Zhang Y, Lü S H, et al., 2015. Energy exchange of an alpine grassland on the eastern Qinghai-Tibetan Plateau [J] . Science Bulletin, 60 (4): 435-446.

Shaverb G R, Canadell J, Chapin F S, et al., 2000. Global warming and terrestrial ecosystems: a conceptual framework for analysis [J] . Biol. Sci, 50: 871-882.

Shaw R H and Pereira A R, 1982. Aerodynamic roughness of a plant canopy, a numerical experiment [J] . Agricultural Meteorology, 26 (1): 51-65.

Shaw R H, 1956. A comparison of solar radiation and net radiation [J] . Bulletin of the American Meteorological Society, 37: 205-206.

Shen H H, Chu Y K, Zhao X, et al., 2016. Analysis of current grassland resources in china [J] . Chinese science bulletin, 61 (2): 139-154.

Shi W Y, Yan M J, Zhang J G, et al., 2014. Soil CO_2 emissions from five different types of land use on the semiarid Loess Plateau of China, with emphasis on thecontribution of winter soil respiration [J] . Atmospheric Environment, 88, 74-82.

Shuttleworth W J and Wallace J S, 1985. Evaporation from sparse crops-an energy combination theory [J] . Quarterly Journal of the Royal Meteorological Society, 111 (469): 839-855.

Siegenthaler U and Sarmiento J L, 1993. Atmospheric carbon dioxide and the ocean [J] . Nature, 365: 119-125.

Sikora L J, McCoy J L, 1990. Attempts to determine available carbon in soils [J] . Biology and Fertility of Soils, 9: 19-24.

Silvola J, Alm J, Ahlholm U, et al., 1977. The contribution of plant roots to CO_2 fluxes from organic soil [J] . Biol Fert Soils, 23: 126-131.

Silvola J, Alm J, Ahlholm U, 1992. The effect of plant roots on CO_2 release from peat soil [J] . Suo, 43: 259-262.

Šimek M, Hynšt J, Šimek P, 2014. Emissions of CH_4, CO_2, and N_2O from soil at a cattle overwintering area as affected by available C and N [J] . Applied Soil Ecology, 75: 52-62.

Sims P L, Bradford J A, 2001. Carbon dioxide fluxes in a southern plains prairie [J] . Agricultural and Forest Meteorology, 109 (2): 117-134.

Singh J S, Gupta W H, 1997. Plant decomposition and soil respiration in terrestrial ecosystems [J] . The botanical review, 43: 449-529.

Six J, Conant R T, Paul E A, et al., 2002. Stabilization mechanisms of soil organic matter: Imolicatiobs for C-saturation of soils [J] . Plant and soil, 241: 155-176.

Six J, Elliott E T, Paustian K, 2000. Soil macroaggregate turnover and microaggregate formation: A mechanism for C sequestration under notillage agriculture [J] . Soil Biology & Biochemistry, 32: 2099-2103.

Skiba U, Smith K A, Fowler D, 1993. Nitrification and denitrification as sources of nitric oxide and nitrous oxide in a sandy loam soil [J] . Soil Biology & Biochemistry, 25, 1527-1536.

Small E E and Kurc S A, 2003. Tight coupling between soil moisture and the surface radiation budget in semiarid environments: implications for land-atmosphere interactions [J] . Water Resources Research, 39 (10): 1278.

Smith E, 1938. Limiting factors in photosynthesis: light and carbon dioxide [J] . General Physiology, 22: 21-35.

Smith L C, MacDonald G M, Velichko A A, et al., 2004. Siberian peatlands a net carbon sink and global methane source since the Early Holocene [J] . Science, 303: 353-356.

Smith S D, Travis E, Huzman, et al., 2000. Elevated CO_2 increases. Productivity and invadive species success in an arid ecosystem [J] . Nature, 408: 79-81.

Smith T M and Shugart H H, 1993. The potential response of global terrestrial carbon storage to a climate change [J] . Water, Air and Soil Pollution, 70: 629-642.

Smith T M，Leemans R and Shugart H H，1992. Sensitivity of terrestrial carbon storage to CO_2 induced climate change：comparison of four scenarios based on general circulation models. Climatic change，21：367–384.

Smith，P，2008. Land use change and soil organic carbon dynamics [J]. Nutr. Cycl. Agroecosys，81：169–178.

Smithwick E A H，Harmon M E，Remillard S M，et al.，2002. Potential upper bounds of carbon stores in forests of the Pacific Northwest [J]. Ecological Application，12（5）：1303–1317.

Snyman H A，2005. Rangeland degradation in a semi–arid South Africa. I：influence on seasonal root distribution root/shoot ratios and water use efficiency [J]. Journal of Arid Environment，60（3）：457–481.

Solomon D K，Cerling T E，1987. The annual carbon dioxide cycle in a montane soil：observations，modeling，and implications for weathering [J]. Water Resources，23：2257–2265.

Sommerfeld R A，Massman M J，Musselman P C，1996. Diffusional flux of CO_2 through snow：Spatial and temporal variability among alpine–subalpine sites [J]. Global Biogeochemistry Cycles，110：473–482.

Song Miao Fan，Wofsy S C，Bakwin P S，et al.，1990. Atmosphere biosphere exchange of CO_2 and O3 in the central Amazon Forest [J]. Journal of Geophysical Research：Atmospheres，95（D10）.

Sperry J S，Hacke U G，Oren R，et al.，2002. Water deficits and hydraulic limits to leaf water supply [J]. Plant Cell and Environment，25（2）：251–263.

Stannard D I，Blanford J H，Kustas，1994. Interpretation of surface flux measurements in heterogeneous terrain during the Monsoon experiment [J]. Water Resource Research，30（5）：1227–1239.

Steduto P，Hsiao T C，1998. Maize canopies under two soil water regimes：Validity of Bowen ratio–energy balance technique for measuring water vapor and carbon dioxide fluxes at 52 min intervals [J]. Agricultural and Forest Meteorology，89：215–228.

Steffen W，Canadell J，Apps M，et al.，1998. The terrestrial carbon cycle：implications for the Kyoto protocol [J]. Science，280：1393–1394.

Stern D I，Kaufmann R K，1996. Estimates of global anthropogenic methane emissions 1860—1993. [J] Chemosphere，33：159–176.

Steven F，Chris T G，Weixin C，1996. Diurnal and seasonal patterns of ecosystem CO_2 efflux from upland Tundra in the foothills of the Brooks range，Alaska，U. S. A [J]. Arctic and Alpine Research，28（3）：328–338.

Stolarski R S，Bloomfield P，Mcpeters R D，et al.，1991. Total ozone trends deduced from Nimbus 7 TOMS data [J]. Geophysics Research Letters，18：1015–1018.

Stoll R，Porté–Agel，Fernando，2009. Surface Heterogeneity Effects on Regional–Scale Fluxes in Stable Boundary Layers：Surface Temperature Transitions [J]. Journal of the Atmospheric Sciences，66（2）：412–431.

Stone B J，2009. Land use as climate change mitigation [J]. Environmental Science and Technology，43（24）：9052–9056.

Street L E，Shaver G R，Williams M，et al. 2007. What is the relationship between changes in canopy leaf area and changes in photosynthetic CO_2 flux in arctic ecosystems？ [J]. J Ecol，95：139–150.

Stull R B. 1988. An Introduction to Boundary Layer Meteorology [M]. Boston：Kluwer Academic Publisher.

Su Y Z，Zhao H L，2003. Influence of grazing and exclosure on carbon sequestration in degraded sandy grassland，Inner Mongolia，north China [J]. New Zeal. J. Agric. Res，46：321–328.

Su Z，W J Timmermans，C Tol，R Dost，et al.，2009. EAGLE 2006-Multi–purpose，multi–angle and multi–sensor in–situ and airborne campaigns over grassland and forest [J]. Hydrology and earth system sciences，13（6）：833–845.

Sud Y C and Fennessy M，1982. A study of the influence of surface albedo on July circulation in semi–arid regions using the glas GCM [J]. International Journal of Climatology，2（2）：105–125.

Sud Y C and Smith W E，1985. Influence of local land–surface processes on the Indian monsoon：a numerical study [J]. Journal of Climate and Applied Meteorology，24（10）：1015–1036.

Sun G，Hu Z，Wang J，et al.，2016. Upscaling analysis of aerodynamic roughness length based on in situ data at different spatial scales and remote sensing in north Tibetan Plateau [J]. Atmospheric Research，176–177：231–239.

Sun J，Desjardins R，Mahrt L，et al.，1998. Transport of carbon dioxide，water vapor，and ozone by turbulence and local circulations [J]. Journal of Geophysics Research，103：258-273.

Sun J，Lenschow D H，Mahrt L，et al.，1997. Lakeinduced atmospheric circulations during BOREAS [J]. Journal of geophysical research，102：29155-29166.

Sundquist E T，1993. The global carbon dioxide budget [J]. Science，259：934-941.

Suyker A E，Verma S B，Burba G G，2003. Interannual variability in net CO_2 exchange of a antive tallgrass prairie [J]. Global Change Biology，9：255-265.

Suyker A E，Verma S B，2001. Year-round observations of the net ecosystem exchange of carbon dioxide in a native tallgrass prairie [J]. Global Change Biology，7：279-289.

Swinnem J，1994. Evaluation of the use of a model rhizdeposition technique to separate root and microbial respiration in soil [J]. Plant Soil，165（1）：89-104.

Talhelm T，Zhang X，Oishi S，et al.，2014. Large-scale psychological differences within China explained by rice versus wheat agriculture [J]. Science，344（6184）：603-608.

Tanaka K，Tamagawa I，Ishikawa H，et al.，2003. Surface energy budget and closure of the eastern Tibetan Plateau during the GAME-Tibet IOP 1998 [J]. Journal of Hydrology，283（1）：169-183.

Tang J，Baldocchi D D，Xu L，2005. Tree photosynthesis modulates soil respiration on a diurnal time scale [J]. Global Change Biology，11：1298-1304.

Tang R，Li Z L，Jia Y，et al.，2015. An intercomparison of three remote sensing-based energy balance models using Large Aperture Scintillometer measurements over a wheat-corn production region [J]. Remote Sensing of Environment，115（12）：3187-3202.

Tang R，Li Z L，2015. Evaluation of two end-member-based models for regional land surface evapotranspiration estimation from MODIS data [J]. Agricultural and Forest Meteorology，202：69-82.

Tang Y K，Wen X F，Sun X M，et al.，2014. Interannual variation of the Bowen ratio in a subtropical coniferous plantation in southeast China，2003-2012 [J]. PLoS One，9（2）：e88267.

Tans P P，Pieter P，James W C，et al.，1998. The global carbon cycle：in balance，with a little help from the plants [J]. Science，281：183-184.

Tans P，Fung I P，Takahashi T，1990. Observational constraints on the global atmospheric CO_2 budget [J]. Science，247：1431-1438.

Tarnocai C，Canadell J G，Schuur E A G，et al.，2009. Soil organic carbon pools in the northern circumpolar permafrost region [J]. Global biogeochemical cycles，23（2）.

Teixeira J，Stevens B，Bretherton C S，et al.，2008. Parameterization of the atmospheric boundary layer：a view from just above the inversion [J]. Bulletin of the American Meteorological Society，89（4）：453-458.

Teuling A J，Seneviratne S I，Stockli R，et al.，2010. Contrasting response of European forest and grassland energy exchange to heatwaves [J]. Nature Geoscience，3（10）：722-727.

Them II T R，Gill B C，Caruthers A H，et al.，2017. High-resolution carbon isotope records of the Toarcian Oceanic Anoxic Event（Early Jurassic）from North America and implications for the global drivers of the Toarcian carbon cycle [J]. Earth and Planetary Science Letters，459：118-126.

Theurillat J P and Guisan A，2001. Potential impact of climate change on vegetation in the European Alps：a review [J]. Climatic Change，50（1-2）：77-109.

Thierron V，Laudelout H，1996. Contribution of root respiration to total CO_2 efflux from the soil of a deciduous forest [J]. Can J of For Res，26（7）：1142-1148.

Thom A S and Oliver H R，1977. On Penman's equation for estimating regional evaporation [J]. Quarterly Journal of the Royal Meteorological Society，103（436）：345-357.

Thomazini A，Francelino M R，Pereira A B，et al.，2016. Geospatial variability of soil CO_2-C exchange in the main terrestrial ecosystems of Keller Peninsula，Maritime Antarctica [J]. Science of the Total Environment，562：802-811.

Thomazini A, Spokas K, Hall K, et al., 2015. GHG impacts of biochar: Predictability for the same biochar [J]. Agriculture, ecosystems & Environment, 207: 183-191.

Thornley M N, Johnson I R, 1990. Plant and Crop Modeling: A Mathematical Approach to Plant and Crop Physiology [M]. Oxford, UK: Clarendon.

Tian X, Li Z Y, Tol C V D, et al., 2011. Estimating zero-plane displacement height and aerodynamic roughness length using synthesis of LiDAR and SPOT-5 data [J]. Remote Sensing of Environment, 115 (9): 2330-2341.

Todd R W, Evett S R and Howell T A, 2000. The Bowen ratio-energy balance method for estimating latent heat flux of irrigated alfalfa evaluated in a semi-arid, advective environment [J]. Agricultural and Forest Meteorology, 103 (4): 335-348.

Tramontana G, Martin J, Reichstein M, et al. 2016. Estimating gross carbon dioxide fluxes by eddy covariance net ecosystem exchange measurements and machine learning methods [C] //AGU Fall Meeting Abstracts.

Trenberth K E, Fasullo J T and Kiehl J, 2009. Earth's global energy budget [J]. Bulletin of the American Meteorological Society, 90 (3): 311-323.

Trumbore S E, Chadwick O A, Amundson R, 1996. Rapid exchange betw een soil carbon and atmospheric carbon dioxide driven by temperature change [J]. Science, 272 (5260): 393-396.

Twine T E, Kustas W P, Norman J M, et al., 2000. Correcting eddy-covariance flux underestimates over a grassland [J]. Agricultural and Forest Meteorology, 103 (3): 279-300.

Unkovich M, Baldock J and Farquharson R, 2018. Field measurements of bare soil evaporation and crop transpiration, and transpiration efficiency, for rainfed grain crops in Australia-areview [J]. Agricultural Water Management, 205: 72-80.

Upadhyaya S D, Singh V P, 1981. Microbial turnover of organic matter in a tropical grassland soil [J]. Pedobiologia, 1: 100-109.

Valentini R P, Angelis P D, Matteucci G, et al., 1996. Seasonal net carbon dioxide exchange of a Beech forest with the atmosphere [J]. Global Change Biology, 2 (3): 199-207.

Valentini R, Gamon J A and Field C B, 1995. Ecosystem gas exchange in a California grassland: seasonal patterns and implications for scaling [J]. Ecology, 76 (6): 1940-1952.

Valentini R, Matteucci G, Dolman A J, et al., 2000. Respiration as the main determinant of carbon balance in European forests [J]. Nature, 404 (6780): 861.

Van der Weerden T J V D, Kelliher F M, Klein C A M D, 2012. Influence of pore size distribution and soil water content on nitrous oxide emissions [J]. Soil Research, 50, 125-135.

van Lent J, Hergoualc'h K, Verchot L, et al., 2018. Greenhouse gas emissions along a peat swamp forest degradation gradient in the Peruvian Amazon: soil moisture and palm roots effects [J]. Mitigation and Adaptation Strategies for Global Change, 24, 625-643.

Vanhala P, 2002. Seasonal variation in the soil respiration rate in coniferous forest soils [J]. Soil Biology& Biochemistry, 34: 1375-1379.

Verhoef A, Allen S J, Bruin H A R D, et al., 1996. Fluxes of carbon dioxide and water vapour from a Sahelian savanna [J]. Agricultural and Forest Meteorology, 80 (2-4): 231-248.

Verhoef A, van den Hurk B J J M, Jacobs A F G, et al., 1996. Thermal properties for vineyard (EFEDA-I) and savanna (HAPEX-Sahel) sites [J]. Agricultural and Forest Meteorology, 78: 1-18.

Verma S B, Baldocchi D D, Anderson, et al., 1986. Eddy fluxes of CO_2, water vapor, and sensible heat over a deciduous forest [J]. Boundary-Layer Meteorology, 36 (1-2): 71-91.

Verma S B, Kim J, Clement R, 1992. Momentum, water vapor, and carbon dioxide exchange at a centrally located prairie site during FIFE [J]. Journal of Geophysics Research, 97, 18629-18639.

Verma S B, Rosenberg N J, Blad B L, 1978. Turbulent Exchange Coefficients for Sensible Heat and Water Vapor under Advective Conditions [J]. Journal of Applied Meteorology, 17 (3): 330-338.

Verma, Pruess. 1986. Enhancement of steam phase relative permeability due to phase transformation effects in porous media

［J］．

Vermeulen S J，Campbell B M，Ingram J S I，2012. Climate Change and Food Systems ［J］. Social Science Electronic Publishing，37，195-222.

Vesterdal L，Elberling B，Christiansen J R，et al.，2012. Soil respiration and rates of soil carbon turnover differ among six common European tree species ［J］. Forest Ecology and Management，264：185-196.

Vose J M，Ryan M G，2002. Seasonal respiration of foliage，fine root，and woody tissues in relation to growth，tissue N，and photosynthesis ［J］. Global Change Biology，8：164-175.

Vukicevic T，Braswell B H，Scheimel D，2001. A diagnostic study of temperature controls on global terrestrial carbon exchange ［J］. Tellus B，53：150-170.

Wada N，Miyamoto M，Kojima S，1998. Responses of reproductive traits to short-term artificial warming in a deciduous alpine shrub Geum pentapetalum（Rosaceae）［J］. Proceedings of the National Institute of Polar Research Symposium on Polar Biology，11：137-146.

Waldrop M P，Wickland K P，White R，et al.，2010. Molecular investigations into a globally important carbon pool：Permafrostprotected carbon in alaskan soils ［J］. Global Change Biology，16（9）：2543-2554.

Walther G R，2010. Community and ecosystem responses to recent climate change ［J］. Philosophical Transactions of the Royal Society of London，365（1549）：2019-2024.

Wang B，Bao Q，Hoskins B，et al.，2008. Tibetan Plateau warming and precipitation changes in East Asia ［J］. Geophysical Research Letters，35（4）：63-72.

Wang C H，Shi H，Cui Y，et al.，2009. Simulation analysis on characteristics of land surface over western Qinghai-Xizang Plateau during freezing-thawing period ［J］. Sciences in Cold and Arid，1（4）：0329-0340.

Wang G X，Qian J，Cheng G D，et al.，2002. Soil organic carbon pool of grassland soils on the Qinghai-Tibetan Plateau and its global implication ［J］. Science of the Total Environment，291（1-3）：207-217.

Wang G X，Wang Y B，Li Y S，et al.，2007. Influences of alpine ecosystem responses to climatic change on soil properties on the Qinghai-Tibet Plateau，China ［J］. Catena，70（3）：506-514.

Wang J，Zhuang J，Wang W，et al.，2015. Assessment of Uncertainties in Eddy Covariance Flux Measurement Based on Intensive Flux Matrix of HiWATER-MUSOEXE ［J］. IEEE Geoscience and Remote Sensing Letters，12（2）：259-263.

Wang Junfeng，Wang Genxu，Hu Hongchang，et al.，2010. The influence of degradation of the sw amp and alpine meadow s on CH_4 and CO_2 fluxes on the Qinghai-Tibetan Plateau ［J］. Environmental Earth Sciences，60（3）：537-548.

Wang Junfeng，Wang Genxu，Wang Yibo，et al.，2007. Influences of the degradation of sw amp and alpine meadow s on CO_2 emission during grow ing season on the Qinghai-Tibet Plateau ［J］. Chinese Science Bulletin，52（18）：2565-2574.

Wang Junfeng，Wu Qingbai，2013. Annual soil CO_2 efflux in a w etmeadow during active layer freeze-thaw changes on the Qinghai Tibet Plateau ［J］. Environmental Earth Sciences，69（3）：855-862.

Wang K C and Dickinson R E，2012. A review of global terrestrial evapotranspiration：observation，modeling，climatology，and climatic variability ［J］. Reviews of Geophysics，50（2）：RG2005.

Wang Lin，Ouyang Hua，Zhou Caiping，et al.，2005. Soil organic matter dynamics along a vertical vegetation gradient in the Gongga mountain on the Tibetan Plateau ［J］. Journal of Integrative Plant Biology，47（4）：411-420.

Wang Ling，Manuel Delgado-Baquerizo，Wang Deli，et al.，2019. Diversifying livestock promotes multidiversity and multifunctionality in managed grasslands ［J］.PNAS，116（13）：6187-6192.

Wang S P，Wilkes A，Zhang Z C，2011. Management and land use change effects on soil carbon in northern China's grasslands：a synthesis ［J］. Agriculture，Ecosystems and Environment，142：329-340.

Wang S P，Yang X X，Lin X W，et al.，2009. Methane emission by plant communities in an alpine meadow on the Qinghai-Tibetan Plateau：a new experimental study of alpine meadows and oat pasture ［J］. Biology Letters，5（4）：535-538.

Wang S，Ma Y，2011. Characteristics of Land-Atmosphere Interaction Parameters over the Tibetan Plateau ［J］. Journal of Hydrometeorology，12（4）：702-708.

Wang W, Wang T, Peng S S, et al., 2007. Review of winter CO_2 efflux from soils: a key process of CO_2 exchange between soil and atmosphere [J]. Journal of Plant Ecology, 31 (3): 394-402.

Wang X, Feng Z, 1995. Atmosphric Carbon Squestration through Agroforestry in China [J]. Energy, 20 (2): 117-121.

Wang X, Zhang Y, Feng Z, 1994. Carbon dioxide release due to change in land use in China mainland [J]. Environment Science, 6 (3): 287-295.

Wang Y L, Zhou G S, Wang Y H, 2008. Environmental effects on net ecosystem CO_2 exchange at half-hour and month scales over Stipa Krylovii Steppe in Northern China [J]. Agricultural and Forest Meteorology, 148: 714-722.

Wang Yonghui, Liu Huiying, Chung Haegeun, et al., 2014. Nongrow ing-season soil respiration is controlled by freezing and thaw ing processes in the summer monsoon-dominated Tibetan alpine grassland [J]. Global Biogeochemical Cycles, 28 (10): 1081-1095.

Wang, Kaicun, Dickinson, et al., 2012. A review of global terrestrial evapotranspiration: Observation, modeling, climatology, and climatic variability [J]. Reviews of Geophysics, 50 (2).

Ward H, Evans J, Grimmond C, 2013. Multi-season eddy covariance observations of energy, water and carbon fluxes over a suburban area in Swindon, UK [J]. Atmospheric Chemistry and Physics, 13 (9): 4645-4666.

Ward H, Evans J, Grimmond C, 2014. Multi-Sensible Heat Fluxes in the Subueban Environment from Large-Aperture Scintillometry and Eddy Covariance [J]. Boundary-layer meteorology, 152 (1): 65-89.

Ward P R, Micin S F, Fillery I R P, 2012. Application of eddy covariance to determine ecosystem-scale carbon balance and evapotranspiration in an agroforestry system [J]. Agricultural and Forest Meteorology, 152: 178-188.

Watson R T, Verardo D J, 2000. Land-use change and forestry [M]. London: Cambridge University Press, 25-51.

Webb E K, Pearman G I, Leuning R, 1980. Correction of flux measurements for density effects due to heat and water vapour transfer [J]. Quarterly Journal of the Royal Meteorological Society, 106 (447): 85-100.

Wendler G, Eaton F, 1983. On the desertification of the Sahel zone [J]. Climatic Change, 5 (4): 365-380.

Weslien P, Kasimir Klemedtsson Å, Börjesson G, et al., 2009. Strong pH influence on N2O and CH4fluxes from forested organic soils [J]. European Journal of Soil Science, 60, 311-320.

West T O, Marland G, 2002. A synthesis of carbon sequestration, carbon emissions, and net carbon flux in agriculture: comparing tillage practices in the United States [J]. Agriculture, ecosystems & Environment, 91 (1-3): 217-232.

Wever L A, Flanagan L B, Carlson P J, 2002. Seasonal and interannual variation in evapotranspiration, energy balance and surface conductance in a northern temperate grassland [J]. Agricultural and Forest Meteorology, 112 (1): 31-49.

Whittaker R H, Likens G E, 2003. Biosphere and man. 见: 樊江文, 钟华平, 梁飚等. 草地生态系统碳储量及其影响因素 [J]. 中国草地, 25 (6): 51-58.

Wilczak J M, Oncley S P, Stage S A, 2001. Sonic anemometer tilt correction algorithms [J]. Boundary-Layer Meteorology, 99 (1): 127-150.

William B A and Turner B L, 1994. Change in land use and land cover, a global perspective [J]. Cambridge University Press, London, 7-10.

William G B, Hutyra L, Patterson D C, et al., 2005. Wind induced error in the measurement of soil respiration using closed dynamic chambers [J]. Agricultural and Forest Meteorology, 131: 225-232.

Wilson K B and Baldocchi D D, 2000. Seasonal and interannual variability of energy fluxes over a broadleaved temperate deciduous forest in North America [J]. Agricultural and Forest Meteorology, 100 (1): 1-18.

Wilson K B, Baldocchi D D, Aubinet M, et al., 2002. Energy partitioning between latent and sensible heat flux during the warm season at FLUXNET sites. Water Resources Research, 38 (12): 3001-3011.

Wilson K B, Baldocchi D D, Aubinet M, et al., 2002a. Energy partitioning between latent and sensible heat flux during the warm weason at FLUXNET sites [J]. Water Resour. Res, 38, 1294, doi: 10. 1029/2001 WR000989.

Wilson K B, Hanson P J, Baldocchi D D, 2000. Factors controlling evaporation and energy balance partitioning beneath a deciduous forest over an annual cycle [J]. Agricultural and Forest Meteorology, 102: 83-103.

Wilson K, Goldstein A, Faleg E, et al., 2002. Energy balance closure at FLUXNET sites [J]. Agricultural and Forest

Meteorology，113（1）：223-243.

Wilson，H.M，2008. and Al-Kaisi，M.M.，Crop rotation and nitrogen fertilization effect on soil CO_2 emissions in central Iowa［J］. Applied Soil Ecology，39（3）：264-270.

Wofsy S C，Goulden M L，Munger J W，et al.，1993. Net Exchange of CO_2 in a Mid-Latitude Forest［J］. Science，260（5112）：1314-1317.

Woodward F I，1987. Climate and plant distribution［M］. London：Cambridge University Press.

Woodward F I，1993. Leaf responses to the environment and extrapolation to larger scales. In：Solomon A M and Shugart H H（eds）. Vegetation Dynamics and Global Change［J］. Boston：Springer，71-100.

Wu C S，Zhang Y P，Xu X L，et al.，2014. Influence of interactions between litter decomposition and rhizosphere activity on soil respiration and on the temperature sensitivity in a subtropical montane forest in SW China［J］. Plant and Soil ，381，215-224.

Wu C，Peng D，Soudani K，et al.，2017. Land surface phenology derived from normalized difference vegetation index（NDVI）at global FLUXNET sites［J］. Agricultural and forest meteorology，233：171-182.

Wu Fuzhong，Peng hanghui，Zhu Jianxiao，et al.，2014. Impacts of freezing and thaw ing dynamics on foliar litter carbon release in alpine/subalpine forests along an altitudinal gradient in the eastern Tibetan Plateau［J］. Biogeosciences，11（23）：6871.

Wu G L，Li Z H，Zhang L，et al.，2010. Effects of artificial grassland establishment on soil nutrients and carbon properties in a black-soil-type degraded grassland［J］. Plant and Soil，333（1-2）：469-479.

Wu G，Liu Y，Zhang Q，et al.，2007. The Influence of Mechanical and Thermal Forcing by the Tibetan Plateau on Asian Climate［J］. Journal of Hydrometeorology，8（4）：770-789.

Wu Qingbai，Zhang Peng，Jiang Guanlin，et al.，2014. Bubble emissions from thermokarst lakes in the Qinghai-Xizang Plateau［J］. Quaternary International，321：65-70.

Wu Yibo，Zhang Jing，Deng Yongcui，et al.，2014. Effects of warming on root diameter，distribution，and longevity in an alpine meadow［J］. Plant Ecology，215（9）：1057-1066.

Wu Z D，Li Y S，Wang Y X，et al.，2008. Effects of human activities on soil carbon storage and soil respiration［J］. Chinese Journal of Tropical Agriculture，28（1）：84-91.

Wyngaard J，Kosovic B，1994. Similarity of structure-fuction parameters in the stratified boundary-layer［J］. Boundary-Layer Meteorology，71：277-296.

Xiao X M，Melillo J M，et al.，1998. Net primary production of terrestrial ecosystems in China and its equilibrium responses to changes in climate and atmospheric CO_2 concentration［J］. Acta Phytoecol. Sin，22（2）：97-118.

Xie Z，Cadisch G，Edwards G，et al.，2005. Carbon dynamics in a temperate grassland soil after 9 years exposure to elevated CO_2［J］. Soil Biology& Biochemistry，37（7）：1387-1395.

Xiong Jinbo，Peng Fei，Sun Huaibo，et al.，2014. Divergent responses of soil fungi functional groups to short-term w arming［J］. Microbial Ecology，68（4）：708-715.

Xiong Jinbo，Sun Huaibo，Peng Fei，et al.，2014. Characterizing changes in soil bacterial community structure in response to short-term w arming［J］. Fems M icrobiology Ecology，89（2）：281-292.

Xu L K，Dennis D B，2004. Seasonal variation in carbon dioxide ex-change over a Mediterranean annual grassland in California［J］. Ag-ricultural and Forest Meteorology，1232：79-96.

Xu L L，Zhang X Z，Shi P L，et al.，2005. Establishment fo apparent quantum yield and maximum ecosystm assimilation on Tibetan Plateau alpine meadow ecosystem［J］. Science in China Series D：Earth Science，48（Supp. II）：141-147.

Xu M，Qi Y，2001. Spatial and seasonal variations of Q_{10} determined by soil respiration measurement at a Sierra Nevadan forest［J］. Global Biogeochemical Cycles，15：687-696.

Xu S X，Li Y N，et al. 2007. Relations between carbon dioxide fluxes and environmental factors of Kobresia humilis meadows and Potentilla fruticosa meadows［J］. Frontiers of Biology in China，2（3）：324-332.

Xu S X，Zhao X Q，Fu Y L，et al.，2004. Characterizing CO_2 fluxes for growing and non-growing seasons in a shrub ecosystem on the Qinghai-Tibet plateau [J] . Science in China Ser. D，48（Supp.II）：133-140.

Xu Wenfang，Yuan Wenping，Dong Wenjie，et al.，2013. A meta-analysis of the response of soil moisture to experimental w arming [J] . Environmental R esearch Letters，8（4）：8.

Xue X，Xu M H，You Q G，et al.，2014. Influence of experimental warming on heat and water fluxes of alpine meadows in the Qinghai-Tibet Plateau [J] . Arctic，Antarctic，and Alpine Research，46（2）：441-458.

Xue Y K，1996. The impact of desertification in the Mongolian and Inner Mongolian grassland on the regional climate [J] . Journal of Climate，9（9）：2173-2189.

Xue Y，Sellers P J，Kinter J L，et al.，1991. A Simplified Biosphere Model for Global Climate Studies [J] . Journal of Climate，4（3）：345-364.

Yamamoto J K，1999. Quantification of Uncertainty in Ore-Reserve Estimation：Applications to Chapada Copper Deposit，State of Goiás，Brazil [J] . Natural Resources Research，8（2）：153-163.

Yan H，Yu Q，Zhu Z C，et al.，2013. Diagnostic analysis of interannual variation of global land evapotranspiration over 1982-2011：assessing the impact of ENSO [J] . Journal of Geophysical Research：Atmospheres，118（16）：8969-8983.

Yang G，Chen H，Wu N，et al.，2014. Effects of soil warming，rainfall reduction and w ater table level on CH_4 emissions from the Zoige peatland in China [J] . Soil Biology & Biochemistry，78：83-89.

Yang JP，Ding YJ，Chen RS，2006. Spatial and temporal of variations of alpine vegetation cover in the source regions of the Yangtze and Yellow rivers of the Tibetan Plateau from 1982 to 2001 [J] . Environmental Geology，50（3）：313-322.

Yang K，Chen Y Y，Qin J，2009. Some practical notes on the land surface modeling in the Tibetan Plateau. Hydrology and Earth Sciences，13（5）：687-701.

Yang K，Koike T and Yang D，2003. Surface flux parameterization in the Tibetan Plateau [J] . Boundary-layer meteorology，106（2）：245-262.

Yang K，Koike T，Ishikawa H，et al.，2008. Turbulent Flux Transfer over Bare-Soil Surfaces：Characteristics and Parameterization [J] . Journal of Applied Meteorology & Climatology，47（1）：276-290.

Yang K，Qin J，Guo X F，et al.，2009. Method development for estimating sensible heat flux over the Tibetan Plateau from CMA data [J] . J Appl Meteor Climatol，48（12）：2474-2486.

Yang K，Wu H，Qin J，et al.，2014. Recent climate changes over the Tibetan Plateau and their impacts on energy and water cycle：A review [J] . Global and Planetary Change，112：79-91.

Yang X，Wang M X，Huang Y，2001. The climatic-induced net carbon sink by terrestrial biosphere over 1901-1995 [J] . Adv. Atmos. Sci，18（6）：1192-1206.

Yang YH，Fang JY，Ji CJ，et al.，2009. Above and belowground biomass allocation in Tibetan grasslands [J] . Journal of Vegetation Science，20：177-184.

Yang YS，Li HQ，Zhang L，et al.，2016. Characteristics of soil water percolation and dissolved organic carbon leaching and their response to long-term fencing in an alpine meadow on the Tibetan Plateau [J] . Environ Earth Sci，75（23）：1471.

Yang YF，Gao Y，Wang SP，et al.，2014. The microbial gene diversity along an elevation gradient of the Tibetan grassland [J] . Isme Journal，8（2）：430-440.

Yao J，Zhao L，Ding Y，et al.，2008. The surface energy budget and evapotranspiration in the Tanggula region on the Tibetan Plateau [J] . Cold Regions Science and Technology，52（3）：0-340.

Yao J，Zhao L，Gu L，et al.，2011. The surface energy budget in the permafrost region of the Tibetan Plateau [J] . Atmospheric Research，102（4）：0-407.

Yao Z，Wolf B，Chen W，et al.，2010. Spatial variability of N_2O，CH_4 and CO_2 fluxes within the Xilin River catchment of Inner Mongolia，China：a soil core study [J] . Plant and Soil，331：341-359.

Yao Z，Zheng X，Xie B，et al.，2009. Tillage and crop residue management significantly affects N-trace gas emissions during the non-rice season of a subtropical rice-wheat rotation [J] . Soil Biology and Biochemistry，41：2131-2140.

Yi C，Davis K J，Bakwin P S，et al.，2000. Influence of advcetion on measurement of the net ecosystem-atmosphere exchange of CO$_2$ from a very tall tower〔J〕. Journal of Geophysical Research, 105: 9991-9999.

Yi Shuhua, Wang Xiaoyun, Qin Yu, et al., 2014. R esponses of alpine grassland on Qinghai-Tibetan Plateau to climate warming and permafrost degradation: A modeling perspective〔J〕. Environmental R esearch Letters, 9（7）: 12.

You Q G, Xue X, Peng F, et al., 2017. Surface water and heat exchange comparison between alpine meadow and bare land in a permafrost region of the Tibetan Plateau〔J〕. Agricultural and Forest Meteorology, 232: 48-65.

You Quangang, Xue Xian, Peng Fei, et al., 2014. Comparison of ecosystem characteristics betw een degraded and intact alpine meadow in the Qinghai-Tibetan Plateau, China〔J〕. EcologicalEngineering, 71: 133-143.

Yuan Hang, Hou Fujiang, 2015. Grazing intensity and soil depth effects on soil properties in alpine meadow pastures of Qilian mountain in northw est China〔J〕. Acta Agriculturae Scandinavica Section B-Soil and Plant Science, 65（3）: 222-232.

Yue P, Li Y H, Zhang Q, et al., 2012. Surface energy-balance closure in a gully region of the Loess Plateau at SACOL on eastern edge of Tibetan Plateau〔J〕. Journal of the Meteorological Society of Japan, 90C（SI）: 173-184.

Yvon-Durocher G, Allen A P, Montoya J M, et al., 2010. The temperature dependence of the carbon cycle in aquatic ec osystems〔M〕//Advances in ec ological Research. Academic Press, 43: 267-313.

Zenone T, Fischer M, Arriga N, et al., 2015. Biophysical drivers of the carbon dioxide, water vapor, and energy exchanges of a short-rotation poplar coppice〔J〕. Agricultural and Forest Meteorology, 209-210: 22-35.

Zeweldi D A, Gebremichael M, Wang J M, et al., 2010. Intercomparison of sensible heat flux from large aperture scintillometer and eddy covariance methods: field experiment over a homogeneous semi-arid region〔J〕. Boundary-Layer Meteorology, 135（1）: 151-159.

Zha T, Kellomaki S, Wang K Y, et al., 2004. Carbon sequestration and ecosystem respiration for 4 years in a Scots pine forest〔J〕. Global Change Biology, 10（9）: 1492-1503.

Zhang Bin, Chen Shengyun, He Xingyuan, et al., 2014. Responses of soil microbial communities to experimental w arming in alpine grasslands on the Qinghai-Tibet Plateau〔J〕. Plos One, 9（8）: 10.

Zhang F, Liu A, Li Y, et al., 2008. CO$_2$ flux in alpine wetland ecosystem on the Qinghai-Tibetan Plateau, Ching〔J〕. Acta Ecologica Sinica, 28（2）: 453-462.

Zhang Fang, Wang Tao, Xue Xian, et al., 2010. The response of soil CO$_2$ efflux to desertification on alpine meadow in the Qinghai-Tibet Plateau〔J〕. Environmental Earth Sciences, 60（2）: 349-358.

Zhang Leiming, Yu Guirui, Sun Xiaomin, et al. 2006. Seasonal variations of ecosystem apparent quantum yield（a）and maximum photosynthesis rate（Pmax）of different forest ecosystems in China〔J〕. Agricultural and Forest Meteorology, 137: 176-187.

Zhang P, Tang Y, Hirota M, et al., 2009. Use of a regression method to partition sources of ecosystem respiration in an alpine meadow〔J〕. Soil Biol Biochem, 41: 663-70.

Zhang Q F, Justice C O, Desanker P V, 2002. Impacts of simulated shifting cultivation on deforestation and the carbon stocks of the forests of central Africa〔J〕. Agriculture, Ecosystems and Environment, 90: 203-209.

Zhang R, Wang J, Zhu C, et al., 2004. The retrieval of two-dimensional distribution of the earth's surface aerodynamic roughness using SAR image and TM thermal infrared image〔J〕. Science in China, 47（12）: 1134-1146.

Zhang X C, Gu S, Zhao X Q, et al., 2010. Radiation partitioning and its relation to environmental factors above a meadow ecosystem on the Qinghai-Tibetan plateau〔J〕. Journal of Geophysical Research: Atmospheres, 115（D10）: 985-993.

Zhang Xianzhou, Shi Peili, Liu Yunfen, et al., 2005. Experimental study on soil CO$_2$ emission in the alpine grassland ecosystem on Tibetan Plateau〔J〕. Science in China Series D-Earth Sciences, 48: 218-224.

Zhang Xinfang, Zhao Lin, Xu Shijian, et al., 2013. Soil moisture effect on bacterial and fungal community in Beilu river （Tibetan Plateau）permafrost soils w ith different vegetation types 〔J〕. Journal of Applied Microbiology, 114（4）: 1054-1065.

Zhang, Q, Kong, D, Shi, P, et al., 2018, Vegetation phenology on the Qinghai-Tibetan Plateau and its response to climate change（1982-2013）〔J〕. Agricultural and Forest Meteorology, 248: 408-417.

Zhao L, Li J, Xu S, et al., 2010. Seasonal variations in carbon dioxide exchange in an alpine wetland meadow on the

Qinghai-Tibetan Plateau [J]. Biogeosciences，7（4）：1207-1221.

Zhao L，Li Y N，Gu S，et al.，2005. Carbon dioxide exchange between the atmosphere and an alpine shrubland meadowduring the growing season on the Qinghai-Tibetan Plateau [J]. Journal of Integrative Plant Biology，47，271-282.

Zhao L，Li Y N，Xu S X，et al.，2006. Diurnal，seasonal and annual variation in net eco-system CO_2 exchange of an alpine shrubland on the Qinghai-Tibetan Plateau [J]. Global Change Biology，12，1940-1953.

Zhao L，Li Y N，Zhao X Q，et al.，2005. Comparative study of net exchange ecosystem of CO_2 in 3 types vegetation ecosystems on the Qinghai-Tibetan Plateau [J]. Chinese Science Bulletin，50：1767-1774

Zhao L，Li Y，Xu S，et al.，2006. Diurnal，seasonal and annual variation in net ecosystem CO_2 exchange of an alpine shrubland on the Qinghai-Tibetan Plateau [J]. Global Change Biology，12（10）：1940-1953.

Zhao X Q，Zhou X M，1999. Ecological basis of alpine meadow ecosystem management in Tibet：Haibei alpine meadow ecosystem research station [J]. Ambio，28（8）：642-647.

Zhao Y，Peth S，Kriummelbein J，et al.，2007. Spatial variability of soil properties affected by grazing intensity in Inner Mongolia grassland [J]. Ecol Model，205：241-254.

Zhao，X. et al.，2018. Using balance of seasonal herbage supply and demand to inform sustainable grassland management on the Qinghai-Tibetan Plateau [J]. Frontiers of Agricultural Science and Engineering，4（1）：1-8.

Zheng D，Rogier V D V，Su Z，et al.，2014. Assessment of Roughness Length Schemes Implemented within the Noah Land Surface Model for High-Altitude Regions [J]. Journal of Hydrometeorology，15（5）：921-937.

Zhou W J，Sha L Q，Schaefer D A，et al.，2015a. Direct effects of litter decomposition on soil dissolved organic carbon and nitrogen in a tropical rainforest [J]. Soil Biology and Biochemistry，81：255-258.

Zhou Y L，Sun X M，Zhang R H，et al.，2005. The improvement and validation of the model for retrieving the effective roughness length on TM pixel scale [C] // IEEE International Geoscience & Remote Sensing Symposium. IEEE.

Zhou Y，Ju W，Sun X，et al.，2012. Significant Decrease of Uncertainties in Sensible Heat Flux Simulation Using Temporally Variable Aerodynamic Roughness in Two Typical Forest Ecosystems of China [J]. Journal of Applied Meteorology and Climatology，51（6）：1099-1110.

Zhou Y，Sun X，Zhu Z，et al.，2006. Surface roughness length dynamic over several different surfaces and its effects on modeling fluxes [J]. Science in China，49（2 Supplement）：262-272.

Zhou Yan，Li Nana，Grace J，et al.，2014. Impact of groundwater table and Plateau zokors（myospalax baileyi）on ecosystem respiration in the Zoige peatlands of China [J]. Plos One，9（12）：13.

Zhu Lingling，Johnson D A，Wang Weiguang，et al.，2015. Grazing effects on carbon fluxes in a northern China grassland [J]. Journal of Arid Environments，114：41-48.

Zhu X Y，Liu Y M，Wu G X，2012. An assessment of summer sensible heat flux on the Tibetan Plateau from eight data sets [J]. Science China Earth Sciences，55（5）：779-786.

Zimov S A，Davidov S P，Voropaev Y V，et al.，1991. Planetary maximum CO_2 and ecosystems of the north. In：Vinson T S，Kolchugina TP.（eds）Proceedings of the international workshop of carbon cycling in boreal forest and subarctic ecosystems [J]. United States Environmental Protection Agency，Corvallis，21-34.

Zimov S A，Voropaev Y V，Semiletov I P，et al.，1997. North siberian lakes：A methane source fueled by Pleistocene carbon [J]. Science，277（5327）：800-802.

Zogg G P，Zak D R，Burton A J，et al.，1996. Fine root respiration in northern hardwood forests in relation to temperature and nitrogen availability [J]. Tree Physiology，16：719-725.